Ergänzende Unterlagen zum Buch bieten wir Ihnen unter **www.schaeffer-poeschel.de/webcode** zum Download an.
Für den Zugriff auf die Daten verwenden Sie bitte Ihre E-Mail-Adresse und Ihren persönlichen Webcode. Bitte achten Sie bei der Eingabe des Webcodes auf eine korrekte Groß- und Kleinschreibung.

Ihr persönlicher Webcode: 2938-FeZoc

SCHÄFFER
POESCHEL

Bernhard Pellens/Rolf Uwe Fülbier
Joachim Gassen/Thorsten Sellhorn

Internationale Rechnungslegung

IFRS 1 bis 9, IAS 1 bis 41, IFRIC-Interpretationen, Standardentwürfe

Mit Beispielen, Aufgaben und Fallstudie

8., überarbeitete Auflage

2011
Schäffer-Poeschel Verlag Stuttgart

Verfasser:

Prof. Dr. *Bernhard Pellens*, Lehrstuhl für Internationale Unternehmensrechnung, Ruhr-Universität Bochum

StB Prof. Dr. *Rolf Uwe Fülbier*, Lehrstuhl für Internationale Rechnungslegung, Universität Bayreuth

Prof. Dr. *Joachim Gassen*, Institut für Rechnungswesen und Wirtschaftsprüfung, Humboldt-Universität zu Berlin

Prof. Dr. *Thorsten Sellhorn*, MBA, Lehrstuhl für Externes Rechnungswesen, WHU – Otto Beisheim School of Management, Vallendar

8. Auflage unter Mitarbeit von Holger Amshoff, Dr. Andreas Bonse, Prof. Dr. Nils Crasselt, Jane Fehr, Jens Günther, Friederike Hablizel, Stefan Hahn, Stefan Jannett, Tom Jungius, Thomas Kemper, Malte Klein, Dr. Ulrich Küting, Kai Lehmann, Maximilian Müller, Philipp Obermüller, Sebastian Riemenschneider, Torben Rüthers, André Schmidt, Jan Henning Sohlmann, Adam Strzyz und Marcus Witzky.

Stand: 18.01.2011

Dozenten finden PDF-Dateien der Abbildungen und Tabellen dieses Lehrbuchs sowie weitere Materialien unter www.sp-dozenten.de/2938 (Registrierung erforderlich)

Bibliografische Information Der Deutschen Nationalbibliothek
Die Deutsche Nationalbibliothek verzeichnet diese Publikation in der Deutschen Nationalbibliografie;
detaillierte bibliografische Daten sind im Internet über <http://dnb.d-nb.de> abrufbar.

Gedruckt auf chlorfrei gebleichtem, säurefreiem und alterungsbeständigem Papier

ISBN 978-3-7910-2938-2

www.schaeffer-poeschel.de
info@schaeffer-poeschel.de
Einbandgestaltung: Willy Löffelhardt/Melanie Frasch
Druck und Bindung: CPI – Ebner & Spiegel, Ulm
Printed in Germany
April 2011

Schäffer-Poeschel Verlag Stuttgart
Ein Tochterunternehmen der Verlagsgruppe Handelsblatt

Vorwort zur achten Auflage

Internationalisierte Märkte verlangen internationalisierte Spielregeln: Globale Kapitalmärkte fordern und fördern eine weltweit vereinheitlichte Corporate Governance der kapitalmarktorientierten Unternehmen. Einheitliche Rechnungslegungsregeln sind hier ein wesentlicher Bestandteil, denn sie legen die „Sprache" fest, in der über die wirtschaftliche Lage von Unternehmen kommuniziert wird.

In den letzten Jahren hat sich das International Accounting Standards Board (IASB) zunehmend auf diesem „Markt" etabliert und sich zum Ziel gesetzt, „*im öffentlichen Interesse einen einzigen Satz an hochwertigen, verständlichen und durchsetzbaren globalen Rechnungslegungsstandards zu entwickeln, die hochwertige, transparente und vergleichbare Informationen in Abschlüssen und sonstigen Rechnungslegungsinstrumenten erfordern, um die Teilnehmer der verschiedenen weltweiten Kapitalmärkte und andere Informationsadressaten beim Treffen wirtschaftlicher Entscheidungen zu unterstützen*"[1]. Resultat dieses Bestrebens sind die International Financial Reporting Standards (IFRS), die auch die früheren International Accounting Standards (IAS) umfassen.

Die IFRS sind für Unternehmen in den EU-Staaten und zahlreichen weiteren Rechtskreisen unmittelbar relevant. Mehrere Länder haben diese globalen Rechnungslegungsstandards entweder neben bisherige nationale Vorschriften oder sogar an deren Stelle gesetzt. So verpflichtet die von der EU-Kommission 2002 verabschiedete IAS-Verordnung bereits seit 2005 alle kapitalmarktorientierten europäischen Unternehmen, ihre Konzernabschlüsse nach den IFRS zu erstellen und zu publizieren. Viele Mitgliedstaaten, so auch Deutschland, haben diese Regelung zumindest als Wahlrecht auf die Konzernabschlüsse nicht-kapitalmarktorientierter Unternehmen ausgedehnt.

Selbst die Securities and Exchange Commission (SEC) verzichtet inzwischen auf eine Überleitungsrechnung von IFRS auf die US-amerikanischen Generally Accepted Accounting Principles (US-GAAP) im Konzernabschluss ausländischer Emittenten und erwägt zurzeit, die Anwendung der IFRS anstelle der US-GAAP auch kapitalmarktorientierten US-amerikanischen Unternehmen zu gestatten oder gar vorzuschreiben. Grundvoraussetzung für eine solche volle Akzeptanz der IFRS in den USA ist jedoch eine weitgehende Vergleichbarkeit beider Systeme. In diesem Zusammenhang schreitet der Konvergenzprozess von IFRS und US-GAAP – auch aufgrund des expliziten Auftrags seitens der G20-Vertreter – mit großen Schritten voran.

Auch Einzelabschlüsse können oder müssen in manchen Ländern nach den IFRS erstellt werden. In Deutschland ist ein diesbezügliches Wahlrecht verankert

1 IFRS Vorwort Abs. 6(a).

worden, das aber bisher nur für Offenlegungszwecke gilt. Damit ist für unmittelbare Rechtsfolgen wie z.B. die Dividenden-, Steuer- und Überschuldungsbemessung weiterhin ein HGB-Einzelabschluss maßgeblich. Selbst nach der Verabschiedung des Bilanzrechtsmodernisierungsgesetzes (BilMoG) geht der deutsche Gesetzgeber also davon aus, die an den Einzelabschluss geknüpften Rechtsfolgen nicht an IFRS-Abschlüsse koppeln zu können. Es bleibt mit Spannung abzuwarten, wie lange diese letzte Bastion des HGB noch hält. Mit dem vom IASB verabschiedeten „Mittelstands-Standard", dem IFRS for SMEs, dessen Anwendungsbereich und Verbindlichkeit in der EU noch völlig offen ist, steht bereits ein weiterer Konkurrent vor der Türe.

Mit der achten Auflage haben wir die klare IFRS-Ausrichtung dieses Lehr- und Fachbuches beibehalten. Ausgehend von einführenden Kapiteln, in denen das Wesen, die Aufgaben und der institutionelle Rahmen der Rechnungslegung erklärt werden, folgt eine modulare, nach übergeordneten Bilanzierungsfragen und einzelnen Bilanzpositionen untergliederte Struktur. In weitgehend unabhängig voneinander erlern- und bearbeitbaren Kapiteln werden die Bilanzansatz-, Bilanzbewertungs-, Ausweis- und Konsolidierungsfragen der IFRS-Regelwelt dargestellt und anhand zahlreicher Beispiele weiter vertieft. Nicht zu kurz kommen dabei – in Form von separaten Exkursen – auch Neuentwicklungen in zentralen Bereichen der IFRS-Rechnungslegung, die sich bisher noch nicht im geltenden Regelwerk niedergeschlagen haben. Man denke hier nur an die Bilanzierung von Leasingverhältnissen und Finanzinstrumenten, die Frage der Umsatzrealisation oder das „ewige" Ringen um die richtige Abgrenzung des Konsolidierungskreises. Dabei wird auch deutlich, in welch hohem Ausmaß die Finanz- und Wirtschaftskrise von 2008/2009 die IASB-Agenda diktiert hat.

Neben den klassischen Bilanzierungs- und Konsolidierungsfragen werden auch die IFRS u.a. zu Segmentberichterstattung, Zwischenberichterstattung und Ergebnis je Aktie erläutert. Da vor allem bei kapitalmarktorientierten Unternehmen die Rechnungslegung nur eine Teilmenge der Unternehmenspublizität darstellt, erläutern wir zudem die grundlegenden Publizitätsanforderungen an deutsche Unternehmen. Die nationale und internationale Rechnungslegung befindet sich zurzeit mehr denn je in einem spannenden Veränderungsprozess, so dass im abschließenden Kapitel auch die aus deutscher Sicht in diesem Zusammenhang noch offenen Fragen andiskutiert und wichtige Trends aufgezeigt werden.

Gegenüber der siebten Auflage haben wir alle Kapitel überarbeitet und aktualisiert. Anstehende Änderungen haben wir, wie erwähnt, durch ausführliche Exkurse in den jeweiligen Kapiteln aufgezeigt. Zu Beginn der Kapitel werden jeweils entsprechende Lernziele formuliert; am Ende finden sich jeweils vertiefende Literaturempfehlungen. Um nicht aus den Augen zu verlieren, dass die IFRS in Deutschland immer noch neben dem durch das BilMoG reformierten HGB existieren, findet sich zum Ende eines jeden Kapitels eine kurze Darstellung der wesentlichen Unterschiede zwischen IFRS und HGB. Zudem zeigen wir Unterschiede zu dem IFRS for SMEs und den US-GAAP auf. Jedes Kapitel schließt mit Übungsaufgaben, um Ihnen die Überprüfung Ihres Wissens zu erleichtern. Entsprechende Lösungshinweise werden im Rahmen des Internetauftritts des Schäffer-Poeschel Verlags bereitgestellt.

Da auch für die Rechnungslegung gilt, dass sich Verständnisprobleme am besten mit Hilfe konkreter Fallbeispiele lösen lassen, finden Sie neben den Übungsaufgaben zahlreiche Beispiele sowie kurze Fallstudien mit Buchungsbeispielen. Die eigens kenntlich gemachten Exkurse sollen den Stoff für den interessierten Leser fallweise vertiefen, ohne dass ihre Kenntnis für das grundlegende Verständnis des jeweiligen Kapitels notwendig ist. Eine neu konzipierte Fallstudie zur Umstellung von HGB auf IFRS sowie IFRS for SMEs bietet zudem die Möglichkeit, das Gelernte praxisnah zu vertiefen. Eine Lösungsskizze zu dieser Fallstudie wird auf Anfrage gerne bereitgestellt.

Getreu dem Motto „geteiltes Leid ist halbes Leid“ (wenn wieder einige neue Standards vom IASB kurz vor Manuskriptabgabe verabschiedet werden) und „geteilte Freude ist doppelte Freude“ (wenn die entsprechenden Textpassagen ergänzt sind) versuchen wir die Komplexität bei der Erstellung eines aktuellen IFRS-Lehr- und Fachbuches zu viert zu bewältigen. Als interuniversitäres Projekt über die Standorte Bayreuth, Berlin, Bochum und Vallendar ist die Neuauflage durch die intensive Mitwirkung von Holger Amshoff, Dr. Andreas Bonse, Prof. Dr. Nils Crasselt, Jane Fehr, Jens Günther, Friederike Hablizel, Stefan Hahn, Stefan Jannett, Tom Jungius, Thomas Kemper, Malte Klein, Dr. Ulrich Küting, Kai Lehmann, Maximilian Müller, Philipp Obermüller, Sebastian Riemenschneider, Torben Rüthers, André Schmidt, Jan Henning Sohlmann, Adam Strzyz und Marcus Witzky geprägt. Frau Marita Rollnik-Mollenhauer hat uns von Verlagsseite bei der Neuauflage unseres Buches wieder sehr unterstützt. Die formale Gestaltung einschließlich der aufwändigen Erstellung der Verzeichnisse haben sehr engagiert die Herren Holger Amshoff und Philipp Obermüller übernommen; hierbei wurden sie von Frau Claudia Knapp und Frau Marianne Wagner vom Schäffer-Poeschel Verlag begleitet. In der letzten, „heißen“ Phase der Bucherstellung wurden wir zudem von unseren Sekretärinnen Claudia Heymann, Beate Preuß, Claudia Roberts und Heidlinde Völker unterstützt. Von Seiten unserer Mitarbeiter, vieler Leserinnen und Leser sowie unserer Studierenden haben wir wertvolle Unterstützung und Anregungen zur Neuauflage erhalten. Nennen möchten wir insbesondere unsere Studierenden und studentischen Hilfskräfte Caroline Kleist, Manja Koberg, Amrita Kulka, Lissy Langer, Ilka Lappenküper, Malte Lichtenberg, Daniela Neunert, Christoph Schleich, Joachim Schmidt und Konstantin Storms. Bei der Neukonzeption der Fallstudie halfen insbesondere auch Christian Biller, Denise Erhardt, Michel Geck, Christian Herz, Kathrin Kalmbach, Peter Lammers, Artur Schneider, Kathrin Waldmann und Robert Weintraub. Ihnen allen ein ganz herzliches Dankeschön!

Bayreuth, Berlin, Bochum und Vallendar, den 21. Januar 2011

Bernhard Pellens, Rolf Uwe Fülbier, Joachim Gassen und Thorsten Sellhorn

Autorenverzeichnis

Prof. Dr. *Bernhard Pellens*, Lehrstuhl für Internationale Unternehmensrechnung, Ruhr-Universität Bochum

StB Prof. Dr. *Rolf Uwe Fülbier*, Lehrstuhl für Internationale Rechnungslegung, Universität Bayreuth

Prof. Dr. *Joachim Gassen*, Institut für Rechnungswesen und Wirtschaftsprüfung, Humboldt-Universität zu Berlin

Prof. Dr. *Thorsten Sellhorn*, MBA, Lehrstuhl für Externes Rechnungswesen, WHU – Otto Beisheim School of Management, Vallendar

Mitarbeiter der 8. Auflage:
Holger Amshoff, Dr. Andreas Bonse, Prof. Dr. Nils Crasselt, Jane Fehr, Jens Günther, Friederike Hablizel, Stefan Hahn, Stefan Jannett, Tom Jungius, Thomas Kemper, Malte Klein, Dr. Ulrich Küting, Kai Lehmann, Maximilian Müller, Philipp Obermüller, Sebastian Riemenschneider, Torben Rüthers, André Schmidt, Jan Henning Sohlmann, Adam Strzyz und Marcus Witzky.

Mitarbeiter der Vorauflagen:
7. Auflage: Holger Amshoff, Ole Berger, Dr. Andreas Bonse, Eva Brandt, Dr. Nils Crasselt, Dr. Karsten Detert, Jane Fehr, Verena Hill, Stefan Jannett, Dirk Jödicke, Thomas Kemper, Ulrich Küting, Stefan Neuhaus, André Schmidt, Adam Strzyz, Markus Weinreis und Manuel Weller.
6. Auflage: Holger Amshoff, Dr. Andreas Bonse, Dr. Nils Crasselt, Karsten Detert, Stefan Jannett, Dirk Jödicke, Stefan Neuhaus, Uwe Nölte, Henrik Pferdehirt, Marc Richard, André Schmidt, Dr. Thorsten Sellhorn, Markus Weinreis und Manuel Weller.
5. Auflage: Andreas Bonse, Nils Crasselt, Karsten Detert, Dirk Jödicke, Stefan Neuhaus, Uwe Nölte, Marc Richard, Thorsten Sellhorn und Markus Weinreis.
4. Auflage: Andreas Bonse, Rolf Uwe Fülbier, Joachim Gassen und Thorsten Sellhorn.
2. und 3. Auflage: Andreas Bonse, Rolf Uwe Fülbier, Joachim Gassen und Silke Sürken.
1. Auflage: Andreas Bonse, Rolf Uwe Fülbier und Silke Sürken.

Inhaltsübersicht

Inhaltsverzeichnis

Abkürzungsverzeichnis

a.A.	anderer Ansicht
a.F.	alte Fassung
a.o.	außerordentlich
AAA	American Accounting Association
AAC	African Accounting Council
AAER	Accounting and Auditing Enforcement Releases
AAF	Accounting Advisory Forum
Abl.	Amtsblatt
ABO	Accumulated benefit obligation
AcSB	Accounting Standards Board des Canadian Institute of Chartered Accountants
AcSEC	Accounting Standards Executive Committee
ADR(s)	American Depositary Receipt(s)
ADS	American Depositary Shares
AfA	Absetzung für Abnutzung/Abschreibungen
AFIZ	Ausschuß für Internationale Zusammenarbeit
AG	Die Aktiengesellschaft (Zeitschrift)
AH	Accounting Horizons (Zeitschrift)
AHK	Anschaffungskosten-/Herstellungskosten
AIA	American Institute of Accountants
AIC	Asociación Interamericana de Contabilidad
AICPA	American Institute of Certified Public Accountants
AIMR	Association for Investment Management and Research
AIN	AICPA Accounting Interpretations
Ak	Arbeitskreis
AK	Anschaffungskosten
akk.	akkumuliert
AktG	Aktiengesetz
AMEX	American Stock Exchange
AO	Abgabenordnung
APB	Accounting Principles Board
APFRAG	Asia-Pacific Financial Reporting Advisory Group
ARB	Accounting Research Bulletin
ARC	Accounting Regulatory Committee
ARS	Accounting Research Study
ASB	Accounting Standards Board
ASC	Accounting Standards Committee
ASEAN	Association of Southeast Asian Nations

ASR	Accounting Series Release
AU	Auditing (Index Professional Standards)
AW	Anschaffungswert
b&b	bilanz & buchhaltung (Zeitschrift)
BaFin	Bundesanstalt für Finanzdienstleistungsaufsicht
BAWe	Bundesaufsichtsamt für den Wertpapierhandel
BB	Betriebs-Berater (Zeitschrift)
BBK	Betrieb und Rechnungswesen: Buchführung, Bilanz, Kostenrechnung (Zeitschrift)
BC	Basis of conclusion
Begr. RegE	Begründung zum Regierungsentwurf
BetrAVG	Gesetz zur Verbesserung der betrieblichen Altersversorgung (Betriebsrentengesetz)
BetrVG	Betriebsverfassungsgesetz
BFH	Bundesfinanzhof
BFuP	Betriebswirtschaftliche Forschung und Praxis (Zeitschrift)
BGH	Bundesgerichtshof
BilMoG	Bilanzrechtsmodernisierungsgesetz
BilReG	Bilanzrechtsreformgesetz
BIP	Bruttoinlandsprodukt
BiRiLiG	Bilanzrichtlinien-Gesetz
BMF	Bundesministerium der Finanzen
BMJ	Bundesministerium der Justiz
BO	Börsenordnung
BörsG	Börsengesetz
BörsZulV	Börsenzulassungsverordnung
BStBl.	Bundessteuerblatt
BT-Drucks.	Bundestags-Drucksache
BVerfG	Bundesverfassungsgericht
c.p.	ceteris paribus
CAD	Kanadische Dollar
CAP	Committee on Accounting Procedures
CAPA	Confederation of Asian and Pacific Accountants
CCAB	Consultative Committee of Accountancy Bodies
CEO	Chief Executive Officer
CESR	Committee of European Securities Regulators
CFR	Code of Federal Regulations
CICA	Canadian Institute of Chartered Accountants
CIIME	Committee on International Investment and Multinational Enterprises
COO	Chief Operating Officer
CPA	Certified Public Accountant(s)

CSE	Common Stock Equivalents
CTA	Contractual Trust Arrangement
DAX	Deutscher Aktienindex
DB	Der Betrieb (Zeitschrift)
DBO	Defined benefit obligation
DBW	Die Betriebswirtschaft (Zeitschrift)
DGAP	Deutsche Gesellschaft für Ad-hoc-Publizität
DP	Discussion Paper
DPR	Deutsche Prüfstelle für Rechnungslegung
DRÄS	Deutscher Rechnungslegungs Änderungsstandard
DRS	Deutscher Rechnungslegungs Standard
DRSC	Deutsches Rechnungslegungs Standards Committee e.V.
DSOP	Draft Statement of Principles
DSR	Deutscher Standardisierungsrat
DStR	Deutsches Steuerrecht (Zeitschrift)
DVFA/SG	Deutsche Vereinigung für Finanzanalyse und Asset Management e.V./Schmalenbach-Gesellschaft für Betriebswirtschaft e.V.
ED	Exposure Draft
EAA	European Accounting Association
EBIT	Earnings before interest and taxes
EBITDA	Earnings before interest, taxes, depreciation and amortization
ECU	European Currency Unit
EDGAR	Electronic Data Gathering, Analysis, and Retrieval
E-DRS	Entwurf eines Deutschen Rechnungslegungsstandards
EFRAG	European Financial Reporting Advisory Group
EG	Europäische Gemeinschaft
EGHGB	Einführungsgesetz zum Handelsgesetzbuch
EHUG	Gesetz über elektronische Handelsregister und Genossenschaftsregister sowie das Unternehmensregister
EITF	Emerging Issues Task Force
EK	Eigenkapital
EP	Europäisches Parlament
EPS	Earnings per share
ESRC	EU Securities Regulation Committee
ESC	EU Securities Committee
ESt	Einkommensteuer
EStG	Einkommensteuergesetz
EStR	Einkommensteuer-Richtlinien
EU	Europäische Union
EUR	Euro

EWGV	Vertrag zur Gründung der Europäischen Wirtschaftsgemeinschaft
F&E	Forschung und Entwicklung
FAF	Financial Accounting Foundation
FAnF	Financial Analysts Federation
FAS	Financial Accounting Standard
FASAC	Financial Accounting Standards Advisory Council
FASB	Financial Accounting Standards Board
FAV	Finanzanlagevermögen
FAZ	Frankfurter Allgemeine Zeitung
FB	Finanz Betrieb (Zeitschrift)
FEE	Fédération des Experts Comptables Européens
FEI	Financial Executives Institute
FER	Fachkommission für Empfehlungen zur Rechnungslegung in der Schweiz
FERF	Financial Executives Research Foundation
FF	Französische Francs
FI	Finanzinstrument(e)
FIFO	First-in-First-out
FIN	FASB Interpretation
FK	Fremdkapital
FRC	Financial Reporting Council
FRED	Financial Reporting Exposure Draft
FRR	Financial Reporting Release
FRRP	Financial Reporting Review Panel
FRS	Financial Reporting Standards
FTC	Federal Trade Commission
FWP	Frankfurter Wertpapierbörse
GAAP	Generally Accepted Accounting Principles
GAAS	Generally Accepted Auditing Standards
GASAC	Governmental Accounting Standards Advisory Council
GASB	Governmental Accounting Standards Board
GbR	Gesellschaft bürgerlichen Rechts
GE	Geldeinheiten
GEFIU	Gesellschaft für Finanzwirtschaft in der Unternehmensführung e.V.
GEISAR	Group of Experts on International Standards of Accounting and Reporting
GenG	Genossenschaftsgesetz
GewStG	Gewerbesteuergesetz
GG	Grundgesetz
GmbHG	Gesetz betreffend die Gesellschaften mit beschränkter Haftung

GmbHR	GmbH-Rundschau (Zeitschrift)
GoB	Grundsätze ordnungsmäßiger Buchführung
GoF	Geschäfts- oder Firmenwert
GSt	Gewerbesteuer
GuV	Gewinn- und Verlustrechnung
h.M.	herrschende Meinung
HB	Handelsbilanz
HFA	Hauptfachausschuß
HGB	Handelsgesetzbuch
HIFO	Highest-in-First-out
HK	Historischer Kurs
HW	Höchstwert
i.d.R.	in der Regel
i.e.S.	im engeren Sinn
i.S.d.	im Sinne des/der
i.V.m.	in Verbindung mit
i.w.S.	im weiteren Sinn
IAAER	International Association for Accounting Education and Research
IAFEI	International Association of Financial Executives Institutes
IAS	International Accounting Standard
IASB	International Accounting Standards Board
IASC	International Accounting Standards Committee
IASCF	International Accounting Standards Committee Foundation
IAV	Immaterielles Anlagevermögen
ICAC	Instituto de Contabilidad y Auditoria de Cuentas
ICC	Interstate Commerce Commission
ICIA	Council of Investment Associations
IdW/IDW	Institut der Wirtschaftsprüfer in Deutschland e.V.
IFAC	International Federation of Accountants
IFRIC	International Financial Reporting Interpretations Committee
IFRS	International Financial Reporting Standard
IGC	Implementation Guidance Committee
IMA	Institute of Management Accountants
Imm. VG	Immaterieller Vermögensgegenstand
insb.	insbesondere
IOA	Impairment-only approach
IOSCO	International Organization of Securities Commissions
IRC	Internal Revenue Code
IRS	Internal Revenue Service
ISA	International Standards on Auditing

ISAR	Intergovernmental Working Group of Experts on International Standards of Accounting and Reporting
IStR	Internationales Steuerrecht (Zeitschrift)
IT	Information Technology
IWB	Internationale Wirtschafts-Briefe (Zeitschrift)
Jg.	Jahrgang
JoA	Journal of Accountancy
JoAR	Journal of Accounting Research
JÜ	Jahresüberschuß
k.A.	keine Angabe
KAGG	Gesetz über die Kapitalanlagegesellschaften
KapAEG	Kapitalaufnahmeerleichterungsgesetz
KG	Kommanditgesellschaft
KGaA	Kommanditgesellschaft auf Aktien
KGV	Kurs-Gewinn-Verhältnis
KIFO	Konzern-in-First-out
KonBefrV	Konzernabschlußbefreiungsverordnung
KonTraG	Gesetz zur Kontrolle und Transparenz im Unternehmensbereich
KoR	Kapitalmarktorientierte Rechnungslegung (Zeitschrift)
krp	Kostenrechnungspraxis (Zeitschrift)
KSt	Körperschaftsteuer
KStG	Körperschaftsteuergesetz
kurzfr.	kurzfristig
KWG	Kreditwirtschaftsgesetz
L+G	Löhne und Gehälter
langfr.	langfristig
LESOP	Leveraged Employee Stock Ownership Plan
LIFO	Last-in-First-out
LOFO	Lowest-in-First-out
Ltd	Private Limited Company
M.B.C.A.	Model Business Corporation Act
M.S.C.C.S.	Model Statuatory Close Corporation Supplement
m.w.N.	mit weiteren Nachweisen
MA	Materialaufwand
MACRS	Modified Accelerated Cost Recovery System
MD&A	Management's Discussion and Analysis
MDAX	Mid Cap DAX
MIS	Management Information System

n.F.	neue Fassung
NAA	National Association of Accountants
NAFTA	North American Free Trade Agreement
NASD	National Association of Securities Dealers
NASDAQ-System	National Association of Securities Dealers Automated Quotation-System
NCA	National Council on Accounting
NJW	Neue Juristische Wochenschrift (Zeitschrift)
NLRB	National Labor Relations Board
No(s).	Number(s)
NPC	Net pension cost
NPPC	Net periodic pension cost
NTA	Net tangible assets
NW	Niederstwert
NYSE	New York Stock Exchange
o.V.	ohne Verfasser
OECD	Organization for Economic Cooperation and Development
OHG	Offene Handelsgesellschaft
OTC	Over the Counter
p.	page
par.	paragraph
PER	Price-Earnings-Ratio
PBO	Projected benefit obligation
PCAOB	Public Company Accounting Oversight Board
PIR	Praxis der internationalen Rechnungslegung
PIS	Public Information System
plc	Public Limited Company
PS MC	Practice Statement Management Commentary
PublG	Publizitätsgesetz
QIB	Qualified Institutional Buyer
R.M.B.C.A.	Revised Model Business Corporation Act
ROCE	Return on Capital Employed
RS HFA	Rundschreiben des Hauptfachausschusses
R.U.L.P.A.	Revised Uniform Limited Partnership Act
R.U.P.A.	Revised Uniform Partnership Act
rev.	revised
RIW	Recht der Internationalen Wirtschaft (Zeitschrift)
RK.	Rahmenkonzept
Rn.	Randnummer
RND	Restnutzungsdauer

RTA	Research and Technical Activities Staff
SA	Securities Act
SAB	Staff Accounting Bulletin
SAC	Standards Advisory Council
SAS	Statement of Auditing Standards
SAV	Sachanlagevermögen
SBI	Small Business Issuer
ScheckG	Scheckgesetz
SE	Shareholders' Equity
SEA	Securities Exchange Act
SEC	Securities and Exchange Commission
Sec(s).	Section(s)
SFAC	Statement of Financial Accounting Concepts
SFAS	Statement of Financial Accounting Standards
SIA	Securities Industry Association
SIC	Standing Interpretations Committee
SMAX	Small Cap Exchange
SME	Small and medium-sized entity
SOP	Statement of Position, Statement of Principles
SORIE	Statement of recognised income and expense
SORP	Statement of Recommended Practice
SPE	Special purpose entity
SSAP	Statement of Standard Accounting Practice
StuB	Steuern und Bilanzen (Zeitschrift)
StuW	Steuern und Wirtschaft (Zeitschrift)
TAR	The Accounting Review (Zeitschrift)
TEG	Technical Expert Group
TK	Tageskurs
TranspRL	Transparenzrichtlinie
TransPuG	Gesetz zur weiteren Reform des Aktien- und Bilanzrechts, zu Transparenz und Publizität
TUG	Transparenzrichtlinie-Umsetzungsgesetz
TW	Tageswert
Tz.	Textziffer
U.L.P.A.	Uniform Limited Partnership Act
U.P.A.	Uniform Partnership Act
UCC	Uniform Commercial Code
u.d.T.	unter dem Titel
UITF	Urgent Issues Task Force
UmwG	Umwandlungsgesetz
UNCTC	United Nations Centre on Transnational Corporations

Unt.	Unternehmen
USt	Umsatzsteuer
UV	Umlaufvermögen
VAG	Versicherungsaufsichtsgesetz
VBO	Vested benefit obligation
verb.	verbunden
Verbindl.	Verbindlichkeit
Verpfl.	Verpflichtung
VerwArch	Verwaltungs-Archiv (Zeitschrift)
VIE	Variable interest entity
Vol.	Volume
VO	Verordnung
VSt	Vermögensteuer
VzA	Vorzugsaktie
WD	Working Draft
WiSt	Wirtschaftswissenschaftliches Studium (Zeitschrift)
WISU	Das Wirtschaftsstudium (Zeitschrift)
WM	Wertpapier-Mitteilungen (Zeitschrift)
WPg	Die Wirtschaftsprüfung (Zeitschrift)
WpHG	Wertpapierhandelsgesetz
WPK	Wirtschaftsprüferkammer
WSV	Wandelschuldverschreibung
WWU	Wirtschafts- und Währungsunion
ZBB	Zeitschrift für Bankrecht und Bankwirtschaft
ZfB	Zeitschrift für Betriebswirtschaft
ZfbF	Zeitschrift für betriebswirtschaftliche Forschung
ZGE	Zahlungsmittelgenerierende Einheit
ZGR	Zeitschrift für Unternehmens- und Gesellschaftsrecht
ZHR	Zeitschrift für das gesamte Handelsrecht und Wirtschaftsrecht

Abbildungsverzeichnis

Tabellenverzeichnis

Verzeichnis der kurzzitierten Literatur[2]

Kommentare

Adler, H./Düring, W./Schmaltz, K., Rechnungslegung nach Internationalen Standards [ADS International], Loseblattsammlung, Stuttgart 2002.

Baetge, J. et al. (Hrsg.), Rechnungslegung nach International Financial Reporting Standards (IFRS), Kommentar auf der Grundlage des deutschen Bilanzrechts [IFRS-Kommentar/IAS-Kommentar], Loseblattsammlung, 2. Aufl., Stuttgart 2002.

Ballwieser, W. et al. (Hrsg.), Wiley Kommentar zur internationalen Rechnungslegung nach IFRS 2009 [Wiley Kommentar], 5. Aufl., Weinheim 2009.

Bohl, W./Riese, J./Schlüter, J. (Hrsg.), Beck'sches IFRS-Handbuch [Beck'sches IFRS-Handbuch], 3. Aufl., München 2009.

Bruns, H.-G. et al. (Hrsg.), IFRS for SMEs, Kommentar zur Rechnungslegung nach IFRS für nicht kapitalmarktorientierte Unternehmen [IFRS for SMEs], Stuttgart 2010.

Ellrott, H./Förschle, G./Kozikowski, M./Winkeljohann, N. (Hrsg.), Beck'scher Bilanz-Kommentar, Handels- und Steuerrecht, §§ 238-339, 342 bis 342e HGB mit IFRS-Abweichungen [Beck Bil-Komm.], 7. Aufl., München 2010.

Küting, K./Weber, C.-P. (Hrsg.), Handbuch der Konzernrechnungslegung, Kommentar zur Bilanzierung und Prüfung [Konzernrechnungslegung], Band II, 2. Aufl., Stuttgart 1998.

Küting, K./Weber, C.-P. (Hrsg.), Handbuch der Rechnungslegung - Einzelabschluss, Kommentar zur Bilanzierung und Prüfung [HdR], Loseblattsammlung, 5. Aufl., Stuttgart 2002.

Lüdenbach, N./Hoffmann, W.-D. (Hrsg.), Haufe IFRS-Kommentar [Haufe IFRS-Kommentar], 8. Aufl., Freiburg i. Br. 2010.

Schmidt, K. (Hrsg.), Münchener Kommentar zum Handelsgesetzbuch [MünchKommHGB], Band 4: Drittes Buch, Handelsbücher, §§ 238-342e HGB, 2. Aufl., München 2008.

Thiele, S./von Keitz, I./Brücks, M. (Hrsg.), Internationales Bilanzrecht: Rechnungslegung nach IFRS [Bilanzrecht], Loseblattsammlung, Bonn/Berlin 2008.

2 Aufgrund der im Text verwendeten Langzitierweise entfällt ein Literaturverzeichnis. Die hier aufgeführten Lehr- und Fachbücher zur nationalen und internationalen Rechnungslegung sind bei der Erstellung des vorliegenden Buches – neben den originären Rechnungslegungsstandards – wiederholt berücksichtigt worden. Sie werden in den einzelnen Kapiteln in der hier angegebenen Kurzzitierweise zitiert und nicht mehr gesondert in den ausgewählten Literaturhinweisen zu den einzelnen Kapiteln genannt.

Lehr- und Fachbücher

Alfredson, K. et al., Applying International Financial Reporting Standards [Applying IFRS], 2. Aufl., Sydney u.a. 2009.

Baetge, J./Kirsch, H.-J./Thiele, S., Bilanzen [Bilanzen], 10. Aufl., Düsseldorf 2009.

Baetge, J./Kirsch, H.-J./Thiele, S., Konzernbilanzen [Konzernbilanzen], 8. Aufl., Düsseldorf 2009.

Ballwieser, W., IFRS-Rechnungslegung: Konzept, Regeln und Wirkungen [IFRS-Rechnungslegung], 2. Aufl., München 2009.

Busse von Colbe, W. et al., Konzernabschlüsse, Rechnungslegung nach betriebswirtschaftlichen Grundsätzen sowie nach Vorschriften des HGB und der IAS/IFRS [Konzernabschlüsse], 9. Aufl., Wiesbaden 2010.

Cairns, D./Creighton, B./Daniels, A., Applying International Accounting Standards [Applying IAS], 3. Aufl., London u.a. 2003.

Choi, F. D. S./ Meek, G. K., International Accounting [International Accounting], 5. Aufl., Upper Saddle River 2005.

Coenenberg, A./Haller, A./Schultze, W., Jahresabschluss und Jahresabschlussanalyse [Jahresabschluss], 21. Aufl., Stuttgart 2009.

Epstein, B./Jermakowicz, E., Wiley IFRS 2010: Interpretation and Application of International Financial Reporting Standards [IFRS 2010], Hoboken 2010.

Hayn, S./Waldersee, G., IFRS/US-GAAP/HGB im Vergleich, Synoptische Darstellung für den Einzel- und Konzernabschluss [Vergleich], 6. Aufl., Stuttgart 2006.

Heuser, P. J./Theile, C., IFRS-Handbuch: Einzel- und Konzernabschluss [IFRS-Handbuch], 4. Aufl., Köln 2009.

Kieso, D. E./Weygandt, J. J./Warfield, T. D., Intermediate Accounting [Intermediate Accounting], 13. Aufl., Hoboken 2010.

KPMG Deutsche Treuhand-Gesellschaft (Hrsg.), US-GAAP. Rechnungslegung nach US-amerikanischen Grundsätzen, Grundlagen der US-GAAP und SEC-Vorschriften [US-GAAP], 4. Aufl., Düsseldorf 2007.

Küting, K./Weber, C.-P., Der Konzernabschluss [Konzernabschluss], 12. Aufl., Stuttgart 2010.

Löw, E., Rechnungslegung für Banken nach IFRS: Praxisorientierte Einzeldarstellungen [Rechnungslegung Banken], 2. Aufl., Wiesbaden 2008.

Ruhnke, K., Rechnungslegung nach IFRS und HGB [Rechnungslegung], 2. Aufl., Stuttgart 2008.

Schildbach, T., Der Konzernabschluss nach HGB, IFRS und US-GAAP [Der Konzernabschluss], 7. Aufl., München u.a. 2008.

Schneider, D., Betriebswirtschaftslehre, Bd. 2: Rechnungswesen [Rechnungswesen], 2. Aufl., München u.a. 1997.

Wagenhofer, A., Internationale Rechnungslegungsstandards: IAS/IFRS [IAS/IFRS], 6. Aufl., München 2009.

Wagenhofer, A./Ewert, R., Externe Unternehmensrechnung [Externe Unternehmensrechnung], 2. Aufl., Berlin 2007.

Kapitel 1
Theorie der Rechnungslegung

Im Rahmen der Nachwirkungen der Finanzkrise äußerte sich die politische Führungsliga der Welt auf dem G20-Gipfel in Pittsburgh im September 2009 zur Rechnungslegung: "We call on our international accounting bodies to redouble their efforts to achieve a single set of high quality, global accounting standards within the context of their independent standard setting process, and complete their convergence project by June 2011. The International Accounting Standards Board's (IASB) institutional framework should further enhance the involvement of various stakeholders."[1]. Anscheinend sind Fragen der (internationalen) Rechnungslegung so wichtig, dass sie auch Thema auf der höchsten politischen Ebene sind. Doch worum geht es eigentlich? Was ist Rechnungslegung überhaupt und wofür gibt es sie? Die Theorie der Rechnungslegung kann als Hilfsmittel verstanden werden, um im wachsenden Dickicht konkurrierender Standards und Gesetze den Überblick zu behalten.

Lernziele

In diesem Abschnitt sollen Sie daher erfahren,

- was Rechnungslegung ist,
- warum und wofür es Rechnungslegung gibt und wie Rechnungslegung in das Vertragsgeflecht von Unternehmen eingebunden wird,
- welchen grundlegenden Zielen Rechnungslegung dient und warum viele Staaten eine gesetzliche Rechnungslegungspflicht eingeführt haben,
- wie Rechnungslegungspflicht und Rechnungslegungsziele in Deutschland konkret ausgestaltet sind,
- warum Rechnungslegung der Ausgestaltung durch Rechnungslegungsregeln bedarf und
- welche Anhaltspunkte für die Identifikation „guter" Rechnungslegungsregeln existieren.

1 Was ist Rechnungslegung?

Rechnungswesen und Rechnungslegung

Unternehmer versuchen seit jeher, die Ergebnisse ihrer wirtschaftlichen Handlungen sich selbst und anderen durch zahlenmäßige Abbildung transparent zu machen. Dieser Aufgabe dient das Rechnungswesen. In Abgrenzung vom *internen* Rechnungswesen, das der Selbstinformation des Unternehmers bzw. der Manager dient und nach unternehmensindividuellen Regeln erstellt wird, ist das als Rechnungslegung bezeichnete *externe* Rechnungswesen zu Informationszwecken für außerhalb des Unternehmens stehende Personen gedacht und wird meist nach standardisierten Regeln aufgestellt.

Rechnungslegung umfasst Informationen völlig unterschiedlicher Art und Aufbereitung. Wenn vor etwa 5.000 Jahren die Sumerer ihre Vermögens-

1 Leaders' Statement: The Pittsburgh Summit, www.pittsburghsummit.gov/mediacenter/129639.htm (Stand: 14.11.2010).

verzeichnisse u.a. über Kupferminen und Getreide auf Tontafeln angelegt haben, ist das ebenso Rechnungslegung wie z.B. die „Bilanz über die Ausrüstung des Schiffes der Asiatischen Handlungscompagnie ‚König von Preussen'", die über eine Schiffsreise von 1751 bis 1753 in einer Art Ertragsbilanz Rechnung legte[2]. Die Rechnungslegung ist letztlich der Inbegriff zahlenmäßiger Abbildung von Geschehenem, Vorhandenem oder Künftigem[3], die sich heute primär in so genannten Rechenwerken vollzieht.

Basis-Rechenwerke: Bilanz, GuV und Kapitalflussrechnung

Obwohl sich diese Rechenwerke in verschiedenen Ländern über die Jahrhunderte unterschiedlich entwickelt haben, dürfte die Rechnungslegung heute weltweit immer noch auf denselben Grundtypen beruhen: auf der Bilanz, der Gewinn- und Verlustrechnung (GuV) bzw. Ergebnisrechnung und der Kapitalflussrechnung. Letztere kennzeichnet eine Zahlungs- und damit Stromgrößenrechnung, die möglicherweise die Urform der Rechnungslegung beschreibt: die Auflistung von Ein- und Auszahlungen einer bestimmten Periode zur Ermittlung des Zahlungsüberschusses (Cashflow). Darunter fallen z.B. das Haushaltsbuch einer Familie ebenso wie die Erfassung unzähliger Zahlungsvorgänge in einem großen Unternehmen wie z.B. der Bayer AG oder der Daimler AG. Die Bilanz hingegen beschreibt eine stichtagsbezogene Bestandsrechnung. Darunter sind z.B. die erwähnten Vermögensverzeichnisse der Sumerer zu subsumieren, aber auch die heutigen sehr viel komplexeren Unternehmensbilanzen, die das Vermögen (Aktivseite: Kapitalverwendung) dem Kapital (Passivseite: Kapitalherkunft) gegenüberstellen. Die GuV zeigt indes als zeitraumbezogene Ergebnisrechnung die Veränderungen dieser Bestände in Form von Stromgrößen auf, den so genannten Aufwendungen und Erträgen. Diese Basis-Rechenwerke werden mit ergänzenden Informationen meist zu einem Abschluss zusammengefasst, der sich auf eine Zeitperiode bezieht und deshalb z.B. als Quartals- oder Jahresabschluss bezeichnet wird[4].

Die Rechnungslegung ist mit Hinweis auf diese Basis-Rechenwerke konkretisiert worden. Dennoch bleibt offen, wie diese Rechenwerke aufzubauen und inhaltlich zu füllen sind. Bevor diese zentrale Frage in den Kapiteln dieses Buches auf der Basis vieler detaillierter Einzelregeln beantwortet wird, erscheint es sinnvoll, das Grundprinzip einer jeden Rechnungslegung zu verstehen. Dazu löst man sich von speziellen Regeln und versucht vorab zu erklären, warum es Rechnungslegung überhaupt gibt, welcher grundlegenden Zielsetzung sie dient, welche Personengruppen von ihr betroffen sind und warum sie bestimmten Regeln folgt, die sich zudem, z.B. je nach betrachtetem Gesetz oder Land, unterscheiden können.

---

2 Vgl. mit weiteren Quellen und Hinweisen *Schneider, D.*, Betriebswirtschaftslehre, Band 4: Geschichte und Methoden der Wirtschaftswissenschaft, München u.a. 2001, S. 69 f., 911 f.

3 Vgl. *Schneider*, Rechnungswesen, S. 3, der so allerdings das Rechnungswesen allgemein definiert.

4 Vgl. ausführlich zu den Rechenwerken eines IFRS-Abschlusses Kapitel 7.

Akteure der Rechnungslegung und Metazweck

Im Grundsatz basiert die Rechnungslegung darauf, dass ein Mensch oder eine Gruppe von Menschen, prototypisch der *Rechnungsleger*, mehr über ein unternehmerisches Gebilde, die *rechnungslegende Einheit,* weiß, als eine oder mehrere andere Personen, die *Rechnungslegungsadressaten*. Dieses Mehr an Wissen, im ökonomischen Sinn liegt hier *asymmetrische Informationsverteilung* vor, soll durch die Präsentation von komprimierten Informationen insbesondere in den Rechenwerken reduziert werden. Der grundlegende Zweck einer jeden Rechnungslegung, der *Metazweck*, kann also als gezielte Reduktion der Informationsasymmetrie zwischen dem Rechnungsleger und den Rechnungslegungsadressaten verstanden werden.

Rechnungsleger

Damit steht zunächst fest: Der Rechnungsleger weiß mehr über die rechnungslegende Einheit als die Rechnungslegungsadressaten. Rechnungslegung wird letztlich von Menschen gemacht, die eigene Interessen verfolgen und dabei Handlungs- und Wissensbeschränkungen unterliegen. Dabei handelt es sich um „Unternehmensinsider", im Regelfall um die Manager des Unternehmens, die durch entsprechend spezialisierte Mitarbeiter (Rechnungsleger im eigentlichen Sinne) technisch unterstützt werden. Sie besitzen – auch durch das interne Rechnungswesen – privates Wissen über das Rechnungslegungsobjekt, das sie den Rechnungslegungsadressaten preisgeben. Warum jedoch sollte der Rechnungsleger sein privates Wissen so freizügig teilen? Welchen Anreiz besitzt er? Um diese Fragen beantworten zu können, sollen zunächst die anderen Akteure der Rechnungslegung angesprochen werden: die Rechnungslegungsadressaten.

Rechnungslegungsadressaten

Die Rechnungslegung ist zumeist öffentlich und damit vom Grundsatz her für eine unbegrenzte Zahl von Adressaten bestimmt. Nun interessiert sich naturgemäß nicht die gesamte Weltöffentlichkeit für den Abschluss z.B. eines mittelständischen Unternehmens. Nur wer in einer mehr oder weniger direkten Vertragsbeziehung zu diesem Unternehmen steht, wird bereit sein, die notwendige Zeit aufzubringen, um sich mit der *Rechnungslegungspublizität*, also dem veröffentlichten Ergebnis der Rechnungslegung, zu befassen. Typische Vertragspartner von Unternehmen sind vor allem die im Folgenden vorgestellten Adressatengruppen.

- *Eigenkapitalgeber*: Sie überlassen dem Unternehmen zeitlich unbegrenzt eine bei Kapitalgesellschaften beschränkte und bei Personengesellschaften letztendlich unbeschränkte Menge ihres Vermögens. Somit sind sie die Eigentümer des Unternehmens und haben den so genannten Residualanspruch auf dessen Reinvermögen. Das Reinvermögen verbleibt, wenn die Ansprüche aller anderen Vertragspartner des Unternehmens befriedigt wurden. Folglich interessieren sich die Eigentümer für die (vergangene und zukünftige) Entwicklung eben jener Größe: Wie hoch ist das Reinvermögen? Welchen Teil davon benötigt das Unternehmen für aktuelle und künftige Investitionen und welchen Teil können die Eigentümer sich (bspw. zu Konsumzwecken) ausschütten lassen?
- *Fremdkapitalgeber*: Sie überlassen dem Unternehmen zeitlich begrenzt eine beschränkte Vermögensmenge. Somit besitzen sie einerseits Anspruch auf die Rückzahlung des eingesetzten Kapitals und andererseits auf eine angemesse-

ne, also risikoadjustierte Verzinsung. Von dem Unternehmen erwarten sie folglich die fristgerechte Zahlung des Kapitaldienstes. Nun besteht die Gefahr, dass Unternehmen in Zahlungsverzug geraten oder gar insolvent werden. Um die Wahrscheinlichkeit für diese Ereignisse abzuschätzen, fragen Fremdkapitalgeber u.a. Rechnungslegungsinformationen nach, die ihnen Anhaltspunkte über die künftige Liquiditätssituation des Unternehmens liefern. Diese künftige Liquiditätssituation bestimmt letztlich auch das unternehmerische Risiko aus Fremdkapitalgebersicht.

- *Arbeitnehmer*: Sie haben Arbeitsverträge mit dem Unternehmen geschlossen und interessieren sich folglich dafür, ob diese Arbeitsverträge von Seiten des Unternehmens künftig erfüllt werden. Andererseits haben sie bestimmte Erwartungen für ihre Karriere bei dem Unternehmen und dürften sich daher für dessen Wachstumsperspektiven interessieren.
- *Kunden* und *Lieferanten*: Diese Vertragspartner des Unternehmens haben ebenfalls ein eigenes Informationsinteresse. So sind Lieferanten meist auch Gläubiger und haben daher ähnliche Informationsbedürfnisse wie Fremdkapitalgeber. Andererseits besteht zwischen Lieferanten und Unternehmen häufig eine über den einzelnen Lieferauftrag hinausgehende, langfristige Beziehung. Beide Seiten haben spezifische Investitionen getätigt: Der Lieferant hat eventuell seine Produkte an spezielle Kundenwünsche angepasst oder sich gar als Zulieferer in unmittelbarer Werksnähe niedergelassen. Aufgrund solcher Verflechtungen sind Lieferanten regelmäßig auch an der künftigen wirtschaftlichen Entwicklung ihrer Kunden interessiert. Quasi spiegelbildlich verhält es sich auf der Kundenseite. Während der einmalige Käufer eines kurzlebigen Konsumguts nur relativ oberflächliches Interesse an dem verkaufenden Unternehmen besitzen dürfte, könnte dies bei Käufern von langlebigen Wirtschaftsgütern schon anders aussehen: So dürfte sich der Käufer einer Waschmaschine, von der er mindestens 20 Jahre problemlose Waschleistung verlangt, schon dafür interessieren, ob das herstellende Unternehmen überhaupt noch 20 Jahre am Markt aktiv sein wird, um Garantie- und Reparaturdienstleistungen erbringen zu können. Insbesondere gewerbliche Kunden mit häufig wiederkehrenden spezifischen Beziehungen zum liefernden Unternehmen fragen regelmäßig Informationen über dessen wirtschaftliche Lage nach.
- *Staat*: Der Staat und seine Gebietskörperschaften benötigen Informationen über die wirtschaftliche Leistungsfähigkeit des Unternehmens, wenn sie hieran Steuerzahlungen festsetzen möchten. Die Messung der wirtschaftlichen Leistungsfähigkeit für steuerliche Zwecke erfordert meist ein von der „normalen“ Rechnungslegung mehr oder weniger stark abgekoppeltes separates Rechenwerk. Aber auch neben der Steuerbemessung besitzen die Staatsvertreter ein Informationsinteresse: So treten Unternehmen selber regelmäßig als Vertragspartner des öffentlichen Sektors auf, so dass Kunden- und Lieferantenbeziehungen entstehen. Außerdem interessieren sich Staatsvertreter für die wirtschaftliche Lage von Unternehmen, um neben der aktuellen Steuerbemessung z.B. auch künftige Einnahmequellen des Staates zu eruieren und Industriepolitik etwa im Rahmen von Wirtschaftsförderung zu betreiben.

Somit sind nahezu alle Akteure, die in direkter Vertragsbeziehung zum Unternehmen stehen, Rechnungslegungsadressaten. Die Interessen dieser Adressaten und die damit verbundenen Rechtsansprüche sind in Tabelle 1.1 zusammengefasst.

Adressaten-gruppe	**Übertragene Verfügungsrechte**	**Erhaltener Anspruch**	**Mögliche Anspruchs-absicherungen**
Eigenkapital-geber	Unbefristetes Nutzungsrecht für das Kapital	Residualanspruch auf Gewinn und Reinvermögen der Unternehmung	Leitungsbefugnisse, Informations- und Kontrollrechte
Fremdkapital-geber	Befristetes Nutzungsrecht für das Kapital	Tilgung und Zinszahlungen	Kontrollrechte, Kapitalverwendungs- und Kündigungsregeln
Arbeitnehmer	Arbeitskraft und Know-how	Lohn- und Gehaltszahlungen	Kündigungsfristen, Tarifverträge, Mitspracherechte
Kunden	Entgelt	Güter und Dienstleistungen	Garantieverträge, Produkthaftung und Nachlieferungsansprüche
Lieferanten	Güter und Dienstleistungen	Entgelt	Eigentumsvorbehalt, Forderungsabtretung
Gebietskörperschaften (Staat)	Bereitstellung von Infrastruktur, Subventionen	Steuern, Abgaben, Gebühren	Öffentliches Recht, Subventionsverträge

Tab. 1.1: Vertragsbeziehungen eines Unternehmens

Rechnungslegungszweck

Zusammengefasst lässt sich erkennen, dass die meisten Adressaten eher Informationen über die *künftige* Lage des Unternehmens als über dessen Vergangenheit benötigen. Vor allem die Eigenkapitalgeber als Eigentümer des Unternehmens haben aber auch ein starkes Interesse an Informationen über die unternehmerische Tätigkeit der abgelaufenen Periode. Nur so können sie feststellen, wie mit ihrem Kapital gewirtschaftet wurde, welchen liquidierbaren Wert ihr Investment zum Ende der Periode hatte und ob sie ihrem Management auch weiterhin das Vertrauen schenken sollten. Aber auch die anderen Vertragspartner interessieren sich unter Umständen für abgelaufene Geschäftsjahre, da sie, falls ihre Ansprüche bislang nicht erfüllt wurden, anhand dieser Informationen überprüfen können, ob sie gegebenenfalls rechtliche Ansprüche gegen das Unternehmen geltend machen können. Denkbar sind aber auch vertragliche Ansprüche, die regelmäßig an die Entwicklung (z.B. des Nettovermögens) einer abgelaufenen Periode geknüpft werden.

Rechenschaft und Information

Somit hat Rechnungslegung ausgehend von ihrem Metazweck zwei etwas konkretere Informationsbedürfnisse zu befriedigen:

- Rechenschaft über wirtschaftliches Handeln in der Vergangenheit und
- Bereitstellung von Informationen, mittels derer die künftige wirtschaftliche Entwicklung des Unternehmens abgeschätzt werden kann.

Koordinations- und Bewertungsfunktion

Die erste Aufgabe wird auch als Koordinationsfunktion bezeichnet, da Rechenschaft primär der Vertragskoordination dient. Die zweite Aufgabe lässt sich analog als Bewertungsfunktion charakterisieren, da zukunftsgerichtete Informationen primär der Bewertung von Ansprüchen dienen. In diesem Zusammenhang lässt sich auch bezüglich des Metazwecks von einer Informationsfunktion im weiten Sinne und bezüglich der Bewertungsfunktion von einer Informationsfunktion im engen Sinne sprechen. Die nachfolgende Abbildung 1.1 gibt das resultierende Zielsystem noch einmal zusammenfassend wieder.

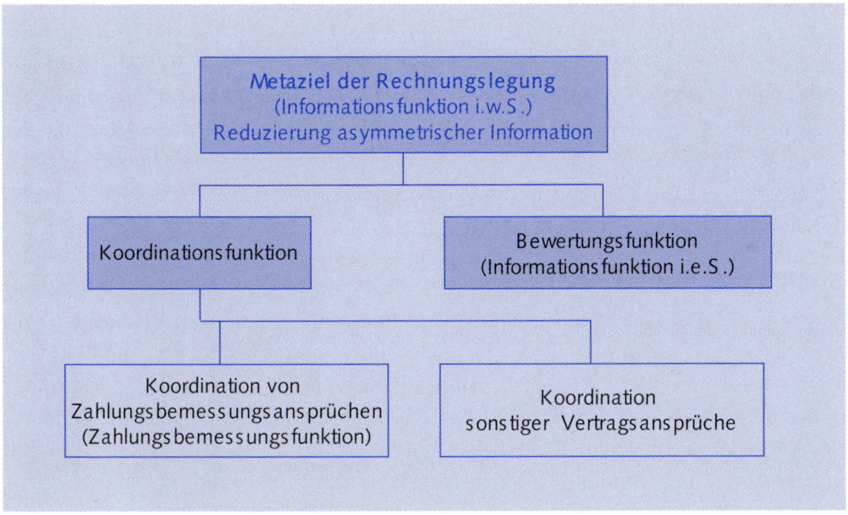

Abb. 1.1: Rechnungslegungzielsystem (vgl. Fülbier, R. U./Gassen, J., Bilanzrechtsregulierung: Auf der ewigen Suche nach der eierlegenden Wollmilchsau, in: Wagner, F. W./Schildbach, T./Schneider, D. (Hrsg.), Private und öffentliche Rechnungslegung, Festschrift für Hannes Streim zum 65. Geburtstag, Wiesbaden 2008, S. 139)

Die Koordinations- und die Bewertungsfunktion sind nicht identisch. So gibt es z.B. Informationen über die künftige wirtschaftliche Entwicklung des Unternehmens (wie etwa Informationen über makroökonomische Preisentwicklungen), die nichts über das wirtschaftliche Handeln der Vergangenheit aussagen. Hieraus folgt, dass z.B. solche Informationen, die für die Bewertung von Unternehmensanteilen hilfreich sind, unter Umständen für die vertragliche Koordination unbrauchbar oder sogar hinderlich sein können (da z.B. die Bonusverträge risikoaverser Manager von den oben erwähnten makroökonomischen Preisrisiken abhängig werden). Andersherum können manche rechenschaftsorientierte Angaben eine effiziente Unternehmenskoordination ermöglichen, obwohl sie für Bewertungszwecke letztlich irrelevant sind. Entsprechend muss Unternehmenskommunikation also immer in Abhängigkeit von ihrer jeweiligen Funktion ausgestaltet werden. Im folgenden Abschnitt werden wir anhand einiger Beispiele diskutieren, warum sich die Rechnungslegung als zentrales Kommunikationsinstrument durchgesetzt hat.

2 Warum gibt es Rechnungslegung?

Rechnungslegung als vertragliches Koordinationsinstrument

Wenn sich Menschen nur einmal treffen, Waren oder Dienstleistungen tauschen und sich dann wieder trennen, kommen sie gegebenenfalls ohne spezielle Verträge aus: Schließlich gibt es das allgemeine Rechtssystem, das die Vertragspartner durch bestimmte Rahmenbedingungen schützt. Unternehmen sind allerdings auf Dauer angelegt, so dass es zu wiederholten und langfristigen Verträgen im Unternehmensverbund kommt. Die Eigentümer stellen einen Manager nicht nur für eine Woche, sondern für mehrere Jahre ein, die Arbeitnehmer unterzeichnen unbefristete Arbeitsverträge und Fremdkapitalgeber geben langfristige Kredite. Bei diesen langfristigen Vereinbarungen kommt es häufig dazu, dass sich die wirtschaftlichen Rahmenbedingungen eines Vertragspartners verändern. Daher werden in die Verträge spezielle Klauseln aufgenommen, die neben Zahlungs-, Waren- und Dienstleistungsströmen u.a. auch Informationsströme regeln. So gewähren die Eigentümer dem Manager relativ weitgehende Entscheidungsbefugnisse, fordern aber dafür, regelmäßig über den Gang der Geschäfte informiert zu werden und behalten sich auch das Abberufungsrecht vor. Um sicherzustellen, dass der Manager sich im Sinne der Eigentümer verhält, können sie ihm zudem einen bestimmten Teil der Nettovermögensmehrung vertraglich zusichern.

Die Eigentümer regeln ihre Beziehungen untereinander ebenfalls in Verträgen: Da sie nur mehrheitlich darüber entscheiden können, ob dem Unternehmen z.B. Liquidität zu entziehen ist, könnten einzelne Mehrheitseigentümer die Minderheitseigentümer u.U. benachteiligen. Dies antizipierend würden Minderheitsaktionäre ihre Zahlungsbereitschaft für Eigentumsanteile reduzieren. Wenn die Mehrheitsanteilseigner dies verhindern wollen, könnten sie den Minderheiten z.B. vertraglich zusichern, dass ihnen regelmäßig ein gewisser Teil der Nettovermögensänderung zur Ausschüttung vorgeschlagen wird. Um diesen Anteil zu bemessen, werden Informationen der Rechnungslegung benötigt.

Gläubiger könnten ihre Kreditvergabe daran binden, dass das Unternehmen bestimmte Investitionsvorhaben durchführt, dass es einen Liquiditätspuffer hält oder eine bestimmte Eigenkapitalquote, also das Verhältnis von Reinvermögen der Eigentümer und gesamtem eingesetztem Kapital, beachtet.

Es wird deutlich: Rechnungslegung spielt als Informationsinstrument in den Verträgen von Unternehmen eine wichtige Rolle. Dies gilt umso mehr,

- je komplexer und langlebiger die Unternehmen angelegt werden und
- je größer die Anzahl der Vertragspartner ist, das heißt, je geringer der Einfluss und das Wissen des einzelnen Vertragspartners sind.

Wenn wir akzeptieren, dass es aus ökonomischer Sicht rational ist, regelmäßig Rechnung zu legen, und dass dies eventuell als notwendige Bedingung für die Funktionsfähigkeit von komplexen, dezentral gesteuerten Unternehmen anzusehen ist, folgt eine weitere Frage: Muss eine solche Rechnungslegung den Unternehmen zwingend vorgeschrieben werden?

Rechnungslegungspflicht

Warum sollte den Unternehmen und ihren Vertragspartnern die Gestaltung der Rechnungslegung nicht selber überlassen werden? Schließlich lässt sich eine Pflicht zur Rechnungslegung auch privatrechtlich ein- und durchsetzen. Auch das Management hat einen Anreiz, die Adressaten regelmäßig über die Entwicklung des Unternehmens zu informieren. In einem marktwirtschaftlichen System ist die Vertragsfreiheit im Grundsatz immer vorziehungswürdig. Wer daher eine gesetzliche Rechnungslegungspflicht befürwortet, hat die Beweislast: Er muss belegen, warum freiwillige Rechnungslegung nicht ausreicht. Hierfür sind die Vor- und Nachteile einer gesetzlich kodifizierten Rechnungslegungspflicht gegenüberzustellen.

Vorteile einer Rechnungslegungspflicht

Eine gesetzliche Pflicht könnte z.B. dann sinnvoll sein, wenn Unternehmen bzw. ihre Manager aufgrund ihrer besseren Marktposition die Rechnungslegungsadressaten benachteiligen können. Dies ist vor allem dann der Fall, wenn die Adressaten nicht dadurch reagieren können, dass sie sich ein anderes Unternehmen als Vertragspartner suchen. Wie im Vorabschnitt beschrieben, ist dies regelmäßig bei den Unternehmenseigentümern der Fall. Eigenkapitalgeber können ihre Unternehmensanteile bestenfalls über den Sekundärmarkt veräußern, nicht jedoch vom Management die Auszahlung ihrer Anteile fordern. Was also tun, wenn sich das Management in Absprache mit dem Mehrheitsaktionär entschließt, keine freiwillige Publizität mehr zu betreiben, sondern lediglich den Mehrheitseigentümer privat über die Lage des Unternehmens zu informieren? Selbst wenn für die Eigenkapitaltitel dieses Unternehmens ein funktionierender Sekundärmarkt existierte, wäre nicht davon auszugehen, dass die Minderheitsaktionäre nach dieser Managemententscheidung noch zufriedenstellende Preise für ihre Anteile erzielen könnten. Schließlich benötigt der Sekundärmarkt bewertungsrelevante Informationen über das Unternehmen. Wenn also die Eigentümer unsicher sind, ob die Informationen der Rechnungslegung dauerhaft öffentlich zur Verfügung stehen, dürften sie ihre Zahlungsbereitschaft für Eigenkapitaltitel reduzieren. Dies könnte im Extremfall den Markt für Eigenkapital zum Erliegen bringen und damit die arbeitsteilige Wirtschaft stark beeinträchtigen. Daher besteht grundsätzlich auch für Alteigentümer und Manager ein Anreiz, diese

Unsicherheit durch eine glaubhafte Selbstverpflichtung zu reduzieren. Es muss aber nicht nur jetzt, sondern auch künftig eine hinreichende Publizität von Rechnungslegungsinformationen sichergestellt sein. Genau dies ist jedoch die Schwierigkeit einer Selbstverpflichtung der Unternehmen zur Publizität. Die Vertragspartner des Unternehmens müssen sich darauf verlassen können, dass zukünftig nicht von der heute vereinbarten Publizität abgewichen wird. Eine solche Selbstverpflichtung ist nur dann glaubwürdig, wenn sie entweder durch entsprechende Sanktionen abgesichert ist oder an die Stelle der Selbstverpflichtung eben die gesetzliche Pflicht tritt.

Durch die gesetzliche Regelung wird Rechnungslegung zu einem standardisierten Rechtsinstrument, auf das z.B. in privaten Verträgen verwiesen werden kann. Damit lassen sich (Transaktions-)Kosten sparen, weil individuelle Verträge in diesem Punkt „entschlackt“ und entsprechende Verhandlungen vermieden werden. So können Fertigungsverträge abgeschlossen werden, die dem Lieferanten eine Entlohnung in Höhe der aus der Rechnungslegung stammenden Auftragskosten zuzüglich eines bestimmten Gewinnzuschlags garantieren. Kreditverträge können beinhalten, dass das kreditaufnehmende Unternehmen bestimmte Bilanzrelationen oder Ausschüttungsgrenzen einhält. Manche dieser auf Rechnungslegungsdaten zielenden Vertragslösungen treten so häufig auf, dass sie ihrerseits gesetzlich als Standard festgeschrieben werden, um die Kosten der individuellen Vertragsgestaltung zu senken. So lässt sich z.B. auch die Vorschrift des § 58 i.V.m. §§ 150, 158 AktG über die Gewinnverwendung erklären, welche die Höhe des maximal ausschüttbaren Bilanzgewinns auf Basis des Jahresüberschusses und der bilanziellen Rücklagen bestimmt.

Nachteile einer Rechnungslegungspflicht

Andererseits entfaltet die Verpflichtung zur Informationsweitergabe so genannte Verteilungswirkungen. Wenn z.B. ein Anteilseigner zur Erkundung des Geschäftsmodells eines Unternehmens entsprechende Zeit investiert hat und somit aufgrund seiner privaten Information besser als andere Marktteilnehmer in der Lage ist, die wirtschaftliche Lage des Unternehmens einzuschätzen, dann würde diese Vermögensposition durch eine Veröffentlichungspflicht zerstört. Im Extremfall kann so das sinnvolle Bestreben der Rechnungslegungsadressaten, von sich aus Informationen über das Unternehmen zu beschaffen und dann über den Marktprozess und entsprechende Preisänderungen zur Vermögensmehrung zu nutzen, zum Erliegen kommen. Mehr Information für alle ist also nicht immer für alle gut.

Darüber hinaus ist die „Produktion“ und Bereitstellung von Rechnungslegungsdaten nicht kostenlos. Vor allem die Vertreter kleinerer Unternehmen könnten diese Kosten vor dem Hintergrund des erwarteten Nutzens für ungerechtfertigt halten, was entweder zur Nichtbefolgung der Norm oder im Extremfall zur Einstellung der Unternehmenstätigkeit führen könnte. Neben dem Kostenargument besitzt eine gesetzliche Verpflichtung zur Rechnungslegung häufig einen weiteren nachteiligen Effekt: Die Evolutionsfähigkeit des Marktes wird eingeschränkt. Da im Regelfall neben einer abstrakten Verpflichtung auch die weiter unten diskutierte Ausgestaltung der Rechnungslegung vorgeschrieben wird, besteht für Unternehmen und Adressaten weniger Anreiz, von sich aus ein sinnvolles Kommunikations- und Koordinationsinstrument zu entwerfen. Eine gesetzliche Verpflichtung zur Rechnungslegung schadet also dem Wettbewerb um die beste Rechnungslegung immer dann, wenn sie die Modalitäten und Regeln der Rechnungslegung festschreibt.

Rechnungslegungspflicht ist empirischer Fakt

Trotz der diskutierten Gegenargumente hat sich weltweit die Meinung durchgesetzt, dass eine Rechnungslegungspflicht zumindest für Unternehmen mit einem großen Adressatenkreis eher nutzt als schadet. Dementsprechend findet sich die Pflicht zur Rechnungslegung(-spublizität) in praktisch allen großen Rechtssystemen. Um nun aufzuzeigen, wie eine Rechnungslegungspflicht konkret aussehen kann, soll die Theorieebene an dieser Stelle verlassen werden. Es wird exemplarisch die deutsche Rechtssituation betrachtet. In diesem Zusammenhang soll auch deutlich werden, welche konkreten Rechnungslegungszwecke der deutsche Gesetzgeber an die Rechnungslegung geknüpft hat.

3 Rechnungslegungspflicht und Rechnungslegungszwecke nach deutschem Handels- und Steuerrecht

Rechnungslegungspflicht nach HGB und AO

Entsprechend der Koordinationsfunktion der Rechnungslegung finden sich die wesentlichen Vorschriften zur Rechnungslegung des deutschen Rechtssystems im Gesellschaftsrecht. Das deutsche Handelsgesetzbuch (HGB) ist das zentrale Gesetz zur Rechnungslegung. Es knüpft die Rechnungslegungspflicht an den handelsrechtlichen Kaufmannsbegriff (§§ 238 ff. HGB). Ein Kaufmann unterliegt nicht nur der Buchführungspflicht (§ 238 HGB), sondern auch der Pflicht zur Aufstellung eines Jahresabschlusses (§ 242 HGB). Lediglich kleine Einzelkaufleute, deren Jahresüberschuss unter 50.000 € und deren Umsatzerlöse unter 500.000 € liegen, sind nach § 241a HGB von der Buchführungspflicht und damit auch von der Pflicht der Aufstellung eines Jahresabschlusses befreit[5]. Die handelsrechtliche Buchführungspflicht gilt – wie in Abbildung 1.2 verdeutlicht – im deutschen Steuerrecht (§ 140 AO) gleichermaßen. Sie wird dort sogar auf alle gewerblichen Tätigkeiten einschließlich Land- und Forstwirtschaft erweitert, sofern ähnlich gelagerte Gewinn- und Umsatzschwellen überschritten werden (§ 141 AO).

Die in § 1 HGB festgelegte Kaufmannseigenschaft trifft den Einzelkaufmann (§ 1 Abs. 2 HGB), die Personenhandelsgesellschaft (§§ 1 Abs. 2, 2 HGB i.V.m. §§ 105, 161 HGB) und auch den Formkaufmann (§ 6 HGB), worunter im Wesentlichen die Kapitalgesellschaften, wie z.B. AGs oder GmbHs, zu subsumieren sind.

5 Diese Größenbedingung muss an zwei aufeinanderfolgenden Abschlussstichtagen jeweils erfüllt sein. Für Neugründungen reicht ein Stichtag.

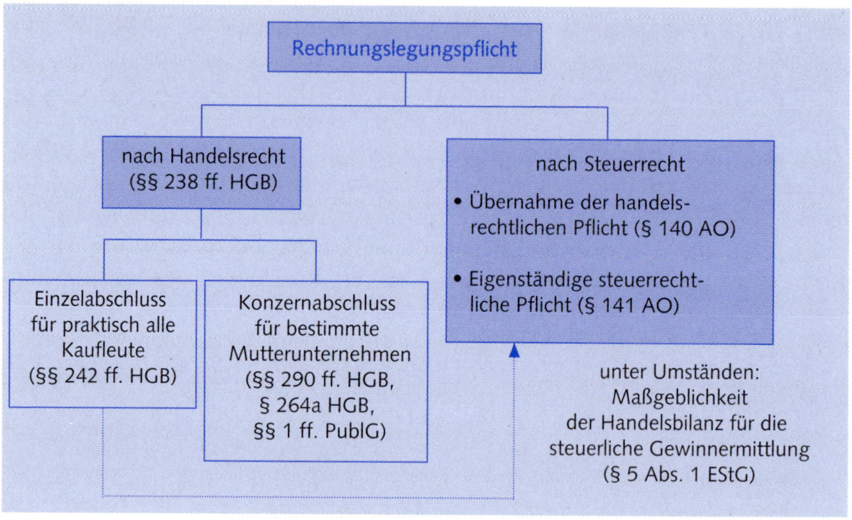

Abb. 1.2: Rechnungslegungspflicht nach deutschem Handels- und Steuerrecht

Einzelabschluss

Alle unter den Kaufmannsbegriff fallenden natürlichen oder (quasi-)juristischen Personen werden als rechnungslegende Einheiten festgelegt[6]. Damit haben sich die Rechnungslegungsdaten auf diese Rechtspersonen zu beziehen und es werden hier alle Geschäftsvorfälle abgebildet, die zwischen dieser Person und der Umwelt stattgefunden haben. Die von ihnen erstellten Abschlüsse werden handelsrechtlich als Jahresabschlüsse, im Folgenden auch als Einzelabschlüsse bezeichnet.

Konzernabschluss

In den ergänzenden Vorschriften für Kapitalgesellschaften sowie bestimmte Personenhandelsgesellschaften, in denen das HGB haftungsbeschränkte Unternehmen – als Korrektiv für die Haftungsbeschränkung – mit zusätzlichen Rechnungslegungspflichten belegt, wird eine zweite rechnungslegende Einheit für die so genannte Konzernrechnungslegungspflicht abgegrenzt. Hier werden mehrere rechtlich selbstständige Unternehmen unabhängig von ihrer Rechtsform zu einer wirtschaftlichen Einheit zusammengefasst und zu einer weiteren Rechnungslegung verpflichtet. Diese Einheit wird in einem Konzernabschluss abgebildet, der nach einer „Fiktion der rechtlichen Einheit"[7] aufzustellen ist. Die Vorschriften zur Konzernrechnungslegung gemäß §§ 290 ff. HGB betreffen primär Kapitalgesellschaften, gelten aber auch für bestimmte Personenhandelsgesellschaften (§ 264a Abs. 1 HGB) sowie große Unternehmen sonstiger Rechtsformen (§§ 1-3

6 Vgl. z.B. § 240 Abs. 1 HGB: „Jeder Kaufmann hat ... *seine* Grundstücke, *seine* Forderungen und Schulden, den Betrag *seines* baren Geldes sowie *seine* sonstigen Vermögensgegenstände ... anzugeben"; § 242 Abs. 1 HGB: „Der Kaufmann hat ... einen das Verhältnis *seines* Vermögens und *seiner* Schulden darstellenden Abschluss ... aufzustellen." Hierbei sind allerdings wieder die Befreiungsvorschriften von § 241a HGB zu beachten.

7 *Busse von Colbe et al.*, Konzernabschlüsse, S. 38.

und 11 ff. PublG). Größenabhängige und sonstige Erleichterungen bei der Aufstellungspflicht (§§ 292 ff. HGB) deuten an, dass der Gesetzgeber die Kosten der Konzernrechnungslegung nicht jedem Unternehmen aufbürden möchte.

Informationsfunktion

Einzel- wie Konzernabschluss haben nach Handelsrecht eine Informationsfunktion, die sich insbesondere in § 264 Abs. 2 bzw. § 297 Abs. 2 HGB konkretisiert. Dort heißt es, der Abschluss habe „ein den tatsächlichen Verhältnissen entsprechendes Bild der Vermögens-, Finanz- und Ertragslage" der rechnungslegenden Einheit zu vermitteln. Rechenschaftsgedanke und zukunftsorientierte Informationsvermittlung kommen darin zum Ausdruck. Dient der Konzernabschluss ausschließlich der Informationsfunktion i.e.S., so hat der Einzelabschluss noch weitere Zwecke. Diese Zweckvielfalt geht mit Spannungen einher, da – wie später zu zeigen sein wird – die konkrete Ausgestaltung der Rechnungslegung schon bei einem einzigen Ziel schwierig genug erscheint.

Gewinnverteilung

An den handelsrechtlichen Einzelabschluss sind neben der Informationsfunktion bestimmte Rechtsfolgen geknüpft. Das heißt nichts anderes, als dass der Informationsfluss standardisiert zur Bemessung der Ansprüche einiger Vertragspartner und damit zur Vertragskoordination eingesetzt wird. Dies trifft in erster Linie die gesetzliche Gewinnbeteiligung der Gesellschafter bzw. Eigentümer bei Personenhandelsgesellschaften (§§ 120, 121, 167 und 168 HGB) und bei Kapitalgesellschaften (§§ 57 Abs. 3, 58 AktG, § 278 Abs. 3 i.V.m. § 58 AktG, §§ 150, 158 AktG, §§ 278 Abs. 2, 286 AktG i.V.m. §§ 167, 168 HGB, § 29 Abs. 1 GmbHG). Soweit hier Mindestausschüttungsregeln festgelegt werden, dienen diese Vorschriften dem Gesellschafterschutz. Wenn sie die Ausschüttung indes auch auf eine bestimmte Kapitalhöhe beschränken, wird auch ein „Zuviel" an Ausschüttung verhindert. Die Beschränkung der Entzugsrechte der Anteilseigner soll primär dem Gläubigerschutz dienen. Ergänzend wirken auch handelsrechtliche Bilanzansatz- und Bilanzbewertungsregeln in diese Richtung, die einen „vorsichtigen" und damit „entziehbaren" Gewinn zu ermitteln versuchen.

Steuerliche Gewinnermittlung

Die steuerliche Gewinnermittlung ist ein weiterer, zentraler Zweck des Einzelabschlusses. Hier wird gewissermaßen der Anspruch des Fiskus als „Zwangsvertragspartner" des Unternehmens bemessen. So ermittelt sich der steuerpflichtige Gewinn entweder über eine zahlungsorientierte Einnahmenüberschussrechnung (§ 4 Abs. 3 EStG) oder über einen bilanziellen Betriebsvermögensvergleich (§ 4 Abs. 1, § 5 EStG). Während die Gewinnermittlung durch Betriebsvermögensvergleich im Allgemeinen (§ 4 Abs. 1 EStG) auf einer rein steuerrechtlichen Rechnungslegung beruht, greift bei Bilanzierungspflichtigen und freiwillig bilanzierenden Unternehmen das Maßgeblichkeitsprinzip (§ 5 Abs. 1 Satz 1 EStG). Dies gilt jedoch nur insoweit, wie es den konkreten Steuervorschriften nicht entgegensteht (steuerlicher Bewertungsvorbehalt gemäß § 5 Abs. 6 EStG)[8]. Die steuerliche Gewinnermittlung vollzieht sich entweder direkt in einer originären Steuerbilanz oder über einen handelsrechtlichen Einzelabschluss, der durch Umbuchungen an die steuerrechtlichen Vorschriften

8 Vgl. BMF-Schreiben vom 12.03.2010 zur Interpretation des Maßgeblichkeitsprinzips nach der Umsetzung des BilMoG.

angepasst wird (§ 60 Abs. 2 EStDV). Eine gesetzliche Verpflichtung zur Aufstellung einer originären Steuerbilanz besteht insofern nicht. Im Rahmen einer so genannten „Einheitsbilanz" wird z.B. versucht, handels- wie auch steuerrechtlichen Vorschriften weitgehend gleichermaßen zu entsprechen.

Sonstige Rechtsfolgen

Die Rechtsfolgen des handelsrechtlichen Einzelabschlusses umfassen aber auch haftungsrechtliche Konsequenzen bei Kapitalgesellschaften. Zielgröße ist hier das Eigenkapital als Nettovermögen, welches das Haftungskapital der Gesellschaft gegenüber den Gläubigern bestimmt und die Eigentümer von der Haftung freistellt, sofern sie ihre Einlagen in voller Höhe erbracht haben. Auch gesellschaftsrechtliche Verlustanzeigepflichten gemäß § 92 Abs. 1 AktG und § 49 Abs. 3 GmbHG zielen auf den Einzelabschluss und greifen bei verlustbedingten Eigenkapitalaufzehrungen ab einer bestimmten Höhe. Zudem wird der Einzelabschluss in Rechtsstreitigkeiten o.ä. zu Dokumentationszwecken herangezogen.

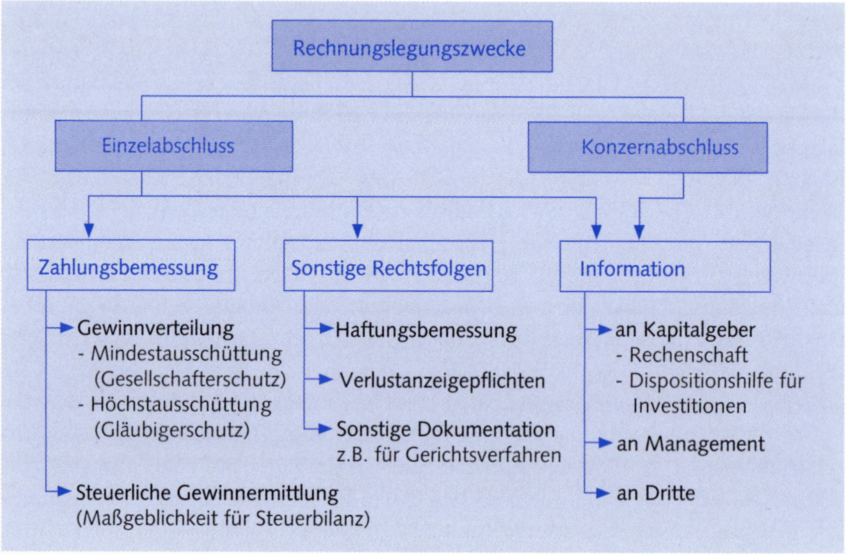

Abb. 1.3: Rechnungslegungszwecke für Einzel- und Konzernabschluss in Deutschland

Dualismus von Einzel- und Konzernabschluss

Das in Abbildung 1.3 noch einmal zusammengefasste System von Rechnungslegungszwecken ist damit durch den Dualismus von Einzel- und Konzernabschluss geprägt. Dabei fällt auf, dass (Rechts-)Ansprüche bisher ausschließlich an den Einzelabschluss anknüpfen. Ob die fehlende Rechtsfähigkeit der im Konzernabschluss zusammengefassten wirtschaftlichen Einheit als Erklärung hierfür ausreicht, sei dahingestellt. In jedem Fall beschränkt sich die reine Informationsfunktion nur auf eben diesen Konzernabschluss.

Bisher ist erläutert worden, was Rechnungslegung ist, warum es sie – auch als gesetzliche Pflicht – gibt und welchen Zwecken sie dient. Dabei ist allerdings noch nicht erörtert worden, warum es der inhaltlichen Ausgestaltung der Rechnungslegung durch Rechnungslegungsregeln bedarf. Warum denn nicht einfach vorschreiben, dass regelmäßig über das Unternehmen zu berichten ist, und den Rest, also die inhaltliche Ausgestaltung der Rechnungslegung, dem Markt überlassen? Mit dieser Frage beschäftigt sich das folgende Teilkapitel, das sich zunächst wieder von der konkreten in Deutschland gültigen Rechtssituation löst und eine allgemeinere Perspektive einnimmt.

4 Ausgestaltung der Rechnungslegung durch Rechnungslegungsregeln

Individuelle Informationsbereitstellung ist unmöglich

Ein Investor überlegt, in welches Unternehmen er sein Vermögen investieren soll. Ihm stellt sich nun die Frage, welche Informationen er für diese Entscheidung benötigt. Einige Investoren haben eventuell das Bedürfnis, mit dem Manager des Unternehmens in direkten Kontakt zu treten: Er soll ihnen erklären, warum ihr Geld in diesem Unternehmen gewinnbringender angelegt ist als in anderen. Ist das Investment bereits getätigt, ist zu erwarten, dass der Manager dem Investor in regelmäßigen Abständen oder bei Interesse auch fallweise darüber berichtet, wie es um dessen Vermögensanlage steht. Dieses Konzept einer Rechnungslegung erscheint naheliegend, solange der Manager nur einen oder wenige Kapitalgeber benötigt, wie es vielleicht bei offenen Handelsgesellschaften oder Kommanditgesellschaften der Fall ist. Wenn das Management oder die Alteigentümer allerdings eine Vielzahl von Kapitalgebern suchen, wird eine solche Vorgehensweise schnell ineffizient.

Aus Investorensicht gibt es ein weiteres Problem mit individueller, unstandardisierter Information. Will z.B. ein durchschnittlich informierter Investor in ein Biotechnologieunternehmen investieren, dürfte es ihn eher verwirren, wenn ihn der Manager ausführlich über den Stand der laufenden Forschungen z.B. zu Alzheimer, über genetic engeneering und das Zulassungsverfahren für neue Arzneimittel in den USA informierte. Um über sein Investment zu entscheiden, muss der Investor letztlich in der Lage sein, die Entwicklung der beschriebenen Arzneimittel und die daraus resultierenden Cashflows zu schätzen. Das dafür notwendige Know-how dürfte kaum vorhanden sein. Aber selbst wenn es, z.B. dank eines Fernstudiums neben der normalen Berufstätigkeit vorhanden wäre, dürfte spätestens die nächste Investitionsentscheidung ein unüberwindbares Problem darstellen. Man stelle sich nur vor, der Biotech-Experte müsste sich nun mit den Marktchancen bestimmter Spezialkristalle für die Fertigung von Flüssigkristallbildschirmen auseinandersetzen. Ein zweites Fernstudium der Mineralogie dürfte illusorisch sein.

Standardisierte monetäre Abbildung ist zwingend notwendig

Aus dem Beispiel wird deutlich: Für den einzelnen Vertragspartner ist es schwer, spezifische Informationen zielführend zu verarbeiten. Im Regelfall besitzen die Adressaten nicht das notwendige Know-how, um qualitative Unternehmensinformationen auf die Größen zurückzuführen, die sie letztlich interessieren. Als Reaktion auf diese Rahmenbedingung hat sich die Rechnungslegung zu dem entwickelt, was sie heute ist: Sie bildet das Geschehen des Unternehmens, also alle aktuellen und teilweise auch die erwarteten Ereignisse, in Form von Geldgrößen ab. Die Adressaten werden über diese Geldgrößen informiert. Der Vorteil dieser Vorgehensweise liegt darin, dass Geld als Normgröße der Ökonomie von allen Adressaten verstanden und interpretiert werden kann. Ein Anleger wird in der Regel wohl nicht genau wissen, was eine Common-Rail-Technik bei einem Dieselmotor ist. Mit der Information, dass der Robert Bosch Konzern je 100 € Eigenkapital im Jahr 2009 einen Verlust von ca. 5,26 € erwirtschaftet hat, kann er aber vielleicht mehr anfangen.

Monetäre Verdichtung von Transaktionen ist nicht eindeutig

Die Rechnungslegung verdichtet ökonomische Transaktionen zu monetären Größen. Leider ist diese Verdichtung nicht objektiv eindeutig möglich. So bedeutet eine Lieferung einer Ware an einen Kunden und die in diesem Zuge durch eine Rechnung konkretisierte Forderung nicht zweifelsfrei, dass sich tatsächlich ein gewinnsteigernder Umsatzerlös ereignet hat. Was ist z.B., wenn der Kunde ein Rückgaberecht hat? Wie hoch ist die Wahrscheinlichkeit der Inanspruchnahme? So könnte der Anteilseigner davon ausgehen, der Umsatz sei hinreichend sicher und der entsprechende Gewinnanteil stehe ihm als Eigentümer nun zur Verfügung. Im Gegensatz dazu kann der Fremdkapitalgeber überzeugt sein, dass aufgrund des Rückgaberechts noch nicht hinreichend sicher von einem Umsatzerlös auszugehen sei und somit der Eigentümer keinesfalls einen Anspruch auf den aus der Verbuchung des Umsatzes resultierenden Gewinn habe. Fraglich ist also, wann der Umsatz als hinreichend realisiert anzusehen ist.

Ähnliche Probleme ergeben sich in anderen Bereichen der monetären Abbildung. Fraglich ist z.B., wie die Herstellungskosten der gelieferten Ware zu ermitteln sind, um im Vergleich mit dem Umsatzerlös auf den Gewinn oder Verlust der Warenlieferung schließen zu können. Fraglich ist aber auch, ob und wie die Adressaten über die gesamten Produktionsfaktoren des Unternehmens, z.B. über Maschinen, Immobilien oder auch Arbeitnehmer und deren Know-how zu informieren sind. Was ist, wenn das Unternehmen in Rechtsstreitigkeiten verwickelt ist, weil Kunden wegen fehlerhafter Ware einen Schadensersatz fordern? Wie können Vergütungsbestandteile der Arbeitnehmer in Form zugesagter künftiger Betriebsrenten abgebildet werden? Oder wie verhält es sich mit Aktienoptionen, die dem Management zugesagt werden? Die Reihe der Fragen könnte beliebig fortgeführt werden. Die dabei angesprochenen Probleme sind letztlich so vielfältig wie die Unternehmen komplex sind. Die Rechnungslegung muss auf Regeln basieren, die diese komplexe Unternehmensrealität so klar und eindeutig wie möglich in Geldgrößen überführen.

Rechnungslegung benötigt Regeln

Notwendig sind also *Rechnungslegungsregeln*. Diese Regeln bestimmen, wie die Rechnungslegung im Detail vorzunehmen ist und sichern damit, dass alle Beteiligten das Gleiche erwarten, wenn Sie z.B. den Jahresabschluss eines Unternehmens aufschlagen. Die Notwendigkeit von Rechnungslegungsregeln führt uns zur nächsten Frage: Wie lassen sich „richtige“ oder „gute“ Rechnungslegungsregeln identifizieren?

5 Was sind „gute“ Rechnungslegungsregeln?

5.1 Schwierigkeiten bei der normativen Ableitung von Rechnungslegungsregeln

Wie im Vorabschnitt deutlich wurde, ist es durchaus vorstellbar und auch wahrscheinlich, dass unterschiedliche Adressaten unterschiedliche Rechnungslegungsregeln wünschen. Dass es aus diesem Dilemma keinen klaren Ausweg geben kann, wird schon anhand des aus der Wohlfahrtsökonomik bekannten Arrow-Paradoxons deutlich: Es gibt keinen Mechanismus, der es ermöglicht, bei ungleichen Präferenzen mehrerer Parteien ein gesamtwirtschaftliches Optimum zweifelsfrei zu erreichen. Diese Argumentation kann am folgenden Beispiel nachvollzogen werden.

Beispiel 1.1

Ein Eigenkapitalgeber, ein Fremdkapitalgeber und ein Arbeitnehmer müssen sich auf eine Rechnungslegungsregel zur Bewertung von Wertpapieren einigen. Es gibt drei Alternativen: Wertpapiere könnten zu Anschaffungskosten bewertet werden, zum niedrigeren Wert von Anschaffungskosten und Marktwert oder generell zum Marktwert. Es sei unterstellt, dass der Fremdkapitalgeber aus Vorsichtsgründen das Niederstwertprinzip bevorzugt, seine zweite Alternative ist das Anschaffungskostenprinzip und seine letzte Präferenz ist das Marktwertprinzip. Der Eigenkapitalgeber befürwortet im Sinne einer fairen Präsentation der Vermögenslage das Marktwertprinzip, seine zweite Alternative ist das Niederstwertprinzip und seine dritte Präferenz das Anschaffungskostenprinzip. Der Arbeitnehmer, der übrigens im Rechnungswesen tätig ist und daher komplizierte Bewertungsverfahren scheut, wünscht sich das Anschaffungskostenprinzip. Ansonsten würde er das Marktwertprinzip dem Niederstwertprinzip vorziehen. Da der Nutzen aller Akteure nicht vergleichbar ist, kann nur eine einfache Reihung der Präferenzen vorgenommen werden.

Wenn nun die Alternativen verglichen werden, so wird jede gleich beurteilt, da sie einmal an erster, einmal an zweiter und einmal an dritter Stelle steht. Selbst in diesem einfachen Fall mit nur drei Adressaten lässt sich somit keine eindeutig vorzuziehende Alternative identifizieren, jede Entscheidung wird immer mindestens einen Adressaten benachteiligen und einen bevorteilen.

Eindeutige Lösung des Regelproblems unmöglich

Eine Rechnungslegungsregel kann somit nur dann als eindeutige Verbesserung angesehen werden, wenn *alle* Adressaten durch sie nicht schlechter gestellt werden. Dies setzt zudem voraus, dass die Befolgung der Regel dem Rechnungsleger keine Kosten verursacht, wobei z.B. auch Kosten durch Konkurrenzwirkungen vermehrter Publizität zu berücksichtigen sind. Diese Bedingungen sind in der Realität kaum gegeben; ein aus normativer Sicht eindeutig richtiges System der Rechnungslegung kann es somit nicht geben. Was also tun? In der Praxis haben sich mehrere heuristische Verfahren herausgebildet, die helfen sollen, „gute" Regeln zu identifizieren oder zumindest eher „schlechte" Regeln auszusondern. Diese Verfahren beinhalten meistens Bestandteile aus folgenden drei Ebenen:

- Ableitung (Deduktion) aus normativ „fundierten" Grundsätzen,
- Prozessorientierung, um sicherzustellen, dass im Zuge der Regelfestsetzung möglichst alle relevanten Interessen berücksichtigt werden und den
- Wettbewerb von unterschiedlichen Regeln oder Regelsystemen.

Im Folgenden wird auf die unterschiedlichen Ebenen eingegangen.

5.2 Heuristische Konzepte zur Ableitung von Rechnungslegungsregeln

5.2.1 Verwendung von normativ „fundierten" Grundsätzen der Rechnungslegung

5.2.1.1 Messorientierte Konzepte

Messorientierte Konzepte suchen den „richtigen" Wertansatz

Messorientierte Konzepte versuchen sicherzustellen, dass die Elemente der Rechnungslegung nach einheitlichen Regeln bewertet werden. Die grundlegende Frage ist: Wie sind die z.B. in einer Kapitalflussrechnung erfassten Ein- und Auszahlungen für Bilanzierungszwecke zu periodisieren? Von den später zu diskutierenden entscheidungsorientierten Ansätzen unterscheiden sie sich dadurch, dass sie nicht den Adressaten in den Mittelpunkt ihrer Überlegungen stellen, sondern die Rechenwerke Bilanz und GuV. Im Zuge der bilanztheoretischen Diskussion vor allem der ersten Hälfte des letzten Jahrhunderts sind zahlreiche Konzepte entwickelt worden, von denen hier die im deutschen Sprachraum prominentesten, die statische und die dynamische Bilanztheorie, kurz vorgestellt werden.

Statische Bilanztheorie

Die *statische Bilanztheorie* im Sinne von *Herman Veit Simon* sieht den Hauptzweck der Rechnungslegung in der periodischen Vermögensermittlung. Der Gewinn einer Periode ergibt sich dann folglich als Differenz der Reinvermögen an Periodenanfang und Periodenende. Gemäß dieser „Bilanzkonzentrierung" befasst sich die statische Bilanztheorie, die wohl auch 100 Jahre später noch als Fundament der deutschen bilanztheoretischen Sichtweise angesehen werden kann, vorrangig mit der Identifikation von passenden Ansatz- und Bewertungsverfahren.

Das Prinzip von Ansatz und Bewertung hängt zentral davon ab, was für die Zukunft vom bilanzierenden Unternehmen erwartet wird: Wenn von der *Zerschlagung* ausgegangen wird, sind Vermögenswerte und Schulden anders zu bewerten als wenn – wie von Simon favorisiert – mit der *Fortführung* des Unternehmens gerechnet wird. Ungeachtet der Unternehmensfortführung dient der Ertragswert der Vermögenswerte und Schulden als Grundlage des Bewertungskonzepts von Simon. Während indes der Ertragswert von einzelnen Vermögenswerten und Schulden im Falle einer Zerschlagung noch relativ leicht zu ermitteln ist, da er dem (ggf. abzuzinsenden) erwarteten Veräußerungserlös der einzelnen Gegenstände entspricht, scheitert im Fortführungsfall eine Einzelbewertung auf Ertragswertbasis an der grundsätzlichen Unmöglichkeit, den Ertragswert des Unternehmens auf dessen einzelne Teile zweifelsfrei herunterzubrechen. Vor dem Hintergrund dieser konzeptionellen Probleme erstaunt es wenig, dass Simon eher einzelne Bilanzierungsnormen basierend auf der praktischen Übung seiner Zeit postuliert, als ein geschlossenes normatives Gebäude zu präsentieren. So erkennt er z.B. im Wesentlichen körperliche Gegenstände als zu aktivierende Vermögenswerte an. Immaterielle Gegenstände unterteilt er in Rechte und rein wirtschaftliche Vorteile. Die Aktivierung von rein wirtschaftlichen Vorteilen hält er nur für möglich, wenn diese von Dritten entgeltlich erworben wurden. Diese Vorgehensweise entspricht dem Anspruch der Objektivierbarkeit, weniger aber dem Anspruch, den Ertragswert des Unternehmens auf die Aktiva herunterzubrechen.

Dynamische Bilanztheorie

Die *dynamische Bilanztheorie*, die eng mit dem Namen *Eugen Schmalenbach* verbunden ist, stellt die grundsätzliche Zielsetzung der statischen Bilanzlehre infrage. Nach Schmalenbach ist es nicht möglich, die Höhe des Vermögens durch eine Bilanz zu ermitteln, da der Ertragswert eines Unternehmens regelmäßig durch Einflussfaktoren wie Kundentreue, Arbeitsweise etc. geprägt sei, die als rein wirtschaftliche Werte gar keinen Eingang in die Bilanz statischer Prägung erhielten. Demzufolge ist nach dynamischer Sichtweise die Ermittlung des „richtigen" Periodenerfolges in den Vordergrund zu rücken: Aus der statischen „Gewinn- *und* Vermögensentwicklung" wird das dynamische Credo „Gewinn- *statt* Vermögensentwicklung". Das darauf basierende theoretische Konzept ist daher auf die Messung von erfolgsrelevanten Stromgrößen bezogen. Über die Gesamtlebenszeit eines Unternehmens ist der Erfolg gleich der Differenz aus (monetären) Einnahmen und Ausgaben. Da für die allermeisten Unternehmen eine auf die Totalperiode beschränkte Gewinnermittlung nicht realisierbar ist, muss eine Periodisierung von Einnahmen und Ausgaben vorgenommen werden. Die Gewinn- und Verlustrechnung sammelt daher alle Erträge und Aufwendungen, die der Periode zuzuordnen sind. Die Bilanz stellt nach Schmalenbach ein Abgrenzungskonto dar und dient somit als „Auffangbecken" für alle Transaktionen, die nicht gleichzeitig Einnahme und Ertrag bzw. Ausgabe und Aufwendung sind. Sie wird daher auch als „Kräftespeicher" bezeichnet. Vermögenswerte stellen hiernach also künftige Erfolge dar (*schwebende Vorleistungen*) und Schulden dementsprechend Lasten (*schwebende Nachleistungen*). Das Ziel einer solchen Bilanzierung liegt in der Ermittlung des Periodenerfolgs, der den Bilanzierenden darüber informiert, wie sein Unternehmen arbeitet und ob das Unternehmen durch fortlaufende Verluste in seinem Bestand gefährdet ist.

Vielleicht ist letztlich diese auf existenzgefährdende Risiken und damit etwas asymmetrische Zweckbestimmung mit verantwortlich dafür, dass – ähnlich wie bei der statischen Bilanzdefinition – die konkreten Ansatz- und Bewertungsregeln von Schmalenbach mehr oder weniger deutlich im Widerspruch zu seiner Bilanztheorie stehen. So betont Schmalenbach beispielsweise das Vorsichtsprinzip im Rahmen der Bewertung: Die strenge Auslegung des Realisationsprinzips auch im Zusammenhang mit langfristiger Fertigung ist für ihn ebenso selbstverständlich wie das Niederstwertprinzip und eher zu reichlich als zu knapp bemessene Abschreibungen. Diese imparitätische Behandlung von Chancen und Risiken entspricht eventuell dem Anspruch, möglichst früh vor drohenden Unternehmenskrisen zu warnen, verzerrt indes das Bild der Bilanz als „Kräftespeicher“ des Unternehmens.

Messorientierte Ansätze basieren letztlich auf der Annahme, es gebe „absolut richtige“ Rechnungslegungsregeln. Hiernach müsse der zweifelsfrei logische Wertansatz für Vermögenswerte und Schulden nur gefunden werden. Unter Berücksichtigung der Adressaten und ihrer Individualität kann es aber, wie es das Arrow-Paradoxon bereits gezeigt hat, keine intersubjektiv plausible messorientierte Bilanztheorie geben. Folgerichtig hat sich die normative Bilanztheorie in der zweiten Hälfte des letzten Jahrhunderts dann auch eher auf die Adressaten und ihre Entscheidungsprobleme fokussiert.

5.2.1.2 Entscheidungsorientierte Konzepte

In der entscheidungsorientierten Bilanztheorie wird akzeptiert, dass es keine Möglichkeit gibt, Vermögenswerte und Schulden logisch zweifelsfrei zu definieren und zu bewerten. Unterschiedliche Adressaten haben unterschiedliche Informationsinteressen. Somit ist noch nicht einmal der Ertragswert des Unternehmens als Wert des Bruttovermögens uneingeschränkt konsensfähig, wie das folgende Beispiel zeigt.

Beispiel 1.2

Sie haben geerbt und wollen Ihr Erbe in Höhe von 250 T€ nun sinnvoll investieren. Sie stehen vor der Wahl, in die neue Pizzeria in ihrem Heimatort oder in ein neues Kasino in Berlin zu investieren. Beide Alternativen erfordern jeweils eine Investition in Höhe von 750 T€, die fehlenden 500 T€ wollen Sie über einen Bankkredit aufnehmen. Nach einem Jahr gibt es bei beiden Investitionen zwei mögliche Szenarien: Entweder das Unternehmen wird zu einem heute bekannten Preis verkauft oder das Unternehmen ist pleite und Sie haben Ihr Anfangskapital verloren. Die Bank kann nicht auf Ihr Privatvermögen zugreifen, insofern begrenzt sich der Verlust auf 250 T€. Sie bieten daher Ihrer Hausbank an, einen Kredit über 500 T€ in einem Jahr mit 600 T€ aus den Mitteln des Verkaufs zurückzuzahlen.

Die Pizzeria kann mit einer Wahrscheinlichkeit von 90 % für 1 Mio. € verkauft werden und geht mit einer Wahrscheinlichkeit von 10 % pleite. Das Kasino hingegen kann mit 10 %iger Wahrscheinlichkeit für 9 Mio. € verkauft werden und geht mit 90 %iger Wahrscheinlichkeit pleite.

Sie befinden sich nun im Gespräch mit einem Kundenbetreuer Ihrer Hausbank. Er möchte gerne mehr über die beiden Investitionsalternativen wissen. Da die verschiedenen zukünftigen Szenarien nur Ihnen bekannt sind und Sie diese auch gerne als Geschäftsgeheimnis behalten wollen, werden Sie dem Kundenbetreuer ausschließlich Erwartungswerte mitteilen. (Übrigens: Sie und die Bank sind jeweils risikoneutral.)

Als gewissenhafter Student bereiten Sie das Treffen vor und berechnen alle für die Entscheidung notwendigen Erwartungswerte. Wie hoch ist der erwartete Unternehmenswert nach einem Jahr unabhängig von der Finanzierung? Welcher Erwartungswert ist für Ihre Investitionsentscheidung relevant? Welcher Erwartungswert ist für die Bank von entscheidender Bedeutung?

Lösung

Pizzeria				
		Erwartungswert (in Mio. €):		
Szenario:	Wahrscheinlichkeit	Finanzierungsunabhängig	EK-Geber	FK-Geber
günstiger Verlauf	90 %	1,00	0,40	0,60
ungünstiger Verlauf	10 %	0,00	0,00	0,00
Erwartungswert:		0,90	0,36	0,54
Erwarteter Kapitalüberschuss:		0,15	0,11	0,04
Erwartete Verzinsung des Kapitals:		20 %	44 %	8 %

Kasino				
		Erwartungswert (in Mio. €):		
Szenario:	Wahrscheinlichkeit	Finanzierungsunabhängig	EK-Geber	FK-Geber
günstiger Verlauf	10 %	9,00	8,40	0,60
ungünstiger Verlauf	90 %	0,00	0,00	0,00
Erwartungswert:		0,90	0,84	0,06
Erwarteter Kapitalüberschuss:		0,15	0,59	-0,44
Erwartete Verzinsung des Kapitals:		20%	236%	-88%

Eine finanzierungsunabhängige (objektive) Bewertung der Projekte ist weder für den Eigenkapitalgeber noch für den Fremdkapitalgeber sinnvoll, da so die Kapitalrückflüsse für die jeweilige Gruppe nicht korrekt wiedergegeben werden. Beide Projekte erscheinen gleich gut. Aus der Sicht der Bank ist die Pizzeria jedoch die bessere Investition, da sie nur in 10 % der Fälle einen Totalausfall verbuchen muss, aber in 90 % der Fälle die Rückzahlung des Kredites einschließlich Zinsen erwarten kann. Der Eigenkapitalgeber hingegen würde eine Investition in das Kasino bevorzugen, da der Erwartungswert für ihn hierbei am höchsten ist.

Die unterschiedliche Bewertung der Sachverhalte ist Ergebnis der unterschiedlichen Gewinnpartizipation. Während der Eigenkapitalgeber unbeschränkt an den Gewinnen partizipiert, ist der mögliche Gewinn der Bank nach oben auf die Zahlung von 600 T€ beschränkt. Für sie ist es daher unerheblich, dass der Gewinn, den das Kasino bei günstigem Verlauf abwerfen wird, bedeutend höher ausfällt als der Gewinn der Pizzeria.

Wie das Beispiel verdeutlicht, gibt es keinen objektiven Unternehmenswert, der beiden Adressaten und ihren individuell unterschiedlichen Partizipationsverträgen gleichermaßen gerecht wird. Und dabei ist noch nicht einmal berücksichtigt, dass die Adressaten realiter auch noch unterschiedliche Risikoeinstellungen besitzen können.

Adressatenorientierung

Die Grundforderung der normativen entscheidungsorientierten Bilanztheorie lautet: Bilanzierungsregeln sind so zu gestalten, dass sie eine Rechnungslegung generieren, die für die Rechnungslegungsadressaten entscheidungsrelevant ist. Dies wird im Allgemeinen so spezifiziert, dass die Rechnungslegung einerseits *relevant*, andererseits aber auch hinreichend *verlässlich* sein muss. So gibt es Informationen, wie z.B. die Erfolgsaussichten eines aktuellen Forschungsprojekts, die für viele Adressaten sehr relevant sind, gleichzeitig aber wohl naturgemäß als wenig verlässlich angesehen werden müssen[9]. Für die Entscheidung, welche Vermögenswerte und Schulden anzusetzen und wie diese zu bewerten sind, soll letztendlich diese Abwägung entscheidend sein. Somit befasst sich der Großteil der entscheidungsorientierten Theorie ebenfalls mit Ansatz- und Bewertungsfragen, anders als die im Vorabschnitt vorgestellten messorientierten Ansätze jedoch primär aus Sicht der Adressaten.

Eigen- und Fremdkapitalgeber als zentrale Adressaten

Doch für wen soll nun die Rechnungslegung relevant und verlässlich sein? Die Adressaten der Rechnungslegung wurden oben als weitgehend offene Gruppe von Individuen umschrieben. Um vor dem Hintergrund der resultierenden divergierenden Interessen trotzdem einheitliche („relativ richtige") Entscheidungsempfehlungen zu formulieren, erscheint die Konzentration auf eine oder wenige Adressatengruppen unumgänglich. Hierfür haben sich insbesondere die Eigenkapitalgeber- und/oder die Fremdkapitalgebersichtweise herausgebildet.

9 Dieses Spannungsverhältnis von Relevanz und Verlässlichkeit prägt u.a. auch das Rahmenkonzept der IFRS, das in Kapitel 5 beschrieben wird.

Adressatengewichtung abhängig von institutionellen Rahmenbedingungen

In einer eher anglo-amerikanisch geprägten Sichtweise wird meist der Eigenkapitalgeber als der zentrale Adressat der Rechnungslegung angesehen. Dies erscheint insofern plausibel, als dieser das finanzielle Risiko des Unternehmens trägt und direkt oder indirekt über die Geschäftspolitik entscheidet. Dazu kommt, dass im anglo-amerikanischen Raum der Eigenkapitalgeber traditionell über organisierte Märkte als Aktionär sein Kapital zur Verfügung stellt und somit vergleichsweise wenig spezifisches Wissen über das Unternehmen besitzt.

Im Gegensatz dazu rückt die traditionelle deutsche Sichtweise eher den Fremdkapitalgeber in den Vordergrund. Auch hier erscheint dies vor dem Hintergrund der institutionellen Rahmenbedingungen verständlich: Traditionell nutzen nur wenige deutsche Unternehmen den organisierten Eigenkapitalmarkt, so dass der Eigentümer in geschäftsführender oder zumindest geschäftsführungsnaher Position in Deutschland eher die Regel ist. Diese Personengruppe verfügt über hinreichende interne Informationsquellen, so dass die externe Rechnungslegung eher an anderen Adressaten wie den Banken ausgerichtet werden kann.

Unterschiedliche Adressaten bedingen unterschiedliche Rechnungslegung

Wie wirkt sich nun die unterschiedliche Adressatenorientierung aus? Das zu Beginn skizzierte Beispiel macht deutlich, dass Fremdkapitalgeber wenig Nutzen aus Informationen über den Unternehmensertragswert ziehen, da die Risikoposition – Risiko des totalen Verlustes des eingesetzten Kapitals, jedoch eine auf den Zins beschränkte Gewinnbeteiligung – asymmetrisch verteilt ist. Im Regelfall sind für sie eher Informationen relevant, die ihnen helfen, das Kreditausfallrisiko einzuschätzen – also Werte, die die Verlustpotenziale in voller Höhe, jedoch Gewinnpotenziale nur in begrenzter Höhe einbeziehen. Diesem Bedürfnis kann möglicherweise durch eine verzerrte Bilanzierung mit vorsichtigen Wertansätzen, also tendenziell niedrig bewerteten Vermögenswerten und hoch bewerteten Schulden, entsprochen werden. In dem eben angeführten Beispiel könnte eine vorsichtige Bewertung z.B. so aussehen, dass die Pizzeria mit einem Wert von 750 T€ bewertet wird. Das entspräche den Anschaffungsauszahlungen für das Projekt. Der erwartete Kapitalgewinn würde darin nicht vorweggenommen, obwohl er sehr wahrscheinlich ist. Allerdings wird im Gegenzug auch der mögliche Kapitalausfall nicht antizipiert. Dies kann mit der geringen Eintrittswahrscheinlichkeit begründet werden. Konsequenterweise müsste die Investition in das Kasino nun nicht mehr mit den Anschaffungsauszahlungen, sondern mit Null angesetzt werden, weil die Ausfallwahrscheinlichkeit bei dieser Investitionsalternative sehr viel höher ist. Diese Art der Informationsvermittlung ist der Bank hilfreicher als eine finanzierungsunabhängige Bewertung des Projekts, ohne jedoch die Informationsversorgung der Eigenkapitalgeber völlig zu vernachlässigen.

Der Eigenkapitalgeber partizipiert entgegengesetzt asymmetrisch am Unternehmenserfolg: Seine Chance ist unbegrenzt, sein Verlustrisiko ist hingegen im Falle einer haftungsbeschränkten Gesellschaft auf seine Einlage und im sonstigen Fall auf sein Privatvermögen begrenzt. Sein Informationsinteresse gilt demzufolge mehr der Chance. Auf Basis dieser Überlegung wird bereits deutlich, dass normativ „fundierte“ Rechnungslegungsregeln schon allein dann differieren werden, wenn die Entscheidungsprobleme unterschiedlicher Adressatengruppen in den Vordergrund gerückt werden. Insofern kann es in Abhängigkeit von der jeweiligen Gruppe allenfalls „relativ richtige“ Rechnungslegungsregeln geben.

Strittig: Informationen über künftige Lage

Hierbei ist zudem zu beachten, dass die gesamte Diskussion bislang primär aus Sicht der Bewertungsfunktion der Rechnungslegung geführt wurde. Die Koordinationsfunktion, die unter Umständen wiederum andere Anforderungen an die Ausgestaltung der Rechnungslegung stellen würde, wurde hierbei ausgeklammert. Zudem ist es durchaus strittig, ob bestimmte Informationsbedürfnisse überhaupt durch Rechnungslegung bedient werden können. So benötigen die Adressaten für ihre Anspruchsbewertungen primär zukunftsorientierte Informationen. Wenn Ertragswerte für Vermögenswerte und Schulden nur schwer objektivierbar, also nicht verlässlich erscheinen, kann eine dementsprechende Bewertung unangebracht sein. Zum einen ist eine entsprechende Bilanzmanipulation durch die Rechnungsleger nur schwer oder gar nicht nachweisbar. Wenn für alle Gegenstände in der Bilanz nur je ein Wert angegeben wird, fehlt es zum anderen an der Möglichkeit, das diesem Wert anhaftende Risiko (Schwankungsbreite) abzuschätzen. Als Reaktion auf dieses Dilemma wird vor allem in Deutschland teilweise die Auffassung vertreten, dass Rechnungslegung mit dem Ziel der Vermittlung entscheidungsrelevanter (Zukunfts-)Informationen systembedingt unmöglich sei und die Rechnungslegungsregeln daher lediglich auf den Zweck der Rechenschaftslegung über bereits Vergangenes und damit auf die Koordinationsfunktion auszurichten seien[10].

Klassifizierung von entscheidungsorientierten Konzepten

Somit lassen sich entscheidungsorientierte normative Konzepte danach strukturieren, welche Adressatengruppe sie in den Mittelpunkt stellen und ob sie den Gedanken der Rechenschaft (Koordinationsfunktion) oder den der Informationsvermittlung (Bewertungsfunktion) stärker betonen. Während rechenschaftsgetriebene Konzepte auch vor dem Hintergrund der juristischen Verwertbarkeit ihrer Ergebnisse eher die Bedeutung von objektivierbaren Wertansätzen betonen, akzeptieren zukunftsinformationsorientierte Ansätze regelmäßig einen etwas geringeren Objektivierungsgrad, da nur so die Ermittlung eines relevanten Wertansatzes möglich erscheint. Indes besteht auch zwischen Koordinations- und Bewertungsfunktion durchaus eine Wechselwirkung: So wird ein Eigenkapitalgeber die Leistung des Managements im abgelaufenen Geschäftsjahr regelmäßig auch danach beurteilen, ob es die Zukunftsaussichten des Unternehmens positiv beeinflusst hat. Umgekehrt deutet ein positives Wirtschaften über viele Jahre hinweg z.B. auf effiziente Produktionsabläufe, erfolgreiche Produkte oder ein gutes Management hin.

Normative Bilanztheorien als eine Entscheidungshilfe

Wie im Rahmen dieses Abschnitts deutlich wird, sind normative Konzepte im Rahmen der Rechnungslegung bestenfalls z.T. in der Lage, Gestaltungsempfehlungen für Rechnungslegungsregeln zu entwickeln. Aber auch die abstrakten Konzepte der entscheidungsorientierten Bilanztheorie haben ihre Schwächen. Sie basieren zwangsläufig auf Annahmen, welcher Adressat bei der Generierung

10 Vgl. insb. *Schneider*, Rechnungswesen, S. 5-8, 201-202.

von Normen zentrale Bedeutung genießen sollte. Schon die Zusammenfassung unterschiedlicher Individuen zu vermeintlich homogenen Gruppen (z.B. die Eigenkapitelgeber) ist angreifbar. Selbiges gilt für die Ausrichtung auf einen einzigen repräsentativen, aber letztlich fiktiven Adressaten (z.B. der „average prudent investor"). Auch geben sie wenig Aufschluss darüber, wie zwischen relevanten und wenig verlässlichen Informationen einerseits und verlässlichen, aber weniger relevanten Informationen andererseits abzuwägen ist.

Entscheidungsorientierte Konzepte machen den Erfolg von Rechnungslegungsregeln begrenzt messbar

Einen Vorteil besitzen entscheidungsorientierte Ansätze jedoch: Ihre klare Adressatenorientierung ermöglicht teilweise die empirische Überprüfung ihrer Wirksamkeit. Wenn z.B. eine Rechnungslegungsnorm mit dem Ziel verabschiedet wurde, Kreditinstituten eine effektivere Kreditvergabe zu ermöglichen, so kann ex post und zumindest grundsätzlich ermittelt werden, ob diese Norm tatsächlich zu einer Änderung der Kreditvergabe und auf lange Sicht zu einer Reduktion von Not leidenden Krediten geführt hat. Diese empirische Überprüfung von Rechnungslegungsnormen kann gleichzeitig als ein Teil eines zieladäquaten Normierungsprozesses angesehen werden, dessen Bedeutung im Folgenden diskutiert wird.

5.2.2 Gewährleistung eines adäquaten Normierungsprozesses

Es scheint, dass allein auf Basis normativer Überlegungen kein vollständiges und konsistentes Rezept für „gute" Rechnungslegungsnormen entwickelt werden kann. Daher erscheint es sinnvoll, sich aus positiver und damit erklärender Sicht mit dem Entwicklungsprozess von Rechnungslegungsnormen zu befassen. Dieser Normierungsprozess kann grundsätzlich in mehrere Schritte aufgeteilt werden, wie Abbildung 1.4 zu entnehmen ist.

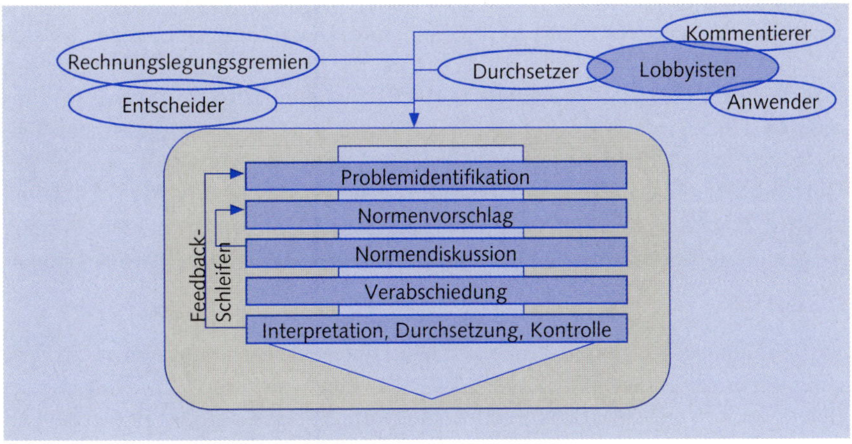

Abb. 1.4: Normierungsprozess und seine Akteure

Akteure des Normierungsprozesses

Ein Normierungsprozess beginnt mit der Problemidentifikation, auf deren Basis anschließend Normenvorschläge erarbeitet und diskutiert werden, bevor sie letztlich verabschiedet, interpretiert, kontrolliert und durchgesetzt werden. Welche Akteure „spielen" im Normierungsprozess mit und welche Anreizstrukturen haben sie? Hier sollen folgende nicht überschneidungsfreie Gruppen kurz charakterisiert werden: Die *Rechnungslegungsgremien* bzw. *Standardsetzungsorganisationen* (Standardsetter), die *Lobbyisten*, welche sich mit ihren Interessen in den Normenerstellungsprozess einbringen, die *Entscheider*, welche die Normen letztlich verabschieden, die *Anwender*, welche die Normen im Unternehmen anwenden, die *Durchsetzer*, welche die Einhaltung der Normen kontrollieren und schließlich die *Kommentierer*, welche bestehende Normen auslegen, interpretieren und kommentieren.

Rechnungslegungsgremien

Zunächst zu den Rechnungslegungsgremien und den dort tätigen Personen: Sie besitzen detailliertes Fachwissen über Fragen der Rechnungslegung. Was ist ihre Motivation, aktiv an der Gestaltung des Normengebäudes mitzuhelfen? Neben der direkten Entlohnung kann den Mitarbeitern dieser Standardsetzungsorganisationen unterstellt werden, die jeweiligen Regeln an einem normativen Leitbild ausrichten zu wollen. Dies ist schon daran zu erkennen, dass sich alle national und international bedeutenden Rechnungslegungsgremien an der Diskussion um die allgemeinen Zwecke und Konzepte der Rechnungslegung beteiligen. Das spezifische Fachwissen der dort tätigen Personen führt aber auch zu gewissen Beharrungstendenzen: Schließlich wäre ihr Know-how weitgehend wertlos, wenn sie das Normensetzungskonzept ihrer Institution grundlegend reformieren würden. Daher ist ein Paradigmenwechsel in der Rechnungslegung historisch praktisch immer mit einem Wechsel der Regulierungsinstitution (zumindest jedoch mit den prägenden Personen) verbunden gewesen[11].

Lobbyisten

Alle Akteure, die sich in den Normenerstellungsprozess einbringen, haben eines gemeinsam: Sie haben ein Interesse daran, die Entwicklung der Normen zu beeinflussen, sonst würden sie die Anstrengung der Einflussnahme nicht auf sich nehmen. So erstaunt es nicht, wenn z.B. ein Großteil der Stellungnahmen von Unternehmensvertretern, Vertretern der Wirtschaftsprüfer oder anderen Institutionen verfasst wird. Auch Vertreter von Wissenschaftsverbänden bringen ihre Ansichten in den Erstellungsprozess ein. Im Vergleich dazu treten die eigentlichen Adressaten der Rechnungslegung nur vergleichsweise selten in Aktion. Insofern scheint es gerechtfertigt, zumindest einen Großteil derjenigen, die sich im Normierungsprozess z.B. über Stellungnahmen zu Standardentwürfen engagieren, als Lobbyisten zu bezeichnen.

Entscheider

Wer letztendlich eine Rechnungslegungsnorm verabschiedet, hängt stark von der Rechnungslegungsregulierung ab. Ohne hier zu weit vorgreifen zu wollen, sei erwähnt, dass bei privat organisierten Rechnungslegungsgremien meist ein kleiner verantwortlicher Expertenkreis die Normen verabschiedet. In diesem Fall kann hinsichtlich dessen Motivation auf das oben Gesagte verwiesen werden.

11 Vgl. zu der wechselhaften Geschichte der nationalen und internationalen Rechnungslegungsinstitutionen Kapitel 2, 3 und 4 dieses Buches.

Wenn die Generierung der Normen allerdings gesetzlich geregelt ist, sind letztlich Volksvertreter für die Verabschiedung der Normen zuständig. Da diesen oft das notwendige Fachwissen zur Bewertung der Normen fehlt, wird die Entscheidung zumeist an Fraktionsexperten oder, bei der Regierungsfraktion, an Experten der Fachbehörden, wie z.B. an das Bundesministerium der Justiz, delegiert. Diese Experten verfügen über die notwendige Expertise zur kompetenten Beurteilung der zu verabschiedenden Rechnungslegungsnorm. Ihre Anreizsituation ist schwer zu beurteilen; sie können lobbyistischem Einfluss unterliegen, über populäre Entscheidungen Wählerstimmenmaximierung betreiben oder – als Behördenvertreter – ihr Aufgabengebiet erweitern, Budgetmaximierung betreiben und damit ihre Bedeutung erhöhen wollen. Möglich ist aber auch eine Delegation an oder zumindest Beratung durch private Rechnungslegungsgremien, so dass Letztere auch in einer gesetzlich regulierten Rechnungslegung ihre Aufgabe haben.

Anwender

Was wünschen sich die Anwender von Rechnungslegungsnormen? Eine Auswertung von Stellungnahmen im Normierungsprozess lässt vermuten, dass sie detaillierte und präzise Normen mit umfangreichen Erläuterungen bevorzugen. Dies gilt insbesondere dann, wenn an die Rechnungslegungsdaten u.a. auch persönliche Haftungsfragen geknüpft werden. Andererseits spricht einiges dafür, dass die Anwender solche Wahlrechte befürworten, die sie zur Ergebnisglättung einsetzen können. Darüber hinaus scheinen sie eine Abneigung gegen Normen zu haben, die erheblichen internen Durchführungsaufwand implizieren oder deren Anwendung das wirtschaftliche Bild des Unternehmens in der Öffentlichkeit verschlechtert.

Fraglich ist, wie sich die Anreizstruktur von Anwendern charakterisieren lässt. Die Normenanwendung ist für sie mit Arbeit verbunden. So erklärt es sich, dass sie klare, gut erläuterte und einfach zu befolgende Normen wünschen, weil diese regelmäßig die Anwendungskosten reduzieren. Außerdem sehen Anwender die Folgen der Rechnungslegung: Sie scheinen ein gewisses Kommunikationsinteresse zu besitzen, das darauf zielt, die wirtschaftliche Situation des Unternehmens unabhängig von dessen Lage stabil und positiv darzustellen. Diese Vorgehensweise dürfte, eine Informationsasymmetrie gegenüber den Rechnungslegungsadressaten sowie die langfristige Überlebensfähigkeit des Unternehmens vorausgesetzt, ihren Handlungsspielraum innerhalb des Unternehmens vergrößern.

Durchsetzer

Was ist mit den Akteuren, wie z.B. den Wirtschaftsprüfern, die hauptberuflich mit der Normendurchsetzung betraut sind? Deren Aufgabe macht es notwendig, dass die Normen tatsächlich durchsetzbar sind. Dies ist wohl eher gegeben, wenn die Normenanwendung intersubjektiv nachprüfbar ist, wenn z.B. ein Wertansatz über Anschaffungskosten oder Marktpreise dokumentiert werden kann. Außerdem ist hier von Bedeutung, ob sie für Fehlleistungen haftbar gemacht werden können und ob sie vom bilanzierenden Unternehmen selber bezahlt werden, wie dies regelmäßig im Rahmen der Wirtschaftsprüfung der Fall ist. Das drohende Abhängigkeitsverhältnis kann bewirken, dass die Wirtschaftsprüfer in die Gefahr geraten, die Präferenzen der Anwender zu übernehmen. Die Haftungsgefahr motiviert insbesondere international tätige Wirtschaftsprüfer regelmäßig dazu, eindeutige und detaillierte Normen zu fordern, deren Befolgung für den Wirtschaftsprüfer klar feststellbar ist.

Geringfügig anders stellt sich die Lage für Institutionen dar, die mit der Durchsetzung von Rechnungslegungsnormen aus Sicht des Kapitalmarktes betraut sind. Beispiele finden sich z.B. in der US-amerikanischen Börsenaufsichtsbehörde, der Securities and Exchange Commission (SEC), oder inzwischen auch in der deutschen Bundesanstalt für Finanzdienstleistungsaufsicht (BaFin). Diese werden von der Öffentlichkeit als „Hüter des effizienten Kapitalmarkts" angesehen und für das „Versagen" desselben, ähnlich wie die Wirtschaftsprüfer auch, verantwortlich gemacht. Anders als die Wirtschaftsprüfer werden sie jedoch nicht direkt vom betroffenen Unternehmen entlohnt, was ihre Unabhängigkeit zumindest ansatzweise gewährleisten dürfte. Somit ist zu vermuten, dass sich die Vertreter von Aufsichtsgremien ebenfalls für klare und intersubjektiv nachprüfbare Normen einsetzen, ohne dabei wie die Wirtschaftsprüfer in die Gefahr zu geraten, die privaten Interessen der Anwender zu übernehmen.

Kommentatoren

Als letzte Gruppe werden hier die Kommentatoren beschrieben. Diese Gruppe besteht insbesondere in Deutschland stark aus dem akademischen Umfeld. Sie hat – im Gegensatz zu den meisten anderen Interessengruppen – ein gewisses Interesse an prinzipienorientierten Normen, die der deduktiven Auslegung bedürfen. Hilfreich wäre dabei ein normatives Grundkonzept für die Auslegung von bestehenden Regelungslücken. Dieser Auslegungsmarkt ist für die Kommentatoren durchaus attraktiv, da sie durch Veröffentlichungen ihre wissenschaftliche Reputation steigern. Wirtschaftliche Anreize, z.B. durch Gutachtertätigkeiten, spielen ebenfalls eine Rolle. Andererseits sind unter den Kommentatoren gerade die (verbeamteten) Hochschullehrer noch am ehesten in der Situation einer gewissen wirtschaftlichen Unabhängigkeit, was der Neutralität und Qualität ihrer Auslegungen dienlich sein dürfte.

Eigenschaften eines „guten" Normierungsprozesses

Wenn die grundlegende Struktur des Normierungsprozesses und dessen Akteure als Rahmenbedingungen akzeptiert werden, wie kann dann ein Normensetzungsprozess gestaltet werden, der zu „guten" Normen führt? Hierzu ist zunächst zu umreißen, was im Sinne der Prozessorientierung eine gute Norm ist. Von einer guten Norm kann aus Prozesssicht dann ausgegangen werden, wenn sie das Ergebnis eines fairen demokratischen Prozesses ist und wenn gleichzeitig gewährleistet ist, dass die Anwendung der Norm geprüft wird, der Grad der Zielerreichung messbar ist und kontrolliert wird und wenn daraufhin Feedback-Schleifen eine Verbesserung der Norm anstoßen. Für das Vorliegen dieser Bedingungen könnten folgende Prozessanforderungen hilfreich sein:

- Alle Interessengruppen haben gleichermaßen die Möglichkeit, in den Erstellungsprozess einzugreifen. Insofern sind auch die lobbyistischen Möglichkeiten der Interessengruppen vergleichbar.
- Das eigentliche Rechnungslegungsgremium (gegebenenfalls inklusive des Entscheidungsgremiums) verhält sich neutral in dem Sinne, dass es allen an sie herangetragenen vermeintlichen Regelungslücken nachgeht, die Eingaben

der Interessengruppen in Normenentwürfen bündelt und sich hierbei um normative Konsistenz und klare Formulierungen bemüht.

- Zu Beginn eines jeden Normierungsprozesses wird vom Normierungsgremium in Absprache mit den Interessengruppen ein messbares Ziel postuliert, an dem u.a. der Grad der Zielerreichung ex post festgestellt werden kann. Zur Deduktion dieses Ziels ist es sinnvoll, wenn dem gesamten Regelwerk ein normatives Leitbild z.B. in Form eines Rahmenkonzepts zugrunde liegt. Dies sollte ähnlich wie die einzelne Norm unter Abstimmung mit den einzelnen Adressatengruppen entwickelt worden sein.
- Es existiert eine Kontroll- und Durchsetzungsinstanz, die weitgehend unabhängig von Außeneinflüssen lediglich die Einhaltung bestehender Regeln überwacht und Verstöße meldet. Des Weiteren misst diese Instanz anhand des festgesetzten Ziels den Grad der Zielerreichung. Auf Basis der Erkenntnisse dieser Instanz wird gegebenenfalls eine Feedback-Schleife zur Normenverbesserung ausgelöst. Die Entlohnung dieser Instanz wird nicht direkt von den überprüften Unternehmen geleistet.

Praktische Relevanz

Inwiefern sind diese theoretischen Forderungen praktikabel? Zumindest einige Punkte erscheinen schon auf den ersten Blick problematisch. So lehrt die Lobbyismustheorie, dass sich kleine Gruppen mit homogenen Interessen relativ zu ihrer Größe gesehen besser lobbyistisch engagieren können als vergleichsweise große Gruppen mit heterogenen Interessen. Dies ist im Fall der Rechnungslegungsnormierung von besonderer Bedeutung, da hier vergleichsweise kleine Interessengruppen, wie die anwendenden Unternehmen und die Wirtschaftsprüfer, der großen, heterogenen und schlecht organisierten Gruppe der Rechnungslegungsadressaten gegenüberstehen. Zudem sind die Konsequenzen der Rechnungslegungsnormen für die verschiedenen Interessengruppen sehr unterschiedlich. Da die Unternehmen, gefolgt von den Wirtschaftsprüfern, weitaus mehr Konsequenzen aus einer Rechnungslegungsnorm tragen, ist davon auszugehen, dass sie für die Beeinflussung der Norm höhere Aufwendungen aufbringen als z.B. die Gruppe der Wissenschaftler. Interessengruppen dürften somit über sehr unterschiedliche lobbyistische Möglichkeiten verfügen.

Das Konzept vom neutralen Rechnungslegungsgremium ist ebenfalls idealtypisch. Dieses Gremium besteht schließlich aus renommierten Experten, die ihre auf eigener Erfahrung fußenden Rechnungslegungsvorstellungen nur schwer ignorieren werden. Außerdem geht die angestrebte theoretische Konsistenz der Normen schnell mit einer inhaltlichen Beeinflussung derselben einher. Die Ermittlung eines messbaren Konsensziels für jede Normeninitiative erscheint besonders problematisch, insbesondere, da nur für wenige Adressatengruppen bislang überhaupt akzeptierte Messmethoden, z.B. über Kapitalmarktreaktionen von Rechnungslegungsdaten, existieren. Auch ist die Institutionalisierung einer nur der Normenkontrolle verpflichteten Institution problematisch. Vereinfacht gesagt: Wird sie als Behörde organisiert, so bestehen Anreizprobleme, wird sie vom privaten Sektor getragen, so bestehen Interessenkonflikte.

Was kann die prozessorientierte Sichtweise also leisten? Sie verdeutlicht, dass in Ermangelung eines klaren Leitbildes für die Entwicklung von Rechnungslegungsnormen nur ein interessenpluralistischer Ansatz zu konsensfähigen Normen führen kann. Gleichzeitig aber warnt sie davor, dass Rechnungslegungsadressaten aufgrund ihrer begrenzten lobbyistischen Möglichkeiten Gefahr laufen, systematisch benachteiligt zu werden. Darüber hinaus betont sie die Notwendigkeit von Normendurchsetzung, -kontrolle und hieraus resultierenden Feedback-Schleifen. Die Normengenerierung muss ein sich iterativ verbessernder Prozess sein. Vor diesem Hintergrund erscheint es sinnvoll, normative Leitbilder im Rahmen der Normengenerierung zu verwenden, die mit klaren und wenn irgend möglich messbaren Zielen einhergehen. Letztlich muss aber auch akzeptiert werden, dass eine reine Prozessorientierung allein nicht hinreichend ist, um das Auswahlproblem der besten Rechnungslegungsnormen zu lösen. Es ist daher an den Lenkungsmechanismus zu erinnern, den die Ökonomie wohl zu Recht propagiert: den Markt.

5.2.3 Schaffung von Regelwettbewerb

Standardisierung über den Markt

Wie werden Standardisierungsprobleme über den Markt gelöst? Ein gutes Beispiel hierfür ist der Markt für Kleincomputer: In den 1980er Jahren tummelten sich eine Vielzahl von so genannten Homecomputern auf dem Markt: Jedes Modell hatte sein eigenes Betriebssystem, seine eigenen Peripheriegeräte, sogar eigene Datenträger und Monitore. Von den Anwendern wurde erwartet, dass sie sich für einen der vielen Homecomputer-Anbieter entscheiden. Ein späterer Wechsel war teuer und insbesondere mit hohen Investitionen in neues Know-how verbunden. Mit dem Wachstum des Marktes etablierte sich dann allerdings ein so genannter Industriestandard: Der IBM PC, dessen Grundstruktur nunmehr seit fast 30 Jahren die an sich schnelllebige Hardwarebranche beherrscht. Die Frage, ob sich mit dem Konzept des IBM PC tatsächlich der beste Ansatz durchgesetzt hat, ist nicht zu beantworten. Vieles deutet indes darauf hin, dass der Siegeszug der Heimcomputer ohne eine, hier über den Markt erfolgte, Standardisierung nicht möglich gewesen wäre.

Solche Standardisierungsprozesse lassen sich in Marktwirtschaften immer wieder erkennen und treten ohne regulatorische Hilfestellung auf. Auch im Bereich der Rechnungslegung zeichnete sich z.B. Mitte der 1990er Jahre eine Standardisierung ab, obwohl die gesetzliche Regulierung in Deutschland dem zunächst entgegen wirkte. Immer mehr deutsche Unternehmen erstellten zusätzlich zu ihren HGB-Konzernabschlüssen einen weiteren Konzernabschluss, der international akzeptierten Rechnungslegungsregeln entsprach[12]. Sie folgten also einem internationalen Standardisierungstrend. Ein weiteres Beispiel: In den USA ist nur ein kleiner Teil der Unternehmen verpflichtet, im Rahmen ihrer Rech-

12 Vgl. zu dieser Entwicklung auch Kapitel 2.

nungslegung die detaillierten Regeln des US-amerikanischen Rechnungslegungsgremiums, des Financial Accounting Standards Board (FASB), zu befolgen. Dennoch richten sich auch viele andere Unternehmen freiwillig nach diesen Regeln.

Rechnungslegungsregeln durch den Markt?

Wenn der Markt seine eigenen Standardisierungsregeln generiert, stellt sich die Frage, warum dann nicht auch der Markt entscheiden solle, wie „gute" Rechnungslegung auszusehen hat. Die Antwort auf diese Frage fokussiert auf zwei Eigenschaften des Marktes für Rechnungslegungsregeln: auf Marktmacht und auf Netzwerkeffekte.

Problem der Marktmacht

Unternehmen und ihre Manager sind die Nachfrager von Rechnungslegungsregeln. Wenn es diesbezüglich keinerlei Regulierung gäbe, könnten Unternehmen mehr oder weniger frei entscheiden, nach welchen Regeln sie ihre Rechnungslegung ausgestalten. Warum sollten Unternehmen also Regeln nachfragen, die im Interesse der Rechnungslegungsadressaten sind? Dies würden sie nur tun, wenn die Adressaten hinreichend viel Marktmacht besäßen. Ob dies tatsächlich der Fall ist, ob Adressaten also von den Unternehmen die Verwendung der für sie adäquaten Regeln erzwingen können, darf zumindest bezweifelt werden.

Problem der Netzwerkeffekte

Das Problem der Netzwerkeffekte liegt in der Natur der Standardisierung begründet: Ein Standard ist umso erfolgreicher, je mehr Anwender ihn nutzen. Nur ein Standard, der auch eine hohe Verbreitung besitzt, macht es für den Rechnungslegungsadressaten sinnvoll, sich mit den einzelnen Normen zu befassen. Warum sollte ein Bilanzleser seine Zeit damit vertun, sich Rechnungslegungsregeln anzueignen, die nur von einigen wenigen Unternehmen befolgt werden? Der Markt für Standards hat also eine starke Tendenz zum anbieterseitigen Monopol oder zumindest zum engen Oligopol. Während es durchaus enge Oligopole mit intensivem Wettbewerb gibt, sind Monopole, die mit hohen Markteintrittsbarrieren verbunden sind, als starke Behinderung des Wettbewerbs einzustufen.

Fazit: Kein genereller, aber partieller Wettbewerb möglich

Damit bleibt festzuhalten: Auch wenn nicht mit Sicherheit belegt werden kann, dass eine rein marktwirtschaftliche Lösung des Bereitstellungsproblems von Rechnungslegungsregeln unmöglich ist, spricht einiges dafür, dass eine gewisse staatliche Lenkung hierfür sinnvoll erscheint. Dies deckt sich mit der empirischen Beobachtung, dass in nahezu allen marktwirtschaftlich orientierten Volkswirtschaften eine Regulierung der Rechnungslegung zu beobachten ist. Dies heißt im Umkehrschluss aber keineswegs, dass der Markt bei der Suche nach „guten" Rechnungslegungsregeln nicht hilfreich sein kann.

Es gibt immer wieder Situationen, in denen ein gegebenenfalls zeitlich und inhaltlich begrenzter Wettbewerb zwischen Regelsystemen sinnvoll erscheint. Als Beispiel möge hier die Zeit von 1998 bis 2004 in Deutschland dienen. Auf Basis von § 292a HGB a.F. ist kapitalmarktorientierten Unternehmen zeitlich befristet die Möglichkeit eingeräumt worden, für ihren Konzernabschluss zwischen unterschiedlichen Rechnungslegungssystemen zu wählen. Es wurde also vom Gesetzgeber eine Art Wettbewerb auf Zeit ermöglicht. Vor allem große Unternehmen bevorzugten daraufhin eindeutig international akzeptierte Normen gegenüber dem deutschen HGB. Dieses Votum dürfte die Entscheidung der EU-Kommission, die IFRS ab 2005 für Europa in bestimmten Anwendungsfällen verbindlich werden zu lassen, erheblich beeinflusst haben.

Wahlrechte und Regelungslücken als begrenzter Wettbewerb

Auch wenn die Marktlösung kein Allheilmittel für die Probleme der normativen Rechnungslegungstheorie sein kann, so ist der Markt als ein Instrument der Normenauswahl nicht zu unterschätzen. Insofern scheint es angeraten, im Zuge eines heuristischen Verfahrens zur Auswahl von adäquaten Rechnungslegungsregeln, den Markt, wo immer möglich, einzubinden. Eine Vorgehensweise hierfür könnte sein, bestimmte Bereiche nicht sofort mit neuen Normen zu regulieren, sondern zunächst die am Markt entstehenden Konzepte abzuwarten. Ebenso können manche Wahlrechte innerhalb bestehender Normen als begrenzter Wettbewerb um die jeweils bessere Regel gesehen werden.

5.3 Fazit

Was ist also die Leitlinie, um gute Rechnungslegungsregeln zu generieren? Ausgehend von der Gewissheit, dass es hierfür keine Patentrezepte gibt, und getrieben von der Notwendigkeit, das offensichtliche Regulierungsproblem trotzdem zu lösen, lassen sich folgende Orientierungspunkte vorschlagen:

- Es ist ein eindeutiges normatives Ziel der Rechnungslegung festzulegen: Welche Adressatengruppe steht besonders im Fokus? Soll sich Rechnungslegung auf Rechenschaft beschränken oder soll sie auch Anhaltspunkte für die Abschätzung künftiger Ereignisse liefern? Die Erreichung eines solchen normativen Leitbildes sollte zudem empirisch messbar sein.
- Im Zuge der Regelsuche ist immer explizit zu hinterfragen, ob eine Normierung tatsächlich notwendig ist oder ob eine marktnähere Koordinationsform gewählt werden kann. Dies gilt nicht nur für die einzelne Regel, bei der eine vollständige Regulierung, eine teilweise Regulierung, z.B. über das Vorgeben von Wahlrechten zwischen Regelvarianten, oder eine Regelungslücke denkbar erscheint. Dies gilt auch für ganze Regelsysteme, wenn sich die regulatorische Verpflichtung zur Befolgung eines bestimmten Systems oder die Wahlmöglichkeit zwischen mehreren Systemen gegenüberstehen.
- Es ist ein Normierungsprozess zu institutionalisieren, der nach Möglichkeit allen Beteiligten eine Mitsprachemöglichkeit einräumt. Hierbei ist gegebenenfalls die schlechtere Marktposition der Rechnungslegungsadressaten zu berücksichtigen. Das Normierungsgremium sollte sich möglichst neutral verhalten. Nach der Verabschiedung der Norm sollte ein von den Unternehmen unabhängiges Gremium die Normeneinhaltung und den Grad der Zielereichung überwachen. Gegebenenfalls ist eine Verbesserung der verabschiedeten Norm anzustreben.

Natürlich sind diese Orientierungspunkte nicht zwingend notwendige Kriterien für die Generierung „guter" Rechnungslegungsnormen. Es handelt sich vielmehr um heuristische Anhaltspunkte. Dennoch sollen die in diesem Abschnitt angeführten Überlegungen hilfreich sein, um das im Rahmen dieses Buches vorzustellende Regelsystem der IFRS hinsichtlich seiner theoretischen Konzeption zu beurteilen und die daraus resultierenden Einzelregeln besser zu verstehen.

Ausgewählte Literatur

Beaver, W.H., Financial Reporting – An Accounting Revolution, 3. Aufl., London et al. 1998.

Christensen, J./Demski, J., Accounting Theory: An information content perspective, New York 2003.

Fülbier, R. U./Gassen, J., Bilanzrechtsregulierung: Auf der ewigen Suche nach der eierlegenden Wollmilchsau, in: Wagner, F. W./Schildbach, T./Schneider, D. (Hrsg.), Private und öffentliche Rechnungslegung, Festschrift für Hannes Streim zum 65. Geburtstag, Wiesbaden 2008, S. 135-155.

Scott, W., Financial Accounting Theory, 5. Aufl., Upper Saddle River, New Jersey 2009.

Sunder, S., Theory of Accounting and Control, Cincinnati, Ohio 1997.

Wagenhofer, A./Ewert, R., Externe Unternehmensrechnung, 2. Aufl., Berlin et al. 2007.

Übungsaufgaben

Aufgabe 1:

Verschiedene Vertragspartner der Unternehmen gelten als Adressaten der Rechnungslegung.

a) Nennen Sie die einzelnen Adressatengruppen und begründen Sie das jeweilige Interesse dieser Gruppen an Rechnungslegungsdaten.
b) Erläutern Sie kurz den Metazweck der Rechnungslegung und konkretisieren Sie diese Zwecksetzung der Rechnungslegung aus Sicht der Eigenkapitalgeber.

Aufgabe 2:

Die Regulierung der Rechnungslegung durch gesetzliche Normsetzung ist umstritten.

a) Mit welcher Begründung ließe sich eine gesetzliche Rechnungslegungspflicht rechtfertigen?
b) Welche Rechnungslegungspflichten gibt es in Deutschland?
c) Welche Eigenschaften könnten einen „guten“ Normierungsprozess auszeichnen?

Aufgabe 3:

Die Frage, wie Rechnungslegungsregeln inhaltlich auszugestalten sind, ist leider nicht einfach zu beantworten.

a) Erläutern Sie kurz, wie unterschiedliche bilanztheoretische Konzepte bei der Suche nach der „richtigen" Rechnungslegungsregel vorgehen.
b) Können Ihrer Meinung nach die Anforderungen eines Adressaten an entscheidungsnützliche Informationen auf alle Adressaten übertragen werden?
c) Beurteilen Sie die Existenz von Wahlrechten in Rechnungslegungssystemen vor dem Hintergrund normativer Schwierigkeiten der Regelfestlegung.

Aufgabe 4:

Im Rahmen der Abschlusserklärung des G20-Summits in Pittsburgh wird vom IASB gefordert, künftig die unterschiedlichen Rechnungslegungsadressaten mehr einzubeziehen. Diskutieren Sie, welche Auswirkungen diese Forderung auf das Zielsystem der IFRS-Rechnungslegung, auf den Standardentwicklungsprozess sowie auf die Konsistenz der resultierenden Rechnungslegungsregeln entfalten könnte.

Kapitel 2
Internationalisierung der deutschen Rechnungslegung

Aufgrund der vielfältigen Konsequenzen, die mit Rechnungslegungsdaten verbunden sind, werden Rechnungslegungspflichten und -inhalte in Deutschland grundsätzlich gesetzlich reguliert. In den letzten zwei Jahrzehnten wird allerdings eine "babylonische Sprachverwirrung" in der Rechnungslegung konstatiert: Deutsche Unternehmen bilanzieren nicht mehr einheitlich nach den HGB-Regeln, sondern wenden stattdessen insbesondere auch die Regeln des International Accounting Standards Board (IASB) an. Dieses Abweichen vom traditionellen deutschen Rechtsrahmen wird vom Gesetzgeber seit 2005 nicht nur explizit gebilligt, sondern vielmehr kapitalmarktorientierten Unternehmen für den Konzernabschluss vorgeschrieben. Die deutsche handelsrechtliche Rechnungslegung könnte sich zum Nischenprodukt oder gar zum Auslaufmodell entwickeln. Wie ist dieser Prozess zu erklären?

Lernziele

In diesem Abschnitt sollen Sie erfahren,
- warum es international unterschiedliche Rechnungslegungssysteme gibt und wie sich diese klassifizieren lassen,
- wie die Internationalisierung der Unternehmenstätigkeit eine Internationalisierung der Rechnungslegung bewirkt und
- wie die Rechnungslegung in Deutschland von der Internationalisierung konkret betroffen ist und in Zukunft betroffen sein könnte.

1 Gründe für unterschiedliche Rechnungslegungssysteme

Warum gibt es international unterschiedliche Rechnungslegungssysteme, die prinzipiell doch alle demselben Metazweck folgen? Diese Frage ist nicht nur für international tätige Unternehmen relevant, sondern auch dann von Bedeutung, wenn nationale Unterschiede durch ein international harmonisiertes Rechnungslegungssystem überwunden werden sollen. Die Rechnungslegungsregeln und -praktiken eines Landes lassen sich letztlich nur nachvollziehen, wenn Entstehungsgeschichte, Rahmenbedingungen sowie Einflussfaktoren der Rechnungslegung bekannt sind. So ist die Rechnungslegung insbesondere vom sozioökonomischen Umfeld abhängig, wozu z.B. die Geschichte, die Kultur, das Rechts- und Steuersystem und die Kapitalmarktverhältnisse eines Landes gehören.

Kultur und Geschichte

Bereits in der Geschichte und Kultur liegt eine wesentliche Ursache für international unterschiedliche Rechnungslegungssysteme. Kultur und Religionen bewirken das Entstehen von so genannten informellen Institutionen, die sich nicht planmäßig, sondern evolutorisch entwickeln. Ein Beispiel für eine solche informelle Institution ist die Kaufmannsehre, das Selbstverständnis der Kaufleute, welches betrügerische Handlungen ausschließt. Wer gegen diese informellen Institutionen verstößt, hat mit Strafe durch spezielle Sanktionsmechanismen zu rechnen, im Falle der Kaufmannsehre z.B. mit sozialer Ächtung durch andere Kaufleute und daraus folgendem wirtschaftlichem Boykott.

Individualismus versus Kollektivismus

Entscheidend für die Bedeutung informeller Institutionen und deren Sanktionsmechanismen ist es u.a., ob die jeweiligen Gesellschaften eher individualistisch oder kollektivistisch geprägt sind. Individualistische Gesellschaften stellen das Individualwohl und die Eigenverantwortung in den Vordergrund. Daher werden Verstöße gegen informelle Normen tendenziell schwächer sozial sanktioniert als in kollektivistischen Gesellschaften. Dies ermutigt einzelne Personen, bestehende Normen eher in Frage zu stellen und fördert somit die Veränderung von Institutionen. Diese eher zufälligen Veränderungen von Institutionen sind eine Vorbedingung für jede Evolution. Es ist daher zu vermuten, dass individualistische Gesellschaften auch im Bereich der Rechnungslegung innovativer sind als kollektivistische. Bei stark individualistischen Organisationsformen ist jedoch die Gefahr größer, dass sich die Vertragspartner hinterlistig und opportunistisch verhalten, da kollektivistischen Institutionen, wie z.B. der oben beschriebenen Kaufmannsehre, keine starke Bedeutung zuteil wird. Dies kann wiederum dazu führen, dass bestimmte Mindestregeln, wie etwa eine Rechnungslegungspflicht, einer gesetzlichen Kodifizierung bedürfen.

In einer kollektivistisch geprägten Gesellschaft kann hingegen eine historisch bedingte informelle Institution (eben jene Kaufmannsehre) zumindest teilweise die Aufgabe der Rechnungslegung übernehmen. Insofern wird der Zweck der Rechnungslegung abhängig von der Kulturgeschichte auf ganz unterschiedliche Art und Weise erfüllt. Ein Jahresabschluss eines US-Unternehmens kann z.B. den gleichen Metazweck erfüllen wie ein langer Nachmittag im Teehaus, den der arabische Unternehmer mit seinem Hauptgläubiger verbringt. Wird das Rechnungslegungssystem des einen Landes in einen anderen Kulturkreis mit einem anderen Netzwerk von informellen Institutionen transferiert, so ist dessen Versagen häufig programmiert.

Rechtsrahmen

Der Rechtsrahmen von wettbewerbswirtschaftlichen Volkswirtschaften basiert im Regelfall auf einer grundsätzlichen Vertragsfreiheit. Die Erstellung von Verträgen sowie deren Umsetzung und Überwachung verursachen jedoch Transaktionskosten. Von daher ist die Entwicklung von Standardverträgen sinnvoll, in denen die ansonsten individuell auszuhandelnden Vertragsrechte und -pflichten geregelt sind. Hinsichtlich der Vorgabe von Standardverträgen können unterschiedliche Vorgehensweisen differenziert werden:

- Einerseits obliegen nahezu sämtliche Vertragsgestaltungen den potentiellen Vertragspartnern (Risikokoordination durch individuelle Verträge). Damit wird auch die Entwicklung von Standardverträgen grundsätzlich den Individuen selbst bzw. den von ihnen geschaffenen Institutionen überlassen. Vom Staat werden hier „lediglich" bestimmte Institutionen, wie z.B. Rechtswege, vorgegeben, mit denen die Vertragspartner ihre Vertragsrechte im Konfliktfall durchsetzen können.
- Andererseits kann die Standardisierung von Verträgen regelmäßig durch detaillierte, gesetzlich kodifizierte Regulierungen erfolgen, in denen Ver-

tragspflichten und -rechte der jeweiligen Vertragspartner vorgegeben sind (Risikokoordination durch gesetzliche Regeln). Darüber hinaus werden auch die Sanktionsmechanismen im Fall der Vertragsverletzung gesetzlich erfasst.

Wird diese Einteilung auf einzelne Länder übertragen, so dominieren z.B. in den USA eher die individuellen Einzelverträge. Eventuell gewünschte transaktionskostenmindernde Standardisierungen werden von privaten Institutionen angeboten. Demgegenüber werden in Deutschland vielfältige Vertragsbeziehungen, wie z.B. Arbeitsverträge, eher durch gesetzliche Regulierungen, z.B. im Arbeitsrecht, standardisiert. Diese grundsätzlich unterschiedlichen Vorgehensweisen konkretisieren sich in den jeweiligen nationalen Rechtssystemen, die wie in Tabelle 2.1 angegeben, grob unterschieden werden können.

Angelsächsisches Rechtssystem Common Law/Case Law	**Kontinentaleuropäisches Rechtssystem Code Law**
Weitgehende Vertragsfreiheit mit nur begrenzt einschränkenden Gesetzesvorschriften, die eine Vertragsdurchsetzung gewährleisten sollen und auf deren Basis Rechtsprechung für Einzelfälle (cases) ergeht.	Ausgehend von einer grundsätzlichen Vertragsfreiheit werden abstrakt-generelle, oft umfangreiche Gesetzesvorschriften zur Standardisierung erlassen, die möglichst alle Spezialfälle abdecken sollen.
Geringer Abstraktionsgrad: Regeln gelten nur für den Spezialfall, für den sie entwickelt wurden.	Hoher Abstraktionsgrad: Regeln gelten jeweils für alle gleichartigen Fälle.
Rechnungslegungsregeln werden regelmäßig von privaten Institutionen erstellt und beruhen (zu einem wesentlichen Teil) nicht auf detaillierten Gesetzesvorschriften.	Rechnungslegungsregeln beruhen (zu einem wesentlichen Teil) auf detaillierten Gesetzesvorschriften.
z.B.: Australien, Großbritannien, Indien, Irland, Kanada, Neuseeland, USA	z.B.: Deutschland, Frankreich, Italien, Japan, Portugal, Spanien

Tab. 2.1: Gegenüberstellung von Common Law- und Code Law-System

In den Ländern, in denen die Vertragsfreiheit und folglich der Abschluss individueller Verträge oberste Priorität besitzt, dominiert die individuelle Vertragsabsicherung. Dem Rechtssystem des Common Law (Case Law) folgend, schränkt der Rechtsrahmen kaum die individuelle Vertragsgestaltung ein. In den Ländern hingegen, in denen die Vertragsfreiheit durch vielfältige gesetzlich fixierte Regeln eingeschränkt wird, werden auch die Verträge der Unternehmensbeteiligten und damit die Risikokoordination weitgehend vom Gesetzgeber durch standardisierte Vertragsinhalte geregelt. Die gesetzlichen Regulierungen enthalten für die jeweiligen potentiellen Unternehmensbeteiligten standardisierte Vertragspflichten und -rechte, die zudem von den Parteien häufig nicht abänderbar sind. Dem Rechtssystem des Code Law folgend, weisen diese Länder meist ein detailliert reguliertes Gesellschaftsrecht auf.

Rechnungslegung in Code Law Ländern

Diese Unterschiede beeinflussen auch die konkrete Ausgestaltung des Rechnungslegungssystems eines Landes. So ist die Rechnungslegung in den kontinentaleuropäischen Ländern ein Risikokoordinationsinstrument für sämtliche Unternehmensbeteiligte und damit fester Bestandteil der gesetzlich kodifizierten Unternehmensverfassung. Folglich sind die Interessen möglichst vieler Vertragspartner des Unternehmens mit der Rechnungslegung abzudecken. Das Rechnungslegungssystem dient hier einerseits als Informations- und Kontrollinstrument für sämtliche Unternehmensbeteiligte, andererseits werden aus ihm auch unmittelbare Rechtsfolgen abgeleitet, wie z.B. die Gewinnausschüttungen, Steuerzahlungen, Managementtantiemen und auch die Eröffnung eines Insolvenzverfahrens wird anhand von Jahresabschlussdaten beurteilt. Entsprechend sind in diesen Ländern detaillierte gesetzliche Regulierungen zur Rechnungslegung zu finden. Um die Vermögensinteressen aller Unternehmensbeteiligten und hier insbesondere der Fremdkapitalgeber angemessen zu berücksichtigen, sind die Rechnungslegungsregeln hier tendenziell vom Vorsichtsprinzip geprägt.

Rechnungslegung in Common Law Ländern

Im angelsächsischen Rechtssystem des Common Law finden sich demgegenüber nur wenig detaillierte Rechnungslegungsvorschriften in den Gesetzen. Die Rechnungslegung ist hier ein möglicher Bestandteil der Vertragsgestaltung und insofern speziell auf die Bedürfnisse einzelner Vertragspartner zugeschnitten. Somit bleibt es den Vertragspartnern eines Unternehmens überlassen, wie der Abbau der asymmetrischen Informationsverteilung zwischen Rechnungslegern und Rechnungslegungsadressaten konkret zu erfolgen hat. Nur für bestimmte Unternehmen, insbesondere wenn sie einen organisierten Kapitalmarkt in Anspruch nehmen, existieren detaillierte Rechnungslegungsvorschriften, um die Funktionsfähigkeit dieser Märkte zu schützen. Meist werden diese Regeln von privaten Rechnungslegungsgremien, wie z.B. dem US-amerikanischen Financial Accounting Standards Board (FASB), entwickelt. Gesetze, z.B. im Bereich des Kapitalmarktrechts, geben hierfür nur einen weit gefassten Rahmen vor.

Es wird deutlich, dass die Rechnungslegung hinsichtlich Funktion und Inhalt von rechtlichen Rahmenbedingungen abhängt. Wenn die Rechnungslegung, wie im kontinentaleuropäischen Rechtssystem üblich, in ein enges Geflecht von Standardverträgen eingebunden ist, werden die Funktionen der Rechnungslegung auf die mit diesen Verträgen verfolgten Zwecke hin ausgerichtet. Wenn hingegen wenige Standardverträge existieren, kann die Rechnungslegung lediglich allgemein an einer generellen Reduktion von Informationsasymmetrien ausgerichtet werden.

Kapitalgeber und Kapitalmärkte

Neben dem Rechtssystem ist der jeweilige Kapitalmarkt der zentrale Einflussfaktor für die Ausgestaltung von nationalen Rechnungslegungssystemen. Unternehmen können Eigen- und Fremdkapital direkt von potentiellen Kapitalanbietern oder über öffentlich organisierte Kapitalmärkte aufnehmen. Die Bedeutung der jeweiligen Finanzierungsquellen und die Beschaffungsformen sind international noch sehr unterschiedlich und werden u.a. von dem bereits beschriebenen

Rechtssystem eines Landes beeinflusst. In Ländern, in denen traditionell öffentliche Kapitalmärkte und insofern anonyme Kapitalgeber eine wesentliche Rolle bei der Eigen- und Fremdkapitalbeschaffung der Unternehmen spielen (z.B. USA, Großbritannien, Niederlande), steht neben dem Individualschutz der einzelnen Anleger vor allem die Funktionsfähigkeit des Kapitalmarktes im Vordergrund. Die Funktionsfähigkeit der öffentlichen Kapitalmärkte ist einerseits eine notwendige Voraussetzung für die kostengünstige Finanzierung der Unternehmen, andererseits ist zu diesem Zweck der Kapitalmarkt auch für die Kapitalanbieter attraktiv zu gestalten. Hierfür sind z.B. betrügerische Maßnahmen weitgehend auszuschließen, der schnelle Marktzutritt und -austritt zu gewährleisten sowie sämtliche mit der Anlage verbundenen Transaktionskosten, wie z.B. die Kosten der Informationsbeschaffung, zu minimieren. Um diese Ziele zu erreichen, müssen den Kapitalmarktteilnehmern möglichst alle für ihre Kapitalanlage entscheidungsrelevanten Unternehmensinformationen zur Verfügung gestellt werden. Diese Informationsvermittlungsaufgabe wird so zu einer zentralen Funktion der Rechnungslegung.

In den Ländern, in denen traditionell institutionelle Fremdkapitalgeber und Unternehmen mit wenigen Gesellschaftern dominieren (z.B. Deutschland, Frankreich, Italien), ist die Bedeutung der öffentlichen Kapitalmärkte für die Unternehmensfinanzierung noch eher gering. Für den Vergleich USA und Deutschland zeigt z.B. *Heintges,* dass 55 % bis 60 % des gesamten Eigen- und Fremdkapitals ausgewählter US-amerikanischer Unternehmen über den öffentlichen Kapitalmarkt finanziert wird. In vergleichbaren deutschen Unternehmen beträgt der Anteil der kapitalmarktfinanzierten Passiva lediglich ca. 30 %. Dieser Unterschied ist vor allem durch die Höhe der am Kapitalmarkt gehandelten Verbindlichkeiten zu erklären, die in den US-amerikanischen Unternehmen ca. 35 % der gesamten Passiva ausmachen und in deutschen Unternehmen lediglich ca. 5 % betragen[1]. Auch wenn sich diese Situation in den letzten Jahren zunehmend verändert hat, sind deutsche Gesellschaften an organisierten Kapitalmärkten immer noch unterrepräsentiert.

Die Kapitalgeber haben in Ländern mit kontinentaleuropäischer Rechnungslegung meist eine enge Bindung zum Unternehmen und sind in wesentliche unternehmerische Entscheidungen involviert. Daher werden Rechnungslegungsdaten weniger dringend benötigt, um die asymmetrische Informationsverteilung zu beseitigen. Demgegenüber tritt ein anderer Zweck stärker in den Vordergrund: Rechnungslegungsdaten liefern die Grundlage für die Anspruchsbemessung der Unternehmensbeteiligten. So dienen Rechnungslegungsdaten beispielsweise der Bemessung von Ausschüttungen (Dividenden) an die Aktionäre oder der Orientierung für ergebnisabhängige Zahlungen an das Management und den Staat.

Die generelle Überlegung, an die Höhe von Rechnungslegungsdaten auch unmittelbare Rechtsfolgen für das Unternehmen zu knüpfen, führt zu einem

1 Vgl. *Heintges, S.*, Bilanzkultur und Bilanzpolitik in den USA und in Deutschland, 3. Aufl., Sternenfels 2005, S. 6-77.

weiteren Unterscheidungsmerkmal nationaler Rechnungslegungssysteme. So existiert z.B. in Deutschland, Frankreich, Belgien, Italien und Spanien eine starke Verknüpfung zwischen handels- bzw. gesellschafts- und steuerrechtlicher Gewinnermittlung durch ein Maßgeblichkeitsprinzip. Hier hat die inhaltliche Ausgestaltung der Rechnungslegung auch unmittelbare Konsequenzen für die Besteuerung der Unternehmen. Aus der Maßgeblichkeit resultiert jedoch auch, dass die Auslegung von handelsrechtlichen Rechnungslegungsnormen stark von steuerrechtlichen Institutionen, wie z.B. in Deutschland vom Bundesfinanzhof (BFH), geprägt wird. Beispielhaft sei die französische Entwicklung im inflationären Klima der 1970er Jahre angeführt, wo eine Neubewertung von Gegenständen des Anlagevermögens in der Handelsbilanz gestattet war. Diese wurde jedoch nicht praktiziert, da sie zu zusätzlichen Steuerzahlungen geführt hätte. Daher wurden börsennotierte Gesellschaften gesetzlich zur Neubewertung verpflichtet, um eine größere Aussagefähigkeit der Handelsbilanzen zu erzielen. Gleichzeitig wurden steuerliche Folgen durch eine GuV-neutrale Behandlung dieser Zuschreibungen ausgeschlossen.

Steuersystem

Eine von den Kapitalmarktinteressen geprägte Rechnungslegung ist stärker an der Darstellung der künftigen wirtschaftlichen Entwicklung auszurichten. Sie lässt wenig Spielraum für die Berücksichtigung von Aspekten der Unternehmensbesteuerung, die aufgrund von vergangenen Tatbeständen zu erfolgen hat. Daher sind Interdependenzen zwischen steuerlicher und gesellschafts- bzw. kapitalmarktrechtlicher Rechnungslegung z.B. in den USA, in Großbritannien oder in den Niederlanden, kaum gegeben. In den USA versuchen lediglich einige kleine und mittlere Unternehmen, zur Vermeidung der mit einer doppelten Rechnungslegung einhergehenden Kosten, die steuerlichen Bilanzierungsregulierungen auch in den gesellschaftsrechtlichen Abschluss zu übernehmen. Diese Erstellung einer Einheitsbilanz ist jedoch nicht mehr realisierbar, wenn diese Unternehmen den öffentlichen Kapitalmarkt in Anspruch nehmen wollen und damit kapitalmarktrechtlichen Bilanzierungsregeln unterworfen sind.

Klassifizierung unterschiedlicher Rechnungslegungssysteme

Auch wenn nicht sämtliche national divergierenden Einflussfaktoren diskutiert wurden, konnte gezeigt werden, dass sich international zwei große Ländergruppen mit unterschiedlichen Rechnungslegungskonzepten gegenüberstehen: die eher kollektivistisch geprägten Kontinentaleuropäer mit einem Code Law-System, geringerer Bedeutung von organisierten Kapitalmärkten und einer engeren Verknüpfung von informationsorientierter Rechnungslegung und Steuerbemessung einerseits, und andererseits die eher individualistisch geprägten angloamerikanischen Nationen, die ein Common Law-System vorweisen, deren organisierte Kapitalmärkte die Finanzierung der mittleren und großen Unternehmen überwiegend übernehmen und deren Steuerbemessung unabhängig von der informationsorientierten Bilanzierung erfolgt. Sicherlich lässt sich die hier beschriebene Klassifikation weiter differenzieren und etwa um unterschiedliche Rechtsformen und Unternehmenstypen sowie, auf Länderebene, um Entwicklungs-, Schwellenländer und nicht marktwirtschaftlich organisierte Länder erweitern[2]. Die hier vorgestellte, einfache Klassifizierung erscheint jedoch hinreichend, um eine Vielzahl der praktischen Probleme der internationalen Rechnungslegung diskutieren zu können.

2 Internationalisierung der Unternehmenstätigkeit

In diesem Abschnitt wird diskutiert, inwiefern eine Internationalisierung der Unternehmenstätigkeit eine Internationalisierung der Rechnungslegung notwendig macht. Hierfür werden unterschiedliche Stufen der Internationalisierung von Unternehmen getrennt betrachtet und nach ihrer Intensität grob unterteilt. Die erste Stufe beschäftigt sich mit der Konkurrenzsituation zu ausländischen Unternehmen auf dem heimischen Absatzmarkt.

Ausländische Konkurrenten

Die Ignoranz gegenüber ausländischen Rechnungslegungssystemen kann bereits dann zu Informationsnachteilen gegenüber Wettbewerbern führen, wenn ausländische Unternehmen als Konkurrenten auf angestammten Inlandsmärkten auftreten. Unabhängig davon, ob diese Wettbewerber durch Exporte oder über inländische Tochterunternehmen am Markt auftreten, wird es im Rahmen von Wettbewerbsanalysen notwendig, u.a. deren Rechnungslegungsdaten zu analysieren. Eine detaillierte Unternehmensanalyse setzt hier voraus, dass die verwendeten Bilanzierungspraktiken im Rahmen der Unternehmensanalyse berücksichtigt werden. Dies verdeutlicht das nachfolgende Beispiel.

Beispiel 2.1

Ein amerikanisches Unternehmen analysiert ein Konkurrenzunternehmen aus Deutschland. Die Branche dieser beiden Unternehmen ist seit Jahren durch häufige Übernahmen und externe Wachstumsstrategien geprägt. Ein wichtiges Analyseziel ist es insofern, die „Kriegskasse" des Konkurrenzunternehmens, also dessen liquiditätsnahe finanzielle Aktiva, einschätzen zu können. Da das deutsche Unternehmen nach HGB bilanziert und das US-Unternehmen die handelsrechtlichen Bewertungsregeln nicht kennt, besteht die Gefahr einer Fehleinschätzung: Der nach Anschaffungsprinzip bewertete Wertpapierbestand des deutschen Unternehmens spiegelt die starken Wertsteigerungen der Kapitalmärkte in der letzten Zeit im Anlage- und Umlaufvermögen nicht wider. Das US-Unternehmen, das für wesentliche Wertpapierkategorien nur die Bewertung zum beizulegenden Zeitwert (fair value) kennt, unterschätzt somit deutlich die Wertpapierposition des deutschen Wettbewerbers. Es entsteht der Eindruck, dass „die Deutschen" im Verhältnis zu ihnen deutlich weniger Vermögen in Wertpapieren gebunden haben. Tatsächlich ist dieser Unterschied aber auch ein Ergebnis divergierender Rechnungslegungsregeln.

---

2 Vgl. für eine Übersicht *d'Arcy, A.*, Gibt es eine anglo-amerikanische und eine kontinentaleuropäische Rechnungslegung? Klassen nationaler Rechnungslegungssysteme zwischen Politik und statistischer Überprüfbarkeit, Frankfurt am Main u.a. 1999.

Internationalisierung der Absatzmärkte

Wenn die Beschaffungs- und/oder Absatzaktivitäten auf ausländische Märkte ausgedehnt und hierzu z.B. langfristige Liefer- bzw. Absatzverträge mit ausländischen Unternehmen geschlossen werden sollen, so sind zur Reduzierung der damit verbundenen Investitionsrisiken die jeweiligen Vertragspartner im Rahmen von Unternehmensanalysen auf ihre wirtschaftliche Lage hin zu untersuchen. Hierfür stehen vor allem Rechnungslegungsdaten der potentiellen Vertragspartner zur Verfügung. Wenn diese Rechnungslegungsdaten aus anderen nationalen Rechnungslegungssystemen stammen und dies nicht berücksichtigt wird, können, ähnlich wie im obigen Beispiel, gravierende Fehleinschätzungen resultieren. Auch hier ist es sinnvoll, sich mit den Rechnungslegungsgepflogenheiten des Auslandes zu befassen.

Finanz- und Direktinvestitionen

Soll das Auslandsengagement auch Finanzinvestitionen umfassen, so sind für die Ermittlung der erwarteten Rendite-Risiko-Position dieser Portfolio-Investitionen entsprechende Prognosen über die finanziellen Rückflüsse erforderlich. Insbesondere wenn die Gewinnausschüttungen an den Investor auf Rechnungslegungsdaten basieren, sind neben den Ausschüttungsmodalitäten, Kapitaltransferbeschränkungen, Wechselkursentwicklungen und steuerlichen Besonderheiten auch die Rechnungslegungsnormen des Auslandes bei der Rendite-Risiko-Prognose explizit zu beachten.

Sind auch Direktinvestitionen in Form von Akquisitionen ausländischer Tochterunternehmen oder Beteiligungen an Gemeinschaftsunternehmen geplant, wird die Beachtung der jeweiligen Rechnungslegungsnormen ein bedeutender Erfolgsfaktor des Akquisitionsmanagements. Die im Rahmen einer Akquisitionsplanung zu ermittelnden Preisober- bzw. Preisuntergrenzen des Käufers bzw. Verkäufers erfordern eine Unternehmensbewertung. Diese basiert auch auf den vergangenen und künftig geplanten Daten des internen und externen Rechnungswesens des Akquisitionskandidaten. So basiert die Beurteilung der Cashflow- bzw. Gewinnausschüttungspotentiale unter anderem auf den vergangenen Jahresabschlussdaten des zu akquirierenden Unternehmens. Folglich kann auch hier die Vernachlässigung des Rechnungslegungssystems zu Fehleinschätzungen führen.

Führung ausländischer Beteiligungen

Im Anschluss an die Akquisition eines ausländischen Tochter- bzw. Gemeinschaftsunternehmens wird das nationale Rechnungslegungssystem auch für die Konzernführung relevant. In Abhängigkeit vom Zentralisierungsgrad der bilateralen Unternehmensverbindung werden die operativen und strategischen Entscheidungen im ausländischen Tochter- bzw. Gemeinschaftsunternehmen mehr oder weniger von der Konzernzentrale getroffen. Darüber hinaus ist auch die Basisentscheidung der Akquisition bzw. Gründung des ausländischen Tochter- bzw. Gemeinschaftsunternehmens regelmäßig zu überprüfen. Um diese Aufgaben lösen zu können, müssen dem Konzernmanagement umfangreiche Informationen über die wirtschaftliche Entwicklung des ausländischen Tochterunternehmens vorliegen.

Konzernrechnungslegung und einheitliches Berichtswesen

Neben diesem auf die Konzernführung ausgerichteten Argument wird die Auseinandersetzung der Konzernzentrale mit den Rechnungslegungsgepflogenheiten im Ausland auch dadurch erforderlich, dass ausländische Tochter- und Gemeinschaftsunternehmen an konzerneinheitliche Bilanzierungsregeln angepasste Handelsbilanzen II für die Einbeziehung in den Konzernabschluss zur Verfügung stellen müssen. Hierfür sind Abbildungsregeln der wirtschaftlichen Aktivitäten im Jahresabschluss des ausländischen Tochter- bzw. Gemeinschaftsunternehmens auf ihre Vereinbarkeit mit den Abbildungsregeln der Konzernrechnungslegung hin zu überprüfen und sofern notwendig anzupassen.

Insbesondere in zentral geführten Konzernen wird dem ausländischen Tochterunternehmen im Rahmen der Konzernintegration vom Mutterunternehmen meist ein konzerneinheitliches Berichtswesen für das Konzerncontrolling vorgegeben. Auf dieser Datenbasis werden die operativen und strategischen Entscheidungen im Tochterunternehmen von der Konzernzentrale getroffen. Im Rahmen dieser Integrationsmaßnahmen sollten jedoch die vorhandenen landesspezifischen Rechnungswesensysteme nicht übergangen werden. Im Gegenteil, für eine erfolgreiche Integration ist es notwendig, dem ausländischen Management speziell die von den landesüblichen Gepflogenheiten abweichenden konzerneinheitlichen Berichtsinstrumente und deren Ermittlungsmethoden zu erläutern. Nur dann kann davon ausgegangen werden, dass dieses Controllinginstrumentarium vom Management des Tochterunternehmens akzeptiert wird.

Ausländische Kapitalgeber

Die internationale Ausrichtung der Geschäftstätigkeit zieht meist auch einen erhöhten externen Finanzierungsbedarf nach sich. Um das erforderliche Finanzvolumen zu möglichst günstigen Konditionen beschaffen zu können, sind sämtliche potentiellen Finanzierungsquellen anzusprechen. Hierfür greifen auch deutsche Unternehmen verstärkt auf internationale Kapitalmärkte zurück. Die Inanspruchnahme attraktiver ausländischer Kapitalmärkte, z.B. durch Kreditaufnahme bzw. Emission von Anleihen und Aktien, setzt voraus, dass die ausländischen Kapitalgeber über die Rendite-Risiko-Position ihres finanziellen Engagements im Unternehmen informiert werden. Als unternehmensbezogene Informationen bieten sich hierfür vor allem die Rechnungslegungsdaten an.

Gewinnung ausländischer Fremdkapitalgeber

In vielen Ländern verlangen institutionelle Fremdkapitalanbieter von den kreditnehmenden Gesellschaften, dass sich diese im Rahmen der Kreditverträge z.B. zur Einhaltung bestimmter Jahresabschlussrelationen (sog. covenants) verpflichten. Damit muss ein ausländisches Tochterunternehmen, das in seinem Heimatland einen Kredit aufnehmen will, eine auf dem jeweiligen nationalen Rechnungslegungssystem aufbauende mittel- und langfristige Jahresabschlussplanung vornehmen. Um diese Plandaten mit der Konzernzentrale abstimmen zu können, müssen auch hier die Abbildungsregeln für die Rechnungslegung bekannt sein.

Rating

Ratings als unabhängige, standardisierte Einschätzungen der Wahrscheinlichkeit fristgerechter Zins- und Tilgungsleistung eines Emittenten besitzen vor allem international eine große Bedeutung. Die Bonitätseinschätzung der international tätigen Ratingagenturen, wie z.B. Moody's Investors Service, Standard & Poor’s und Fitch, ist häufig eine notwendige Voraussetzung für den

Zutritt zu verschiedenen Finanzmärkten. Sie wirken sich insofern unmittelbar auf die Fremdkapitalkosten der Unternehmen aus. Auch die Platzierung von kurzfristigen Schuldverschreibungen, sog. Commercial Papers, auf dem Eurokapitalmarkt ist ohne die wirtschaftliche Beurteilung des Emittenten durch ein Rating kaum noch möglich. Obwohl die Ratingagenturen von den Unternehmen vielfältige und teilweise auch nicht öffentlich bekannte Informationen verlangen, stellen die Rechnungslegungsdaten eine wesentliche Grundlage für die Bonitätsbeurteilung dar. Ausgangspunkt sind hier zwar die Daten des jeweiligen nationalen Rechnungslegungssystems, wobei jedoch länderspezifische Besonderheiten im Rechnungswesen zu erläutern bzw. im Ratingprozess an internationale Standards anzupassen sind. Die damit verbundenen Probleme wurden z.B. Anfang 2003 an dem Downgrading von ThyssenKrupp durch Standard & Poor's deutlich. Dieses wurde seinerzeit vor allem mit einer veränderten Berücksichtigung der in Deutschland traditionell intern finanzierten Pensionszusagen begründet, durch die deutsche Unternehmen im Vergleich zu Unternehmen, die ihre Pensionsverpflichtungen auf einen externen Pensionsfonds auslagerten, eine höhere Fremdkapitalquote aufwiesen[3].

Gewinnung ausländischer Eigenkapitalgeber

Zur Eigenkapitalfinanzierung greifen Unternehmen auf den Aktienmarkt als Finanzierungsquelle zurück. Um das Emissionsvolumen zu den gewünschten Ausgabekonditionen unterzubringen, sind möglichst viele Aktienmarktteilnehmer anzusprechen. Hierfür stehen dem Unternehmen folgende Möglichkeiten zur Verfügung:

- Zum einen kann die Zulassung an einer inländischen Börse und gleichzeitige Werbung bei in- und ausländischen Aktienmarktteilnehmern angestrebt werden.
- Zum anderen kann (auch) die Zulassung an einer ausländischen Börse bei gleichzeitiger Ansprache in- und ausländischer Investoren erfolgen.

Neben dem eigentlichen Finanzierungseffekt hat ein Börsengang im Ausland zum Teil auch erhebliche Auswirkungen auf den ausländischen Absatz-, Beschaffungs- und Arbeitsmarkt. So lassen sich ausländische Arbeitnehmer für Managementpositionen eher gewinnen, wenn ihnen an ihrer Heimatbörse handelbare Aktienoptionen angeboten werden. In vielen Ländern genießen ausländische Unternehmen einen gewissen Imagenachteil, der sich dann abschwächt, wenn sie als vor Ort börsennotierte Unternehmen eher als zu dem Land gehörige Unternehmen wahrgenommen werden.

Der eigentliche Vorteil einer Notierung an einer ausländischen Börse ist der Zugang zu einem anderen Kapitalmarkt. Warum sollte dies vorteilhaft sein, wenn der heimische Kapitalmarkt des Unternehmens Investitionen von Ausländern unbegrenzt zulässt? Schließlich könnten in diesem Fall ausländische Investoren Aktien des Unternehmens auch an dessen heimischem Kapitalmarkt kaufen

3 Vgl. *Gerke, W./Pellens, B.*, Pension provisions, pension funds and the rating of companies – a critical analysis, Forschungsbericht, Nürnberg/Bochum 2003.

und verkaufen. Das Problem liegt in der unterschiedlichen Attraktivität der nationalen Kapitalmärkte, die sich unter anderem an ihrer Größe, ihrer Internationalität und ihrer volkswirtschaftlichen Bedeutung ermessen lässt.

	NYSE	**NASDAQ**	**Deutsche Börse***	**London SE**	**Tokio SE**
Inländische Unternehmen	1.832	2.569	704	2.179	2.320
Ausländische Unternehmen	495	283	79	613	15
Anteil ausl. Unternehmen	21,3 %	9,9 %	10,1 %	22,0 %	0,6 %
Marktkapitalisierung in Mrd. US-$	11.837,8	3.239,5	1.292,4	2.796,4	3.306,1
Marktkapitalisierung / GDP**	106,78 %		38,7 %	128,3 %	65,2 %

NYSE: New York Stock Exchange
NASDAQ: National Association of Securities Dealers Automated Quotation System
GDP: Gross Domestic Product (Bruttoinlandsprodukt)
* ohne Freiverkehr
** Quelle GDP 2009: International Monetary Fund, World Economic Outlook Database, Oktober 2010

Tab. 2.2: Internationalität, Größe und volkswirtschaftliche Bedeutung zentraler Eigenkapitalmärkte zum 31.12.2009. Quelle: *World Federation of Exchanges*, www.world-exchanges.org (statistics) und eig. Berechnungen.

Wie Tabelle 2.2 zu entnehmen ist, sind – mit Ausnahme des Kapitalmarktes in Tokio – alle hier vorgestellten Kapitalmärkte zu einem ähnlichen Grad internationalisiert. Es fällt jedoch deutlich auf, dass die anglo-amerikanischen Kapitalmärkte eine wesentlich größere volkswirtschaftliche Bedeutung besitzen und dass insbesondere die NYSE um ein Vielfaches größer ist als alle anderen Eigenkapitalmärkte. Somit erscheinen einzelne Kapitalmärkte für Unternehmen attraktiver als andere Kapitalmärkte. Dies gilt, obwohl gerade das Börsenlisting an der NYSE relativ hohe regulatorische Anforderungen an die Unternehmen stellt und die generelle Wettbewerbsfähigkeit des US-Kapitalmarkts in den letzten Jahren zumindest beeinträchtigt ist[4].

Es lässt sich festhalten: Die NYSE scheint eine der attraktivsten Eigenkapitalbörsen der Welt zu sein, obwohl die an ihr gelisteten Unternehmen umfangrei-

4 Vgl. *Committee on Capital Market Regulations*, Press Release: Continued Erosion in Competitiveness of U.S. Public Equity Market, 2009 (www.capmktsreg.org).

che Rechnungslegungs- und Publizitätspflichten und sonstige Regelungen zu beachten haben. Wie passt das zusammen? Zum einen liegt es sicher an der enormen Größe des US-amerikanischen Binnenmarkts. Auch wenn der Kapitaltransfer über Ländergrenzen hinweg immer einfacher möglich wird, so ist er doch immer noch mit Transaktionskosten verbunden. Demzufolge bleibt die Größe des nationalen Marktes ein Wettbewerbsfaktor der Finanzmärkte. Ein weiterer Erklärungsansatz besteht indes in den Publizitätspflichten und in den sonstigen Auflagen der NYSE. Schließlich wurden sie mit dem erklärten Ziel geschaffen, den Anleger zu schützen. Wenn sie funktionieren (ohne – so die Vorwürfe nach dem Sarbanes-Oxley Act 2002 – in einer übertriebenen Überregulierung zu enden), können sie tatsächlich als komparativer Konkurrenzvorteil der amerikanischen Börsen angesehen werden. Von einem solchen Zusammenhang zwischen Aktionärsschutzintensität, der Renditeforderung aktueller und potentieller Anteilseigner und damit letztlich der Größe des Kapitalmarkts gehen *Kübler/Schmidt* explizit aus, wenn sie für die USA im Vergleich zu Deutschland annehmen, „dass in den USA mehr Eigenkapital (über die Aktienmärkte in den Unternehmen) eingesetzt wird, weil es billiger für die Unternehmungen ist; und es ist billiger, weil die Anleger besser geschützt sind und daher weniger Risikokompensation verlangen“[5].

Zusammenfassend ist festzuhalten, dass durch die zunehmende Internationalisierung der Unternehmenstätigkeit die kritische Auseinandersetzung mit ausländischen Rechnungslegungssystemen und den dahinter stehenden sozioökonomischen Rahmenbedingungen für absatz-, beschaffungs- und insbesondere für finanzierungspolitische Fragestellungen in den letzten Jahren stark an Bedeutung gewonnen hat. Für die Unternehmen und ihre Vertragspartner zeigt sich in dieser Entwicklung auch der Vorteil harmonisierter Rechnungslegungsregeln. Zumindest in der Tendenz dürfte gelten, dass diese Harmonisierung Transaktionskosten reduziert, die sich auf Seiten der Unternehmen auch in konkreten betriebswirtschaftlichen Kosten niederschlagen. Diese Erkenntnis gilt im besonderen Maße auch für deutsche Unternehmen. Insofern wird im Folgenden untersucht, welche Auswirkungen sich daraus für die Rechnungslegung in Deutschland ergeben.

3 Internationalisierung der Rechnungslegung in Deutschland

EU-Harmonisierung

Die deutsche Rechnungslegung ist traditionell im Handels- und Gesellschaftsrecht kodifiziert. Anders als z.B. im Steuerrecht gab es in diesem Rechtsbereich bisher nur wenige, dafür aber grundlegende Reformen: Zu nennen sind insbesondere die AktG-Reformen von 1937 und 1965. Ein erster Schritt zur Internati-

5 *Kübler, F./Schmidt, R.*, Gesellschaftsrecht und Konzentration, Berlin 1988, S. 169.

onalisierung der deutschen Rechnungslegung ging von der 1957 gegründeten Europäischen Wirtschaftsgemeinschaft (EWG) aus. In den Römischen Verträgen verpflichteten sich die Mitgliedstaaten der EWG u.a. dazu, ihre Gesellschafts- und Kapitalmarktrechte zu harmonisieren. Entsprechend wurden Ende der 1970er bzw. Anfang der 1980er Jahre die das europäische Rechnungslegungsrecht harmonisierenden Richtlinien (4., 7. und 8. EG-Richtlinie) verabschiedet. Die EWG-Mitgliedstaaten waren verpflichtet, diese EG-Richtlinien in nationales Recht zu transformieren, was in Deutschland 1985 mit dem Bilanzrichtlinien-Gesetz geschah. Viele erwarteten 1985, dass die deutsche Rechnungslegung nach dieser ersten europäischen Harmonisierungswelle erneut für einige Jahrzehnte unverändert fortbestehen würde. Das Bilanzrichtlinien-Gesetz hatte schließlich eine Reihe von Detailproblemen neu gelöst und dabei sogar Elemente anderer Rechnungslegungssysteme im Zuge der EU-Harmonisierung übernommen. Dennoch blieb das HGB gerade in Ansatz- und Bewertungsfragen noch traditionell geprägt: Von der Dominanz der Gewinnermittlung für Dividenden- und Steuerzahlungen und der dahinter stehenden Hoffnung, vor allem die Gläubiger und das „Unternehmen an sich" durch eine vorsichtige Bilanzierung abzusichern, wich der deutsche Gesetzgeber nicht ab.

Börsenlisting an der NYSE

Die Erwartung eines „Dornröschenschlafes" erfüllte sich jedoch nicht. Die Internationalisierung der Unternehmenstätigkeit führte in Deutschland nur einige Jahre später zu drastischen Veränderungen, die sich erst in der Rechnungslegungspraxis, später aber auch in der Rechnungslegungsregulierung manifestierten. So wurde die „Internationale Rechnungslegung" von deutschen Unternehmen zu Beginn der 1990er Jahre verstärkt nachgefragt. Markantes Beispiel hierfür und gleichzeitig Startpunkt einer neuen „Ära" war der Börsengang der Daimler Benz AG 1993 an die NYSE. Um die eigenen Aktien an der NYSE notieren zu lassen, war das Daimler-Management u.a. bereit, sich den US-amerikanischen Rechnungslegungsregeln des FASB zu unterwerfen. Der Daimler-Benz-Konzernabschluss musste für zwei Positionen (Eigenkapital und Jahresüberschuss) offen von HGB auf US-GAAP übergeleitet werden (reconciliation). Weitere deutsche Unternehmen folgten diesem Beispiel, z.B. allein 1996 die Deutsche Telekom AG, Fresenius Medical Care AG, Pfeiffer Vacuum Technology AG und SGL Carbon AG[6].

„Parallele" Rechnungslegung

Die Rechnungslegung dieser Unternehmen hatte den Charakter einer teilweisen Überleitung (reconciliation) bis hin zu einer vollständig „parallelen" Rechnungslegung. Weil die handelsrechtliche Rechnungslegung weiterhin verpflichtend anzuwenden war, mussten diese Unternehmen den US-amerikanischen Bilanzierungsregeln zusätzlich genügen. Dies beschränkte sich allerdings auf den für das Börsenlisting allein relevanten Konzernabschluss, der – quasi parallel – nach HGB und US-GAAP zu erstellen und zu veröffentlichen war. Der HGB-Einzelabschluss und die an ihn geknüpften Rechtsfolgen blieben demgegenüber unberührt.

6 Vgl. zu weiteren Informationen über die Börsenzulassung deutscher Unternehmen in den USA Kapitel 3 und zu den damit einhergehenden Publizitätspflichten Kapitel 31.

Weitere Unternehmen, wie z.B. 1994 die Bayer AG, die Schering AG und die Heidelberger Zement AG, wählten einen anderen Weg, um sich den Anforderungen der internationalen Kapitalanleger zu stellen. Da für sie ein Gang an eine US-Börse zunächst nicht infrage kam, folgten sie nicht den US-GAAP, sondern den Regeln des International Accounting Standards Committee (IASC, Vorgänger des IASB). Angesichts bestehender handelsrechtlicher Rechnungslegungspflichten wählten diese Unternehmen aber regelmäßig nicht die „parallele", sondern eine „duale" Rechnungslegung. Diese basierte auf dem Versuch, in einem einzigen Konzernabschluss zwei Regelwerken, dem HGB und den damaligen International Accounting Standards (IAS), gleichzeitig zu folgen. Möglich war dies insbesondere durch vielfältige Bilanzierungswahlrechte in beiden Systemen, die übereinstimmend ausgeübt wurden.

„Duale" Rechnungslegung

Eine erste Anpassung der Regelsituation in Deutschland war 1997 zu beobachten. Die Deutsche Börse AG etablierte das Marktsegment des „Neuen Marktes" für junge High-Tech-Unternehmen, über deren risikoreiche unternehmerische Tätigkeit die Kapitalmarktteilnehmer bestmöglich informiert werden sollten. Wegen der Fokussierung der „internationalen" Rechnungslegungssysteme IAS und US-GAAP auf die Informationsfunktion herrschte – auch bei der Deutsche Börse AG – die Vorstellung vor, dass diese Systeme dem Anlegerschutz effizienter dienen als die vom Gläubigerschutz und Vorsichtsprinzip geprägte HGB-Rechnungslegung. So wurde den Emittenten am Neuen Markt u.a. vorgeschrieben, Konzernabschlüsse nach IAS oder US-GAAP vorzulegen.

Anforderungen der Börsen

Dem Vorbild des Neuen Marktes folgte 2001 der SMAX als Qualitätssegment für kleine und mittlere Werte, dessen Emittenten ebenfalls zur internationalen Rechnungslegung verpflichtet wurden. Nach der Umstrukturierung der Börsensegmentierung 2003 wurden diese Elemente der privatrechtlichen Regelwerke, die bislang lediglich für den Neuen Markt und den SMAX anzuwenden waren, ebenfalls als verpflichtend anzuwendende Regeln mit dem Prime Standard in die öffentlich-rechtliche Börsenordnung übernommen. Hier werden über gesetzliche (Mindest-)Standards hinausgehende Anforderungen an diejenigen Emittenten gestellt, deren Wertpapiere im Prime Standard – einem „exquisiten" Teilsegment des amtlichen Marktes – zugelassen sind. Dazu zählen nicht nur die Quartalsberichterstattungspflicht (§ 66 Börsenordnung der Frankfurter Wertpapierbörse) oder sonstige Offenlegungsanforderungen (§§ 65-67), sondern insbesondere auch die Verpflichtung, einen Konzernabschluss nach IFRS oder US-GAAP zu erstellen und zu veröffentlichen (§ 62 Abs. 1 a.F.).

Der deutsche Gesetzgeber reagierte auf diese Entwicklung erst 1998. Getrieben von starkem lobbyistischem Einfluss der von „paralleler" oder „dualer" Rechnungslegung betroffenen Unternehmen wurde das „Kapitalaufnahmeerleichterungsgesetz (KapAEG)" verabschiedet. Dieses Gesetz etablierte im HGB eine bis 2004 befristete Öffnungsklausel zunächst nur für börsennotierte, dann später für alle kapitalmarktorientierten Mutterunternehmen (befreiender Konzernabschluss nach § 292a HGB a.F.). Ihnen wurde unter bestimmten Voraussetzungen gestattet, den Konzernabschluss und -lagebericht entweder nach han-

KapAEG 1998

delsrechtlichen Vorschriften (§§ 290 ff. HGB) oder nach „international anerkannten Rechnungslegungsvorschriften“ aufzustellen. Im Wesentlichen wurden darunter die IAS und US-GAAP subsumiert. Mit § 292a HGB a.F. hat der Gesetzgeber das deutsche Rechnungslegungsrecht letztlich dereguliert, da den betroffenen deutschen Unternehmen zumindest im Konzernabschluss die Möglichkeit eingeräumt wurde, unter bestimmten Rechnungslegungssystemen zu wählen.

KonTraG 1998 und TransPuG 2002

Die Internationalisierung der deutschen Rechnungslegung wurde 1998 durch ein weiteres Gesetz forciert. Mit dem Gesetz zur Kontrolle und Transparenz im Unternehmensbereich (KonTraG) wurde u.a. der Konzernabschluss börsennotierter Mutterunternehmen in seinem Umfang an das Niveau der internationalen Rechnungslegung angenähert (§ 297 Abs. 1 HGB). Nach der erneuten Anpassung durch das Transparenz- und Publizitätsgesetz (TransPuG) 2002 entsprach der HGB-Konzernabschluss kapitalmarktorientierter Unternehmen in der Zahl der Bestandteile einem IFRS- oder US-GAAP-Abschluss (Konzernbilanz und -GuV, Anhang einschließlich Segmentberichterstattung, Kapitalflussrechnung und Eigenkapitalspiegel). Gegenwärtig, nach einer weiteren Regulierung im Zuge des Bilanzrechtsreformgesetzes (BilReG) 2004, sind diese Bestandteile – für die Segmentberichterstattung besteht allerdings ein Wahlrecht – für jeden HGB-Konzernabschluss vorgesehen.

DRSC, DSR und DRS

Angesichts der deutschen Rechnungslegungstradition von überaus großer Wirkung war indes ein weiterer Bestandteil des KonTraG: In Anlehnung an das IASB und das FASB[7] wurde in § 342 HGB die rechtliche Voraussetzung zur Anerkennung eines privaten deutschen Rechnungslegungsgremiums geschaffen. Nur einige Monate später wurde auf dieser Rechtsgrundlage das „Deutsche Rechnungslegungs Standards Committee e.V.“ (DRSC) in Berlin gegründet, innerhalb dessen der „Deutsche Standardisierungsrat“ (DSR) die Facharbeit übernahm. Damit trat zum ersten Mal eine private Institution neben den Gesetzgeber, die gleichfalls Einfluss auf die deutsche Rechnungslegungsregulierung haben sollte.

Das DRSC hat seit 1998 die gesetzliche Aufgabe, Grundsätze über die Konzernrechnungslegung (Deutsche Rechnungslegungsstandards, DRS) zu entwickeln. Darüber hinaus soll es den deutschen Gesetzgeber bei neuen Regulierungen zur Rechnungslegung beraten und Deutschland in internationalen Rechnungslegungsgremien, wie dem IASB, vertreten. Seit Verabschiedung des Bilanzrechtsmodernisierungsgesetzes (BilMoG) 2009 wurde der Aufgabenbereich des DRSC um die Erarbeitung von Interpretationen der internationalen Rechnungslegungsstandards erweitert[8].

7 Vgl. zu diesen Institutionen der US-amerikanischen und internationalen Rechnungslegung ausführlicher Kapitel 3 und 4.

8 Weitere Informationen zum DRSC und DSR sind auf der Homepage des DRSC (www.drsc.de) erhältlich. Seit Juni 2010 ist die Zukunft des DRSCs jedoch ungewiss, da das DRSC den Standardisierungsvertrag mit dem BMJ zum 31.12.2010 gekündigt hat.

Mit den Standards des DSR sollte die deutsche Konzernrechnungslegung möglichst bis 2004 an die internationale Rechnungslegung angenähert werden. Insbesondere sollten Bereiche der Konzernrechnungslegung, die im HGB nicht oder nur sehr rudimentär geregelt wurden, anhand dieser Standards reguliert werden. Entsprechend motiviert startete der DSR mit der Lösung dieser Aufgabe und veröffentlichte innerhalb weniger Jahre über 20 DRS zu verschiedenen Bilanzansatz-, Bilanzbewertungs- und Konsolidierungsfragen. Allerdings ist die zwingende Befolgung der DRS, insbesondere wenn diese Ansatz- und Bewertungsfragen regulieren, ebenso wie der Rechtscharakter der DRS bis heute noch sehr umstritten. Jedoch gilt für DRS, die vom Bundesministerium der Justiz (BMJ) veröffentlicht wurden, die Vermutung, dass unter Beachtung dieser Standards aufgestellte Abschlüsse den die Konzernrechnungslegung betreffenden Grundsätzen ordnungsmäßiger Buchführung entsprechen.

Da andere EU-Mitgliedstaaten, wie z.B. Belgien oder Österreich, dem deutschen Vorbild zur Öffnung und Internationalisierung der nationalen Rechnungslegung folgten, ist die beabsichtigte eigenständige europäische Harmonisierung der Rechnungslegung über die 4. und 7. EG-Richtlinie letztlich gescheitert. Statt harmonisierter nationaler Rechnungslegungssysteme erlaubten einige EU-Staaten auch die Anwendung der IFRS und/oder der US-GAAP. Andererseits hat aber diese Öffnung gleichermaßen harmonisierenden Charakter. Mit der Orientierung vieler Unternehmen an diesen beiden Rechnungslegungssystemen setzt sich nun eine Marktlösung abseits der EG-Bilanzrichtlinien durch.

EU-Verordnung zu IFRS

Vor diesem Hintergrund erscheint es wenig verwunderlich, dass sich die EU-Kommission erneut für eine (zweite) Harmonisierung der EU-Rechnungslegung einsetzte. Eingeleitet von entsprechenden Strategiepapieren ist das Ergebnis dieser Bemühungen eine unmittelbar anwendbare EU-Verordnung, nämlich die EU-Verordnung „Nr. 1606/2002 betreffend die Anwendung internationaler Rechnungslegungsstandards“. Hiernach sind kapitalmarktorientierte Mutterunternehmen seit 2005 verpflichtet, die Konzernrechnungslegung nach IFRS vorzunehmen (Art. 4)[9]. Als kapitalmarktorientiert gelten hierbei alle Unternehmen, deren Wertpapiere (Eigenkapital- und/oder Fremdkapitaltitel) am jeweiligen Bilanzstichtag in einem beliebigen EU-Mitgliedstaat zum Handel in einem geregelten Markt zugelassen sind. Eine Übergangsfrist bis 2007 wurde insbesondere den europäischen Unternehmen eingeräumt, die wegen eines US-Börsenlistings den US-GAAP folgten. Gleiches galt für Unternehmen, die ausschließlich aufgrund emittierter Fremdkapitaltitel unter den Anwendungsbereich der EU-Verordnung fallen (Art. 9).

Diese EU-Verordnung, oft auch als „IAS-Verordnung“ bezeichnet, räumt den Mitgliedstaaten außerdem das Recht ein, den Anwendungsbereich der IFRS auszudehnen. So ist es den Mitgliedstaaten freigestellt, die Anwendung der IFRS auch im Konzernabschluss nicht-kapitalmarktorientierter Unternehmen sowie im

9 Den hierfür notwendigen Rechtscharakter erhalten die IFRS in einem formalisierten Anerkennungsverfahren (endorsement), das in Kapitel 4 genauer beschrieben wird.

Einzelabschluss kapitalmarkt- sowie nicht-kapitalmarktorientierter Unternehmen per Wahlrecht zuzulassen oder gar vorzuschreiben (Art. 5).

BilReG

Der deutsche Gesetzgeber hat hierauf Ende 2004 mit der Verabschiedung des Bilanzrechtsreformgesetzes (BilReG) reagiert. Das HGB wurde durch das BilReG u.a. um § 315a ergänzt, der zunächst die von der EU-Verordnung betroffenen Unternehmen von der Anwendung handelsrechtlicher Konzernrechnungslegungsnormen weitgehend befreit. In § 315a Abs. 3 HGB ist darüber hinaus ein Wahlrecht enthalten, das auch nicht-kapitalmarktorientierten Mutterunternehmen die befreiende Aufstellung eines IFRS-Konzernabschlusses erlaubt. Der deutsche Gesetzgeber gibt damit das Mitgliedstaatenwahlrecht der IAS-Verordnung an alle konzernrechnungslegungspflichtigen Unternehmen weiter. Obwohl § 290 HGB grundsätzlich davon ausgeht, dass ein Mutterunternehmen als Kapitalgesellschaft organisiert ist, trifft dieses Wahlrecht – wie in Abbildung 2.1 aufgezeigt – auch bestimmte Personengesellschaften und Einzelkaufleute, sofern diese gemäß § 264a HGB oder § 11 PublG ebenfalls als Mutterunternehmen konzernrechnungslegungspflichtig sind. Selbiges gilt für bestimmte Branchen, für die §§ 290 ff. HGB gelten, z.B. für Kreditinstitute unabhängig von ihrer Größe und ihrer Rechtsform (§ 340i HGB).

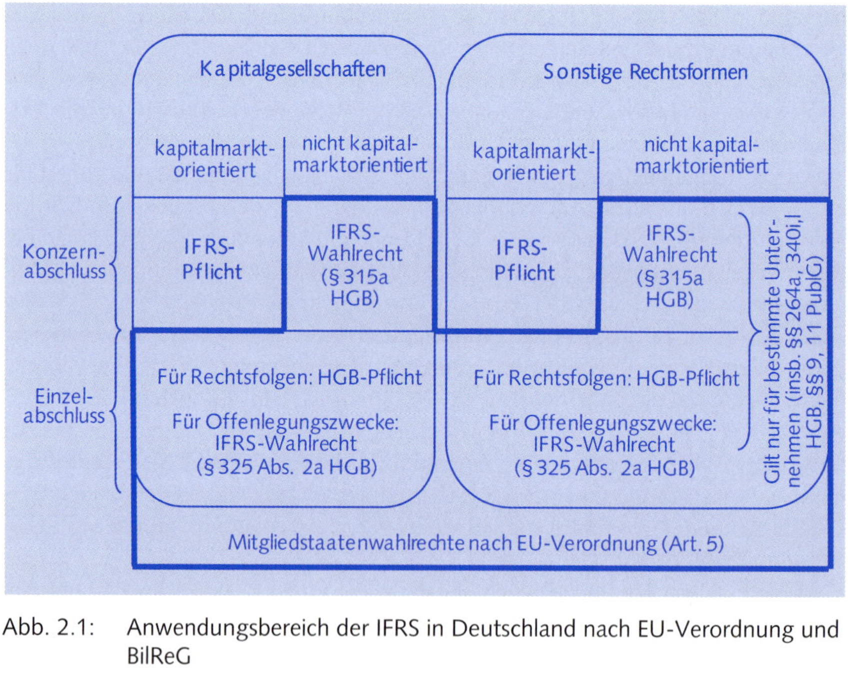

Abb. 2.1: Anwendungsbereich der IFRS in Deutschland nach EU-Verordnung und BilReG

Zudem wurde § 325 HGB um zwei weitere Absätze ergänzt. Nach § 325 Abs. 2a HGB ist es den Unternehmen erlaubt, anstelle des handelsrechtlichen Einzelabschlusses einen Einzelabschluss nach IFRS zu veröffentlichen, sofern den in Absatz 2b aufgeführten Voraussetzungen entsprochen wird. Die befreiende Wirkung beschränkt sich aber nur auf die Offenlegung, nicht auf dessen Erstellung. Dies bedeutet de facto, dass deutsche Unternehmen *zusätzlich* zum HGB-Einzelabschluss einen IFRS-Einzelabschluss für Offenlegungszwecke erstellen dürfen. Von dieser Möglichkeit sind sämtliche Unternehmen betroffen, die ihren Einzelabschluss offen legen müssen. Neben den Kapitalgesellschaften sind dies Nicht-Kapitalgesellschaften, die insbesondere unter § 264a, § 340l HGB oder § 9 PublG fallen (Abbildung 2.1).

Anerkennung der IFRS durch SEC

Auch außerhalb der EU entwickeln sich die IFRS zu dem weltweit relevanten Rechnungslegungssystem für kapitalmarktorientierte Unternehmen. Nach entsprechenden Empfehlungen der IOSCO zur Anerkennung der IFRS im Zuge sog. cross-border listings erklärte sich die US-amerikanische Börsenaufsichtsbehörde, die Securities and Exchange Commission (SEC), im November 2007 bereit, IFRS-Abschlüsse ausländischer Wertpapieremittenten anzuerkennen (SEC Release No. 33-8879). Hiermit gab sie ihre jahrelange ablehnende Haltung gegenüber den IFRS auf und schuf eine erhebliche Erleichterung für ausländische und damit auch deutsche Unternehmen, die mit ihren emittierten Wertpapieren an einer US-Börse gelistet sind. Ab dem Geschäftsjahr 2007 ist für diese Emittenten keine Überleitungsrechnung von IFRS-Jahresüberschuss und -Eigenkapital auf US-GAAP-Größen mehr notwendig. In Erwartung einer weiter ansteigenden Zahl von IFRS-Anwendern außerhalb der USA und in Anbetracht der Konvergenz der IFRS und US-GAAP-Rechnungslegung, kündigte die SEC sogar die mögliche Ausweitung der IFRS-Anwendung für US-Unternehmen an (SEC Release No. 33-8831/33-8982). Im November 2008 veröffentlichte die SEC eine „Roadmap“, die verschiedene Anforderungen an IFRS-Abschlüsse definiert. Werden diese erfüllt, so erkennt die SEC möglicherweise ab dem Jahr 2014 IFRS-Abschlüsse auch von US-Unternehmen an (SEC Release No. 33-8982).

BilMoG

Bereits in der Begründung des BilReG wurde eine weitere Anpassung des HGB an internationale Entwicklungen im Zuge einer Modernisierung des Bilanzrechts angekündigt. Schwerpunkt dieses Bilanzrechtsmodernisierungsgesetzes (BilMoG), das im Mai 2009 in Kraft trat, ist neben einer Entlastung insbesondere kleiner und mittelständischer Unternehmen von handelsrechtlichen Buchführungs- und Bilanzierungspflichten vor allem die Verbesserung der Aussagekraft des HGB. Ziel des Gesetzes ist es, das HGB zu einer „vollwertigen, aber kostengünstigeren und einfacheren Alternative“[10] zu den IFRS und zu den ebenfalls 2009 vom IASB verabschiedeten „IFRS for SMEs“ auszubauen. Entsprechend soll unter Beibehaltung oder gar Reduzierung bestehender Bilanzierungskosten eine gewisse Annäherung an internationale Rechnungslegungsstandards erreicht werden. Die Folge sind viele Regeländerungen im Bereich Ansatz, Bewertung, Ausweis und Konsolidierung, die z.T. Wahlrechte einschränken und die z.T. auch nur die bereits betriebene Bilanzierungs- und Konsolidierungspraxis nachzeichnen. Allerdings werden auch grundlegende Positionen des bisheri-

10 Bundesdrucksache 16/16407, S. 1.

gen HGB in Frage gestellt. Dies wird z.B. durch die Abschaffung des Aktivierungsverbots selbst geschaffener immaterieller Vermögensgegenstände des Anlagevermögens, die Pflicht zur Fair-Value-Bewertung zu Handelszwecken erworbener Finanzinstrumente bei Kredit- und Finanzdienstleistungsinstituten, die neue Sicherungsbilanzierung durch Bildung von Bewertungseinheiten, die Abzinsung von Rückstellungen oder die Trendberücksichtigung bei der Berechnung von Pensionsverpflichtungen deutlich. Auch die Umkehrmaßgeblichkeit wird aufgehoben, so dass die handels- und steuerrechtliche „Einheitsbilanz" trotz weiterhin bestehender Maßgeblichkeit kaum noch realisiert werden kann. Möglich erscheint sogar, dass die BilMoG-Neuregelungen eine Neuinterpretation und Neugewichtung der Grundsätze ordnungsmäßiger Bilanzierung (GoB), wie z.B. des Realisationsprinzips, Vorsichtsprinzips oder Einzelbewertungsgrundsatzes, bewirken, obwohl der Gesetzgeber dies ausdrücklich nicht beabsichtigt hat[11].

IFRS for SMEs

Das solchermaßen reformierte HGB steht zudem in Konkurrenz zu dem Bestreben des IASB, die IFRS durch Vereinfachung bestehender IFRS-Rechnungslegungsregeln für kleine und mittelgroße Unternehmen (small and medium-sized entities, SME) attraktiver zu gestalten, um so zur weiteren Harmonisierung der Rechnungslegung über die Gruppe der kapitalmarktorientierten Unternehmen hinaus beizutragen. Das Ergebnis dieser Bemühungen ist ein eigener, im Juli 2009 veröffentlichter Standard, der sog. IFRS for SMEs (IFRS-SME). Dieser Standard umfasst vom Inhalt und Anspruch her ein eigenes Rechnungslegungssystem. Bei der Entwicklung stand die Intention im Vordergrund, entscheidungsrelevante Informationen unter stärkerer Berücksichtigung des Kosten-Nutzen-Aspekts und unter Fokussierung auf die Bedürfnisse der Adressaten von SME-Abschlüssen bereitzustellen. Als SMEs gelten sämtliche nicht kapitalmarktorientierten Unternehmen, so dass letztlich auch der allerdings nur schwer konkretisierbare „Mittelstand" darunter zu subsumieren ist.

IFRS for SMEs im Vergleich zu „full" IFRS und HGB

Obwohl der IFRS for SMEs[12] auf 230 Textseiten, einer Checkliste für den Anhang sowie zusätzlichen Anwendungshinweisen durchaus umfangreiche Regulierungen beinhaltet, bietet er im Vergleich zu den „full" IFRS deutliche Vereinfachungen. Diese erstrecken sich auf alle Bilanzierungsebenen, also auf den Ansatz (z.B. kategorisches Aktivierungsverbot für selbst erstellte immaterielle Vermögenswerte des Anlagevermögens), die Bewertung (z.B. Verzicht auf den impairment-only approach bei der Goodwill-Folgebewertung), die Konsolidierung (z.B. Möglichkeit, assoziierte Unternehmen und Gemeinschaftsunternehmen zu historischen Kosten in die Konzernbilanz zu nehmen) und auf den Anhang. Aus der Perspektive der HGB-Bilanzierer, die bislang nicht nach IFRS

---

11 Vgl. Bundesdrucksache 16/12407, S. 1 versus *Fülbier, R. U./Gassen, J.*, Das Bilanzrechtsmodernisierungsgesetz (BilMoG): Handelsrechtliche GoB vor der Neuinterpretation, in: DB, 60. Jg. (2007), S. 2605-2612 sowie *Wehrheim, M./Fross, I.*, Erosion handelsrechtlicher GoB durch das Bilanzrechtsmodernisierungsgesetz, in: ZfB, 80. Jg. (2010), S. 71-109.

12 Vgl. hierzu ausführlich *Eierle, B./Beiersdorf, K./Haller, A.*, International Financial Reporting Standard for Small and Medium-sized Entities (IFRS for SMEs): Überblick über den finalen Standard des IASB, in: DB, 62. Jg. (2009), S. 1549-1557.

bilanzieren, relativieren sich diese Erleichterungen jedoch oder verkehren sich sogar in deutliche Komplexitätssteigerungen. Beispielhaft sei angeführt, dass allein die Angaben-Checkliste des IFRS for SMEs 40 Seiten umfasst.

Umsetzung des IFRS for SMEs noch offen

Der IFRS for SMEs ist zwar schon 2009 vom IASB verabschiedet worden, bislang allerdings ohne konkrete Umsetzung auf europäischer oder gar deutscher Ebene. So ist bislang auf beiden Ebenen offen, ob dieses System eingeführt wird, welche Unternehmen und welche rechnungslegende Einheit (Einzel- versus Konzernabschluss) ggf. betroffen sein werden und welchen Verbindlichkeitsgrad die Regeln haben werden. Dabei wird der IFRS for SMEs in der EU durchaus kontrovers diskutiert[13] und insbesondere auch aus Deutschland heftig kritisiert. Abgesehen von schwer zu beurteilenden inhaltlichen Ausgestaltungsfragen, steht auch die konzeptionelle Orientierung des IFRS for SMEs und die institutionelle Eignung des IASB zur Verabschiedung mittelstandstauglicher Rechnungslegungsregeln in der Kritik[14]. Andererseits ist zu erwarten, dass der IFRS for SMEs zumindest in einigen Regionen der Welt eine Anwendung erfahren wird. Insofern trägt dieses Buch dem IFRS for SMEs auch inhaltlich Rechnung, in dem die ausführlich beschriebene Bilanzierung nach IFRS zum Abschluss der jeweiligen Kapitel immer auch mit den jeweiligen Regeln des IFRS for SMEs kurz verglichen wird.

Internationalisierung der Rechnungslegung in einem „Fünf-Phasen-Modell“

Abschließend bleibt festzuhalten, dass sich die Rechnungslegung in Deutschland in den letzten Jahren deutlich verändert hat. Ausgehend von den Internationalisierungstendenzen der Unternehmenstätigkeit sind insbesondere die IFRS zu einem festen Bestandteil der deutschen Rechnungslegungspraxis und des deutschen wie auch europäischen Rechnungslegungsrechts geworden. In Abbildung 2.2 wird dieser Internationalisierungsprozess noch einmal in fünf Phasen zusammengefasst:

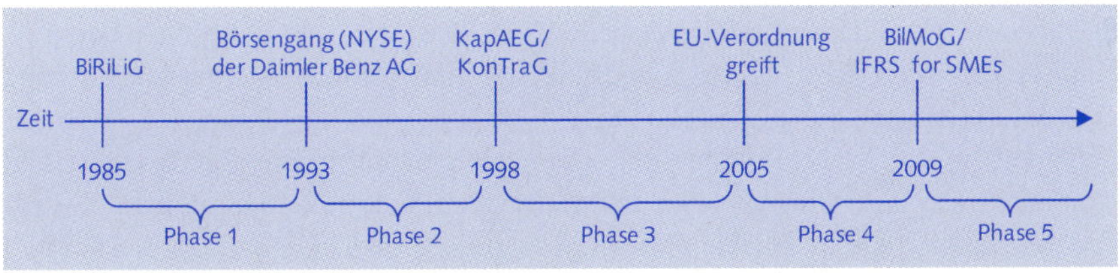

Abb. 2.2: Phasen der Internationalisierung der Rechnungslegung in Deutschland

- Die erste europäische Harmonisierungsphase in der Rechnungslegung ging von den Römischen Verträgen aus, wurde durch die 4., 7. und 8. EG-Richtlinie konkretisiert und 1985 mit dem Bilanzrichtlinien-Gesetz in das deutsche HGB umgesetzt.

13 Vgl. z.B. für einen Überblick *EU Commission*, Summary Report of the Responses Received to the Commission's Consultation on the International Financial Reporting Standard for Small- and Medium Sized Entities, Brussels 2010.

14 Vgl. z.B. *Fülbier, R. U./Gassen, J./Ott, E.*, IFRS for SMEs für den europäischen Mittelstand? Einige theoretische und empirische Überlegungen, in: DB, 63. Jg. (2010), S. 1357-1360.

- Der zweite Internationalisierungsschub prägte die Phase von 1993 bis 1998. Er betraf hauptsächlich die Rechnungslegungspraxis. Da die HGB-Rechnungslegungspflichten weiterhin bestanden, konnten die Unternehmen internationalen Vorschriften nur im Rahmen einer „dualen" oder „parallelen" Rechnungslegung folgen.
- Die dritte Phase von 1998 bis 2004 bezeichnet eine Periode der Deregulierung. Auf der Basis von § 292a HGB stand es den kapitalmarktorientierten Unternehmen zumindest im Konzernabschluss frei, zwischen HGB, IFRS bzw. IAS und US-GAAP zu wählen. In dieser dritten Phase stellte ein Großteil deutscher DAX- und MDAX-Unternehmen die Konzernrechnungslegung auf IFRS oder US-GAAP um.
- Die vierte Phase seit 2005 ist durch die Entscheidung der EU für eine EU-weite (Konzern-)Rechnungslegung nach IFRS geprägt. In Verbindung mit den ergänzenden Gesetzen der Mitgliedstaaten wird für einen Großteil der deutschen und europäischen Unternehmen die IFRS-Rechnungslegung verpflichtend und für andere freiwillig anwendbar.
- Die weitere Internationalisierung der Rechnungslegung ist – zumindest in Deutschland – durch das BilMoG geprägt. Die Anpassung des HGB an die IFRS markiert den Beginn der fünften Phase, in der auch kleine und mittelgroße Unternehmen von der Internationalisierung der Rechnungslegung betroffen werden. Die Verabschiedung des IFRS for SMEs fällt ebenfalls in diese Phase. Mit diesem Standard wird nicht-kapitalmarktorientierten Unternehmen ein alternatives Rechnungslegungssystem angeboten. Welche Verbindlichkeit und welchen Stellenwert es letztlich in der Welt, in der EU und in Deutschland erlangen wird, bleibt jedoch abzuwarten.

Die weitere Entwicklung nach dieser fünften Phase ist schwer abschätzbar (vgl. Kapitel 32). Wie oben bereits festgestellt, ist eine weitere Internationalisierung der Unternehmenstätigkeit zu beobachten, die mit einer zunehmenden Internationalisierung der Märkte einhergeht. Dies gilt gleichermaßen für Produkt- und Kapitalmärkte und führt zu einer internationalen Vereinheitlichung der jeweiligen Marktspielregeln. Da die Rechnungslegung einen elementaren Bestandteil der Kapitalmarktspielregeln bildet, ist ihre internationale Harmonisierung eine logische Konsequenz. Viele nationale Gesetzgeber und auch die EU haben diese Entwicklung durch entsprechende Regulierungen weitgehend nachvollzogen. Inwieweit ein solcher Prozess und damit die Einführung der IFRS oder des IFRS for SMEs auch für nicht-kapitalmarktorientierte Unternehmen und damit für den Mittelstand zu erwarten ist, bleibt hingegen fraglich und ist derzeit nicht abzusehen. Die Konvergenz der IFRS mit den Rechnungslegungsstandards des FASB (US-GAAP) wird indes weiter vorangetrieben. So forderte die Gemeinschaft der G-20 im Nachgang zur Finanz- und Wirtschaftskrise, zuletzt im November 2010 in Seoul, IASB und FASB auf, ihre Konvergenzbemühungen bis Ende 2011 abzuschließen[15].

Im Folgenden soll der Fokus nunmehr auf das vom IASB formulierte Rechnungslegungssystem der IFRS verengt werden. Diese Rechnungslegungsregeln bilden – von Seiten des Marktes gefordert und von der EU regulatorisch forciert – zumindest in der EU den harmonisierten Standard für die (Konzern-)Rechnungslegung kapitalmarktorientierter Unternehmen. Um die IFRS besser zu verstehen, werden zuerst die Institutionen vorgestellt, die dieses System beeinflussen. Sinnvollerweise stehen in diesem Zusammenhang zunächst die US-Institutionen im Blickpunkt, die nicht nur die eigene US-amerikanische Rechnungslegung prägen, sondern auch die IFRS maßgeblich beeinflussen. Zudem üben diese Institutionen für das IASB eine gewisse institutionelle Vorbildfunktion aus.

Ausgewählte Literatur

Fülbier, R. U./Gassen, J./Ott, E., IFRS for SMEs für den europäischen Mittelstand? Einige theoretische und empirische Überlegungen, in DB, 63. Jg. (2010), S. 1357-1360.

Haller, A., Financial Accounting Developments in the European Union: Past Events and Future Prospects, in: European Accounting Review, Vol. 11 (2002), S. 153-190.

Schildbach, T., Die Zukunft des Jahresabschlusses nach HGB angesichts neuer Trends bei der Regulierung der Rechnungslegung und der IAS-Strategien der EU, in: StuB, 5. Jg. (2003), S. 1071-1078.

Siebler, U., Internationalisierung der Rechnungslegung und deren Auswirkungen auf Handels- und Steuerbilanz nicht auf den geregelten Kapitalmarkt ausgerichteter Unternehmen, Berlin 2008.

15 Zur möglichen Übernahme der IFRS für US-Unternehmen vgl. auch *Hail, L./Leuz, C./Wysocki, P*, Global Accounting Convergence and the Potential Adoption of IFRS by the U.S. (Part I): Conceptual Underpinnings and Economic Analysis, in: Accounting Horizons, 24. Jg. (2010), S. 355-394.

Übungsaufgaben

Aufgabe 1:

Der Vorstand der Blechdosen AG, ein in Bayreuth ansässiger regionaler Anbieter von Recyclingsystemen, will sich im Rahmen der nächsten Vorstandssitzung mit der weiteren Entwicklung der Finanzabteilung befassen. Ein Tagesordnungspunkt ist dabei der Ausbau der Kenntnisse zur internationalen Rechnungslegung durch die Einstellung zusätzlicher Mitarbeiter.

a) Der Finanzvorstand Herr Dr. Fuchs bittet Sie herauszuarbeiten, weswegen derartige Kenntnisse zur internationalen Rechnungslegung insbesondere vor dem Hintergrund einer zukünftig angestrebten internationalen Expansion unabdingbar sind. Herr Dr. Fuchs bittet Sie dabei insbesondere die Auswirkungen der EU-Verordnung „Nr. 1606/2002 betreffend die Anwendung internationaler Rechnungslegungsstandards“ sowie dessen Umsetzung durch den deutschen Gesetzgeber näher zu beleuchten.

b) Im Rahmen ihrer Arbeit diskutieren Sie mit ihrem Büronachbarn, einem altgedienten HGB-Rechnungsleger, über internationale Rechungslegungssysteme. Dieser äußert dabei absolutes Unverständnis für die Vielfältigkeit von Rechnungslegungssystemen. Sie versuchen ihm die Gründe für die Entstehung unterschiedlicher Rechnungslegungssysteme zu verdeutlichen.

Aufgabe 2:

Zwei Jahre später ist nicht nur die internationale Expansion der Blechdosen AG weit vorangeschritten, sondern Sie haben auch mittlerweile Herrn Dr. Fuchs als Finanzvorstand beerbt.

a) Um das zukünftige Wachstum zu finanzieren, soll in einer weiteren Vorstandssitzung die Aufnahme zusätzlichen Eigenkapitals im Zuge eines Börsengangs beschlossen und dem Aufsichtsrat vorgeschlagen werden. Im Rahmen dieser Vorstandssitzung wirft einer ihrer Vorstandskollegen ein, dass er von einem befreundeten Investmentbanker von den Vorteilen eines Ganges an den US-amerikanischen Eigenkapitalmarkt über eine Notierung an der NYSE oder NASDAQ gehört hat. Er bittet Sie, ihm dieses genauer zu erläutern.

b) Auf einer kleinen Vernissage am folgenden Wochenende treffen Sie ihren langjährigen Freund, den Juristen Müller. Dieser vertraut Ihnen an, dass er sich um die Zukunft des deutschen HGB gerade für den deutschen Mittelstand ernsthaft sorgt. In dieser Ansicht wurde er auch durch die Verabschiedung des IFRS for SMEs bestärkt. Sie erläutern ihm die jüngsten Entwicklungen im Internalisierungsprozess der deutschen Rechnungslegung.

Kapitel 3
Institutionen und System der US-amerikanischen Rechnungslegung

Die IFRS haben sich u.a. in der EU als harmonisierter Standard für die Konzernrechnungslegung kapitalmarktorientierter Unternehmen durchgesetzt. Bevor sie aber zum weltweit akzeptierten Rechnungslegungssystem werden können, benötigen sie insbesondere noch die offizielle Anerkennung der US-amerikanischen Börsenaufsichtsbehörde, der Securities and Exchange Commission (SEC).

Nach langjährigen Diskussionen beschloss die SEC am 21.12.2007, dass ausländische Unternehmen, die an einer US-amerikanischen Börse gelistet sind, anstatt eines US-GAAP-Abschlusses oder einer Überleitungsrechnung ihrer Rechenwerke auf US-GAAP-Größen auch einen IFRS-Abschluss bei der SEC einreichen können. Zumindest für ausländische Emittenten werden die IFRS somit als gleichwertig mit den US-GAAP anerkannt. Dadurch wurde in dem im September 2002 mit dem sog. Norwalk-Agreement gestarteten Konvergenzprozess von US-GAAP und IFRS ein vorläufiger Teilerfolg erzielt.

Eine vollständige Gleichwertigkeit der IFRS und US-GAAP wäre aber erst erreicht, wenn auch US-amerikanische Emittenten bei der SEC einen befreienden IFRS-Abschluss einreichen können. Die SEC hat im Juli 2007 einen Konzepterlass zur Kommentierung veröffentlicht, in dem diese Frage erörtert wird. Die vollständige Anerkennung der IFRS für US-amerikanische Unternehmen wird in den USA allerdings noch immer kontrovers diskutiert und hängt von vielen politischen Unwägbarkeiten ab. Unter anderem ist auch der Fortschritt des Konvergenzprozess von US-GAAP und IFRS entscheidend. Dieser soll im Jahr 2011 weitestgehend abgeschlossen sein. Auch im Falle einer erfolgreichen vollständigen Anerkennung der IFRS in den USA besäßen die US-GAAP weiterhin als Prototyp einer informations- und kapitalmarktorientierten Rechnungslegung eine Vorbildfunktion für die IFRS. In einer historischen Perspektive vermag diese Vorbildfunktion die Grundausrichtung und viele Details der IFRS-Rechnungslegung zu erklären. Sie trägt darüber hinaus auch insgesamt zum institutionellen Verständnis kapitalmarktorientierter Rechnungslegung bei. Vor diesem Hintergrund sollen im Folgenden die institutionellen Rahmenbedingungen der US-amerikanischen Rechnungslegung erläutert werden.

Hierbei ist zu beachten, dass das System der US-GAAP im Jahre 2009 einer Reform unterzogen wurde. Das komplexe Normengeflecht, welches bis dahin eine chronologische Sammlung unterschiedlicher Verlautbarungen ohne inhaltliche Ordnung darstellte, wurde in eine neue, sachlogische Struktur übertragen: die FASB Accounting Standards Codification.

Lernziele

In diesem Abschnitt sollen Sie erfahren,

- welche Institutionen das US-amerikanische Rechnungslegungssystem prägen,
- welche Verlautbarungen diese Institutionen veröffentlichen und welchem Prozess sie dabei folgen und
- welche Struktur die US-GAAP seit der Einführung der FASB Accounting Standards Codification haben.

1 Überblick

Kapitalmarktorientierung der US-GAAP

Die Rechnungslegungspflichten US-amerikanischer Unternehmen hängen entscheidend davon ab, ob diese den öffentlichen Kapitalmarkt in Anspruch nehmen möchten oder nicht. Unternehmen, die ihre Eigen- und/oder Fremdkapitaltitel nicht über den öffentlichen Kapitalmarkt ausgeben und/oder handeln lassen, haben nur die von ihrem jeweiligen Gründungsstaat regulierten Rechnungslegungspflichten zu befolgen. Die 50 US-amerikanischen Bundesstaaten sind hinsichtlich der gesellschaftsrechtlichen Gesetzgebungskompetenz weitgehend souverän, sehen dort jedoch allesamt nur rudimentäre Rechnungslegungspflichten vor.

Unternehmen, die den öffentlichen Kapitalmarkt in Anspruch nehmen, unterliegen hingegen dem überwiegend auf Bundesebene geregelten Kapitalmarktrecht. Mit dem Securities Act (SA) aus dem Jahr 1933 und dem Securities Exchange Act (SEA) von 1934 werden diese Unternehmen u.a. zur Rechnungslegung nach US-GAAP verpflichtet. Insofern sind die US-GAAP nur für kapitalmarktorientierte Unternehmen verbindlich.

Vorbildfunktion der US-GAAP

Die kapitalmarktrechtliche Wurzel der US-GAAP prägt die Zielsetzung und den gesamten Inhalt dieses Rechnungslegungssystems. In dem Bestreben, die Funktionsfähigkeit effizienter Kapitalmärkte zu schützen, sollen die Anleger mit entscheidungsrelevanten Informationen versorgt werden. Die Rechnungslegungsdaten auf der Basis von US-GAAP bilden dabei die zentrale Teilmenge standardisierter Finanzinformationen, die durch vielfältige weitere Informationen ergänzt werden. Diese Informationen sollen die Anleger zeitnah über die tatsächliche Vermögens-, Finanz- und Ertragslage des Unternehmens unterrichten, so dass diese ihre Kapitalanlageentscheidungen auf einem hohen Informationsstand treffen können. Durch die kompromisslose Ausrichtung auf dieses eine Ziel haben sich die US-GAAP über die Jahrzehnte zu einem Rechnungslegungssystem mit „Vorbildcharakter" für andere kapitalmarktorientierte Rechnungslegungssysteme, wie insbesondere die IFRS, entwickelt.

Aber wer „macht" die US-amerikanischen Rechnungslegungsregeln, die US-GAAP? Die wesentlichen Institutionen sind die US-amerikanische Börsenaufsichtsbehörde, die Securities and Exchange Commission (SEC), und das aktuelle US-amerikanische Rechnungslegungsgremium, das Financial Accounting Standards Board (FASB).

Zusammenspiel von SEC und FASB

Wie arbeiten diese beiden Gremien zusammen? Die SEC hat bestehendes Bundesrecht umzusetzen. Dieses Bundesrecht fordert, dass alle Unternehmen, die den US-amerikanischen Kapitalmarkt in Anspruch nehmen, bestimmte, nach Art des Börsenzugangs unterschiedliche Publizitätspflichten zu erfüllen haben. Ein wesentlicher Teil dieser Publizitätspflichten besteht in der Veröffentlichung von Jahres- bzw. Quartalsabschlüssen. Insofern besitzt die SEC auch die Regulierungskompetenz für die Rechnungslegung. Sie hat diese Kompetenz jedoch schon früh an fachkundige Dritte und seit 1973 an das FASB delegiert (Abbildung 3.1). Somit ist das FASB der aktuelle Standardsetter der US-GAAP. Im Folgenden sollen die SEC, das FASB und andere Institutionen mit wesentlichem

Einfluss auf die amerikanische Rechnungslegung näher vorgestellt werden. Dabei wird im Folgenden zwischen den Institutionen, die direkt am Normensetzungsprozess beteiligt sind, und weiteren Institutionen ohne unmittelbaren Einfluss auf diesen Prozess unterschieden.

FASB Accounting Standards Codification

Im Jahr 2009 wurden die US-amerikanischen Rechnungslegungsnormen in der FASB Accounting Standards Codification neu kodifiziert und strukturiert. Um die Entwicklung dieses neuen Systems nachvollziehbar zu machen, werden zunächst auch die ursprünglichen Verlautbarungen der am Normensetzungsprozess beteiligten Institutionen vorgestellt.

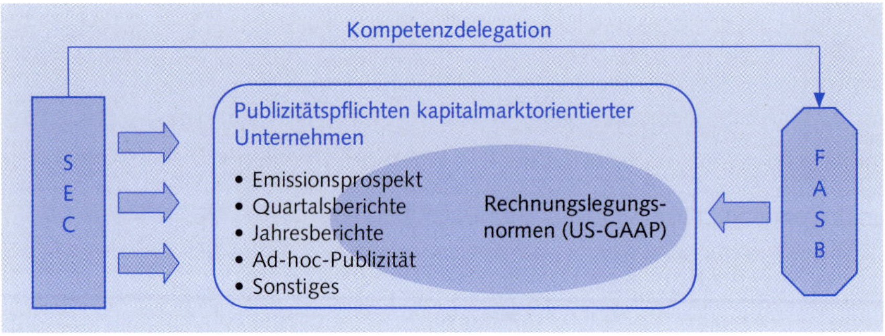

Abb. 3.1: Zusammenspiel von SEC und FASB

2 Institutionen

2.1 Securities and Exchange Commission

Gründung und Status der SEC

Die SEC wurde 1934 durch ein kapitalmarktrechtliches Bundesgesetz, den Securities Exchange Act (SEA), als Aufsichtsbehörde für das einzelstaatenübergreifende Wertpapier- und Börsenwesen gegründet. Als unabhängige Bundesbehörde ist sie lediglich dem Kongress unterstellt, dem gegenüber sie regelmäßig Rechenschaft abzulegen hat. Zur Wahrnehmung ihrer Aufgaben beschäftigt die SEC in ihrem Washingtoner Hauptquartier und in den elf regionalen Geschäftsstellen mehr als 3.600 Vollzeitmitarbeiter. Die SEC ist im internationalen Vergleich auch finanziell exzellent ausgestattet. Sie wird aus dem Bundeshaushalt der Vereinigten Staaten finanziert und wies für das Haushaltsjahr 2009 einen Etat von etwa 981 Mio. US-$ aus. Mit diesem Etat erwirtschaftete die SEC einen

Überschuss von 129 Mio. US-$, der hauptsächlich aus der Einnahme von Gebühren resultierte[1].

Anlegerschutz als Hauptziel

Die SEC hat die bundesgesetzlichen Regelungen des US-amerikanischen Kapitalmarktrechts auszulegen und durchzusetzen. Damit ist sie vor allem mit dem kapitalmarktrechtlichen Anlegerschutz betraut und hat insofern betrügerische und unlautere Handlungen im Bereich der Wertpapieremission und des Wertpapierhandels zu verhindern sowie die Versorgung der Kapitalmarktteilnehmer mit realistischen, zeitnahen und wahren Informationen zu gewährleisten. Der Informationsfluss von den Unternehmen an die Öffentlichkeit ist vor dem Hintergrund der im US-amerikanischen Kapitalmarktrecht dominanten Publizitätserfordernisse das Hauptanliegen der SEC. Durch die Veröffentlichung aller entscheidungsnützlichen Informationen soll die Unsicherheit von Kapitalanlageentscheidungen reduziert und damit die Effizienz und Aktivität auf den Kapitalmärkten gesteigert werden.

Kompetenzen der SEC

Als US-amerikanische Bundesbehörde hat die SEC national und international eine große Bedeutung. Sie verkörpert gewissermaßen die „Urform" einer Wertpapieraufsichtsbehörde und ist in dieser Hinsicht im internationalen Vergleich auch zu einem Vorbild geworden. Ihre Pendants in anderen Ländern verfügen jedoch gemeinhin nicht über die Machtfülle der SEC. Zur Verfolgung ihrer umfangreichen, gesetzlich kodifizierten Überwachungs- und Ausführungspflichten sind der SEC erhebliche, gewaltenübergreifende Kompetenzen zugewiesen worden:

Exekutive Aufgaben

- *Exekutive Aufgaben*: Der SEC obliegt die Verwaltung der im Wertpapierbereich erlassenen Bundesgesetze. Sie ist diesbezüglich die allein zuständige Bundesbehörde, die u.a. über Registrierungsanträge von Wertpapieren und Börsenhändlern befindet sowie alle Arten von Unternehmensberichten entgegennimmt. Bei der Registrierung der Wertpapiere beurteilt die SEC allerdings nicht die Güte der betreffenden Wertpapiere. Sie prüft in einem eher kooperativen Stil unter stärker formellen Gesichtspunkten, ob und inwieweit die von den Unternehmen zur Verfügung gestellten Informationen vollständig und ordnungsgemäß sind. Es ist nicht ihre Aufgabe, Qualität oder Preise der Wertpapiere zu kontrollieren. Diese Beurteilung bleibt allein den Marktteilnehmern überlassen, denen allerdings die dafür notwendigen Informationen zugänglich sein müssen. Insofern wird die SEC z.B. spekulative, risikoreiche Papiere nicht vom Markt nehmen, solange sie die Investoren über den diesbezüglichen Charakter der Wertpapiere informiert weiß.

Legislative Aufgaben

- *Legislative Aufgaben*: Die SEC ist im Rahmen der Konkretisierung, Auslegung und Ergänzung allgemein gehaltener Gesetzesbestimmungen zum Erlass von Regelungen und Verordnungen ermächtigt, welche – im weitesten Sinne – die Ausgabe von und den Handel mit Wertpapieren betreffen. Infolge

1 Vgl. *SEC,* Annual Report 2009, www.sec.gov. Zum Vergleich; die Jahresrechnung der deutschen Bundesanstalt für Finanzdienstleistungsaufsicht (BaFin) weist für den gleichen Zeitraum Gesamteinnahmen in Höhe von 139 Mio. € und einen Überschuss von knapp 10 Mio. € aus. Vgl. *BaFin*, Jahresrechnung 2009, www.bafin.de.

des besonderen Charakters der SEC als unabhängige Bundesbehörde und der unmittelbaren Aufgabendelegation durch den Kongress sind ihre Verlautbarungen verbindlich und haben z.T. sogar quasi-gesetzlichen Charakter. Durch den SEA sind kapitalmarktorientierte Unternehmen zwar verpflichtet, regelmäßig Jahres- und Quartalsabschlüsse aufzustellen, konkrete Regulierungen über die materiellen und formellen Inhalte der Rechnungslegung fehlen dort jedoch. Im Rahmen ihrer legislativen Kompetenz hat die SEC daher auch die Rechnungslegungspflicht für kapitalmarktorientierte Unternehmen in materieller und formeller Hinsicht auszugestalten. Die SEC hat diese Regulierungskompetenz für die Rechnungslegung allerdings an das FASB delegiert.

Judikative Aufgaben

- *Judikative Aufgaben*: Der SEC stehen eine Vielzahl von Maßnahmen zur Verfügung, mit denen sie die Einhaltung der Registrierungs-, Berichts- und sonstigen Pflichten erzwingen oder die Verletzung derselben sanktionieren kann. Sie besitzt umfangreiche zivil-, verwaltungs- und strafrechtliche Untersuchungs-, Klage- und Entscheidungsbefugnisse. Während zivil- und strafrechtliche Angelegenheiten von der SEC als Klägerin initiiert und an die Justiz weitergeleitet werden, ist sie zur selbständigen Verhängung von Verwaltungsstrafen unmittelbar autorisiert. Sie kann z.B. Wertpapiere vorübergehend vom Handel an der Börse bzw. dem over-the-counter market ausschließen oder ihre Registrierung endgültig widerrufen. Gegenüber den Effektenhändlern und Anlageberatern kann sie Geldstrafen, Verweise und Beschränkungen bei der Berufsausübung sowie Berufsverbote verhängen. Gegenüber allen Personen, die in registrierten Unternehmen tätig sind, und auch gegen Selbstverwaltungsorganisationen wie z.B. Börsen kann sie Disziplinarverfahren anstrengen. Die SEC ist darüber hinaus im Rahmen der Berufsgerichtsbarkeit der US-amerikanischen Wirtschaftsprüfer (Certified Public Accountants; CPA) mit Disziplinarkompetenz ausgestattet. Zudem kontrolliert sie die Wirtschaftsprüferaufsicht, die in Gestalt des Public Company Accounting Oversight Board (PCAOB) durch den Sarbanes-Oxley Act 2002 ins Leben gerufen wurde.

Exkurs

Börsenzulassung deutscher Unternehmen in den USA

Bis zum Jahr 2000 konnten die amerikanischen Börsen einen im internationalen Vergleich beeindruckenden Anstieg von Auslandsnotierungen verzeichnen. Darunter waren auch einige deutsche Unternehmen vertreten. Als Motiv für ein Listing in den Vereinigten Staaten wurden oft die hohe Liquidität des Aktienmarktes sowie verbesserte Offenlegungspflichten, Governancevorschriften und Imagevorteile für die Unternehmen gesehen[2]. Auch für geplante Akquisitionen in den USA kann das dortige Börsenlisting von Vorteil sein, sofern bei dem Kauf beispielsweise ein Aktientausch vorgenommen werden soll, wie das Beispiel der Fresenius AG bei der Gründung der Fresenius Medical Care AG, aber auch der DaimlerChrysler-Zusammenschluss

2 Vgl. *Zechner, J.*, Börsennotierungen: Wann und wo? Evidenz aus Theorie und Empirie, in: ZFBF, 60. Jg. (2008), S. 195-210.

verdeutlichten. Die Belegschaften der US-amerikanischen Produktionsstätten können sich darüber hinaus in unkomplizierterer Art und Weise durch Aktienerwerb an dem eigenen Unternehmen beteiligen. Für manche US-amerikanische Versicherung oder manchen Pensionsfonds ist die US-Notierung sogar satzungsgemäße Voraussetzung, um sich in der jeweiligen ausländischen Aktie engagieren zu können[3].

Zugangsformen zum US-Eigenkapitalmarkt

Der US-amerikanische Markt kann über unterschiedliche Zugangsmöglichkeiten erschlossen werden, die mit unterschiedlichen Rechts- und insbesondere Publizitätsanforderungen einhergehen. Für die Ausgabe bzw. den Handel von Eigenkapitaltiteln, ergeben sich die in Abbildung 3.2 überblickartig aufgezeigten Varianten.

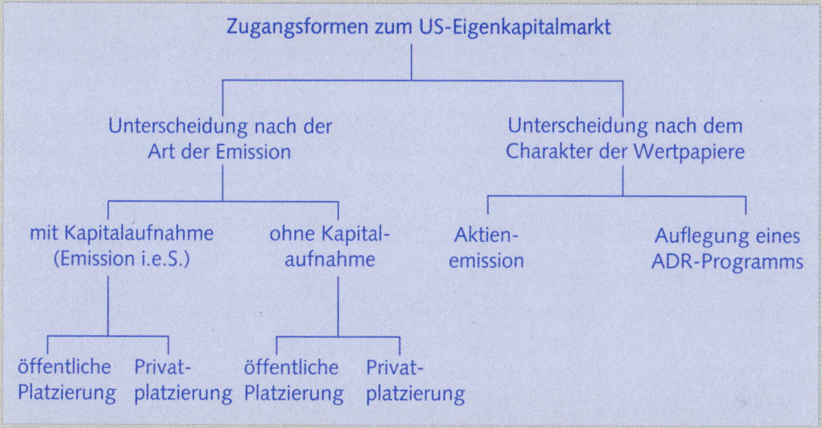

Abb. 3.2: Zugangsmöglichkeiten zum US-amerikanischen Eigenkapitalmarkt

Der Zugang zum US-amerikanischen Eigenkapitalmarkt kann mittels einer Aktienemission oder sogenannter American Depositary Receipts (ADRs) erfolgen. Gerade für ausländische Unternehmen ist die Auflegung eines ADR-Programms attraktiv. Hierbei handelt es sich um in US-$ ausgestellte, handelbare Hinterlegungsscheine, die an Stelle der Originalaktien an der US-Börse notiert werden. Es sind unterschiedliche Programme denkbar (unsponsored programs, sponsored level I bis III), die mit unterschiedlichen Rechten und Pflichten einhergehen. Unsponsored programs können als Reaktion auf vorherrschende Nachfrage im Markt und ohne Mitwirkung eines Unternehmens erfolgen. Die sponsored programs unterteilen sich in drei verschiedene Level. Die Level-I-Programme erfordern im Vergleich zu den anderen Programmen weniger umfassende Registrierungspflichten der Unternehmen bei der SEC

3 Vgl. zu Finanzierungs- und sonstigen Motivationsaspekten einer US-Börsennotierung u.a. *Bruns, H.-G.*, Aktienplatzierung an ausländischen Kapitalmärkten – Überlegungen, Erfahrungen, Folgerungen, in: DBW, 58. Jg. (1998), S. 382-400; *Kahle, H.*, Zur Frage der Notwendigkeit einer Börseneinführung in den USA, in: FB, 2. Jg. (2000), S. 493-499.

und erfordern weiterhin keine speziellen Berichtspflichten. ADRs im Rahmen eines Level-I-Programms werden jedoch nicht auf einer amerikanischen Börse, sondern auf dem over-the-counter (OTC) Markt gehandelt. Die Level-I-Programme sind derzeit die am häufigsten vertretene und am schnellsten wachsende Form der ADR Programme. Sehr weitreichend sind hingegen Level-II (ohne Kapitalerhöhung) und Level-III-ADRs (mit Kapitalerhöhung), die an einer US-Börse, wie z.B. der NYSE, der NASDAQ oder dem geregelten OTC-Markt, untergebracht werden. Bei diesem Programm unterliegt die ausländische Gesellschaft den strengen Anforderungen des SEA in Bezug auf Rechnungslegung, Offenlegung und Haftung. Neben der Konformität der Rechnungslegung muss insbesondere die regelmäßige und unregelmäßige Berichterstattung gewährleistet sein.

Trotz diverser Beweggründe für eine Börsenzulassung in den USA soll nicht übersehen werden, dass sich deutsche Emittenten insbesondere mit einem ADR-II und ADR-III-Programm dem US-amerikanischen Kapitalmarktrecht sehr weitgehend unterwerfen. Abgesehen davon, dass die SEC-Registrierung aufwendig und teuer ist, geht sie auch mit verschiedenen Haftungs- und Rechtskonsequenzen einher. Daher wird eine zusätzliche Notierung am US-amerikanischen Kapitalmarkt von vielen Unternehmen zunehmend kritisch gesehen. Hinzu kommt die gesteigerte Effizienz der Kapitalmärkte außerhalb der Vereinigten Staaten, welche den Wettbewerbsdruck auf dem US-Markt erhöht. Vor dem Hintergrund dieser Entwicklungen haben auch viele deutsche Unternehmen ihr Listing an einer amerikanischen Börse beendet. Zum Teil bevorzugen diese Unternehmen anschließend ein ADR-I-Programm und damit einen Übergang in den OTC-Handel.

Rücknahme eines US-Listings

Während ein Delisting relativ problemlos vorgenommen werden kann, war die Rücknahme der SEC-Registrierung, und damit die vollständige Befreiung von den SEC-Berichtspflichten (deregistration), lange Zeit an extrem strenge Voraussetzungen geknüpft. So musste ein Unternehmen nachweisen, dass seine Wertpapiere von weniger als 300 US-amerikanischen Investoren gehalten werden. Die Erbringung dieses Nachweises war den Unternehmen regelmäßig nicht möglich. Im März 2007 erleichterte die SEC allerdings diese Anforderungen (SEC Rule 34-55540), so dass eine Deregistrierung auch möglich war, wenn für einen Zeitraum von zwölf Monaten das durchschnittliche tägliche Handelsvolumen des in den USA gelisteten Wertpapiers nicht mehr als 5 % seines weltweiten Handelsvolumens betrug. Daraufhin entschieden sich u.a. Bayer, BASF und E.ON ihre Börsennotierung in den USA aufzugeben und in den OTC-Handel überzugehen.

Deutsche Unternehmen an der NYSE und NASDAQ

Nur noch wenige deutsche Unternehmen haben derzeit über ein ADR-Sponsored Level-II oder Level-III-Programm oder über die Platzierung von Aktien Zugang zum US-amerikanischen Eigenkapitalmarkt. Einen Überblick gibt Tabelle 3.1.

Unternehmen	Wertpapier/ Programm	Börse (Listingzeitpunkt); Delisting
Aixtron AG	ADR II	NASDAQ (11.03.2005)
Deutsche Bank AG	Namensaktie	NYSE (03.10.2001)
Elster Group SE	ADR III	NYSE (29.09.2010)
Fresenius Medical Care	ADR II	NYSE (17.09.1996)
SAP AG	ADR II	NYSE (03.08.1998)
Siemens AG	ADR II	NYSE (12.03.2001)

Tab. 3.1: Deutsche Unternehmen an der NYSE und der NASDAQ (Stand: Oktober 2010)

2.2 FASB und andere Standardsetter

Seit ihrer Gründung im Jahre 1934 hatte die SEC den Berufsstand der Wirtschaftsprüfer mehrmals dazu aufgerufen, Rechnungslegungsnormen zu entwickeln, um die aufgrund der fehlenden einzelstaatlichen Regelungen bestehende Bilanzierungsvielfalt einzuschränken. Als sich herausstellte, dass dieser Aufruf nicht befolgt wurde, erklärte sie im Jahr 1938, nur noch solche Jahresabschlüsse anzuerkennen, die nach Rechnungslegungsnormen erstellt wurden, denen sie Substantial Authoritative Support zubilligte (Accounting Series Release (ASR) No. 4, später ergänzt durch ASR No. 150 und Financial Reporting Release (FRR) No. 1). Gleichzeitig delegierte sie die Erstellung von Rechnungslegungsnormen an die Berufsvereinigung der US-amerikanischen Wirtschaftsprüfer, das American Institute of Accountants (AIA), aus dem später das American Institute of Certified Public Accountants (AICPA) hervorging.

Um die ihm von der SEC zugewiesene Aufgabe zu erfüllen, gründete das AIA 1938 das Committee on Accounting Procedures (CAP). Im CAP waren ausschließlich US-amerikanische Wirtschaftsprüfer als ehrenamtliche Mitglieder tätig. Es gab bis zu seiner Auflösung im Jahre 1959 insgesamt 51 Accounting Research Bulletins (ARB) zu Einzelproblemen der Rechnungslegung heraus, die für die Unternehmen zunächst lediglich Empfehlungs-, später jedoch Verpflichtungscharakter hatten. Gewicht wurde den ARB dadurch verliehen, dass die SEC sie für die Erstellung der bei ihr einzureichenden Jahresabschlüsse anerkannte. Sofern die ARB nicht durch andere offizielle Verlautbarungen abgelöst bzw. modifiziert wurden, sind sie auch heute noch gültig. CAP

Aufgrund starker Kritik an seiner Arbeit und fehlender allgemeiner Anerkennung der ARB durch das AICPA wurde das CAP 1959 durch das Accounting Principles Board (APB) ersetzt. Das APB umfasste 18 Mitglieder, die von einem wissenschaftlichen Beirat, der Accounting Research Division, unterstützt wurden. Es gab von 1959 bis 1973 insgesamt 31 APB Opinions, die sich mit konkre- APB ten Rechnungslegungsproblemen beschäftigten, sowie 4 APB Statements mit eher theoretischen Ausführungen zur Rechnungslegung heraus. Diese ergänzten bzw. ersetzten die ARB und sind z.T. heute noch gültig. Die APB Opinions waren verbindlich für alle Mitglieder des AICPA und ihre Einhaltung stellte eine Voraussetzung für die uneingeschränkte Testierung eines Jahresabschlusses dar.

Das APB wurde im Zeitablauf zunehmend zum Spielball politischer Interessen. Darüber hinaus bestand eine große Abhängigkeit vom Berufsverband der Wirtschaftsprüfer. Diese Probleme und die damit verbundene Gefahr, dass staatliche Stellen selbst die Rechnungslegungsregulierung an sich ziehen könnten, führten zur Auflösung des APB und zur Gründung des Financial Accounting Standards Board (FASB).

FASB

Im Jahr 1973 wurde die Normensetzungskompetenz erstmalig an eine unabhängige Organisation abgetreten. Das vom AICPA gegründete FASB nahm seine Arbeit auf. Es umfasste ursprünglich sieben hauptberufliche Mitglieder. Im Juli 2008 wurde die Zahl der hauptberuflichen Mitglieder auf fünf verringert. Ab 2011 ist jedoch eine erneute Erhöhung der Mitarbeiteranzahl auf sieben beabsichtigt. Die Mitglieder können jeweils für fünf Jahre, mit einmaliger Wiederwahlmöglichkeit, bestellt werden. Um die Unabhängigkeit und Neutralität des FASB zu gewährleisten, sind die Mitglieder verpflichtet, während ihrer FASB-Zugehörigkeit alle sonstigen beruflichen Tätigkeiten aufzugeben.

Aufgabe des FASB

Die Aufgabe des FASB besteht in der Herausgabe von Rechnungslegungsstandards für nichtstaatliche US-amerikanische Unternehmen. Hierbei soll das FASB die Interessen aller von der Rechnungslegung betroffenen Personengruppen berücksichtigen. Das FASB hat deshalb im Rahmen des Normensetzungsprozesses die Vor- und Nachteile einzelner Rechnungslegungsnormen für die unterschiedlichen Gruppen mit ihren divergierenden Interessen abzuwägen. Die anstehenden Entscheidungen des FASB werden mit einfacher (3 / 5, ab 2011: 4 / 7) Mehrheit getroffen. Der Vorsitzende des FASB ist verantwortlich für die Anfertigung von kurz- und langfristigen Projektplänen und einer Agenda welche die jeweiligen Projekte und ihre Prioritäten enthält. Die Neuaufnahme oder Aufhebung bestimmter Projekte sowie die Änderung von Prioritäten erfolgt in Abstimmung mit den FASB Mitgliedern, staff Directors und gegebenenfalls anderen Sachverständigen.

Die Versammlungen des FASB werden generell öffentlich gehalten, sofern diese die Erstellung oder die Verbesserung von Rechnungslegungsstandards oder des Rahmenkonzepts betreffen.

Finanzierung des FASB

Für die Finanzierung des FASB ist die Financial Accounting Foundation (FAF) verantwortlich. Die Standardsetzungsaktivitäten des FASB werden seit dem Sarbanes-Oxley Act durch Zwangsbeiträge der Unternehmen, die den organisierten Kapitalmarkt in Anspruch nehmen, finanziert. Die Gesamtausgaben des FASB beliefen sich im Jahr 2009 auf 29 Mio. US-$[4].

FASB Staff und Task Forces

Bei seiner Aufgabenerfüllung wird das FASB von weiteren Ausschüssen bzw. Stäben unterstützt. So unterhält das FASB einen Research and Technical Activi-

4 Vgl. *FAF*, Annual Report 2009, www.fasb.org.

ties Staff mit mehr als 60 fest angestellten Mitarbeitern, die einerseits die im FASB behandelten Projekte vorbereiten und wissenschaftlich betreuen sowie andererseits verwaltungstechnische Aufgaben wahrnehmen. Außerdem werden bei Aufnahme neuer Projekte themenspezifische Task Forces gebildet, deren Mitglieder aus der Rechnungslegungspraxis kommen und dem FASB beratend mit sektorspezifischen Einblicken und Expertise zur Seite stehen. Neben dieser Unterstützung durch interne Gremien hat das FASB aufgrund seiner finanziellen Ausstattung auch die Möglichkeit, Forschungsaufträge wie etwa empirische Untersuchungen an externe Wissenschaftler und andere Fachleute zu vergeben.

Verlautbarungen des FASB

Die unterschiedlichen Verlautbarungen des FASB konnten bisher hinsichtlich ihres Verbindlichkeitsgrades wie folgt differenziert werden:

- Insgesamt wurden acht Statements of Financial Accounting Concepts (SFAC) veröffentlicht. Sie beinhalten übergeordnete Rechnungslegungsgrundsätze und sollen den theoretischen Rahmen für bestehende und künftige Normen darstellen. Im Einzelnen werden hier Zielsetzung, Adressaten, Bestandteile und qualitative Merkmale der Rechnungslegung festgelegt, eine Begriffsabgrenzung wesentlicher Jahresabschlusspositionen vorgenommen sowie mögliche Ansatz- und Bewertungskriterien für den Jahresabschluss festgelegt. Insgesamt bilden die SFAC das Rahmenkonzept der US-GAAP.
- Zur Regulierung konkreter Rechnungslegungsfragen hat das FASB als zentrale Verlautbarungsart die Statements of Financial Accounting Standards (SFAS) genutzt. So wurden bis Mitte 2009 insgesamt 168 SFAS zu verschiedenen Rechnungslegungsthemen herausgegeben.
- Zu einzelnen SFAS bzw. zu noch gültigen Regeln der Vorgängerorganisationen wurden vom FASB darüber hinaus 48 Interpretations veröffentlicht, in denen auslegungsbedürftige Einzelprobleme behandelt bzw. Erläuterungen gegeben werden.
- Neben den SFAS, SFAC und Interpretations gab das FASB zusätzlich Technical Bulletins heraus. Diese Stellungnahmen wurden vom Staff veröffentlicht und sind jeweils lediglich für eine kleinere Gruppe von Rechnungslegern relevant. Sie beziehen sich auf Rechnungslegungsfragen einzelner Unternehmen oder spezieller Branchen.
- Erstmalig im Februar 2003 veröffentlichte das FASB die FASB Staff Positions (FSP). Diese Umsetzungsrichtlinien zu Detailproblemen von weit reichender Bedeutung sollen Unternehmen bei der Anwendung der US-GAAP unterstützen und ersetzen seit dem Zeitpunkt ihres Bestehens die Technical Bulletins.

Substantial Authoritative Support

Die SEC hat durch ASR No. 150 und FRR No. 1 die grundsätzlich in ihrer Kompetenz liegende Festlegung von Rechnungslegungsnormen an das FASB delegiert. Außerdem wird klar zum Ausdruck gebracht, dass die SFAS und Interpretations des FASB sowie die ARBs und APBs der Vorgängerorganisationen – sofern diese nicht geändert, ergänzt oder ersetzt wurden – den Substantial Authoritative Support der SEC genießen. Hierdurch besitzen diese Verlautbarungen des FASB einen hohen Verbindlichkeitsgrad und sind von sämtlichen kapitalmarktorientierten Unternehmen, die einen Jahresabschluss bei der SEC einreichen müssen, grundsätzlich einzuhalten.

Emerging Issues Task Force

Zu dem organisatorischen Umfeld des FASB zählt außerdem die seit 1984 bestehende Emerging Issues Task Force (EITF). Die Arbeitsgruppe setzt sich aus Wirtschaftsprüfern, Bilanzerstellern und Bilanzadressaten zusammen und kommt mindestens alle drei Monate zu öffentlichen Sitzungen zusammen. An den Beratungen nehmen regelmäßig der Chief Accountant der SEC als Beobachter sowie Mitglieder des FASB teil. Aufgabe der EITF ist es, das FASB frühzeitig auf Rechnungslegungsfragen der Praxis aufmerksam zu machen. Darüber hinaus obliegt diesem Ausschuss die Bearbeitung und Lösung von Rechnungslegungsfragen von geringerem Stellenwert, um zur Arbeitsentlastung des FASB beizutragen. Die Stellungnahmen der EITF stellten zwar keine offiziellen Verlautbarungen des FASB dar, sie wurden aber als EITF Abstracts jährlich veröffentlicht und können von den Rechnungslegern zur Lösung von Problemfällen herangezogen werden.

Einflussnahme der SEC

Die von der SEC verliehene Kompetenz zur Erstellung von Rechnungslegungsnormen ist für die Arbeit des FASB von großer Bedeutung. Die Verpflichtung kapitalmarktorientierter Unternehmen, bei der Rechnungslegung die jeweiligen FASB-Verlautbarungen zu beachten, ist abhängig von der Anerkennung dieser Verlautbarungen durch die SEC. So kann die SEC dem FASB ihre Zustimmung für bestimmte Normen verweigern. Neben diesem informellen Vorprüfungsrecht kann die SEC auch selbst auf die Entstehung einzelner Statements hinwirken (z.B. bei SFAS 115 „Accounting for Certain Investments in Debt and Equity Securities“[5]). Vor dem Hintergrund dieser Einflussmöglichkeiten ist das FASB faktisch gezwungen, im Sinne der SEC zu handeln und diese grundsätzlich in die Vorbereitung der Verlautbarungen zu involvieren. Die SEC könnte ansonsten eigene Bestimmungen erlassen. Damit die FASB-Verlautbarungen den Erwartungen der SEC entsprechen, muss das FASB insbesondere die Informationsinteressen der Kapitalmarktteilnehmer berücksichtigen. Dies kann der ursprünglichen Aufgabe des FASB, die zum Teil divergierenden Interessen aller durch die Rechnungslegung berührten Personengruppen im Standardsetzungsprozess zu berücksichtigen, teilweise widersprechen. Zusätzlich nutzt die SEC ihre eigenen Verlautbarungen wie die Financial Reporting Releases (FRR), Staff Accounting Bulletins (SAB) oder Interpretive Releases (IR) meist, um bestehende Normen des FASB oder Rechnungslegungspraktiken zu interpretieren oder auszulegen.

AICPA

Der Berufsverband US-amerikanischer Wirtschaftsprüfer, das American Institute of Certified Public Accountants (AICPA), ist eine weitere Institution mit Einfluss auf die US-amerikanische Rechnungslegung. Das AICPA entwickelt heute insbesondere Prüfungsgrundsätze für private Unternehmen. Neben diversen weiteren Dienstleistungen für seine Mitglieder ist das AICPA außerdem

5 *Schoenfeld, H. W.*, Grundsätze der Rechnungslegung in den USA, in: ZfB, 51. Jg. (1981), S. 294.

damit beschäftigt, die Befolgung der technischen und ethischen Standards des Berufsstands der Wirtschaftsprüfer zu überwachen und durchzusetzen. Es hat bisher außerdem eine Reihe von Ausschüssen gebildet, die sich mit Rechnungslegung und Wirtschaftsprüfung beschäftigen.

AcSEC und FinREC

Hierzu zählte z.B. das Accounting Standards Executive Committee (AcSEC). Das AcSEC hat u.a. Stellungnahmen (Statements of Position (SOP)) zu aktuellen Problemen der Rechnungslegung abgegeben. Zwischen AcSEC und FASB entstand hier ein Konfliktpotential, weil das FASB die einzige von der SEC zur Entwicklung von Rechnungslegungsstandards befugte Institution war. Der zwischen AcSEC und FASB geschlossene Kompromiss bestand darin, dass die bereits erlassenen SOP vom FASB als gültige Rechnungslegungsgrundsätze anerkannt und in der Folgezeit in die FASB-Verlautbarungen eingearbeitet wurden und dass weitere SOP mit dem FASB abgestimmt werden. Das AcSEC ist heute organisiert unter dem Namen Financial Reporting Executive Committee (FinREC). Das FinREC hat weiterhin die Mission, aktiv Einfluss auf die Form und den Inhalt von FASB-Verlautbarungen zu nehmen und Fragestellungen zur Rechnungslegung zu identifizieren, die zusätzliche Leitlinien des FASB erfordern. Weiterhin werden unverbindliche Verlautbarungen zu aktuellen Rechnungslegungssachverhalten, die nicht von einem offiziellen Rechnungslegungsgremium adressiert werden, erlassen. Zu den weiteren Verlautbarungen des AICPA zählten außerdem die Industry Audit and Accounting Guidelines (AAG), welche Rechnungslegungspraktiken spezifischer Branchen zusammenfassten und detaillierte Anleitungen zu vom FASB unberücksichtigten Sachverhalten enthielten. Sonstige Verlautbarungen des AICPA waren die Practice Bulletins (PB) und Accounting Interpretations (AIN). Letztere dienten der Interpretation von Verlautbarungen des APB, der Vorgängerinstitution des FASB.

2.3 Weitere rechnungslegungsnahe Institutionen

Neben den bereits dargestellten Organisationen existiert in den USA eine größere Anzahl von weiteren Institutionen, die Einfluss auf die Rechnungslegung der Unternehmen ausüben, aber nicht unmittelbar am Normensetzungsprozess beteiligt sind. Die wichtigsten werden nachfolgend beschrieben:

FAF

Die Financial Accounting Foundation (FAF) bestimmt die Boardmitglieder des FASB. Obwohl sie an der Herausgabe von Rechnungslegungsnormen nicht unmittelbar beteiligt ist und auf das Ergebnis des Normensetzungsprozesses auch keinen Einfluss nehmen darf, bestehen durch die Ernennung und spätere Überwachung der FASB-Mitglieder mittelbare Einflussmöglichkeiten. Weiterhin ist die FAF für die Finanzierung des FASB verantwortlich. Die FAF ist als Stiftung aufgebaut und finanziert sich, neben ihrem Stiftungsvermögen, aus Spenden und Publikationserlösen. Seit 2003 werden auch die Unternehmen, die Wertpapiere emittieren und den organisierten Kapitalmarkt in Anspruch nehmen, zur Finanzierung herangezogen. Sie müssen gemäß dem Sarbanes-Oxley

Act eine Art Zwangsbeitrag, die accounting support fees, zahlen. Diese Beiträge beliefen sich im Jahr 2009 auf insgesamt 29 Mio. US-$ und stellten damit den größten Teil der 2009 erzielten Gesamteinnahmen der FAF in Höhe von 38 Mio. US-$ dar. Der verbleibende Teil der Gesamteinnahmen besteht hauptsächlich aus Publikationserlösen, die wiederum zum überwiegenden Teil aus Veröffentlichungen des FASB resultieren[6].

FASAC

Neben diesen Aufgaben obliegt der FAF unter anderem die Ernennung der Mitglieder sowie die Aufsicht und Finanzierung des Financial Accounting Standards Advisory Council (FASAC). Es handelt sich hierbei um einen etwa 35 Personen umfassenden Ausschuss, dessen Mitglieder zunächst für jeweils ein Jahr und ggf. für bis zu drei weitere Jahre ernannt werden und der das FASB in Rechnungslegungsfragen berät. Inhaltlich ist das FASAC z.B. daran beteiligt, das FASB in der Festlegung der Prioritäten von Rechnungslegungsfragen und in vorläufigen Meinungsäußerungen der Board-Mitglieder zu bestehenden Rechnungslegungsfragen zu beraten. Die FASAC-Mitglieder, die u.a. als Rechnungslegungsexperten bei Unternehmen, als Wirtschaftsprüfer oder als Finanzanalysten tätig sind, treffen sich für ihre Beratungsaufgabe i.d.R. vierteljährlich.

PCAOB

Bei dem Public Company Accounting Oversight Board (PCAOB) handelt es sich um die US-Aufsichtsbehörde für den Wirtschaftsprüferberuf. Die privatrechtliche Organisation wurde 2002 im Rahmen der Umsetzung des Sarbanes-Oxley Act gegründet und wird von der SEC kontrolliert. Aufgabe des PCAOB ist die Kontrolle der Arbeit der Wirtschaftsprüfer. Es soll die Unabhängigkeit von Prüfungsberichten sicherstellen und so die Informationsinteressen der Anleger schützen. Mit dem Sarbanes-Oxley Act wurden somit die US-amerikanischen Wirtschaftsprüfer erstmalig in ihrer Geschichte unter eine unabhängige und externe Aufsichtsbehörde gestellt. Alle Wirtschaftsprüfungsunternehmen, die Abschlüsse börsennotierter US-Unternehmen erstellen, testieren oder eine wesentliche Rolle bei der Erstellung und Prüfung der Abschlüsse solcher Unternehmen spielen wollen, müssen sich beim PCAOB registrieren lassen. Im Jahr 2010 lagen mehr als 2300 solcher Registrierungen vor. Das PCAOB hat das Recht, innerhalb der registrierten Prüfungsgesellschaften Qualitätskontrollen durchzuführen. Dabei werden Prüfungsgesellschaften, die für mehr als 100 Unternehmen eine Prüfung durchführen, jährlich kontrolliert, während dies alle anderen Prüfungsgesellschaften nur alle drei Jahre betrifft.

AAA

Die American Accounting Association (AAA) ist eine von Hochschullehrern des Rechnungswesens sowie wissenschaftlich interessierten Praktikern geprägte private Organisation. Die AAA initiiert, fördert und finanziert Projekte in der Rechnungslegungsforschung. Weiterhin soll die Entwicklung und Anwendung

6 Vgl. *FAF*, Annual Report 2009, www.fasb.org, der auch weitere Informationen zur Tätigkeit und Organisation enthält. Zum Vergleich: Die IASCF, das Pendant beim IASB, hat 2009 ca. 22,6 Mio. GBP als Einnahmen verbucht, die zu einem erheblichen Teil von den „Big Four“ Wirtschaftsprüfungsgesellschaften (je 2 Mio. US-$), einer Vielzahl sonstiger „Financial Supporters“ und den Publikationserlösen getragen werden. Vgl. *IASCF*, Annual Report 2009, www.iasb.org.

von Rechnungslegungskonzepten und Standards durch die AAA gefördert werden. Die Entwicklung von Rechnungslegungsnormen wird von der AAA dadurch beeinflusst, dass eine eigens dafür gegründete Untergruppe, das Financial Accounting Standards Committee (AAA FASC), im Wesentlichen die Standardentwicklungsaktivitäten des FASB bewertet. Die Organisation adressiert zudem Stellungnahmen und regulierungsrelevante Forschungsergebnisse und Übersichten direkt an das FASB. Weiterhin versucht die AAA den akademischen Einfluss auf den Standardsetzungsprozess in quantitativer und qualitativer Hinsicht zu erhöhen.

3 System der US-GAAP

3.1 Bisheriges System

Definition der GAAP nicht eindeutig

In der US-amerikanischen Rechnungslegungsliteratur findet der Begriff der GAAP seit den 1930er Jahren rege Verwendung. Dennoch existiert bis heute keine eindeutige und einheitliche Begriffsdefinition. Die Begriffselemente „Generally Accepted“ und der Terminus „Principle“ verschließen sich bisher einer allgemein akzeptierten Interpretation. Bei den GAAP handelt es sich folglich um einen unbestimmten Rechtsbegriff, zu dem die US-amerikanische Literatur bemerkt: „There is perhaps no term in accounting's lexicon that is either less understood or used out of context more frequently“[7]. Konkretisierungsversuche sind in der Vergangenheit von verschiedener Seite vorgenommen worden, ohne allerdings allgemeine Anerkennung gefunden zu haben.

Charakter der US-GAAP

Der Vielzahl von Definitionsversuchen ist i.d.R. gemeinsam, dass sie die GAAP als ein Regelsystem verstehen, das auf praktizierte Rechnungslegungsverfahren abstellt. Als wesentlicher Begriffsbestandteil tritt „Generally Accepted“ hinzu, was die allgemeine Akzeptanz und die weit verbreitete Anwendung als Grundvoraussetzungen der GAAP beschreibt. Den Erstellern von Jahres- bzw. Quartalsabschlüssen sowie den Wirtschaftsprüfern werden Handlungsanweisungen vorgegeben, die auf einem allseits akzeptierten Konsens beruhen. Den Abschlussadressaten wird dahingegen ein Mindestgrad an Standardisierung und Vergleichbarkeit bei der Beurteilung publizierter Rechnungslegungsdaten garantiert. Durch die neue FASB Accounting Standards Codification werden erstmalig sämtliche verbindlich anzuwendenden Verlautbarungen strukturiert zusammengefasst und deutlich von den unverbindlichen Verlautbarungen abgegrenzt. Dennoch umfassen die GAAP beispielsweise auch gängige Rechnungslegungsverfahren, Lehrbücher oder Fachartikel. Insofern lässt sich zusammenfassend festhalten, dass der Rechnungslegung mit den GAAP eine Standardisie-

7 Vgl. *McEnroe, J. E.*, Attitudes Towards the Term 'Generally Accepted Accounting Principles', in: Accounting and Business Research, Vol. 21 (1991), S. 157.

rung vorgegeben werden soll, die sich, von praktischen Erfahrungen ausgehend, als brauchbar erwiesen hat, von der SEC akzeptiert wird und in der Praxis allgemeine Anerkennung und Verbreitung genießt.

Induktive Ableitung der GAAP

In dieser Sichtweise werden die GAAP induktiv aus der Praxis abgeleitet. Sie entstehen, wie im Common Law-System üblich (vgl. Kapitel 2), durch die Generalisierung von Einzelfallentscheidungen. Der Möglichkeit, den spezifischen Erfordernissen der Praxis auf diesem Wege Rechnung tragen zu können, steht jedoch die Gefahr von Inkonsistenzen zwischen den einzelnen Normen gegenüber. Die Berücksichtigung branchen- und unternehmensspezifischer Besonderheiten kann dazu führen, dass vergleichbare Sachverhalte bei verschiedenen Unternehmen unterschiedlich behandelt werden. Dieser Nachteil hat zu der Forderung geführt, die GAAP stärker deduktiv aus den Zielen der Rechnungslegung abzuleiten, um ein einheitliches, in sich konsistentes Rechnungslegungssystem zu schaffen.

„House of GAAP"

Den Verlautbarungen der verschiedenen Institutionen wurde vor deren Strukturierung und Kodifizierung durch die FASB Accounting Standards Codification unterschiedliche Bedeutung zugemessen. Die Regelungen wurden organisiert nach Standards, Interpretationen und anderen Verlautbarungen. Diese waren in Abhängigkeit ihres Verbindlichkeitsgrades in Hierarchieebenen mit unterschiedlicher Bindungswirkung unterteilt. In der US-amerikanischen Literatur gibt es verschiedene Versionen derartiger GAAP-Hierarchien, die sich etwa hinsichtlich der Klassifizierung der Ebenen in Details unterscheiden. Der wohl bekannteste Vorschlag stammt von *Rubin* aus dem Jahr 1984, der die einzelnen GAAP im Rahmen eines Hauses auf ein Fundament und vier Etagen mit nach oben hin abnehmender Verbindlichkeit verteilt[8]. Die unterschiedlichen Hierarchiestufen dieses „House of GAAP" konnten in die GAAP im engeren Sinne und die GAAP im weiteren Sinne zusammengefasst werden. Die GAAP im engeren Sinne haben mit wenigen Ausnahmen einen offiziellen Standardsetzungsprozess durchlaufen und für kapitalmarktorientierte Unternehmen Verpflichtungscharakter. Sie beinhalten die offiziellen Verlautbarungen des FASB und dessen Vorgängerorganisationen. Die GAAP im weiteren Sinne wurden von den Unternehmen und Wirtschaftsprüfern herangezogen, wenn die Lösung eines Rechnungslegungsproblems mit Hilfe der GAAP im engeren Sinne nicht möglich war. Zu den GAAP im weiteren Sinne gehörten vor der FASB Accounting Standard Codification neben den GAAP im engeren Sinne die sonstigen rechnungslegungsbezogenen Verlautbarungen von FASB und AICPA, allgemein anerkannte Rechnungslegungspraktiken und auch die in der Rechnungslegungsliteratur zum Ausdruck kommende herrschende Meinung.

Abschlussprüfung

Die rechtliche Verbindlichkeit der GAAP ergibt sich über das hieran gebundene Prüfungstestat der Wirtschaftsprüfer, das von der SEC für die ihr eingereichten Jahresabschlüsse verlangt wird. Gemäß den Anforderungen des AICPA

---

8 Vgl. *Rubin, S.*, The House of GAAP, in: JoA, Vol. 157 (1984), S. 123. Eine Modifizierung des House of GAAP findet sich u.a. bei *Sauter, D.*, Remodeling the House of GAAP, in: JoA, Vol. 172 (1991), S. 30-37.

dürfen Wirtschaftsprüfer einen uneingeschränkten (unqualified) Bestätigungsvermerk nur dann erteilen, wenn der Jahresabschluss den GAAP entspricht. Die explizit aufgeführte GAAP-Konformität des publizierten Jahresabschlusses ist wesentlicher Bestandteil des Testats[9]. Der mit einem uneingeschränkten Bestätigungsvermerk versehene Jahresabschluss ist wesentlicher Teil der umfassenden Berichtspflichten, die kapitalmarktorientierte Unternehmen gegenüber der SEC zu erfüllen haben. Insofern sind vor allem kapitalmarktorientierte Gesellschaften zur Einhaltung der GAAP verpflichtet. Wenn wesentliche Positionen des Jahresabschlusses betroffen sind, führt die Anwendung nicht GAAP-konformer Rechnungslegungsverfahren zur Einstufung des Jahresabschlusses als irreführend (misleading). Damit kann ein positiver Bestätigungsvermerk der US-GAAP-Konformität seitens der Wirtschaftsprüfer verwehrt werden. Die SEC kann dann auf die Einreichung eines GAAP-konformen Abschlusses bestehen.

SEC-Enforcement

Darüber hinaus prüft auch die SEC selbst im Rahmen ihrer Enforcement-Funktion die bei ihr eingereichten Jahresabschlüsse der Unternehmen hinsichtlich deren Übereinstimmung mit der Generalzielsetzung der fair presentation. Auch hier hat die SEC das Recht, von den Unternehmen entsprechende Anpassungen und Ergänzungen in der Rechnungslegung zu verlangen. Den berichtspflichtigen Unternehmen drohen ansonsten die im SEA festgelegten Sanktionen, die von einem vorübergehenden oder endgültigen Börsenausschluss über mögliche Schadensersatzforderungen der Aktionäre bis zu Geld- und Freiheitsstrafen für das verantwortliche Management reichen[10].

Freiwillige Anwendung

Auch für nicht kapitalmarktorientierte US-Unternehmen, die freiwillig bzw. aufgrund von Kreditverträgen einen von Wirtschaftsprüfern geprüften und testierten Jahresabschluss aufstellen, ist die Einhaltung der US-GAAP verpflichtend.

3.2 FASB Accounting Standards Codification

3.2.1 Ursprung

Ursprung des Accounting Standards Codification Projekts

Bis 2009 bildeten die US-GAAP eine chronologische Sammlung einzelner Verlautbarungen von verschiedenen Institutionen, ohne dass für diese Fülle unterschiedlicher Verlautbarungen eine offizielle Gliederung und inhaltliche Ordnung existierte. Durch dieses komplexe und unübersichtliche System ergaben sich Schwierigkeiten bei der Anwendung der US-GAAP. Um die Anwenderfreundlichkeit des Systems zu erhöhen, wurde das Accounting Standards Codification Project des FASB bereits im Jahre 2002 mit dem Sarbanes-Oxley Act angestoßen. Dieser gab der SEC Anlass zu ihrer „Study Pursuant to Section 108(d) of the Sarbanes-Oxley Act of 2002 on the Adoption by the United States Financial

9 Vgl. *Haller, A.*, Die Grundlagen der externen Rechnungslegung in den USA, 4. Aufl., Stuttgart 1994, S. 57.

10 Vgl. *SEA*, 15 U.S. Code, Secs. 78a-78jj, Sec. 12(j)(k), 18, 32.

Reporting System of a Principles-Based Accounting System", in der sie eine Empfehlung zur Neuordnung der US-GAAP-Hierarchie im Interesse eines verbesserten Zugriffs auf die verbindlichen Verlautbarungen abgibt.

Verbindlichkeitsgrad der Verlautbarungen

Um sich als Grundlage für die Kodifizierung auf eine hierarchische Ordnung der Verlautbarungen stützen zu können, veröffentlichte das FASB zunächst SFAS 162 „The Hierarchy of Generally Accepted Accounting Principles". Dieser kategorisierte die bisher existierenden Verlautbarungen nach ihrer Verbindlichkeit für die Anwender. SFAS 162 wurde im Juni 2009 mit der Implementierung der FASB Accounting Standards Codification durch SFAS 168 „The FASB Codification and the Hierarchy of Generally Accepted Accounting Principles" ersetzt. Damit werden sämtliche in der FASB Accounting Standards Codification (nachfolgend auch als US-GAAP-Kodifizierung bezeichnet) enthaltenen Verlautbarungen gleichermaßen verbindlich. Nicht enthaltene Verlautbarungen gehören nicht mehr zu den verbindlich anzuwendenden Normen. Die vielschichtigen Hierarchieebenen des ursprünglichen „House of GAAP" werden somit auf zwei reduziert: Fortan gibt es nur mehr verbindliche und unverbindliche Verlautbarungen. Zu der neuen Verpflichtungsebene zählen viele Verlautbarungen, wie beispielsweise die EITF Consensus Positions des FASB oder die SOPs des AICPA, die zuvor lediglich Empfehlungscharakter hatten.

3.2.2 Struktur

FASB Accounting Standards Codification

Die Kodifizierung der US-GAAP strukturiert die vielfältigen und zuvor primär chronologisch geordneten Rechnungslegungsnormen erstmals sachlogisch zu Themengebieten. Diese neue inhaltliche Gliederung erhöht die Anwenderfreundlichkeit deutlich. So können fortan alle thematisch zusammenhängenden Verlautbarungen übersichtlich unter einem Themengebiet aufgefunden werden. Bisher existierende Querverweise zwischen den ursprünglichen Verlautbarungen werden dadurch überflüssig. Besonders hervorzuheben ist, dass sich aus der Umstrukturierung der US-GAAP keine inhaltlichen Änderungen ergeben. Dies sollte unter Anderem durch einen aufwendigen Review Prozess und eine einjährige Prüfphase vor der Implementierung der US-GAAP-Kodifizierung sichergestellt werden. Auch der Zugang zu den verbindlichen Verlautbarungen vereinfacht sich. Die kodifizierten US-GAAP-Verlautbarungen sind über eine durchsuchbare Online-Datenbank einzusehen, die über die Internetseite des FASB (www.fasb.org) zugänglich ist.

Gliederung der US-GAAP: Erste Ebene (Topics)

Die neue Gliederung der US-GAAP unterteilt den Inhalt sämtlicher ursprünglichen Verlautbarungen in ca. 90 Themenbereiche, die Topics. Die Inhalte der Topics beschäftigen sich zusammengefasst mit den fünf Bereichen Rahmenkonzept, Darstellung, Jahresabschlusselemente, transaktionsspezifische Regelungen und branchenspezifische Regelungen. Es ist bei der Untergliederung in Topics nicht auszuschließen, dass sich Inhalte überschneiden. Dies ist insbesondere bei branchenspezifischen Verlautbarungen möglich: Zum Beispiel können Regelungen zur Bilanzierung von immateriellen Vermögenswerten Gegenstand sowohl des branchenspezifischen Topic „Airlines“ als auch des Topic „Intangibles“ sein. In diesem Fall enthalten beide Topics den gleichen Regelungsinhalt.

Gliederung der US-GAAP: Zweite Ebene (Subtopics)

Der ersten Gliederungsebene schließen sich zwei weitere an: Zunächst folgt die Ebene der Subtopics. Mit dieser zweiten Ebene erfolgt eine weitere Untergliederung der einzelnen Topics. Beispielhaft für ein solches Unterthema ist für das Topic „Revenue Recognition“ das Subtopic „Services“. Zu dem übergeordneten Thema Ertragsrealisation sind in dem Subtopic Verlautbarungen speziell für Dienstleistungen enthalten.

Gliederung der US-GAAP: Dritte Ebene (Sections)

Letztlich folgt auf die Subtopics eine dritte Gliederungsebene, welche für alle Themen stark standardisiert ist. Diese Ebene wird als Section-Ebene bezeichnet und strukturiert jedes Unterthema in Sektionen wie beispielsweise Ansatz-, Bewertungs-, Ausweis- und Anhangangabepflichten. Eine Übersicht dieser standardisierten Abschnitte bietet Tabelle 3.2. Wichtig ist, dass sich nach den standardisierten Sections weitere Sections anschließen können, die Verlautbarungen der SEC enthalten. Diese Verlautbarungen sind jedoch lediglich für kapitalmarktorientierte Unternehmen von Relevanz, welche den Regelungen der SEC unterstellt sind.

Kodifizierung	**Section**
00	Status
05	Overview and Background
10	Objectives
15	Scope and scope exceptions
20	Topical definitions – Glossary
25	Recognition
30	Initial measurement
35	Subsequent measurement
40	Derecognition
45	Other presentation matters
50	Disclosure
55	Implementation guidance and illustrations
60	Relationships
65	Transition and open effective date information
70	Links to grandfathered material[11]
75	XBRL Definitions

Tab. 3.2: Die standardisierte Section-Ebene der US-GAAP. Quelle: *Sellhorn, T./Hahn, S./Müller, M. A.*, Die neue Ordnung der US-GAAP, in: KoR, 10. Jg. (2010), S. 154-163.

11 Hier finden sich Verweise auf mittlerweile nicht mehr geltende Regelungen, die aber für bestimmte Geschäftsvorfälle der Vergangenheit nach wie vor in Anspruch genommen werden können.

Gliederung der US-GAAP: Zahlenkodierung

Alle drei Ebenen der US-GAAP sind anhand einer Zahlenkodierung eindeutig zu identifizieren. So sind den ca. 90 Topics jeweils ein dreistelliger Zahlencode sowie den Subtopics und Sections jeweils ein zweistelliger Zahlencode zugeordnet. Beispielsweise sind die Ansatzvorschriften zur Goodwillbilanzierung unter der Kodierung „ASC 350-20-25“ (Accounting Standards Codification, Topic Intangibles: 350; Subtopic Goodwill: 20; Section Recognition: 25) aufzufinden.

Exkurs

Ursprüngliche Verlautbarungen in der FASB Accounting Standards Codificaton

Vor Implementierung der US-GAAP-Kodifizierung bestanden die US-GAAP aus mehr als 2.000 einzelnen Verlautbarungen. Darunter fallen auch Verlautbarungen, die andere ergänzten oder ersetzten. Viele der Verlautbarungen haben deshalb durch die stetige Fortentwicklung der US-GAAP ihre Gültigkeit verloren. Die US-GAAP-Kodifizierung beinhaltet in der professional view die Möglichkeit, auf die alten Verlautbarungen zu referenzieren. Somit lässt sich durch eine empirische Analyse feststellen, dass letztlich 750 ursprüngliche Verlautbarungen in die US-GAAP-Kodifizierung eingeflossen sind. Tabelle 3.3 bietet einen Überblick.

Institution	Kürzel	Verlautbarung	Anzahl
AICPA	AAG	AICPA Audit and Accounting Guides	15
	AIN	Accounting Interpretations	5
	PB	AICPA Practice Bulletins	9
	SOP	AICPA Statements of Position	42
	TIS	AICPA Technical Inquiry Service	1
APB	APB	Accounting Principles Board Opinions	14
CAP	ARB	Accounting Research Bulletins	3
FASB	DIG	FASB Derivative Implementation Group Issues	10
	EITF	EITF Abstracts and Appendix D Topics	275
	FAS	FASB Statements	92
	FIN	FASB Interpretations	24
	FSP	FASB Staff Positions	54
	FTB	FASB Technical Bulletins	24
	QA	FASB Staff Implementation Guides	10

SEC	IR	SEC Interpretive Releases	1
	CFRR	SEC Financial Reporting Releases	3
	SAB	SEC Staff Accounting Bulletins	103
	SX	SEC Regulation S-X	65
	Summe		750

Tab. 3.3: In der US-GAAP-Kodifizierung enthaltene Verlautbarungen. Quelle: *Sellhorn, T./Hahn, S./Müller, M. A.*, Die neue Ordnung der US-GAAP, in: KoR, 10. Jg. (2010), S. 154-163.

3.2.3 Weiterentwicklung und Standardsetzungsprozess

Weiterentwicklung durch Accounting Standards Updates

Die US-GAAP-Kodifizierung ersetzt das komplexe Regelwerk der Einzelverlautbarungen. Nach wie vor jedoch haben neben dem FASB die verschiedenen amerikanischen Institutionen mit ihren jeweiligen Verlautbarungen Einfluss auf die Rechnungslegung. Neu ist, dass sämtliche zukünftige Verlautbarungen unabhängig von ihrer Herkunft ausschließlich durch das FASB in die US-GAAP-Kodifizierung übernommen werden. Verlautbarungen der SEC werden jedoch innerhalb der US-GAAP-Kodifizierung kenntlich gemacht und separat von den anderen Verlautbarungen eines Themenbereichs ausgewiesen. Das ursprüngliche Verfahren der SEC für den Neuentwurf oder für die Abänderung von Verlautbarungen bleibt von der US-GAAP-Kodifizierung völlig unberührt. Das FASB nimmt Änderungen an der Kodifizierung durch die Veröffentlichung von Accounting Standards Updates vor. Sämtliche Accounting Standards Updates sind mit dem Jahr ihrer Veröffentlichung und einer für das jeweilige Jahr fortlaufenden Nummerierung kodiert. Beispielsweise wurde im Oktober 2010 ein Update zum Topic 944 Financial Services – Insurance erlassen, welches die Bilanzierung von Kosten, die bei der Akquise oder Erneuerung von Versicherungsverträgen entstehen, regelt. Dieses Update war bereits Nr. 26 im Jahr 2010. Seine Bezeichnung lautet somit Accounting Standards Update No. 2010-26.

Standardsetzungsprozess

Das FASB entwickelt seine Rechnungslegungsnormen in einem standardisierten Prozess (standard-setting process bzw. due process), der chronologisch wie in Tabelle 3.4 dargestellt abläuft. Das Ausmaß der hier eingehenden Forschungs- und Beratungsleistungen kann projektabhängig variieren.

Schritt	Erläuterung
Fragestellung wird an das Board herangetragen	Das Board erhält aus verschiedenen Quellen Anregungen für mögliche Projekte bzw. Vorschläge zur Überarbeitung eines bestehenden Standards.
Informationssammlung durch den Staff	Der Staff sammelt Informationen zu der an das Board herangetragenen Fragestellung und diskutiert diese in öffentlichen Sitzungen mit dem Board.
Fragestellung wird auf die Agenda übernommen	Das Board entscheidet mit einfacher Mehrheit, ob die Fragestellung auf die Agenda übernommen wird.
Board diskutiert Lösungsvorschläge	Das Board diskutiert die vom Staff vorbereiteten Lösungsvorschläge zu der Fragestellung auf einer Reihe von öffentlichen Sitzungen.
Erstellung einer Invitation to Comment/ Preliminary Views	Bei einigen Projekten erstellt und veröffentlicht der Staff sog. Invitation to Comment bzw. Preliminary Views. Diese Dokumente stellen die Grundlage für eine Problemlösung dar.
Herausgabe eines Exposure Draft (Standardentwurf)	Nachdem das Board alle geäußerten Stellungnahmen in Betracht gezogen hat, gibt es seine vorläufige Entscheidung bekannt. Diese Lösung und die Entscheidungsgründe werden durch den Standardentwurf bekannt gemacht.
Öffentliche Anhörung zum Entwurf	Auch zum Entwurf erfolgen schriftliche Äußerungen (comment letter) aus interessierten Kreisen. Ein zusätzlicher Meinungsaustausch wird durch öffentliche Anhörungen (roundtables) gewährleistet.
Analyse der Reaktionen auf den Standardentwurf	Der Staff analysiert die eingegangenen Kommentierungsschreiben sowie die Ergebnisse der öffentlichen Anhörungen. Das Board diskutiert in öffentlichen Sitzungen auf Grundlage dieser Äußerungen seine endgültige Entscheidung.
Herausgabe eines Accounting Standards Update (ASU)	Das ASU wird mit einfacher Mehrheit der Board-Mitglieder verabschiedet. Jedes ASU enthält außerdem ein Datum, zu dem es in Kraft tritt. FASB-Mitglieder mit abweichender Meinung dokumentieren ihren Dissens.

Tab. 3.4: Standardsetzungsprozess des FASB

Einflussnahmemöglichkeiten

Der Standardsetzungsprozess gibt interessierten Personen und Interessenverbänden zu verschiedenen Zeitpunkten bis zur endgültigen Verabschiedung einer Rechnungslegungsverlautbarung die Möglichkeit der Einflussnahme, was u.a. eine hohe Qualität der Standards sicherstellen soll. So besteht die Möglichkeit zur Meinungsäußerung durch die Abgabe von schriftlichen Stellungnahmen bzw. durch die Beteiligung an öffentlichen Anhörungen. Zudem lässt der Standardsetzungsprozess Rückkopplungen zu. Besteht z.B. nach Herausgabe eines Standardentwurfs mit anschließender öffentlicher Anhörung weitergehender Klärungsbedarf, kann erneut eine Task Force eingesetzt werden. Das FASB kommt damit seiner Aufgabe nach, die divergierenden Interessen aller betroffenen Gruppen zu berücksichtigen. Folglich kann der Standardsetzungsprozess bei besonders bedeutenden, komplexen oder umstrittenen Rechnungslegungsfragen mehrere Jahre dauern.

Kommentierungsfristen

Standardentwürfe der vorgeschlagenen Änderungen werden in Abhängigkeit ihrer Charakteristika, Komplexität und ihrer Dringlichkeit einer Kommentierungsfrist mit unterschiedlicher Dauer ausgesetzt. Diese soll bei Änderungen, die ganze Topics oder Subtopics betreffen, 60 Tage oder länger betragen. Änderungen, Interpretationen oder Anwendungsvorschriften die sich auf einen sehr begrenzten Bereich beziehen, haben eine Kommentierungsfrist von 25 oder mehr Tagen. Änderungen, die erwartungsgemäß nur eine begrenzte Anzahl von Unternehmen betreffen oder rein technischer Natur sind, sollen mit einer noch kürzeren Kommentierungsfrist auskommen. In besonders dringlichen Fällen kann die Kommentierungsperiode sogar auf weniger als 15 Tage verkürzt werden.

3.2.4 Implikationen

Implikationen der FASB Accounting Standards Codification

Die neue US-GAAP-Kodifizierung birgt Implikationen für die Praxis, die Standardsetter und die Lehre. Für die Praxis ist eine erhöhte Anwenderfreundlichkeit zu erwarten. So steht im Vergleich zu dem zuvor existierenden, chronologischen Normengefüge mit der Kodifizierung ein hoch aktuelles und übersichtlich strukturiertes Regelwerk zur Verfügung. Durch die Zusammenfassung aller relevanten Verlautbarungen für bestimmte Bilanzierungssachverhalte unter einem Topic wird der Gefahr vorgebeugt, dass einzelne Normen vom Anwender übersehen werden; dies dürfte die Rechtssicherheit erhöhen. Auch für die Standardsetter ist die US-GAAP-Kodifizierung von erheblicher Bedeutung. Das FASB sieht diese als wichtige Hilfe im Konvergenzprozess mit den IFRS. Die Kodifizierung kann sich beispielsweise bei der Identifikation von Regelungslücken und Unterschieden zu den IFRS als hilfreich erweisen. Für die Lehre dürfte die neue Struktur zu einer verbesserten Didaktik beitragen. Insgesamt wäre es womöglich vorteilhaft, die IFRS einer analogen Neugliederung zu unterziehen. Durch die US-GAAP-Kodifizierung erfolgten keine inhaltlichen Änderungen, wodurch weiterhin Inkonsistenzen zwischen bestimmten Verlautbarungen oder Konflikte zwischen branchenspezifischen und allgemeinen Verlautbarungen bestehen bleiben.

Zugriff auf die FASB Accounting Standards Codification

Nicht zuletzt ist bezüglich der Anwenderfreundlichkeit auch der verbesserte Zugang von großem Nutzen. Der Zugriff auf eine Basisversion der Datenbank (basic view) ist nach einer Registrierung auf der Internetseite des FASB kostenfrei. In der Basisversion sind sämtliche Verlautbarungen der US-GAAP-Kodifizierung enthalten. Die weiterführende professional view enthält zusätzlich u.a. Querverweise auf die ursprünglichen US-GAAP-Verlautbarungen, ist jedoch kostenpflichtig.

Sind die IFRS den US-GAAP gleichwertig?

Im Juli 2007 hatte die SEC einen Konzepterlass zur Kommentierung veröffentlicht, in dem die Frage diskutiert wird, ob auch US-amerikanischen Emittenten erlaubt oder gar vorgeschrieben werden soll, ihre Abschlüsse nach den IFRS zu erstellen. Diese Frage ist in den USA allerdings politisch noch hoch umstritten und es ist nach wie vor nicht absehbar, ob und wann die IFRS als den US-GAAP gleichwertig anerkannt werden. Nach der Einführung der US-GAAP-Kodifizierung wäre es auch denkbar, die IFRS in den USA durch Integration in diese neue Struktur, evtl. schrittweise, zu übernehmen.

Zusammenfassend wird deutlich, wie die US-GAAP als kapitalmarktorientiertes Rechnungslegungssystem institutionell aufgebaut sind. Dies ist für das Verständnis der internationalen Rechnungslegung wichtig, da die US-GAAP die Entwicklung der IFRS entscheidend geprägt haben und immer noch prägen. Viele institutionelle und konzeptionelle Charakteristika der IFRS können insofern durch Rückgriff auf das US-amerikanische Vorbild erklärt werden.

Ausgewählte Literatur

KPMG (Hrsg.), Rechnungslegung nach US-amerikanischen Grundsätzen; Grundlagen der US-GAAP und SEC-Vorschriften, 4. Aufl., Berlin 2006.

Schildbach, T., US-GAAP – Amerikanische Rechnungslegung und ihre Grundlagen, 2. Aufl., München 2002.

Sellhorn, T./Hahn, S./Müller, M. A., Die neue Ordnung der US-GAAP, in: KoR, 10. Jg. (2010), S. 154-163.

Vater, H., Anatomie der Rechnungslegung nach US-amerikanischen Grundsätzen, in: WPg, 59. Jg. (2006), S. 940-950.

Übungsaufgaben

Der Vorstand der Intershop AG, eines in Bochum ansässigen internationalen Gastronomiekonzerns, diskutiert darüber, neben der Notierung an der Frankfurter Wertpapierbörse ein Listing an der NYSE anzustreben. Der Finanzvorstand des Unternehmens, Herr Dr. M. Fiege, hat in einem Gespräch mit einem Kollegen erfahren, dass ein Börsengang in den USA mit erheblichen Kosten verbunden sein kann und daher gut überlegt sein sollte. Er bittet Sie daher, sich mit den institutionellen Grundlagen der US-amerikanischen Rechnungslegung vertraut zu machen und ihm einige Fragen zu beantworten:

a) Welche Motive sprechen für ein Zweitlisting in den USA? Welche Gründe sprechen eher gegen einen solchen Schritt?
b) Welche Aufgaben und Kompetenzen haben SEC und FASB? In welcher Beziehung stehen SEC und FASB zueinander?
c) Welche Änderungen haben sich durch die neue US-GAAP-Kodifizierung ergeben? Gehen Sie dabei separat auf inhaltliche und strukturelle Veränderungen ein. Worin liegen die Vorteile gegenüber dem ursprünglichen System der US-GAAP?

Kapitel 4
Institutioneller Rahmen der IFRS

Seit dem 01.01.2005 sind die International Financial Reporting Standards (IFRS) für kapitalmarktorientierte Mutterunternehmen in Europa im Konzernabschluss verpflichtend anzuwenden. Dies hat maßgeblich zur zunehmenden Verbreitung der IFRS auch außerhalb der EU beigetragen. Vor allem in Folge der Finanz- und Wirtschaftskrise ist jedoch Kritik an den IFRS und dem dahinter stehenden Standardsetter, dem International Accounting Standards Board (IASB), aufgekommen. Die Kritiker fordern unter anderem, dass die IFRS die finanzielle Stabilität in den anwendenden Staaten schützen und Aufsichtsbehörden einen gewissen Einfluss auf die Organisation haben müssen.

Vor diesem Hintergrund ergeben sich eine Vielzahl von Fragen: Wie ist das IASB organisiert und wie werden die Standards für europäische Unternehmen verpflichtend? In wie weit wird der Standardsetzungsprozess beeinflusst und kontrolliert? Sind die Standards in ein übergeordnetes Regelwerk eingegliedert? Gelten die IFRS auch außerhalb Europas und welchen Einfluss versuchen diese Länder auf das IASB zu nehmen? Diese und weitere Fragen werden in diesem Kapitel behandelt.

Bei einem einheitlichen Rechnungslegungssystem in Europa stellt sich darüber hinaus die Frage wie die IFRS durchgesetzt werden bzw. werden sollen. Dieses Problem ist offensichtlich als notwendiges Kriterium für den Erfolg der IFRS anzusehen. Doch welche Institutionen übernehmen diese Aufgabe? Gibt es neben nationalen auch eine supranationale Durchsetzungsinstanz? Welche Kontroll- und Sanktionsmöglichkeiten hat diese „Bilanzpolizei“?

Lernziele

In diesem Kapitel sollen Sie lernen,
- wie sich das IASB entwickelt hat und wie es aufgebaut ist,
- wie ein International Financial Reporting Standard (IFRS) entsteht und wie sein Stellenwert zwischen anderen Verlautbarungen ist,
- wie die Europäische Union die Standards in geltendes Recht umsetzt und
- wie die Durchsetzung der IFRS verwirklicht werden soll.

1 Vom IASC zum IASB

Die Historie des International Accounting Standards Committee (IASC) und seiner Nachfolgeorganisation, des International Accounting Standards Board (IASB), lässt sich in vier Zeitabschnitte einteilen, in denen unterschiedliche Arbeitsschwerpunkte verfolgt wurden:

1973 bis 1988	Entwicklung von Standards mit zahlreichen Wahlrechten
1989 bis 1993	Ausarbeitung des Rahmenkonzepts und Reduzierung von Wahlrechten

1994 bis 2000	Erfüllung der Anforderungen der International Organization of Securities Commissions (IOSCO) (sog. „Core Standards“)
seit 2001	Gründung des IASB, Reduzierung der verbliebenen Wahlrechte, Konvergenz der internationalen Rechnungslegungssysteme

1.1 Zeitraum von 1973 bis 1988

Gründung des IASC

Das IASC, das Vorgängergremium des heutigen IASB, wurde am 29.06.1973 in London als privatrechtliche Organisation von den Berufsverbänden der Wirtschaftsprüfer aus zehn Ländern gegründet. Unter den Gründungsländern stellte die angelsächsisch geprägte Fraktion mit sieben Mitgliedern (Australien, Großbritannien, Irland, Kanada, Mexiko, Niederlande, USA) die Mehrheit. Die kontinentaleuropäische Seite war mit Deutschland, Frankreich und dem ebenfalls von der Rechtsphilosophie des Code Law geprägten Japan von Anfang an in der Minderheit. Obwohl die Konzeption des IASC die Einbindung aller Berufsgruppen, die auf dem Gebiet der Rechnungslegung tätig sind, vorsah, also auch der Rechnungslegungsersteller und -adressaten, dominierten die Wirtschaftsprüfer und ihre Verbände das Geschehen im IASC.

Ziele des IASC

Das IASC setzte sich zum Ziel, Rechnungslegungsstandards zu entwickeln und zu veröffentlichen, auf deren weltweite Akzeptanz und Einhaltung hinzuwirken und sich allgemein um die Verbesserung und Harmonisierung von Rechnungslegungsgrundsätzen, -methoden und -verfahren zu bemühen.

Die ersten IAS

Im Zeitraum von 1973 bis 1988 veröffentlichte das IASC insgesamt 28 International Accounting Standards (IAS) zu verschiedenen Rechnungslegungsfragen.

Konzeption der Standards

Die Verlautbarungen enthalten der anglo-amerikanischen Tradition folgend kasuistische Regelungen von mehr oder weniger abgegrenzten konkreten Rechnungslegungsproblemen, ohne dabei eine Systematik aufweisen zu können. So beschäftigen sich einige IAS, wie z.B. IAS 16 „Sachanlagen“, mit einzelnen Bilanzpositionen, andere wiederum mit positionsübergreifenden Bilanzierungsfragen (z.B. IAS 11 „Fertigungsaufträge“) oder mit ganzen Rechenwerken (z.B. IAS 7 „Kapitalflussrechnung“). Inhaltlich sind die damaligen Verlautbarungen durch eine Vielzahl von Wahlrechten gekennzeichnet, die den Unternehmen im Rahmen der Rechnungslegung gewährt werden.

Beispiel 4.1

In der von 1976 bis 1994 gültigen Fassung von IAS 2 „Vorräte“ konnte die Bewertung von Vorräten entweder ausschließlich zu Einzelkosten oder auch inklusive fixer und variabler Fertigungsgemeinkosten erfolgen. Als Bewertungsvereinfachungsverfahren waren bis zur 2003 erfolgten Überarbeitung des Standards im Rahmen des Improvements Project FIFO, LIFO, Durchschnittsbewertung und das Festwertverfahren möglich.

Gemäß IAS 11 „Fertigungsaufträge" (gültige Fassung von 1980 bis 1994) konnte bei periodenübergreifender Auftragsfertigung die Gewinnrealisation entweder am Ende der Fertigung (completed-contract method) oder alternativ nach Maßgabe des Leistungsfortschritts (percentage-of-completion method) erfolgen.

Wahlrechte als Ergebnis von Kompromissen

Diese vielfältigen Wahlrechte in den IFRS waren das Ergebnis von Kompromissen. Im IASC trafen Organisationen aus verschiedenen Staaten mit unterschiedlichen Rechnungslegungssystemen und -traditionen aufeinander. Da sich das IASC als Aufgabe gesetzt hatte, international anerkannte Rechnungslegungsnormen zu erlassen, waren Kompromisse zwischen den unterschiedlichen nationalen Auffassungen zur Konsensfindung notwendig. Dieses hatte zur Folge, dass nahezu sämtliche alternativen nationalen Bilanzierungsmethoden der beteiligten Länder vom IASC zugelassen wurden. Jahresabschlüsse entsprechend den EU-Richtlinien waren ebenso IAS-konform wie US-GAAP-Abschlüsse. Aus diesem Grund waren die Harmonisierungsbestrebungen des IASC mit dem Stichwort „additive Harmonisierung" zu charakterisieren.

1.2 Zeitraum von 1989 bis 1993

Rahmenkonzept und neue Standards

Im Zeitraum von 1989 bis 1993 wurden vom IASC mit IAS 29, 30 und 31 drei weitere Standards herausgegeben. Daneben erschien 1989 das „Rahmenkonzept für die Aufstellung und Darstellung von Abschlüssen" als konzeptionelle Grundlage der IASC-Rechnungslegung mit Ausführungen zur Zielsetzung, zum Adressatenkreis und zu übergeordneten Rechnungslegungsgrundsätzen.

Comparability Project

Dieser Zeitraum war aber im Wesentlichen gekennzeichnet durch das Comparability Project, welches im Jahre 1987 durch Einsatz eines Steering Committee gestartet wurde. Das Comparability Project verfolgte das Ziel, die vielfältigen Bilanzierungswahlrechte in den IAS sowie die bestehenden Inkonsistenzen zwischen einzelnen IAS und mit dem Rahmenkonzept zu reduzieren. Damit sollte eine bessere Vergleichbarkeit von IAS-konformen Jahresabschlüssen erreicht werden, um den Anforderungen internationaler Kapitalmärkte besser zu genügen.

Unterstützung durch die IOSCO

Unterstützt wurde das Comparability Project insbesondere von der International Organization of Securities Commissions (IOSCO), der 1974 gegründeten internationalen Dachorganisation der nationalen Börsenaufsichtsbehörden. Die IOSCO stellte dem IASC in Aussicht, die IAS ihren Mitgliedern als Börsenzulassungsstandards hinsichtlich der Rechnungslegung zu empfehlen. Für Unternehmen, die eine Notierung an einer Börse der beteiligten Länder anstrebten, sollte hinsichtlich der Rechnungslegung ein IAS-konformer Jahresabschluss ausreichen. Dazu war es aus Sicht der IOSCO erforderlich, die bestehenden Wahlrechte in den IAS weitgehend abzuschaffen.

Im Juni 1990 verabschiedete das IASC das „Statement of Intent on Comparability of Financial Statements". Der Inhalt dieses Statement sah die Abschaffung von insgesamt 21 Wahlrechten in den bestehenden IAS vor. Dadurch ergab sich Änderungsbedarf in insgesamt zehn verschiedenen IAS. Vom IASC wurde aber auch die Notwendigkeit gesehen, in einigen Fällen weiterhin verschiedene Bilanzierungsweisen zuzulassen. Da hierdurch die Vergleichbarkeit der Jahresabschlüsse nach IAS abermals eingeschränkt würde, wurde vom IASC folgende Vorgehensweise angestrebt: Eine der Bilanzierungsalternativen sollte als bevorzugte Methode (benchmark treatment) festgelegt werden, während die andere Methode als alternativ erlaubte Vorgehensweise (allowed alternative treatment) gelten sollte.

Abschaffung von Wahlrechten

1.3 Zeitraum von 1994 bis 2000

Die Arbeit des IASC in diesem Zeitraum ist durch das Streben nach Anerkennung sämtlicher IAS durch die IOSCO gekennzeichnet. Nach Abschluss des Comparability Project hatte sich das IASC erhofft, dass die IOSCO sämtliche IAS anerkennen und ihren Mitgliedern als Börsenzulassungsstandards hinsichtlich der Rechnungslegung empfehlen würde. Die IOSCO hatte jedoch zunächst nur IAS 7 „Kapitalflussrechnung" anerkannt bzw. den Mitgliedsorganisationen zur Anerkennung empfohlen. Dieser Empfehlung folgte auch die amerikanische Börsenaufsichtsbehörde Securities and Exchange Commission (SEC). Eine Kapitalflussrechnung nach IAS 7 wurde von der SEC als gleichwertig mit einer Kapitalflussrechnung gemäß SFAS 95 angesehen.

Core Standards

Die Working Group on Multinational Offerings and Disclosure, Working Party No. 1 der IOSCO, beschloss allerdings im Anschluss, keine weiteren Einzelempfehlungen auszusprechen. Demnach sollten zukünftig entgegen der deutschen Auffassung sowie der Meinung anderer europäischer Vertreter keine einzelnen IAS durch die IOSCO anerkannt werden, sondern das IASC sollte ein sog. „Core Set of Standards", d.h. einen Mindestkanon an Rechnungslegungsvorschriften entwickeln, der den Anforderungen der IOSCO standhält, um eine vollständige Anerkennung der IAS zu erreichen. Dies geschah insbesondere auf Bestreben der SEC. Es ließe sich vermuten, dass dies zu einer weltweiten Verbreitung der US-amerikanischen Rechnungslegungsvorschriften beitragen sollte, da bei zeitlicher Verzögerung der Anerkennung weiterer IAS durch die IOSCO ausländische Unternehmen bei einer Notierung an der New York Stock Exchange (NYSE) weiterhin die US-GAAP anzuwenden hätten.

Anerkennung der IAS durch die IOSCO

Im Zusammenhang mit der Erarbeitung der Core Standards sind 24 IAS von der IOSCO im Hinblick auf ihre Akzeptanz beurteilt worden, von denen zusätzlich zu IAS 7 letztlich vierzehn weitere IAS akzeptiert wurden. Die zuvor von der IOSCO in Aussicht gestellte allgemeine Anerkennung der IAS, d.h. die IAS den Mitgliedsorganisationen grundsätzlich als Börsenzulassungsstandards an den nationalen Börsen zu empfehlen, folgte im Mai 2000. Diese Empfehlung erfolgte allerdings nicht uneingeschränkt. So können die nationalen Börsenaufsichtsbehörden die IAS in Teilbereichen einschränken (z.B. durch Streichung von Wahlrechten) sowie zusätzliche Berichtspflichten (z.B. durch Überleitungen auf die nationale Vorgehensweise oder zusätzliche Angaben im Anhang) verlangen. Auch sind nicht alle nationalen Börsenaufsichtbehörden dieser Empfehlung gefolgt. Insbesondere die Anerkennung durch die SEC war über Jahre eher nicht zu erwarten, ehe sie dann 2007 zumindest für ausländische Emittenten mit Wirkung ab 2009 doch erfolgte.

1.4 Entwicklung seit 2001

Neuorganisation des IASC

Mit der zunehmenden Verbreitung der IAS erhöhten sich die Anforderungen an das IASC. Vor allem die EU-Verordnung vom 19.07.2002[1], die kapitalmarktorientierte Mutterunternehmen dazu verpflichtete spätestens bis zum Jahr 2005 einen IFRS-Konzernabschluss aufzustellen, hatte hierfür eine entscheidende Bedeutung. Daher unterzog sich das IASC mit dem Abschluss der Arbeit an den Core Standards und der Verabschiedung von IAS 41 „Landwirtschaft" einer umfassenden Reorganisation, um eine verstärkte internationale Akzeptanz zu erlangen und seine eigene Professionalität sowie seine Unabhängigkeit und Fachkompetenz zu steigern. Insbesondere sollte der dominante Einfluss des Berufsstands der Wirtschaftsprüfer reduziert werden. Die Reorganisation orientierte sich stark an der Struktur des amerikanischen Standardsetters FASB.

IASCF / IFRS Foundation

Im Rahmen dieser Umstrukturierung des IASC wurde am 06.02.2001 die International Accounting Standards Committee Foundation (IASCF), die zum 01.07.2010 in die IFRS Foundation umbenannt wurde, als Dach der neuen Organisation gegründet. Die Ziele dieser Stiftung privaten Rechts mit Sitz in Delaware (USA) orientieren sich dabei an den ursprünglichen Zielen des IASC, sind aber präziser und schärfer formuliert. Laut aktueller Satzung vom März 2010 soll die IFRS Foundation

- im öffentlichen Interesse einen gültigen Satz an hochwertigen, verständlichen, durchsetzbaren und global akzeptierten Rechnungslegungsstandards entwickeln, die auf eindeutig definierten Prinzipien basieren. Diese Standards sollten hochwertige, transparente und vergleichbare Informationen in Abschlüssen und sonstigen Finanzberichten gewähren, um Investoren, andere Akteure auf den weltweiten Kapitalmärkten und weitere Nutzer von Finanzdaten bei wirtschaftlichen Entscheidungen zu unterstützen,
- die Nutzung und strikte Anwendung dieser Standards fördern,
- bei der Umsetzung der oben genannten Ziele die Bedürfnisse von Unternehmen unterschiedlicher Größe und verschiedenen Typs in diversen ökonomischen Rahmenbedingungen, sofern zweckdienlich, berücksichtigen, und

1 Abrufbar unter http://www.rechtliches.de/EU/info_IASVO.html (Stand 05.01.2011).

- die Anwendung der IFRS durch die Konvergenz der nationalen Rechnungslegungsstandards mit den IFRS vorantreiben und fördern[2].

Operative Umsetzung durch das IASB

Die operative Ausführung dieser Aufgaben wurde von der damaligen IASCF an das im April 2001 gegründete IASB delegiert. Während das IASB für die Entwicklung der Rechnungslegungsstandards zuständig ist, übernimmt die IFRS Foundation die Aufgabe der Finanzierung und Überwachung von dessen Arbeit.

IFRS

Als weiteren Ausdruck der Neuausrichtung entschied das IASB, zukünftig zu erstellende internationale Rechnungslegungsstandards als IFRS (International Financial Reporting Standards) zu bezeichnen und numerisch neu zu beginnen. Die verabschiedeten IAS behalten aber ihre volle Gültigkeit. Zudem wird in IAS 1.7 explizit klargestellt, dass die IAS unter den Oberbegriff der IFRS fallen.

Konvergenz der Rechnungslegungssysteme

Das Erreichen einer Konvergenz der weltweit unterschiedlichen Rechnungslegungssysteme bildet einen Schwerpunkt in der Arbeit des IASB. Während die Vorgängerorganisation IASC eher den Kompromiss zwischen den unterschiedlichen nationalen Rechnungslegungskulturen suchte, was sich in den zahlreichen Wahlrechten der IAS niederschlug, verfolgt das IASB die Entwicklung einer wahlrechtsfreien und einheitlichen Rechnungslegung[3].

Improvements Project

Dazu startete das IASB im Mai 2002 mit dem „Improvements Project" ein umfangreiches Überarbeitungsprogramm mit dem Ziel, noch existierende Wahlrechte zu beseitigen und die allgemeine Qualität der Standards zu verbessern[4].

Aufhebung noch bestehender Wahlrechte

Da die Entwicklung neuer IFRS eine lange Vorlaufzeit benötigt, wurden im Rahmen dieses Projekts jene bereits existierenden Standards überarbeitet, bei denen eine Verbesserung kurzfristig international durchsetzbar erschien. Insbesondere die Zahl der noch bestehenden Wahlrechte sollte verringert werden, um eine Verbesserung der Vergleichbarkeit von Abschlüssen zu erreichen und um den Informationsgehalt von Abschlüssen zu erhöhen. Mit der Veröffentlichung von 13 überarbeiteten Standards und der Streichung von IAS 15 wurde das Improvements Project am 18.12.2003 durch das IASB abgeschlossen. Da diese Standards nicht grundlegend überarbeitet, sondern lediglich in zahlreichen Details geändert wurden, werden sie weiterhin als International Accounting Standards (IAS) bezeichnet.

Beispiel 4.2

Bei den Bewertungsvereinfachungsverfahren erlaubte IAS 2 „Vorräte" (Fassung von 1993) neben der FIFO- und der gewogenen Durchschnittsmethode auch die LIFO-Methode als alternativ zulässiges Verbrauchsfolgeverfahren. Dieses Wahlrecht zur Anwendung der LIFO-Methode wurde bei der Überarbeitung von IAS 2 im Rahmen des Improvements Project abgeschafft, da diese Verbrauchsfolge in der Realität nur selten vorkomme und ihre Fiktion die Aussagefähigkeit des Abschlusses mindere.

2 Vgl. Satzung der IFRS Foundation (rev. März 2010), Satz 2.
3 Vgl. *Bruns, H.-G.*, International vergleichbare und qualitativ hochwertige deutsche Jahresabschlüsse durch Anwendung der IAS/IFRS, in: ZfbF, 54. Jg. (2002), S. 174.
4 Für eine detaillierte Übersicht über die durch das Improvements Project herbeigeführten Änderungen vgl. *Zülch, H.*, Das IASB Improvement Project, in: KoR, 4. Jg. (2004), S. 153-167.

Zusammenarbeit mit nationalen Standardsettern

Um eine weltweite Konvergenz der Rechnungslegungsnormen zu erreichen, arbeitet das IASB eng mit den nationalen Standardsettern zusammen, um eine international einheitliche Anwendung der IFRS zu erreichen. Dabei sollen auch bewährte Regelungen einzelner Länder in die überarbeiteten Standards einfließen[5].

Norwalk Agreement

So vereinbarten das IASB und das FASB im September 2002 im Rahmen des sog. „Norwalk Agreement"[6] eine enge Zusammenarbeit mit der Zielsetzung, noch bestehende Unterschiede zwischen IFRS und US-GAAP bis zum Jahr 2005 weitgehend abzuschaffen. Unterschiede, die über diesen Zeitpunkt hinaus bestehen, sollen durch eine Koordination der zukünftigen Arbeitsprogramme der beiden Standardsetter beseitigt werden[7]. Ziel ist dabei nicht die Eliminierung jeglicher Detailunterschiede zwischen den beiden Rechnungslegungssystemen, sondern die Anerkennung einer gleichrangigen Qualität der Bilanzierung.

Stable platform

Um die Implementierung der IFRS weltweit zu erleichtern und somit die Entwicklung einer vereinheitlichten Rechnungslegung zu begünstigen, versucht das IASB, die Zeitpunkte der erstmaligen verpflichtenden Anwendung neuer Standards zu vereinheitlichen. Das Board folgt somit, nach Beschluss im März 2004, dem Konzept einer stable platform, d.h. einem für einen bestimmten Zeitraum feststehenden Regelsystem, das den Ländern, die künftig die IFRS verwenden wollen und den Anwendern selbst Planungssicherheit ermöglicht. Darüber hinaus soll generell ein Mindestzeitraum von einem Jahr zwischen Veröffentlichung eines Standards und erstmaliger verpflichtender Anwendung eingehalten werden, um Übersetzung, Übernahme und Implementierung zusätzlich zu erleichtern.

Annual improvements process

Im Mai 2008 veröffentlichte das IASB den ersten Standard im Rahmen des annual improvements process, dem im April 2009 und im Mai 2010 zwei weitere Standards folgten. Das Ziel des Projektes ist es, kleine, nicht dringliche Änderungen verschiedener Standards in einem Schritt umzusetzen. Die durch das Projekt implizierte Sammlung der Änderungen über ein Jahr hinweg ermöglicht somit eine effektivere und übersichtlichere Verabschiedung der Änderungen.

Neue Standards

Neben der Überarbeitung bereits bestehender Standards beschäftigt sich das IASB auch mit der Entwicklung von neuen Standards, die sich mit bislang in den IFRS ungeregelten Rechnungslegungsfragen befassen. Im Juni 2003 veröffentlichte das IASB mit IFRS 1 „Erstmalige Anwendung der International Financial Reporting Standards" den ersten International Financial Reporting Standard, dem bis Januar 2010 acht weitere IFRS folgten. Von den ursprünglich verabschiedeten 41 IAS sind noch 29 in Kraft. Zusammen mit den bislang veröffentlichten neun IFRS umfasst die IFRS-Rechnungslegung aktuell somit 38 Standards.

5 Vgl. *Bruns, H.-G.*, International vergleichbare und qualitativ hochwertige deutsche Jahresabschlüsse durch Anwendung der IAS/IFRS, in: ZfbF, 54. Jg. (2002), S. 174.

6 Abrufbar unter http://www.fasb.org/news/memorandum.pdf (Stand 01.01.2008).

7 Vgl. Presseerklärung des IASB vom 29.10.2002.

IAS / IFRS	Aktueller Titel	Anzuwenden ab	
		Ursprüngl. Fassung	Aktuelle Fassung*
IAS 1	Darstellung des Abschlusses	01.01.1975	01.01.2009 [1CD,3]
IAS 2	Vorräte	01.01.1976	01.01.2005
IAS 3	Konzernabschlüsse	aufgehoben durch IAS 27 und 28	
IAS 4	Abschreibungen	aufgehoben durch IAS 16, 22 und 38	
IAS 5	Angabepflichten im Abschluss	aufgehob. durch IAS 1	
IAS 6	Rechnungslegung bei Preisänderungen	aufgehob. durch IAS 15	
IAS 7	Kapitalflussrechnung	01.01.1979	01.01.1994 [1A,3]
IAS 8	Bilanzierungs- und Bewertungsmethoden, Änderungen von Schätzungen und Fehler	01.01.1979	01.01.2005
IAS 9	Bilanzierung von Forschungs- und Entwicklungsaktivitäten	aufgehoben durch IAS 38	
IAS 10	Ereignisse nach dem Bilanzstichtag	01.01.1980	01.01.2005
IAS 11	Fertigungsaufträge	01.01.1980	01.01.1995
IAS 12	Ertragsteuern	01.01.1981	01.01.2001 [2AB]
IAS 13	Darstellung der kurzfristigen Vermögenswerte und Schulden	aufgehoben durch IAS 1	
IAS 14	Segmentberichterstattung	aufgehoben durch IFRS 8	
IAS 15	Informationen über die Auswirkungen von Preisänderungen	aufgehoben durch Improvements Project	
IAS 16	Sachanlagen	01.01.1983	01.01.2005 [1A,2AB]
IAS 17	Leasingverhältnisse	01.01.1984	01.01.2005 [1C]
IAS 18	Erträge	01.01.1984	01.01.1995 [1C]
IAS 19	Leistungen an Arbeitnehmer	01.01.1985	01.01.2006 [1A]
IAS 20	Bilanzierung und Darstellung von Zuwendungen der öffentlichen Hand	01.01.1984	[1A, 2A]
IAS 21	Auswirkungen von Änderungen der Wechselkurse	01.01.1985	01.01.2005 [2A,3]
IAS 22	Unternehmenszusammenschlüsse	aufgehob. durch IFRS 3	
IAS 23	Fremdkapitalkosten	01.01.1986	01.01.2009
IAS 24	Angaben über Beziehungen zu nahe stehenden Unternehmen und Personen	01.01.1986	01.01.2011
IAS 25	Bilanzierung von Finanzinvestitionen	aufgehoben durch IAS 39 und 40	

IAS / IFRS	**Aktueller Titel**	**Anzuwenden ab**	
		Ursprüngl. Fassung	**Aktuelle Fassung***
IAS 26	Bilanzierung und Berichterstattung von Altersversorgungsplänen	01.01.1988	
IAS 27	Konzern- und separate Einzelabschlüsse nach IFRS	01.01.1990	01.01.2009 [1D]
IAS 28	Anteile an assoziierten Unternehmen	01.01.1990	01.01.2009 [1A]
IAS 29	Rechnungslegung in Hochinflationsländern	01.01.1990	
IAS 30	Angaben im Abschluss von Banken und ähnlichen Finanzinstitutionen	aufgehoben durch IFRS 7	
IAS 31	Anteile an Joint Ventures	01.01.1992	01.07.2009
IAS 32	Finanzinstrumente: Darstellung	01.01.1996	01.02.2010
IAS 33	Ergebnis je Aktie	01.01.1998	01.01.2005 [2A]
IAS 34	Zwischenberichterstattung	01.01.1999	[1D,2A]
IAS 35	Aufgabe von Geschäftsbereichen	aufgehoben durch IFRS 5	
IAS 36	Wertminderung von Vermögenswerten	01.07.1999	31.03.2004 [1AC]
IAS 37	Rückstellungen, Eventualschulden und Eventualforderungen	01.07.1999	
IAS 38	Immaterielle Vermögenswerte	01.07.1999	31.03.2004 [1AB]
IAS 39	Finanzinstrumente: Ansatz und Bewertung	01.01.2001	[4]
IAS 40	Als Finanzinvestition gehaltene Immobilien	01.01.2001	01.01.2005 [1A]
IAS 41	Landwirtschaft	01.01.2003	[1A]
IFRS 1	Erstmalige Anwendung der International Financial Reporting Standards	01.01.2004	01.07.2010 [1C]
IFRS 2	Anteilsbasierte Vergütung	01.01.2005	01.01.2010
IFRS 3	Unternehmenszusammenschlüsse	31.03.2004	01.07.2009 [1C]
IFRS 4	Versicherungsverträge	01.01.2005	01.01.2006
IFRS 5	Zur Veräußerung gehaltene langfristige Vermögenswerte und aufgegebene Geschäftsbereiche	01.01.2005	[1B, Änderungen durch IFRIC 17 zum 01.07.09, 1C]
IFRS 6	Exploration und Evaluierung von mineralischen Ressourcen	01.01.2006	
IFRS 7	Finanzinstrumente: Angaben	01.01.2007	01.07.2011
IFRS 8	Geschäftssegmente	01.01.2009	[1C]
IFRS 9	Finanzinstrumente	01.01.2013	[4]

[1] Zusätzliche spätere Änderungen im Rahmen des Annual Improvements Projects, die ab dem 01.01.2009 [A], dem 01.07.2009 [B], dem 01.01.2010 [C] bzw. dem 01.01.2011 [D] anzuwenden sind.
[2] Folgeänderung aus der Überarbeitung von IAS 1 vom 06.09.2007 [A] bzw. von IFRS 3 vom 10.01.08 [B], die jeweils zum 01.01. 2009 anzuwenden sind.
[3] Folgeänderung aus der Überarbeitung von IAS 27 vom 10.01.2008, die zum 01.07.2009 anzuwenden ist.
[4] IFRS 9 wurde im November 2009 herausgegeben und soll IAS 39 bis zum 01.01.2013 ersetzen. IFRS 9 ist noch nicht von der EU endorsed.
* Letzte materielle Änderung, die direkt den jeweiligen Standard betrifft.

Tab. 4.1: Übersicht über die bislang verabschiedeten Standards der IFRS-Rechnungslegung (Stand: Januar 2011)

IFRS for SMEs

Mit dem IFRS for SMEs, der im Juli 2009 veröffentlicht wurde, konnte das IASB ein langjähriges, viel diskutiertes Projekt abschließen. Der Standard regelt die Rechnungslegung für nicht kapitalmarktorientierte kleine und mittelgroße Unternehmen und richtet sich somit an einen anderen Anwenderkreis als die „full“ IFRS. Da noch abzuwarten ist, ob und wie die Regelungen von der EU und ihren Mitgliedsstaaten übernommen werden, lässt sich die Bedeutung des IFRS for SMEs für die Rechnungslegung kleiner und mittelgroßer Unternehmen noch nicht abschließend beurteilen. Sicher ist jedoch, dass auf die betroffenen Unternehmen erhebliche Veränderungen im Falle einer verpflichtenden Anwendung zukommen würden[8].

2 Organisation und Arbeitsweise des IASB

2.1 Organisation

Das IASB sieht sich heute als globaler Standardsetter und hat sich die Aufgabe gestellt, weltweit akzeptierte Rechnungslegungsstandards zu entwickeln, zu veröffentlichen und auf deren weltweit einheitliche Anerkennung, Anwendung und Einhaltung hinzuwirken. Um diesen gestiegenen Anforderungen gerecht zu werden, unterzog sich das frühere IASC einer umfangreichen Reorganisation. Das daraus resultierende Organisationsmodell ähnelt dem des US-amerikanischen FASB. Von besonderer Bedeutung sind hier insbesondere das IASB, das die Standards entwickelt, sowie die IFRS Foundation, die für die Überwachung und Finanzierung des IASB verantwortlich ist und letztlich die gesamte Organisationsstruktur bereitstellt (vgl. Abbildung 4.1).

8 Vgl. *Fülbier, R.U./Gassen, J./Ott, E.*, IFRS for SMEs für den europäischen Mittelstand?, in: DB, 63. Jg. (2010), S. 1357.

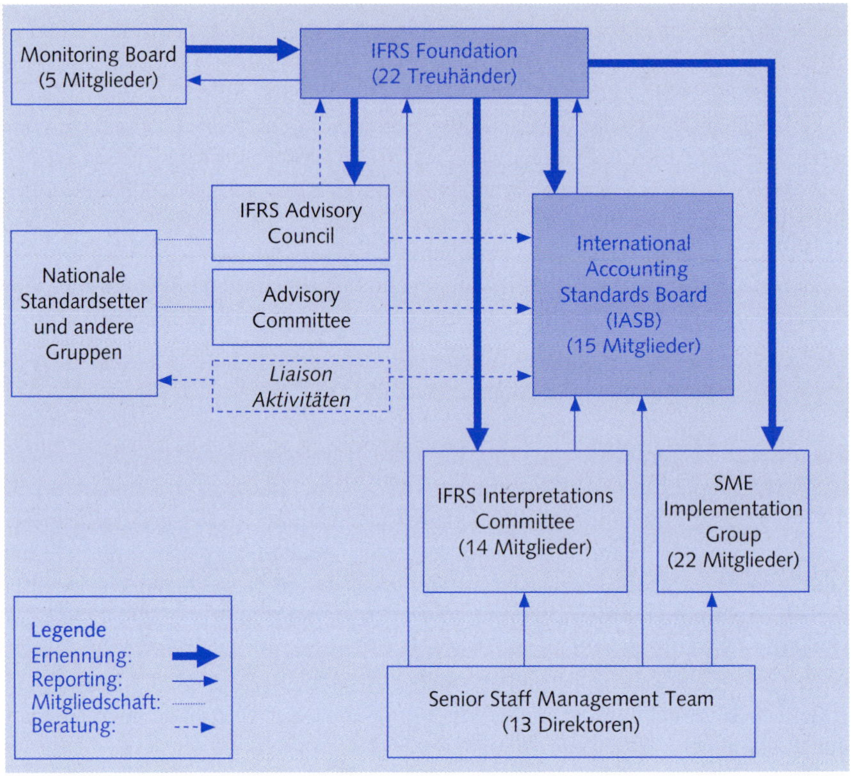

Abb. 4.1: Organisationsstruktur der IFRS Foundation

Treuhänder

Innerhalb dieser Organisationsstruktur nehmen die Treuhänder und das Board die zentralen Positionen ein. Bei den Treuhändern handelt es sich um ausgewählte Personen, die zwar keinen unmittelbaren Einfluss auf die Facharbeit des IASB ausüben, dafür aber weitreichende Entscheidungskompetenzen in allen sonstigen das IASB betreffenden Fragen besitzen. So haben die insgesamt 22 Treuhänder die Aktivitäten des IASB nicht nur zu überwachen und die Finanzierung zu gewährleisten, sie haben insbesondere die alleinige Entscheidungskompetenz über Satzungsänderungen (mit Dreiviertelmehrheit) und bestimmen die Mitglieder aller wichtigen Gremien der IFRS Foundation. Darüber hinaus tragen sie die Verantwortung für den Jahresbericht der IFRS Foundation. Wegen ihrer insofern beachtlichen Bedeutung müssen sich die Treuhänder verpflichten, ausschließlich im öffentlichen Interesse zu handeln. Um eine breite internationale Anerkennung der IFRS zu gewährleisten, existiert für die Treuhänder zudem ein Ernennungssystem, das hinsichtlich der geographischen und beruflichen Herkunft eine international ausgewogene Besetzung sicherstellen soll.

Je sechs der Treuhänder sollen aus Nordamerika, Europa und Asien, je ein Treuhänder aus Afrika und Südamerika und zwei weitere aus beliebigen Regionen stammen. Zwei der Treuhänder sollen senior partners aus bekannten international tätigen Wirtschaftsprüfungsgesellschaften sein. Um eine solche Ausgewogenheit zu erreichen, sollen die Treuhänder unter Beratung durch nationale und internationale Vereinigungen von Wirtschaftsprüfern, Wissenschaftlern sowie Jahresabschlusserstellern und -analysten ausgewählt werden. Nach der Ernennung der Treuhänder wählen diese selbstständig ihren Vorsitzenden, der zusätzlich durch bis zu zwei Stellvertreter unterstützt werden kann. Die Treuhänder werden für eine Amtszeit von drei Jahren ernannt, mit Option auf eine einmalige Verlängerung.

Monitoring Board

Der Auswahlprozess zur Ernennung neuer Treuhänder wird einerseits von den bestehenden Treuhändern selbst und andererseits von dem im Februar 2009 implementierten Monitoring Board durchgeführt. Letzteres besitzt die Entscheidungsgewalt und trägt somit die Verantwortung für die Ernennung. Darüber hinaus hat das Monitoring Board die Aufgabe, die Treuhänder in ihrer satzungsgemäßen Aufgabenerfüllung zu überwachen. Dieses kann unter anderem mithilfe des von den Treuhändern verpflichtend zu erstellenden Jahresberichts an das Monitoring Board geschehen. Zusätzlich kann das Monitoring Board Sitzungen mit den Treuhändern oder dem Vorsitzenden des IASB einberufen.

Das Monitoring Board wurde in Folge der Finanzmarktkrise, auf Drängen der der G 20 Staaten durch einen Beschluss vom November 2008, gegründet. Die fünf Mitglieder setzen sich zusammen aus dem Vorsitzenden des IOSCO Emerging Markets Committee, des IOSCO Technical Committee und der SEC sowie dem Verantwortlichen EU Kommissar und dem Kommissar der Japan Financial Services Agency. Ergänzt wird das Monitoring Board durch den Vorsitzenden des Basel Committee on Banking Supervision, der als Beobachter fungiert[9]. Das Hauptanliegen war es, eine formale Verknüpfung zwischen Standardsetzern und bedeutenden Kapitalmarktinstitutionen in der Organisationsstruktur der IFRS Foundation herzustellen. Somit sind öffentlich rechenschaftspflichtige Institutionen erstmals in der Lage und sogar verpflichtet in der Organisation mitzuwirken, um Transparenz und demokratische Kontrolle zu erhöhen, ohne die Unabhängigkeit des Standardsetzungsprozesses zu gefährden[10].

IASB

Das wichtigste Organ für die Facharbeit ist das Board. Das IASB hat aktuell 15 Mitglieder, die die alleinige Verantwortung für die gesamte fachliche Agenda und alle damit zusammenhängenden Projektarbeiten tragen. Ihre Kernaufgabe ist die Entwicklung und Verabschiedung von International Financial Reporting Standards (IFRS) sowie die Verabschiedung von Interpretationen der IFRS. Sie sollen ebenso wie die Treuhänder als persönliche Mandatsträger im öffentlichen Interesse handeln.

Um der Ausgewogenheit von Erfahrungen und Sichtweisen willen sollte das Board aus Mitgliedern bestehen, deren beruflicher Hintergrund und geographische Herkunft unterschiedlich sind. Bis zum Juli 2012 soll das Board auf

9 Vgl. Satzung der IFRS Foundation (rev. März 2010), Satz 5, 18-23.

10 Vgl. *Zülch, H./Güth, S.*, Die neue Satzung der IASCF (IASCF-Constitution Review) – Implikationen für den Standardsetzungsprozess und die künftige Ausrichtung der IFRS, in: KoR, 10. Jg. (2010), S. 179.

16 Mitglieder aufgestockt werden, wobei die geografische Einteilung analog zu den Treuhändern vorgenommen wird, abgesehen davon, dass Nordamerika, Europa und Asien jeweils vier Mitglieder stellen. Die Treuhänder ernennen eines der Boardmitglieder zum Vorsitzenden (Chairman) des Board, der durch bis zu zwei Stellvertreter vertreten werden kann und neben seiner fachlichen Arbeit auch als Geschäftsführer der IFRS Foundation fungiert.

Alle Mitglieder des IASB, inklusive des Chairman, werden von den Treuhändern für eine Amtszeit von fünf Jahren ernannt. Eine einmalige Wiederernennung für fünf Jahre ist zulässig, mit Ausnahme der Boardmitglieder, die nach dem 02.07.2009 ernannt wurden und weder Chairman noch Vertreter des Chairmans sind. Diese neuen Mitglieder können nur für weitere drei Jahre wiedergewählt werden.

Das IASB trifft seine Entscheidungen mit einfacher Mehrheit. Bei der Verabschiedung von Standards einschließlich ihrer Entwürfe sowie der Interpretations bedarf es jedoch einer Mehrheit von mindestens neun Stimmen (bzw. 10 Stimmen sobald das Board auf 16 Mitglieder aufgestockt wurde), wobei jedes Boardmitglied unabhängig von seiner Funktion oder seinem Beschäftigungsverhältnis eine Stimme besitzt.

Liaison Aktivitäten

Um enge Beziehungen zu wichtigen nationalen Rechnungslegungsgremien zu pflegen und damit die internationale Anerkennung der IFRS zu fördern, führt das IASB sog. „Liaison Aktivitäten" durch. Ziel ist es, einerseits die Probleme und Sichtweisen aus den Nationalstaaten einzuholen und andererseits für eine einheitliche und schnelle Umsetzung der verabschiedeten Rechnungslegungsstandards in nationales Recht zu sorgen.

Advisory Commitees

Ohne die Arbeitsgruppen, die so genannten Advisory Committees (früher Steering Commitees), kommt das IASB auch nach der Restrukturierung nicht aus. Hierbei handelt es sich um fallweise eingesetzte, projektbezogene Arbeitsgruppen mit üblicherweise etwa sechs bis zehn Mitgliedern. Im Rahmen des Standardsetzungsverfahrens arbeiten sie in Rücksprache mit dem IASB die jeweiligen Vorschläge für die einzelnen Entwicklungsstufen eines Standards aus. Dabei sind sie neben externen Fachleuten auch mit Vertretern des Board und anderer IASB-Organe besetzt, wobei der jeweilige Vorsitzende eines Advisory Committee dem IASB angehören sollte. In jedes Advisory Committee ist ein Projektmanager integriert, der die Arbeit des Committees nicht nur fachlich, sondern vor allem organisatorisch betreut. Es wird i.d.R. versucht, die Mitglieder der einzelnen Committees hinsichtlich der repräsentierten Länder und Fach- bzw. Berufsgruppen möglichst ausgewogen auszuwählen. Die Initiierung der Arbeitsgruppen obliegt dem IASB, das auch die jeweiligen Ergebnisse diskutiert, ggf. modifiziert und in letzter Instanz verabschiedet.

IFRS Interpretations Committee

Bei manchen IFRS kann es im Rahmen der Anwendung zu unterschiedlichen Auslegungen kommen. Das im April 2010 umbenannte IFRS Interpretations Committee, vorher International Financial Reporting Interpretations Committee (IFRIC), soll in Zusammenarbeit mit den nationalen Rechnungslegungsgremien entsprechende Interpretationen erarbeiten, um eine einheitliche Anwendung derartiger Auslegungsfragen zu gewährleisten. Interpretationswürdige Sachverhalte können dem IFRS Interpretations Committee von beliebiger Seite vorgeschlagen werden. Sofern ihnen eine allgemeine Bedeutung zuerkannt wird, setzt das Committee sie auf seine Agenda. Das Committee setzt sich aus 14 stimmberechtigten Vertretern zusammen, die von den Treuhändern für einen Zeitraum von drei Jahren ernannt werden, ergänzt um ein oder zwei Boardmitglieder mit Beobachterstatus.

SME Implementation Group

Mit der Veröffentlichung des IFRS für SMEs wurde eine SME Implementation Group eingerichtet, deren erste Mitglieder im August 2010 ausgewählt wurden. Die Kernaufgaben dieser Arbeitsgruppe bestehen einerseits in der Erstellung einer Implementation Guidance in einem Frage-Antwort Stil, die bei Anwendungsfragen in der Praxis hilfreich sein sollen. Andererseits sollen Änderungsvorschläge für den IFRS for SMEs an das IASB herangetragen werden. Laut Satzung soll die Mitgliederzahl der SME Implementation Group zwischen 12 und 20 Personen liegen, wobei die Mitglieder Experten auf dem Gebiet der Rechnungslegung in kleinen und mittelständischen Unternehmen sein sollen[11].

IFRS Advisory Council

Aufgabe des ebenfalls zum April umbenannten IFRS Advisory Council, vorher Standards Advisory Council (SAC), ist es, das IASB in allen Aspekten seiner fachlichen Arbeit zu beraten. Vor Entscheidungen des Board und Satzungsänderungen durch die Treuhänder soll das IFRS Advisory Council konsultiert werden, um damit weiteren Interessengruppen die Einflussnahme auf das IASB zu ermöglichen. Das Council besteht aus mindestens 30 Mitgliedern, vor allem Vertretern von internationalen Organisationen der Rechnungslegungserstellung, der Banken, Börsen, Börsenaufsichtsbehörden, Wirtschafts- und auch Hochschullehrerverbänden sowie wichtiger Standardsetter. Die Council-Mitglieder werden von den Treuhändern ernannt. Da im IASB selbst nur eine begrenzte Zahl von Personen und damit mittelbar auch Organisationen und Länder vertreten sein können, soll das IFRS Advisory Council den übrigen Interessenten eine Plattform bieten, sich für die fachliche und sonstige Arbeit des IASB zu engagieren. Dies gilt insbesondere für nationale Rechnungslegungsgremien, zu denen keine formalen Beziehungen durch Liaison Members bestehen.

Senior staff management team

Das Board wird von Fachpersonal, bestehend aus mehr als 100 Angestellten, unterstützt. Die Leitung obliegt dem von dem Geschäftsführer der IFRS Foundation, d.h. dem Chairman, eingesetzten senior staff management team. Dieses setzt sich einerseits aus sieben zur IFRS Foundation gehörenden Direktoren, incl. des Chief Operating Officers, zusammen, die sich vor allem um Verwaltungs-, Finanzierungs- sowie Kommunikationsfragen, als auch um IFRS-Schulungen kümmern. Andererseits sind sechs zum IASB zugehörige Direktoren, inklusive des Directors for Technical Activities, für fachliche Themenbereiche, wie Kontrolle der IFRS Entwicklung, Anwendung und Umsetzung der IFRS und des IFRS for SMEs, Forschung, Kapitalmarkt und internationale Aktivitäten zuständig.

11 Vgl. Terms of Reference and Operating Procedures for the SME Implementation Group (appr. Januar 2010), S. 6 f.

Finanzierung

Durch die Restrukturierung und die damit einhergehende Professionalisierung der Organisation hat sich das Budget gegenüber der Vergangenheit deutlich erhöht. Die gesamten Einnahmen (2009 ca. 22,6 Mio. £) setzen sich dabei hauptsächlich aus freiwilligen Spenden (ca. 16,6 Mio. £), aus Veröffentlichungen (ca. 5,6 Mio. £) und der Verzinsung von Stiftungskapital (ca. 0,4 Mio. £) zusammen. Die gesamten Ausgaben (2009 ca. 23,0 Mio. £) verteilen sich hauptsächlich auf die Entlohnung der durchschnittlich 114 Mitarbeiter.

Dic primärc Finanzierung durch Spenden birgt die Gefahr potenzieller Abhängigkeitsbeziehungen des IASB. Im Jahr 2009 wurden die Spenden zu 35 % von Wirtschaftsprüfungsgesellschaften (33 % von den Big Four), zu 27 % von Unternehmen und nationalen Standardsetzern aus der EU und zu 11 % bzw. 10 % von US-amerikanschen und japanischen Unternehmen zur Verfügung gestellt. Unternehmen und nationale Instanzen weiterer Länder spendeten die restlichen 17 %. Auf Grund der stetig zunehmenden internationalen Bedeutung der Organisation stellt sich daher die Frage nach einem alternativen Finanzierungsmodell, z.B. einer Umlagenfinanzierung auf die kapitalmarktorientierten Unternehmen analog zum FASB. Durch den EU Beschluss Nr. 716/2009/EG, in dem erstmals eine finanzielle Unterstützung der IFRS Foundation durch die Europäische Union für vier Jahre, beginnend mit dem 01.01.2010, geregelt wird, ist für das IASB eine neue Finanzierungsquelle entstanden. Der maximale Gesamtbetrag i.H.v. 12,75 Mio. € für den gesamten Zeitraum ist allerdings relativ gering, sodass die Abhängigkeitsbeziehungen des IASB hierdurch faktisch nicht beeinflusst werden.

2.2 Formelles Standardsetzungsverfahren (Due Process)

Die IFRS sind offizielle Verlautbarungen des IASB und damit das Ergebnis eines formellen Standardsetzungsverfahrens (due process), das in Tabelle 4.2 in seinen einzelnen Stufen näher dargestellt wird.

Umfangreiche Möglichkeiten zur Stellungnahme

Um die selbstgestellte Aufgabe des IASB, weltweit akzeptierte Rechnungslegungsstandards zu entwickeln, zu erfüllen, bedarf es eines mehrstufigen, mit Stellungnahmemöglichkeiten versehenen formellen Verfahrens. Zur Sicherstellung von Qualität und globaler Akzeptanz sollen die IFRS nicht nur das Ergebnis intensiver Entwicklungsbemühungen innerhalb des IASB darstellen, sondern auch die Standpunkte externer Rechnungslegungsexperten wie multinationaler Unternehmen und nationaler Rechnungslegungsgremien berücksichtigen. Der Ablauf des formellen Verfahrens verdeutlicht daher das Bestreben des IASB, möglichst alle an der Rechnungslegung interessierten Gruppen in den Entstehungsprozess der IFRS einzubinden. Für diese Gruppen besteht daher die Möglichkeit der direkten Einflussnahme zum einen durch eine etwaige Mitarbeit im IFRS Advisory Council sowie zum anderen über das Verfassen von so genannten Comment Letters zu den jeweiligen Diskussionspapieren bzw. Exposure Drafts (ED). Darüber hinaus ist das IASB seit März 2010 verpflichtet, alle drei

Jahre Kommentierungen zu seiner technical agenda einzuholen, erstmals spätestens bis zum 30.06.2011, sodass auch an dieser Stelle die Möglichkeit zur Einflussnahme besteht. Vor diesem Hintergrund ist auch der Zeithorizont von bis zu drei Jahren verständlich, in dem ein IFRS im Rahmen des Due Process entsteht. Dabei ist dieser Entstehungsprozess keinesfalls als starrer Ablaufplan zu verstehen. Rückkopplungen oder zusätzliche Erörterungen sind durchaus möglich. So kann das IASB z.B. ohne weiteres ein zusätzliches Diskussionspapier veröffentlichen, um weitere Stellungnahmen einzufordern.

Schritte	**Erläuterungen**
Projektvorschlag und Aufnahme ins Arbeitsprogramm	Das IASB sammelt Vorschläge zu bestehenden Rechnungslegungsproblemen. Die diesbezüglichen Anregungen können von allen interessierten Parteien, insbesondere auch vom IFRS Advisory Council, kommen. Das IASB wählt aus den Themenvorschlägen Problembereiche aus, zu denen es Advisory Committees einsetzt.
Informationssammlung und weitere Vorarbeiten	Themenrelevante Informationen werden gesammelt; Beratung durch IASB, Advisory Committee und IFRS Advisory Council. Das Thema wird abgegrenzt, ebenso die Aufgabenstellung; Festlegung der weiteren Vorgehensweise und Skizzierung möglicher Lösungsvarianten.
Discussion Paper	Das IASB verabschiedet und veröffentlicht ein erstes Diskussionspapier (Discussion Paper). Dieses enthält die Darstellung und Kommentierung sämtlicher Lösungsansätze, die in dem späteren IFRS Berücksichtigung finden könnten. Die interessierte Öffentlichkeit ist zur Kommentierung des Diskussionspapiers aufgerufen. Die Kommentierungsfrist soll etwa drei Monate betragen. In begründeten Ausnahmefällen kann die Frist auf zwei Monate verkürzt werden.
Auswertung und Beratung	Auswertung und Diskussion der eingegangenen Stellungnahmen; Beratung durch IASB, Advisory Committee und IFRS Advisory Council; Festlegung der zu diesem Zeitpunkt favorisierten Regelungen.
Exposure Draft	Das IASB verabschiedet und veröffentlicht einen Standardentwurf (Exposure Draft, ED). Der ED stellt den nunmehr einzigen vom IASB favorisierten Lösungsansatz dar. Die interessierte Öffentlichkeit ist zur Kommentierung des ED aufgerufen; die Kommentierungsfrist soll auch hier etwa drei Monate betragen.
Auswertung und Beratung	Auswertung und Diskussion der eingegangenen Stellungnahmen; Beratung durch IASB, Advisory Committee und IFRS Advisory Council; Modifikation des ED.
International Financial Reporting Standard	Das IASB verabschiedet und veröffentlicht einen neuen International Financial Reporting Standard (IFRS). Zusätzlich wird eine sog. Basis for Conclusions veröffentlicht, in der die Gründe für die Entwicklung des Standards erklärt werden. Im Anhang werden zudem die Änderungen (consequential amendments) beschrieben, die durch den verabschiedeten Standard in anderen Verlautbarungen verursacht werden.

Tab. 4.2: Formelles Standardsetzungsverfahren

Im Anschluss an die Auswertung der Stellungnahmen und eine abschließende Beratung veröffentlicht das IASB den Standard. Im Anhang eines Standards werden dabei zusätzlich eine „Basis for Conclusions“ sowie „Illustrative Examples“ veröffentlicht. Hier wird der Entwicklungsprozess eines Standards erklärt, der Standard anhand von Beispielen erläutert und u.U. werden divergierende Meinungen dargestellt. Sowohl die Basis for Conclusions als auch die Illustrative Examples sind nicht integraler Bestandteil eines Standards sondern haben lediglich erklärende Bedeutung. Daher sind sie im Stellenwert den Standards und Interpretationen nachgelagert.

Die Interpretationen des IFRS Interpretations Committee durchlaufen hingegen einen verkürzten Due Process. Nach Absprache mit dem Board wird eine Draft Interpretation veröffentlicht und zur Diskussion gestellt, ehe das Board die Interpretation endgültig beschließt.

Implementation Guidance

Bei speziellen Standards, wie z.B. bei IAS 39, haben sich in der Praxis viele Fragen zur richtigen Anwendung ergeben, da diese Standards komplexe Sachverhalte regeln und durch starke Veränderungen wenig Erfahrung mit einem neuen Standard vorhanden ist. Daher hat das IASB für bestimmte Standards sog. Implementation Guidance Committees (IGC) gegründet. Diese Expertengruppen werden angewiesen, für komplexe Sachverhalte Handlungsanweisungen zu entwickeln, die den Anwendern helfen sollen. Eine Implementation Guidance ist dabei in Form eines „Frage-Antwort-Spiels“ aufgebaut und umfasst die häufigsten von Anwendern gestellten Fragen. Allerdings werden die Antworten des Implementation Guidance Committees nicht vom IASB selbst verabschiedet, sondern nur von dem jeweiligen Committee. Daher ist ihr Stellenwert nicht gleichzusetzen mit einem Standard oder einer Interpretation.

Fast Track Due Process

In Folge der Finanz- und Wirtschaftskrise wurde das Standardsetzungsverfahren mit der Zulassung eines sog. Fast Track Due Process flexibler gemacht. Demnach dürfen in Ausnahmesituationen und nur mit qualifizierter Mehrheit der Trustees die Perioden zur öffentlichen Stellungnahme verkürzt werden, sodass sie kürzer sind als es im Due Process Handbook für den gewöhnlichen Due Process vorgegeben ist.

Das IASB trägt die volle Verantwortung für die Entwicklung der IFRS. Es kann die jeweilige Vorgehensweise nach Effektivitäts- und Kostengesichtspunkten wählen und bestimmte Vorarbeiten nicht nur an Advisory Committees, sondern z.B. auch an sonstige, externe Expertengruppen oder nationale Rechnungslegungsgremien delegieren. Zudem sind öffentliche Anhörungen oder auch die Durchführungen von Feldstudien möglich, um die Anwendbarkeit und Zweckmäßigkeit eines Standards sicherzustellen.

2.3 Stellenwert der Verlautbarungen

Regelhierarchie

Im nächsten Schritt ist zu klären, welchen Stellenwert die einzelnen Verlautbarungen des IASB haben. Was ist z.B. zu tun, wenn eine Interpretation ein bestimmtes Verfahren vorgibt, während Wissenschaftler und Praktiker die korrespondierende Regelung seit Jahren anders auslegen? In diesem Fall ist es wichtig zu wissen, welche Bedeutungshierarchie die einzelnen Verlautbarungen haben und wie im Fall von sog. Regelungslücken vorzugehen ist. Das IASB erkannte dieses Problem und behandelte es im Rahmen des Improvements Project in IAS 8. Ausdrückliches Ziel war es, eine Hierarchie zur Schließung von Regelungslücken vorzugeben. In diesem Zusammenhang wurde die bestehende Hierarchie gemäß IAS 1 überarbeitet.

Fair presentation

Als Fundament der Regelungshierarchie ist die Regelung des IAS 1.15 zu sehen, nach der es oberste Aufgabe der Abschlüsse ist, die Vermögens-, Finanz- und Ertragslage sowie die Zahlungsströme eines Unternehmens den tatsächlichen Verhältnissen entsprechend darzustellen. Unter bestimmten Umständen ist es nach Ansicht des IASB nicht auszuschließen, dass bestimmte Vorschriften der IFRS dieser obersten Aufgabe widersprechen. In diesen extrem seltenen Einzelfällen, in denen das Management des Unternehmens zu diesem Schluss gelangt, soll zu Gunsten der „fair presentation" von der speziellen Einzelregel abgewichen (IAS 1.19) und darüber im Anhang berichtet werden (IAS 1.20)[12].

Regulierung des IASB

Im überwiegenden Regelfall wird die in IAS 1.15 geforderte fair presentation aber durch das Befolgen der IFRS sichergestellt. So wird den Abschlusserstellern in IAS 8.7 explizit vorgeschrieben, bei konkreten Bilanzierungsfragen die Standards und Interpretationen heranzuziehen. Beide werden damit hierarchisch auf der Erdgeschossebene eingeordnet (vgl. Abbildung 4.2). Die Leitlinien zu den Standards werden in IAS 8.9 genannt und dahingehend unterschieden, ob sie integraler Bestandteil der Standards sind oder nicht. Während sie als integraler Bestandteil verpflichtenden Charakter haben, führen sie als nicht integraler Bestandteil zu keiner rechtlichen Verpflichtung, wodurch sie als weniger bedeutsam einzustufen sind.

Regelungslücken

Wenn ein Bilanzierungsproblem nicht explizit geregelt ist, liegt eine Regelungslücke vor. Hier sollte das Management bei der Urteilsbildung nach IAS 8.10 die Grundsätze der Relevanz und der Verlässlichkeit berücksichtigen. Diese etwas abstrakte Forderung wird in IAS 8.11 insofern präzisiert, als dass hier eine Art Hierarchie vorgegeben wird, der bei der Auslegung der Regelungslücke zu folgen ist. Demnach sind zuerst Fallanalogien und danach folgend Systemanalogien heranzuziehen. Im Fall von Systemanalogien werden einzelne Ansatz- und Bewertungskriterien des Rahmenkonzepts als Deduktionsgrundlage verwendet. Bei der Beurteilung der Entscheidungsnützlichkeit kann das Management gemäß IAS 8.12 auch bestehende Verlautbarungen anderer Standardsetter heranziehen, sofern diese ein ähnliches Rahmenkonzept zur Entwicklung ihrer Standards verwenden. Ebenfalls zu berücksichtigen sind Literaturmeinungen und anerkannte Branchenpraktiken, sofern diese nicht mit den Fallanalogien und Systemanalogien kollidieren. Der Stellenwert des Vorworts und des Rahmenkonzepts wird hierarchisch überhaupt nicht eingeordnet, jedoch soll jeder zukünftige IFRS bzw. überarbeitete IAS in Zusammenhang mit diesen Verlautbarungen gelesen werden. Insgesamt ergibt sich das in Abbildung 4.2 wiedergegebene Bild:

12 Vgl. genauer dazu Kapitel 5.

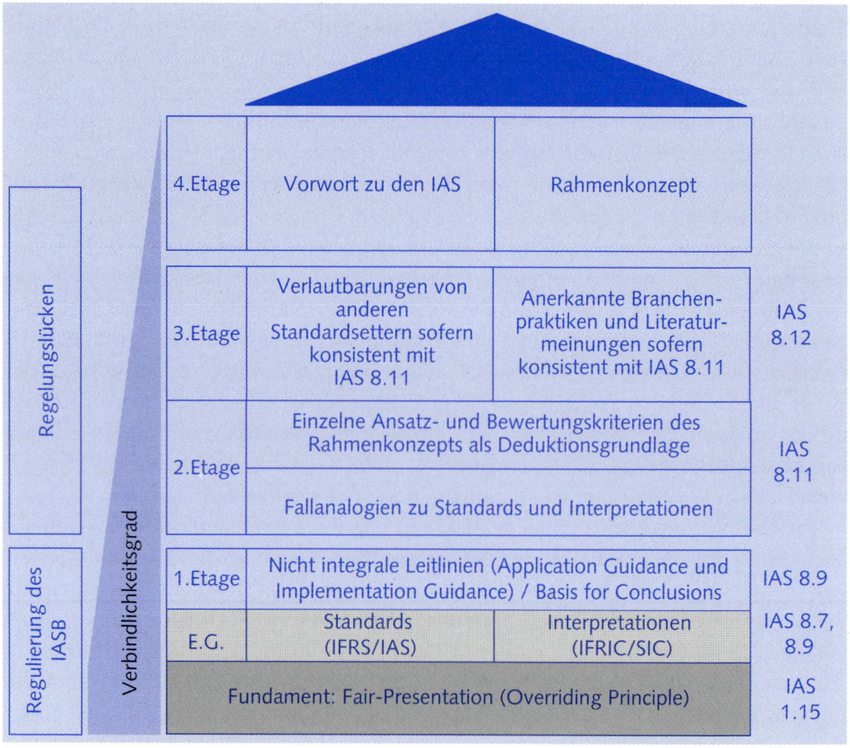

Abb. 4.2: House of IFRS

3 Anerkennung und Durchsetzung der IFRS

3.1 Anerkennung der IFRS in der EU (Endorsement)

Fehlende rechtliche Verbindlichkeit

Als private Vereinigung hat das IASC bzw. IASB keine Möglichkeit, die eigenen Standards rechtlich verbindlich vorzuschreiben. Einzelne Länder sahen (und einige tun dies nach wie vor) die IFRS lange Zeit nicht als gleichwertig mit ihren eigenen nationalen Bilanzierungsregeln an und verweigerten daher Abschlüssen nach IFRS die rechtliche Anerkennung.

IAS-Verordnung

Ein entscheidender Meilenstein in Richtung einer rechtlichen Verbindlichkeit der IFRS wurde im März 2000 beim EU-Sondergipfel in Lissabon gelegt. Hier kam es zu der gemeinsamen Stellungnahme der Regierungschefs der europäischen Union, dass bis 2005 ein vollständig integrierter Binnenmarkt für Finanzdienstleistungen entstehen sollte. Bereits im Juni 2000, nur zwei Monate später, reagierte die EU-Kommission hierauf. Sie schlug in ihrer Mitteilung „Rechnungslegungsstrategie der EU: Künftiges Vorgehen“ an den Rat und das Europäische Parlament vor, künftig von allen an einem geregelten Markt notierten EU-

Unternehmen zu verlangen, ihren Konzernabschluss nach IFRS aufzustellen[13]. Am 19.07.2002 wurde dieser Vorschlag umgesetzt und die sog. IAS-Verordnung erlassen, die es kapitalmarktorientierten Mutterunternehmen vorschreibt, ab dem 01.01.2005 einen Konzernabschluss nach internationalen Rechnungslegungsgrundsätzen aufzustellen[14].

Problematisch erscheint, dass das IASB keine staatliche Organisation ist und die EU damit faktisch den Prozess der Entwicklung der Standards an eine private Organisation ausgelagert hat. Um weiterhin die legislative Kompetenz zu bewahren, behalten sich die EU-Instanzen daher das Recht vor, die IFRS vor der Umsetzung in europäisches Recht zu überprüfen und erst bei Übereinstimmung mit den EG-Richtlinien und den europäischen Interessen zu verabschieden. Hierzu sieht die EU-Kommission ein Anerkennungsverfahren (sog. Endorsement Mechanism) vor, das neu herausgegebene und überarbeitete IFRS zu durchlaufen haben, bevor sie auf EU-Ebene als Verordnung verbindlich werden (Abbildung 4.3).

EFRAG

Auf technischer Ebene wurde eine qualifizierte Expertengruppe, die European Financial Reporting Advisory Group (EFRAG), eingesetzt. Diese wurde am 31.03.2001 mit der Aufgabe gegründet, die europäischen Interessen gegenüber dem IASB zu vertreten und dabei die Arbeit der europäischen Rechnungslegungsgremien (für Deutschland: DRSC) zu koordinieren. Darüber hinaus soll sie die Europäische Kommission in Fragen der Anerkennung der IFRS beraten. Sie begleitet die Anwendung der IFRS im europäischen Rechtsumfeld fachlich und prüft damit nicht nur die endgültigen Verlautbarungen, sondern gestaltet deren gesamten Entwicklungsprozess mit. Mittelpunkt der EFRAG ist die für die Facharbeit zuständige Technical Expert Group (TEG). Diese wird von einem Supervisory Board beaufsichtigt und von einem Consultative Forum beraten. Seit 2009 existiert darüber hinaus ein Planning and Resource Committee, das sich primär mit der Planung proaktiver Tätigkeiten im Zusammenhang mit der Entwicklung künftiger Standards auseinandersetzt. Die EU-Kommission sitzt der EFRAG als Beobachter bei, um später die Entscheidungsprozesse beschleunigen zu können. Im Rahmen des Due Process holt die EFRAG die Kommentare interessierter Kreise auf europäischer Ebene ein und macht der Kommission innerhalb von zwei Monaten nach Verabschiedung eines IFRS einen Vorschlag für dessen Annahme oder Ablehnung[15].

---

13 Zu dieser Initiative hatte bereits die Fédération des Experts Comptables Européens (FEE) aufgerufen. Am 08.10.1999 veröffentlichte sie das „Discussion Paper on a Financial Reporting Strategy within Europe“, welches die Inhalte des geschilderten Kommissionsentwurfs weitgehend vorwegnahm. Außerdem regte die FEE die Schaffung eines neuen Gremiums an, des sog. European Financial Reporting Coordination and Advisory Council, das die europaweite Verbreitung und Akzeptanz der IFRS fördern sollte.

14 Vgl. dazu ausführlicher Kapitel 2.

15 Vgl. *Buchheim, R./Gröner, S./Kühne, M.*, Übernahme von IAS/IFRS in Europa: Ablauf und Wirkung des Komitologieverfahrens auf die Rechnungslegung, in: BB, 59. Jg. (2004), S. 1784.

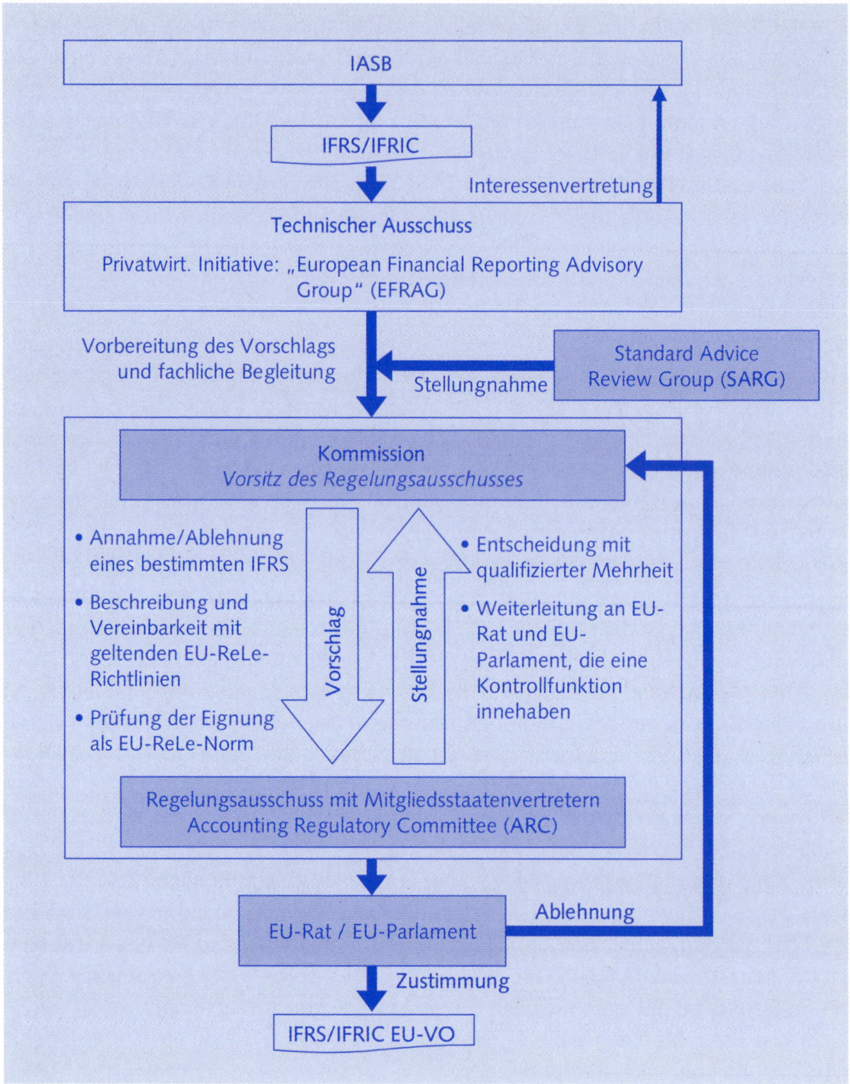

Abb. 4.3: Anerkennungsverfahren (Endorsement Mechanism)[16]

SARG

Da es sich auch bei der EFRAG um eine privatwirtschaftlich organisierte Gruppe handelt, hat die Europäische Kommission am 14.07.2006 eine Prüfgruppe für Standardübernahmeempfehlungen eingerichtet, die sog. Standards Advice Review Group (SARG). Sie besteht aus höchstens sieben Mitgliedern, die sich aus unabhängigen Rechnungslegungsexperten und ranghohen Funktionären nationaler Standardsetter zusammensetzen sollen. Die Aufgabe der Gruppe ist es, die

16 Vgl. *Oversberg, T.*, Übernahme der IFRS in Europa: Der Endorsement-Prozess – Status quo und Aussicht, in: DB, 60. Jg. (2007), S. 1599 f.

Empfehlungen der EFRAG hinsichtlich ihrer inhaltlichen Ausgewogenheit und Objektivität zu beurteilen. Hierdurch soll die hohe Qualität, Transparenz und Glaubwürdigkeit des Übernahmeverfahrens sichergestellt werden. Die Prüfgruppe arbeitet mit der EFRAG und der Kommission zusammen, um bereits im Vorfeld mögliche Bedenken gegenüber einer EFRAG-Empfehlung auszuräumen. Die Stellungnahme der SARG soll im Normalfall innerhalb von drei Wochen nach der EFRAG-Empfehlung vorliegen. Die endgültige Fassung wird auf der Homepage der Europäischen Kommission der Öffentlichkeit zugänglich gemacht.

ARC

Auf politischer Ebene hat die EU einen Regelungsausschuss für Rechnungslegung (Accounting Regulatory Committee, ARC) eingerichtet, in dem die einzelnen Mitgliedstaaten vertreten sind. Die EU-Kommission sitzt diesem Ausschuss vor. Im Rahmen eines vereinfachten Gesetzgebungsverfahrens (Komitologie-Verfahren) ist dieser Regelungsausschuss für die europaweite Anerkennung der einzelnen IFRS zuständig. Die EU-Kommission hat dabei das Recht, dem Regelungsausschuss einzelne Standards zur Annahme vorzuschlagen. Der Regelungsausschuss stimmt dann über den Vorschlag ab. Beschlüsse kommen dabei mit einer qualifizierten Mehrheit zustande[17].

EU-Rat / EU-Parlament

Stimmt das ARC mit dem Kommissionsvorschlag überein, gibt die Kommission den IFRS frei. Im Falle der Ablehnung eines Vorschlags durch das ARC muss die EU-Kommission das Europäische Parlament unterrichten und dem Rat der Europäischen Union einen Vorschlag vorlegen, über den dieser innerhalb von zwei Monaten befinden muss. Trifft der Rat innerhalb dieses Zeitraumes keine Entscheidung, geht diese auf das Parlament über. Falls sich der Rat gegen den Vorschlag aussprechen sollte, kann die EU-Kommission den Vorschlag ändern oder denselben Vorschlag noch einmal vorlegen[18]. Unabhängig davon haben Rat und Parlament jedoch in jedem Fall das Recht, die Übernahmeempfehlung der Kommission und damit ein Endorsement abzulehnen, wenn sie eine Überschreitung der Durchführungsbefugnisse der Kommission oder eine Verletzung der Ziele der IAS-Verordnung sehen.

Würdigung

Im aktuellen Regelungsrahmen der IFRS bestehen noch einige Problemfelder. So ist derzeit teilweise ein erhebliches „time-lag“-Problem erkennbar. Zwischen der Veröffentlichung eines Standards durch das IASB und der Billigung/Endorsement durch das EU-Parlament können bis zu sechs Monate liegen. Während dieses Zeitraumes muss der Text zuerst in alle Amtssprachen übersetzt und anschließend von Fachleuten überarbeitet und verabschiedet werden. Danach wird der Standard der EU-Kommission und dem ARC vorgelegt. Falls der Text vom ARC gebilligt wird, geht er anschließend an den Europäischen Rat und das EU-Parlament mit der Empfehlung zur Billigung. Problematisch ist

17 Vgl. Art. 6 Abs. 2 IAS-Verordnung i.V.m. Art. 5 Abs. 2 Ratsbeschluss 1999/468 und Art. 205 Abs. 2 EG-Vertrag, Art. 5 Abs. 1 Rules of Procedure, Accounting Regulatory Committee.

18 Vgl. *Oversberg, T.*, Übernahme der IFRS in Europa: Der Endorsement-Prozess – Status quo und Aussicht, in: DB, 60. Jg. (2007), S. 1599 f.

hierbei, dass Unternehmen nach einer Veröffentlichung durch das IASB quasi „freien Blick“ auf einen neu entwickelten Standard haben, der allerdings vom EU-Parlament noch nicht „endorsed“ ist. Wenden sie diesen Standard an, stellen sie einen Abschluss auf, der nach IAS 1.16 mit den IFRS übereinstimmt und es damit einem Wirtschaftsprüfer ermöglicht, den Abschluss als IFRS-konform zu testieren. Doch welcher Grundlage hat ein IFRS-Abschluss eines europäischen Unternehmens zu entsprechen? Den veröffentlichten IFRS des IASB oder den Regeln des EU-Parlaments? Die EU-Kommission hat dieses Problem erkannt und empfiehlt in einem solchen Fall, den noch nicht anerkannten Standard als Leitlinie bei der Auslegung des offiziell noch ungeregelten Bilanzierungsproblems zu verwenden. Im Fall, dass ein in der Vergangenheit durch die EU-Kommission anerkannter Standard existiert, der zu einem neuen, vom IASB veröffentlichten, aber noch nicht von der EU-Kommission anerkannten Standard in Widerspruch steht, gilt allerdings der Grundsatz, dass bis zu einem positiven Abschluss des Komitologieverfahrens der bereits anerkannte Standard anzuwenden ist[19].

Durch die 2007 erfolgte Anerkennung der IFRS durch die SEC im Rahmen der sog. cross-border listings kann sich ein weiteres Problem ergeben: Da die SEC die IFRS als solche anerkennt und nicht die „EU-endorsed IFRS“, kann ggf. für europäische Unternehmen, die in den USA gelistet sind, eine Art Überleitungsrechnung notwendig sein.

3.2 Durchsetzung der IFRS (Enforcement)

Bilanzskandale als Auslöser

Neben der Entwicklung einheitlicher, internationaler Standards ist auch die Überwachung der ordnungsgemäßen Anwendung der Standards problematisch. Besonders durch spektakuläre Bilanzskandale, wie im Fall von Enron in den USA oder Parmalat und Flowtex in Europa, ist das Vertrauen der Finanzmärkte in die Rechnungslegung stark erschüttert worden. Im Fall Parmalat wurden Bilanzen gefälscht, um die sehr hohe Verschuldung des Konzerns zu verschleiern. Nach Aufdeckung des Bilanzbetrugs musste Parmalat Insolvenz anmelden und Investoren verloren große Teile ihres eingesetzten Kapitals. Um solche Manipulationen in Zukunft einzuschränken, wurde die Etablierung einer Aufsichtsinstanz gefordert, die die Einhaltung der Rechnungslegungsvorschriften seitens der Unternehmen kontrollieren sollte.

EU-Kommission fordert fünf Kriterien

Im Zuge der Entwicklung eines einheitlichen europäischen Kapitalmarktes formulierte die EU-Kommission bereits im Juni 2000 in einer Mitteilung an das europäische Parlament fünf Kriterien, die erfüllt werden sollten, um eine funktionierende Infrastruktur für die Rechnungslegung in Europa zu gewährleisten.

19 Vgl. *Buchheim, R./Gröner, S./Kühne, M.*, Übernahme von IAS/IFRS in Europa: Ablauf und Wirkung des Komitologieverfahrens auf die Rechnungslegung, in: BB, 59. Jg. (2004), S. 1785 f. sowie *Jödicke, R.*, Regelungslücken nach IFRS/IAS: Vorgehensweise und empirische Analyse am Beispiel von Stock Options und Versicherungsverträgen, 2009.

Im Einzelnen sind dies:

- die Entwicklung klarer Rechnungslegungsstandards,
- eine zeitnahe Auslegung und Anleitung zur Umsetzung der Standards,
- die gesetzliche Abschlussprüfung,
- die Kontrolle durch Aufsichtsinstanzen sowie
- wirksame Sanktionen bei Nichtbeachtung der Standards.

Abschlussprüfung

Der Jahres- und Konzernabschluss einer deutschen Kapitalgesellschaft ist von einem Abschlussprüfer zu prüfen und zu testieren. Stimmt der Abschluss mit den bestehenden gesetzlichen Regelungen nicht überein, kann der Wirtschaftsprüfer den Bestätigungsvermerk einschränken oder vollständig versagen. Ein versagter Bestätigungsvermerk hat allerdings kaum unmittelbare rechtliche Konsequenzen. Lediglich bei einer Kapitalerhöhung aus Gesellschaftsmitteln und bei einer Nachtragsprüfung durch die Hauptversammlung wird gemäß § 209 Abs. 1 AktG bzw. § 173 Abs. 3 AktG ein uneingeschränkter Bestätigungsvermerk verlangt. Um das Ziel einer einheitlichen Durchsetzung von Rechnungslegungsstandards in Europa zu erreichen, bedarf es auch einer länderübergreifenden, einheitlichen Abschlussprüfung, die in Europa allerdings bisher noch nicht gegeben ist. Bisher hat die EU-Kommission von den Nationalstaaten gefordert,

- einheitliche Kriterien für die Abschlussprüfung zu erstellen sowie
- die Abschlussprüfer einer externen Kontrolle zu unterziehen.

Eine Studie der europäischen Wirtschaftsprüfervereinigung FEE hat ergeben, dass die Bestätigungsvermerke innerhalb Europas deutliche Unterschiede aufweisen, da national unterschiedliche Anforderungen an den Prüfungsumfang gestellt werden[20]. Durch die EU-Richtlinie 2006/43/EG[21] hat die EU-Komission jedoch die Möglichkeit, einheitliche Prüfungsstandards, z.B. die internationalen Prüfungsgrundsätze (International Standards on Auditing, ISA), anzunehmen. Bisher ist dieses noch nicht geschehen, da das Komitologie-Verfahren von der EU Komission zur Transformation der ISA in europäisches Recht noch nicht abgeschlossen wurde. Des Weiteren wirft das Grünbuch zur Abschlussprüfung, das im Oktober 2010 veröffentlicht wurde, die Frage auf, ob die ISA besser verpflichtend oder nur empfohlen werden sollen. Die deutschen Prüfungsgrundsätze erfüllen die ISA weitestgehend und gehen sogar teilweise darüber hinaus.

Peer Review

Im November 2000 hatte die EU-Kommission zudem eine erste Empfehlung zur Qualitätssicherung bei Abschlussprüfungen ausgegeben. Der Peer Review, ein Mittel der externen Kontrolle, wird darin als ein geeignetes Qualitätssicherungssystem genannt. Ein Peer Review ist die Überprüfung von Wirtschaftsprüfern und Wirtschaftsprüfungsgesellschaften durch einen anderen Wirtschaftsprüfer (Peer) hinsichtlich der Qualität der Prüfungsleistungen. Hierbei werden die

20 Vgl. http://www.fee.be/publications/default.asp?library_ref=4&content_ref=280 (Stand 01.01.2011).

21 Abrufbar unter http://eur-lex.europa.eu/LexUriServ/LexUriServ.do?uri=OJ:L:2006:157:0087:0087:DE:PDF (Stand 01.01.2011).

internen Qualitätssicherungssysteme der Wirtschaftsprüfungsgesellschaften kontrolliert, um festzustellen, ob diese zur Vermeidung bzw. Aufdeckung und Korrektur von Fehlern bei der Prüfung geeignet sind.

Der Peer Review wurde in Deutschland zum 01.01.2001 eingeführt. Kritisch ist zu sehen, dass sich hierbei der Berufsstand selbst kontrolliert und somit starke Interessenkonflikte eine wirksame Kontrolle untergraben könnten. Diskutiert wird daher in der EU ein übergeordnetes, externes Überwachungssystem der Wirtschaftsprüfer einzuführen, wie es in den USA in Form des Public Company Accounting Oversight Board (PCAOB) bereits gegründet wurde[22]. Das PCAOB ist eine privatrechtliche Organisation zur Überwachung der Wirtschaftsprüfer. Sie kontrolliert die Prüfungsverfahren und -standards von Wirtschaftprüfungsgesellschaften und ist, im Gegensatz zum Peer Review, von einer staatlichen Stelle, der SEC, befugt, bei Verstößen die verantwortlichen Prüfungsgesellschaften und Personen zu sanktionieren.

Grünbuch Abschlussprüfung

Am 13.10.2010 veröffentlichte die EU Komission das „Grünbuch – Weiteres Vorgehen im Bereich der Abschlussprüfung: Lehren aus der Krise"[23], in dem die Rolle des Wirtschaftsprüfers im europäischen Kontext in Folge der Finanz- und Wirtschaftskrise neu erörtert wird. Themenschwerpunkte sind u.a. die Governance, die Unabhängigkeit und die Beaufsichtigung der Wirtschaftsprüfungsgesellschaften, der Wirtschaftsprüfermarkt und die Einordnung von kleinen und mittleren Prüfungsgesellschaften.

Viele der sehr weitreichenden Vorschläge werden kontrovers diskutiert. So soll z.B. die Wahl des Abschlussprüfers und dessen Honorar von einer staatlichen Stelle und nicht mehr von der Hauptversammlung bzw. dem Aufsichtsrat festgelegt werden. Dies könne zwar einerseits zu einer größeren Unabhängigkeit des Abschlussprüfers vom geprüften Unternehmen führen. Andererseits wird kritisiert, dass der Aufsichtsrat, der bisher die Qualität des Prüfers zu überwachen und zu beurteilen hat, nicht mehr einen, seinen gewünschten Qualitätskriterien entsprechenden Prüfer der Hauptversammlung vorschlagen kann[24]. Auch die diskutierte verpflichtende Rotation von Prüfungsgesellschaften, der generell erwogene joint audit und das systematische Risiko des auf die „Big Four" konzentrierten internationalen Prüfermarktes werden unterschiedlich beurteilt. Einer geringeren Marktkonzentration stünde eine potenziell niedrigere Prüfungsqualität durch die ständigen Wechselsituationen gegenüber[25].

Externe Aufsichtsinstanz

Neben der Vereinheitlichung der Abschlussprüfung soll noch nach Bekunden der EU-Kommission eine weitere externe Aufsichtsinstanz geschaffen werden. Diese soll die Umsetzung der Rechnungslegungsstandards durch die Unterneh-

---

22 Vgl. *Böcking, H.-J.*, Audit und Enforcement: Entwicklungen und Probleme, in: ZfbF, 55. Jg. (2003), S. 683-703. Vgl. auch Kapitel 3.

23 Abrufbar unter http://ec.europa.eu/internal_market/consultations/docs/2010/audit/green_paper_audit_de.pdf (Stand: 01.01.2011).

24 Vgl. *Kämpfer, G./Kayser, H./Schmidt, S.*, Das Grünbuch der EU-Kommission zur Abschlussprüfung, in: DB, 63. Jg. (2010), S. 2463.

25 Vgl. *Lanfermann, G.*, EU-Grünbuch Abschlussprüfung: mehr als eine Diskussion über Marktstrukturen, in: BB, 65. Jg. (2010), S. I.

men kontrollieren und eventuelle Verstöße sanktionieren. Die Bundesregierung reagierte auf diese Forderung der EU und kündigte in ihrem 10-Punkte-Programm „Maßnahmenkatalog der Bundesregierung zur Stärkung der Unternehmensintegrität und des Anlegerschutzes" vom 28.08.2002 eine unabhängige Stelle zur Überwachung der Rechtmäßigkeit von Unternehmensabschlüssen an. Am 08.12.2003 wurde diese Ankündigung konkretisiert und das deutsche Enforcement-Modell in einem ersten Referentenentwurf des Bundesjustizministeriums vorgestellt. Im Dezember 2004 wurde dieses Modell im Rahmen des Gesetzes zur Kontrolle von Unternehmensabschlüssen (Bilanzkontrollgesetz) im Bundesgesetzblatt veröffentlicht. Danach wurde in § 342b HGB die Ausgestaltung einer Deutschen Prüfstelle für Rechnungslegung (DPR) sowie deren Zusammenarbeit mit der Bundesanstalt für Finanzdienstleistungsaufsicht (BaFin) konkretisiert. Damit wird das deutsche Enforcement in einem Zwei-Stufen-Modell durchgeführt. Auf einer supranationalen dritten Stufe soll eine Harmonisierung der Systeme vorangetrieben werden (vgl. Abbildung 4.4).

Deutsches Modell

Auf der ersten Stufe ist zunächst die privatwirtschaftlich organisierte DPR ermächtigt, den letzten Jahresabschluss eines kapitalmarktorientierten Unternehmens zu prüfen. Eine Prüfung kann dabei als Anlass-, Stichprobenprüfung oder auf Verlangen der BaFin durchgeführt werden[26]. Alle kapitalmarktorientierten Unternehmen sollen einmal innerhalb von acht bis zehn Jahren, Unternehmen, die in DAX, SDAX, MDAX oder TecDAX gelistet sind, einmal innerhalb von vier bis fünf Jahren im Rahmen der Stichprobenprüfung überprüft werden. Somit findet zusätzlich zur jährlichen Abschlussprüfung durch Wirtschaftsprüfer eine weitere Kontrolle der Abschlüsse statt. Deren Umfang ist jedoch deutlich geringer. Die Prüfung der DPR beschränkt sich bei einer Anlassprüfung zunächst auf den konkreten Sachverhalt und auch bei Stichprobenprüfungen liegen ausgewählte Sachverhalte, bei denen Fehler im Besonderen vermutet werden, im Fokus der Betrachtung[27]. Findet die DPR Fehler bzw. Gesetzesverstöße in den Jahres- oder Konzernabschlüssen kapitalmarktorientierter Unternehmen, kommt es auf dieser Ebene zu einem Dialog mit dem betroffenen Unternehmen[28]. Kommt es nicht zu einer einvernehmlichen Lösung, prüft auf der zweiten Stufe die BaFin den Vorfall noch einmal, setzt erforderliche Berichtigungen mit staatlichem Zwang durch und verhängt u.U. zusätzliche Sanktionen. Fehlerfeststellungen sind zu veröffentlichen und können auf den Seiten des elektronischen Bundesanzeigers eingesehen werden[29].

26 Vgl. *Freisleben, N./Brinkmann, R.*, Aktuelle Entwicklungen in Rechnungslegung, Prüfung, Enforcement und Abschlussprüferaufsicht sowie im US-Steuerrecht, in: KoR, 7. Jg. (2007), S. 101-109.

27 Eine Übersicht der wechselnden Prüfungsschwerpunkte sowie statistische Angaben zu durchgeführten Prüfungen und festgestellten Fehlern kann den jährlichen Tätigkeitsberichten der DPR unter www.frep.info entnommen werden.

28 Vgl. zu der Ausgestaltung der Prüfstelle *Zülch, H.*, Das deutsche Enforcement-Modell des Bilanzkontrollgesetzes – Ausgestaltung und Implikationen für Rechnungslegung und Abschlussprüfung, in: StuB, 7. Jg. (2005), S. 1-9.

29 Vgl. www.ebundesanzeiger.de (Stand 01.01.2011).

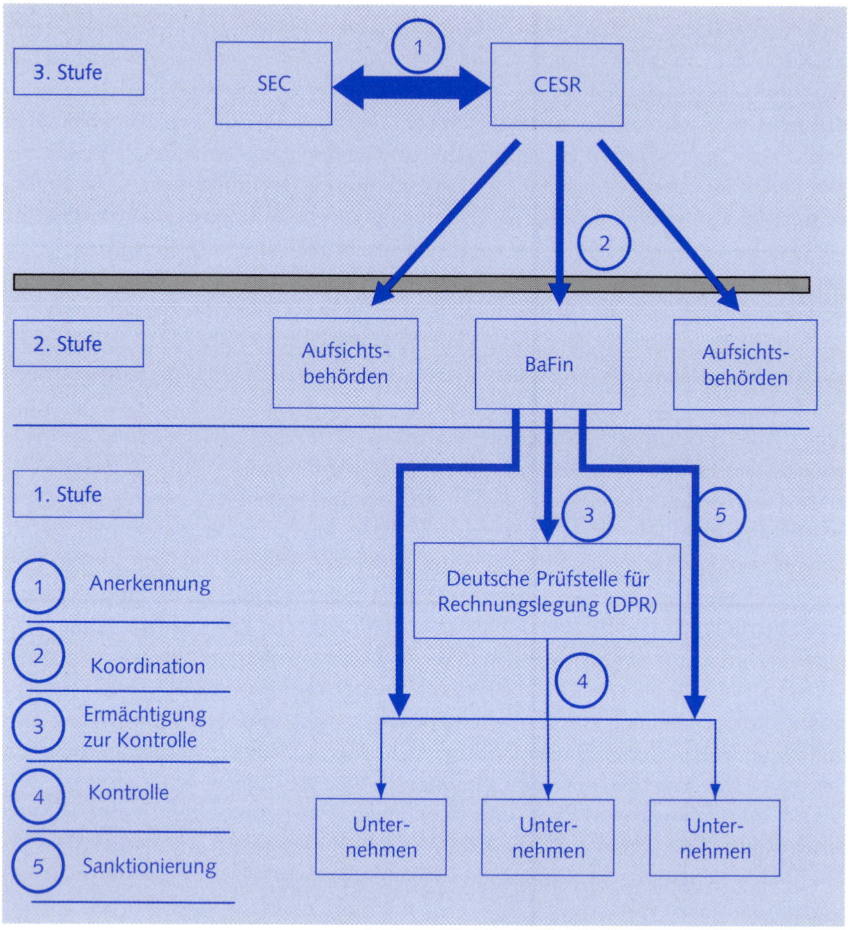

Abb. 4.4: Deutsche Enforcement-Struktur

Pre-Clearance

Um potenziellen Fehlerfeststellungen entgegenzuwirken, bietet die DPR den prüfenden Unternehmen seit November 2009 die Möglichkeit, fallbezogene Voranfragen („Pre-Clearance") einzureichen. Die Stellungnahmen der DPR sollen jedoch keine allgemeingültigen Auslegungen der IFRS sein. Zusätzlich ist die DPR in einem späteren Enforcement-Verfahren nicht zwingend an den Vorschlag gebunden[30].

Noch ist abzuwarten, inwieweit die Pre-Clearance von den betroffenen Unternehmen genutzt wird und welche Bedeutung sie damit erlangt. Während es prinzipiell zu begrüßen ist, dass bei speziellen Bilanzierungsproblemen Hilfe in Anspruch genommen werden kann, besteht trotz fehlender rechtlicher Verpflich-

30 Vgl. *Meyer, H.*, Aktuelle Entwicklungen des Enforcement in Deutschland, in: IRZ, 5. Jg. (2010), S. 153-158.

tung die Gefahr einer nationalen Standardsetzung außerhalb des gewöhnlichen Standardsetzungsprozesses.

CESR

Um ein einheitliches europäisches Enforcement zu gewährleisten, ist auf der dritten Stufe eine übergeordnete Instanz für ein abgestimmtes Vorgehen der nationalen Aufsichtsbehörden und für die Koordination mit der amerikanischen SEC zuständig. Tatsächlich entwickelt sich das CESR (Committee of European Securities Regulators) als unabhängiges Gremium der europäischen Wertpapieraufsichtsbehörden zu einer solchen Instanz[31]. Das CESR wurde im Juni 2001 von der EU mit dem Ziel gegründet, die Abstimmung zwischen den nationalen Wertpapieraufsichtsbehörden zu verbessern, um damit die einheitliche Durchsetzung der EU-Verordnungen und Richtlinien zu gewährleisten. Leitgedanke war auch hier die Entwicklung eines integrierten europäischen Kapitalmarktes. Die Vereinbarungen im CESR könnten damit in Zukunft von großer Bedeutung sein, falls sie unmittelbar durch die BaFin umgesetzt werden.

Würdigung

Grundsätzlich ist der Vorstoß des Gesetzgebers, eine weitere Durchsetzungsinstitution für die Sicherstellung einer regelkonformen Rechnungslegung ins Leben zu rufen, zu begrüßen. Alternativ zu den nationalen Institutionen wäre es jedoch sinnvoller gewesen, eine europäische Lösung mit einer machtvollen europäischen Durchsetzungsinstitution einzuführen. Hinsichtlich der DPR können folgende Punkte festgehalten werden: Zunächst erscheint die Wahl einer privaten Institution mit Finanzierung durch eine Zwangsumlage der Unternehmen durchaus sinnvoll, um die Unabhängigkeit der Prüfstelle zu gewährleisten. Wie viele neu geschaffene Institutionen neigt auch die DPR dazu, sich durch ein übersteigertes Aktivitätsniveau zu rechtfertigen. So sind die in den ersten Jahren von der DPR festgestellten Fehlerhäufigkeiten mit bis zu 25 % erschreckend hoch und wenig vertrauensbildend für die Rechnungslegung. Andererseits konnte jedoch in den ersten Jahren seit der Implementierung der deutschen Enforcement-Struktur beobachtet werden, dass von ihr eine prophylaktische Wirkung ausgeht. Diese stärkt die Unabhängigkeit der Wirtschaftsprüfer, weil sie gegenüber ihren Mandanten unabhängiger auftreten und im Konfliktfall auf die DPR verweisen können.

Ausgewählte Literatur

Bruns, H.-G., International vergleichbare und qualitativ hochwertige deutsche Jahresabschlüsse durch Anwendung der IAS/IFRS, in: ZfbF, 4. Jg. (2002), S. 173-180.

Oversberg, T., Übernahme der IFRS in Europa: Der Endorsement-Prozess – Status quo und Aussicht, in: DB, 60. Jg. (2007), S. 1597-1602.

31 Vgl. *Knorr, L.*, Gewährleistung der Einhaltung internationaler Rechnungslegungsstandards, in: KoR, 4. Jg. (2004), S. 85-89.

Pellens, B./Obermüller, P./Rüthers, T., Fünf Jahre IFRS-Abschlüsse in der Europäischen Union – Bestandsaufnahme und Perspektive der Rechnungslegungsharmonisierung, in: Der Schweizer Treuhänder, Heft 8, 84. Jg. (2010), S. 464-471.

Van Hulle, K., Anforderungen an ein wirksames Enforcement aus Sicht der EU-Kommission, in: WPg-Sonderheft 2001, S. 30-34.

Wüstemann, J., Normdurchsetzung in der deutschen Rechnungslegung – Enforcement nach dem Vorbild der USA?, in: BB, 57. Jg. (2002), S. 718-725.

Zülch, H., Das deutsche Enforcement-Modell des Bilanzkontrollgesetzes – Ausgestaltung und Implikationen für Rechnungslegung und Abschlussprüfung, in: StuB, 7. Jg. (2005), S. 1-9.

Zülch, H./Güth, S., Die neue Satzung der IASCF (IASCF-Constitution Review) – Implikationen für den Standardsetzungsprozess und die künftige Ausrichtung der IFRS, in: KoR, 10. Jg. (2010), S. 177-182.

Übungsaufgabe

Stellen Sie fest, ob die nachfolgenden Aussagen richtig sind, berichtigen Sie sie falls notwendig und beantworten Sie die dazugehörigen Fragen.

a) „Wir stehen gerade vor der Frage, ob unsere Kundenlisten aktivierbar sind. Ich bin der Meinung, dass Kundenlisten nach dem Rahmenkonzept klar definierte Vermögenswerte darstellen, die in der Bilanz zu aktivieren sind. Ebenso steht im Mörscher Kommentar, dass Kundenlisten aktiviert werden müssen und die Basis for Conclusions interpretiere ich auch in diese Richtung. Was meinen Sie?“

b) „Die EFRAG hat am 05.10.2005 mit folgendem Wortlaut an die europäische Kommission betreffend IFRS 7 geschrieben: ‘EFRAG believes that it is in the European interest to adopt IFRS 7 Financial Instruments: Disclosures, and, accordingly, EFRAG recommends its adoption’.

c) Wenn die EFRAG den Standard unterstützt, ist die Annahme doch so gut wie sicher, oder?”

d) „Gestern wurde vom IASB der Standard IFRS 20 veröffentlicht. Dieser beinhaltet das Wahlrecht, planmäßige Abschreibungen auf das Anlagevermögen GuV-neutral im sonstigen Ergebnis zu verrechnen, was sich positiv auf unsere Gewinne auswirken wird. Ist nicht laut Standard eine vorzeitige Anwendung erlaubt? Und falls ja, sollten wir dann den Standard wirklich bereits bei uns umsetzen?“

e) „Ich habe gehört, dass die DPR im Rahmen einer jährlichen Prüfung bei einem kapitalmarktorientierten Unternehmen vor drei Tagen entdeckt hat, dass eine große Position von Rückstellungen falsch gebucht wurde. Berücksichtigt man die Kapitalmarktreaktionen auf solche Vorfälle und die Sanktionen der DPR, sollte man seine Aktienbestände lieber jetzt schon verkaufen, bevor es alle tun.“

Kapitel 5
Rahmenkonzept

Ungeachtet zahlreicher veröffentlichter Rechnungslegungsstandards und Interpretationen werden die IFRS nie alle Rechnungslegungsfragen abschließend beantworten können. Um Inkonsistenzen zu vermeiden, wird für alle jetzigen und vor allem auch späteren IFRS-Normen ein Referenzrahmen benötigt, der die grundsätzliche Ausrichtung der IFRS-Rechnungslegung definiert. Diese Aufgabe soll das Rahmenkonzept erfüllen.

Lernziele

Nach dem Studium dieses Kapitels sollen Sie in der Lage sein, folgende Fragen zu beantworten:

- Welche Zwecke und Aufgaben verfolgt das Rahmenkonzept und welchen Verpflichtungsgrad besitzt es?
- Welche Jahresabschlussadressaten stehen im Fokus des Rahmenkonzeptes?
- Welche Zielsetzung verfolgt die IFRS-Rechnungslegung?
- Welche Rechnungslegungsgrundsätze sind bei der Aufstellung eines IFRS-Jahresabschlusses zu beachten?
- Was sind die Bestandteile eines vollständigen Jahresabschlusses nach IFRS?
- Wann sind Sachverhalte in der Bilanz bzw. der Gesamtergebnisrechnung anzusetzen und welche grundlegenden Maßstäbe werden im Rahmenkonzept vorgeschlagen, um diese zu bewerten?

1 Aufgaben und Verpflichtungsgrad

Im Juli 1989 wurde vom Board des IASC das „Rahmenkonzept für die Aufstellung und Darstellung von Abschlüssen“ (Framework for the Preparation and Presentation of Financial Statements) veröffentlicht. Das IASB übernahm als Nachfolgeorganisation des IASC im April 2001 dieses Grundkonzept der Rechnungslegung nach IFRS in unveränderter Form. Seit einigen Jahren arbeitet das IASB zusammen mit dem FASB an einem neuen, verbesserten Rahmenkonzept, das beiden Organisationen in Zukunft als Referenzrahmen dienen soll. Dieses langfristige Konvergenz-Projekt ist in acht Phasen unterteilt. Sofern eine Phase fertiggestellt ist, werden die entsprechenden Textstellen im Rahmenkonzept ersetzt. Ein erstes Ergebnis markiert der Abschluss der Phase A im September 2010. Phase A regelt die bisherigen Abschnitte „Zielsetzung von Abschlüssen“ und „Qualitative Anforderungen an den Abschluss“ neu. Die verbleibenden sieben Phasen befinden sich weiterhin in der Überarbeitung und gelten insoweit in der bisherigen Fassung[1].

---

1 Vgl. den Exkurs in diesem Kapitel zum bisherigen Stand der Diskussion. Die Struktur des Rahmenkonzeptes und die darauf bezogene Zitierweise sind bis zum endgültigen Abschluss des Überarbeitungsprojekts durch eine Mixtur aus Alt und Neu gekennzeichnet. Neu geregelte Abschnitte sind mit „OB“ (Objectives) bzw. „QC“ (Qualitative Characteristics) im Rahmenkonzept abgekürzt. Noch nicht überarbeitete Abschnitte erhalten durch sukzessives Einfügen abgeschlossener Phasen neue Textziffern.

Aufgaben

Das Rahmenkonzept hat die Aufgabe,

- dem IASB bei der Entwicklung künftiger Standards sowie bei der Überarbeitung bestehender Standards behilflich zu sein,
- das IASB bei seinem Ziel, die weltweite Harmonisierung von Rechnungslegungsnormen auf der Basis der IFRS voranzutreiben, zu unterstützen,
- den nationalen Standardsettern bei der Entwicklung von Rechnungslegungsnormen behilflich zu sein, die „dem Geist" der IFRS entsprechen,
- den Jahresabschlusserstellern zu helfen, die bestehenden IFRS anzuwenden und mit Bilanzierungsfragen umzugehen, die Gegenstand noch zu entwickelnder Standards sind,
- den Abschlussprüfern bei der Beurteilung zu helfen, ob Jahresabschlüsse IFRS-konform sind,
- die Rechnungslegungsadressaten bei der Interpretation von IFRS-konformen Jahresabschlüssen zu unterstützen sowie
- die Grundlagen der Standardentwicklung für interessierte Parteien verständlich zu machen.

Diese umfassende Zielsetzung verdeutlicht den Anspruch des Rahmenkonzeptes, sämtliche Personen und Institutionen, die sich mit Rechnungslegungsfragen beschäftigen, bei ihrer Arbeit zu unterstützen bzw. hierfür eine konzeptionelle Grundlage zu liefern. Aus diesem Grund werden die verschiedenen Gruppen (Jahresabschlussersteller, Abschlussprüfer, Adressaten, nationale Standardsetter, sonstige an der Rechnungslegung interessierte Personen bzw. Organisationen) direkt angesprochen.

Verpflichtungsgrad

Hinsichtlich des Verpflichtungsgrades stellt das Rahmenkonzept eindeutig fest, dass das Rahmenkonzept selbst keinen IFRS darstellt und damit keine Grundsätze für bestimmte Fragen der Bewertung oder für Angaben festlegt. Insbesondere in einzelnen IFRS gewährte Bilanzierungswahlrechte werden durch das Rahmenkonzept nicht eingeschränkt. In Fällen, in denen Konflikte zwischen den Inhalten des Rahmenkonzeptes und den IFRS bestehen, haben die Regelungen aus den IFRS Vorrang vor denjenigen des Rahmenkonzeptes. Das IASB versucht, diese Konfliktpunkte weiter zu verringern, indem es sich bei der Ausarbeitung künftiger Standards und der Überarbeitung bereits bestehender Standards noch stärker an dem Rahmenkonzept orientiert.

Beispiel 5.1

RK.4.44 fordert den bilanziellen Ansatz von allen Vermögenswerten, deren Anschaffungs- bzw. Herstellungskosten verlässlich ermittelbar sind und aus denen wahrscheinlich ein künftiger Nutzenzufluss für das Unternehmen resultiert.

IAS 38 „Immaterielle Vermögenswerte" regelt die bilanzielle Behandlung von immateriellen Vermögenswerten. IAS 38.63 verbietet explizit den Ansatz von selbst geschaffenen Markennamen, da nach IAS 38.64 davon ausgegangen wird, dass deren Herstellungskosten nicht verlässlich von den Kosten für die Entwicklung des Unternehmens als Ganzem unterschieden werden können. Ein Unternehmen, das davon überzeugt ist, die Herstellungskosten für die Schaffung eines Markennamens verlässlich ermitteln zu können, wodurch der Markenname die abstrakten Bedingungen des Rahmenkonzeptes für den Ansatz eines Vermögenswertes erfüllt, darf diesen dennoch nicht ansetzen, da die speziellen Vorschriften von IAS 38.63 dem entgegenstehen.

IAS 1

In Bezug auf den Verpflichtungsgrad des Rahmenkonzeptes ist allerdings auf den Regelungszusammenhang zwischen Rahmenkonzept und IAS 1 hinzuweisen. Schon seit der Überarbeitung von IAS 1 „Darstellung des Abschlusses" im Jahre 1997 sind wesentliche Inhalte des Rahmenkonzeptes in diesen konkreten IFRS übernommen und dort ergänzt sowie konkretisiert worden, so dass über den Umweg von IAS 1 das Rahmenkonzept materiell weitgehend verpflichtend geworden ist. Dies gilt auch für die seit September 2007 existierende aktuelle Fassung von IAS 1. Dieser Zusammenhang mit IAS 1 ist auch deshalb von erheblicher Bedeutung, weil IAS 1, nicht aber das Rahmenkonzept, das formale EU-Anerkennungsverfahren (endorsement) durchlaufen hat (vgl. Kapitel 4). In diesem Kapitel wird daher im Rahmen der inhaltlichen Darstellung des Rahmenkonzeptes parallel auf die relevanten Stellen des IAS 1 (rev. 2007) eingegangen.

2 Inhalt

Das Rahmenkonzept umfasst inhaltlich im Wesentlichen vier Regelungsbereiche, die sowohl den Einzel- als auch den Konzernabschluss betreffen:

1. Zielsetzung von Jahresabschlüssen
2. Qualitative Charakteristika der Rechnungslegung
3. Definition, Ansatz und Bewertung von Jahresabschlusspositionen
4. Konzepte der Kapitalerhaltung

Anwendungsbereich

Der Anwendungsbereich des Rahmenkonzeptes erstreckt sich auf alle Abschlüsse, die IFRS-konform aufzustellen sind. Unter einem Abschluss ist hierbei eine Unternehmensveröffentlichung zu verstehen, die mindestens einmal jährlich aufgestellt und publiziert wird und sich nach den gemeinsamen Informationsbedürfnissen eines weiten Adressatenkreises richtet. Somit gilt das Rahmenkonzept sowohl für Einzel- als auch Konzernabschlüsse, nicht jedoch für Rechnungslegungspublikationen, die für Spezialzwecke erstellt werden, wie z.B. Börsenprospekte, Steuerabschlüsse oder Umweltberichte.

Bestandteile des Jahresabschlusses

Folgende Rechenwerke bzw. verbale Angaben sind nach IAS 1 Bestandteile eines vollständigen Jahresabschlusses (vgl. ausführlicher Kapitel 7):

- Bilanz (nach IAS 1.10: statement of financial position),
- Gesamtergebnisrechnung (IAS 1.81 gibt hier zwei Möglichkeiten vor: Entweder ist dies eine separate GuV (income statement) in Kombination mit ei-

ner Gesamtergebnisrechnung (statement of comprehensive income), die auf dem Jahresüberschuss (profit or loss) aufsetzt und zusätzliche GuV-neutrale Posten aufzeigt; alternativ reicht eine Gesamtergebnisrechnung aus, sofern sie sämtliche GuV-wirksamen und GuV-neutralen Posten beinhaltet),
- Kapitalflussrechnung (nach IAS 1.10: statement of cash flows),
- Anhang (notes),
- weitere Rechnungen und erläuternde Angaben, sofern sie gemäß einzelner IFRS integraler Bestandteil des Jahresabschlusses sind.

Zu den weiteren Rechnungen gehört z.B. die Segmentberichterstattung, deren Aufstellung in IFRS 8 „Operative Segmente" geregelt wird. IAS 1.10 ergänzt die Bestandteile des Jahresabschlusses um eine Eigenkapitalveränderungsrechnung (statement of changes in equity), die Transaktionen mit Eigentümern gesondert von denjenigen Eigenkapitalveränderungen darzustellen hat, die nicht aus Transaktionen mit Eigentümern entstanden sind.

Abschlussbegleitende Informationen

Vorstands- und Aufsichtsratsberichte zählen hingegen nicht zum Jahresabschluss. In IAS 1.13 findet sich zudem eine Art Empfehlung, neben dem Abschluss finanzielle und nichtfinanzielle Informationen zur Unternehmenslage zu veröffentlichen (financial review by management). In diesem Sinne ist der handelsrechtliche Lagebericht gemäß § 289 und § 315 HGB kein Bestandteil des Jahresabschlusses nach IFRS und unterliegt damit auch nicht dem Rahmenkonzept. Gleiches gilt für den in den USA geforderten, dem deutschen Lagebericht ähnelnden Management's Discussion and Analysis (MD&A). Gleichwohl reagierte das IASB auf die Diskussion um die Notwendigkeit zur Bereitstellung abschlussbegleitender Informationen, die die aktuelle und zukünftige Entwicklung des Unternehmens besser erläutern sollen. Im Rahmen eines Forschungsprojekts veröffentlichte es im Oktober 2005 ein Diskussionspapier, das sich mit der Ausarbeitung eines „Management Commentary" befasst. Im Anschluss an den im Juni 2009 veröffentlichen Standardentwurf wurde entschieden, dass das endgültige Dokument kein bindender Standard, sondern lediglich eine IFRS-Praxisverlautbarung mit Empfehlungscharakter darstellen solle (vgl. Kapitel 31).

Jahresabschlussadressaten

Im Sinne des Rahmenkonzeptes ist die Rechnungslegung grundsätzlich für eine Vielzahl von Adressaten bestimmt[2]. Die potentiellen Adressaten eines Jahresabschlusses und ihre Informationsbedürfnisse werden in Tabelle 5.1 dargestellt. Diese z.T. divergierenden Informationsbedürfnisse der Jahresabschlussadressaten können auch nach Meinung des IASB nicht vollständig befriedigt werden. Deshalb erfolgt nach RK.OB2-3 eine primäre Orientierung der IFRS-Rechnungslegung an den Informationsbedürfnissen der gegenwärtigen und künftigen Eigenkapitalgeber, Fremdkapitalgeber und anderen Gläubiger. Das IASB begründet diese Vorgehensweise damit, dass viele dieser Investoren nicht direkt Informationen von dem zu finanzierenden Unternehmen verlangen können und somit auf die IFRS-Rechnungslegung angewiesen seien (RK.OB5). Andere

2 Eine detaillierte Übersicht über die verschiedenen Rechnungslegungsadressaten wird in Kapitel 1 gegeben.

Adressaten leugnet das IASB nicht, bemerkt aber explizit, dass die IFRS-Rechnungslegung nicht primär für diese konzipiert sei (RK.OB10).

Abschluss-adressaten	**Informationsbedürfnisse**
Investoren	Benötigen detaillierte Informationen über die künftige Entwicklung des Unternehmens, so z.B. über die Höhe und den zeitlichen Anfall künftiger Cashflows, um die Rendite-Risiko-Struktur ihrer Investition einschätzen zu können.
Kreditgeber	Diese tragen das Kreditausfallrisiko und sind demnach insbesondere an Informationen über die Wahrscheinlichkeit von jetzigen und zukünftigen Liquiditätsproblemen des Unternehmens interessiert.
Arbeitnehmer	Interessieren sich hauptsächlich für die Stabilität und Ertragskraft des Unternehmens, um daraus Rückschlüsse für die Arbeitsplatzsicherheit und für künftige Lohn- und Gehaltsforderungen zu ziehen.
Lieferanten und andere Gläubiger	Diese sind aufgrund ihrer Forderungen gegenüber dem berichtenden Unternehmen an der wirtschaftlichen Lage des Unternehmens interessiert.
Kunden	Aufgrund der wirtschaftlichen Abhängigkeiten, die insbesondere bei langfristigen Geschäftsbeziehungen zwischen Kunden und Lieferanten entstehen, sind Kunden an Informationen über die wirtschaftliche Lage und die Fortführung des Unternehmens interessiert.
Regierungen und sonstige Institutionen	Unternehmen agieren im öffentlichen Raum. Demzufolge sind öffentliche Institutionen an Informationen über ihre wirtschaftliche Lage interessiert, um z.B. die Tätigkeiten der Unternehmen zu regulieren oder die Steuerpolitik festzulegen.
Öffentlichkeit	Auch Adressaten, die in keinen direkten vertraglichen Beziehungen zum Unternehmen stehen, können als potentielle Adressaten von Abschlüssen berücksichtigt werden.

Tab. 5.1: Informationsbedürfnisse der verschiedenen Jahresabschlussadressaten

3 Zielsetzung von Abschlüssen

Entscheidungs-relevante Informationen

Nach RK.OB2 und IAS 1.15 besteht die Zielsetzung der IFRS-Rechnungslegung in der Vermittlung entscheidungsrelevanter Informationen. Durch den Abschluss soll den Adressaten ein tatsächliches Bild der Vermögens-, Finanz- und Ertragslage sowie der Cashflows eines Unternehmens vermittelt werden. Dieses Ziel korrespondiert direkt mit den Rechenwerken des Abschlusses:

- Die Bilanz soll Informationen über die Vermögens- (Aktivseite) und Finanzlage (Passivseite) bieten.
- Die Gesamtergebnisrechnung spiegelt die Ertragskraft des Unternehmens wider.
- Die Kapitalflussrechnung stellt die Entwicklung der Cashflows dar.

Dominanz der Bewertungsfunktion

Die Vermittlung entscheidungsrelevanter Informationen orientiert sich stark an der Bewertungsfunktion der Rechnungslegung (vgl. Kapitel 1). Diese Orientierung wird durch die starke Fokussierung auf die Kapitalgeber als primäre Adressaten und auch durch die Konkretisierung entscheidungsrelevanter Informationen deutlich. Letztere sollen helfen, die Kapitalgeber in die Lage zu versetzen, die künftigen Netto-Zahlungszuflüsse (future net cash inflows) des Unternehmens abschätzen zu können (RK.OB3). Die in Frage kommenden Entscheidungen werden insofern auch konsequent auf Investitionsentscheidungen verengt (RK.OB2-3). Der im neuen Rahmenkonzept oft wiederholte Hinweis, dass die IFRS-Rechnungslegung universal einsetzbar sei (general purpose financial reporting)[3], erfährt vor diesem Hintergrund keine konsequente Umsetzung.

Rechenschaft

Neben der Vermittlung entscheidungsrelevanter Informationen sollen die Adressaten durch einen IFRS-Abschluss in die Lage versetzt werden, die in der Berichtsperiode vom Management des Unternehmens geleistete Arbeit beurteilen zu können. Hierbei beschreibt das IASB die Rechenschaft (stewardship) über die Verwendung der anvertrauten Mittel und nimmt letztlich Bezug auf die Koordinationsfunktion der Rechnungslegung (vgl. Kapitel 1). Bezeichnenderweise wird aus dem Zusammenhang deutlich, dass dieses Rechenschaftsziel gegenüber der Vermittlung entscheidungsrelevanter Informationen und der sich dahinter verbergenden Bewertungsfunktion als nachrangig einzustufen ist. Dieser Eindruck wird auch dadurch gestützt, dass IASB und FASB ursprünglich das Rechenschaftsziel im Zuge der Überarbeitung des Rahmenkonzeptes (Phase A) ersatzlos streichen wollten. In der finalen Überarbeitung wird die Rechenschaft auch nicht mehr explizit genannt, sondern nur noch umschrieben (RK.OB4)[4].

Beispiel 5.2

Ein Tochterunternehmen, das in einem unsicheren Drittstaat angesiedelt ist, wird in Folge eines Militärputsches von den neuen Machthabern verstaatlicht. Die daraus resultierenden Abschreibungen sind im Anhang des Jahresabschlusses des Mutterunternehmens so zu erläutern, dass für den Adressaten ersichtlich wird, dass das Management des Mutterunternehmens keine direkte Verantwortung für diesen Sachverhalt trägt.

3 Vgl. z.B. RK.OB1.

4 Vgl. hierzu *IASB*, Snapshopt „Conceptual Framework for Financial Reporting“, September/2010, S. 7. Siehe auch *Coenenberg, A. G./Straub, B.*, Rechenschaft versus Entscheidungsunterstützung: Harmonie oder Disharmonie der Rechnungszwecke?, in: KoR, 8. Jg. (2008), S. 17-26 sowie Kapitel 1.

Frage der Generalnorm und overriding principle

Bei der ursprünglichen Ausgestaltung des Rahmenkonzeptes wurde auf die Festlegung einer Generalnorm im Sinne des true and fair view bzw. der fair presentation verzichtet. Mit Überarbeitung von IAS 1 im Jahr 1997 wurde die Einführung einer Generalnorm abermals kontrovers diskutiert. Auch wenn die fair presentation oder der true and fair view als Terminologie nicht mehr in der gegenwärtig gültigen IASB-Regulierung zu finden ist, setzten sich die Befürworter einer Generalnorm dennoch durch. In IAS 1.19 ist eine Art Generalnorm fixiert worden, die ein Abweichen von einzelnen IFRS ermöglicht, wenn nur so die im Rahmenkonzept festgelegte Zielsetzung erreicht werden kann. Über IAS 1.19 wird die eher untergeordnete Rolle des Rahmenkonzeptes also relativiert. Allerdings dürfte die praktische Bedeutung dieser Klausel äußerst gering sein, selbst wenn darin de facto eine Art overriding principle über den Umweg von IAS 1 etabliert worden ist. IAS 1.19 betont selbst, dass es sich hier nur um extrem seltene Ausnahmefälle handeln dürfte, die zudem nur unter den sehr restriktiven Voraussetzungen von IAS 1.20-1.24 zur besagten Abweichung führen.

Beispiel 5.3

Einen der seltenen Praxisfälle, in denen von dieser Ausnahmeregelung Gebrauch gemacht wurde, stellt die Deutsche Post AG dar. Ein diesbezüglicher Hinweis findet sich im Anhang des IFRS-Konzernabschlusses 2006:

„Das Wandlungsrecht aus der Umtauschanleihe wurde auf der Grundlage der thesaurierten Gewinne der Postbank unter Berufung auf IAS 1.17 bewertet“[5].

4 Rechnungslegungsgrundsätze

4.1 Grundlegende Annahme der Abschlusserstellung

Das Rahmenkonzept trifft mit dem Konzept der Unternehmensfortführung (going concern principle) eine grundlegende Annahme, die für eine Abschlusserstellung zwingend notwendig ist (RK.4.1).

Annahme der Unternehmensfortführung

Gemäß RK.4.1 und IAS 1.25 ist ein Abschluss solange unter der Annahme der Unternehmensfortführung aufzustellen, bis die Unternehmensleitung beabsichtigt, das Unternehmen aufzulösen oder keine realistische Alternative zu einer Unternehmensauflösung mehr existiert. Bestehen Zweifel an der Unternehmensfortführung, sind diese im Abschluss anzugeben.

Aufgrund der Annahme der Unternehmensfortführung erscheint es ökonomisch sinnvoll, Vermögenswerte und Schulden zu ihren fortgeführten Anschaffungs- oder Herstellungswerten in der Bilanz zu führen, da von einer späteren

5 Geschäftsbericht der Deutschen Post World Net 2006, S. 114. IAS 1.17 entspricht in IAS 1 (rev. 2007) IAS 1.19.

Verwendung im Unternehmen auszugehen ist und erwartet wird, dass der damit erzielte Nutzen zumindest nicht unter diesem Wert liegt. Nur wenn von einer Unternehmensfortführung nicht mehr ausgegangen werden kann, ist ein Ansatz der Vermögenswerte mit ihren Liquidationswerten möglich. In diesem Fall hat das Management die Tatsache der baldigen Unternehmensauflösung im Abschluss anzugeben, ebenso wie die dann verwendeten Verfahren der Abschlusserstellung.

Annahme der Periodenabgrenzung

Das Konzept der Periodenabgrenzung wird nicht mehr explizit im Rahmenkonzept als grundlegende Annahme der Abschlusserstellung behandelt. Es wird dort nur vereinzelt erwähnt (z.B. RK.OB17). Als der IFRS-Rechnungslegung zugrunde liegendes Konzept findet es sich aber in IAS 1.27 wieder. Die Geschäftstätigkeit eines Unternehmens orientiert sich hiernach nicht an Periodengrenzen, so dass eine Art Zuordnungsregel gefunden werden muss. Diese basiert nicht auf Zahlungszeitpunkten, die als eher zufällig und gestaltbar angesehen werden. Zudem erstrecken sich zahlreiche Geschäftsvorfälle und Projekte über mehrere Perioden; Vermögenswerte werden in der Regel über mehrere Perioden genutzt. IAS 1.27 schreibt daher eine Periodenabgrenzung vor, bei der einer Periode alle relevanten Sachverhalte unabhängig von Zahlungszeitpunkten nach sachlichen und zeitlichen Kriterien zugeordnet werden. Demnach sind Aufwendungen und Erträge in den Perioden zu erfassen, in denen sie im betrieblichen Prozess anfallen und nicht in den Perioden, in denen die korrespondierenden Zahlungen (z.B. an Lieferanten) geleistet werden. Analog sind Vermögenswerte dann zu erfassen, wenn sie in die Verfügungsgewalt des Unternehmens übergegangen sind und nicht erst, wenn die korrespondierende Verbindlichkeit durch eine Auszahlung getilgt wurde.

Ausgenommen von dem Konzept der Periodenabgrenzung ist die Kapitalflussrechnung. Hier orientiert sich die Darstellung naturgemäß an dem eigentlichen Anfall von Ein- und Auszahlungen.

4.2 Qualitative Anforderungen an Jahresabschlüsse

Neben der grundlegenden Annahme der Unternehmensfortführung werden im Rahmenkonzept qualitative Anforderungen an die Abschlusserstellung formuliert, die Voraussetzung dafür sind, dass der Jahresabschluss seiner Informationsvermittlungsfunktion gerecht werden kann. Zu diesen zählen nach RK.QC4 die Relevanz (relevance) und die glaubwürdige Darstellung (faithful representation).

Relevanz als erster Primärgrundsatz

Das Kriterium der Relevanz steht in engem Zusammenhang mit der primären Zielsetzung der IFRS-Rechnungslegung, der Vermittlung von entscheidungsrelevanten Informationen. Nach RK.QC6 gelten Informationen dann als relevant, wenn sie die wirtschaftlichen Entscheidungen der Adressaten beeinflussen. Hiervon ist auszugehen, wenn sie Beurteilungen der Adressaten aus der Vergangenheit bestätigen bzw. korrigieren (RK.QC7).

Beispiel 5.4

Ein seit Jahren existierendes Internet-Unternehmen lässt jährlich Erhebungen zur Mitarbeiterzufriedenheit und zum Mitarbeiter-Knowhow durchführen. Die Ergebnisse sind auch relativ zu den Konkurrenzunternehmen extrem positiv und für die Investoren wahrscheinlich entscheidungsrelevant.

Eine konsequente Anwendung dieser qualitativen Anforderung hätte zur Folge, dass auch nahezu alle unternehmensintern verfügbaren Informationen den Adressaten zugänglich gemacht werden müssten. Die daraus resultierende Menge an zu veröffentlichenden Informationen wäre jedoch aufgrund von Beschaffungs- und Analysekosten sowie Wettbewerbsaspekten weder für die Unternehmensleitung noch für die Abschlussadressaten optimal.

Wesentlichkeit als Sekundärgrundsatz zur Relevanz

Aus diesem Grund wird in RK.QC11 und IAS 1.29-31 das Kriterium der Relevanz durch den Sekundärgrundsatz der Wesentlichkeit (materiality) der zu veröffentlichenden Informationen relativiert. Demnach hängt die Wesentlichkeit einer bestimmten Information sowohl von ihrer Art als auch von ihrer Auswirkung auf zentrale Größen wie Eigenkapital und Gewinn oder Verlust ab.

Beispiel 5.5

Ein großer Konzern mit mehreren hundert Tochterunternehmen verzichtet auf die Einbeziehung und Vollkonsolidierung einiger, weniger, kleiner Tochterunternehmen, die insgesamt für den Konzernabschluss unwesentlich sind.

Glaubwürdige Darstellung als zweiter Primärgrundsatz

Auch wenn das Management nach bestem Wissen berichtet, können bestimmte Informationen, wie z.B. die künftigen Marktchancen eines sich noch in der Entwicklung befindlichen Produkts, nur unter hoher Unsicherheit geschätzt werden. Der Grundsatz der glaubwürdigen Darstellung verlangt, dass Geschäftsvorfälle und sonstige Sachverhalte in den dargestellten Informationen glaubwürdig wiedergegeben werden. Eine konkrete Definition von Glaubwürdigkeit existiert nicht, stattdessen wird eher umschrieben, was das IASB darunter versteht. Dabei zielt das IASB auf das Phänomen der Unsicherheit, das per se kein Grund darstellt, auf eine Darstellung zu verzichten. Eine Schätzung unsicherer Werte schränkt die Glaubwürdigkeit der Darstellung nicht ein, sofern das mit einem Sachverhalt verbundene Fehlerrisiko z.B. in Form einer Wahrscheinlichkeitsverteilung angegeben wird. Eine Schätzung, die diesen Ansprüchen nicht genügt, dürfte mit dem Grundsatz der glaubwürdigen Darstellung indes kollidieren. Nach RK.QC12 ist die glaubwürdige Darstellung dann perfekt, wenn sie vollständig, neutral und fehlerfrei ist. Eine vollständige Darstellung liegt nach RK.QC13 vor, wenn sämtliche zum Verständnis eines Sachverhalts notwendigen Informationen vorliegen. Die neutrale Darstellung meint, dass die Jahresabschlussinformationen frei von verzerrenden Einflüssen sind (RK.QC14). Die Fehlerfreiheit bezieht sich auf das korrekte Herleiten einer Information. So muss bspw. die Vorgehensweise im Rahmen der Schätzung eines Wertes – wie vorstehend beschrieben – fehlerfrei und klar umschrieben sein (RK.QC15).

Beispiel 5.6: (Fortführung von Beispiel 5.4)

Dasselbe Internet-Unternehmen kann die Informationen über positive Werte bei Mitarbeiterzufriedenheit und Knowhow nicht glaubwürdig in Rechnungslegungsdaten transformieren; insbesondere die quantitative Abschätzung dadurch bewirkter künftiger Zahlungszuflüsse dürfte regelmäßig scheitern.

Nach RK.QC17 müssen Informationen des Jahresabschlusses sowohl relevant als auch glaubwürdig dargestellt sein. Obwohl sich hieraus eine Gleichberechtigung beider Primärgrundsätze ableiten lassen könnte, verbleiben Zweifel, ob dem wirklich so ist. Einerseits ersetzt der Grundsatz der glaubwürdigen Darstellung die vormals im Rahmenkonzept aufgeführte Verlässlichkeit (reliability) und viele vermuteten in dieser Abschaffung eine implizite Stärkung der Relevanz. Anderseits enthält RK.QC18 eine Art Prüfreihenfolge, die – abgesehen von problematischen Zirkelschlüssen – vorgibt, dass die Relevanz vor der glaubwürdigen Darstellung zu prüfen ist[6]. Abbildung 5.1 verdeutlicht diese Prüfreihenfolge.

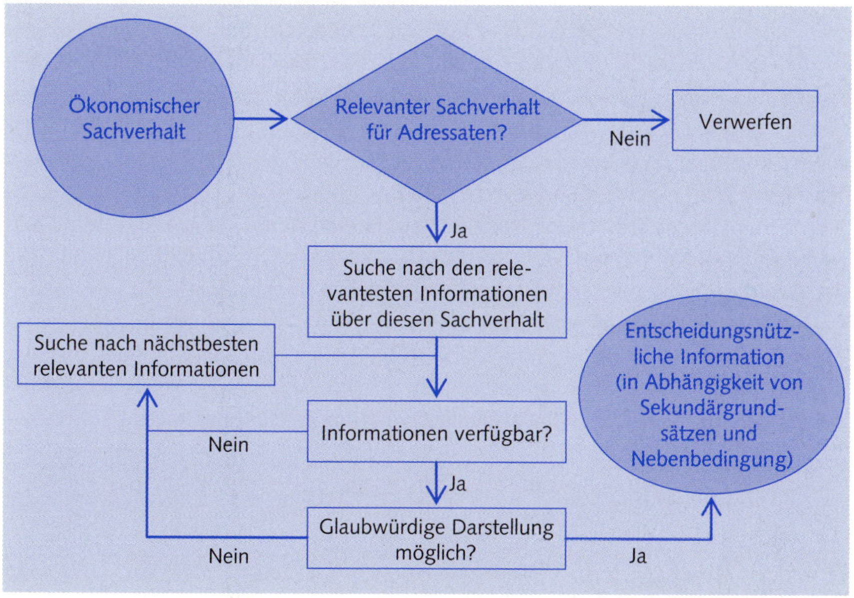

Abb. 5.1: Prüfreihenfolge der Primärgrundsätze Relevanz und glaubwürdige Darstellung

Vergleichbarkeit als Sekundärgrundsatz

Um Unternehmensabschlüsse einerseits im Zeitablauf und andererseits unternehmensübergreifend vergleichen zu können, müssen Jahresabschlussinformati-

6 Vgl. ähnlich *Gassen, J./Fischkin, M./Hill, V.,* Das Rahmenkonzept-Projekt des FASB: Eine normendeskriptive Analyse des aktuellen Stands, in: WPg, 61. Jg. (2008), S. 874-882; *Kampmann, H./Schwedler, K.,* Zum Entwurf eines gemeinsamen Rahmenkonzeptes von FASB und IASB, in: KoR, 6. Jg. (2006), S. 521-530.

onen gemäß RK.QC20 die qualitative Anforderung der Vergleichbarkeit erfüllen. Dies impliziert, dass den Adressaten die bei der Abschlusserstellung angewendeten Bilanzierungs- und Bewertungsmethoden angegeben werden bzw. auf Änderungen derselben hingewiesen wird. Die daraus resultierenden Konsequenzen sind aufzuzeigen. Außerdem sind die ausgewiesenen Jahresabschlusswerte um Vorjahreszahlen zu ergänzen. Das IASB fordert nicht, dass alle Unternehmen die gleichen, einheitlichen Bilanzierungs- und Bewertungsmethoden anwenden. Es muss aber für den Jahresabschlussadressaten erkennbar sein, welche Methoden die Unternehmen anwenden. Konkretisiert wird der Grundsatz der Vergleichbarkeit auch durch IAS 8 „Bilanzierungs- und Bewertungsmethoden, Änderungen von Schätzungen und Fehler“ (vgl. Kapitel 26). Danach sind Abweichungen von den bisherigen Bilanzierungs- und Bewertungsmethoden lediglich zulässig, wenn dies aufgrund von Gesetzesänderungen, Änderungen der IFRS oder auf Anraten der nationalen Standardsetter erforderlich wird, wenn fundamentale Bilanzierungsfehler berichtigt oder Schätzungen im Rahmen der Bewertung angepasst werden müssen oder mit dem Methodenwechsel eine Verbesserung der Aussagefähigkeit des Jahresabschlusses erreicht wird. Insbesondere die letzte Abweichungsmöglichkeit eröffnet bilanzpolitische Spielräume. Sofern aber keine dieser genannten Ausnahmen zutrifft, greift nach IAS 1.45 das Prinzip der Stetigkeit (consistency), wonach Ansatz-, Bewertungs-, Ausweis- und Konsolidierungsmethoden im Zeitablauf beizubehalten und zudem gleichartige Sachverhalte gleich zu bilanzieren sind.

Nachprüfbarkeit als Sekundärgrundsatz

Der Sekundärgrundsatz der Nachprüfbarkeit unterteilt sich in eine direkte und indirekte Nachprüfbarkeit. Die direkte Nachprüfbarkeit bezieht sich auf die direkte Überprüfung einer Information. Indirekte Nachprüfbarkeit meint bspw. die Überprüfung einer Berechnung, um das Ergebnis dieser Berechnung kontrollieren zu können. Die indirekte Überprüfung einer Information geht mit der Bereitstellung zusätzlicher Informationen z.B. hinsichtlich der Berechnungsmethodik, der zugrunde liegenden Annahmen und Parameter einher.

Beispiel 5.7

Um nachvollziehen zu können, wie Pensionsverpflichtungen aus leistungsorientierten Pensionsplänen bewertet werden, müssen z.B. Angaben über erwartete künftige Gehaltssteigerungen, versicherungsmathematische Annahmen und Zinssätze vorliegen.

Zeitnähe als Sekundärgrundsatz

Eine zeitnahe Berichterstattung ist erforderlich, da der Wert von Informationen mit zunehmendem zeitlichen Abstand regelmäßig abnehmen dürfte. Einige Informationen können jedoch auch nach einer gewissen Zeitspanne noch nützlich sein, z.B. um Aussagen über Trends treffen zu können.

Beispiel 5.8

Ein Kreditinstitut veröffentlicht im April des Folgejahres seinen IFRS-Konzernabschluss. Obwohl die Finanzaktiva größtenteils mit dem beizulegenden Zeitwert bewertet wurden, verlieren diese Werte bereits einige Tage nach Bilanzstichtag angesichts volatiler Märkte an Aktualität und Relevanz.

Verständlichkeit als Sekundärgrundsatz

RK.QC30 fordert eine klare, prägnante Klassifizierung, Charakterisierung und Darstellung von Informationen, um diese für den Adressaten verständlich zu machen. Auf die Abbildung von komplexen und schwierigen Sachverhalten, die für die Entscheidungsfindung des Jahresabschlussadressaten wichtig sind, darf nicht unter Verweis auf mangelnde Verständlichkeit verzichtet werden (RK.QC31). Dieser Grundsatz ist insbesondere für Anhangangaben relevant. Bei komplexen Sachverhalten, wie z.B. der Risikoabsicherung über Derivate, ist bei den Anhangangaben darauf zu achten, dass alle wesentlichen Informationen in einer für den typischen Abschlussadressaten möglichst verständlichen Form dargestellt werden. Dem typischen Adressaten wird dabei unterstellt, dass er angemessene Wirtschafts- und Rechnungslegungskenntnisse hat und bereit ist, die Informationen mit angemessener Sorgfalt zu studieren. Allerdings besteht nach RK.QC32 selbst für Adressaten mit angemessen Kenntnissen teilweise die Notwendigkeit, auf Berater zurückzugreifen, um ein Verständnis von komplexeren Sachverhalten zu bekommen.

Abwägung von Kosten und Nutzen

RK.QC35-39 ergänzt die qualitativen Anforderungen an Jahresabschlüsse um ein Kosten-Nutzen-Kalkül. Die Bereitstellung einer Information erfolgt unter Abwägung von Nutzen und Kosten aus der Bereitstellung und Verbreitung (Wirtschaftlichkeit). Dabei sind nicht nur die direkten Kosten für die Erstellung und Auswertung der Information zu beachten, sondern auch die indirekten Kosten, wie z.B. ein Wettbewerbsdruck, der durch einen verbesserten Informationsstand der Konkurrenz ausgelöst werden könnte. Informationen werden folglich nur dann bereitgestellt, falls der Nutzen überwiegt. Problematisch erscheint dabei sowohl die Frage der Nutzenmessung als auch die Tatsache, dass der Nutzen größtenteils bei den Adressaten, die Kosten jedoch primär beim Abschlussersteller entstehen. Grundsätzlich betrifft die Anwendung des Wirtschaftlichkeitsprinzips nicht nur die berichterstattenden Unternehmen bei der Erstellung von Jahresabschlüssen, sondern auch das IASB bei der Entwicklung von Rechnungslegungsstandards (RK.QC 38-39). Abbildung 5.2 verdeutlicht noch einmal das System allgemeiner Rechnungslegungsgrundsätze

Abwägung der qualitativen Anforderungen

Das Rahmenkonzept fordert grundsätzlich, dass die einzelnen qualitativen Anforderungen ausgewogen erfüllt werden. Dies schließt nach RK.QC34 jedoch nicht aus, dass die Bedeutung eines Sekundärgrundsatzes reduziert werden kann, um die Relevanz oder die glaubwürdige Darstellung einer Information zu erhöhen. So kann bspw. eine vorübergehende Reduktion der Vergleichbarkeit als Ergebnis einer prospektiven Anwendung eines neuen Rechnungslegungsstandards akzeptiert werden, um längerfristig die Relevanz oder glaubwürdige Darstellung zu erhöhen.

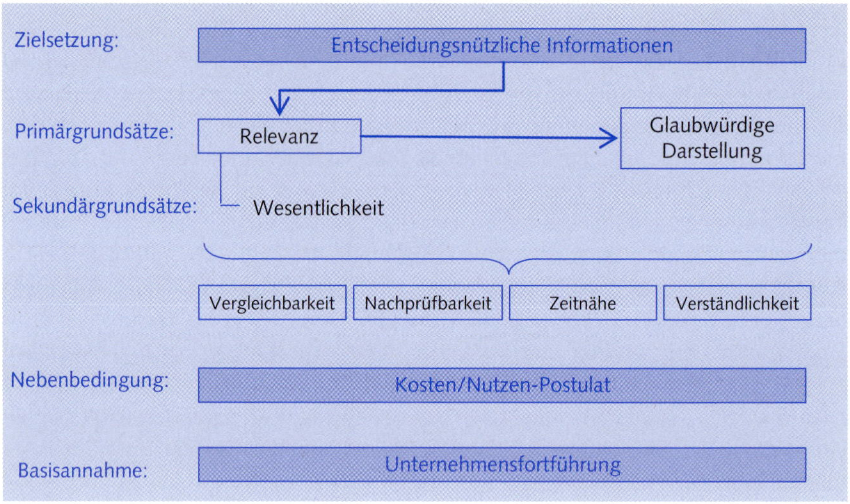

Abb. 5.2: System allgemeiner Rechnungslegungsgrundsätze

5 Abschlussposten

5.1 Bestandteile der Bilanz: Vermögenswerte, Schulden und Eigenkapital

Im Rahmenkonzept werden die Elemente definiert, die in die jeweiligen Bestandteile des Jahresabschlusses eingehen. Als Elemente der Bilanz sind dort die Vermögenswerte (assets), die Schulden (liabilities) und das Eigenkapital (equity) aufgeführt.

Vermögenswert

Vermögenswerte werden in RK.4.4(a) wie folgt definiert:

„Ein Vermögenswert ist eine in der Verfügungsmacht des Unternehmens stehende Ressource, die ein Ergebnis von vergangenen Ereignissen darstellt, und von der erwartet wird, dass dem Unternehmen aus ihr künftiger wirtschaftlicher Nutzen zufließt".

Ein Vermögenswert muss in der Verfügungsmacht des bilanzierenden Unternehmens stehen, d.h. von ihm kontrolliert werden, um den künftigen Nutzenzufluss zu sichern. Entsprechend RK.4.6 ist im Rahmen der Zuordnung eines Vermögenswertes zu einem Unternehmen von einer wirtschaftlichen Betrachtung auszugehen, die nicht zwangsläufig mit den rechtlichen Gegebenheiten übereinstimmen muss. So richtet sich z.B. die Bilanzierung von Leasinggegenständen primär nach der wirtschaftlichen Betrachtung des Sachverhaltes, unabhängig von den rechtlichen Eigentumsverhältnissen. Ein Vermögenswert ist zudem das Ergebnis vergangener Geschäftsvorfälle. Die Erwartung über den Eintritt eines künftigen Ereignisses begründet hingegen noch keinen Vermögenswert. Von zentraler Bedeutung ist darüber hinaus, dass der Vermögenswert künftiges Nutzenpotenzial besitzt, das sich regelmäßig im direkten oder indirekten künftigen Zufluss liquider Mitteln dokumentiert. Dieses Potenzial kann z.B. im Einsatz als Produktionsfaktor, im Tausch gegen andere Vermögenswerte, im Einsatz zur Tilgung von Verbindlichkeiten oder in der Herausgabe an die Anteilseigner gegeben sein.

Unter der Vermögenswert-Definition werden sowohl materielle als auch immaterielle Vermögenswerte subsumiert. Es ist zu beachten, dass es sich bei den Definitionsmerkmalen weder um notwendige noch um hinreichende Bedingungen für den Bilanzansatz handelt. Ein Vermögenswert eines Unternehmens wird z.B. nicht in der Bilanz erfasst, wenn ein spezieller IFRS dies untersagt, ein künftiger Nutzenzufluss nicht ausreichend wahrscheinlich ist, er nicht verlässlich bewertbar oder unwesentlich ist. Andererseits können spezielle IFRS zumindest grundsätzlich den Ansatz von Sachverhalten fordern, welche die Definitionskriterien des Rahmenkonzeptes nicht erfüllen.

Beispiel 5.9

IFRS 3.32 sieht die Aktivierung des Goodwills als Vermögenswert vor. Ebenso schreibt IAS 12.34 den Ansatz aktiver latenter Steuern auf Verlustvorträge vor. Die Vermögenseigenschaft gemäß RK.4.4(a) lässt sich in beiden Fällen zumindest kontrovers diskutieren. Wie bereits zuvor dargestellt, schließt IAS 38.63 selbst geschaffene Marken von der Aktivierung aus, obwohl die Vermögenswertdefinition auch hier als erfüllt angesehen werden könnte.

Schuld

RK.4.4(b) definiert eine Schuld „spiegelbildlich" zur Definition eines Vermögenswertes als

> *„eine gegenwärtige Verpflichtung des Unternehmens aus vergangenen Ereignissen, von deren Erfüllung erwartet wird, dass aus dem Unternehmen Ressourcen abfließen, die wirtschaftlichen Nutzen verkörpern".*

Zentrale Eigenschaft einer Schuld ist hiernach, dass sie aus einer gegenwärtigen Verpflichtung resultiert, die zu einem wahrscheinlichen zukünftigen Ressourcenabfluss führt, z.B. durch Abfluss liquider Mittel, Erbringung einer Leistung, Ersatz der Verpflichtung durch eine andere Verpflichtung oder Übergabe anderer Vermögenswerte. Liegt eine Verpflichtung noch nicht vor, ist die Definition nicht erfüllt.

Beispiel 5.10

Der Vorstand eines Unternehmens hat sich für die Aufnahme eines Kredits in Höhe von 10 Mio. € entschieden. Eine Schuld entsteht aber erst dann, wenn der Kredit tatsächlich aufgenommen wurde und ein rechtlicher Anspruch der Kreditgeber auf künftige Zins- und Tilgungszahlungen entstanden ist.

Unter die Schuld-Definition des Rahmenkonzeptes fallen sowohl Verbindlichkeiten als auch Rückstellungen. Damit zählen auch Verpflichtungen, die dem Grunde und/oder der Höhe nach ungewiss, aber wahrscheinlich sind, zu den

Schulden. In der Schuld-Definition inbegriffen sind des Weiteren Kulanzrückstellungen, da auch bei der Definition der Schulden auf eine wirtschaftliche Betrachtungsweise abgestellt wird. Aufwandsrückstellungen gehören hingegen nicht zu den Schulden, da Verpflichtungen nach IFRS nur gegenüber Dritten (Außenverpflichtungen) bestehen können (RK.4.16-17). Somit ist eine Bildung von Aufwandsrückstellungen (Innenverpflichtung) auf der Grundlage einer periodengerechten Aufwandsermittlung ebenfalls nicht möglich, da gemäß IAS 1.28 eine Periodenabgrenzung nur für Passivposten, die unter die Schulden-Definition fallen, erlaubt ist.

Eigenkapital

Als drittes Bilanzelement wird Eigenkapital in RK.4.4(c) definiert als

„der nach Abzug aller Schulden verbleibende Restbetrag der Vermögenswerte des Unternehmens“.

Demnach wird Eigenkapital als Residualgröße zwischen den Vermögenswerten und Schulden ermittelt[7]. Trotz seines Residualcharakters befürwortet das IASB eine weitere Unterteilung des Eigenkapitals in gezeichnetes Kapital, Kapital-, Gewinn-, Satzungs- und Steuerrücklagen, da dies den Jahresabschlussadressaten zusätzliche Informationen liefert (RK.4.20). So kennzeichnet diese Unterteilung rechtliche Restriktionen, denen Bestandteile des Eigenkapitals unterliegen können. Zudem müssen die Besonderheiten der Rechtsform des Unternehmens beachtet werden.

5.2 Bestandteile der Gesamtergebnisrechnung: Erträge und Aufwendungen

Neben den Bilanzelementen finden sich im Rahmenkonzept des IASB auch Definitionen zu Erträgen (income) und Aufwendungen (expenses) als zwei Bestandteilen der Gesamtergebnisrechnung.

Erträge

Gemäß RK.4.25(a) stellen Erträge eine

„Zunahme des wirtschaftlichen Nutzens in der Berichtsperiode in Form von Zuflüssen oder Erhöhungen von Vermögenswerten oder einer Abnahme von Schulden dar, die zu einer Erhöhung des Eigenkapitals führen, welche nicht auf eine Einlage der Anteilseigner zurückzuführen ist".

Das Rahmenkonzept differenziert dabei zwischen Erlösen (revenue) und anderen Erträgen (gains). Erlöse sind nach RK.4.29 Erträge, die im Rahmen der gewöhnlichen Tätigkeit des Unternehmens anfallen. Typische Erlösarten sind Umsatzerlöse, Dienstleistungsentgelte, Zinsen, Mieten, Dividenden und Lizenzerträge.

Andere Erträge sind sämtliche Erträge, die nicht als Erlöse klassifiziert werden. Im Regelfall sind sie nicht das Ergebnis der gewöhnlichen Geschäftstätigkeit, sondern eher ein Nebenprodukt, wie z.B. eine Marktwertsteigerung von kurzfristig gehaltenen Wertpapieren bei Industrieunternehmen. Sie unterschei-

7 Zur Abgrenzung von Eigen- und Fremdkapital vgl. Kapitel 17.

den sich jedoch ihrer Art nach nicht von Erlösen, da sie ebenfalls einen Zuwachs an wirtschaftlichem Nutzen darstellen. Folglich werden sie im Rahmenkonzept nicht als eigenständiger Posten betrachtet. Das IASB fordert aber einen gesonderten Ausweis der anderen Erträge in der Gesamtergebnisrechnung, um den Jahresabschlussadressaten einen detaillierteren Einblick in die Ertragslage des Unternehmens und eine bessere Möglichkeit zur Abschätzung zukünftiger Erfolgspotentiale zu gewähren. Ein saldierter Ausweis der anderen Erträge mit ihren korrespondierenden Aufwendungen ist gemäß RK.4.31 jedoch erlaubt.

Zusätzlich differenziert das IASB zwischen realisierten und unrealisierten Erträgen. Das Realisationsprinzip ist hierbei weit gefasst. Neben realisierten, in Zahlungs- oder Kreditvorgängen konkretisierten Erträgen werden auch realisierbare Erträge GuV-wirksam erfasst.

Aufwendungen

Aufwendungen stellen gemäß RK.4.25(b)

> *„eine Abnahme des wirtschaftlichen Nutzens in der Berichtsperiode in Form von Abflüssen oder Verminderungen von Vermögenswerten oder eine Erhöhung von Schulden dar, die zu einer Abnahme des Eigenkapitals führen, welche nicht auf Ausschüttungen an die Anteilseigner zurückzuführen ist“.*

Um das Rechnungslegungsziel der Informationsvermittlung zu unterstützen, differenziert das IASB im RK.4.33 auch bei den Aufwendungen zwischen Aufwendungen im Rahmen der gewöhnlichen Geschäftstätigkeit (expenses that arise in the course of the ordinary activities of the enterprise) und anderen Aufwendungen (losses). Erstere fallen im Rahmen der operativen Tätigkeit des Unternehmens an und umfassen gemäß RK.4.33 typischerweise Aufwandsposten wie Umsatzkosten, Löhne und Gehälter sowie Abschreibungen. Alle weiteren Posten, die die Definition von Aufwand erfüllen, gehören zu den anderen Aufwendungen, auch wenn sie im Rahmen der operativen Geschäftstätigkeit entstehen (RK.4.34). Darunter fallen sowohl außerplanmäßige Aufwendungen, wie z.B. Verluste aus dem Verkauf von Anlagevermögen, als auch außerordentliche Aufwendungen, wie sie z.B. durch Naturkatastrophen hervorgerufen werden (RK.4.35). Analog zu den Erträgen erfolgt in RK.4.35 eine Unterscheidung zwischen realisierten und unrealisierten Aufwendungen sowie ggf. eine Saldierung von anderen Aufwendungen mit anderen Erträgen.

Die Definition von Erträgen und Aufwendungen ist im Rahmenkonzept sehr weit gehalten. Sie umfasst sämtliche Eigenkapitalveränderungen, die nicht direkt durch Eigentümertransaktionen entstanden sind. Erfüllt ein Sachverhalt diese Definition von Erträgen bzw. Aufwendungen, kann es trotzdem möglich sein, dass er nicht in dem Teil der Gesamtergebnisrechnung ausgewiesen wird, der gemäß IAS 1.81-1.96 der Ergebnisermittlung dient (also nicht in der „traditionellen GuV“). So verändern einige Aufwendungen und Erträge nach dieser Definition zwar das Eigenkapital, werden aber als GuV-neutraler Aufwand und Ertrag nur unter dem sonstigen Ergebnis (other comprehensive income) in der Gesamtergebnisrechnung erfasst. Abbildung 5.3 stellt die Abgrenzung von Aufwendungen und Erträgen nach dem Rahmenkonzept noch einmal dar.

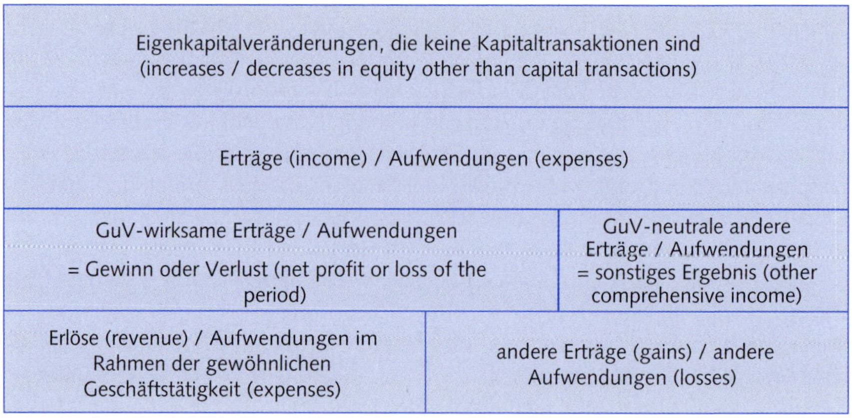

Abb. 5.3: Abgrenzung von Aufwendungen und Erträgen nach IFRS

Kritisch zu hinterfragen ist die vom IASB im Rahmenkonzept vorgenommene Unterscheidung zwischen Erlösen und anderen Erträgen bzw. Aufwendungen und anderen Aufwendungen. Obwohl es sinnvoll erscheint, den operativen von dem nicht operativen Bereich zu trennen, ist diese Unterscheidung nicht eindeutig und führt leicht zu Missverständnissen. Die geringe praktische Relevanz dieser Abgrenzung zeigt sich auch darin, dass sie in den konkretisierenden Standards nicht aufgegriffen wird. Eine detailliertere Beschreibung der in IAS 1 vorgenommenen Differenzierung von Aufwendungen und Erträgen erfolgt in Kapitel 7.

6 Ansatzkriterien

Den Ansatz von Vermögenswerten und Schulden in der Bilanz bzw. die Erfassung von Erträgen und Aufwendungen in der Gesamtergebnisrechnung regelt RK.4.37-53. Demnach sind folgende Kriterien kumulativ zu erfüllen:

- Der Sachverhalt muss die im vorangehenden Abschnitt angeführten Definitionen eines Abschlusspostens erfüllen,
- es muss wahrscheinlich sein, dass ein mit dem Sachverhalt verbundener Nutzen dem Unternehmen zufließt (Vermögenswert) bzw. von dem Unternehmen abfließt (Schuld) und
- die zuverlässige Bewertung des Sachverhaltes muss möglich sein.

Wahrscheinlichkeit des Nutzenzu- bzw. -abflusses

Bezüglich der Wahrscheinlichkeit des Nutzenzu- bzw. -abflusses werden vom IASB keine quantitativen Angaben gemacht. So kann grundsätzlich von der Erfordernis einer mehr als 50%igen Wahrscheinlichkeit ausgegangen werden[8].

8 Vgl. *Wagenhofer*, IAS/IFRS, S. 146 f.

Ist dagegen die zuverlässige Bewertung eines Sachverhalts nicht möglich, dann ist er außerhalb der Bilanz und Gesamtergebnisrechnung, beispielsweise im Anhang, anzugeben. Bei der Frage nach der Erfüllung der Ansatzkriterien sind darüber hinaus die qualitativen Anforderungen des Rahmenkonzeptes zu beachten. Hinzu kommt, dass in den meisten IFRS ebenfalls konkrete Vorschriften für den Bilanzansatz der dort behandelten Vermögenswerte und Schulden gegeben sind.

Beispiel 5.11

Ein Pharmaunternehmen hat im Jahr 2010 200 T€ in die Erforschung neuer Wirkstoffe zur Bekämpfung von Demenzerkrankungen investiert. Im Vordergrund dieser Forschung steht die Generierung eines Verständnisses über bestimmte Wirkungen in der genetischen Veränderung von Demenzerkrankungen. Zeitgleich arbeitet ein Team an der Entwicklung eines konkreten Medikaments, das die Nebenwirkungen einer Strahlentherapie reduzieren soll. Umfangreiche Forschungsarbeiten zur Identifizierung des Wirkstoffs sind bereits vorausgegangen. Zudem liegen klinische Studien vor, die den Erfolg des Wirkstoffs bestätigen.

Lösung

Die Frage, ob die Forschungsaktivitäten einen künftigen ökonomischen Nutzen erwirtschaften, ist mit hoher Unsicherheit verbunden. Der Nachweis eines wahrscheinlichen künftigen Nutzenzuflusses aus dem Demenzwirkstoff wird kaum zu erbringen sein, so dass eine Aktivierung unterbleibt. Bei den Entwicklungsanstrengungen hinsichtlich der Strahlentherapie ist das Unternehmen zeitlich näher an der Markteinführung eines Produktes und deshalb eventuell eher in der Lage, denkbare Nutzenpotenziale zu bestimmen. Diese Differenzierung findet sich auch in IAS 38 „Immaterielle Vermögenswerte" wieder. Während Forschungsausgaben hiernach sofort als Aufwand zu verrechnen sind, müssen Entwicklungsausgaben bei kumulativer Erfüllung bestimmter Bedingungen aktiviert werden.

Grundsatz periodengerechter Ergebnisermittlung

Die Zuordnung der Erträge und Aufwendungen zu den einzelnen Rechnungslegungsperioden erfolgt nach dem Grundsatz periodengerechter Ergebnisermittlung. RK.4.50-53 fordern, dass Aufwendungen grundsätzlich der Periode zuzurechnen sind, in der auch die korrespondierenden Erträge realisiert werden. So sind z.B. die Herstellungskosten für zum Verkauf bestimmte Güter und Dienstleistungen in der Periode GuV-wirksam zu erfassen, in der diese tatsächlich verkauft oder Dritten zur Nutzung überlassen werden. Die Periodenabgrenzung der Aufwendungen entsprechend der Ertragsrealisation ist bei direkter Zurechenbarkeit wenig problematisch. Ist hingegen ein direkter sachlicher Zusammenhang nicht gegeben, hat die Periodisierung nach rationalen und systematischen Kriterien zu erfolgen. Dies geschieht beispielsweise bei der Verteilung der Anschaffungsauszahlungen des abnutzbaren Sachanlagevermögens über die Nutzungsperioden. Bezüglich des Zeitpunktes der Ertragsrealisation gibt das

Rahmenkonzept keine konkreten Auskünfte. So ist z.B. die Realisation von betrieblichen Erlösen in IAS 18 „Erträge“ oder die Behandlung langfristiger Fertigungsaufträge in IAS 11 „Fertigungsaufträge“ geregelt.

7 Sonstige Inhalte des Rahmenkonzeptes

Das Rahmenkonzept gibt Bewertungsmaßstäbe und Kapitalerhaltungskonzepte vor. Allerdings enthält das Rahmenkonzept keine Zuordnung von bestimmten Bewertungsmaßstäben zu einzelnen Vermögens- oder Schuldpositionen. Diese erfolgt in den einzelnen Standards ggf. unter Bezugnahme auf die im Rahmenkonzept diskutierten Bewertungsmaßstäbe. Zudem werden in den einzelnen Standards noch zusätzliche Wertmaßstäbe eingeführt bzw. bestehende Wertansätze umdefiniert, so dass die im Rahmenkonzept angeführten Bewertungskonzeptionen für das System der IFRS nicht abschließend sind.

Zudem nennt das Rahmenkonzept zwei Kapitalerhaltungskonzepte, verzichtet jedoch darauf, ein bestimmtes Kapitalerhaltungskonzept zu favorisieren. Ähnlich wie die im Rahmenkonzept definierten Bewertungsmaßstäbe haben die Kapitalerhaltungskonzepte damit einen sehr abstrakten Charakter und sind für die praktische Anwendung der IFRS-Rechnungslegung faktisch bedeutungslos. Es ist davon auszugehen, dass die Nennung von Bewertungsmaßstäben und Kapitalerhaltungskonzepten in dem überarbeiteten Rahmenkonzept ausbleiben wird. Der Vollständigkeit halber soll hier dennoch eine kurze Darstellung der beiden Bereiche erfolgen.

7.1 Bewertungsmaßstäbe

Im Rahmen der Bewertung der Jahresabschlusselemente werden vom IASB in RK.4.55 vier verschiedene Bewertungsmaßstäbe angeführt, die im IFRS-Abschluss zur Anwendung kommen können.

Historische Kosten

Historische Anschaffungs- oder Herstellungskosten umfassen alle im Austausch für den zu bewertenden Sachverhalt erbrachten Gegenleistungen. Bei Vermögenswerten sind das entweder die zum Erwerb aufgewendeten Zahlungsmittel bzw. Zahlungsmitteläquivalente oder der beizulegende Zeitwert (fair value) der Gegenleistung zum Erwerbszeitpunkt. In Bezug auf Schulden umfassen die historischen Kosten den Wert, den der Bilanzierende im Austausch für die Schuld erhalten hat bzw. den Betrag, der voraussichtlich zum Ausgleich der Schuld aufzuwenden ist.

Wiederbeschaffungskosten

Die Wiederbeschaffungskosten entsprechen dem Betrag, der zum Stichtag für die Wiederbeschaffung eines identischen oder vergleichbaren Vermögenswertes aufgewendet werden muss. Bei Schulden bestimmen sich die Wiederbeschaffungskosten durch den Betrag, der zum Stichtag für die Begleichung der Schuld aufzuwenden ist.

Veräußerungswert/Erfüllungsbetrag

Der Veräußerungswert bestimmt sich durch den zum Stichtag hypothetisch erzielbaren Verkaufserlös eines Vermögenswertes. Schulden werden zum Erfüllungsbetrag bewertet, d.h. mit dem nicht diskontierten Betrag, der voraussichtlich aufgewendet werden muss, um die Schuld im Rahmen des gewöhnlichen Geschäftsverlaufs zu tilgen.

Barwert

Der Barwert von Vermögenswerten umfasst die diskontierten Zahlungsströme, die der Vermögenswert im Rahmen der normalen Geschäftstätigkeit voraussichtlich erzielen wird. Schulden werden zum Barwert der Zahlungsmittelabflüsse bewertet, die zur Tilgung der Schuld im Rahmen des gewöhnlichen Geschäftsverlaufs notwendig sind.

7.2 Kapitalerhaltungskonzepte

Um Anhaltspunkte zu geben, welches Bewertungskonzept anzuwenden ist, werden zwei prototypische Kapitalerhaltungskonzepte diskutiert.

Konzept der finanzwirtschaftlichen Kapitalerhaltung

Das finanzwirtschaftliche Kapitalerhaltungskonzept orientiert sich im Rahmen der Gewinnermittlung an einem Konzept der realisierten Überliquidität. Es werden somit nur Gewinne als realisiert angesehen, die tatsächlich zu einer Erhöhung der finanziellen Leistungsfähigkeit des Unternehmens geführt haben. Dabei beinhaltet das finanzwirtschaftliche Kapitalkonzept gemäß RK.4.59(a) sowohl das Konzept der nominalen als auch der realen Kapitalerhaltung.

Konzept der leistungswirtschaftlichen Kapitalerhaltung

Bei dem Konzept der leistungswirtschaftlichen Kapitalerhaltung hingegen wird ein Gewinn dann als realisiert angesehen, wenn die ökonomische Leistungsfähigkeit gestiegen ist. Es steht die Erhaltung der physischen Produktionskapazität im Vordergrund. Gewinn wird nach diesem Konzept als Erhöhung des physischen Produktionskapitals definiert.

8 Zusammenfassung und kritische Würdigung

Einen zusammenfassenden Überblick der Inhalte des Rahmenkonzeptes des IASB gewährt Abbildung 5.4. Ausgehend von der Zielsetzung der Rechnungslegung, der Vermittlung entscheidungsrelevanter Informationen, werden die grundlegenden Rechnungslegungsprinzipien und Definitionen für die wichtigsten Elemente des Jahresabschlusses entwickelt. Darauf aufbauend werden die Ansatz- und Bewertungskriterien sowie verschiedene Konzepte der Kapitalerhaltung dargestellt.

Das Rahmenkonzept ist für die Auslegung bestehender Standards oder für die Bilanzierung von bislang in den IFRS ungeregelten Sachverhalten von Bedeutung. Im Zuge von IAS 1.19 wird es sogar herangezogen, um einzelne Standards in ihrer Informationswirkung zu überprüfen, auch wenn Konsequenzen hieraus nicht wirklich zu erwarten sind.

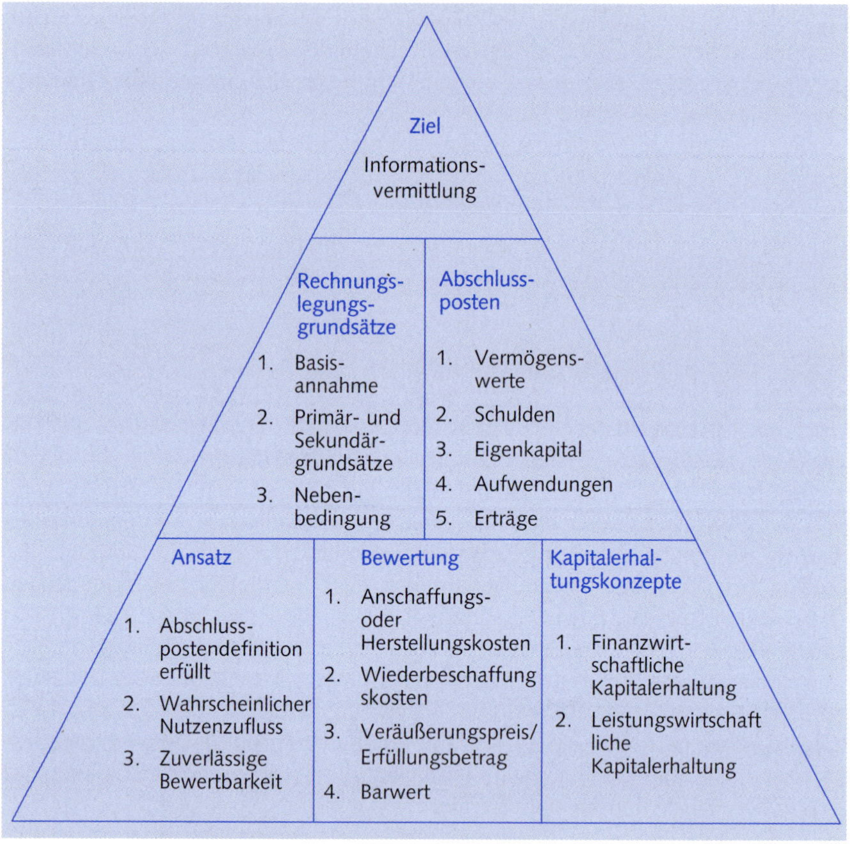

Abb. 5.4: Inhalte des Rahmenkonzeptes des IASB

Kritik am Rahmenkonzept

Trotz dieser übergeordneten Funktion, ist das Rahmenkonzept seit seiner Veröffentlichung insbesondere aufgrund der Inkonsistenzen zwischen seinem Inhalt und dem Wortlaut einzelner Standards kritisiert worden. Diese Inkonsistenzen wurden zwar durch eine Überarbeitung verschiedener Standards verringert, bisher aber nicht vollständig eliminiert. Ein weiterer Kritikpunkt wird in der Auflistung verschiedener Bewertungsmaßstäbe gesehen, ohne dass diese einzelnen Vermögens- oder Schuldpositionen zugeordnet werden. Der beizulegende Zeitwert (fair value) als zunehmend bedeutsamer Wertmaßstab wird hingegen kaum erwähnt. Auch das Fehlen einer eindeutigen Entscheidung für ein Kapitalerhaltungskonzept wird kritisch gesehen.

Exkurs

Konvergenzprojekt zur Erstellung eines gemeinsamen Rahmenkonzeptes

Das IASB hat sich der Kritik am Rahmenkonzept angenommen und plant im Rahmen eines gemeinsamen Projekts mit dem FASB dessen vollständige Überarbeitung. Ausgehend von den existierenden Rahmenkonzepten des IASB und des FASB soll ein einheitliches, in sich konsistentes Rahmenkonzept entwickelt werden, das künftig beiden Standardsettern als Basis ihrer Rechnungslegungsnormen dienen soll. Das im Oktober 2004 gestartete Projekt ist Teil der Konvergenzbestrebungen von IASB und FASB und in acht verschiedene Phasen unterteilt. Sofern eine Phase fertiggestellt ist, werden die entsprechenden Textstellen im Rahmenkonzept ersetzt.

Phase A: Zielsetzung und qualitative Anforderungen

Phase A des Projekts behandelt die Zielsetzung der Berichterstattung und die qualitativen Anforderungen an Abschlussinformationen. Diese Phase wurde im September 2010 abgeschlossen. Die diesbezüglichen Inhalte sind in Abschnitt 3 und 4 dieses Kapitels dargestellt worden.

Phase B: Abschlussposten und Ansatzkriterien

Phase B des Konvergenzprojekts befasst sich mit den Definitionen der Abschlussposten und den Ansatzkriterien. Bislang haben IASB und FASB Arbeitsversionen einer Vermögenswert- und einer Schuld-Definition diskutiert. Über einen Zeitplan zur Veröffentlichung eines Diskussionspapiers zu Phase B ist noch zu entscheiden.

Phase C: Bewertung

Phase C thematisiert Fragestellungen zur Bewertung. Konkret werden dabei die Definitionen und Eigenschaften von Bewertungsmaßstäben diskutiert und anhand der qualitativen Anforderungen an Rechnungslegungsinformationen beurteilt. Das im November 2005 vom IASB veröffentlichte Diskussionspapier „Measurement Bases for Financial Reporting – Measurement on Initial Recognition" leistet hier Vorarbeit, indem mögliche Maßstäbe für die erstmalige Bewertung von Vermögenswerten und Schulden, z.B. die Anschaffungskosten und der beizulegende Zeitwert, anhand von aus dem Rahmenkonzept des IASB abgeleiteten Kriterien, Entwicklungen in der finanzwirtschaftlichen Theorie sowie anhand der Bewertungspraxis beurteilt werden. Über einen Zeitplan zur Veröffentlichung eines Diskussionspapiers zu Phase C ist noch zu entscheiden.

Phase D: Berichterstattende Einheit

Die Definition und Grenzen einer berichterstattenden Einheit werden in Phase D behandelt. In dem Diskussionspapier vom Mai 2008 sind erste Überlegungen zur Kommentierung veröffentlicht worden. Der Standardentwurf „Conceptual Framework for Financial Reporting: The Reporting Entity" vom März 2010 stellt das vorläufige Ergebnis der bisherigen Diskussionen dar. Demnach stellt eine Berichtseinheit einen abgegrenzten Bereich wirtschaftlicher Aktivitäten dar. Eine rechtlich selbständige Struktur ist kein notwendiges Kriterium für die Existenz einer Berichtseinheit. Desweiteren haben sich IASB und FASB dafür ausgesprochen, dass die Konsolidierung nach dem Konzept der Beherrschung (control) erfolgen soll. Beherrschung liegt demnach vor, wenn eine Einheit in der Lage ist, die Aktivitäten der anderen Einheiten mit dem Ziel der Nutzengenerierung zu lenken. Mit dem Abschluss der Phase D ist nicht vor Ende der ersten Jahreshälfte 2011 zu rechnen.

Phase E: Ausweis und Angaben

Phase E umfasst Fragestellungen zu Ausweis und Angaben im Abschluss und beschäftigt sich insbesondere mit zukunftsgerichteten (prospektiven) Aussagen sowie deren Berücksichtigung im Abschluss.

Phase F: Zweck und Normenhierarchie

Die Bedeutung des Rahmenkonzeptes und die Stellung in der Regelungshierarchie werden in Phase F diskutiert. Die bestehenden Rahmenkonzepte des IASB und FASB unterscheiden sich diesbezüglich insofern, als das IASB-Rahmenkonzept bei Regelungslücken zur Anwendung kommt, während das FASB-Rahmenkonzept diese Lückenfüllungsfunktion nicht kennt.

Phase G: Gemeinnützige Unternehmen

Phase G diskutiert die Anwendbarkeit der Regelungen auf gemeinnützige Unternehmen.

Phase H: Verbleibende Fragestellungen

Phase H wird sich mit eventuell verbleibenden Fragestellungen beschäftigen und das Konvergenzprojekt abschließen. Die zeitliche Planung der Phasen E bis H steht noch nicht fest. Es ist nicht vor 2012 mit einer endgültigen Verabschiedung eines neuen Rahmenkonzeptes zu rechnen.

9 Wesentliche Unterschiede zum IFRS for SMEs

Konzeptioneller Rahmen weitgehend identisch, eventuell geringfügig stärkere Betonung der Koordinationsfunktion

Der Referenzrahmen des IFRS for SMEs findet sich in IFRS-SME.2 „Concepts and Pervasive Principles". Der Aufbau ist weitgehend identisch zu dem Rahmenkonzept der IFRS. Nach beiden Rechnungslegungssystemen besteht die Zielsetzung der Rechnungslegung in der Vermittlung entscheidungsrelevanter Informationen. Auch die Dominanz der Bewertungsfunktion ist in beiden Systemen offenkundig (vgl. auch Kapitel 1); eine Feststellung, die für die nicht kapitalmarktorientierten, häufig mittelständisch organisierten Unternehmen als Zielgruppe des IFRS for SMEs problematisch erscheint[9]. Neben der Vermittlung entscheidungsrelevanter Informationen sollen die Adressaten durch einen IFRS-SME-Abschluss in die Lage versetzt werden, die in der Berichtsperiode vom Management des Unternehmens geleistete Arbeit beurteilen zu können. Dieses der Koordinationsfunktion angenäherte Ziel der Rechenschaft (stewardship) wird – entgegen dem Rahmenkonzept der IFRS – explizit in IFRS-SME.2.3 genannt. Möglicherweise ist darin zu erkennen, dass das IASB der Koordinationsfunktion im mittelständischen Bereich (zu Recht) etwas mehr Bedeutung einräumt. Diese Vermutung wird auch durch die Tatsache gestützt, dass IFRS-SME.2.2 keine konkrete Adressatengruppe definiert, an denen sich der IFRS for SMEs primär orientiert. IFRS-SME.2.2 spricht lediglich von einer breiten Adressatengruppe, die nicht in der Lage ist, von den Unternehmen Informationen abseits des Jahresabschlusses zu verlangen.

Die qualitativen Anforderungen an IFRS-SME-Abschlüsse beinhalten keine grundlegende Annahme oder Nebenbedingungen. In einer Aufzählung reihen

9 Vgl. z.B. *Fülbier, R. U./Gassen, J./Ott, E.*, IFRS for SMEs für den europäischen Mittelstand?, in: DB, 63. Jg. (2010), S. 1357-1360.

sich vielmehr die qualitativen Anforderungen Verständlichkeit, Relevanz (konkretisiert durch den Grundsatz der Wesentlichkeit), Verlässlichkeit (konkretisiert durch den Grundsatz der wirtschaftlichen Betrachtungsweise und der Vollständigkeit), Vorsicht, Vergleichbarkeit, Zeitnähe und Abwägung zwischen Kosten und Nutzen aneinander. Die Unterteilung in Primär- und Sekundärgrundsätze ist lediglich dem Wortlaut zu entnehmen. Die Annahme der Unternehmensfortführung wird in IFRS-SME.3.8 und damit außerhalb des Referenzrahmens thematisiert. Sie unterscheidet sich inhaltlich nicht von der diesbezüglichen Annahme im IFRS-Rahmenkonzept. Die im IFRS-Rahmenkonzept nicht mehr erwähnte Annahme der Periodenabgrenzung wird hingegen im IFRS-SME.2.36 explizit genannt.

Hinsichtlich der Definition der Abschlussposten und den Ansatzkriterien bestehen keine Unterschiede zwischen dem IFRS-Rahmenkonzept und dem IFRS-SME.2. Als Bewertungsmaßstäbe werden in IFRS-SME.2.34 die Bewertung zu historischen Kosten und zum beizulegenden Zeitwert (fair value) genannt. Im Unterschied zu dem IFRS-Rahmenkonzept fehlen in IFRS-SME.2 die Kapitalerhaltungskonzepte. Allerdings sieht IFRS-SME.2 in IFRS-SME.2.46-51 konkrete Regelungen für die Erst- und Folgebewertung unter Berücksichtigung der Bewertungsregeln in den relevanten Abschnitten des IFRS for SMEs vor.

10 Wesentliche Unterschiede zum HGB

GoB als unbestimmter Rechtsbegriff

Der handelsrechtliche Jahresabschluss wird auf der Basis der Grundsätze ordnungsmäßiger Buchführung (GoB) aufgestellt. Diese dienen der Ausfüllung von Gesetzeslücken sowie der Auslegung von Gesetzesvorschriften. Hinter dem unbestimmten Rechtsbegriff der GoB verbergen sich allgemein anerkannte Regeln über die Führung der Handelsbücher sowie über die Erstellung des Jahresabschlusses. Dies hat den Vorteil, dass sich die GoB weiterentwickeln können, etwa wenn in der Praxis neue Sachverhalte auftreten oder sich in der Rechtsprechung neue Ansichten durchsetzen.

Teile der GoB im HGB kodifiziert

1985 wurde ein Teil der GoB im HGB kodifiziert. Zudem verweisen einige Gesetzestexte auf die GoB (z.B. § 243 Abs. 1 HGB, § 264, Abs. 2 HGB oder § 5 Abs. 1 EstG), um eine Vielzahl von Einzelregelungen zu vermeiden.

Materielle und formelle GoB

In ihrer Gesamtheit legen die GoB Ansatz-, Bewertungs- und Ausweisregeln fest. Dabei unterscheidet man materielle und formelle GoB. Die formellen GoB befassen sich hauptsächlich mit Aufstellungs- und Gliederungsgrundsätzen, die die äußere Ordnungsmäßigkeit betreffen, während die materiellen GoB im Wesentlichen den Charakter von Bilanzansatz- und Bewertungsgrundsätzen haben.

Neben den Dokumentationsgrundsätzen, die eine ordnungsmäßige Buchführung sicherstellen sollen, lassen sich fünf weitere, für den Jahresabschluss maßgebliche Arten von Grundsätzen unterscheiden[10].

Rahmengrundsätze

In den Rahmengrundsätzen werden Anforderungen an die Jahresabschlusserstellung festgelegt, die eine adäquate Abbildung der wirtschaftlichen Sachverhalte gewährleisten sollen. Sie sind vergleichbar mit den im IFRS-Rahmenkonzept enthaltenen qualitativen Anforderungen:

- Grundsatz der Richtigkeit,
- Grundsatz der Vergleichbarkeit,
- Grundsätze der Klarheit und Übersichtlichkeit,
- Grundsatz der Vollständigkeit,
- Grundsatz der Wirtschaftlichkeit.

Systemgrundsätze

Die Systemgrundsätze der GoB bilden die grundlegenden Annahmen, die für die Erstellung eines HGB-Abschlusses notwendig sind. Sie lassen sich vergleichen mit den Basisannahmen des IFRS-Rahmenkonzeptes:

- Prinzip der Unternehmensfortführung,
- Grundsatz der Pagatorik,
- Grundsatz der Einzelbewertung.

Ansatzgrundsätze

In den Ansatzgrundsätzen wird festgelegt, welche Zahlungen zu aktivieren bzw. zu passivieren sind:

- Prinzip der selbstständigen Verwertbarkeit (Aktivierungsgrundsatz),
- Prinzip der Verpflichtung, der wirtschaftlichen Belastung und der Quantifizierbarkeit (Passivierungsgrundsatz).

Während in der IFRS-Bilanzierung die Definition des Vermögenswertes auf den zukünftigen ökonomischen Nutzen abstellt, stellt das HGB auf die selbständige Verwertbarkeit ab und wählt damit eine enger gefasste Definition. Auch die Definition von Schulden unterscheidet sich. Im Gegensatz zu den IFRS kennt das HGB, wenn auch nur restriktiv, Innenverpflichtungen, also Schulden des Unternehmens gegenüber sich selbst (§ 249 Abs. 1 Nr. 1 HGB, vgl. Kapitel 15).

Definitionsgrundsätze für das Jahresergebnis

Die Definitionsgrundsätze für das Jahresergebnis legen fest, wann Ein- oder Auszahlungen GuV-wirksam in der Gewinn- und Verlustrechnung oder GuV-neutral im Eigenkapital zu erfassen sind:

- Realisationsprinzip,
- Grundsätze der Abgrenzung der Sache und der Zeit nach.

Kapitalerhaltungsgrundsätze

Die Kapitalerhaltungsgrundsätze stellen die letzte Kategorie der GoB dar. Nach HGB ist ausschließlich die nominale Kapitalerhaltung gültig. Die folgenden Kapitalerhaltungsgrundsätze spielen eine tragende Rolle:

- Imparitätsprinzip
- Vorsichtsprinzip

10 Vgl. *Baetge/Kirsch/Thiele*, Bilanzen, S. 114 ff.

Dominanz des Vorsichtsprinzips

Während in den IFRS das Vorsichtsprinzip nicht (mehr) als qualitative Anforderung an den Jahresabschluss erwähnt wird, besitzt es im HGB einen weitaus höheren Stellenwert. Diese starke Betonung des Vorsichtsprinzips ist Ausdruck der Gläubigerschutzorientierung des HGB, die den informationsorientierten IFRS naturgemäß eher fehlt (vgl. auch Kapitel 31).

11 Wesentliche Unterschiede zu US-GAAP

Conceptual Framework

Auch die US-GAAP besitzen mit dem „Conceptual Framework" des FASB einen theoretisch fundierten Bezugsrahmen, der als Grundlage für die Entwicklung neuer Standards dienen soll (vgl. dazu auch Kapitel 3). Ebenso wie das Rahmenkonzept des IASB beinhaltet es jedoch keine Lösung konkreter Rechnungslegungsfragen. Für den generalnormartigen Verweis des IAS 1.19 auf das Rahmenkonzept gibt es in den US-GAAP allerdings kein Pendant. Das Conceptual Framework bestand bis zur Neuordnung der US-GAAP aus insgesamt sieben „Statements of Financial Accounting Concepts" (SFAC), die nun in ASC.105 enthalten sind.

Weitgehende Identität mit Rahmenkonzept des IASB

Inhaltlich ist das Conceptual Framework weitgehend identisch mit dem Rahmenkonzept der IFRS. Dies liegt darin begründet, dass sich das IASB bei der Ausarbeitung seines Rahmenkonzeptes stark an dem Conceptual Framework des FASB orientierte. Daher kann es nicht überraschen, dass es aus den gleichen Gründen kritisiert wird, die auch gegen das IFRS-Rahmenkonzept sprechen. Insbesondere der auch im Vergleich zu IAS 1.19-1.24 fehlende Verbindlichkeitsgrad und die allgemein gehaltenen, wenig operationalisierbaren Aussagen stehen in der Kritik. Durch eine Überarbeitung des Conceptual Framework im Rahmen des gemeinsamen Projekts mit dem IASB (vgl. Exkurs) sollen diese Kritikpunkte jedoch behoben werden.

Ausgewählte Literatur

Coenenberg, A., G./Straub, B., Rechenschaft versus Entscheidungsunterstützung: Harmonie oder Disharmonie der Rechnungszwecke?, in: KoR, 8. Jg. (2008), S. 17-26.

Gassen, J./Fischkin, M./Hill, V., Das Rahmenkonzept-Projekt des FASB: Eine normendeskriptive Analyse des aktuellen Stands, in: WPg, 61. Jg. (2008), S. 874-882.

Dobler, M./Hettich, S., Zum Entwurf eines gemeinsamen Rahmenkonzeptes von FASB und IASB – Rechnungslegungsziele und qualitative Anforderungen, in: IRZ, 2. Jg. (2007), S. 29-36.

Streim, H./Bieker, M./Leippe, B., Anmerkungen zur theoretischen Fundierung der Rechnungslegung nach International Accounting Standards, in: Schmidt, H. et al. (Hrsg.), Moderne Konzepte für Finanzmärkte, Beschäftigung und Wirtschaftsverfassung, Tübingen 2001, S. 177-206.

Übungsaufgaben

Aufgabe 1:

Das Rahmenkonzept stellt das Grundkonzept des IFRS-Rechnungslegungssystems dar.

a) Welche Ziele verfolgt das IASB mit dem Rahmenkonzept? Gehen Sie hierbei auch auf die Stellung des Rahmenkonzeptes im Vergleich zu anderen Verlautbarungen des IASB ein.
b) Nennen Sie potentielle Jahresabschlussadressaten und deren Informationsbedürfnisse. An den Informationsbedürfnissen welcher Abschlussadressaten orientiert sich die IFRS-Rechnungslegung und warum?
c) Erläutern Sie die Voraussetzungen, die erfüllt sein müssen, damit ein Sachverhalt als Vermögenswert oder Schuld in der Bilanz angesetzt werden kann.

Aufgabe 2:

Beschreiben Sie die qualitativen Anforderungen an einen IFRS-Abschluss.

Aufgabe 3:

Zur Zeit arbeiten IASB und FASB gemeinsam an einer neuen Fassung des Rahmenkonzeptes. Wodurch ist diese Arbeit motiviert?

Kapitel 6
Berichterstattendes Unternehmen

Wird die wirtschaftliche Lage von rechtlich selbständigen Unternehmen ausschließlich anhand ihrer Einzelabschlüsse beurteilt, kann dies zu erheblichen Fehlurteilen führen. Ausschlaggebend hierfür sind mehr oder weniger intensive rechtliche und/oder wirtschaftliche Verflechtungen. Dies sei am folgenden, stark vereinfachten Beispiel einer sog. Konzernpyramide dargestellt (Abbildung 6.1):

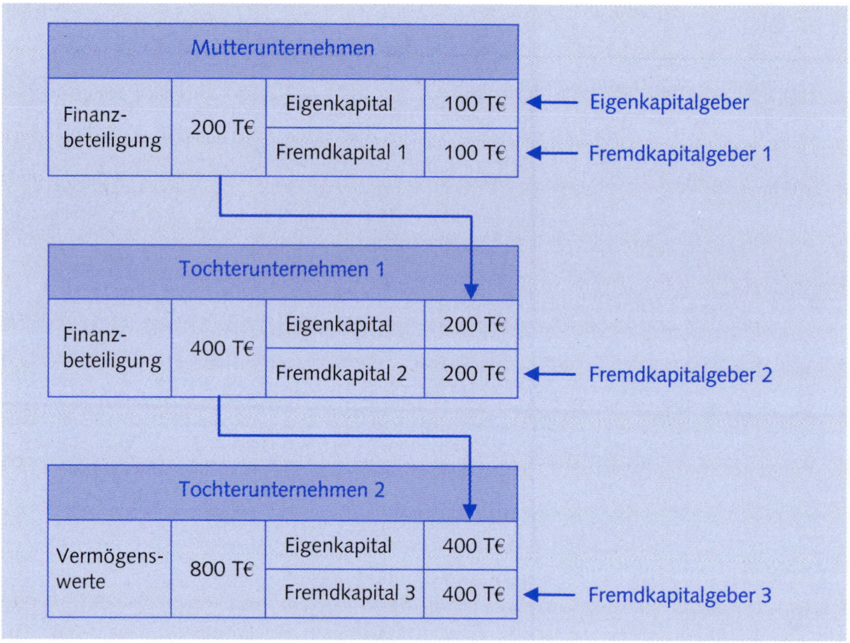

Abb. 6.1: Darstellung einer Konzernpyramide

Bei isolierter Betrachtung der Einzelabschlüsse ergibt sich auf jeder Ebene eine Eigenkapitalquote (Eigenkapital / Bilanzsumme) von 50 %. Dies signalisiert für alle Gesellschaften identische Kapitalstrukturen und damit zunächst vergleichbare Risiken. Die Gefahr dieser Interpretation wird anhand folgender Ergänzung deutlich: Wenn Tochterunternehmen (TU) 2 eine Fehlinvestition vornimmt und einen Jahresfehlbetrag von 400 T€ realisiert, können die Ansprüche von Fremdkapitalgeber 3 noch aus dem Vermögen beglichen werden. Da das Eigenkapital von TU 2 jedoch vollständig aufgezehrt ist, erfolgt eine Abschreibung der Finanzbeteiligung von TU 1 in Höhe von 400 T€. Diese wiederum führt dazu, dass die Forderung von Fremdkapitalgeber 2 ausfällt, da ihr keine Aktiva mehr gegenüberstehen. Somit ist auch das Eigenkapital von TU 1 vollständig aufgezehrt. Folglich muss das Mutterunternehmen (MU) seine Finanzbeteiligung an TU 1 abschreiben. Da nun auch beim MU keine Aktiva mehr vorhanden sind, sind auch die Forderungen von Fremdkapitalgeber 1 sowie das Eigenkapital nicht mehr werthaltig. Die Fremdkapitalgeber 1 und 2 sowie die Eigenkapitalgeber gehen in diesem Szenario folglich leer aus.

Ein Konzernabschluss soll durch die Einbeziehung des Mutterunternehmens und aller seiner Tochterunternehmen sicherstellen, dass die Investitions- und Kapitalstrukturrisiken aller wirtschaftlich zusammen gehörigen Unternehmen sichtbar werden. Im Beispiel ergibt sich so eine Konzerneigenkapitalquote von 12,5 %, die das Ausmaß dieser Risiken aufzeigt (Abbildung 6.2):

Konzernabschluss				
Vermögenswerte	800 T€	Eigenkapital	100 T€	← Eigenkapitalgeber
		Fremdkapital 1	100 T€	← Fremdkapitalgeber 1
		Fremdkapital 2	200 T€	← Fremdkapitalgeber 2
		Fremdkapital 3	400 T€	← Fremdkapitalgeber 3

Abb. 6.2: Konzernbilanz

Lernziele

Nach der Lektüre dieses Kapitels sollen Sie in der Lage sein,
- die unterschiedliche Bedeutung von Einzel- und Konzernabschluss einzuschätzen,
- zu beurteilen, wer zur Aufstellung eines Konzernabschlusses verpflichtet ist, und
- den Kreis der in den Konzernabschluss einzubeziehenden Unternehmen zu bestimmen.

1 Einleitung

Abgrenzung des berichterstattenden Unternehmens

Vor der Überarbeitung des Rahmenkonzepts (vgl. auch Kapitel 5) definierte RK.8 jedes Unternehmen, das Adressaten hat, welche sich auf die Abschlüsse des Unternehmens als wichtigste Informationsquelle verlassen, als berichterstattendes Unternehmen (reporting entity). Zwar findet sich im aktuellen Rahmenkonzept (noch) keine solche Definition (vgl. auch den Exkurs in diesem Kapitel), dennoch besteht zunächst die Notwendigkeit, ein berichterstattendes Unternehmen von seiner Umwelt abzugrenzen, um den Anforderungen des Rahmenkonzepts in bspw. RK.OB2 gerecht zu werden. Eine solche Abgrenzung kann nach rechtlichen und/oder nach wirtschaftlichen Kriterien erfolgen.

Rechtliche Kriterien: Einzelabschluss

Bei Verwendung rechtlicher Kriterien wird in jeder abgrenzbaren Rechtseinheit (legal entity), wie z.B. einer einzelnen GmbH, ein berichterstattendes Unternehmen gesehen. Je nach nationalen wirtschafts- und gesellschaftsrechtlichen Gegebenheiten wären damit Unternehmen unterschiedlicher Rechtsformen als berichterstattende Unternehmen einzustufen. In Deutschland wären dies jeder Einzelkaufmann, jede Personengesellschaft und jede Kapitalgesellschaft. Die von solchen Rechtseinheiten aufgestellten Abschlüsse haben den Charakter von Einzelabschlüssen. Da hier rechtliche Kriterien zur Anwendung kommen, ist die Abgrenzung des berichterstattenden Unternehmens im Falle des Einzelabschlusses in der Regel unproblematisch.

Aufstellungspflicht

Für jedes rechtlich selbständige Unternehmen ist in den meisten Ländern ein Einzelabschluss zu erstellen. Die Aufstellungspflicht hierzu ergibt sich jedoch nicht aus den IFRS, da das IASB als privatwirtschaftliche internationale Organisation zur rechtlichen Unternehmensabgrenzung und zur diesbezüglichen Rechnungslegungspflicht auf nationale Rechtssysteme verweisen muss. IAS 27.38-40 bestimmen lediglich, nach welchen Methoden Tochter-, Gemeinschafts- und assoziierte Unternehmen in einem separaten (aus welchen Gründen auch immer erstellten) IFRS-Einzelabschluss abzubilden sind, konstituieren aber selbst nicht die Pflicht zur Aufstellung eines solchen Abschlusses (IAS 27.39). Diese ist in Deutschland in den §§ 238 ff. HGB reguliert und verpflichtet, angefangen von einem als Einzelkaufmann organisierten Pommesbudenbetrieb bis hin zur Publikumsaktiengesellschaft Deutsche Telekom AG, grundsätzlich jeden Kaufmann zur Erstellung eines Jahresabschlusses[1]. Darüber hinaus verpflichtet das deutsche Steuerrecht nach § 4 EStG alle Kaufleute zur Ermittlung eines Gewinns für Ertragsteuerzwecke.

Wirtschaftliche Kriterien: Konzernabschluss

Die Abgrenzung des berichterstattenden Unternehmens nach rechtlichen Gesichtspunkten verkennt allerdings, dass die selbständige Handlungsfähigkeit eines Unternehmens durch rechtliche und/oder wirtschaftliche Kooperationen bzw. Verflechtungen mit anderen Unternehmen eingeschränkt sein kann. Dies kann ggf. so weit führen, dass der Einzelabschluss für sich genommen keine fair presentation der wirtschaftlichen Lage des Unternehmens gewährleistet. In einem Konzernverbund müssen Unternehmen aufgrund vielfältiger konzerninterner Transaktionen im Zusammenspiel mit den anderen zur wirtschaftlich selbständig agierenden Einheit „Konzern" gehörenden Unternehmen gesehen werden. Derartige Strukturen sind in der heutigen Wirtschaftsrealität üblich[2]. Der Einzelabschluss enthält in solchen Fällen lediglich zufällige Teilinformationen über die wirtschaftliche Entwicklung aller Konzerngesellschaften. Diese Teilinformationen können zudem durch bewusste Sachverhaltsgestaltung in Form konzerninterner Transaktionen verzerrt sein.

Beispiel 6.1

Konzernunternehmen A liefert auf Anordnung der Konzernspitze an Konzernunternehmen B Produkte zu einem Verrechnungspreis, der unter den Herstellungskosten des liefernden Unternehmens und unter dem Marktpreis liegt. Falls Konzernunternehmen A keine weiteren Umsätze generiert, erscheint in

1 Seit dem Bilanzrechtsmodernisierungsgesetz ist jedoch zu beachten, dass Einzelkaufleute nach § 241a HGB von der handelsrechtlichen Jahresabschlusserstellung befreit werden können. Ist bei Einzelkaufleuten in zwei aufeinander folgenden Geschäftsjahren der Umsatz nicht größer als 500 T€ und der Jahresüberschuss nicht größer als 50 T€, braucht kein Abschluss erstellt zu werden.

2 Vgl. dazu m.w.N. *Theisen, M. R.*, Der Konzern, 2. Aufl., Stuttgart 2000, Kapitel A.

dessen Einzelabschluss ein Verlust, dem bei Weiterverkauf durch Konzernunternehmen B ein entsprechender Gewinnzuwachs in dessen Einzelabschluss gegenübersteht.

Auch wenn die konzerninternen Geschäfte zu Marktkonditionen abgewickelt werden, sind die Einzelabschlüsse der Konzernunternehmen u.U. dadurch verzerrt, dass aus Liefer- und Leistungsgeschäften Gewinne ausgewiesen werden, die aus Konzernsicht noch nicht (mit konzernfremden Dritten) realisiert worden sind.

Konzernabschluss als Hauptinformationsinstrument

Um eine korrekte Darstellung der wirtschaftlichen Lage zu gewährleisten, ist als Hauptinformationsinstrument ein Gruppenabschluss als eigenständiger Abschluss der wirtschaftlichen Einheit „Konzern" zu erstellen. In diesem werden nur solche Aktivitäten berücksichtigt, die alle zum Konzern gehörenden Gesellschaften mit außenstehenden Dritten abgewickelt haben. Geschäfte der rechtlich selbständigen, miteinander aber wirtschaftlich verbundenen Konzernunternehmen untereinander werden in einem solchen konsolidierten Abschluss nicht dargestellt. Insofern wird der Konzernabschluss unter der „Fiktion der rechtlichen Einheit" aufgestellt[3]. Der Konzernabschluss wird auch in Deutschland zunehmend als der informativere Abschluss angesehen[4]. So wird der Einzelabschluss des Mutterunternehmens in vielen Geschäftsberichten überhaupt nicht mehr abgedruckt[5].

Mehrfache Rechnungslegungspflicht

Damit sind rechtlich selbständige Unternehmen an der Spitze eines Unternehmensverbundes einer mehrfachen Rechnungslegungspflicht ausgesetzt. Solche Unternehmen haben – neben einem Einzelabschluss (separate financial statements) nach §§ 238 ff. HGB und einer Steuerbilanz – einen Konzernabschluss (consolidated financial statements) nach HGB oder IFRS für den Unternehmensverbund aufzustellen.

Relevante Normen

Während das IASB nicht regelt, welche Unternehmen einen Einzel- und/oder Konzernabschluss erstellen müssen, liefern die IFRS jedoch konkrete Anhaltspunkte für die Bestimmung einer nach wirtschaftlichen Kriterien von der Umwelt abgrenzbaren Einheit „Konzern". Diese Regeln finden sich überwiegend in IAS 27 „Konzern- und separate Abschlüsse nach IFRS" (Consolidated and Separate Financial Statements). Hinzu tritt die Interpretation SIC-12, die als Ergänzung zu IAS 27 die Konzernzugehörigkeit von sog. Zweckgesellschaften regelt (vgl. auch Abschnitt 3.2).

Regelungsumfang von IAS 27

Der Anwendungsbereich von IAS 27 bezieht sich auf die Erstellung und Offenlegung von Konzernabschlüssen für eine Unternehmensgruppe, die unter der Beherrschungsmöglichkeit (control) durch ein Mutterunternehmen steht

3 Vgl. *Busse von Colbe et al.*, Konzernabschlüsse, S. 25-26.

4 Zur (empirischen) Frage des Informationsgehalts von Konzernabschlüssen vgl. bereits *Pellens, B.*, Der Informationswert von Konzernabschlüssen, Wiesbaden 1988.

5 Vgl. *Bonse, A.*, Informationsgehalt von Konzernabschlüssen nach HGB, IAS und US-GAAP, Frankfurt a.M. 2004.

(IAS 27.1). IAS 27 enthält damit die relevanten Vorschriften für den Konsolidierungskreis und darüber hinaus auch die grundsätzlichen Konsolidierungsregeln für die Konzernabschlusserstellung. Zudem regelt IAS 27 die Bilanzierung von Anteilen an Tochter-, Gemeinschafts- und assoziierten Unternehmen in separaten Einzelabschlüssen nach IFRS, sofern solche erstellt werden. Nicht geregelt wird hingegen die Methode für die (erstmalige) Bilanzierung von Unternehmenszusammenschlüssen. Diese ist nach IAS 27.2 Gegenstand von IFRS 3 (vgl. Kapitel 23). Ebenfalls nicht in IAS 27 geregelt ist die Behandlung von Joint Ventures und assoziierten Unternehmen im Konzernabschluss (vgl. hierzu IAS 28, IAS 31 sowie Kapitel 24).

Aufbau von IAS 27

IAS 27 orientiert sich an dem für die meisten IFRS üblichen Aufbau: Einer Abgrenzung des Anwendungsbereiches (IAS 27.1-3) folgt eine Definition und Erläuterung zentraler Begriffe (IAS 27.4-8). Anschließend wird in IAS 27.9-11 geklärt, welche Unternehmen einen Konzernabschluss vorlegen sollen (Aufstellungspflicht), während IAS 27.12-17 festlegen, welche Unternehmen in diesen Konzernabschluss einzubeziehen sind (Konsolidierungskreis). In IAS 27.18-31 wird die grundsätzliche Vorgehensweise der Konzernabschlusserstellung dargestellt. Das Ausscheiden eines Unternehmens aus dem Konsolidierungskreis ist in IAS 27.32-37 geregelt. Die Bilanzierung von Anteilen an Tochterunternehmen im Einzelabschluss eines Mutterunternehmens ist Gegenstand von IAS 27.38-40. Angabepflichten sind in IAS 27.41 ff. reguliert[6].

2 Pflicht zur Aufstellung eines Konzernabschlusses

IAS-Verordnung

Die Frage, welche Unternehmen die IFRS anwenden müssen und daher ihre Pflicht zur Aufstellung eines Konzernabschlusses anhand von IAS 27 zu prüfen haben, liegt in der Regelungshoheit der Staaten. Nach der „IAS-Verordnung" der EU müssen kapitalmarktorientierte Mutterunternehmen in der EU ihre Konzernabschlüsse ab 2005 nach den IFRS aufstellen[7]. Diese Regulierung entfaltet unmittelbare Rechtsgeltung in allen EU-Mitgliedsstaaten. Auf den ersten Blick ist fraglich, nach welchen Vorschriften es sich bestimmt, ob ein Unternehmen als konzernabschlusspflichtiges Mutterunternehmen im Sinne der IAS-Verordnung gilt. Denkbar ist, dass diese EU-Konzernrechnungslegungspflicht entweder nach auf EU-Verordnungen basierendem nationalem Recht oder nach IAS 27 zu beur-

6 Vgl. zur Konzernabschlusserstellung, zum Ausscheiden eines Unternehmens aus dem Konsolidierungskreis sowie zur Bilanzierung von Anteilen an Tochterunternehmen im Einzelabschluss des Mutterunternehmens Kapitel 23.

7 Vgl. Verordnung (EG) Nr. 1606/2002 des Europäischen Parlaments und des Rates vom 19.07.2002 betreffend die Anwendung internationaler Rechnungslegungsstandards, Tz. 2.

teilen ist. Gemäß dem durch das Bilanzrechtsreformgesetz eingefügten § 315a HGB sind in Deutschland die §§ 290 ff. HGB maßgeblich. Damit könnte theoretisch folgender Fall eintreten: Ein kapitalmarktorientiertes Unternehmen, das nach §§ 290 ff. HGB nicht konzernrechnungslegungspflichtig ist, müsste keinen IFRS-Konzernabschluss erstellen, obwohl es nach IAS 27 / SIC-12 konzernrechnungslegungspflichtig wäre[8].

Grundsatz

Nach IAS 27.9 ist grundsätzlich jedes Mutterunternehmen zur Aufstellung eines Konzernabschlusses verpflichtet. Ein Mutterunternehmen ist nach IAS 27.4 ein Unternehmen mit einem oder mehreren Tochterunternehmen. Ein Verbund von Mutter- und Tochterunternehmen wird als Konzern bezeichnet.

Beherrschungsmöglichkeit

Eine Mutter-Tochter-Beziehung wird durch eine Beherrschungsmöglichkeit beschrieben. Ein Tochterunternehmen zeichnet sich dadurch aus, dass es unter der Beherrschungsmöglichkeit eines anderen Unternehmens, des Mutterunternehmens, steht. Nach IAS 27.4 liegt eine solche Beherrschungsmöglichkeit (control) vor, wenn das Mutterunternehmen die (rechtlich abgesicherte) Möglichkeit hat, die Finanz- und Geschäftstätigkeit des Tochterunternehmens so zu bestimmen, dass es aus dessen Aktivitäten einen Nutzen ziehen kann.

Ausnahme in mehrstufigen Konzernen

Eine Ausnahme von der alle Mutterunternehmen betreffenden grundsätzlichen Aufstellungspflicht für Konzernabschlüsse gilt nach IAS 27.10 unter bestimmten Voraussetzungen für ein Mutterunternehmen, das seinerseits Tochterunternehmen ist (Zwischenholding). In diesen Fällen wird vermutet, dass der Gesamt- und nicht der sog. Teilkonzernabschluss das für Abschlussadressaten relevante Rechenwerk darstellt. Hier hat der Teilkonzernabschluss potenziell ähnliche Informationsdefizite wie ein Einzelabschluss.

Befreiungsvoraussetzungen für Teilkonzernabschlüsse

Aufgrund der Annahme, dass ein Gesamtkonzernabschluss zur Information genügt, kann nach IAS 27.10 auf einen Teilkonzernabschluss verzichtet werden, wenn:

- es keine konzernfremden Gesellschafter gibt bzw. diese über den Verzicht auf einen Teilkonzernabschluss informiert sind und nicht widersprechen (IAS 27.10(a)),
- keine Inanspruchnahme eines öffentlichen Kapitalmarktes durch die Zwischenholding vorliegt (IAS 27.10(b)) oder in Vorbereitung ist (IAS 27.10(c)) und
- der veröffentlichte, IFRS-konforme Konzernabschluss eines übergeordneten Mutterunternehmens vorliegt (IAS 27.10(d)).

8 Vgl. m.w.N. *Pellens, B./Amshoff, H./Schmidt, A.*, Einbeziehung von Tochterunternehmen und Zweckgesellschaften in den Konzernabschluss, in: Küting, K./Pfitzer, N./Weber, C.-P. (Hrsg.), IFRS und BilMoG, 2010, S. 75-104.

3 Konsolidierungskreis

3.1 Einzubeziehende Tochterunternehmen

Weltabschlussprinzip

Gemäß IAS 27.12 hat ein Mutterunternehmen in seinen Konzernabschluss grundsätzlich alle Tochterunternehmen im Wege der Vollkonsolidierung einzubeziehen. Damit legt IAS 27 dem Konzernabschluss das Weltabschlussprinzip zugrunde. Jedoch sind einige Besonderheiten zu beachten.

IFRS 5

Anteile an Tochterunternehmen, für die eine kurzfristige Weiterveräußerungsabsicht besteht, nehmen eine besondere Stellung ein. Solche Gesellschaften sind nach IFRS 5.32 (vgl. Kapitel 27) als aufgegebene Geschäftsbereiche zu bilanzieren. Für solche Tochterunternehmen gilt zwar die generelle Einbeziehungspflicht, allerdings unterliegen deren Vermögenswerte und Schulden im Konzernabschluss speziellen Bewertungs- und Ausweisvorschriften. In der Konzernbilanz sind auf der Aktivseite die Summe der Vermögenswerte und auf der Passivseite die Summe der Schulden auszuweisen. Die Vermögenswerte sind zum Nettoveräußerungswert (fair value less costs to sell) anzusetzen, wobei der bisherige Buchwert die Wertobergrenze darstellt. Die Schulden sind zum beizulegenden Zeitwert (fair value) anzusetzen[9].

Unwesentliche Tochterunternehmen

Unter Berufung auf den im Rahmenkonzept in Tz. 29 f. bzw. IAS 1.29 ff. enthaltenen Wesentlichkeitsgrundsatz kann auf die Einbeziehung von Tochterunternehmen verzichtet werden. Zur Beurteilung werden regelmäßig die Auswirkungen auf verschiedene Jahresabschlussposten untersucht. Als mögliche Kriterien kommen bspw. Bilanzsumme, Umsatz oder der Gewinn oder Verlust in Betracht. Hinsichtlich der prozentualen Veränderungen dieser Posten werden Grenzwerte zwischen 5 % und 10 % als zweckmäßig angesehen[10]. Diese Werte gelten jedoch nicht nur für ein Tochterunternehmen allein, sondern für alle aufgrund von Unwesentlichkeit nicht einbezogenen Tochterunternehmen zusammen.

Keine Ausnahme bei nur vorübergehender Beherrschungsmöglichkeit oder bei Restriktionen

Das IASB stellt in IAS 27.16 klar, dass auch Investoren wie Venture Capital-Gesellschaften, Private Equity-Gesellschaften oder Investmentfonds hinsichtlich der von ihnen kontrollierten Unternehmen die Konsolidierungspflicht zu prüfen haben. Das frühere Konsolidierungsverbot wegen erheblicher langfristiger Beschränkungen, welche die Fähigkeit eines Tochterunternehmens, finanzielle Mittel an das Mutterunternehmen zu übertragen, wesentlich behindern, wurde im Rahmen des Improvements Project aufgehoben. Solche Restriktionen sind indes bei der Frage zu berücksichtigen, ob eine Beherrschungsmöglichkeit überhaupt vorliegt[11].

Keine Ausnahme bei abweichender Tätigkeit

Die IFRS kennen zudem keine Abweichung von der generellen Einbeziehungspflicht bei Tochterunternehmen, deren Tätigkeit von der anderer Konzernunternehmen abweicht. In IAS 27.17 wird argumentiert, dass den Informations-

9 Vgl. *Lüdenbach*, Haufe IFRS-Kommentar, Abschnitt 32, Tz. 94 f.
10 Vgl. z.B. *Lüdenbach*, Haufe IFRS-Kommentar, Abschnitt 32, Tz. 100.
11 Vgl. IAS 27.BC20.

bedürfnissen der Bilanzadressaten besser gedient wird, wenn solche Unternehmen konsolidiert werden und auf ihre abweichende Tätigkeit mit Hilfe von Zusatzinformationen hingewiesen wird. Solche Informationen können insbesondere mit Hilfe der Segmentberichterstattung (IFRS 8) vermittelt werden (vgl. auch Kapitel 29).

Nur Tochterunternehmen

Unternehmen, die zwar durch Beteiligungen miteinander verbunden sind, bei denen jedoch kein beteiligtes Unternehmen eine Beherrschungsmöglichkeit hat, unterliegen nicht der Vollkonsolidierung. Damit gehören, wie Abbildung 6.3 zeigt, schwächere Formen bilateraler Unternehmensverbindungen, also Gemeinschaftsunternehmen, assoziierte Unternehmen und sonstige Beteiligungen, nicht zum Vollkonsolidierungskreis. Diese Unternehmen werden aber dennoch im Konzernabschluss jeweils unterschiedlich berücksichtigt (vgl. hierzu Kapitel 24).

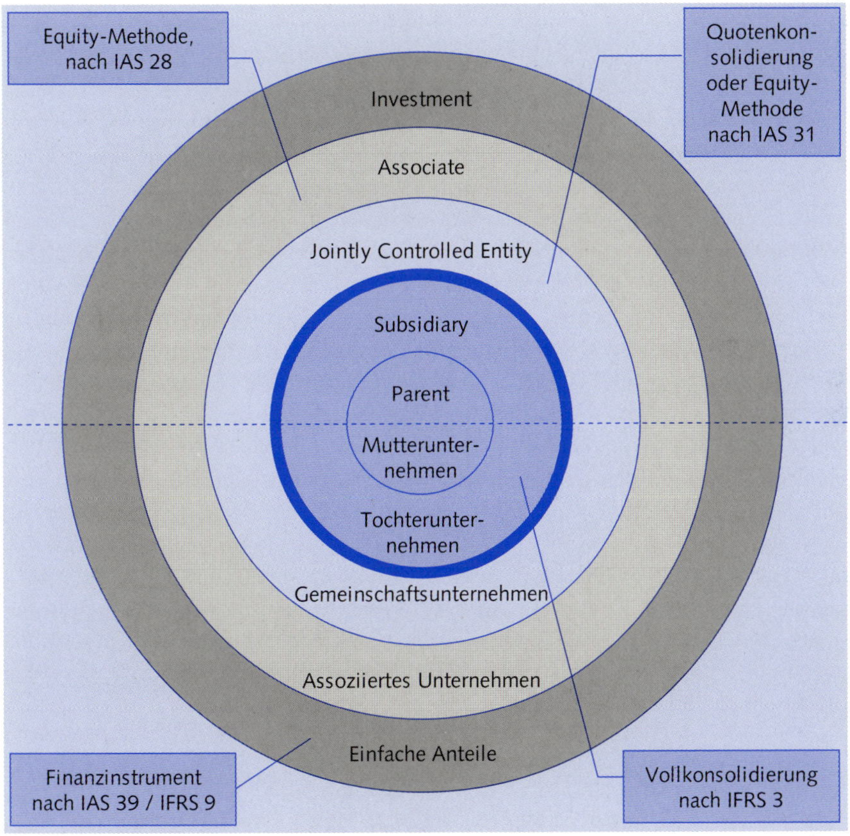

Abb. 6.3: Konsolidierungskreis nach IFRS

Vermutung der Beherrschungsmöglichkeit bei Stimmrechtsmehrheit

Im Rahmen der Vorschriften zum Vollkonsolidierungskreis konkretisiert IAS 27 den Begriff der Beherrschungsmöglichkeit, um sicherzustellen, dass alle zur wirtschaftlichen Einheit Konzern gehörenden Unternehmen in den Konzernabschluss einbezogen werden. Gemäß IAS 27.13 wird eine Beherrschungsmöglichkeit immer dann vermutet, wenn das Mutterunternehmen, direkt oder indirekt, mehr als die Hälfte der Stimmrechte an einem anderen Unternehmen hält. Sofern sich nach dem Grundsatz „One Share - One Vote" Kapital- und Stimmrechtsanteil entsprechen[12], ist hierfür eine mehrheitliche Kapitalbeteiligung notwendig. Das IASB etabliert in IAS 27.13 die widerlegbare Vermutung, dass ein Unternehmen, dessen Stimmrechtsmehrheit direkt oder indirekt bei einem anderen Unternehmen liegt, von diesem beherrscht werden kann und mit ihm folglich eine wirtschaftliche Einheit bildet, über deren Vermögens-, Finanz- und Ertragslage nur ein Konzernabschluss sinnvoll informieren kann.

Beispiel 6.2

Ein Auseinanderfallen von Kapital- und Stimmrechtsanteil bei einer Beteiligung wird am Beispiel der in Deutschland börsennotierten Fresenius Medical Care AG & Co. KGaA (FMC) deutlich, deren Aktionärsstruktur zum Jahresende 2009 im Folgenden erörtert wird. Zu diesem Zeitpunkt hatte die Fresenius SE (FSE) 80.657.688 Stammaktien und ebenso viele Vorzugsaktien ausstehen. Der Jahresendkurs der Stammaktien betrug 45,45 €, der der Vorzugsaktien 50,01 €. Die FMC hatte 295.746.635 Stammaktien und 3.884.328 Vorzugsaktien ausstehen. Der Jahresendkurs dieser Stammaktien betrug 36,94 €, der der Vorzugsaktien 31,04 €.

Das folgende Schaubild zeigt, dass die Else Kröner-Fresenius-Stiftung über ihren stimmberechtigten Stammaktienanteil (58 %) die FSE kontrolliert, welche ihrerseits mit 36 % der Stimmrechte an der FMC und mit 100 % an der Fresenius Medical Care Management AG beteiligt ist. Die Fresenius Medical Care Management AG ist persönlich haftende Gesellschafterin der FMC und hat deren Geschäftsführung übernommen. Von daher übt die Fresenius SE mittelbar control über die FMC aus und muss diese somit als Tochterunternehmen in ihren Konzernabschluss einbeziehen. Gemessen am Marktwert der gesamten Eigenkapitalanteile (Aktienkurs · Aktienanzahl) hält die Else Kröner-Fresenius-Stiftung nur rund 28 % der FSE, während die FSE ihrerseits nur etwa 36 % der Anteile der FCM besitzt[13]. Folglich übt die Else Kröner-Fresenius-Stiftung mit einem Kapitalanteil von nur rund (0,28 · 0,36 =) 10 % control über die FMC aus.

12 So sind bspw. Vorzugsaktien in der Regel nicht mit einem Stimmrecht ausgestattet, so dass eine teilweise auf Vorzugsaktien gegründete Kapitalmehrheit nicht notwendigerweise eine Beherrschungsmöglichkeit zur Folge hat. Vgl. *Ruhwedel, F.*, Eigentümerstruktur und Unternehmenserfolg, Frankfurt a. M. u.a. 2003, S. 107-114.

13 Aufgrund der geringen Anzahl an Vorzugsaktien der FMC haben diese bei der Berechnung des Kapitalanteils kaum Auswirkungen.

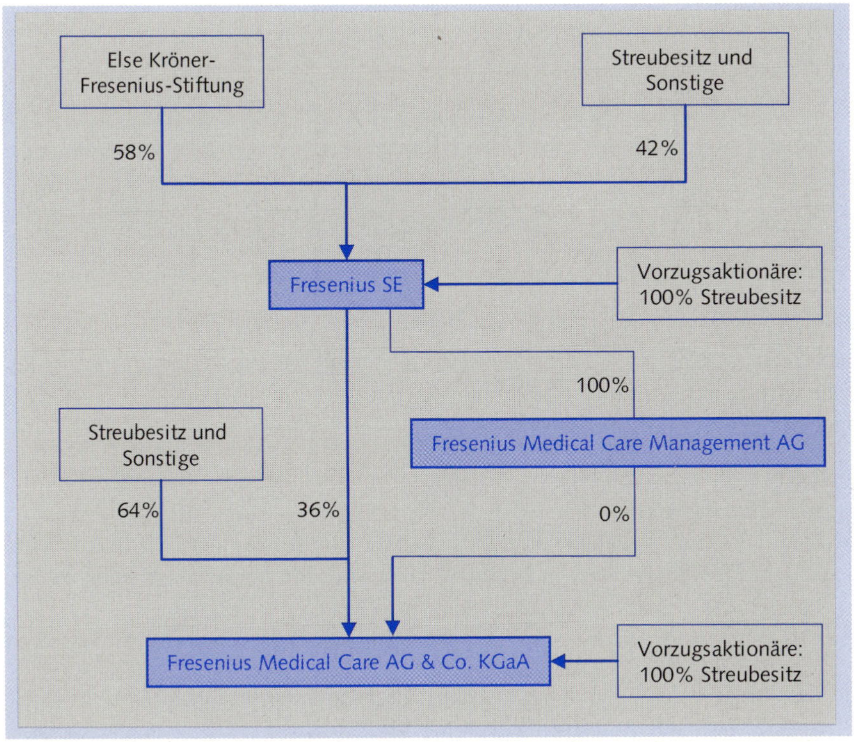

Potenzielle Stimmrechte

Bei potenziellen Stimmrechten handelt es sich um Finanzinstrumente wie etwa Aktienoptionen oder Wandelanleihen, durch deren Ausübung bzw. Umwandlung das Unternehmen zusätzliche Stimmrechte an einem anderen Unternehmen erwerben kann[14]. Solche potenziellen Stimmrechte sind, sofern gegenwärtig ausüb- bzw. umwandelbar, nach IAS 27.14 bei der Ermittlung der Stimmrechte zu berücksichtigen. An der gegenwärtigen Ausüb- bzw. Umwandelbarkeit fehlt es, wenn diese noch von einem zukünftigen Ereignis abhängt oder erst zu einem späteren Termin erfolgen kann. Unerheblich ist allerdings, ob das Management die Absicht und die finanzielle Fähigkeit hat, diese Rechte auszuüben oder zu wandeln (IAS 27.15).

Fehlende Beherrschungsmöglichkeit trotz Stimmrechtsmehrheit

Unter vom IASB explizit als „außergewöhnlich" bezeichneten Umständen kann es vorkommen, dass einem Mutterunternehmen, obwohl es die Mehrheit der Stimmrechte an einem anderen Unternehmen inne hat, die Möglichkeit fehlt, dieses Unternehmen zu beherrschen (IAS 27.13). Wenn eine solche Konstellation eindeutig nachgewiesen werden kann, muss die Einbeziehung unterbleiben. Da es dem Mutterunternehmen obliegt, die trotz Stimmrechtsmehrheit fehlende Beherrschungsmöglichkeit darzulegen, eröffnet IAS 27 hier ein faktisches Konsolidierungswahlrecht.

14 Zur Wirkungsweise derartiger Finanzinstrumente auf die Anzahl der ausgegebenen Aktien eines Unternehmens und damit auch auf das verwässerte Ergebnis je Aktie vgl. Kapitel 28.

Beispiel 6.3

An einer Beherrschungsmöglichkeit des Mutterunternehmens kann es trotz bestehender Stimmrechtsmehrheit immer dann fehlen, wenn über die Finanz- und Geschäftstätigkeit des anderen Unternehmens nicht per (einfacher) Stimmrechtsmehrheit der Gesellschafter entschieden wird. Dies kann z.B. der Fall sein, wenn die Satzung eine Zweidrittel- oder sonstige qualifizierte Mehrheit für wesentliche Entscheidungen vorsieht, wenn die Kontrolle des Unternehmens – etwa in einem Insolvenzverfahren – den Gesellschaftern entzogen ist oder wenn ein Entherrschungsvertrag existiert.

Unwiderlegbare Beherrschungsvermutung trotz fehlender Stimmrechtsmehrheit

Um zu verhindern, dass Mutterunternehmen sich einer Konsolidierungspflicht durch (rechtliche) Sachverhaltsgestaltung entziehen, trägt das IASB dem Umstand Rechnung, dass eine Beherrschungsmöglichkeit auch bei fehlender Stimmrechtsmehrheit gegeben sein kann. IAS 27.13 enthält hierzu vier Anhaltspunkte. Liegt einer der genannten Tatbestände vor, ist trotz fehlender Stimmrechtsmehrheit unwiderlegbar von einer Beherrschungsmöglichkeit über ein anderes Unternehmen auszugehen:

- Das Mutterunternehmen hat die Möglichkeit, aufgrund einer Übereinkunft mit anderen Investoren über mehr als die Hälfte der Stimmrechte des anderen Unternehmens zu verfügen (IAS 27.13(a)).
- Das Mutterunternehmen hat die Bestimmungsmacht über die Finanz- und Geschäftstätigkeit gemäß einer Satzung oder Vereinbarung (IAS 27.13(b)).
- Das Mutterunternehmen kann die Mehrheit der Mitglieder eines kontrollierenden Leitungsgremiums (z.B. des Vorstandes) ernennen oder absetzen (IAS 27.13(c)).
- Das Mutterunternehmen kann die Stimmrechtsmehrheit in Sitzungen des kontrollierenden Leitungsgremiums ausüben (IAS 27.13(d)).

De-Facto-Control

Die in IAS 27.13 aufgeführten Kriterien sind jedoch nicht abschließend. So kann auf Grundlage der abstrakten control-Definition in IAS 27.4 unabhängig von den Einzelkriterien eine faktische Möglichkeit zur Einflussnahme auf die Finanz- und Geschäftspolitik gegeben sein. Von einem solchen De-Facto-Control-Verhältnis ist z.B. bei einer nachhaltigen bzw. dauerhaften Präsenzmehrheit auf der Hauptversammlung einer Aktiengesellschaft auszugehen. Ob solche Tatbestände allerdings zwingend zu einer Beherrschungsmöglichkeit im Sinne des IAS 27 führen, wird in der Literatur kontrovers diskutiert[15]. Auch das IASB hat bislang keine formelle Entscheidung getroffen, auch wenn der Standardsetter bestimmte Fälle von De-Facto-Control-Verhältnissen informell unter dem control-Begriff subsumiert[16]. So ist auch in diesem Fall bisher noch von einem faktischen Konsolidierungswahlrecht auszugehen.

Beendigung der Beherrschungsmöglichkeit

Ein Mutter-Tochter-Verhältnis kann aufgrund von control-Verlust enden, wenn das Mutterunternehmen die Möglichkeit verliert, die Finanz- und Geschäftstätigkeit des Tochterunternehmens so zu bestimmen, dass es aus dessen

15 Vgl. bspw. *Baetge/Hayn/Ströher*, IAS-Kommentar, S. 12 f., Tz. 18 und S. 33, Tz. 88.
16 Vgl. IASB Update October 2005, London 2005, S. 2.

Aktivitäten Nutzen ziehen kann. Dies kann mit oder ohne Veränderung in der Eigentümerstruktur des Tochterunternehmens geschehen (IAS 27.32). Im letzteren Fall wird das Tochterunternehmen bspw. der Beherrschung durch ein Gericht oder eine Regulierungsbehörde unterworfen. Ferner kann das Mutterunternehmen seine Beherrschungsmöglichkeit bspw. durch vertragliche Abrede (Entherrschungsvertrag) aufgeben.

3.2 Einzubeziehende Zweckgesellschaften

Special-Purpose Entities

Unternehmen versuchen regelmäßig u.a. aus bilanzkosmetischen Gründen, Vermögenswerte und Schulden in sog. Zweckgesellschaften auszulagern und deren Konsolidierung zu vermeiden, um so ihre Bilanzrelationen zu verbessern. Solche Special-Purpose Entities (SPE) kommen insbesondere in Form von Leasingobjektgesellschaften oder im Zusammenhang mit Finanzierungsmodellen unter Verwendung von Asset-Backed-Securities vor[17]. Oftmals hat der Initiator/Sponsor einer solchen SPE fremdfinanzierte Vermögenswerte an diese übertragen und durch deren Nichtkonsolidierung seine Eigenkapitalquote gestärkt. Während der Finanzkrise sind gerade solche Konstruktionen vermehrt eingesetzt worden und haben tatsächlich vorhandene Risiken verschleiert[18].

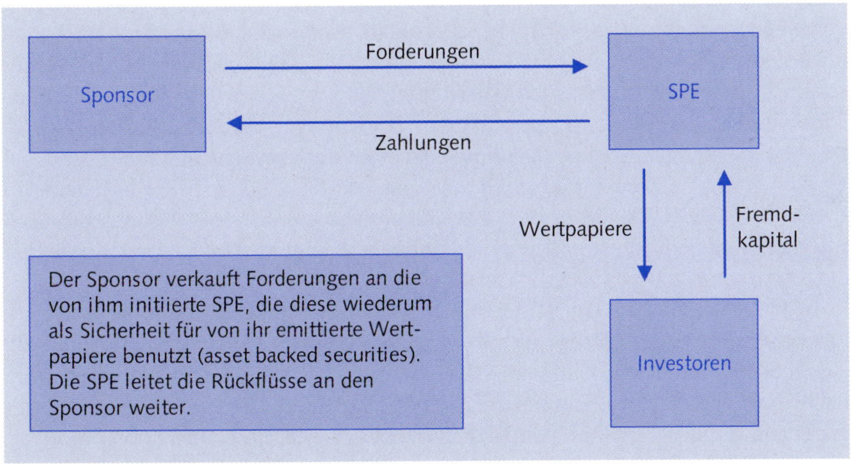

Abb. 6.4: Vereinfachte Darstellung einer SPE-Konstruktion

17 Vgl. *Schruff, W./Rothenburger, M.*, Zur Konsolidierung von Special Purpose Entities im Konzernabschluss nach US-GAAP, IAS und HGB, in: WPg, 55. Jg. (2002), S. 755-765 sowie *Kustner, C.*, Special Purpose Entities – Wirtschaftliche Merkmale und Bilanzierung in der internationalen Rechnungslegung, in KoR, 4. Jg. (2004), S. 308-318.

18 Vgl. bspw. *Mujkanovic, R.*, Die Konsolidierung von Zweckgesellschaften nach IFRS und HGB vor dem Hintergrund der Subprime-Krise und des BilMoG, in StuB, 10. Jg. (2008), S. 136-141.

Abbildung 6.4 zeigt in vereinfachter Form eine typische SPE-Konstruktion, die von einem Sponsor dazu verwendet wird, einen Forderungsbestand in verbriefter Form am Kapitalmarkt zu platzieren, ohne dass das hierdurch generierte Fremdkapital seine Bilanzrelationen belastet. Die Herkunft des bei einer SPE gewöhnlich geringen Eigenkapitals wird in dieser Abbildung nicht dargestellt. In der Praxis erfolgt die Eigenkapitalausstattung solcher Unternehmen durch Banken oder Dienstleister, die auf die Gründung solcher Zweckgesellschaften spezialisiert sind.

„Autopilot“-Mechanismus

Weil die Sponsoren solcher Konstruktionen in der Regel keine Stimmrechtsmehrheit an den SPEs halten und diese zudem derart ausgestaltet sind, dass auch die übrigen Kriterien von IAS 27.13 nicht erfüllt sind, liegt meist keine Konsolidierungspflicht nach IAS 27 vor. SPEs verfolgen ihren eng definierten Zweck regelmäßig auf der Basis restriktiver Satzungsbestimmungen, die nicht ohne Einverständnis des Sponsors geändert werden können, und sind somit gleichsam auf „Autopilot“ geschaltet. Hierdurch wird die Möglichkeit der Leitungsorgane der SPEs, wesentliche finanz- und geschäftspolitische Entscheidungen zu treffen, weitgehend dauerhaft beschränkt.

SIC-12

Wenn die Risiken und Chancen einer solchen Konstruktion unabhängig von der juristischen Ausgestaltung beim Sponsor verbleiben, wäre eine SPE bei wirtschaftlicher Betrachtungsweise gemäß RK.BC 3.26 im Sinne einer fair presentation auch von diesem zu konsolidieren. Dieses Ergebnis wird allerdings mit Hilfe der Konsolidierungsregeln in IAS 27, die nicht auf die Berücksichtigung von SPEs ausgelegt sind, häufig nicht erreicht. Angesichts dieses Problems wurde bereits 1998 der SIC-12 „Konsolidierung – Zweckgesellschaften“ verabschiedet, der eine umfassende Würdigung der zwischen dem bilanzierenden Unternehmen und der SPE bestehenden Beziehungen fordert. Ist über IAS 27 aus oben genannten Gründen keine Konsolidierungspflicht ableitbar, sind bei Vorliegen einer Zweckgesellschaft im Sinne von SIC-12.1 ff. die ergänzenden Kriterien in SIC-12.10 zu prüfen. Ausgenommen von der Anwendung sind nach SIC-12.6 lediglich Pensionspläne und ähnliche Sachverhalte, die in den Anwendungsbereich des IAS 19 (vgl. Kapitel 16) fallen.

Indikatoren für control

In SIC-12 wird der Begriff der Beherrschungsmöglichkeit (control) erweitert, um die im Zusammenhang mit SPEs anzutreffenden Umstände wirtschaftlich angemessen zu berücksichtigen. SIC-12.9 löst sich hierbei von dem Kriterium der Eigenkapital- bzw. Stimmrechtsbeteiligung. Stattdessen wird davon ausgegangen, dass SPEs vielfach von Dritten finanziert werden, welche, obwohl rechtlich Eigenkapitalgeber, wirtschaftlich eine gläubigerähnliche Stellung einnehmen und keinerlei Kontrolle ausüben (wollen). Gemäß SIC-12 ist die Beherrschungsmacht über eine SPE vorrangig nach wirtschaftlichen Gesichtspunkten zu beurteilen. Hierzu werden in SIC-12.10 beispielhaft Umstände aufgelistet und im Anhang konkretisiert, die zu den in IAS 27.13 aufgeführten Indikatoren hinzutreten:

- Die Aktivitäten der SPE werden bei wirtschaftlicher Betrachtung zu Gunsten des Sponsors und maßgeschneidert auf dessen spezielle Bedürfnisse ausgeführt, so dass der Sponsor Nutzen aus den Tätigkeiten der SPE zieht. Ein Beispiel sind die bereits erörterten Asset-Backed-Securities.

- Der Sponsor hat bei wirtschaftlicher Betrachtung die Entscheidungsmacht, den Großteil des Nutzens aus der SPE zu ziehen, oder hat diese Entscheidungsmacht per „Autopilot"-Mechanismus delegiert. Anhaltspunkt ist etwa die Fähigkeit, die SPE aufzulösen oder ihre Satzung zu ändern.
- Der Sponsor, dem bei wirtschaftlicher Betrachtung die absolute Mehrheit des Nutzens aus der SPE zusteht, trägt auch die Risiken, die aus der Tätigkeit der SPE resultieren.
- Um Nutzen aus der Geschäftstätigkeit der SPE zu ziehen, lastet auf dem Sponsor bei wirtschaftlicher Betrachtung die absolute Mehrheit der Residual- oder Eigentumsrisiken aus der SPE oder ihren Vermögenswerten. Beispielsweise kann im Rahmen eines Forderungsverkaufs an die SPE das Ausfallrisiko beim Sponsor (Verkäufer) verbleiben (unechtes Factoring).

Wirtschaftliche Betrachtungsweise

Bei der Mehrzahl der hier genannten Vorteile und Risiken handelt es sich um solche, die typischerweise mit einer Eigentümerstellung an der SPE verbunden sind. Sie können sich sowohl aus schuld- als auch aus gesellschaftsrechtlichen Abreden ergeben. Die obigen Kriterien sind als Indikatoren zu verstehen, die im Rahmen einer umfassenden, auf eine wirtschaftliche Betrachtungsweise abstellenden Einzelfallprüfung herangezogen werden sollen.

Abbildung 6.5 fasst die Vorgehensweise bei der Bestimmung des Vollkonsolidierungskreises abschließend zusammen.

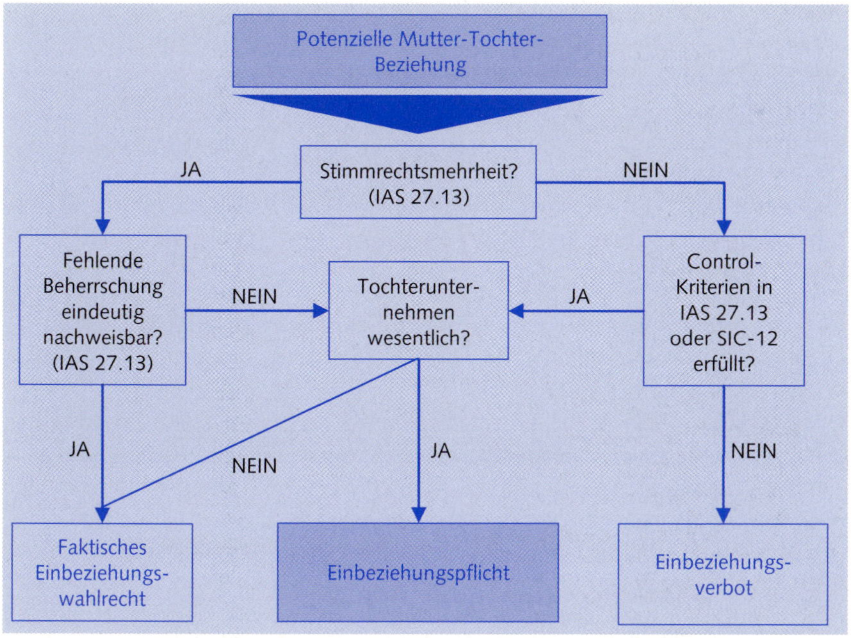

Abb. 6.5: Ablaufschema für die Festlegung des Vollkonsolidierungskreises nach IAS 27 und SIC-12

Exkurs

Überarbeitung des Rahmenkonzepts und consolidations project von IASB und FASB

SPEs nach wie vor häufig nicht einbezogen

Nicht erst seit der Finanz- und Wirtschaftskrise wird der Umstand diskutiert, dass trotz SIC-12 weiterhin Zweckgesellschaften häufig nicht in den Konsolidierungskreis einbezogen werden. Einerseits werden die Kriterien des SIC-12.10 durch Sachverhaltsgestaltungen umgangen. Andererseits besteht die Gefahr, IAS 27 und SIC-12 falsch anzuwenden, wenn das Verhältnis dieser beiden Regelungen falsch eingeschätzt wird. So darf SIC-12 nicht als eigenständiger Standard, sondern „nur" als Interpretationshilfe zu den Kriterien in IAS 27.13 gesehen werden. Wird nur eine dieser beiden Verlautbarungen angewandt, können hieraus u.U. falsche Ergebnisse resultieren.

Reformvorschläge

Aus diesen Gründen hat das IASB gemeinsam mit dem FASB ein Projekt zur Überarbeitung der für die Bestimmung des Vollkonsolidierungskreises einschlägigen Standards aufgesetzt. In diesem Rahmen wurde zunächst im Dezember 2008 der ED 10 „Consolidated Financial Statements" veröffentlicht, der dann Ende 2010 zum staff draft IFRS X „Consolidated Financial Statements" führte. Zudem wird im Rahmen der Überarbeitung des Rahmenkonzepts erstmalig grundlegend geklärt, welche Unternehmensgruppen, Unternehmen oder Unternehmensteile als berichterstattende Einheiten nach IFRS angesehen werden sollen. Hierzu hat das IASB den Exposure Draft ED/2010/2 „Conceptual Framework: The Reporting Entity" im Juli 2010 zur Diskussion gestellt.

Berichterstattende Einheit

In ED 10.1 wird das grundlegende Konzept festgehalten. Demnach ist eine berichterstattende Einheit ein abgrenzbares Feld ökonomischer Aktivitäten. Zudem sollen Informationen über diese Einheit für Abschlussadressaten potenziell von Interesse sein. ED 10.2 führt eine hieraus abgeleitete Liste von Kriterien auf, die eine berichterstattende Einheit erfüllt:

- Ökonomische Aktivitäten wurden oder werden aktuell oder zukünftig ausgeführt.
- Diese Aktivitäten können objektiv von denen anderer Einheiten abgegrenzt werden.
- Informationen über die Einheit sind für Investoren zur Ressourcenallokation und zur Beurteilung der Managementperformance nützlich.

Einzelunternehmen

Die Abgrenzung einer berichterstattenden Einheit richtet sich nicht zwangsläufig nach der gesellschaftsrechtlichen Ausgestaltung (ED/2010/2.RE4). Allerdings führen die Kriterien in der Regel dazu, dass Einzelunternehmen als Berichtseinheiten identifiziert werden.

Konzernunternehmen

Zur Beurteilung, ob eine Unternehmensgruppe als berichterstattende Einheit einen Konzernabschluss aufstellen sollte, etabliert ED/2010/2.7 bis 10 das bereits bekannte Beherrschungskonzept. Ein Unternehmen beherrscht demnach ein anderes Unternehmen, wenn es in der Lage ist, dessen Aktivitäten zu bestimmen, um aus diesem Nutzen zu ziehen. Control wird in diesem

Rahmen vom IASB als unteilbar definiert, d.h. nur ein Unternehmen allein kann ein anderes beherrschen.

Modifiziertes Beherrschungskonzept

IFRS X greift dieses nunmehr im Rahmenkonzept verankerte Konzept auf. Ausnahmen von diesem Grundsatz wurden aus IAS 27 und SIC-12 weitgehend übernommen. Inhaltlich wird die Definition einer Beherrschungsmöglichkeit im Vergleich zu IAS 27 modifiziert. So beherrscht ein Mutterunternehmen nach IFRS X.6 ein Tochterunternehmen, wenn es dessen variablen Rückflüssen ausgesetzt ist oder einen rechtlichen Anspruch auf diese hat und es die Möglichkeit besitzt, diese Rückflüsse mittels seiner Beherrschungsmacht zu beeinflussen. Damit sind nunmehr nach IFRS X.7 drei Kriterien für die Beurteilung eines Beherrschungsverhältnisses einschlägig, die kumulativ erfüllt sein müssen:

- Das Mutterunternehmen muss die Beherrschungsmacht über das potenzielle Tochterunternehmen (IFRS X.10 bis 14 des staff draft) inne haben,
- dessen variablen Rückflüssen ausgesetzt sein oder einen rechtlichen Anspruch auf diese haben (IFRS X.15 f. des staff draft) und
- seine Beherrschungsmacht zur Beeinflussung dieser Rückflüsse einsetzen können (IFRS X.17 des staff draft).

Stimmrechtsmehrheiten

Der einfachste Fall einer Beherrschungsmöglichkeit – control durch Stimmrechtsmehrheit – ist offensichtlich durch dieses Konzept abgedeckt und in IFRS X.B 3 und IFRS X.30 f. erörtert. Jedoch führt eine Stimmrechtsmehrheit nicht immer zu control (IFRS X.B 32 f.), da es auch Situationen gibt, in denen eine Stimmrechtsmehrheit nicht zu einer Beherrschungsmöglichkeit führen kann (IFRS X.B 34).

Einheitliches Prinzip zur Beurteilung

Auffällig ist, dass der staff draft nur noch ein einheitliches Prinzip (IFRS X.6) verfolgt und sich insofern von IAS 27 und SIC-12 unterscheidet. Vielmehr wird ein Grundprinzip definiert, das zur Beurteilung aller potenziellen Mutter-Tochter-Verhältnisse geeignet sein soll. Zur Erleichterung der Anwendung dieses Konzepts ist eine umfangreiche application guidance angefügt, die integraler Bestandteil des zukünftigen Standards sein soll.

Umfangreiche Anwendungshinweise

Einerseits liefern die Anwendungshinweise umfangreiche Erörterungen zu den drei Kriterien des neuen Beherrschungskonzeptes. Andererseits werden auch Hilfestellungen für Situationen gegeben, die bislang für Komplikationen bei der Anwendung des control-Konzepts sorgten. So wird z.B. in IFRS X.B 25 bis B 29 das Vorgehen bei Franchising-Verträgen und in IFRS X.B 42 bis B 45 die Handhabung von potenziellen Stimmrechten geregelt. Ausführungen zu Konstruktionen, die bislang in den Anwendungsbereich von SIC-12 fallen würden, finden sich in IFRS X.B 4 sowie B 45 bis B 52. Prinzipal-Agenten-Verhältnisse werden in IFRS X.B 53 bis B 71 geregelt. Die bislang in den IFRS nicht explizit geregelten Silo-Strukturen – also Konstruktionen, in denen mehrere Zweckgesellschaften in einer rechtlichen Einheit zusammengefasst werden, um eine Konsolidierung zu vermeiden – werden in IFRS X.B 72 bis B 75 erörtert.

4 Angabepflichten

Ein Konzernabschluss ist um folgende konsolidierungskreisbezogene Angaben zu erweitern (IAS 27.41, vgl. auch Kapitel 23):

- die Art der Beziehung zwischen dem Mutterunternehmen und einem Tochterunternehmen, dessen Stimmrechtsmehrheit nicht beim Mutterunternehmen liegt,
- die Gründe für fehlende Beherrschungsmöglichkeit trotz vorliegender Stimmrechtsmehrheit.

5 Wesentliche Unterschiede zum IFRS for SMEs

Grundsatz und Ausnahmen

Auch nach den IFRS for SMEs haben Mutterunternehmen grundsätzlich einen Konzernabschluss aufzustellen (IFRS-SME.9.2). Auch werden alle in IAS 27 enthaltenen Ausnahmen von einer Einbeziehungspflicht übernommen. Als zusätzliche Erleichterung ist für zur Weiterveräußerung gehaltene Beteiligungen nicht IFRS 5 einschlägig. Stattdessen sind solche Beteiligungen nach IFRS-SME.9.3(b) GuV-wirksam zum beizulegenden Zeitwert oder zu fortgeführten Anschaffungskosten zu bewerten.

Control-Konzept

Die IFRS for SME sehen zur Bestimmung der Aufstellungspflicht und des Konsolidierungskreises wie IAS 27 das control-Konzept vor. Die entsprechenden Regelungen sind in IFRS-SME.9.5 ff. verankert und entsprechen weitgehend denen des IAS 27.13 ff. Spezielle Regelungen für Zweckgesellschaften finden sich im Anschluss in IFRS-SME.9.10 ff. Diese entsprechen nahezu denen in SIC-12.

6 Wesentliche Unterschiede zum HGB

Einzelabschluss

In Deutschland besteht nach § 242 Abs. 1 HGB für jeden Kaufmann eine Rechnungslegungspflicht, die hinsichtlich Rechtsform, Größe und Tätigkeit unterschiedlich umfassend reguliert ist[19]. Eine Differenzierung nach der Inanspruchnahme des Kapitalmarktes ist in Deutschland für den Einzelabschluss zumindest bisher nicht üblich.

Konzernrechnungslegungspflicht

Nach deutschem Recht ist die Konzernrechnungslegungspflicht an die Rechtsform des Mutterunternehmens (HGB) bzw. an die Größe des Konzerns (PublG) gebunden. Mit der Verabschiedung des BilMoG wurden die konstituierenden Merkmale einer Mutter-Tochter-Beziehung an die IFRS angeglichen.

19 Vgl. hierzu auch Fußnote 1.

Somit gilt nur noch das international übliche Konzept der „möglichen Beherrschung“ oder „control-Konzept“. Darüber hinaus beinhaltet § 290 Abs. 2 Nr. 4 HGB in Anlehnung an SIC-12 zusätzliche kasuistische Regelungen für Zweckgesellschaften[20].

Konzept der möglichen Beherrschung

Eine Aufstellungspflicht für einen Konzernabschluss besteht immer dann, wenn eine „Kapitalgesellschaft (Mutterunternehmen) [...] auf ein anderes Unternehmen (Tochterunternehmen) unmittelbar oder mittelbar einen beherrschenden Einfluss ausüben kann“ (§ 290 Abs. 1 Satz 1 HGB). Der Begriff des beherrschenden Einflusses wird nicht näher definiert. Der Gesetzgeber konkretisiert ihn in der Gesetzesbegründung prinzipienorientiert lediglich dahingehend, dass von einem beherrschenden Einfluss auszugehen ist, „wenn ein Unternehmen die Möglichkeit hat, die Finanz- und Geschäftspolitik eines anderen Unternehmens dauerhaft zu bestimmen, um aus dessen Tätigkeit Nutzen zu ziehen“. Diese Definition entspricht grundsätzlich derjenigen nach IAS 27.4. Zur Veranschaulichung eines beherrschenden Einflusses finden sich in § 290 Abs. 2 HGB vier nicht abschließende typisierende Konkretisierungstatbestände:

- Beherrschungsmöglichkeit durch Stimmrechtsmehrheit;
- Beherrschungsmöglichkeit durch Mehrheit der Bestellungs- und Abberufungsrechte hinsichtlich der Mitglieder im Aufsichts- oder Verwaltungsorgan, das die Finanz- und Geschäftspolitik des Tochterunternehmens bestimmt, wobei das Mutterunternehmen darüber hinaus eine Gesellschafterstellung innehaben muss;
- Beherrschungsmöglichkeit per Beherrschungsvertrag oder Satzungsbestimmung;
- Bei wirtschaftlicher Betrachtung beherrschender Einfluss durch Übernahme der Mehrheit der Chancen und Risiken einer Zweckgesellschaft.

Größenkriterien nach PublG

Daneben knüpfen die §§ 11-15 PublG die Konzernrechnungslegungspflicht für Nichtkapitalgesellschaften an die Erfüllung bestimmter Größenkriterien. Ein nicht in der Rechtsform einer Kapitalgesellschaft organisiertes Mutterunternehmen, das über ein oder mehrere Tochterunternehmen einen beherrschenden Einfluss ausübt, hat dann einen Konzernabschluss aufzustellen, wenn es an drei aufeinander folgenden Konzernabschlussstichtagen jeweils mindestens zwei der folgenden drei Größenmerkmale erfüllt:

- Die Konzernbilanzsumme übersteigt 65 Mio. €.
- Die Konzernumsatzerlöse der jeweiligen Jahre betragen mehr als 130 Mio. €.
- Die inländischen Konzernunternehmen hatten im jeweiligen Jahresdurchschnitt insgesamt mehr als 5.000 Mitarbeiter.

20 Vgl. *Mujkanovic, R.*, Zweckgesellschaften nach dem BilMoG, in StuB, 11. Jg. (2009), S. 374-379.

Ausnahmen von der Konzernrechnungslegungspflicht

Das HGB sieht folgende Befreiungen von der Konzernrechnungspflicht vor:

- § 291 HGB bietet einem untergeordneten Mutterunternehmen (Zwischenholding) ein Wahlrecht, von der Aufstellung eines Teilkonzernabschlusses abzusehen, wenn es in den geprüften Konzernabschluss eines in der EU[21] ansässigen Mutterunternehmens einbezogen ist, dieser der 7. EU-Richtlinie und dem Recht des Sitzlandes entspricht und in deutscher Sprache aufgestellt ist, und Minderheitsgesellschafter die Aufstellung eines Teilkonzernabschlusses nicht verlangen (§ 291 Abs. 3 Nr. 2 HGB). Die befreiende Wirkung tritt nach § 291 Abs. 3 Nr. 1 HGB jedoch nicht ein, wenn die Zwischenholding eine im amtlichen Markt zum Handel zugelassene Aktiengesellschaft ist.
- § 291 HGB kann auch dann angewendet werden, wenn das übergeordnete Unternehmen seinen Sitz außerhalb der EU bzw. des Europäischen Wirtschaftsraumes hat, solange es einen Konzernabschluss nach dem der 7. EU-Richtlinie entsprechenden Recht eines EU-Mitgliedsstaates oder einen gleichwertigen Konzernabschluss aufstellt (§ 292 HGB).
- Eine größenabhängige Befreiungsvorschrift gilt nach § 293 HGB. Hiernach kann auf die Aufstellung eines Teilkonzernabschlusses verzichtet werden, wenn der Konzern an zwei aufeinander folgenden Abschlussstichtagen mindestens zwei der drei folgenden Merkmale erfüllt:
  - Die Bilanzsummen der einzubeziehenden Unternehmen übersteigen abzüglich auf der Aktivseite auszuweisender Fehlbeträge in der Summe (konsolidiert) nicht 23,1 (19,25) Mio. €.
  - Die entsprechenden Umsatzerlöse übersteigen in der Summe (konsolidiert) nicht 46,2 (38,5) Mio. €.
  - Die durchschnittliche Arbeitnehmerzahl übersteigt nicht 250. Diese Erleichterungsregel kann jedoch nicht in Anspruch genommen werden, wenn Wertpapiere eines der einzubeziehenden Konzernunternehmen an einem organisierten Markt im Sinne von § 2 Abs. 5 WpHG notiert sind.

Weltabschlussprinzip

Auch nach HGB gilt das Weltabschlussprinzip, weshalb gemäß § 294 HGB sämtliche Tochterunternehmen, bezüglich derer keine Einbeziehungswahlrechte oder Einbeziehungsverbote bestehen, im Wege der Vollkonsolidierung in den Konzernabschluss einzubeziehen sind.

Konsolidierungswahlrechte

Die Einbeziehung eines Tochterunternehmens in den Konzernabschluss kann unterbleiben, wenn die Ausübung der Rechte des Mutterunternehmens in Bezug auf das Vermögen oder die Geschäftsführung des Tochterunternehmens erheblichen und andauernden Beschränkungen unterliegt (§ 296 Abs. 1 Nr. 1 HGB) oder die für die Konzernabschlusserstellung erforderlichen Informationen nur unter Inkaufnahme unverhältnismäßig hoher Kosten oder Verzögerungen erlangt werden können (§ 296 Abs. 1 Nr. 2 HGB). Ein Einbeziehungswahlrecht gilt nach § 296 Abs. 1 Nr. 3 HGB auch für Tochterunternehmen, die zur Weiterveräußerung bestimmt sind. Zudem brauchen Tochterunternehmen nicht in den

21 Hinzu treten nach § 291 Abs. 1 HGB die übrigen Vertragsstaaten des Abkommens über den Europäischen Wirtschaftsraum (Island, Liechtenstein und Norwegen).

Konzernabschluss einbezogen werden, wenn sie von untergeordneter Bedeutung für die Vermittlung der Vermögens-, Finanz- und Ertragslage sind. Gibt es mehrere solcher Tochterunternehmen, ist jedoch zu prüfen, ob diese zusammen von nicht untergeordneter Bedeutung und damit ggf. einzubeziehen sind (§ 296 Abs. 2 HGB).

Konsolidierungsverbote

Einbeziehungsverbote für Tochterunternehmen kommen im HGB seit dem Bilanzrechtsreformgesetz nicht mehr vor.

Equity-Bewertung

Tochterunternehmen, die auf Grund eines Einbeziehungsverbots oder Einbeziehungswahlrechts nicht vollkonsolidiert werden, sind im Konzernabschluss nach der Equity-Methode zu bewerten[22].

Weitgehende Konvergenz

Insgesamt ist festzuhalten, dass durch das BilMoG die Regelungen des HGB weitgehend an die IFRS angeglichen wurden. Dieses wird in § 290 HGB deutlich, der sich inhaltlich stark an IAS 27 und SIC-12 anlehnt. Jedoch bleibt abzuwarten, wie sich die Weiterentwicklung der IFRS auf die Konvergenz auswirkt.

7 Wesentliche Unterschiede zu US-GAAP

Einzelabschluss

In den USA ist grundsätzlich jedes rechtlich selbständige, etwa in der dominierenden Rechtsform der Corporation organisierte Unternehmen durch einzelstaatliche Regelungen zur Aufstellung eines Einzelabschlusses verpflichtet. Der Umfang und Differenzierungsgrad dieser Pflicht hängt allerdings von der Inanspruchnahme des öffentlichen Kapitalmarktes ab. De facto wird der Einzelabschluss in den USA aufgrund seiner oben diskutierten Defizite für Informationszwecke vom Konzernabschluss ersetzt[23].

Konzernrechnungslegungspflicht

Für Unternehmen, die aufgrund eines US-Börsenlistings bei der SEC registriert sind, ergibt sich die Konzernrechnungslegungspflicht aus den Vorschriften der Regulation S-X. Für die materielle Ausgestaltung dieser Pflicht wird jedoch auf die US-GAAP verwiesen. Einschlägig ist hier ARB 51 „Consolidated Financial Statements“ / ASC 810, aus dem sich die – von einer SEC-Registrierung unabhängige – Konzernrechnungslegungspflicht von Mutterunternehmen sowie Zielsetzung und Umfang des Konzernabschlusses ergeben (ARB 51.1 / ASC 810-10-10-1).

Tannenbaumprinzip

Anders als die IFRS kennen die US-GAAP keine Befreiungen von der Konzernrechnungslegungspflicht für die Mutterunternehmen von Teilkonzernen. Aus diesem Grunde haben selbst 100%ige Tochterunternehmen einen Teilkonzernabschluss zu erstellen[24]. Dieses Konzept der Stufenabschlüsse wird auch als „Tannenbaumprinzip“ bezeichnet.

22 Vgl. *Pellens*, MünchKommHGB, § 311 HGB, Tz. 23-24. Zur Equity-Methode vgl. Kapitel 24.

23 Vgl. *KPMG* (Hrsg.), US-GAAP, S. 223.

24 Vgl. auch *Sürken, S.*, Abgrenzung der wirtschaftlichen Einheit nach US-GAAP, Frankfurt a.M. u.a. 1999, S. 54.

Konsolidierungskreis

Die IFRS-Vorschriften zu Aufstellungspflicht und Konsolidierungskreis sind weitgehend an die älteren US-GAAP-Normen angelehnt, so dass sich beide Rechnungslegungssysteme in dieser Hinsicht nur wenig voneinander unterscheiden. Auch nach US-GAAP ist folglich eine Beherrschungsmöglichkeit (control) erforderlich, um eine Vollkonsolidierungspflicht zu begründen. SFAS 94.1 / ASC 810-10-25-1 bestimmt, dass diese Beherrschungsmöglichkeit auf einer kontrollierenden finanziellen Beteiligung (controlling financial interest) beruhen muss. Eine solche konkretisiert sich in aller Regel durch das Vorliegen einer Stimmrechtsmehrheit (SFAS 94.2 / ASC 810-10-25-1), wenn auch unter Umständen eine Minderheitsbeteiligung ausreichen kann (Regulation S-X Rule 3A-02 / ASC 810-10-S99-2). Im umgekehrten Fall kann auch trotz Stimmrechtsmehrheit eine Einbeziehungspflicht zu verneinen sein, wenn Minderheitsgesellschaftern weitgehende Zustimmungs- und Vetorechte (substantive participating rights) zustehen, die ihnen eine Einflussnahme auf das operative Tagesgeschäft erlauben (EITF 96-16 / ASC 810-10-25-5 ff.).

Zweckgesellschaften

Ebenso wie das IASB hat sich das FASB der Bilanzierung von Zweckgesellschaften zugewandt, um die missbräuchliche Vermeidung der Konsolidierungspflicht mit Hilfe derartiger Konstruktionen zu verhindern. Auch das FASB versuchte, sich von den juristisch geprägten und damit gestaltbaren Kriterien des herkömmlichen control-Konzepts zu lösen und über eine Stärkung der wirtschaftlichen Betrachtungsweise eine größere Zahl von Sachverhalten in die Konsolidierungspflicht zu ziehen.

FIN 46R

Ergebnis dieser Bestrebungen war die im Januar 2003 veröffentlichte Interpretation No. 46 „Consolidation of Variable Interest Entities – an Interpretation of ARB No. 51“ (FIN 46)[25], die nun Bestandteil von ASC 810 ist. Sie wurde mehrfach ergänzt und zuletzt im Dezember 2003 in überarbeiteter Form als „FIN 46R“ neu veröffentlicht. Eine Konstruktion wird mit dem Begriff der variable interest entity (VIE) zum einen dann bezeichnet, wenn deren Eigenkapitalgeber bei wirtschaftlicher Betrachtung nicht als Hauptrisikoträger gelten können (FIN 46R.5 (a) / ASC 810-10-15-14(a)). Hiervon wird ausgegangen, wenn aufgrund der rechtlichen Ausgestaltung das Haftungskapital der Konstruktion nicht ausreicht, um ihre Geschäftstätigkeit ohne nachrangiges (Fremd-)Kapital zu finanzieren, also um die künftig erwarteten Verluste zu decken. Dies wird widerlegbar vermutet, wenn das Eigenkapital weniger als 10 % des Gesamtkapitals ausmacht. Zum anderen liegt eine VIE vor, wenn die Eigenkapitalgeber die Konstruktion trotz Mehrheitsbeteiligung bei wirtschaftlicher Betrachtung nicht beherrschen (FIN 46R.5(b) / ASC 810-10-15-14(b)). Neben mangelnden Stimmrechten kann eine Beherrschungsmöglichkeit daran scheitern, dass die VIE vom Sponsor per Satzungs- oder ähnlicher Bestimmung auf „Autopilot:“ geschaltet

25 Vgl. hierzu *Melcher, W./Penter, V.*, Konsolidierung von Objektgesellschaften und ähnlichen Strukturen nach US-GAAP – Von Special-Purpose Entities zu Variable Interest Entities, in: DB, 56. Jg. (2003), S. 513-518; *Pellens, B./Sellhorn, T./Streckenbach, J.*, Neue Abgrenzungskriterien für den Konsolidierungskreis – Zur Bilanzierung von Zweckgesellschaften nach FIN 46, KoR, 3. Jg. (2003), S. 191-194.

wurde. Ferner deutet ein fehlender Residualanspruch der Eigenkapitalgeber auf das Vorliegen einer VIE hin.

Variable interests

Eine VIE ist von ihrem Hauptbegünstigten (primary beneficiary) in dessen Konzernabschluss einzubeziehen. Ein Unternehmen muss folglich prüfen, ob es Geschäftsbeziehungen mit einer VIE unterhält und möglicherweise als Hauptbegünstigter einzustufen ist. Den Status des Hauptbegünstigten hat derjenige, der mehrheitlich an den Chancen und/oder Risiken (variable interests) der VIE partizipiert (FIN 46R.14 / ASC 810-10-25-38 f.). Diese variable interests sind definiert als ergebnisabhängige Vor- und/oder Nachteile, die auf vertraglichen, gesellschaftsrechtlichen oder anderen Vereinbarungen beruhen. Hierzu zählen bspw. Gewinnansprüche oder Verlustübernahmeverpflichtungen.

Konsolidierungsverbot

SFAS 94.13 / ASC 810-10-15-10 legt ein Konsolidierungsverbot für den Fall einer tatsächlich nicht mehr bestehenden Einflussmöglichkeit, etwa wegen eines Sanierungs- oder Insolvenzverfahrens, fest.

Bilanzierung nach SFAS 115

Die US-GAAP sehen eine Bilanzierung nicht vollkonsolidierter Tochterunternehmen nach den allgemeinen Vorschriften für Finanzaktiva und nicht nach der Equity-Methode vor (SFAS 94.15 / ASC 323-10-15-4 (c)). Hier ist i.d.R. SFAS 115 / ASC 320 einschlägig, wenn es sich bei den fraglichen Anteilen um Wertpapiere (securities) im Sinne dieses Standards handelt.

Ausgewählte Literatur

Beyhs, O./Buschhüter, M./Wagner, B., Die neuen Vorschriften des IASB zur Abbildung von Tochter- und Zweckgesellschaften in ED 10, in: KoR, 9. Jg. (2009), S. 61-73.

Gassen, J./Eisenschink, T., Das Konzept der rechnungslegenden Einheit nach ED/2010/2, in: WPg, 60 Jg. (2010), S. 805-810.

Lüdenbach, N./Freiberg, J., Mutter-Tochter-Verhältnisse durch beherrschenden Einfluss nach dem BilMoG, in: BB, 64. Jg. (2009), S. 1231-1234.

Pellens, B./Amshoff, H./Schmidt, A., Einbeziehung von Tochterunternehmen und Zweckgesellschaften in den Konzernabschluss, in: Küting, K./Pfitzer, N./Weber, C.-P. (Hrsg.), IFRS und BilMoG: Herausforderungen für das Bilanz- und Prüfungswesen, 2010, S. 75-101.

Petersen, K./Zwirner, C., Annäherung der Konzernrechnungslegung an internationale Standards – Gemeinsamkeiten und Abweichungen zwischen IFRS und HGB nach der Verabschiedung des BilMoG, in: IRZ, 4. Jg. (2009), S. 179-181.

Schruff, W./Rothenburger, M., Zur Konsolidierung von Special Purpose Entities im Konzernabschluss nach US-GAAP, IAS und HGB, in: WPg, 55. Jg. (2002), S. 755-765.

Übungsaufgaben

Aufgabe 1:

In Konzernabschlüsse werden eine Vielzahl von Tochter- und Enkelunternehmen einbezogen. Erläutern Sie den sog. Pyramiden-Effekt, der sich hierbei ergeben kann. Unterstützen Sie Ihre Ausführungen anhand eines selbstgewählten Beispiels. Erläutern Sie in diesem Zusammenhang auch den Begriff der „Fiktion der rechtlichen Einheit", der einem Konzernabschluss zugrunde liegt.

Aufgabe 2:

a) Welchen Zweck verfolgen Unternehmen mit der Gründung von Zweckgesellschaften? Was sind die typischen charakteristischen Eigenschaften dieser so genannten Special Purpose Entities?
b) Warum werden Special Purpose Entities häufig nach IFRS, HGB und US-GAAP nicht in den Konsolidierungskreis einbezogen?
c) Das IASB reagierte auf diesen Umstand 1998 mit der Einführung von SIC-12. Wie wird hier eine Einbeziehung von Zweckgesellschaften geprüft?
d) Wie hat das FASB die Einbeziehung von Zweckgesellschaften (Variable Interest Entities) geregelt?

Aufgabe 3:

Prüfen Sie, ob in den folgenden Fällen Unternehmen nach IFRS oder HGB zu konsolidieren wären. Gehen Sie von einem deutschen kapitalmarktorientierten Mutterunternehmen (M) aus.

a) M besitzt 30 % der Anteile an T1 und 51 % der Anteile an T2. Darüber hinaus besitzt T2 25 % der Anteile an T1. Für T1 gilt, dass Stimmrechte nach Anteilsquote vergeben werden.
b) Wie ist der Sachverhalt aus a) zu beurteilen, wenn
   - die Anteile an T1 zur kurzfristigen Weiterveräußerung gehalten werden?
   - M seine Rechte in Bezug auf T1 und T2 aufgrund von erheblichen und andauernden Beschränkungen nicht ausüben kann?
   - die Kriterien zur größenabhängigen Befreiung nach § 293 HGB erfüllt sind?
   - die Tätigkeiten von M, T1 und T2 stark voneinander abweichen?

Kapitel 7
Rechenwerke

1 Einleitung

Rechenwerke als Bestandteile eines informationsorientierten Abschlusses

Zu einem vollständigen IFRS-Abschluss zählen die vier Rechenwerke Bilanz, Gesamtergebnisrechnung, Kapitalflussrechnung und Eigenkapitalveränderungsrechnung sowie erläuternde Anhangangaben. Diese Abschlussbestandteile dienen der Information. Adressaten sollen entscheidungsrelevante Informationen über die Entwicklung der Vermögens- und Finanzlage (RK.12) sowie über die künftigen Cashflows des Unternehmens (IAS 1.9) erhalten. Die Darstellung hat dabei den tatsächlichen Verhältnissen zu entsprechen (fair presentation, RK.46).

Funktionen der einzelnen Rechenwerke

Die Bilanz gibt den Rechnungslegungsadressaten einen umfassenden Einblick in die Vermögens- und Finanzlage des berichtenden Unternehmens zum Bilanzstichtag. Einen Einblick in die Ertragslage verschafft die Gesamtergebnisrechnung, während die Kapitalflussrechnung die Liquiditätslage eines Unternehmens abbildet.

Grundsätzlich ließen sich Ertrags- und Liquiditätslage auch durch den Vergleich der Bilanzen zweier aufeinander folgender Geschäftsjahre eines Unternehmens bestimmen. Die Veränderung der Liquidität ergibt sich als Saldo der Bestände an liquiden Mitteln zum Anfang und zum Ende einer Berichtsperiode. Der Saldo der Gesamtergebnisrechnung verändert die Höhe des Eigenkapitals, wobei hier bereits die Grenzen eines bloßen Bilanzvergleichs sichtbar werden. Auch Transaktionen, die zwischen Gesellschaftern und Unternehmen stattfinden (z.B. Kapitalerhöhungen, Dividenden und Aktienrückkäufe) führen zu einer Veränderung des Eigenkapitals. Mithin ist die Veränderung des Eigenkapitals im Zeitablauf nicht allein durch die eigentliche Unternehmenstätigkeit zu erklären. Die Eigenkapitalveränderungsrechnung heilt diesen Mangel und zeigt den Abschlusslesern sämtliche Quellen einer Reinvermögensänderung auf. Ähnliche Funktionen haben auch die Gesamtergebnisrechnung und die Kapitalflussrechnung: Erstere gibt Aufschluss über die Ergebnisquellen, d.h. aus welchen Aufwendungen und Erträgen sich das Periodengesamtergebnis zusammensetzt. Letztere zeigt die Herkunft der Ein- und Auszahlungen einer Periode. Abbildung 7.1 vermittelt einen Überblick über den Zusammenhang der beschriebenen Rechenwerke.

Relevante Standards

Für die Darstellung des Abschlusses gelten die Regelungen des im September 2007 vom IASB verabschiedeten IAS 1 „Darstellung des Abschlusses“ (Presentation of Financial Statements). Während IAS 1 die Inhalte sowie Gliederungsvorschriften von Bilanz, Gesamtergebnisrechnung und Eigenkapitalveränderungsrechnung regelt, existiert für die Aufstellung der Kapitalflussrechnung mit IAS 7 „Kapitalflussrechnung“ (Cash Flow Statements) ein eigener Standard. Die bestehenden Bestimmungen für Bilanz, Gesamtergebnisrechnung und Eigenkapitalveränderungsrechnung sind vergleichsweise wenig detailliert. Lediglich die Abbildung bestimmter ungewöhnlicher Sachverhalte innerhalb der Bilanz und der Gesamtergebnisrechnung wird explizit in anderen Standards festgelegt (vgl. etwa Kapitel 27 zu aufgegebenen Geschäftsbereichen).

Benennung der Rechenwerke

Neben der Zwecksetzung der Finanzberichterstattung von Unternehmen nennt IAS 1 ihre notwendigen Bestandteile, deren jeweilige Benennung allerdings nach aktueller Fassung des IAS 1.10 nicht zwingend vorgeschrieben ist. Daher sollen im Folgenden die gängigen Begriffe „Bilanz“ (statement of financial position), „Eigenkapitalveränderungsrechnung“ (statement of changes in equity) und „Kapitalflussrechnung“ (statement of cash flows) beibehalten werden. Lediglich der Begriff der „Gewinn- und Verlustrechnung“ wird nicht mehr verwendet, da das Aufwendungen und Erträge zusammenfassende Rechenwerk durch den seit 01.01.2009 anzuwendenden IAS 1 grundsätzlich verändert wurde[1]. Im Folgenden wird dieses Rechenwerk daher als „Gesamtergebnisrechnung“ (statement of comprehensive income) bezeichnet.

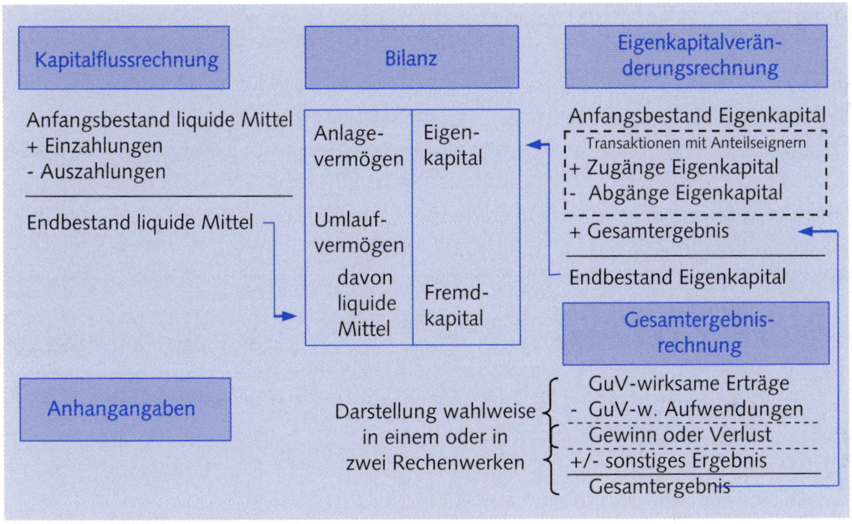

Abb. 7.1: Zusammenhang der Pflichtbestandteile des IFRS-Abschlusses

Lernziele

In diesem Kapitel sollen Sie lernen,

- welche Inhalte die einzelnen Rechenwerke haben und welche Gliederungsvorschriften für sie gelten,
- wie ihre jeweiligen Posten zu definieren und voneinander abzugrenzen sind und
- welche entscheidenden Unterschiede zu den Vorschriften nach IFRS for SMEs, HGB und US-GAAP bestehen.

1 Vgl. hierzu ausführlich Abschnitt 3.

2 Bilanz

2.1 Elemente und Inhalte der Bilanz

Aufgabe der Bilanz

Die Aufgabe der Bilanz als Bestandteil eines vollständigen IFRS-Abschlusses besteht in der Vermittlung eines umfassenden Bildes über die Vermögens- und Finanzlage eines Unternehmens zum Ende einer Berichtsperiode.

Elemente der Bilanz

Das Rahmenkonzept nennt und definiert die Elemente der Bilanz: In der Bilanz werden die Vermögenswerte (assets) auf der Aktivseite den Schulden (liabilities) und der Residualgröße Eigenkapital (equity) auf der Passivseite gegenüber gestellt. Auf diese Weise gewährt sie sowohl einen Einblick in die Vermögensstruktur (Mittelverwendung) als auch in die Struktur des die Vermögenswerte finanzierenden Kapitals (Mittelherkunft).

Bilanzansatzkriterien

Sachverhalte, die der im Rahmenkonzept des IASB verankerten Definition dieser drei Elemente genügen (RK.49; vgl. dazu Kapitel 5), führen noch nicht zwingend zu einem Bilanzansatz, sondern sind zunächst lediglich abstrakt bilanzierungsfähig. Die tatsächliche oder konkrete Bilanzierungsfähigkeit ergibt sich erst mit der Erfüllung der im Rahmenkonzept genannten Kriterien für einen Bilanzansatz: Im Wesentlichen sieht das Board die Erfassung eines abstrakt bilanzierungsfähigen Sachverhalts dann vor, wenn die mit ihm verbundenen Zu- oder Abflüsse wirtschaftlichen Nutzens erstens wahrscheinlich (probable), d.h. hinreichend sicher und damit relevant, sind und er zweitens verlässlich bewertet werden kann (reliable measurement; RK.50 u. 82-91). Diese im Rahmenkonzept und in Einzelstandards niedergelegten Ansatzkriterien werden in den konkretisierenden Standards aufgegriffen[2]. Zudem wird nach IFRS weniger eine rechtliche denn eine wirtschaftliche Betrachtungsweise (substance over form) gewählt. So kann es nach RK.51 trotz mangelnden rechtlichen Eigentums zu einem Bilanzansatz kommen, vor allem beim Finanzierungsleasing.

Keine Bilanzierungshilfen

Bilanzierungshilfen wie z.B. die Aktivierung von Aufwendungen für Ingangsetzung und Erweiterung des Geschäftsbetriebes, deren Erfassung handelsrechtlich bis zur Umsetzung des Bilanzrechtsmodernisierungsgesetzes (BilMoG) erlaubt war, kennen die IFRS hingegen nicht. Genauso wenig ist die aktivische Abgrenzung eines Disagios erlaubt – dieses vermindert vielmehr den Buchwert der Verbindlichkeit, der dann ratierlich über ihre Laufzeit zugeschrieben wird. Aktive (und auch passive) latente Steuern müssen wiederum nach den Vorschriften des IASB angesetzt werden, da sie der Definition von Vermögenswerten (bzw. Schulden) genügen und für sie kein Bilanzierungsverbot oder -wahlrecht greift.

2 Vgl. exemplarisch für immaterielle Vermögenswerte IAS 38.21 und für als Finanzinvestition gehaltene Immobilien IAS 40.16. Vgl. dazu auch Kapitel 5.

2.2 Gliederungsvorschriften

Mindestgliederungstiefe

Neben der Zwecksetzung der Finanzberichterstattung und der Benennung ihrer notwendigen Bestandteile (IAS 1.10) enthält IAS 1 Gliederungsschemata für Bilanz und Gesamtergebnisrechnung. Die Notwendigkeit einer geeigneten Aufspaltung der in einer Bilanz anzusetzenden Posten leitet sich aus der Informationsfunktion von Jahresabschlüssen ab. Die in IAS 1 enthaltene Bilanzgliederung ist jedoch nicht als starre Formatvorgabe zu verstehen, sondern vielmehr als Katalog der zwingend auszuweisenden Mindestpositionen. Die konkrete Darstellung bleibt den individuellen Anforderungen eines jeden Unternehmens und seines Umfeldes überlassen. In Tabelle 7.1 wird die Mindestgliederungstiefe der Bilanz nach den allgemeinen Vorgaben des IAS 1.54 aufgezeigt.

Wesentlichkeit von Posten und Saldierung

Gemäß IAS 1.29 sind alle wesentlichen Positionen im Abschluss gesondert darzustellen, während ähnliche Sachverhalte unbedeutenden Umfangs zusammenzufassen sind. Weiterhin ist nach IAS 1.32 eine Saldierung von Vermögenswerten und Schulden (etwa von finanziellen Vermögenswerten und finanziellen Schulden) grundsätzlich nicht zulässig, es sei denn dies wird von einem Standard explizit erlaubt oder gar gefordert. So sieht etwa IAS 12.71 unter bestimmten restriktiven Voraussetzungen die Saldierung tatsächlicher Steuererstattungsansprüche und tatsächlicher Steuerschulden vor (vgl. Kapitel 8).

Wahlrecht beim Präsentationsformat

Das Board schreibt für die Bilanz weder ein bestimmtes Präsentationsformat (Konto- oder Staffelform) noch eine bestimmte Reihenfolge der 20 verpflichtend darzustellenden Positionen vor. Das im Anhang des IAS 1 gegebene Beispiel für eine Bilanz lässt jedoch vermuten, dass grundsätzlich die Staffelform bevorzugt wird. Zusätzliche Sachverhalte, Gruppenüberschriften und Zwischensummen sind auszuweisen, sofern ein anderer Standard bzw. eine Interpretation dieses fordert oder wenn nur so eine glaubwürdige Darstellung (fair presentation) der Vermögens-, Finanz- und Ertragslage des Unternehmens erzielt werden kann (IAS 1.55 und 1.57). Dies kann auch die Angabe weiterer Posten in der Bilanz oder im Anhang notwendig machen (IAS 1.59). So kann die Position Sachanlagen weiter in art- und verwendungsverwandte Gruppen von Vermögenswerten unterteilt werden. IAS 16.37 nennt exemplarisch u.a. unbebaute Grundstücke, Grundstücke und Gebäude, Maschinen und technische Anlagen, Schiffe und Betriebsausstattung als eigenständige Gruppen.

Gliederung nach Fristigkeit oder Liquidität

In Abhängigkeit von der Geschäftstätigkeit eines Unternehmens hat das Management darüber zu bestimmen, ob es Bilanzpositionen in die Kategorien kurzfristige (current) und langfristige (non-current) Vermögenswerte bzw. Schulden unterteilt oder sie stattdessen nach dem Kriterium der Liquidität ordnet.

Gliederung nach Fristigkeit

Wird eine Unterteilung nach der Fristigkeit vorgenommen, hat diese entsprechend den Vorschriften von IAS 1.60-68 zu erfolgen. Danach sind solche Vermögenswerte und Schulden als kurzfristig zu klassifizieren, die sich innerhalb eines Geschäftszyklusses oder innerhalb eines Jahres realisieren bzw. erfüllt werden. Der Geschäftszyklus umfasst den Zeitraum vom Materialeinkauf über den Leistungserstellungsprozess bis zur Umsatzrealisierung. Je nach Unternehmenstätigkeit kann er weitaus länger (Anlagenbau), aber auch kürzer (Molkerei) als ein Jahr sein.

Assets	**Aktiva**
▪ Property, plant and equipment	▪ Sachanlagen
▪ Investment property	▪ Als Finanzinvestition gehaltene Immobilien
▪ Intangible assets	▪ Immaterielle Vermögenswerte
▪ Financial assets (excluding investments accounted for using the equity method, trade and other receivables, cash and cash equivalents)	▪ Finanzielle Vermögenswerte (außer nach der Equity-Methode bewertete Finanzanlagen, Forderungen aus Lieferungen und Leistungen und sonstige Forderungen, Zahlungsmittel und Zahlungsmitteläquivalente)
▪ Investments accounted for using the equity method	▪ Nach der Equity-Methode bilanzierte Finanzanlagen
▪ Biological assets	▪ Biologische Vermögenswerte
▪ Inventories	▪ Vorräte
▪ Trade and other receivables	▪ Forderungen aus Lieferungen und Leistungen und sonstige Forderungen
▪ Cash and cash equivalents	▪ Zahlungsmittel und Zahlungsmitteläquivalente
▪ Assets for current tax, as defined in IAS 12 "Income Taxes"	▪ Steuererstattungsansprüche gemäß IAS 12 „Ertragsteuern"
▪ Deferred tax assets, as defined in IAS 12	▪ Latente Steueransprüche gemäß IAS 12
▪ Total of assets classified as held for sale and assets included in disposal groups classified as held for sale in accordance with IFRS 5 "Non-current Assets Held for Sale and Discontinued Operations"	▪ Summe der Vermögenswerte, die gemäß IFRS 5 „Zur Veräußerung gehaltene langfristige Vermögenswerte und aufgegebene Geschäftsbereiche" als zur Veräußerung gehalten klassifiziert werden, und der Vermögenswerte, die zu einer als zur Veräußerung gehalten klassifizierten Veräußerungsgruppe gehören
Equity and liabilities	**Passiva**
▪ Trade and other payables	▪ Verbindlichkeiten aus Lieferungen und Leistungen und sonstige Verbindlichkeiten
▪ Provisions	▪ Rückstellungen
▪ Financial liabilities (excluding trade and other payables, provisions)	▪ Finanzielle Schulden (außer Verbindlichkeiten aus Lieferungen und Leistungen und sonstige Verbindlichkeiten sowie Rückstellungen)
▪ Liabilities for current tax, as defined in IAS 12 "Income Taxes"	▪ Steuerschulden gemäß IAS 12 „Ertragsteuern"
▪ Deferred tax liabilities, as defined in IAS 12	▪ Latente Steuerschulden gemäß IAS 12
▪ Minority interest, presented within equity	▪ Minderheitsanteile am Eigenkapital
▪ Issued capital and reserves attributable to equity holders of the parent	▪ Gezeichnetes Kapital und Rücklagen, die den Anteilseignern des Mutterunternehmens zuzuordnen sind
▪ Liabilities included in disposal groups classified as held for sale in accordance with IFRS 5	▪ Schulden, die den Veräußerungsgruppen zugeordnet sind, die gemäß IFRS 5 als zur Veräusserung gehalten klassifiziert sind

Tab. 7.1: Mindestgliederungstiefe der Bilanz gemäß IAS 1.54

Gliederung nach Liquidierbarkeit

Unterbleibt eine Unterteilung nach der Fristigkeit, sind die Positionen alternativ grob nach dem Kriterium der Liquiditätsnähe zu ordnen (IAS 1.60). Eine Gliederung nach der Liquiditätsnähe sollte jedoch nur als Ausnahme von der grundsätzlich vorzunehmenden Gliederung nach der Fristigkeit gewählt werden, wenn dadurch die Informationen besser dargestellt werden. Finanzdienstleistern und Konzernunternehmen, welche keinen einheitlichen, sondern aufgrund der Vielfältigkeit ihrer Tätigkeit mehrere überlappende Geschäftszyklen haben, wird das Unterscheidungskriterium nach der Liquiditätsnähe, allen übrigen Unternehmen hingegen die Gliederung nach der Fristigkeit empfohlen (IAS 1.62-63).

Gemischte Schuldenpositionen

Wird die Umsetzung der Gliederungsvorschriften nach der Fristigkeit ernst genommen, so führt dies auf der Passivseite neben dem Ausweis von Eigenkapital zu keiner Trennung von Verbindlichkeiten und Rückstellungen, sondern zu der Bildung jeweils „gemischter" Gruppen lang- und kurzfristiger Schulden. Abweichend hiervon nennt IAS 1.54 jedoch explizit auch Rückstellungen als eine separat auszuweisende Bilanzposition. Auch in der Praxis deutscher nach IFRS bilanzierender Unternehmen wird diese Einteilung nach der Fristigkeit bisher kaum berücksichtigt. Stattdessen behalten viele Unternehmen meist noch die nach HGB geforderte Einteilung in Verbindlichkeiten, Rückstellungen, latente Steuern und den nach internationalen Standards unbekannten Rechnungsabgrenzungsposten ggf. mit den erforderlichen Anhangangaben bei[3].

Rechnungsabgrenzungsposten

Weder im Rahmenkonzept noch in IAS 1 oder einer sonstigen Verlautbarung des IASB findet sich eine direkte Definition von Rechnungsabgrenzungsposten. Allerdings ergibt sich die Notwendigkeit einer Erfassung von Abgrenzungsposten aus dem in IAS 1.27 geforderten Konzept der Periodenabgrenzung (accrual basis). Dabei fordert IAS 1.28 grundsätzlich nur den Ansatz solcher Sachverhalte in aktiven bzw. passiven Posten, welche der Definition von Vermögenswerten bzw. Schulden genügen[4]. Mithin bilden Abgrenzungsposten keine eigene Kategorie neben Vermögenswerten und Schulden, sondern werden entsprechend unter kurz- bzw. langfristigen Vermögenswerten oder Schulden subsumiert. So ergibt sich etwa der Ansatz aktiver Posten für Ausgaben, die erst in der Folgeperiode einen erwarteten ökonomischen Nutzen durch Empfang von Waren oder Dienstleistungen haben (z.B. aufgrund voraus gezahlter Miete oder Versicherungsprämien), weil sie der Definition von Vermögenswerten genügen. Diese prepaid expenses entsprechen den deutschen aktiven transitorischen Rechnungsabgrenzungsposten und sind nach IFRS unter den sonstigen Forderungen im Umlaufvermögen auszuweisen. Entsprechend sind passive Posten für erhaltene Zahlungen (deferred revenues) für künftige Leistungsverpflichtungen abzugrenzen[5] und je nach ihrer Fristigkeit unter den lang- oder kurzfristigen Schulden

3 Vgl. *von Keitz, I.*, Praxis der IASB-Rechnungslegung, 2. Aufl., Stuttgart 2005, S. 149-154.

4 Auf mögliche Abweichungen von diesem Grundsatz weist das Board in RK.52 hin: Demnach können bestehende Standards den Ausweis von Sachverhalten in der Bilanz fordern, die nicht den Definitionen von Vermögenswerten, Schulden oder Eigenkapital entsprechen.

5 Vgl. *ADS International*, Abschnitt 1: Konzeptionelle Grundlagen, Tz. 172-177.

auszuweisen. So sind Veräußerungsgewinne, die bei Sale-and-Lease-Back-Transaktionen entstehen, wenn sie in ein Finanzierungsleasing münden, passiv beim Leasingnehmer abzugrenzen und über die Laufzeit des Vertrages aufzulösen anstatt direkt zu vereinnahmen (IAS 17.59; vgl. Kapitel 21).

Zusatzinformationen in Bilanz oder Anhang

Zusätzlich zu den in der Grobgliederung aufgeführten Positionen werden vom IASB bestimmte Informationen explizit benannt, die entweder in der Bilanz oder aber im Anhang veröffentlicht werden müssen. Nach IAS 1.79 zählen dazu Angaben zu genehmigten Anteilen sowie Angaben zu den davon ausgegebenen Anteilen, die Beschreibung der Beschaffenheit und des Zwecks der Rücklagenpositionen des Eigenkapitals sowie der Betrag der vorgeschlagenen bzw. angekündigten Dividende. Unternehmen ohne gezeichnetes Kapital, wie z.B. Personengesellschaften, haben nach IAS 1.80 äquivalente Informationen in der Bilanz oder im Anhang zu veröffentlichen.

Veröffentlichung einer dritten Bilanz

Gemäß IAS 1.10(f) ist im Falle einer Fehlerkorrektur, der retrospektiven Änderung der Bilanzierungs- und Bewertungsmethoden oder der Umgliederung eines Abschlusspostens (vgl. hierzu Kapitel 26) die Eröffnungsbilanz der Vergleichsperiode zu veröffentlichen. Damit sind in den genannten Fällen insgesamt drei Bilanzen zu zeigen: die Schlussbilanz der aktuellen Periode sowie die Schluss- und die Eröffnungsbilanz der Vergleichsperiode.

3 Gesamtergebnisrechnung

3.1 Elemente und Inhalte der Gesamtergebnisrechnung

Aufgabe und Elemente der Gesamtergebnisrechnung

Die Gesamtergebnisrechnung (statement of comprehensive income) soll den Jahresabschlussadressaten detaillierte Informationen über Ausmaß und Quellen der Ertrags- bzw. Leistungskraft eines Unternehmens in einer Periode vermitteln. Dazu werden die während der Berichtsperiode angefallenen Aufwendungen (expenses) den Erträgen (income) gegenübergestellt (RK.47). Als Zwischensaldo der GuV-wirksamen Posten dieser Zeitraumrechnung wird der Gewinn oder Verlust (profit or loss) ausgewiesen, während das Gesamtergebnis den Gesamtsaldo dieser Rechnung unter Einbeziehung GuV-neutraler Aufwendungen und Erträge (sonstiges Ergebnis; other comprehensive income, (OCI)) darstellt.

Erträge und Aufwendungen

RK.70 liefert eine Definition von Erträgen einerseits und Aufwendungen andererseits. Demnach führen Erträge zu Zuflüssen bzw. Werterhöhungen von Vermögenswerten oder zur Abnahme von Schuldenpositionen. Im Gegensatz dazu entstehen Aufwendungen aus dem Abfluss oder der Wertverminderung eines Vermögenswertes bzw. der Erhöhung einer Schuld im Berichtszeitraum. Nach der Definition des Rahmenkonzepts verändern Erträge (Aufwendungen) immer das Eigenkapital positiv (negativ), sind aber nicht auf Kapitaltransaktionen zwischen Anteilseignern und Unternehmen (Einlagen, Ausschüttungen) zurückzuführen.

Ansatzvoraussetzungen

Analog zu den Ansatzvoraussetzungen in der Bilanz gilt auch für den Ansatz in der Gesamtergebnisrechnung RK.83, wonach nur Sachverhalte anzusetzen sind, die sowohl wahrscheinlich (probable) als auch verlässlich bewertbar (reliably measurable) sind.

Abgrenzung der Elemente der Gesamtergebnisrechnung

Anders als nach der im Rahmenkonzept vorgenommenen, z.T. missverständlichen Abgrenzung zwischen Erlösen (revenues) und anderen Erträgen (gains) bzw. Aufwendungen im Rahmen der gewöhnlichen Geschäftstätigkeit (expenses) und anderen Aufwendungen (losses) (vgl. dazu Kapitel 5) wird gemäß IAS 1 nicht zwischen Erträgen und Aufwendungen der gewöhnlichen Tätigkeit und solchen aus außerordentlichen Sachverhalten differenziert. Ein Ausweis von Posten in der Gesamtergebnisrechnung oder im Anhang als „außerordentlich" wird gemäß IAS 1.87 explizit untersagt. Die Gesamtergebnisrechnung berücksichtigt nach IAS 1.81 alle in einer Periode erfassten Aufwands- und Ertragsposten, unabhängig davon, ob sie GuV-wirksam oder GuV-neutral gebucht wurden.

Realisationsprinzip

Für die Realisierung von Erträgen gilt ein weit gefasstes Realisationsprinzip. Anders als nach deutschem Verständnis wird für den Zeitpunkt der Gewinnrealisierung vor dem Hintergrund der Informationsfunktion der Rechnungslegung primär auf das Konzept der Periodenabgrenzung und weniger auf das Vorsichtsprinzip abgestellt (IAS 1.27-28; RK.22). Deshalb ist für die GuV-wirksame Berücksichtigung von Erträgen in der Gesamtergebnisrechnung nicht der Gefahrenübergang ausschlaggebend. Nach IFRS werden neben realisierten auch realisierbare, d.h. unrealisierte, Erträge erfasst. Diese weite Definition des Realisationsprinzips ergibt sich deutlich aus einzelnen Standards. So werden z.B. bei langfristiger Auftragsfertigung noch unrealisierte, aber künftig hinreichend sicher anfallende Auftragserlöse (contract revenues) gemäß IAS 11 „Fertigungsaufträge" vorvereinnahmt. Darüber hinaus wird aus der Behandlung von Erträgen gemäß IAS 18 „Erträge" deutlich, dass für einen GuV-wirksamen Ansatz in der Gesamtergebnisrechnung ihre Realisierbarkeit hinreichend ist. Auch aus der Neubewertung resultierende Erträge können schon vor ihrer eigentlichen Realisierung GuV-wirksam oder GuV-neutral in der Gesamtergebnisrechnung angesetzt werden. So beeinflusst ein unrealisierter Gewinn aus der Wertänderung einer im Rahmen des „Neubewertungsmodells" folgebewerteten Sachanlage das sonstige Ergebnis.

Matching principle

Der Zeitpunkt der Erfassung von Aufwendungen wird im Rahmenkonzept an den Zeitpunkt der Vereinnahmung der korrespondierenden Erträge geknüpft (matching principle). Nach dem Konzept der sachlichen Abgrenzung sollen also Aufwendungen und Erträge, die aus demselben Sachverhalt resultieren, auch gleichzeitig berücksichtigt werden (RK.95).

GuV-neutrale Erträge und Aufwendungen

Genügt ein Geschäftsvorfall der Definition von Erträgen bzw. Aufwendungen, so ist es möglich, dass er zwar in der Gesamtergebnisrechnung erfasst wird, nicht aber den Gewinn oder Verlust beeinflusst. Denn der Gewinn oder Verlust bildet nur einen Zwischensaldo der Gesamtergebnisrechnung und umfasst nur einen Teil der Aufwendungen und Erträge einer Periode. Andere Aufwendungen und Erträge dagegen werden erst unterhalb dieser Zwischensumme in der Gesamtergebnisrechnung erfasst und beeinflussen damit das Gesamtergebnis, nicht aber den zuvor als Zwischensumme ermittelten Gewinn oder Verlust. Während die im Gewinn oder Verlust zusammengefassten Aufwendungen und Erträge hier als *GuV-wirksam* bezeichnet werden, werden die restlichen in der Gesamtergebnisrechnung erfassten Aufwendung und Erträge im Folgenden als *GuV-neutral* bezeichnet. GuV-neutrale Vorgänge werden unter dem sog. sonstigen Ergebnis (other comprehensive income, (OCI)) subsumiert.

Abgrenzungskriterien und recycling

Obwohl die GuV-neutralen Aufwendungen und Erträge meist aus Neubewertungssachverhalten resultieren, gibt es vom IASB bisher keine eindeutigen Abgrenzungskriterien für die eine oder andere Aufwands- bzw. Ertragskategorie. Auch die Behandlung der GuV-neutral erfassten Sachverhalte in den Folgeperioden ist uneinheitlich: Einzelne Standards, wie beispielsweise IAS 39 bezüglich zur Veräußerung gehaltener Wertpapiere, sehen für die zunächst GuV-neutral erfassten Wertschwankungen deren GuV-wirksame Erfassung bei Veräußerung vor (recycling; vgl. Kapitel 19). Andere GuV-neutrale Wertschwankungen dagegen werden auch in den Folgeperioden nicht vollständig im Gewinn oder Verlust berücksichtigt[6], so dass es auf Basis des Gewinns oder Verlustes zu einem Verstoß gegen das Kongruenzprinzip kommt. Auf Basis des weniger prominenten Gesamtergebnisses dagegen bleibt dieses Prinzip gewahrt.

Gewinn oder Verlust, sonstiges Ergebnis und Gesamtergebnis

Die GuV-wirksamen Aufwendungen und Erträge addieren sich zum Gewinn oder Verlust (profit or loss), die GuV-neutralen Aufwendungen und Erträge werden als sonstiges Ergebnis (other comprehensive income) bezeichnet[7]. Das Gesamtergebnis (comprehensive income) ergibt sich aus der Summe beider Teilergebnisse. Aus obigen Ausführungen ergibt sich die in Abbildung 7.2 gezeigte Abgrenzung von Aufwendungen und Erträgen.

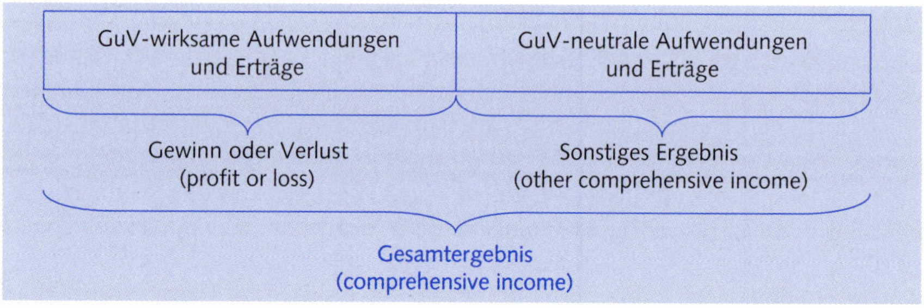

Abb. 7.2: Abgrenzung von Gewinn oder Verlust und sonstigem Ergebnis nach IFRS

Standards entscheidend

Welche Aufwendungen und Erträge GuV-wirksam innerhalb des Gewinns oder Verlustes zu erfassen sind und welche dagegen GuV-neutral außerhalb dieser Zwischensumme verbleiben, ergibt sich nicht aus IAS 1, sondern explizit aus

6 Vgl. hierzu Beispiel 11.9 in Kapitel 11.

7 An dieser Stelle sei darauf hingewiesen, dass der Begriff „Gewinn oder Verlust" aufgrund seiner umgangssprachlichen Bedeutung irreführend sein kann. Im Rahmen der IFRS-Rechnungslegung ist mit Gewinn oder Verlust der Saldo der GuV (profit or loss) gemeint.

den jeweiligen Standards (IAS 1.88). So sind etwa Werterhöhungen und anschließende Wertminderungen in maximal gleichem Umfang aus der Neubewertung von Sachanlagevermögen, immateriellen Vermögenswerten sowie Wertpapieren zwar als Erträge bzw. Aufwendungen in die Gesamtergebnisrechnung aufzunehmen, sie beeinflussen aber nicht den Gewinn oder Verlust (IAS 16.39-40, IAS 38.85-86, IAS 39.55(b))[8].

3.2 Gliederungsvorschriften

Zwei Varianten der Darstellung

Gemäß IAS 1.81 existieren für die Gesamtergebnisrechnung zwei Darstellungsmöglichkeiten, die sich lediglich hinsichtlich einer zusätzlichen Unterteilung des Rechenwerkes unterscheiden. Es sollen entweder

- alle Aufwendungen und Erträge in einem Rechenwerk zusammengefasst werden, wobei der Gewinn oder Verlust einen Zwischensaldo GuV-wirksamer Aufwendungen und Erträge bildet und das Gesamtergebnis die „bottom line“ darstellt (single statement approach), oder
- die Darstellung erfolgt in zwei separaten Teilrechenwerken: Während die Gewinn- und Verlustrechnung (income statement) als erstes Teilrechenwerk die GuV-wirksamen Aufwendungen und Erträge im Gewinn oder Verlust zusammenfasst, ist in einem zweiten Teilrechenwerk dieser Gewinn oder Verlust durch die GuV-neutralen Aufwendungen und Erträge auf das Gesamtergebnis überzuleiten (two statement approach).

Je nach Wahl der Darstellungsvariante wird dem Gewinn oder Verlust optisch somit eine mehr oder weniger prominente Stellung eingeräumt[9]. Obgleich das IASB eine Darstellung in einem einzigen Rechenwerk präferiert (IAS 1.BC53), wollte es diese nicht verbindlich gegen den starken Widerstand der Praxis durchsetzen, die dem Gewinn oder Verlust weiterhin einen hohen Stellenwert beimisst (IAS 1.BC52).

Mindestgliederung

Für die Gesamtergebnisrechnung verlangt IAS 1.82-83 unabhängig von der gewählten Darstellungsvariante die in Tabelle 7.2 abgebildete Mindestgliederungstiefe.

---

8 Vgl. zu den genannten Standards die Ausführungen in Kapitel 11, 12 und 19.

9 Die unterschiedliche Wahrnehmung der GuV-neutralen Aufwendungen und Erträge durch die Abschlussempfänger in Abhängigkeit des Ausweises bestätigen empirische Studien. Vgl. zu den Studien *Hirst, D. E./Hopkins, P. E. M.*, Comprehensive Income Reporting and Analysts' Valuation Judgments, in: JoAR, 36. Jg. (1998), S. 47-75 sowie *Maines, L. A./McDaniel, L. S.*, Effects of Comprehensive-Income Characteristics on Nonprofessional Investors' Judgments: The Role of Financial-Statement Presentation Format, in: TAR, 75. Jg. (2000), S. 179-207. *Tarca et al.*, Identifying Decision Useful Information with the Matrix Format Income Statement, in: JIFMA, 19. Jg (2008), S. 184-217. *Hodge et al.*, The Effects of Financial Statement Information Proximity and Feedback on Cash Flow Forecasts, in: CAR, 26. Jg. (2010), S. 101-133.

Revenue	Umsatzerlöse
▪ Finance costs	▪ Finanzierungsaufwendungen
▪ Share of the profit or loss of associates and joint ventures accounted for using the equity method	▪ Gewinn- oder Verlustanteile an assoziierten Unternehmen und Joint Ventures, die nach der Equity-Methode bilanziert werden
▪ Tax expense	▪ Steueraufwendungen
▪ A single amount comprising the total of the post-tax profit or loss of discontinued operations and the post-tax gain or loss recognised on the measurement to fair value less costs to sell or on the disposal of the assets or disposal group(s) constituting the discontinued operation	▪ Ein gesonderter Betrag, welcher der Summe entspricht aus dem Ergebnis nach Steuern des aufgegebenen Geschäftsbereiches und dem Ergebnis nach Steuern, das bei der Bewertung mit dem beizulegenden Zeitwert abzüglich Veräußerungskosten oder der Veräußerung der Vermögenswerte oder Veräußerungsgruppe(n), die den aufgegebenen Geschäftsbereich darstellen, erfasst wurde
▪ Profit or loss	▪ Gewinn oder Verlust
▪ Profit or loss attributable to minority interest	▪ Den Minderheitsanteilen zuzurechnendes Ergebnis
▪ Profit or loss attributable to owners of the parent	▪ Den Anteilseignern des Mutterunternehmens zuzurechnendes Ergebnis
▪ Each component of other comprehensive income classified by nature (excluding share of the other comprehensive income of associates and joint ventures accounted for using the equity method)	▪ Nach Gesamtkostenverfahren gegliederte Bestandteile des sonstigen Ergebnisses (mit Ausnahme von Anteilen des sonstigen Ergebnisses aus der Anwendung der Equity-Methode bei assoziierten Unternehmen und Gemeinschaftsunternehmen)
▪ Share of the other comprehensive income of associates and joint ventures accounted for using the equity method	▪ Anteile des sonstigen Ergebnisses aus der Anwendung der Equity-Methode bei assoz. Unternehmen und Gemeinschaftsunternehmen
▪ Total comprehensive income	▪ Gesamtergebnis
▪ Total comprehensive income attributable to minority interest	▪ Den Minderheitsanteilen zuzurechnendes Gesamtergebnis
▪ Total comprehensive income attributable to owners of the parent	▪ Den Anteilseignern des Mutterunternehmens zuzurechnendes Gesamtergebnis

Tab. 7.2: Mindestgliederungstiefe der Gesamtergebnisrechnung gemäß IAS 1.82-83

Wesentlichkeitsgrundsatz

Analog zur Bilanz gilt auch für die Gesamtergebnisrechnung der in IAS 1.29 kodifizierte Grundsatz der Wesentlichkeit, wonach Beträge von bedeutendem Umfang separat und art- oder funktionsverwandte Aufwendungen bzw. Erträge von untergeordneter Bedeutung zusammengefasst auszuweisen sind.

Wahlrecht zwischen Konto- und Staffelform

Ein bestimmtes Präsentationsformat (Konto- bzw. Staffelform) schreibt das IASB auch für die Gesamtergebnisrechnung nicht vor. Zusätzliche Posten, Gruppenüberschriften und Zwischensummen sind auszuweisen, sofern ein anderer IFRS dieses fordert oder wenn nur dadurch eine zutreffende Darstellung (fair presentation) der Ertragslage des Unternehmens erzielt wird (IAS 1.84). Selbst die Reihenfolge der verpflichtend auszuweisenden Positionen ist nicht vorgeschrieben. Es verbleiben dem Ersteller hier also umfangreiche Freiheitsgrade.

Gliederung der GuV-wirksamen Aufwendungen: GKV versus UKV

Wahlweise in der Gesamtergebnisrechnung oder im Anhang ist eine Analyse der GuV-wirksamen Aufwendungen zu veröffentlichen. Diese Aufstellung kann grundsätzlich entweder nach dem Gesamtkostenverfahren (nature of expense method, gegliedert nach Aufwandsarten) oder dem Umsatzkostenverfahren (function of expense oder cost of sales method, gegliedert nach Funktionsbereichen) vorgenommen werden (IAS 1.99-103)[10]. Werden daher die Aufwendungen nach Funktionsbereichen gegliedert, so sieht IAS 1.104 zumindest die Angabe der Aufwandsarten Abschreibungen und Personalaufwand im Anhang vor.

Ergebnisspaltung

Auf Basis der einzelnen Ergebnisquellen wird der Gewinns oder Verlust in einzelne Komponenten unterteilt. Diese Aufspaltung lässt sich wie in Abbildung 7.3 dargestellt konkretisieren.

Umsatzerlöse		Ergebnis der betrieblichen Tätigkeit
(Umsatzkostenverfahren) - Umsatzkosten = Bruttoergebnis + Sonstige betriebliche Erträge - Vertriebskosten - Verwaltungsaufwendungen - Sonstige betriebliche Aufwendungen	(Gesamtkostenverfahren) + Sonstige betriebl. Erträge +/- Bestandsänderungen an fertigen und unfertigen Erzeugnissen + Aktivierte Eigenleistungen - Roh-, Hilfs- und Betriebsstoffe - Personalaufwand - Planm. Abschreibungen - Sonstige betriebliche Aufwendungen	
- Finanzierungsaufwendungen + Erträge aus assoziierten Unternehmen		Finanzergebnis
- Ertragsteueraufwand		Ertragsteuern
+/- Ergebnis aus aufgegebenen Geschäftsbereichen		
= Gewinn oder Verlust		
Auf die Anteilseigner des Mutterunternehmens entfallendes Ergebnis Auf Minderheitenanteile entfallendes Ergebnis		

Abb. 7.3: Ergebnisspaltungskonzept nach IFRS gemäß IAS 1.IG6 Part I

Eine nähere Definition der Bestandteile des Gewinns oder Verlustes erfolgt zum Teil direkt in IAS 1, aber auch in anderen Standards. So bieten IAS 1.102 und 1.103 eine Konkretisierung des Gewinn oder Verlustes (profit or loss), während

10 Zur Veranschaulichung vgl. die Implementation Guidance zu IAS 1.

IAS 18.7 Umsatzerlöse näher darlegt. Wie Änderungen von Bilanzierungs- und Bewertungsmethoden sowie Auswirkungen von Fehlern und Änderungen von Schätzungen im Abschluss zu berücksichtigen sind, regelt IAS 8 (vgl. Kapitel 26).

Aufgabe von Geschäftsbereichen

Gemäß IFRS 5 sind mit der Stilllegung eines Geschäftsbereichs verbundene Posten separat von allen übrigen Bestandteilen des Gewinns oder Verlustes auszuweisen. Grund des separaten Ausweises ist die Prognoserelevanz des Gewinns oder Verlustes für Abschlussadressaten, die eine möglichst zutreffende Einschätzung der künftigen Unternehmensentwicklung vornehmen möchten. Dies macht eine Trennung von Informationen über aufgegebene und fortzuführende Geschäftsbereiche im Gewinn oder Verlust, aber auch in den übrigen Rechenwerken notwendig. Eine ausführliche Erläuterung der Bilanzierung aufgegebener Geschäftsbereiche nach IFRS 5 erfolgt in Kapitel 27.

Gewinn oder Verlust

Wird die Gesamtergebnisrechnung in einem einzigen Rechenwerk dargestellt (one statement approach), stellt der Gewinn oder Verlust (profit or loss) einen verbindlich auszuweisenden Zwischensaldo dar, der alle GuV-wirksamen Aufwendungen und Erträge einer Periode enthält. Wird dagegen die Variante der Aufteilung des Gesamtergebnisses in zwei Teilrechenwerke gewählt (two statement approach), so ist der Gewinn oder Verlust der Saldo der Gewinn- und Verlustrechnung als erstem Teilrechenwerk. Auch hierin ergibt sich der Gewinn oder Verlust als Saldo aller GuV-wirksamen Aufwendungen und Erträge einer Periode.

Sonstiges Ergebnis

Die GuV-neutral unterhalb des Gewinns oder Verlustes (Darstellung in einem Rechenwerk) bzw. im zweiten Teilrechenwerk (Darstellung in zwei Teilrechenwerken) der Gesamtergebnisrechnung zu erfassenden Aufwendungen und Erträge werden als sonstiges Ergebnis (other comprehensive income, oci) bezeichnet. Abbildung 7.4 fasst diese verbindlich nach dem Gesamtkostenverfahren (IAS 1.82(g)) zu gliedernden Komponenten zusammen.

OCI-Bestandteile

Zu den im sonstigen Ergebnis zusammengefassten GuV-neutralen Aufwendungen und Erträgen zählen im Wesentlichen:

- Differenzen aus der Währungsumrechnung der Einzelabschlüsse wirtschaftlich selbstständiger ausländischer Tochterunternehmen (IAS 21.30; vgl. Kapitel 22),
- GuV-neutrale fair value-Bewertungen von als zur Veräußerung verfügbar klassifizierten finanziellen Vermögenswerten (available for sale financial assets, IAS 39.55(b)) bzw. GuV-neutrale fair value-Bewertungen von finanziellen Vermögenswerten nach IFRS 9 (vgl. Kapitel 19),
- GuV-neutrale Berücksichtigung eines Gewinns oder Verlustes aus dem effektiven Teil eines Geschäfts zur Absicherung von Cashflows (cashflow hedge, IAS 39.95(a); vgl. Kapitel 20),
- Neubewertung von Sachanlagevermögen und immateriellen Vermögenswerten (IAS 16.39-40; IAS 38.85-86; vgl. Kapitel 11 und 12),
- im Rahmen der Equity-Bewertung assoziierter Unternehmen GuV-neutral erfasste Ergebnisbestandteile (IAS 28.11; vgl. Kapitel 24) und

- sofern entsprechend optiert die versicherungsmathematischen Gewinne und Verluste aus Leistungen an Arbeitnehmer (IAS 19.93A; vgl. Kapitel 16) sowie gegebenenfalls
- aus dem GuV-neutral erfassten Grundsachverhalt entstehende latente Steuern, die ebenfalls GuV-neutral zu erfassen sind (IAS 12.61A; vgl. Kapitel 8).

<table>
<tr><td colspan="2">Gewinn oder Verlust</td></tr>
<tr><td>+/- Währungsumrechnungsdifferenzen
+/- Marktbewertung von als zur Veräußerung verfügbar klassifizierten finanziellen Vermögenswerten
+/- Gewinn oder Verlust aus dem effektiven Teil einer Absicherung von Cashflows
+/- Neubewertung von Sachanlagevermögen und immateriellen Vermögenswerten
+/- GuV-neutrale Erfolgsbestandteile der Equity-Bewertung
(+/- versicherungsmathematische Gewinne und Verluste aus Leistungen an Arbeitnehmer)
+/- latente Steuern auf die obigen Komponenten des sonstigen Ergebnisses</td><td>Sonstiges Gesamt-ergebnis</td></tr>
<tr><td colspan="2">= Gesamtergebnis</td></tr>
<tr><td colspan="2">Auf die Anteilseigner des Mutterunternehmens entfallendes Gesamtergebnis
Auf Minderheitenanteile entfallendes Gesamtergebnis</td></tr>
</table>

Abb. 7.4: Überleitung des Gewinns oder Verlustes zum Gesamtergebnis gemäß IAS 1.IG6 Part I

Separater Ausweis latenter Steuern für jede Komponente sowie von recycling Beträgen

Die Auswirkungen latenter Steuern auf jede einzelne Komponente des sonstigen Ergebnis sind jeweils gesondert auszuweisen (IAS 1.90). Dieser Ausweis kann direkt in der Gesamtergebnisrechnung erfolgen. Alternativ ist es möglich, einen kumulierten Steuereffekt in der Gesamtergebnisrechnung zu erfassen und diesen im Anhang auf die jeweiligen Komponenten aufzuteilen. Ein Darstellungsbeispiel für einen solchen gesonderten Anhangausweis findet sich ebenfalls in IAS 1.IG6 Part I. Ferner sind auch die so genannten reclassification adjustments, also die Beträge, welche im Rahmen eines so genannten recycling in die Gewinn- und Verlustrechnung umgegliedert werden, separat offen zu legen (IAS 1.92).

Ergebnis je Aktie

Nach den Regelungen des IASB ist lediglich der Gewinn oder Verlust, nicht aber das Gesamtergebnis auf die einzelnen Aktien herunterzubrechen und sowohl das verwässerte als auch das unverwässerte Ergebnis je Aktie auszuweisen. Die Vorschriften sind in IAS 33 (2003) „Ergebnis je Aktie“ (earnings per share) enthalten und werden ausführlich in Kapitel 28 beschrieben. Sämtliche GuV-neutralen Aufwendungen und Erträge werden bei der Ergebnis je Aktie-Berechnung somit vernachlässigt.

4 Eigenkapitalveränderungsrechnung

4.1 Elemente und Inhalte der Eigenkapitalveränderungsrechnung

Das Eigenkapital wird im Rahmenkonzept des IASB als Residualgröße der Vermögenswerte nach Abzug der Schulden definiert (RK.49(c)). Sieht man von Transaktionen mit Anteilseignern ab, so korrespondieren Buchwertänderungen dieses Nettovermögens im Zeitablauf stets mit Aufwendungen und Erträgen und damit auch mit der Veränderung des Eigenkapitals. Wie oben bereits ausgeführt, werden zwar sämtliche Aufwendungen und Erträge in der Gesamtergebnisrechnung summiert angesetzt, diese erklären jedoch nicht alle Eigenkapitalveränderungen (changes in equity). Denn die Höhe des Eigenkapitals wird auch von Kapitaltransaktionen zwischen Eigentümern und Unternehmen beeinflusst, d.h. durch Kapitalerhöhungen sowie Kapitalherabsetzungen und Dividendenzahlungen.

Zweck der Eigenkapitalveränderungsrechnung

Die Eigenkapitalveränderungsrechnung soll diesen Mangel heilen, indem sie eine Übersicht über Eigenkapitalveränderungen aufgrund von Aufwendungen und Erträgen einerseits und Transaktionen mit den Anteilseignern andererseits gibt (IAS 1.109).

4.2 Gliederungsvorschriften

Mindestgliederung

Für die Eigenkapitalveränderungsrechnung verlangt IAS 1.106 mindestens die Angabe folgender Punkte:

- Periodengesamtergebnis untergliedert für auf Anteilseigner des Mutterunternehmens und Minderheitsgesellschafter entfallende Teile,
- Effekte aus retrospektiven Anwendungen oder Anpassungen in Übereinstimmung mit IAS 8 (vgl. Kapital 26) auf sämtliche Eigenkapitalkomponenten,
- Beträge aus Transaktionen mit Anteilseignern in ihrer Eigenschaft als Eigentümer, untergliedert in Ein- und Auszahlungen,
- eine Überleitung sämtlicher Eigenkapitalkomponenten vom Periodenbeginn zum Periodenende, wobei Änderungen aus Gewinn oder Verlust und sonstigem Ergebnis getrennt voneinander auszuweisen sind. Die Überleitung der einzelnen Posten des sonstigen Ergebnisses kann wahlweise auch im Anhang erfolgen (IAS 1.106A).

Gliederungsbeispiel

Unter Berücksichtigung der Implementation Guidance zu IAS 1 lässt sich aus diesen mindestens zu nennenden Punkten das in Tabelle 7.3 zusammengefasste Gliederungsbeispiel für die Eigenkapitalveränderungsrechnung einer Periode ableiten. Zur Erstellung eines vollständigen Abschlusses ist für die Vorperiode eine vergleichbar gegliederte Eigenkapitalveränderungsrechnung zu erstellen.

	Auf EK-Geber des Mutterunternehmens entfallende Anteile								Minderheitenanteile	Gesamtes EK
	Gezeichnetes Kapital	Sonstige Rücklagen	Gewinnrücklagen	Umrechnungsdifferenz	Rücklage für Wertschwankungen Hedging	Rücklage für available for sale Wertpapiere	Neubewertungsrücklage	Summe		
EK 31.12.2009	X	X	X	X	X	X	X	X	X	X
▪ Änderung Bewertungsmethode/ Fehlerkorrektur			X					X	X	X
Angepasstes EK 31.12.2009	X	X	X	X	X	X	X	X	X	X
▪ Kapitalerhöhungen	X	X						X	X	X
▪ Kapitalherabsetzungen	X	X						X	X	X
▪ Dividendenzahlungen			X					X	X	X
▪ Periodengesamtergebnis			X	X	X	X	X	X	X	X
▪ Vereinnahmung der Neubewertungsrücklage (IAS 16.41, IAS 38.87)			X				X			
EK 31.12.2010	X	X	X	X	X	X	X	X	X	X

Tab. 7.3: Darstellungsbeispiel einer IAS 1.106 genügenden Eigenkapitalveränderungsrechnung in Anlehnung an IAS 1.IG6 Part I

Weitere Angabepflichten

Wahlweise direkt in der Eigenkapitalveränderungsrechnung oder im Anhang ist der Gesamtbetrag der Dividendenzahlungen an Anteilseigner während der Periode anzugeben, ebenso wie die auf den einzelnen Anteil entfallende Dividende (IAS 1.107).

5 Kapitalflussrechnung

5.1 Regelungsgrundlage, Anwendungsbereich und Zielsetzung

Gradmesser der Finanzlage

Vor dem Hintergrund sich im Zeitablauf immer schneller ändernder konjunktureller Rahmenbedingungen ist der soliden Finanzlage eines Unternehmens erhebliche Bedeutung beizumessen. So stellt sich z.B. für die Fremdkapitalgeber – insbesondere in konjunkturell schwachen Zeiten – die Frage, wie das Unternehmen mit den zur Verfügung gestellten Krediten gewirtschaftet hat und ob es auch künftig in der Lage sein wird, seinen Zins- und Tilgungsverpflichtungen fristgerecht nachzukommen. Eigenkapitalgeber dürfte hingegen eher interessieren, ob auch künftig in ausreichendem Maße liquide Mittel erwirtschaftet werden, um Dividenden im geforderten Umfang ausschütten zu können. Diese nur Ausschnittsweise skizzierten Informationswünsche der Unternehmensbeteiligten sieht auch das IASB. Aus diesem Grund werden alle Unternehmen, die nach IFRS Rechnung legen, in IAS 1.10 zur Erstellung einer Kapitalflussrechnung verpflichtet, in der Informationen zur finanziellen Situation des Unternehmens in der vergangenen Rechnungslegungsperiode bereitgestellt werden. Da in der Kapitalflussrechnung Zahlungen abgebildet werden, ist diese Zeitraumrechnung zudem – verglichen mit der Bilanz und Gesamtergebnisrechnung – weitestgehend unabhängig von bilanzpolitischen Maßnahmen.

IAS 7

Die formelle und materielle Ausgestaltung der Kapitalflussrechnung ist in IAS 7 „Kapitalflussrechnung“ (Statement of Cash Flows) geregelt. IAS 7 wurde 1992 überarbeitet und löste den bereits 1977 herausgegebenen IAS 7 „Statement of Changes in Financial Position“ ab. Die überarbeitete Version gilt seit 1994.

Anwendungsbereich

Der Anwendungsbereich von IAS 7 ist nicht begrenzt. Alle Unternehmen, die einen Einzel- bzw. Konzernabschluss nach IFRS erstellen, sind gemäß IAS 7.1 zur Einhaltung des Standards verpflichtet. Rechtsform-, kapitalmarkt- und/oder größenspezifische Besonderheiten fehlen. Sofern ein Unternehmen einen IFRS-konformen Einzel- bzw. Konzernabschluss erstellt, sind sämtliche gültigen IFRS und IAS – und damit auch IAS 7 – anzuwenden. Andernfalls darf der Abschluss gemäß IAS 1.16 nicht als IFRS-konform bezeichnet werden.

Beispiel 7.1

Der regional, in einer westfälischen Kleinstadt agierende Gebrauchtwagenhändler Autofix KG (15 Mitarbeiter, 7 Mio. € Umsatz im Jahr 2009) möchte freiwillig einen Jahresabschluss nach IFRS erstellen. In diesem Fall hat dieser Jahresabschluss auch eine mit IAS 7 übereinstimmende Kapitalflussrechnung zu enthalten.

Der weltweit operierende, börsennotierte Bayer-Konzern (108.400 Mitarbeiter, 31.168 Mio. € Umsatz im Jahr 2009) bilanziert im Konzernabschluss seit 1994 nach IFRS. Folglich gehört auch eine Kapitalflussrechnung nach IAS 7 zu den Bestandteilen dieses Konzernabschlusses.

Branchen unabhängige Geltung

Die Regelungen zur Kapitalflussrechnung gelten zudem branchenunabhängig. Die Art der Tätigkeit des Unternehmens spielt für die Frage, ob eine Kapitalflussrechnung zu erstellen ist, keine Rolle. Selbst Finanzinstitutionen, bei denen der Handel mit Zahlungsmitteln Teil des Geschäftsmodells ist, müssen eine mit IAS 7 konforme Kapitalflussrechnung publizieren. Dem liegt die Vorstellung zugrunde, dass alle Unternehmen unabhängig von ihren Tätigkeiten aus vergleichbaren Gründen Zahlungsmittel benötigen. So müssen z.B. auch Kreditinstitute zur Durchführung ihrer operativen Tätigkeiten, zur Erfüllung ihrer finanziellen Verpflichtungen oder zur Zahlung von Gewinnanteilen an die Anteilseigner liquide Mittel verwenden (IAS 7.3).

Zielsetzung

Durch Erstellung einer Kapitalflussrechnung sollen die Unternehmensbeteiligten darüber informiert werden, auf welche Weise im Unternehmen liquide Mittel erwirtschaftet und verwendet werden, indem u.a.

- die finanzielle Lage des Unternehmens detailliert abgebildet wird und
- Informationen über die Fähigkeit des Unternehmens, Überschüsse an liquiden Mitteln zu erwirtschaften und seinen Zahlungsverpflichtungen nachzukommen, bereitgestellt werden.

In Verbindung mit den übrigen Bestandteilen des Jahresabschlusses soll die Kapitalflussrechnung somit Informationen liefern, anhand derer die Abschlussadressaten die Liquidität und Solvenz des Unternehmens bewerten können. Diese Informationen sind für die Entscheidungen sämtlicher Unternehmensbeteiligter von großer Bedeutung, da auch die Illiquidität eines Unternehmens einen Insolvenzgrund darstellen kann (§§ 17-18 InsO).

Abschätzung künftiger Entwicklungen

Die Kapitalflussrechnung soll jedoch nicht nur Informationen zur Beurteilung der vergangenen Liquiditäts- bzw. Finanzlage des Unternehmens liefern, sondern auch der Abschätzung des zukünftigen Liquiditätsbedarfs dienen. Die Informationen sollen die Prognose der Höhe, des zeitlichen Anfalls und der Wahrscheinlichkeit künftiger Zuflüsse und Abflüsse liquider Mittel erleichtern, die wiederum zur Beurteilung des Unternehmens im Vergleich zu anderen Unternehmen innerhalb individueller Planungs- und Entscheidungsmodelle benötigt werden. Abbildung 7.5 verdeutlicht diesen Zusammenhang.

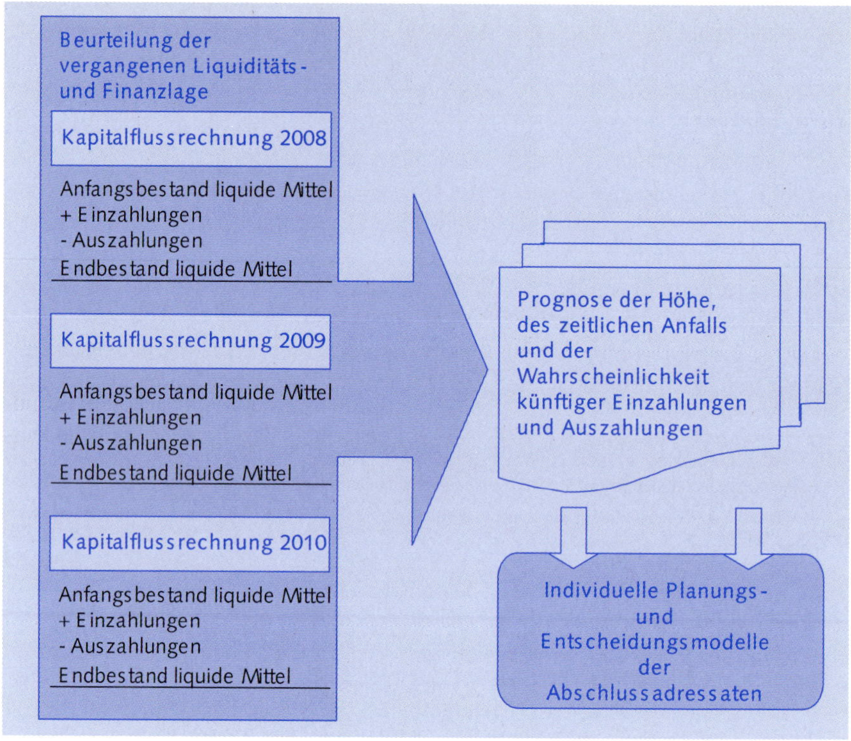

Abb. 7.5: Kapitalflussrechnungen als Grundlage für Prognosen auf Basis von Planbilanzen und Plan-GuVen

Beispiel 7.2

Die Kapitalflussrechnung der Techno AG weist für das Geschäftsjahr 2010 im betrieblichen Bereich einen Cashflow von 10 Mio. € aus. Da aus der Kapitalflussrechnung ebenfalls die Investitionen in das Anlagevermögen (8 Mio. €) ersichtlich sind und aus der Gesamtergebnisrechnung die Zinsaufwendungen (1 Mio. €) entnommen werden können, lässt sich gleichzeitig der Free Cashflow (= Cashflow vor Zinszahlungen und nach Investitionen) in Höhe von 3 Mio. € für das Jahr 2010 berechnen.

Unter Berücksichtigung einer Wachstumsrate von jährlich 10 % könnten die Free Cashflows der kommenden Geschäftsjahre geschätzt werden (2011: 3,3 Mio. €; 2012: 3,63 Mio. €; 2013: 3,993 Mio. €), die dann beispielsweise die Grundlage einer Bewertung der Techno AG mittels eines Discounted Cashflow-Verfahrens bilden können.

5.2 Grundsätze zur Erstellung einer Kapitalflussrechnung

Rahmengrundsätze

Da die Kapitalflussrechnung integraler Bestandteil von IFRS-Abschlüssen ist, gelten für sie auch die übergeordneten Rechnungslegungsgrundsätze des Rahmenkonzepts (vgl. ausführlich Kapitel 5). Im Wesentlichen zählen hierzu

- der Grundsatz der Verständlichkeit,
- der Grundsatz der Vergleichbarkeit und
- der Grundsatz der Verlässlichkeit.

Der Grundsatz der Verlässlichkeit fordert unter anderem auch die Vollständigkeit der Darstellung, so dass die Kapitalflussrechnung eines Unternehmens sämtliche Ein- und Auszahlungen der Periode enthalten sollte.

Bruttoprinzip

Neben diesen im Rahmenkonzept für die Rechnungslegung nach IFRS formulierten Grundsätzen ist für die Kapitalflussrechnung das Bruttoprinzip bedeutsam. Demnach sind die Ein- und Auszahlungen unsaldiert abzubilden (IAS 7.21). Eine Saldierung ist gemäß IAS 7.22-23 lediglich für folgende Fälle vorgesehen:

- Ein- und Auszahlungen, die im Namen von Kunden durchgeführt werden und die eher auf Aktivitäten des Kunden als auf Aktivitäten des Unternehmens zurückzuführen sind, sowie
- Ein- und Auszahlungen, die aus Posten mit großer Umschlagshäufigkeit, großen Beträgen und kurzen Laufzeiten resultieren.

Die speziell zum zweiten Punkt angeführten Beispiele des IASB beziehen sich vorrangig auf Finanzinstitute. So werden Darlehensbeträge gegenüber Kreditkartenkunden, der Kauf oder Verkauf von Finanzinvestitionen oder Kredite mit einer Laufzeit von drei Monaten genannt (IAS 7.23).

5.3 Cashflowabgrenzung

Finanzmittelfonds

In der Kapitalflussrechnung werden die Veränderungen der liquiden Mittel des vergangenen Geschäftsjahres detailliert beschrieben. Zu den liquiden Mitteln, die auch als Finanzmittelfonds bezeichnet werden, gehören dabei nicht nur Zahlungsmittel, sondern auch Zahlungsmitteläquivalente. Abbildung 7.6 fasst dies schematisch zusammen.

Zahlungsmittel

Zahlungsmittel umfassen gemäß IAS 7.6 Barmittel und Sichteinlagen. Im Wesentlichen sind darunter zu subsumieren:

- Kassenbestände in Euro und ausländischer Währung,
- Sichtguthaben bei inländischen und ausländischen Kreditinstituten (inklusive Zentral- und Postbanken),
- inländische und ausländische Postwertzeichen sowie verfügbare Frankiermöglichkeiten entsprechender Geräte,

- entgegengenommene, noch nicht eingelöste Bar- und Verrechnungsschecks, da Schecks unabhängig von einer eingetragenen Laufzeit stets bei Vorlage fällig sind (Art. 28 ScheckG).

Ausgestellte Schecks sind dementsprechend von den Sichtguthaben abzuziehen, auch wenn noch keine Belastung erfolgte.

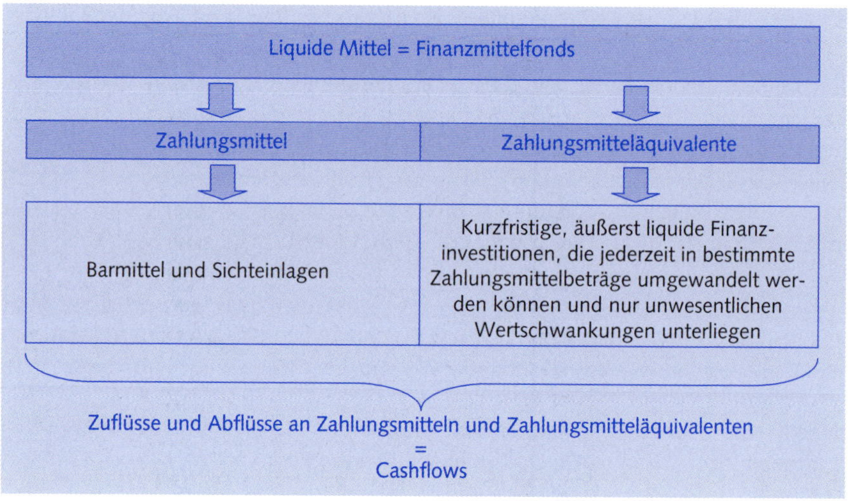

Abb. 7.6: Zusammensetzung des Finanzmittelfonds

Zahlungsmitteläquivalente

Zu den Zahlungsmitteläquivalenten gehören Finanzinvestitionen, die eine kurzfristige Laufzeit aufweisen, ohne weiteres in Zahlungsmittel umgewandelt werden können und unwesentlichen Wertschwankungen unterliegen (IAS 7.6). Dabei ist wesentlich, dass diese Finanzinvestitionen im Unternehmen zur Zahlungsmitteldisposition zählen und dazu dienen, kurzfristigen Zahlungsverpflichtungen nachzukommen. Andernfalls dürfen sie nicht unter den Zahlungsmitteläquivalenten subsumiert werden. Die „Kurzfristigkeit" wird dahingehend konkretisiert, dass die Zahlungsmitteläquivalente – vom Erwerbszeitpunkt aus gerechnet – eine Restlaufzeit von drei Monaten nicht überschreiten sollen. Kapitalbeteiligungen an anderen Unternehmen gehören regelmäßig nicht zu den Zahlungsmitteläquivalenten.

Kontokorrentkredite

In die Zahlungsmitteläquivalente können nach IAS 7.8 auch Verbindlichkeiten gegenüber Kreditinstituten einbezogen werden. Zwar zählen diese Verbindlichkeiten normalerweise zur Finanzierungstätigkeit. Auf Anforderung rückzahlbare Kontokorrentkredite gegenüber Kreditinstituten können aber auch zum Finanzmittelfonds gerechnet werden. Sie sind regelmäßig dadurch gekennzeichnet, dass der Kontosaldo häufig zwischen Soll- und Haben-Beständen schwankt und der Kontokorrentkredit als integraler Bestandteil der Zahlungsmitteldisposition des Unternehmens anzusehen ist.

Cashflow-Untergliederung

Die Veränderung der Zahlungsmittel und Zahlungsmitteläquivalente wird in der Kapitalflussrechnung detailliert dargestellt. Vorgänge innerhalb der Zahlungsmittel, wie z.B. der Ausgleich eines negativen Kontos durch Überweisung von einem anderen Unternehmenskonto, werden in der Kapitalflussrechnung nicht gezeigt. Zuflüsse und Abflüsse des Bestands an liquiden Mitteln werden als Cashflows bezeichnet (IAS 7.6). Innerhalb der Cashflows ist zwischen drei großen Bereichen zu differenzieren, denen die Zu- und Abflüsse der Zahlungsmittel und Zahlungsmitteläquivalente zuzuordnen sind:

- Cashflows aus betrieblicher Tätigkeit,
- Cashflows aus Investitionstätigkeit und
- Cashflows aus Finanzierungstätigkeit.

Hierdurch sollen die Herkunft und die Verwendung der Zahlungsmittel und Zahlungsmitteläquivalente detailliert aufgezeigt werden.

Wechselkursänderungen

Aus Wechselkursänderungen resultierende, nicht realisierte Gewinne und Verluste bei den Zahlungsmitteln und Zahlungsmitteläquivalenten werden hingegen nicht in diesen drei Cashflows erfasst. Sie betreffen direkt den Bestand der Zahlungsmittel bzw. Zahlungsmitteläquivalente und sind in einer separaten Zeile am Ende der Kapitalflussrechnung auszuweisen.

Da das IASB die Cashflows aus betrieblicher Tätigkeit durch Negativabgrenzung zu denen aus Investitions- und Finanzierungstätigkeit definiert, ist im Folgenden zunächst ein Blick auf die Cashflows aus Investitionstätigkeit und die Cashflows aus Finanzierungstätigkeit zu werfen.

Cashflows aus Investitionstätigkeit

Zu den Cashflows aus Investitionstätigkeit zählen gemäß IAS 7.6 die Zahlungsvorgänge, die den Erwerb oder die Veräußerung von langfristigen Vermögenswerten und sonstigen Investitionsgütern betreffen. Letztere Zahlungen sind aber lediglich dann unter die Investitionstätigkeit zu subsumieren, wenn die Finanzmittelinvestitionen nicht zu den Zahlungsmitteläquivalenten gehören oder zu Handelszwecken gehalten werden. Insgesamt können für den Bereich der Investitionstätigkeit folgende Beispiele angeführt werden:

- Einzahlungen/Auszahlungen aus dem Verkauf/Erwerb von Sachanlagen,
- Einzahlungen/Auszahlungen aus dem Verkauf/Erwerb immaterieller Vermögenswerte,
- Auszahlungen für aktivierte Entwicklungskosten,
- Einzahlungen/Auszahlungen aus dem Verkauf/Erwerb von Finanzanlagen,
- Einzahlungen/Auszahlungen aus dem Verkauf/Erwerb von Tochterunternehmen/assoziierten Unternehmen/Joint Ventures.

Beispiel 7.3

Die Ritag AG erwirbt innerhalb des Geschäftsjahres 2010 eine neue Produktionsanlage zum Kaufpreis von 120 T€. 70 T€ des Kaufpreises werden in bar beglichen, bezüglich der fehlenden 50 T€ wird ein Zahlungsziel von einem Jahr vereinbart.

In der Kapitalflussrechnung 2010 der Ritag AG werden Investitionsauszahlungen von 70 T€ ausgewiesen.

Der Saldo der mit unterschiedlichen Investitionen und Desinvestitionen verbundenen Ein- und Auszahlungen bildet den Cashflow aus Investitionstätigkeit. Er bietet Informationen darüber, inwieweit Investitionen für Ressourcen getätigt wurden, mit denen künftige Erträge und Cashflows im betrieblichen Bereich erwirtschaftet werden (IAS 7.16). Darüber hinaus wird deutlich, zu welchem Teil die Neuinvestitionen aus Vermögensumschichtung (Einzahlungen aus Investitionstätigkeit) finanziert werden.

Cashflows aus Finanzierungstätigkeit

Zu den Cashflows aus Finanzierungstätigkeit zählen gemäß IAS 7.6 alle Liquiditätsänderungen, welche durch die Aufnahme bzw. Rückzahlung von Eigenkapital oder Ausleihungen/aufgenommenen Krediten verursacht werden. Beispielhaft sind folgende Zahlungsvorgänge zur Finanzierungstätigkeit zu zählen:

- Einzahlungen aus Eigenkapitalerhöhungen,
- Auszahlungen für den Erwerb eigener Anteile,
- Aufnahme bzw. Tilgung von Krediten.

Beispiel 7.4

Die Ritag AG hat im Geschäftsjahr 2010 einen Kredit aufgenommen: Auszahlungsbetrag 98 T€, Rückzahlungsbetrag im Jahr 2015 100 T€. In der Kapitalflussrechnung 2010 der Ritag AG werden Finanzierungseinzahlungen von 98 T€ ausgewiesen.

Der Saldo der mit den unterschiedlichen Finanzierungsvorgängen verbundenen Ein- und Auszahlungen bildet den Cashflow aus Finanzierungstätigkeit. Er liefert Informationen über eine ggf. auftretende Neuverschuldung bzw. einen Verschuldungsabbau und zeigt, in welchem Umfang die Finanzierungsquelle der Außenfinanzierung in Anspruch genommen wurde.

Cashflows aus betrieblicher Tätigkeit

Welche Zahlungsvorgänge zu den Cashflows aus betrieblicher Tätigkeit zählen, lässt sich nur aus individueller Sicht eines einzelnen Unternehmens beantworten. Beispielsweise weichen die betrieblichen Tätigkeiten eines Industrieunternehmens und eines Kreditinstituts erheblich voneinander ab. Folglich kann eine Abgrenzung der betrieblichen Tätigkeit nur sehr allgemein erfolgen. Dieser Notwendigkeit folgt auch das IASB, indem zu den betrieblichen Tätigkeiten allgemein

- alle wesentlichen GuV-wirksamen Aktivitäten des Unternehmens,
- die nicht zur Investitionstätigkeit und
- nicht zur Finanzierungstätigkeit gehören,

gezählt werden.

Beispielhaft zu nennen sind:

- Einzahlungen/Auszahlungen aus dem Verkauf/Kauf von Gütern und Dienstleistungen,
- Auszahlungen für Löhne und Gehälter,
- Einzahlungen aus Nutzungsentgelten, Honoraren, Provisionen und anderen Erlösen sowie
- Einzahlungen/Auszahlungen aus dem Verkauf/Kauf von zu Handelszwecken gehaltenen Wertpapieren.

Beispiel 7.5

Die Ritag AG verkauft innerhalb des Geschäftsjahres 2010 Fertigerzeugnisse mit einem Buchwert von 100 T€ auf Ziel. Von den Zielverkäufen werden 60 T€ innerhalb des Geschäftsjahres beglichen.

In der Kapitalflussrechnung 2010 der Ritag AG werden im Cashflow aus betrieblicher Tätigkeit Einzahlungen in Höhe von 60 T€ erfasst.

Gewinne und Verluste, die aus dem Verkauf von Anlagewerten resultieren, zählen indes nicht zur betrieblichen Tätigkeit. Die damit verbundenen Zahlungen sind als Desinvestitionseinzahlungen der Investitionstätigkeit zuzuordnen.

Der Saldo der betrieblichen Ein- und Auszahlungen bildet den Cashflow aus betrieblicher Tätigkeit. Dieser gibt Auskunft über das Innenfinanzierungspotential des Unternehmens und dient insbesondere als Grundlage der Prognose künftiger Cashflows. Das IASB sieht hierin einen Schlüsselindikator dafür, „in welchem Ausmaß es durch die Unternehmenstätigkeit gelungen ist, Zahlungsmittelüberschüsse zu erwirtschaften, die ausreichen, um Verbindlichkeiten zu tilgen, die Leistungsfähigkeit des Unternehmens zu erhalten, Dividenden zu zahlen und Investitionen zu tätigen, ohne dabei auf Quellen der Außenfinanzierung angewiesen zu sein“ (IAS 7.13).

Zinsen und Dividenden

Zuordnungsprobleme zu den einzelnen Cashflows können sich bei Zins- und Dividendenzahlungen ergeben. Hier gewährt das IASB – bei gesonderter Angabe in der Kapitalflussrechnung – ein Wahlrecht. Nach IAS 7.31 sind die aus erhaltenen und gezahlten Zinsen bzw. erhaltenen Dividenden resultierenden Zahlungen alternativ zur betrieblichen Tätigkeit, zur Investitionstätigkeit oder zur Finanzierungstätigkeit zu zählen. Für gezahlte Dividenden kommt gemäß IAS 7.34 wahlweise ein Ausweis im Cashflow aus betrieblicher Tätigkeit oder aus Finanzierungstätigkeit in Frage. Jedoch greift für diese Wahlrechte das Stetigkeitsgebot, wonach eine einmal getroffene Zuordnung im Zeitablauf beizubehalten ist.

Gezahlte Dividenden

Werden gezahlte Dividenden als Entgelt für Eigenkapitalgeber angesehen, wären sie der Finanzierungstätigkeit zuzuordnen. Um aufzuzeigen, dass Dividenden aus der laufenden betrieblichen Tätigkeit finanziert werden müssen, wäre alternativ auch eine Zuordnung zum Cashflow aus betrieblicher Tätigkeit zu begründen. In der Praxis erfolgt überwiegend ein Ausweis der Dividendenzahlungen unter den Finanzierungsaktivitäten[11].

Gezahlte Zinsen

Auch für gezahlte Zinsen wäre eine Zuordnung zur Finanzierungstätigkeit konsequent, da es sich aus Sicht des bilanzierenden Unternehmens um Finanzierungsaufwendungen handelt. Erhaltene Zinsen können zum Cashflow aus betrieblicher Tätigkeit oder Investitionstätigkeit gezählt werden. Vereinfachend werden Zinsein- und -auszahlungen in der Unternehmenspraxis jedoch häufig unter der betrieblichen Tätigkeit subsumiert[12]. Wesentlich ist in diesem Zusam-

11 Vgl. z.B. Geschäftsbericht 2009 der Bayer AG, S. 141; Geschäftsbericht 2009 der Commerzbank AG, S. 198.

12 Vgl. *von Keitz, I.*, Praxis der IASB-Rechnungslegung, 2. Aufl., Stuttgart 2005, S. 226-228.

menhang, dass gemäß IAS 7.32 alle Zinszahlungen, unabhängig davon, ob sie als Aufwand den Gewinn oder Verlust mindern oder nach IAS 23 „Fremdkapitalkosten“ in den Anschaffungs- oder Herstellungskosten von Vermögenswerten aktiviert werden, in der Kapitalflussrechnung erfasst werden. (Zur Ermittlung der Anschaffungs- und Herstellungskosten siehe ausführlich Kapitel 14.) Für die Erfassung der Zinszahlungen im Cashflow aus Finanzierungstätigkeit spricht, dass damit der Cashflow aus betrieblicher Tätigkeit eher dem im Controlling und in der Finanzanalyse häufig verwendeten EBITDA (earnings before interest, tax, depreciation and amortisation) entspricht.

Zinsen bei Finanzinstitutionen

Für die Zuordnung von Zinsen und Dividenden zu den einzelnen Cashflows ist jedoch auch die Branche des betrachteten Unternehmens zu berücksichtigen. So dürften beispielsweise gezahlte Zinsen sowie erhaltene Zinsen und Dividenden bei Finanzinstitutionen regelmäßig der betrieblichen Tätigkeit zuzurechnen sein.

Ertragsteuern

Auch für Ertragsteuerzahlungen können sich Zuordnungsprobleme ergeben. Zwar sind diese Zahlungen – bei gesonderter Angabe – im Normalfall als Teil der betrieblichen Tätigkeit zu klassifizieren. Sofern ertragsteuerliche Konsequenzen einzelnen Zahlungen der Investitions- oder Finanzierungstätigkeit zugeordnet werden können, dürfen die zugehörigen Ertragsteuerzahlungen aber auch in diesen Bereichen ausgewiesen werden (IAS 7.35-36).

5.4 Aufbau der Kapitalflussrechnung

Staffelform

IAS 7 gibt kein Mindestgliederungsschema für die Kapitalflussrechnung vor. Aus den Beispielen des Anhangs zu IAS 7 ist jedoch entnehmbar, dass sie in Staffelform erstellt werden soll. Tabelle 7.4 verdeutlicht den Grobaufbau.

	Betriebliche Einzahlungen
–	betriebliche Auszahlungen
=	**Cashflow aus betrieblicher Tätigkeit (1)**
	Desinvestitionseinzahlungen
–	Investitionsauszahlungen
=	**Cashflow aus Investitionstätigkeit (2)**
	Finanzierungseinzahlungen
–	Finanzierungsauszahlungen
=	**Cashflow aus Finanzierungstätigkeit (3)**
	Veränderung des Finanzmittelfonds ((1) + (2) + (3))

Tab. 7.4: Grobaufbau der Kapitalflussrechnung in Staffelform

Darstellungsmöglichkeiten

Die Darstellung der einzelnen Cashflows aus betrieblicher Tätigkeit, aus Investitions- und aus Finanzierungstätigkeit ist aus dem Blickwinkel der Informationsfunktion der Kapitalflussrechnung weiter zu untergliedern. Prinzipiell bieten sich hierbei zwei Vorgehensweisen an:

- die direkte Darstellung, bei der Ein- und Auszahlungen zu Gruppen zusammengefasst ausgewiesen werden, oder
- die indirekte Darstellung, wobei der Cashflow durch Korrektur anderer Jahresabschlussgrößen ermittelt wird.

Wahlrecht für den CF aus betr. Tätigkeit

Für die Ermittlung des Cashflows aus betrieblicher Tätigkeit gewährt das IASB den Unternehmen ein Wahlrecht (IAS 7.18). So kann zwischen einer direkten Darstellung und einer indirekten Darstellung gewählt werden. Jedoch ist auch hier das Stetigkeitsprinzip im Zeitablauf zu beachten. Empfohlen wird vom IASB die direkte Darstellungsform; in der Unternehmenspraxis herrscht hingegen noch die indirekte Darstellung vor. Im Rahmen des Financial Statement Presentation Projekts wird vorgeschlagen die direkte Darstellungsform künftig verpflichtend vorzuschreiben (vgl. Exkurs zum Financial Statement Presentation Projekt am Ende von Abschnitt 5 dieses Kapitels).

Direkte Methode ansonsten zwingend

Für die Darstellung der Cashflows aus Investitions- und Finanzierungstätigkeit schreibt IAS 7.21 hingegen – wie auch aus Abbildung 7.7 ersichtlich – die direkte Darstellung zwingend vor.

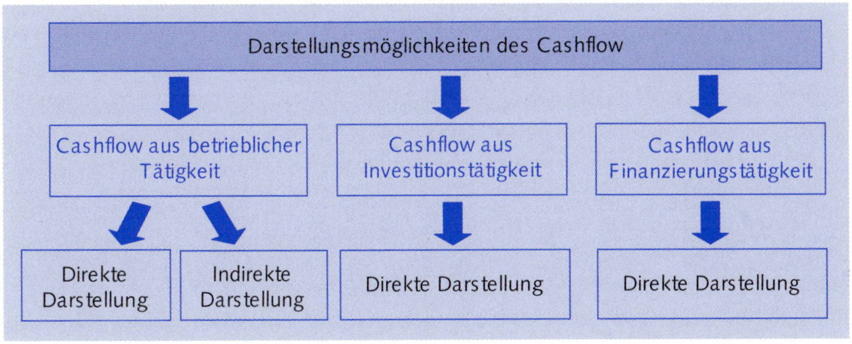

Abb. 7.7: Darstellungsmöglichkeiten in der Kapitalflussrechnung nach IAS 7

Direkte Darstellung des Cashflows aus betrieblicher Tätigkeit

Bei der direkten Darstellung der Cashflows aus betrieblicher Tätigkeit werden die Zahlungen – wie der Name verdeutlicht – direkt auf der Basis von Zu- und Abgängen von Zahlungsmitteln und Zahlungsmitteläquivalenten ermittelt. Dabei sind die Hauptklassen an Bruttoeinzahlungen und -auszahlungen separat anzugeben. Da IAS 7 keine Mindestgliederung vorgibt, sind verschiedene Vorgehensweisen denkbar. So könnte sich beispielhaft die in Tabelle 7.5 wiedergegebene Darstellung in Anlehnung an DRS 2 „Kapitalflussrechnung" anbieten[13].

13 Im Gegensatz zu DRS 2 erfolgt jedoch nach IAS 7 kein separater Ausweis von außerordentlichen Posten, da deren Ausweis in IFRS-Abschlüssen generell im Rahmen des Improvements Project abgeschafft wurde (IAS 1.BC60-BC64). Dies führte zur Streichung von IAS 7.29-30.

	Einzahlungen von Kunden
–	Auszahlungen an Lieferanten und Arbeitnehmer
+	Sonstige Einzahlungen, die nicht der Investitions- oder Finanzierungstätigkeit zuzuordnen sind
–	Sonstige Auszahlungen, die nicht der Investitions- oder Finanzierungstätigkeit zuzuordnen sind
–	Gezahlte Ertragsteuern
=	**Cashflow aus betrieblicher Tätigkeit**

Tab. 7.5: Direkte Darstellung des Cashflows aus betrieblicher Tätigkeit

Indirekte Darstellung des Cashflows aus betrieblicher Tätigkeit

Bei der indirekten Darstellung wird der Cashflow aus betrieblicher Tätigkeit aus dem Gewinn oder Verlust der Gesamtergebnisrechnung abgeleitet. Die Ergebnisgröße ist dabei um nicht zahlungswirksame Geschäftsvorfälle zu korrigieren. Ausgehend vom Gewinn oder Verlust vor Ertragsteueraufwendungen sind im Einzelnen vier Korrekturschritte erforderlich.

1. Korrektur der nicht zahlungswirksamen Aufwendungen und Erträge, z.B. der Abschreibungen und der Zuführungen zu den Rückstellungen.
2. Korrektur um GuV-wirksame Sachverhalte, die dem Investitions- oder Finanzierungsbereich zuzuordnen sind, z.B. Gewinne aus dem Verkauf von Sachanlagen.
3. Erfassung GuV-unwirksamer zahlungswirksamer Veränderungen der Vermögens- und Schuldpositionen der betrieblichen Tätigkeit, z.B. Zunahme der Roh-, Hilfs- und Betriebsstoffe, Abnahme der Verbindlichkeiten aus Lieferungen und Leistungen.
4. Erfassung der Ertragsteuerzahlungen.

Damit könnte aufgrund fehlender Gliederungsvorschriften in IAS 7 in Anlehnung an DRS 2 die in Tabelle 7.6 angeführte Gliederung Anwendung finden.

	Gewinn oder Verlust vor Ertragsteuern und Zinsen
+/–	Abschreibungen/Zuschreibungen auf Vermögenswerte des AV
+/–	Zunahme/Abnahme der Rückstellungen
+/–	Sonstige zahlungsunwirksame Aufwendungen/Erträge
–/+	Gewinn/Verlust aus dem Verkauf von Vermögenswerten des AV
–/+	Zunahme/Abnahme der Vorräte, der Forderungen aus Lieferungen und Leistungen sowie anderer Aktiva, die nicht der Investitions- oder Finanzierungstätigkeit zuzuordnen sind
+/–	Zunahme/Abnahme der Verbindlichkeiten aus Lieferungen und Leistungen sowie anderer Passiva, die nicht der Investitions- oder Finanzierungstätigkeit zuzuordnen sind
–	Ertragsteuerzahlungen
+/–	Zinseinzahlungen/Zinsauszahlungen
=	**Cashflow aus betrieblicher Tätigkeit**

Tab. 7.6: Indirekte Darstellung des Cashflows aus betrieblicher Tätigkeit

Darstellung des Cashflows aus Investitionstätigkeit

Für den Cashflow aus Investitionstätigkeit schreibt das IASB ebenfalls keine detaillierte Mindestgliederung vor. Nach der direkten Methode sind lediglich in Hauptklassen die Bruttoeinzahlungen und Bruttoauszahlungen separat anzugeben. Auch hier würde sich für deutsche Unternehmen eine an DRS 2 angelehnte Vorgehensweise anbieten (vgl. Tabelle 7.7).

Erwerb von Tochterunternehmen

Zur Investitionstätigkeit zählen auch der Erwerb bzw. der Verkauf von Tochterunternehmen und sonstigen Geschäftseinheiten. Gemäß IAS 7.39 sind daraus resultierende Zahlungen separat innerhalb der Darstellung des Cashflows aus Investitionstätigkeit auszuweisen (vgl. auch Tabelle 7.7). Der zahlungswirksame Kaufpreis für Akquisitionen bzw. der Verkaufspreis von Desinvestitionen ist dabei um die miterworbenen bzw. mitveräußerten Zahlungsmittel und Zahlungsmitteläquivalente zu korrigieren. Im Gegensatz dazu ist der bilanzielle Zu- bzw. Abgang von anderen bilanziellen Vermögenswerten und Schulden nicht in den anderen Zeilen der Kapitalflussrechnung zu erfassen.

	Einzahlungen aus Abgängen von Vermögenswerten des Sachanlagevermögens
–	Auszahlungen für Investitionen in das Sachanlagevermögen
+	Einzahlungen aus Abgängen von Vermögenswerten des immateriellen Anlagevermögens
–	Auszahlungen für Investitionen in das immaterielle Anlagevermögen
+	Einzahlungen aus Abgängen von Vermögenswerten des Finanzanlagevermögens
–	Auszahlungen für Investitionen in das Finanzanlagevermögen
+/–	Einzahlungen und Auszahlungen aus dem Erwerb und dem Verkauf von Tochterunternehmen und sonstigen Geschäftseinheiten
=	**Cashflow aus Investitionstätigkeit**

Tab. 7.7: Direkte Darstellung des Cashflows aus Investitionstätigkeit

Beispiel 7.6

Im Rahmen der Ausweitung der Produktionskapazitäten zur Belieferung des chinesischen Absatzmarktes sowie zur Steigerung des weltweiten Marktanteils wurde von der Kauffix AG eine 80%ige Beteiligung an einem Konkurrenzanbieter in Shanghai zum Preis von umgerechnet 50 Mio. € erworben. Der Kaufpreis wurde vollständig mit Zahlungsmitteln beglichen. Der Bestand an Zahlungsmitteln und Zahlungsmitteläquivalenten des erworbenen Unternehmens beläuft sich zum Erwerbszeitpunkt auf umgerechnet 5 Mio. €. Da entsprechend des Control-Prinzips das akquirierte Unternehmen auf Basis der Vollkonsolidierung in den Konzernabschluss der Kauffix AG einbezogen wird (vgl. Kapitel 23), ergeben sich für die Konzernkapitalflussrechnung folgende Auswirkungen:

- Separater Ausweis der Auszahlung von (50 - 5 =) 45 Mio. € für den Erwerb des Tochterunternehmens im Cashflow aus Investitionstätigkeit.
- Die aus der Akquisition resultierenden Veränderungen anderer Vermögenswerte und Schulden in der Konzernbilanz der Kauffix AG sind in den anderen Zeilen der Kapitalflussrechnung nicht zu berücksichtigen.

Darstellung des Cashflows aus Finanzierungstätigkeit

Auch für den Cashflow aus Finanzierungstätigkeit schreibt das IASB kein konkretes Gliederungsschema vor. Hier würde sich ebenfalls für deutsche Unternehmen bis zur weiteren internationalen Harmonisierung eine an DRS 2 orientierte Vorgehensweise anbieten (vgl. Tabelle 7.8).

	Einzahlungen aus Eigenkapitalzuführungen
–	Auszahlungen an die Eigenkapitalgeber
+	Einzahlungen aus der Begebung von Anleihen und der Aufnahme von Krediten
–	Auszahlungen aus der Tilgung von Anleihen und Krediten
=	**Cashflow aus Finanzierungstätigkeit**

Tab. 7.8: Direkte Darstellung des Cashflows aus Finanzierungstätigkeit

Beispiel 7.7

Zusammenfassend soll die Publix AG betrachtet werden, die ihre Gesamtergebnisrechnung in zwei Teilrechenwerken aufstellt. Aus den Daten der Konzernbilanz, der Konzern-GuV und ausgewählten Zusatzangaben ist in Übereinstimmung mit IAS 7 für das Geschäftsjahr 2010 eine Konzernkapitalflussrechnung zu erstellen. Die Darstellung des Cashflows aus betrieblicher Tätigkeit erfolgt in Übereinstimmung mit dem überwiegenden Teil der Unternehmenspraxis nach der indirekten Methode.

Folgende Zusatzangaben sind gegeben:

- Eine im Finanzanlagevermögen der Publix AG gehaltene Beteiligung wurde im August 2010 für 5.500 T€ verkauft (Buchwert 3.700 T€).
- Aufgrund einer Abwertung des US-$ erfolgte in 2010 eine Abschreibung innerhalb der liquiden Mittel in Höhe von 100 T€.
- In der Veränderung der Verbindlichkeiten gegenüber Kreditinstituten ist eine Kredittilgung in Höhe von 5.000 T€ enthalten.

Konzernbilanz der Publix AG nach IFRS (in T€)

	2009	2010		2009	2010
Anlagevermögen			Eigenkapital		
I. Immat. VW	6.300	7.700	I. Gezeichn. Kapital	20.000	20.000
II. Sachanlagen	49.200	54.100	II. Kapitalrücklage	12.000	12.000
III. Finanzanlagen	5.200	2.700	III. Gewinnrücklagen	9.500	10.000
			IV. Bilanzgewinn	900	1.000
Umlaufvermögen			Rückstellungen		
I. Vorräte	25.100	27.900	1. Pensionsrückstellungen	19.500	21.900
II. Forderungen	19.100	22.100	2. Sonst. Rückst.	10.400	11.700
III. Wertpapiere	1.400	1.400	Verbindlichkeiten		
IV. Liquide Mittel	3.900	1.500	1. ggü. Kreditinstitut.	21.000	26.500
			2. aus Lief. u. Leist.	16.900	14.300
	110.200	117.400		110.200	117.400

Konzern-GuV 2010 der Publix AG nach IFRS (in T€)	
1 Umsatzerlöse	216.000
2 Erhöhung des Bestands an fertigen u. unfert. Erzeugnissen	700
3 Sonstige betriebliche Erträge	10.300
4 Materialaufwand	152.000
5 Personalaufwand	48.000
6 Abschreibungen	
- auf immaterielle Vermögensgegenstände	300
- auf Sachanlagen	7.800
7 Sonstige betriebliche Aufwendungen	14.800
8 Zinsen und ähnliche Erträge	800
9 Zinsen und ähnliche Aufwendungen	1.900
10 Ergebnis der gewöhnlichen Geschäftstätigkeit	3.000
11 Steuern	1.500
12 Gewinn oder Verlust	1.500
13 Zuführungen zu den Gewinnrücklagen	500
14 Bilanzgewinn	**1.000**

Lösung

Konzernkapitalflussrechnung 2010 der Publix AG nach IFRS (in T€)			
1.		Gewinn oder Verlust vor Zinsen und Steuern	4.100
2.	+	Zinsen und ähnliche Erträge	800
3.	–	Zinsen und ähnliche Aufwendungen	1.900
4.	–	Steuern	1.500
5.	+/–	Abschreibungen/Zuschreib. auf Gegenstände des AV	+ 8.100
6.	+/–	Zunahme/Abnahme Rückstellungen	+ 3.700
7.	+/–	Sonstige zahlungsunwirksame Aufwendungen/Erträge	-600
8.	–/+	Gewinn/Verlust aus Anlagenabgängen	-1.800
9.	–/+	Zunahme/Abnahme der Vorräte, der Forderungen sowie sonstiger Aktiva des betrieblichen Bereichs	-5.100
10.	+/–	Zunahme/Abnahme der Verbindlichkeiten aus L+L sowie sonstiger Passiva des betrieblichen Bereichs	-2.600
11.	**=**	**Cashflow aus betrieblicher Tätigkeit**	**3.200**

12.	–	Auszahlungen für Investitionen in das SAV	-12.700
13.	–	Auszahlungen für Investitionen IAV	-1.700
14.	+	Einzahlungen aus Abgängen FAV	+5.500
15.	–	Auszahlungen für Investitionen FAV	-1.200
16.	**=**	**Cashflow aus Investitionstätigkeit**	**-10.100**
17.	–	Dividendenzahlungen	-900
18.	+	Einzahlungen aus FK-Aufnahme	+10.500
19.	–	Auszahlungen für FK-Tilgung	-5.000
20.	**=**	**Cashflow aus Finanzierungstätigkeit**	**4.600**
21.		**Cashflow gesamt**	**-2.300**
22.	+/–	Wechselkursbedingte Veränderung liquider Mittel	-100
23.	+	Anfangsbestand der liquiden Mittel	3.900
24.	**=**	**Endbestand der liquiden Mittel**	**1.500**

Die aus dem Bilanzvergleich unter Berücksichtigung der GuV- und Zusatzangaben erstellte Konzernkapitalflussrechnung ist nachfolgend in der Erweiterung des Beispiels angeführt. Der operative Cashflow wird dabei nach der indirekten Methode ermittelt. Übereinstimmend mit der Mehrheit der Unternehmenspraxis werden die gezahlten und erhaltenen Zinsen, die erhaltenen Dividenden sowie die Ertragsteuerzahlungen im Cashflow aus betrieblicher Tätigkeit erfasst, während die gezahlten Dividenden gemäß Zeile 14 der Kapitalflussrechnung im Cashflow aus Finanzierungstätigkeit abgebildet sind.

Erweiterung des Beispiels

Im Geschäftsjahr 2010 ist außerdem von der Publix AG eine 100%ige Beteiligung zum Kaufpreis von 4.700 T€ erworben worden. Das Unternehmen ist zum Bilanzstichtag 2010 in den Konzernabschluss einbezogen worden, wobei die Bilanz nach IFRS zum 31.12.2010 folgendes Aussehen hat. Innerhalb der Sachanlagen sind außerdem stille Reserven in Höhe von 500 T€, innerhalb der Vorräte von 300 T€ enthalten.

Bilanz 2010 nach IFRS (in T€)					
Anlagevermögen			Eigenkapital		
I.	Sachanlagen	2.700	I.	Gezeichnetes Kapital	1.000
II.	Finanzanlagen	500	II.	Kapitalrücklage	1.000
Umlaufvermögen			III.	Gewinnrücklagen	400
I.	Vorräte	1.500	Rückstellungen		1.100
II.	Forderungen	1.800	Verbindlichkeiten		
III.	Liquide Mittel	600	I.	ggü. Kreditinstituten	2.000
			II.	aus Lieferungen u. Leist.	1.600
		7.100			7.100

Lösung

Konzernkapitalflussrechnung 2010 der Publix AG nach IFRS (in T€)				
		Alt	Veränd.	Neu
1.	Gewinn oder Verlust	1.500		1.500
2. +	Zinsen und ähnliche Erträge	800		800
3. –	Zinsen und ähnliche Aufwendungen	1.900		1.900
4. –	Steuern	1.500		1.500
5. +/–	Abschreibungen/Zuschreibungen auf Anlagegegenstände	+8.100		+8.100
6. +/–	Zunahme/Abnahme Rückstellungen	+3.700	-1.100	+2.600
7. +/–	Sonstige zahlungsunwirksame Aufwendungen/Erträge	-600		-600
8. –/+	Gewinn/Verlust aus Anlagenabgängen	-1.800		-1.800
9. –/+	Zunahme/Abnahme der Vorräte, der Forderungen sowie sonstiger Aktiva des betrieblichen Bereichs	-5.100	+3.600	-1.500
10. +/–	Zunahme/Abnahme der Verbindlichkeiten aus L+L sowie sonstiger Passiva des betrieblichen Bereichs	-2.600	-1.600	-4.200
11. =	**CF aus betrieblicher Tätigkeit**	**3.200**		**4.100**
12. –	Auszahlungen für Investit. in das SAV	-12.700	+3.200	-9.500
13. –	Auszahlungen für Investitionen IAV	-1.700	+1.500	-200
14. +	Einzahlungen aus Abgängen FAV	+5.500		+5.500
15. –	Auszahlungen für Investitionen FAV	-1.200	+500	-700
16. +/–	Verkauf/Erwerb von konsolidierten Unternehmen		-4.100	-4.100
17. =	**CF aus Investitionstätigkeit**	**-10.100**		**-9.000**
18. –	Dividendenzahlungen	-900		-900
19. +	Einzahlungen aus FK-Aufnahme	+10.500	-2.000	+8.500
20. –	Auszahlungen für FK-Tilgung	-5.000		-5.000
21. =	**CF aus Finanzierungstätigkeit**	**4.600**		**2.600**
22.	**CF gesamt**	**-2.300**		**-2.300**
23. +/–	Wechselkursbedingte Veränd. liq. Mittel	-100		-100
24. +	Anfangsbest. der liquiden Mittel	3.900		3.900
25. =	**Endbestand der liquiden Mittel**	**1.500**		**1.500**

Infolge dieser zusätzlichen Informationen ist die bereits erstellte Konzernkapitalflussrechnung zu verändern. Dazu ist die Akquisition zum Kaufpreis (4.700 T€) abzüglich der erworbenen Zahlungsmittel und Zahlungsmitteläquivalente (600 T€) auszuweisen (4.100 T€). Gleichzeitig sind die Veränderungen in den Bilanzpositionen, die aus dieser Akquisition resultieren, zu korrigieren. Da die Vermögenswerte und Schulden des Tochterunternehmens nach Auflösung der stillen Reserven in die Konzernbilanz eingehen, handelt es sich hierbei um die neubewerteten Vermögenswerte und Schulden. Sofern der Kaufpreis größer ist als das neubewertete Vermögen abzüglich der neubewerteten Schulden, entsteht ein unter den immateriellen Vermögenswerten auszuweisender Goodwill.

5.5 Anhangangaben

IAS 7 fordert neben der zu erstellenden Kapitalflussrechnung vielfältige zusätzliche Angaben, die für die Abschlussadressaten deren Informationsgehalt erhöhen sollen. Im Einzelnen sind folgende Angaben verpflichtend (IAS 7.45 ff.):

- Zusammensetzung der Zahlungsmittel und Zahlungsmitteläquivalente,
- Überleitung der Zahlungsmittel und Zahlungsmitteläquivalente aus der Kapitalflussrechnung auf die entsprechenden Positionen der Bilanz,
- Offenlegung von Änderungen in der Zusammensetzung des Finanzmittelfonds der Zahlungsmittel und Zahlungsmitteläquivalente,
- Angabe des wesentlichen Anteils an Zahlungsmitteln und Zahlungsmitteläquivalenten, über die der Konzern nicht frei verfügen kann (z.B. Zahlungsmittel von Tochterunternehmen in Ländern mit Devisenverkehrskontrollen),
- separate Angabe außerordentlicher Zahlungsvorgänge der betrieblichen Tätigkeit, der Investitionstätigkeit und der Finanzierungstätigkeit sowie
- Angabe nicht zahlungswirksamer Investitions- und Finanzierungsvorgänge, wie z.B. der Erwerb von Unternehmensanteilen gegen eigene Aktien.

Sind Tochterunternehmen oder sonstige Geschäftseinheiten erworben bzw. veräußert worden, müssen gemäß IAS 7.40 zusätzlich folgende Angaben erfolgen:

- der gesamte Kauf- oder Verkaufspreis,
- der Teil des Kauf- oder Verkaufspreises, der durch Zahlungsmittel und Zahlungsmitteläquivalente beglichen wurde,
- der Betrag der Zahlungsmittel oder Zahlungsmitteläquivalente des Tochterunternehmens oder der Geschäftseinheit, die mit dem Erwerb übernommen oder mit dem Verkauf abgegeben wurden, sowie
- die Beträge der nach Hauptgruppen gegliederten Vermögenswerte und Schulden (mit Ausnahme der Zahlungsmittel und Zahlungsmitteläquivalente) des erworbenen oder verkauften Tochterunternehmens bzw. der Geschäftseinheit.

Exkurs

Financial Statement Presentation Project des IASB und des FASB

Im Oktober 2003 beschlossen das IASB und das FASB, ihre Bemühungen zur Verbesserung des Performance Reporting, also der Darstellung der Unternehmensleistung, neu auszurichten und die nötigen Reformen gemeinsam anzugehen. Im April 2004 fiel dann der Startschuss für die Arbeiten der Boards, die zuvor bereits einige Jahre in separaten Projekten versucht hatten, die Ergebnisrechnung zu überarbeiten[14]. Im März 2006 wurde das Projekt umbenannt und heißt seitdem „Financial Statement Presentation Project". Damit wurde der Entwicklung der Reformbemühungen Rechnung getragen, welche sich nicht länger ausschließlich auf die Neuausrichtung der Ergebnisrechnung beschränken, sondern welche auch die weiteren Rechenwerke wie die Bilanz, die Kapitalflussrechnung und die Eigenkapitalveränderungsrechnung einschließen. Das Projekt wurde in drei Phasen eingeteilt, wobei Phase C bisher noch nicht begonnen wurde, da in dieser Phase die Ergebnisse aus Phase A und B auf die Zwischenberichterstattung übertragen werden sollen.

Phase A

Im Rahmen der Phase A sollte zunächst eine kurzfristige Konvergenz zwischen den IFRS und US-GAAP hergestellt werden; dabei blieben die konzeptionelleren und schwierigeren Themen weitgehend außen vor. Mit Veröffentlichung der überarbeiteten Version des IAS 1 am 06.09.2007 wurde aus Sicht des IASB die erste Phase des Projekts abgeschlossen. Das FASB hat sich hingegen dazu entschieden, den relevanten Standard SFAS 130 / ASC 220.10 zunächst nicht zu überarbeiten, sondern zu einem späteren Zeitpunkt die Ergebnisse aus Phase A und B zusammen in einer Überarbeitung des Standards münden zu lassen.

Phase B

Phase B befasst sich mit der Frage, wie die Entscheidungsnützlichkeit von Abschlüssen verbessert werden kann. In diesem Zusammenhang wurde im Juli 2010 der Staff Draft „Financial Statement Presentation" veröffentlicht[15]. In diesem Staff Draft, der von den Staffs der beiden Boards herausgegeben wurde, werden zwei Leitprinzipien entwickelt, die der Überarbeitung der Präsentation der Abschlussbestandteile zugrunde liegen sollen.

Kohäsionsprinzip

Als erstes und zentrales Ziel ist das Kohäsionsprinzip (*cohesiveness principle)* zu nennen, welches eine über alle Rechenwerke hinweg konsistente und vergleichbare Darstellung sicherstellen soll. Daraus resultiert der Vorschlag einer zusammenhängenden, uniformen Gliederung von Bilanz, Gesamtergebnisrechnung und Kapitalflussrechnung in die Sektionen *business, financing, discontinued operations und taxes*. Diese Sektionen sind wiederum in Kategorien und Unterkategorien zu untergliedern, z.B. die Sektion *business* in die Kategorien *investing* und *operating* mit der Unterkategorie *operating finance*. Die Zuordnung zu den einzelnen Sektionen und Kategorien soll entsprechend der zentralen Aktivitäten oder Funktionsbereiche des Unternehmens erfolgen. Insbesondere für die Bilanz hätte eine solche Neugliederung gravierende Fol-

14 Vgl. für den aktuellen Stand des Gemeinschaftsprojekts von IASB und FASB www.fasb.org/project/financial_statement_presentation.shtml (Stand 23.12.2010).

15 Der Staff Draft ist abrufbar unter www.ifrs.org.

gen, da es die klassische Aufteilung in eine Aktiv- und eine Passivseite nicht mehr gäbe. Vielmehr würden in den oben genannten Sektionen und Kategorien teilweise sowohl Vermögenswerte als auch Verbindlichkeiten abgebildet (vgl. Tabelle 7.3). Schwierigkeiten bereitet eine solche über alle Rechenwerke konsistente Klassifizierung vor allem diversifizierten Unternehmen. So haben z.B. Unternehmen der Automobilindustrie i.d.R. einen Bankenbereich im Konzernverbund, um den Kunden auch Finanzierungsangebote unterbreiten zu können. Für solche Unternehmen ist eine Zuordnung von Vermögenswerten und Schulden zu den oben genannten Klassen äußerst schwierig, da gleiche Bilanzposten unterschiedlichen Funktionen in unterschiedlichen Geschäftsmodellen dienen können.

Statement of financial position	**Statement of comprehensive income**	**Statement of cash flows**
Business section	*Business section*	*Business section*
Operating category	Operating category	Operating category
Operating finance sub-category	Operating finance sub-category	
Investing category	Investing category	Investing category
Financing section	*Financing section*	*Financing section*
Debt category	Debt category	
Equity category		
	Multi-category transaction section	*Multi-category transaction section*
Income tax section	*Income tax section*	*Income tax section*
Discontinued operation section	*Discontinued operation section, net of tax*	*Discontinued operation section*
	Other comprehensive income, net of tax	Schulden

Tab. 7.9: Vorgeschlagene Gliederung von Bilanz, Gesamtergebnisrechnung und Kapitalflussrechnung nach dem Staff Draft „Financial Statement Presentation". Vgl. Introduction Staff Draft „Financial Statement Presentation" S. 19.

Disagreggations-prinzip

Das zweite Leitprinzip sieht eine Disaggregation (disaggregation principle) der Informationen in den einzelnen Abschlussbestandteilen vor, um die Vermögens-, Finanz- und Ertragslage zu erklären. Die Disaggregation der Posten erfolgt dabei grundsätzlich nach den Kriterien function (primäre Aktivitäten wie z.B. Fertigung, Vertrieb), nature (wirtschaftlicher Charakter, z.B. Zinsen, Löhne) und measurement basis (Bewertungsverfahren, wie z.B. fair value oder historische Anschaffungskosten). Demnach dürfen in der Bilanz Vermögenswerte und Schulden, denen unterschiedliche Bewertungsverfahren zugrunde liegen, nicht mehr innerhalb eines Einzelpostens zusammengefasst werden. Für die Gesamtergebnisrechnung wird vorgeschlagen, die Erträge und Aufwendungen nach Funktionsbereichen zu gliedern, also das Umsatzkostenverfahren anzuwenden. Zudem ist eine weitere Aufspaltung der Erträge und Aufwendungen entsprechend ihrer Art (nature) vorgesehen. So wären z.B. die Umsatzerlöse in „Umsatzerlöse aus Großhandelsaktivitäten" und „Umsatzerlöse aus Einzelhandelsaktivitäten" zu untergliedern. Für die Kapitalflussrechnung wird vorgeschlagen, diese künftig nur noch nach der direkten Methode zu ermitteln und die in der Praxis weit verbreitete indirekte Methode abzuschaffen. Darüber hinaus ist für den Anhang eine Überleitung vom operativen Ergebnis auf den operativen Cashflow vorgesehen. Ungewöhnliche oder seltene Ereignisse sind separat darzustellen.

Standardentwurf „Presentation of Items of Other Comprehensive Income"

An dem Staff Draft anknüpfend plant das IASB eine weitergehende Überarbeitung des IAS 1[16]. Als einen ersten Schritt hierzu haben das IASB und das FASB im Mai 2010 den Standardentwurf „Presentation of Items of Other Comprehensive Income" veröffentlicht, der Änderungen hinsichtlich der Präsentation der Bestandteile des sonstigen Ergebnisses in der Gesamtergebnisrechnung vorsieht. So soll künftig das Wahlrecht zur Darstellung der Gesamtergebnisrechnung in zwei separaten Teilrechenwerken abgeschafft werden. Stattdessen wird der single statement approach verpflichtend vorgeschrieben, sodass GuV und sonstiges Ergebnis in einem zusammenhängenden Rechenwerk, welches als „Statement of Profit or Loss and Other Comprehensive Income" bezeichnet wird, darzustellen wären. Es wird den Unternehmen allerdings freigestellt auch einen anderen Namen für dieses Rechenwerk zu verwenden. Darüber hinaus sieht der Standardentwurf vor, dass die Bestandteile des sonstigen Ergebnisses in zwei Kategorien zu untergliedern sind. Die erste Kategorie soll alle Posten umfassen, die zunächst im sonstigen Ergebnis erfasst werden, aber später in die GuV umgebucht werden sollen, für die also ein recycling vorgesehen ist. In der zweiten Kategorie sind hingegen all jene Bestandteile des sonstigen Ergebnisses darzustellen, die niemals die GuV beeinflussen werden und somit dauerhaft GuV-neutral sind. Die eigentlich zentrale Frage, was als Gewinn anzusehen ist, wird allerdings im Standardentwurf nicht aufgegriffen. Insbesondere erscheint nach wie vor die Trennung zwischen Gewinn oder Verlust und sonstigem Ergebnis keinem geschlossenen theoretischen Konzept zu folgen, da es kein einheitliches Kriterium für die Abgrenzung dieser beiden Ergebnisbestandteile gibt. Stattdessen wurde vom IASB eher einzelfallbezogen und teilweise willkürlich über die Zuordnung zu Gewinn oder Verlust bzw. sonstigem Ergebnis entschieden.

Ausblick

Es bleibt abzuwarten, ob durch die langjährigen Bemühungen von IASB und FASB schließlich die angestrebten Ziele erreicht werden können, die Darstellung der Vermögens- und Finanzlage der aktuellen Berichtsperiode sowie vergangener Perioden transparenter zu machen, das Verständnis für die operative Geschäftstätigkeit, die Finanzierungsentscheidungen sowie die

16 Am 22.10.2010 hat das IASB die „Entschleunigung" des Financial Statement Projekts bekannt gegeben. Mit Verlautbarungen zu diesem Projekt ist somit vor Sommer 2011 nicht mehr zu rechnen.

sonstigen Aktivitäten zu vertiefen und deren Einfluss auf die Veränderung der Vermögens-, Finanz- und Ertragslage zu verdeutlichen sowie eine Prognose von Höhe, zeitlichem Anfall und Wahrscheinlichkeit künftiger Cashflows zu erleichtern. Dabei bleibt insbesondere aufgrund der langen Projektdauer zu hoffen, dass es nicht zu einem „over-engineering" der neuen Regeln zur Financial Statement Presentation kommt.

6 Wesentliche Unterschiede zum IFRS for SMEs

Nur wenige Divergenzen zwischen IFRS for SMEs und den „full" IFRS

In den IFRS for SMEs bestehen hinsichtlich der in diesem Kapitel dargestellten Rechenwerke kaum Unterschiede zu den „full" IFRS. Ein vollständiger Abschluss nach den IFRS for SMEs besteht aus einer Bilanz, einer Gesamtergebnisrechnung, die entweder nach dem single statement oder two statement approach aufgestellt werden kann, einer Eigenkapitalveränderungsrechnung, einer Kapitalflussrechnung und dem Anhang.

Wesentliche Unterschiede

Als wesentliche Differenzen bezüglich dieser Rechenwerke zwischen den IFRS for SMEs und den „full" IFRS sind folgende Punkte zu nennen:

- Anders als nach IAS 1 ist kein separater Ausweis von nach der Equity-Methode bewerteten Investitionen vorgesehen. Stattdessen sind Investitionen in assoziierte Unternehmen und Joint Ventures gesondert auszuweisen und im Anhang die jeweils angewandte Methode anzugeben.
- Die IFRS for SMEs verlangen keine Darstellung des Ergebnisses je Aktie.
- Sofern sich das Eigenkapital in einer Berichtsperiode lediglich um den Gewinn oder Verlust, Dividenden oder um Effekte aus der Korrektur von Fehlern oder aus dem Wechsel von Bilanzierungs- und Bewertungsmethoden ändert, kann auf die Erstellung einer Eigenkapitalveränderungsrechnung verzichtet werden. Anstelle der Eigenkapitalveränderungsrechnung ist dann ein statement of income and retained earnings aufzustellen, welches die GuV mit einer Gewinnrücklagenentwicklungsrechnung kombiniert.

7 Wesentliche Unterschiede zum HGB

7.1 Bilanz

Im Gegensatz zu den amerikanischen und den internationalen Vorschriften wird Kapitalgesellschaften in Deutschland gemäß § 266 Abs. 1 HGB die Kontoform für die Bilanz vorgeschrieben. Dabei enthalten § 266 Abs. 2 und 3 HGB eine recht detaillierte Gliederungsvorlage für die Bilanz. Es werden hier die einzelnen Positionen nach zunehmender Liquidierbarkeit bzw. Fristigkeit angeordnet. Zudem zählen Rechnungsabgrenzungsposten laut § 247 Abs. 1 HGB neben

Anlage- und Umlaufvermögen, Eigenkapital und Schulden zu den gesondert auszuweisenden Positionen.

7.2 Gesamtergebnisrechnung

Gewinn- und Verlustrechnung

Im Unterschied zu den neuen Regelungen nach IFRS wird die Ergebnisrechnung nach HGB weiterhin als Gewinn- und Verlustrechnung bezeichnet. Diese bildet vergleichbar mit dem ersten Teilrechenwerk bei zweigeteilter Gesamtergebnisrechnung alle GuV-wirksamen Aufwendungen und Erträge einer Periode ab.

Geringe Bedeutung GuV-neutraler Komponenten nach HGB

Da GuV-neutrale Buchungen nach HGB (z.B. Währungsumrechnung) eine gegenüber den IFRS deutlich geringere Bedeutung aufweisen, ist nach HGB bislang keine dem zweiten Teilrechenwerk der zweigeteilten Gesamtergebnisrechnung vergleichbare Überleitung des Gewinns oder Verlustes zum Gesamtergebnis durch Berücksichtigung GuV-neutraler Komponenten zu erstellen.

Darstellungsform

Gemäß § 275 Abs. 1 Satz 1 HGB ist die GuV nach deutschen Rechnungslegungsvorschriften zwingend in der Staffelform zu erstellen. Dabei steht es dem bilanzierenden Unternehmen frei, zwischen den durch § 275 Abs. 2 und 3 HGB festgelegten Gliederungsschemata des Gesamtkostenverfahrens und des Umsatzkostenverfahrens zu wählen.

Außerordentliche Positionen nach HGB

§ 277 Abs. 4 HGB ordnet alle Aufwendungen und Erträge, die außerhalb der gewöhnlichen Geschäftstätigkeit angefallen sind, dem außerordentlichen Ergebnis zu und schreibt, sofern wesentlich, ihre Erläuterung im Anhang vor. Mangels Definition durch den Gesetzgeber hat sich in der Literatur eine zu den ehemaligen US-amerikanischen Bestimmungen analoge und demnach recht enge Konkretisierung des Begriffs (ungewöhnlich, selten und wesentlich) durchgesetzt. In der Praxis ist die Auslegung des außerordentlichen Ergebnisses nach HGB allerdings weiter als nach US-GAAP sowie dem früheren IAS 1 (1997). So umfasst es neben Einflüssen aus der Aufgabe von Geschäftsbereichen z.B. auch Zuschüsse ohne Gegenleistung sowie Gewinne und Verluste aus Schadensfällen, die nach internationalen Vorschriften häufig nicht zu einem Ausweis außerordentlicher Positionen führten[17].

7.3 Eigenkapitalveränderungsrechnung

Erstellungspflicht in Konzernabschlüssen von Kapitalgesellschaften

Seit dem Bilanzrechtsreformgesetz (BilReG) von 2004 sind in Deutschland Kapitalgesellschaften verpflichtet, eine Kapitalflussrechnung und eine Eigenkapitalveränderungsrechnung („Eigenkapitalspiegel“) als weitere Bestandteile konsolidierter Abschlüsse zu erstellen (§ 297 Abs. 1 Satz 2 HGB). Darüber hinaus ist auch für kapitalmarktorientierte Unternehmen, die in keinem Konzern-

17 Vgl. *Förschle*, Beck Bil-Komm, § 275, Rz. 215 ff.; *Küting, K./Koch,* C., Zur Problematik der Erfolgsquellenanalyse im internationalen Vergleich, in: StuB, 4. Jg. (2002), S. 1035 f.

verbund stehen, seit Umsetzung des Bilanzrechtsmodernisierungsgesetzes (BilMoG) die Erstellung einer Eigenkapitalveränderungsrechnung in § 264 Abs. 1 Satz 2 HGB vorgeschrieben. Eine konkrete Ausgestaltung der Eigenkapitalveränderungsrechnung wird in DRS 7 formuliert und ist in weiten Teilen der Regelung nach IAS 1 vergleichbar. Im Gegensatz zu den Vorschriften des IASB gehört eine Eigenkapitalveränderungsrechnung jedoch nicht zwingend zu jedem Einzel- und Konzernabschluss nach HGB, da Personengesellschaften und Einzelkaufleute diese Rechenwerke nicht zu erstellen brauchen (§ 13 Abs. 3 Satz 2 PublG).

7.4 Kapitalflussrechnung

Erstellungspflicht in Konzernabschlüssen von Kapitalgesellschaften

Nach deutschem Handelsrecht ist gemäß § 297 Abs. 1 HGB für Konzernabschlüsse die Erstellung einer Kapitalflussrechnung als eigenständiger Bestandteil des Konzernabschlusses verpflichtend. Zudem haben seit Umsetzung des BilMoG auch kapitalmarktorientierte Kapitalgesellschaften, die nicht konzernrechnungslegungspflichtig sind, eine Kapitalflussrechnung aufzustellen (§ 264 Abs. 1 Satz 2 HGB).

DRS 2

Die materielle und formelle Ausgestaltung dieser Kapitalflussrechnung wird vom Gesetzgeber im HGB jedoch nicht festgelegt. Mit Verabschiedung von DRS 2 durch den DSR existiert aber seit 1999 ein Standard, der die Aufstellung einer Kapitalflussrechnung detailliert regelt und sich dabei an IAS 7 orientiert. Deshalb sind nur wenige Unterschiede zwischen DRS 2 und IAS 7 aufzuzeigen:

- Gezahlte Dividenden müssen nach DRS 2.37 der Finanzierungstätigkeit zugeordnet werden. Ein Wahlrecht zum Ausweis innerhalb der Cashflows aus betrieblicher Tätigkeit wie nach IAS 7.34 existiert nicht.
- Im Gegensatz zu IAS 7 gibt DRS 2 detaillierte Gliederungsschemata für die Darstellung der Cashflows aus betrieblicher Tätigkeit, aus Investitionstätigkeit und aus Finanzierungstätigkeit vor. Siehe hierzu die Tabellen 7.5 bis 7.8 in diesem Kapitel.
- Abweichend von IAS 7 verlangt DRS 2 innerhalb des Cashflows aus betrieblicher Tätigkeit den separaten Ausweis außerordentlicher Posten. Die entsprechende IAS-Vorschrift wurde mittlerweile durch Streichung von IAS 7.29-30 aufgehoben.
- Die Zusatzangaben nach DRS 2 sind im Vergleich zu IAS 7 teilweise umfangreicher. So verlangt DRS 2.51 die Angabe von Ein- und Auszahlungen, die Minderheitsgesellschafter von Konzernunternehmen betreffen. Gemäß DRS 2.32 müssen zudem die Zahlungsvorgänge im Investitionsbereich danach untergliedert werden, welche Komponenten des Anlagevermögens sie betreffen. Außerdem hat ein Ausweis der Ein- und Auszahlungen für Finanzmittelanlagen innerhalb der kurzfristigen Finanzmitteldisposition zu erfolgen.

8 Wesentliche Unterschiede zu US-GAAP

8.1 Bilanz

SEC-Regeln

In den US-GAAP finden sich keinerlei verbindliche Gliederungsvorschriften für die Bilanz. Die formalen und inhaltlichen Anforderungen der bei der SEC einzureichenden Jahres- und Quartalsabschlüsse sind aber Gegenstand einer zentralen SEC-Verordnung, der Regulation S-X. Diese enthält im Gegensatz zu den IFRS auch ein recht detailliertes Gliederungsschema für die Bilanz. In Tabelle 7.10 werden am Beispiel der allgemeinen Vorgabe für Handels- und Industrieunternehmen die Gliederungsvorschriften der Bilanz aufgezeigt.

Präsentationsformat

In der US-amerikanischen Bilanzierungspraxis haben sich Konto- und Staffelform als Darstellungsmöglichkeiten der Bilanz etabliert, obgleich mangels Regelung grundsätzlich auch andere Formate denkbar wären. Die Aktiva werden nach abnehmender Liquidierbarkeit und die Passiva nach zunehmender Fristigkeit geordnet. Daher erfolgt der Ausweis der kurzfristigen Schulden vor den langfristigen, während das grundsätzlich unbefristete Eigenkapital ganz am Ende steht. Auf der Aktivseite hingegen werden zu Beginn die flüssigen Mittel und am Ende die immateriellen Vermögenswerte ausgewiesen.

Abgrenzungsposten

Analog zu obigen Ausführungen sind auch nach US-amerikanischen Bilanzierungsregeln die aktiven bzw. passiven Abgrenzungsposten unter die Definition von Vermögenswerten bzw. Schulden zu fassen. So werden geleistete Ausgaben für in der Zukunft erwartete Leistungen als prepaid expenses aktiviert (ARB 43 Ch. 3 Sec. A. Par. 4 u. 6 / ASC 210-10-45). Unter den Sammelposten der deferred credits fallen neben den passiven latenten Steuern auch vorzeitig vereinnahmte, noch „unverdiente“ Erträge, die als deferred income bzw. revenue passivisch abgegrenzt werden und erst zu einem späteren Zeitpunkt GuV-wirksam aufzulösen sind (SFAC 6.197).

Rückstellungen

Nach US-GAAP ist, anders als nach IFRS, keine gesonderte Bilanzposition für Rückstellungen vorgesehen. Rückstellungen finden sich insbesondere in den contingent liabilities und den deferred credits. Während Erstere alle Außenverpflichtungen umfassen, bei denen Unsicherheit entweder über die Höhe oder über die konkrete Inanspruchnahme besteht, grenzen deferred credits im Voraus vereinnahmte Erträge ab. Rückstellungen für Innenverpflichtungen sind also auch nach US-amerikanischen Regelungen nicht zulässig. Unter deferred credits werden auch latente Steuern und etwaige Unterdeckungen bei bestehenden Pensionsverpflichtungen erfasst (vgl. Kapitel 15 und 16).

Assets	Vermögenswerte
▪ Cash and cash items	▪ Flüssige Mittel
▪ Marketable securities	▪ Marktfähige Wertpapiere
▪ Accounts and notes receivable from	▪ Forderungen
– customers (trade)	– aus Lieferungen und Leistungen
– related parties	– gegenüber nahe stehenden Personen
– underwriters, promoters, and employees	– gegenüber Konsorten, Vermittlern und Mitarbeitern
– other	– Sonstige Forderungen
▪ Unearned income	▪ aktivischer Rechnungsabgrenzungsposten
▪ Inventories	▪ Vorräte
▪ Prepaid expenses	▪ Abgrenzungsposten
▪ Securities of related parties	▪ Wertpapiere von nahe stehenden Personen
▪ Indebtedness of related parties	▪ Verpfl. von nahe stehenden Personen
▪ Other investments	▪ Sonstige Vermögenswerte
▪ Property, plant and equipment	▪ Sachanlagevermögen
▪ Intangible assets	▪ Immaterielle Vermögenswerte
Total assets	Summe Aktiva
Liabilities and Stockholders' Equity	**Schulden und Eigenkapital**
▪ Accounts and notes payable to	▪ Verbindlichkeiten
– banks for borrowings	– gegenüber Kreditinstituten
– factors or other financial institutions for borrowings	– anderen Finanzinstitutionen
– holders of commercial paper	– Anleiheinhabern
– trade creditors	– aus Lieferungen und Leistungen
– related parties	– gegenüber nahe stehenden Personen
– underwriters, promoters, and employees	– gegenüber Konsorten, Vermittlern und Mitarbeitern
– others	– Sonstige Verbindlichkeiten
▪ Bonds, mortgages and other long-term debt, including capitalized leases	▪ Anleihen, Hypotheken und andere langfristige Verbindlichkeiten inklusive solcher aus einem Finanzierungsleasing
▪ Indebtedness to related parties	▪ Langfr. Schulden gegen verbundenen Unternehmen und Gesellschaften
▪ Commitments and contingent liabilities	▪ Sonstige Verpfl. und Eventualverbindl.
▪ Deferred credits	▪ Abgrenzungsposten
– deferred income tax	– latente Steuern
– other deferred credits	– sonstige Abgrenzungsposten
▪ Minority interests in consolidated subsidiaries	▪ Minderheitenanteile
▪ Preferred stocks	▪ Vorzugsaktienkapital
▪ Common stocks	▪ Stammaktienkapital
▪ Other stockholders' equity	▪ Sonstige Eigenkapitaltitel
Total liabilities and stockholders' equity	Summe Passiva

Tab. 7.10: Mindestgliederungstiefe der Bilanz gemäß Rule 5-02 der Regulation S-X

8.2 Gesamtergebnisrechnung

Verschiedene Gewinnbegriffe nach US-GAAP

In der US-amerikanischen Bilanzierungswelt bestehen neben dem Gewinn oder Verlust (net income) als Saldo der GuV mit dem der Periode zurechenbaren Ergebnis (earnings) und dem Periodengesamtergebnis (comprehensive income) noch zwei weitere alternative Gewinnbegriffe. Für einen vollständigen Jahresabschluss müssen SEC-berichtspflichtige Unternehmen gemäß SFAC 5 (1984) „Ansatz und Bewertung im Abschluss von Unternehmen" (recognition and measurement in financial statements of business enterprises) zusätzlich zum Gewinn oder Verlust auch diese beiden alternativen Gewinngrößen offen legen (vgl. SFAC 5.13). Die Abgrenzung der Gewinnbegriffe geschieht im Rahmen der Erläuterungen zur GuV in SFAC 5. Das net income spiegelt dabei lediglich das Resultat sämtlicher regelmäßig wiederkehrender, betriebsbezogener Aufwendungen und Erträge wider, während das Periodengesamtergebnis (comprehensive income) gemäß SFAC 6.70, wie auch nach IFRS, sämtliche Eigenkapitalveränderungen einer Periode, die nicht auf Transaktionen mit Eigentümern in ihrer Eigenschaft als Anteilseigner zurückzuführen sind (Einlagen, Dividenden), enthält. In SFAC 5.30-44 erfolgt eine Abgrenzung des Periodengesamtergebnisses zu den earnings als traditionellem Periodenergebnis, welches wiederum von dem in der Praxis gebräuchlichen und von der SEC in Regulation S-X verwandten Begriff des Gewinnes oder Verlustes (net income) als Saldo der GuV abweichen kann. Aus dem Rahmenkonzept des FASB ergibt sich der in Abbildung 7.8 dargestellte Zusammenhang zwischen den drei Gewinndefinitionen.

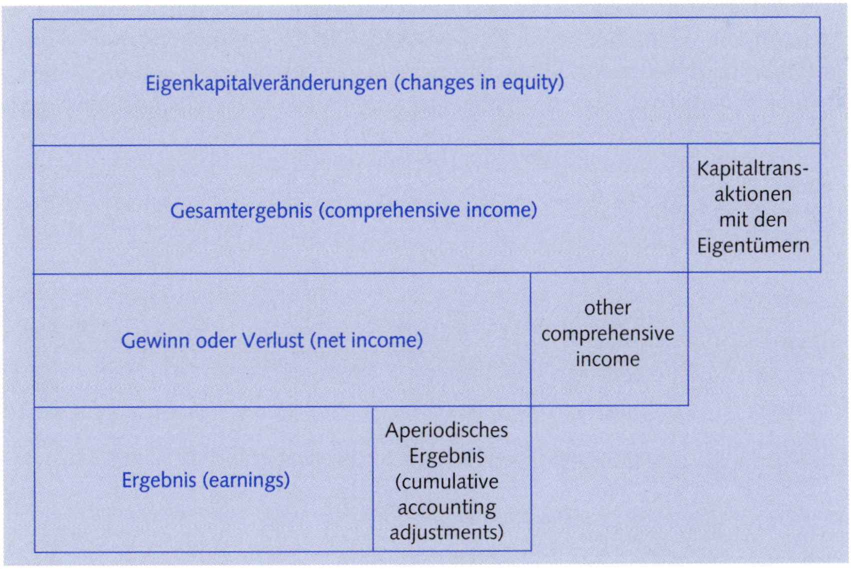

Abb. 7.8: Komponenten der Eigenkapitalveränderung nach US-GAAP

Darstellungsform und Gliederung der GuV

Für SEC-berichtspflichtige Unternehmen gilt das in der SEC-Verordnung Regulation S-X enthaltene Gliederungsschema für die GuV. Tabelle 7.11 enthält die laut Rule 5-03 mindestens auszuweisenden Positionen. Wie aus dieser Tabelle ersichtlich, sieht Regulation S-X anders als die Vorschriften von IAS 1 zwingend die Staffelform und eine Gliederung nach Funktionsbereichen vor. Die sonstigen betrieblichen Erträge und Aufwendungen werden allerdings im Gegensatz zu den IFRS-Vorschriften und auch dem deutschen HGB dem außerbetrieblichen Bereich zugeordnet. Aufgrund der geringen Mindestgliederungstiefe und der daraus resultierenden eingeschränkten unternehmensübergreifenden Vergleichbarkeit der GuV fordern einzelne Standards die Offenlegung zusätzlicher Positionen direkt in der GuV oder im Anhang. Für die Konkretisierung der Positionen wird also auf die Verlautbarungen der privaten Rechnungslegungsinstitutionen abgestellt[18].

Außergewöhnliche Positionen

Nach US-amerikanischen Rechnungslegungsvorschriften zählen zu den Posten außerhalb des Ergebnisses der gewöhnlichen Geschäftstätigkeit das Ergebnis aus der Aufgabe von Geschäftsbereichen (discontinued operations), außerordentliche Positionen (extraordinary items) sowie die Einflüsse aus dem Wechsel von Bilanzierungsmethoden (cumulative effects of changes in accounting principles). Diese drei nicht-gewöhnlichen Ergebnisse sind jeweils separat auszuweisen und im Anhang zu erläutern (APB Opinion 30 / ASC 225-20).

Außerordentliche Positionen

Außerordentlich sind Aufwendungen und Erträge aus ihrer Art nach ungewöhnlichen (unusual) *und* seltenen (infrequent) Sachverhalten, wobei beide Kriterien ausdrücklich kumulativ erfüllt sein müssen (APB Opinion 30.20 / ASC 225-20-45). Aufgrund der sehr engen Auslegung außerordentlicher Positionen fordert APB Opinion 30.26 / ASC 225-20-45, sobald eines der beiden Anforderungskriterien erfüllt ist, zumindest den gesonderten Ausweis dieser Positionen innerhalb des Ergebnisses der gewöhnlichen Geschäftstätigkeit oder eine Erläuterung im Anhang.

18 Vgl. *Dexheimer, S.*, Gewinngliederungsgrundsätze im internationalen Vergleich: HGB, US-GAAP und IAS, in: BB, 57. Jg. (2002), S. 453-455.

▪ Net sales and gross revenues – net sales of tangible products – operating revenues of public utilities or others – income from rentals – revenues from services – other revenues ▪ Costs and expenses applicable to sales and revenues ▪ Other operating costs and expenses ▪ Selling, general and administrative expenses ▪ Provision for doubtful accounts and notes ▪ Other general expenses ▪ Non-operating income – dividends – interest on securities – profits on securities – miscellaneous other income ▪ Interest and amortization of debt discount and expense ▪ Non-operating expenses – losses on securities – miscellaneous income deductions	▪ Umsatzerlöse – aus dem Verkauf von Gütern – von öffentlichen Versorgungseinrichtungen und Anderen – aus Mieteinnahmen – aus Dienstleistungen – sonstige Umsatzerlöse ▪ Herstellungskosten zur Erzielung des Umsatzes ▪ Sonstige operative Kosten und Aufwendungen ▪ Verwaltungs- und Vertriebsaufwendungen ▪ Zuführungen zu Rückstellungen ▪ Sonstige allgemeine Aufwendungen ▪ Nicht-operative Erträge – aus Dividenden – aus Zinserträgen – aus Wertschwankungen von Wertpapieren – sonstige ▪ Zinsaufwand und anteilige Verrechnung von Disagios ▪ Nicht-operative Aufwendungen – aus Wertschwankungen von Wertpapieren – sonstige Aufwendungen
▪ Income or loss before income tax expense and appropriate items below	▪ Gewinn oder Verlust vor Steuern und sonstigen nachfolgenden Posten
▪ Income tax expense ▪ Minority interest in income of consolidated subsidiaries ▪ Equity in earnings of unconsolidated subsidiaries and 50 percent or less owned persons	▪ Steueraufwand ▪ Minderheitenergebnis ▪ Erträge aus nicht vollkonsolidierten Unternehmen
▪ Income or loss from continuing operations	▪ Ergebnis aus fortgeführten Aktivitäten
▪ Discontinued operations	▪ Ergebnis aus aufgegebenen Aktivitäten
▪ Income or loss before extraordinary items and cumulative effects of changes in accounting principles	▪ Gewinn oder Verlust vor außerordentlichen Posten und Einflüssen aus dem Wechsel von Bilanzierungsmethoden
▪ Extraordinary items, less applicable tax	▪ Außerordentliche Posten abzüglich entsprechender Steuern
▪ Cumulative effects of changes in accounting principles	▪ Einflüsse aus dem Wechsel von Bilanzierungsmethoden
▪ Net income or loss	▪ Gewinn oder Verlust
▪ Earnings per share data	▪ Ergebnis je Aktie

Tab. 7.11: GuV-Mindestgliederung gemäß Rule 5-03 der Regulation S-X

Earnings

Die Definition der earnings berücksichtigt von den außerbetrieblichen Aufwendungen und Erträgen nur den Teil, welcher der Periode auch zuzuordnen ist. Aperiodische Ergebniskomponenten, die sich z.B. aus der Änderung von Rechnungslegungsmethoden ergeben, sind nicht Bestandteil dieses Gewinnbegriffs (vgl. SFAC 5.34). Nach Ansicht des FASB wird auf diese Weise ein wichtiger Einblick in die Ergebnisquellenanalyse geleistet und eine verbesserte Prognosebasis für künftige Cashflows geliefert.

Periodengesamtergebnis

Das Periodengesamtergebnis umfasst – ebenso wie das nach IAS 1 (rev. 2007) – neben dem Gewinn oder Verlust (net income) zusätzlich GuV-neutrale Eigenkapitalkorrekturen, welche im sonstigen Ergebnis (other comprehensive income) zusammengefasst werden. Gemäß SFAC 5.42b entstehen sie beispielsweise aus der Bewertung bestimmter Bilanzpositionen zu Marktwerten, wobei die genaue Abgrenzung zwischen GuV-neutraler und GuV-wirksamer Verrechnung nicht immer konzeptionell konsistent vorgenommen wird. Auf diese Weise sollen wie nach IFRS noch nicht realisierte Erträge, z.B. aus der Kurssteigerung von gehaltenen Wertpapieren, separat außerhalb des Gewinns oder Verlustes, welcher somit vor Schwankungen geschützt wird, ausgewiesen werden. Zwischen sämtlichen Eigenkapitalveränderungen und dem Periodengesamtergebnis liegen daher als Differenz einzig die Kapitaltransaktionen zwischen Unternehmen und Eigentümern.

SFAS 130 / ASC 220-10: Reporting comprehensive income

Die oben kurz beschriebene Abgrenzung der verschiedenen Gewinnbegriffe earnings, net income und comprehensive income durch das FASB setzte sich in der Unternehmenspraxis bis 1997 nur wenig durch. In der Regel fehlte eine Überleitung zum comprehensive income[19]. Mit der Verabschiedung von SFAS 130 (1997)/ ASC 220-10 „Reporting Comprehensive Income" sind seit 1998 GuV-neutral mit dem Eigenkapital verrechnete Vorgänge des sonstigen Ergebnisses separat nach der Quelle ihres Ursprungs zu erfassen (SFAS 130.17 / ASC 220-10). Damit reagierte das FASB auf die zunehmende Bedeutung GuV-neutral zu berücksichtigender Geschäftsvorfälle.

Bestandteile des sonstigen Ergebnisses (other comprehensive income)

Nach gegenwärtig gültigen Standards umfasst das sonstige Ergebnis solche Sachverhalte, die auf Währungsumrechnungsdifferenzen (SFAS 52 / ASC 830-10), unrealisierte Gewinne/Verluste aus Finanzinstrumenten (SFAS 115 / ASC 320-10), die Mindestrückstellung im Zusammenhang mit Pensionsverpflichtungen (SFAS 87 / ASC 715-30) oder Marktwertänderungen von cashflow hedges (SFAS 133 / ASC 815-30) zurückzuführen sind. Im Unterschied zu den IFRS-Vorschriften werden sämtliche GuV-neutral gebildeten Eigenkapitalpositionen des other comprehensive income irgendwann GuV-wirksam aufgelöst (recycling), und es kommt daher – anders als nach IFRS – nicht zu einem endgültigen Verstoß gegen das Kongruenzprinzip auf Grundlage des Gewinn oder Verlustes. Würde anders, als beispielsweise beim Gewinn je Aktie, das Gesamtergebnis als zentrale Gewinngröße des Abschlusses zugrunde gelegt, wäre dagegen auch nach IFRS das Kongruenzprinzip gewahrt.

19 Vgl. z.B. *Mobil Corporation*, Annual Report 1997, S. 33; *Philip Morris Companies Inc.*, Annual Report 1997, S. 40.

Kein vorgeschriebenes Format

Ein bestimmtes Ausweisformat für die Darstellung des Gesamtergebnisses ist nach SFAS 130 / ASC 220-10 nicht vorgeschrieben, vielmehr bietet der Standard drei Alternativen, die gleichermaßen zulässig sind (vgl. SFAS 130.22-23 / ASC 220-10-15). Unabhängig von der gewählten Darstellungsform sind in jedem Fall das net income sowie die einzelnen Komponenten des other comprehensive income gesondert auszuweisen. Die Aufspaltung des other comprehensive income kann dabei vor oder nach Steuern vorgenommen werden (SFAS 130.24 / ASC 20-10-25).

Two statement approach

Wie auch nach IFRS, kann als erste Ausweisalternative neben der GuV ein zusätzliches statement of comprehensive income im Sinne einer Gesamtergebnisrechnung (two statement approach) aufgestellt werden. Diese Darstellung sieht im Anschluss an die GuV ausgehend vom net income eine Hinzurechnung des nach seinen Quellen aufgespalteten other comprehensive income vor. Als Summe ergibt sich das comprehensive income.

Single statement approach

Denkbar ist zweitens auch eine Integration der einzelnen Sachverhalte in die GuV, indem vom net income zum comprehensive income übergeleitet wird (statement of income and comprehensive income). Im Vergleich zum explizit getrennten Ausweis beider Ergebnisse in zwei Rechenwerken wird diesem single statement approach aus Sicht von Abschlussadressaten ein geringerer Informationswert zugetraut. Daher empfiehlt das FASB im Gegensatz zum IASB zur deutlicheren Abgrenzung von net income und comprehensive income den two statement approach (SFAS 130.A96-A99 / ASC 220-10-45).

Eigenkapitalveränderungsrechnung: Statement of changes in equity

Während diese beiden Ausweisalternativen auch nach IFRS möglich sind, eröffnet das FASB schließlich noch eine dritte Möglichkeit des Ausweises in einer sämtliche Eigenkapitalveränderungen umfassenden Eigenkapitalveränderungsrechnung (statement of changes in equity). Auch von dieser Ausweisform rät das FASB zu Gunsten des two statement approach ab, da es zu einer stärkeren Vermischung besser separat auszuweisender Komponenten komme (SFAS 130.A96-A99 / ASC 220-10-45).

8.3 Kapitalflussrechnung

Weitgehende Übereinstimmung mit IFRS 7

Die Verabschiedung von IAS 7 im Jahre 1992 folgte nicht nur zeitlich der Herausgabe von SFAS 95 / ASC 230-10 durch das FASB im Jahre 1987. Auch inhaltlich orientierte sich das IASB mit IAS 7 an der Vorgehensweise des FASB. Trotz weitgehender Übereinstimmungen bleiben einige Unterschiede zwischen IAS 7 und SFAS 95 / ASC 230-10 bestehen:

- Im Gegensatz zu IAS 7 zählen zu den Finanzmittelfonds nur Zahlungsmittel und Zahlungsmitteläquivalente (SFAS 95.7 / ASC 230-10-45). Die Einbeziehung von Kontokorrentverbindlichkeiten gegenüber Kreditinstituten entsprechend IAS 7.8 sieht SFAS 95 / ASC 230-10 nicht vor.

- Zinsein- und -auszahlungen sowie erhaltene Dividenden werden gemäß SFAS 95.21-23 / ASC 230-10-45 der betrieblichen Tätigkeit zugeordnet. Das nach IAS 7.31 bestehende Wahlrecht greift hier nicht.
- Gezahlte Dividenden müssen nach SFAS 95.20 / ASC 230-10-45 der Finanzierungstätigkeit zugeordnet werden. Ein wahlweiser Ausweis in der betrieblichen Tätigkeit ist nicht erlaubt.
- Ertragsteuerzahlungen werden nach SFAS 95.21-23 / ASC 230-10-45 ebenfalls generell der betrieblichen Tätigkeit zugeordnet. Ein Ausweis der einzelnen Investitions- oder Finanzierungsaktivitäten zurechenbaren steuerlichen Konsequenzen innerhalb der Cashflows aus Investitions- oder Finanzierungstätigkeit ist nicht möglich.
- Die Zusatzangaben zur Kapitalflussrechnung gemäß SFAS 95 / ASC 230-10 sind teilweise weniger ausführlich geregelt als nach IAS 7. So besteht beispielsweise keine Verpflichtung zur Angabe des Gesamtbetrags der Ein- und Auszahlungen aus dem Kauf/Verkauf von Tochterunternehmen und anderen Geschäftsbereichen. Auch die Summe aller Kauf- und Verkaufspreise ist nach SFAS 95 / ASC 230-10 nicht verbindlich anzugeben. Allerdings sind diese weitergehenden Angabepflichten in den USA regelmäßig im Rahmen der Adhoc-Publizität enthalten.

Ausgewählte Literatur

Amen, M., Erstellung von Kapitalflußrechnungen, München u.a. 1998.

Sellhorn, T./Hahn, S./Müller, M., Die neue Ordnung der US-GAAP, in: KoR, 10. Jg. (2010), S. 154-163.

Dexheimer, S., Gewinngliederungsgrundsätze im internationalen Vergleich: HGB, US-GAAP und IAS, in: BB, 57. Jg. (2002), S. 451-457.

Holzer, H. P./Ernst, C., (Other) Comprehensive Income und Non-Ownership Movements in Equity – Erfassung und Ausweis des Jahresergebnisses und des Eigenkapitals nach US-GAAP und IAS, in: WPg, 52. Jg. (1999), S. 353-370.

Kirsch, H., Vorschläge des ED/2010/5 „Presentation of Items of Other Comprehensive Income“ im Lichte qualitativer Anforderungen an die Rechnungslegung, in: IRZ, 5. Jg. (2010), S. 373-379.

Mayer, K., Gestaltung und Informationsgehalt veröffentlichter Kapitalflußrechnungen börsennotierter deutscher Industrie- und Handelsunternehmen, Frankfurt a. M. 2002.

Tarca et al., Identifying Decision Useful Information with the Matrix Format Income Statement, in: JIFMA, 19. Jg (2008), S. 184-217.

Zülch, H./Pronobis, P., Bevorstehender Paradigmenwechsel in der Darstellung eines IFRS-Abschlusses – Die angedachten Änderungen im Rahmen des Konvergenzprojekts Financial Statement Presentation (Phase B) von IASB und FASB, in: KoR, 9. Jg. (2009), S. 555-565.

Zülch, H./Salewski, M., Das Joint Financial Statement Presentation Project von IASB und FASB – Neuerungen durch den Standardentwurf zur Präsentation der Bestandteile des OCI, in: KoR, 10. Jg. (2010), S. 425-428.

Übungsaufgaben

Aufgabe 1:

Erläutern Sie den Zusammenhang zwischen den unterschiedlichen Ergebnisgrößen nach IFRS. Welcher Teil des Gesamtergebnisses wird in der Gewinn- und Verlustrechnung abgebildet?

Aufgabe 2:

a) Beschreiben Sie, in welche zwei Bereiche sich die Gesamtergebnisrechnung unterteilen lässt.
b) Die nach IFRS bilanzierende RONG AG hatte im Jahr 2010 folgende Geschäftsvorfälle:
   - Verkauf eines Grundstücks zu einem Preis (100 T€) oberhalb des Buchwertes (60 T€)
   - Auszahlung von Dividenden: 200 T€
   - Zuschreibung von zur Veräußerung verfügbaren Wertpapieren: 20 T€
   - Lohn- und Gehaltsaufwand: 220 T€

   Nennen Sie für jeden der Geschäftsvorfälle der RONG AG in welchem der beiden Teilbereiche der Gesamtergebnisrechnung er sich niederschlägt und ob er den Gewinn je Aktie beeinflusst. Vernachlässigen Sie latente Steuern.

Aufgabe 3:

a) Erstellen Sie auf Grundlage der nachfolgenden Konzernbilanzen und der Konzern-Gewinn- und Verlustrechnung für die Sun AG eine Kapitalflussrechnung für das Geschäftsjahr 2010 in Übereinstimmung mit IAS 7.

Konzernbilanzen der Sun AG (T€)					
	2009	2010		2009	2010
Anlagevermögen			Eigenkapital		
Immaterielle VW	9.750	9.250	Gezeichn. Kapital	14.000	29.000
Sachanlagen	75.200	123.300	Kapitalrücklage	28.000	58.000
Finanzanlagen	9.500	7.000	Gewinnrücklage	8.750	10.750
			Bilanzgewinn	1.600	1.750
Umlaufvermögen			Rückstellungen		
Vorräte			Pensionsrückst.	37.750	40.000
RHB	13.500	15.500	Steuerrückst.	5.000	3.250
Unfert. Erzeugn.	10.750	9.500	Sonst. Rückst.	11.150	12.500
Fert. Erzeugnisse	10.000	8.500			
Forderungen	28.500	40.500	Verbindlichkeiten		
Wertpapiere	4.000	4.500	Ggü. Kreditinst.	30.500	22.250
Liquide Mittel	16.500	4.750	aus Lief. u. Leist.	33.250	34.500
			sonstige Verb.	7.000	9.000
RAP	300	100	RAP	1.000	1.900
	178.000	222.900		178.000	222.900

Konzern-Gewinn- und Verlustrechnung der Sun AG im Jahr 2010 (T€)	
Umsatzerlöse	330.000
Vermind. des Bestandes an fert. und unfert. Erzeugnissen	- 2.750
Sonstige betriebliche Erträge	30.000
Materialaufwand	- 221.750
Personalaufwand	- 56.750
Abschreibungen auf	
immaterielle Vermögenswerte	- 500
Sachanlagen	- 20.000
Sonstige betriebliche Aufwendungen	- 47.000
Zinsen und ähnliche Erträge	2.250
Zinsen und ähnliche Aufwendungen	- 5.000
Ergebnis der gewöhnlichen Geschäftstätigkeit	8.500
Steuern	- 4.750
Jahresüberschuss	3.750
Zuführungen zu den Gewinnrücklagen	2.000
Bilanzgewinn	1.750

b) Berücksichtigen Sie bitte nun folgende Zusatzangabe zu der in Aufgabe a) angefertigten Kapitalflussrechnung: Die Sun AG erwarb im Geschäftsjahr 2010 die Shine AG zu einem Kaufpreis von 50 Mio. €. Nachfolgend ist die zusammengefasste Bilanz der Shine AG zu Tageswerten aufgeführt. Gehen Sie bei Ihrer Lösung bitte davon aus, dass die Shine AG bereits in dem unter Aufgabe a) angeführten Jahresabschluss der Sun AG konsolidiert wurde.

Bilanz der Shine AG (T€)			
Anlagevermögen		Eigenkapital	
Sachanlagen	50.000	Gezeichnetes Kapital	5.000
		Kapitalrücklage	10.000
		Gewinnrücklagen	20.000
		Jahresüberschuss	5.000
Umlaufvermögen		Verbindlichkeiten	
Roh-, Hilfs- u. Betriebsst.	5.000	gegenüber Kreditinst.	15.000
Liquide Mittel	5.000	aus Lieferungen u. Leist.	5.000
	60.000		60.000

Aufgabe 4:

Beschreiben Sie die Auswirkungen unten angeführter Geschäftsvorfälle unter Angabe der jeweiligen Beträge auf die Positionen des Strukturschemas einer Kapitalflussrechnung nach IAS 7 sowie auf den Cashflow aus betrieblicher Tätigkeit, aus Investitionstätigkeit, aus Finanzierungstätigkeit und auf den gesamten Cashflow. Gehen Sie bitte davon aus, dass für den Cashflow aus betrieblicher Tätigkeit die indirekte Darstellungsform gewählt wurde.

1. Kauf eines Grundstücks zu 50.000 T€. Der alte Grundstücksbesitzer erklärt sich bereit, 20 % des Kaufpreises als Kredit zu gewähren.
2. Überweisung der Gehaltszahlungen an Mitarbeiter in Höhe von 5.000 T€.
3. Verkauf von Vorräten zu 80.000 T€ an einen Großabnehmer, der die Hälfte des Verkaufspreises erst im neuen Geschäftsjahr bezahlt. Die Herstellungskosten der Vorräte betrugen 75.000 T€.
4. Auszahlung von Dividenden an die Anteilseigner in Höhe von 1.000 T€.
5. Aufnahme eines Kredits in Höhe von 10.000 T€, Ausgabekurs 98 %. Das Disagio wird sofort als Zinsaufwand verrechnet.
6. Folgende Abschreibungen wurden gebucht:
   - Immaterielle Vermögenswerte 900 T€
   - Sachanlagen 4.500 T€
   - Finanzanlagen 200 T€
7. Eingang von aus dem vorherigen Geschäftsjahr entstandenen Forderungen aus Lieferungen und Leistungen in Höhe von 2.000 T€.
8. Bildung einer Rückstellungen für Pensionen in Höhe von 3.000 T€.
9. Überweisung der Ertragsteuer an das Finanzamt in Höhe von 1.000 T€.
10. Für aufgenommene Kredite werden Zinszahlungen in Höhe von 1.500 T€ überwiesen.

Kapitel 8
Ertragsteuern

Im dritten Quartal des Jahres 2007 hat die US-amerikanische General Motors Corp. mit 39 Mrd. US-$ einen neuen Rekordverlust in der Automobilindustrie und gleichzeitig den höchsten Quartalsverlust der Firmengeschichte geschrieben. Diese neue Rekordmarke übertraf selbst die pessimistischen Erwartungen der Finanzanalysten und anderer Kapitalmarktteilnehmer. Gleichzeitig war das Top-Management von GM um Schadensbegrenzung bemüht. So war zu lesen, dass der überwiegende Teil dieses Quartalsverlusts „lediglich“ aus Abschreibungen aktiver latenter Steuern resultiere und keine Auswirkungen auf den Cashflow, künftige Geschäftsaussichten und Investitionsvorhaben des Unternehmens habe. 37,4 Mrd. US-$ wären nur „buchmäßig“ aufgrund der bestehenden Rechnungslegungsregeln für bisher ungenutzte steuerliche Verlustvorträge in den USA, Kanada und Deutschland entstanden. Dies wäre schwer zu kommunizieren und nach Aussage von GM Chairman Rick Wagoner benötige man fast einen Ph.D. in Accounting, um diesen Sachverhalt vollständig zu verstehen.

Was war los bei GM im dritten Quartal 2007 und wie sind diese „buchmäßigen“ Verluste zu erklären? Zwar bilanziert GM nach US-GAAP, die vom damaligen Chairman Rick Wagoner angesprochenen Rechnungslegungsregeln stimmen jedoch zwischen den US-GAAP und IFRS weitgehend überein.

Wie Sie in den ersten Kapiteln bereits erfahren haben, werden IFRS-Abschlüsse insbesondere zum Zweck der Informationsvermittlung für die Abschlussadressaten erstellt. Die von den Unternehmen zu zahlenden Ertragsteuern richten sich hingegen nach den in den jeweiligen nationalen Steuergesetzen enthaltenen Vorschriften zur steuerlichen Gewinnermittlung. In Deutschland sind dies die Vorschriften des EStG, KStG und GewStG sowie vielfältige BFH-Urteile. Diese steuerlichen Gewinnermittlungsvorschriften stimmen jedoch häufig nicht mit den Gewinnermittlungsregeln nach IFRS überein. Fraglich ist, wie in denjenigen Fällen abweichender Regelungen zu verfahren ist und ob hieraus zusätzliche Konsequenzen für den IFRS-Abschluss resultieren.

Lernziele

Im Folgenden sollen Sie lernen,

- wie in solchen Fällen abweichender Regelungen zu verfahren ist,
- was unter aktiven und passiven latenten Steuern zu verstehen ist,
- wie aktive und passive latente Steuern bilanziert werden und
- wie steuerliche Verlustvorträge im IFRS-Abschluss zu erfassen sind.

1 Regelungsgrundlage, Anwendungsbereich und Zielsetzung

IAS 12

IAS 12 „Ertragsteuern“ (Income Taxes) regelt die Behandlung steuerlicher Konsequenzen in IFRS-Abschlüssen. IAS 12 besteht in seiner jetzigen Fassung im Wesentlichen seit 1998 (IAS 12.89) und wurde zwischenzeitlich – letztmalig durch Amendment vom 20.12.2010 – nur in einzelnen Detailregelungen überarbeitet. Eine umfassende Neuregelung von IAS 12 und gleichzeitige weitergehende Annäherung der IFRS-Regelung an die US-GAAP (SFAS 109), wie sie vom IASB mit ED/2009/2 für 2010 geplant war, ist jedoch mittlerweile verschoben worden[1]. Das IASB und FASB stufen zwar übereinstimmend die Überarbeitung von IAS 12 und SFAS 109 als wichtig ein, im Vergleich zu anderen Rechnungslegungsfragen wird sie aber als weniger dringend angesehen. Aus diesem Grund soll eine entsprechende Diskussion erst ab Juli 2011 fortgeführt werden.

Interpretationen

Ergänzt wird IAS 12 durch SIC-25 „Ertragsteuern – Änderungen im Steuerstatus eines Unternehmens oder seiner Anteilseigner“ (Income Taxes – Changes in the Tax Status of an Entity or its Shareholders). In dieser Interpretation wird auf Sonderprobleme im Rahmen der Ertragsteuerbilanzierung eingegangen.

Anwendungsbereich und Zielsetzung

IAS 12 ist von allen Unternehmen unabhängig von Rechtsform, Größe und Börsennotierung im IFRS-Konzernabschluss und falls ein solcher erstellt wird, im IFRS-Einzelabschluss anzuwenden. Das IASB verfolgt mit IAS 12 die Zielsetzung, den Bilanzansatz, die Bewertung und den Ausweis von Ertragsteuern umfassend zu regeln, um eine periodengerechte Erfassung der Ertragsteuern und eine damit den tatsächlichen Verhältnissen entsprechende Darstellung der Ertrags- und Vermögenslage zu erreichen. Dabei geht es sowohl um die Behandlung gegenwärtiger als auch um die Erfassung künftiger steuerlicher Konsequenzen. Dies bringt Abbildung 8.1 zum Ausdruck. Inhaltlich ist IAS 12 anzuwenden auf alle in- und ausländischen Ertragsteuerarten, die das steuerpflichtige Einkommen der Unternehmen betreffen. In Deutschland zählen hierzu die Einkommensteuer bzw. Körperschaftsteuer sowie die Gewerbesteuer. Unter den Regelungsbereich von IAS 12 fallen ebenfalls Quellensteuern, welche beispielsweise in einigen Ländern von einem Tochterunternehmen bei der Ausschüttung von Gewinnanteilen an das Mutterunternehmen gezahlt werden müssen.

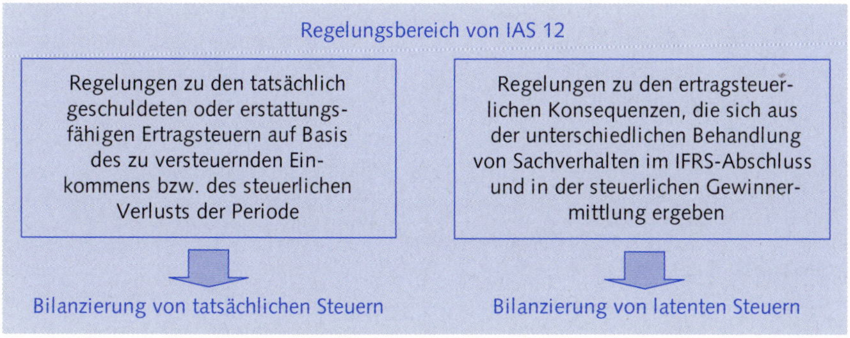

Abb. 8.1: Regelungsbereich von IAS 12

1 Vgl. zum Konvergenzprojekt zwischen IASB und FASB auch *Meyer/Loitz/Linder/Zerwas*, Latente Steuern, 2. Aufl., Wiesebaden 2010, S. 54-63.

Regelungsbereiche von IAS 12

Da die Regelungen zur Bilanzierung von tatsächlich geschuldeten oder erstattungsfähigen Ertragsteuern weniger problematisch sind, widmet sich IAS 12 überwiegend der Bilanzierung latenter Steuern. Hierunter fallen Regelungen zu den ertragsteuerlichen Konsequenzen, die sich aus der unterschiedlichen Behandlung eines Sachverhalts im IFRS-Abschluss verglichen mit der steuerlichen Gewinnermittlung ergeben. Daher betreffen die nachfolgenden Ausführungen zu IAS 12 schwerpunktmäßig die Thematik der latenten Steuern. Zuvor soll aber kurz auf die Bilanzierung tatsächlicher Steuerschulden und -erstattungsansprüche eingegangen werden.

2 Bilanzierung tatsächlicher Steuerschulden und Steuererstattungsansprüche

Steuerschulden

Die Unternehmen haben auf die von ihnen erwirtschafteten Gewinne laufend Ertragsteuern zu zahlen. Diese die laufende oder frühere Perioden betreffenden Ertragsteuerzahlungen mindern als Steueraufwand den Gewinn in der Gesamtergebnisrechnung sowie die Zahlungsmittel. Sofern jedoch die tatsächlichen Ertragsteuern zum Geschäftsjahresende noch nicht bezahlt wurden, ist gemäß IAS 12.12 eine Schuld gegenüber der entsprechenden Steuerbehörde zu passivieren.

Steuer-erstattungsansprüche

Übersteigen hingegen die innerhalb des Geschäftsjahres gezahlten Ertragsteuern den geschuldeten Betrag gegenüber der Steuerbehörde oder wird ein steuerlicher Verlust zu einem Verlustrücktrag genutzt, so ist zum Geschäftsjahresende die entsprechende Forderung als Vermögenswert zu aktivieren. Hierbei sind jedoch die allgemeinen Bilanzansatzkriterien zu prüfen (vgl. Kapitel 5), wonach der Nutzen aus dem Erstattungsanspruch dem Unternehmen wahrscheinlich zufließen und eine verlässliche Bewertbarkeit möglich sein muss. Andernfalls ist von der Aktivierung abzusehen. Zudem sind die Impairmentvorschriften gemäß IAS 36 zu beachten (vgl. hierzu ausführlich Kapitel 10).

Saldierung

Eine Saldierung der tatsächlichen Erstattungsansprüche und Schulden ist gemäß IAS 12.71 nur möglich, wenn für das Unternehmen ein einklagbares Recht zur Aufrechnung besteht und das Unternehmen beabsichtigt, den Ausgleich auf Nettobasis durchzuführen. Ein einklagbares Recht zur Aufrechnung dürfte dabei regelmäßig dann bestehen, wenn die tatsächlichen Erstattungsansprüche sowie die tatsächlichen Schulden gegenüber der gleichen Steuerbehörde bestehen und die Steuerbehörde dem Unternehmen gestattet, die Zahlung auf Nettobasis zu leisten bzw. zu empfangen.

Quellensteuer

Die tatsächlich zu zahlenden Steuern bzw. die tatsächlich zu erstattenden Steuern werden grundsätzlich in der Gesamtergebnisrechnung GuV-wirksam als Steueraufwand bzw. Steuerertrag gebucht. Eine Sonderregel enthält IAS 12.65A jedoch für Dividendenzahlungen an die Anteilseigner. In einigen Ländern – wie z.B. auch in Deutschland über die Kapitalertragsteuer bzw. Abgeltungssteuer – wird ein Teil der Dividende als Quellensteuer direkt an die Steuerbehörde abgeführt. Ein solcher Betrag, der an die Steuerbehörden zu zahlen ist oder gezahlt wurde, ist direkt mit der Dividende als Teil des Eigenkapitals zu verrechnen.

Bewertung

Tatsächliche Ertragsteuerschulden bzw. Ertragsteuererstattungsansprüche für die laufende oder frühere Perioden sind mit dem Betrag zu bemessen, in dessen Höhe eine Zahlung erwartet wird. Maßgeblich sind dabei die Steuersätze und übrigen Steuervorschriften, die am Bilanzstichtag in Kraft sind bzw. deren Inkrafttreten am Bilanzstichtag mit hinreichender Sicherheit angenommen werden kann (IAS 12.46).

3 Bilanzierung latenter Steuerschulden und Steuererstattungsansprüche

3.1 Erfordernis der Bilanzierung latenter Steuern

Verzerrungen der Ertrags- und Vermögenslage

Die Bilanzierung latenter Steuern in IFRS-Abschlüssen ist über die Zielsetzung einer periodengerechten Darstellung der Vermögens-, Finanz- und Ertragslage eines Unternehmens zu begründen (vgl. zur Zielsetzung der IFRS-Rechnungslegung allgemein Kapitel 5). Sie soll die unterschiedliche Behandlung eines Sachverhalts im IFRS-Abschluss und in der steuerlichen Gewinnermittlung ausgleichen, indem fiktive (latente) Ertragsteuerforderungen (aktive latente Steuern) bzw. Ertragsteuerverbindlichkeiten (passive latente Steuern) gebucht werden. Diesen fiktiven Steuern stehen in derselben Periode keine tatsächlichen Steuerzahlungen gegenüber. Sie führen aber in künftigen Perioden zu Mehr- oder Minderzahlungen.

Beispiel 8.1

Aufgrund einer Vollauslastung in der Fertigung müssen 2010 Ausgaben für eine dringend erforderliche Instandhaltungsmaßnahme in Höhe von 500 T€ verschoben werden. Die Wartung soll innerhalb der ersten drei Monate des kommenden Geschäftsjahres 2011 nachgeholt werden, da in diesem Zeitraum mit einem Rückgang der Kapazitätsauslastung zu rechnen ist. Im deutschen Steuerrecht besteht für diesen Sachverhalt eine Passivierungspflicht als Aufwandsrückstellung. Im IFRS-Abschluss 2010 findet dieser Geschäftsvorfall hingegen keine Berücksichtigung, da die Bildung von Aufwandsrückstellungen verboten ist.

Was würde nun passieren, wenn „lediglich" die tatsächlichen Ertragsteuerzahlungen, wie sie in der steuerlichen Gewinnermittlung berechnet werden, als Steueraufwand in den IFRS-Abschluss übernommen würden?

Lösung

Die nachfolgenden Tabellen verdeutlichen die Konsequenzen, indem einerseits ausschnittweise der IFRS-Abschluss ohne Bilanzierung latenter Steuern und andererseits mit Bilanzierung latenter Steuern aufgezeigt wird. In dem Beispiel wird zudem unterstellt, dass der vorläufige Gewinn vor Steuern im Jahr 2010 und 2011 jeweils 1.000 T€ beträgt. Der Steuersatz ist vereinfachend mit 30 % angenommen und die Instandhaltung soll tatsächlich 2011 für 500 T€ durchgeführt werden.

Geschäftsjahr 2010 in T€	**IFRS ohne latente Steuern**	**Steuerliche Gewinn-ermittlung**	**IFRS mit latenten Steuern**
vorläufiger Gewinn vor Steuern	1.000	1.000	1.000
Rückstellung für unterlassene Instandhaltung	—	-500	—
Gewinn vor Steuern	1.000	500	1.000
tatsächlicher Steueraufwand	-150 ←	-150	→ -150
latenter Steueraufwand (passive latente Steuer)	—	—	-150
Gewinn nach Steuern	850	350	700

Geschäftsjahr 2011 in T€	**IFRS ohne latente Steuern**	**Steuerliche Gewinn-ermittlung**	**IFRS mit latenten Steuern**
vorläufiger Gewinn vor Steuern	1.000	1.000	1.000
Instandhaltungsaufwand	-500	—	-500
Gewinn vor Steuern	500	1.000	500
tatsächlicher Steueraufwand	-300 ←	-300	→ -300
latenter Steuerertrag (Auflösung der passiven latenten Steuer)	—	—	150
Gewinn nach Steuern	200	700	350

1. Verzerrte Darstellung der Ertragslage

Die zu bildende Rückstellung mindert in der steuerlichen Gewinnermittlung 2010 als Betriebsausgabe den Gewinn vor Steuern und somit die Ertragsteuerzahlungen. Sofern lediglich diese Zahlungen als Ertragsteueraufwendungen im IFRS-Abschluss berücksichtigt werden (Spalte IFRS ohne latente Steuern), würde der Gewinn nach IFRS zu hoch ausgewiesen, da hier keine Aufwendungen für die Rückstellung den vorsteuerlichen Gewinn mindern. Die ausgewiesenen Steuerzahlungen stünden in keinem nachvollziehbaren Zusammenhang mit dem Gewinn vor Ertragsteuern. Durch Berücksichtigung einer passiven latenten Steuer erfolgt hingegen eine Anpassung. Es wird die

Steuerbelastung ausgewiesen, die sich ergeben würde, wenn der IFRS-Gewinn vor Steuern gleichzeitig auch Bemessungsgrundlage der Ertragsbesteuerung wäre.

2. Verzerrte Darstellung der Vermögenslage
Da im nachfolgenden Geschäftsjahr 2011 bei Durchführung der Instandhaltungsmaßnahme steuerlich keine Aufwendungen mehr den Gewinn mindern, fallen die tatsächlich zu zahlenden Ertragsteuern höher aus. Aus Sicht des IFRS-Abschlusses 2010 sind diese künftigen Steuerverpflichtungen absehbar. Die (Netto-)Vermögenslage würde somit ohne Bilanzierung dieser absehbaren Verpflichtung als latente Steuer in 2010 zu positiv dargestellt.

3.2 Entstehung latenter Steuern

Differenzen

Voraussetzung für die Entstehung latenter Steuern ist die unterschiedliche zeitliche Erfassung eines Sachverhalts im IFRS-Abschluss und in der Steuerbilanz. Nur wenn Differenzen zwischen den beiden Rechenwerken auftreten, kann es überhaupt zur Bilanzierung latenter Steuern kommen. Allerdings ist konkret zu prüfen, um was für eine Differenz es sich handelt und in welchem Zeitraum mit ihrem Ausgleich zu rechnen ist. Allgemein wird dabei – wie in Abbildung 8.2 dargestellt – zwischen zeitlich begrenzten, quasi-zeitlich begrenzten und zeitlich unbegrenzten (permanenten) Differenzen unterschieden.

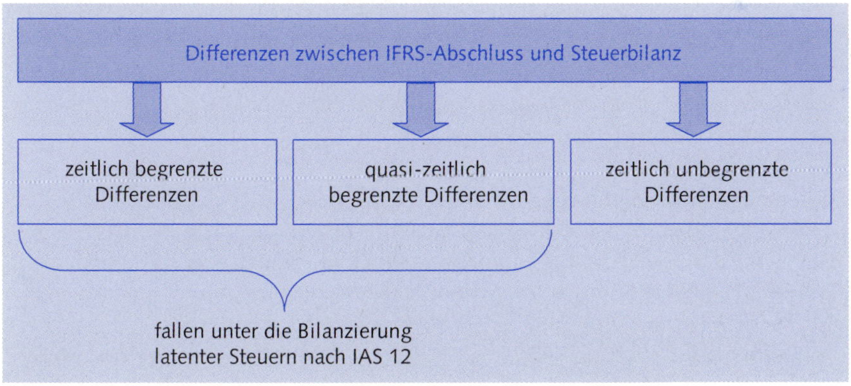

Abb. 8.2: Differenzen zwischen IFRS-Abschluss und steuerlicher Gewinnermittlung

Zeitlich begrenzte Differenzen

Zu den zeitlich begrenzten Differenzen zwischen IFRS-Abschluss und steuerlicher Gewinnermittlung werden diejenigen Differenzen gezählt, die sich im Zeitablauf infolge der bestehenden Rechnungslegungsregeln automatisch ausgleichen.

Beispiel 8.2

Im IFRS-Abschluss orientiert sich die Abschreibungsdauer von planmäßig abnutzbaren Vermögenswerten an der wirtschaftlichen Nutzungsdauer, während im deutschen Steuerrecht die AfA-Tabellen die Nutzungsdauer vorgeben. Sofern sich die wirtschaftliche Nutzungsdauer und die Abschreibungsdauer laut AfA-Tabelle unterscheiden, werden bis zum Ablauf der längeren Nutzungsdauer in beiden Rechenwerken die entsprechenden Vermögenswerte auf der Aktivseite unterschiedlich bewertet.

Die aus den abweichenden Nutzungsdauern resultierenden Differenzen gleichen sich jedoch bei Betrachtung mehrerer Geschäftsjahre automatisch aus. Sofern der komplette Zeitraum der Nutzung betrachtet wird, sind die kumulierten Abschreibungsbeträge in beiden Rechenwerken gleich hoch.

Quasi-zeitlich begrenzte Differenzen

Zu den quasi-zeitlich begrenzten Differenzen zwischen IFRS-Abschluss und steuerlicher Gewinnermittlung werden diejenigen Differenzen gezählt, die sich durch eine Managemententscheidung, ein neues Ereignis oder spätestens bei der Unternehmensauflösung ausgleichen. Diese quasi-zeitlich begrenzten Differenzen lösen sich im Regelfall erst nach längerer Zeit auf.

Beispiel 8.3

Im IFRS-Abschluss erfolgt eine Bewertung von bestimmten Finanzanlagen oberhalb der Anschaffungskosten. Dies ist hingegen im deutschen Steuerrecht verboten. IFRS-Abschluss und Steuerbilanz unterscheiden sich damit auf der Aktivseite hinsichtlich der Bewertung dieser Finanzanlagen.

Die Differenzen gleichen sich aus, wenn z.B. der Wert der Finanzanlagen in den kommenden Geschäftsjahren dauerhaft unter die Anschaffungskosten fällt (neues Ereignis) oder das Management die Finanzanlagen veräußert (Managemententscheidung). Sollen die Finanzanlagen hingegen nicht veräußert werden und liegt der Wert dauerhaft oberhalb der Anschaffungskosten, so würde es dennoch spätestens zum Liquidationszeitpunkt des Unternehmens zum Ausgleich der Differenz kommen.

Zeitlich unbegrenzte Differenzen

Zu den zeitlich unbegrenzten Differenzen zwischen IFRS-Abschluss und steuerlicher Gewinnermittlung zählen solche Differenzen, die sich niemals ausgleichen, weil der zugrunde liegende Sachverhalt im Steuerrecht zu keinem Zeitpunkt relevant wird.

Beispiel 8.4

Die Aufsichtsratsvergütung wird im IFRS-Abschluss als Aufwand erfasst und mindert den Gewinn oder erhöht den Verlust. Im deutschen Steuerrecht werden Aufsichtsratsvergütungen jedoch gemäß § 10 Nr. 4 KStG nur zur Hälfte steuermindernd als Betriebsausgabe anerkannt. In Höhe der anderen Hälfte entsteht eine Differenz zwischen IFRS-Abschluss und steuerlicher Gewinnermittlung, die sich zu keinem Zeitpunkt ausgleicht.

Inside und outside basis differences im Konzernabschluss

Latente Steuern entstehen auch im IFRS-Konzernabschluss und basieren ebenfalls auf zeitlich begrenzten und quasi-zeitlich begrenzten Differenzen zwischen IFRS-Konzernabschluss und den Steuerbilanzen der einbezogenen Unternehmen. Die Entstehungsursachen sind allerdings auf Konzernabschlussebene vielfältiger. In diesem Zusammenhang hat sich die Differenzierung in inside basis differences und outside basis differences eingebürgert. Erstere führen zu latenten Steuern, die bereits auf Ebene des Einzelabschlusses des einbezogenen Unternehmens anfallen, also innerhalb eines Rechtssubjekts. Je nachdem, ob diese Differenzen in der Handelsbilanz I (originärer Einzelabschluss), oder erst in der Handelsbilanz II (Einzelabschluss nach konzerneinheitlicher Bilanzierung) oder III (vereinheitlichter Einzelabschluss nach Neubewertung) anfallen, können wiederum inside basis differences I, II und III unterschieden werden (vgl. zur Erstellung von Konzernabschlüssen ausführlicher Kapitel 23). Zudem können Differenzen durch Konsolidierungsmaßnahmen entstehen und durch weitere Transaktionen, z.B. durch Gewinnthesaurierung bei einbezogenen Unternehmen. Diese outside basis differences werden identifiziert, indem der steuerliche Wertansatz an einer Beteiligung in der Steuerbilanz des Mutterunternehmens mit dem Wertansatz des im IFRS-Konzernabschluss angesetzten Nettovermögens dieses Beteiligungsunternehmens verglichen wird – also ein Vergleich über ein Rechtssubjekt hinaus[2].

Differenzen nach IAS 12

Unter das Konzept der latenten Steuerbilanzierung nach IAS 12 fallen sowohl die zeitlich begrenzten als auch die quasi-zeitlich begrenzten Differenzen. Auch inside sowie outside basis differences sind grundsätzlich nach IAS 12 erfasst. Zeitlich unbegrenzte Differenzen dürfen indes nicht zur Bilanzierung latenter Steuern führen.

3.3 Bilanzansatz

Temporary-Konzept

IAS 12 legt dem Bilanzansatz latenter Steuern das Temporary-Konzept zugrunde. Dieses Konzept ist bilanzorientiert und betrachtet die Differenzen von Vermögenswerten und Schulden zwischen IFRS-Abschluss und steuerlicher Gewinnermittlung. Diese Differenzen werden als temporäre Differenzen bezeichnet und gemäß IAS 12.5 als Unterschiedsbeträge zwischen dem Buchwert eines Vermögenswertes oder einer Schuld in der IFRS-Bilanz und seinem bzw. ihrem Steuerwert definiert.

Aktivierungs- bzw. Passivierungspflicht

Dem Temporary-Konzept folgend müssen gemäß IAS 12.15 und 12.24 sämtliche Bilanzansatz- und Bilanzbewertungsdifferenzen von Vermögenswerten und Schulden zwischen IFRS-Abschluss und steuerlicher Gewinnermittlung

2 Vgl. zu dieser Systematisierung mit weiteren Nennungen *Wolz*, Latente Steuern nach BilMoG: Analyse der konzeptionellen Neuregelung im Einzel- und Konzernabschluss, in: DB, 63. Jg. (2010), S. 2625-2633.

grundsätzlich in die Bilanzierung latenter Steuern einbezogen werden. Allerdings sind folgende Voraussetzungen zu beachten:

- die Bilanzansatz- und Bilanzbewertungsdifferenzen führen zu künftigen Steuerentlastungen oder Steuerbelastungen, d.h. es handelt sich um zeitlich begrenzte oder quasi-zeitlich begrenzte Differenzen, und
- die künftigen Steuerentlastungen sind wahrscheinlich[3] und verlässlich bewertbar, d.h. bei künftigen Steuerentlastungen erfolgt der Ansatz eines Vermögenswertes nur in dem Umfang, in dem es wahrscheinlich ist, dass ein zu versteuerndes Ergebnis verfügbar sein wird, gegen das die temporären Differenzen verwandt werden können.

GuV-wirksame/ GuV-neutrale Entstehung

Der Bilanzansatz latenter Steuern erfolgt dabei unabhängig davon, ob die Differenz zwischen IFRS-Abschluss und steuerlicher Gewinnermittlung GuV-wirksam ist oder GuV-neutral im sonstigen Ergebnis (OCI) erfasst werden muss und somit erst bei ihrer Umkehrung GuV-wirksam in der Gesamtergebnisrechnung berücksichtigt wird. Solange sich die Differenzen künftig ausgleichen, besteht eine Aktivierungs- bzw. Passivierungspflicht latenter Steuern. Lediglich zeitlich unbegrenzte Differenzen führen nicht zur Bilanzierung latenter Steuern.

Beispiel 8.5

GuV-wirksame Differenzen, welche direkt den Gewinn oder Verlust (profit or loss) verändern, können z.B. aus unterschiedlichen Abschreibungsmethoden, Nutzungsdauern oder auch durch eine nur steuerlich akzeptierte Instandhaltungsrückstellung entstehen.

Folgende Sachverhalte können z.B. zur GuV-neutralen Entstehung von Differenzen zwischen IFRS-Abschluss und steuerlicher Gewinnermittlung führen, welche im sonstigen Ergebnis (OCI) zu erfassen sind:

- Neubewertung von Sachanlagen (vgl. ausführlich Kapitel 12)
- Bewertung von GuV-neutral folgebewerteten finanziellen Vermögenswerten (vgl. ausführlich Kapitel 19)
- Umrechnung von Abschlüssen ausländischer Geschäftsbetriebe mit abweichender funktionaler Währung (vgl. ausführlich Kapitel 22)
- Aufdeckung stiller Reserven und Lasten im Rahmen der Erwerbsmethode bei der Kapitalkonsolidierung (vgl. ausführlich Kapitel 23)

Aktive/passive latente Steuern

Innerhalb des Bilanzansatzes ist zwischen aktiven und passiven latenten Steuern zu unterscheiden. Abbildung 8.3 zeigt die verschiedenen Möglichkeiten:

3 Das IASB konkretisiert diese Wahrscheinlichkeit nicht. Allgemein kann von einer Aktivierungspflicht ausgegangen werden, wenn die künftige Steuerentlastung mit einer mehr als 50 %igen Wahrscheinlichkeit eintritt. Vgl. *Coenenberg/Baum/Burkhardt*, IAS-Kommentar, IAS 12, Tz. 79; *Wagenhofer,* IAS/IFRS, S. 335.

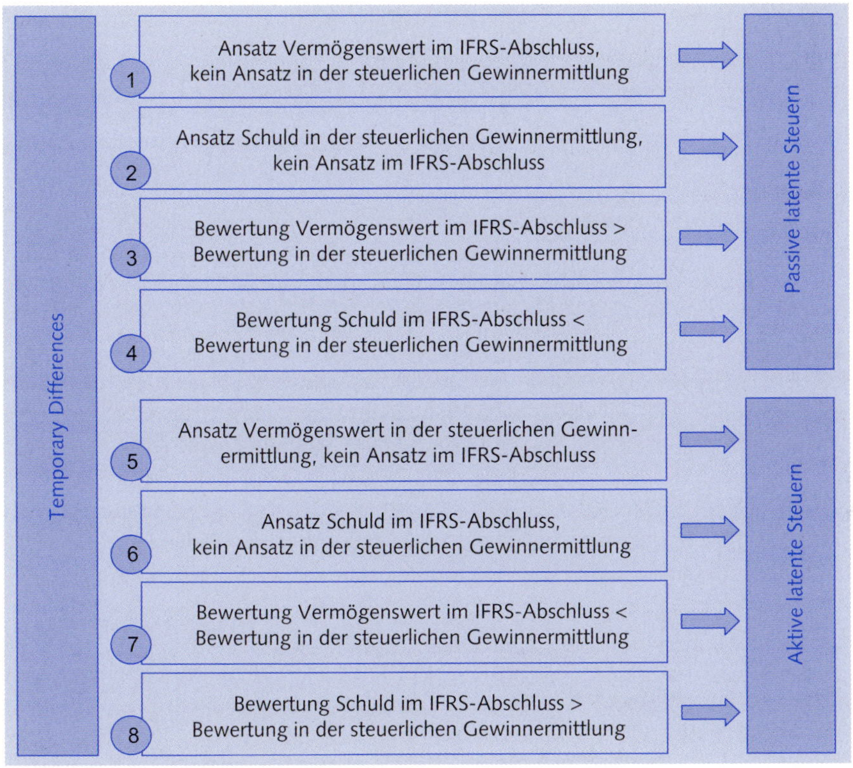

Abb. 8.3: Ursachen temporärer Differenzen

Beispiele 8.6 zur Abbildung 8.3[4]

Fall 1:
Aktivierung von Entwicklungskosten im IFRS-Abschluss, was in der steuerlichen Gewinnermittlung nicht möglich ist (vgl. Kapitel 11).

Fall 2:
Bildung einer Rückstellung für unterlassene Instandhaltungen, die in den ersten drei Monaten des kommenden Geschäftsjahres nachgeholt werden, in der steuerlichen Gewinnermittlung, was im IFRS-Abschluss nicht möglich ist (vgl. Kapitel 15).

Fall 3:
Bewertung von Wertpapieren des Handelsbestands im IFRS-Abschluss zum beizulegenden Zeitwert oberhalb der Anschaffungskosten. In der steuerlichen Gewinnermittlung gilt das Anschaffungswertprinzip (vgl. Kapitel 19).

4 Die Beispiele gehen von deutschen steuerlichen Gewinnermittlungsvorschriften aus. Zu weiteren Beispielen vgl. auch *Coenenberg/Baum/Burkhardt,* IAS-Kommentar, IAS 12, Tz. 59-69 und 71-75; *KPMG Deutsche Treuhand-Gesellschaft AG (Hrsg.)*, International Financial Reporting Standards, 4. Aufl., Stuttgart 2007, S. 197-198; *Ballwieser/Kurz*, Wiley Kommentar, S. 831-834.

Fall 4:
Niedrigere Bewertung einer Rückstellung im IFRS-Abschluss als in der steuerlichen Gewinnermittlung (vgl. Kapitel 15).

Fall 5:
Ein gemieteter Vermögenswert wird steuerlich beim Mieter angesetzt, da das Mietgeschäft als Finanzierungsleasing klassifiziert wird, während dieser Mietvertrag nach IFRS als Operating-Leasing eingestuft wird, so dass ein Ansatz beim Vermieter erfolgt (vgl. Kapitel 21).

Fall 6:
Drohende Verluste aus einem Termingeschäft führen nach IFRS zum Ansatz einer Schuld, während in der steuerlichen Gewinnermittlung die Passivierung einer Drohverlustrückstellung verboten ist (vgl. Kapitel 15 und 19).

Fall 7:
Ein Vermögenswert wird in der steuerlichen Gewinnermittlung nach AfA-Tabellen mit einem geringeren Betrag abgeschrieben als im IFRS-Abschluss (vgl. Kapitel 12).

Fall 8:
Pensionsrückstellungen werden im IFRS-Abschluss höher bewertet als in der steuerlichen Gewinnermittlung, da künftige Gehalts- und Rententrends mit berücksichtigt werden (vgl. Kapitel 16).

Steuerliche Verlustvorträge

Unter die Bilanzansatzpflicht aktiver latenter Steuern fallen gemäß IAS 12.24 auch latente Steuern auf noch nicht genutzte steuerliche Verlustvorträge. Sie sind in dem Umfang zu aktivieren, in dem es wahrscheinlich ist, dass künftig ein zu versteuerndes Ergebnis zur Verfügung stehen wird, gegen das die noch nicht genutzten steuerlichen Verluste verrechnet werden können. Zwar sind die Voraussetzungen für die Bilanzierung aktiver latenter Steuern auf Verlustvorträge grundsätzlich dieselben wie die allgemeinen Kriterien zur Bilanzierung aktiver latenter Steuern, allerdings bestehen bei einer Folge steuerlicher Verluste in der jüngeren Vergangenheit generelle Zweifel an der Realisierbarkeit des Verlustvortrags. Zur Konkretisierung der Wahrscheinlichkeit der künftigen Nutzung hat das IASB gemäß IAS 12.36 folgende Kriterien formuliert:

- Passive Steuerlatenzen in Bezug auf die gleiche Steuerbehörde und das gleiche Steuersubjekt kehren sich fristgerecht in Hinblick auf die Nutzung des Verlustvortrags um,
- zu versteuernde Ergebnisse werden vor Verfall des Verlustvortrags realisiert,
- steuerliche Verluste resultieren aus identifizierbaren Ursachen, die wahrscheinlich nicht wieder auftreten, oder
- Steuerplanungsstrategien ermöglichen die Nutzung des Verlustvortrags.

Sofern eine künftige Nutzung steuerlicher Verlustvorträge vollständig oder teilweise nicht wahrscheinlich ist, besteht ein vollständiges oder teilweises Aktivierungsverbot. Zudem ist die Wahrscheinlichkeit der Inanspruchnahme steuerlicher Verlustvorträge zu jedem Bilanzstichtag neu zu prüfen. Auflösungen bereits bilanzierter aktiver latenter Steuern bzw. Aktivierungen zu späteren Bilanzstichtagen sind dabei an den beschriebenen Kriterien zu überprüfen.

Beispiel 8.7

Die Steuerfix AG erwirtschaftet in 2010 einen Verlust vor Steuern von 500 T€, der infolge fehlender Verlustrücktragsmöglichkeiten für die kommenden Geschäftsjahre vorgetragen werden soll (§ 10d Abs. 2 EStG). Bei einem Steuersatz von 30 % stellt sich damit die Frage des Bilanzansatzes aktiver latenter Steuern von 150 T€ für den steuerlichen Verlustvortrag von 500 T€.

Geschäftsjahr 2010 in T€	IFRS ohne latente Steuern	Steuerliche Gewinnermittlung	IFRS mit latenten Steuern
Gewinn vor Steuern	-500	-500	-500
tatsächliche Steuerzahlungen	0	0	0
latenter Steuerertrag (aktive latente Steuer)	—	—	150
Gewinn nach Steuern	-500	-500	-350

Sofern die künftige Nutzung des steuerlichen Verlustvortrags wahrscheinlich ist, ist – entsprechend der rechten Spalte in der Tabelle – eine aktive latente Steuer zu bilanzieren. Andernfalls entfällt der Bilanzansatz einer aktiven latenten Steuer (linke Spalte der Tabelle).

Ausnahmen Bilanzansatz aktive latente Steuern

Folgende Sachverhalte sind explizit von der Bilanzierung aktiver latenter Steuern ausgenommen (IAS 12.24):

- Differenzen zwischen IFRS-Abschluss und steuerlicher Gewinnermittlung, die aus dem erstmaligen Ansatz eines Vermögenswertes oder einer Schuld resultieren, wobei kein Unternehmenszusammenschluss vorliegt und zum Zeitpunkt des Geschäftsvorfalls weder das Ergebnis in der IFRS-Gesamtergebnisrechnung noch in der steuerlichen Gewinnermittlung berührt ist (vgl. IAS 12.22). Beispielhaft sind hier steuerfreie Investitionszulagen (IAS 12.33) oder die abweichende Bewertung von Einlagen zu nennen[5].

Ausnahmen Bilanzansatz passive latente Steuern

Folgende Sachverhalte sind explizit von der Bilanzierung passiver latenter Steuern ausgenommen (IAS 12.15):

- Erstmaliger Ansatz eines Geschäfts- oder Firmenwertes (vgl. auch IAS 12.21), der steuerlich nicht abschreibungsfähig ist,

5 Vgl. zu weiteren Beispielen *Pawelzik*, IFRS Handbuch, S. 530-531.

- Differenzen zwischen IFRS-Abschluss und steuerlicher Gewinnermittlung, die aus dem erstmaligen Ansatz eines Vermögenswertes oder einer Schuld resultieren, wobei kein Unternehmenszusammenschluss vorliegt und zum Zeitpunkt des Geschäftsvorfalls weder das Ergebnis in der IFRS-Gesamtergebnisrechnung noch in der steuerlichen Gewinnermittlung berührt ist (vgl. auch IAS 12.22). Hierunter kann beispielhaft ebenfalls die abweichende Bewertung von Einlagen fallen[6].

Ausnahmen Bilanzansatz outside basis differences

Zudem wird der Ansatz latenter Steuern auf outside basis differences deutlich eingeschränkt. IAS 12.39 und 12.44 erlauben hier den Ansatz latenter Steuern nur unter restriktiven Voraussetzungen. Eine zentrale Voraussetzung ist hierbei, dass sich die temporäre Differenz in absehbarer Zeit umkehren soll. Dies ist in der Regel nur dann der Fall, wenn das betreffende Tochterunternehmen verkauft werden soll.

Erstkonsolidierung

Die im Rahmen der Erstkonsolidierung im IFRS-Konzernabschluss aufgedeckten stillen Reserven und stillen Lasten gehören somit nicht zu diesen Ausnahmeregelung. Sie führen ggf. analog zum Bilanzansatz aktiver und passiver latenter Steuern. Ein im Rahmen der Kapitalkonsolidierung verbleibender Goodwill ist hingegen von der ersten Ausnahmeregelung betroffen. Obwohl das IASB diesen Goodwill eindeutig als Vermögenswert ansieht, wird hier der Ansatz passiver latenter Steuern untersagt, da der Goodwill als Restwert innerhalb der Kapitalkonsolidierung ermittelt wird (vgl. Kapitel 23) und der Ansatz der latenten Steuerschuld wiederum die Erhöhung des Buchwertes des Goodwills zur Folge hätte (IAS 12.21).

Beispiel 8.8

Zum 31.12.2010 hat die Publix AG 100 % der Anteile an der Dynamo AG zum Kaufpreis von 100 Mio. € erworben. Der Steuersatz beträgt 30 %. Die IFRS-Bilanz der Dynamo AG hat dabei zum 31.12.2010 folgendes Aussehen (zur Vorgehensweise der Kapitalkonsolidierung vgl. ausführlich Kapitel 23):

Bilanz der Dynamo AG zum 31.12.2010 in Mio. €			
Langfristiges Vermögen		*Eigenkapital*	
Immaterielle Anlagewerte	5	Gezeichnetes Kapital	20
Sachanlagen	70	Kapitalrücklage	10
Finanzanlagen	30	Gewinnrücklagen	30
Kurzfristiges Vermögen		*Fremdkapital*	
Vorräte	55	Rückstellungen	80
Forderungen	65	Verbindlichkeiten	100
Liquide Mittel	15		
Summe	240	Summe	240

Infolge der im Vorfeld des Unternehmenserwerbs durchgeführten Analyse des Kaufobjektes ist dem Management der Publix AG bekannt, dass im Sach-

6 Vgl. zu weiteren Beispielen *Pawelzik*, IFRS Handbuch, S. 530-531.

anlagevermögen der Dynamo AG stille Reserven von 20 Mio. € und in den Vorräten stille Reserven von 10 Mio. € enthalten sind. Zudem weisen die Rückstellungen stille Lasten von 10 Mio. € auf.

Lösung
Die Berechnung des Geschäfts- oder Firmenwertes aus dem Unternehmenserwerb gestaltet sich wie folgt:

	Kaufpreis	100 Mio. €
–	neubewertetes Eigenkapital der Dynamo AG	-80 Mio. €
+	passive latente Steuern auf die aufgedeckten stillen Reserven (Steuersatz 30 %)	+9 Mio. €
–	aktive latente Steuern auf die aufgedeckten stillen Lasten (Steuersatz 30 %)	-3 Mio. €
=	Geschäfts- oder Firmenwert	26 Mio. €

Aus der Berechnung wird deutlich, dass auf die aufgedeckten stillen Reserven im Sachanlagevermögen und in den Vorräten passive latente Steuern und auf die aufgedeckten stillen Lasten in den Rückstellungen aktive latente Steuern zu berücksichtigen sind. Während das Sachanlagevermögen der Dynamo AG mit 90 Mio. €, die Vorräte mit 65 Mio. € und die Rückstellungen mit 90 Mio. € in den Konzernabschluss der Publix AG eingehen, werden sie in der steuerlichen Gewinnermittlung mit ihren bisherigen Buchwerten fortgeführt. Dabei wurde hier vereinfachend unterstellt, dass die ursprünglichen IFRS-Werte mit den steuerlichen Werten der Dynamo AG übereinstimmen. Somit bestehen Differenzen zwischen IFRS-Konzernabschluss der Publix AG und steuerlicher Gewinnermittlung der Dynamo AG, die zudem zeitlich begrenzt sind. Folglich sind auf diese Differenzen entsprechend dem Temporary-Konzept nach IAS 12 latente Steuern zu bilden.

Keine latenten Steuern indes dürfen auf den Geschäfts- oder Firmenwert gebildet werden. Zwar liegt auch hier eine Differenz zwischen IFRS-Abschluss und steuerlicher Gewinnermittlung vor, denn der Geschäfts- oder Firmenwert wird im IFRS-Abschluss als immaterieller Vermögenswert aktiviert, während in der steuerlichen Gewinnermittlung kein Geschäfts- oder Firmenwert vorliegt. Gemäß IAS 12.15 i.V.m. IAS 12.21 ist der Geschäfts- oder Firmenwert jedoch von der Bilanzierung latenter Steuern ausgenommen. Konsequent wäre auch hier der Ansatz einer passiven latenten Steuer von (26 / 0,7 - 26 =) 11,14 Mio. € und damit eines Goodwills von (26 / 0,7 =) 37,14 Mio. €.

3.4 Bilanzbewertung

Liability-Methode

Die Bewertung latenter Steuern nach IAS 12 folgt der Liability-Methode. Nach dieser Methode steht – korrespondierend mit dem Temporary-Konzept im Bereich des Bilanzansatzes latenter Steuern – der zutreffende Vermögensausweis im Vordergrund. Passive (aktive) latente Steuern sind als Verbindlichkeiten (Forderungen) gegenüber dem Fiskus für künftige Ertragsteuerzahlungen bzw. -erstattungen anzusehen. Da hier auf erwartete Steuereffekte abgestellt wird, sind latente Steuern nach der Liability-Methode mit denjenigen Steuersätzen zu bewerten, die bei Realisation der künftigen Steuerforderung bzw. bei Erfüllung der künftigen Steuerschuld voraussichtlich gelten werden (IAS 12.47).

Steuersatzänderungen

Da die künftige Steuersatzentwicklung im Regelfall ungewiss ist, sind grundsätzlich die aktuell gültigen Steuersätze zur Bewertung der latenten Steuern heranzuziehen. Gemäß IAS 12.48 sind aber künftige Steuersätze anzuwenden, sofern eine Steuersatzänderung bereits vom Gesetzgeber verabschiedet und damit bekannt ist[7]. Bei Steuersatzänderungen sind zudem die latenten Steuerposten aus vergangenen Perioden in der Bilanz anzupassen.

Beispiel 8.9

Der Wert einer als Finanzinvestition gehaltenen Immobilie ist über die Perioden t_1 bis t_3 sukzessive jeweils um 500 € gestiegen. In der Periode t_4 wird diese Finanzinvestition dann zu diesem gestiegenen Wert verkauft. Da gemäß IAS 40.30 die Bewertung dieser als Finanzinvestition gehaltenen Immobilie zum Zeitwert erfolgen kann (vgl. Kapitel 13), in der steuerlichen Gewinnermittlung diese Zuschreibungen in den Perioden t_1 bis t_3 jedoch nicht möglich sind, unterschreitet der steuerliche Gewinn vor Steuern in den Perioden t_1 bis t_3 den IFRS-Gewinn jeweils um 500 €, während sich diese Differenzen in Periode t_4 ausgleichen. Der Ertragsteuersatz beträgt in den Perioden t_1 und t_2 jeweils 40 % und fällt dann auf 30 %. Die Senkung des Ertragsteuersatzes wird im Verlauf der Periode t_2 bekannt.

Liability-Methode	t_1	t_2	t_3	t_4
IFRS-Gewinn vor Steuern	1.500	1.500	1.500	1.500
Steuerbilanzgewinn vor Steuern	1.000	1.000	1.000	3.000
Tatsächliche Ertragsteuern	-400	-400	-300	-900
Latenter Steuerertrag (+)/-aufwand (–) der Periode	-200	-150	-150	+450
Anpass. lat. Steuern vergang. Perioden		+50[8]		
IFRS-Gewinn nach Steuern	900	1.000	1.050	1.050
Steuerbilanzgewinn nach Steuern	600	600	700	2.100
Kumulierte passive latente Steuern	200	300	450	0
Steuerbelastung IFRS-Gewinn	40,0 %	33,3 %	30,0 %	30,0 %

7 In Deutschland wird dies unterstellt, wenn das parlamentarische Gesetzgebungsverfahren (Bundestags- und Bundesratszustimmung) abgeschlossen ist. Die Zustimmung des Bundespräsidenten wird jedoch als nicht erforderlich erachtet. Vgl. auch *KPMG Deutsche Treuhand-Gesellschaft AG (Hrsg.)*, International Financial Reporting Standards, 4. Aufl., Stuttgart 2007, S. 201.

8 Die aus der Steuersatzsenkung resultierende Abwertung der passiven latenten Steuer führt somit zu einem Ertrag.

Progressiver Steuertarif

Besonderheiten ergeben sich gemäß IAS 12.49, wenn in einem Steuersystem unterschiedliche Steuersätze auf unterschiedliche Höhen des zu versteuernden Ergebnisses anzuwenden sind. Dies trifft beispielsweise in Deutschland bei der Gewerbesteuer aufgrund der zwischen den Gemeinden variierenden Hebesätze zu. Hier könnten die latenten Steuern mit einem durchschnittlichen Gewerbesteuersatz bewertet werden[9]. Eine ähnliche Vorgehensweise bietet sich bei progressiver Steuertarifgestaltung an. Auch hier sind die latenten Steueransprüche und Steuerschulden mit dem Durchschnittssteuersatz zu bewerten, der auf das entsprechende Ergebnis in der künftigen Rechnungslegungsperiode anzuwenden ist.

Werthaltigkeitstest

Der Buchwert aktiver latenter Steuern ist zu jedem Bilanzstichtag hinsichtlich seiner Werthaltigkeit zu prüfen (IAS 12.56). Sofern es nicht wahrscheinlich ist, dass in kommenden Perioden ein ausreichendes zu versteuerndes Ergebnis vorliegen wird, um den Nutzen der latenten Steuerforderung zu realisieren, ist die gebildete aktive latente Steuer teilweise oder insgesamt aufzulösen. Die Auflösung geschieht GuV-wirksam, wenn die aktive latente Steuer zuvor ebenfalls GuV-wirksam gebildet wurde. Erfolgte die Bildung hingegen GuV-neutral im sonstigen Ergebnis (OCI) so ist die Auflösung ebenso GuV-neutral zu buchen.

Wertaufholung

Ein Unternehmen hat gemäß IAS 12.37 zu jedem Bilanzstichtag bisher nicht bilanzierte aktive latente Steuern erneut zu beurteilen. Fallen beispielsweise in späteren Perioden die Gründe für eine vorherige Minderung aktiver latenter Steuern weg, so besteht ein Wertaufholungsgebot: Die aktiven latenten Steuern leben wieder auf. Das Gleiche gilt für aktive latente Steuern z.B. aus Verlustvorträgen, die bisher vollständig unberücksichtigt blieben.

Beispiel 8.10

In der vorläufigen Bilanz der Biofix AG des Geschäftsjahres 2009 ist unter den aktiven latenten Steuern ein Betrag von 100 T€ ausgewiesen. Da die Biofix AG wirtschaftlich in eine Schieflage geraten ist, kann nicht davon ausgegangen werden, dass in absehbarer Zeit steuerliche Gewinne erwirtschaftet werden. Der aus den latenten Steuerforderungen resultierende Nutzen für die Biofix AG ist deshalb als unwahrscheinlich zu beurteilen. Entsprechend IAS 12.56 ist deshalb die aktive latente Steuer komplett aufzulösen.

Im Jahr 2010 scheint der Turnaround bei der Biofix AG überraschend geglückt zu sein. Zwar werden für das Geschäftsjahr 2010 weiterhin Verluste erwartet, ab 2011 wird das Unternehmen aber wahrscheinlich in die Gewinnzone zurückkehren. Da die in 2009 geminderten aktiven latenten Steuern im Zeitraum von 2011 bis 2012 realisiert werden sollen, würden sie im Abschluss 2010 wieder aufleben. In der Bilanz 2010 wären damit aktive latente Steuern von 100 T€ auszuweisen.

9 Vgl. ebenso *Kirsch, H.,* Abgrenzung latenter Steuern bei Personengesellschaften in Deutschland nach IAS 12, in: DStR, 40. Jg. (2002), S. 1875-1876.

Diskontierungsverbot

Obwohl die latenten Steuerforderungen und latenten Steuerschulden – wie auch im vorangehenden Beispiel – häufig erst nach mehreren Jahren realisiert bzw. beglichen werden und somit oft als eher langfristig einzustufen sind, ist bisher eine Diskontierung gemäß IAS 12.53 verboten. Das IASB begründet diese Vorgehensweise mit Wirtschaftlichkeitsüberlegungen (IAS 12.54). So bedürfte es bei einer Abzinsung latenter Steuern einer detaillierten Aufstellung des zeitlichen Verlaufs, wann einzelne Steuerforderungen bzw. Steuerverpflichtungen eintreten werden. Das IASB hält diese detaillierte Aufstellung infolge ihrer Komplexität für wirtschaftlich nicht gerechtfertigt und verzichtet somit gänzlich auf eine Abzinsung latenter Steuern. Ein Abzinsungswahlrecht für die Unternehmen wurde ebenfalls abgelehnt, da andernfalls die unternehmensübergreifende Vergleichbarkeit der Bilanzierung latenter Steuern eingeschränkt würde.

3.5 GuV-Wirksamkeit von Steuerlatenzen

GuV-wirksame Behandlung

Die Erfassung latenter Steuern in der Gesamtergebnisrechnung folgt dem in IAS 12.57 formulierten Grundsatz, wonach die aus einem Geschäftsvorfall oder Ereignis resultierenden latenten Steuern hinsichtlich der Ergebniswirkung mit der Behandlung des ursächlichen Geschäftsvorfalls oder Ereignisses selbst übereinstimmen. I.d.R. erfolgt die Bildung und Auflösung aktiver und passiver latenter Steuern GuV-wirksam und verändert damit den Gewinn oder Verlust. Sie werden in der Position „Steueraufwendungen/-erträge" erfasst. Steueraufwendungen und -erträge, die der gewöhnlichen Geschäftstätigkeit zuzuordnen sind, müssen dabei gemäß IAS 12.77 gesondert ausgewiesen werden. Die zugehörigen Buchungssätze lauten:

Aktive latente Steuern	*an*	*Steuerertrag*
Steueraufwand	*an*	*passive latente Steuern*

Beispiel 8.11

Im IFRS-Abschluss wird ein zu Handelszwecken erworbenes Wertpapier (Anschaffungskosten 60 €) infolge des gestiegenen Marktwerts mit 100 € bewertet. Die Zuschreibung erfolgt dabei GuV-wirksam und geht in den Gewinn oder Verlust des IFRS-Abschlusses ein. In der steuerlichen Gewinnermittlung ist diese Zuschreibung hingegen nicht zulässig. Bei einem Steuersatz von 30 % resultieren daraus folgende Buchungen:

Wertpapier	*an*	*Finanzertrag*	*40 €*
Steueraufwand	*an*	*passive latente Steuern*	*12 €*

Mögliche Fallgestaltungen

Prinzipiell sind bei der GuV-wirksamen Behandlung latenter Steuern vier Fallgestaltungen möglich, die in Abbildung 8.4 dargestellt sind.

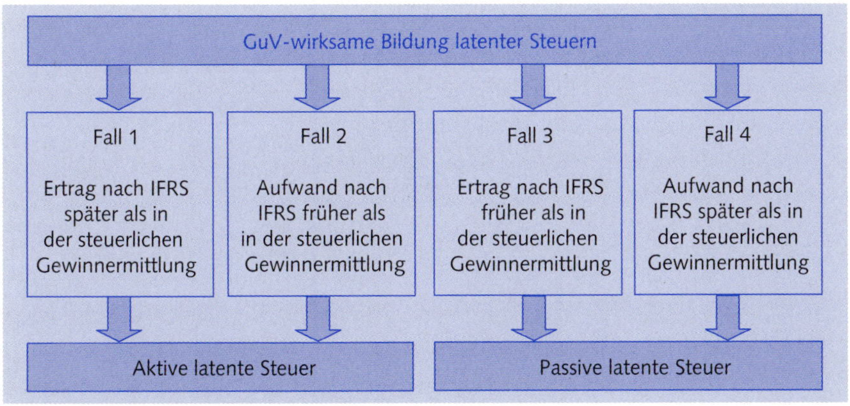

Abb. 8.4: GuV-wirksame Bildung latenter Steuern

Beispiele 8.12 zur Abbildung 8.4[10]

Fall 1:
Dividendenerträge (vgl. Kapitel 9) dürfen im IFRS-Abschluss erst bei rechtlichem Anspruch erfasst werden. Sofern in der steuerlichen Gewinnermittlung eine phasengleiche Gewinnvereinnahmung erfolgt, werden die daraus resultierenden Erträge im IFRS-Abschluss später erfasst.

Fall 2:
Aus einem schwebenden Geschäft zeichnet sich ein Verlust mit hinreichender Wahrscheinlichkeit ab. Hierfür ist im IFRS-Abschluss GuV-wirksam eine Rückstellung zu bilden. Diese Drohverlustrückstellung wird in der steuerlichen Gewinnermittlung nicht anerkannt.

Fall 3:
GuV-wirksame Zuschreibung von Wertpapieren des Handelsbestands im IFRS-Abschluss auf den über den Anschaffungskosten liegenden beizulegenden Zeitwert. In der steuerlichen Gewinnermittlung wird diese Zuschreibung nicht anerkannt. Der Ertrag würde erst realisiert, wenn die Wertpapiere zum höheren beizulegenden Zeitwert verkauft werden.

Fall 4:
GuV-wirksame Bildung einer Rückstellung für unterlassene Instandhaltung in der steuerlichen Gewinnermittlung. Diese wird im IFRS-Abschluss nicht anerkannt. Sobald die Instandhaltungsmaßnahmen durchgeführt werden, mindern diese als Aufwand den IFRS-Gewinn bzw. erhöhen den IFRS-Verlust, während sie in der steuerlichen Gewinnermittlung – sofern korrekt bemessen – ohne Ergebniswirkung mit den Rückstellungen verrechnet werden.

10 Die Beispiele gehen von deutschen steuerlichen Gewinnermittlungsvorschriften aus.

GuV-neutrale Behandlung

Eine GuV-neutrale Verrechnung der aktiven und passiven latenten Steuern im sonstigen Ergebnis (OCI) hat hingegen dann zu erfolgen, wenn sich die latenten Steuern auf Posten bzw. Sachverhalte beziehen, die in der gleichen oder einer anderen Periode ebenfalls im sonstigen Ergebnis (OCI) erfasst und damit GuV-neutral gebucht werden. Die zugehörigen Buchungssätze lauten:

Aktive latente Steuern	*an*	*sonstiges Ergebnis (OCI)*
sonstiges Ergebnis (OCI)	*an*	*passive latente Steuern*

Beispiel 8.13

Im IFRS-Abschluss wird eine als zur Veräußerung verfügbar klassifizierte Aktie (Anschaffungskosten 60 €) infolge des gestiegenen Marktwerts in Höhe von 100 € bewertet. Die Zuschreibung erfolgt dabei GuV-neutral. In der steuerlichen Gewinnermittlung ist die Bewertung der Aktie oberhalb der Anschaffungskosten nicht zulässig. Bei einem Steuersatz von 30 % resultiert daraus folgende Buchung:

Finanzvermögen	*40 €*	*an*	*sonstiges Ergebnis (OCI)*	*28 €*
			passive latente Steuern	*12 €*

Latente Steuern aus Erstkonsolidierung

Auch bei einem Unternehmenszusammenschluss in Form eines Erwerbs erfolgt grundsätzlich keine Einbeziehung der latenten Steuern in den Gewinn oder Verlust. Stattdessen beeinflussen die latenten Steuerforderungen und Steuerschulden aufgrund der Neubewertungsdifferenzen die Höhe des (ggf. negativen) Geschäfts- oder Firmenwerts (vgl. Beispiel 8.8). Erfolgt jedoch die Auflösung der stillen Reserven in Folgejahren z.B. durch Abschreibungen GuV-wirksam, so ist auch die entsprechende latente Steuerposition GuV-wirksam aufzulösen.

3.6 Ausweis und Anhangangaben

Bilanzausweis

Der Ausweis aktiver und passiver latenter Steuern in der Bilanz erfolgt getrennt von anderen Vermögenswerten und Schulden (IAS 1.54). Dabei sind zusätzlich die latenten Steuerforderungen und –schulden, also die aktiven und passiven latenten Steuern, von den tatsächlichen Steuererstattungsansprüchen und -schulden zu unterscheiden. Sofern in der Bilanz zwischen kurz- und langfristigen Vermögenswerten und Schulden differenziert wird, sind die aktiven latenten Steuern dem langfristigen Vermögen und die passiven latenten Steuern den langfristigen Schulden zuzuordnen.

Saldierung

Grundsätzlich besteht zwischen aktiven und passiven latenten Steuern ein Saldierungsverbot. Eine Saldierungspflicht besteht gemäß IAS 12.74 jedoch dann, wenn

- das Unternehmen ein einklagbares Recht zur Aufrechnung tatsächlicher Steuererstattungsansprüche gegen tatsächliche Steuerschulden hat und
- die latenten Steuern sich auf Ertragsteuern beziehen, die von der gleichen Steuerbehörde erhoben werden.

Anhangangaben

IAS 12 fordert eine Fülle zusätzlicher Angaben, wodurch für die Abschlussadressaten der Informationsgehalt erhöht werden soll[11]. Im Wesentlichen sind folgende Angaben verpflichtend:

- Angabe der Hauptbestandteile des Steueraufwands bzw. Steuerertrags (IAS 12.80). Hierzu sind beispielhaft zu zählen:
  - tatsächlicher und latenter Steueraufwand bzw. Steuerertrag,
  - periodenfremde Ertragsteueraufwendungen/-erträge,
  - Betrag der latenten Steuern, der auf Steuersatzänderungen oder auf einer Einführung neuer Steuern beruht, und
  - Betrag der Minderung des Ertragsteueraufwands aufgrund der Aktivierung latenter Steuern auf bisher nicht berücksichtigte steuerliche Verluste.
- Summe des Betrags tatsächlicher und latenter Steuern resultierend aus Posten, die direkt dem Eigenkapital belastet bzw. gutgeschrieben wurden (IAS 12.81(a))[12],
- Erläuterungen zu Änderungen des/der angewandten Steuersatzes/-sätze im Vergleich zur Vorperiode (IAS 12.81(d)),
- der Betrag (und ggf. das Datum des Verfalls) der abzugsfähigen temporären Differenzen und der noch nicht genutzten steuerlichen Verluste, für die keine aktiven latenten Steuern bilanziert wurden (IAS 12.81(e)), sowie
- der Betrag der ertragsteuerlichen Konsequenzen von Dividendenzahlungen, die vorgeschlagen oder beschlossen wurden, bevor der Abschluss zur Veröffentlichung freigegeben wurde, die aber nicht als Verbindlichkeit im Abschluss bilanziert wurden (IAS 12.81(i)).

Überleitungsrechnung

Darüber hinaus ist der Zusammenhang zwischen dem Steueraufwand/Steuerertrag und dem IFRS-Gewinn oder -verlust vor Ertragsteuern näher zu erläutern. Dies kann alternativ erfolgen (IAS 12.81(c)) durch eine

- Überleitungsrechnung zwischen dem Steueraufwand (Steuerertrag) und dem Produkt aus dem Gewinn oder Verlust vor Ertragsteuern und dem anzuwendenden Steuersatz (inkl. Berechnungsgrundlage für den anzuwendenden Steuersatz) oder durch eine
- Überleitungsrechnung zwischen dem durchschnittlichen effektiven Steuersatz und dem anzuwendenden Steuersatz (inkl. Berechnungsgrundlage für den anzuwendenden Steuersatz).

11 Vgl. ausführlich *Kirsch, H.,* Steuerliche Berichterstattung im Jahresabschluss nach IAS/IFRS, in: DStR, 41. Jg. (2003), S. 703-708.

12 Durch die Neufassung von IAS 1 bezieht sich diese Angabepflicht auf diejenigen latenten Steuerbeträge, welche im sonstigen Ergebnis (OCI) erfasst werden.

4 Wesentliche Unterschiede zum IFRS for SMEs

Weitgehende Übereinstimmung mit „full" IFRS

Die relevanten Regelungen zur Behandlung ertragsteuerlicher Konsequenzen in IFRS-Abschlüssen von SMEs finden sich im IFRS-SME.29. Diese gleichen konzeptionell und materiell weitestgehend denen der „full" IFRS. Unterschiede beschränken sich neben reduzierten Anhangangabepflichten im Wesentlichen auf folgende Sachverhalte:

Bilanzansatz aktiver latenter Steuern

- Die Unsicherheit künftiger Steueransprüche wird gemäß IAS 12.24 bereits auf der Bilanzansatzebene berücksichtigt (vgl. bereits Abschnitt 3.3). Demnach dürfen künftige Steuerentlastungen nur zum Bilanzansatz aktiver latenter Steuern führen, sofern sie wahrscheinlich sind. Demgegenüber erfolgt nach IFRS-SME.29 ein zweistufiges Verfahren. In einem ersten Schritt sind gemäß IFRS-SME.29.15(a) alle temporären Differenzen, die den künftigen steuerlichen Gewinn mindern können, zu berücksichtigen. In einem zweiten Schritt müssen anschließend gemäß IFRS-SME.29.21 Wertberichtigungen auf den Betrag vorgenommen werden, der zu einer wahrscheinlichen künftigen Steuerentlastung führen wird. Die Berücksichtigung der Unsicherheit aktiver latenter Steuern ist somit integraler Bestandteil der Bewertungsebene.

Unsichere Steuerpositionen

- In IAS 12 fehlen explizite Regelungen zur Behandlung unsicherer Steuerpositionen, wie beispielsweise aus ungeklärten Steuerstreitigkeiten. Hier fordert IFRS-SME.29.24 für alle tatsächlichen sowie latenten Steueransprüche und Steuerschulden die Anwendung des wahrscheinlichkeitsgewichteten Durchschnitts aller möglichen Beträge. Bei dieser Betrachtung ist zu unterstellen, dass die Steuerbehörden unter Berücksichtigung aller relevanten Informationen die ermittelten Beträge überprüfen werden.

5 Wesentliche Unterschiede zum HGB

Annäherung durch BilMoG

Die Bilanzierung latenter Steuern ist im HGB in den §§ 274 und 306 geregelt, wobei § 274 HGB für den Einzelabschluss und den Konzernabschluss und § 306 HGB lediglich für den Konzernabschluss gilt. Dabei ist inhaltlich mit Verabschiedung des Bilanzrechtsmodernisierungsgesetzes (BilMoG) und entsprechender Neufassung der §§ 274 und 306 HGB eine weitgehende Annäherung der HGB-Regelungen an die IFRS erfolgt. Somit verbleiben nur noch wenige wesentliche Unterschiede:

Maßgeblichkeit

- Der Bilanzierung latenter Steuern kommt im HGB-Abschluss im Vergleich zu den IFRS generell eine geringere Bedeutung zu. Der Grund ist die noch bestehende enge Verknüpfung zwischen handelsrechtlichem Abschluss und steuerlicher Gewinnermittlung über den Grundsatz der Maßgeblichkeit, welcher Differenzen zwischen beiden Rechenwerken teilweise verhindert.

Befreiungen

- Während IAS 12 rechtsformunabhängig gilt, gelten die Vorschriften zur Bilanzierung latenter Steuern im handelsrechtlichen Einzelabschluss nur für

Kapitalgesellschaften und die unter § 264a HGB zu subsumierenden Personengesellschaften. Zudem sind kleine Kapitalgesellschaften bzw. kleine unter § 264a HGB zu subsumierende Personengesellschaften im Sinne des § 267 Abs. 1 HGB von der Anwendung des § 274 HGB befreit (§ 274a Nr. 5 HGB).

- Während für passive latente Steuern gemäß § 274 Abs. 1 Satz 1 HGB eine Passivierungspflicht besteht, unterliegt ein Überhang aktiver latenter Steuern gemäß § 274 Abs. 1 Satz 2 HGB im Einzelabschluss einem Aktivierungswahlrecht. Werden latente Steuern aktiviert, ist in gleicher Höhe eine Ausschüttungssperre (z.B. durch Bildung einer „Zwangsrücklage") sicherzustellen (§ 268 Abs. 8 HGB). Für unter § 306 HGB zu subsumierende latente Steuern im Konzernabschluss gilt demgegenüber generell eine Ansatzpflicht. *Aktive latente Steuern*
- Für unter § 306 HGB zu subsumierende latente Steuern im Konzernabschluss gilt generell eine Ansatzpflicht. Hierbei explizit ausgenommen sind neben latenten Steuern auf den Goodwill outside basis differences im Sinne von § 306 Satz 4 HGB. *Latente Steuern im Konzernabschluss*
- Die Ansatzvorschriften des § 274 HGB gehen grundsätzlich von einer Saldierung aktiver und passiver latenter Steuern aus (Gesamtdifferenzbetrachtung). Alternativ können aktive und passive latente Steuern auch unsaldiert ausgewiesen werden (§ 274 Abs. 1 Satz 3 HGB). *Saldierung*
- Die Bilanzierung aktiver latenter Steuern für steuerliche Verlustvorträge ist auf eine in den nächsten fünf Jahren zu erwartende Verlustverrechnung begrenzt (§ 274 Abs. 1 Satz 4 HGB). *Verlustvorträge*
- Die Anhangangabepflichten gemäß §§ 285 Nr. 29 bzw. 314 Nr. 21 HGB sind weitaus geringer. *Angaben*

DRS 18

Mit DRS 18 „Latente Steuern" wurde vom DRSC am 08.06.2010 zudem ein Rechnungslegungsstandard zur Bilanzierung latenter Steuern herausgegeben, der gleichzeitig DRS 10 „Latente Steuern im Konzernabschluss" außer Kraft setzt. DRS 18 gilt vorrangig für Konzernabschlüsse, konkretisiert die Neuregelung der §§ 274, 306 HGB und ist für nach dem 31.12.2010 beginnende Geschäftsjahre verpflichtend anzuwenden, wobei eine freiwillige Anwendung für Konzenabschlüsse bereits zum 31.12.2010 möglich ist. Zudem wird vom DRSC eine Anwendung im Einzelabschluss empfohlen (DRS 18.7), so dass DRS 18 bei Auslegungsfragen auch auf Einzelabschlüsse ausstrahlen dürfte.

6 Wesentliche Unterschiede zu US-GAAP

Wesentliche Übereinstimmung

IAS 12 lehnt sich inhaltlich eng an SFAS 109 / ASC 740-10 an, der vom FASB bereits 1992 verabschiedet wurde. Infolge der inhaltlichen Übereinstimmung in wesentlichen Bereichen sind nur wenige Unterschiede zu den US-GAAP aufzuzeigen.

Künftige Steuerentlastungen

- Gemäß IAS 12.24 sind künftige Steuerentlastungen nur anzusetzen, wenn sie wahrscheinlich sind. Die Kodifizierung einer konkreten Wahrscheinlichkeitsgrenze fehlt jedoch. Im Gegensatz dazu findet sich in SFAS 109.17 / ASC 740-10-30 eine Quantifizierung der Wahrscheinlichkeitsgrenze, indem von einer mehr als 50 %igen Wahrscheinlichkeit ausgegangen wird. Zudem hat das FASB am 13.7.2006 seine Interpretation FIN 48 „Accounting for Uncertainty in Income Taxes – an Interpretation of FASB Statement No. 109" (Bilanzielle Berücksichtigung von Unsicherheiten bei Ertragsteuern) / ASC 740.10.25-30 veröffentlicht. FIN 48 / ASC 740.10.25-30 sieht für Ansatz und Bewertung von Steuervorteilen eine zweistufige Vorgehensweise vor: Hinsichtlich der Frage des Ansatzes muss ein Unternehmen für jede steuerliche Position erstens hypothetisch fragen, ob es eher wahrscheinlich als unwahrscheinlich erscheint, dass die steuerliche Position, wie bei der Finanzbehörde erklärt, beibehalten werden kann. Trifft dies zu, ist das Ansatzkriterium erfüllt. Hinsichtlich der Bewertung ist der höchste Betrag des Steuervorteils anzusetzen, welcher im Zuge der endgültigen Einigung mit der Steuerbehörde mit einer Wahrscheinlichkeit von mehr als 50 % eingelöst werden kann.

Sicherheitsabschlag

- Sofern für aktive latente Steuern die erwartete künftige Steuerentlastung mit einer weniger als 50 %igen Wahrscheinlichkeit eintritt, ist nach SFAS 109.17 / ASC 740.10-30 ein Sicherheitsabschlag (valuation allowance) vorzunehmen. Dieser kann zwischen 0 % und 100 % liegen. Im Gegensatz dazu würde nach IAS 12 vollständig auf den Bilanzansatz des unsicheren Teils verzichtet.

Ausweis

- Innerhalb des Bilanzausweises latenter Steuern wird zwischen kurz- und langfristigen latenten Steuern unterschieden. Entsprechend der Fristigkeit der Vermögenswerte und Schulden, welche für die temporären Differenzen zwischen US-GAAP-Abschluss und steuerlicher Gewinnermittlung ursächlich sind, ist ein Ausweis unter den Posten des Anlagevermögens (non-current assets) oder Umlaufvermögens (current assets) bzw. den langfristigen Schulden (long-term debt) oder kurzfristigen Schulden (current liabilities) vorzunehmen.

Ausgewählte Literatur

Loitz, R., DRS 18 – Bilanzierung latenter Steuern nach dem Bilanzrechtsmodernisierungsgesetz, in: DB, 63. Jg. (2010), S. 2177-2185.

Meyer, M./Loitz, R./Linder, R./Zerwas, P., Latente Steuern, 2. Aufl., Wiesbaden 2010.

Winkeljohann, N./Schäfer, H., Latente Steuern, Einzelabschluss und Konzernrechnungslegung, München 2011.

Wolz, C., Latente Steuern nach BilMoG: Analyse der konzeptionellen Neuregelung im Einzel- und Konzernabschluss, in: DB, 63. Jg. (2010), S. 2625-2633.

Zwirner, C., Latente Steuern (DRS 18), in: StuB, 12. Jg. (2010), S. 570-578.

Übungsaufgaben

Aufgabe 1:

Bitte entscheiden Sie für die nachfolgenden Sachverhalte, ob sie zur Bilanzierung aktiver oder passiver latenter Steuern nach IAS 12 führen oder ob sie keine latenten Steuern hervorrufen. Gehen Sie dabei von den deutschen steuerrechtlichen Vorschriften aus.

1. Für unterlassene Instandhaltungen, die im kommenden Geschäftsjahr innerhalb der ersten drei Monate nachgeholt werden, ist eine Rückstellung gebildet worden. Im IFRS-Abschluss ist diese Rückstellungsbildung unzulässig.
2. Im Rahmen der Kapitalkonsolidierung ist ein Goodwill entstanden, der jährlich einem Werthaltigkeitstest unterworfen ist.
3. Bei Anwendung der IFRS ist eine Zuführung zu den Pensionsrückstellungen erforderlich, da auch künftige Gehalts- und Rententrends mit in die Bemessung einbezogen werden.
4. Innerhalb des Sachanlagevermögens erfolgt nach IFRS eine Bewertung oberhalb der Anschaffungskosten.
5. Im IFRS-Abschluss ist für einen drohenden Verlust aus einem schwebenden Geschäft eine Rückstellung zu bilden.

Aufgabe 2:

Die börsennotierte Radofix AG ist infolge der EU-Verordnung zur internationalen Rechnungslegung verpflichtet, für 2010 erstmalig einen IFRS-Konzernabschluss zu erstellen. Welche die latenten Steuern betreffenden Korrekturbuchungen sind bei der Umstellung von HGB auf IFRS infolge nachfolgender Geschäftsvorfälle erforderlich? Gehen Sie bitte von einem Steuersatz von 30 % aus.

1. Im HGB-Konzernabschluss der Radofix AG wurde für künftige Garantieleistungen infolge relativ pessimistischer Einschätzungen ein Betrag von 2.000 T€ zurückgestellt. Da nach IFRS das Vorsichtsprinzip weniger stark ausgeprägt ist, wäre hier lediglich eine Rückstellung in Höhe von 1.500 T€ zulässig.
2. Die Radofix AG hat ein neuartiges Verfahren für die Genforschung entwickelt. Da die in IAS 38 formulierten Voraussetzungen für die Aktivierung von Entwicklungskosten erfüllt sind, hat im IFRS-Konzernabschluss eine Aktivierung der Entwicklungskosten in Höhe von 3.000 T€ zu erfolgen.
3. Im Aktienbestand der Radofix AG befinden sich Wertpapiere, die zu Handelszwecken gehalten werden. Diese Wertpapiere sind im IFRS-Konzernab-

schluss zum beizulegenden Zeitwert zu bilanzieren, wobei Wertänderungen GuV-wirksam erfasst werden. Gegenüber dem Anschaffungszeitpunkt ist der Wert dieser Aktien insgesamt bis zum Bilanzstichtag um 500 T€ gestiegen.

4. Neben den zu Handelszwecken gehaltenen Aktien befinden sich im Wertpapierportfolio der Radofix AG auch Aktien zur längerfristigen Kapitalanlage. Diese Wertpapiere sind im IFRS-Konzernabschluss ebenfalls zum beizulegenden Zeitwert zu bilanzieren, wobei Wertänderungen jedoch GuV-neutral im sonstigen Ergebnis (OCI) erfasst werden. Gegenüber dem Anschaffungszeitpunkt ist der Wert dieser Aktien insgesamt bis zum Bilanzstichtag um 1.500 T€ gestiegen.
5. Die Radofix AG hat im Konzernabschluss nach HGB eine Rückstellung für Instandhaltungen, die im März des Geschäftsjahres 2011 nachgeholt werden sollen, in Höhe von 1.000 T€ bilanziert. Nach IFRS ist diese Rückstellung nicht zulässig.

Aufgabe 3:

Die im Geschäftjahr 2009 in Deutschland gegründete Steuerfix AG hat nach einem steuerlichen Gewinn in 2009 in Höhe von 300.000 T€ in 2010 einen steuerlichen Verlust in Höhe von 500.000 T€ erwirtschaftet. Der durchschnittliche Steuersatz der Steuerfix AG beträgt 30 %. Wie beurteilen Sie diesen Sachverhalt aus Sicht der Bilanzierung latenter Steuern nach IAS 12? Geben Sie die erforderlichen Buchungen an.

Kapitel 9
Ertragsrealisation und Fertigungsaufträge

Während der Boomphase der New Economy hatten Finanzanalysten und Kapitalgeber ein neues Problem zu lösen: Wie sind Unternehmen zu bewerten, die weder Gewinne noch positive operative Cashflows ausweisen? Die Lösung für dieses Problem war schnell gefunden: Da viele dieser Unternehmen zumindest positive Umsatzerlöse vorweisen konnten, orientierten sich Finanzanalysten an diesen. Unternehmen mit starken Umsatzwachstumsraten wurde zugetraut, künftig in die Gewinnzone vorzustoßen und auch auf Dauer rentabel zu werden. Die neuen Wachstumsunternehmen spielten mit: Umsatz um jeden Preis wurde zur neuen Maxime der Bilanzpolitik. So tauschten Internetfirmen z.B. gegenseitig Werbeplatz auf ihren Internetseiten, um Umsatzerlöse zu generieren. Kunden wurden sehr generöse Rückgaberechte und Zahlungsziele eingeräumt, um sie zum Kauf zu animieren. Zudem gingen Internetvertriebsfirmen wie z.B. Reiseagenturen dazu über, ihre Umsatzerlöse brutto auszuweisen, also in Höhe der vertriebenen Güter oder Dienstleistungen plus der Gewinnmarge, anstatt nur ihren Kommissionsanteil als Umsatzerlös zu zeigen. Aber selbst wenn von diesen Formen der „kreativen Buchführung" abgesehen wird, ist die zunächst recht einfach klingende Frage, wann und in welcher Höhe ein Umsatz oder anderer Ertrag entstanden ist, nicht immer leicht zu beantworten. Wann ist z.B. der Umsatz aus dem Verkauf einer Bahncard oder dem Verkauf eines Lufthansa First-Class-Tickets Frankfurt-Shanghai-Frankfurt, für das der Kunde 20.000 Bonusmeilen gutgeschrieben bekommt, auszuweisen? Wie sollte Apple z.B. die Verkäufe seines iPad, das ein Bündel von verschiedenen Produkten und Dienstleistungen darstellt, behandeln?

Lernziele

Im Folgenden sollen Sie lernen, welche Regeln die IFRS dieser bilanzpolitischen Kreativität der Unternehmensleitung entgegensetzen. Im Einzelnen sollen Sie erfahren,

- wann grundsätzlich ein Ertrag als realisiert angesehen werden kann,
- welche konkreten Regeln für die Lieferung von Gütern, für die Erbringung von Dienstleistungen und für den Empfang von Dividenden, Zinsen und Nutzungsentgelten existieren und
- welche speziellen Fragen Mehrkomponentenverträge und Tauschgeschäfte aufwerfen.

In einigen Branchen ist es zudem üblich, dass zwischen Produktionbeginn und Verkauf ein erheblicher Zeitraum vergeht. So wickelt beispielsweise der Hochtief-Konzern eine Reihe von Großaufträgen im Hoch-, Tief- und Ingenieurbau ab. Die Meyer-Werft in Papenburg baut Kreuzfahrtschiffe, deren Fertigstellung mehrere Jahre in Anspruch nehmen kann. Um zu vermeiden, dass Umsatzerlöse in der Gesamtergebnisrechnung erst zum Zeitpunkt des Umsatzaktes im Absatzmarkt (Gefahrenübergang) ausgewiesen werden, kommt in den meisten Fällen die so genannte Percentage-of-Completion-Methode zur Anwendung. Bei Hochtief machten im Geschäftsjahr 2009 die Umsatzerlöse, die nach dieser Methode abgebildet wurden, mit 16,5 Mrd. € ca. 90 % der insgesamt erwirtschafteten rund 18,2 Mrd. € Umsatzerlöse aus. Die Bilanz wiederum weist Fertigungsaufträge, bei denen die angefallenen Herstellungskosten inkl. Gewinnanteilen die erhaltenen Anzahlungen übersteigen, im Wert von ca. 1,42 Mrd. € aus. Dies entspricht einem Anteil an der Bilanzsumme von rund 11 %. Hinzu kommen noch einmal Fertigungsaufträge mit passivischem Saldo von knapp 636 Mio. €.

Das Hauptproblem bei der bilanziellen Behandlung der periodenübergreifenden Auftragsfertigung besteht in der Bestimmung des Zeitpunktes, in dem die Umsatzerlöse und die korrespondierenden Herstellungskosten GuV-wirksam ausgewiesen werden. Zwei Möglichkeiten sind dabei grundsätzlich denkbar: Soll der Aspekt der Rechtssicherheit und damit der Verlässlichkeit besonders betont werden, spricht vieles dafür, Umsatz und Gewinn erst dann auszuweisen, wenn sie rechtlich tatsächlich realisiert sind. Wird hingegen auf eine von Periode zu Periode möglichst vergleichbare Ergebnisdarstellung abgestellt, werden die Umsätze und (Teil-)Gewinne nach dem Grad der Fertigstellung den einzelnen Perioden zugerechnet. Diese wirtschaftliche Betrachtungsweise geht dann mit einer Vernachlässigung des strengen Realisationsprinzips zu Gunsten einer Betonung der Relevanz einher.

Lernziele

Hinsichtlich der Bilanzierung von Fertigungsaufträgen sind somit eine Reihe von Fragen zu klären:

- Wie sind die über den Zeitraum der Fertigung anfallenden Ein- und Auszahlungen den Berichtsperioden als Erträge und Aufwendungen zuzurechnen?
- Wie ist der unterjährige Fortschritt des Fertigungsprojektes bilanziell abzubilden und wann ist der erwartete Gewinn aus dem Geschäft in der Gesamtergebnisrechnung auszuweisen?
- Wie sind die erwarteten Kosten zu schätzen?
- Wie und zu welchem Zeitpunkt sind veränderte Schätzungen und erwartete Verluste zu erfassen?

Zunächst wird in diesem Kapitel die Ertragsrealisation im Allgemeinen behandelt. Darauf folgt eine Erläuterung der Bilanzierung von Fertigungsaufträgen.

1 Relevante Normen

IAS 18 als Generalnorm

Während zahlreiche Standards spezielle Vorschriften zur Ertragsrealisation enthalten, regelt IAS 18 „Erträge“, der seit 1995 gilt, die Erfassung von Erträgen und Aufwendungen für alle sonstigen Geschäftsvorfälle[1]. Damit ist IAS 18 für

1 IAS 18 wird ergänzt durch einen Anhang, der zahlreiche Anwendungsbeispiele enthält, um die Vorgehensweise des Standards zu verdeutlichen. Da dieser Anhang eine eigene Paragraphenzählung hat, werden Paragraphen aus dem Anhang in diesem Kapitel mit einem der Paragraphennummer unmittelbar vorangestellten „A“ zitiert. IAS 18.A2 verweist also auf den zweiten Paragraphen des Anhangs von IAS 18.

einen Großteil der normalen Lieferungs- und Leistungsbeziehungen von Industrieunternehmen relevant.

Ausnahmen des Anwendungsbereiches von IAS 18

Folgende Anwendungsausnahmen von IAS 18 existieren:

- Erträge und Aufwendungen, die im Rahmen einer langfristigen Fertigung von Gütern erwirtschaftet werden, fallen in den Anwendungsbereich von IAS 11 „Fertigungsaufträge".
- Erträge und Aufwendungen, die sich im Rahmen von Leasingverhältnissen ergeben, werden in IAS 17 „Leasingverhältnisse" behandelt. In diesem Zusammenhang sind weiterhin SIC-27 „Beurteilung des wirtschaftlichen Gehalts von Transaktionen in der rechtlichen Form von Leasingverhältnissen" sowie IFRIC 4 „Beurteilung, ob eine Vereinbarung ein Leasingverhältnis enthält", zu beachten.
- Erträge und Aufwendungen im Rahmen der Anwendung der Equity-Methode werden von IAS 28 „Bilanzierung von Anteilen an assoziierten Unternehmen" behandelt.
- IAS 18 findet ebenfalls keine Anwendung auf Versicherungsverträge, die in den Anwendungsbereich von IFRS 4 „Versicherungsverträge" fallen.
- Erträge und Aufwendungen, die aus der Änderung beizulegender Zeitwerte von Finanzinstrumenten resultieren, werden in IAS 39 „Finanzinstrumente: Ansatz und Bewertung" behandelt. Die Details der Effektivzinsmethode, also der planmäßigen Verteilung von Zinserträgen aus Finanzinstrumenten über deren Laufzeit, werden ebenso in IAS 39 geregelt. Die Vereinnahmung von nominellen Zinsen und Dividenden hingegen fällt in den Anwendungsbereich von IAS 18.
- Erträge und Aufwendungen, die aus Wertminderungen und deren Aufholung bei langfristigen nicht-finanziellen Vermögenswerten resultieren, werden in IAS 36 „Wertminderung von Vermögenswerten" behandelt. Für Wertminderungen im Bereich der kurzfristigen nicht-finanziellen Vermögenswerte ist u.a. IAS 2 „Vorräte" relevant.
- Erträge und Aufwendungen, die im Rahmen der landwirtschaftlichen Produktion entstehen, werden von IAS 41 „Landwirtschaft" behandelt.

Spezialnormen

Es ist nicht davon auszugehen, dass diese auf IAS 18.6 basierende Ausschlussliste vollständig ist, da fast alle neueren Standards auch Vorschriften zur Erfassung von Erträgen und Aufwendungen enthalten. Es ist somit anzunehmen, dass IAS 18 insbesondere dann Anwendung finden wird, wenn für die zu verbuchende Transaktion keine spezielleren Vorschriften in anderen IFRS existieren bzw. wenn in den speziellen Vorschriften explizit auf IAS 18 verwiesen wird. Zudem sind die Interpretationen IFRIC 12 (Dienstleistungskonzessionsvereinbarungen), IFRIC 13 (Kundenbindungsprogramme), IFRIC 15 (Vereinbarungen über die Errichtung von Immobilien) sowie IFRIC 18 (Übertragungen von Vermögenswerten von Kunden) veröffentlicht worden, die als Interpretationshilfe für in IAS 18 nicht eindeutig geregelte Sachverhalte dienen sollen.

Im Rahmen ihres gemeinsamen Projekts „Revenue Recognition" arbeiten IASB und FASB derzeit an einer umfassenden Reform der Grundsätze für die Ertragsrealisation. Vgl. dazu den Exkurs „Revenue Recognition Project von IASB und FASB" in diesem Kapitel.

Neuentwicklungen

2 Allgemeine Regeln

Erträge im Sinne von IAS 18 sind immer GuV-wirksam

IAS 18 definiert einen Ertrag in Übereinstimmung mit IAS 1 und dem Rahmenkonzept als einen aus der Unternehmenstätigkeit resultierenden Bruttoeigenkapitalzufluss, der nicht aus einer von Eigentümern geleisteten Einlage resultiert. Somit kann ein Ertrag grundsätzlich GuV-wirksam oder GuV-neutral in die Gesamtergebnisrechnung eingehen[2]. Da sich in IAS 18 allerdings keine Verweise auf GuV-neutral zu erfassende Erträge finden, ist davon auszugehen, dass nach IAS 18 zu realisierende Erträge und korrespondierende Aufwendungen stets GuV-wirksam zu erfassen sind. GuV-neutrale Erfassungen ergeben sich somit nur aus speziellen Standards wie z.B. IAS 16, IAS 38 und IAS 39.

Ertrag bemisst sich am beizulegenden Zeitwert der Gegenleistung

Grundsätzlich ist gemäß IAS 18.9 die Höhe des Ertrages an dem beizulegenden Zeitwert der erhaltenden oder zu beanspruchenden Gegenleistung zu messen. Im Falle einer monetären Gegenleistung sind also bei der Bestimmung des Betrags einerseits Preisnachlasse wie z.B. Mengenrabatte, Treueboni etc. reduzierend zu berücksichtigen. Andererseits ist nach IAS 18.11 bei längeren Zahlungszielen der Barwert der monetären Gegenleistung als Wertgrundlage zu verwenden. Als Zinssatz ist entweder ein der Bonität des Schuldners angemessener Zinssatz heranzuziehen oder der Zinssatz, der tatsächlich angewendet wurde, um, ausgehend von dem für die Transaktion aktuell gültigen Barpreis, zu den künftigen Nominalzahlungen zu gelangen. Von diesen beiden Zinssätzen ist derjenige zu verwenden, der verlässlicher bestimmbar ist. Die aus der Aufzinsung der Forderung in den Folgeperioden resultierenden Erträge sind gemäß IAS 18.29-30 und IAS 39 nach der Effektivzinsmethode als Zinsertrag zu erfassen.

Beispiel 9.1

Das Autohaus Luag AG veräußert regelmäßig Luxuskarossen, die einen Listenpreis von 200 T€ haben. Hierbei werden den potentiellen Käufern zwei Zahlungsvarianten angeboten: sofortige Barzahlung von 180 T€ oder Zahlung des Listenpreises in einem Jahr. Bei beiden Varianten wird das Fahrzeug direkt ausgeliefert und geht in das Eigentum des Käufers über. Wie erfolgt bei beiden Varianten die Buchung?

2 Zu GuV-wirksamen und GuV-neutralen Komponenten der Gesamtergebnisrechnung vgl. auch Kapitel 7, Abschnitt 3.1.

Lösung

Da nach IAS 18.10 Preisnachlässe bei Bestimmung der Umsatzerlöse explizit zu beachten sind, ergibt sich im Barzahlungsfall folgende verkürzte Buchung:

Bank	*an*	*Umsatzerlöse*	*180 T€*

Im Fall der aufgeschobenen Zahlung ist zunächst der Zinssatz zu bestimmen, mit dem die künftige Nominalzahlung abgezinst wurde. Alternativ wäre ein kundenspezifischer Zinssatz zu bestimmen. Da Barpreise vergleichbarer Transaktionen mit der ersten Variante zur Verfügung stehen, ist der Zinssatz zur Abzinsung der Nominalzahlung problemlos zu ermitteln. Er beträgt (200.000 € / 180.000 € - 1=) 11,1 %. Die Buchungen lauten dementsprechend:

Forderungen	*an*	*Umsatzerlöse*	*180 T€*

sowie ein Jahr später:

Forderungen	*an*	*Zinsertrag*	*20 T€*
Bank	*an*	*Forderungen*	*200 T€*

Es wird deutlich, dass in beiden Fällen zum gleichen Zeitpunkt und in gleicher Höhe Umsatzerlöse gezeigt werden. Im zweiten Fall wird die Stundung des Kaufpreises für ein Jahr wie ein separates Finanzierungsgeschäft behandelt. Bei der Buchung dieses Beispiels ist zu beachten, dass in der Praxis der Listenpreis häufig nicht als Barpreis interpretiert werden kann, da er im Barzahlungsfall durch Preisnachlässe deutlich reduziert wird.

Tauschgeschäfte

Falls die Bezahlung des Umsatzes nicht durch monetäre Vermögenswerte erfolgt, liegt gemäß IAS 18.12 ein Tauschgeschäft (barter transaction) vor. Hierbei werden zwei Formen unterschieden:

- Es werden gleichartige und gleichwertige Vermögenswerte getauscht, die sich unter Umständen an unterschiedlichen Standorten befinden, oder
- es werden Vermögenswerte getauscht, die nicht als gleichartig und/oder gleichwertig anzusehen sind.

Kein Umsatzerlös beim Tausch von gleichwertigen und gleichartigen Vermögenswerten

Ein Beispiel für den Tausch von gleichartigen und gleichwertigen Vermögenswerten zwischen Unternehmen ist der Tausch von Kraftstoffen zwischen Mineralöllieferanten. Hier tauschen zwei Mineralölfirmen ihre Kraftstoffbestände untereinander, um Transportkosten zu vermeiden. Ein weiteres Beispiel sind die in der Einleitung erwähnten Internetfirmen, die gegenseitig gleichartigen Werbeplatz tauschen[3]. Aus solchen Tauschgeschäften resultiert gemäß IAS 18.12

3 Falls unterschiedlicher Werbeplatz getauscht wird, findet SIC-31 „Erträge – Tausch von Werbeleistungen“ Anwendung. Hiernach bestimmt sich der Ertrag aus dem beizulegenden Zeitwert der abgegebenen Dienstleistung, wobei dieser auf Basis vergleichbarer, monetär entgoltener Transaktionen zu bestimmen ist.

kein Umsatz, da es ihnen an ökonomischer Substanz fehlt. Sie werden daher als Aktivtausch behandelt.

Tausch unterschiedlicher Güter führt zu Umsatz

Werden hingegen unterschiedliche Güter oder Dienstleistungen getauscht, so liegt gemäß IAS 18.12 ein Umsatzvorgang vor. Dementsprechend ist ein Ertrag in Höhe des beizulegenden Zeitwerts der erhaltenen Vermögenswerte, ggf. unter Berücksichtigung von zusätzlich erhaltenen oder geleisteten Zahlungen, zu realisieren. Falls der beizulegende Zeitwert der erhaltenen Vermögenswerte nicht verlässlich bestimmt werden kann, ist ein Ertrag in Höhe des beizulegenden Zeitwerts der hingegebenen Vermögenswerte anzusetzen. Fraglich erscheint indes, wie vorzugehen ist, wenn weder der beizulegende Zeitwert des hingegebenen noch der des erhaltenen Vermögenswerts verlässlich bestimmt werden können. Diese Situation erscheint z.B. durchaus denkbar, wenn Dienstleistungen getauscht werden. In diesem Fall erscheint es sinnvoll zu sein, einen Ertrag in Höhe der Kosten der erbrachten Dienstleistungen zu realisieren, so dass aus dem Tausch kein Gewinn resultiert[4]. Dies schreibt daher auch IAS 18.12 vor.

Beispiel 9.2

Der Mineralölkonzern Bamal AG tauscht regelmäßig mit seinem Konkurrenten Hasso AG Waren und Dienstleistungen. Folgende drei Tauschaktionen sind hinsichtlich ihrer Ertragswirkung aus Sicht der Bamal AG zu bewerten:

1. Die Bamal AG gibt 15.000 hl Dieselkraftstoff lagernd in Rotterdam gegen 15.000 hl Dieselkraftstoff lagernd in Ludwigshafen ab. Der beizulegende Zeitwert des Dieselkraftstoffs beträgt in beiden Fällen 12 Mio. €. Der Buchwert des Diesels in Rotterdam beträgt 11 Mio. €.
2. Die Bamal AG gibt weitere 15.000 hl Dieselkraftstoff lagernd in Rotterdam gegen 15.000 hl Normalkraftstoff, ebenfalls lagernd in Rotterdam, ab. Hierfür leistet sie eine Zuzahlung von 2,8 Mio. €. Der beizulegende Zeitwert des Diesels liegt bei 12 Mio. €, der beizulegende Zeitwert des Normalkraftstoffes bei 15 Mio. €. Der Buchwert des Diesels beträgt 11 Mio. €.
3. Die Bamal AG vereinbart mit der Hasso AG, dass die Hasso AG einmalig die Reinigung der Lagertanks der Bamal AG übernimmt. Dafür garantiert die Bamal AG die einmalige Reinigung der Pipelines der Hasso AG. Da solche Dienstleistungen im Regelfall nicht gehandelt werden, liegen keine verlässlichen beizulegenden Zeitwerte für beide Dienstleistungen vor. Die Kosten der Pipelinereinigung belaufen sich auf 1,5 Mio. €.

Lösung

Im ersten Fall werden gleichartige und gleichwertige Waren getauscht. Somit findet kein Umsatzprozess statt. Die Buchung für diesen reinen Aktivtausch auf Basis der Buchwerte lautet:

Diesel Lager Ludwigshafen *an* *Diesel Lager Rotterdam* *11 Mio. €*

4 Dies entspräche auch dem von IAS 18.26 geforderten Vorgehen, wonach bei einem nicht verlässlichen bestimmbaren Ertrag eines mehrperiodigen Dienstleistungsgeschäfts lediglich die erstattbaren Aufwendungen als Ertrag zu erfassen sind.

Im zweiten Fall werden nicht-gleichartige Güter getauscht. Zudem kann die Zuzahlung als Hinweis interpretiert werden, dass die Güter nicht gleichwertig sind. Da der beizulegende Zeitwert des Normalkraftstoffs ermittelbar ist, bestimmt er die Höhe der Umsatzerlöse. Demzufolge ist ein Umsatzprozess zu buchen, der insgesamt zu einem Gewinn von 1,2 Mio. € führt:

HK Umsatz		*an*	*Diesel Lager Rotterdam*	*11 Mio. €*
Normalkraftstoff	*15 Mio. €*	*an*	*Umsatzerlöse*	*12,2 Mio. €*
			Bank	*2,8 Mio. €*

Im letzten Fall findet aufgrund des Tausches von unterschiedlichen Dienstleistungen wiederum ein Umsatzprozess statt. Da allerdings die beizulegenden Zeitwerte beider Dienstleistungen nicht verlässlich ermittelbar erscheinen, wird ihr beizulegender Zeitwert auf Basis der Kosten geschätzt, so dass der Umsatzprozess zu keinem Gewinn oder Verlust führt. Es wird hier davon ausgegangen, dass die Reinigung der Tanks lediglich Personalaufwand verursacht und dass die Reinigung der Pipelines als sonstiger betrieblicher Aufwand gebucht wird. Zunächst ist die Reinigung der Pipeline zu buchen. Da die Bamal AG diese für die Hasso AG durchführt, sind diese Aufwendungen als Herstellungskosten des Umsatzes anzusehen.

Sonst. betr. Aufwand	*an*	*div. Aktiva*	*1,5 Mio. €*
HK Umsatz	*an*	*sonst. betr. Aufwand*	*1,5 Mio. €*

Anschließend wird der „Verbrauch" der durch die Hasso AG erfolgten Reinigung der Lagertanks gebucht. Der „Zugang" der Dienstleistung entspricht den Umsatzerlösen, der Verbrauch Personalaufwand.

Personalaufwand	*an*	*Umsatzerlöse*	*1,5 Mio. €*

Aufspaltung von Transaktionen

Die Frage, ob und ggf. in welcher Höhe ein Ertrag realisiert wird, ist grundsätzlich für jeden Geschäftsvorfall einzeln zu beantworten (IAS 18.13). Hierbei sind Transaktionen insbesondere dann aufzuspalten, wenn unterschiedliche Güter und Dienstleistungen in einer einzigen Transaktion veräußert werden. Die Teiltransaktionen sind dann hinsichtlich ihrer Ergebniswirkungen getrennt zu betrachten. Es handelt sich hier um das interessante Problem der Bilanzierung von Mehrkomponentengeschäften. Diese in der Praxis zunehmend wichtiger werdenden „Paket-Deals" sind in IAS 18 nur rudimentär geregelt, prägen aber die Konzeption der künftigen Regeln zur Ertragsrealisation. Vgl. dazu den Exkurs „Revenue Recognition Project von IASB und FASB" in diesem Kapitel.

Beispiel 9.3

Das EDV-Systemhaus TechConsult AG veräußert Serverhardware in Verbindung mit einem zweijährigen 24-Stunden-vor-Ort-Servicevertrag. Der Barpreis für einen solchen Paketdeal beträgt 15 T€. Die Serviceverträge werden auch einzeln angeboten, ihr Preis beläuft sich dann auf 1,5 T€ pro Jahr.

Die Herstellungskosten der Hardware betragen 12 T€. Wie ist der Verkauf eines solchen Paketdeals zu buchen?

Lösung
Die Hardwarelieferung und der Servicevertrag stellen abgrenzbare Bestandteile dieser Transaktion dar. Da der Wert der Serviceleistung sich auf 3 T€ beläuft, beträgt der realisierbare Ertrag für die Hardware 12 T€. Zum Verkaufszeitpunkt ergibt sich dementsprechend folgende Buchung:

Div. Aufwendungen		*an*	*div. Aktiva*	*12 T€*
Fertige Erzeugnisse		*an*	*div. Aufwendungen*	*12 T€*
HK Umsatz		*an*	*fertige Erzeugnisse*	*12 T€*
Bank	*15 T€*	*an*	*Umsatzerlöse*	*12 T€*
			vorbezahlte Serviceleist.	*3 T€*

Somit realisiert die TechConsult AG aus der Veräußerung der Hardware keinen Gewinn. Dieser fällt erst in den folgenden zwei Jahren an, in denen die abgegrenzten Serviceleistungen GuV-wirksam als Ertrag vereinnahmt werden und hoffentlich die jeweiligen Aufwendungen übersteigen.

Die Buchung wird hier abschließend für das erste Servicejahr unter der Annahme gezeigt, dass keine Serviceleistungen anfallen:

Vorbezahlte Serviceleistungen	*an*	*Umsatzerlöse*	*1,5 T€*

3 Spezielle Regeln in Abhängigkeit von der Art des Ertrages

3.1 Ertragsrealisation bei Güterlieferungen

Fünf Kriterien zum Realisationszeitpunkt

Neben den allgemeinen Regeln zur Ertragsrealisation beinhaltet IAS 18 auch Vorschriften, die speziell für Güterlieferungen gelten und insbesondere regeln, wann ein Umsatzprozess hinreichend sicher stattgefunden hat, um eine Ertragsrealisation zu begründen. Dieser Zeitpunkt ist nach IAS 18.14 dann gegeben, wenn folgende fünf Kriterien kumulativ erfüllt sind:

- Die maßgeblichen Chancen und Risiken des Guts wurden auf den Käufer übertragen,
- der Verkäufer behält kein besitzähnliches Verfügungsrecht über das verkaufte Gut,
- die Höhe der Erträge ist verlässlich messbar,

- es ist hinreichend wahrscheinlich, dass der Ertrag zufließen wird, und
- die Anschaffungs- bzw. Herstellungskosten des verkauften Guts sind verlässlich messbar.

Wirtschaftliche Substanz vor rechtlicher Form

Bei der Prüfung dieser Kriterien ist zunächst zu beachten, dass gemäß dem Rahmenkonzept der IFRS das Augenmerk auf die wirtschaftliche Substanz und nicht auf die juristische Form zu legen ist. So konkretisiert ein Fahrzeugbrief als Beweis des juristischen Eigentums, den der Autoverkäufer als Sicherheit bis zur Bezahlung des Kaufpreises zurückbehält, kein besitzähnliches Verfügungsrecht, da sämtliche wirtschaftlichen Chancen und Risiken spätestens mit der Übergabe des Fahrzeugs bereits auf den neuen Besitzer des Autos übergegangen sind. Es gibt allerdings Fälle, in denen die Vertragsgestaltung einen Übergang der Chancen und Risiken zu einem anderen Zeitpunkt konkretisiert. Beispiele hierfür finden sich in IAS 18.16. So sind die Chancen und Risiken noch nicht auf den Käufer übergegangen, wenn, wie z.B. im Rahmen eines Kommissionsgeschäfts, der Ertrag des Verkäufers vom Weiterverkauf des Guts durch den Käufer abhängt (IAS 18.16(b)). Ein weiterer Fall von nicht übergegangenen Chancen und Risiken liegt vor, wenn der Käufer ein Rücktrittsrecht hat und der Verkäufer die Wahrscheinlichkeit der Inanspruchnahme dieses Rechts nicht abschätzen kann (IAS 18.16(d)). Dies ist jedoch bei normalen Rückgaberechten im Einzelhandel regelmäßig nicht gegeben: Hier ist der Verkäufer auf Basis von Erfahrungen aus vergangenen Transaktionen in der Lage, die Wahrscheinlichkeit der Rückgabe hinreichend verlässlich zu messen, so dass ein Übergang der Chancen und Risiken anzunehmen ist (IAS 18.17).

Hinreichende Wahrscheinlichkeit des Mittelzuflusses

Ein weiteres zentrales Kriterium für die Zulässigkeit einer Ertragsrealisation ist die hinreichende Wahrscheinlichkeit des Mittelzuflusses. So ist ein Ertrag beispielweise solange nicht zu realisieren, wie es internationale Kapitaltransferbeschränkungen dem Käufer unmöglich machen, seine Schuld zu begleichen. Solche Unsicherheiten sind zunächst bei der Bemessung der erhaltenen Gegenleistung zu berücksichtigen. Stellt sich jedoch nach der Buchung des Ertrags heraus, dass eine korrespondierende Forderung (zum Teil) uneinbringlich ist, wird diese gemäß IAS 18.18 GuV-wirksam abgeschrieben. Eine Korrektur des Ertrags findet nicht statt.

Verlässliche Messbarkeit der HK/AK

Als letztes Kriterium fordert IAS 18.14, dass die Herstellungskosten bzw. bei Handelswaren die Anschaffungskosten verlässlich messbar sind. Davon ist im Regelfall auszugehen, wenn alle anderen Bedingungen erfüllt sind. Gemäß IAS 18.19 ist allerdings vorstellbar, dass das veräußernde Unternehmen aufgrund von Lieferschwierigkeiten einzelne Bestandteile eines zu veräußernden Gutes noch nicht von Zulieferern erhalten hat bzw. dass Zulieferer direkt an den Endkunden liefern. Wenn der Preis für die Zulieferteile nicht vertraglich fixiert ist, wird dementsprechend noch kein Ertrag realisiert. Vom Endabnehmer bereits empfangene (An-)Zahlungen sind als Schuld auszuweisen.

Beispiel 9.4

Das Groß- und Außenhandelsunternehmen ImEx AG hat eine Reihe von Transaktionen vorgenommen, für die zu prüfen ist, ob gemäß IAS 18.14 ein Umsatzerlös stattgefunden hat:

1. Ein Kunde hat am 28.12. Waren geordert. Die Rechnung wurde auf Wunsch des Kunden bereits zum 29.12. ausgestellt. Die Lieferung erfolgt, ebenfalls auf Wunsch des Kunden, erst zum 05.01. Die Ware liegt auf Lager bereit und der Kunde hat sämtliche Chancen und Risiken der Lieferung übernommen.
2. In einem ansonsten identisch gelagerten Fall beabsichtigt die ImEx AG, die entsprechende Ware erst am 04.01. von ihrem Zulieferer zu erstehen.
3. Ein weiterer Kunde hat bei der ImEx AG eine Fräse bestellt, die bereits auf seinem Firmengelände angeliefert wurde. Im Rahmen des Kaufvertrages wurde vereinbart, dass die ImEx AG die Fräse in den Fertigungsprozess des Kunden integriert, wobei auch eine aufwendige Feineinstellung notwendig wird, um die vertraglich zugesicherten Ausschussquoten einzuhalten.
4. Ein Kunde, mit dem langfristige positive Lieferbeziehungen bestehen, lässt sich eine Ware gegen Ratenzahlung liefern.
5. Ein Neukunde lässt sich seine Ware gegen Ratenzahlung liefern.

Lösung

1. Dieses Arrangement wird auch als Bill-and-Hold bezeichnet. Im vorliegenden Fall findet die Umsatzrealisation zum 29.12. statt, da die Ware am Lager ist und nichts gegen die Erfüllung des Vertrages spricht (IAS 18.A1). Wenn die Chancen und Risiken jedoch noch beim Verkäufer lägen, wäre vor dem Lieferzeitpunkt keine Veräußerung zu realisieren.
2. Da hier die Ware noch nicht am Lager ist, stehen die Kosten der Handelsware noch nicht verlässlich fest. Auch Chancen und Risiken sind vor dem 04.01. nicht übergegangen. Ein Umsatzprozess hat dementsprechend noch nicht stattgefunden.
3. Im Regelfall erfolgt eine Umsatzerfassung erst nach vertraglich zugesicherten Installationsarbeiten. Hiervon kann nur abgewichen werden, wenn die Installationsarbeiten geringfügig sind (IAS 18.A2(a)). Dies ist hier nicht der Fall, also ist der Umsatzprozess noch nicht abgeschlossen.
4. Ratenzahlung ist per se kein Hinderungsgrund für eine Ertragsrealisation. Dies gilt umso mehr, da hier genügend Informationen vorliegen, um den Zahlungseingang als wahrscheinlich einschätzen zu können. Ein Umsatz hat stattgefunden.
5. Auch wenn noch keine Erfahrungswerte für den neuen Kunden vorliegen, lässt sich im Regelfall die Wahrscheinlichkeit des Zahlungsausfalls schätzen, so dass sich ein der Bonität des Neukunden entsprechender Zinssatz zur Bestimmung des Barwertes der Gegenleistung bestimmen lässt (IAS 18.A8). Der Ertrag ist somit hinreichend verlässlich bestimmbar. Ein Umsatz hat auch hier stattgefunden.

3.2 Ertragsrealisation bei Dienstleistungen

Bilanzierung von langfristigen Dienstleistungsbeziehungen

Zusätzlich zu den allgemeinen Regeln zur Ertragsrealisation stellt sich bei Dienstleistungen insbesondere die Frage, wie Leistungen, die über mehrere Perioden erbracht werden, zu realisieren sind. In Anlehnung an die Langfristfertigung im Güterbereich (vgl. Abschnitt 4 in diesem Kapitel) sind zwei grundsätzliche Vorgehensweisen denkbar:

- Realisierung des gesamten Ertrags erst, wenn die Dienstleistung vollständig erbracht wurde. Bis dahin entstandene Aufwendungen sind solange aktivisch abzugrenzen, bis die korrespondierenden Erträge anfallen.
- Realisation der Erträge und der korrespondierenden Aufwendungen zu jedem Periodenstichtag gemäß dem aktuellen Leistungsfortschritt der Dienstleistung.

Wird die erste Alternative gewählt, so werden Erträge erst dann ausgewiesen, wenn sie zweifelsfrei realisiert sind. In den Vorperioden wird allerdings keinerlei Ergebnis aus der Dienstleistungsbeziehung ausgewiesen, was insbesondere zu einer verzerrten Darstellung der Ertragslage führt. Aus Sicht einer informationsorientierten Rechnungslegung kann diese strenge Auslegung des Realisationsprinzips wenig überzeugen. Dies gilt umso mehr, als das eigentliche Ende von langfristigen Dienstleistungsbeziehungen aufgrund von Anschlussaufträgen häufig kaum zweifelsfrei bestimmbar ist.

Ertragsrealisation nach dem Leistungsfortschritt

Die zweite und von IAS 18 grundsätzlich geforderte Alternative ermöglicht einen kontinuierlichen Ausweis der Ertragslage entsprechend dem Leistungsfortschritt. Da hierbei das Realisationsprinzip weniger streng ausgelegt wird, fordert IAS 18.20, dass die gesamten Erträge aus dem Dienstleistungsprojekt zum Periodenstichtag verlässlich messbar sein müssen und dass hinreichend sicher sein muss, dass diese Erträge dem bilanzierenden Unternehmen auch tatsächlich zufließen. Wenn diese beiden Bedingungen erfüllt sind, erscheinen die Erträge zumindest realisierbar. Um allerdings den Anteil bestimmen zu können, der am jeweiligen Bilanzstichtag auch tatsächlich zu realisieren ist, muss zusätzlich der Leistungsfortschritt messbar sein. Hierfür fordert IAS 18.20, dass

- der Fertigstellungsgrad der Dienstleistung zum Bilanzstichtag verlässlich messbar ist und
- die bislang angefallenen und noch zu erwartenden Kosten der Leistungserstellung verlässlich messbar sind.

Die erste Bedingung stellt sicher, dass das bilanzierende Unternehmen in der Lage ist, den Anteil der zu realisierenden Erträge zu ermitteln. Mit der zweiten Bedingung wird zudem gefordert, dass auch die anteiligen korrespondierenden Aufwendungen hinreichend verlässlich ermittelt werden können.

Wenn alle vier oben beschriebenen Bedingungen des IAS 18 zur Ertragsrealisierung gemäß dem Leistungsfortschritt erfüllt sind, dann wird das (anteilige) Ergebnis aus dem Dienstleistungsauftrag als verlässlich schätzbar angesehen. In diesem Fall sind die Erträge des Dienstleistungsauftrags nach dem Grad der Fertigstellung zu erfassen. Zur Bestimmung des Grads der Fertigstellung zählt

IAS 18.24 (wenn auch nicht abschließend) einige Methoden auf, die entweder auf der eingesetzten Leistung (Arbeitseinsatz oder gesamte Aufwendungen) oder auf der erbrachten Leistung (ermittelt z.B. anhand von Pflichtenheften oder vereinbarten Meilensteinen) jeweils im Verhältnis zur Gesamtplanung basieren. IAS 18.24 erwähnt explizit, dass Abschlagszahlungen bzw. erhaltene Anzahlungen in der Regel keine Bestimmung des Fertigstellungsgrads ermöglichen.

Falls eine verlässliche Schätzung des (anteiligen) Ergebnisses nicht möglich ist, sind gemäß IAS 18.26 nur Erträge in Höhe der erstattungsfähigen Aufwendungen der Periode zu erfassen, so dass kein (anteiliger) Periodengewinn aus dem Dienstleistungsgeschäft resultiert. Falls auch nicht hinreichend sichergestellt ist, dass die angefallenen Aufwendungen erstattet werden, so ist kein Ertrag zu realisieren, sondern lediglich der Aufwand zu erfassen (IAS 18.28).

Beispiel 9.5

Die Unternehmensberatung Wenu AG hat drei mehrjährige Beratungsprojekte, deren Ertragsrealisation für das Kalenderjahr 2010 zu ermitteln ist. Es fallen annahmegemäß nur Personalkosten an. Der Ertragsteuersatz liegt bei 30 %. Steuerrechtlich wird von einer strengen Einhaltung des Realisationsprinzips ausgegangen, so dass Herstellungskosten der Dienstleistung zwar auf Vollkostenbasis zu aktivieren sind, eine Ertragsrealisation allerdings erst bei letztendlicher Rechnungsstellung erfolgt.

1. Das auf zwei Jahre angelegte Projekt wurde Anfang 2010 begonnen und wird voraussichtlich Ende 2011 abgeschlossen werden. Die erwarteten Gesamtkosten belaufen sich auf 9 Mio. €. Ein Drittel der Kosten ist im Jahr 2010 angefallen. Der verlässlich ermittelbare Ertrag aus dem Gesamtprojekt beläuft sich auf 12 Mio. € und wird direkt zum Ende 2011 fällig. Der Kunde leistet Ende 2010 bereits eine vereinbarte Anzahlung auf noch nicht erbrachte Leistungen von 2 Mio. €.
2. Die Wenu AG berät seit dem 01.01.2010 ein in Insolvenzgefahr schwebendes Unternehmen. Mit den Banken wurde vereinbart, dass die Wenu AG ihre Kosten zum Abschluss des Projekts erstattet bekommt. Eine darüber hinausgehende Vergütung von 20 % auf die Herstellungskosten erhält die Wenu AG allerdings nur, wenn die Insolvenz abgewendet wird. Ob und ggf. wann dies gelingen wird, steht momentan noch nicht fest. Bislang sind Personalkosten in Höhe von 2 Mio. € angefallen.
3. Die Wenu AG berät ferner pro bono eine gemeinnützige Organisation. Es ist vertraglich vereinbart, dass die Organisation im Falle ausreichender liquider Mittel die Personalkosten der Wenu AG erstatten wird. Im Kalenderjahr sind Personalkosten in Höhe von 1 Mio. € entstanden.

Lösung

Beim ersten Projekt sind Gesamtertrag, Gesamtkosten, angefallene Kosten und über die Kostenrelation auch der Fertigstellungsgrad verlässlich messbar. Somit erfolgt die Ergebnisrealisation nach dem Grad der Fertigstellung. Da 33 % der Kosten im Jahr 2010 angefallen sind wird auch ein Drittel des Ertrags realisiert:

Personalaufwand	*an*	*Bank*	*3 Mio. €*
HK Umsatz	*an*	*Personalaufwand*	*3 Mio. €*
Bank	*an*	*Erhaltene Anzahlungen*	*2 Mio. €*
Dienstleistungsprojekte	*an*	*Umsatzerlöse*	*4 Mio. €*

Steuerrechtlich erfolgt eine Aktivierung des Dienstleistungsprojekts nur in Höhe der Aufwendungen. Für die Differenz ist demnach GuV-wirksam eine passive latente Steuer in Höhe von ((4 Mio. € - 3 Mio. €) · 0,3 =) 0,3 Mio. € zu bilden:

(Latenter) Steueraufwand	*an*	*Passive latente Steuern*	*0,3 Mio. €*

Im Rahmen des zweiten Projekts ist der künftige Ertrag nicht verlässlich messbar, ebenso wenig der Grad der Fertigstellung. Eine Realisation von Erträgen gemäß dem Grad der Fertigstellung ist somit nicht möglich. Da allerdings sichergestellt ist, dass die Personalkosten einbringbar sind, ist gemäß IAS 18.26 ein Ertrag in Höhe des Personalaufwands zu erfassen:

Personalaufwand	*an*	*Bank*	*2 Mio. €*
HK Umsatz	*an*	*Personalaufwand*	*2 Mio. €*
Dienstleistungsprojekte	*an*	*Umsatzerlöse*	*2 Mio. €*

Da hier bilanziell kein Unterschied zur steuerlichen Behandlung besteht, fallen keine latenten Steuern an.

Auch beim letzten Projekt ist der künftige Ertrag ungewiss. Zudem ist nicht gesichert, dass die Aufwendungen irgendwann durch einen Ertrag kompensiert werden. Somit sind die Personalauszahlungen als sonstiger betrieblicher Aufwand der Periode zu erfassen:

Personalaufwand	*an*	*Bank*	*1 Mio. €*
Sonst. betr. Aufwand	*an*	*Personalaufwand*	*1 Mio. €*

Auch hier fallen keine latenten Steuern an.

3.3 Realisation von Zinsen, Dividenden und Nutzungsentgelten

Auch für Zinserträge und Entgelte für die Nutzung von Vermögenswerten darf ein Ertrag nur realisiert werden, wenn der tatsächliche Nutzenzufluss hinreichend wahrscheinlich ist und die Höhe der Erträge verlässlich bemessen werden kann (IAS 18.29). Wenn dies gegeben ist, sind nach IAS 18.30:

- Zinserträge gemäß der in IAS 39 weiter ausgeführten Effektivzinsmethode zu erfassen (vgl. Kapitel 19),
- Dividendenerträge zu erfassen, wenn das bilanzierende Unternehmen einen Rechtsanspruch auf sie hat, und
- Nutzungsentgelte gemäß der vereinbarten Vertragskonditionen zu erfassen.

Rechtsanspruch auf Dividenden

Hierbei erscheint fraglich, wie sich ein Rechtsanspruch auf eine Dividende konkretisiert. Dieses fällt nicht in den Regelungsbereich der IFRS, sondern in den der nationalen Gesellschaftsrechte. Nach deutschem Recht entsteht ein formalrechtlicher Dividendenanspruch bei fehlendem Gewinnabführungsvertrag mit dem Gewinnverwendungsbeschluss der Hauptversammlung (§ 174 AktG) bzw. der Gesellschafterversammlung (§ 29 i.V.m. § 46 Nr. 1 GmbHG). Somit wäre eine Realisation der Dividende beim empfangenden Unternehmen zu diesem Zeitpunkt möglich. In der Kommentarliteratur wird, abweichend von dieser engen Interpretation, auch die Meinung vertreten, dass eine sog. phasengleiche Gewinnvereinnahmung zulässig sei, solange das bilanzierende Unternehmen einen beherrschenden Einfluss auf das ausschüttende Unternehmen ausüben kann, die Geschäftsjahre beider Unternehmen übereinstimmen und der tatsächliche Rechtsanspruch des Mutterunternehmens auf die Dividende sich konkretisiert, bevor die Prüfung des Abschlusses der Mutter abgeschlossen wird[5].

Beispiel 9.6

Die Investmentgesellschaft Maxinvest AG (Geschäftsjahresende zum 31.12.2010, Ende der Abschlussprüfung zum 31.03.2011) hält zwei Beteiligungen:

1. Eine 100 % Beteiligung an der MakeMoney AG. Es besteht ein Gewinnabführungsvertrag. Die MakeMoney AG weist im Einzelabschluss zum 31.12.2010 einen Jahresüberschuss nach HGB in Höhe von 15 Mio. € aus. Die Zahlung der Dividende ist noch nicht erfolgt.
2. Eine 5%ige Beteiligung an der SpendMoney AG. Die SpendMoney AG schlägt vor, von dem Jahresüberschuss nach HGB zum 31.12.2010 in Höhe von 20 Mio. € insgesamt 10 Mio. € auszuschütten. Die Hauptversammlung fasst diesen Gewinnverwendungsbeschluss am 20.03.2011. Die Zahlung der Dividende erfolgt am 28.03.2011.

Wann sind diese Dividenden im IFRS-Einzelabschluss der Maxinvest AG als Ertrag zu buchen, wenn diese an einem möglichst frühen Ertragsausweis interessiert ist?

Lösung

Im ersten Fall ist die Maxinvest AG das Mutterunternehmen der MakeMoney AG. Da die Geschäftsjahre übereinstimmen und sich der Dividendenanspruch

5 Vgl. ausführlich *Wüstemann/Wüstemann/Neumann*, Haufe IFRS-Kommentar, IAS 18, Tz. 104-108.

durch den Gewinnabführungsvertrag rechtstatsächlich konkretisiert hat, kann eine Buchung noch phasengleich zum 31.12.2010 erfolgen:

31.12.2010: Ford. ggü. verb. Unt.	*an*	*Dividendenertrag*	*15 Mio. €*

Für die SpendMoney AG besteht indes keine Möglichkeit der Beherrschung. Somit ist eine phasengleiche Gewinnvereinnahmung nicht möglich. Die Dividende wird demnach mit dem Hauptversammlungsbeschluss vereinnahmt, also im Jahr nach der wirtschaftlichen Entstehung:

20.03.2011: Forderung	*an*	*Dividendenertrag*	*500 T€*
28.03.2011: Bank	*an*	*Forderung*	*500 T€*

4 Fertigungsaufträge

Problemstellung

Bei der Bilanzierung von Fertigungsaufträgen, die zum Bilanzstichtag noch nicht abgeschlossen sind (stichtagsübergreifende oder langfristige Fertigung), stehen Unternehmen vor folgendem Problem: Sie erbringen unter Umständen über Jahre hinweg Leistungen, für die grundsätzlich erst bei Fertigstellung ein Kaufpreis in Rechnung gestellt werden kann. Sofern die Rechnungsstellung maßgeblich für die Ertragsrealisation ist, könnte erst dann ein Umsatzerlös mit ggf. zugehörigem Gewinn ausgewiesen werden. Damit würde der Ergebnisausweis im Anlagenbau, wie z.B. insbesondere im Schiffs-, Flugzeug- und Großmaschinenbau, in Abhängigkeit vom Fertigstellungszeitpunkt erheblichen Schwankungen im Zeitablauf unterliegen.

Neben dieser grundlegenden Problematik der langfristigen Fertigung existieren eine Reihe weiterer Schwierigkeiten. Die über den Zeitraum der Fertigung anfallenden Aufwendungen müssen verschiedenen Berichtsperioden zugerechnet werden. Am Bilanzstichtag ist der unterjährige Fortschritt des Fertigungsprojektes bilanziell abzubilden. Dabei ergibt sich das Problem der Teilgewinnrealisierung. Wird aus dem langfristigen Fertigungsauftrag insgesamt ein Gewinn erwartet, ist dieser ggf. nicht erst zum Zeitpunkt des Verkaufs, sondern anteilig bereits in den Perioden der Fertigungsdauer zu berücksichtigen. Während dieses Zeitraums kann es somit zu einem Wertansatz der aus dem Projekt zu erfassenden Vorräte über ihre Anschaffungs- bzw. Herstellungskosten hinaus und damit zu einem anteiligen unrealisierten Gewinn in der Gesamtergebnisrechnung kommen. Schließlich sind für die Erfassung eines Fertigungsauftrages im Jahresabschluss zu jedem Bilanzstichtag umfangreiche Schätzungen durchzuführen.

IAS 11

Mit IAS 11 „Fertigungsaufträge“ (Construction Contracts) existiert ein eigener Standard, der den Umgang mit diesen Problemen ausführlich regelt.

4.1 Bestandteile eines Fertigungsauftrages und Vertragsformen

Definition

Gemäß IAS 11.3-4 stellt ein Fertigungsauftrag einen Vertrag über die kundenspezifische Produktion

- einzelner Gegenstände (z.B. Brücke, Gebäude, Staudamm, Schiff, Tunnel) oder
- einer Anzahl von Gegenständen oder Leistungen (z.B. komplexe Industrieanlagen wie Raffinerien oder Kraftwerke), die hinsichtlich Design, Technologie, Funktion oder Verwendung aufeinander abgestimmt oder voneinander abhängig sind, dar.

Weiterhin können Fertigungsaufträge nach IAS 11.5

- Verträge über die Erbringung von Dienstleistungen, die in engem Zusammenhang mit der Fertigung eines Vermögenswertes stehen, oder
- Verträge über die Restaurierung oder den Abriss von Gebäuden oder ähnlichen Vermögenswerten sowie die Wiederherstellung der Umwelt nach einem erfolgten Abriss umfassen.

Vertragstypen

IAS 11.3 differenziert idealtypisch zwischen den folgenden zwei Vertragstypen:

- Festpreisverträge (fixed price contracts), die eine feste Preisvereinbarung und häufig eine Preisgleitklausel enthalten.
- Kostenzuschlagsverträge (cost plus contracts), bei denen der Preis auf Basis der Kosten zuzüglich eines vereinbarten prozentualen Anteils dieser Kosten oder eines festgelegten Entgeltes ermittelt wird.

IAS 11.6 weist darauf hin, dass Fertigungsaufträge auch Charakteristika beider Vertragstypen aufweisen können. Dies ist z.B. dann der Fall, wenn ein Kostenzuschlagsvertrag mit einem vereinbarten Höchstpreis abgeschlossen wird. Eine Unterscheidung der verschiedenen Vertragsformen ist insofern von Bedeutung, als je nach Art des Fertigungsauftrages unterschiedliche Anforderungen an die Verlässlichkeit von Schätzungen der Auftragserlöse, Auftragskosten sowie des Fertigstellungsgrades gestellt werden.

4.2 Auftragserlöse und Auftragskosten

Auftragserlöse

Die Auftragserlöse setzen sich gemäß IAS 11.11-15 aus folgenden Positionen zusammen:

	Ursprünglich vertraglich vereinbarte Erlöse
+/–	Erhöhungen/Minderungen der Auftragserlöse aufgrund von Abweichungen von der ursprünglich vertraglich vereinbarten Leistung
+	Erhöhungen der Auftragserlöse aufgrund von Nachforderungen für Kosten, die im ursprünglich vertraglich vereinbarten Kaufpreis nicht enthalten waren
+	Prämien
=	**Auftragserlöse**

Eine Abweichung liegt nach IAS 11.13 vor, wenn der Kunde den Auftragnehmer veranlasst, den ursprünglich vertraglich vereinbarten Leistungsumfang zu verändern. Unter einer Nachforderung ist gemäß IAS 11.14 die Erhöhung des Kaufpreises infolge von Mehrkosten zu verstehen, die der Kunde zu vertreten hat, beispielsweise weil er falsche Spezifikationsvorgaben gemacht oder Verzögerungen verursacht hat. Sieht der Vertrag Prämienzahlungen bei Erfüllung oder Überschreiten bestimmter Leistungsvorgaben wie z.B. die vorzeitige Erfüllung vor, so erhöhen diese gemäß IAS 11.15 die Auftragserlöse.

Die Ermittlung der Auftragserlöse ist in der Regel mit großen Unsicherheiten hinsichtlich der Berücksichtigung zukünftiger Ereignisse verbunden. Die Zahlungen für Abweichungen, Nachforderungen und Prämien sind daher nur dann zu berücksichtigen, wenn es wahrscheinlich ist, dass sie zu Erlösen (bzw. Erlösminderungen) führen, und die Positionen verlässlich bestimmt werden können.

Auftragskosten

Die Auftragskosten umfassen gemäß IAS 11.16 folgende Bestandteile:

	Direkte Kosten, die dem Vertrag zugeordnet werden können
+	indirekte und allgemein dem Vertrag zurechenbare Kosten
+	sonstige Kosten, die dem Kunden aufgrund vertraglicher Abrede gesondert in Rechnung gestellt werden können
=	**Auftragskosten**

Direkte Kosten

Zu den direkten Kosten zählen gemäß IAS 11.17 u.a. Fertigungslöhne, Materialkosten und Abschreibungen der eingesetzten Maschinen und Anlagen.

Indirekte Kosten

Indirekte Kosten sind gemäß IAS 11.18 z.B. Versicherungsprämien und Fertigungsgemeinkosten. Diese sind dem Fertigungsauftrag mit geeigneten Verfahren auf Basis der Normalauslastung zuzurechnen (vgl. Kapitel 14). Ebenfalls unter diese zu subsumieren sind die u.U. in die Anschaffungs- oder Herstellungskosten einzubeziehenden Finanzierungskosten bei Vorliegen eines qualifizierten Vermögenswertes (IAS 23.5). Dabei müssen allerdings gemäß IAS 23.12

etwaige Erträge aus der vorübergehenden Zwischenanlage der Mittel (bei Auftragsfertigung leistet der Kunde in den meisten Fällen Anzahlungen) von den Finanzierungskosten abgezogen werden.

Sonstige Kosten

Sonstige Kosten sind nach IAS 11.19 Teil der Auftragskosten, wenn der Vertrag die Erstattung dieser Kosten durch den Kunden vorsieht. Sie können Kosten für die allgemeine Verwaltung und Entwicklungskosten umfassen. Zu beachten ist, dass die sonstigen Kosten im Vertrag eindeutig spezifiziert sein müssen.

4.3 Verfahren der Ertragsrealisation

Neben der Ermittlung der Auftragserlöse und der Auftragskosten ist die Frage zu beantworten, wann und in welcher Höhe ein hieraus als Saldo resultierender Gewinn bzw. Verlust bilanziell auszuweisen ist.

Nach IAS 11 kommen dafür grundsätzlich zwei Verfahren in Betracht: Die Bilanzierung der Auftragserlöse und Auftragskosten nach dem Leistungsfortschritt (Percentage-of-Completion-Methode) oder eine Bilanzierungsmethode, bei der die Umsatzerlöse lediglich in Höhe der angefallenen Auftragskosten und damit ohne einen Gewinnanteil erfasst werden (modifizierte Completed-Contract-Methode[6]). Grundsätzlich gilt dabei, dass diese beiden Verfahren der Ertragsrealisation bei Vorliegen bestimmter Voraussetzungen jeweils verpflichtend anzuwenden sind (vgl. Abbildung 9.1).

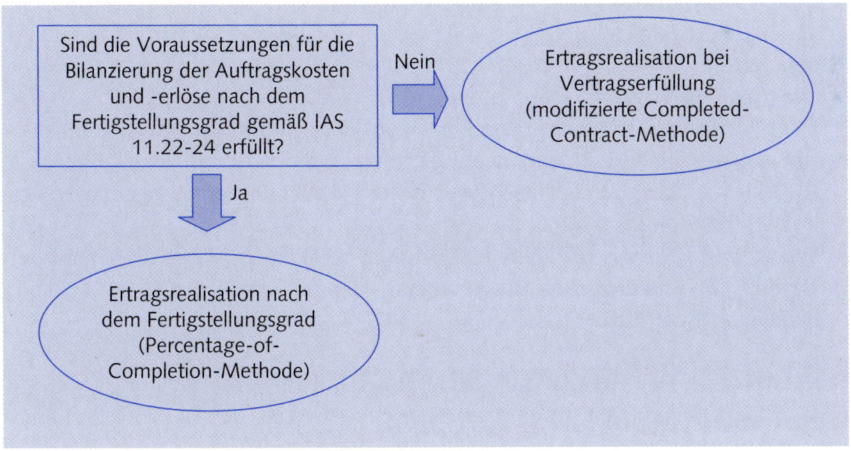

Abb. 9.1: Verfahren der Ertragsrealisation nach IAS 11

6 In der Literatur wird alternativ auch von einer „verkürzten" Percentage-of-Completion-Methode gesprochen. Vgl. z.B. *ADS International*, Abschnitt 16: Fertigungsaufträge, Tz. 120 m.w.N.

4.3.1 Ertragsrealisation nach dem Fertigstellungsgrad (Percentage-of-Completion-Methode)

IAS 11.22 legt fest, dass die gesamten Auftragskosten und Auftragserlöse entsprechend dem Leistungsfortschritt des Projektes am Bilanzstichtag als Erträge bzw. Aufwendungen zu erfassen sind, wenn das Ergebnis der Auftragsfertigung verlässlich geschätzt werden kann.

Damit kommt es nach IAS 11 regelmäßig zu einer Ertragsrealisation bereits zu einem Zeitpunkt, zu dem noch kein Rechtsanspruch auf eine entsprechende Zahlung besteht, da der Gefahrenübergang der Leistung auf den Käufer noch nicht stattgefunden hat. Um die wirtschaftliche Lage eines Unternehmens zutreffender abzubilden, stellt das IASB hierbei die periodengerechte Erfolgsermittlung unabhängig von der rechtlichen Situation in den Vordergrund. Da der IFRS-Abschluss ausschließlich der Informationsvermittlung dienen soll, wird es als unproblematisch erachtet, dass hier unrealisierte Gewinne ausgewiesen werden. Der in der Regel viel stärker schwankende Umsatz- und Ergebnisausweis bei strikterer Befolgung des Realisationsprinzips, wie z.B. nach HGB, wird durch diese Bilanzierungsmethode vermieden. Wenn es dagegen wahrscheinlich ist, dass die gesamten Auftragskosten die gesamten Auftragserlöse übersteigen und somit ein Verlust erwartet wird, ist dieser Verlust sofort und vollständig als Aufwand zu erfassen.

Verlässliche Schätzungen

Je nachdem, welcher Vertragstyp vorliegt, sind nach IAS 11 unterschiedliche Voraussetzungen an die verlässliche Schätzbarkeit des Ergebnisses geknüpft.

Festpreisvertrag

Liegt ein Festpreisvertrag vor, so kann das Ergebnis des Fertigungsauftrages verlässlich geschätzt werden, wenn die Voraussetzungen in IAS 11.23 kumulativ erfüllt sind:

- Die gesamten Auftragserlöse können verlässlich bestimmt werden.
- Der Nutzenzufluss an das Unternehmen aus dem Vertrag ist wahrscheinlich.
- Am Bilanzstichtag können sowohl die bis zur endgültigen Fertigstellung des Projektes noch anfallenden Kosten als auch der Grad der Fertigstellung verlässlich bestimmt werden.
- Die dem Projekt zurechenbaren Auftragskosten können verlässlich gemessen werden, um die bis zum Bilanzstichtag angefallenen Kosten mit früheren Schätzungen vergleichen zu können.

Kostenzuschlagsvertrag

Bei Vorliegen eines Kostenzuschlagsvertrages müssen nach IAS 11.24 die folgenden Voraussetzungen für eine verlässliche Schätzung des Ergebnisses kumulativ erfüllt sein:

- Der sich aus dem Auftrag ergebende wirtschaftliche Nutzenzufluss an das Unternehmen ist wahrscheinlich.
- Die dem Projekt zurechenbaren Auftragskosten können – unabhängig davon, ob sie abrechenbar sind – eindeutig bestimmt und verlässlich ermittelt werden.

Liegen diese – je nach Vertragsgestaltung – unterschiedlichen Voraussetzungen vor, so sind die Auftragserlöse und Auftragskosten nach dem Grad der Fertigstellung am Bilanzstichtag GuV-wirksam zu erfassen.

Mischvertrag

Bei Vorliegen eines Mischvertrages müssen gemäß IAS 11.6 sämtliche Voraussetzungen der IAS 11.23-24 erfüllt sein, um die Percentage-of-Completion-Methode anwenden zu können. Letztendlich müssen daher bei Mischverträgen die strengeren Voraussetzungen für die verlässliche Schätzung des Ergebnisses bei Festpreisverträgen erfüllt sein.

Methoden zur Bestimmung des Fertigstellungsgrades

Sind die Voraussetzungen für eine Bilanzierung nach der Percentage-of-Completion-Methode erfüllt, ist das erwartete Gesamtergebnis entsprechend dem Fertigstellungsgrad auf die Perioden der Fertigung zu verteilen. Das Verfahren zur Bestimmung des Fertigstellungsgrades ist nach IFRS nicht vorgeschrieben, so dass unterschiedliche Methoden in Betracht kommen. Zwar werden einzelne Methoden in IAS 11 nicht explizit genannt, jedoch gibt IAS 11.30(a)-(c) Hinweise auf drei mögliche Methoden zur Bestimmung des Fertigstellungsgrades. Diese Methoden können entweder inputorientiert sein und auf die Anstrengungen zum Zweck der Leistungserbringung abstellen (z.B. Cost-to-Cost-Verfahren, Effort-Expended-Methode), oder es handelt sich um outputorientierte Methoden, die auf den Anteil der bisher erzielten Leistung an der Gesamtleistung abstellen (z.B. Units-of-Delivery-Methode)[7]. Das bilanzierende Unternehmen hat diejenige Methode zu wählen, die am verlässlichsten den Grad der Fertigstellung wiedergeben kann (IAS 11.30).

Cost-to-Cost-Verfahren

In der Praxis dominiert mit dem Cost-to-Cost-Verfahren eine inputorientierte Methode, wonach das Gesamtergebnis im Verhältnis zu den angefallenen Kosten auf die Perioden der Fertigung verteilt wird[8]. Dies kann als Ausdruck des matching principle gewertet werden. Da die Kalkulation und damit einhergehend auch das Gesamtergebnis bis zur endgültigen Fertigstellung des Langfristauftrages nur auf mehr oder minder sicheren Schätzungen beruhen, können Korrekturen dieser Schätzungen während des Fertigungsverlaufes erforderlich sein.

Bei dem Cost-to-Cost-Verfahren wird in einem ersten Schritt der prozentuale Fertigstellungsgrad errechnet (vgl. Abbildung 9.2). Dafür werden die bis zum Periodenende kumuliert angefallenen Kosten den erwarteten Gesamtkosten gegenübergestellt. Dieser Quotient wird in jeder Periode auf der Grundlage der dann geltenden Informationen ermittelt.

In einem zweiten Schritt wird der jeweils so ermittelte Fertigstellungsgrad mit dem erwarteten Gesamtergebnis multipliziert. Veränderte Schätzungen finden Berücksichtigung, indem der in den Vorperioden ausgewiesene Teilerfolg subtrahiert wird, so dass sich schließlich der Teilerfolg der jeweils betrachteten Periode ergibt.

7 Für eine Systematisierung der einzelnen Methoden vgl. z.B. *ADS International*, Abschnitt 16: Fertigungsaufträge, Tz. 102-113; *Patzak/Kerscher-Preis*, Haufe IFRS-Kommentar, IAS 11, Tz. 87-89.

8 Vgl. *von Keitz, I.*, Praxis der IASB-Rechnungslegung, 2. Aufl., Stuttgart 2005, S. 197.

$$TE_k = \frac{\sum_{i=1}^{k} K_i}{\sum_{i=1}^{n} K_i} \cdot \sum_{i=1}^{n} TE_i - \sum_{i=1}^{k-1} TE_i$$

mit TE_i = Teilerfolg der Periode i
K_i = Kosten der Periode i
k = betrachtete Periode
n = Periode der endgültigen Fertigstellung

Abb. 9.2: Vorgehensweise des Cost-to-Cost-Verfahrens

Beispiel 9.7

Die auf den Tunnelbau spezialisierte Durchsgebirge AG ist mit dem Bau eines aufwendigen Tunnels durch ein skandinavisches Gebirge beauftragt. Dabei handelt es sich um ein langfristiges Fertigungsprojekt, dessen Fertigungsdauer auf fünf Jahre festgelegt ist. Die Abnahme und Abrechnung dieses Projektes erfolgt im fünften Jahr. Als Verkaufspreis ist ein Festpreis von 700 Mio. € vereinbart worden. Für die Durchsgebirge AG ergeben sich für diesen Auftrag geplante jährliche Einzelkosten von 95 Mio. € und anteilig verrechnete jährliche Gemeinkosten von 30 Mio. €. Damit belaufen sich die Gesamtkosten des Projektes auf 625 Mio. €. Vereinfachend sei unterstellt, dass es sich bei den Einzel- und Gesamtkosten ausschließlich um den Verbrauch von Roh-, Hilfs- und Betriebsstoffen handelt. Aus der Gegenüberstellung des Verkaufspreises von 700 Mio. € und der Gesamtkosten von 625 Mio. € ergibt sich der erwartete Gesamtergebnisbeitrag des Projektes von 75 Mio. €. Teilabnahmen sind vertraglich nicht vereinbart.

Wie hat die Durchsgebirge AG dieses Fertigungsprojekt nach der Percentage-of-Completion-Methode unter Berücksichtigung latenter Steuern (Steuersatz = 30 %) zu bilanzieren?

Lösung

Nach der Percentage-of-Completion-Methode werden bei ausreichend nachgewiesener Teilfertigstellung die anteiligen Gewinne nach dem Grad der Fertigstellung der zu erbringenden Leistung als realisiert betrachtet. Mit Hilfe des Cost-to-Cost-Verfahrens wird das Gesamtergebnis auf die Perioden der Fertigungsdauer verteilt. Für das Beispiel ergibt das bei einem Gesamtergebnis von 75 Mio. € somit 15 Mio. € pro Jahr. Der Wertansatz der unfertigen Erzeugnisse (95 Mio. € Einzelkosten + 30 Mio. € Gemeinkosten = 125 Mio. €) wird um diesen Erfolgsbeitrag erhöht. Somit erhöht sich die Bilanzposition „Fertigungsaufträge" in jedem Jahr um 140 Mio. €.

Da das Vorratsvermögen jedoch im Vergleich zur deutschen Steuerbilanz um 15 Mio. € zu hoch bewertet ist, sind gleichzeitig passive latente Steuern zu berücksichtigen (15 Mio. € · 0,3 = 4,5 Mio. €). Nach Berücksichtigung latenter Steuern verbleibt damit ein Ergebnisbeitrag von jeweils 10,5 Mio. € in den ersten vier Perioden, der in den Folgeperioden jeweils die Gewinnrücklagen erhöht. In Periode t_5 sind die kumulierten (latenten) Steuerrückstellungen in Höhe von 18 Mio. € aufzulösen. Der nun steuerbilanziell realisierte Gewinn in Höhe von 75 Mio. € ist mit 30 % zu versteuern, so dass sich ein jährlicher Ergebnisbeitrag (nach Steuern) in der IFRS-Gesamtergebnisrechnung von 10,5 Mio. € ergibt. Für den tatsächlich anfallenden Steueraufwand ist insgesamt eine Rückstellung in Höhe von (75 · 0,3 =) 22,5 Mio. € zu bilden. Für die Bilanz und Gesamtergebnisrechnung der Durchsgebirge AG bedeutet dies also:

Bilanz (Percentage-of-Completion-Methode) in Mio. €

	t_1	t_2	t_3	t_4	t_5
Aktiva Roh-, Hilfs- und Betriebsstoffe	-125	-250	-375	-500	-625
Fertigungsaufträge	140	280	420	560	
Ford. aus Lief. und Leistungen					700
Passiva Gewinnrücklagen		10,5	21	31,5	42
Ergebnisbeitrag	10,5	10,5	10,5	10,5	10,5
Latente Steuerschuld	4,5	9	13,5	18	
Steuerrückstellungen					22,5

Gesamtergebnisrechnung (Percentage-of-Completion-Methode) in Mio. €

a) nach Umsatzkostenverfahren

	t_1	t_2	t_3	t_4	t_5
Umsatzerlöse	140	140	140	140	140
Umsatzkosten	-125	-125	-125	-125	-125
Bruttogewinn	15	15	15	15	15
Latenter Steueraufwand	-4,5	-4,5	-4,5	-4,5	+18
Tatsächlicher Steueraufwand					-22,5
Ergebnisbeitrag nach Steuern	10,5	10,5	10,5	10,5	10,5

b) nach Gesamtkostenverfahren

	t_1	t_2	t_3	t_4	t_5
Umsatzerlöse	140	140	140	140	140
Sonst. betriebliche Aufwendungen	-125	-125	-125	-125	-125
Latenter Steueraufwand	-4,5	-4,5	-4,5	-4,5	+18
Tatsächlicher Steueraufwand					-22,5
Ergebnisbeitrag nach Steuern	10,5	10,5	10,5	10,5	10,5

Das Fertigungsprojekt ist in den Perioden t_1 bis t_4 nach dem Umsatzkostenverfahren wie folgt zu buchen:

Sonst. betriebl. Aufwand	*an*	*Roh-, Hilfs- und Betriebsstoffe*	*125*
Unfertige Erzeugnisse	*an*	*sonst. betriebl. Aufwand*	*125*
HK Umsatz	*an*	*Unfertige Erzeugnisse*	*125*
Fertigungsaufträge mit aktivischem Saldo gegenüber Kunden	*an*	*Umsatzerlöse*	*140*
(Latenter) Steueraufwand	*an*	*Passive latente Steuern*	*4,5*

Die Buchungen nach dem Gesamtkostenverfahren lauten in den Perioden t_1 bis t_4:

Sonst. betriebl. Aufwand	*an*	*Roh-, Hilfs- und Betriebsstoffe*	*125*
Fertigungsaufträge mit aktivischem Saldo gegenüber Kunden	*an*	*Umsatzerlöse*	*140*
(Latenter) Steueraufwand	*an*	*Passive latente Steuern*	*4,5*

In Periode t_5 kommt es – mit Ausnahme der Bildung einer passiven latenten Steuer – nach beiden Verfahren zunächst zu denselben Buchungen wie in den Perioden zuvor. Sofern die Bezahlung des Projektes noch aussteht, kommt es zusätzlich zu folgender Buchung:

Forderungen	*an*	*Fertigungsaufträge mit aktivischem Saldo gegenüber Kunden*	*700*

Da der Fertigungsauftrag ausgebucht wird, werden nun die korrespondierenden Steuerrückstellungen, die in den Vorperioden angesammelt worden sind, aufgelöst:

Passive latente Steuern *an* *(Latenter) Steuerertrag* *18*

Der annahmegemäß auch steuerrechtlich relevante Gewinn in Höhe von 75 Mio. € führt zu einem tatsächlichen Steueraufwand von (75 · 0,3 =) 22,5 Mio. €. Ist die Steuerzahlung an das Finanzamt erst in der folgenden Periode fällig, ist schließlich wie folgt zu buchen:

(Tatsächlicher) Steueraufwand *an* *Steuerrückstellung* *22,5*

Modifikation I des Beispiels

Abweichend von der Ausgangssituation steigen die Auftragskosten insgesamt auf 635 Mio. €. Damit sinkt der Gesamtgewinn des Projektes auf 65 Mio. €. Der in Periode t_4 bekannt gewordene Kostenanstieg ist durch eine Erhöhung der Einzelkosten verursacht, die in Periode t_4 und t_5 um jeweils 5 Mio. € steigen. Wie stellt sich dieser Sachverhalt in der Bilanz und Gesamtergebnisrechnung der Durchsgebirge AG dar?

Lösung

Bilanz (Percentage-of-Completion-Methode) in Mio. €

	t_1	t_2	t_3	t_4	t_5
Aktiva Roh-, Hilfs- und Betriebsst.	-125	-250	-375	-505	-635
Fertigungsaufträge	140	280	420	556,69	
Ford. aus Lief. und Leist.					700
Passiva Gewinnrücklagen		10,5	21	31,5	36,18
Ergebnisbeitrag	10,5	10,5	10,5	4,68	9,32
Latente Steuerschuld	4,5	9	13,5	15,51	
Steuerrückstellungen					19,5

Gesamtergebnisrechnung (Percentage-of-Completion-Methode) in Mio. €

a) nach Umsatzkostenverfahren

	t_1	t_2	t_3	t_4	t_5
Umsatzerlöse	140	140	140	136,69	143,31
Umsatzkosten	-125	-125	-125	-130	-130
Bruttogewinn	15	15	15	6,69	13,31
Latenter Steueraufwand	-4,5	-4,5	-4,5	-2,01	+15,51
Tatsächlicher Steueraufwand					-19,5
Ergebnisbeitrag nach Steuern	10,5	10,5	10,5	4,68	9,32

b) nach Gesamtkostenverfahren

	t_1	t_2	t_3	t_4	t_5
Umsatzerlöse	140	140	140	136,69	143,31
Sonst. betriebl. Aufwendungen	-125	-125	-125	-130	-130
Latenter Steueraufwand	-4,5	-4,5	-4,5	-2,01	+15,51
Tatsächlicher Steueraufwand					-19,5
Ergebnisbeitrag nach Steuern	10,5	10,5	10,5	4,68	9,32

Da zunächst von einem geschätzten Gesamtergebnisbeitrag von 75 Mio. € ausgegangen wird, werden auch hier in den ersten drei Perioden jeweils 15 Mio. € (vor Steuern) bzw. 10,5 Mio. € (nach latenten Steuern) als Gewinn ausgewiesen. In Periode t_4 rechnet das Unternehmen mit um 10 Mio. € höheren Gesamtkosten, die sich gleichmäßig über die Perioden t_4 und t_5 verteilen. Daher steigen die Umsatzkosten bzw. die sonstigen betrieblichen Aufwendungen in den Perioden t_4 und t_5 um jeweils 5 Mio. € auf 130 Mio. €. Folglich wird der Gesamtgewinn in Periode t_4 nur noch auf 65 Mio. € geschätzt.

Der Fertigstellungsgrad, der bisher in jedem Jahr um (140 / 700 =) 20 % anstieg, ist deshalb neu zu ermitteln. Nach dem Cost-to-Cost-Verfahren beträgt der neu berechnete Fertigstellungsgrad in Periode t_4 (505 / 635 =) 79,53 %. Der Teilerfolg in Periode t_4 beträgt somit (0,7953 · 65 - 45 =) 6,69 Mio. €. Passive latente Steuern fallen in Höhe von (6,69 · 0,3 =) 2,01 Mio. € an. Damit betragen die Steuerrückstellungen in der Periode t_4 insgesamt (13,5 + 2,01 =) 15,51 Mio. €. Infolge des Kostenanstiegs erhöht sich die Bilanzposition „Fertigungsaufträge" in Periode t_4 um 136,69 Mio. € auf 556,69 Mio. €. In Periode t_5 sind die kumulierten latenten Steuerschulden in Höhe von 15,51 Mio. € aufzulösen. Der nun steuerbilanziell realisierte Gewinn führt zu einem tatsächlichen Steueraufwand von (65 · 0,3 =) 19,5 Mio. €, für den eine entsprechende Rückstellung zu bilden ist, falls die Steuerzahlung erst in der Folgeperiode zu leisten ist.

Modifikation II des Beispiels

Abweichend von der Ausgangssituation steigen die Gesamtkosten nun auf 675 Mio. €, so dass der Gesamtgewinn des Projektes nur noch 25 Mio. € beträgt. Wieder wird der Kostenanstieg erst in Periode t_4 bekannt und ist durch eine Erhöhung der Einzelkosten verursacht, die in Periode t_4 und t_5 um jeweils 25 Mio. € steigen und damit die jeweiligen Umsatzerlöse der Perioden übersteigen.

Lösung

Bilanz (Percentage-of-Completion-Methode) in Mio. €

	t_1	t_2	t_3	t_4	t_5
Aktiva Roh-, Hilfs- und Betriebsst.	-125	-250	-375	-525	-675
Fertigungsaufträge	140	280	420	544,44	
Ford. aus Lief. und Leist.					700
Passiva Gewinnrücklagen		10,5	21	31,5	13,61
Ergebnisbeitrag	10,5	10,5	10,5	-17,89	3,89
Latente Steuerschuld	4,5	9	13,5	5,83	
Steuerrückstellungen					7,5

Gesamtergebnisrechnung (Percentage-of-Completion-Methode) in Mio. €

a) nach Umsatzkostenverfahren

	t_1	t_2	t_3	t_4	t_5
Umsatzerlöse	140	140	140	124,44	155,56
Umsatzkosten	-125	-125	-125	-150	-150
Bruttogewinn	15	15	15	-25,56	5,56
Latenter Steueraufwand	-4,5	-4,5	-4,5	+7,67	+5,83
Tatsächlicher Steueraufwand					-7,5
Ergebnisbeitrag nach Steuern	10,5	10,5	10,5	-17,89	3,89

b) nach Gesamtkostenverfahren

	t_1	t_2	t_3	t_4	t_5
Umsatzerlöse	140	140	140	124,44	155,56
Sonst. betriebl. Aufwendungen	-125	-125	-125	-150	-150
Latenter Steueraufwand	-4,5	-4,5	-4,5	+7,67	+5,83
Tatsächlicher Steueraufwand					-7,5
Ergebnisbeitrag nach Steuern	10,5	10,5	10,5	-17,89	3,89

Erneut wird zunächst von einem geschätzten Gesamtergebnisbeitrag von 75 Mio. € ausgegangen, so dass in den ersten drei Perioden Gewinne von jeweils 15 Mio. € (vor Steuern) bzw. 10,5 Mio. € (nach latenten Steuern) ausgewiesen werden. In Periode t_4 rechnet das Unternehmen aufgrund einer veränderten Schätzung mit um 50 Mio. € höheren Gesamtkosten, die sich annahmegemäß gleichmäßig auf die Perioden t_4 und t_5 verteilen. Daher steigen die Umsatzkosten bzw. die sonstigen betrieblichen Aufwendungen in diesen Perioden um jeweils 25 Mio. € auf 150 Mio. €. Der Kostenanstieg hat somit zur Folge, dass der Gesamtergebnisbeitrag in Periode t_4 nur noch auf 25 Mio. € geschätzt wird. In den ersten drei Perioden sind bereits (3 · 15 =) 45 Mio. € als Gewinn realisiert worden. Aufgrund der neuen Schätzung hätte in jeder Periode jedoch nur ein Teilerfolg von 5 Mio. € ausgewiesen werden dürfen. Der neu berechnete Fertigstellungsgrad beträgt in Periode t_4 nach dem Cost-to-Cost-Verfahren (525 / 675 =) 77,78 %. Der Teilerfolg der Periode t_4 beträgt somit (0,7778 · 25 - 45 =) -25,56 Mio. €. In den Vorperioden gebildete Steuerrückstellungen werden um (25,56 · 0,3 =) 7,67 Mio. € aufgelöst, und es ergibt sich ein Ergebnisbeitrag in Periode t_4 von -17,89 Mio. €.

Teilabrechnungen, Anzahlungen

IAS 11.41 unterscheidet zwischen Teilabrechnungen (progress billings) und Anzahlungen (advances). Teilabrechnungen stellen in Rechnung gestellte Beträge für vertragsgemäß bereits erbrachte (Teil-)Leistungen dar. Teilabrechnungen sind gemäß IAS 11.42-44 zur Ermittlung der Bilanzposition „Fertigungsaufträge mit aktivischem Saldo gegenüber Kunden" (Vermögenswert) bzw. „Fertigungsaufträge mit passivischem Saldo gegenüber Kunden" (Schuld) von den angefallenen Kosten inklusive der ausgewiesenen Gewinne abzuziehen. Sie werden – solange noch nicht beglichen – als Forderungen aus Lieferungen und Leistungen ausgewiesen. Anzahlungen sind Vorauszahlungen des Kunden auf noch nicht erbrachte Leistungen und sind in der Bilanz gesondert auszuweisen. IAS 11 lässt die Position des Ausweises offen. Grundsätzlich erscheint der Ausweis als Verbindlichkeit angemessen[9].

Beispiel 9.8

In Abwandlung des obigen Ausgangsbeispiels 9.7 erhält die Durchsgebirge AG in der Periode t_1 eine Anzahlung in Höhe von 10 Mio. €. In Periode t_2 werden 50 % des Kaufpreises abzüglich der erhaltenen Anzahlung in Rechnung gestellt. Daraus resultieren die folgenden Buchungssätze:

t_1:	*Zahlungsmittel*		*an*	*Erhaltene Anzahlungen*	*10*

Der Fertigungsauftrag wird in Periode t_1 weiterhin mit 140 Mio. € in der Bilanz ausgewiesen.

t_2:	*Forderungen*	*340*			
	Erhalt. Anzahl.	*10*	*an*	*Fertigungsaufträge mit aktivischem Saldo gegenüber Kunden*	*280*
				Fertigungsaufträge mit passivischem Saldo gegenüber Kunden	*70*

9 Vgl. so auch *Küting, K./Reuter, M.*, Erhaltene Anzahlungen in der Bilanzanalyse, in: KoR, 6. Jg. (2006), S. 4-5 m.w.N.

Je nach Interpretation der Forderungen in der Steuerbilanz können latente Steuereffekte entstehen, die aber hier nicht näher betrachtet werden. Die Position „Fertigungsaufträge mit aktivischem Saldo gegenüber Kunden" erhöht sich zunächst durch die Ertragsrealisation um 140 Mio. € auf 280 Mio. €. Die Teilabrechnung in Höhe von 340 Mio. € wird in der Bilanz als Forderung ausgewiesen. Dieser Betrag ist gemäß IAS 11.43 von der Summe aus bis zum Bilanzstichtag angefallenen Auftragskosten und vereinnahmten Gewinnen abzuziehen. Es ergibt sich also ein passivischer Saldo aus dem Fertigungsauftrag: 140 + 140 - 340 - 10 = -70 Mio. €. In Periode t_2 werden somit „Fertigungsaufträge mit passivischem Saldo gegenüber Kunden" in Höhe von 70 Mio. € ausgewiesen.

In den Perioden t_3 bis t_5 werden – wie im Ausgangsbeispiel dargestellt – jedes Jahr Umsatzerlöse in Höhe von 140 Mio. € realisiert. Dadurch löst sich der passivische Saldo in Periode t_3 auf. In Periode t_5 liegt damit ein aktivischer Saldo in Höhe von (-70 + 140 + 140 + 140 =) 350 Mio. € vor. Diese Position ist nun auszubuchen und eine Forderung in derselben Höhe einzubuchen.

t_5:	*Forderungen*	*an*	*Fertigungsaufträge mit aktivischem Saldo gegenüber Kunden*	*350*

4.3.2 Ertragsrealisation bei Vertragserfüllung (modifizierte Completed-Contract-Methode)

Kann das Ergebnis des Fertigungsauftrages z.B. in einem sehr frühen Stadium des Fertigungsprojektes nicht verlässlich geschätzt werden, so ist gemäß IAS 11.32-33 eine Ertragsrealisation nur in Höhe bereits angefallener und durch korrespondierende Erträge wahrscheinlich gedeckter Kosten vorzunehmen. Dieses Vorgehen kann als modifizierte Completed-Contract-Methode bezeichnet werden, weil auch hier bereits während der Produktionsdauer Umsatzerlöse in der Gesamtergebnisrechnung erfasst werden. Dies geschieht allerdings nur in Höhe der Auftragskosten und damit ohne einen Gewinnanteil. Entfallen hingegen zu einem späteren Zeitpunkt die Unsicherheiten, so dass das Ergebnis des Fertigungsauftrages verlässlich geschätzt werden kann, ist nach IAS 11.35 eine anteilige Gewinnrealisierung entsprechend der Percentage-of-Completion-Methode vorzunehmen. Die modifizierte Completed-Contract-Methode nach IFRS unterscheidet sich von der reinen, z.B. nach HGB anzuwendenden Completed-Contract-Methode dadurch, dass bei letzterer die gesamten Umsatzerlöse erst im Zeitpunkt des Gefahrenübergangs ausgewiesen werden (vgl. Abschnitt 4).

Analog zur Gewinnrealisierung nach dem Fertigstellungsgrad sind erwartete Verluste in der Periode, in der sie sich erstmals abzeichnen, vollständig als Aufwand zu erfassen.

Beispiel 9.9

Das Beispiel geht von denselben Ausgangsdaten wie das zur Percentage-of-Completion-Methode (Beispiel 9.7) aus. Es sei nun jedoch angenommen, dass die Schätzungen in allen Perioden als nicht hinreichend sicher einzustufen sind. Damit scheidet eine Gewinnrealisierung nach dem Fertigstellungsgrad aus. Wie ist dieses Fertigungsprojekt nach der modifizierten Completed-Contract-Methode unter Berücksichtigung latenter Steuern zu bilanzieren?

Lösung

Bilanz (modifizierte Completed-Contract-Methode) in Mio. €

	t_1	t_2	t_3	t_4	t_5
Aktiva Roh-, Hilfs- und Betriebsstoffe	-125	-250	-375	-500	-625
Fertigungsaufträge	125	250	375	500	
Ford. aus Lief. und Leistungen					700
Passiva Gewinnrücklagen					
Ergebnisbeitrag					52,5
Steuerrückstellungen					22,5

Gesamtergebnisrechnung
(modifizierte Completed-Contract-Methode) in Mio. €

a) nach Umsatzkostenverfahren

	t_1	t_2	t_3	t_4	t_5
Umsatzerlöse	125	125	125	125	200
Umsatzkosten	125	125	125	125	125
Bruttogewinn					75
Latenter Steueraufwand					
Tatsächlicher Steueraufwand					-22,5
Ergebnisbeitrag nach Steuern					52,5

b) nach Gesamtkostenverfahren

	t_1	t_2	t_3	t_4	t_5
Umsatzerlöse	125	125	125	125	200
Sonstige betriebl. Aufwendungen	125	125	125	125	125
Latenter Steueraufwand					
Tatsächlicher Steueraufwand					-22,5
Ergebnisbeitrag nach Steuern					52,5

Das Fertigungsprojekt ist in den Perioden t_1 bis t_4 nach dem Umsatzkostenverfahren wie folgt zu buchen:

Sonst. betriebl. Aufwand		*an*	*Roh-, Hilfs- und Betriebsstoffe*	*125*
Unfertige Erzeugnisse		*an*	*sonst. betriebl. Aufwand*	*125*
HK Umsatz		*an*	*Unfertige Erzeugnisse*	*125*
Fertigungsaufträge mit aktivischem Saldo gegenüber Kunden		*an*	*Umsatzerlöse*	*125*

In Periode t_5 kommt es zusätzlich zu folgender Buchung:

Forderungen	*700*	*an*	*Umsatzerlöse*	*200*
			Fertigungsaufträge mit aktivischem Saldo gegenüber Kunden	*500*

Der annahmegemäß auch steuerrechtlich relevante Gewinn in Höhe von 75 Mio. € führt zu einem tatsächlichen Steueraufwand von (75 · 0,3 =) 22,5 Mio. €. Falls die Steuerzahlung an das Finanzamt erst in der Folgeperiode zu leisten ist, lautet die resultierende Buchung wie folgt:

(Tatsächlicher) Steueraufwand		*an*	*Steuerrückstellung*	*22,5*

Nach dem Gesamtkostenverfahren lauten die Buchungen in den Perioden t_1 bis t_4:

Sonst. betriebl. Aufwand		*an*	*Roh-, Hilfs- und Betriebsstoffe*	*125*
Fertigungsaufträge mit aktivischem Saldo gegenüber Kunden		*an*	*Umsatzerlöse*	*125*

In Periode t_5 kommt es zu folgenden Buchungen:

Sonst. betriebl. Aufwand		*an*	*Roh-, Hilfs- und Betriebsstoffe*	*125*
Forderungen	*700*	*an*	*Umsatzerlöse*	*200*
			Fertigungsaufträge mit aktivischem Saldo gegenüber Kunden	*500*

Analog zum Umsatzkostenverfahren führt auch hier der steuerrechtlich relevante Gewinn in Höhe von 75 Mio. € zu einem tatsächlichen Steueraufwand von (75 · 0,3 =) 22,5 Mio. €. Im Falle einer Steuerzahlung an das Finanzamt in der Folgeperiode ist damit schließlich folgende Buchung durchzuführen:

(Tatsächlicher) Steueraufwand		*an*	*Steuerrückstellung*	*22,5*

Exkurs

Revenue Recognition Project von IASB und FASB

Wie die vorherigen Beispiele gezeigt haben, ist die Ertragsrealisation in den IFRS bisher noch sehr unterschiedlich und damit wenig konsistent reguliert. Neben den hier dargestellten IAS 18 und IAS 11 sind eine Vielzahl weiterer Standards und Interpretationen für die Ertragsrealisation relevant. Daher hat das IASB – gemeinsam mit dem FASB – im Jahr 2002 das Revenue Recognition Project ins Leben gerufen. Ziel des Projektes ist die einheitliche und verbesserte Erfassung von Erträgen sowohl innerhalb der beiden Rechnungslegungssysteme als auch im Rahmen der angestrebten Konvergenz zwischen IFRS und US-GAAP. Das IASB hat in Zusammenarbeit mit dem FASB hierzu im Juni 2010 den Exposure Draft ED/2010/6 „Revenue from Contracts with Customers" veröffentlicht. Ein finaler Standard wird im Juni 2011 erwartet. Das effektive Anwendungsdatum des neuen Standards wurde noch nicht beschlossen, soll jedoch nach einem separaten Kommentierungsprozess bestimmt werden.

Neuerungen des Standardentwurfs

Der neue Standard soll IAS 18 und IAS 11 ersetzen. Bisher sind die Auswirkungen auf die Praxis durch die im Exposure Draft vorgeschlagenen Änderungen kaum absehbar. Wesentliche Neuerungen sind die vorgeschlagene Abschaffung der Percentage-of-Completion-Methode sowie Änderungen bei der Bilanzierung von Mehrkomponentenverträgen[10].

Contract-based revenue recognition

Der Standardentwurf widmet sich der Bilanzierung von Umsatzerlösen, die aus Verträgen mit Kunden resultieren. Die Vereinnahmung von Umsatzerlösen orientiert sich gemäß dem Standardentwurf an einer Nettobetrachtung von Leistungsverpflichtungen und Ansprüchen des Unternehmens, die sich aus einem Vertrag ergeben (contract-based revenue recognition). Bei Abschluss eines Vertrages haben die daraus resultierenden Ansprüche und Leistungsverpflichtungen einen identischen Wert. Der Ausweis der Ansprüche und Leistungsverpflichtungen erfolgt saldiert, so dass aus dem Abschluss des Vertrages zunächst kein Vermögenswert und auch kein Gewinn oder Verlust resultiert. Erfüllt das bilanzierende Unternehmen eine abgrenzbare Leistungsverpflichtung des Vertrages, übersteigen folglich die sich aus dem Vertrag ergebenden Ansprüche die verbleibenden Leistungsverpflichtungen. Hieraus resultiert ein Vermögenswert (contract asset), dessen Ansatz mit der Vereinnahmung von Umsatzerlösen korrespondiert. Es ist auch denkbar, dass die verbleibenden Verpflichtungen die Ansprüche übersteigen. Dieser Fall würde zum Ansatz einer Schuld führen (contract liability). Das Verfahren kann diverse Schätzungen erforderlich machen. Beispielsweise muss für die Bestimmung der Gesamtvergütung das Kreditrisiko des Kunden und der Barwert der

10 Vgl. *Erchinger H./Melcher W.*, Die Bilanzierung von Umsatzerlösen de lege ferenda (Teil1) in: KoR, 10. Jg. (2010), S. 434-442; *Erchinger H./Melcher W.*, Die Bilanzierung von Umsatzerlösen de lege ferenda (Teil 2), in: KoR, 10. Jg. (2010), S. 488-493; *Wüstemann, J./Wüstemann, S.*, Umsatzerlöse aus Kundenverträgen nach IFRS – Neuausrichtung an der Erfüllung von Verpflichtungen in ED/2010/6, in: BB, 65. Jg. (2010), S. 2035-2040.

erwarteten Zahlungsströme berücksichtigt werden. Objektivierungs- und Ermittlungsprobleme können sich daraus ergeben.

Beispiel

Im folgenden Beispiel wird angenommen, dass ein Küchenhersteller mit einem Kunden zum 31. März die Lieferung einer Küche zum Preis von 15.000 € vereinbart. Der Kunde soll im Monat April den Kaufpreis in Höhe von 15.000 € begleichen. Die Küche wird im Mai geliefert. Im Monat April wird der Geschäftsvorfall wie folgt gebucht:

Bank	*an*	*Schulden aus Kundenverträgen*	*15.000 €*

Nach Lieferung der Küche im Mai wird wie folgt gebucht:

Schulden aus Kundenverträgen	*an*	*Umsatzerlöse*	*15.000 €*

Mehrkomponentenverträge

Für Mehrkomponentenverträge ist eine separate Erfassung für die einzelnen Komponenten vorgesehen, sofern diese eigenständig sind bzw. eigenständige Charakteristika aufweisen. Güter oder Dienstleistungen gelten dann als eigenständig, wenn identische oder ähnliche Güter oder Dienstleistungen von dem gleichen oder einem dritten Unternehmen separat verkauft werden. Eigenständigkeit ist ebenfalls gegeben, wenn das Unternehmen die Güter oder Dienstleistungen verkaufen könnte, weil sie eine eigenständige Funktion besitzen oder in Verbindung mit anderen Gütern oder Dienstleistungen genutzt werden könnten und diesen weiterhin eine eigene Gewinnmarge zugeordnet werden kann. Aufgrund konkretisierender Vorschriften im Exposure Draft wird eine Aufteilung von Mehrkomponentenverträgen in höherem Umfang als bisher erwartet[11].

Fertigungsaufträge

Wesentliche Unterschiede bestehen zu den existierenden Vorschriften für Fertigungsaufträge des IAS 11. Der Exposure Draft schreibt vor, dass ausschließlich in solchen Fällen Umsatzerlöse vereinnahmt werden, in denen ein Transfer von Gütern oder Dienstleistungen stattgefunden hat. Ein Gut oder eine Dienstleistung ist transferiert, wenn der Kunde die Kontrolle (control) über diese erlangt hat. Ein Kunde hat Kontrolle über einen Vermögenswert, wenn er diesen direkt verwenden oder ökonomischen Nutzen aus ihm ziehen und gegebenenfalls Dritte davon ausschließen kann. Insbesondere bei der kundenspezifischen Produktion oder Konstruktion von Gütern ist der Transfer von Gütern oder Dienstleistungen sowie die Frage, ob ein Kontrollübergang bereits während der Leistungserstellung erfolgt, zu prüfen. Von einem Kontrollübergang kann ausgegangen werden, wenn die Werkserstellung auf dem Grund und Boden des Kunden erfolgt oder eine Veränderung an einer im Eigentum des Kunden befindlichen Sache vorgenommen wird[12]. Ist dies nicht

11 Vgl. *Erchinger H./Melcher W.*, Die Bilanzierung von Umsatzerlösen de lege ferenda (Teil 2), in: KoR, 10. Jg. (2010).

12 Vgl. *Wüstemann, J./Wüstemann, S.*, Umsatzerlöse aus Kundenverträgen nach IFRS – Neuausrichtung an der Erfüllung von Verpflichtungen in ED/2010/6, in: BB, 65. Jg. (2010), S. 2035-2040.

der Fall, erfolgt der Kontrollübergang erst nach Vollendung des Vertrages und damit der Fertigstellung der Güter oder Dienstleistungen. Möglich ist jedoch eine Teilabnahme der Güter oder Dienstleistungen, für die ein entsprechender Umsatzerlös zu erfassen wäre. Die vorgeschlagenen Änderungen würden somit eine Abkehr von der Percentage-of-Completion-Methode, hin zur ursprünglichen Teilabnahme bedeuten.

Durch die Erfüllung von Leistungsverpflichtungen entstehende Kosten dürfen, sofern der Ansatz nicht durch einen anderen Standard wie z.B. IAS 2 „Vorräte" geregelt ist, nur unter restriktiven Bedingungen angesetzt werden. Sie müssen der vertraglichen Vereinbarung direkt zugeordnet werden können, Ressourcen für das Unternehmen generieren oder erweitern und erwartungsgemäß wiedereinbringlich sein.

5 Wesentliche Unterschiede zum IFRS for SMEs

Weitgehende Identität

Vorschriften zur Ertragsrealisation finden sich in dem IFRS for SMEs unter IFRS-SME.23. Sie sind im Wesentlichen mit den Vorschriften der IFRS identisch.

Zusammenfassung von Ertragsrealisation und Auftragsfertigung

Jedoch ist in dem IFRS for SMEs kein von den Vorschriften zur Ertragsrealisation getrennter Bereich mit Regelungen für Fertigungsaufträge enthalten. Die Regelungen zu Fertigungsaufträgen fallen gleichermaßen unter den Bereich IFRS-SME.23. Somit wurden in den IFRS for SMEs Regelungen zur Ertragsrealisation und Langfristfertigung, die in den IFRS derzeit separat unter die Regelungsbereiche des IAS 18 und IAS 11 fallen, zusammengefasst. Eine identische Vorgehensweise verfolgt der Standardsetter mit dem Revenue Recognition Project, welches den IAS 18 und den IAS 11 zukünftig auch für die „full" IFRS durch einen neuen Standard ersetzen soll.

6 Wesentliche Unterschiede zum HGB

Unterschiede zum HGB

Auch wenn das HGB keine vergleichbar detaillierten Regeln für die Ertragsrealisation bereithält, hat sich in den Grundsätzen ordnungsmäßiger Buchführung (GoB) eine grundsätzlich ähnliche Vorgehensweise herausgebildet[13]. Folgende Unterschiede erscheinen jedoch wesentlich:

- Nach HGB gibt es keine Möglichkeit zur anteiligen Gewinnrealisierung bei periodenübergreifenden Dienstleistungsverträgen. Stattdessen ist ein den Aufwand übersteigender Ertrag erst zu realisieren, wenn die Dienstleistung vollständig erbracht wurde. In den Vorperioden werden keine Umsatzerlöse reali-

13 Vgl. m.w.N. *Ordelheide/Böckem*, IAS-Kommentar, IAS 18, Tz. 98.

siert, stattdessen wird das laufende Dienstleistungsprojekt im Umlaufvermögen aktiviert. Eventuell erhaltene Anzahlungen werden passivisch abgegrenzt. Auch nach dem BilMoG gibt es keine Sonderregelung für Fertigungsaufträge. Die Begründung des Gesetzgebers liegt in dem Verstoß der Percentage-of-Completion-Methode gegen das Realisationsprinzip[14].

- Gemäß den GoB ist ein Ertrag aus der Lieferung eines Gutes erst zu realisieren, wenn der korrespondierende Zufluss quasi-sicher ist. Dies lässt weniger Spielraum für die Entscheidung, wann ein aus einem Güterverkauf resultierender Ertrag zu erfassen ist.

E-DRS 17

Der DSR veröffentlichte im Mai 2002 einen E-DRS 17 „Erlöse", der sich inhaltlich relativ eng an IAS 18 und IAS 11 orientiert. Die Verabschiedung eines endgültigen DRS ist indes nicht mehr geplant.

Auftragsfertigung

Vor dem Hintergrund der unterschiedlichen Zielsetzungen von HGB- und IFRS-Rechnungslegung sind unterschiedliche Bilanzierungsvorschriften für Fertigungsaufträge nicht verwunderlich. Nach deutschem Handelsrecht ist eine vorzeitige Gewinnrealisierung grundsätzlich nicht gestattet. Im Sinne des in § 252 Abs. 1 Nr. 4 HGB kodifizierten Realisationsprinzips ist der gesamte Gewinn in dem Geschäftsjahr auszuweisen, in dem das Projekt fertiggestellt und vom Auftraggeber abgenommen wird (Completed-Contract-Methode). In den vorherigen Perioden sind die Herstellungskosten, die im Rahmen der langfristigen Fertigung anfallen, unter den unfertigen Erzeugnissen im Vorratsvermögen zu aktivieren. Dadurch entstehen in der Bilanz negative Erfolgsbeiträge (Auftragszwischenverluste) in Höhe der nicht aktivierten Kostenbestandteile der Periode. Insbesondere bei einer Aktivierung zur Herstellungskostenuntergrenze können während des Fertigungszeitraumes stille Reserven gelegt werden. In der Periode der Abnahme des Projektes kommt es dann zu einem sprunghaften Gewinnausweis.

Diese Bilanzierungsweise ist Ausdruck des nach HGB im Vordergrund stehenden Gläubigerschutz- und Kapitalerhaltungskonzepts, das eine Ausschüttung unrealisierter Gewinne konsequent verhindern soll. Darüber hinaus zeigt sich darin auch die stärkere Bedeutung des Vorsichtsprinzips im Vergleich zu den IFRS, welche die vergleichbare Erfolgsermittlung stärker gewichten.

Das folgende Beispiel greift erneut den aus Beispiel 9.7 bekannten Sachverhalt auf und verdeutlicht die Abbildung desselben Sachverhaltes nach der (reinen) Completed-Contract-Methode.

Beispiel 9.10

In Deutschland sind gemäß dem in § 252 Abs. 1 Nr. 4 HGB kodifizierten Realisationsprinzip angeschaffte bzw. selbsterstellte Leistungen bis zum Zeitpunkt des Verkaufs höchstens mit ihren Anschaffungs- bzw. Herstellungskosten in der Bilanz anzusetzen. In diesem Beispiel wird davon ausgegangen, dass die Aktivierung der unfertigen Erzeugnisse in der Bilanz gemäß § 255

14 Vgl. BilMoG-RegE, S. 38.

Abs. 2 HGB in Höhe sämtlicher aktivierungsfähiger Aufwendungen (Vollkosten) erfolgt. Erst zum Zeitpunkt des Verkaufs, im fünften Jahr, erfolgt die GuV-wirksame Erfassung des Auftrages:

Bilanz (Completed-Contract-Methode) in Mio. €

	t_1	t_2	t_3	t_4	t_5
Aktiva Roh-, Hilfs- und Betriebsstoffe	-125	-250	-375	-500	-625
Fertigungsaufträge	125	250	375	500	
Ford. aus Lief. und Leistungen					700
Passiva Gewinnrücklagen					
Ergebnisbeitrag					52,5
Steuerrückstellungen					22,5

Gesamtergebnisrechnung (Completed-Contract-Methode) in Mio. €

a) nach Umsatzkostenverfahren

	t_1	t_2	t_3	t_4	t_5
Umsatzerlöse					700
Herstellungskosten des Umsatzes					625
Bruttoergebnis vom Umsatz					75
Latenter Steueraufwand					
Tatsächlicher Steueraufwand					-22,5
Ergebnisbeitrag nach Steuern					52,5

b) nach Gesamtkostenverfahren

	t_1	t_2	t_3	t_4	t_5
Umsatzerlöse					700
Erhöhung (+) oder Verminderung (-) des Bestands an fertigen und unfertigen Erzeugnissen	+125	+125	+125	+125	-500
Sonstige betriebl. Aufwendungen	125	125	125	125	125
Latenter Steueraufwand					
Tatsächlicher Steueraufwand					-22,5
Ergebnisbeitrag nach Steuern					52,5

Nach dem Umsatzkostenverfahren ist das Fertigungsprojekt in den Perioden t_1 bis t_4 wie folgt zu buchen:

Sonst. betriebl. Aufwand	*an*	*Roh-, Hilfs- und Betriebsstoffe*	*125*
Unfertige Erzeugnisse	*an*	*sonst. betriebl. Aufwand*	*125*

In Periode t_5 kommt es zusätzlich zu folgenden Buchungen:

Herstellungskosten des Umsatzes	*an*	*unfertige Erzeugnisse*	*625*
Forderungen	*an*	*Umsatzerlöse*	*700*

Nach dem Gesamtkostenverfahren lauten die Buchungen in den Perioden t_1 bis t_4:

Sonst. betriebl. Aufwand	*an*	*Roh-, Hilfs- und Betriebsstoffe*	*125*
Unfertige Erzeugnisse	*an*	*Bestandserhöhung*	*125*

In Periode t_5 kommt es schließlich zu folgenden Buchungen:

Sonst. betriebl. Aufwand	*an*	*Roh-, Hilfs- und Betriebsstoffe*	*125*
Bestandsminderung	*an*	*unfertige Erzeugnisse*	*500*
Forderungen	*an*	*Umsatzerlöse*	*700*
(Tatsächlicher) Steueraufwand	*an*	*Steuerrückstellung*	*22,5*

Sofern die Vertragsgestaltung schon während der Fertigungsdauer Zahlungen an das produzierende Unternehmen vorsieht, sind diese in Höhe des tatsächlichen Zahlungseingangs auf der Passivseite der Bilanz unter die erhaltenen Anzahlungen zu buchen. Eine Forderung für eventuell noch ausstehende Zahlungen entsteht nicht.

Bei einer Bilanzierung der unfertigen Erzeugnisse zu den ausschließlich aktivierungspflichtigen Einzelkosten gemäß § 255 Abs. 2 HGB entstünden gegebenenfalls noch höhere stille Reserven, die dann erst in der Periode der Ertragsrealisation aufgelöst würden.

7 Wesentliche Unterschiede zu US-GAAP

Viele Einzelfallregeln

Im Gegensatz zu den IFRS gab es nach US-GAAP lange keinen zentralen Standard zur Ertragsrealisation. Stattdessen fand sich über das gesamte Regelwerk verstreut ein schier unüberschaubares Dickicht von Einzelfallregeln. Diese sind nun unter Topic 605 der FASB Accounting Standards Codification zusammengefasst. Unter dieses Topic fallen ferner viele branchenspezifische Regelungen.

Die Grundregel der Ertragsrealisation findet sich in SFAC 5.83 / ASC 605-10-25: Erträge sind anzusetzen, wenn die Gegenleistung realisiert (realized) bzw. realisierbar (realizable) ist und wenn die Leistung praktisch vollständig erbracht (earned) wurde. Auf Basis dieser Grundregel kommt US-GAAP letztlich zu ähnlichen Normen wie IAS 18.

FASB Codification

Aufgrund der vielfältigen Bilanzmanipulationen und Sachverhaltsgestaltungen rund um die Ertragsrealisation, verbunden mit der großen Bedeutung von Umsatzerlösen für die Unternehmensbewertung von Start-Up-Unternehmen, hat die US-amerikanische Börsenaufsichtsbehörde SEC in dem Staff Accounting Bulletin (SAB) 101 „Revenue Recognition in Financial Statements" im Jahr 1999 versucht, die hierzu existierenden US-GAAP zusammenzufassen und zu interpretieren. Auch wenn hierdurch explizit keine neuen US-GAAP geschaffen wurden, so hat SAB 101 doch erhebliche Auswirkungen auf die SEC-berichtspflichtige Unternehmenspraxis entfaltet. SAB 101 wurde durch SAB 104 aktualisiert und letztlich durch die Neustrukturierung der Regelungen in der FASB Accounting Standards Codification ersetzt. Jedoch wurden auch hierbei keine neuen Vorschriften entwickelt. So wird weiterhin davon ausgegangen, dass eine Ertragsrealisation nur dann gerechtfertigt ist, wenn folgende vier Kriterien erfüllt sind (SAB 104, Topic 13, A.1 / ASC 605-10-S99):

- Es liegt ein wirtschaftlich überzeugender Hinweis auf einen Vertragsabschluss vor.
- Die Lieferung hat stattgefunden bzw. die Dienstleistungen wurden erbracht.
- Der vom Käufer zu leistende Preis ist fest oder bestimmbar.
- Die Einbringbarkeit des Kaufpreises ist hinreichend gesichert.

Tendenziell strengere Interpretation des Realisationsprinzips

Auf diesen Kriterien basierend diskutiert der Staff der SEC eine Vielzahl von einzelnen Fällen hinsichtlich ihrer Auswirkung auf die Ertragsrealisation. Auch wenn keine neuen Normen generiert werden, so entsteht doch der Eindruck, als würde der Staff der SEC in SAB 104 / ASC 605-10-S99 die Realisationsprinzipien tendenziell strenger auslegen als das IASC seinerzeit im Anhang von IAS 18. Des Weiteren betont SAB 104 / ASC 605-10-S99, dass Umsatzerlöse in der Regel netto auszuweisen sind, dass also z.B. bei Kommissionsgeschäften der Wert der kommissionierten Ware nicht zu den Umsatzerlösen des letztlich verkaufenden Unternehmens gehört.

Auftragsfertigung

Die Bilanzierungsvorschriften für die Auftragsfertigung sind in den USA in ASC 605-35 „Construction-Type und Production-Type Contracts", vormals ARB No. 45 und SOP 81-1, geregelt und entsprechen weitgehend den IFRS. Ein Unterschied besteht allerdings darin, dass die Completed-Contract-Methode nach US-GAAP dann anzuwenden ist, wenn die Anwendungsvoraussetzungen der Percentage-of-Completion-Methode nicht gegeben sind[15]. Während in sol-

15 In der US-amerikanischen Rechnungslegungspraxis wird die Completed-Contract-Methode allerdings nur selten angewandt. Vgl. dazu *ADS International*, Abschnitt 16: Fertigungsaufträge, Tz. 54 m.w.N.

chen Fällen nach US-GAAP bis zur Fertigstellung keine Ertragsrealisation stattfindet, werden nach IFRS Erträge in Höhe der angefallenen Kosten ausgewiesen.

Auch nach US-GAAP werden Fertigungsaufträge nicht aufgrund der Fertigungsdauer definiert. Ein Hinweis auf eine Projektdauer von mehr als zwölf Monaten findet sich zwar für SEC-berichtspflichtige Unternehmen in Regulation S-X, Rule 5-02.6(d) / ASC 210-10-S99. Allerdings wird dort darauf hingewiesen, dass „long-term contracts" auch Verträge mit kürzerer Laufzeit umfassen können sowie generell solche, die nach der Percentage-of-Completion-Methode bilanziert werden.

IAS 11 ist explizit auch auf Dienstleistungsgeschäfte nach IAS 18.20-28 anzuwenden. Eine entsprechende Vorschrift existiert nach US-GAAP nicht.

Hinsichtlich der Angabepflichten bestehen keine wesentlichen Unterschiede zwischen IFRS und US-GAAP.

Ausgewählte Literatur

Bigus, J., Bilanzierung von langfristigen Fertigungsaufträgen nach IAS 11 und nach HGB, in: WiSt, 34. Jg. (2005), S. 602-606.

Küting, K./Weber, C.-P. /Pilhofer, J., Umsatzrealisation als modernes bilanzpolitisches Instrumentarium im Rahmen des Gewinnmanagements (earnings management) – Analyse vor dem Hintergrund der Fälle Comroad und Xerox, in: FB, 4. Jg. (2002), S. 310-329.

Kümpel, T., Gewinnrealisierung bei langfristiger Fertigung nach deutscher und US-amerikanischer Rechnungslegung, Lohmar u.a. 2000.

Pilhofer, J., Umsatz- und Gewinnrealisation im internationalen Vergleich: Bilanzpolitische Gestaltungsmöglichkeiten nach HGB, US-GAAP und IFRS, Herne et al. 2002.

Wüstemann, J./Wüstemann, S., Umsatzerlöse aus Kundenverträgen nach IFRS – Neuausrichtung an der Erfüllung von Verpflichtungen in ED/2010/6, in: BB, 65. Jg. (2010), S. 2035-2040.

Übungsaufgaben

Aufgabe1:

Die Luag AG verkauft Mittelklassewagen. Käufe können über drei Verträge abgewickelt werden, die für den Verkäufer, abgesehen von einer möglichen Zinskomponente, gleich vorteilhaft sein sollen. Die erste Variante ist die einfache Barzahlung beim Kauf. Alternativ kann auch nach einem Jahr ein Preis in Höhe von 31,5 T€ bezahlt werden. Die dritte Variante ist eine Finanzierung über vier Jahre, bei der jeweils am Jahresende gleich hohe Zahlungen fällig werden.

Andere Autohändler verwenden bei vergleichbaren Transaktionen Finanzierungszinssätze in Höhe von 5 %. Zum 01.01.2010 wird ein Neuwagen verkauft. Wie wäre nach den drei Verträgen in 2010 und Folgejahren zu buchen?

Aufgabe 2:

Der Möbelhersteller Schrank AG verkauft regelmäßig Möbel an diverse Möbelhäuser. Mit den Häusern, zu denen eine gute Geschäftsbeziehung besteht, wurde vereinbart, dass die Ware erst bei Weiterverkauf bezahlt werden muss. Andererseits behält sich die Schrank AG bei Neukunden das Eigentum an der Ware bis zur Zahlung vor. Wie sind solche Vorfälle im Jahresabschluss der Schrank AG zu berücksichtigen, wenn noch kein Weiterverkauf bzw. keine Zahlung erfolgte?

Aufgabe 3:

Die Skypower AG erhält Anfang 2010 einen Auftrag zur Fertigung und Montage von 250 Windkraftanlagen bis Ende 2012. Der vereinbarte Festpreis beträgt 75 Mio. €. Eine Abnahme von Teilleistungen ist nicht vorgesehen. Die Skypower AG trägt bis zur Übergabe das Gesamtfunktionsrisiko. Zur Zwischenfinanzierung wurden rechtlich nicht einklagbare Abschlagszahlungen vereinbart. Der Steuersatz beträgt 30 %. Dem Auftrag liegen zudem folgende Daten zugrunde:

alle Angaben in Mio. €	**2010**	**2011**	**2012**	**Summe**
Herstellungskosten im lfd. Geschäftsjahr zu Vollkosten	17.000	23.000	20.000	60.000
Noch erwartete Herstellungskosten bis zur Fertigstellung	35.000	17.500	—	
Insgesamt erwartete Kosten (Stichtagsschätzung)	52.000	57.500	60.000	
Eingeforderte Abschlagszahlungen	20.000	25.000	30.000	75.000
Zahlungseingänge	15.000	17.500	20.000	52.500

a) Beschreiben Sie die zwei gegensätzlichen Bilanzierungsmethoden für Fertigungsaufträge nach HGB und IFRS. Vergleichen Sie beide Vorgehensweisen hinsichtlich des Zeitpunktes der Ertragsrealisation. Diskutieren Sie die Methoden vor dem Hintergrund der Kriterien Relevanz (relevance) und Verlässlichkeit (reliability).

b) Buchen Sie den geschilderten Vorgang nach HGB und IFRS. Gehen Sie nach IFRS von einer anteiligen Gewinnrealisierung aus und wenden Sie sowohl nach HGB als auch nach IFRS das Umsatzkostenverfahren an.

Kapitel 10
Wertminderung im Anlagevermögen

Ende des Jahres 2010 verkündete die Siemens AG für das vierte Quartal einen Verlust in Millionenhöhe, hauptsächlich verursacht durch hohe Wertminderungen im Anlagevermögen des Medizinsektors[1]. Obwohl auf den ersten Blick kein Anlass zur Freude bestand, zeigte sich Konzernchef Löscher dennoch mit dem Gesamtresultat sehr zufrieden „Wir kommen mit vollem Schwung aus der Krise".

Die verlustbringende Aktion der Siemens AG reflektiert die Anwendung einschlägiger IFRS für die Erfassung von Wertminderungen im Anlagevermögen. Diese Regeln sollen sicherstellen, dass die Aktivseite der Bilanz und folglich das bilanzielle Eigenkapital eines Unternehmens nicht durch unrealistisch hohe Bewertungen aufgebläht werden. Daher ist ein Vermögenswert, dessen tatsächlicher Zeitwert unter den Buchwert sinkt, auf den niedrigeren Wert abzuschreiben. Solche Abwertungen sind verpflichtend vorzunehmen; ein Wahlrecht besteht insoweit also nicht.

Lernziele

Nach dem Studium dieses Kapitels werden Sie
- die bilanzielle Erfassung von Wertminderungen konzeptionell einordnen können,
- in der Lage sein, auf Wertminderungen hindeutende Ereignisse zu erkennen, und
- die für die Messung von Wertminderungen relevanten Wertkonstrukte verstehen und anwenden können.

1 Einleitung

Zweck und bilanztheoretische Einordnung

Die Notwendigkeit, Wertminderungen bei Vermögenswerten zu erfassen, ist eine Konsequenz des aus dem Imparitätsprinzip abgeleiteten Niederstwertprinzips. Das Imparitätsprinzip, nach dem unrealisierte Gewinne und Verluste asymmetrisch zu behandeln sind, gilt sowohl in der Rechnungslegung nach HGB als auch, obwohl in schwächerer Ausprägung, nach IFRS. Während Wertminderungen bei Vermögenswerten sofort zu erfassen sind, lösen unrealisierte Wertsteigerungen über die Anschaffungs- bzw. Herstellungskosten hinaus nicht immer eine entsprechende Zuschreibung aus.

Relevante Normen

Die relevanten Vorschriften für das Erkennen, Messen und bilanzielle Erfassen von Wertminderungen sind über das System der IFRS verstreut. An erster Stelle zu nennen ist IAS 36 „Wertminderung von Vermögenswerten" (Impairment of Assets) in seiner seit dem 31.03.2004 gültigen Fassung. Darüber hinaus regeln zahlreiche Einzelstandards die bilanzielle Erfassung von Wertminderungen bei bestimmten Vermögenswerten (IAS 36.2): Dies sind IAS 2 für Wert-

1 Vgl. Börsenzeitung, Nr. 219 vom 12.11.2010, S. 11 ff., der auch das folgende Zitat entstammt.

minderungen im Vorratsvermögen (vgl. Kapitel 14), IAS 11 bei Fertigungsaufträgen (vgl. Kapitel 9), IAS 12 bei aktivischen latenten Steuern (vgl. Kapitel 8), IAS 19 bei Vermögenswerten aus übergedeckten Pensionsverpflichtungen (vgl. Kapitel 16), IAS 39 bzw. IFRS 9 bei Finanzvermögenswerten (vgl. Kapitel 19), IAS 40 bei als Finanzinvestitionen gehaltenen Immobilien, die zum beizulegenden Zeitwert bewertet werden (vgl. Kapitel 12), IAS 41 bei landwirtschaftlich genutzten biologischen Vermögenswerten, die zum beizulegenden Zeitwert abzüglich der Verkaufskosten bewertet werden, sowie IFRS 4 bei Aktiva aus Versicherungsverträgen. Zudem sind Anlagevermögenswerte, die gemäß IFRS 5 als held for sale klassifiziert sind, aus dem Anwendungsbereich von IAS 36 ausgenommen. Sie werden dem Niederstwerttest des IFRS 5 unterzogen (vgl. Kapitel 27).

Regelungsumfang von IAS 36

Entsprechend der Negativabgrenzung in IAS 36.2 zum Regelungsumfang diverser Einzelstandards ist der Anwendungsbereich von IAS 36 auf die bilanzielle Erfassung von Wertminderungen im Sachanlagevermögen, bei Renditeimmobilien, welche mittels Anschaffungskostenmodell folgebewertet werden, im immateriellen Anlagevermögen einschließlich Goodwill, und bei bestimmten Finanzvermögenswerten begrenzt. Zu den Finanzvermögenswerten, bei denen Wertminderungen nach IAS 36 festzustellen und zu erfassen sind, gehören gemäß IAS 36.4 Anteile an Tochterunternehmen (IAS 27), assoziierten Unternehmen (IAS 28) und Gemeinschaftsunternehmen (IAS 31).

Definition einer Wertminderung

Eine Wertminderung (impairment) liegt vor, wenn der Buchwert eines Vermögenswertes (carrying amount) seinen erzielbaren Betrag (recoverable amount) übersteigt. In Höhe der Differenz zwischen den beiden Wertkonstrukten besteht ein Wertminderungsaufwand (impairment loss; IAS 36.6).

Aufbau von IAS 36

IAS 36 ist wie folgt aufgebaut: Einer Umschreibung des Regelungsziels schließt sich der Anwendungsbereich an (IAS 36.1-5). Zentrale Begriffe werden in IAS 36.6 definiert. Der nachfolgende Abschnitt (IAS 36.7-17) widmet sich der Frage, welche Indikatoren auf eine mögliche Wertminderung hindeuten. Ein großer Teil des Standards legt anschließend fest, wie der dem Buchwert als Vergleichsmaßstab gegenüber zu stellende erzielbare Betrag zu ermitteln ist (IAS 36.18-57). Darauf folgend ist geregelt, wie Wertminderungen zu buchen sind. Hier stellt das IASB zunächst auf die Wertminderung einzelner Vermögenswerte ab (IAS 36.58-64). Anschließend wird der Fall betrachtet, dass ein Vermögenswert nur als Teil einer größeren zahlungsmittelgenerierenden Einheit (ZGE; cash-generating unit) bewertungsfähig ist (IAS 36.65-108). Die Problematik der Wertaufholung ist Gegenstand von IAS 36.109-125. Letztlich folgen Angabepflichten (IAS 36.126-137), Übergangsvorschriften und der Zeitpunkt des Inkrafttretens (IAS 36.139-140F).

2 Auslöser eines Werthaltigkeitstests

Häufigkeit des Werthaltigkeitstests

Die Anwendung des Niederstwertprinzips gemäß IAS 36 erfordert regelmäßige Vergleiche zwischen Buchwert und erzielbarem Betrag von Vermögenswerten, um mögliche Wertminderungen feststellen und mit entsprechenden Wertberichtigungen auf diese reagieren zu können[2]. Theoretisch müssten solche Werthaltigkeitstests (impairment tests) zu jedem Abschlussstichtag für jeden Vermögenswert durchgeführt werden. Da ein solches Erfordernis zu einem unvertretbar hohen Aufwand führen würde, lässt es das IASB aus Wirtschaftlichkeitsgründen i.d.R. dabei bewenden, die Unternehmen fallweise zur Durchführung von Werthaltigkeitstests zu verpflichten.

Jährlicher Test für bestimmte Vermögenswerte

Eine Ausnahme besteht diesbezüglich für immaterielle Vermögenswerte, die noch nicht nutzungsbereit sind oder eine unbestimmte Nutzungsdauer haben. Sie sind ebenso wie ein erworbener Goodwill (Geschäfts- oder Firmenwert) jährlich auf Werthaltigkeit zu untersuchen, unabhängig davon, ob Anzeichen für eine Wertminderung vorliegen (IAS 36.10). Diese Werthaltigkeitsprüfung kann zu einem beliebigen Zeitpunkt innerhalb des Geschäftsjahres stattfinden, vorausgesetzt, sie wird immer zum gleichen Zeitpunkt eines Jahres durchgeführt.

Anlassbezogener Test

Wenn keine jährlichen Werthaltigkeitstests vorgeschrieben sind, wird die Pflicht, einen Vermögenswert auf Wertminderung zu untersuchen, allein durch das Vorliegen bestimmter Indikatoren ausgelöst, die in einer nicht abschließenden Liste aufgeführt sind. Es handelt sich dabei um Ereignisse, deren Eintritt aller Voraussicht nach eine Wertminderung hervorruft, oder die signalisieren, dass eine Wertminderung vorliegen könnte, ohne selbst für diese ursächlich zu sein. IAS 36.9 verlangt, dass an jedem Abschlussstichtag zu überprüfen ist, ob Hinweise auf eine Wertminderung vorliegen. Dies gilt auch für die oben genannten Vermögenswerte, die einer jährlichen Werthaltigkeitsprüfung unterliegen, sofern die jährlich pflichtmäßig durchzuführende Werthaltigkeitsprüfung nicht ohnehin am Abschlussstichtag vorgenommen wird. Liegen letztlich Anzeichen für eine Wertminderung vor, ist ein Werthaltigkeitstest vorzunehmen. Bei der Bestimmung von Indikatoren, die auf eine Wertminderung hindeuten können, werden unternehmensexterne und unternehmensinterne Informationsquellen unterschieden (IAS 36.12-14).

Externe Indikatoren einer Wertminderung

Zu den externen Auslösern eines Werthaltigkeitstests zählen Entwicklungen außerhalb des Unternehmens, beispielsweise

- der unerwartet starke Marktwertrückgang eines Vermögenswertes in der Berichtsperiode, der nicht durch Zeitablauf oder normale Nutzung zu erklären ist,
- nachteilige Veränderungen im Unternehmensumfeld, die bereits eingetreten sind oder mit deren Eintritt in naher Zukunft gerechnet wird,

2 Wenn im Folgenden von „Vermögenswert“ die Rede ist, gelten die Ausführungen analog zu IAS 36.7 gleichfalls für eine Gruppe von Vermögenswerten, die eine zahlungsmittelgenerierende Einheit bildet.

- Erhöhungen von Kalkulationszinssätzen, die für die Ermittlung des erzielbaren Betrages verwendet werden, und
- ein Marktwert-Buchwert-Verhältnis des Unternehmens von weniger als eins.

Interne Indikatoren einer Wertminderung

Weiterhin können unternehmensinterne Hinweise auf die Wertminderung eines Vermögenswertes hindeuten. Hierzu gehören
- Überalterung oder physische Beschädigung,
- nachteilige Änderungen in der Art und Weise, wie ein Vermögenswert (künftig) genutzt wird, beispielsweise aufgrund geplanter Stilllegungen oder Restrukturierungen, und
- Hinweise aus dem internen Berichtswesen auf eine verschlechterte Ertragskraft eines Vermögenswertes, beispielsweise erhöhte Mittelerfordernisse für den Betrieb bzw. die Unterhaltung eines Vermögenswertes oder eine Verringerung der tatsächlichen und/oder erwarteten Rückflüsse aus seiner Nutzung (IAS 36.14).

Wesentlichkeit

Bei der Prüfung der obigen Kriterien ist stets der Wesentlichkeitsgrundsatz zu beachten (IAS 36.15-16). So müssen nachteilige Entwicklungen stets signifikant genug sein, um einen deutlichen Wertverlust des betreffenden Vermögenswertes wahrscheinlich erscheinen zu lassen. Auch ist kein Werthaltigkeitstest nötig, wenn frühere Berechnungen einen deutlichen „Puffer" erkennen ließen, der durch etwaige Negativentwicklungen (noch) nicht aufgezehrt sein dürfte. Es ist ferner denkbar, dass die Werte einzelner Aktiva von einigen der genannten Kriterien generell nicht beeinflusst werden.

Beispiel 10.1

Eine Maschine mit einer Nutzungsdauer von 10 Jahren erzielt jährliche Cashflows von 10 T€. Unter Verwendung eines aus Marktdaten abgeleiteten Kalkulationszinssatzes von 5 % und des Rentenbarwertfaktors, $\frac{(1+i)^n - 1}{i \cdot (1+i)^n}$, resultiert ein erzielbarer Betrag für die Maschine von (10 T€ · 7,72 =) 77,2 T€. Der Buchwert beträgt demgegenüber 15 T€. Marktentwicklungen führen nun dazu, dass der Kalkulationszinssatz auf 10 % steigt.

Lösung

Obwohl diese Zinsänderung den erzielbaren Betrag der Maschine beeinflusst, löst sie keine Pflicht zur Durchführung eines Werthaltigkeitstests aus. Der bisherige erzielbare Betrag übersteigt den Buchwert so deutlich, dass auf den ersten Blick sichtbar ist, dass der sich nach Zinsänderung ergebende erzielbare Betrag (10 T€ · 6,14 =) 61,4 T€ nach wie vor über dem Buchwert liegt.

3 Quantifizierung einer Wertminderung

3.1 Erzielbarer Betrag

Vergleich zweier Wertkonstrukte

Beim Werthaltigkeitstest ist der Buchwert des betreffenden Vermögenswertes mit seinem erzielbaren Betrag zu vergleichen. Übersteigt der Buchwert den erzielbaren Betrag, liegt eine Wertminderung vor. Folglich ist eine Abschreibung auf den erzielbaren Betrag vorzunehmen. Der erzielbare Betrag ist gemäß IAS 36.6 definiert als der höhere der beiden Beträge aus

- beizulegendem Zeitwert abzüglich der Verkaufskosten (fair value less costs to sell): Betrag, der aus der Veräußerung des Vermögenswertes zu Marktbedingungen zwischen sachverständigen, vertragsbereiten Parteien erzielbar wäre, abzüglich der Verkaufskosten; und
- Nutzungswert (value in use): Barwert der geschätzten, künftig erwarteten Cashflows aus fortgesetzter Nutzung und anschließendem Verkauf des Vermögenswertes.

Konkretisierung

Die Konkretisierung des erzielbaren Betrages durch die Wertkonstrukte des beizulegenden Zeitwertes abzüglich der Verkaufskosten und des Nutzungswertes verfolgt das Ziel, jedem Vermögenswert, unabhängig von der Art seiner Nutzung und von seinen konkreten Eigenschaften, einen angemessenen Wert zuordnen zu können. Die simultane Betrachtung dieser beiden Werte folgt dem Gedanken, dass sich einem Unternehmen hinsichtlich eines Vermögenswertes stets die Alternativen Veräußerung oder Eigennutzung bieten. Zum einen wird deshalb der absatzmarktorientierte beizulegende Zeitwert abzüglich der Verkaufskosten herangezogen, der die Rückflüsse aus einer hypothetischen Transaktion zwischen fremden Dritten widerspiegelt. Da die unter IAS 36 fallenden Vermögenswerte jedoch in der Regel dauerhaft vom Unternehmen selbst genutzt werden, ist zum anderen der Nutzungswert relevant, sofern er den beizulegenden Zeitwert abzüglich der Verkaufskosten übersteigt. Der Nutzungswert ist der Barwert der Cashflows aus der künftigen Nutzung in dem jeweiligen Unternehmen und dem späteren Abgang und stellt somit einen unternehmensindividuellen Wert dar. So wird beispielsweise für eine eigens auf das Unternehmen abgestimmte Fertigungsanlage am Markt kaum mehr als ein Schrottwert zu erzielen sein, obwohl der unternehmensinterne Nutzungswert möglicher Weise deutlich höher eingeschätzt wird. Da unterstellt wird, dass ein Unternehmen jeweils die beste Verwendungsmöglichkeit für einen Vermögenswert wählt, ist auf den höheren der beiden dargestellten Werte abzustellen.

Beispiel 10.2

Der Richman AG liegt ein Kaufangebot für eines ihrer Grundstücke in Höhe von 250 T€ vor. Alternativ könnte sie dieses bei einem aus Marktdaten abgeleiteten Kalkulationszinssatz von 5 % auch weiterhin für jährliche Nettozahlungsüberschüsse von 10 T€ dauerhaft selbst nutzen.

Lösung
Beim Werthaltigkeitstest ergibt sich für das Grundstück folglich ein erzielbarer Betrag in Höhe von 250 T€, denn der beizulegende Zeitwert abzüglich der Verkaufskosten übersteigt hier den Nutzungswert von (10 T€ / 0,05 =) 200 T€.

Ausnahmen

In Einzelfällen ist lediglich die Ermittlung einer der beiden Wertansätze sachgerecht. So kann beispielsweise für Vermögenswerte, deren kurzfristige Veräußerung geplant ist, und die folglich keine Cashflows aus fortgesetzter Nutzung mehr generieren werden, der Nutzungswert irrelevant sein. In diesem Fall wird der erzielbare Betrag ohne weitere Prüfung dem beizulegenden Zeitwert abzüglich der Verkaufskosten gleichgesetzt (IAS 36.21).

3.2 Beizulegender Zeitwert abzüglich der Verkaufskosten

Hierarchie

Für die Ermittlung des beizulegenden Zeitwertes abzüglich der Verkaufskosten hat das IASB eine Hierarchie möglicher Informationsquellen mit abnehmender Relevanz und Verlässlichkeit entwickelt (IAS 36.25-27). Hierdurch soll erreicht werden, dass dieser fair value gleichermaßen informativ sowie nachprüfbar und objektivierbar ist.

1. Idealerweise soll auf einen vereinbarten Verkaufspreis aus einem zu Marktbedingungen bereits verbindlich geschlossenen Kaufvertrag (arm's length transaction) abgestellt werden (mark to market).
2. Liegt ein solcher (noch) nicht vor, so ist bei auf aktiven Märkten gehandelten Vermögenswerten ein möglichst aktueller Marktpreis heranzuziehen. Gemäß IAS 36.6 ist ein aktiver Markt durch homogene Güter, jederzeitige Handelbarkeit und öffentliche Preisbildung gekennzeichnet (mark to market).
3. Existiert auch kein aktiver Markt für den betreffenden Vermögenswert, so sollen die besten anderweitig verfügbaren Informationen herangezogen werden, um den Betrag, der aus der Veräußerung des Vermögenswertes zu Marktbedingungen zwischen sachverständigen, vertragsbereiten Parteien erzielbar wäre, zu schätzen. Hierbei sind auch vergangene Veräußerungen vergleichbarer Vermögenswerte innerhalb derselben Branche zu berücksichtigen. Zwangs- oder Liquidationsverkäufe sind aber nur dann repräsentativ, wenn das Management auf einen sofortigen Verkauf angewiesen ist. In der Praxis wird bei fehlendem aktiven Markt auch häufig ein Bewertungsmodell und damit ein Barwertkalkül zur Ermittlung des beizulegenden Zeitwertes herangezogen (mark to model). Durch diese Vorgehensweise können die für die Bestimmung des Nutzungswertes geltenden Restriktionen (s. unter 3.3) umgangen werden.

Abzug von Veräußerungskosten

Die Bezeichnung dieses Wertkonstruktes zeigt, dass Veräußerungskosten (costs of disposal) von dem geschätzten Veräußerungspreis abzuziehen sind. Hierauf wird in IAS 36 mehrfach hingewiesen. IAS 36.28 nennt beispielhaft Rechtsberatungskosten, Transaktionssteuern und direkt zurechenbare Aufwendungen, um den Vermögenswert verkaufsbereit zu machen. Nicht einzubeziehen sind demgegenüber Abfindungen und sonstige Aufwendungen, die aus Restrukturierungsmaßnahmen nach der Veräußerung eines Vermögenswertes folgen. Veräußerungskosten, die bereits Gegenstand einer passivierten Verbindlichkeit oder Rückstellung sind, bleiben ebenfalls unberücksichtigt.

Ermittlungsschema

Zusammengefasst lässt sich die Ermittlung des beizulegenden Zeitwertes abzüglich der Verkaufskosten damit wie folgt darstellen:

Veräußerungspreis (aus Kaufvertrag, aktivem Markt oder besten verfügbaren Informationen abgeleitet)
– Veräußerungskosten (direkt zurechenbar)
= **beizulegender Zeitwert abzüglich der Verkaufskosten**

Beispiel 10.3

Der Richman AG liegt ein Kaufangebot für eines ihrer Grundstücke in Höhe von 250 T€ vor. Durch Vertragsabschluss und -abwicklung entstünden ihr direkt zurechenbare Rechtsanwalts- und Notargebühren in Höhe von 5 T€. Somit ergibt sich ein beizulegender Zeitwert abzüglich der Verkaufskosten von 245 T€.

3.3 Nutzungswert

Elemente

Der Nutzungswert als Barwert der aus einem Vermögenswert erwarteten Cashflows setzt sich gemäß IAS 36.31 aus künftig erwarteten Cashflows aus Nutzung und Abgang sowie einem angemessenen Diskontierungszins zusammen. Diese beiden Elemente werden in IAS 36.33 ff. bzw. IAS 36.55 ff. näher erläutert, um bilanzpolitisch nutzbare Ermessensspielräume bei der Barwertermittlung möglichst zu begrenzen.

Grundlagen für die Schätzung von Cashflows

Die Vorschriften zur Cashflow-Ermittlung sind geprägt vom Bestreben des IASB, diese subjektiven Werte durch auf den ersten Blick restriktiv anmutende Regeln zu objektivieren. So sollen die der Cashflow-Prognose zugrunde liegenden Annahmen vernünftig und vertretbar sein und die bestmöglichen Schätzungen des Managements über die relevanten, im Verlauf der Nutzungsdauer des Vermögenswertes vorherrschenden wirtschaftlichen Bedingungen widerspiegeln. Prognosen sollen zudem aktuell sein und einen Detailprognosezeitraum von fünf Jahren nicht überschreiten. Jedoch dürfen längere Zeiträume verwendet werden, wenn sich dies rechtfertigen lässt, beispielsweise bei langfristigen Lizenzen oder sonstigen Verträgen. Für den dem Detailprognosezeitraum nachgelagerten Restwert soll von einer gleich bleibenden oder rückläufigen Wachstumsrate ausgegangen werden. Von dieser Regel darf nur dann abgewichen werden, wenn eine steigende Wachstumsrate vertretbar ist. Keinesfalls soll diese jedoch das relevante, in der Vergangenheit langfristig gemessene Durchschnittswachstum überschreiten, es sei denn, eine höhere Wachstumsrate lässt sich rechtfertigen. Ob die hier zum Ausdruck kommenden Bestrebungen des IASB, den Ermessensspielraum des Managements einzuengen, erfolgreich sein werden, ist zu bezweifeln[3].

Zusammensetzung der Cashflows

In die Cashflow-Prognosen sind erwartete Einzahlungen aus der laufenden Nutzung des Vermögenswertes, notwendige und dem Vermögenswert einzeln oder zumindest über nachvollziehbare Schlüsselungen zurechenbare erwartete Auszahlungen sowie erwartete Zahlungen anlässlich seines Abgangs einzubeziehen (IAS 36.39). Je nachdem, ob der Diskontierungszinssatz inflationsbereinigt ist oder nicht, sind entweder reale oder nominale Cashflows zu verwenden. Bei den Prognosen sind ausschließlich der derzeitige Zustand des Vermögenswertes sowie künftige Erhaltungsmaßnahmen zu berücksichtigen. Die (erhofften) Effekte künftig geplanter Erweiterungen oder Restrukturierungen sind nicht einzubeziehen (IAS 36.44). Weiterhin soll die Cashflow-Ermittlung – konsistent mit der nachfolgend beschriebenen Festlegung des Diskontierungszinses – vor Steuern erfolgen und Zahlungen aus Finanzierungstätigkeit ausklammern (IAS 36.50). Die Zahlungen aus dem Abgang des Vermögenswertes am Ende seiner Nutzungsdauer sind – wie bei der Ermittlung des beizulegenden Zeitwertes abzüglich der Verkaufskosten – unter der Annahme einer Transaktion zu Marktbedingungen zwischen sachverständigen, vertragsbereiten Parteien zu schätzen. Veräußerungskosten sind wiederum abzuziehen (IAS 36.52). Generell sind künftige Cashflows in der jeweiligen Landeswährung, in der sie voraussichtlich generiert werden, zu prognostizieren und mit einem entsprechenden Zins zu diskontieren. Der solchermaßen ermittelte Barwert ist dann mit dem aktuellen Devisenkassakurs in die Berichtswährung umzurechnen.

Diskontierungszins

Der Diskontierungszins muss mit den prognostizierten Cashflows konsistent sein, damit es nicht zu einer Doppelerfassung oder Vernachlässigung bestimmter Effekte wie Steuern, Risiken oder Inflation kommt. IAS 36.55 legt hierzu fest, dass ein Vorsteuerzins zu verwenden ist, der um die dem Vermögenswert inhärenten Risiken adjustiert werden muss. Klarstellend wird hinzugefügt, dass sich die im Zinssatz berücksichtigten Risiken nicht erneut in den Cashflows widerspiegeln dürfen. Bei der Ermittlung des angemessenen Diskontierungszinses soll sich das Unternehmen, soweit verfügbar, an beobachtbaren Marktrenditen oder an den Kapitalkosten vergleichbarer Unternehmen orientieren. Ziel ist es dabei, eine Verzinsung zu ermitteln, die ein Anleger für eine Investition in den betreffenden Vermögenswert fordern würde. Diese setzt sich zusammen aus einem

3 Die Studie von *Pellens, B. et al.*, Goodwill Impairment Test – ein empirischer Vergleich der IFRS- und US GAAP-Bilanzierer im deutschen Prime Standard, in: BB, 60. Jg. (2005), Beilage 10 zu Heft 39, S. 10-18, weist nach, dass die Praxis bezüglich der Anwendung von IAS 36 auf den Werthaltigkeitstest des Goodwills sehr uneinheitlich vorgeht.

risikolosen Zins als Vergütung für die Überlassung von Kapital im Zeitablauf (time value of money) und aus einer Prämie für die Übernahme des dem Vermögenswert inhärenten Risikos. Bei der Herleitung eines angemessenen Zinssatzes kann das Unternehmen als Basis seine eigenen Kapitalkosten zu Grunde legen[4].

Beispiel 10.4

Die im Tunnelbau tätige Maulwurf GmbH hat für besonders hartes Gestein einen speziellen Bohrkopf entwickelt, dessen patentrechtlich geschützte Technologie sie in Höhe der Entwicklungsauszahlungen aktiviert hat. Im Rahmen der Jahresabschlusserstellung zum 31.12.2010 soll dieser immaterielle Vermögenswert (Buchwert: 300 T€) aufgrund einer veränderten Marktsituation einem Werthaltigkeitstest unterzogen werden. Da kein aktiver Markt für ein solches Patent existiert und der Maulwurf GmbH keine verlässliche Schätzung eines Veräußerungspreises möglich erscheint, soll der Nutzungswert als erzielbarer Betrag im Rahmen des Werthaltigkeitstests herangezogen werden.

Über die verbleibende fünfjährige Nutzungsdauer der Technologie werden folgende Einzahlungen erwartet: Für das Jahr 2011 wird von 100 T€ ausgegangen. Für die beiden Folgejahre werden Einzahlungssteigerungen von jeweils 10 % prognostiziert. Anschließend wird von unveränderten Einzahlungen ausgegangen. Jährlich fallen Verwaltungsaufwendungen von 6 T€ an, zudem wird die im Jahr 2013 fällige Verlängerung des Patentschutzes voraussichtlich 10 T€ kosten. Der Diskontierungszins beträgt 15 % vor Steuern.

Lösung

Jahr	Einzahlungen	Auszahlungen	Cashflow	Diskontierungsfaktor	Barwert
2011	100 T€	6 T€	94 T€	$1 / 1{,}15 = 0{,}87$	81,74 T€
2012	110 T€	6 T€	104 T€	$(1 / 1{,}15)^2 = 0{,}76$	78,64 T€
2013	121 T€	16 T€	105 T€	$(1 / 1{,}15)^3 = 0{,}66$	69,04 T€
2014	121 T€	6 T€	115 T€	$(1 / 1{,}15)^4 = 0{,}57$	65,75 T€
2015	121 T€	6 T€	115 T€	$(1 / 1{,}15)^5 = 0{,}50$	57,18 T€
Summe der Barwerte					352,35 T€

Der Nutzungswert der Technologie der Maulwurf GmbH, der als erzielbarer Betrag im Rahmen des Werthaltigkeitstests ermittelt werden muss, ergibt sich als Summe der diskontierten Cashflows in Höhe von 352,35 T€. Dieser liegt über dem Buchwert am Bilanzstichtag, so dass keine Wertminderung vorliegt.

4 Weitere Konkretisierungen hinsichtlich der Bestimmung des Nutzungswertes finden sich in Anhang A zu IAS 36.

4 Bilanzielle Erfassung einer Wertminderung

Wertminderungsaufwand

Eine Wertminderung liegt vor, wenn der Buchwert eines Vermögenswertes seinen erzielbaren Betrag überschreitet. In Höhe der Differenz zwischen den beiden Werten ist ein Wertminderungsaufwand zu buchen.

Buchung

Dies kann in unterschiedlicher Weise geschehen (IAS 36.59-60):

- Grundsätzlich schreibt IAS 36 eine GuV-wirksame Erfassung vor, die (unter Vernachlässigung etwaiger latenter Steuern) wie folgt gebucht wird:
  Wertminderungsaufwand *an* *Vermögenswert*

- Demgegenüber ist bei Vermögenswerten, die gemäß einem anderen IFRS (etwa IAS 16) zum Neubewertungsbetrag bilanziert sind, eine zuvor im sonstigen Ergebnis erfasste Wertsteigerung (unter Vernachlässigung etwaiger latenter Steuern) zunächst wie folgt GuV-neutral aufzulösen (vgl. dazu Kapitel 12):
  Sonstiges Ergebnis (OCI) *an* *Vermögenswert*

  Nur eine den GuV-neutral im sonstigen Ergebnis erfassten Betrag übersteigende Wertminderung wäre GuV-wirksam zu erfassen.

Ist der erzielbare Betrag eines Vermögenswertes negativ, so wird der Vermögenswert vollständig abgeschrieben. Eine darüber hinausgehende Schuld ist zu passivieren, sofern dies in einem anderen IFRS, etwa IAS 37, gefordert wird.

Beispiel 10.5

Die Julius AG führt bei zwei Vermögenswerten Werthaltigkeitstests durch:

- Ein Grundstück, bilanziert nach der Neubewertungsmethode in IAS 16, steht derzeit mit einem Neubewertungsbetrag von 250 T€ in der Bilanz. Die ursprünglichen Anschaffungskosten betrugen 120 T€. Auf Grund kürzlich entdeckter Altlasten im Boden wird der erzielbare Betrag von einem Sachverständigen mit 80 T€ beziffert.
- Ein Patent der Julius AG mit einem Buchwert von 500 T€, bilanziert nach der Anschaffungskostenmethode in IAS 38, muss wegen technologischer Neuerungen auf 100 T€ abgeschrieben werden. Seine Restnutzungsdauer beträgt unverändert fünf Jahre ab dem Folgejahr.

Buchungssätze *(latente Steuern werden hier vernachlässigt)*:

Sonstiges Ergebnis (OCI) 130 T€
Wertminderungsaufwand 40 T€ *an* *Grundstück* *170 T€*

Wertminderungsaufwand *an* *Patent* *400 T€*

In den Folgejahren ist das Patent mit jährlichen Beträgen von 20 T€ planmäßig abzuschreiben.

Änderung des Abschreibungsplanes

Bei planmäßig abzuschreibenden Vermögenswerten löst eine Wertminderung eine Änderung des Abschreibungsplanes aus. Der erzielbare Betrag bildet dabei den neuen Buchwert, auf dessen Basis die künftig zu verrechnenden planmäßigen Abschreibungsbeträge ermittelt werden (IAS 36.63).

5 Zahlungsmittelgenerierende Einheit

Wie bereits angedeutet, treten spezielle Fragen auf, wenn für einen einzelnen Vermögenswert kein erzielbarer Betrag separat ermittelt werden kann, weil dieser nur im Verbund mit anderen Vermögenswerten Mittelzuflüsse generiert. In solchen Fällen ist der Werthaltigkeitstest auf die zahlungsmittelgenerierende Einheit (ZGE) zu beziehen, zu der der Vermögenswert gehört (IAS 36.66).

Definition und Abgrenzung einer ZGE

Als ZGE gilt nach IAS 36.6 die kleinste erkennbare Gruppe von Vermögenswerten, die Mittelzuflüsse aus der laufenden Nutzung generieren, welche von denen anderer Einheiten weitgehend unabhängig sind. Eine ZGE kann gemäß der beispielhaften Aufzählung in IAS 36.130 (d) als Produktlinie, Werk, Geschäftstätigkeit, geografischer Bereich oder berichtspflichtiges Segment gemäß IFRS 8 definiert sein. Auf Grund vielfältiger Geschäftsmodelle und aufbauorganisatorischer Entscheidungen eröffnet die Abgrenzung einer ZGE dem Management erhebliche Ermessensspielräume, die bilanzpolitisch genutzt werden können. IAS 36 bietet weitere Anhaltspunkte, um diese Spielräume einzugrenzen. Eine ZGE liegt nach IAS 36.70 immer dann vor, wenn für die von einem Vermögenswert oder einer Gruppe von Vermögenswerten hergestellten Erzeugnisse ein aktiver Markt existiert. Die verwendeten Abgrenzungskriterien für ZGE sind im Zeitablauf stetig anzuwenden, sofern keine abweichende Vorgehensweise gerechtfertigt ist (IAS 36.72).

Bewertung einer ZGE

Für die Ermittlung des erzielbaren Betrages einer ZGE verweist IAS 36.74 auf die Bestimmungen zur Ermittlung des erzielbaren Betrages eines einzelnen Vermögenswertes. Der diesem gegenüber zu stellende Buchwert einer ZGE soll übereinstimmend mit der Vorgehensweise bei der Ermittlung des erzielbaren Betrages festgelegt werden (IAS 36.75). Dementsprechend sind nur die Buchwerte solcher Vermögenswerte einzubeziehen, die der ZGE direkt zugeordnet oder nachvollziehbar auf sie geschlüsselt werden können und deren Cashflows in den erzielbaren Betrag der ZGE eingerechnet wurden[5].

Nicht zurechenbare Vermögenswerte

IAS 36 nennt zwei Kategorien von Vermögenswerten, bei denen ein Werthaltigkeitstest problematisch ist, weil sie erstens nicht separat bewertungsfähig sind und sich zweitens oft nicht willkürfrei einer oder mehreren ZGE zuordnen lassen. Hierbei handelt es sich um den (erworbenen) Goodwill eines Unternehmens

5 In der Bilanz angesetzte Schulden sind dem Buchwert einer ZGE ausnahmsweise dann zuzuordnen, wenn der erzielbare Betrag dieser ZGE nicht ohne Berücksichtigung der entsprechenden Schulden ermittelt werden kann (IAS 36.76).

(IAS 36.80-99; vgl. dazu Kapitel 23) sowie die so genannten gemeinschaftlichen Vermögenswerte (corporate assets), die in IAS 36.100-103 gesondert behandelt werden. Der Goodwill ist deshalb schwierig zuzurechnen, weil er ökonomische Vorteile widerspiegelt, die oftmals aus erwarteten Verbundeffekten mehrerer ZGE entstehen. Bei den gemeinschaftlichen Vermögenswerten handelt es sich demgegenüber um andere Vermögenswerte, die keine unabhängigen Cashflows generieren und sich häufig nicht willkürfrei einem Vermögenswert oder einer ZGE zuordnen lassen, sondern ggf. mehrere ZGE bei der Erwirtschaftung von Cashflows unterstützen (IAS 36.6). Diese Eigenschaften weisen etwa das Verwaltungsgebäude eines Unternehmens oder Geschäftsbereichs, eine zentrale EDV-Ausstattung oder ein Forschungszentrum auf (IAS 36.100).

Schlüsselung erforderlich

Goodwill und gemeinschaftliche Vermögenswerte lassen sich aufgrund ihrer besonderen Eigenschaften nur durch Schlüsselung auf eine oder mehrere ZGE zuteilen. Das Unternehmen legt dabei eine vernünftige und stetige Vorgehensweise fest, nach der diese Aufteilung vorzunehmen ist, und grenzt die ZGE auf der niedrigstmöglichen Aggregationsebene ab. Diese Vorgehensweise ist in zwei Fällen erforderlich: Erstens können Hinweise dafür vorliegen, dass der Goodwill oder ein gemeinschaftlicher Vermögenswert selbst im Wert gemindert sind. Zweitens ist bei jedem Werthaltigkeitstest einer ZGE zu überprüfen, ob in den Buchwert dieser ZGE möglicherweise Teile des Goodwill oder gemeinschaftliche Vermögenswerte einbezogen werden müssen, um eine konsistente Vergleichsebene für erzielbaren Betrag und Buchwert zu erreichen.

Beispiel 10.6

Die Personalverwaltung der Autobau AG erstellt die Lohn- und Gehaltsabrechnungen für die ZGE Polsterei (Buchwert: 1.100 T€), Stanzwerk (Buchwert: 1.700 T€) und Montage (Buchwert: 2.150 T€). Der Buchwert der drei ZGE beträgt damit in der Summe 4.950 T€. Der Buchwert der Personalverwaltung beläuft sich auf 200 T€. Die beizulegenden Zeitwerte abzüglich der Verkaufskosten lassen sich für die drei ZGE nicht bestimmen, so dass deren erzielbare Beträge allein durch den Nutzungswert determiniert werden. Für die einzelnen ZGE wurden die folgenden Cashflows geschätzt:

Jahr	**2011**	**2012**	**2013**	**2014**	**Restwert 2014**
Polsterei	200	200	180	150	1.000
Stanzwerk	150	150	160	170	2.000
Montage	250	270	260	280	2.200

Der aus Marktdaten abgeleitete Diskontierungszins vor Steuern beträgt 15 %. Damit ergeben sich die folgenden diskontierten Cashflows und folglich die Nutzungswerte der ZGE:

Jahr	2011	2012	2013	2014	Restwert 2014	Nutzungswert (Summe)
Polsterei	173,91	151,23	118,35	85,76	571,75	1.101,00
Stanzwerk	130,43	113,42	105,20	97,20	1.143,51	1.589,76
Montage	217,39	204,16	170,95	160,09	1.257,86	2.010,45
						4.701,21

Da die Personalverwaltung aus ihrer Tätigkeit keine eigenständig bewertbaren unabhängigen Cashflows generiert, ist sie als gemeinschaftlicher Vermögenswert den Buchwerten der drei ZGE zuzuschlüsseln. Die Autobau AG hat sich entschlossen, diese Schlüsselung gemäß der Buchwerte der ZGE vorzunehmen. Entsprechend sind die Buchwerte der ZGE um die entsprechenden Umlageanteile des Buchwertes der Personalverwaltung zu adjustieren. Aus dem Vergleich von Nutzungswert und adjustiertem Buchwert der ZGE ergeben sich die entsprechenden Wertminderungen:

	Polsterei	Stanzwerk	Montage
Buchwert	1.100,00	1.700,00	2.150,00
Zuordnungsschlüssel	$200 \cdot \frac{1.100}{4.950} = 44,44$	$200 \cdot \frac{1.700}{4.950} = 68,69$	$200 \cdot \frac{2.150}{4.950} = 86,87$
Adj. Buchwert	1.144,44	1.768,69	2.236,87
Nutzungswert	1.101,00	1.589,76	2.010,45
Wertminderung	43,44	178,93	226,42

Die ermittelten Wertminderungen werden den jeweiligen ZGE und der Personalverwaltung entsprechend ihrer Buchwerte zugeordnet:

	Polsterei	Stanzwerk	Montage
Wertminderung Personalverwaltung	$43,44 \cdot \frac{44,44}{1.144,44} = 1,69$	$178,93 \cdot \frac{68,69}{1.768,69} = 6,95$	$226,42 \cdot \frac{86,87}{2.236,87} = 8,79$
Wertminderung ZGE	$43,44 \cdot \frac{1.100,00}{1.144,44} = 41,75$	$178,93 \cdot \frac{1.700,00}{1.768,69} = 171,98$	$226,42 \cdot \frac{2.150,00}{2.236,87} = 217,63$
Summe	43,44	178,93	226,42

Nach Verteilung der Wertminderung auf die Geschäftseinheiten ergeben sich zum Jahresende somit die folgenden Buchwerte:

	Polsterei	Stanzwerk	Montage	Personalverwaltung
Buchwert 01.01.2010	1.100,00	1.700,00	2.150,00	200,00
Wertminderung	41,75	171,98	217,63	(1,69+6,95+8,79) = 17,43
Buchwert 31.12.2010	1.058,25	1.528,02	1.932,37	182,57

Buchung eines Wertminderungsaufwandes

Die Buchung eines Wertminderungsaufwandes, der bei der Werthaltigkeitsprüfung einer ZGE festgestellt wird, erfolgt analog zur Vorgehensweise bei einzelnen Vermögenswerten. Die Buchwerte der einzelnen Vermögenswerte der ZGE werden hierbei jedoch in einer bestimmten Reihenfolge abgeschrieben (IAS 36.104-108):

1. Eine Wertminderung wird zuerst GuV-wirksam im Goodwill der ZGE erfasst.
2. Ein verbleibender Betrag mindert die übrigen unter IAS 36 fallenden Vermögenswerte der ZGE im Verhältnis ihrer Buchwerte. Dabei ist, wie auch bei der Wertminderung einzelner Vermögenswerte, entweder GuV-wirksam oder GuV-neutral (über das sonstige Ergebnis) zu buchen. Der Buchwert eines Vermögenswertes darf hierbei jedoch nicht unter den höchsten Wert aus beizulegendem Zeitwert abzüglich der Verkaufskosten bzw. seinem Nutzungswert – sofern jeweils bestimmbar – und Null vermindert werden (IAS 36.105).

Untergrenze

Die Untergrenze für den Buchwert eines einer ZGE zugeordneten Vermögenswertes liegt auch dann bei Null, wenn der erzielbare Betrag negativ ist. Probleme entstehen dabei möglicherweise dadurch, dass Werthaltigkeitsprüfungen teilweise gerade deshalb auf das Aggregat ZGE abstellen, weil die einzelnen Vermögenswerte nicht einzeln bewertungsfähig sind. Für diese Fälle bestimmt IAS 36.106 explizit, dass der Wertminderungsbetrag dann über eine „willkürliche Zuordnung" auf die Vermögenswerte der ZGE (außer Goodwill) verteilt wird. Dies sei unproblematisch, weil alle Vermögenswerte der ZGE „zusammenarbeiten". Wenn nach der Abwertung aller Vermögenswerte auf ihre jeweilige Untergrenze weiterer Wertminderungsaufwand verbleibt, so ist in dieser Höhe (nur) dann eine Schuld zu buchen, wenn ein anderer IFRS – etwa IAS 37 – dies verlangt (IAS 36.108).

6 Wertaufholung

Regelmäßige Überprüfung

Bei wertgeminderten Vermögenswerten ist an jedem Abschlussstichtag zu überprüfen, ob eine früher gebuchte Wertminderung noch (in voller Höhe) gerechtfertigt ist oder ob eine Zuschreibung infrage kommt (IAS 36.110). Die hierbei zu berücksichtigenden Indikatoren gleichen spiegelbildlich weitgehend denjenigen, die in IAS 36.12-14 als Hinweise auf eine Wertminderung aufgeführt sind (IAS 36.111-112). So können beispielsweise günstige Veränderungen im Unternehmensumfeld darauf hindeuten, dass eine Wertminderung nicht mehr vorliegt, insbesondere wenn eine solche Entwicklung die ursprüngliche Ursache der Wertminderung in ihr Gegenteil verkehrt hat. Bei der Überprüfung ist auch zu berücksichtigen, ob möglicherweise eine Anpassung des Abschreibungsplans erforderlich ist.

Ermittlung des erzielbaren Betrages

Die Umkehrung (reversal) einer Wertminderung erfolgt spiegelbildlich zur ursprünglichen Abwertung. Wiederum ist der erzielbare Betrag zu ermitteln und dem – durch die Wertminderung verringerten – Buchwert gegenüberzustellen (IAS 36.114). Das Management hat nachzuweisen, dass sich die den erzielbaren Betrag bestimmenden Faktoren, Schätzungen und Bewertungsparameter seit der Wertminderung zum Positiven entwickelt haben. Nicht erlaubt ist hingegen eine Zuschreibung nur aus dem Grund, dass der Nutzungswert eines Vermögenswerts im Zeitablauf steigt, weil die aus seiner Nutzung erwarteten künftigen Cashflows zeitlich näher rücken und sich daher der Zinseszinseffekt weniger stark auswirkt (unwinding of discount; IAS 36.116).

Obergrenze für Wertaufholung

Für die Zuschreibung ist bei Vermögenswerten, die nicht nach der Neubewertungsmethode folgebewertet werden, als Obergrenze derjenige Wert zu beachten, mit dem der Vermögenswert am Abschlussstichtag zu Buche stünde, wenn die ursprüngliche Wertminderung nicht eingetreten wäre (IAS 36.117). Dies bedeutet, dass eventuelle planmäßige Abschreibungen auf den ursprünglichen Buchwert in einem Nebenbuch mitgeführt werden müssen (fortgeführte historische Anschaffungs- oder Herstellungskosten).

Beispiel 10.7

Die Georg AG schreibt ihr Sachanlagevermögen linear über die Nutzungsdauer ab. Bei einer Maschine wurde Ende 2006 ein Wertminderungsaufwand von 180 T€ verbucht. Der Buchwert betrug zu diesem Zeitpunkt 400 T€ (vor Wertminderung) und die Restnutzungsdauer lag bei 10 Jahren. Ende 2010 stellt sich heraus, dass der Grund für die ursprüngliche Wertminderung entfallen ist und der erzielbare Betrag der Maschine jetzt bei 300 T€ liegt. Gemäß IAS 36 ist die Maschine – unter Vernachlässigung latenter Steuern – um (240 - 132 =)108 T€ zuzuschreiben. Dies ergibt sich aus folgender Aufstellung:

Stichtag	Tatsächlicher Buchwert	Buchwert ohne ursprüngliche Wertminderung
Ende 2006	220	400
Ende 2007	198	360
Ende 2008	176	320
Ende 2009	154	280
Ende 2010	132	Obergrenze für Zuschreibung = 240

Buchung der Wertaufholung

Analog zur Buchung der ursprünglichen Wertminderung ist auch bei der bilanziellen Erfassung der Wertaufholung dahingehend zu differenzieren, ob der betreffende Vermögenswert zu fortgeführten Anschaffungs- oder Herstellungskosten oder zum Neubewertungsbetrag, beispielsweise nach IAS 16, zu Buche steht (IAS 36.119). Dementsprechend ist die Wertaufholung entweder nur GuV-wirksam oder zusätzlich GuV-neutral im sonstigen Ergebnis zu erfassen. Nach der Wertaufholung ist wiederum der Abschreibungsplan anzupassen (IAS 36.121).

Wertaufholung bei einer ZGE

Auch bei einer ZGE erfolgt die Wertaufholung spiegelbildlich zur ursprünglichen Wertminderung (IAS 36.122-123). Der Goodwill einer ZGE profitiert von einer Wertaufholung allerdings auch dann nicht, wenn alle anderen Vermögenswerte auf ihre erzielbaren Beträge bzw. auf die oben definierte Höchstgrenze zugeschrieben wurden. Gemäß IAS 36.124 besteht für den Goodwill ein Wertaufholungsverbot, das eine Aktivierung originären Goodwills verhindern soll (vgl. dazu Kapitel 23)[6].

7 Angabepflichten

Wertminderungen und Wertaufholungen

IAS 36.126-137 kodifizieren umfangreiche Angabepflichten im Falle von Wertminderungen und Wertaufholungen. Hierzu zählt für jede homogene Gruppe von Vermögenswerten der Gesamtbetrag aller in der Berichtsperiode GuV-wirksam erfassten Wertminderungen unter Angabe der entsprechenden Position in der Gewinn- und Verlustrechnung. Gleiches gilt für die GuV-neutral gebuchten Wertminderungen sowie jeweils für die GuV-wirksam und die GuV-neutral erfassten Wertaufholungen. Gemäß IAS 36.128 bietet es sich an, diese Informationen als Teil des Anlagespiegels zu präsentieren. Sie sind weiterhin auf die nach IFRS 8 angabepflichtigen Segmente aufzuteilen (IAS 36.129).

Detailangaben

- Bei aus Unternehmensgesamtsicht wesentlichen Wertminderungen und Wertaufholungen sind weitere Details anzugeben. Diese umfassen die jeweiligen

6 In IFRIC 10 „Zwischenberichterstattung und Wertminderungen" legt das IFRIC fest, das für einen in einer vorangegangenen Zwischenperiode erfassten Wertminderungsaufwand eines Goodwills ein Wertaufholungsverbot besteht (IFRIC 10.8).

Gründe, Beträge und bei einzelnen Vermögenswerten deren Art und Zuordnung zu den berichtspflichtigen Segmenten nach IFRS 8.

- Im Falle von Wertminderungen und Wertaufholungen bei ZGE treten der Betrag, eine Beschreibung der ZGE sowie die Art und Weise der Abgrenzung der ZGE, sofern diese sich in der Vergangenheit geändert hat, hinzu.
- Weiterhin ist zu erläutern, ob als erzielbarer Betrag eines Vermögenswertes bzw. einer ZGE sein beizulegender Zeitwert abzüglich der Verkaufskosten oder sein Nutzungswert verwendet wurde. Im ersteren Fall ist dessen Ermittlungsgrundlage anzugeben, beim Nutzungswert der verwendete Diskontierungszins.
- Wenn der Gesamtbetrag der in der Berichtsperiode gebuchten Wertminderungen und Wertaufholungen wesentlich ist, sollen die betroffenen Gruppen von Vermögenswerten sowie die auslösenden Faktoren beschrieben werden.

8 Wesentliche Unterschiede zum IFRS for SMEs

Geringerer Detaillierungsgrad

Die Grundkonzeption des Wertminderungstests entspricht im Wesentlichen den Regelungen nach IAS 36. Lediglich der Detaillierungsgrad einzelner Regeln fällt geringer aus.

Häufigkeit des Wertminderungstests

Ein wesentlicher Unterschied besteht insbesondere bei der Häufigkeit des Werthaltigkeitstests. Während nach IAS 36 bestimmte Vermögenswerte jährlich auf Werthaltigkeit zu untersuchen sind, ist nach dem IFRS for SMEs lediglich eine Prüfung durchzuführen, falls die einschlägigen Indikatoren auf einen bestehenden Abschreibungsbedarf hindeuten (IFRS-SME.27.7).

9 Wesentliche Unterschiede zum HGB

Niederstwertprinzip

Wegen des handelsrechtlichen Niederstwertprinzips sind auch nach HGB regelmäßig Werthaltigkeitsprüfungen durchzuführen.

Im Anlagevermögen: gemildert

Im Anlagevermögen sind gemäß § 253 Abs. 3 HGB außerplanmäßige Abschreibungen auf den am Abschlussstichtag beizulegenden Wert nur dann zwingend vorzunehmen, wenn von einer voraussichtlich dauerhaften Wertminderung ausgegangen werden muss. Ist die Wertminderung hingegen voraussichtlich nur vorübergehend, so besteht im Gegensatz zu den Vorschriften des IAS 36 ein Abschreibungswahlrecht, das jedoch auf Finanzanlagen beschränkt ist.

Beizulegender Wert

Nach § 255 Abs. 4 HGB wird festgelegt, dass der beizulegende Zeitwert grundsätzlich dem Marktpreis entspricht. Nur für den Fall, dass kein aktiver Markt besteht, anhand dessen der Marktpreis ermittelt werden kann, ist der beizulegende Zeitwert mit Hilfe von anerkannten Bewertungsmethoden zu ermitteln. Ist eine Ermittlung auch auf diesem Weg nicht möglich, sind die Anschaffungs- oder Herstellungskosten anzusetzen.

Wertaufholung begrenzt

Eine Wertaufholung ist gemäß § 253 Abs. 5 HGB im Anlagevermögen zwingend vorzunehmen. Ein niedrigerer Wertansatz ist lediglich für einen entgeltlich erworbenen Geschäfts- oder Firmenwert zwingend beizubehalten. Bei der Wertaufholung besteht die Obergrenze in Höhe desjenigen Betrages, mit dem der Vermögensgegenstand zu Buche stünde, wenn die Wertminderung nicht eingetreten wäre, also in Höhe der ggf. um planmäßige Abschreibungen fortgeführten Anschaffungs- oder Herstellungskosten.

10 Wesentliche Unterschiede zu US-GAAP

Unterschiedliche Wertkonzeptionen

Ein wesentlicher Unterschied zu IAS 36 liegt in dem Wertkonstrukt, dem der Buchwert zu Vergleichszwecken im Rahmen des Werthaltigkeitstest gegenübergestellt wird. Eine Wertminderung liegt nach SFAS 144.7 / ASC 360-10-35-17 vor, wenn der Buchwert eines Anlagevermögenswertes oder einer Gruppe solcher Gegenstände den beizulegenden Zeitwert übersteigt. Demgegenüber ist nach IAS 36 als Vergleichswert der erzielbare Betrag relevant. Die Definition des beizulegenden Zeitwertes in SFAS 144.22 / ASC 820-10-35-2 ähnelt der des beizulegenden Zeitwertes abzüglich der Verkaufskosten, wenn auch ein Abzug von Veräußerungskosten nicht vorgesehen ist. Zur Konkretisierung entwirft auch das FASB eine Werthierarchie (SFAS 144.B39 / ASC 820-10-35-37), nach der zunächst auf Marktpreise abzustellen ist. Sind diese nicht zu beobachten, sollen – wie in IAS 36 – die besten verfügbaren Informationen einschließlich Vergleichstransaktionen und Bewertungsverfahren zur Anwendung gelangen. Weil bei der Ermittlung des Nutzungswertes nach IAS 36 das unternehmens- bzw. sogar das vermögenswertspezifische Risiko zu berücksichtigen ist, kann sich der erzielbare Betrag von dem nach US-GAAP barwertorientiert ermittelten beizulegenden Zeitwert unterscheiden, welcher einen weitgehend objektivierten Marktwert darstellen soll. ASC 820-10-35-53-55 bestimmt hierzu, dass die Annahmen und Erwartungen von Marktteilnehmern in die Bewertung einfließen sollen, während das Management seine eigenen Einschätzungen nur dann verwenden soll, wenn Markterwartungen nicht verfügbar sind.

Zweistufiger Test

Ein weiterer deutlicher Unterschied zu IAS 36 besteht in der Konzeption der Werthaltigkeitsprüfung selbst. Während nach IAS 36 bei Vorliegen entsprechender Hinweise sofort eine Gegenüberstellung von Buchwert und erzielbarem Betrag sowie ggf. eine entsprechende außerplanmäßige Abschreibung erfolgt, ist gemäß SFAS 144.7 / ASC 360-10-35-17 zunächst ein sog. recoverability test durchzuführen. Die in SFAS 144.8 / ASC 360-10-35-21 aufgeführten, IAS 36.12-14 ähnlichen Hinweise deuten folglich nicht auf das Vorliegen einer Wertminderung, sondern auf die Möglichkeit einer mangelnden Einbringbarkeit (recoverability) des Buchwertes eines Vermögenswertes hin. Die Einbringbarkeit wird anhand der Summe der undiskontierten Cashflows eines Vermögenswertes bestimmt. Unterschreiten diese den Buchwert, so fehlt es an Einbringbarkeit und das Unternehmen muss den eigentlichen Werthaltigkeitstest durchführen, in dessen Rahmen Buchwert und beizulegender Zeitwert miteinander verglichen werden. Ein etwaiger Wertminderungsaufwand besteht dann in Höhe der Differenz zwischen beiden Werten. Abbildung 10.1 stellt die Vorgehensweisen nach IFRS und US-GAAP einander gegenüber.

Keine Wertaufholung

Im Gegensatz zu den IFRS kennen die US-GAAP, von wenigen Ausnahmen abgesehen, keine Wertaufholung. Stattdessen bildet der Betrag, auf den ein Vermögenswert bei Wertminderung abgeschrieben wird, seine neue cost basis, also die Grundlage für künftige Abschreibungen. Wertaufholungen sind explizit untersagt (SFAS 144.15 / ASC 360-10-35-20).

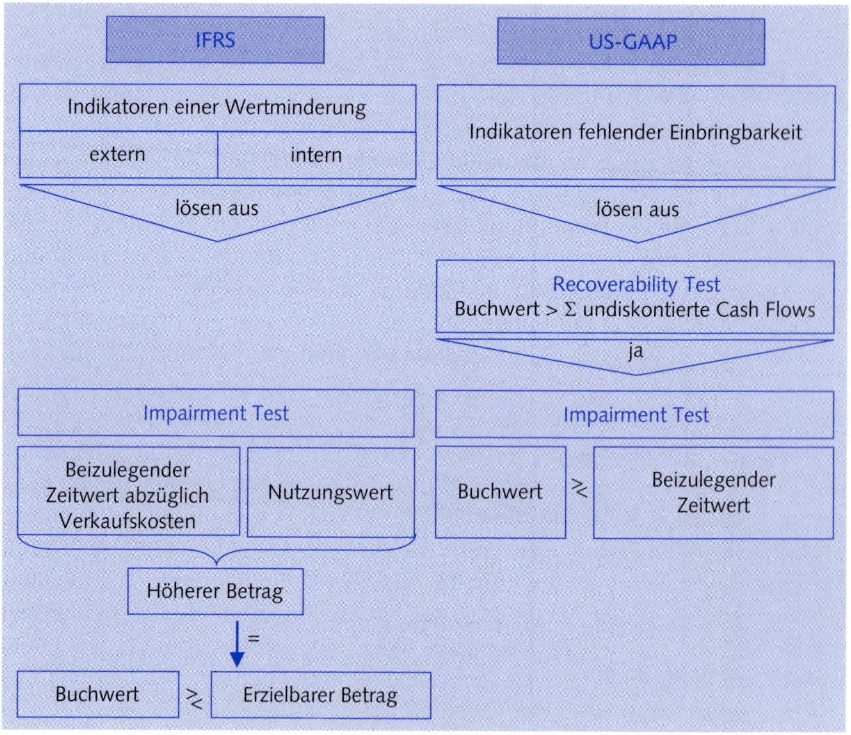

Abb. 10.1: Werthaltigkeitsprüfung nach IFRS und US-GAAP im Vergleich

Ausgewählte Literatur

Beyhs, O., Impairment of Assets nach International Accounting Standards – Anwendungshinweise und Zweckmäßigkeitsanalyse, Frankfurt a. M. u.a. 2002.

Keller, K., Impairment Test, in: DBW, 62. Jg. (2002), S. 111-116.

Hachmeister, Dirk, Impairment-Test nach IFRS und US-GAAP, in: Ballwieser et al. (Hrsg.), Unternehmenskauf nach IFRS und US-GAAP, Stuttgart 2008, S. 229-266.

Übungsaufgaben

Aufgabe 1:

Nach IAS 36 liegt eine Wertminderung vor, wenn der Buchwert eines Vermögenswertes seinen erzielbaren Betrag übersteigt. Beschreiben sie die beiden Konkretisierungen des erzielbaren Betrages und erläutern Sie die konzeptionellen Überlegungen, die ihnen zugrunde liegen.

Aufgabe 2:

Die Inca AG hat am 02.01.2009 zum Kaufpreis von 180 T€ eine Abfüllanlage erworben. Diese wird über sechs Jahre planmäßig abgeschrieben. Ende 2010 zeichnet sich ab, dass die mit der Anlage befüllten 0,33-Liter-Glasflaschen „Inca Cola“ harter Konkurrenz von der in PET-Flaschen verkauften „Aztec Cola“ ausgesetzt ist. Die Absatzerwartungen haben sich demzufolge eingetrübt und die Auslastung der Abfüllanlage droht künftig zu sinken. Die Inca AG schätzt, dass sie aus dem Verkauf der Anlage einen Preis von 105 T€ erzielen kann. Der Abbau und die Versetzung in einen transportfähigen Zustand werden weitere 4 T€ kosten. Für die verbleibende vierjährige Nutzungsdauer der Anlage wird erwartet, dass die Nettoeinzahlungsüberschüsse ausgehend von 40 T€ in 2011 um jeweils 5 T€ pro Jahr fallen werden. Die Inca AG rechnet mit Kapitalkosten von 10 %. Führen Sie für die Abfüllanlage der Inca AG einen Werthaltigkeitstest zum 31.12.2010 und die erforderlichen Buchungen durch.

Aufgabe 3:

Nehmen Sie für die Informationen in Aufgabe 2 an, die Absatzsituation der „Inca Cola" habe sich Ende 2011 weitgehend erholt, so dass der erzielbare Betrag der Abfüllanlage zum 31.12.2011 mit 100 T€ beziffert wird. Nehmen Sie die notwendigen Buchungen vor.

Aufgabe 4:

Der Hauptsitz der Lebowski AG beherbergt Verwaltungsabteilungen, die für die drei ZGE „White Russian" (Buchwert: 3.000 T€), „Sarsaparilla" (Buchwert: 1.200 T€) und „Oat Soda" (Buchwert: 800 T€) tätig sind. Der Buchwert des Gebäudes beträgt 1.500 T€. Die beizulegenden Zeitwerte abzüglich der Verkaufskosten lassen sich für die drei ZGE nicht bestimmen. Der aus Marktdaten abgeleitete Diskontierungszins vor Steuern beträgt 8 %. Für die einzelnen ZGE wurden folgende Cashflows geschätzt:

Jahr	**2011**	**2012**	**2013**	**2014**	**Restwert 2014**
White Russian	400	450	475	500	1200
Sarsaparilla	120	130	140	150	700
Oat Soda	110	110	105	120	300

Führen Sie für die ZGE der Lebowski AG einen Werthaltigkeitstest zum 31.12.2010 durch.

Kapitel 11
Immaterielles Anlagevermögen

Was macht die etwa 135 Mrd. US-$ Marktwert von Coca-Cola aus? Die Abfüllanlagen? Wohl kaum. Schauen wir also in die Bilanz des Geschäftsjahres 2009. Die Bilanzsumme der Coca-Cola Company beträgt 49 Mrd. US-$ und den größten Anteil an dieser Bilanzsumme haben die Betriebsanlagen mit 9,5 Mrd. US-$. Also doch die Abfüllanlagen? Außerdem: Wie kann es sein, dass der Marktwert des Eigenkapitals rund fünfeinhalb Mal so hoch ist wie der Buchwert des Eigenkapitals mit 25 Mrd. US-$? Laut dem von der Markenagentur Interbrand jährlich durchgeführten Markentest beträgt der Wert der Marke Coca-Cola im Jahr 2010 allein ca. 70 Mrd. US-$, also fast das Eineinhalbfache der Bilanzsumme und etwa die Hälfte des Marktwertes. Welchen Wert hat die damit laut Interbrand seit Jahren wertvollste Marke der Welt in der Bilanz? Die Bilanzposition „Trademarks with Indefinite Lives" weist 2009 ca. 6,2 Mrd. US-$ als Teil der immateriellen Vermögenswerte aus.

Dieses Beispiel macht deutlich, dass dem Ansinnen, auf der Aktivseite der Bilanz sämtliche Vermögenswerte des Unternehmens mit informativen Werten anzusetzen, im Bereich der immateriellen Werte bisher offensichtlich Grenzen gesetzt sind. Immaterielle Werte fußen nicht auf Materiallisten, zur Ermittlung ihrer Herstellungskosten kann man keine Lagerentnahmescheine zur Hilfe nehmen. Nichtsdestotrotz steht ihr Wertschöpfungspotential außer Frage: Coca-Cola wäre ohne die Marke Coca-Cola nur irgendeine braune Limonade.

Mit dem Anspruch einer informationsorientierten Rechnungslegung scheint es somit schwer vereinbar, immaterielle Vermögenswerte als „ewige Sorgenkinder des Bilanzrechts"[1] einfach unberücksichtigt zu lassen.

Lernziele

Deswegen sollen Sie in diesem Kapitel lernen,

- wie immaterielle Vermögenswerte zu identifizieren sind,
- welche immateriellen Vermögenswerte nach IAS 38 „Immaterielle Vermögenswerte" (Intangible Assets) zu aktivieren sind,
- wie immaterielle Vermögenswerte bei Zugang zu bewerten sind und welche Möglichkeiten der Folgebewertung bestehen sowie
- welche Angaben nach IAS 38 im Anhang offenzulegen sind.

1 Identifikation immaterieller Vermögenswerte

1.1 Relevante Normen

Relevante Vorschrift

Der zentrale Standard zur Bilanzierung von immateriellen Vermögenswerten ist IAS 38 „Immaterielle Vermögenswerte" (Intangible Assets). IAS 38 ist in seiner zuletzt 2004 überarbeiteten Fassung bereits seit 2004 verbindlich anzuwenden.

1 *Moxter, A.*, Immaterielle Anlagewerte im neuen Bilanzrecht, in: BB, 34. Jg. (1979), S. 1102.

Anwendungsbereich von IAS 38

Grundsätzlich regelt IAS 38 die Bilanzierung sämtlicher immaterieller Vermögenswerte, deren Bilanzierung nicht bereits nach anderen IFRS geregelt ist (IAS 38.2(a)). Zu diesen gehören zum Beispiel (IAS 38.3):

- Immaterielle Vermögenswerte des Umlaufvermögens, wie z.B. Auftragsforschung für Dritte (IAS 2 und IAS 11),
- aktive latente Steuern (IAS 12),
- Ansprüche aus Leasingverträgen (IAS 17),
- Vermögenswerte, die aus vertraglichen Leistungen an Arbeitnehmer resultieren (IAS 19),
- nicht-materielle Vermögenswerte, die finanzieller Natur sind, wie z.B. Forderungen und sonstige Finanzinstrumente, die unter die Definition für Finanzinstrumente nach IAS 32.11 fallen (IAS 39),
- derivativer Goodwill, der sich im Rahmen von Unternehmenszusammenschlüssen konkretisiert hat (IFRS 3),
- immaterielle Vermögenswerte aus Versicherungspolicen (IFRS 4) und
- immaterielle Vermögenswerte, die im Rahmen der Einstellung von Geschäftsbereichen (IFRS 5) allein oder als Teil einer Veräußerungsgruppe als zur Veräußerung gehalten klassifiziert wurden.

Weiterhin sind nach IAS 38.2(c) immaterielle Vermögenswerte, die aus dem Abbau nicht-regenerativer Ressourcen resultieren, explizit aus dem Anwendungsbereich von IAS 38 ausgeschlossen. Für die bilanzielle Behandlung eines Spezialproblems wurde zudem SIC-32 „Immaterielle Vermögenswerte – Kosten für Webauftritte“ (Intangible Assets – Web Site Costs) verabschiedet. Diese Interpretation befasst sich mit der sachgerechten Bilanzierung der Ausgaben für Entwicklung und Betrieb einer Webseite.

Aufbau von IAS 38

IAS 38 orientiert sich an dem für die meisten Standards üblichen Aufbau: Einer Abgrenzung des Anwendungsbereichs (IAS 38.2-7) folgt eine Definition wesentlicher Begriffe (IAS 38.8). Anschließend werden in IAS 38.9-17 die wesentlichen Anforderungen an den Ansatz eines immateriellen Vermögenswertes dargelegt. Die Erstbewertung immaterieller Vermögenswerte regeln IAS 38.25-71, während die Regeln für die Folgebewertung in IAS 38.72-117 dargestellt werden. Welche Anhangangaben gemacht werden müssen, legen IAS 38.118-128 dar. Die abschließenden IAS 38.129-133 regeln den Zeitpunkt des Inkrafttretens sowie Übergangsregeln und die Rücknahme von IAS 38 (1998).

1.2 Definition immaterieller Vermögenswerte

Abgrenzung von Vorräten

Immaterielle Vermögenswerte besitzen eine große Bedeutung für Unternehmen. Da ihnen indes die physische Präsenz fehlt, ist die Frage ihres bilanziellen Ansatzes nicht leicht zu entscheiden. Hierfür wird in den IFRS, wie in den meisten Rechnungslegungssystemen, unterschieden, ob die immateriellen Vermögenswerte dauerhaft dem Unternehmen dienen, wie z.B. ein Patent für ein bestimmtes Produkt, oder ob sie zur Veräußerung bestimmt sind, wie z.B. im Kundenauftrag entwickelte Software. Immaterielle Vermögenswerte der letzten Gruppe werden als Vorräte angesehen. Für Ihre Bilanzierung ist somit IAS 2 „Vorräte" relevant, der in Kapitel 14 behandelt wird. Das vorliegende Kapitel behandelt immaterielle Vermögenswerte des Anlagevermögens, also diejenigen Vermögenswerte, die dauerhaft dem Geschäftsbetrieb dienen.

Definition immaterieller Vermögenswert

Was unter einem immateriellen Vermögenswert zu verstehen ist, definiert IAS 38.8: „Ein immaterieller Vermögenswert ist ein identifizierbarer, nichtmonetärer Vermögenswert ohne physische Substanz". Diese weite Definition stellt sicher, dass praktisch alle potenziellen nicht-physischen Vermögenswerte auf ihren Ansatz hin zu überprüfen sind. Ausgenommen hiervon sind monetäre Vermögenswerte i.S.d. IAS 38.8, die sich zwar auch durch fehlende Körperlichkeit auszeichnen, jedoch den Regelungen für Finanzinstrumente (vgl. Kapitel 19) unterliegen. Häufig ist ein immaterieller Vermögenswert untrennbar mit einem materiellen Vermögenswert verbunden. So wird Computersoftware i.d.R. auf physischen Datenträgern vertrieben. Zudem führen Forschungs- und Entwicklungsanstrengungen häufig nicht nur zu einem immateriellen Vermögenswert (dem neuen Wissen), sondern auch zu einem materiellen, wie z.B. einem Prototypen. Die Entscheidung, ob es sich bei einem derart verbundenen Vermögenswert um einen materiellen oder einen immateriellen handelt, hängt davon ab, welcher Teil wesentlicher für den Gesamtwert ist (IAS 38.4-5).

Definitionsmerkmale

Um der Definition eines immateriellen Vermögenswerts zu genügen, müssen insbesondere drei Bedingungen erfüllt sein (IAS 38.10):

- Identifizierbarkeit (IAS 38.11-12),
- Verfügungsmacht des Unternehmens (IAS 38.13-16) und
- künftiger wirtschaftlicher Nutzen (IAS 38.17).

Identifizierbarkeit

Während die Identifizierbarkeit explizit in der Definition gefordert wird, resultieren die anderen beiden Bedingungen aus der allgemeinen Vermögenswertdefinition des Rahmenkonzepts und gelten somit für alle Vermögenswerte. Eine hinreichende, aber nicht notwendige Bedingung für die Identifizierbarkeit ist die Separierbarkeit des Vermögenswertes. Ein weiteres hinreichendes, aber nicht notwendiges Kriterium ist das Vorliegen eines Vertrages oder anderer konkreter Rechte, die den Vermögenswert identifizieren, auch wenn diese Rechte nicht separierbar oder einzeln veräußerbar sind. So dürfen beispielsweise manche Lizenzen nicht einzeln weiterveräußert werden. Trotzdem stellen sie konkrete Rechte dar und sind damit identifizierbar (IAS 38.BC10).

Verfügungsmacht

Für den Nachweis, dass der Vermögenswert in der Verfügungsmacht des Unternehmens liegt, sind dementsprechend verbriefte Rechte ein klares Indiz. Jedoch ist zu beachten, dass ein Unternehmen über bestimmte immaterielle Werte, wie z.B. das Know-How der Mitarbeiter oder einen Kundenstamm, keine hinreichende Verfügungsgewalt ausüben kann und diese somit nicht als immaterielle Vermögenswerte ansatzfähig sind (IAS 38.15). Der künftige wirtschaftliche

Nutzen ist durch in der Zukunft erwartete Mehreinnahmen oder Minderausgaben zu konkretisieren.

GuV-wirksame Erfassung

Wenn ein immaterielles Gut eines oder mehrere dieser Kriterien nicht erfüllt, so handelt es sich bei ihm nicht um einen immateriellen Vermögenswert im Sinne von IAS 38.8. Folglich ist eine Aktivierung nicht möglich. Die diesem Wert zugeordneten Ausgaben sind stattdessen in der Periode ihres Anfalls GuV-wirksam als Aufwand zu erfassen.

Beispiel 11.1

Selbstentwickeltes Softwareprogramm zur Vertriebsabwicklung
Selbsterstellte Software erfüllt in der Regel die Definition eines immateriellen Vermögenswertes: Sie ist identifizierbar (häufig auch separierbar), sie steht aufgrund des Urheberrechts in der Verfügungsgewalt des bilanzierenden Unternehmens und sollte auch in der Lage sein, künftigen Nutzen zu stiften.

Durch Strategieberatung entwickeltes neues Führungskonzept
Abstrakte Werte wie Managementstrategien scheitern in der Regel schon an ihrer Identifizierbarkeit. Sie sind nicht separierbar, nicht mit verbrieften Rechten versehen, und es ist nicht immer möglich, ihnen einen künftigen Nutzen zuzuordnen. Andererseits kann ein Unternehmen sehr wohl die Verfügungsgewalt an neuen strategischen Konzepten sicherstellen und ihnen zumindest in einigen Fällen einen ökonomischen Nutzen zuordnen. Da sie dennoch nicht eindeutig identifizierbar sind, können sie keine immateriellen Werte darstellen.

Mitarbeiter einer Wirtschaftsprüfungsgesellschaft werden auf Firmenkosten zum Certified Public Accountant (CPA) ausgebildet
Es ist zu hoffen, dass der CPA-Titel eines Mitarbeiters dem Unternehmen künftigen Nutzen stiftet, und auch die Identifizierbarkeit ist unzweifelhaft. Allerdings besitzt das Unternehmen nicht die Verfügungsgewalt über den Titel und das Wissen seiner Mitarbeiter. Diese haben jederzeit das Recht, innerhalb der Kündigungsfrist das Unternehmen zu verlassen. Daneben können Sie nicht gezwungen werden, ihr Wissen auch tatsächlich einzubringen. Insofern handelt es sich hierbei nicht um einen immateriellen Vermögenswert der Wirtschaftsprüfungsgesellschaft.

Ein Unternehmen entwickelt einen neuen Markenartikel, lässt ihn rechtlich schützen und führt ihn über Werbemaßnahmen erfolgreich ein
Der Markenname ist identifizierbar und liegt durch den rechtlichen Schutz auch klar in der Verfügungsgewalt des Unternehmens. Durch die erfolgreiche Einführung dürfte auch der künftige wirtschaftliche Nutzen belegt sein. Es handelt sich bei diesem Markennamen also um einen immateriellen Vermögenswert.

2 Ansatz und Erstbewertung

Abstrakte Ansatzregel, Konkretisierung in Abhängigkeit von der Erwerbsart

Nach IAS 38.18 sind alle Vermögenswerte anzusetzen, die der Definition eines immateriellen Vermögenswertes genügen und die abstrakte Ansatzbedingung von IAS 38.21 erfüllen. Nach der abstrakten Ansatzbedingung, die wiederum dem Rahmenkonzept entlehnt ist, sind immaterielle Vermögenswerte nur dann anzusetzen, wenn

- es auch wahrscheinlich ist, dass der künftige Nutzen dem bilanzierenden Unternehmen zufließen wird, und
- Anschaffungs- oder Herstellungskosten zuverlässig ermittelt werden können.

Nutzenzufluss

Grundsätzlich ist die Wahrscheinlichkeit des Nutzenzuflusses anhand vernünftiger und begründeter Annahmen zu beurteilen (IAS 38.22). Hierbei sind insbesondere externe Hinweise auf eine Werthaltigkeit des immateriellen Vermögenswertes zu berücksichtigen. Gegebenenfalls sind diese stärker zu werten als interne Kalkulationen (IAS 38.23). Diese abstrakte Ansatzbedingung wird dann in Abhängigkeit von der Erwerbsart weiter konkretisiert. Der Erstansatz erfolgt dabei gemäß IAS 38.24 auf Basis der Anschaffungs- oder Herstellungskosten.

Beispiel 11.2

Ein Pharmaunternehmen beabsichtigt, die Entwicklungsausgaben für ein sich in der späten klinischen Entwicklung befindendes Medikament zu aktivieren. Intern wird mit beachtlichen Umsatzerlösen für dieses Medikament gerechnet. Externe Gutachten lassen allerdings vermuten, dass der verwendete Wirkstoff starke negative Wechselwirkungen mit anderen Mitteln induziert und eine spätere Zulassung insofern unwahrscheinlich ist. Die konzerninterne Entwicklungsabteilung hält diese Studien indes für nicht zutreffend.

In dem hier vorliegenden Fall wären nach IAS 38.23 die externen Hinweise wohl stärker zu gewichten als die internen Forschungsergebnisse und Erwartungen. Der Nutzenzufluss muss auf Basis dieser Überlegungen als nicht hinreichend gesichert gelten. Ein Ansatz als immaterieller Vermögenswert scheitert somit bereits an IAS 38.21(a) i.V.m. IAS 38.23.

Art des Erwerbs

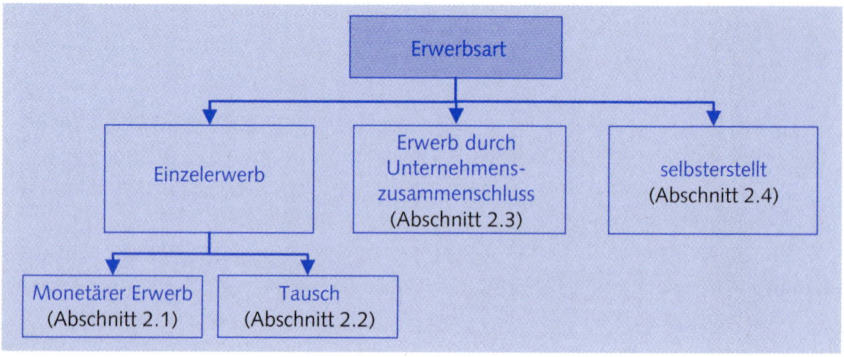

Abb. 11.1: Erwerbsarten immaterieller Vermögenswerte

Für die Frage, ob die Herstellungs- bzw. Anschaffungskosten verlässlich ermittelbar sind, ist die Art des Erwerbs von besonderer Bedeutung. IAS 38 differenziert hierbei zwischen den in Abbildung 11.1 dargestellten Erwerbsarten.

2.1 Monetärer Einzelerwerb

Monetärer Erwerb

Wird der immaterielle Vermögenswert separat gegen Zahlungsmittel von einem Dritten erworben, so erscheint die Ermittlung der Anschaffungskosten zunächst unproblematisch. Nach IAS 38.27 gehören zu den Anschaffungskosten der Kaufpreis und weitere Kosten, die anfallen, um den Vermögenswert in einen betriebsbereiten Zustand zu versetzen (z.B. auch Einfuhrzölle und nicht erstattungsfähige Verbrauchsteuern). Von diesen Kosten werden Anschaffungspreisminderungen wie Skonti und Rabatte abgezogen. Liegt zwischen Übergang des wirtschaftlichen Eigentums und Bezahlung des Vermögenswertes ein über das normale Zahlungsziel hinausgehender Zeitraum, ist nur der Barwert des Kaufpreises als Anschaffungskosten zu aktivieren (IAS 38.32). Die Differenz zwischen diesem und dem tatsächlich gezahlten kreditierten Kaufpreis ist gemäß IAS 23 „Fremdkapitalkosten“ (Borrowing Costs) zu behandeln. Hiernach sind Fremdkapitalkosten für qualifizierte Vermögenswerte immer zu aktivieren. Falls der Erwerb durch eine öffentliche Zuwendung, wie etwa eine Subvention, (teil)finanziert wird, so ist IAS 20 „Bilanzierung und Darstellung von Zuwendungen der öffentlichen Hand“ (Accounting for Government Grants and Disclosure of Government Assistance) anzuwenden (IAS 38.44). Grundsätzlich besteht nach IAS 20.23-24 ein Wahlrecht, den Vermögenswert zum vom Unternehmen geleisteten Betrag anzusetzen (Nettoansatz) oder sowohl den Vermögenswert zum beizulegenden Zeitwert zu aktivieren als auch den beizulegenden Zeitwert der öffentlichen Zuwendung als passivischen Abgrenzungsposten anzusetzen (Bruttoansatz).

2.2 Einzelerwerb durch Tausch

Erwerb durch Tausch

Wird der Vermögenswert durch Tausch erworben, so ist danach zu differenzieren, was das Unternehmen dafür hingibt: Erhält der Verkäufer des Vermögenswertes Eigenkapitalanteile des kaufenden Unternehmens, so bemisst sich der Erstansatz des Vermögenswertes an dem beizulegenden Zeitwert der Anteile. Falls dieser indes nicht verlässlich zu ermitteln ist, z.B. bei nicht-börsennotierten Unternehmen oder auch bei neu emittierten Anteilen, so kann der beizulegende Zeitwert des immateriellen Vermögenswertes auch den beizulegenden Zeitwert der Eigenkapitalanteile bestimmen (IAS 38.47). Wird der Tausch durch die Hingabe eines anderen Vermögenswertes realisiert, so ist zu prüfen, ob der Tausch substanzielle Auswirkungen auf die wirtschaftliche Lage des Unternehmens hat. Dies ist nach IAS 38.46 insbesondere davon abhängig, ob sich die Höhe, die zeitliche Reihung und/oder das Risiko der künftig erwarteten Cashflows durch den Tausch signifikant ändern. Ist dies der Fall und sind die beizulegenden Zeitwerte entweder des erhaltenen oder des hingegebenen Vermögenswertes verlässlich messbar, so hat der Wertansatz des erhaltenen Vermögenswertes zum beizulegenden Zeitwert zu erfolgen. Hierfür ist normalerweise der beizulegende Zeitwert des hingegebenen Vermögenswertes ausschlaggebend. Lediglich wenn dieser nicht verlässlich zu ermitteln ist, ist der beizulegende Zeitwert des erhaltenen Vermögenswertes anzusetzen. Falls auch dieser nicht verlässlich zu ermitteln ist, oder falls der Tausch keine wirtschaftliche Substanz besitzt, ist der neue Vermögenswert zum Buchwert des alten Vermögenswertes anzusetzen.

Beispiel 11.3

Die Biogen AG erwirbt zum 01.01.2010 eine Fertigungslizenz von einem Konkurrenten zum Kaufpreis von 10 Mio. €, der nach einem Wertgutachten auch dem beizulegenden Zeitwert der Lizenz entspricht. Da die Biogen AG Liquiditätsprobleme hat, wird die Zahlung der Hälfte des Kaufpreises zinslos für zwei Jahre ausgesetzt; in zwei Jahren hat die Biogen AG also 5 Mio. € an den Verkäufer zu zahlen. Die andere Hälfte des Kaufpreises begleicht die Biogen AG durch Übertragung börsennotierter Aktien eines dritten Unternehmens, die mit einem Buchwert von 100 € je Stück in der Bilanz der Biogen AG stehen. Der aktuelle Marktwert der Aktien beträgt 80 € und die Biogen AG überlässt 65.000 Aktien. Im Rahmen der Vertragsverhandlungen sind Anwaltskosten in Höhe von 50.000 € angefallen. Der Marktzins für zweijährige Kredite beträgt momentan 5,4 % pro Jahr. Wie ist der Erwerb dieser Lizenz 2010 zu buchen? Bei der Lösung dieses Beispiels sind latente Steuern zu vernachlässigen.

Lösung

Da die Aktien börsennotiert sind, ist der beizulegende Zeitwert der hingegebenen Anteile verlässlich ermittelbar. Deren Buchwert ist insofern irrelevant, ebenso wie der durch Gutachten belegte beizulegende Zeitwert der Lizenz. Somit beträgt der erste Teil der Anschaffungskosten 65.000 · 80 €, also 5.200.000 €. Da der zweite Teil der Gegenleistung erst in zwei Jahren fällig ist, ist hier der Barwert dieser Zahlung anzusetzen. Dieser beträgt rund 4.500.790 € (= 5.000.000 € / ($1{,}054^2$)). Da für den Kauf der Lizenz kein beträchtlicher Zeitraum erforderlich war, ist sie kein qualifizierter Vermögenswert im Sinne des IAS 23. Die Zinsaufwendungen (5,4 % von 4.500.790 €) müssen daher separat als Aufwand erfasst und dürfen nicht aktiviert werden. Als Anschaffungsnebenkosten sind die Anwaltskosten von 50.000 € den Anschaffungskosten zuzurechnen. Somit ergeben sich die gesamten Anschaffungskosten zu ca. 9.750.790 €. Die Buchungssätze für das Jahr 2010 lauten:

Sonst. betr. Aufwand		*an*	*Wertpapiere*	*1.300.000 €*
Imm. Vermögensw.	*9.750.790 €*	*an*	*Wertpapiere*	*5.200.000 €*
			Verbindlichkeit	*4.500.790 €*
			sonst. betr. Aufwand	*50.000 €*
Zinsaufwand		*an*	*Verbindlichkeit*	*243.043 €*

2.3 Erwerb durch Unternehmenszusammenschluss

Einzelerwerbsfiktion

Werden immaterielle Vermögenswerte im Rahmen eines Unternehmenszusammenschlusses nach IFRS 3 erworben, so werden die Anschaffungskosten durch den beizulegenden Zeitwert der immateriellen Vermögenswerte zum Erwerbszeitpunkt bestimmt. Letztlich konkretisiert der Erwerbsvorgang (Einzelerwerbsfiktion) die Wahrscheinlichkeit des künftigen Nutzenzuflusses. Somit ist nach IAS 38.33 immer davon auszugehen, dass der künftige Nutzen dem bilanzierenden Unternehmen i.S.v. IAS 38.21(a) wahrscheinlich zufließen wird. Fraglich ist, inwieweit dann i.S.v. IAS 38.21(b) die Anschaffungskosten verlässlich ermittelbar sind. Hierfür ist es unerheblich, ob der immaterielle Vermögenswert in der Bilanz des erworbenen Unternehmens bereits bilanziert wurde.

Identifizierbarkeit als Voraussetzung

IAS 38.35 i.V.m. IFRS 3.B31-B34 geht davon aus, dass ein beizulegender Zeitwert grundsätzlich immer verlässlich ermittelbar ist, sofern der Vermögenswert identifizierbar ist, also entweder separierbar ist oder einem Vertrag oder anderen konkreten Rechten entspringt. Sollte der immaterielle Vermögenswert nur in einer Gruppe mit anderen Vermögenswerten separierbar sein, so ist die Gruppe gemäß IAS 38.36-37 gemeinsam zu bewerten, wenn die individuellen beizulegenden Zeitwerte der einzelnen Vermögenswerte der Gruppe nicht verlässlich messbar sind.

Fehlende Identifizierbarkeit

Sofern im Rahmen eines Unternehmenszusammenschlusses erworbene immaterielle Vermögenswerte zum Erwerbszeitpunkt nicht identifizierbar sind, dürfen diese nicht separat angesetzt werden, sondern gehen in den Goodwill aus dem Unternehmenszusammenschluss ein (IFRS 3.B31-B.40; vgl. Kapitel 23). Als Beispiel für einen solchen nicht identifizierbaren immateriellen Vermögenswert nennt IFRS 3.B37 die Übernahme einer bestehenden Belegschaft, die es dem Erwerber ermöglicht, das erworbene Geschäftsmodell unmittelbar fortzuführen.

Aktiver Markt oder verlässliche Bewertungsansätze als Bewertungsmaßstäbe

Zur verlässlichen Ermittlung des beizulegenden Zeitwertes identifizierbarer immaterieller Vermögenswerte sind nach IAS 38.39 die Preise an einem aktiven Markt i.S.v. IAS 38.8 heranzuziehen, sofern ein solcher für den erworbenen immateriellen Vermögenswert existiert. An einen aktiven Markt werden folgende restriktive Bedingungen gestellt (IAS 38.8):

- Auf ihm müssen homogene Produkte gehandelt werden, also Produkte, die sich hinsichtlich wesentlicher Produkteigenschaften nicht voneinander unterscheiden,

- sowohl Käufer als auch Verkäufer müssen quasi jederzeit vorhanden sein und
- seine Preise müssen öffentlich zur Verfügung stehen.

Falls das erwerbende Unternehmen häufiger gleichartige immaterielle Vermögenswerte akquiriert, können nach IAS 38.41 auch die hierfür verwendeten Bewertungsansätze (z.B. Multiplikator- und Discounted-Cashflow-Verfahren) als hinreichend verlässlich gelten. Dies kann dazu führen, dass bei hinreichend verlässlich ermittelbarem beizulegendem Zeitwert nach IFRS 3 und IAS 38 ein aktivischer Unterschiedsbetrag überkompensiert wird oder dass sich ein passivischer Unterschiedsbetrag vergrößert. Es gibt also keine Anschaffungskostenrestriktion im Rahmen von Unternehmenszusammenschlüssen (vgl. Kapitel 23), was Spielräume für bilanzpolitische Maßnahmen eröffnet.

Beispiel 11.4

Die Biogen AG aus dem Vorbeispiel hat neben der separat erworbenen Lizenz zum 01.01.2010 noch ein Patent im Rahmen einer Unternehmensakquisition erworben. Die Pharma GmbH wurde zu 100 % für einen Kaufpreis von 20 Mio. € durch eine Bartransaktion erworben. Das Eigenkapital der Pharma GmbH betrug zum Erwerbszeitpunkt 15 Mio. €. Dem bislang nicht bilanzierten Patent lassen sich nach Auskunft der Pharma GmbH Herstellungskosten in Höhe von 7 Mio. € zuordnen. Ein in Ermangelung eines aktiven Marktes erstelltes Wertgutachten beziffert den Wert des Patentes auf 10 Mio. €. Außer dem besagten Patent hatte die Pharma GmbH keine stillen Reserven. Auch in diesem Beispiel werden latente Steuern vernachlässigt.

Lösung
Die ursprünglichen Herstellungskosten des Patentes sind irrelevant, da sich dessen Wert nunmehr durch den Unternehmenskauf konkretisiert hat. Der beizulegende Zeitwert beträgt laut Wertgutachten 10 Mio. €. Dieser führt zu einem negativen Unterschiedsbetrag von 5 Mio. € im Rahmen der Kapitalkonsolidierung. Somit entsteht aus der Erstkonsolidierung der Pharma GmbH ein passivischer Unterschiedsbetrag, der zunächst erneut zu überprüfen und anschließend als ein lucky buy in der Periode des Erwerbs GuV-wirksam zu erfassen ist (IFRS 3.34-36; vgl. Kapitel 23).

Spätere Weiterentwicklungen erworbener immaterieller Vermögenswerte

Spätere Weiterentwicklungen von immateriellen Vermögenswerten, die im Rahmen einer Unternehmensakquisition erworben wurden, sind nach IAS 38.42 analog zu selbsterstellten immateriellen Vermögenswerten zu behandeln. Demnach können sie nur dem bereits aktivierten immateriellen Vermögenswert zugeschrieben werden, wenn sie für sich allein auch aktivierungspflichtig wären.

2.4 Selbsterstellte immaterielle Vermögenswerte

Schwierige Abgrenzung und Bewertung

Bei selbsterstellten immateriellen Vermögenswerten gestaltet sich neben der eigentlichen Identifikation und Abgrenzung vom originären Goodwill des Unternehmens, der gemäß IAS 38.48 generell nicht aktivierungsfähig ist, insbesondere die Ermittlung der Herstellungskosten schwierig. Um diese Kosten ermitteln zu können, schreibt IAS 38.52 die grundsätzliche Einteilung des Produktionsprozesses von immateriellen Vermögenswerten in eine Forschungs- und eine Entwicklungsphase vor. Falls eine Trennung von Forschung und Entwicklung nicht möglich erscheint, soll der gesamte Produktionsprozess als Forschungsphase deklariert werden (IAS 38.53). Grundsätzlich gilt: Forschungsausgaben sind nicht zu aktivieren, Entwicklungsausgaben hingegen müssen beim Vorliegen von bestimmten Bedingungen aktiviert werden. Damit kommt der Trennung von Forschungs- und Entwicklungsphase eine zentrale Bedeutung zu.

Differenzierung in Forschungs- und Entwicklungsphase

IAS 38.8 enthält Definitionen für Forschung und Entwicklung. Hiernach wird unter Forschung die Suche nach neuen wissenschaftlichen oder technischen Erkenntnissen verstanden. Entwicklung bedeutet indes die Einbringung dieser und anderer Erkenntnisse in die Produktion bzw. in die Produktionsplanung. Da nach IAS 38.55 ein Unternehmen in der Forschungsphase noch nicht nachweisen kann, dass ein wahrscheinlicher künftiger Nutzen aus dem Projekt resultieren wird, liegt gemäß IAS 38.21(a) kein anzusetzender immaterieller Vermögenswert vor.

Explizite Aktivierungsverbote

Ferner sind nach IAS 38.63 selbsterstellte Markennamen, Drucktitel, Verlagsrechte, Kundenlisten sowie ähnliche Vermögenswerte von einer Aktivierung kategorisch ausgeschlossen, da davon ausgegangen wird, dass deren Entwicklungsaufwendungen nicht hinreichend scharf von den sonstigen Aufwendungen des Unternehmens getrennt werden können. Dies gilt, obwohl sie gemäß der Definition von IAS 38.8 immaterielle Vermögenswerte darstellen.

Aktivierungsvoraussetzungen in der Entwicklungsphase

Für andere Vermögenswerte sind die Aufwendungen der Entwicklungsphase allerdings zu aktivieren, wenn folgende Bedingungen kumulativ erfüllt sind (IAS 38.57):

- Die Absicht sowie die technische und organisatorische Fähigkeit, den Vermögenswert fertig zu stellen und zu nutzen oder zu verkaufen, sind vorhanden;
- der künftige Nutzen innerhalb oder über einen Markt außerhalb des Unternehmens kann belegt werden;
- es sind ausreichend technische, finanzielle sowie sonstige Ressourcen vorhanden, so dass die Entwicklung abgeschlossen und der immaterielle Vermögenswert genutzt oder verkauft werden kann und
- die während seiner Entwicklung angefallenen Ausgaben können verlässlich bewertet werden.

Ermittlung des erwarteten Nutzens

Für die Ermittlung des erwarteten Nutzens sind die Verfahren von IAS 36 für die Ermittlung eines Nutzungswerts bzw. bei verbundenen immateriellen Vermögenswerten zur Ermittlung des Wertes von zahlungsmittelgenerierenden Einheiten anzuwenden (IAS 38.60; vgl. Kapitel 10). Für die Bilanzierung von selbsterstellten Webauftritten gibt SIC-32 Hinweise für die Abgrenzung von Forschungs- und Entwicklungsphase.

Aufwandsverrechnung

Diejenigen Ausgaben, die nicht aktiviert werden, sind als Aufwand der laufenden Periode auszuweisen. Eine spätere Aktivierung dieser Ausgaben, wenn der Vermögenswert die Aktivierungsanforderungen doch erfüllt, ist nicht möglich (IAS 38.71).

Ansatz erst nach Erfüllung aller Kriterien

Bei der Ermittlung der Herstellungskosten von selbsterstellten immateriellen Vermögenswerten ist der Zeitpunkt der erstmaligen Erfüllung aller Ansatzkriterien von zentraler Bedeutung. Erst von diesem Zeitpunkt an sind die Aufwendungen in die Herstellungskosten einzubeziehen.

Weiterentwicklung selbsterstellter immaterieller Vermögenswerte

Auch nach dem Zeitpunkt der erstmaligen Aktivierung können weiterhin Entwicklungsausgaben aktiviert werden, die den Aktivierungskriterien genügen. Falls der aus dem immateriellen Vermögenswert zu erwartende künftige ökonomische Nutzen unter den dann zu aktivierenden Kosten liegt, ist allerdings eine GuV-wirksame Wertminderung vorzunehmen.

Umfang der Herstellungskosten

Nach IAS 38.66 umfassen die Herstellungskosten zunächst alle direkt zurechenbaren Kosten, wie etwa für Material, Dienstleistungen, Löhne und Gehälter, die Registrierung von Rechtsansprüchen, Abschreibungen auf Patente und Lizenzen etc. Der Wortlaut lässt dabei vermuten, dass Gemeinkosten nicht in die Herstellungskosten einzubeziehen sind, immaterielle Vermögenswerte folglich zu Teilkosten aktiviert werden. Einer derart strikten Auslegung steht allerdings IAS 38.67(a) entgegen, wonach auch direkt zurechenbare Gemeinkosten, die der Vorbereitung des Vermögenswertes auf seine Nutzung dienen, einzubeziehen sind. Letztlich spricht dafür auch die klarere Formulierung in der Vorgängerversion des Standards, IAS 38 (1998). Nach IAS 38 (1998) umfassten die Herstellungskosten neben direkt zurechenbaren Kosten eindeutig auch solche Gemeinkosten, die auf vernünftiger und stetiger Basis zugerechnet werden können (IAS 38.54 (1998)). Weder in IAS 38.BC noch in der „Summary of Main Changes" des ED-IAS 38 vom Dezember 2002 finden sich Hinweise, dass das IASB von dieser Konzeption abzuweichen gedachte. Die Herstellungskosten umfassen daher neben den Einzelkosten wohl weiterhin auch zurechenbare Gemeinkosten mit Ausnahme von nicht einzubeziehenden „general overheads" (IAS 38.67(a))[2].

Beispiel 11.5

Neben dem erworbenen Patent und der Lizenz ist im Laufe des Geschäftsjahres ein Patent von der Biogen AG selbst entwickelt worden. Mit der Erteilung des Patents am 01.07.2010 und dem Wertgutachten über den zukünftigen Markt für das aus dem Patent resultierende Produkt vom 01.10.2010 sind alle Bedingungen von IAS 38.57 erfüllt.

Folgende Kosten sind im Laufe des Jahres 2010 angefallen:

01.01.2010-30.06.2010:	Einzelkosten der Forschung:	40.000 €
01.07.2010-30.09.2010:	Einzelkosten der Forschung:	20.000 €
01.10.2010-31.12.2010:	Einzelkosten der Forschung:	20.000 €
01.05.2010-30.06.2010:	Einzelkosten der Entwicklung:	20.000 €
01.07.2010-30.09.2010:	Einzelkosten der Entwicklung:	20.000 €
01.10.2010-31.12.2010:	Einzelkosten der Entwicklung:	30.000 €

2 So auch *Hoffmann*, Haufe IFRS-Kommentar, § 13, Rz. 64 und *Wagenhofer*, IAS/IFRS, S. 224.

01.05.2010-30.06.2010:	Anwaltskosten Patenterteilung:	15.000 €
01.07.2010-30.09.2010:	Gemeinkosten der Entwicklung:	10.000 €
01.10.2010-31.12.2010:	Gemeinkosten der Entwicklung:	20.000 €

Am 01.01.2011 droht ein Konkurrent, wegen eines vermeintlichen Patentmissbrauchs Klage zu erheben. Die herbeigerufenen Patentanwälte der Biogen AG können diese Drohung für das Unternehmen schnell abwenden, stellen allerdings für ihre Dienstleistung ein Honorar von 10.000 € in Rechnung. Mit welchem Wert ist das Patent am 31.12.2010 anzusetzen? Könnte auch das im Jahr 2011 anfallende Anwaltshonorar zur Abwendung der drohenden Klage noch zu den Anschaffungskosten zählen? Bei der Lösung sind latente Steuern zu vernachlässigen.

Lösung
Wie IAS 38.54 festlegt, sind Forschungskosten nicht aktivierungsfähig. Somit sind alle Forschungskosten des Jahres 2010 als Aufwand zu behandeln, ungeachtet dessen, ob sie Einzel- oder Gemeinkosten sind und wann sie anfallen. Entwicklungskosten sind zwar grundsätzlich aktivierungspflichtig, allerdings erst, wenn sämtliche Bedingungen von IAS 38.57 erfüllt sind. Das ist hier erst ab dem 01.10.10 der Fall. Vor der Erstellung des Wertgutachtens waren die Bedingungen von IAS 38.57 noch nicht erfüllt, eine Aktivierung derjenigen Kosten, die vor dem 01.10.10 angefallen sind, ist also nicht zulässig. Der Wertansatz des Patents beläuft sich somit auf 50.000 €. Das im Jahr 2011 anfallende Honorar der Patentanwälte zur Abwendung der Klage ist klar zu dem Patent gehörig und qualifiziert sich gemäß IAS 38.57 i.V.m. IAS 38.66(c) zum nachträglichen Ansatz. Indes wäre im Rahmen eines Werthaltigkeitstest zu prüfen, ob der erhöhte Buchwert weiterhin über dem erzielbaren Betrag i.S.v. IAS 36 liegt.

3 Folgebewertung

Zwei Folgebewertungsmethoden

Im Anschluss an die Erstbewertung kann der immaterielle Vermögenswert nach zwei unterschiedlichen Methoden folgebewertet werden (IAS 38.72):

- Auf Basis fortgeführter Anschaffungs- bzw. Herstellungskosten (IAS 38.74), wobei planmäßige Abschreibungen und außerplanmäßige Wertminderungen zu berücksichtigen sind, oder
- mit dem Neubewertungsbetrag (IAS 38.75-87). Diese Neubewertungsmethode schreibt zusätzlich zu der planmäßigen Abschreibung den Wertansatz zum Neubewertungsbetrag vor, der auf einem aktiven Markt zu ermitteln ist.

3.1 Anschaffungskostenmodell

Da ein aktiver Markt (IAS 38.8) für immaterielle Vermögenswerte nur selten vorliegt, besitzt die Methode der fortgeführten Anschaffungskosten die weitaus größere praktische Bedeutung[3]. Bei ihrer Anwendung sind die Anschaffungs- bzw. Herstellungskosten des immateriellen Vermögenswertes durch Abschreibungen planmäßig auf die Perioden der Nutzung zu verteilen. Demzufolge müssen eine Nutzungsdauer und eine Abschreibungsmethode bestimmt werden.

Nutzungsdauer kann bestimmt oder unbestimmt sein

Grundsätzlich ist nach IAS 38.88 zunächst zu überprüfen, ob von einer bestimmten oder unbestimmten Nutzungsdauer auszugehen ist, wobei IAS 38.91 klarstellt, dass eine unbestimmte Nutzungsdauer nicht unendlich sein muss[4]. Eine Nutzungsdauer ist immer dann unbestimmt, wenn es keine Anhaltspunkte dafür gibt, dass der Vermögenswert von einem bestimmten Zeitpunkt an keine positiven Cashflows für das Unternehmen mehr erwirtschaftet. Hierfür ist unerheblich, ob der Vermögenswert regelmäßige Aufwendungen erforderlich macht, solange diese Aufwendungen den bisherigen Status quo erhalten und das bilanzierende Unternehmen auch in Zukunft plant, sie in Kauf zu nehmen. Eine unbestimmte Nutzungsdauer kann allerdings nicht durch künftig geplante Aufwendungen begründet werden, die den bisherigen Zustand des Vermögenswerts erheblich verbessern sollen (IAS 38.91).

Beispiel 11.6

Im Rahmen einer weiteren Unternehmensakquisition hat die Biogen AG zum 01.01.2010 zwei bereits eingeführte Generikamarken erworben. Beide Marken sind nach IAS 38.33 zu ihren beizulegenden Zeitwerten anzusetzen. Da kein aktiver Markt für Generikamarken existiert, soll nun entschieden werden, welche Nutzungsdauern die beiden Marken besitzen. Die Marke Look-alike ist seit vielen Jahren sehr erfolgreich am Markt und international anerkannt. Die Marketingexperten schätzen, dass mit Werbeaufwendungen in Höhe von jährlich ca. 5 Mio. € der Wert der Marke auch in der Zukunft auf dem gegebenen Niveau zu halten ist. Die zweite erworbene Marke Nearly-as-good ist bislang lediglich in Europa platziert. Da die Marketingexperten davon ausgehen, dass ein Überleben der Marke nur für die nächsten fünf Jahre gesichert ist, schlagen sie eine weltweite Expansion der Marke vor, die in drei Jahren beginnen soll und nach einer einmaligen Aufwendung in Höhe von 10 Mio. €

3 Vgl. *von Keitz, I.*, Praxis der IASB-Rechnungslegung, 2. Aufl., Stuttgart 2005, S. 43 und *Christensen, H.B./Nikolaev, V.*, Does fair value accounting for non-financial assets pass the market test?, Working Paper, Chicago 2010.

4 Die deutsche Übersetzung im Amtsblatt der europäischen Union nutzt an dieser Stelle die Begriffe „begrenzte“ und „unbegrenzte“ Nutzungsdauer. Unseres Erachtens sollten die Originalformulierungen „finite“ und „indefinite“ allerdings besser mit „bestimmt“ und „unbestimmt“ übersetzt werden. Die erläuternde Begriffsklärung in IAS 38.91, „the term ‘indefinite’ does not mean ‘infinite’“, im Amtsblatt der EU übersetzt als „der Begriff ‚unbegrenzt’ hat nicht die selbe Bedeutung wie ‚endlos’“, ist andernfalls nur schwer verständlich. Unseres Erachtens ist diese Begriffsklärung vielmehr dahingehend zu verstehen, dass eine „unbestimmte“ nicht gleichbedeutend mit einer „unendlichen“ Nutzungsdauer ist.

in den Folgeperioden regelmäßige Aufwendungen in Höhe von 4 Mio. € erforderlich macht. Bislang liegen die Werbeaufwendungen für Nearly-as-good bei 2 Mio. € jährlich. Im Falle der Umsetzung des Expansionsplans sind sowohl interne als auch externe Marketingstrategen davon überzeugt, dass sich die Marke auf unbestimmte Dauer am Markt behaupten wird. Das Management der Biogen AG hat auf der jüngsten Vorstandssitzung dem Plan zugestimmt. Die Finanzierung ist ebenfalls gesichert.

Lösung
Für die Marke Look-alike liegen keinerlei Hinweise vor, dass die Nutzungsdauer innerhalb eines bestimmten Zeitraums enden wird. Da die künftigen Aufwendungen im wesentlichen den momentanen Zustand erhalten sollen, ist die Nutzungsdauer der Marke als unbestimmt zu klassifizieren.

Für die Marke Nearly-as-Good gilt indes, dass der Expansionsplanung auf eine wesentliche Verbesserung der Markenpositionierung abzielt. Insofern lässt sich keine unbestimmte Nutzungsdauer rechtfertigen. Die Nutzungsdauer ist somit auf Basis des bisherigen Zustandes zu bestimmen. Hier liegen Hinweise vor, dass die Marke nach fünf Jahren keine positiven Cashflows mehr generieren wird. Die Nutzungsdauer ist also auf fünf Jahre zu beschränken.

Keine planmäßige Abschreibung bei unbestimmter Nutzungsdauer

Falls eine unbestimmte Nutzungsdauer vorliegt, ist der immaterielle Vermögenswert gemäß IAS 38.107 nicht planmäßig abzuschreiben. Stattdessen hat ein jährlicher Werthaltigkeitstest zu erfolgen (impairment-only approach). Ein solcher Test ist darüber hinaus immer auch dann vorzunehmen, wenn Hinweise vorliegen, die auf eine Wertminderung des immateriellen Vermögenswertes hindeuten (IAS 38.108; vgl. Kapitel 10). Des Weiteren ist zu jedem Bilanzstichtag zu überprüfen, ob mittlerweile eine Nutzungsdauer bestimmt werden kann. Falls dies der Fall ist, so ist die Änderung der Einschätzung der Nutzungsdauer von bestimmt auf unbestimmt als Änderung einer rechnungslegungsbezogenen Schätzung nach IAS 8 „Bilanzierungs- und Bewertungsmethoden, Änderungen von Schätzungen und Fehler“ prospektiv zu behandeln (IAS 38.109), d.h. der Restbuchwert ist nunmehr auf die bestimmte Nutzungsdauer zu verteilen (vgl. Kapitel 26).

Planmäßige Abschreibung bei bestimmter Nutzungsdauer

Wenn eine bestimmte Nutzungsdauer vorliegt, ist der immaterielle Vermögenswert planmäßig abzuschreiben. Der Abschreibungsbeginn soll nach IAS 38.97 mit der Betriebsbereitschaft des immateriellen Vermögenswerts zusammenfallen. Die Nutzungsdauer ist anhand von internen und externen Faktoren zu bestimmen (IAS 38.90).

Beispiel 11.7

Lizenzen, deren Leistungsfluss in der Zukunft erst beginnt, wie etwa die im August 2000 und Mai 2010 versteigerten UMTS-Lizenzen für Telekommunikation, sind erst ab dem Beginn der tatsächlichen Betriebsbereitschaft abzuschreiben, wobei die Einsatzplanung des Managements zu berücksichtigen ist. Angenommen, seinerzeit seien die UMTS-Lizenzen technisch erst ab dem

01.01.2004 nutzbar gewesen und das Management des bilanzierenden Unternehmens hatte auch ursprünglich die Nutzung zu diesem Termin geplant. Zum Anfang des Jahres 2004 stellte sich allerdings heraus, dass der Markt für UMTS „noch nicht reif“ ist. Von einigen Erstnutzern abgesehen, sei die breite Markteinführung von UMTS erst zum 01.01.2005 erfolgt. Zu diesem Zeitpunkt sei auch eine flankierende Werbekampagne gestartet. Wären die UMTS-Lizenzen bereits für das Jahr 2004 abzuschreiben, obwohl sie praktisch nicht genutzt wurden?

Lösung

Ja! Schließlich ist die von IAS 38.97 geforderte Betriebsbereitschaft, auch gemäß der ursprünglichen Planungen des Managements, bereits gegeben. Dass die Betriebsbereitschaft erst mit der Werbekampagne gegeben sei, vermag kaum zu überzeugen. Falls eine nutzungsabhängige Abschreibungsmethode gewählt wurde, könnten die Abschreibungen für das Jahr 2004 allerdings unter Umständen relativ gering ausfallen.

Nutzungsdauer bei Rechten

Wenn der immaterielle Vermögenswert auf Basis von Rechten besteht, so darf dessen Nutzungsdauer nicht über die Gültigkeit der Rechte hinausgehen, es sei denn, die Rechtsansprüche sind erneuerbar, eine Erneuerung ist so gut wie sicher und im Vergleich mit dem zukünftig aus dem Vermögenswert erwarteten Nutzen nicht mit wesentlichen Kosten verbunden (IAS 38.94).

Abschreibungsmethode

Die Abschreibungsmethode hat der Realisierung des Nutzens zu folgen. Dies kann z.B. im Rahmen einer leistungsorientierten, linearen oder degressiven Abschreibung erfolgen. Ist der Verlauf der Nutzenrealisierung nicht zuverlässig bestimmbar, so ist der Vermögenswert linear abzuschreiben. Ein Restwert ist grundsätzlich nicht anzusetzen, es sei denn, eine dritte Partei hat sich verpflichtet, den Vermögenswert am Ende der Nutzungsdauer zu erwerben, oder es gibt einen aktiven Markt für den Vermögenswert, der wahrscheinlich auch am Ende der Nutzungsdauer noch bestehen wird (IAS 38.100).

Abschreibungsbetrag

Die Differenz zwischen Anschaffungs- bzw. Herstellungskosten und einem ggf. anzusetzenden Restwert ist als Abschreibung auf die Perioden der Nutzung zu verteilen. Die jeweilige Abschreibung des Jahres ist GuV-wirksam zu erfassen, es sei denn, sie wird nach anderen IFRS, z.B. im Rahmen eines Herstellungsprozesses, wiederum aktiviert. Stellt sich im Laufe der Nutzungsdauer heraus, dass Abschreibungszeitraum oder -methode wesentlich falsch geschätzt wurden, so sind nach IAS 38.104 i.V.m. IAS 8 aktuelle und ggf. künftige Abschreibungen dementsprechend anzupassen.

3.2 Neubewertungsmodell

Zusätzliche Neubewertung möglich bei aktivem Markt

Insbesondere bei immateriellen Vermögenswerten ist es möglich, dass sich die Wertentwicklung im Zeitablauf mehr oder weniger stark von den ursprünglichen Anschaffungs- oder Herstellungskosten abkoppelt, denn schließlich kann sich ein immaterieller Vermögenswert nicht physisch abnutzen. Interessiert sich ein Bilanzleser dafür, welchen aktuellen Zeitwert ein immaterieller Vermögenswert besitzt, so erscheinen die durch planmäßige Abschreibungen fortgeführten Anschaffungskosten nur wenig informativ. IAS 38 kennt daher das alternativ zulässige Konzept der Folgebewertung zum Neubewertungsbetrag, die zusätzlich zur planmäßigen Abschreibung erfolgt.

Imparitätische Behandlung von Wertsteigerungen und -minderungen

Grundidee ist hierbei die Folgebewertung von immateriellen Vermögenswerten zum beizulegenden Zeitwert. Diese Marktbewertung erfolgt imparitätisch: Wertminderungen sind grundsätzlich GuV-wirksam, Wertsteigerungen über die ursprünglichen Anschaffungs- bzw. Herstellungskosten hinaus jedoch grundsätzlich GuV-neutral zu erfassen. Abweichungen von diesem Grundsatz ergeben sich allerdings, da zunächst die Ergebniswirkungen der Neubewertung vorheriger Perioden zu beachten sind. Der neubewertete Wertansatz des Vermögenswerts stellt die neue Abschreibungsbasis dar, die planmäßig auf die Restnutzungsdauer zu verteilen ist. Im Folgenden wird anhand von Beispielen verdeutlicht, wie die Neubewertung im Detail zu erfolgen hat.

Existenz eines aktiven Marktes ist Bedingung

Damit das Neubewertungsmodell jedoch angewandt werden kann, muss der Neubewertungsbetrag auf einem aktiven Markt ermittelt werden (IAS 38.75). Aufgrund der restriktiven Anforderungen eines aktiven Marktes geht IAS 38.78 davon aus, dass ein solcher Markt für immaterielle Vermögenswerte nur in Ausnahmefällen existiert. Als Beispiele können bestimmte handelbare Lizenzen (z.B. Fischereirechte und Emissionslizenzen) angeführt werden. Explizit verneint wird die Existenz solcher Märkte für Markennamen, Drucktitel, Musik- und Filmverlagsrechte sowie Patente oder Warenzeichen.

Vorgehensweise

Das Neubewertungsmodell für immaterielle Vermögenswerte entspricht im Wesentlichen dem Neubewertungsmodell für Sachanlagen nach IAS 16.31-42[5]. Die Neubewertung ist immer dann durchzuführen, wenn der beizulegende Zeitwert deutlich vom Buchwert abweicht, bei stark schwankenden Wertansätzen also jährlich (IAS 38.79). Wenn ein Vermögenswert neubewertet wird, sind alle ähnlichen Vermögenswerte ebenfalls neuzubewerten, sofern für sie ein aktiver Markt besteht. Daraus folgt, dass die Entscheidung, das Neubewertungsmodell anzuwenden, immer für eine Gruppe von ähnlichen Vermögenswerten einheitlich getroffen werden muss (IAS 38.72). Nur wenn für einen immateriellen Vermögenswert dieser Gruppe kein aktiver Markt vorliegt, dann ist dieser Vermögenswert lediglich zu fortgeführten Anschaffungs- bzw. Herstellungskosten folgezubewerten (IAS 38.81).

5 Vgl. Kapitel 12. Nach IAS 16 ist die Existenz eines aktiven Marktes allerdings keine Bedingung.

Brutto- oder Nettoausweis

Abhängig davon, ob der bilanzierte Vermögenswert brutto, also mit den historischen Anschaffungskosten auf der Aktivseite und den korrespondierenden kumulierten Abschreibungen auf der Passivseite (in Deutschland unüblich), oder netto ausgewiesen wird, hat die Neubewertung unterschiedlich zu erfolgen (IAS 38.80), woraus allerdings keine GuV-Differenzen resultieren:

- Wird der Vermögenswert brutto ausgewiesen, dann sind die kumulierten Abschreibungen und der Bruttovermögenswert dementsprechend anzupassen, so dass der beizulegende Zeitwert dem anteilig abgeschriebenen Neuwert entspricht.
- Wird der Vermögenswert netto bilanziert, so ist der Nettobuchwert des Vermögenswerts direkt neuzubewerten.

Beispiel 11.8

Ein Vermögenswert mit Anschaffungskosten von 100 T€ und einer linearen Abschreibung über zwei Jahre wird nach dem ersten Jahr neubewertet. Ein Zeitwert von 60 T€ ist am aktiven Markt ablesbar. Wenn, wie in Deutschland üblich, der Vermögenswert netto ausgewiesen wird, ergibt sich unter Vernachlässigung von latenten Steuern zum Beginn des zweiten Jahres folgender Buchungssatz:

Vermögenswert		*an*	*sonstiges Ergebnis (OCI)*	*10 T€*

Wenn der betroffene Vermögenswert brutto ausgewiesen wird, ergibt sich folgende Buchung:

Vermögenswert	*20 T€*	*an*	*kumulierte Abschreibung*	*10 T€*
			sonstiges Ergebnis (OCI)	*10 T€*

Ergebniswirkung der Neubewertung

Die Neubewertung ist grundsätzlich imparitätisch vorzunehmen (IAS 38.85-86):

- Wenn der Neubewertungsbetrag über dem auf fortgeführten historischen Kosten basierenden Buchwert liegt, so ist GuV-neutral gegen das sonstige Ergebnis zuzuschreiben.
- Wenn der Neubewertungsbetrag unter dem auf fortgeführten historischen Kosten basierenden Buchwert liegt, ist die Wertminderung als Aufwand zu erfassen.

Bei diesem Vorgehen sind allerdings Ereignisse der Vorperioden zu beachten:

- Wenn ein Abwertungsbedarf vorliegt, in den Vorperioden allerdings eine Zuschreibung gegen das sonstige Ergebnis gebucht und dieses in eine Neubewertungsrücklage im Eigenkapital abgeschlossen wurde, dann ist diese Rücklage zunächst GuV-neutral, also wiederum über das sonstige Ergebnis aufzulösen.
- Wenn ein Aufwertungsbedarf vorliegt, in den Vorperioden allerdings eine Abwertung GuV-wirksam erfasst wurde, muss diese zunächst GuV-wirksam kompensiert werden.

Beispiel 11.9

Die Biogen AG hat zum 01.01.2010 von der EU eine Produktionslizenz zum Kaufpreis von 500 T€ erworben. Für diese Produktionslizenz existiert ein aktiver Markt, auf dem diese Lizenzen mit gleicher Restlaufzeit gehandelt werden. Die Folgebewertung der Lizenz soll gemäß dem Neubewertungsmodell erfolgen. Die Laufzeit der Lizenz beträgt fünf Jahre, die Wertentwicklung kann der folgenden Tabelle entnommen werden.

Zeitpunkt	Marktwert	Buchwert Steuerbilanz
31.12.2010	405 T€	400 T€
31.12.2011	301 T€	300 T€
31.12.2012	320 T€	200 T€
31.12.2013	80 T€	100 T€
31.12.2014	0 T€	0 T€

Losgelöst von der Neubewertung wird die Lizenz sowohl im IFRS-Abschluss als auch steuerrechtlich über fünf Jahre linear abgeschrieben. Eine steuerliche Teilwertabschreibung wird nicht vorgenommen. Der Steuersatz beträgt 30 %.

Lösung

Zunächst wird der Kauf der Lizenz am 01.01.2010 gebucht:

Lizenz		*an*	*Bank*	*500 T€*

An den ersten zwei Bilanzstichtagen schwankt der Neubewertungswert nur unerheblich um die fortgeführten Anschaffungskosten, so dass sich das Management gemäß IAS 38.75 entscheidet, keine Neubewertung vorzunehmen. Die Buchungssätze zum 31.12.2010 und zum 31.12.2011 lauten also jeweils:

Abschreibung Lizenz		*an*	*Lizenz*	*100 T€*

Zum 31.12.2012 hingegen ist der durch den aktiven Markt belegte Wert wesentlich höher als die fortgeführten Anschaffungskosten, so dass nach der planmäßigen Abschreibung zusätzlich eine Neubewertung durchgeführt wird:

Abschreibung Lizenz		*an*	*Lizenz*	*100 T€*
Lizenz	*120 T€*	*an*	*sonstiges Ergebnis (OCI)*	*84 T€*
			passive latente Steuern	*36 T€*

Zum 31.12.2013 ist das Produktionsverfahren mittlerweile durch wesentlich effektivere Verfahren abgelöst worden. Der Wert der Lizenz ist deshalb auf den Betrag von 80 T€ gefallen. Dennoch wird zunächst die normale Abschreibung ohne Berücksichtigung der erneuten Neubewertung gebucht:

Abschreibung Lizenz		*an*	*Lizenz*	*160 T€*

Im Umfang der höheren Abschreibung ist nun auch die durch den Abschluss des sonstigen Ergebnisses in das Eigenkapital gebildete Neubewertungsrücklage aufzulösen. Fraglich erscheint hierbei die Behandlung der passiven latenten Steuer. So wird in der Literatur gefordert, die Auflösung der passiven latenten Steuer GuV-wirksam vorzunehmen[6], um die Ertragslage des bilanzierenden Unternehmens korrekt darzustellen, auch wenn die höheren Abschreibungen steuerlich nie zu einer Ergebnisreduktion führen. Die resultierenden Buchungssätze lauteten dann:

Neubewertungsrücklage	*an*	*Gewinnrücklage*	*42 T€*
Passive latente Steuern	*an*	*Steuerertrag*	*18 T€*

Diese Buchungen bedeuten eine Durchbrechung des Kongruenzprinzips: Die Bildung der Neubewertungsrücklage erfolgt GuV-neutral über das sonstige Ergebnis, die Abschreibung des neubewerteten Vermögenswerts und die korrespondierende Auflösung der passiven latenten Steuer verändern dagegen den Gewinn oder Verlust. Während das Eigenkapital sich durch die beiden Buchungssätze lediglich um 100 T€ reduziert, entsteht ein Verlust in Höhe von 136 T€. Im Gegensatz zu anderen GuV-neutralen Zu- oder Abschreibungen, z.B. bei zur Veräußerung verfügbaren Wertpapieren, gleicht sich dieser Unterschied im Zeitablauf *nicht* aus, wie im Folgenden zu sehen sein wird.

Im Anschluss an die planmäßige Abschreibung wird nun die Neubewertung durchgeführt, wobei zunächst die bestehende Neubewertungsrücklage über das sonstige Ergebnis GuV-neutral aufgelöst wird. Der verbleibende Restbetrag wird GuV-wirksam erfasst und führt nun zum Entstehen von GuV-wirksamen aktiven latenten Steuern, da annahmegemäß keine steuerliche Teilwertabschreibung erfolgt:

Sonstiges Ergebnis (OCI) 42 T€			
Passive latente Steuern 18 T€			
Neubewertungsaufwand 20 T€	*an*	*Lizenz*	*80 T€*
Aktive latente Steuern	*an*	*Steuerertrag*	*6 T€*

Im letzten Jahr wird dann die Lizenz komplett abgeschrieben und verlässt zum 31.12.2014 die Bilanz. Hierbei wird die im Vorjahr gebildete aktive latente Steuer GuV-wirksam aufgelöst:

Abschreibung Lizenz	*an*	*Lizenz*	*80 T€*
Steueraufwand	*an*	*aktive latente Steuern*	*6 T€*

6 Vgl. *Baetge, J./Beermann, T.*, Die Neubewertung des Sachanlagevermögens nach International Accounting Standards (IAS), in: StuB, 1. Jg. (1999), S. 346.

Interpretation
Anhand der folgenden Tabelle lassen sich der Bilanzansatz (Lizenz) sowie die jährliche Beeinflussung des Gewinns oder Verlustes (ΔGuV), des sonstigen Ergebnisses (ΔSE), des Gesamtergebnisses (ΔGE) und des Eigenkapitals (ΔEK) analysieren. Es wird deutlich, dass bei Anwendung des Neubewertungsmodells *permanente* Unterschiede zwischen steuerbilanziellem Gewinn oder Verlust und IFRS-Gewinn bzw. -Verlust entstehen können und dass Eigenkapitalentwicklung und GuV-Entwicklung nach IFRS ebenfalls dauerhaft auseinander fallen. Lediglich das Gesamtergebnis als Saldo von Gewinn oder Verlust und sonstigem Ergebnis erklärt die Eigenkapitalveränderungen in IFRS- und Steuerbilanz zutreffend.

Zeitpunkt	**IFRS-Bilanz**				
	Lizenz	ΔGuV	ΔSE	ΔGE	ΔEK
31.12.2010	400	-100	0	-100	-100
31.12.2011	300	-100	0	-100	-100
31.12.2012	320	-100	+84	-16	-16
31.12.2013	80	-156	-42	-198	-198
31.12.2014	0	-86	0	-86	-86
Summe		-542	+42	-500	-500

Zeitpunkt	**Steuerbilanz**	
	Lizenz	ΔGuV = ΔEK
31.12.2010	400	-100
31.12.2011	300	-100
31.12.2012	200	-100
31.12.2013	100	-100
31.12.2014	0	-100
Summe		-500

Beispielvariation – Verkauf im Jahre 2013
Nehmen wir nun als Variation des obigen Beispiels an, dass das Management der Biogen AG Anfang 2013 schon von den neuen Produktionsverfahren gewusst hat und sich deswegen am 01.01.2013 dazu entschlossen hat, die Produktionslizenz zum Preis von 320 T€ am aktiven Markt zu veräußern.

Lösung Beispielvariation

Die Realisation führt nach IAS 38.87 nicht zu einer GuV-wirksamen Erfassung der Neubewertungsrücklage; vielmehr ist die Neubewertungsrücklage ergebnisneutral in die Gewinnrücklagen umzubuchen:

Bank	*an*	*Lizenz*	*320 T€*
Neubewertungsrücklage	*an*	*Gewinnrücklage*	*84 T€*
Passive latente Steuern	*an*	*Steuerertrag*	*36 T€*

Der gesamte GuV-ausweis für die Jahre 2010 bis 2013 beträgt in diesem Fall nach IFRS -300 T€, während steuerrechtlich zwar zunächst auch Abschreibungen in Höhe von 300 T€ vorgenommen wurden, dann allerdings zum Zeitpunkt der Veräußerung ein zu versteuernder Gewinn in Höhe von 120 T€ entsteht. Die hieraus resultierende tatsächliche Steuerschuld wird durch die GuV-wirksame Auflösung der latenten Steuer kompensiert.

Wertminderungstest

Neben der normalen Folgebewertung gelten auch für immaterielle Vermögenswerte die Vorschriften von IAS 36 zur Wertminderung von Vermögenswerten (vgl. hierzu Kapitel 10). So werden in IAS 36.12 externe und interne Indikatoren aufgeführt, die einen Test auf Wertminderung notwendig machen. Zusätzlich zu diesen Anlässen sind bestimmte immaterielle Vermögenswerte gemäß IAS 36.10 regelmäßig an jedem Abschlussstichtag auf Wertminderungen zu überprüfen:

- Immaterielle Vermögenswerte, die noch nicht gebrauchsbereit sind, deren planmäßige Abschreibung also noch nicht begonnen hat, und
- immaterielle Vermögenswerte, die eine unbestimmte Nutzungsdauer haben.

Wertminderungen sind grundsätzlich GuV-wirksam zu erfassen. Falls jedoch im Rahmen des Neubewertungsmodells zuvor eine Neubewertungsrücklage gebildet wurde, so ist diese zunächst über das sonstige Ergebnis aufzulösen. Wenn der Grund für eine Wertminderung in den Folgejahren wegfällt, dann ist die Wertminderung ebenfalls GuV-wirksam rückgängig zu machen. Eine sich daran ggf. anschließende, über die fortgeführten Anschaffungs- oder Herstellungskosten hinausgehende Neubewertung erfolgt wiederum GuV-neutral.

Abgang

Ein immaterieller Vermögenswert hat die Bilanz zu verlassen, wenn er:

- veräußert wird bzw. das Unternehmen auf andere Art verlässt (IAS 38.112(a)) oder
- wenn aus seiner Nutzung oder Veräußerung kein Nutzenzuwachs mehr zu erwarten ist (IAS 38.112(b)).

Die Differenz zwischen Nettoveräußerungserlös und Buchwert ist GuV-wirksam zu erfassen (IAS 38.113). Eine Erfassung der Erlöse als Umsatz ist nicht zulässig. Wie in dem Beispiel zum Neubewertungsmodell aufgezeigt, ist eine eventuell vorhandene Neubewertungsrücklage hierbei ergebnisneutral in die Gewinnrücklagen umzubuchen.

Veräußerungserfolg

4 Angabepflichten

Der besondere Charakter von immateriellen Vermögenswerten macht es unmöglich, dem Adressaten allein über den bilanziellen Ausweis die zu ihrem Verständnis notwendigen Informationen zu vermitteln. Deswegen kommt den im Anhang zu präsentierenden Daten eine besondere Bedeutung zu.

Ergänzende Informationen erforderlich

Die Angaben sind jeweils für ähnliche Vermögenswerte zu gruppieren. Eine solche Gruppierung wird exemplarisch in IAS 38.119 vorgeschlagen und umfasst z.B. Gruppen wie Markennamen, Computersoftware, Lizenzen und Franchiseverträge. Zu jeder identifizierten Gruppe sind gemäß IAS 38.118 zunächst allgemeine Angaben zu machen:

- Nutzungsdauern und Abschreibungsmethoden,
- der Posten der Gesamtergebnisrechnung, der die Abschreibungen enthält,
- Informationen über im Wert geminderte Vermögenswerte und
- Informationen zu Schätzungsänderungen hinsichtlich z.B. Abschreibungsdauer und Abschreibungsmethode gemäß IAS 8 (IAS 38.121).

Um die Wertentwicklung der immateriellen Vermögenswerte innerhalb der Periode wiederzugeben, fordert IAS 38.118(e) eine erläuternde Überleitungsrechnung vom Anfangsbestand der Periode zum Endbestand. Hierbei sind die Beträge für einzelne Gruppen von immateriellen Vermögenswerten getrennt anzugeben. Diese Angaben können in einer Art Anlagespiegel für immaterielle Vermögenswerte dargestellt werden. Einen Aufbau für einen solchen Anlagespiegel zeigt das nachfolgende Beispiel.

Anlagespiegel für immaterielle Vermögenswerte

Beispiel 11.10

Im Jahresabschluss 2012 der Biogen AG soll für die immateriellen Vermögenswerte der Anlagespiegel erstellt werden. Laut den Vorbeispielen dieses Abschnitts hält die Biogen AG folgende immateriellen Vermögenswerte:

- Erworbene Lizenz zum 01.01.2010, Anschaffungskosten: 9.750.790 €, lineare Abschreibung über fünf Jahre, Folgebewertung mit fortgeführten Anschaffungskosten.
- Im Rahmen einer Unternehmensakquisition zum 01.01.2010 erworbene Lizenz der Pharma GmbH, Anschaffungskosten: 10 Mio. €, lineare Abschreibung über fünf Jahre, Folgebewertung mit fortgeführten Anschaffungskosten.

- Zum 01.10.2010 aktiviertes selbsterstelltes Patent, Herstellungskosten: 50 T€, lineare Abschreibung über fünf Jahre, Abschreibungsbeginn 01.10.2010, Folgebewertung mit fortgeführten Anschaffungskosten, nachträgliche Herstellungskosten (Anwaltskosten) zum 01.01.2011: 10 T€ bei gleicher Abschreibung (2 T€ pro Kalenderjahr).
- Zum 01.01.2010 erworbene Produktionslizenz, Anschaffungskosten: 500 T€, lineare Abschreibung über fünf Jahre, Folgebewertung nach dem Neubewertungsmodell. Auf einem aktiven Markt werden „gebrauchte" Produktionslizenzen gehandelt. Die resultierenden Werte können Beispiel 11.9 entnommen werden.

Lösung

Für das Jahr 2012 wäre folgender Anlagespiegel für immaterielle Vermögenswerte zu erstellen. Ein solcher Anlagespiegel kann unter Umständen auch in den bestehenden Anlagespiegel für das gesamte Anlagevermögen integriert werden. Wichtig ist lediglich, dass alle von IAS 38.118(e) geforderten Angaben gemacht werden.

T€	**Lizenzen**	**Patente**	**Summe**
Hist. Anschaffungs-/ Herstellungskosten	20.250,79	60,00	20.310,79
Neubewertungsanpassung aus Vorperioden	—	—	—
Bruttobuchwerte	20.250,79	60,00	20.310,79
Kum. Abschreibungen aus Vorperioden	-8.100,32	-14,50	-8.114,82
Sonstige Neubewertungsanpassungen aus Vorperioden	—	—	—
Buchwert zu Beginn der Periode	12.150,47	45,50	12.195,97
Zugänge (davon selbsterstellt und/oder durch Unternehmensakquisition erworben)	—	—	—
Abgänge	—	—	—
Wertänderungen auf Basis von GuV-neutralen Neubewertungen oder Wertmind.	120,00	—	—
Aufwendungen aus Wertminderungen	—	—	—
Erträge aus Wertaufholungen	—	—	—
Abschreibungen der laufenden Periode	-4.050,16	-12,00	-4.062,16
Wechselkursänderungen	—	—	—
Sonst. Wertänderungen der lfd. Periode	—	—	—
Buchwert am Ende der Periode	8.220,31	33,50	8.253,81

Sonstige Angabepflichten

Zusätzlich ergeben sich bei bestimmten immateriellen Vermögenswerten weitere Offenlegungspflichten:

- Detaillierte Angaben für Vermögenswerte mit unbestimmter Nutzungsdauer (IAS 38.122(a)).
- Immaterielle Vermögenswerte, die für das berichtende Unternehmen wesentliche Bedeutung besitzen, sind besonders zu beschreiben. Ihr Buchwert und der verbleibende Abschreibungszeitraum sind offen zu legen (IAS 38.122(b)).
- Wurden immaterielle Vermögenswerte mit öffentlichen Zuschüssen finanziert und zum beilegenden Zeitwert bilanziert, werden erläuternde Angaben gefordert (IAS 38.122(c)).
- Verfügungsrechtsbeschränkungen und Verpflichtungen zum künftigen Erwerb von immateriellen Vermögenswerten müssen angegeben werden (IAS 38.122(d)-(e)).
- Wenn Vermögenswerte nach dem Neubewertungsmodell bilanziert werden, sind nach IAS 38.124 Angaben zu machen, die den Adressaten die Details der Neubewertung verdeutlichen. Zudem ist der Wertansatz anzugeben, der bei Bewertung mit den fortgeführten Anschaffungskosten gelten würde.
- Schließlich sind noch die Forschungs- und Entwicklungsaufwendungen der laufenden Periode offen zu legen.

5 Wesentliche Unterschiede zum IFRS for SMEs

Relevante Norm

Für die Bilanzierung immaterieller Vermögenswerte des Anlagevermögens nach den IFRS for SMEs sind die Regelungen des Abschnitts 18 „Immaterielle Vermögenswerte mit Ausnahme des Geschäfts- oder Firmenwertes“ (Intangible Assets other than Goodwill) einschlägig. IFRS-SME.18 weist dabei starke Parallelen zu seinem „großen Bruder“ IAS 38 auf. Neben einem grundsätzlich gleichen Anwendungsbereich und einer identischen Definition immaterieller Vermögenswerte (IFRS-SME.18.1-3) formulieren IFRS-SME.18.4(a) und (b) zunächst die gleichen allgemeinen Ansatzkriterien immaterieller Vermögenswerte wie IAS 38.21. Auch der Asset-Begriff entspricht dem der „full“ IFRS.

Aktivierungsverbot für selbstgeschaffene immaterielle Vermögenswerte des Anlagevermögens

Die wohl markanteste Abweichung zu IAS 38 betrifft selbstgeschaffene immaterielle Werte. Gemäß IFRS-SME.18.4(c) ist ein immaterieller Vermögenswert, der aus intern angefallenen Aufwendungen für ein immaterielles Gut entstanden ist, nicht zu aktivieren. Folglich besteht für selbstgeschaffene immaterielle Vermögenswerte des Anlagevermögens ein kategorisches Aktivierungsverbot. Die entsprechenden Aufwendungen, darunter auch solche für Forschung und Entwicklung (IFRS-SME.18.14), sind im Gewinn oder Verlust zu erfassen, es sei denn, sie sind Bestandteil der Herstellungskosten eines anderen Vermögenswertes. Dieses Ansatzverbot begründet sich aus den insbesondere für kleine und mittelgroße Unternehmen zentralen Wirtschaftlichkeits- und Objektivierbarkeitserwägungen[7]. Demnach erschien es dem Standardsetter nicht opportun, diesem Unternehmenskreis, der häufig nicht über die Ressourcen für ein adäquates Forschungs- und Entwicklungscontrolling verfügt, eine Aktivierung selbstgeschaffener immaterieller Werte nach dem Vorbild von IAS 38 aufzubürden. Des Weiteren vertrat das IASB die Ansicht, dass aktivierte Entwicklungsausgaben von den mithin bedeutsamsten Adressaten kleiner und mittelgroßer Unternehmen, nämlich Banken, häufig nicht als entscheidungsrelevante Informationen wahrgenommen werden (IFRS-SME.BC113). Letztlich ließ man aus diesen Erwägungen das noch seinerzeit im ED IFRS-SME formulierte Aktivierungswahlrecht für selbstgeschaffene immaterielle Vermögenswerte im finalen Standard fallen.

Keine Neubewertung zulässig

Die Erstbewertung immaterieller Vermögenswerte erfolgt analog IAS 38.24 zu Anschaffungskosten (IFRS-SME.18.9); Herstellungskosten kommen, wie bereits dargestellt, als Wertansatz nicht in Frage. Unter dem Gesichtspunkt der Objektivierbarkeit ist als Folgebewertungsverfahren allein eine Bewertung zu fortgeführten Anschaffungskosten, d.h. unter Berücksichtigung planmäßiger Abschreibungen und ggf. außerplanmäßiger Wertminderungen, zulässig (IFRS-SME.18.18). Eine Neubewertung wie nach IAS 38.75 ist also grundsätzlich ausgeschlossen.

Vereinfachungen hinsichtlich Nutzungsdauer und Abschreibungsmethode

Gemäß IFRS-SME.18.19 wird ferner allen immateriellen Vermögenswerten im Anlagevermögen vereinfachend eine stets begrenzte Nutzungsdauer zugesprochen. Generell gilt zudem: Lässt sich die Nutzungsdauer nicht verlässlich bestimmen, so ist sie auf zehn Jahre festzulegen (IFRS-SME.18.20). Eine weitere Erleichterung gilt des Weiteren bei der Wahl der Abschreibungsmethode: Hier darf im Zweifelsfall die lineare Abschreibungsmethode gewählt werden, wenn der Nutzenverbrauch des betroffenen immateriellen Vermögenswertes nicht hinreichend genau bestimmt werden kann (IFRS-SME.18.22). Weniger strikt sind in diesem Zusammenhang übrigens auch die Anforderungen an eine regelmäßige Überprüfung der Nutzungsdauer, Abschreibungsmethode oder eines etwaigen Restwertes geregelt. Anders als in IAS 38.109 sind diese nicht an jedem Bilanzstichtag zu überprüfen, sondern lediglich sofern Hinweise vorliegen, die eine Anpassung der ursprünglichen Annahmen erforderlich machen (IFRS-SME.18.24).

Umfang der Anhangangaben ähnlich IAS 38

Der Umfang der nach IFRS-SME.18.27-29 offenzulegenden Anhangangaben entspricht im Wesentlichen dem nach IAS 38.118-128. So ist bspw. ebenfalls ein detaillierter Anlagespiegel für immaterielle Vermögenswerte des Anlagevermögens, gegliedert nach Klassen, zu erstellen (IFRS-SME.18.27(e)). Erleichterungen ergeben sich dadurch, dass aufgrund der Konzeption des IFRS-SME.18 keine Angaben zu Vermögenswerten mit unbestimmter Nutzungsdauer, zu neubewerteten sowie zu selbsterstellten immateriellen Vermögenswerten zu machen sind.

7 Vgl. ausführlich *Fülbier, R.U./Klein, M.*, IFRS for SMEs, Abschnitt 18, Tz. 1.

6 Wesentliche Unterschiede zum HGB

Wahlrecht zur Aktivierung selbstgeschaffener immaterieller Vermögensgegenstände des Anlagevermögens

Ausgangspunkt für die bilanzielle Behandlung immaterieller Vermögensgegenstände des Anlagevermögens nach deutschem Handelsrecht bildet das in § 246 Abs. 1 HGB kodifizierte Vollständigkeitsgebot. Demnach sind sämtliche immateriellen Güter, die selbständig verwertbar sind und damit als Vermögensgegenstand gelten, in die Bilanz aufzunehmen, sofern gesetzlich nichts anderes bestimmt ist. Ausnahmen vom Vollständigkeitsgrundsatz ergeben sich für selbstgeschaffene immaterielle Vermögensgegenstände, die nach § 248 Abs. 2 Satz 1 HGB angesetzt werden dürfen, jedoch nicht müssen. Insofern besteht im deutschen Handelsrecht seit Inkrafttreten des BilMoG, im Gegensatz zu IAS 38, ein explizites Ansatzwahlrecht für selbstgeschaffene immaterielle Vermögenswerte des Anlagevermögens. Identisch mit IAS 38.63 sind selbsterstellte Marken, Drucktitel, Verlagsrechte, Kundenlisten oder vergleichbare immaterielle Vermögensgegenstände von einem Bilanzansatz stets ausgeschlossen (§ 248 Abs. 2 Satz 2 HGB). Steuerlich bleibt das grundsätzliche Aktivierungsverbot des § 5 Abs. 2 EStG für selbstgeschaffene immaterielle Vermögensgegenstände des Anlagevermögens bestehen. Auch die Zahlungsbemessungsfunktion des handelsrechtlichen Jahresabschlusses bleibt bei etwaiger Aktivierung aufgrund einer entsprechenden Ausschüttungssperre intakt (§ 268 Abs. 8 HGB).

Forschungs- und Entwicklungsphase

Die Erstbewertung immaterieller Vermögensgegenstände erfolgt grundsätzlich ähnlich IAS 38 zu Anschaffungs- bzw. Herstellungskosten (§ 253 Abs. 1 Satz 1 HGB). Demnach umfassen die Herstellungskosten eines selbstgeschaffenen immateriellen Vermögensgegenstandes die angefallenen Entwicklungsaufwendungen; Forschungskosten sind nicht einzubeziehen (§ 255 Abs. 2a HGB). Analog zu IAS 38.52 fordert das deutsche Handelsrecht damit implizit, den Erstellungsprozesses immaterieller Güter in eine Forschungs- und eine Entwicklungsphase zu trennen. Forschung und Entwicklung sind dabei gleichlautend zu IAS 38.8 definiert. Ergänzende Hinweise zur Abgrenzung beider Phasen, wie in IAS 38.56 bzw. IAS 38.59 formuliert, fehlen jedoch.

Keine Neubewertung zulässig

Als Verfahren der Folgebewertung ist lediglich die planmäßige Abschreibung zugelassen (§ 253 Abs. 1 HGB); eine Möglichkeit zur Neubewertung besteht nicht. Analog zu den Vorschriften zu materiellen Vermögensgegenständen besteht eine Abschreibungspflicht bei dauerhafter Wertminderung (§ 253 Abs. 3 HGB). Die Angabepflichten nach HGB ähneln aufgrund der Veröffentlichungspflicht eines Anlagespiegels im Anhang grundsätzlich denen von IAS 38.

7 Wesentliche Unterschiede zu US-GAAP

Normenvielfalt nach US-GAAP

Für die Bilanzierung von immateriellen Vermögenswerten des Anlagevermögens gibt es nach US-GAAP eine Vielzahl von Vorschriften, die teilweise allgemein gehalten sind, teilweise aber auch spezielle immaterielle Vermögenswerte betreffen. Ohne Anspruch auf Vollständigkeit bietet die nachfolgende Tabelle 11.1

einen Überblick über die Normenvielfalt. Sie enthält neben den ursprünglichen Standardbezeichnungen die Ordnungsnummern der mittlerweile neu eingeführten Accounting Standards Codification (ASC). Wie sich zeigt, ist das Gebiet der immateriellen Vermögenswerte ein Beispiel für die vom Case Law geprägte Normenvielfalt der US-GAAP.

Standard		**Inhalt**
ehemals	**ASC**	
SFAS 2, FIN 4	730-10, 805-20	Aktivierungsverbot für eigene F&E-Ausgaben. Grundsätzlich Aktivierungsgebot für die im Kaufpreis eines Tochterunternehmens entgoltenen F&E-Aktivitäten.
SFAS 7, FIN 7, SOP 98-5	915-10, 915-810, 720-15	Aktivierungsverbot für Ingangsetzungsausgaben
SFAS 19, SFAS 25, SFAS 69	932-720	Aktivierungsgebot für bestimmte F&E-Maßnahmen (z.B. Ausgaben zur Gebietserschließung, Probebohrungen etc.) bei rohstoffabbauenden Branchen
SFAS 50	928-340	Aktivierungsgebot für die Herstellungsausgaben von Mastertonträgern, sofern der Künstler eine hohe Reputation besitzt
SFAS 68	730-20	Aktivierungsgebot bzw. -verbot für Ausgaben im Bereich der Auftragsforschung in Abhängigkeit von der Vertragsgestaltung
SFAS 86, FIN 6, SOP 98-1	985-20, 730-10, 350-40	Aktivierungsgebot für Ausgaben für die Software-Entwicklung ab zweifelsfreier Feststellung der technischen Durchführbarkeit (technical feasibility) bzw. – bei interner Nutzung – eines bestimmten Projektfortschritts
SFAS 139, SOP 00-2	926-20	Aktivierungsgebot für Herstellungsausgaben für Masterfilme
SOP 88-1	908-350	Aktivierungsgebot für im Flugverkehr erworbene Start- und Lande-Slots
SFAS 141	805-10	Bilanzierung von Unternehmenserwerben und Behandlung von immateriellen Vermögenswerten, die im Rahmen von Unternehmensakquisitionen erworben wurden
SFAS 142	350-10	Bilanzierung von Goodwill und anderen immateriellen Vermögenswerten
SOP 93-7	720,35, 340-20	Aktivierungsverbot für Werbungsausgaben mit Ausnahme der sog. Direktwerbung (direct-response advertising)

Tab. 11.1: Wichtige US-amerikanische Regeln zur Bilanzierung immaterieller Vermögenswerte

Formelle Ansatzpflicht und faktisches Ansatzwahlrecht für selbsterstellte immaterielle Vermögenswerte

Die zentrale Norm zur Bilanzierung von immateriellen Vermögenswerten ist SFAS 142 / ASC 350 „Intangibles – Goodwill and Other“. Der Standard verlangt grundsätzlich, dass alle einzeln identifizierbaren immateriellen Vermögenswerte mit sicherem Nutzenpotential aktiviert werden müssen, wenn das Nutzenpotential die Anschaffungs-/Herstellungskosten eindeutig überkompensiert. Da die Beurteilung, ob ein immaterieller Vermögenswert einzeln identifizierbar ist, erhebliche Ermessensspielräume bietet, gewährt SFAS 142 / ASC 350-10 den US-amerikanischen Unternehmen je nach Sachverhaltsgestaltung ein faktisches Ansatzwahlrecht. Der Ansatz immaterieller Vermögenswerte hat zu Anschaffungs- oder Herstellungskosten zu erfolgen. Die sehr strikte Definition eindeutig zurechenbarer Kosten führt bei selbsterstellen immateriellen Vermögenswerten dazu, dass diese i.d.R. nur mit einem Bruchteil des Wertes anzusetzen sind, der im Rahmen einer Veräußerung für diese Vermögenswerte als Preis erzielt werden könnte. So qualifizieren sich bei selbsterstellten Marken nur die Kosten für den Schutz der Markenzeichen für eine Aktivierung, nicht aber die wesentlich höheren Werbeaufwendungen[8].

Aktivierungsverbot für Forschungs- und Entwicklungsaufwendungen

Die Frage der Bilanzierung von Forschungs- und Entwicklungsaufwendungen regelt SFAS 2 / ASC 730 “Research and Development“. Das FASB argumentiert, dass der zukünftige ökonomische Nutzen sowohl aus Forschung als auch aus Entwicklungsanstrengungen zu unsicher sei, um eine Aktivierung der korrespondierenden Aufwendungen zu rechtfertigen. Aus dieser Regel folgt letztlich auch, wie oben bereits erwähnt, dass der Wertansatz selbstgeschaffener immaterieller Werte tendenziell deutlich unter ihrem beizulegenden Zeitwert liegen wird, da Forschungs- und Entwicklungsaufwendungen nicht aktiviert werden.

Immaterielle Vermögenswerte und Unternehmensakquisitionen

Im Rahmen von Unternehmensakquisitionen erworbene immaterielle Vermögenswerte sind dagegen wie alle anderen Vermögenswerte grundsätzlich aktivierungspflichtig (SFAS 141.3(k) / ASC 805-20-25-10), wenn sie entweder

- separierbar sind in dem Sinne, dass sie separat veräußert werden können oder ihnen separate Erträge zugeordnet werden können, oder
- wenn sie vertraglich/rechtlich konkretisiert und belegt sind.

Beispiele zur Anwendung dieser allgemeinen Ansatzkriterien auf immaterielle Vermögenswerte bietet SFAS 141.A19-A56 / ASC 350-30-55.

Folgebewertung von immateriellen Vermögenswerten

Die Folgebewertung von immateriellen Vermögenswerten erfolgt grundsätzlich abhängig davon, ob dem immateriellen Vermögenswert eine bestimmte oder unbestimmte Nutzungsdauer unterstellt wird. Wenn die Nutzungsdauer bestimmt ist, dann erfolgt eine planmäßige, im Regelfall lineare Abschreibung. Wenn die Nutzungsdauer hingegen unbestimmt ist, erfolgt keine planmäßige Abschreibung im Rahmen der Folgebewertung. Stattdessen ist, analog zur Vorgehensweise im Rahmen der Goodwill-Folgebewertung (vgl. hierzu Kapitel 23), ein jährlicher Werthaltigkeitstest durchzuführen. Auf Basis dieses Tests sind unter Umständen

8 Vgl. *Kieso/Weygandt/Warfield*, Intermediate Accounting, S. 593 und 607, sowie als Beispiel die Einführung zu diesem Kapitel.

fallweise außerplanmäßige Abschreibungen vorzunehmen (SFAS 142.11-17 / ASC 350-30-35). Somit entspricht diese Vorgehensweise im Wesentlichen IAS 38.

Spezialnormen

Die sonstigen in der Tabelle 11.1 wiedergegebenen US-GAAP-Vorschriften befassen sich im Wesentlichen mit Ansatz- und Erstbewertungsvorschriften für spezielle immaterielle Vermögenswerte bzw. bestimmte Branchen und können somit als Konkretisierung der grundlegenden Vorschriften von SFAS 142 / ASC 350 verstanden werden.

Zentrale Unterschiede zwischen IAS 38 und US-GAAP

Es wird zusammenfassend deutlich, dass zwei zentrale Unterschiede zwischen den US-GAAP und IAS 38 bestehen:

- Nach SFAS 2 / ASC 730 sind Entwicklungsaufwendungen im Grundsatz mit einem Aktivierungsverbot belegt. Nach IAS 38 besteht hingegen unter bestimmten Bedingungen eine Aktivierungspflicht für Entwicklungsaufwendungen.
- Während IAS 38 unter sehr restriktiven Vorschriften eine imparitätisch ergebniswirksame Neubewertung zulässt, ist nach SFAS 142 / ASC 350 eine Zuschreibung über die historischen Anschaffungs- bzw. Herstellungskosten hinaus nicht möglich.

Ausgewählte Literatur

Arbeitskreis „Immaterielle Werte im Rechnungswesen" der Schmalenbach-Gesellschaft für Betriebswirtschaft e.V., Corporate Reporting on Intangibles – A Proposal from a German Background, in: Schmalenbach Business Review (sbr), Special Issue 2/2005, S. 65-100.

Arbeitskreis „Immaterielle Werte im Rechnungswesen" der Schmalenbach-Gesellschaft für Betriebswirtschaft e.V., Immaterielle Werte im Rahmen der Purchase Price Allocation bei Unternehmenszusammenschlüssen nach IFRS – Ein Beitrag zur Best Practice, in: ZfbF, Sonderheft 60/2009.

Dawo, S., Immaterielle Güter in der Rechnungslegung nach HGB, IAS/IFRS und US-GAAP: Aktuelle Rechtslage und neue Wege der Bilanzierung und Berichterstattung, Herne et al. 2003.

von Keitz, I., Immaterielle Güter in der internationalen Rechnungslegung: Grundsätze für den Ansatz von immateriellen Gütern in Deutschland im Vergleich zu den Grundsätzen in den USA und nach IASC, Düsseldorf 1997.

Langecker, A./ Mühlberger, M., Berichterstattung über immaterielle Vermögenswerte im Konzernabschluss: Vergleichende Gegenüberstellung von DRS 12, IAS 38 und IAS 38 rev., in: KoR, 3. Jg. (2003), S. 109-123.

Übungsaufgaben

Aufgabe 1:

Ende Dezember 2009 hat das Biotech-Unternehmen Blitzforsch AG drei Lizenzen günstig für 90.000 € erworben, die es für drei Jahre bei der Entwicklung eines Impfstoffpräparates zu nutzen gedenkt. Der Marktwert der Lizenzen liegt am 31.12.2009 bei 102.000 € und am 31.12.2010 bei 65.000 €.

a) Wie ist der Geschäftsvorfall nach IFRS zum 31.12.2009 und zum 31.12.2010 zu buchen? Berücksichtigen Sie dabei, dass die Blitzforsch AG die Neubewertungsmethode anwendet und die Lizenzen über die Nutzungsdauer linear abschreibt. Etwaige Steuerlatenzen sind zu vernachlässigen.

b) 2010 hat die Blitzforsch AG 50 gleichartige Entwicklungsprojekte betrieben, deren Ausgaben mit Hinweis auf die geringe Erfolgswahrscheinlichkeit von jeweils nur 10 % allesamt als Aufwand verrechnet wurden. Welcher Grundsatz könnte hinter dieser Vorgehensweise stehen? Welche Argumente sprechen hier möglicherweise für einen Ansatz der Entwicklungsausgaben?

Aufgabe 2:

Die Genfix AG hat seit dem Geschäftsjahr 2008 ein Verfahren zur verbesserten Analyse der Blutgerinnung entwickelt. Das Verfahren ist gerade patentiert worden; Lizenzeinnahmen sind bereits ab dem laufenden Geschäftsjahr 2010 für die nächsten fünf Jahre (bis 2014) zu erwarten. Die Projektkalkulation enthält folgende Angaben:

Jahr	2008	2009	2010
Ausgaben (in Euro)	150.000	250.000	100.000
Beizulegender Zeitwert (in Euro)	20.000	300.000	700.000

Wie ist dieses Projekt 2008 bis 2010 im IFRS-Abschluss der Genfix AG zu buchen? Berücksichtigen Sie dabei, dass wegen technischer Schwierigkeiten anfängliche Zweifel an dem Erfolg des Projektes bestanden. Diese konnten jedoch gegen Ende des Jahres 2009 beseitigt werden. Für das Verfahren bestand kein aktiver, funktionsfähiger Markt.

Aufgabe 3:

Die Käpt'n Iglo AG erwirbt Ende 2008 für 100 T€ eine Zwei-Jahres-Lizenz für die Fischerei in der deutschen Nordsee. Auf Grund neuer Daten über die Fischbestände springt der Marktwert dieses Fischereirechts am 31.12.2008 auf 140 T€. Im Laufe des Jahres 2009 brechen die Vorkommen weitgehend zusammen und der Marktwert der Lizenz sinkt – ebenso wie der steuerliche Teilwert – zum 31.12.2009 auf 25 T€. Ende 2010 läuft die Lizenz aus.

Buchen Sie diesen Sachverhalt für die Jahre 2008, 2009 und 2010 nach der Neubewertungsmethode. Nehmen Sie dabei planmäßige Abschreibungen auf den beizulegenden Zeitwert vor. Der Ertragsteuersatz betrage 30 %.

Aufgabe 4:
Der D&R AG ist es Ende 2010 gelungen, sich einen innovativen synthetischen Farbstoff für die Verwendung in Haarfärbemitteln patentrechtlich schützen zu lassen. Manager der D&R AG stehen derzeit mit namhaften Konzernen aus der Kosmetikindustrie in Verhandlungen. Der Patentschutz endet Ende 2014. Im Jahre 2010 sind der D&R AG Forschungsaufwendungen von 550 T€ und Entwicklungsaufwendungen von 480 T€ entstanden. Diskutieren Sie die bilanzielle Behandlung dieses Sachverhalts aus Sicht der nach IFRS bilanzierenden D&R AG zum Jahresende 2010.

Kapitel 12
Sachanlagevermögen

Sachanlagen wie z.B. Maschinen, Grundstücke, Gebäude oder Büro- und Geschäftsausstattung sind insbesondere bei Industrieunternehmen zwingender Bestandteil der betrieblichen Tätigkeit. Daher ist es nicht verwunderlich, dass sie zumeist den größten Posten auf der Aktivseite einer Bilanz darstellen. So umfasst z.B. das Sachanlagevermögen des Bayer-Konzerns zum 31.12.2009 9.409 Mio. € und damit ca. 18,4 % der Bilanzsumme. Zum Vergleich: Der Anteil der Sachanlagen an der Bilanzsumme von reinen Dienstleistungskonzernen wie bspw. der Deutsche Börse AG beträgt hingegen weniger als 0,7 ‰. Sofern Unternehmen über einen wertmäßig hohen Sachanlagenbestand verfügen, fallen in der Regel über die Nutzungsdauer beträchtliche Abschreibungsbeträge an, die sich unmittelbar auf das Jahresergebnis auswirken. So belasteten im Geschäftsjahr 2009 planmäßige und außerplanmäßige Abschreibungen des Sachanlagevermögens in Höhe von 1.272 Mio. € das Konzernergebnis von Bayer.

Innerhalb der IFRS-Rechnungslegung enthält IAS 16 „Sachanlagen" (Property, Plant and Equipment) Bilanzierungsvorschriften zum Sachanlagevermögen.

Lernziele

Im Folgenden sollen Sie lernen,

- welche Kriterien nach IAS 16 für den Ansatz von Sachanlagen erfüllt sein müssen,
- wie Sachanlagen erstmalig zu bewerten sind,
- welche Bewertungsmethoden nach der Erstbewertung angewendet werden können und
- welche sonstigen Angaben verpflichtend zu tätigen sind.

1 Anwendungsbereich von IAS 16

Definition von Sachanlagen

Die Regeln von IAS 16 sind grundsätzlich für die Bilanzierung von Sachanlagen anzuwenden. Davon abweichende Bilanzierungsvorschriften sind nur dann erlaubt, wenn ein anderer Standard dies explizit verlangt (wie z.B. IFRS 3 „Unternehmenszusammenschlüsse" für Sachanlagen, die im Rahmen eines Unternehmenszusammenschlusses erworben wurden) oder gestattet. Nach IAS 16.6 handelt es sich bei Sachanlagen um materielle Vermögenswerte, die ein Unternehmen für Zwecke der Herstellung oder der Lieferung von Gütern und Dienstleistungen, zur Vermietung an Dritte oder für Verwaltungszwecke hält und die erwartungsgemäß länger als eine Periode genutzt werden. Zentrale Merkmale einer Sachanlage stellen demnach deren Greifbarkeit und die mehr als einperiodige Nutzungsdauer dar.

Ausschlüsse vom Anwendungsbereich

Folgende Vermögenswerte bzw. bilanzielle Behandlungsweisen fallen explizit nicht in den Anwendungsbereich von IAS 16:

- Sachanlagen, die nach IFRS 5 als zum Verkauf bestimmt gelten (IFRS 5 „Zur Veräußerung gehaltene langfristige Vermögenswerte und aufgegebene Geschäftsbereiche"),

- Immobilien, die als Finanzinvestition genutzt werden (IAS 40 „Als Finanzinvestition gehaltene Immobilien"),
- Ansatz von Sachanlagen, die im Rahmen eines Leasingverhältnisses ver- bzw. gemietet werden (IAS 17 „Leasingverhältnisse"),
- Biologische Vermögenswerte (IAS 41 „Landwirtschaft"),
- Nicht-regenerative Ressourcen (IFRS 6 „Exploration und Evaluierung von mineralischen Ressourcen").

Mit der Verabschiedung von IFRS 5 sind langfristige Vermögenswerte, deren Veräußerung mit sehr hoher Wahrscheinlichkeit (highly probable) bevorsteht, separat auszuweisen und zum Bilanzstichtag mit dem niedrigeren Wert aus beizulegendem Zeitwert abzüglich Veräußerungskosten und Buchwert zu bewerten (vgl. Kapitel 27).

Für Immobilien wie z.B. Grundstücke und Gebäude, die als Finanzinvestition (bspw. zur Vermietung) und damit als Kapitalanlage genutzt werden, gelten die Vorschriften von IAS 40. Die Abgrenzung von Sachanlagen und Finanzimmobilien kann mit gewissen Ermessensspielräumen einhergehen (vgl. Kapitel 13).

Der Ansatz von Sachanlagen, die im Rahmen eines Leasingverhältnisses ver- bzw. gemietet werden, ist nach den entsprechenden Vorschriften in IAS 17 vorzunehmen (vgl. Kapitel 21). Hiernach muss der Ansatz einer geleasten Sachanlage nach dem Grundsatz der Übertragung von Risiken und Chancen beurteilt werden. Der Ausschluss des Anwendungsbereichs von IAS 16 auf geleaste Sachanlagen betrifft jedoch primär die Ansatzvoraussetzungen. Andere Bilanzierungsvorschriften, wie bspw. die Auswahl einer geeigneten Abschreibungsmethode, regelt weiterhin IAS 16.

Explizit ausgeschlossen vom Anwendungsbereich sind ferner die bilanzielle Behandlung von biologischen Vermögenswerten wie z.B. Hühnern und Schweinen eines landwirtschaftlichen Betriebs (IAS 41), und die Suche und Gewinnung von nicht-regenerativen Ressourcen wie z.B. Öl, Erdgas oder Mineralien. Für die Behandlung Letzterer hat das IASB am 09.12.2004 IFRS 6 veröffentlicht, der jedoch überwiegend erweiterte Offenlegungspflichten enthält. Eine umfassende Neuregelung des Themenkomplexes wird vom IASB geplant. Für Sachanlagen, die zur Erschließung oder Aufrechterhaltung von biologischen Vermögenswerten und nicht-regenerativen Ressourcen genutzt werden (wie z.B. Traktoren, Ölbohrkräne etc.), gilt IAS 16 uneingeschränkt.

2 Ansatz

Nach IAS 16.7 ist ein Vermögenswert als Sachanlage in der Bilanz anzusetzen, wenn er gemäß den Definitionskriterien von IAS 16 als solcher zu bezeichnen ist, dem Unternehmen wahrscheinlich ein mit ihm verbundener künftiger wirtschaftlicher Nutzen zufließen wird und seine Anschaffungs- oder Herstellungs- Ansatzkriterien kosten verlässlich ermittelt werden können. Eine quantitative Konkretisierung der Eintrittswahrscheinlichkeit des Nutzenzuflusses enthält IAS 16 dabei nicht. Im Schrifttum reichen die Meinungen hierzu von einer Wahrscheinlichkeit, die größer 50 % sein soll, bis zu einer Wahrscheinlichkeitsgrenze von 70-80 %[1].

Einzel- und Gruppenbewertung

Mit der Erfüllung der Ansatzkriterien sind Sachanlagen in der Regel voneinander abzugrenzen und einzeln zu bilanzieren. Es gilt somit der Einzelbewertungsgrundsatz. Allerdings erscheint es aufgrund des dadurch in manchen Fällen entstehenden Aufwands nicht sinnvoll, eine generelle Befolgung dieses Grundsatzes zu fordern. So ist es nach IAS 16.9 erlaubt, einzelne Sachanlagen zusammenzufassen und als Gruppe zu bewerten. Besonders einzelne, unbedeutende Gegenstände (wie z.B. Werkzeuge) kommen hier für die Gruppenbewertung infrage. Voraussetzung für einen gesammelten Ansatz als Sachanlage ist jedoch eine mehr als einperiodige Nutzungsdauer. Reine Ersatzteile stellen Vorratsvermögen dar und sind bei Verbrauch sofort als Aufwand zu verrechnen.

Komponentenansatz

Einzelne Komponenten einer Sachanlage sind nach IAS 16.43 gesondert abzuschreiben, sofern ihre Anschaffungs- oder Herstellungskosten im Verhältnis zu den Gesamtkosten der Sachanlage einen bedeutenden (significant) Anteil darstellen. Nur wenn die bedeutenden Komponenten analoge Nutzungsdauern aufweisen und mit dem gleichen Verfahren abgeschrieben werden sollen, können sie zusammengefasst werden (IAS 16.45). Nach diesem so genannten Komponentenansatz (component approach) sind Sachanlagen selbst dann in einzelne Bestandteile aufzuteilen, wenn diese in einem einheitlichen Nutzungs- und Funktionszusammenhang stehen. So kann es bspw. erforderlich sein, Triebwerke gesondert von dem dazugehörigen Flugzeugrahmen abzuschreiben. Dies hat zur Folge, dass Gewinne aus dem vorzeitigen Abgang einer Komponente entsprechend zu erfassen sind. Ebenso sind die Kosten für planmäßige Generalüberholungen einer Komponente als nachträgliche Anschaffungskosten aktivierungspflichtig, wenn sie die allgemeinen Ansatzkriterien erfüllen (insb. künftiger wirtschaftlicher Nutzen).

Indes enthält IAS 16 keinen Hinweis darauf, ab wann ein „bedeutender Anteil“ vorliegt. Im Schrifttum wird hier aus Praktikabilitäts- und Objektivierungsgründen eine eher enge Auslegung befürwortet[2]. Allerdings ist es nach IAS 16.47 in Form eines Wahlrechts auch erlaubt, nicht bedeutende Komponenten gesondert abzuschreiben. Es existieren also keine konkreten Regelungen zur Tiefe der Aufteilung eines Vermögenswerts in seine einzelnen Komponenten. Vielmehr unterliegt dies in hohem Maße dem Ermessen der Unternehmensleitung, was in IAS 16.9 auch angedeutet wird.

Beispiel 12.1

Zu Beginn des Geschäftsjahres 00 kauft die nach IFRS bilanzierende Fallen Apart AG ein Bürogebäude, in dem zukünftig die Hauptverwaltung des Unternehmens eingerichtet werden soll. Gemessen am Gesamtwert des Büro-

1 Vgl. *ADS International*, Abschnitt 1: Konzeptionelle Grundlagen, Tz. 150.

2 Siehe *Hoffmann, W.-D./Lüdenbach, N.*, Abschreibung von Sachanlagen nach dem Komponentenansatz von IAS 16, in: BB, 59. Jg. (2004), S. 377.

komplexes werden Klimaanlage sowie die Fahrstuhltechnik als wesentliche Komponenten identifiziert, welche beide regelmäßig generalüberholt werden müssen und auch unterschiedliche Nutzungsdauern aufweisen. Bei Zugang ist demnach in der Anlagenbuchhaltung zu buchen:

Gebäudehülle	*1.500 T€*			
Klimaanlage	*300 T€*			
Fahrstuhltechnik	*200 T€*	*an*	*Bank*	*2.000 T€*

Diese Aufteilung ist jedoch nur zu internen Dokumentationszwecken erforderlich. Im Jahres- bzw. Konzernabschluss nach IFRS werden die Komponenten wieder zu einer Bilanzposition „Gebäude" zusammengefasst.

Geringwertige Sachanlagen

Explizite Regelungen für geringwertige Vermögenswerte, wie sie das deutsche Steuerrecht in § 6 Abs. 2 EStG für Wirtschaftsgüter mit Anschaffungs- oder Herstellungskosten von kleiner 410 € kennt, enthält IAS 16 nicht. Aufgrund des Wesentlichkeitsgrundsatzes können geringwertige Sachanlagen jedoch analog zum deutschen Recht im Jahr der Anschaffung vollständig abgeschrieben werden, wobei durchaus auch ein höherer Betrag als unwesentlich eingestuft werden könnte[3].

3 Bewertung

3.1 Erstbewertung

Anschaffungs- oder Herstellungskosten

Sachanlagen sind bei ihrem erstmaligen Ansatz nach IAS 16.15 zu ihren Anschaffungs- oder Herstellungskosten (cost) anzusetzen, die gemäß der Definition von IAS 16.6 den Betrag an Zahlungsmitteln oder Zahlungsmitteläquivalenten darstellen, der zum Erwerb oder zur Herstellung eines Vermögenswerts entrichtet wurde oder den beizulegenden Zeitwert einer anderen Gegenleistung zum Zeitpunkt des Erwerbs oder der Herstellung. Sofern die Zahlung für eine Sachanlage die übliche Zahlungsfrist überschreitet, stellt der Barwert des Kaufpreises die Anschaffungskosten dar.

Bestandteile der Anschaffungs- oder Herstellungskosten

IAS 16 unterscheidet nicht zwischen Anschaffungskosten und Herstellungskosten, sondern verwendet allgemein den Oberbegriff „cost". Die Herstellungskosten selbstproduzierter Vermögenswerte sind demzufolge nach denselben Grundsätzen wie für erworbene Vermögenswerte zu ermitteln, wobei IAS 16.22 hier auf die Vorschriften von IAS 2 „Vorräte" verweist, wenn das Unternehmen im Rahmen seiner gewöhnlichen Geschäftstätigkeit ähnliche Vermögenswerte für den Verkauf herstellt. Im Schrifttum wird daraus geschlossen, dass die Herstellungskosten von Sachanlagen bis zur Betriebsbereitschaft analog zu der Her-

3 Vgl. *Ballwieser*, IAS-Kommentar, IAS 16, Tz. 61.

stellungskostenermittlung von Vorräten gemäß IAS 2 zu bestimmen sind[4]. Diese umfassen demnach die produktionsbezogenen Vollkosten (vgl. Kapitel 14).

Die Anschaffungskosten umfassen den Anschaffungspreis einschließlich Einfuhrzölle und abzüglich erstattungsfähiger Umsatzsteuer sowie direkt zurechenbarer Rabatte, Boni und Skonti (IAS 16.16).

Insgesamt lässt sich folgende in Abbildung 12.1 dargestellte Einteilung der Kostenbestandteile vornehmen.

Anschaffungskosten	Herstellungskosten
Anschaffungspreis - Anschaffungspreisminderung	Bestandteile der Herstellungskosten gemäß IAS 2
+ alle direkt zurechenbaren Kosten, die angefallen sind, um den Vermögenswert in den vom Management vorgesehenen Zustand und Umgebung zu versetzen + Ausgaben für zukünftige Entsorgungs-, Rekultivierungs- oder ähnliche Verpflichtungen +/- Wahlbestandteile aufgrund anderer Standards + nachträgliche Anschaffungs- bzw. Herstellungskosten	
= Anschaffungs- bzw. Herstellungskosten einer Sachanlage	

Abb. 12.1: Bestandteile der Anschaffungs- bzw. Herstellungskosten

Direkt zurechenbare Kosten

Darüber hinaus erhöhen alle direkt zurechenbaren Kosten, die angefallen sind, um den Vermögenswert in den vom Management vorgesehenen Zustand und Umgebung zu versetzen, die Anschaffungs- oder Herstellungskosten. Direkt zurechenbare Kosten sind z.B. Ausgaben für die Standortvorbereitung, für die erstmalige Lieferung und Leistung (z.B. Transportkosten, Transportversicherungen etc.), Installationskosten sowie Gebühren und Honorare (z.B. für Architekten und Ingenieure).

Entsorgungsverpflichtungen

Sofern einem Unternehmen bei der Anschaffung oder Nutzung von Sachanlagen eine Verpflichtung entsteht, deren es sich in späteren Perioden nicht entziehen kann, hat es die damit verbundenen zukünftigen Ausgaben nach IAS 16.16(c) bereits im Zeitpunkt der Verpflichtungsentstehung in den Anschaffungs- oder Herstellungskosten zu aktivieren. Derartige Verpflichtungen können Entsorgungs-, Rekultivierungs- oder ähnliche Verpflichtungen nach der Stilllegung der Sachanlage darstellen, um den Standort wiederherzustellen. Voraussetzung für eine Aktivierung ist nach IAS 16.18, dass derartige Verpflichtungen eine Rückstellungsbildung gemäß IAS 37 „Rückstellungen, Eventualschulden und Eventualforderungen" hervorrufen und dass die Verpflichtung nicht im Rahmen der Vorratsproduktion entstanden ist. In letzterem Fall kommt IAS 2

4 Vgl. *ADS International*, Abschnitt 9: Sachanlagevermögen, Tz. 38; *Ballwieser*, IAS-Kommentar, IAS 16, Tz. 20.

i.V.m. IAS 37 zur Anwendung. Im Entstehungszeitpunkt sind die künftigen Ausgaben in der Regel mit ihrem Barwert in den Anschaffungs- oder Herstellungskosten anzusetzen und anschließend über die Nutzungsdauer mit abzuschreiben. Gleichzeitig ist eine Rückstellung für die künftige Entsorgungsverpflichtung GuV-neutral zu bilden und in den Folgejahren aufzuzinsen (vgl. Kapitel 15).

Beispiel 12.2

Die Plutonium AG kauft zu Beginn des Geschäftsjahres 00 ein Kraftwerk zum Anschaffungspreis von 200 Mio. € in bar. Mit dem Erwerb verpflichtet sich das Unternehmen, das Kraftwerk nach Ende der Nutzungsdauer von geschätzten 20 Jahren abzureißen und den Standort so wiederherzustellen, dass er als Naturschutzgebiet der Öffentlichkeit zugänglich sein kann. Schätzungsweise entstehen der Plutonium AG dafür im Geschäftsjahr 19 Kosten in Höhe von 20 Mio. €. Aus Marktdaten wurde ein Diskontierungszins von 10 % abgeleitet. Wie berechnen sich die Anschaffungskosten des Kraftwerks und wie lauten die Buchungssätze?

Lösung
Ermittlung der Anschaffungskosten:
Die Anschaffungskosten umfassen neben dem Anschaffungspreis von 200 Mio. € den Barwert der Entsorgungsverpflichtung. Dieser berechnet sich folgendermaßen: $20 \text{ Mio. €} \cdot 1{,}1^{-20} = 2{,}97 \text{ Mio. €}$. Die Anschaffungskosten betragen somit 202,97 Mio. €.

Buchungssätze Geschäftsjahr 00:
Der Buchungssatz zum Zeitpunkt der Anschaffung lautet:

Sachanlage 202,97 Mio. €	*an*	*Bank*	*200,00 Mio. €*
		sonst. Rückstellung	*2,97 Mio. €*

Zum Bilanzstichtag 00 ist die Sachanlage planmäßig über die Nutzungsdauer abzuschreiben. Die Aufzinsung der Rückstellung ist als Zinsaufwand zu erfassen. Bei linearer Abschreibung über 20 Jahre beträgt der jährliche Abschreibungsbetrag 10,15 Mio. € (202,97 Mio. € / 20 Jahre), während der Aufzinsungsbetrag zum Bilanzstichtag 00 0,3 Mio. € (2,97 Mio. € · 10 %) umfasst. Die Buchungssätze lauten somit:

Abschreibung	*an*	*Sachanlage*	*10,15 Mio. €*
Zinsaufwand	*an*	*sonst. Rückstellung*	*0,30 Mio. €*

Fremdkapitalkosten

Fremdkapitalkosten, die direkt dem Erwerb oder der Herstellung eines qualifizierten Vermögenswerts (qualifying asset) zugeordnet werden können, müssen nach dem überarbeiteten IAS 23 „Fremdkapitalkosten" in den Anschaffungs- oder Herstellungskosten aktiviert werden (IAS 23.8). Als qualifizierte Vermögenswerte werden diejenigen Vermögenswerte bezeichnet, die erst nach einem längeren Zeitraum in einen betriebs- oder verkaufsbereiten Zustand versetzt werden können (IAS 23.5). Wird z.B. der voraussichtlich mehrjährige Bau einer

Lagerhalle durch Aufnahme eines Kredites finanziert, können die anfallenden Kreditzinsen im Rahmen der Herstellungskosten der Lagerhalle aktiviert werden.

Zuwendungen der öffentlichen Hand

Erhält ein Unternehmen beim Erwerb oder der Herstellung einer Sachanlage eine Zuwendung von öffentlichen Stellen, so kann diese gemäß IAS 20 „Bilanzierung und Darstellung von Zuwendungen der öffentlichen Hand" als Minderung des Buchwerts der Sachanlage erfasst werden (IAS 20.24). Alternativ kann die Zuwendung aber auch passivisch abgegrenzt und über die Nutzungsdauer der Sachanlage planmäßig als Ertrag verteilt werden.

Nachträgliche Anschaffungs- oder Herstellungskosten

Nachträgliche Ausgaben fallen gemäß IAS 16.10 nach dem eigentlichen Anschaffungs- oder Herstellungsprozess an, um eine Sachanlage zu erweitern (add), teilweise zu ersetzen (replace part) oder in Betrieb zu halten (service). Sie erhöhen stets dann die ursprünglichen Anschaffungs- oder Herstellungskosten, wenn dem Unternehmen daraus ein wahrscheinlicher künftiger Nutzen zufließen wird und sie verlässlich messbar sind. Die Aktivierung von nachträglichen Anschaffungs- oder Herstellungskosten hat sich somit an den allgemeinen Ansatzkriterien zu orientieren. Demnach sind auch Kosten für Großinspektionen oder planmäßige Generalüberholungen einzelner Bestandteile einer Sachanlage, wie z.B. der regelmäßige Austausch von Sitzen in einem Flugzeug, in dem Buchwert der übergeordneten Sachanlage zu aktivieren, wenn die Ansatzkriterien von IAS 16.7 erfüllt sind.

Nicht anzusetzende Kostenbestandteile

IAS 16.19-20 enthält Beispiele für Kosten, die explizit keine Bestandteile der Anschaffungs- bzw. Herstellungskosten darstellen und somit im Zeitpunkt ihres Anfallens sofort als Aufwand zu behandeln sind. Darunter fallen

- Kosten der Neueröffnung einer Betriebsstätte,
- Einführungskosten neuer Produkte oder Dienstleistungen (einschließlich Werbungsausgaben),
- Kosten, die bei der Schaffung neuer Geschäfts- oder Kundenbeziehungen anfallen (einschließlich Schulungskosten), sowie
- Verwaltungs- und andere Gemeinkosten.

Gemäß dem Wortlaut von IAS 16.19(d) sind demzufolge im Unterschied zur Ermittlung der Herstellungskosten von Vorräten weder allgemeine noch produktionsbezogene Verwaltungskosten in die Herstellungskosten von Sachanlagen einzubeziehen[5]. Zudem stellen Kosten, die während der Nutzung der Sachanlage (z.B. Kosten, die durch nicht ausgelastete Kapazitäten entstehen) oder aufgrund deren Neustrukturierung (z.B. durch nachträgliche Änderungen des Standorts der Sachanlage) anfallen, gleichfalls keine in den Anschaffungs- oder Herstellungskosten zu erfassenden Bestandteile dar. Nutzt ein Unternehmen eine noch nicht fertig gestellte Sachanlage in der Herstellungszeit anderweitig als eigent-

5 Vgl. *Ellrott/Förschle/Hoyos,* Beck Bil-Komm, § 255, Tz. 586; *Kümpel, T.*, Bilanzierung und Bewertung von Sachanlagen nach International Financial Reporting Standards, in: Bilanz und Buchhaltung, 48. Jg. (2003), S. 381.

lich geplant, sind die damit verbundenen Ein- und Ausgaben ebenfalls als Aufwendungen bzw. Erträge zu verrechnen.

Beispiel 12.3

Ein Baugelände, auf dem ein Verwaltungsgebäude entstehen soll, wird zwischenzeitig als Parkplatz vermietet. Dafür mussten zunächst diverse Schlaglöcher beseitigt werden.

Die damit verbundenen Aufwendungen sowie die erhaltenen Erträge aus der Parkplatzvermietung sind GuV-wirksam zu verrechnen und dürfen nicht in den Herstellungskosten des Verwaltungsgebäudes aktiviert werden.

Erwerb durch Tausch

Beim Erwerb einer Sachanlage im Tausch gegen einen nicht monetären Vermögenswert oder eine Kombination aus monetären und nicht monetären Vermögenswerten bestimmen sich die Anschaffungskosten nach IAS 16.24 in der Regel durch den beizulegenden Zeitwert des abgehenden Vermögenswerts. Durchbrochen wird dieses Prinzip nur, wenn entweder dem Tauschgeschäft kein wirtschaftlicher Gehalt (commercial substance) zuzuschreiben ist oder die beizulegenden Zeitwerte weder der erhaltenen noch der abgegebenen Sachanlage verlässlich bestimmbar sind. Dann entsprechen die Anschaffungskosten dem Buchwert des abgegebenen Vermögenswerts. Ein wirtschaftlich gehaltvolles Tauschgeschäft liegt nach IAS 16.25 genau dann vor, wenn sich die Struktur der Cashflows (bzgl. Risiko, zeitlichen Anfalls und Betrag) der erhaltenen Sachanlage von der des abgegebenen Vermögenswerts unterscheiden oder der unternehmensspezifische Wert (entity-specific value) des betroffenen Unternehmensteils sich durch den Tauschvorgang verändert, so dass die beizulegenden Zeitwerte beider Vermögenswerte wesentlich voneinander abweichen. Der unternehmensspezifische Wert stellt dabei gemäß IAS 16.7 den Barwert der aus der dauerhaften Nutzung des Vermögenswerts resultierenden Cashflows im Unternehmen (d.h. inklusiv z.B. Synergien) dar. Eine zuverlässige Ermittlung des beizulegenden Zeitwerts als zweite Voraussetzung kann auch bei fehlenden Marktpreisen vorliegen. Sofern eine Intervallschätzung von beizulegenden Zeitwerten möglich ist und

- die Varianz der Zeitwerte innerhalb des Intervalls unbedeutend ist oder
- eine Zuordnung von begründeten Wahrscheinlichkeiten zu den unterschiedlichen Schätzwerten vorgenommen werden kann,

liegt gemäß IAS 16.26 Verlässlichkeit vor. Kann der beizulegende Zeitwert der erhaltenen Sachanlage verlässlicher bestimmt werden als der des abgehenden Vermögenswerts, stellt dieser die Anschaffungskosten dar.

3.2 Folgebewertung

Folgebewertungsverfahren

Nach dem erstmaligen Ansatz können Sachanlagen entweder anhand des Anschaffungskostenmodells oder anhand des Neubewertungsmodells folgebewertet werden (IAS 16.29). Aufgrund des Stetigkeitsgebots ist eine einmalig ausgewählte Methode für eine Gruppe von Sachanlagen in den Folgeperioden beizubehalten. Ein Methodenwechsel ist nach IAS 8 „Bilanzierungs- und Bewertungsmethoden, Änderungen von Schätzungen und Fehler“ nur erlaubt, wenn ein anderer Standard oder eine Interpretation dies ausdrücklich verlangt oder mit dem Wechsel eine verbesserte Darstellung der Vermögens-, Finanz- und Ertragslage sowie der Cashflows erreicht werden kann (IAS 8.14). Bei einem Methodenwechsel bei der Bewertung von Sachanlagen oder immateriellen Vermögenswerten sind jedoch auch die Vorschriften der Einzelstandards IAS 16 bzw. IAS 38 zu beachten (IAS 8.17 f.).

3.2.1 Anschaffungskostenmodell

Fortgeführte Anschaffungs- oder Herstellungskosten

Nach dem Anschaffungskostenmodell ist die Folgebewertung von Sachanlagen zu fortgeführten Anschaffungs- oder Herstellungskosten vorzunehmen. Demzufolge sind die Anschaffungs- oder Herstellungskosten von Sachanlagen nach IAS 16.30 planmäßig über die voraussichtliche Nutzungsdauer abzuschreiben und ggf. um außerplanmäßige Wertminderungen zu korrigieren. Dabei kommt die planmäßige Abschreibung nur bei abnutzbaren Sachanlagen infrage. Sofern ein wahrscheinlich wesentlicher Restwert im Erwerbszeitpunkt geschätzt werden kann, mindert dieser das gesamte Abschreibungsvolumen. Der Restwert ist dabei unter Beachtung der aktuellen Verhältnisse am Abschlussstichtag zu ermitteln. Künftige Entwicklungen sind bei der Schätzung nicht heranzuziehen.

Abschreibungsbeginn

Die planmäßige Abschreibung ist zu beginnen, sobald der Vermögenswert zur Nutzung zur Verfügung steht (available for use). Gemäß IAS 16.55 bezeichnet dies den Zeitpunkt, in dem der Vermögenswert in den notwendigen Zustand und Umgebung gebracht worden ist, um in der vom Management gewünschten Weise in Betrieb genommen zu werden. Den damit verbundenen Ermessensspielraum veranschaulicht folgendes Beispiel:

Beispiel 12.4

Ein neu gegründetes Unternehmen erwirbt im November noch vor dem Bilanzstichtag mehrere einsatzbereite PKW, die es künftig als Taxen zur Personenbeförderung einsetzen möchte. Zum Bilanzstichtag fehlt noch die notwendige Taxi-Lizenz, um mit dem Taxi-Geschäft zu beginnen. Diese erhält das Unternehmen voraussichtlich erst im Januar des neuen Geschäftsjahres.

Der Zeitpunkt des Abschreibungsbeginns (Kaufzeitpunkt oder Lizenzerhalt) unterliegt hierbei dem Ermessen des Abschlusserstellers.

Abschreibungszeitraum

Nach Festlegung des Abschreibungsbeginns muss die Abschreibung über die voraussichtliche Nutzungsdauer des Vermögenswerts verlaufen und mit seiner Ausbuchung oder Klassifikation als zum Verkauf bestimmter Vermögenswert nach IFRS 5 enden. Die Abschreibung ist indes weiterzuführen, wenn der Vermögenswert zwischenzeitlich stillgelegt werden soll.

Voraussichtliche Nutzungsdauer

Die voraussichtliche Nutzungsdauer ist nach IAS 16.56 u.a. auf der Grundlage des erwarteten Verbrauchs und unter Berücksichtigung von physischem Verschleiß, technischer Veralterung sowie rechtlicher oder ähnlicher Nutzungsbeschränkungen zu schätzen. Dabei können sich voraussichtliche und wirtschaftliche Nutzungsdauer durchaus unterscheiden. Beispielsweise kann die Investitionspolitik eines Unternehmens vorsehen, bestimmte Sachanlagen grundsätzlich nach der Hälfte der wirtschaftlichen Nutzungsdauer zu ersetzen. Damit eine Veränderung der Nutzungsdauer und des Restwerts rechtzeitig antizipiert werden kann, sind sie am Ende jeden Geschäftsjahres zu überprüfen und ggf. für die aktuelle und die folgenden Perioden anzupassen. Damit verbundene Anpassungsbeträge sind als Schätzungsänderungen gemäß IAS 8.36 zu behandeln und somit GuV-wirksam zu berücksichtigen (vgl. Kapitel 26).

Abschreibungsverfahren

Als Abschreibungsverfahren kommen sämtliche Methoden in Betracht, die den erwarteten wirtschaftlichen Nutzenverlauf korrekt abbilden. IAS 16.62 schlägt hier lineare, degressive oder leistungsabhängige Verfahren vor, wobei eine eindeutige Präferenz für eine Methode nicht erfolgt. Rein aus steuerlichen Gründen vorgenommene Abschreibungen sind nicht erlaubt. Das gilt auch für den rein aus steuerlichen Motiven vorgenommenen Wechsel von der degressiven auf die lineare Abschreibung. Grundsätzlich ist ein Methodenwechsel nur erlaubt, wenn hiermit der tatsächlich erwartete wirtschaftliche Nutzenverlauf zutreffender dargestellt wird. Daher ist das angewendete Abschreibungsverfahren stets am Ende eines Geschäftsjahres zu kontrollieren. Ein Wechsel des Abschreibungsverfahrens ist analog zur Änderung der Nutzungsdauer oder des Restwerts als Schätzungsänderung gemäß IAS 8.36 zu behandeln.

Beispiel 12.5

In Fortsetzung des Beispiels 12.1 sollen die identifizierten Komponenten des Bürogebäudes nun separat abgeschrieben werden. Dabei wird für die Gebäudehülle eine Nutzungsdauer von 60 Jahren unterstellt, die Klimatisierung muss alle 10 Jahre, die Fahrstühle alle 20 Jahre komplett erneuert bzw. generalüberholt werden. Eine lineare Abschreibung entspricht am besten dem tatsächlichen Nutzenverlauf. Bei der Generalüberholung sind die dafür aufgewendeten Kosten zu aktivieren und die Komponente bis zur nächsten Inspektion wieder abzuschreiben. Entsprechend dem Komponentenansatz ist also zu buchen:

In den Geschäftsjahren 00 - 59:

Abschreibung	*65 T€*	*an*	*Gebäudehülle*	*(1.500 / 60 =)25 T€*
			Klimaanlage	*(300 / 10 =)30 T€*
			Fahrstuhltechnik	*(200 / 20 =)10 T€*

Zusätzlich am Ende der Geschäftsjahre 09, 19, 29, 39 und 49:

Klimaanlage	*an*	*Bank*	*300 T€*

Zusätzlich am Ende der Geschäftsjahre 19 und 39:

Fahrstuhltechnik	*an*	*Bank*	*200 T€*

Wertminderungen

Am Ende eines Geschäftsjahres hat ein Unternehmen zusätzlich zu prüfen, ob Anhaltspunkte für eine Wertminderung gemäß IAS 36 „Wertminderung von Vermögenswerten" vorliegen und somit Sachanlagen ggf. außerplanmäßig abzuschreiben sind (vgl. Kapitel 10).

Wertaufholungen

Eine Wertaufholung ist immer dann vorzunehmen, wenn die Umstände für eine frühere Wertminderung entfallen sind bzw. externe und interne Quellen auf einen erhöhten erzielbaren Betrag hindeuten. Dabei darf die Wertaufholung maximal bis zu den fortgeführten historischen Anschaffungs- oder Herstellungskosten erfolgen, die bei der Folgebewertung nach dem Anschaffungskostenmodell die Wertobergrenze darstellen.

Entschädigungsleistungen

Erhält ein Unternehmen Entschädigungszahlungen von Dritten für eine Wertminderung, einen Verlust oder eine außer Betrieb genommene Sachanlage, sind diese nach IAS 16.65 in der Gesamtergebnisrechnung als Ertrag zu verrechnen, sobald sie zu Forderungen werden. Dabei ist es unerheblich, ob es sich um monetäre oder nicht monetäre Entschädigungsleistungen handelt. So sind bspw. Versicherungsleistungen aufgrund beschädigter Sachanlagen als Erträge zu behandeln und heben nicht die aufgrund der Beschädigung vorgenommene Wertminderung auf.

3.2.2 Neubewertungsmodell

Bewertung zum beizulegenden Zeitwert

Anstelle der Bewertung zu fortgeführten Anschaffungs- oder Herstellungskosten können Sachanlagen im Rahmen der Folgebewertung zu einem Neubewertungsbetrag bilanziert werden, der ihrem beizulegenden Zeitwert abzüglich kumulierter Abschreibungen und kumulierter Wertminderungen im Zeitpunkt der Neubewertung entspricht. Voraussetzung dieser als Neubewertungsmodell bezeichneten Folgebewertungsmethode ist nach IAS 16.31, dass der beizulegende Zeitwert verlässlich ermittelt werden kann. Im Gegensatz zur Neubewertungsmethode bei immateriellen Vermögenswerten (vgl. Kapitel 11) ist das Vorliegen eines aktiven Marktes nicht gefordert. Gemäß der Definition aus IAS 16.6 entspricht der beizulegende Zeitwert dem Betrag, zu dem ein Vermögenswert zwischen sachverständigen, vertragswilligen und voneinander unabhängigen Geschäftspartnern getauscht werden könnte. Nach IAS 16.32-33 stellt der Marktwert die beste Approximation des beizulegenden Zeitwerts einer Sachanlage dar. Sofern jedoch aktuelle Marktwerte, z.B. aufgrund fehlender Verkaufsmärkte oder aufgrund der speziellen Art einer Sachanlage, nicht ermittelt werden können, muss der beizulegende Zeitwert unter Anwendung eines Ertragswertverfahrens oder anhand der fortgeführten Wiederbeschaffungskosten geschätzt werden. Da aktuelle Marktwerte für den größten Teil der Sachanlagen in der Regel nicht vorhanden sind, stellt die Schätzung des beizulegenden Zeitwerts anhand letzterer Methoden den Regelfall dar. Insbesondere die Anwendung eines Ertragswertverfahrens und die hiermit verbundene Schätzung der Höhe und des zeitlichen Anfalls der Erträge bzw. Cashflows sowie die Bestimmung des Diskontierungszinssatzes beinhalten dabei große Ermessensspielräume[6]. Insgesamt kann die Anwendung des Neubewertungsmodells zu einer Bewertung über die fortgeführten Anschaffungs- bzw. Herstellungskosten hinaus führen.

Umfang der Neubewertung

Um die Neubewertung einzelner Sachanlagen und die Vermischung mit anderen Wertmaßstäben zu vermeiden, ist stets die gesamte Gruppe einer Sachanlage neu zu bewerten. Eine Gruppe umfasst nach IAS 16.37 bspw. Grundstücke und Gebäude, Maschinen und technische Anlagen, Schiffe, Flugzeuge, Kraftfahrzeuge oder Betriebs- und Geschäftsausstattung. Vereinfachend darf eine Gruppe auch rollierend neubewertet werden, sofern die Neubewertung dann innerhalb einer kurzen Zeitspanne erfolgt.

Häufigkeit der Neubewertung

Neubewertungen von Sachanlagen sind stets notwendig, wenn beizulegender Zeitwert und aktueller Buchwert wesentlich voneinander abweichen. Wie häufig eine Neubewertung vorgenommen werden sollte, ist folglich abhängig von den Schwankungen des beizulegenden Zeitwerts im Verhältnis zum jeweiligen Buchwert. Bei starken Schwankungen ist nach IAS 16.34 eine jährliche Neubewertung durchzuführen, während bei geringfügigen Bewegungen eine alle drei bis fünf Jahre vorzunehmende Ermittlung des Neubewertungsbetrags genügt.

Direkte oder indirekte Neubewertung

Die Neubewertung kann entweder direkt oder indirekt erfolgen. Bei der direkten Neubewertung sind die bisher angefallenen kumulierten Abschreibungen gegen den Bruttobuchwert der Sachanlage zu verrechnen und der Nettobetrag dem Neubewertungsbetrag anzupassen. Diese Methode kommt vor allem dann in Betracht, wenn der aktuelle Marktwert den beizulegenden Zeitwert darstellt.

Beispiel 12.6

Ein Verwaltungsgebäude wurde am Anfang des Geschäftsjahres 00 für 40.000 T€ gekauft und soll 40 Jahre genutzt werden. Am Ende des Geschäftsjahres 01 beträgt der Buchwert 38.000 T€. Ein Immobiliengutachter ermittelt am Geschäftsjahresende einen Marktwert des Gebäudes von 42.000 T€. Der Buchwert ist somit um 4.000 T€ (42.000 T€ - 38.000 T€) zu erhöhen.

Bei der indirekten Neubewertung sind die bis zum Neubewertungszeitpunkt angefallenen kumulierten Abschreibungen proportional zur Änderung des Bruttobuchwerts anzupassen. Die indirekte Neubewertung wird vorzugsweise dann angewendet, wenn die fortgeführten Wiederbeschaffungskosten den beizulegenden Zeitwert darstellen.

Beispiel 12.7

Der Buchwert einer am Anfang des Geschäftsjahres 00 für 100 T€ angeschafften und voraussichtlich 5 Jahre genutzten Maschine beträgt zum Ende des Geschäftsjahres 01 60 T€. Insgesamt sind folglich 40 T€ kumulierte Abschreibungen angefallen. Am Bilanzstichtag 01 betragen die Wiederbeschaffungskosten 120 T€. Der Wiederbeschaffungspreis hat sich somit um 20 % erhöht. Um die fortgeführten Wiederbeschaffungskosten zum Bilanzstichtag 01 zu ermitteln, sind die bisherigen kumulierten Abschreibungen proportional

6 Vgl. z.B. *Müller, S./Reinke, J.*, Folgebewertung und *impairment*-Test im Rahmen der Neubewertungsmethode, in: PiR, 3. Jg (2010), S. 15.

zu der Preisänderung auf 48 T€ zu erhöhen. Somit betragen die fortgeführten Wiederbeschaffungskosten 72 T€ (120 T€ - 48 T€). Der Buchwert der Maschine ist um 12 T€ (72 T€ - 60 T€) zu erhöhen.

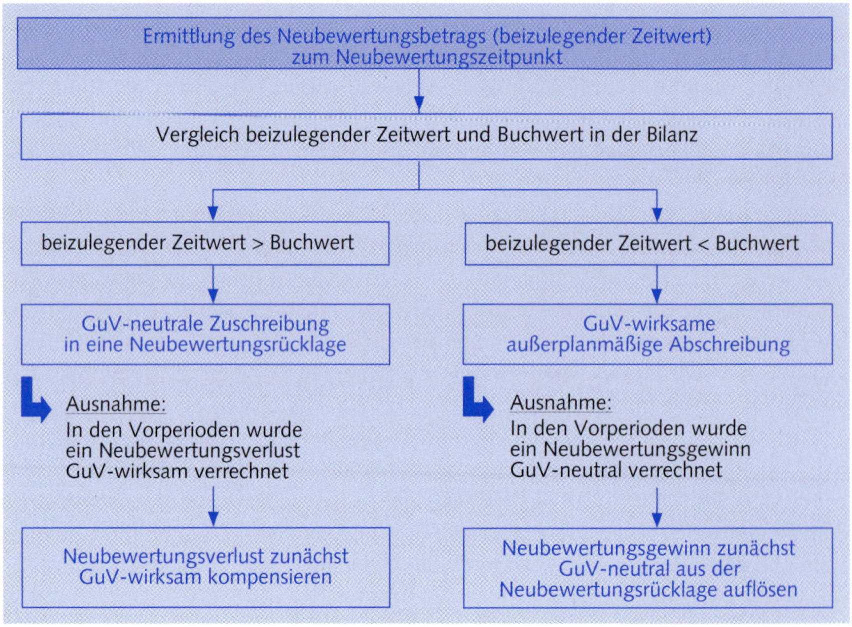

Abb. 12.2: Vorgehensweise bei der bilanziellen Abbildung des Neubewertungsmodells

Vorgehensweise bei der bilanziellen Abbildung des Neubewertungsmodells

Bei der bilanziellen Abbildung der Folgebewertung von Sachanlagen anhand des Neubewertungsmodells ist analog zur Neubewertung von immateriellen Vermögenswerten vorzugehen (vgl. Kapitel 11). Nach der Ermittlung des beizulegenden Zeitwerts im Neubewertungszeitpunkt stellt dieser den neuen Bilanzwert dar. Der Differenzbetrag zum bisherigen Buchwert der Sachanlage ist folgendermaßen zu verrechnen: Sofern der beizulegende Zeitwert über dem Buchwert liegt, ist der Differenzbetrag unter Berücksichtigung von latenten Steuern GuV-neutral im sonstigen Ergebnis zu buchen und als Neubewertungsrücklage (revaluation surplus) im Eigenkapital zu erfassen. Liegt der beizulegende Zeitwert dagegen unter dem Buchwert, ist der Neubewertungsverlust sofort GuV-wirksam zu verrechnen. Dabei sind stets die Ereignisse der Vorperioden zu beachten. Wurde schon in den Vorperioden ein Neubewertungsverlust GuV-wirksam verrechnet, ist dieser bei einer aktuellen Werterhöhung zunächst GuV-wirksam zu kompensieren. Sämtliche Wertsteigerungen darüber hinaus erhöhen wiederum GuV-neutral das sonstige Ergebnis bzw. die Neubewertungsrücklage im Eigenkapital. Demnach ist ein Neubewertungsgewinn über die fortgeführten Anschaffungs- oder Herstellungskosten hinaus niemals GuV-wirksam zu verrechnen. Enthält die Neubewertungsrücklage einen Neubewertungsgewinn aus

Vorperioden, so ist dieser bei einem aktuellen Neubewertungsverlust zunächst GuV-neutral aus der Neubewertungsrücklage aufzulösen. Der darüber hinaus gehende Neubewertungsverlust ist GuV-wirksam zu berücksichtigen. Abbildung 12.2 fasst die Vorgehensweise zusammen.

Behandlung der Neubewertungsrücklage

Nach der Neubewertung sind abnutzbare Sachanlagen analog zur Folgebewertung zu fortgeführten Anschaffungs- bzw. Herstellungskosten unter Berücksichtigung eines wesentlichen Restwerts planmäßig über die voraussichtliche Nutzungsdauer abzuschreiben. Der Neubewertungsbetrag stellt dabei die neue Abschreibungsbasis dar[7]. Am Ende eines Geschäftsjahres sind Restwert, voraussichtliche Nutzungsdauer und Abschreibungsmethode zu kontrollieren und ggf. anzupassen. Zudem sind am Bilanzstichtag sämtliche Sachanlagen unabhängig von einer vorgenommenen Neubewertung auf Anhaltspunkte für eine Wertminderung gemäß IAS 36 zu kontrollieren. Die Neubewertung ersetzt somit nicht die jeweilige Prüfung, ob Anhaltspunkte für eine Wertminderung bestehen. Liegen diese vor, ist eine außerplanmäßige Abschreibung in dem Fall notwendig, dass der erzielbare Betrag kleiner als der beizulegende Zeitwert ist (vgl. Kapitel 10). Die Verrechnung einer festgestellten Wertminderung ist analog zu der oben beschriebenen Vorgehensweise vorzunehmen.

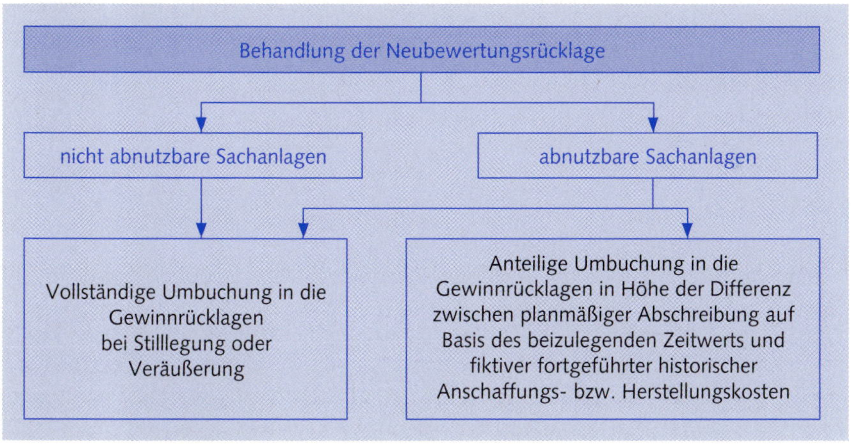

Abb. 12.3: Behandlung der Neubewertungsrücklage

Die Neubewertungsrücklage darf nach IAS 16.41 über die Nutzungsdauer in Höhe der Differenz zwischen Abschreibung auf Basis des Neubewertungsbetrages einschließlich zu berücksichtigender latenter Steuern und fiktiver Abschreibung auf Grundlage fortgeführter historischer Anschaffungs- bzw. Herstellungskosten reduziert und direkt GuV-neutral in die Gewinnrücklage eingestellt werden. Gleichfalls kann die gesamte Neubewertungsrücklage auch erst bei Stillle-

7 Vgl. *Cairns/Creighton/Daniels*, Applying IAS, S. 513; *Mujkanovic, R.*, Fair Value im Financial Statement nach International Accounting Standards, Stuttgart 2002, S. 142-146.

gung oder Verkauf der Sachanlage die Gewinnrücklagen einmalig erhöhen. Im Fall nicht abnutzbarer Sachanlagen, wie z.B. Grundstücken, stellt Letzteres die einzig mögliche Vorgehensweise dar, wie Abbildung 12.3 verdeutlicht.

Beispiel 12.8

Die Sunlike AG kauft am Anfang des Geschäftsjahres 00 ein Flugzeug zu Anschaffungskosten von 60.000 T€ in bar mit einer voraussichtlichen Nutzungsdauer von 6 Jahren. Im Rahmen der Folgebewertung soll das Neubewertungsmodell angewendet werden. Die planmäßigen Abschreibungen erfolgen linear über die voraussichtliche Nutzungsdauer. Aufgrund günstiger Marktentwicklungen beträgt der Marktwert des Flugzeugs zum Bilanzstichtag des Geschäftsjahres 01 45.000 T€. Zum Ende des Geschäftsjahres 03 wird festgestellt, dass der Marktwert des Flugzeugs auf 18.000 T€ gesunken ist. Der niedrige Marktwert wird auch steuerrechtlich angesetzt. Der Ertragsteuersatz der Sunlike AG beträgt 30 %. Wie lauten die Buchungssätze der Geschäftsjahre 00 bis 05?

Lösung

Buchungssätze Geschäftsjahr 00:

Zum Anfang des Geschäftsjahres ist zunächst der Kauf des Flugzeugs zu verrechnen. Anschließend ist das Flugzeug zum Bilanzstichtag planmäßig über die Nutzungsdauer abzuschreiben. Anhaltspunkte für eine Wertminderung liegen annahmegemäß nicht vor.

Sachanlage		*an*	*Bank*	*60.000 T€*
Abschreibung		*an*	*Sachanlage*	*10.000 T€*

Buchungssätze Geschäftsjahr 01:

Entsprechend sind am Ende des Geschäftsjahres 01 planmäßige Abschreibungen vorzunehmen. Aufgrund des gestiegenen Marktwerts des Flugzeugs ist der bisherige Buchwert in der Bilanz von 40.000 T€ (60.000 T€ - 2 · 10.000 T€) um 5.000 T€ zu erhöhen (direkte Neubewertung). Die Werterhöhung muss GuV-neutral unter Berücksichtigung passiver latenter Steuern im sonstigen Ergebnis verrechnet werden und wird beim Abschluss in eine Neubewertungsrücklage innerhalb des Eigenkapitals eingestellt. Passive latente Steuern sind hierbei zu bilden, weil in der deutschen Steuerbilanz keine Zuschreibung erfolgen darf.

Abschreibung		*an*	*Sachanlage*	*10.000 T€*
Sachanlage	*5.000 T€*	*an*	*sonstiges Ergebnis (OCI)*	*3.500 T€*
			passive latente Steuern	*1.500 T€*

Das sonstige Ergebnis wird dann gemäß IAS 16.39 durch eine Abschlussbuchung als Neubewertungsrücklage ins Eigenkapital eingestellt.

Buchungssätze Geschäftsjahr 02:
In den Folgeperioden ist das Flugzeug nun auf Basis des Neubewertungsbetrags über die noch ausstehende Nutzungsdauer abzuschreiben. Der jährliche Abschreibungsbetrag beträgt somit 11.250 T€ (45.000 T€ / 4 Jahre). Die gebildeten passiven latenten Steuern sind laut allgemeiner Auffassung mit der Abschreibung anteilig GuV-wirksam aufzulösen (vgl. hierzu auch Kapitel 11). Darüber hinaus kann die gebildete Neubewertungsrücklage anteilig in die Gewinnrücklagen umgebucht werden.

Abschreibung	*an*	*Sachanlage*	*11.250 T€*
Passive latente Steuern	*an*	*Steuerertrag*	*375 T€*
Neubewertungsrücklage	*an*	*Gewinnrücklagen*	*875 T€*

Buchungssätze Geschäftsjahr 03:
Im Geschäftsjahr 03 sind zunächst die planmäßige Abschreibung, die GuV-wirksame Auflösung der passiven latenten Steuern und die anteilige Vereinnahmung der Neubewertungsrücklage zu verrechnen. Aufgrund des gesunkenen Marktwerts des Flugzeugs (18.000 T€) ist anschließend der bisherige Buchwert in der Bilanz von 22.500 T€ (45.000 T€ - 2 · 11.250 T€) um 4.500 T€ außerplanmäßig abzuschreiben. Dazu ist zunächst die Neubewertungsrücklage einschließlich der damit verbundenen passiven latenten Steuern in voller Höhe GuV-neutral aufzulösen. Der noch übrig bleibende außerplanmäßige Abschreibungsbetrag ist GuV-wirksam zu verrechnen.

Abschreibung	*an*	*Sachanlage*	*11.250 T€*
Passive latente Steuern	*an*	*Steuerertrag*	*375 T€*
Neubewertungsrücklage	*an*	*Gewinnrücklagen*	*875 T€*
Sonst. Ergebnis (OCI) 1.750 T€ *Passive latente Steuern 750 T€* *Außerplanm. Abschr. 2.000 T€*	*an*	*Sachanlage*	*4.500 T€*

Buchungssätze Geschäftsjahr 04 und 05:
Der neue Buchwert von 18.000 T€ ist über die restliche Nutzungsdauer planmäßig abzuschreiben. In den Geschäftsjahren 04 und 05 beträgt die Abschreibung somit 9.000 T€. Latente Steuern entstehen dabei nicht, da auch steuerrechtlich auf den niedrigeren Markt- bzw. Teilwert abgeschrieben wurde. Die Buchungssätze der Geschäftsjahre 04 und 05 lauten somit:

Abschreibung	*an*	*Sachanlage*	*9.000 T€*

Folgende Tabellen veranschaulichen noch einmal die Entwicklung des Buchwerts und der Neubewertungsrücklage in der Bilanz.

Entwicklung des Buchwerts (in T€):

Geschäftsjahr	**00**	**01**	**02**	**03**	**04**	**05**
Buchwert (01.01.)	60.000	50.000	45.000	33.750	18.000	9.000
Planm. Abschreibung	10.000	10.000	11.250	11.250	9.000	9.000
Restbuchwert (31.12.)	50.000	40.000	33.750	22.500	9.000	0
Marktwert (31.12.)	—	*45.000*	—	*18.000*	—	—
neuer Buchwert (31.12.)	50.000	45.000	33.750	18.000	9.000	0

Entwicklung der Neubewertungsrücklage (in T€):

Geschäftsjahr	**00**	**01**	**02**	**03**	**04**	**05**
Buchwert (01.01.)	0	0	3.500	2.625	0	0
GuV-neutrale Zuführung (sonst. Ergebnis)	—	+3.500	—	—	—	—
Umbuchung in die Gewinnrücklagen	—	—	-875	-875	—	—
GuV-neutrale Auflösung (sonst. Ergebnis)	—	—	—	-1.750	—	—
Buchwert (31.12.)	0	3.500	2.625	0	0	0

Verstoß gegen das Kongruenzprinzip

Im Gegensatz zu der früheren Regelung, nach der die Neubewertung GuV-neutral direkt im Eigenkapital zu verbuchen war, ergibt sich seit der grundlegenden Überarbeitung des IAS 1 kein Kongruenzverstoß mehr, da alle Wertänderungen nun in der Gesamtergebnisrechnung erfasst werden (vgl. Kapitel 7). Der Kongruenzverstoß bleibt indes bestehen, sofern nur auf die traditionelle Ergebnisrechnung (GuV) ohne das sonstige Ergebnis (other comprehensive income) fokussiert wird. Aus dieser Ergebnisrechnung wird der Jahresüberschuss (Gewinn oder Verlust) abgeleitet, der z.B. auch der Ergebnis-je-Aktie-Berechnung zugrunde liegt. Das Kongruenzprinzip besagt, dass die Summe aller Periodengewinne stets dem Totalgewinn entspricht. Aufgrund der erhöhten GuV-wirksamen Abschreibung des beizulegenden Zeitwerts bei gleichzeitiger GuV-neutraler Verrechnung der Neubewertungsrücklage ist die Summe der GuV-wirksamen Gewinne und Verluste am Ende der Nutzungsdauer jedoch geringer als bei der Bewertung zu fortgeführten Anschaffungs- oder Herstellungskosten. Dieses Problem wird jedoch durch die integrierte Gesamtergebnissrechnung, die sämtliche Neubewertungsbeträge berücksichtigt, gelöst. Dafür müsste jedoch nicht auf den Gewinn oder Verlust, sondern auf das Gesamtergebnis abgestellt werden.

Vergleich zur Bilanzierung zu fortgeführten Anschaffungs- oder Herstellungskosten

Die Neubewertung führt im Vergleich zur Bewertung zu fortgeführten Anschaffungs- oder Herstellungskosten im Allgemeinen zu einem höheren Vermögensausweis und somit zu einer Bilanzverlängerung, weil stille Reserven in den Sachanlagen aufgedeckt werden. Dies führt in der Regel zu einer höheren Eigenkapitalquote. Dem positiven Einfluss auf die Eigenkapitalquote stehen jedoch negative Auswirkungen auf die Eigenkapital- und Gesamtkapitalrendite gegenüber. In den Folgeperioden fallen sie aufgrund der höheren Abschreibung und des damit verbundenen negativen Einflusses auf den Gewinn oder Verlust sowie aufgrund des gestiegenen Eigenkapitals geringer aus als bei der Bilanzierung zu fortgeführten Anschaffungs- oder Herstellungskosten. Wohl auch deshalb wird in der Praxis nahezu ausschließlich die Folgebewertung zu fortgeführten Anschaffungs- oder Herstellungskosten gewählt[8].

4 Abgänge

Ausbuchung von Sachanlagen

Der Buchwert einer Sachanlage ist aus der Bilanz zu entfernen, sobald sie veräußert wird oder kein künftiger wirtschaftlicher Nutzenzufluss von ihrem weiteren Gebrauch oder Verkauf zu erwarten ist. Die Differenz zwischen dem Nettoveräußerungserlös und dem Restbuchwert stellt den damit verbundenen Gewinn bzw. Verlust dar, der in der Gesamtergebnisrechnung zu erfassen ist. Zur Ermittlung des Verkaufszeitpunkts sind die Kriterien von IAS 18 „Erträge" anzuwenden (vgl. Kapitel 9).

Beabsichtigt ein Unternehmen den Verkauf langfristiger Vermögenswerte, so sind diese nach den Vorschriften des IFRS 5 zu bewerten und gesondert als „zum Verkauf stehend" auszuweisen.

5 Ausweis

Bilanzausweis

Explizite Ausweisvorschriften für Sachanlagen enthält IAS 16 nicht. Gemäß IAS 1.68 ist das Sachanlagevermögen lediglich gesondert in einem Gesamtbetrag auf der Aktivseite der Bilanz auszuweisen. Es gilt jedoch der Grundsatz, dass alle wesentlichen Positionen gesondert darzustellen sind. IAS 16.37 zählt beispielhaft eigenständige Gruppen des Sachanlagevermögens auf, die auch zur weiteren Untergliederung herangezogen werden könnten:

- unbebaute Grundstücke,

8 Vgl. dazu *Müller, S./Wobbe, C./Reinke, J.*, Empirische Analyse der Bilanzierung des Sachanlagevermögens nach IFRS, in: KoR, 8. Jg. (2008), S. 637.

- Grundstücke und Gebäude,
- Maschinen und technische Anlagen,
- Schiffe,
- Flugzeuge,
- Kraftfahrzeuge,
- Betriebsausstattung und
- Geschäftsausstattung.

Erfolgsausweis

Für die Gesamtergebnisrechnung gilt analog zum Bilanzausweis, dass wesentliche Posten gesondert darzustellen sind. Dies könnte insbesondere planmäßige und außerplanmäßige Abschreibungen, Zuschreibungen sowie Gewinne bzw. Verluste aus Abgängen von Sachanlagen betreffen[9]. Gemäß IAS 16.68 stellt ein Gewinn aus der Ausbuchung einer Sachanlage keinen Erlös (revenue) im Sinne des Rahmenkonzepts dar, sondern einen anderen Ertrag (gain). Ferner besteht für Unternehmen das Wahlrecht, entweder in der Gesamtergebnisrechnung oder im Anhang eine Analyse der Aufwendungen anhand des Gesamtkosten- oder Umsatzkostenverfahrens vorzunehmen (vgl. Kapitel 7).

6 Angaben

Über die bilanzielle Abbildung hinaus können die Abschlussadressaten weitere Informationen über unternehmenseigene Sachanlagen dem Anhang entnehmen. Die Regelungen hierzu sind in IAS 16.73-78 und weiteren Standards (z.B. IAS 36 zu Angabepflichten im Zusammenhang mit Wertminderungen, IAS 8 bei Änderung der Bewertungsmethoden und Schätzungsänderungen) kodifiziert.

Allgemeine Angaben

Nach IAS 16.73 sind für jede Gruppe von Sachanlagen folgende Angaben zu veröffentlichen:

- Die Bewertungsgrundlagen, die bei der Bestimmung der Anschaffungs- oder Herstellungskosten verwendet wurden.
- Die angewendeten Abschreibungsmethoden sowie Nutzungsdauern oder Abschreibungssätze.
- Der Bruttobuchwert und die kumulierten Abschreibungsbeträge einschließlich der kumulierten Wertminderungen zu Beginn und zum Ende der Periode.

Überleitungsrechnung

Ferner ist eine Überleitungsrechnung der Buchwerte zu Beginn bis zum Ende des Geschäftsjahres ähnlich einem Anlagespiegel nach handelsrechtlichen Vorschriften aufzustellen. Ausgehend vom Bruttobuchwert und den kumulierten Abschreibungen jeder Gruppe von Sachanlagen zu Beginn der Periode muss die Überleitungsrechnung sämtliche Zugänge und Abgänge sowie die planmäßigen und außerplanmäßigen Abschreibungen und Wertaufholungen der Periode ent-

9 Vgl. *ADS International*, Abschnitt 9: Sachanlagevermögen, Tz. 168.

halten. Gesondert in der Überleitungsrechnung auszuweisen sind ferner die Sachanlagenzugänge, die aufgrund von Unternehmenszusammenschlüssen in der Periode entstanden sind, vorhandene Währungsumrechnungsdifferenzen sowie der Buchwert der zum Verkauf bestimmten Sachanlagen gemäß IFRS 5.

Des Weiteren sind – sofern vorhanden – die Existenz und der Betrag von Beschränkungen von Verfügungsrechten sowie von verpfändeten Sachanlagen, die als Sicherheit für Schulden dienen, anzugeben. Ferner sind Zahlungen, die für Sachanlagen im Bau getätigt wurden, und der Betrag, der aufgrund vertraglicher Verpflichtungen für den Erwerb von Sachanlagen aufgewandt wurde, zu veröffentlichen. Wenn eine Entschädigungszahlung von Dritten (z.B. vom Staat, Versicherungen etc.) für wertgeminderte, verlorene oder aufgegebene Sachanlagen vom Unternehmen erhalten und nicht separat in der Gesamtergebnisrechnung ausgewiesen wurde, ist der Kompensationsbetrag im Anhang gesondert aufzuführen.

Zusätzliche Angaben bei Anwendung des Neubewertungsmodells

Vor dem Hintergrund der Ermessensspielräume, die mit der Ermittlung von beizulegenden Zeitwerten verbunden sind, erfordert die Anwendung des Neubewertungsmodells im Rahmen der Folgebewertung zusätzliche Angabepflichten. So sind nach IAS 16.77 in diesem Fall folgende Informationen darzulegen:

- Der Zeitpunkt der Neubewertung.
- Die Auskunft, ob ein unabhängiger Gutachter hinzugezogen wurde.
- Die Methoden und wesentlichen Annahmen bei der Schätzung von beizulegenden Zeitwerten.
- Der Umfang, zu dem beizulegende Zeitwerte aufgrund von Marktpreisen, vergangenen Markttransaktionen oder anderen Bewertungsmethoden ermittelt wurden.
- Der Buchwert für jede neubewertete Gruppe von Sachanlagen, der sich bei Bilanzierung zu fortgeführten Anschaffungs- oder Herstellungskosten ergeben hätte.
- Der Betrag und die Entwicklung einer bestehenden Neubewertungsrücklage in der Periode einschließlich bestehender Ausschüttungsbeschränkungen.

Zudem ist die Überleitungsrechnung gemäß IAS 16.73 um den Betrag der Erhöhungen oder Verminderungen des Buchwerts von Sachanlagen aufgrund von Neubewertungen und um den Betrag von im sonstigen Ergebnis bzw. in der Neubewertungsrücklage erfassten oder aufgehobenen Wertminderungen gemäß IAS 36 zu erweitern.

Freiwillige Angaben

Daneben empfiehlt IAS 16.79 bestimmte Informationen freiwillig zu veröffentlichen, um den Informationsgehalt des Abschlusses zusätzlich zu erhöhen. Informationsrelevant für Abschlussadressaten könnten bspw. die Veröffentlichung der Buchwerte vorübergehend nicht genutzter und stillgelegter Sachanlagen sowie die zusätzliche Veröffentlichung beizulegender Zeitwerte von nach dem Anschaffungskostenmodell bilanzierten Sachanlagen im Anhang sein. Von einer verpflichtenden Angabe derartiger Informationen hat das IASB jedoch bisher abgesehen.

7 Wesentliche Unterschiede zum IFRS for SMEs

- Im Rahmen der Folgebewertung ist gemäß IFRS-SME.17.15 lediglich die Bewertung zu fortgeführten Anschaffungs- oder Herstellungskosten erlaubt. Das Neubewertungsmodell kommt somit nicht zur Anwendung.
- Fremdkapitalkosten sind nach IFRS-SME.17.11(e) zum Zeitpunkt ihres Anfallens als Aufwand zu verbuchen und unterliegen demnach anders als nach IAS 23 einem generellen Aktivierungsverbot.

8 Wesentliche Unterschiede zum HGB

- Das BilMoG hat bezüglich der Ermittlung der Herstellungskosten zu wesentlichen Änderungen geführt. Umfasste die handelsrechtliche Herstellungskostenuntergrenze nach § 255 Abs. 2 HGB a.F. lediglich Material- und Fertigungseinzelkosten und Sondereinzelkosten der Fertigung, so sieht die neue Fassung einen zwingenden Einbezug angemessener Teile der Material- und Fertigungsgemeinkosten sowie des Werteverzehrs des Anlagevermögens vor. Kosten für freiwillige soziale Leistungen, die betriebliche Altersversorgung und für soziale Einrichtungen dürfen nach wie vor wahlweise in die Herstellungskosten einbezogen werden. Somit stimmen handels- und steuerrechtliche Untergrenze der Herstellungskosten künftig überein, während es aufgrund der verbleibenden Einbeziehungswahlrechte nach wie vor zu Differenzen im Vergleich zum IFRS-Vollkostenansatz kommen kann.
- Entsorgungs- bzw. Rekultivierungsverpflichtungen stellen keine Bestandteile der Anschaffungs- oder Herstellungskosten dar.
- Wie auch beim IFRS for SMEs, so ist auch nach HGB im Rahmen der Folgebewertung nur die Bewertung zu fortgeführten Anschaffungs- oder Herstellungskosten erlaubt. Eine Neubewertung von Sachanlagen kennt das HGB nicht.
- Das Abschreibungswahlrecht bei lediglich vorübergehender Wertminderung ist rechtsformunabhängig auf Gegenstände des Finanzanlagevermögens eingeschränkt worden. Des weiteren hat der Gesetzgeber das Wahlrecht zur Vornahme von Abschreibungen nach vernünftiger kaufmännischer Beurteilung gestrichen sowie das Zuschreibungswahlrecht bei Wegfall der Gründe für eine früher vorgenommene außerplanmäßige Abschreibung in eine generelle Zuschreibungspflicht umgewandelt, so dass eine deutliche Annäherung an die internationalen Vorschriften festzustellen ist.
- Diese Annäherung kommt ebenso im Ansatzverbot vormals zulässiger Aufwandsrückstellungen, die für regelmäßig und in größerem zeitlichen Abstand durchzuführende Instandhaltungen angesetzt werden durften, zum Ausdruck. Auf ein explizites Gestatten des Komponentenansatzes verzichtete der deutsche Gesetzgeber jedoch im Gegenzug.

9 Wesentliche Unterschiede zu US-GAAP

- Bei der Erstbewertung zu Anschaffungs- oder Herstellungskosten besteht eine Aktivierungspflicht für Fremdkapitalkosten, wenn die Voraussetzung für einen qualifizierten Vermögenswert nach SFAS 34 / ASC 360-10-30 erfüllt sind.
- Bezüglich der Folgebewertung ist gemäß ASC 360-10-35 allein die Bewertung zu fortgeführten Anschaffungs- bzw. Herstellungskosten vorgesehen. Diese stellen somit die Wertobergrenze dar. Eine Neubewertung von Sachanlagen kennen auch die US-GAAP nicht.
- Sobald Ereignisse vorliegen, die auf eine Wertminderung hindeuten (triggering events), ist ein Wertminderungstest nach SFAS 144 durchzuführen, der sich teilweise von der Vorgehensweise nach IAS 36 unterscheidet. Eine spätere Wertaufholung ist grundsätzlich nicht erlaubt.

Ausgewählte Literatur

Andrejewski, K. C./Böckem, H., Praktische Fragestellungen der Implementierung des Komponentenansatzes nach IAS 16, Sachanlagen (Property, Plant and Equipment), in: KoR, 5. Jg. (2005), S. 75-81.

Baetge, J./Beermann, T., Die Neubewertung des Sachanlagevermögens nach International Accounting Standards (IAS), in: StuB, 1. Jg. (1999), S. 341-348.

Müller, S./Reinke, J., Folgebewertung und *impairment*-Test im Rahmen der Neubewertungsmethode, in: PiR, 3. Jg (2010), S. 13-20.

Müller, S./Wobbe, C./Reinke, J., Empirische Analyse der Bilanzierung des Sachanlagevermögens nach IFRS, in: KoR, 8. Jg. (2008), S. 630-640.

Schmidt, M./Seidel, T., Planmäßige Abschreibung im Rahmen der Neubewertung des Sachanlagevermögens gemäß IAS 16: fehlende Systematik und Verstoß gegen das Kongruenzprinzip, in: BB, 61. Jg. (2006), S. 596-601

Übungsaufgaben

Aufgabe 1:

Die Gecko AG hat am 02.02.2010 eine Produktionsanlage zum Kaufpreis von 3.570.000 € (inkl. 19 % USt) erworben. Mit dem Verkäufer wurde eine Minderung des Rechnungspreises um 2 % vereinbart, wenn der Kaufpreis innerhalb eines 14-tägigen Zahlungsziels geleistet wird. Die Gecko AG überweist den Rechnungsbetrag am 10.02.2010. Die Anlage wird mit einem staatlichen Investitionszuschuss von 250.000 € gefördert, der nicht zurückgezahlt werden muss.

Ein Spediteur liefert die Anlage für 23.800 € (inkl. 19 % USt) aus. Zur Versicherung der Fracht schließt die Gecko AG eine Versicherung in Höhe von 1 % des Nettowarenwerts ab. Die Aufstellung der Anlage erfolgte durch betriebseigene Mitarbeiter. Hierbei fielen Lohn- und Materialkosten in Höhe von 150.000 € sowie nicht direkt zurechenbare Fertigungs- und Verwaltungsgemeinkosten in Höhe von 30.000 € an. Ferner hat sich die Gecko AG mit dem Erwerb verpflichtet, die Anlage nach einer geschätzten Nutzungsdauer von 25 Jahren zu entsorgen. Voraussichtlich werden dafür Kosten in Höhe von 200.000 € entstehen. Die Gecko AG verwendet einen Diskontierungszins von 8 %.

a) Geben Sie allgemein das Schema zur Ermittlung der Anschaffungskosten von Sachanlagen nach IAS 16 an.
b) Berechnen Sie die Anschaffungskosten der Produktionsanlage.
c) Buchen Sie den Kauf und die erstmalige Folgebewertung zum 31.12.2010 unter den Annahmen, dass die Gecko AG linear abschreibt und den vollen Abschreibungsbetrag in der ersten Jahreshälfte ansetzt.

Aufgabe 2:

Die Palant AG schafft am 02.01.2010 für 30 Mio. € (Anschaffungskosten) eine Druckmaschine mit einer Nutzungsdauer von 16 Jahren an. Die Maschine wird ab diesem Zeitpunkt auch genutzt und ist annahmegemäß planmäßig abzuschreiben. Alle 4 Jahre ist eine Großinspektion durchzuführen; die hierfür anfallenden Kosten werden auf jeweils 2 Mio. € geschätzt. Der Aufwand für die am 30.12.2014 durchgeführte Großinspektion beträgt erwartungsgemäß 2 Mio. €. Geschäfts- und Kalenderjahr sind identisch.

Wie ist dieser Sachverhalt in einem HGB-Einzelabschluss sowie in einem IFRS-Einzelabschluss zum 31.12.2014 zu behandeln? Das von Ihnen gewählte Vorgehen ist zu begründen. Mögliche Lösungsalternativen sind darzustellen.

Aufgabe 3:

Die Honey AG hat am 01.01.2010 eine Kühlhalle zum Kaufpreis von 500.000 € erworben. Die voraussichtliche Nutzungsdauer beträgt 20 Jahre. Der erwartete wirtschaftliche Nutzenverlauf wird am besten über die lineare Abschreibung abgebildet. Ein Gutachter ermittelt folgende Marktwerte für die Kühlhalle:

	31.12.2010	**31.12.2011**	**31.12.2012**
Marktwert	760.000 €	432.000 €	480.000 €

Nachfolgende Angaben wurden zudem von der Steuer- und Rechnungslegungsabteilung bereitgestellt:

- Die Honey AG unterliegt einem Steuersatz von 30 %.
- Die voraussichtliche Nutzungsdauer entspricht der steuerlichen AfA-Tabelle.

- Steuerlich wird linear abgeschrieben. Außerplanmäßige Abschreibungen erfolgen auf den niedrigeren Teilwert, der dem Marktwert der Kühlhalle entspricht. Steuerliche Wertaufholungen sind bis zu den fortgeführten Anschaffungskosten vorzunehmen.
- Die Marktwerte im Geschäftsjahr 2011 und 2012 entsprechen dem erzielbaren Betrag gemäß IAS 36.

a) Die Honey AG wendet zur Folgebewertung der Kühlhalle das Neubewertungsmodell gemäß IAS 16 an. Geben Sie hierfür die Buchungssätze in den Geschäftsjahren 2010 bis 2012 an. Eine ggf. entstehende Neubewertungsrücklage soll nicht ratierlich vereinnahmt werden.

b) Verbuchen Sie nun den Sachverhalt für den Fall, dass die Honey AG das Anschaffungskostenmodell zur Folgebewertung anwendet. Stellen Sie anschließend die Veränderung des Gewinn oder Verlustes bei Anwendung des Anschaffungskostenmodells der Veränderung des Gewinn oder Verlustes bei Anwendung des Neubewertungsmodells gegenüber. Woraus resultieren eventuelle Ergebnisdifferenzen zwischen den beiden Folgebewertungsmethoden?

c) Welche Vor- und Nachteile können sich aus der Anwendung des Neubewertungsmodells auf Seiten der
   - Abschlussersteller
   - Investoren und
   - Abschlussprüfer ergeben?

Kapitel 13
Immobilien als Finanzinvestition

Seit dem Jahr 2007 sind sog. REITs (real estate investment trusts) auch am deutschen Kapitalmarkt zugelassen. Hierbei handelt es sich um eine besondere Form von Aktiengesellschaften, deren Hauptgeschäftszweck im Halten und Vermieten von Immobilien liegt. Der wesentliche Vorteil dieser Rechtsform liegt aus Anlegersicht in der Steuerbefreiung auf Unternehmensebene: REITs sind sowohl von KSt. als auch von GewSt. befreit, so dass die erwirtschafteten Erträge erst auf Anlegerebene als Dividende besteuert werden. Eine gesetzliche Mindestausschüttungsquote von 90 % sorgt dafür, dass der Fiskus dennoch zeitnah am Unternehmenserfolg partizipiert. Damit ein Unternehmen diese Rechtsform annehmen kann, müssen u.a. die Einkünfte aus der Immobilienvermietung sowie das Immobilienvermögen mindestens 75 % der Gesamteinkünfte bzw. des Gesamtvermögens ausmachen[1].

Für solche Fälle, in denen Immobilien analog zu Wertpapieren als Finanzanlagen erworben und gehalten werden, um entweder kontinuierliche Mietzahlungen zu beziehen oder künftig aus Wertsteigerungen zu profitieren, existieren mit IAS 40 spezielle Regelungen innerhalb der IFRS. Darin spiegelt sich auch die Nähe dieser oftmals auch als Anlage- oder Renditeimmobilien bezeichneten Vermögenswerte zu Finanzinstrumenten wider: So wurde mit der Verabschiedung des IAS 40 die GuV-wirksame Bewertung zum beizulegenden Zeitwert erstmalig auch für nicht-finanzielle Vermögenswerte zugelassen.

IAS 40 ist jedoch keineswegs nur für REITs relevant. Auch „klassische" Immobiliengesellschaften wie z.B. IVG weisen einen hohen Bestand von Anlageimmobilien aus. Im Jahr 2009 machte die entsprechende Bilanzposition bei dem Bonner Konzern mit ca. 4,8 Mrd. € über 80 % der Bilanzsumme aus. Die korrespondierenden Erträge aus positiven Änderungen der beizulegenden Zeitwerte fielen demgegenüber mit 2,8 Mio. € relativ bescheiden aus. Schließlich verfügen auch zahlreiche Nicht-Immobilienunternehmen über Anlageimmobilien. Innerhalb des DAX 30 haben z.B. in der Bilanz zum 31.12.2009 u.a. RWE, VW und Lufthansa nach IAS 40 bilanzierte Immobilien ausgewiesen.

Lernziele

Im Folgenden werden die Vorschriften von IAS 40 „Als Finanzinvestition gehaltene Immobilien" (Investment Property) beschrieben, wobei Sie insbesondere lernen sollen,

- welche Immobilien unter dem Anwendungsbereich von IAS 40 fallen,
- wie IAS 40 unterschiedliche Immobilienarten kategorisiert und nach welchen Vorschriften diese zu bilanzieren sind,
- wann Anlageimmobilien erstmalig anzusetzen und zu bewerten sind,
- welche Folgebewertungsmethoden dem Bilanzierenden zur Verfügung stehen und welche bilanziellen Auswirkungen diese haben sowie
- welche Angaben verpflichtend zu veröffentlichen sind.

1 Vgl. *Bron, J. F.*, Das Gesetz zur Schaffung deutscher Immobilien-Aktiengesellschaften mit börsennotierten Anteilen, in: BB, BB-Special, Heft 21, 62. Jg. (2007), S. 14.

1 Anwendungsbereich von IAS 40

Für Anlageimmobilien existiert mit IAS 40 ein eigenständiger Standard, der Ansatz-, Bewertungs- und Angabevorschriften enthält. IAS 40 ist in seiner aktuellen Fassung für alle Geschäftsjahre, die am oder nach dem 01.01.2005 begonnen haben, anzuwenden.

Definition von als Finanzinvestition gehaltenen Immobilien

Die Vorschriften von IAS 40 sind allein auf Immobilien anzuwenden, die als Finanzinvestition gehalten werden. Nach IAS 40.5 sind solche Anlageimmobilien Grundstücke und/oder Gebäude oder Teile von Gebäuden, die vom Eigentümer oder vom Leasingnehmer im Rahmen eines Finanzierungsleasingverhältnisses zum Zweck der Erzielung von Miet- bzw. Pachteinnahmen und/oder mit dem Ziel der Wertsteigerung gehalten werden. Immobilien, die zur Herstellung oder Lieferung von Gütern bzw. zur Erbringung von Dienstleistungen oder für Verwaltungszwecke gehalten werden, fallen ebenso wenig unter den Anwendungsbereich von IAS 40 wie zum Verkauf im Rahmen der gewöhnlichen Geschäftstätigkeit gehaltene Immobilien. Konstituierendes Merkmal einer Anlageimmobilie stellt demzufolge die langfristige Kapitalanlage- und/oder Vermietungsabsicht eines Unternehmens dar.

Beispiele

Nach IAS 40.8 sind z.B. folgende Grundstücke bzw. Gebäude als Finanzinvestition in Immobilien zu bezeichnen:

- Immobilien, die langfristig allein aus dem Grund der Wertsteigerung gehalten werden,
- Immobilien mit gegenwärtig unbestimmter zukünftiger Nutzung,
- Immobilien, die im Rahmen eines oder mehrerer Operating-Leasingverhältnisse vermietet werden.

Anwendung von IAS 40 bei Leasingverhältnissen

Sofern Immobilien vermietet werden, entsteht zwangsläufig ein Leasingverhältnis, welches grundsätzlich gemäß IAS 17 „Leasingverhältnisse“ (vgl. Kapitel 21) zu behandeln ist. In Einklang mit den dortigen Vorschriften zur Ermittlung des wirtschaftlichen Eigentümers ist IAS 40 auf die Folgebewertung der als Finanzinvestition gehaltenen Immobilien im Abschluss des Leasingnehmers im Rahmen eines Finanzierungsleasingverhältnisses bzw. im Abschluss des Leasinggebers im Rahmen eines Operating-Leasingverhältnisses anzuwenden (IAS 40.3).

Zusätzlich wird mit IAS 40.6 jedoch ein Wahlrecht eingeräumt, welches dem Leasingnehmer auch im Rahmen eines Operating-Leasingverhältnisses erlaubt, die geleaste Immobilie als eine als Finanzinvestition gehaltene Immobilie zu klassifizieren und zu bilanzieren. Voraussetzung hierfür ist jedoch, dass die Immobilie aus Sicht des Leasingnehmers die Definition einer Anlageimmobilie erfüllt, d.h. der Leasingnehmer die Immobilie an einen Dritten weitervermietet hat. Weiterhin müssen sämtliche im Bestand gehaltenen Anlageimmobilien nach dem Modell des beizulegenden Zeitwerts bilanziert werden, damit von dem obigen Wahlrecht Gebrauch gemacht werden kann (vgl. dazu auch Abschnitt 4.2.1). Wird das Wahlrecht ausgeübt, kommt es zu einer Doppelbilanzierung des betreffenden Objekts sowohl beim Leasinggeber als auch beim Leasingnehmer[2].

2 Klassifikation von Immobilien

Abgrenzung von Immobilien mit unterschiedlichem Verwendungszweck

Da im IFRS-Regelwerk, je nach Verwendungszweck einer Immobilie, unterschiedliche Bilanzierungsvorschriften und Offenlegungspflichten existieren, sind Finanzinvestitionen in Immobilien vom restlichen Immobilienbestand zu trennen. Aus IAS 40.9 können hierzu neben Finanzinvestitionen in Immobilien folgende Immobilienkategorien abgeleitet werden:

- Immobilien, die im Rahmen der gewöhnlichen Geschäftstätigkeit verkauft werden sollen,
- Immobilien, die vom Eigentümer selbst genutzt werden, und
- Immobilien in der Entwicklungs- bzw. Herstellungsphase.

Abgrenzung vom Vorratsvermögen

Immobilien, die zum Verkauf im Rahmen der gewöhnlichen Geschäftstätigkeit gehalten werden, sind im Vorratsvermögen auszuweisen (vgl. Kapitel 14). Dies ist z.B. der Fall, wenn ein Unternehmen als Immobilienhändler am Markt tätig ist und regelmäßig Immobilien auf- und verkauft. Gleiches würde für ein Bauunternehmen gelten, das sich auf den Bau von einheitlichen Reihenhäusern spezialisiert hat, für die es erst nach Fertigstellung geeignete Käufer sucht. In diesen Fällen handelt es sich bei den Immobilien um Vorratsvermögen, dessen Bilanzierung in IAS 2 geregelt ist.

Abgrenzung von vom Eigentümer selbst genutzten Immobilien

Vom Eigentümer selbst genutzte Immobilien (owner-occupied property) sind Grundstücke und/oder Gebäude, die gemäß IAS 40.5 vom Eigentümer oder vom Leasingnehmer im Rahmen eines Finanzierungsleasingverhältnisses zum Zweck der Herstellung oder der Lieferung von Gütern bzw. der Erbringung von Dienstleistungen oder für Verwaltungszwecke gehalten werden. Darunter fallen z.B. betrieblich genutzte Lagerhallen, Verwaltungsgebäude oder Betriebsgrundstücke. Selbst von Arbeitnehmern genutzte Werkswohnungen eines Unternehmens stellen nach IAS 40.9(c) aufgrund ihrer Nähe zur betrieblichen Leistungserstellung vom Eigentümer selbst genutzte Immobilien dar. Derartige Immobilien sind nach den Vorschriften von IAS 16 zu bilanzieren (vgl. Kapitel 12). Um Anlageimmobilien von selbst genutzten Immobilien zu unterscheiden, enthält IAS 40.7 entsprechende Abgrenzungskriterien. Danach ist ein spezifisches Merkmal von als Finanzinvestition gehaltenen Immobilien, dass sie von anderen Vermögenswerten weitgehend unabhängige Zahlungsüberschüsse generieren. Das ist bei selbst genutzten Immobilien meist nicht der Fall. Hier führt die Produktion oder

2 Vgl. *Freiberg*, Haufe IFRS-Kommentar, § 16, Tz. 6.

Lieferung von Gütern zu Cashflows, die nicht nur der einzelnen Immobilie, sondern einer Vielzahl von Vermögenswerten (wie z.B. Maschinen, Fuhrpark etc.) zugeordnet werden können. Vom Eigentümer selbst genutzte Immobilien sind also nur mit einem bestimmten Anteil an den betrieblich erwirtschafteten Zahlungsüberschüssen beteiligt, während Cashflows aus Finanzinvestitionen in Immobilien allein den jeweiligen Grundstücken bzw. Gebäuden zugeordnet werden können.

Beispiel 13.1

Eine unternehmenseigene Lagerhalle wird zur Zwischenlagerung von angelieferten Rohstoffen genutzt, die anschließend in die Produktion von unterschiedlichen Produkten fließen. Die Lagerkosten gehen in die Herstellungskostenermittlung der verschiedenen Produkte ein. Hier liegt somit eine vom Eigentümer selbst genutzte Immobilie vor, die nach den Vorschriften von IAS 16 zu bilanzieren ist.

Sofern die Lagerhalle jedoch vom Unternehmen nicht mehr genutzt, sondern im Rahmen eines Operating-Leasingverhältnisses an einen unternehmensfremden Dritten vermietet wird, sind die damit verbundenen Mieteinnahmen allein der Lagerhalle zuzuordnen. Die Lagerhalle stellt in diesem Fall eine Finanzinvestition dar, für deren Bilanzierung IAS 40 relevant ist.

Immobilien in der Entwicklungs- bzw. Herstellungsphase

Die Bilanzierung von Immobilien, die sich im Unternehmen in der Entwicklungs- bzw. Herstellungsphase befinden, hängt von der zukünftig beabsichtigten Nutzung ab. Wird eine Immobilie errichtet, um diese selbst zu nutzen oder im Rahmen der gewöhnlichen Geschäftstätigkeit zu verkaufen, fällt sie analog zu den obigen Ausführungen in den Anwendungsbereich von IAS 16 bzw. IAS 2. Darüber hinaus sind bei Immobilien, die im Rahmen eines stichtagsübergreifenden Fertigungsauftrags nach den spezifischen Wünschen eines Auftraggebers hergestellt werden, die Vorschriften von IAS 11 „Fertigungsaufträge“ zu beachten (vgl. Kapitel 9). Lediglich wenn eine Immobilie bereits mit dem Ziel entwickelt bzw. hergestellt wird, diese künftig als Finanzinvestition zu nutzen, greifen die Regelungen des IAS 40[3]. Abbildung 13.1 fasst die anzuwendenden Vorschriften je nach Immobilienklassifikation anhand eines Entscheidungsbaums noch einmal zusammen.

Grenzfall Mischnutzung

Innerhalb einer Immobilie kann es auch zur unterschiedlichen Nutzung von Gebäudeteilen und damit zu einer Vermischung unterschiedlicher Immobilienarten kommen (dual-purpose property).

Beispiel 13.2

Ein vierstöckiges Gebäude wurde bisher von einem Unternehmen als Verwaltungsgebäude genutzt. Im laufenden Geschäftsjahr reduzierte das Unternehmen den Verwaltungsapparat und vermietete die dadurch frei gewordenen oberen Etagen an eine dritte Gesellschaft.

3 Diese Regelung wurde erst im Rahmen des Improvement Projects 2008 eingeführt und gilt für Geschäftsjahre, die am 01.10.2009 oder danach beginnen. Zuvor waren im Bau befindliche Anlageimmobilien nach IAS 16 zu bilanzieren.

Wie sind diese unterschiedlich genutzten Gebäudeteile bilanziell zu behandeln? IAS 40.10 schreibt hier eine gesonderte Bilanzierung der Immobilienteile vor, sofern sie getrennt veräußert oder im Rahmen eines Finanzierungs-Leasingverhältnisses vermietet werden können. Andernfalls stellt die Immobilie allein dann eine Finanzinvestition dar, wenn nur ein unwesentlicher Teil betrieblich genutzt wird. Die Quantifizierung eines wesentlichen Anteils überlässt der Standard dabei dem Bilanzierenden, womit diesem ein nicht unerheblicher Ermessensspielraum verbleibt. Im Schrifttum wird hier der prozentuale Anteil der betrieblich genutzten Fläche an der Gesamtfläche als Maßstab vorgeschlagen. Dabei werden Grenzwerte des höchstzulässigen selbst genutzten Anteils zwischen 15 % und 5 % diskutiert[4].

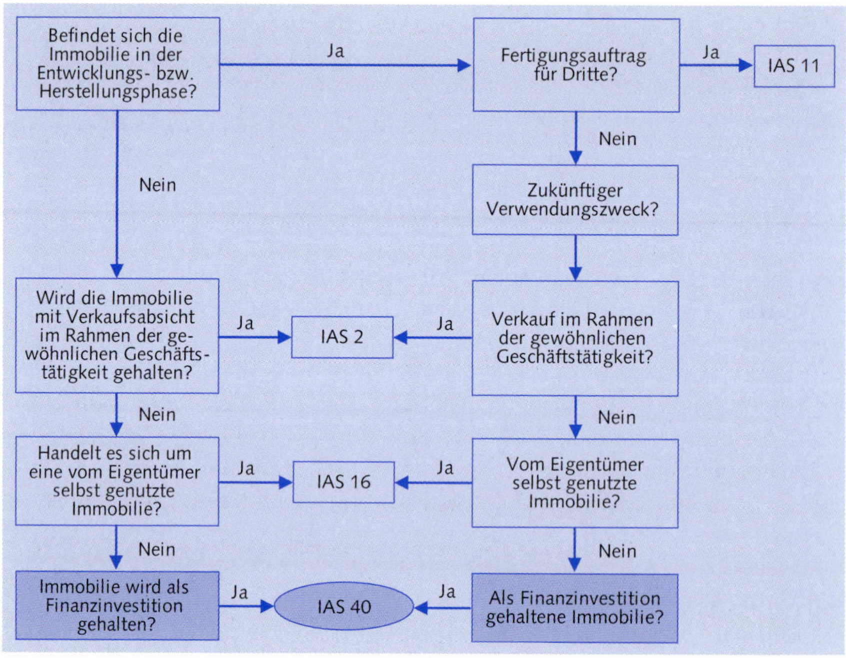

Abb. 13.1: Klassifikation von Immobilien nach IFRS

Nebenleistungen

Ferner kann es vorkommen, dass Immobilieneigentümer mit ihren Mietern die Übernahme von bestimmten Nebenleistungen, wie z.B. Sicherheits- und Wartungsleistungen, vereinbaren. Sobald diese einen wesentlichen Bestandteil der Mietvereinbarung darstellen, liegt ausschließlich eine selbst genutzte Immobilie vor. So handelt es sich in der Regel bei einem Hotel, das ein Unternehmen be-

4 Vgl. *Böckem, H./Schurbohm-Ebneth, A.*, Praktische Fragestellungen der Implementierung von IAS 40 – Als Finanzanlagen gehaltene Immobilien (investment properties), in: KoR, 3. Jg. (2003), S. 339; *Zülch, H.*, Die Bilanzierung von Investment Properties nach IAS 40, Düsseldorf 2003, S. 76-78.

sitzt und gleichzeitig führt, um eine selbst genutzte Immobilie, weil die Dienstleistungen des Eigentümers einen bedeutenden Anteil an der gesamten Mietvereinbarung darstellen. Auch hierbei liegt die Einschätzung der Wesentlichkeit im Ermessen des Bilanzierenden. Im Schrifttum wird hier eine Wesentlichkeitsermittlung auf Grundlage des jeweiligen Ertragsanteils der Nebenleistung empfohlen. Der Ertrag aus der Nebenleistung sollte dabei unter 5-10 % des Gesamtertrags aus der Vermietung liegen, um eine Immobilie als Finanzinvestition zu klassifizieren[5].

Eigenständige Entwicklung von Abgrenzungskriterien

Gerade wegen der oben genannten Ermessensspielräume müssen Unternehmen gemäß IAS 40.14 in schwierigen Abgrenzungsfällen eigenständige Klassifikationskriterien in Übereinstimmung mit den in IAS 40 enthaltenen Definitions- und Abgrenzungskriterien entwickeln und einheitlich anwenden. Diese unternehmensindividuellen Kriterien sind zu veröffentlichen.

Konzern- versus Einzelabschluss

Die Klassifikation einer Immobilie kann sich ferner durch den Einbezug in den Konzernabschluss der gesamten Unternehmensgruppe verändern. Während eine Immobilie aus der Sichtweise eines einzelnen Unternehmens als Finanzinvestition fungiert, ist sie unter Rückgriff auf die Einheitstheorie im Konzernabschluss aus der Sicht des gesamten Konzerns ggf. neu zu beurteilen. Ein und dieselbe Immobilie kann somit in Konzern- und Einzelabschluss unterschiedlichen Bilanzierungsvorschriften unterliegen.

Beispiel 13.3

Unternehmen A und B sind Tochterunternehmen der Muttergesellschaft C. A vermietet B ein seinerseits nicht mehr genutztes Gebäude.

Im IFRS-Einzelabschluss von A ist die Immobilie als Finanzinvestition zu klassifizieren, womit u.a. die Vorschriften von IAS 40 zu beachten sind. Im IFRS-Konzernabschluss des Mutterunternehmens C stellt das Gebäude jedoch eine selbst genutzte Immobilie dar. Hier greifen die Vorschriften von IAS 16.

3 Ansatz

Ansatzkriterien

Eine als Finanzinvestition gehaltene Immobilie ist nach IAS 40.16 erstmalig in der Bilanz anzusetzen, wenn sie die allgemeinen Ansatzkriterien für einen Vermögenswert erfüllt. Demnach muss es einerseits wahrscheinlich sein, dass dem Unternehmen in Zukunft ein mit der Immobilie verbundener wirtschaftlicher Nutzen zufließen wird. Darüber hinaus müssen ihre Anschaffungs- oder Herstellungskosten zuverlässig messbar sein. Zu der zu erfüllenden Eintrittswahrscheinlichkeit des Nutzenzuflusses äußert sich IAS 40 nicht. Wie schon in Kapitel 12 beschrieben, reicht hier die Literaturmeinung von größer 50 % bis zu einer Wahrscheinlichkeitsgrenze von 70-80 %. Im Zeitpunkt der Erfüllung der An-

5 Vgl. *Böckem, H./Schurbohm, A.*, Die Bilanzierung von Immobilien nach den International Accounting Standards, in: KoR, 2. Jg. (2002), S. 41.

satzkriterien sind die angefallenen Anschaffungs- oder Herstellungskosten anzusetzen.

Ansatz von nachträglichen Anschaffungs- oder Herstellungskosten

Nachträgliche Anschaffungs- oder Herstellungskosten fallen gemäß IAS 40.17 nach dem erstmaligen Ansatz an, um die Immobilie zu erweitern (add), teilweise zu ersetzen (replace part) oder in Betrieb zu halten (service). Sie erhöhen stets dann den Buchwert, wenn sie die allgemeinen Ansatzkriterien von IAS 40.16 erfüllen. Daher sind bspw. Kosten für Ersatzbeschaffungen von einzelnen Bestandteilen einer Immobilie, wie z.B. der Austausch von Innenwänden, bei Erfüllung der Ansatzkriterien im Gesamtbuchwert zu berücksichtigen und der ausgetauschte Bestandteil auszubuchen. Laufende Instandhaltungen und Wartungen (cost of day-to-day servicing) sind dagegen stets als Aufwendungen zu erfassen. Sie stellen keine nachträglichen Anschaffungs- oder Herstellungskosten dar.

4 Bewertung

4.1 Erstbewertung

Anschaffungs- oder Herstellungskosten

Als Finanzinvestition gehaltene Immobilien sind beim erstmaligen Ansatz nach IAS 40.20 mit ihren Anschaffungs- oder Herstellungskosten einschließlich angefallener Transaktionskosten zu bewerten. Anschaffungs- oder Herstellungskosten stellen den Betrag an Zahlungsmitteln oder Zahlungsmitteläquivalenten dar, der zum Erwerb oder zur Herstellung eines Vermögenswerts entrichtet wurde, oder den beizulegenden Zeitwert einer anderen Gegenleistung zum Zeitpunkt des Erwerbs oder der Herstellung (IAS 40.5).

Anschaffungskosten

Unter die Anschaffungskosten fallen gemäß IAS 40.21 sowohl der Kaufpreis als auch sämtliche direkt zurechenbaren Kosten. Letztere stellen z.B. Makler- und Vermittlungsgebühren, Steuerzahlungen im Rahmen der Immobilienübertragung sowie sonstige Transaktionskosten dar. Sofern die Zahlung für eine Immobilie die übliche Zahlungsfrist überschreitet, entspricht der Barwert des Kaufpreises den Anschaffungskosten. Dabei entstehende Finanzierungskosten sind nach IAS 40.24 grundsätzlich als Zinsaufwendungen über die Kreditlaufzeit zu verteilen und dürfen somit nicht in die Anschaffungskosten einbezogen werden.

Herstellungskosten

Die Herstellungskosten umfassen analog zu den Anschaffungskosten sämtliche Kosten, die bis zum Zeitpunkt der Fertigstellung der Immobilie angefallen sind, um diese in den vom Management beabsichtigten betriebsbereiten Zustand zu versetzen. Da in IAS 40 explizite Angaben zur Zusammensetzung der Herstellungskosten fehlen, ist hierfür auf die Regelungen in IAS 16 bzw. IAS 2 abzustellen (vgl. Kapitel 12).

Gemäß IAS 40.23 stellen bestimmte Kosten ausdrücklich keine Bestandteile der Anschaffungs- bzw. Herstellungskosten dar. Sie sind somit als Aufwendungen in der Periode zu verrechnen, in der sie anfallen. Darunter fallen

Nicht anzusetzende Kostenbestandteile

- Gründungs- und/oder Anlaufkosten (start-up costs), sofern sie nicht notwendig sind, um die Immobilie in den vom Unternehmen vorgesehenen Zustand und in die vorgesehene Umgebung zu versetzen,
- Betriebsverluste vor Erreichung des geplanten Belegungsgrades sowie
- ungewöhnlich hohe Mengen an Materialabfällen, Fertigungslöhnen oder anderen bei der Herstellung der Immobilie angefallenen Ressourcen.

Erwerb durch Tausch

Beim Erwerb von Immobilien durch Tausch gegen andere Vermögenswerte entsprechen die Anschaffungskosten der Immobilie dem beizulegenden Zeitwert des abgehenden Vermögenswerts, es sei denn, der beizulegende Zeitwert der erhaltenen Immobilie kann verlässlicher bestimmt werden (IAS 40.27). Sofern jedoch weder der beizulegende Zeitwert des abgehenden Vermögenswerts noch der Immobilie zuverlässig ermittelt werden können oder dem Tauschvorgang der wirtschaftliche Gehalt (commercial substance) fehlt, stellt der Buchwert des abgehenden Vermögenswerts die Anschaffungskosten dar. Die dargestellten Vorschriften entsprechen somit den Regeln für den Erwerb von Sachanlagen durch Tausch gemäß IAS 16 (vgl. Kapitel 12).

4.2 Folgebewertung

Folgebewertungsverfahren

Nach erstmaligem Ansatz und Bewertung können als Finanzinvestition gehaltene Immobilien nach zwei unterschiedlichen Bewertungsverfahren folgebewertet werden. Als Folgebewertungsmethoden stehen die GuV-wirksame Bewertung zum beizulegenden Zeitwert (Modell des beizulegenden Zeitwerts; fair value model) und die Folgebewertung zu fortgeführten Anschaffungs- oder Herstellungskosten (Anschaffungskostenmodell; cost model) zur Auswahl (IAS 40.30). Beide Methoden verpflichten grundsätzlich zur Ermittlung des beizulegenden Zeitwerts der Anlageimmobilien, wobei jedoch dessen Ausweis je nach angewendeter Folgebewertungsmethode unterschiedlich zu erfolgen hat. Das Modell des beizulegenden Zeitwerts erfordert den Ausweis des beizulegenden Zeitwerts in der Bilanz und die GuV-wirksame Verrechnung von Zeitwertänderungen in der Gesamtergebnisrechnung. Bei der Folgebewertung nach dem Anschaffungskostenmodell muss der beizulegende Zeitwert dagegen lediglich im Anhang ausgewiesen werden.

Einheitliche und stetige Bewertung

Die ausgewählte Folgebewertungsmethode ist nach IAS 40.30 in den Folgeperioden grundsätzlich auf den gesamten Bestand der Anlageimmobilien anzuwenden. Es ist also in der Regel nicht möglich, lediglich vereinzelte Immobilien GuV-wirksam zum beizulegenden Zeitwert zu bewerten. Weiterhin schreibt das Stetigkeitsgebot vor, dass der Bilanzierende an dem einmal gewählten Folgebewertungsverfahren im Zeitablauf festzuhalten hat. Der bilanzpolitisch motivierte

Wechsel der Folgebewertungsmethode durch den Bilanzierenden soll damit verhindert werden. Ein Durchbrechen des Stetigkeitsgrundsatzes ist nach IAS 8 „Bilanzierungs- und Bewertungsmethoden, Änderungen von Schätzungen und Fehler“ nur dann erlaubt, wenn hierdurch im Abschluss relevantere Informationen hinsichtlich der Vermögens-, Finanz- und Ertragslage des Unternehmens bereitgestellt werden. Das IASB hält es indes für höchst unwahrscheinlich, dass ein Wechsel von dem Modell des beizulegenden Zeitwerts auf das Anschaffungskostenmodell zu relevanteren Informationen führt (IAS 40.31). Damit dürften Unternehmen, die sich für Ersteres entscheiden, faktisch dauerhaft auf diese Methode festgelegt sein.

4.2.1 Modell des beizulegenden Zeitwerts

Folgebewertung zum beizulegenden Zeitwert

Die Folgebewertung nach dem Modell des beizulegenden Zeitwerts erfordert gemäß IAS 40.33 die Bestimmung des beizulegenden Zeitwerts der Anlageimmobilien und seinen Ansatz in der Bilanz unter der Voraussetzung, dass er verlässlich ermittelt werden kann. Sofern sich der beizulegende Zeitwert im Zeitablauf verändert hat, entsteht zwangsläufig ein Unterschiedsbetrag, der nach IAS 40.35 GuV-wirksam in der Gesamtergebnisrechnung zu erfassen ist. Es kommt somit zu einem GuV-wirksamen Ausweis noch nicht realisierter Gewinne bzw. Verluste. Zusätzlich sind GuV-wirksam latente Steuern zu bilden, sobald der in der IFRS-Bilanz angesetzte beizulegende Zeitwert vom steuerbilanziell anzusetzenden Wert abweicht.

Häufigkeit der Ermittlung

Aus IAS 40 geht nicht explizit hervor, ob der beizulegende Zeitwert periodenweise neu zu ermitteln ist. Da er jedoch gemäß IAS 40.38 stets die aktuelle Marktlage der Immobilien abbilden soll, kann von einer jährlichen Ermittlung ausgegangen werden. Damit entfallen bei der GuV-wirksamen Folgebewertung zum beizulegenden Zeitwert planmäßige und außerplanmäßige Abschreibungen. Dies ist insofern konsequent, da die beizulegenden Zeitwerte den aktuellen Zustand der Immobilien am Bilanzstichtag widerspiegeln. IAS 36, der zu prüfende Anhaltspunkte für Wertminderungen bzw. Werterholungen enthält, ist demzufolge nicht anzuwenden.

Definition des beizulegenden Zeitwerts

Der beizulegende Zeitwert stellt nach der allgemeinen Definition von IAS 40.5 den Betrag dar, zu dem ein Vermögenswert zwischen sachverständigen, vertragswilligen und voneinander unabhängigen Geschäftspartnern getauscht werden könnte. Sachverständige Geschäftspartner zeichnen sich nach IAS 40.42 dadurch aus, dass sie ausreichend über die Eigenschaften, Nutzungsmöglichkeiten und über die aktuelle Marktlage der Immobilie informiert sind. Käufer gelten als vertragswillig, sofern sie nicht zum Erwerb gezwungen wurden. Vielmehr ist ein vertragswilliger Käufer aus Eigenmotivation bereit, die Immobilie zu erwerben. Er würde keinen höheren Kaufpreis als vom Markt gefordert bezahlen. Gleichfalls ist ein vertragswilliger Verkäufer nach IAS 40.43 eine Person, die weder zur Veräußerung gezwungen ist, noch einen unvernünftigen Verkaufspreis verlangen wird. Stattdessen wird er versuchen, unter Berücksichtigung der aktuellen Marktbedingungen den bestmöglichen Veräußerungspreis zu erzielen. Unabhängigkeit der Geschäftspartner voneinander liegt vor, wenn keine besonderen Beziehungen zwischen Verkäufer und Käufer bestehen, die marktuntypische Preise nach sich ziehen würden. Damit stellen geschätzte Preise, die durch besondere Umstände wie z.B. untypische Finanzierungen, Sale-and-leaseback-Geschäfte oder andere gewährte Vergünstigungen entstehen, ausdrücklich keine beizulegenden Zeitwerte dar.

Abgrenzung vom Nutzungswert

Der beizulegende Zeitwert unterscheidet sich vom Nutzungswert, der zur Ermittlung einer Wertminderung im Rahmen der Bestimmung des erzielbaren Betrages gemäß IAS 36 „Wertminderung von Vermögenswerten" zu berechnen ist (vgl. Kapitel 10). Während dieser aus subjektiver Sicht des Unternehmens ermittelt wird und damit dessen Wissensstand und Erwartungen widerspiegelt, wird der beizulegende Zeitwert gemäß IAS 40.43 aus objektivierter Sicht externer Marktteilnehmer unter Berücksichtigung von deren Kenntnisstand und Erwartungen bestimmt. Somit darf der beizulegende Zeitwert keine unternehmensindividuellen Nutzenpotenziale abbilden, wie z.B.

- Vorteile aus der Bildung eines Immobilienportfolios an unterschiedlichen Standorten,
- Synergien zwischen Anlageimmobilien und anderen Vermögenswerten,
- Rechtsansprüche oder gesetzliche Beschränkungen sowie
- Steuervorteile oder -nachteile des Eigentümers.

Allgemeine Ermittlungsgrundlagen

Bei der Ermittlung von beizulegenden Zeitwerten für Anlageimmobilien dürfen keine beim Verkauf oder Abgang entstehenden Transaktionskosten berücksichtigt werden (IAS 40.37). Vielmehr ist der beizulegende Zeitwert nach IAS 40.38 ausschließlich unter Berücksichtigung der aktuellen Marktlage der Immobilie zum Bilanzstichtag zu bestimmen. Vergangene oder künftig erwartete Marktlagen sind bei seiner Ermittlung nicht zu berücksichtigen. Somit ist eine erwartete Wertsteigerung einer Immobilie in naher Zukunft, z.B. aufgrund geplanter künftiger Sanierungsmaßnahmen, erst dann bilanziell abzubilden, wenn sie tatsächlich eingetreten ist. Ferner darf der beizulegende Zeitwert von Immobilien keine Vermögenswerte und Schulden enthalten, die bereits einzeln in der Bilanz erfasst werden. Sofern es sich bei den Vermögenswerten und Schulden jedoch um integrale Bestandteile der Immobilie handelt, wie z.B. bei Fahrstühlen oder Klimaanlagen, sind sie in der Regel nicht separat in der Bilanz anzusetzen, sondern in die Bewertung einzubeziehen. Ebenso stellen Möbel eines Bürogebäudes im Allgemeinen integrale Bestandteile der Immobilie dar, da sie unmittelbare Auswirkungen auf die erwarteten Mieteinnahmen und damit auf den beizulegenden Zeitwert haben (IAS 40.50).

Vorgehensweise bei der Ermittlung des beizulegenden Zeitwerts

Die Bestimmung des beizulegenden Zeitwerts kann auf verschiedene Arten erfolgen, wobei das IASB stets die Zuhilfenahme eines unabhängigen Gutachters empfiehlt (IAS 40.32). Grundsätzlich stellen nach IAS 40.45 aktuelle Preise auf einem aktiven Markt für vergleichbare Immobilien den besten Ausgangspunkt für die Ableitung eines beizulegenden Zeitwerts für die betrachtete Immobilie dar. Diese Vergleichsimmobilien sollten sich dabei in nahezu identischer Lage, Zustand, Alter etc. wie die betrachtete Immobilie befinden sowie eine ähnliche Mietvertragsausgestaltung haben. Bestehende Unterschiede bei der Vertragsgestaltung bzw. bei den anderen Immobilienmerkmalen sind bei der Ableitung des beizulegenden Zeitwerts für die betrachtete Immobilie durch Zu- oder Abschläge anzupassen. Dieses Verfahren wird in der Praxis als Vergleichswertverfahren bezeichnet[6].

Zusätzliche Informationsquellen

Immobilien sind jedoch in der Regel Unikate, so dass auch nahezu identische Vergleichsimmobilien kaum zu finden sind. In diesem Fall sind zusätzliche Informationsquellen zur Ermittlung des beizulegenden Zeitwerts heranzuziehen. Insbesondere schlägt das IASB in IAS 40.46 hierzu folgende Quellen vor:

- Ermittlung des beizulegenden Zeitwerts mittels Ableitung aus aktuellen Preisen in aktiven Märkten von Immobilien, die sich hinsichtlich ihrer Lage, Zustand, Vertragsgestaltung etc. unterscheiden. Die Unterschiede sind, soweit ermittelbar, bei der Bestimmung des beizulegenden Zeitwerts anzupassen.
- Bestimmung des beizulegenden Zeitwerts anhand der Ableitung aus vergangenen Preisen älterer Transaktionen, die auf weniger aktiven Märkten vollzogen wurden. Hierbei ist der beizulegende Zeitwert an die mittlerweile eingetretenen veränderten wirtschaftlichen Gegebenheiten anzupassen.
- Ermittlung des beizulegenden Zeitwerts über die Diskontierung von prognostizierten künftigen Cashflows (Discounted-Cashflow-Methode). Die künftigen Cashflows sind unter Berücksichtigung der Mietvertragsgestaltung sowie, wenn möglich, der aktuellen marktüblichen Mieten vergleichbarer Immobilien zu ermitteln. Daneben sind die voraussichtliche Nutzungsdauer, der Restwert der Immobilie am Ende der Nutzungsdauer und der Diskontierungszinssatz zu schätzen bzw. zu berechnen. Als Diskontierungszins ist ein Zinssatz zu verwenden, der die gegenwärtige Einschätzung der Unsicherheit über Höhe und zeitlichen Anfall der Cashflows widerspiegelt[7].

IAS 40 schreibt hierbei keine bestimmte Bewertungsreihenfolge vor. Sofern unter Bezugnahme auf die zusätzlichen Informationsquellen mehrere beizulegende Zeitwerte bestimmt werden können, ist stets der verlässlichste Wert aus der sich ergebenden Bandbreite in der Bilanz anzusetzen. Die Ermittlung von beizulegenden Zeitwerten anhand von Vergleichswerten verschiedenartiger Immobilien oder anhand von veralteten Marktpreisen, sofern sie überhaupt feststellbar sind, ist mit erheblicher Willkür behaftet. Die vorzunehmenden Zu- oder Abschläge sind kaum objektiv nachprüfbar[8]. In der Regel stellt somit die Ablei-

---

6 Siehe zum Vergleichswertverfahren *Beck, M.*, Wertermittlung bei Immobilien, in: Richter, F./Timmreck, C. (Hrsg.), Unternehmensbewertung, Stuttgart 2004, S. 347-350.

7 Zur Bewertung von Immobilien mittels der Discounted-Cashflow-Methode siehe *Beck, M.*, Wertermittlung bei Immobilien, in: Richter, F./Timmreck, C. (Hrsg.), Unternehmensbewertung, Stuttgart 2004, S. 359-363.

8 Vgl. *Olbrich, M.*, Zur Bilanzierung von als Finanzinvestition gehaltenen Immobilien nach IAS 40, in: BFuP, 55. Jg. (2003), S. 348.

tung des beizulegenden Zeitwerts anhand der Discounted-Cashflow-Methode die regelmäßig anzuwendende Ermittlungsmethode dar. Aber auch hier bietet die Schätzung der Höhe und des zeitlichen Anfalls der Cashflows sowie die Bestimmung des Diskontierungszinssatzes einen erheblichen Ermessensspielraum[9].

Beispiel 13.4[10]

Die Tolstoi AG erwirbt Anfang des Geschäftsjahres 00 erstmalig ein Gebäude mit einer voraussichtlichen Nutzungsdauer von 50 Jahren zu einem Preis von 10.000 T€ in bar. Dieses wird fortan überwiegend als Finanzinvestition genutzt. Annahmegemäß soll am Ende der Nutzungsdauer kein Restwert bestehen. Der Ertragsteuersatz der Tolstoi AG beträgt 30 %. Die Folgebewertung soll GuV-wirksam zum beizulegenden Zeitwert erfolgen. Ein unabhängiger Gutachter ermittelt zum Bilanzstichtag 00 einen Gebäudewert von 11.800 T€. Wie lauten die Buchungssätze für das Geschäftsjahr 00?

Lösung

Zunächst ist der Kauf des Gebäudes zu erfassen. Anschließend ist zum Bilanzstichtag der höhere beizulegende Zeitwert anzusetzen und der Unterschiedsbetrag zum bisherigen Buchwert in Höhe von 1.800 T€ GuV-wirksam in der Gesamtergebnisrechnung auszuweisen. Steuerbilanziell soll das Gebäude annahmegemäß mit den fortgeführten Anschaffungskosten bilanziert werden. Die fortgeführten Anschaffungskosten ergeben sich aus den historischen Anschaffungskosten abzüglich kumulierter linearer Abschreibungen (hier 10.000 T€ - 200 T€ = 9.800 T€). Ein temporärer Unterschied zwischen IFRS-Bilanzbewertung und Steuerbilanzbewertung führt zur Entstehung latenter Steuern. Da der IFRS-Wert größer als der steuerbilanzielle Wert ist, entstehen passive latente Steuern in Höhe von ((11.800 T€ - 9.800 T€) · 30 % =) 600 T€. Die passiven latenten Steuern sind GuV-wirksam zu bilden.

Buchungssätze Geschäftsjahr 00:

Als Finanzinvestition gehaltene Immobilie	*an*	*Bank*	*10.000 T€*
Als Finanzinvestition gehaltene Immobilie	*an*	*Finanzertrag*	*1.800 T€*
Steueraufwand	*an*	*passive latente Steuern*	*600 T€*

Zum Bilanzstichtag 01 wird keine Veränderung des beizulegenden Zeitwerts festgestellt. Ist vielleicht trotzdem eine Buchung durchzuführen?

9 Vgl. z.B. *Baetge, J./Zülch, H.*, Fair Value-Accounting, in: BFuP, 53. Jg. (2001), S. 559.

10 Vgl. ein ähnliches Beispiel in *Zülch, H./Lienau, A.*, Die Bedeutung der Steuerabgrenzung für die fair-value-Bilanzierung nicht-finanzieller Vermögenswerte nach den Rechnungslegungsvorschriften des IASB, in: WPg, 57. Jg. (2004), S. 570 f.

Lösung
Ja, denn es sind wiederum latente Steuern zu berücksichtigen, weil die steuerbilanziell fortgeführten Anschaffungskosten nach Abzug von planmäßigen Abschreibungen des Geschäftsjahres nun 9.600 T€ betragen. Der gesamte Betrag der passiven latenten Steuern muss demnach auf 660 T€ erhöht werden ((11.800 T€ - 9.600 T€) · 30 % = 660 T€). 600 T€ wurden schon im vorherigen Geschäftsjahr eingestellt, so dass im aktuellen Geschäftsjahr passive latente Steuern in Höhe von 60 T€ GuV-wirksam zu verrechnen sind.

Buchungssatz Geschäftsjahr 01:

Steueraufwand		*an*	*passive latente Steuern*	*60 T€*

Am Ende des Geschäftsjahres 02 erhält die Tolstoi AG ein Verkaufsangebot für das Gebäude in Höhe von 12.000 T€. Nach gründlicher Überlegung entscheidet sie sich zum Verkauf. Der Verkaufspreis wird bar bezahlt. Welche Buchungen sind vorzunehmen?

Lösung
Mit dem Verkauf ist das Gebäude aus der Bilanz auszubuchen. Gleichzeitig ist der Unterschiedsbetrag aus bisherigem Buchwert und Verkaufspreis als Ertrag zu verrechnen. Darüber hinaus sind die gebildeten passiven latenten Steuern vollständig GuV-wirksam aufzulösen.

Buchungssätze Geschäftsjahr 02:

Bank	*12.000 T€*	*an*	*als Finanzinvestition gehaltene Immobilie*	*11.800 T€*
			Finanzertrag	*200 T€*
Passive latente Steuern		*an*	*Steuerertrag*	*660 T€*

Exkurs

Ermittlung des beizulegenden Zeitwerts bei Immobilien im Bau
Für sämtliche Immobilien, die in den Anwendungsbereich von IAS 40 fallen, ist der beizulegende Zeitwert verpflichtend zu bestimmen, da dieser je nach Folgebewertungsverfahren entweder in Bilanz oder Anhang ausgewiesen werden muss. Vor diesem Hintergrund waren im Bau befindliche Renditeimmobilien lange Zeit aus dem Anwendungsbereich von IAS 40 ausgeschlossen, da hier die Ermittlung von verlässlichen beizulegenden Zeitwerten insbesondere aus Praxissicht als äußerst schwierig angesehen wurde. Erst 2008 erweiterte das IASB den Regelungskreis von IAS 40 diesbezüglich, da es durch die zunehmende Verbreitung von beizulegenden Zeitwerten sowie durch die weiterentwickelten Bewertungstechniken diese Bedenken als nicht mehr zeitgemäß ansah. Wenn jedoch bereits die Ermittlung des beizulegenden Zeitwerts für fertig gestellte Immobilien Ermessensspielräume aufweist, wie soll dies

dann verlässlich z.B. für Gebäude möglich sein, die bislang nur als Rohbau existieren?

Eine in der Praxis verbreitete Lösung stellt das Residualwertverfahren dar. Hierbei wird zunächst versucht, den künftigen beizulegenden Zeitwert der fertigen Immobilie möglichst genau zu berechnen. Dies kann grundsätzlich sowohl mittels des DCF- als auch des Vergleichswertverfahrens erfolgen. Im nächsten Schritt ist dieser künftige Wert auf den Bewertungsstichtag abzuzinsen, um den heutigen Wert der fertigen Immobilie zu erhalten. Schließlich werden die bis zur Fertigstellung noch zu erwartenden Kosten – ebenfalls abgezinst – abgezogen, um den beizulegenden Zeitwert der unfertigen Immobilie zu erhalten. Hierbei ist zu beachten, dass die in Abzug gebrachten Beträge neben den reinen Herstellungskosten sowohl Finanzierungskosten als auch einen üblichen Gewinnaufschlag (Entwicklergewinn) umfassen müssen. Andernfalls würde der Wertansatz für die unfertige Immobilie zu hoch ausfalleng[11].

Vergleich mit dem Neubewertungsmodell nach IAS 16

Obwohl auch IAS 16 die Möglichkeit der Folgebewertung zum beizulegenden Zeitwert vorsieht, unterscheidet sich das Neubewertungsmodell für Sachanlagen deutlich von dem hier dargestellten Bewertungsansatz für Anlageimmobilien. So führt das Neubewertungsverfahren nach IAS 16 zwar ebenfalls zu einem Ausweis des beizulegenden Zeitwerts in der Bilanz, allerdings werden Wertsteigerungen über die fortgeführten Anschaffungs- bzw. Herstellungskosten hinaus unter Berücksichtigung von latenten Steuern stets GuV-neutral über das sonstige Ergebnis in einer Neubewertungsrücklage im Eigenkapital erfasst (vgl. Kapitel 12). Ferner sind Neubewertungen nicht periodenweise vorzunehmen, sondern nur dann, wenn sich der beizulegende Zeitwert am Bilanzstichtag wesentlich vom bisherigen Buchwert unterscheidet. Gleichfalls sind abnutzbare Immobilien nach dem Neubewertungsmodell von IAS 16 planmäßig abzuschreiben, während der Bestand der Neubewertungsrücklage ratierlich oder vollständig beim Verkauf bzw. bei der Stilllegung der Immobilie GuV-neutral mit den Gewinnrücklagen verrechnet werden kann.

Nicht verlässliche Ermittlung des beizulegenden Zeitwerts

Das IASB geht in IAS 40.53 davon aus, dass der beizulegende Zeitwert von Immobilien in der Regel fortlaufend verlässlich ermittelt werden kann. Allerdings können durchaus Fälle auftreten, in denen eine verlässliche Ermittlung anhand von Vergleichswertverfahren und/oder mittels der Discounted-Cashflow-Methode nicht möglich ist. So ist bspw. zur Prognose von künftigen Cashflows eine umfassende Informationsbasis nötig. Fehlen die notwendigen Informationen, kann ein Unternehmen keine verlässliche Zeitwertermittlung vornehmen. Das gleiche Problem besteht, wenn eine große Bandbreite vernünftiger Schätzungen des beizulegenden Zeitwerts vorliegt und die Eintrittswahrscheinlichkeiten der unterschiedlichen Werte nicht ermittelt werden können.

---

11 Vgl. zur Vorgehensweise beim Residualverfahren z.B. *Dietrich, A./Ranker, D.*, Zweifelsfragen bei der Bilanzierung und Bewertung von im Bau befindlichen Investment Properties, in: IRZ, 5. Jg. (2010), S. 113-117.

Für den Fall, dass der beizulegende Zeitwert nicht verlässlich bestimmbar ist, hat sich das IASB für eine differenzierte Regelung entschieden (vgl. Abbildung 13.2). Demnach ist im ersten Schritt zu unterscheiden, ob die Immobilie noch in der Vorperiode zum beizulegenden Zeitwert bewertet worden war und somit zum Altbestand gehört oder neu zugegangen ist.

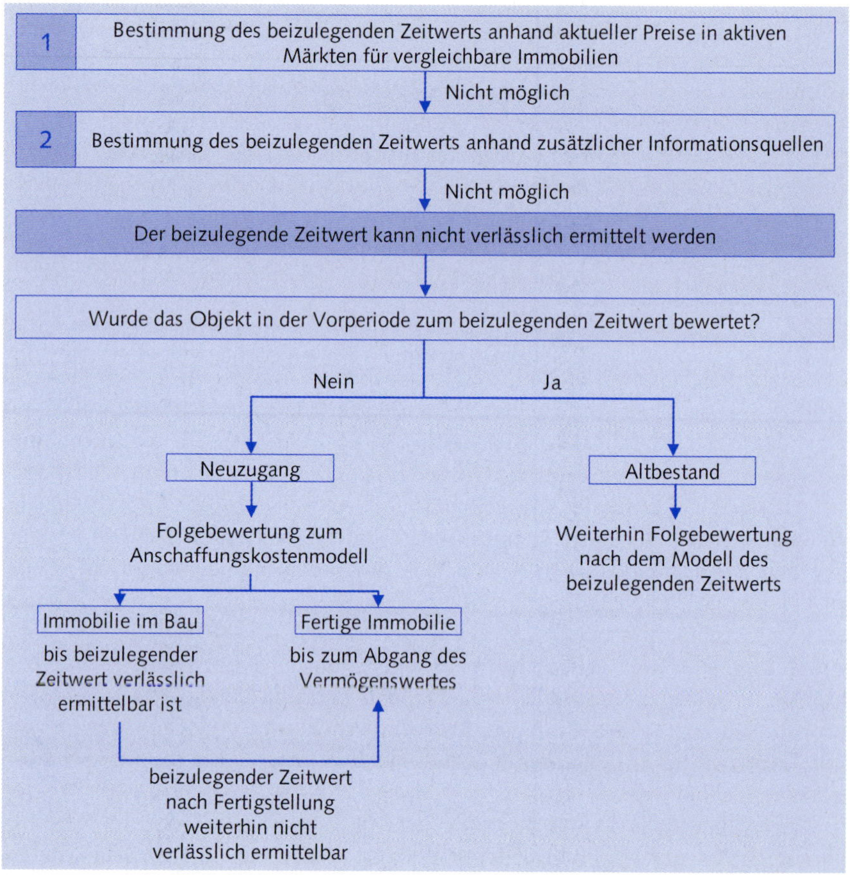

Abb. 13.2: Folgebewertung bei nicht verlässlicher Ermittlung des beizulegenden Zeitwerts

Nicht verlässlich ermittelbarer beizulegender Zeitwert bei Altbeständen

Immobilien bzw. Immobilien im Bau, die zum Altbestand gehören, sind gemäß IAS 40.55 i.V.m. IAS 40.53A unverändert bis zum Abgang oder zur Umwidmung nach dem Modell des beizulegenden Zeitwerts zu bewerten, auch wenn dieser nicht verlässlich ermittelt werden kann. Damit soll sichergestellt werden, dass die einmal ausgewählte Folgebewertungsmethode beibehalten und nicht unternehmensindividuell durch Sachverhaltsgestaltung als ein verdecktes Wahlrecht missbraucht wird. Gleichzeitig wird in Kauf genommen, dass die Bilanz nicht verlässlich ermittelte beizulegende Zeitwerte enthalten kann. Für davon betroffene Immobilien erfordert IAS 40.78(b) daher erweiterte Anhangangaben.

Nicht verlässlich ermittelbarer beizulegender Zeitwert bei Neuzugängen

Konnte hingegen der beizulegende Zeitwert im Fall von neu zugegangenen Renditeimmobilien (z.B. durch unterjährigen Erwerb, Baubeginn oder Nutzungsänderung) nicht verlässlich bestimmt werden, sind diese zum Anschaffungskostenmodell zu bewerten (IAS 40.53). Inwiefern ein künftiger Wechsel zum Modell des beizulegenden Zeitwertes möglich ist, hängt von der Art der Immobilie ab: Handelt es sich bei dem Neuzugang um eine fertiggestellte Immobilie, ist ein Wechsel zum Modell des beizulegenden Zeitwerts nicht vorgesehen. Stattdessen ist die Folgebewertung der Immobilie bis zu ihrem Abgang nach dem Anschaffungskostenmodell vorzunehmen und ein eventueller Restwert mit Null anzunehmen (IAS 40.53). Sofern es sich jedoch um eine neu zugegangene Immobilie in der Erstellungsphase handelt, findet das Anschaffungskostenmodell nur solange Anwendung, bis der beizulegende Zeitwert verlässlich ermittelt werden kann. Ab diesem Zeitpunkt, der nach Ansicht des IASB spätestens mit Fertigstellung erreicht sein dürfte, ist verpflichtend das Modell des beizulegenden Zeitwerts anzuwenden. Kann der beizulegende Zeitwert bei erstmaliger Bewertung nach Fertigstellung dennoch nicht verlässlich ermittelt werden, ist die Immobilie entsprechend obiger Regelung für fertiggestellte Immobilien dauerhaft zum Anschaffungskostenmodell zu bewerten (IAS 40.53A).

4.2.2 Anschaffungskostenmodell

Folgebewertung zu fortgeführten Anschaffungs- oder Herstellungskosten

Sofern die Folgebewertung nach dem Anschaffungskostenmodell erfolgen soll, sind die Anschaffungs- oder Herstellungskosten der Immobilien in den Folgeperioden fortzuführen. Dabei sind gemäß IAS 40.56 die Vorschriften von IAS 16 zur Folgebewertung von Sachanlagen zu fortgeführten Anschaffungs- bzw. Herstellungskosten zu beachten (vgl. Kapitel 12). Der Gesamtbestand der Immobilien ist daher am Bilanzstichtag zu seinen Anschaffungs- oder Herstellungskosten abzüglich kumulierter Abschreibungen und kumulierter Wertminderungsaufwendungen anzusetzen. Im Gegensatz zur GuV-wirksamen Bewertung zum beizulegenden Zeitwert sind die Immobilien somit planmäßig über ihre voraussichtliche Nutzungsdauer abzuschreiben. Daneben ist zum Bilanzstichtag jeweils zu überprüfen, ob Anhaltspunkte für eine Wertminderung gemäß IAS 36 vorliegen und die Immobilien gegebenenfalls außerplanmäßig im Wert zu mindern sind. Sofern eine Veräußerung mit hoher Wahrscheinlichkeit bevorsteht, sind die betroffenen Immobilien separat auszuweisen und nach IFRS 5 „Zur Veräußerung gehaltene langfristige Vermögenswerte und aufgegebene Geschäftsbereiche" zum Bilanzstichtag mit dem niedrigeren Wert aus beizulegendem Zeitwert abzüglich Veräußerungskosten und Buchwert zu bewerten (vgl. Kapitel 27).

Angabe des beizulegenden Zeitwerts

Der beizulegende Zeitwert wird somit bei der Folgebewertung nach dem Anschaffungskostenmodell nicht in der Bilanz ausgewiesen. Stattdessen ist er verpflichtend im Anhang zu veröffentlichen. Die Wahl des Anschaffungskostenmodells befreit demnach nicht von der Ermittlung beizulegender Zeitwerte.

Beispiel 13.5

Anstatt das erworbene Gebäude (Kaufpreis 10.000 T€, Nutzungsdauer 50 Jahre; s. Beispiel 13.4) GuV-wirksam zum beizulegenden Zeitwert folgezubewerten, entscheidet sich die Tolstoi AG für das Anschaffungskostenmodell. Die Anschaffungskosten sollen linear über die voraussichtliche Nutzungsdauer abgeschrieben werden. Wie lauten dann die Buchungssätze für das Geschäftsjahr 00?

Lösung
Nach dem Kauf ist das Gebäude am Bilanzstichtag 00 planmäßig abzuschreiben. Die planmäßige Abschreibung beträgt 200 T€ (= 10.000 T€ / 50 Jahre). Da im Vergleich zur steuerrechtlichen Bewertung keine Differenzen bestehen, sind auch keine latenten Steuern zu bilden. Der beizulegende Zeitwert von 11.800 T€ ist im Anhang auszuweisen.

Buchungssätze Geschäftsjahr 00:

Als Finanzinvestition gehaltene Immobilie	*an*	*Bank*	*10.000 T€*
Abschreibung	*an*	*als Finanzinvestition gehaltene Immobilie*	*200 T€*

Zum Bilanzstichtag 01 verändert sich der beizulegende Zeitwert nicht. Wie ist also zu buchen?

Lösung
Das Gebäude ist weiterhin planmäßig abzuschreiben und der beizulegende Zeitwert im Anhang zu veröffentlichen.

Buchungssatz Geschäftsjahr 01:

Abschreibung	*an*	*als Finanzinvestition gehaltene Immobilie*	*200 T€*

Am Ende des Geschäftsjahres 02 wird das Gebäude zu einem Verkaufspreis von 12.000 T€ verkauft. Wie lautet hier der Buchungssatz?

Lösung
Mit Verkauf des Gebäudes wird der Buchwert aus der Bilanz ausgebucht und ein Ertrag in Höhe von 2.400 T€ realisiert.

Buchungssatz Geschäftsjahr 02:

Bank	*12.000 T€*	*an*	*als Finanzinvestition gehaltene Immobilie*	*9.600 T€*
			Finanzertrag	*2.400 T€*

Folgende Tabelle stellt Buchwert und Gewinn oder Verlust (jeweils in T€) bei Folgebewertung nach dem Modell des beizulegenden Zeitwerts (MBZ) und nach dem Anschaffungskostenmodell (AKM) gegenüber:

Bilanz	**00**	**01**	**02**	
MBZ: Buchwert	11.800	11.800	—	
AKM: Buchwert	9.800	9.600	—	
Gewinn- und Verlustrechnung	**00**	**01**	**02**	**∑**
MBZ: Gewinn oder Verlust vor lat. Steuern	+1.800	+/-0	+200	+2.000
Latente Steuern	-600	-60	+660	+/- 0
Gewinn oder Verlust nach lat. Steuern	+1.200	-60	+860	+2.000
AKM: Gewinn oder Verlust	-200	-200	+2.400	+2.000

Vergleich mit dem Modell des beizulegenden Zeitwerts

Sofern der beizulegende Zeitwert die fortgeführten historischen Anschaffungs- oder Herstellungskosten überschreitet, kommt es bei der Folgebewertung nach dem Modell des beizulegenden Zeitwerts generell zu einem höheren Vermögensausweis und somit zu einer größeren Bilanzsumme. Gleichzeitig steigt der Gewinn aufgrund der GuV-wirksamen Verrechnung des Unterschiedsbetrages von Buchwert und beizulegendem Zeitwert. Des Weiteren wird der Gewinn oder Verlust in den Folgeperioden nicht durch planmäßige Abschreibungen belastet. Allerdings könnte der beizulegende Zeitwert im Zeitablauf schwanken, was zu einer höheren Volatilität des GuV-Ergebnisses führen würde. Die GuV-wirksam zu bildenden und aufzulösenden passiven latenten Steuern mildern indes diesen Ergebniseffekt. In der Summe entsteht bei beiden Methoden durch die jeweilige Wahrung des Kongruenzprinzips der gleiche Totalerfolg.

5 Umklassifizierungen

Grundsatz

Immobilien unterliegen, wie bereits gezeigt, je nach Verwendungszweck unterschiedlichen Bilanzierungsregeln, die sich insbesondere in den zu verwendenden Folgebewertungsmethoden unterscheiden. Hierbei ist vor allem zwischen als Finanzinvestition gehaltenen Immobilien (IAS 40), vom Eigentümer selbst genutzten Immobilien (IAS 16) und Immobilien des Vorratsvermögens (IAS 2) zu unterscheiden. Zwischen diesen drei Kategorien kann es aufgrund einer Veränderung des Verwendungszweckes zu Übertragungen und damit zur Anwendbarkeit jeweils anderer Standards kommen. Dabei stellt sich vor dem Hintergrund unterschiedlicher Folgebewertungsmethoden innerhalb der Kategorien die Frage, ob der bisherige Buchwert unverändert übertragen werden kann oder ob er gegebenenfalls aufgrund einer andersartigen Folgebewertung anzupassen ist. Nach IAS 40.59 ist die Beantwortung dieser Frage abhängig von der bisher angewendeten Folgebewertungsmethode. Sofern Anlageimmobilien unter IAS 40 nach dem Anschaffungskostenmodell folgebewertet werden, führen Übertragungen in und aus dem Bestand zu keiner Änderung ihres Buchwerts bzw. ihrer Anschaffungs- oder Herstellungskosten. In diesem Fall können die Buchwerte einfach übertragen werden. Folglich sind Anpassungen nur bei Übertragungen in und aus einem Bestand von Immobilien vorzunehmen, die unter IAS 40 nach dem Modell des beizulegenden Zeitwerts folgebewertet werden.

5.1 Übertragungen aus dem Bestand der als Finanzinvestition gehaltenen Immobilien

Nutzungsänderung als Voraussetzung

Immobilien sind stets dann aus dem Anlageimmobilienbestand herauszunehmen, wenn sie nicht mehr als Finanzinvestition genutzt werden sollen. Es muss also eine Nutzungsänderung vorliegen, die nach IAS 40.57(a)-(b) in folgenden Fällen besteht:

Übertragung in den Anwendungsbereich von IAS 16

- Eine bisher als Finanzinvestition gehaltene Immobilie soll zukünftig vom Unternehmen selbst genutzt werden. Mit Beginn der Nutzungsänderung fällt die Immobilie in den Anwendungsbereich von IAS 16 und ist in den Bestand der selbst genutzten Immobilien zu übertragen, unabhängig davon, ob die Immobilie für die betriebliche Nutzung noch saniert werden muss.

Übertragung in den Anwendungsbereich von IAS 2

- Eine bisher als Finanzinvestition genutzte Immobilie soll künftig weiterentwickelt werden mit der Absicht, sie anschließend zu veräußern. In diesem Fall fällt die Immobilie mit dem Beginn der Weiterentwicklung in den Anwendungsbereich von IAS 2, womit sie in das Vorratsvermögen zu übertragen ist. Allerdings ist eine Übertragung nur dann vorzunehmen, wenn die Immobilie vor der Veräußerung tatsächlich weiterentwickelt wird. Sofern sie ohne Weiterentwicklung verkauft oder lediglich für die weitere Nutzung als Finanzinvestition saniert werden soll, verbleibt die Immobilie im Anwendungsbereich von IAS 40 (IAS 40.58).

Übernahme der beizulegenden Zeitwerte

Im Zeitpunkt der Nutzungsänderung von bisher nach dem Modell des beizulegenden Zeitwerts folgebewerteten Immobilien und der daraus resultierenden Übertragung aus dem Anlageimmobilienbestand heraus sind die jeweiligen beizulegenden Zeitwerte zu übernehmen. Sie stellen die fortzuführenden Bilanzwerte (deemed cost) für die weitere Folgebewertung unter IAS 16 bzw. IAS 2 dar.

Beispiel 13.6

Eine vermietete Lagerhalle wurde bisher als Finanzinvestition GuV-wirksam zum beizulegenden Zeitwert in der Bilanz bewertet. Dieser betrug zum Bilanzstichtag 00 5.000 T€. Mit Beginn des neuen Geschäftsjahres soll die Lagerhalle nun zur unternehmenseigenen Vorratslagerung genutzt werden.

Lösung

Der beizulegende Zeitwert der Lagerhalle (5.000 T€) stellt die Ausgangsbasis für die weitere Folgebewertung im neuen Geschäftsjahr dar. Dabei kann die künftige Folgebewertung nach IAS 16 entweder zu fortgeführten Anschaffungs- bzw. Herstellungskosten oder anhand des Neubewertungsmodells zum Neubewertungsbetrag erfolgen, unter der Voraussetzung, dass die gesamte Gruppe der betrieblichen Immobilien neubewertet wird.

5.2 Übertragungen in den Bestand der als Finanzinvestition gehaltenen Immobilien

Nutzungsänderung als Voraussetzung

Sofern Immobilien künftig als Finanzinvestition genutzt werden sollen, sind sie im Zeitpunkt der Nutzungsänderung in den Bestand der Anlageimmobilien zu übertragen. Nach IAS 40.57(c)-(d) ist eine Übertragung in folgenden Fällen vorzunehmen:

- Mit Beginn eines Operating-Leasingverhältnisses einer bisher dem Vorratsvermögen zugeordneten Immobilie.
- Mit Ende der Nutzung durch den Eigentümer und künftiger Verwendung als Finanzinvestition.

Ansatz des beizulegenden Zeitwerts

Im Zeitpunkt der Nutzungsänderung ist die weitere Folgebewertung nach den Vorschriften von IAS 40 durchzuführen. Anpassungen müssen hier nur erfolgen, sofern der Anlageimmobilienbestand nach dem Modell des beizulegenden Zeitwerts folgebewertet wird. In diesem Fall ist anstelle des bisherigen Buchwerts der beizulegende Zeitwert der Immobilie in der Bilanz anzusetzen. Differenzen zwischen dem bisherigen Buchwert und dem beizulegenden Zeitwert sind dabei gemäß dem vormals angewendeten Standard zu behandeln.

Übertragung vom Vorratsvermögen

Ein Unterschiedsbetrag, der zwischen dem Buchwert einer bisher unter IAS 2 fallenden Immobilie und deren beizulegendem Zeitwert im Übertragungszeitpunkt besteht, ist nach IAS 40.63 vollständig GuV-wirksam in der Gesamtergebnisrechnung zu erfassen. Die vollständig GuV-wirksame Erfassung wird damit begründet, dass hier fiktiv eine Veräußerung von Vorratsvermögen vorliegt (IAS 40.64).

Übertragung bei Beendigung der Herstellungsphase

Analog dazu ist ein Unterschiedsbetrag zwischen dem Buchwert bei Beendigung der Herstellungs- bzw. Entwicklungsphase einer künftig als Finanzinvestition zu nutzenden Immobilie und ihrem beizulegendem Zeitwert im Zeitpunkt der Fertigstellung zu behandeln. Auch hier ist eine bestehende Differenz nach IAS 40.65 vollständig GuV-wirksam zu verrechnen.

Übertragung von selbst genutzten Immobilien

Sofern eine bisher vom Eigentümer selbst genutzte Immobilie künftig als Finanzinvestition verwendet werden soll, ist ein Unterschiedsbetrag zwischen bisherigem Buchwert und beizulegendem Zeitwert im Übertragungszeitpunkt gemäß IAS 40.61 wie eine Neubewertung von Sachanlagen nach IAS 16 zu behandeln. Demnach ist ein Differenzbetrag zwischen niedrigerem beizulegenden Zeitwert und bisherigem Buchwert GuV-wirksam als Aufwand zu buchen. Besteht noch eine Neubewertungsrücklage für die betrachtete Immobilie, so ist der Unterschiedsbetrag zunächst mit dieser zu verrechnen, wobei die Minderung bzw. Auflösung der Neubewertungsrücklage im sonstigen Ergebnis zu erfassen ist (IAS 40.62(a)). Vorher gebildete latente Steuern sind entsprechend (anteilig) aufzulösen. Der Unterschiedsbetrag zwischen höherem beizulegenden Zeitwert und bisherigem Buchwert ist ebenfalls im sonstigen Ergebnis zu erfassen, was in diesem Fall jedoch zu einem Anstieg der Neubewertungsrücklage führt. Sofern die Immobilie aber in früheren Perioden außerplanmäßig im Wert gemindert wurde, ist diese Wertminderung zunächst bis zur Höhe des gebuchten Aufwands GuV-wirksam aufzuholen. Erst ein anschließend noch verbleibender Unterschiedsbetrag wird im sonstigen Ergebnis erfasst, was wiederum bilanziell zu einer Erhöhung der Neubewertungsrücklage führt. Bei Zuschreibungen über die fortgeführten Anschaffungskosten hinaus sind wiederum passive latente Steuern zu bilden. Die Neubewertungsrücklage kann ratierlich oder vollständig beim Abgang bzw. bei der Stilllegung der Immobilie GuV-neutral in die Gewinnrücklagen umgebucht werden. Der in die Neubewertungsrücklage eingestellte Unterschiedsbetrag wird somit niemals GuV-wirksam.

Beispiel 13.7

Die Tolstoi AG erwirbt Anfang des Geschäftsjahres 00 ein Hotel in unmittelbarer Nähe eines großen Vergnügungsparks zum Kaufpreis von 12.000 T€ in bar und klassifiziert es als vom Eigentümer selbst genutzte Immobilie. Die Folgebewertung soll bilanziell und steuerrechtlich zu fortgeführten Anschaffungskosten mittels linearer Abschreibung über die geschätzte voraussichtliche Nutzungsdauer von 60 Jahren erfolgen. Von einem Restwert wird nicht ausgegangen. Im Geschäftsjahr 01 schließt der Park aufgrund eines Brandes, der die beliebtesten Attraktionen zerstörte. Daraufhin bleibt ein großer Teil der Hotelgäste fern. Die Tolstoi AG beziffert den außerplanmäßigen Abschreibungsbedarf aufgrund fehlender Zimmerbelegungen zum Bilanzstichtag auf rund 3.600 T€, die auch steuerrechtlich akzeptiert werden. Gleichzeitig wird entschieden, das Hotel im Geschäftsjahr 02 zu einem Bürogebäude umzubauen, um es künftig zu vermieten. Finanzinvestitionen in Immobilien bewertet die Tolstoi AG GuV-wirksam zum beizulegenden Zeitwert. Aufgrund aufwendiger Werbemaßnahmen ist das Gebäude zur Eröffnung am Bilanzstichtag des Geschäftsjahres 02 nahezu komplett vermietet, woraufhin ein beauftragter Gutachter einen Immobilienmarktwert von 14.000 T€ ermittelt. Anfang des Geschäftsjahres 03 bietet eine Immobiliengesellschaft für das Gebäude 18.000 T€ in bar. Um ihr eigentliches Kerngeschäft zu stärken, nimmt die Tolstoi AG das Angebot an und erhält den Zahlungsbetrag. Der Ertragsteuersatz der Tolstoi AG beträgt 30 %. Welche Buchungssätze resultieren aus diesem Sachverhalt in den Geschäftsjahren 00, 01, 02 und 03 bei Vernachlässigung der Umbau- und Werbekosten?

Lösung

Geschäftsjahr 00:

Zunächst ist der Immobilienkauf zu buchen. Da das Hotel zu fortgeführten Anschaffungskosten gemäß IAS 16 mittels linearer Abschreibung folgebewertet werden soll, entstehen planmäßige Abschreibungen in Höhe von 200 T€. Der Restbuchwert der Immobilie in der Bilanz beträgt 11.800 T€. Latente Steuern sind nicht zu bilden, da steuerlich ebenso vorgegangen wird.

Buchungssätze:

Vom Eigentümer selbst genutzte Immobilie	*an*	*Bank*	*12.000 T€*
Abschreibung	*an*	*vom Eigentümer selbst genutzte Immobilie*	*200 T€*

Geschäftsjahr 01:

Neben den planmäßigen sind außerplanmäßige Abschreibungen in Höhe von 3.600 T€ zu verrechnen. Da es sich voraussichtlich um eine dauerhafte Wertminderung handelt, findet die außerplanmäßige Abschreibung auch in der Steuerbilanz statt, so dass keine latenten Steuern anfallen.

Buchungssätze:

Abschreibung	*an*	*vom Eigentümer selbst genutzte Immobilie*	*200 T€*
Außerplanmäßige Abschreibung	*an*	*vom Eigentümer selbst genutzte Immobilie*	*3.600 T€*

Geschäftsjahr 02:

Mit der Nutzung als Finanzinvestition fällt die Immobilie in den Anwendungsbereich von IAS 40. Die Immobilie ist daher in den Bestand der Anlageimmobilien zu übertragen und in der Bilanz zum beizulegenden Zeitwert in Höhe von 14.000 T€ anzusetzen. Der Unterschiedsbetrag von 6.000 T€ (14.000 T€ - 8.000 T€) zum bisherigen Buchwert ist in Höhe der im Geschäftsjahr 01 vorgenommenen außerplanmäßigen Wertminderung (3.600 T€) GuV-wirksam zuzuschreiben. Da steuerrechtlich jedoch nur bis zu den fortgeführten historischen Anschaffungskosten zugeschrieben wird (12.000 T€ - 3 · 200 T€ = 11.400 T€), sind passive latente Steuern GuV-wirksam in Höhe von 60 T€ ((11.600 T€ - 11.400 T€) · 30 %) zu bilden. Anschließend ist der restliche Unterschiedsbetrag in Höhe von 2.400 T€ über das sonstige Ergebnis und unter Berücksichtigung passiver latenter Steuern in Höhe von 720 T€ (30 % von 2.400 T€) in einer Neubewertungsrücklage innerhalb des Eigenkapitals zu erfassen.

Buchungssätze:

Als Finanzinvestition gehaltene Immobilie		*an*	*vom Eigentümer selbst genutzte Immobilie*	*8.000 T€*
Als Finanzinvestition gehaltene Immobilie		*an*	*Finanzertrag*	*3.600 T€*
Steueraufwand		*an*	*passive latente Steuern*	*60 T€*
Als Finanzinvestition gehaltene Immobilie	*2.400 T€*	*an*	*sonstiges Ergebnis (OCI)*	*1.680 T€*
			passive latente Steuern	*720 T€*

Geschäftsjahr 03:
Mit dem Verkauf ist das Hotel auszubuchen und der Unterschiedsbetrag zum Verkaufspreis als Ertrag zu realisieren. Gleichzeitig ist die aus dem sonstigen Ergebnis resultierende Neubewertungsrücklage direkt in die Gewinnrücklagen umzubuchen. Darüber hinaus sind die bisher gebildeten passiven latenten Steuern in voller Höhe GuV-wirksam aufzulösen, um die Ertragslage des bilanzierenden Unternehmens korrekt darzustellen (vgl. hierzu auch Kapitel 11 und 12).

Buchungssätze:

Bank	*18.000 T€*	*an*	*als Finanzinvestition gehaltene Immobilie*	*14.000 T€*
			Finanzertrag	*4.000 T€*
Neubewertungs-rücklage	*1.680 T€*	*an*	*Gewinnrücklagen*	*1.680 T€*
Passive lat. Steuern	*780 T€*	*an*	*Steuerertrag*	*780 T€*

6 Abgänge

Behandlung eines Abgangs

Die Ausbuchung bzw. Entfernung einer Anlageimmobilie aus der Bilanz hat bei ihrem Abgang zu erfolgen oder wenn sie dauerhaft nicht mehr genutzt werden soll und kein zukünftiger wirtschaftlicher Nutzen mehr aus ihrem Abgang zu erwarten ist. Ein Abgang kann dabei nicht nur bei einem Verkauf vorliegen, sondern auch bei Abschluss eines Finanzierungsleasingverhältnisses, in dem anstatt des rechtlichen Eigentümers der Leasingnehmer die Immobilie bilanzieren muss. Die Differenz zwischen dem Nettoveräußerungserlös und dem bisherigen Buchwert der Immobilie ist GuV-wirksam in der Gesamtergebnisrechnung zu erfassen. Dabei kann IAS 17 „Leasingverhältnisse“ eine andere Behandlung bei Sale-and-leaseback-Transaktionen verlangen (vgl. Kapitel 21). Die Bestimmung des Abgangszeitpunktes ist unter Berücksichtigung von IAS 18 „Erträge“ zu ermitteln (vgl. Kapitel 9).

Entschädigungsleistungen

Ausgleichszahlungen von Dritten für eine Wertminderung, einen Verlust oder eine aufgegebene Immobilie (wie z.B. Entschädigungsleistungen von Versicherungen) sind nach IAS 40.72 stets GuV-wirksam zu verrechnen und heben somit keinen vormaligen Abgang auf.

7 Ausweis

Bilanzausweis

IAS 40 enthält keine Ausweisvorschriften für Anlageimmobilien. Demzufolge muss auf die Vorschriften des IAS 1 „Darstellung des Abschlusses“ zurückgegriffen werden. Aufgrund ihres Charakters sind Finanzinvestitionen in Immobilien auf der Aktivseite der Bilanz unter den langfristigen Vermögenswerten auszuweisen. Dabei darf kein Ausweis unter dem Sachanlagevermögen erfolgen. Gemäß IAS 1.54 sind Anlageimmobilien vielmehr gesondert darzustellen.

Ausweis innerhalb des Gewinn oder Verlustes

Erträge oder Aufwendungen aus der Folgebewertung zum beizulegenden Zeitwert sind nach IAS 40.35 GuV-wirksam in der Gesamtergebnisrechnung zu verrechnen. Weder IAS 40 noch IAS 1 enthalten Hinweise darauf, wo die Veränderungen des beizulegenden Zeitwerts in der Gesamtergebnisrechnung ausgewiesen werden sollen. Im Schrifttum wird hier vorgeschlagen, Aufwendungen bzw. Erträge aus Veränderungen des beizulegenden Zeitwerts dem Ergebnis der betrieblichen Geschäftstätigkeit zuzuordnen, sofern das Halten von Anlageimmobilien zum operativen Geschäft gehört[12]. Dieses Vorgehen ist auch in der Praxis zu beobachten: Der Immobilienkonzern IVG z.B. weist entsprechende Ergebniskomponenten zwischen Umsatzerlösen und sonstigen betrieblichen Erträgen in der Position „Unrealisierte Marktwertänderungen von Investment Property“ aus. Ist das Halten von Finanzinvestitionen in Immobilien jedoch nur eine Nebentätigkeit eines Unternehmens, sollte der Ausweis der Wertveränderungen im Finanzergebnis erfolgen, und zwar unabhängig davon, welche Folgebewertungsmethode angewendet wird.

12 Vgl. *Böckem, H./Schurbohm-Ebneth, A.*, Praktische Fragestellungen der Implementierung von IAS 40 – Als Finanzanlagen gehaltene Immobilien (investment properties), in: KoR, 3. Jg. (2003), S. 342; *Zülch, H.*, Die Bilanzierung von Investment Properties nach IAS 40, Düsseldorf 2003, S. 342-344.

8 Angaben

IAS 40 verlangt die Veröffentlichung von umfangreichen Angaben über den Bestand an Finanzinvestitionen in Immobilien. Neben allgemeinen Angaben sind in Abhängigkeit von der angewendeten Folgebewertungsmethode zusätzliche Informationen offen zu legen. Daneben können andere Standards wie z.B. IAS 17 im Rahmen von Leasingverhältnissen weitere Angaben erfordern.

Allgemeine Angaben

Zu den allgemeinen Informationspflichten gehören nach IAS 40.75 u.a. Angaben über

- die angewendete Folgebewertungsmethode,
- die Kriterien, die ein Unternehmen bei Klassifikationsproblemen zur Unterscheidung von als Finanzinvestition gehaltenen Immobilien, vom Eigentümer selbst genutzten Immobilien und zum Verkauf im Rahmen der gewöhnlichen Geschäftstätigkeit gehaltenen Immobilien anwendet,
- die angewendeten Methoden und wesentlichen Annahmen bei der Ermittlung des beizulegenden Zeitwerts einschließlich Angaben darüber, ob der beizulegende Zeitwert aufgrund von Marktdaten oder anderen, ebenfalls anzugebenden Informationen festgestellt wurde,
- das Ausmaß, in dem die beizulegenden Zeitwerte von einem unabhängigen Sachverständigen ermittelt bzw. die Angabe, dass kein Gutachter mit der Immobilienbewertung beauftragt wurde,
- die in der Gesamtergebnisrechnung verrechneten Beträge der Mieteinnahmen und der betrieblichen Aufwendungen einschließlich der Instandhaltungs- und Wartungskosten, wobei über betriebliche Aufwendungen für Immobilien, die Mieteinnahmen erzielen und über Aufwendungen für Immobilien, die keine Mieterträge generieren, gesondert zu berichten ist,
- das Vorliegen und die Höhe von etwaigen Verkaufsbeschränkungen oder Erlösschmälerungen sowie
- Angaben über vertragliche Verpflichtungen hinsichtlich des Erwerbs, der Herstellung oder Entwicklung von Anlageimmobilien und für Instandhaltung, Reparaturen oder Verbesserungen.

Zusätzliche Angaben bei Folgebewertung nach dem Modell des beizulegenden Zeitwerts

Sofern das Modell des beizulegenden Zeitwerts als Folgebewertungsverfahren gewählt wurde, ist zusätzlich eine erläuternde Überleitungsrechnung zu erstellen, die die Entwicklung des Buchwerts der als Finanzinvestition gehaltenen Immobilien vom Beginn bis zum Ende des Geschäftsjahres zeigt (IAS 40.76). Darin müssen sämtliche Zugänge (mit gesonderter Angabe der Zugänge aus Erwerb, nachträglicher Aktivierung von Anschaffungs- oder Herstellungskosten und aus Unternehmenszusammenschlüssen), nach IFRS 5 als zur Veräußerung klassifizierte Immobilien und andere Abgänge, Nettogewinne/-verluste aus Veränderungen des beizulegenden Zeitwerts, Währungsdifferenzen, Übertragungen in und aus den Vorräten und dem Bestand an selbst genutzten Immobilien sowie sonstige Veränderungen der Periode aufgezeigt werden. Dabei sind Immobilien, bei denen der beizulegende Zeitwert nicht verlässlich ermittelt werden kann, gesondert in der Überleitungsrechnung auszuweisen. Damit die Abschlussadressaten die Gründe für eine nicht verlässlich mögliche Ermittlung von beizulegenden Zeitwerten nachvollziehen können, sind die betroffenen Immobilien zu beschreiben, die Problematik bei der Ermittlung des beizulegenden Zeitwerts zu begründen und, sofern möglich, eine Bandbreite der Schätzungen, innerhalb derer sich der beizulegende Zeitwert mit hoher Wahrscheinlichkeit befindet, anzugeben. Geht eine solche Immobilie ab, ist dieser Umstand ebenso anzugeben wie der Buchwert zum Verkaufszeitpunkt und der hieraus entstandene Veräußerungsgewinn bzw. -verlust.

Zusätzliche Angaben bei Folgebewertung nach dem Anschaffungskostenmodell

Bei Anwendung des Anschaffungskostenmodells als Folgebewertungsmethode sind die angewendeten Abschreibungsverfahren, Nutzungsdauern bzw. Abschreibungssätze und die Bruttobuchwerte der Immobilien einschließlich der bislang angefallenen planmäßigen und außerplanmäßigen Abschreibungen vom Beginn bis zum Ende der Periode zu veröffentlichen (IAS 40.79). Gleichfalls ist eine Überleitungsrechnung aufzustellen, um die Entwicklung des Immobilienbuchwerts vom Anfang bis zum Ende der Periode aufzuzeigen. Diese muss wiederum gesondert sämtliche Zugänge aus Erwerben, nachträglicher Aktivierung und aus Unternehmensakquisitionen enthalten, aber auch sämtliche nach IFRS 5 als zu veräußernd klassifizierte Immobilien und andere Abgänge, Abschreibungen, Wertminderungen und -aufholungen, Währungsumrechnungsdifferenzen, Übertragungen in und aus den Vorräten und dem Bestand an selbst genutzten Immobilien sowie sonstige Veränderungen der Periode. Zusätzlich ist der beizulegende Zeitwert der als Finanzinvestition gehaltenen Immobilien zu veröffentlichen. Sofern dieser nicht verlässlich ermittelt werden kann, sind die betroffenen Immobilien zu beschreiben, die nicht verlässliche Ermittlung zu erklären und sofern möglich, die Bandbreite der Schätzungen anzugeben, innerhalb derer sich der beizulegende Zeitwert befindet.

9 Wesentliche Unterschiede zum IFRS for SMEs

Im Gegensatz zu IAS 40 existiert im IFRS-SME kein explizites Wahlrecht hinsichtlich der Folgebilanzierung. Stattdessen sind Renditeimmobilien gemäß IFRS-SME.16.7 stets zum beizulegenden Zeitwert zu bilanzieren, sofern dessen Ermittlung verlässlich und mit vertretbaren Kosten möglich ist. Ist dies nicht der Fall, sind die betreffenden Immobilien als Sachanlagen gemäß IFRS-SME.17 und damit nach dem Modell der fortgeführten Anschaffungskosten zu bilanzieren. Da die Regelungen für Sachanlagen in IFRS-SME.17 keine Angabe des beizulegenden Zeitwerts im Anhang fordern, werden kleine- und mittelständische Unternehmen somit von der Notwendigkeit befreit, den beizulegenden Zeitwert auch dann ermitteln zu müssen, wenn die Renditeimmobilien zu Anschaffungskosten bewertet werden.

Weitere Unterschiede ergeben sich bei der Behandlung von Renditeimmobilien, für die in der Vergangenheit noch ein beizulegender Zeitwert verlässlich und zu angemessenen Kosten ermittelbar war, dies jedoch aktuell nicht mehr möglich ist (IFRS-SME.16.8). Während solche Immobilien nach IAS 40 weiterhin zum beizulegenden Zeitwert bilanziert werden müssen, sind sie nach dem IFRS-SME als Sachanlagen und damit zu fortgeführten Anschaffungskosten zu bilanzieren. Wird zu einem späteren Zeitpunkt ersichtlich, dass es voraussichtlich dauerhaft wieder möglich sein wird, den beizulegenden Zeitwert verlässlich und zu angemessenen Kosten zu ermitteln, ist gemäß IFRS-SME.16.8 ein Wechsel zurück zum Modell des beizulegenden Zeitwerts vorgesehen. Nach IAS 40 ist dies nicht möglich: Wenn eine neu zugegangen Immobilie ausnahmsweise zum Anschaffungskostenmodell bilanziert wird, hat dies bis zum Abgang des Vermögenswertes zu erfolgen. Wie so oft fallen schließlich die Angabepflichten weniger umfassend aus, was sich teilweise aus dem Wegfall des expliziten Wahlrechts bei der Folgebewertung ergibt.

10 Wesentliche Unterschiede zum HGB und zu US-GAAP

In der handelsrechtlichen und US-amerikanischen Rechnungslegung existieren keine gesonderten Vorschriften für die Bilanzierung von als Finanzinvestition gehaltenen Immobilien. Während Immobilien nach handelsrechtlichen Vorschriften unter dem Sachanlagevermögen auszuweisen sind, stellen Finanzinvestitionen in Immobilien nach US-GAAP langfristige Investitionen (long-term investments) dar (vgl. zu den entsprechenden Regelungen die Ausführungen in Kapitel 12). In beiden Rechnungslegungssystemen sind sie zu fortgeführten Anschaffungs- oder Herstellungskosten zu bilanzieren. Eine Bewertung zum beizulegenden Zeitwert in der Bilanz ist nicht erlaubt. Ebenso sehen beide Systeme keine verpflichtende Angabe der beizulegenden Zeitwerte im Anhang vor.

Ausgewählte Literatur

Böckem, H./Schurbohm-Ebneth, A., Praktische Fragestellungen der Implementierung von IAS 40 – Als Finanzanlagen gehaltene Immobilien (investment properties), in: KoR, 3. Jg. (2003), S. 335-343.

Dietrich, A./Ranker, D., Zweifelsfragen bei der Bilanzierung und Bewertung von im Bau befindlichen Investment Properties, in: IRZ, 5. Jg. (2010), S. 113-117.

Olbrich, M., Zur Bilanzierung von als Finanzinvestition gehaltenen Immobilien nach IAS 40, in: BFuP, 55. Jg. (2003), S. 346-357.

Zülch, H., Die Bilanzierung von Investment Properties nach IAS 40, Düsseldorf 2003.

Übungsaufgabe

Im Zuge der Jahresabschlusserstellung 2010 sehen sich die Rechnungsleger der nach IFRS bilanzierenden Funkel AG der Forderung des Vorstandes gegenüber, den Gewinn „ein wenig nach oben zu drücken". Für dieses Ziel wird eine in der aktuellen Berichtsperiode fertig gestellte und bereits an Unternehmensexterne vermietete Großimmobilie der Funkel AG als möglicher Ansatzpunkt für Bilanzpolitik identifiziert. Diese Immobilie ist die erste und einzige als Finanzinvestition gehaltene Immobilie der Funkel AG. Die Herstellungskosten der Immobilie betragen 175 Mio. €. Ein sachverständiger Gutachter ermittelt zum Geschäftsjahresende einen beizulegenden Zeitwert von 180 Mio. €. Die für das Jahr 2010 geplante anteilige Abschreibung beträgt 10 Mio. €.

a) Skizzieren Sie die bestehenden Möglichkeiten der bilanziellen Abbildung dieses Geschäftsvorfalls nach IFRS. Gehen Sie hierbei auf Ansatz-, Bewertungs- und Offenlegungsfragen ein.
b) Buchen Sie den geschilderten Sachverhalt gemäß dem bilanzpolitischen Ziel für das Jahr 2010 nach IFRS. Die Buchung des Erstellungsprozesses ist nicht erforderlich. Gehen Sie hierbei von einem Steuersatz von 30 % aus und davon, dass die steuerliche Behandlung der handelsrechtlichen folgt. Um welchen Betrag ändert sich der Gewinn oder Verlust im Vergleich zur ebenfalls zulässigen Bewertungsalternative?
c) Stellen Sie die Unterschiede zwischen dem Modell des beizulegenden Zeitwerts gemäß IAS 40 und dem Neubewertungsmodell gemäß IAS 16 bzw. IAS 38 im Rahmen der Folgebewertung dar.

Kapitel 14
Vorräte

Die Aktivposition Vorräte ist insbesondere für produzierende Unternehmen von hoher Bedeutung. Hier bilden Vorräte in der Regel den größten Bilanzposten innerhalb der kurzfristigen Vermögenswerte. So weist beispielsweise der Bayer-Konzern zum 31.12.2009 ein Vorratsvermögen in Höhe von 6.091 Mio. € auf, was in etwa 12 % der Bilanzsumme und ca. ein Drittel der kurzfristigen Vermögenswerte ausmacht. Zum Vergleich: Beim Deutsche Telekom-Konzern spielt das Vorratsvermögen mit 1.174 Mio. € bei einer Bilanzsumme von 127.774 Mio. € eine eher untergeordnete Rolle.

Verarbeitung und Verkauf der Vorräte können einen erheblichen Einfluss auf die Bilanz und die Gesamtergebnisrechnung haben. Aus Sicht der Bilanzanalyse ist die Höhe der Vorräte interessant, da diese finanziert werden müssen und insofern für die Dauer ihres Verbleibs im Unternehmen Kapitalkosten verursachen. Das Hauptproblem bei der Bilanzierung besteht nun darin, alle mit der Produktion und dem Kauf von Vorräten verbundenen Auszahlungen zu messen und den einzelnen Vorratsgegenständen als Anschaffungs- oder Herstellungskosten zuzuordnen. Dabei ist zu differenzieren, welche Teile der Auszahlungen vom Unternehmen in der betrachteten Periode bereits als Aufwand erfasst werden und welche Teile GuV-neutral behandelt, d.h. aktiviert und erst in der Periode des Verkaufs bzw. Verbrauchs als Aufwand verrechnet werden.

Lernziele

Hinsichtlich der bilanziellen Abbildung hat das Unternehmen drei wesentliche Problembereiche zu berücksichtigen, die Ihnen im Folgenden erläutert werden:

- Es muss zum einen für die von Dritten bezogenen Handelswaren sowie für die Roh-, Hilfs- und Betriebsstoffe die Anschaffungskosten bestimmen.
- Zum anderen muss es für die selbstproduzierten fertigen und unfertigen Erzeugnisse die Höhe der Herstellungskosten ermitteln.
- Das Unternehmen muss weiterhin zu jedem Bilanzstichtag überprüfen, ob Anhaltspunkte für Wertminderungen vorliegen und ggf. eine außerplanmäßige Abschreibung vorzunehmen ist.

Relevante Normen

Vorschriften zu diesem Problemkreis finden sich primär in IAS 2 „Vorräte“ (Inventories). Hinsichtlich des Umfangs der Anschaffungs- bzw. Herstellungskosten der Vorräte sind zudem die Vorschriften in IAS 23 „Fremdkapitalkosten“ (Borrowing Costs) zu beachten.

1 Ansatz

Definition des Vorratsvermögens

Damit ein Gegenstand nach IAS 2 Bestandteil des Vorratsvermögens sein kann, muss es sich um einen Vermögenswert im Sinne des Rahmenkonzepts handeln (vgl. Kapitel 5). In IAS 2.6 werden Vorräte als Vermögenswerte definiert, die

- im Rahmen der üblichen Geschäftstätigkeit zum Verkauf bestimmt sind,

- sich im Prozess der Herstellung für diesen Verkauf befinden oder
- in der Produktion bzw. im Dienstleistungserbringungsprozess verbraucht werden.

Neben klassischen Vorräten wie Rohstoffen und unfertigen bzw. fertigen Erzeugnissen zählen hierzu u.a. erworbene Handelswaren oder Grundstücke und Gebäude, die zu Handelszwecken gehalten werden, sowie selbst hergestellte Softwareprodukte, die zum Verkauf bestimmt sind.

Ausnahmen vom Anwendungsbereich des IAS 2

Explizit ausgenommen von der Definition der Vorräte sind gemäß IAS 2.2 unfertige Erzeugnisse im Rahmen der Auftragsfertigung (geregelt in IAS 11), Finanzinstrumente (geregelt in IAS 32 und IAS 39) sowie biologische Vermögenswerte, die mit einer land- oder forstwirtschaftlichen Tätigkeit in Zusammenhang stehen (geregelt in IAS 41). Weitere Vorratsgegenstände fallen gemäß IAS 2.3-5 zwar unter die Ansatz-, nicht aber unter die Bewertungsvorschriften von IAS 2. Lebendbestände im Vorratsvermögen von Erzeugern, land- und forstwirtschaftliche Produkte sowie Mineralien und Mineralienprodukte werden nach den jeweiligen Branchengepflogenheiten mit dem Nettoveräußerungswert angesetzt. Dies hat zur Folge, dass Änderungen des Nettoveräußerungswertes sofort GuV-wirksam erfasst werden. Eine sofortige GuV-wirksame Erfassung hat ebenfalls bei Vorräten von Brokern an Warenbörsen zu erfolgen, bei denen eine Bewertung zum beizulegenden Zeitwert abzüglich der Verkaufskosten durchgeführt wird.

Beispiel 14.1

Baumwolle ist ein landwirtschaftliches Erzeugnis. Die Baumwollpflanzen stellen die korrespondierenden biologischen Vermögenswerte gemäß IAS 41.5 dar. Sowohl die noch „an der Pflanze hängende" Baumwolle als auch die Pflanzen selbst sind keine Vorräte gemäß IAS 2. Von einem Landwirt bereits geerntete oder von einem Textilfabrikanten gekaufte Baumwolle stellen hingegen für den Landwirt bzw. den Textilfabrikanten Vorratsvermögen nach IAS 2 dar.

Würde die Baumwolle an einer Warenbörse gehandelt, wären die Vorräte von Brokern im Ansatz, nicht jedoch in der Bewertung, den Vorschriften des IAS 2 unterworfen.

2 Bewertung

2.1 Erstbewertung

Grundsatz

Gemäß IAS 2.9 sind Vorräte an jedem Bilanzstichtag mit dem niedrigeren Wert aus historischen Anschaffungs- oder Herstellungskosten und Nettoveräußerungswert zu bewerten. Hierbei gilt generell der Einzelbewertungsgrundsatz, nach dem jeder Vermögenswert des Vorratsvermögens einzeln zu bewerten ist.

2.1.1 Anschaffungskosten

Zusammensetzung der Anschaffungskosten

Die Anschaffungskosten der Vorräte umfassen gemäß IAS 2.11, 2.15 und 2.17 folgende Komponenten:

	Anschaffungspreis
+	Anschaffungsnebenkosten
–	Anschaffungspreisminderungen
+	sonstige Kosten
=	**Anschaffungskosten**

Anschaffungspreis

Der Anschaffungspreis umfasst den Kaufpreis ohne Umsatzsteuer, soweit der Erwerber vorsteuerabzugsberechtigt ist und folglich die von ihm gezahlte Umsatzsteuer vom Finanzamt erstattet bekommt. Auch sämtliche andere Komponenten der Anschaffungskosten stellen in diesem Sinne Nettobeträge dar.

Anschaffungsnebenkosten

Zu den Anschaffungsnebenkosten gehören alle Kosten, die dem Anschaffungsvorgang direkt zurechenbar sind. Das können sein: Einfuhrzölle und andere Steuern, die das Unternehmen wirtschaftlich trägt, Transportkosten sowie sonstige Kosten, die der Beschaffung von Fertigerzeugnissen, Materialien und Leistungen unmittelbar zugerechnet werden können.

Anschaffungspreisminderungen

Zu den Anschaffungspreisminderungen zählen einzeln zurechenbare Nachlässe wie Skonti, Rabatte, Boni und Diskonte. Die Möglichkeit nach IAS 20.24, die Anschaffungskosten um Zuwendungen der öffentlichen Hand zu kürzen, besteht hingegen nur dann, wenn es sich um den Kauf oder die Herstellung langfristiger Vermögenswerte handelt. Da Vorräte gewöhnlich kurzfristige Vermögenswerte sind, ist eine Kürzung der Anschaffungskosten um solche Zuwendungen kaum möglich[1].

Sonstige Kosten

Sonstige Kosten, die angefallen sind, um die Vorräte an ihren Einsatzort zu bringen, erhöhen gemäß IAS 2.15 die Anschaffungskosten der Vorräte. Infrage kommen z.B. Gemeinkosten der internen Spedition. Weitere Hinweise werden in IAS 2 nicht gegeben.

Fremdkapitalkosten

Besonderheiten ergeben sich bei der Behandlung von Fremdkapitalkosten. So verpflichtet der seit dem 01.01.2009 in seiner überarbeiteten Form geltende IAS 23 zu einer Aktivierung von Fremdkapitalkosten als sonstige Kosten in den Vorräten gemäß IAS 2.17, sofern folgende Kriterien erfüllt sind (IAS 23.8-9):

- Es handelt sich um Fremdkapitalkosten, die direkt dem Erwerb oder der Herstellung eines qualifizierten Vermögenswertes (qualifying asset) zugeordnet werden können (IAS 23.8).
- Es muss wahrscheinlich sein, dass dem Unternehmen hieraus ein künftiger wirtschaftlicher Nutzen erwächst, und die Kosten müssen verlässlich ermittelt werden können (IAS 23.9).

1 Vgl. *Jacobs/Schmitt*, IAS-Kommentar, IAS 2, Tz. 38.

Ein qualifizierter Vermögenswert ist dabei gemäß IAS 23.5 „ein Vermögenswert, für den ein beträchtlicher Zeitraum erforderlich ist, um ihn in seinen beabsichtigten gebrauchs- oder verkaufsfähigen Zustand zu versetzen". Qualifizierte Vermögenswerte zeichnen sich dadurch aus, dass sie über einen längeren Zeitraum – eine genauere Angabe wird nicht gemacht – keinen Beitrag zum betrieblichen Erfolg leisten und dass in diesem Zeitraum Vorbereitungen getroffen werden, damit sie zukünftig im Rahmen des betrieblichen Leistungsprozesses genutzt werden können.

Qualifizierter Vermögenswert

Fraglich ist, ob Vorräte i.S.v. IAS 2 die Definition des qualifizierten Vermögenswertes überhaupt erfüllen können. In Abhängigkeit vom Sachverhalt können Vorräte nach IAS 23.7 zwar einen qualifizierten Vermögenswert darstellen, allerdings weist der Standard gleichzeitig explizit darauf hin, dass innerhalb eines kurzen Zeitraums hergestellte Vorräte sowie verkaufs- oder betriebsfertig bezogene Vermögenswerte keine qualifizierten Vermögenswerte repräsentieren. Sämtliche Arten von Waren, die noch einem längeren Reifungsprozess unterliegen, wie z.B. hochwertige, in Fässern reifende Weine, Whiskey oder spezielle Käsesorten, könnten jedoch zu Fremdkapitalkosten führen, die gemäß IAS 2.17 Teil der Anschaffungskosten sind.

Vorräte als qualifizierter Vermögenswert

IAS 2.16 listet exemplarisch Kostenbestandteile auf, die von einer Aktivierung explizit ausgeschlossen und damit in der Periode ihres Anfalls als Aufwand zu erfassen sind. Hierunter fallen z.B. nicht produktionsbezogene Lager- und Verwaltungskosten sowie Vertriebskosten. Darüber hinaus wird klar gestellt, dass bei gestundeten Zahlungsbedingungen (deferred settlement terms) der Mehrpreis als Zinsaufwand zu erfassen ist (IAS 2.18).

Aktivierungsverbote

Beispiel 14.2

Das bilanzierende Unternehmen kauft Vorräte, die bei sofortiger Zahlung 100 T€ kosten. Der Lieferant gewährt dem Unternehmen die Möglichkeit, erst nach 30 Tagen – dann allerdings 105 T€ – zu bezahlen. Die Anschaffungskosten betragen in diesem Fall 100 T€. Die bei späterer Zahlung geschuldeten 5 T€ sind gemäß IAS 2.18 als Zinsaufwand auszuweisen.

Im Folgenden wird die Ermittlung der Anschaffungskosten anhand eines zusammenfassenden Beispiels verdeutlicht.

Beispiel 14.3

Zum Weiterverkauf hat ein Unternehmen eine Maschine gekauft. Der Preis beläuft sich auf 19.040 T€ (inkl. 19 % USt.). Der Verkäufer gewährt 2 % Skonto, wenn das Unternehmen innerhalb von 30 Tagen zahlt. Das Unternehmen überweist den Rechnungsbetrag nach 20 Tagen. Es sind Fracht- und Transportkosten i.H.v. 202,3 T€ (inkl. 19 % USt) angefallen; für die Versicherung entstanden weitere Aufwendungen i.H.v. 30 T€ (inkl. Versicherungssteuer). Aufgrund der guten und stetigen Geschäftsbeziehung wurde für das Geschäftsjahr eine Treueprämie von insgesamt 300 T€ (netto) gutgeschrieben. Mit welchem Wert wird diese Handelsware in der Bilanz angesetzt?

Lösung

	Anschaffungspreis (19.040 T€ / 1,19 =)	16.000 T€
+	Anschaffungsnebenkosten	+200 T€
–	Anschaffungspreisminderungen	-320 T€
=	**Anschaffungskosten**	**15.880 T€**

Vom Kaufpreis ist die Umsatzsteuer (3.040 T€) abzuziehen, weil sie als Vorsteuer erstattungsfähig ist. Fracht- und Transportkosten (202,3 T€), von denen ebenfalls die Umsatzsteuer abzuziehen ist, und die Versicherungsgebühr inkl. Steuern (30 T€) sind Anschaffungsnebenkosten. Das Unternehmen hat die Zahlung innerhalb der Skontofrist geleistet, so dass der Skontobetrag (2 % von 16.000 T€) den Anschaffungspreis mindert. Die Treueprämie ist nicht zu berücksichtigen, da sie nicht angefallen ist, „um die Vorräte an ihren derzeitigen Ort und in ihren derzeitigen Zustand zu versetzen" (IAS 2.10) und der Maschine nicht „unmittelbar zugerechnet werden können" (IAS 2.11).

2.1.2 Herstellungskosten

Produktions-bezogener Vollkosten-ansatz

Die Vorschriften von IAS 2.12-14 (Herstellungskosten) und IAS 2.15-17 (sonstige Kosten) gewähren dem Bilanzierenden vom Grundsatz her keine Spielräume bei der Bestimmung der Höhe der Herstellungskosten. Es sind die produktionsbezogenen Vollkosten anzusetzen, d.h. neben den Einzelkosten sind auch variable und fixe Produktionsgemeinkosten zwingend einzubeziehen:

	Einzelkosten
+	fixe Produktionsgemeinkosten
+	variable Produktionsgemeinkosten
+	sonstige Kosten
=	**Herstellungskosten**

Bestandteile der Herstellungs-kosten

IAS 2 enthält kein detailliertes Berechnungsschema zur Ermittlung der Herstellungskosten. So werden z.B. in IAS 2.12 lediglich die Fertigungslöhne als Einzelkosten genannt. Ausschlaggebend für die Aktivierungsentscheidung ist der direkte Zusammenhang der angefallenen Kosten mit dem Produkt bzw. dem Produktionsvorgang. Im Folgenden werden nun in Anlehnung an die Kommentarliteratur die Bestandteile der Herstellungskosten komponentenweise erläutert[2]. Die Reihenfolge der Ausführungen orientiert sich dabei weitgehend an Tabelle 14.1.

2 Vgl. dazu z.B. *ADS International*, Abschnitt 15: Vorräte, Tz. 71-104; *Ballwieser*, MünchKommHGB, § 255, Tz. 52-100; *Ellrott/Brendt*, Beck Bil-Komm, § 255, Tz. 410-456; *Ellrott/Pastor*, Beck Bil-Komm, § 255, Tz. 585-589; *Jacobs/Schmitt*, IAS-Kommentar, IAS 2, Tz. 42-67; *Hoffmann,* Haufe IFRS-Kommentar, § 8, Tz. 18-31.

Einzelkosten	
Materialeinzelkosten	Pflicht
Fertigungseinzelkosten	Pflicht
Sondereinzelkosten der Fertigung	Pflicht
Variable Produktionsgemeinkosten	
Materialgemeinkosten	Pflicht
Fertigungsgemeinkosten	Pflicht
Fixe Produktionsgemeinkosten	
Abschreibungen des Anlagevermögens	Pflicht
Verwaltungskosten	Pflicht, sofern herstellungsbezogen
Aufwendungen für	
soziale Einrichtungen des Betriebes	Pflicht, sofern herstellungsbezogen
freiwillige soziale Leistungen	Pflicht, sofern herstellungsbezogen
betriebliche Altersversorgung	Pflicht, sofern herstellungsbezogen
Sonstige Kosten	
Steuern	Pflicht, sofern herstellungsbezogen
Fremdkapitalkosten	Pflicht, sofern qual. Vermögenswert
Vertriebskosten	Verbot

Tab. 14.1: Herstellungskosten nach IFRS

Materialeinzelkosten

Zu den Materialeinzelkosten gehören Auszahlungen für Rohstoffe sowie für Halb- und Fertigfabrikate. Auszahlungen für Hilfs- und Betriebsstoffe wie Nägel, Schrauben oder Leim werden in der Regel als Gemeinkosten verrechnet. Sie stellen so genannte unechte Gemeinkosten dar, d.h. es sind Kosten, die bei entsprechend genauer Messung als Einzelkosten zu sehen wären, aus Wirtschaftlichkeitsgründen aber als Gemeinkosten erfasst werden. Verpackungsmaterial muss mit dem Produkt zusammenhängen, damit die Auszahlungen als Materialeinzelkosten gelten (z.B. die Hülle einer CD). Verbrauchsbedingter Verschnitt oder Ausschuss führen ebenfalls zu aktivierungspflichtigen Einzelkosten (z.B. nicht wieder verwendbarer Abfall bei Holzteilen).

Fertigungseinzelkosten

Fertigungseinzelkosten umfassen z.B. Akkordlöhne, Produktions-, Werkstatt- und Verarbeitungslöhne sowie Überstunden-, Feiertags- und Sonderzuschläge. Weiterhin zählen zu den Fertigungseinzelkosten die Arbeitgeberanteile zur Sozialversicherung und die vom Unternehmen etwa bei geringfügig Beschäftigten übernommene Lohn- und Kirchensteuer.

Sondereinzelkosten der Fertigung

Bei Fertigungsaufträgen fallen regelmäßig noch vor Beginn des eigentlichen Herstellungsprozesses Kosten für spezielle Vorleistungen an. Soweit diese Kosten einem bereits erhaltenen Auftrag als Einzelkosten direkt zugerechnet werden können, sind sie als Sondereinzelkosten der Fertigung zu aktivieren. Diese fallen beispielsweise für Modelle, Entwürfe, Schablonen, Spezialwerkzeuge, Lizenzgebühren – sofern es sich nicht um Vertriebslizenzen handelt – oder Rezepturen an. Daneben stellen auftrags- oder objektbezogene Kosten, z.B. für Planung und Konstruktion, aktivierungspflichtige Sondereinzelkosten dar. Für Sondereinzelkosten des Vertriebs besteht hingegen ein Aktivierungsverbot (IAS 2.16(d)).

Produktionsgemeinkosten

Zu den Herstellungskosten zählen neben den bisher behandelten Einzelkosten auch die zurechenbaren fixen und variablen Produktionsgemeinkosten, die bei der Verarbeitung der Ausgangsstoffe zu Fertigerzeugnissen anfallen. Die Gemeinkosten müssen also herstellungsbezogen sein.

Fixe Produktionsgemeinkosten

Unter fixen Produktionsgemeinkosten versteht man solche nicht direkt zurechenbaren Kosten der Produktion, die unabhängig vom Produktionsvolumen relativ konstant anfallen, wie z.B. Abschreibungen und Instandhaltungskosten von Betriebsgebäuden und -einrichtungen sowie die Kosten des Managements und der Verwaltung (IAS 2.12). Grundlage für die Zurechnung der fixen Produktionsgemeinkosten ist gemäß IAS 2.13 grundsätzlich die Normalkapazität. Hierunter ist definitionsgemäß die durchschnittliche, unter normalen Bedingungen erzielbare Produktionsmenge zu verstehen. Die Bestimmung der Normalkapazität bereitet in der Praxis häufig Schwierigkeiten[3]. Nach IAS 2.13 kann wahlweise die aktuelle Kapazität zugrunde gelegt werden, wenn diese nicht zu stark von der Normalkapazität abweicht. Bei „ungewöhnlich hoher" Überproduktion sind nach IAS 2.13 allerdings nur die tatsächlichen fixen Produktionsgemeinkosten pro Stück und nicht die höheren fixen Gemeinkosten bei Normalkapazität anzusetzen.

Beispiel 14.4

Ein Unternehmen produziert Kunststoffgehäuse für elektronische Anlagen. Die Normalkapazität beträgt 100.000 Stück. Abschreibungen in Höhe von 1 Mio. € stellen den einzigen fixen Kostenbestandteil dar, bei Normalauslastung also 10 € pro Stück. Die übrigen Herstellungskosten betragen 100 € pro Stück. Drei Fälle sollen betrachtet werden:
1. Fall: Starke Unterproduktion (60.000 Stück)
2. Fall: Leichte Unterproduktion (95.000 Stück)
3. Fall: Ungewöhnlich hohe Überproduktion (125.000 Stück)

Mit welchem Wert sind die Kunststoffgehäuse in den drei Fallkonstellationen in der Bilanz anzusetzen?

Lösung
1. Fall:
Es sind fixe Produktionsgemeinkosten auf Basis der Normalkapazität den Herstellungskosten zuzurechnen (10 € pro Stück). Die Herstellungskosten der Kunststoffgehäuse betragen damit insgesamt 6,6 Mio. € (6 Mio. € übrige Herstellungskosten, 600.000 € fixe Produktionsgemeinkosten). Die Kunststoffgehäuse werden also in der Bilanz mit 6,6 Mio. € aktiviert. Der Rest der fixen Produktionsgemeinkosten (400.000 €) wird als Aufwand der Periode verbucht.

3 Vgl. dazu *Coenenberg et al.*, Jahresabschluss, S. 101 und 112 m.w.N.

2. Fall:
Auf Basis der Normalkapazität betragen die fixen Produktionsgemeinkosten 10 € pro Stück. Der Wertansatz der Kunststoffgehäuse beträgt daher 10,45 Mio. € (9,5 Mio. € übrige Herstellungskosten, 950.000 € fixe Produktionsgemeinkosten). Der Rest der Abschreibungen (50.000 €) wird aufwandswirksam erfasst.

Da die tatsächliche Auslastung der Normalkapazität in diesem Fall nahe kommt, kann gemäß IAS 2.13 aus Vereinfachungsgründen auch die tatsächliche Auslastung zugrunde gelegt werden. Es errechnen sich dann fixe Produktionsgemeinkosten in Höhe von ca. 10,53 € pro Stück (1 Mio. € / 95.000 Stück). Die Kunststoffgehäuse werden mit 10,5 Mio. € aktiviert (9,5 Mio. € übrige Herstellungskosten, 1 Mio. € fixe Produktionsgemeinkosten). Eine Aufwandsbuchung erfolgt dann nicht mehr.

3. Fall:
Aufgrund des ungewöhnlich hohen Produktionsvolumens dürfen nur die fixen Produktionsgemeinkosten pro Stück auf Basis der tatsächlichen Auslastung (1 Mio. € / 125.000 Stück = 8 €) und nicht die höheren bei Normalauslastung (10 €) angesetzt werden. Damit ergeben sich Herstellungskosten von 13,5 Mio. € (12,5 Mio. € übrige Herstellungskosten, 1 Mio. € fixe Produktionsgemeinkosten). Eine Aufwandsbuchung erfolgt nicht.

Variable Produktionsgemeinkosten

Variable Produktionsgemeinkosten sind hingegen solche nicht direkt zurechenbaren Kosten der Produktion, die (nahezu) unmittelbar mit dem Produktionsvolumen variieren, wie z.B. Materialgemeinkosten und Fertigungsgemeinkosten (IAS 2.12). Im Gegensatz zu den fixen Produktionsgemeinkosten stellt hierbei die tatsächliche Auslastung der Kapazität die Zurechnungsgrundlage dar (IAS 2.13).

Materialgemeinkosten

Unter die Materialgemeinkosten fallen die Aufwendungen für Hilfsstoffe (unechte Gemeinkosten) und die Aufwendungen der Einkaufsabteilung, der Warenannahme, der Material- und Rechnungsprüfung, der Materialläger, der Materialverwaltung und -bewachung sowie bestimmte auf Material bezogene Versicherungsprämien und Aufwendungen für innerbetrieblichen Transport.

Fertigungsgemeinkosten

Zu den Fertigungsgemeinkosten zählen z.B. Aufwendungen für Betriebsstoffe und Energie, für Konstruktion, Wartung, Instandhaltung und Reparaturen der Fertigungsanlagen, für Betriebsbauten, Werkzeuge und Vorrichtungen, für Betriebsleitung, Werkstattverwaltung und Meister, für Arbeitsvorbereitung, Fertigungs- und Qualitätskontrolle, Transport, Sicherheits- und Unfallverhütungsdienste des Fertigungsbereichs sowie für das Lohnbüro.

Verwaltungskosten

Von den Verwaltungskosten ist derjenige Teil unter den Herstellungskosten aktivierungspflichtig, der dem Produktionsbereich zugerechnet werden kann. Die Verwaltungskosten des Material- und Fertigungsbereichs sind in der Regel vollständig den fixen oder variablen Produktionsgemeinkosten zuzurechnen und unterliegen damit der Aktivierungspflicht.

Allgemeine Verwaltungskosten

Ebenfalls aktivierungspflichtig sind allgemeine Verwaltungskosten, die dem Produktionsbereich zugerechnet werden können. Dafür müssen die allgemeinen Verwaltungskosten den verschiedenen betrieblichen Funktionen zugeordnet werden, wobei als Verteilungsschlüssel z.B. der jeweilige Grad der Unterstützung verwendet werden kann[4]. Können beispielsweise die Kosten der Rechnungswesenabteilung den Funktionsbereichen Vertrieb (Verkaufsanalysen, Führung des Umsatzkontos), allgemeine Verwaltung (Jahresabschlusserstellung, Budgeterstellung, Finanzplanung) und Produktion (Lohn- und Gehaltsabrechnung des Produktionsbereiches, Rechnungsprüfung) zugerechnet werden, so sind Letztere aktivierungspflichtig.

Kosten des sozialen Bereichs

Kosten für soziale Einrichtungen des Betriebes (z.B. Sporteinrichtungen, Kantinen), Kosten für freiwillige soziale Leistungen (z.B. Jubiläumszuwendungen, Betriebsausflüge) und Kosten für betriebliche Altersversorgung (z.B. Zuführungen zu Pensionsrückstellungen, Beiträge an Pensionskassen) werden in IAS 2 nicht explizit geregelt. Werden diese Kosten des sozialen Bereichs als Lohnbestandteile interpretiert, sind die dem Produktionsbereich zuzuordnenden Kosten aktivierungspflichtig.

Sonstige Kosten

Sonstige Kosten stellen gemäß IAS 2.15 der Produktion zurechenbare Kosten in der Höhe dar, in der sie anfallen, um die Vorräte an ihren derzeitigen Ort und in ihren derzeitigen Zustand zu versetzen. Beispielhaft werden im Standard bestimmte nicht herstellungsbezogene Kosten oder Kosten für Produktentwicklungen für bestimmte Kundengruppen genannt.

Steuern

Die Berücksichtigung von Steuern wird in IAS 2 nicht explizit geregelt. Sie sind jedoch analog der Konzeption der produktionsbezogenen Vollkosten insoweit aktivierungspflichtig, als sie im Zeitraum der Herstellung anfallen. In Deutschland trifft dies auf die Grundsteuer als Substanzsteuer zu, wenn sie auf das im Produktionsbereich gebundene Grundvermögen entfällt. Ebenso trifft dies auf die Umsatzsteuer zu, wenn ein Unternehmen nicht vorsteuerabzugsberechtigt ist. Für Ertragsteuern besteht hingegen grundsätzlich ein Aktivierungsverbot, da diese erst im Anschluss an die Herstellung anfallen[5].

Fremdkapitalkosten

Fremdkapitalkosten sind gemäß IAS 2.17 i.V.m. IAS 23 unter bestimmten Voraussetzungen in die Herstellungskosten einzubeziehen. Wie bereits im Zusammenhang mit den Anschaffungskosten erläutert, ist der überarbeitete IAS 23 anzuwenden, welcher bei Erfüllung der in IAS 23.8-9 genannten Kriterien zu einer Aktivierung von Fremdkapitalkosten in den Herstellungskosten verpflichtet.

Forschungs- und Entwicklungskosten

Forschungs- und Entwicklungskosten werden in IAS 38 „Immaterielle Vermögenswerte" geregelt, wobei allerdings IAS 38 gemäß IAS 38.3(a) ausdrücklich nicht auf das Vorratsvermögen anzuwenden ist. Stattdessen sind die geltenden Regelungen des IAS 2 anzuwenden. In der Forschungsphase besteht noch sehr große Unsicherheit, ob das fertige Produkt zukünftige Einzahlungsüberschüsse erwirtschaften wird. Deshalb scheiden Forschungskosten als Bestandteil

4 Vgl. *Jacobs/Schmitt*, IAS-Kommentar, IAS 2, Tz. 53.
5 Vgl. *Jacobs/Schmitt*, IAS-Kommentar, IAS 2, Tz. 55.

der Herstellungskosten aus. Soweit die Entwicklungskosten als Voraussetzung für die Entwicklung neuer Produkte angesehen werden können, sind sie mittelbar mit der Produktion der gegenwärtigen Produkte verbunden und müssen diesen anteilig zugerechnet werden.

Aktivierungsverbote

IAS 2.16 listet Kostenbestandteile auf, die von einer Aktivierung explizit ausgeschlossen und damit in der Periode ihres Anfalls als Aufwand zu erfassen sind. Neben den bereits erwähnten nicht herstellungsbezogenen allgemeinen Verwaltungskosten dürfen ferner ungewöhnliche Beträge für Ausschussmaterial, Fertigungslöhne und sonstige Produktionskosten ebensowenig aktiviert werden wie Vertriebskosten. Darüber hinaus ist der Ansatz von Lagerkosten verboten, soweit sie nicht produktionsbezogen sind (z.B. Kosten des Ausgangslagers).

Kuppelproduktion

Zusätzliche Fragen stellen sich bei der Kuppelproduktion. Diese ist dadurch gekennzeichnet, dass aus denselben Inputmaterialien im gleichen Produktionsprozess automatisch mehrere verschiedene Erzeugnisse erstellt werden. So fallen z.B. bei der Gasherstellung aus dem Einsatzstoff Kohle nicht nur Gas, sondern gleichzeitig Ammoniak, Benzol, Koks und Teer an. Ebenso werden in Raffinerien Benzine, Gase und Öle gewonnen.

Sind die Herstellungskosten der verschiedenen Produkte nicht einzeln feststellbar, so sind die Herstellungskosten gemäß IAS 2.14 den Kuppelprodukten auf einer vernünftigen und sachgerechten Basis zuzurechnen[6].

Handelt es sich um zwei entstehende Hauptprodukte, werden die Herstellungskosten nach der so genannten Marktwertmethode: gemäß der relativen Verkaufswerte der beiden Hauptprodukte verteilt. Fallen in dem Produktionsprozess Haupt- und Nebenprodukte an, kommt die so genannte Restwertmethode zur Anwendung. Wenn die Nebenprodukte im Vergleich zu den Hauptprodukten einen nur untergeordneten Wert besitzen, werden die Herstellungskosten des Hauptproduktes ermittelt, indem die Nettoveräußerungswerte der Nebenprodukte von den gesamten Herstellungskosten des Hauptproduktes abgezogen werden.

Dienstleistungsunternehmen

Besonderheiten bei der Ermittlung von Herstellungskosten existieren weiterhin für Dienstleistungsunternehmen (IAS 2.8 und IAS 2.19) und landwirtschaftliche Erzeugnisse (IAS 2.20). Dienstleistungsunternehmen haben ebenfalls die produktionsbezogenen Vollkosten, d.h. alle mit der Erbringung einer Dienstleistung in Zusammenhang stehenden Kosten anzusetzen. Nach IAS 2.19 zählen dazu die direkt zurechenbaren Personalkosten, Kosten des Aufsichtspersonals und zurechenbare Gemeinkosten. Aktivierungspflichtige Gemeinkosten sind z.B. Kosten für die Nutzung von Räumlichkeiten und sonstiger Betriebs- und Geschäftsausstattung sowie für Personalschulungen[7]. IAS 2.19 weist darauf hin, dass die Kosten des Personals im Vertrieb und in der allgemeinen Verwaltung nicht in die Herstellungskosten einzubeziehen, sondern als Aufwand zu erfassen sind.

6 Vgl. zur Ermittlung der Herstellungskosten bei Kuppelproduktion ausführlich *ADS International*, Abschnitt 15: Vorräte, Tz. 107-109; *Peemöller*, Wiley Kommentar, Abschnitt 6, Rn. 30-32; *Hoffmann*, Haufe IFRS-Kommentar, § 8, Tz. 24.

7 Vgl. *ADS International*, Abschnitt 15: Vorräte, Tz. 111-114 m.w.N.

Gemäß IAS 2.8 sind die gerade beschriebenen Kostenbestandteile allerdings nur dann Teil der Herstellungskosten, wenn das Unternehmen noch keine Erträge aus den Dienstleistungsgeschäften nach Maßgabe des Fertigstellungsgrades gemäß IAS 18.20-28 realisiert hat.

Landwirtschaftliche Erzeugnisse

Von biologischen Vermögenswerten geerntete landwirtschaftliche Erzeugnisse, die nicht nach herrschender Praxis bestimmter Branchen mit dem Nettoveräußerungswert bewertet werden (IAS 2.2-3), fallen, wie bereits erwähnt, in den Anwendungsbereich von IAS 2. Die Herstellungskosten dieser Ernteerzeugnisse werden ermittelt, indem von dem beizulegenden Zeitwert zum Zeitpunkt der Ernte die geschätzten Verkaufskosten im Verkaufszeitpunkt abgezogen werden (IAS 2.20).

2.2 Vereinfachte Verfahren zur Ermittlung der Anschaffungs- und Herstellungskosten

Zur Ermittlung der Anschaffungs- und Herstellungskosten können gemäß IAS 2.21 aus Wirtschaftlichkeits- und Vereinfachungsgründen die Standardkostenmethode (standard cost method) oder die retrograde Methode (retail method) angewendet werden, wenn diese zu Ergebnissen führen, die den tatsächlichen Anschaffungs- oder Herstellungskosten annähernd entsprechen.

Standardkostenmethode

Zur Bestimmung der Herstellungskosten verwendet die Standardkostenmethode Planpreise und unterstellt die normale Höhe des Material- und Personaleinsatzes sowie die normale Leistungsfähigkeit und Kapazitätsauslastung der Maschinen. Diese Plangrößen sind nach IAS 2.21 regelmäßig zu überprüfen und ggf. an die aktuellen Gegebenheiten anzupassen. Die Methode verhindert eine Überbewertung der Vorräte, da sie einen normalen Betriebsverlauf unterstellt und somit Kosten ineffizienter Produktion, ungewöhnliche Ausschusskosten oder Kosten der Unterbeschäftigung nicht in die Herstellungskosten einbezieht. Liegt die Istbeschäftigung über der Normalbeschäftigung, so stellen die tatsächlich angefallenen Istkosten die Bewertungsobergrenze dieses Ansatzes dar[8].

Beispiel 14.5

In einem Stühle produzierenden Unternehmen befinden sich am Bilanzstichtag von Periode 03 insgesamt 10.000 Stühle auf Lager. In den letzten drei Perioden sind folgende Herstellungskosten pro Stück in € angefallen:

01: Einzelkosten (30) + Gemeinkosten (70) = Herstellungskosten (100)
02: Einzelkosten (35) + Gemeinkosten (85) = Herstellungskosten (120)
03: Einzelkosten (35) + Gemeinkosten (75) = Herstellungskosten (110)

8 Vgl. *ADS International*, Abschnitt 15: Vorräte, Tz. 106; *Jacobs/Schmitt*, IAS-Kommentar, IAS 2, Tz. 77.

Die historischen Kosten sind auf der Basis eines Normalverbrauchs ermittelt worden. Damit sind ungewöhnliche Ausschusskosten oder auch Kosten der Unterbeschäftigung ausgeschlossen.

Lösung
Auf Basis der Vorperioden werden durchschnittliche Standardkosten ermittelt. Sie betragen (100 + 120 + 110) / 3 = 110 € pro Stuhl. Das Vorratsvermögen an Stühlen ist demzufolge unabhängig vom eigentlichen Fertigungszeitpunkt wie folgt zu bewerten: 10.000 · 110 = 1.100.000 €.

Retrograde Methode

Die retrograde Methode findet vor allem bei Einzelhandelsunternehmen Anwendung, die für große Stückzahlen von Vorräten mit ähnlichen Bruttogewinnspannen (Margen) und hoher Umschlagshäufigkeit die Anschaffungskosten zu berechnen haben. Gemäß IAS 2.22 werden die Anschaffungskosten der Vorräte indirekt ermittelt, indem von dem Verkaufspreis der Vorräte eine angemessene prozentuale Bruttogewinnspanne abgezogen wird. Der verwendete Prozentsatz berücksichtigt dabei auch Vorräte, deren ursprüngliche Verkaufspreise reduziert worden sind. IAS 2.22 erlaubt auch die Verwendung einer durchschnittlichen Bruttogewinnspanne für eine ganze Warengruppe. Die Vereinfachung der retrograden Methode zur Bestimmung der Anschaffungskosten liegt somit darin, dass nicht genau nachgehalten werden muss, welche Ware zu welchem Preis bereits verkauft worden ist.

Beispiel 14.6[9]

in €	Anschaffungskosten	Verkaufspreis
Anfangsbestand der Warengruppe „T-Shirt“	10.000	13.000
Anschaffung der Periode	30.000	39.000
Verkaufsbestand	40.000	52.000
Umsatzerlöse		20.000
Endbestand	?	32.000

Wie ist der Endbestand der Warengruppe „T-Shirt“ anhand der retrograden Methode zu bewerten?

Lösung
Von dem Verkaufspreis der nicht verkauften T-Shirts (32.000 €) ist die Bruttogewinnspanne abzuziehen. Das Verhältnis von Anschaffungskosten zu Verkaufspreis beträgt ca. 76,92 % (40.000 / 52.000). Die Bruttogewinnspanne beträgt folglich 23,08 %. Somit sind die Vorräte mit ((1 - 0,2308) · 32.000 =) 24.615 € in der Bilanz anzusetzen.

9 Zu einem ähnlichen Beispiel vgl. *Jacobs/Schmitt*, IAS-Kommentar, IAS 2, Tz. 79.

Das Beispiel wird nun erweitert um Preisabschläge (z.B. aufgrund eines Schlussverkaufs), die bei der Entwicklung des Verkaufsbestandes berücksichtigt werden müssen.

Beispiel (Fortsetzung)

in €	**Anschaffungskosten**	**Verkaufspreis**
Verkaufsbestand	40.000	52.000
Preisreduzierung		6.000
Endgültiger Verkaufsbestand	40.000	46.000
Umsatzerlöse		22.000
Endbestand	?	24.000

Wie ist der Endbestand der Warengruppe „T-Shirt" unter Berücksichtigung des Preisabschlags zu bewerten?

Lösung
Das Verhältnis von Anschaffungskosten zu Verkaufspreis beträgt ca. 87 % (40.000 / 46.000). Die Bruttogewinnspanne beträgt folglich 13,04 %. Somit sind die Vorräte mit ((1 - 0,1304) · 24.000 =) 20.870 € in der Bilanz anzusetzen.

2.3 Folgebewertung

2.3.1 Grundsatz

Überprüfung der Werthaltigkeit

In den Folgeperioden ist der Frage nachzugehen, ob der ursprüngliche Wert der Vorratsgegenstände anzupassen ist. Das Unternehmen muss an jedem Bilanzstichtag den noch vorhandenen Bestand des zu Anschaffungs- oder Herstellungskosten bewerteten Vorratsvermögens auf seine Werthaltigkeit hin überprüfen. Ist eine Wertminderung eingetreten, muss das Unternehmen aufgrund des Vorsichtsprinzips gemäß IAS 8.10(b)(iv) sowie RK.37 von den historischen Anschaffungs- und Herstellungskosten abweichen. Um festzustellen, ob eine Wertminderung vorliegt, ist gemäß IAS 2.33 an jedem Bilanzstichtag der so genannte Nettoveräußerungswert (net realisable value) zu bestimmen.

Nettoveräußerungswert

Der Nettoveräußerungswert ergibt sich gemäß IAS 2.6, indem vom geschätzten Verkaufspreis (ohne Umsatzsteuer) voraussichtlich noch anfallende Produktionskosten sowie geschätzte noch anfallende Vertriebskosten (z.B. Kosten für Werbemaßnahmen) abgezogen werden.

Grundsatz der verlustfreien Bewertung

Vorräte sind nach IAS 2.9 zu dem niedrigeren Wert aus Anschaffungs- oder Herstellungskosten und Nettoveräußerungswert zu bewerten (lower of cost and net realisable value). Ist also der Nettoveräußerungswert am Abschlussstichtag niedriger als die historischen Anschaffungs- oder Herstellungskosten, so hat ein Unternehmen auf diesen niedrigeren Wert abzuschreiben. Ein solcher Fall kann nach IAS 2.28 z.B. durch Beschädigungen, Überalterungen, Preiseinbrüche oder gestiegene geschätzte Kosten der Fertigstellung eintreten. Hierdurch wird eine verlustfreie Bewertung des Vorratsvermögens gewährleistet. Der Grundsatz der verlustfreien Bewertung soll sicherstellen, dass beim Verkauf der zu bewertenden Vorräte nach dem Bilanzstichtag kein Verlust mehr entstehen kann. Die Abwertung rechnet den erwarteten Verlust bereits der aktuellen Periode zu.

Der Nettoveräußerungswert ist nach IAS 2.30 auf Basis der zuverlässigsten substantiellen Hinweise zu schätzen. Hierbei stellen vorliegende Börsen- oder Marktpreise die besten Schätzwerte dar. Dabei sind Preis- und Kostenänderungen, die bereits am Ende der Berichtsperiode bestanden haben, aber erst nach dem Bilanzstichtag bekannt geworden sind (so genannte wertaufhellende Ereignisse), nach IAS 2.30 zu berücksichtigen.

Bei der Schätzung des Nettoveräußerungswertes ist gemäß IAS 2.31 auch der Zweck, zu dem die Vorräte gehalten werden, zu berücksichtigen. Die Zweckgebundenheit wirkt sich insbesondere auf die Bewertung von Vorräten aus, die Gegenstand von abgeschlossenen Liefer- und Leistungsverträgen sind. Der Nettoveräußerungswert dieser Vorräte basiert auf den vertraglich vereinbarten Preisen. Umfasst der auf Lager befindliche Bestand an Vorräten eine größere Menge als in der Festpreisvereinbarung festgelegt, basiert der Nettoveräußerungswert für den darüber hinausgehenden Teil auf allgemeinen Verkaufspreisen. Rückstellungen oder Eventualschulden, die aus diesen Geschäften entstehen können, sind nach IAS 37 „Rückstellungen, Eventualschulden und Eventualforderungen" zu behandeln.

Beispiel 14.7

Ein auf Lager befindliches Fertigerzeugnis ist zu historischen Herstellungskosten von 28,00 € bewertet. Am Abschlussstichtag liegen folgende Informationen vor: Das Unternehmen wird das Fertigerzeugnis aller Voraussicht nach nur für 25,00 € verkaufen können. Für Marketing und Vertrieb werden anteilig noch 1,00 € pro Stück anfallen.

Mit welchem Wert ist das Fertigerzeugnis zum Abschlussstichtag in die Bilanz aufzunehmen?

Lösung

	Geschätzter Verkaufserlös	25,00 €
–	geschätzte noch anfallende Verkaufskosten	-1,00 €
=	Nettoveräußerungswert zum Bilanzstichtag	24,00 €

Die historischen Herstellungskosten betragen 28,00 €, d.h. es muss der niedrigere Nettoveräußerungswert von 24,00 € angesetzt werden. Daraus resultiert der Buchungssatz:

Sonstige betriebliche Aufwendungen (Abschreibungen)	*an*	*Vorräte*	*4 €*

Nettoveräußerungswert von Roh-, Hilfs- und Betriebsstoffen

Von der Pflicht, eine Abwertung auf den niedrigeren Nettoveräußerungswert vorzunehmen, sind Roh-, Hilfs- und Betriebsstoffe gemäß IAS 2.32 dann ausgenommen, wenn das Fertigerzeugnis, in welches sie eingehen, mindestens zu den Herstellungskosten verkauft werden kann. Diese Ausnahme kann mit der hohen Bedeutung des Going-Concern-Prinzips nach IFRS (vgl. IAS 1.23) erklärt werden. Nur wenn sich bei dem gesamten Herstellungs- oder Absatzvorgang des Fertigerzeugnisses ein Verlust abzeichnet, wird eine Einzelbewertung durchgeführt. Dabei wird als Vergleichsmaßstab ausnahmsweise – grundsätzlich orientieren sich etwaige Abschreibungserfordernisse an den Preisen des Absatzmarktes – der Wiederbeschaffungswert der Roh-, Hilfs- und Betriebsstoffe herangezogen.

Wertaufholungsgebot

IAS 2.33 schreibt vor, dass der Nettoveräußerungswert in jeder Periode neu ermittelt werden muss. Wird dabei festgestellt, dass die Gründe für die Wertminderung entfallen sind, muss die vorgenommene Abwertung rückgängig gemacht werden (Wertaufholungsgebot). Der neue Buchwert entspricht dann wiederum dem niedrigeren Wert aus Anschaffungs- oder Herstellungskosten und berichtigtem Nettoveräußerungswert. Wertobergrenze sind die historischen Anschaffungs- oder Herstellungskosten.

Beispiel 14.8

In dem Lager eines Gartenbaucenters befinden sich im Geschäftsjahr 01 noch 100 hochwertige Gartenbänke aus Holz als Handelsware zu historischen Anschaffungskosten von je 1.200 €. Aufgrund eines regnerischen Sommers sowie eines Trends zu Gartenbänken aus Kunststoff können diese Gartenbänke nur noch für 1.000 € (ohne USt.) verkauft werden. Ein Jahr später boomt das Geschäft mit den Holz-Gartenbänken völlig überraschend. Aufgrund der hohen Nachfrage steigt der Verkaufspreis auf 1.400 €.

Lösung

Der Nettoveräußerungswert der Gartenbänke beträgt am Bilanzstichtag 01 1.000 €. Dieser ist niedriger als die Anschaffungskosten von 1.200 €, so dass eine Wertminderung vorzunehmen ist.

Sonstige betriebliche Aufwendungen (Abschreibungen)	*an*	*Vorräte*	*20 T€*

Am Bilanzstichtag 02 beträgt der Nettoveräußerungswert 1.400 €. Bewertungsobergrenze stellen aber die historischen Anschaffungskosten dar. Es ist dementsprechend eine Wertaufholung auf 1.200 € vorzunehmen. Gemäß IAS 2.34 ist die Erhöhung des Nettoveräußerungswertes durch Verminderung des Materialaufwandes zu erfassen. Für jede nicht verkaufte Gartenbank ist wie folgt zu buchen:

Vorräte	*an*	*Materialaufwand*	*200 €*

2.3.2 Bewertungsvereinfachungsverfahren

Einzelbewertungsgrundsatz

Gemäß IAS 2.23-24 sind Vorräte grundsätzlich einzeln zu bewerten. Eine Einzelzuordnung bedeutet dabei gemäß IAS 2.24 eine Zuweisung der jeweils angefallenen Kosten zu bestimmten Gegenständen des Vorratsvermögens. Bei der Lagerung und Produktion von Vorräten kommt es aber regelmäßig zu einer Vermischung (z.B. bei Flüssigkeiten, Schrauben, Erzen und Kies), so dass bei sich ändernden Preisen zumeist gar nicht oder nur mit großem Aufwand festgestellt werden kann, welche Anteile des Vermögens bereits verbraucht sind und welche noch auf Lager liegen.

Ausnahmen vom Einzelbewertungsgrundsatz

Aus diesem Grund ist vom Grundsatz der Einzelbewertung abzuweichen und es sind Bewertungsvereinfachungsverfahren (cost formulas)[10] anzuwenden, wenn die folgenden Voraussetzungen gemäß IAS 2.24 kumulativ erfüllt sind:

- Es muss sich um eine große Stückzahl von Vorratsgegenständen handeln.
- Diese Vorratsgegenstände müssen normalerweise untereinander austauschbar sein.

Liegen beide Voraussetzungen kumulativ vor, müssen Bewertungsvereinfachungsverfahren angewandt werden.

Zulässige Bewertungsvereinfachungsverfahren

Als Bewertungsvereinfachungsverfahren kommen gemäß IAS 2.25-27 ausschließlich das

- First-in-First-out-Verfahren (FIFO) und die
- Durchschnittsmethode in Betracht (siehe Abbildung 14.1).

Das früher alternativ zulässige Last-in-First-out-Verfahren (LIFO) ist seit der Überarbeitung von IAS 2 durch das Improvements Project im Jahr 2003 nicht mehr zulässig[11].

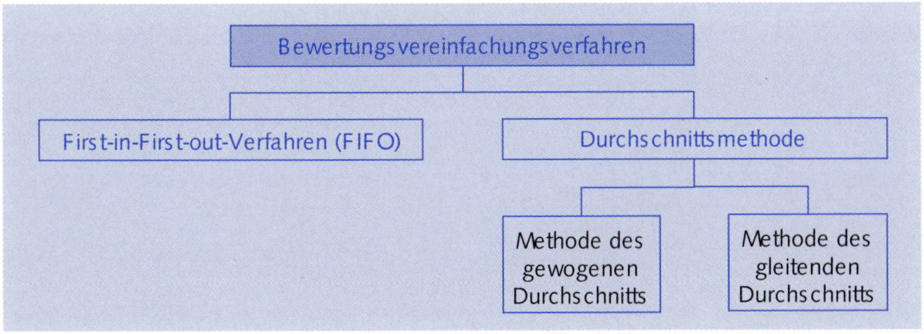

Abb. 14.1: Bewertungsvereinfachungsverfahren nach IAS 2

10 Anstelle von Bewertungsvereinfachungsverfahren verwendet IAS 2 in seiner deutschen Übersetzung den Begriff „Zuordnungsverfahren".

11 Zur Möglichkeit der Anwendung des LIFO-Verfahrens vgl. indessen Exkurs am Ende des vorliegenden Abschnitts 2.3.2.

Vorsichtige Gewinnermittlung

Unabhängig von der Auswahl eines Bewertungsvereinfachungsverfahrens ist der daraus resultierende Wertansatz immer mit dem Nettoveräußerungswert zu vergleichen und der jeweils niedrigere Wert von beiden in der Bilanz anzusetzen. Da ein höherer Nettoveräußerungswert nicht angesetzt werden darf, erfolgt hier eine vorsichtige Gewinnermittlung.

Gleiche Verfahren für ähnliche Vorratsgruppen

Zu beachten ist, dass gemäß IAS 2.25 für alle Vorräte, die von ähnlicher Beschaffenheit und Verwendung für das Unternehmen sind, das gleiche Verfahren zur Zuordnung der Anschaffungs- oder Herstellungskosten angewandt werden muss. Unterschiedliche Bewertungsvereinfachungsverfahren können demnach nur angewandt werden, wenn sich die Beschaffenheit und Verwendung der Vorräte für das Unternehmen unterscheiden. Ein Unterschied im geografischen Standort von Vorräten allein ist nicht ausreichend, um die Anwendung unterschiedlicher Zuordnungsverfahren zu rechtfertigen. Unterschiedliche Beschaffenheit oder Verwendung liegen hingegen dann vor, wenn dieselbe Art von Rohstoffen in zwei verschiedenen Geschäftssegmenten verwendet wird.

FIFO-Verfahren

Das FIFO-Verfahren geht gemäß IAS 2.27 von der Annahme aus, dass jeweils die zuerst angeschafften – also die ältesten – Vorräte zuerst verbraucht werden. Am Jahresende befinden sich annahmegemäß nur noch die Bestände der zuletzt eingetroffenen Lieferungen oder selbst hergestellten Vorräte auf Lager.

Beispiel 14.9

Zu Produktionszwecken kauft und verbraucht ein Unternehmen Vorräte während des Geschäftsjahres. Die folgende Tabelle informiert über die Zeitpunkte der Zu- und Abgänge sowie über die jeweiligen Anschaffungskosten (AK) pro Stück in €:

	Datum	**Stück**	**AK in €**	**Gesamtwert in €**
Anfangsbestand	01.01.	3.000	1,00	3.000
+ Zugang	20.01.	+5.000	1,16	5.800
+ Zugang	05.04.	+5.000	1,28	6.400
– Abgang	20.04.	-4.000		
– Abgang	11.07.	-6.000		
+ Zugang	20.09.	+6.000	1,65	9.900
– Abgang	23.11.	-4.000		
+ Zugang	20.12.	+2.000	1,15	2.300
= Endbestand	31.12.	7.000		?

Der Nettoveräußerungswert beträgt am Bilanzstichtag 1,30 € pro Stück. Mit welchem Wert ist der Endbestand der Vorräte (7.000 Stück) nach dem FIFO-Verfahren zum Bilanzstichtag anzusetzen?

Lösung

	Datum	Stück	AK in €	Gesamtwert in €
+ Zugang	20.12.	2.000	1,15	2.300
+ Zugang	20.09.	5.000	1,65	8.250
= Endbestand	31.12.	7.000		10.550

Der Endbestand setzt sich beim FIFO-Verfahren annahmegemäß aus Vorräten zusammen, die zuletzt – hier also am 20.12. und 20.09. – angeschafft wurden. Der Wert des Endbestandes nach dem FIFO-Verfahren beträgt daher 10.550 €. Aufgrund einer vorsichtigen Gewinnermittlung ist dieser nun mit dem Nettoveräußerungswert zu vergleichen: 7.000 · 1,30 € = 9.100 €. Da dieser niedriger ist, sind die Vorräte in der Bilanz mit 9.100 € zu aktivieren.

Durchschnittsmethode

Bei Anwendung der Durchschnittsmethode nach IAS 2.27 werden die Anschaffungs- und Herstellungskosten von Vorräten als durchschnittlich gewichtete Kosten gleichartiger, während der Periode gekaufter oder hergestellter Vorratsgegenstände ermittelt. Der gewogene Durchschnitt kann über die gesamte Berichtsperiode oder gleitend bei jeder zusätzlich erhaltenen Lieferung erneut berechnet werden. Die Methode des gleitenden Durchschnitts kann z.B. in einem permanenten Inventursystem Anwendung finden[12].

Beispiel 14.10 (Fortsetzung von Beispiel 14.9)

Unter Zugrundelegung derselben Fallkonstellation soll nun der Wert des Endvermögens anhand der Durchschnittsmethode in ihren beiden Ausprägungen (gewogene und gleitende Durchschnittsmethode) ermittelt werden.

Mit welchem Wert ist der Endbestand der Vorräte nach der *Methode des gewogenen Durchschnitts* zum Bilanzstichtag anzusetzen?

Lösung

	Datum	Stück	AK in €	Gesamtwert in €
Anfangsbestand	01.01.	3.000	1,00	3.000
+ Zugang	20.01.	+5.000	1,16	5.800
+ Zugang	05.04.	+5.000	1,28	6.400
+ Zugang	20.09.	+6.000	1,65	9.900

12 Vgl. *Peemöller*, Wiley Kommentar, Abschnitt 6, Rn. 41-42.

	Datum	Stück	AK in €	Gesamtwert in €
+ Zugang	20.12.	+2.000	1,15	2.300
= insgesamt	31.12.	21.000	27.400 / 21.000 ≈ 1,30	27.400
= Endbestand	31.12.	7.000	1,30	9.100

Zunächst wird die gesamte Stückzahl der Vorräte (Anfangsbestand und alle Zugänge) ermittelt: 21.000 Stück. Die gesamten Anschaffungskosten des Anfangsbestandes und der Zugänge betragen 27.400. Daraus resultieren Anschaffungskosten von 1,30 € pro Stück. Da der Nettoveräußerungswert ebenfalls 1,30 € pro Stück beträgt, ist der Endbestand mit 9.100 € anzusetzen.

Mit welchem Wert ist der Endbestand der Vorräte nach der *Methode des gleitenden Durchschnitts* zum Bilanzstichtag anzusetzen?

Lösung

	Datum	Stück	AK in €	Gesamtwert in €
Anfangsbestand	01.01.	3.000	1,00	3.000
+ Zugang	20.01.	+5.000	1,16	5.800
+ Zugang	05.04.	+5.000	1,28	6.400
= Zwischenwert	20.04.	13.000	15.200 / 13.000 ≈ 1,17	15.200
– Abgang	20.04.	-4.000	1,17	- 4.680
– Abgang	11.07.	-6.000	1,17	- 7.020
+ Zugang	20.09.	+6.000	1,65	9.900
= Zwischenwert	23.11.	9.000	13.400 / 9.000 ≈ 1,49	13.400
– Abgang	23.11.	-4.000	1,49	- 5.960
+ Zugang	20.12.	+2.000	1,15	2.300
= Endbestand	31.12.	7.000		9.740

Nach der Methode des gleitenden Durchschnitts ist ein Durchschnittswert vor jedem Abgang neu zu berechnen. Der folgende Abgang ist anschließend mit dem errechneten Durchschnittswert zu bewerten. Abschließend ist der Wert des Endbestandes mit dem Nettoveräußerungswert zu vergleichen und der niedrigere Betrag anzusetzen. Da der Nettoveräußerungswert 9.100 € beträgt, ist dieser niedrigere Wert in der Bilanz zum Bilanzstichtag anzusetzen.

Die freie Auswahl des Bewertungsvereinfachungsverfahrens unter Beachtung des Stetigkeitsgebotes eröffnet dem bilanzierenden Unternehmen die Möglichkeit zur Bilanzpolitik. Weichen diese Verfahren von der tatsächlichen Verbrauchsfolge ab, führen das FIFO-Verfahren und die Durchschnittsmethode bei steigenden Preisen dazu, dass der Bilanzansatz und damit der Gewinn tendenziell zu hoch ausgewiesen werden und es zum Ausweis von Scheingewinnen kommen kann.

Bilanzpolitische Spielräume

LIFO-Verfahren

Exkurs

Das LIFO-Verfahren geht von der Annahme aus, dass die zuletzt angeschafften oder hergestellten Vorräte zuerst verkauft worden sind und folglich der Endbestand aus den älteren Lieferungen oder Produktionen bzw. dem Anfangsbestand besteht[13]. Als Bewertungsvereinfachungsverfahren ist es nach IAS 2 nicht mehr zulässig. Weil der Anwendung des LIFO-Verfahrens jedoch nichts entgegensteht, wenn es der tatsächlichen Verbrauchsfolge entspricht (IAS 2.BC19), wird das Verfahren aus Gründen der Vollständigkeit nachfolgend kurz dargestellt.

Beispiel (Fortsetzung von Beispiel 14.9)

Erneut soll dasselbe Zahlenmaterial zugrunde gelegt werden, um nun den Wert des Endvermögens anhand des LIFO-Verfahrens zu bestimmen. Mit welchem Wert ist der Endbestand der Vorräte nach dem LIFO-Verfahren zum Bilanzstichtag anzusetzen?

	Datum	**Stück**	**AK in €**	**Gesamtwert in €**
Anfangsbestand	01.01.	3.000	1,00	3.000
+ Zugang	20.01.	+4.000	1,16	4.640
= Endbestand	31.12.	7.000		7.640

Der Endbestand setzt sich annahmegemäß aus dem Anfangsbestand zum 01.01. und dem Zugang am 20.01. zusammen. Da der Wert des Endbestandes nach dem LIFO-Verfahren niedriger ist als sein Nettoveräußerungswert (9.100 €), beträgt der Wertansatz zum Bilanzstichtag 7.640 €.

Eine Scheingewinnrealisierung bei steigenden Preisen wird bei Anwendung der LIFO-Methode weitgehend verhindert, da die verbrauchten Vorräte zu (nahezu) aktuellen Preisen bewertet werden. Problematisch erscheint die LIFO-Methode allerdings deshalb, weil die verbleibenden Vorratsgegenstände mit (nahezu) historischen Kosten ausgewiesen werden. Bei inflationären Tendenzen entstehen daher stille Reserven, die bei bilanzpolitisch motiviertem Abbau des Lagerbestandes ebenso still aufgelöst werden können. Nach Auffassung des IASB entspricht das LIFO-Verfahren in der Praxis nur in sel-

13 Vgl. zu den zahlreichen Varianten des LIFO-Verfahrens in der Praxis ausführlich *Kieso/Weygandt/Warfield*, Intermediate Accounting, S. 397-411.

tenen Fällen der tatsächlichen Verbrauchsfolge und kann im Einzelfall zu einer stark verzerrten Darstellung der Vermögens- und Ertragslage führen. Zudem sei die Anwendung der LIFO-Methode in vielen Fällen ausschließlich steuerrechtlich motiviert. Steuerliche Überlegungen sollten aber den IFRS-Abschluss nicht beeinflussen[14].

3 Angaben

Angaben nach IAS 2

Hinsichtlich des Vorratsvermögens enthalten die Vorschriften in IAS 2.36-39 detaillierte Offenlegungspflichten. Danach müssen IFRS-Abschlüsse u.a. folgende Angaben enthalten:

- Die angewandten Bilanzierungs- und Bewertungsmethoden für Vorräte einschließlich der Zuordnungs- bzw. Bewertungsvereinfachungsverfahren,
- den Gesamtbuchwert der Vorräte und die Buchwerte in einer unternehmensspezifischen Untergliederung,
- die Buchwerte der Vorräte, die zum beizulegenden Zeitwert abzüglich der Veräußerungskosten angesetzt werden,
- den Betrag der Vorräte, der als Aufwand der Berichtsperiode erfasst worden ist,
- die in einer Periode erfassten Wertminderungen von Vorräten und
- Ereignisse, die zu einer Wertaufholung geführt haben.

Platzierung der Angabe

IAS 2 enthält keine Hinweise, an welcher Stelle die geforderten Angaben vorzunehmen sind. Folglich können die Angaben nicht nur im Anhang, sondern auch in der Bilanz und in der Gesamtergebnisrechnung gemacht werden. Entscheidend ist allein die wirtschaftliche Betrachtungsweise. Die Mindestgliederung der Bilanz gemäß IAS 1.54 sieht lediglich den Posten „Vorräte" vor. Zwar wird ein Gliederungsschema nicht vorgegeben, eine Untergliederung der Vorräte in folgende Posten wird aber gemäß IAS 2.37 als „verbreitet" angesehen:

- Handelswaren,
- Roh-, Hilfs- und Betriebsstoffe,
- unfertige Erzeugnisse und
- Fertigerzeugnisse.

14 Vgl. zur Kritik an der LIFO-Methode ausführlich *Baetge/Kirsch/Thiele*, Bilanzen, S. 355-357 m.w.N. zur ausführlichen Begründung der Abschaffung der LIFO-Methode vgl. IAS 2.BC10-BC20.

4 Wesentliche Unterschiede zum IFRS for SMEs

Die relevanten Regelungen für Ansatz und Bewertung des Vorratsvermögens finden sich im IFRS-SME.13 und gleichen konzeptionell denen der „full" IFRS. Die Anschaffungs- und Herstellungskostendefinitionen stimmen ebenso wie die Methoden zur Folgebewertung einschließlich der Bewertungsvereinfachungsverfahren grundsätzlich mit IAS 2 überein.

Unterschiede beschränken sich im Wesentlichen auf ein generelles Aktivierungsverbot für Fremdkapitalkosten (IFRS-SME.25.2) sowie wesentlich weniger umfangreiche Angabepflichten im Vergleich zu IAS 2.

5 Wesentliche Unterschiede zum HGB

Ansatz und Bewertung des Vorratsvermögens

Grundsätzlich bestehen hinsichtlich der Vorratsbilanzierung recht große Ähnlichkeiten zwischen HGB und IFRS. So sind z.B. die Ansatzregeln weitgehend identisch. Grundlegende Unterschiede bei der Bewertung des Vorratsvermögens haben sich mit Inkrafttreten des BilMoG reduziert. In Deutschland gilt handelsrechtlich grundsätzlich auch das Anschaffungs- und Herstellungskostenprinzip, das bei Gegenständen des Umlaufvermögens durch das strenge Niederstwertprinzip ergänzt wird. Die in § 255 HGB festgelegten Anschaffungs- oder Herstellungskosten markieren dabei die Obergrenze der Bewertung. Gemäß § 253 Abs. 3 Satz 1 und 2 HGB müssen vorübergehende und dauerhafte Wertminderungen durch außerplanmäßige Abschreibungen berücksichtigt werden.

Anschaffungskosten

In der grundsätzlichen Interpretation der Anschaffungskosten geht das deutsche HGB in § 255 Abs. 1 im Wesentlichen mit den IFRS konform. Unterschiede ergeben sich bei der Zurechnung der Fremdkapitalzinsen, die in Deutschland grundsätzlich kein Bestandteil der Anschaffungskosten sind[15], während sie nach den IASB-Vorschriften – bei Vorliegen bestimmter Voraussetzungen – unter Beachtung des überarbeiteten IAS 23 verpflichtend einzubeziehen sind.

Herstellungskosten

Mit der Implementierung des BilMoG hat sich die handelsrechtliche Ermittlung der Herstellungskosten wesentlich an die internationalen Vorschriften angenähert, wobei gewisse Unterschiede verbleiben. Obwohl IFRS und HGB im Prinzip einen Vollkostenansatz verfolgen, verbleibt dem Bilanzierenden gemäß § 255 Abs. 2 HGB ein Wahlrecht für die Aktivierung bestimmter Kostenbestandteile. Hierzu zählen die Kosten der allgemeinen Verwaltung, Kosten für soziale Einrichtungen des Betriebs, Kosten für freiwillige soziale Leistungen, Kosten für die betriebliche Altersversorgung sowie Fremdkapitalkosten. Während der ehemalige Teilkostenansatz noch ein Wahlrecht für die Aktivierung der Material- und Fertigungsgemeinkosten sowie des fertigungsbedingten Werteverzehrs im Anlagevermögen (Abschreibungen) vorsah, stimmt die handelsrechtliche Herstellungskostenuntergrenze aufgrund der durch das BilMoG für diese

15 Vgl. dazu auch *Ballwieser*, MünchKommHGB, § 255, Tz. 14-15.

Kostenbestandteile eingeführten Aktivierungspflicht nun mit der steuerrechtlichen Wertuntergrenze überein.

Gemeinkosten

Da die handels- und steuerrechtlichen Vorschriften bei der Gemeinkostenzurechnung nicht nach betrieblichen Funktionsbereichen differenzieren, beinhaltet der Vollkostenansatz hierzulande aber auch nicht herstellungsbezogene Gemeinkostenbestandteile. Diese Bestandteile dürfen den Herstellungskosten nach IFRS nicht zugerechnet werden. Erfolgt eine Bewertung zu den höchstmöglichen Herstellungskosten in der Steuerbilanz, müssen im IFRS-Abschluss aktive latente Steuern angesetzt werden. An anderer Stelle greift der mögliche Vollkostenansatz nach IFRS jedoch weiter. Liegen bei der Aktivierung von Fremdkapitalkosten i.S.d. überarbeiteten IAS 23 qualifizierte Vermögenswerte vor, so zählen nach IAS 23.5-6 neben den Fremdkapitalzinsen auch die sonstigen Finanzierungskosten dazu.

Übereinstimmung möglich

Da sich das deutsche Handels- bzw. Steuerrecht und die Vorschriften des IASB bei keinem Kostenbestandteil direkt widersprechen, d.h. kein Einbeziehungsverbot auf eine Einbeziehungspflicht trifft und umgekehrt, können die Unterschiede über die entsprechende Ausübung von Wahlrechten überbrückt werden. Der Umfang der Herstellungskosten nach IFRS ist deshalb auch für HGB-Bilanzierer de lege lata zulässig.

	IAS 2	**§ 255 HGB**	**R 6.3 EStR**
Materialeinzelkosten	Pflicht	Pflicht	Pflicht
Fertigungseinzelkosten	Pflicht	Pflicht	Pflicht
Sondereinzelkost. der Fertigung	Pflicht	Pflicht	Pflicht
Materialgemeinkosten	Pflicht	Pflicht	Pflicht
Fertigungsgemeinkosten	Pflicht	Pflicht	Pflicht
Abschreib. des Anlageverm.	Pflicht	Pflicht	Pflicht
Allgemeine Verwaltungskosten	Pflicht[1]	Wahlrecht	Wahlrecht
Kosten für			
– soz. Einrichtungen d. Betriebs	Pflicht[1]	Wahlrecht	Wahlrecht
– freiwillige soziale Leistungen	Pflicht[1]	Wahlrecht	Wahlrecht
– betriebliche Altersversorgung	Pflicht[1]	Wahlrecht	Wahlrecht
Fremdkapitalkosten	Pflicht[2]	Wahlrecht[3]	Wahlrecht[4]
Vertriebskosten	Verbot	Verbot	Verbot

[1] Pflicht, sofern herstellungsbezogen, sonst Verbot.

[2] Nur bei Vorliegen eines qualifizierten Vermögenswertes.

[3] Aber nur dann, wenn das Fremdkapital zur Herstellung eines Vermögensgegenstandes verwendet wird, und nur insoweit, als die Zinsen auf den Zeitraum der Herstellung entfallen.

[4] Umstritten.

Tab. 14.2: Herstellungskosten nach IAS 2, § 255 HGB und R 6.3 EStR im Vergleich. Quelle: In Anlehnung an *Jacobs/Schmitt*, IAS-Kommentar, IAS 2, Tz. 59.

Zusammenfassend verdeutlicht Tabelle 14.2 synoptisch den Umfang der Herstellungskosten nach IAS 2, § 255 HGB und den deutschen steuerrechtlichen Bestimmungen (R 6.3 EStR).

Wegfall von Abschreibungswahlrechten durch das BilMoG

Seit Inkrafttreten des BilMoG sind eine Reihe vormals bestehender Abschreibungswahlrechte nicht mehr zulässig. So sind Abschreibungen durch die Vorwegnahme künftiger Wertschwankungen ebenso verboten worden wie Abschreibungen aufgrund vernünftiger kaufmännischer Beurteilung sowie steuerrechtlich motivierte Abschreibungen.

Strenges Niederstwertprinzip

Außerplanmäßige Abschreibungen, die pflichtgemäß auf das Umlaufvermögen vorzunehmen sind, orientieren sich gemäß § 253 Abs. 4 Satz 1 und 2 HGB an dem Börsen- oder Marktpreis oder – sofern diese nicht feststellbar sind – an dem beizulegenden Wert als Wertmaßstab. Letzterer wird in der Regel durch die (beschaffungsmarktorientierten) Wiederbeschaffungskosten, Wiederherstellungskosten oder auch durch den retrograd ermittelten (absatzmarktorientierten) Nettoveräußerungswert (Prinzip der verlustfreien Bewertung) konkretisiert.

Bewertungsvereinfachungsverfahren

Die Anwendungsvoraussetzungen der nach HGB erlaubten Bewertungsvereinfachungsverfahren[16] entsprechen grundsätzlich denen nach IFRS. Allerdings ist das vom IASB abgeschaffte LIFO-Verfahren nach HGB zulässig und in Deutschland weit verbreitet, da es steuerrechtlich gemäß § 6 Abs. 1 Nr. 2a EStG selbst dann anerkannt wird, wenn die unterstellte mit der tatsächlichen Verbrauchsfolge nicht übereinstimmt.

Ausweis

Im Unterschied zu den IFRS ist die Position „geleistete Anzahlungen" nach § 266 Abs. 2 B I HGB explizit Teil der Vorräte. IAS 2 regelt geleistete Anzahlungen nicht; IAS 1.78(b) empfiehlt einen gesonderten Ausweis im Umlaufvermögen. Aufgrund ihrer sachlichen Nähe zu den Vorräten kann ein Ausweis der geleisteten Anzahlungen auf Vorräte unter den Vorräten dennoch vertretbar erscheinen[17]. Betriebsstoffe, die nicht unmittelbar der Fertigung dienen, gehören nach IFRS nicht zum Vorratsvermögen, sondern zu den sonstigen Vermögenswerten.

Angaben

Die Angabepflichten nach § 284 HGB sind grundsätzlich vergleichbar mit den IFRS-Bestimmungen. Allerdings sind unterschiedliche Schwerpunkte festzustellen: Während nach IFRS insbesondere umfangreiche quantitative Angaben zu machen sind, stehen nach HGB Angaben zum Umfang der einbezogenen Kosten im Vordergrund. Dadurch soll der Bilanzleser das Ausmaß ausgeübter Bewertungswahlrechte erkennen können.

16 Vgl. ausführlich *Ellrott*, Beck Bil-Komm., § 256, Tz. 28-75.
17 Vgl. *ADS International*, Abschnitt 15: Vorräte, Tz. 149.

6 Wesentliche Unterschiede zu US-GAAP

Für die Bilanzierung von Vorräten ist in den USA Chapter 4 „Inventory Pricing" des vom CAP herausgegebenen ARB No. 43 „Restatement and Revision of Accounting Research Bulletins" bzw. ASC 330 „Inventory" maßgeblich.

Anschaffungs- und Herstellungskosten

Analog zu den IFRS sind auch nach US-GAAP die Anschaffungs- und Herstellungskosten die zentralen Ausgangswerte der Erstbewertung. Dabei gleichen die Vorschriften zur Ermittlung der Anschaffungs- und Herstellungskosten (acquisition and production cost) nach US-GAAP materiell den Vorschriften nach IFRS.

Bewertung der Vorräte

Die Bewertung des Vorratsvermögens orientiert sich auch in den USA grundsätzlich an den historischen Kosten. Es gibt jedoch Ausnahmen, die einen Wertansatz auch oberhalb der historischen Anschaffungs- oder Herstellungskosten zulassen. Sofern bei bestimmten Vorratsgegenständen die unmittelbare Verwertbarkeit am Absatzmarkt zu bekannten Markt- oder Börsenpreisen gegeben ist (z.B. bei Edelmetallen und landwirtschaftlichen Produkten), kann bei der Bewertung gemäß ARB No. 43 Ch. 4.15 / ASC 330-10-35-15 auf diese Wertmaßstäbe zurückgegriffen werden. Bei der Bewertung oberhalb der Anschaffungs- oder Herstellungskosten entsteht für das bilanzierende Unternehmen eine zusätzliche Angabepflicht in den Notes.

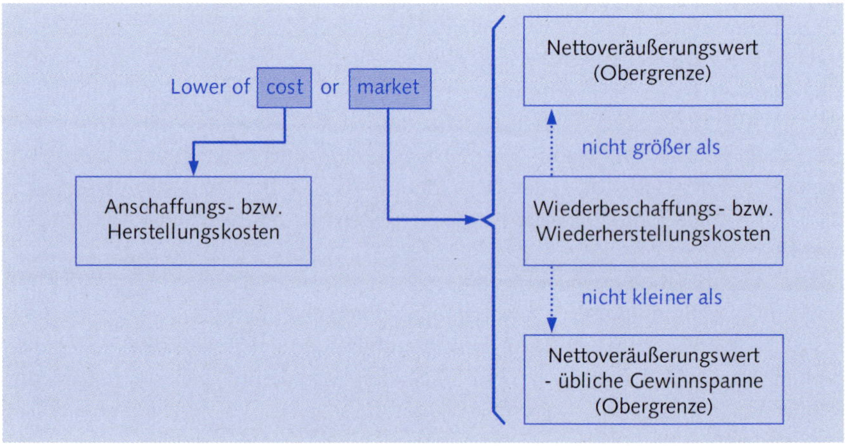

Abb. 14.2: Lower of Cost or Market Valuation Method bei der Vorratsbewertung nach den US-GAAP. Quelle: *Kieso/Weygandt/Warfield*, Intermediate Accounting, S. 440.

Lower of Cost or Market

Die Folgebewertung der Vorräte folgt dem Prinzip des Lower of Cost or Market, das verpflichtend zur Anwendung gelangt, wenn die historischen Kosten durch einen anderen relevanten Wertmaßstab unterschritten werden. Dabei sind die in Abbildung 14.2 dargestellten Wertansätze heranzuziehen (ARB No. 43 Ch. 4.8 / ASC 330-10-35):

- Die Wiederbeschaffungs- bzw. Wiederherstellungskosten (current replacement cost),
- den erwarteten Nettoveräußerungswert (net realizable value) oder
- den erwarteten Nettoveräußerungswert abzüglich einer üblichen Gewinnspanne (net realizable value less a normal profit margin).

Zweistufige Vorgehensweise

Das Prinzip des Lower of Cost or Market geht in zwei Schritten vor: In einem ersten Schritt wird aus den drei infrage kommenden Wertmaßstäben der relevante Vergleichsmaßstab für die historischen Kosten ermittelt. Dafür sind die Wiederbeschaffungs- bzw. Wiederherstellungskosten mit dem Nettoveräußerungswert und dem Nettoveräußerungswert abzüglich der üblichen Gewinnspanne zu vergleichen. Die beiden letztgenannten Wertmaßstäbe fungieren dabei als Ober- bzw. Untergrenze der Wiederbeschaffungs- bzw. Wiederherstellungskosten, die nur dann als Vergleichsmaßstab herangezogen werden, wenn sie niedriger als der Nettoveräußerungswert und gleichzeitig höher als der Nettoveräußerungswert abzüglich der üblichen Gewinnspanne sind. Der mittlere der drei Wertmaßstäbe ist immer der Vergleichswert. Dieser kann niemals unter den Nettoveräußerungswert abzüglich der üblichen Gewinnspanne (Untergrenze) sinken, da dieser Wertmaßstab den in Zukunft mindestens erzielbaren Ertrag darstellt und den für einen Vermögenswert charakteristischen future benefit ausdrückt (ARB No. 43 Ch. 4.5-7 / ASC 330-10-35). Der so ermittelte Vergleichsmaßstab wird in einem zweiten Schritt den historischen Kosten gegenübergestellt. Zur Bewertung der Vorräte wird der niedrigere der beiden Wertmaßstäbe herangezogen.

Wertaufholung

Fraglich ist, ob auch nach US-GAAP eine Wertaufholung in den Folgeperioden bis zu den ursprünglichen historischen Kosten wie nach IAS 2.33 möglich ist. ARB No. 43 geht auf diese Thematik nicht explizit ein, so dass in Analogie zur Bewertung des Anlagevermögens eine Wertaufholung ausgeschlossen zu sein scheint[18]. Wendet das Unternehmen allerdings bei der Berücksichtigung von Wertminderungen die so genannte indirect oder allowance method an, bei der ein „Korrekturposten zur Vorratsbewertung“ gebildet wird, erscheint es möglich, in Höhe dieser allowance zuzuschreiben[19]. Aufgrund der Tatsache, dass ein Großteil der Vorratsgegenstände nicht über mehrere Bilanzstichtage hinweg im Unternehmen verbleibt, handelt es sich wohl um ein wenig praxisrelevantes Problem.

Bewertungsvereinfachungsverfahren

Auch nach US-GAAP sind neben der Einzelbewertung alternative Bewertungsvereinfachungsverfahren zugelassen, sofern es sich um identische und austauschbare Güter des Vorratsvermögens handelt. Neben der Durchschnittsbewertung (average cost method) sind in den USA die LIFO- und FIFO-Methode anerkannt. Der Bilanzierende kann zwischen diesen Verfahren grundsätzlich frei wählen. Bei der Verfahrenswahl sollte nach ARB No. 43 Ch. 4.4 / ASC 330-10-05 allerdings die übergeordnete Zielsetzung der bestmög-

18 Vgl. z.B. *Coenenberg et al.*, Jahresabschluss, S. 223.

19 Vgl. zu dieser allowance method ausführlich *Kieso/Weygandt/Warfield*, Intermediate Accounting, S. 442-444.

lichen Gewährleistung einer periodengerechten Erfolgsermittlung berücksichtigt werden.

Dominanz der LIFO-Methode

Seit der 1938 erfolgten steuerrechtlichen Zulassung der LIFO-Methode im Bundeseinkommensteuergesetz der USA hat sich dieses Verbrauchsfolgeverfahren im Rahmen der Vorratsbewertung durchgesetzt. Insofern besteht eine Analogie zu der Bedeutung der LIFO-Methode in Deutschland, die seit ihrer steuerrechtlichen Legalisierung gemäß § 6 Abs. 1 Nr. 2a EStG im Jahr 1990 weit verbreitet ist. Die Zulässigkeit der LIFO-Methode in der Steuerbilanz ist davon abhängig, ob sie auch in der Handelsbilanz zur Anwendung gelangt. Für die ansonsten in der US-amerikanischen Bilanzierungspraxis vorherrschende strikte Trennung von handels- und steuerrechtlicher Rechnungslegung stellt dieses Erfordernis eine Ausnahme dar und dokumentiert eine Art von umgekehrter Maßgeblichkeit der Steuerbilanz für die Handelsbilanz[20].

Ausgewählte Literatur

Bieg, H./Hossfeld, C./Kußmaul, H./Waschbusch, G., Bilanzierung und Bewertung von Vorräten nach IAS 2, in: StB, 57. Jg. (2006), S. 421-425.

Kümpel, T., Vorratsbewertung und Langfristfertigung nach International Financial Reporting Standards, in: bilanz & buchhaltung, 50. Jg. (2004), S. 269-285.

Kümpel, T., Vorratsbewertung nach IAS 2, in: DStR, 43. Jg. (2005), S. 1153-1158.

Küting, K., Herstellungskosten, in: Küting, K./Pfitzer, N./Weber, C.-P. (Hrsg.), Das neue deutsche Bilanzrecht, S. 159-181, 2. Aufl., Stuttgart 2009.

Quick, R., Einzelfragen der Vorratsbewertung nach IFRS, in: Der Betrieb, 61. Jg. (2008), S. 2206-2211.

Übungsaufgaben

Aufgabe 1:

Die Jupp GmbH bilanziert bisher nach den Vorschriften des HGB. Da sich die Geschäftsführung der Jupp GmbH bei der Kreditvergabe Vorteile erhofft, erwägt sie, ausschließlich zu Informationszwecken zusätzlich einen Einzelabschluss nach IFRS aufzustellen. Aufgrund der hohen Produktionstätigkeit des Unternehmens ist die Geschäftsführung insbesondere an den Auswirkungen einer solchen Umstellung auf das Vorratsvermögen interessiert. Folgende Informationen liegen Ihnen vor:

20 Vgl. *Kieso/Weygandt/Warfield,* Intermediate Accounting, S. 407.

in € pro Erzeugniseinheit	**2010**
Materialeinzelkosten	200
Fertigungseinzelkosten	80
Sondereinzelkosten der Fertigung	20
Materialgemeinkosten	50
Fertigungsgemeinkosten	100
Abschreibungen des Anlagevermögens	40
Verwaltungskosten davon herstellungsbezogen	180 30
Aufwendungen für betriebliche Altersversorgung davon herstellungsbezogen	70 20
Fremdkapitalkosten	10
Vertriebskosten	60

Berechnen Sie die Herstellungskosten für ein von der Jupp GmbH im Geschäftsjahr 2010 hergestelltes Erzeugnis

a) auf Basis der handels- und steuerrechtlichen Untergrenze,
b) auf Basis der handels- und steuerrechtlichen Obergrenze,
c) auf Basis der IFRS.

und erläutern Sie Ihr Vorgehen.

Aufgabe 2:
Für die Produktion des Produktes BOP-930 fielen im Jahr 2010 im Bereich der Material- und Fertigungseinzelkosten bei der Sowat AG jeweils 100.000 € an. Insgesamt sind Gemeinkosten in der Produktion von 80.000 € entstanden. Die allgemeine Verwaltung verursachte bei der Sowat AG Gesamtkosten in Höhe von 80.000 €. In diesen Kosten ist das Gehalt des Produktionsmanagers in Höhe von 30.000 € enthalten. Für Fernsehspots mussten 20.000 € bezahlt werden. In der Steuerbilanz werden die Vorräte zur steuerlichen Wertuntergrenze angesetzt. Sämtliche im Jahr 2010 produzierten Produkte BOP-930 werden erst im Jahr 2011 zu 420.000 € verkauft. Buchen Sie die Aktivierung der BOP-930-Produkte und den Verkaufsprozess in den Jahren 2010 und 2011

a) nach dem Umsatzkostenverfahren.
b) nach dem Gesamtkostenverfahren.

Aufgabe 3:

Die Gambling AG ist marktführender Hersteller in der Produktion von für das Glücksspiel vorgesehenen Jetons. Zum Bilanzstichtag 31.12.2010 liegen bei der Gambling AG noch Rohstoffe mit historischen Anschaffungskosten in Höhe von 30.000 € auf Lager. Aufgrund eines Preisrückgangs betragen die Wiederbeschaffungskosten der Rohstoffe zu diesem Zeitpunkt 28.400 €. Die historischen Herstellungskosten der zum 31.12.2010 auf Lager liegenden fertig produzierten Jetons beträgt 55.000 €. Der geschätze Verkaufserlös hierfür liegt bei 56.000 €, wobei noch geschätzte Verkaufskosten in Höhe von 4.500 € anfallen würden.

a) Mit welchem Wert sind die Rohstoffe und fertigen Erzeugnisse zum 31.12.2010 nach IAS 2 in der Bilanz anzusetzen?
b) Welche Wertansätze würden sich zum 31.12.2010 für die Rohstoffe und die Jetons ergeben, wenn der geschätzte Verkaufserlös der Jetons 62.000 € betragen würde?

Aufgabe 4:

Während das LIFO-Verfahren nach IAS 2 nicht erlaubt ist, kann es sowohl handelsrechtlich als auch nach US-GAAP Anwendung finden. Diskutieren Sie mögliche Gründe, die das IASB zum Verbot dieses Bewertungsvereinfachungsverfahrens bewogen haben könnten. Gehen Sie dazu auch auf die bilanzpolitischen Spielräume des LIFO-Verfahrens ein.

Kapitel 15
Rückstellungen und Erfolgsunsicherheiten

Mit dem Release der XBOX 360 im November 2005 war der Microsoft-Konzern vor Nintendo und Sony das erste dieser drei im Videospiel-Sektor konkurrierenden Unternehmen, das im Kampf um die Marktführerschaft eine Videospiel-Konsole der sogenannten „Next Generation" auf den Markt brachte. Wie sich in den folgenden Monaten allerdings herausstellte, wurde der „Zeitvorteil" gegenüber der Konkurrenz teuer erkauft. Denn eine beträchtliche Anzahl der ausgelieferten Konsolen wies aufgrund von Designmängeln Hardwarefehler auf, die dazu führten, dass zahlreiche Konsolen nach einiger Zeit defekt zur Reparatur eingesendet werden mussten. Während Microsoft lange Zeit von einer „normalen" Anzahl an Hardwaredefekten und entsprechenden Garantiefällen sprach, wurde schließlich im Juli 2007 Klarheit geschaffen. Microsoft bestätigte, dass jede dritte aller bis zu diesem Zeitpunkt verkauften Konsolen wegen eines Hardwaredefekts zurückgesendet wurde. Infolgedessen verlängerte Microsoft die Garantiezeit der XBOX 360 von zwei auf drei Jahre. Die Konsequenz war, dass der Konzern Rückstellungen in Höhe von knapp einer Milliarde Dollar bilden musste, die sämtliche zukünftig innerhalb der verlängerten Garantiezeit anfallenden Gewährleistungsansprüche abdecken sollten.

Lernziele

Nach dem Durcharbeiten dieses Kapitels werden Sie

- verstehen, zu welchem Zweck Rückstellungen gebildet werden,
- die Voraussetzungen kennen, die das IASB an die Passivierung einer Rückstellung knüpft,
- die Vorgehensweise bei der Bewertung von Rückstellungen erlernen und
- die mit künftigen Risiken und Erfolgsunsicherheiten im Zusammenhang stehenden Angabepflichten kennen.

1 Einleitung

Zweck und bilanztheoretische Einordnung

Rückstellungen bilden gemeinsam mit den Verbindlichkeiten die Schulden eines Unternehmens. Je nach bilanztheoretischer Perspektive werden Rückstellungen konzeptionell unterschiedlich gesehen. Die statische Bilanztheorie sieht in ihnen Schulden, denen sich das Unternehmen am Bilanzstichtag ausgesetzt sieht, die jedoch bezüglich ihrer Existenz, ihres Fälligkeitszeitpunktes und/oder ihrer Höhe (noch) unsicher sind. Im Interesse eines vollständigen Schuldenausweises sind demzufolge „unsichere Schulden" am Bilanzstichtag zu erfassen, sofern sie gegenüber Dritten bestehen, also Außenverpflichtungen darstellen. In der dynamischen Bilanztheorie steht demgegenüber das Ziel der periodengerechten Erfolgsermittlung, also der zutreffenden zeitlichen Zuordnung von Aufwendungen und Erträgen nach ihrer wirtschaftlichen Verursachung (Verursachungsprinzip), im Vordergrund. Hiernach sollen Rückstellungen im Sinne eines Abgrenzungspostens sämtliche Aufwendungen erfassen, die wirtschaftlich einer abgelaufenen Periode zuzurechnen sind, aber erst in der Zukunft zu Auszahlungen führen. Die dynamische Interpretation schließt folglich auch sog. Aufwandsrückstellungen ein, welche Verpflichtungen des Unternehmens „gegenüber sich selbst" betreffen. Insofern ist der dynamische Rückstellungsbegriff weiter gefasst als der statische.

Relevante Normen

Im System der IFRS fallen diejenigen Bilanzpositionen, die nach handelsrechtlichen Begriffen als Rückstellungen zu bezeichnen wären, unter den allgemeinen Begriff der Schulden (liabilities). Die relevanten Vorschriften für die Bilanzierung von Rückstellungen sind im Wesentlichen in IAS 37 „Rückstellungen, Eventualschulden und Eventualforderungen" (Provisions, Contingent Liabilities and Contingent Assets) kodifiziert.

Regelungsumfang von IAS 37

Neben Rückstellungen wird in IAS 37 die Bilanzierung von Eventualschulden (contingent liabilities) und Eventualforderungen (contingent assets) behandelt. IAS 37 gilt nur als lex generalis zu spezielleren IFRS, in denen besondere Rückstellungsarten geregelt sind (IAS 37.1-9). Beispielsweise sind Rückstellungen für Leistungen an Arbeitnehmer (IAS 19; vgl. Kapitel 16), für Leasingverhältnisse (IAS 17; vgl. Kapitel 21), sofern es sich beim Leasinggeber nicht um belastende Verträge handelt (für diese gilt IAS 37), für passive latente Steuern (IAS 12; vgl. Kapitel 8), aus langfristigen Fertigungsaufträgen (IAS 11; vgl. Kapitel 9) sowie für Verpflichtungen von Versicherungsunternehmen aus Versicherungsverträgen (IFRS 4) jeweils in eigenen Standards geregelt. Explizit eingeschlossen in den Regelungsbereich von IAS 37 sind jedoch Restrukturierungsrückstellungen. Für Eventualschulden, die im Rahmen von Unternehmenszusammenschlüssen erworben werden, gilt IFRS 3 (vgl. Kapitel 23).

Aufbau von IAS 37

IAS 37 folgt dem üblichen Aufbau der meisten IFRS. Im Anschluss an eine Umschreibung des Regelungsziels wird der Anwendungsbereich umrissen (IAS 37.1-9). Dem folgt ein Katalog zentraler Begriffsdefinitionen und Konzepte (IAS 37.10-13). Bilanzansatzregeln sind anschließend Gegenstand der Absätze 14-35, während sich Bewertungsregeln in IAS 37.36-52 finden. Der Umgang mit Spezialproblemen und die Anwendung der Grundregeln auf ausgewählte Sachverhalte wie Restrukturierungen wird in den Absätzen 53-83 beschrieben. Die abschließenden Vorschriften betreffen Angabepflichten (IAS 37.84-92), Übergangsregeln (IAS 37.93) und die erstmalige Anwendung (IAS 37.95). Eine Zusammenfassung der Kernvorschriften findet sich in den Anhängen A und B, während die Anhänge C und D erläuternde Beispiele zu den Ansatzvorschriften bzw. Angabepflichten enthalten.

Aktuelle Neuentwicklungen

Entscheidende Änderungen des derzeitigen Regelungsinhaltes von IAS 37 könnten sich im Rahmen des Konvergenzprojektes zwischen FASB und IASB ergeben. Diesbezüglich wurden zwei Standardentwürfe im Juni 2005 und Januar 2010 herausgegeben, die wesentliche Änderungen der bisherigen Ansatz- und Bewertungsvorschriften enthalten. Am 19.02.2010 veröffentlichte das IASB eine Arbeitsversion (Working Draft) eines IFRS („IFRS [X] Liabilities"), der beide Standardentwürfe im Rahmen eines neuen IFRS zusammenfasst[1]. Ein finaler Standard wird für das erste Halbjahr 2011 erwartet.

2 Definition und Ansatz

System

Um eine angemessene bilanzielle Erfassung künftiger Risiken zu erreichen, kodifiziert IAS 37 ein System abgestufter Passivierungs- und Berichterstattungspflichten in Abhängigkeit davon, mit welcher Wahrscheinlichkeit sich das bilanzierende Unternehmen einer künftigen Belastung gegenüber sieht. Muss von einem solchen Nutzenabfluss in abschätzbarer Höhe mit hoher Wahrscheinlichkeit ausgegangen werden, ist eine Rückstellung zu passivieren. Fehlt es jedoch an der hohen Eintrittswahrscheinlichkeit und/oder an der Quantifizierbarkeit des Betrags, so ist allenfalls in Form einer Eventualschuld über das künftige Risiko zu berichten.

Definition

Nach IAS 37.10 sind unter Rückstellungen (provisions) solche Schulden zu verstehen, die bezüglich ihrer Fälligkeit oder ihrer Höhe ungewiss sind. Der Begriff der Schuld, ursprünglich definiert in RK.49(b), wird in IAS 37.10 verkürzt wiedergegeben. Danach sind Rückstellungen ungewisse gegenwärtige Verpflichtungen, die, aus vergangenen Ereignissen resultierend, künftig einen Abfluss wirtschaftlicher Ressourcen erwarten lassen. Nicht darunter fallen allerdings passivische Abgrenzungsposten wie erhaltene Anzahlungen sowie quasi sichere künftige Verpflichtungen (accruals), wie sie in HGB-Abschlüssen etwa über Steuerrückstellungen und Urlaubsrückstellungen erfasst werden. Diese stellen im IFRS-Abschluss sonstige Verbindlichkeiten dar (IAS 37.11).

Voraussetzungen für Rückstellungen

Das kumulative Vorliegen der drei in IAS 37.14 aufgeführten Grundvoraussetzungen löst die Pflicht zur Passivierung einer Rückstellung aus. Diese Kriterien entsprechen denjenigen, die generell gemäß RK.49(b) und RK.83 für die Passivierung von Schulden zu prüfen sind.

- Das Unternehmen hat aus einem vergangenen Ereignis eine gegenwärtige Verpflichtung rechtlicher oder tatsächlicher Natur.

1 Eine nähere Darstellung und Erläuterung der Inhalte des „Exposure Draft of Proposed Amendments to IAS 37 Provsions, Contingent Liabilities and Contingent Assets" (nachfolgend kurz ED-IAS 37), des „Exposure Draft Measurement of Liabilities in IAS 37" (nachfolgend kurz ED/2010/1) sowie des Working Draft „IFRS [X] Liabilities" (nachfolgend kurz WD Liabilities) erfolgt im Exkurs in Abschnitt 4 dieses Kapitels.

- Es ist wahrscheinlich, dass es zu einem Abfluss von Ressourcen mit wirtschaftlichem Nutzen kommen wird, um die Verpflichtung zu begleichen.
- Eine zuverlässige Schätzung der Verpflichtungshöhe ist möglich.

Gegenwärtige Verpflichtung

Die erste Voraussetzung besteht aus zwei Elementen: Zum einen muss sich das Unternehmen einer gegenwärtig bereits bestehenden Verpflichtung (present obligation) gegenüber sehen. Es ist nicht erforderlich, dass die Verpflichtung juristisch durchsetzbar ist, also auf einer gesetzlichen, vertraglichen oder sonstigen rechtlichen Grundlage beruht (legal obligation). Vielmehr genügt eine wirtschaftlich-faktische Verpflichtung, der sich das Unternehmen praktisch nicht entziehen kann (constructive obligation). Eine solche ist gegeben, wenn das Unternehmen durch seine Verhaltensweise oder durch öffentliche Erklärung gegenüber Dritten die gerechtfertigte Erwartung erzeugt hat, dass es die Verpflichtung, beispielsweise aus Kulanz, erfüllen werde (IAS 37.10).

Unsicherheit der Verpflichtung

Das Bestehen einer gegenwärtigen Verpflichtung kann in seltenen Fällen, etwa bei Gerichtsverfahren, unklar sein. Daher wird man die erste Voraussetzung nur dann als gegeben ansehen können, wenn unter Berücksichtigung aller verfügbaren Informationen mehr für als gegen das Bestehen einer gegenwärtigen Verpflichtung am Bilanzstichtag spricht (IAS 37.15). Insofern muss eine Verpflichtung mit mehr als 50%iger Wahrscheinlichkeit vorliegen (more likely than not). Bei der Beurteilung von Grenzfällen muss das bilanzierende Unternehmen ggf. Expertenrat einholen.

Vergangenes Ereignis

Zum anderen muss diese Verpflichtung aus einem vergangenen Ereignis resultieren (IAS 37.10). Mit diesem Erfordernis stellt das IASB sicher, dass keine künftig erwarteten oder geplanten Ereignisse bereits in der Berichtsperiode über eine Rückstellung erfasst werden. Es soll nicht von künftigen Entscheidungen des Unternehmens abhängen, ob eine Verpflichtung besteht oder nicht. Das hier geforderte vergangene Ereignis führt vielmehr dazu, dass sich dem Unternehmen außer der Erfüllung der Verpflichtung keine realistische Handlungsalternative bietet (IAS 37.17). Das Unternehmen darf aus rechtlichen oder faktischen Gründen keinerlei Möglichkeit haben, sich der Erfüllung der Verpflichtung zu entziehen.

Wahrscheinlicher Ressourcenabfluss

Die zweite Voraussetzung erfordert eine mehr als 50%ige Wahrscheinlichkeit, dass die Begleichung der Verpflichtung künftig einen Abfluss wirtschaftlicher Ressourcen erfordert. Der Wahrscheinlichkeitsmaßstab ist damit der gleiche wie bei der Frage, ob eine gegenwärtige Verpflichtung vorliegt (more likely than not; IAS 37.23), so dass zusätzlich zum ersten Ansatzkriterium eine zweite Einschätzung von Wahrscheinlichkeiten erforderlich ist (doppelter Wahrscheinlichkeitsbegriff). Der Ressourcenabfluss muss allerdings nicht für jede Verpflichtung gesondert als wahrscheinlich einzustufen sein. Bei einer Gruppe gleichartiger Verpflichtungen, beispielsweise aus Garantiezusagen, genügt es vielmehr, wenn zur Begleichung des gesamten Portfolios von Verpflichtungen ein Ressourcenabfluss wahrscheinlich ist (IAS 37.24). Hinzuweisen ist bereits an dieser

Stelle auf die grundlegende konzeptionelle Änderung durch WD Liabilities, in Folge der dieses zweite Ansatzkriterium gestrichen werden soll.

Zuverlässige Schätzbarkeit

Die dritte Voraussetzung ist erfüllt, wenn der in Zukunft zur Begleichung der Verpflichtung erforderliche Betrag verlässlich geschätzt werden kann. Das IASB betont, dass es an diesem Erfordernis nur in extrem seltenen Ausnahmefällen fehlen dürfte (IAS 37.25). Insbesondere kann ein Unternehmen von der Passivierung einer Rückstellung nicht allein deshalb absehen, weil es sich außer Stande sieht, für die Verpflichtungshöhe eine verlässliche, einwertige Punktschätzung anzugeben. Sobald eine Spanne möglicher Beträge (Bandbreiten) ermittelbar ist, muss – das Vorliegen der übrigen Ansatzkriterien vorausgesetzt – eine Rückstellung gebildet werden.

Beispiel 15.1

Anhang C zu IAS 37 enthält zahlreiche Beispiele zur Prüfung der hier beschriebenen Ansatzvoraussetzungen. In vielen Fällen ist es beispielsweise zweifelhaft, ob eine gegenwärtige Verpflichtung aufgrund eines verpflichtenden Ereignisses existiert, und worin dieses Ereignis bestanden hat.

Bei Garantie- bzw. Kulanzverpflichtungen ist das verpflichtende Ereignis beispielsweise der Verkauf des Produkts, welcher beim bilanzierenden Unternehmen eine – rechtliche oder auch nur wirtschaftlich-faktische – Verpflichtung auslöst, künftige Reparatur- oder Ersatzleistungen zu erbringen.

Bei einer Verpflichtung, aufgrund eines neuen Gesetzes Altlasten auf einem Grundstück in Zukunft beseitigen zu müssen, besteht das verpflichtende Ereignis nicht etwa in der Verabschiedung des neuen Gesetzes, sondern in der Verschmutzung des Grundstücks. Erstere führt lediglich dazu, dass ein künftiger Ressourcenabfluss nun – im Gegensatz zu vorher, als eine Sanierungspflicht noch nicht bestand – wahrscheinlich ist.

Eventualschuld

Scheitert die Passivierung einer Rückstellung daran, dass eines oder mehrere der obigen drei Kriterien für das Vorliegen einer Schuld nicht gegeben sind, so ist subsidiär zu prüfen, ob zumindest eine Eventualschuld (contingent liability) vorliegt. Hier sind nach IAS 37.10 zwei Alternativen zu unterscheiden:

- Zum einen handelt es sich dabei um eine lediglich mögliche Verpflichtung aus einem vergangenen Ereignis, deren Bestehen noch durch unsichere künftige Entwicklungen, die vom Unternehmen nicht gänzlich kontrolliert werden können, bestätigt werden muss. Hier ist also unklar, ob bereits ein verpflichtendes Ereignis eingetreten ist. Beispielsweise kann es bei einer in der Vergangenheit gemachten Garantiezusage des Unternehmens unklar sein, ob der Garantiefall jemals eintreten wird.
- Zum anderen ist als Eventualschuld auch eine aus vergangenen Ereignissen resultierende gegenwärtige Verpflichtung anzusehen, wenn diese aus folgenden Gründen nicht als Rückstellung passiviert wurde: Es ist unwahrscheinlich, dass ein wirtschaftlicher Ressourcenabfluss zu ihrer Begleichung erforderlich sein wird, oder der Verpflichtungsbetrag lässt sich nicht mit hinreichender Zuverlässigkeit schätzen. Hier ist als Beispiel ein laufender Prozess

gegen das Unternehmen zu nennen, der voraussichtlich negativ ausgehen wird, hinsichtlich der Höhe der resultierenden Zahlungsverpflichtungen jedoch noch völlig ungewiss ist.

Keine Passivierung

Eine Eventualschuld wird nicht passiviert (IAS 37.27). Stattdessen ist gemäß IAS 37.86 im Anhang über sie zu berichten[2]. Eine Offenlegungspflicht entfällt jedoch dann, wenn ein künftiger Ressourcenabfluss als sehr unwahrscheinlich (remote) einzustufen ist. Unternehmen sind angehalten, die einer Eventualschuld zugrunde liegenden Sachverhalte kontinuierlich zu überprüfen und Änderungen in der Wahrscheinlichkeit eines künftigen Ressourcenabflusses entsprechend zu berücksichtigen.

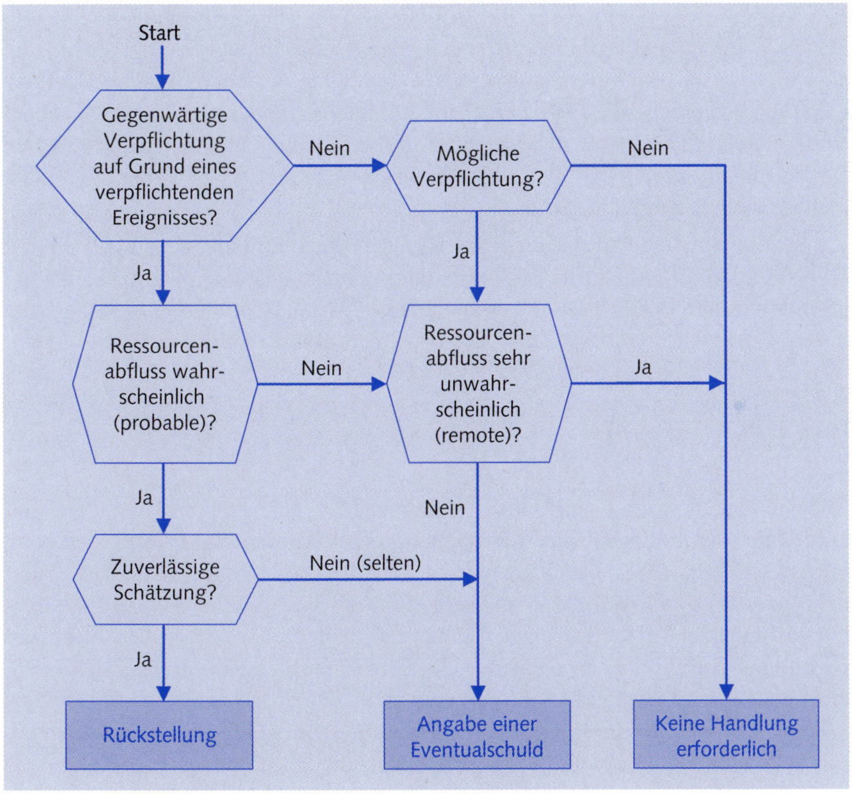

Abb. 15.1: Entscheidungsbaum für Rückstellungen und Eventualschulden (Anhang B zu IAS 37)

2 Eine Eventualschuld bildet auch derjenige Teil einer gesamtschuldnerischen Verpflichtung, für den voraussichtlich ein anderer Gesamtschuldner einstehen muss (IAS 37.29). Eventualschulden, die im Zuge einer Unternehmensübernahme erworben wurden, sind hingegen gemäß IFRS 3.23 im Konzernabschluss anzusetzen; vgl. dazu Kapitel 23.

Eventual-forderung

Das Gegenstück zur Eventualschuld ist die Eventualforderung (contingent asset). Dieser „mögliche Vermögenswert" (IAS 37.10) erwächst aus ungeplanten und unerwarteten Ereignissen in der Vergangenheit, die einen künftigen Ressourcenzufluss im Unternehmen, beispielsweise als Ergebnis einer gerichtlichen Auseinandersetzung, als möglich erscheinen lassen (IAS 37.32). Ebenso wie eine Eventualschuld erst durch künftige Ereignisse in ihrem Schuldcharakter bestätigt oder widerlegt wird, kommt es auch bei der Eventualforderung darauf an, dass erst unsichere künftige Ereignisse, die nicht der Kontrolle des Unternehmens unterliegen, den Vermögenswertcharakter des Sachverhalts endgültig klären.

Keine Aktivierung

Spiegelbildlich zur Eventualschuld ist eine Eventualforderung nicht bilanziell zu erfassen (IAS 37.31), sondern unterliegt einer Offenlegungspflicht nach IAS 37.89, sofern der künftige Ressourcenzufluss wahrscheinlich (probable) ist. Der Aktivierung als Vermögenswert steht das Realisationsprinzip entgegen, weil sich ein daraus resultierender Ertrag möglicherweise niemals realisieren lässt. Kann die entsprechende Ertragsrealisierung demgegenüber als so gut wie sicher (virtually certain) angesehen werden, so greifen die allgemeinen Ansatzkriterien für Vermögenswerte (IAS 37.33). In diesem Fall handelt es sich aber auch nicht mehr um eine Eventualforderung.

Zusammenfassendes Prüfschema

Die Voraussetzungen für die Passivierung einer Rückstellung bzw. für die Offenlegung einer Eventualschuld lassen sich in Form eines Entscheidungsbaumes (Abbildung 15.1) darstellen, der Anhang B zu IAS 37 entlehnt ist.

3 Bewertung

Bestmöglicher Schätzwert

Rückstellungen werden mit dem bestmöglichen Schätzwert (best estimate) der künftigen Auszahlungen, die zur Erfüllung der Verpflichtung erforderlich sind, bewertet (IAS 37.36). Geschätzt wird dabei derjenige Betrag, den das Unternehmen vernünftigerweise zahlen würde, um die Verpflichtung am Bilanzstichtag zu begleichen oder auf einen Dritten zu übertragen (IAS 37.37). Angesetzt wird dabei der Betrag vor Steuern (IAS 37.41), während die Berücksichtigung etwaiger Steuereffekte in IAS 12 geregelt ist.

Ermessens-spielraum

Das IASB ist sich darüber im Klaren, dass die vom Management des bilanzierenden Unternehmens vorzunehmende Schätzung der künftigen Auszahlungen vorrangig von dessen Urteilsvermögen bestimmt wird. Als zusätzliche, objektivierende Informationsquellen sollen daher Erfahrungen mit vergleichbaren Sachverhalten sowie fallweise der Sachverstand unabhängiger Experten herangezogen werden. Zusätzlich sind wertaufhellende Ereignisse nach dem Bilanzstichtag zu berücksichtigen, sofern sie die Schätzung erleichtern (IAS 37.38).

Erwartungswert

In der Regel gibt es für den unsicheren, künftig zu zahlenden Verpflichtungsbetrag keine einwertige Punktschätzung, sondern das Management kann allenfalls eine Spanne möglicher Werte angeben, innerhalb welcher sich der gesuchte

Betrag voraussichtlich bewegen wird. Wie in solchen Fällen verfahren wird, ist gemäß IAS 37.39 anhand der konkreten Umstände zu entscheiden. Hängt die Höhe des Gesamtbetrages, der sich aus der künftigen Inanspruchnahme ergibt, von einer Vielzahl ähnlicher Sachverhalte ab, so ist die Erwartungswertmethode anzuwenden. Der bestmögliche Schätzwert wird in diesen Fällen als Durchschnitt der einzelnen Verpflichtungsbeträge, gewichtet mit ihren jeweiligen Eintrittswahrscheinlichkeiten, berechnet. Dies führt dazu, dass bei einer Spanne gleichwahrscheinlicher Werte der mittlere Betrag angesetzt wird. Insofern folgt das IASB mehr dem Gedanken der fair presentation als dem reinen Vorsichtsprinzip.

Beispiel 15.2[3]

Die Hendriksson AG gewährt auf die von ihr produzierten Mobiltelefone eine Garantie von zwei Jahren. Innerhalb dieser Zeit können die Kunden defekte Geräte einschicken und erhalten diese kostenlos repariert bzw. ersetzt. Erfahrungsgemäß stellen sich 15 % der Hendriksson-Telefone innerhalb der Garantiezeit als schadhaft heraus. Bei rund einem Drittel dieser Geräte liegen Tastaturstörungen vor, die zu einem Betrag von 8 € pro Stück in Stand gesetzt werden können. Die restlichen Mobiltelefone haben defekte Displays, deren Reparatur 13 € pro Stück kostet. Insgesamt hat die Hendriksson AG im abgelaufenen Geschäftsjahr 540.000 Telefone verkauft.

Der Erwartungswert der aus der Garantieverpflichtung künftig resultierenden Ressourcenabflüsse wird unter Berücksichtigung der obigen Erfahrungen wie folgt berechnet: Da 85 % der Geräte voraussichtlich intakt bleiben, sind hier keinerlei Auszahlungen zu erwarten. Bei (5 % · 540.000 =) 27.000 Telefonen fallen voraussichtlich Auszahlungen von 8 € pro Stück, also insgesamt 216 T€ an. Die restlichen (10 % · 540.000 =) 54.000 Geräte müssen für 13 € pro Stück repariert werden, was aller Erwartung nach zu Auszahlungen von 702 T€ führen wird. Insgesamt stellt die Hendriksson AG folglich – das Vorliegen der Passivierungsbedingungen für eine Rückstellung sei hier vorausgesetzt – einen Betrag von (216 + 702 =) 918 T€ als bestmöglichen Schätzwert des künftigen Ressourcenabflusses zurück.

Wahrscheinlichstes Ergebnis

Selbst bei der Beurteilung einzelner Sachverhalte, für die keine statistischen Erfahrungswerte zur Verfügung stehen, ist es denkbar, dass eine Spanne unterschiedlicher Szenarien für die Höhe des künftigen Ressourcenabflusses existiert. IAS 37.40 hebt in diesem Zusammenhang explizit hervor, dass in solchen Fällen das jeweils wahrscheinlichste Ergebnis die bestmögliche Schätzung darstellen kann. Dabei sind allerdings auch andere mögliche Entwicklungen einzubeziehen, die je nach Sachlage für eine höhere oder niedrigere Rückstellung sprechen können. Dies ist z.B. dann der Fall, wenn die neben dem wahrscheinlichsten Wert vorliegenden Schätzungen in ihrer Mehrheit über oder unter diesem liegen. Das IASB lehnt in IAS 37.43 explizit eine bewusst vorsichtige Bilanzierung ab. Insbesondere rechtfertige das Vorliegen von Unsicherheit nicht die Überdotierung von Rückstellungen.

3 Ein ähnliches Beispiel findet sich in IAS 37.39.

Beispiel 15.3

Die Schwabe AG ist Beklagte in einem Produkthaftungsprozess. Das Management und der zu Rate gezogene Rechtsbeistand gehen mit in etwa gleichen Wahrscheinlichkeiten davon aus, dass es zu einem Freispruch, einem Schuldspruch oder zu einem außergerichtlichen Vergleich kommt. Schätzt man den künftigen Ressourcenabfluss auf der Basis des für das Unternehmen ungünstigsten Falles, nämlich des Schuldspruchs, so käme es einer übertrieben vorsichtigen Bewertung gleich, wenn anschließend aus einer Bandbreite verschiedener, im Falle des Schuldspruchs möglicher Verpflichtungshöhen wiederum der höchste Betrag angesetzt würde.

Barwert

Bei Rückstellungen für Verpflichtungen, deren Begleichung relativ weit in der Zukunft liegt, ist der Zins- und Zinseszinseffekt, soweit wesentlich, zu berücksichtigen, um eine Überbewertung der Rückstellung zu vermeiden (IAS 37.45). Obwohl der Begriff der Wesentlichkeit in diesem Zusammenhang nicht näher konkretisiert wird, kann im Grundsatz davon ausgegangen werden, dass eine Abzinsung des Verpflichtungsbetrages erforderlich ist, wenn mit einer Inanspruchnahme aus der Verpflichtung nach einem Zeitraum von mehr als einem Jahr zu rechnen ist[4]. Konsequenterweise sind die künftig erwarteten Ressourcenabflüsse zu diskontieren. Der als bestmögliche Schätzung anzusetzende Rückstellungsbetrag ist folglich der Barwert der zur Begleichung der Verpflichtung künftig erforderlichen Auszahlungen.

Risikoberücksichtigung

Als Basis für die Barwertberechnung ist ein Kalkulationszins vor Steuern zu verwenden, der den aktuellen risikolosen Marktzins widerspiegelt sowie neben dem Zins- und Zinseszinseffekt zusätzlich die spezifischen Risiken der konkreten Verpflichtung abbildet (IAS 37.47). Damit es zu keiner Doppelerfassung kommt, dürfen sich Risiken, die bereits bei der Ermittlung der künftig erwarteten Auszahlungen berücksichtigt wurden, nicht zusätzlich im Kalkulationszins niederschlagen.

Künftige Ereignisse

Die Unsicherheit bezüglich Fälligkeit und Höhe einer Schuld, die über eine Rückstellung erfasst wird, bezieht sich in vielen Fällen auf den Eintritt oder Nichteintritt künftiger Ereignisse wie etwa technologischer Neuerungen. IAS 37.48 bestimmt daher deklaratorisch, dass künftige Ereignisse mit möglichem Einfluss auf die Verpflichtungshöhe im Rückstellungsbetrag zu berücksichtigen sind, sofern ausreichende objektive Hinweise für ihren Eintritt sprechen. Handelt es sich bei solchen künftigen Ereignissen um geplante Gesetzesvorhaben, so dürfen deren Effekte allerdings erst berücksichtigt werden, wenn ihre Verabschiedung so gut wie sicher ist (IAS 37.50).

Veräußerungsgewinne

Schließlich bestimmt IAS 37.51, dass erwartete Gewinne aus der Veräußerung von Vermögenswerten nicht mindernd in den Rückstellungsbetrag einbezogen werden dürfen. Dies gilt selbst dann, wenn die geplante Veräußerung mit dem Rückstellungsanlass in engem Zusammenhang steht. Eine Einbeziehung solcher geplanten Erlöse widerspräche dem Realisationsprinzip.

4 Vgl. *Busse von Colbe, W./Seeberg, T.*, Vereinbarkeit internationaler Konzernrechnungslegung mit Handelsrechtlichen Grundsätzen, in: zfbf, 49. Jg. (1997), Sonderheft 39, S. 122.

Erstattungen

In vielen Fällen stehen Unternehmen für künftige Auszahlungen, für die z.B. eine Schadensersatzrückstellung zu bilden ist, Erstattungen z.B. aufgrund eines Versicherungsvertrages zu. Solche erwarteten Erstattungen mindern nicht etwa den Rückstellungsbetrag, sondern sind als separate Vermögenswerte zu aktivieren, wenn es so gut wie sicher ist (virtually certain), dass das Unternehmen die Erstattung bei Erfüllung der Verpflichtung auch tatsächlich erhält (IAS 37.53). Ein solcher Vermögenswert darf allerdings den Rückstellungsbetrag nicht übersteigen. Der Aufwand aus der Rückstellungsbildung und der Ertrag aus der Aktivierung der Erstattung dürfen in der Gesamtergebnisrechnung saldiert ausgewiesen werden.

Fortlaufende Anpassung der Rückstellung

Die Rückstellungshöhe ist zu jedem Bilanzstichtag zu überprüfen und – in der Regel GuV-wirksam – an aktuelle Entwicklungen anzupassen (IAS 37.59). Auch dieses Erfordernis ergibt sich aus den allgemeinen Grundsätzen und schließt auch die kontinuierliche Überprüfung der Passivierungskriterien ein. Sind diese nicht mehr erfüllt, wird die Rückstellung GuV-wirksam aufgelöst (reversal).

Weitere Anpassungen werden bei diskontierten Rückstellungsbeträgen erforderlich. Durch das Näherrücken des erwarteten Erfüllungstermins im Zeitablauf ist die Rückstellung jeweils um eine Rechnungsperiode aufzuzinsen (unwinding of discount). Der entsprechende Aufwand ist als Zinsaufwand unter den Fremdkapitalkosten darzustellen (IAS 37.60).

Nutzung der Rückstellung

Änderungen im Rückstellungsbetrag werden schließlich – und dies sollte der Regelfall sein – durch bestimmungsgemäßen Gebrauch verursacht. Sobald die Auszahlungen, für deren Vorwegnahme eine Rückstellung gebildet wurde, anfallen, wird in der Gegenbuchung die Rückstellung entsprechend aufgelöst. Dabei dürfen Rückstellungen ausschließlich mit solchen Auszahlungen verrechnet werden, für die sie ursprünglich gebildet wurden (IAS 37.61). Andernfalls könnten Aufwendungen, für die ursprünglich keine Rückstellung gebildet wurde, GuV-neutral gebucht werden.

Exkurs

Rückstellungen und Bilanzpolitik

Aufgrund der Notwendigkeit, künftige Entwicklungen abzuschätzen, ist die Bilanzierung von Rückstellungen in hohem Maße von subjektiven Schätzungen der Unternehmensleitung geprägt. Liegt eine gegenwärtige Verpflichtung vor? Kommt es wahrscheinlich zu künftigen Belastungen? In welcher Höhe treten diese voraussichtlich ein? Die dabei notwendigerweise auftretenden Ermessensspielräume erlauben es dem Management, Aufwendungen zu einem gewissen Grad entsprechend seiner Anreizstruktur auf der Zeitachse zu verschieben. So lässt sich beispielsweise mit Hilfe von Rückstellungen eine Glättung des zeitlichen Gewinn- oder Verlustverlaufs (income smoothing) erreichen: In guten Jahren wird durch Bildung überhöhter Rückstellungen eine Gewinnreduktion erreicht, wodurch stille Reserven für schlechtere Zeiten entstehen. In schlechteren Jahren, in denen das Unternehmen seine Gewinnziele zu verfehlen droht, kann durch gewinnerhöhende Auflösung nicht benötigter Rückstellungen eine Gewinnsteigerung erzielt bzw. ein Verlust abgefedert werden. Ein solches Verhaltensmuster ist beispielsweise im Zusammenhang mit der Auflösung von Restrukturierungsrückstellungen in den USA nachgewiesen worden[5]. Restrukturierungsrückstellungen unterliegen daher besonders strengen Voraussetzungen, weil vielfältige Arten von künftigen Aufwendungen mit ihnen antizipiert werden können[6].

4 Einzelfragen

Das IASB stellt in IAS 37.63-83 drei Anwendungsfälle vor, anhand derer die zuvor dargestellten allgemeinen Ansatz- und Bewertungsregeln erläutert und konkretisiert werden. Diese Ausführungen haben vor allem deklaratorischen Charakter und ergeben sich teilweise direkt aus den allgemeinen Regeln. Im Einzelnen geht es dabei um

- künftige operative Verluste,
- schwebende Verträge, aus denen Verluste drohen (belastende Verträge), und
- Restrukturierungen.

Neben diesen drei explizit genannten Anwendungsfällen schließt IAS 37 auch die Behandlung von Entsorgungs-, Rekultivierungs- und ähnlichen Verpflichtungen mit ein. Mit IFRIC 1 „Änderungen bestehender Rückstellungen für Entsorgungs-, Wiederherstellungs- und ähnliche Verpflichtungen" (Changes in Decommissioning, Restoration and Similar Liabilities) wurde eine Interpretation herausgegeben, die Leitlinien zur Bilanzierung der Auswirkung von Bewertungsänderungen solcher Verpflichtungen enthält.

Künftige operative Verluste

Kann ein Unternehmen am Bilanzstichtag bereits drohende operative Verluste absehen, so darf eine Rückstellung für diese künftigen Belastungen dennoch nicht gebildet werden. Die Ansatzkriterien sowohl von Schulden im Allgemeinen als auch von Rückstellungen im Besonderen sind nicht erfüllt, denn es liegt weder eine gegenwärtige Verpflichtung vor, noch ein vergangenes Ereignis, welches eine solche ausgelöst hätte. Die Erwartung künftiger operativer Verluste deutet jedoch ggf. auf eine Wertminderung (impairment) im betrieblichen Vermögen hin, die nach IAS 36 durch eine außerplanmäßige Abschreibung zu berücksichtigen wäre (IAS 37.65).

Belastende Verträge/ drohende Verluste

Unter einem belastenden Vertrag wird nach IAS 37.10 eine Abmachung verstanden, bei deren Erfüllung dem Unternehmen unvermeidbare Kosten entstehen, die den voraussichtlich erzielbaren künftigen Nutzen übersteigen. Die unvermeidbaren Kosten ergeben sich dabei als niedrigerer Betrag aus denjenigen Kosten, die bei vertragsgemäßer Erfüllung entstehen, und etwaigen aus der Nichterfüllung resultierenden Strafen oder Entschädigungen (IAS 37.68). Ist das

5 Vgl. *Moehrle, S. R.*, Do firms use restructuring charge reversals to meet earnings targets?, in: TAR, 77. Jg. (2002), S. 397-413.

6 Vgl. auch *Schildbach, T.*, Aufwandsrückstellungen in der internationalen Rechnungslegung, in: StuB, 4. Jg. (2002), S. 791.

Unternehmen also Vertragspartei einer belastenden Abmachung, kann jedoch kostenfrei von ihr zurücktreten, darf eine Rückstellung nicht gebildet werden.

Beispiel 15.4

Im Jahr 2010 hat sich die Bottrop-Bau GmbH vertraglich verpflichtet, Ende 2011 an einen Kunden 50 t Flüssigbeton zu 600 €/t zu liefern. Bei Nichterfüllung droht eine Konventionalstrafe i.H.v. 1.500 €. Im Laufe des Jahres 2010 steigt der Einkaufspreis für Flüssigbeton für die Bottrop-Bau GmbH überraschend von 580 €/t auf 635 €/t am Abschlussstichtag. Die BBG hat sich gegen diesen Preisanstieg nicht abgesichert.

Die aus dem nun belastend gewordenen Vertrag resultierenden unvermeidbaren Kosten belaufen sich auf den niedrigeren Betrag aus der Konventionalstrafe und dem bei Vertragserfüllung zu erwartenden Verlust in Höhe von (35 €/t · 50 t =) 1.750 €. Somit ist eine Rückstellung von 1.500 € zu bilden.

Restrukturierungen: Definition

Ein weiterer wichtiger Anwendungsfall von IAS 37 sind Restrukturierungen, die vom IASB detailliert in IAS 37.70-83 reguliert werden. Die hier gesehenen bilanzpolitischen Spielräume führen zu genau formulierten Voraussetzungen, die allesamt erfüllt sein müssen, damit derartige Restrukturierungsrückstellungen gebildet werden dürfen. Nach IAS 37.10 sind als Restrukturierungsmaßnahmen wesentliche Änderungen in Art oder Umfang der Geschäftstätigkeit einzustufen, die von der Unternehmensleitung geplant und kontrolliert werden. Beispielhaft zu nennen sind hier Verkauf oder Stilllegung von Geschäftsbereichen oder regionalen Standorten, geografische Standortverlagerungen und einschneidende organisatorische Änderungen wie etwa die Auflösung ganzer Managementebenen (IAS 37.70).

Faktische Verpflichtung

Eine Notwendigkeit für umfangreiche Zusatzerläuterungen ergibt sich daraus, dass es bei Restrukturierungsmaßnahmen schwierig ist, das verpflichtende Ereignis zu bestimmen. Dies ist in der Regel unproblematisch, wenn aus einer Restrukturierung rechtliche Ansprüche gegen das Unternehmen erwachsen, beispielsweise in Gestalt von Abfindungsansprüchen entlassener Mitarbeiter. Sehr viel früher jedoch kann sich das Unternehmen bereits einer faktischen Verpflichtung ausgesetzt sehen.

Berechtigte Erwartung

Entsprechend den allgemeinen Bestimmungen muss das Management hierzu durch sein Verhalten bei Dritten eine berechtigte Erwartung geweckt haben (IAS 37.10). Bezogen auf Restrukturierungen ist dies der Fall, wenn ein detaillierter, formeller Restrukturierungsplan mit bestimmten Mindestinhalten existiert. Diese umfassen die genaue Identifikation des betroffenen (Teil-)Geschäftsbereichs und der wesentlichen betroffenen Standorte, die annähernde Angabe von Anzahl, Ort und Qualifikation der durch die Restrukturierung betroffenen Mitarbeiter sowie die Angabe der notwendigen Ausgaben und des konkreten Zeitpunkts der Implementierung des Plans (IAS 37.72). Zudem ist erforderlich, dass die von ihm Betroffenen mit seiner planmäßigen Durchführung rechnen müssen, weil die Unternehmensleitung diesen Plan entweder ihnen gegenüber verkündet hat oder mit seiner Umsetzung bereits begonnen wurde (IAS 37.72).

In solchen Fällen ist davon auszugehen, dass sich das Unternehmen den aus der Restrukturierung erwachsenen Verpflichtungen nicht mehr ohne weiteres entziehen kann. Ein Management- oder Aufsichtsratsbeschluss allein erzeugt keine berechtigte Erwartung, so lange es an den anderen Voraussetzungen fehlt. Speziell in Deutschland führt ein Aufsichtsratsbeschluss jedoch in der Regel dazu, dass die von dem Restrukturierungsplan Betroffenen durch die im Aufsichtsrat sitzenden Arbeitnehmervertreter von diesem erfahren. Aus diesem Grund könnte hier eine durch eine berechtigte Erwartung erzeugte faktische Verpflichtung vorliegen (IAS 37.77).

Verkauf von Geschäftsbereichen

Gewissermaßen eine Ausnahme von den obigen Bestimmungen bildet der Verkauf von Geschäftsbereichen, auch wenn aus diesem möglicherweise ein Verlust droht. Eine Rückstellung ist hier erst dann zu bilden, wenn ein bindender Verkaufsvertrag geschlossen wurde (IAS 37.78). Denn auch wenn die von der Restrukturierung Betroffenen mit einem Verkauf rechnen müssen, verpflichtet diese berechtigte Erwartung allein das Unternehmen noch nicht dazu, dieses – möglicherweise verlustträchtige – Geschäft abzuschließen.

Bewertung

Bei der Bewertung einer Restrukturierungsrückstellung ist strikt darauf zu achten, dass nur solche Auszahlungen einbezogen werden, die notwendigerweise im Rahmen der Restrukturierungsmaßnahmen anfallen und nicht mit dem laufenden Geschäftsbetrieb des Unternehmens in Verbindung stehen (IAS 37.80). Insbesondere Auszahlungen für die künftige Führung des restrukturierten Geschäfts, beispielsweise für Umschulungen oder Werbemaßnahmen, sind nicht einzurechnen. Speziell an diesem Punkt dürften sich schwierige Abgrenzungsprobleme ergeben. Eine Abzinsung ist auch hier obligatorisch, wenn die erwarteten Auszahlungen in fernerer Zukunft liegen.

Entsorgungs-, Rekultivierungs- und ähnliche Verpflichtungen

Bedeutende künftige Belastungen ergeben sich in vielen Branchen aus der Verpflichtung der Unternehmen, nach der Stilllegung bestimmter Vermögenswerte kostspielige Entsorgungs-, Rekultivierungs-, Rückbau- oder ähnliche Maßnahmen durchzuführen. Beispielsweise ist der Betreiber einer Ölbohrplattform am Ende von deren Nutzungsdauer dafür verantwortlich, die Anlage inklusive aller umweltgefährdenden Stoffe ordnungsgemäß zu entsorgen und entstandene Schäden am Meeresboden zu beheben. Gleiches gilt etwa für die Betreiber von Kernenergieanlagen.

Aktivierung nach IAS 16

Derartige Sachverhalte erfüllen die Passivierungskriterien von IAS 37, so dass für die künftig erwarteten Auszahlungen entsprechende Beträge zurückzustellen sind. Gemäß IAS 16 müssen diese Rückstellungsbeträge, sofern sie für die Stilllegung einer bestimmten Anlage gebildet wurden, in deren Anschaffungskosten einbezogen werden (vgl. Kapitel 12). Insofern wird die Rückstellung durch Gegenbuchung bei der Anlage zunächst GuV-neutral gebildet. Der Rückstellungsbetrag wird folglich erst im Zeitablauf mit der Abschreibung der um den Rückstellungsbetrag erhöhten Anschaffungskosten aufwandswirksam. Folgendes Beispiel wurde aus Kapitel 12 übernommen (vgl. Beispiel 12.2):

Beispiel 15.5

Die Plutonium AG kauft zu Anfang des Geschäftsjahres 00 ein Kraftwerk zum Anschaffungspreis von 200 Mio. € in bar. Mit dem Erwerb verpflichtet sich das Unternehmen, das Kraftwerk nach Ende der Nutzungsdauer von geschätzten 20 Jahren abzureißen und den Standort so wiederherzustellen, dass er als Naturschutzgebiet der Öffentlichkeit zugänglich sein kann. Schätzungsweise entstehen der Plutonium AG dafür im Geschäftsjahr 19 Kosten in Höhe von 20 Mio. €. Aus Marktdaten wurde ein Diskontierungszins von 10 % abgeleitet. Wie berechnen sich die Anschaffungskosten des Kraftwerks und wie lautet der Buchungssatz zum Zeitpunkt der Anschaffung?

Lösung

Ermittlung der Anschaffungskosten:

Die Anschaffungskosten umfassen neben dem Anschaffungspreis von 200 Mio. € den Barwert der Entsorgungsverpflichtung. Dieser berechnet sich folgendermaßen: 20 Mio. € $\cdot$ $1{,}1^{-20}$ = 2,97 Mio. € Die Anschaffungskosten betragen somit 202,97 Mio. €.

Buchungssatz zum Zeitpunkt der Anschaffung:

Sachanlage	*202,97 Mio. €*	*an*	*Bank*	*200,00 Mio. €*
			sonstige Rückstellung	*2,97 Mio. €*

Interpretation IFRIC 1

Spezielle Probleme ergeben sich für die Unternehmen bei einer nachträglichen Änderung des Rückstellungsbetrags: Grundsätzlich kann diese GuV-wirksam, wie bei Rückstellungen normalerweise üblich, oder GuV-neutral gegen den Buchwert der betreffenden Anlage gebucht werden. Hierzu hat das IFRIC im Mai 2004 seine Interpretation 1 „Änderungen bestehender Rückstellungen für Entsorgungs-, Wiederherstellungs- und ähnlicher Verpflichtungen" (Changes in Decommissioning, Restoration and Similar Liabilities) herausgegeben[7]. Drei mögliche Gründe für Schwankungen des Rückstellungsbetrags werden identifiziert: Geänderte Schätzung des erwarteten Ressourcenabflusses, Änderung des Kalkulationszinssatzes und Aufzinsung der Rückstellung wegen Zeitablaufs.

Buchung des Änderungsbetrags

Bezüglich des der Rückstellung zuzuordnenden Vermögenswerts unterscheidet das IASB bei der Buchung des Änderungsbetrags zwischen der Anwendung der Anschaffungskosten- und der in Deutschland praktisch bedeutungslosen Neubewertungsmethode. Die Erfassung eines Änderungsbetrags, sofern dieser nicht auf die im Zeitablauf erfolgende Aufzinsung der Rückstellung zurückzuführen ist, erfolgt unabhängig von den beiden Bewertungsmethoden grundsätzlich GuV-neutral, wobei das IASB auf eine vollständig prospektive Erfassung abstellt. Das bedeutet, dass der vollständige Änderungsbetrag in der aktuellen Periode zu erfassen ist. In Abhängigkeit von der angewandten Bewertungsmethode ist lediglich bei der Art der Buchung zu differenzieren. Erfolgt die Bewertung des Vermögenswerts zu Anschaffungskosten, so ist analog zur Änderung

7 Eine Fallstudie zur Anwendung von IFRIC 1 findet sich in *Christian, D.*, Änderungen bestehender Rückstellungen für Entsorgungs-, Wiederherstellungs- und ähnliche Verpflichtungen, in: KoR, 8. Jg. (2008), S. 50-56.

des Rückstellungsbetrags eine GuV-neutrale Erhöhung oder Verminderung des Buchwerts des Vermögenswerts vorzunehmen (IFRIC 1.5 (a)). Eine Wirkung auf den Gewinn oder Verlust der Betragsänderung wird erst in den Folgeperioden aufgrund der notwendigen Abschreibungs- und Zinskorrekturen erzielt. Als Grundlagen zur Ermittlung der künftigen Abschreibungs- und Zinsaufwendungen dienen dabei die um den Änderungsbetrag korrigierten Buchwerte des Vermögenswerts bzw. der zugehörigen Rückstellung sowie die verbleibende Restnutzungsdauer.

Kommt es in Verbindung mit einer Erhöhung des Rückstellungsbetrags zu einer Zuschreibung des zugehörigen Vermögenswerts, so ist zu prüfen, ob dies einen Anhaltspunkt für eine Wertminderung darstellt. Insofern ein solches Anzeichen vorliegt, ist gemäß IAS 36 ein Wertminderungstest durchzuführen (IFRIC 1.5 (c)).

Ein anderer Fall liegt vor, wenn der Rückstellungbetrag vermindert wird. Übersteigt dieser Änderungsbetrag den aktuellen Buchwert des zugehörigen Vermögenswerts, so ist die Differenz umgehend GuV-wirksam zu erfassen (IFRIC 1.5 (b)). Wird anstatt der Anschaffungskosten- die Neubewertungsmethode verwendet, so sind etwaige Änderungen des Rückstellungsbetrags analog in einer Erhöhung oder Verminderung des sonstigen Ergebnisses zu buchen (IFRIC 1.6 (a)). Eine GuV-wirksame Erfassung ist dann vorgeschrieben, wenn eine Minderung des Rückstellungsbetrags eine in der Vergangenheit als Aufwand erfasste Abwertung des gleichen Vermögenswerts rückgängig macht, oder wenn der Betrag einer Rückstellungserhöhung den im sonstigen Ergebnis erfassten Betrag übersteigt. Auch in dem Fall, dass der Änderungsbetrag, um den eine Rückstellung vermindert wird, den Buchwert übersteigt, der sich bei Anwendung der Methode der fortgeführten Anschaffungskosten ergeben hätte, ist der Differenzbetrag unmittelbar GuV-wirksam zu erfassen (IFRIC 1.6 (b)).

Beispiel 15.6

Zum Ende des Geschäftsjahres 00 haben sich gegenüber Beispiel 15.5 keine Änderungen der erwarteten Stilllegungs- und Wiederherstellungskosten, des zu Grunde gelegten Diskontierungszinses und der geschätzten Nutzungsdauer ergeben. Des Weiteren entspricht der beizulegende Zeitwert des Kraftwerks zu diesem Zeitpunkt dem auf Basis der fortgeführten Anschaffungskosten ermittelten Buchwert. Am Ende des Geschäftsjahres 01 stellt sich jedoch heraus, dass die mit 20 Mio. € geschätzten Stilllegungs- bzw. Wiederherstellungskosten aufgrund neuer technologischer Entwicklungen um ca. 5 Mio. € reduziert werden müssen. Zusätzlich wird festgestellt, dass der Marktwert des Kraftwerks nach Abzug der zukünftigen Stilllegungs- und Wiederherstellungskosten zum Jahresende 200 Mio. € beträgt. Wie lauten unter Vernachlässigung latenter Steuern die Buchungssätze für die Geschäftsjahre 00 und 01, wenn (a) auf Basis fortgeführter Anschaffungskosten bilanziert oder (b) die Neubewertungsmethode angewendet wird? Mit welchen Buchwerten stehen das Kraftwerk und die zugehörige Rückstellung zum Ende beider Geschäftsjahre in der Bilanz?

Lösung

Buchungssätze Geschäftsjahr 00:

Der Buchungssatz zum Zeitpunkt der Anschaffung lautete:

Sachanlage	*202,97 Mio. €*	*an*	*Bank*	*200,00 Mio. €*
			sonstige Rückstellung	*2,97 Mio. €*

Zum Bilanzstichtag 00 ist die Sachanlage planmäßig über die Nutzungsdauer abzuschreiben. Die Aufzinsung der Rückstellung ist als Zinsaufwand zu erfassen (IFRIC 1.8). Bei linearer Abschreibung über 20 Jahre beträgt die jährliche Abschreibung 10,15 Mio. € (202,97 Mio. € / 20 Jahre), während die Aufzinsung zum Bilanzstichtag 00 in Höhe von 0,30 Mio. € (2,97 Mio. € · 10 %) erfolgt. Die Buchungssätze lauten somit:

Abschreibung	*an*	*Sachanlage*	*10,15 Mio. €*
Zinsaufwand	*an*	*sonstige Rückstellung*	*0,30 Mio. €*

Da zum Ende des Geschäftsjahres 00 der auf Basis der fortgeführten Anschaffungskosten ermittelte Restbuchwert des Kraftwerks mit dem beizulegenden Zeitwert übereinstimmt, sind die Buchungen für die Methode fortgeführter Anschaffungskosten und die Neubewertungsmethode identisch. Demzufolge hat das Kraftwerk zum Ende des Geschäftsjahres 00 einen Restbuchwert von 192,82 Mio. €, und die Rückstellung für die zukünftigen Stilllegungs- und Wiederherstellungskosten beträgt 3,27 Mio. €.

Buchungssätze Geschäftsjahr 01:

(a) Bilanzierung auf der Grundlage fortgeführter Anschaffungskosten:

Zum Bilanzstichtag 01 ist die Sachanlage weiterhin planmäßig über die verbleibende Restnutzungsdauer abzuschreiben. Die Aufzinsung der Rückstellung ist als Zinsaufwand zu erfassen. Der Abschreibungsbetrag liegt weiterhin bei 10,15 Mio. €, während die Rückstellung um den Zinsaufwand der Periode in Höhe von 0,33 Mio. € (3,27 Mio. € · 10 %) erhöht wird. Des Weiteren ist zu berücksichtigen, dass die Stilllegungs- und Wiederherstellungsverpflichtung um 5 Mio. € zu hoch veranschlagt wurde, was einem Barwert zum Ende des Geschäftsjahres 01 in Höhe von 0,90 Mio. € (5 Mio. € / $1{,}1^{18}$) entspricht. Die Rückstellung ist folglich um diesen Betrag zu vermindern, wobei die Gegenbuchung den Buchwert der Sachanlage mindert (IFRIC 1.5 (a)). Die Buchungssätze lauten somit:

Abschreibung	*an*	*Sachanlage*	*10,15 Mio. €*
Zinsaufwand	*an*	*sonstige Rückstellung*	*0,33 Mio. €*
Sonstige Rückstellung	*an*	*Sachanlage*	*0,90 Mio. €*

Damit hat das Kraftwerk zum Ende des Geschäftsjahres 01 einen Buchwert in Höhe von 181,77 Mio. € (192,82 Mio. € - 10,15 Mio. € - 0,90 Mio. €). Der Rückstellungsbetrag liegt zum gleichen Zeitpunkt bei 2,70 Mio. € (3,27 Mio. € + 0,33 Mio. € - 0,90 Mio. €). Damit ergeben sich im folgenden Geschäftjahr 02 Abschreibungen in Höhe von 10,10 Mio. € (181,77 Mio. € / 18 Jahre) und Zinsaufwendungen von 0,27 Mio. € (2,70 Mio. € · 10 %).

(b) Bilanzierung bei Anwendung der Neubewertungsmethode:
Auch nach der Neubewertungsmethode ist das Kraftwerk planmäßig über die verbleibende Restnutzungsdauer abzuschreiben und die Rückstellung um eine Periode auf das Ende des Geschäftsjahres 01 aufzuzinsen. Analog zur Methode der fortgeführten Anschaffungskosten ergeben sich damit Abschreibungen und Zinsaufwendungen in Höhe von 10,15 Mio. € bzw. 0,33 Mio. €. Des Weiteren ist zu berücksichtigen, dass der Marktwert des Kraftwerks zum Ende des Geschäftsjahres 01 bei 200 Mio. € liegt, wobei die zukünftigen Stilllegungs- und Wiederherstellungskosten als Abzugposten in diesem Betrag bereits berücksichtigt wurden. Dieser Marktwert stellt also den Betrag dar, den ein sachverständiger Dritter unter Berücksichtigung der zukünftig anfallenden Stilllegungs- und Wiederherstellungskosten für dieses Kraftwerk bezahlen würde. Zum Zwecke des Bilanzansatzes muss bei Anwendung der Neubewertungsmethode der aktuelle Rückstellungsbetrag zum Marktwert der Anlage hinzuaddiert werden (Bruttowert), da der aktuelle Verpflichtungsbetrag auf der Passivseite der Bilanz unsaldiert auszuweisen ist (IFRIC 1 IE 7 (a)). Also ist zunächst zu berücksichtigen, dass die zum Ende der Nutzungsdauer geschätzte Verpflichtung von 20 Mio. € um 5 Mio. € zu hoch veranschlagt wurde. Demzufolge ist der aktuelle Rückstellungsbetrag um 0,90 Mio. € (5 Mio. € / $1{,}1^{18}$) zu vermindern und analog dazu das sonstige Ergebnis um diesen Betrag zu erhöhen. Somit ergibt sich ein Bruttowert in Höhe von 202,70 Mio. € (200 Mio. € + 2,70 Mio. €). Die Höhe der Differenz zwischen diesem Bruttowert und dem Buchwert, der sich bei einer Folgebewertung auf Basis fortgeführter Anschaffungskosten ergeben würde, ist im sonstigen Ergebnis zu buchen. Da der auf der Grundlage fortgeführter Anschaffungskosten berechnete Buchwert 182,67 Mio. € (192,82 Mio. € - 10,15 Mio. €) beträgt, ist ein Betrag in Höhe von 20,03 Mio. € (202,70 Mio. € - 182,67 Mio. €) GuV-neutral zu erfassen. Die entsprechenden Buchungssätze lauten also folgendermaßen:

Abschreibung	*an*	*Sachanlage*	*10,15 Mio. €*
Zinsaufwand	*an*	*sonstige Rückstellung*	*0,33 Mio. €*
Sonst. Rückstellung	*an*	*sonst. Ergebnis (OCI)*	*0,90 Mio. €*
Sachanlage	*an*	*sonst. Ergebnis (OCI)*	*20,03 Mio. €*

Damit stehen das Kraftwerk und die sonstige Rückstellung zum Ende des Geschäftsjahres 01 mit Buchwerten von 202,70 Mio. € bzw. 2,70 Mio. € (3,60 Mio. € - 0,90 Mio. €) in der Bilanz der Plutonium AG. Das sonstige Gesamtergebnis ist um einen Betrag von 20,93 Mio. € (20,03 Mio. € + 0,90 Mio. €) zu erhöhen. Die sich im folgenden Geschäftsjahr ergebenden Abschreibungen und Zinsaufwendungen werden voraussichtlich 11,26 Mio. € (202,70 Mio. € / 18 Jahre) bzw. 0,27 Mio. € (2,70 Mio. € · 10 %) betragen.

Interpretation IFRIC 6

IFRIC 6 „Schulden, die aus der Beteiligung an bestimmten Märkten resultieren – Entsorgung von Elektro- und Elektronikgeräten“ (Liabilities arising from Participating in a Specific Market – Waste Electrical and Electronic Equipment) wurde vom IFRIC speziell aufgrund der sogenannten Elektroschrott-Richtlinie herausgegeben[8]. Diese wurde mit dem am 16.03.2005 verabschiedeten „Gesetz über das Inverkehrbringen, die Rücknahme und die umweltverträgliche Entsorgung von Elektro- und Elektronikgeräten“ (ElektroG) in deutsches Recht umgesetzt. Durch die Richtlinie und das Gesetz wurden umfassende Verpflichtungen der Hersteller von Elektrogeräten festgelegt, Elektro- und Elektronik-Gerbrauchtgeräte umweltgerecht zu entsorgen. Für die Hersteller stellte sich dabei die Frage, ob und, sofern möglich, zu welchem Zeitpunkt die Verpflichtung zur Entsorgung als eine Rückstellung begründendes Ereignis im Sinne von IAS 37 anzusehen ist.

Regelungsumfang

Die Interpretation befasst sich mit der Bilanzierung von Rücknahmeverpflichtungen, die sich auf vor dem 23.11.2005 in Verkehr gebrachte von privaten Haushalten genutzte Gebrauchtgeräte beziehen, durch die zur Entsorgung verpflichteten Hersteller (IFRIC 6.7). In diesem Zusammenhang hält IFRIC 6.7 fest, dass alle anderen Rücknahmeverpflichtungen sachgerecht durch die derzeit gültigen Regelungen des IAS 37 abgedeckt werden[9].

Verpflichtendes Ereignis

Das spezielle Problem, mit dem sich IFRIC 6 befasst, besteht in der Frage, welcher Sachverhalt im Fall der Entsorgung der alten Gebrauchtgeräte in Übereinstimmung mit IAS 37.14(a) als verpflichtendes Ereignis anzusehen ist. IFRIC 6.9 stellt diesbezüglich klar, dass als verpflichtendes Ereignis die künftige Marktteilnahme während der Entsorgungsperiode anzusehen ist. Somit muss ein Unternehmen eine Rückstellung bilden, wenn es im Entsorgungsjahr einen Marktanteil (market share) aufweist, der allerdings nicht durch die in der Vergangenheit veräußerten und nun zu entsorgenden Produkte begründet wird. In diesem Zusammenhang weist IFRIC 6.5 explizit darauf hin, dass die Begriffe measurement period sowie market share in den einzelnen Mitgliedstaaten der EU vollkommen unterschiedlich ausgelegt bzw. definiert werden können.

---

8 Vgl. dazu die Richtlinien 2002/96/EG des Europäischen Parlaments und des Rates vom 27.01.2003, zuletzt geändert durch die Richtlinie 2003/108/EG des Europäischen Parlaments und des Rates vom 08.12.2003 (Elektroschrott-Richtlinie), sowie die Richtlinie 2002/95/EG des Europäischen Parlaments und des Rates vom 27.01.2003.

9 Vgl. hierzu auch *Oser, P./Roß, N.*, Rückstellungen aufgrund der Verpflichtung zur Rücknahme und Entsorgung von sog. Elektroschrott beim Hersteller – Bilanzierung nach HGB, IFRS und US-GAAP, in: WPg, 58. Jg. (2005), S. 1069-1077.

Exkurs

Wesentliche Änderungen aus absehbaren Neuentwicklungen in der Bilanzierung von Schulden[10]

Entwicklung

Am 30.06.2005 wurde im Rahmen des Konvergenzprojekts von IASB und FASB in Verbindung mit Phase II des IASB-Projekts „Business Combinations" der neue Standardentwurf ED-IAS 37 veröffentlicht, dessen Kommentierungsfrist am 28.10.2005 endete. Aufgrund der in den Stellungnahmen zu ED-IAS 37 geäußerten Unsicherheit hinsichtlich der Auslegung einzelner Begriffe im Rahmen der Bewertung hat das IASB mit ED/2010/1 im Januar 2010 einen zusätzlichen, ergänzenden Standardentwurf veröffentlicht. Diese Standardentwürfe zusammenfassend, veröffentlichte das IASB am 19.02.2010 eine Arbeitsversion eines neuen IFRS, den sog. WD Liabilities[11]. Ein finaler Standard wird für das erste Halbjahr 2011 erwartet.

Neue Definitionen

Neben einer Änderung der bis dato geltenden Terminologie sind wesentliche Neuerungen gegenüber den aktuellen Ansatz- und Bewertungsvorschriften geplant. Mit Blick auf die Terminologie verzichtet WD Liabilities bewusst auf die Begriffe provision, contingent liability und contingent asset. Stattdessen wird der gegenüber der provision inhaltlich weiter gefasste Begriff der liability unter Verweis auf das Rahmenkonzept verwendet, unter welchem auch die bisherigen provisions (Rückstellungen) zu subsumieren sind (WD Liabilities.6).

Ansatzkriterien

Entscheidende Änderungen sieht WD Liabilities bei den derzeitig gültigen Ansatzkriterien für Rückstellungen und Eventualschulden bzw. Eventualforderungen vor. Nach WD Liabilities.7 ist eine Verpflichtung zukünftig als liability zu passivieren, wenn sie einerseits die liability-Definition erfüllt und andererseits ihre Höhe zuverlässig ermittelt werden kann. Im Zentrum der Definition einer liability steht dabei das Vorliegen einer gegenwärtigen Verpflichtung, die aus vergangenen Ereignissen resultiert und zu deren Erfüllung erwartet wird, dass aus dem Unternehmen Ressourcen abfließen, die wirtschaftlichen Nutzen verkörpern. Zur Bestimmung, ob eine gegenwärtige Verpflichtung zum Bilanzstichtag tatsächlich vorliegt, ist auf alle verfügbaren Informationen zurückzugreifen. Dabei spielt es keine Rolle, ob sich die Hinweise für eine Verpflichtung erst nach dem Bilanzstichtag ergeben (WD Liabilities.14). Hinsichtlich des erwarteten Ressourcenabflusses konkretisiert WD Liabilities.22, dass keine bestimmte Wahrscheinlichkeit gemeint ist, sondern nur, ob grundsätzlich mit einem Ressourcenabfluss zu rechnen ist. Gemäß den oben genannten Kriterien zum Ansatz einer liability fällt auf, dass eines der derzeit gültigen Kriterien zum Ansatz einer Rückstellung gestrichen

10 Vgl. hierzu etwa *Beyhs, O./Barth, D./Hausen, R.*, Neue Regelungen zur Bilanzierung von Schulden nach IAS 37 – Herausforderung für die Unternehmenspraxis?, in: KoR, 10. Jg. (2010), S. 395-404.

11 Nicht in den Anwendungsbereich von WD Liabilities fallen etwa Pensionsverpflichtungen nach IAS 19 oder finanzielle Schulden nach IAS 39 (WD Liabilities.3); somit deckt sich die Negativabgrenzung des Anwendungsbereichs weitgehend mit der des IAS 37.

wurde. IAS 37.14 fordert bisher, dass zur Begleichung einer Verpflichtung mit einer mehr als 50%igen Wahrscheinlichkeit ein künftiger Abfluss wirtschaftlicher Ressourcen erwartet werden muss. Ist dies nicht der Fall, und ist der zukünftige Ressourcenabfluss nicht unwahrscheinlich (remote), so liegt eine Eventualschuld vor, über die derzeit lediglich im Anhang zu berichten ist. Als Resultat der Streichung dieses Kriteriums – und damit der Abschaffung des doppelten Wahrscheinlichkeitsbegriffs – wären künftig auch Eventualschulden, die aufgrund dieses Kriteriums bis dato nicht als Rückstellung angesetzt wurden, als liability zu passivieren. Das IASB hat im Rahmen eines staff paper klargestellt, dass hierdurch nicht notwendigerweise mehr Rückstellungen passiviert werden; der Fokus verschiebe sich hin zur Überprüfung, ob überhaupt eine Verpflichtung vorliege.

Eventualforderungen

Auf die Behandlung von Eventualforderungen soll an dieser Stelle nicht explizit eingegangen werden. Für diese Sachverhalte soll künftig IAS 38 einschlägig sein, falls die Definition eines Vermögenswerts erfüllt wird.

Bewertung

Wie bereits erläutert, soll die Unsicherheit hinsichtlich des Abflusses wirtschaftlicher Ressourcen bzw. der konkreten Höhe einer liability künftig nicht mehr im Rahmen des Ansatzes berücksichtigt werden. Stattdessen schreibt WD Liabilities vor, dass diese Unsicherheiten in die Bewertung einfließen müssen. Als Grundlage für die Bewertung einer Rückstellung nennt WD Liabilities.B2 die Erwartungswertmethode (expected cash flow approach). Dabei werden unterschiedliche Cashflow-Szenarien, welche die Spannweite möglicher Ergebnisse reflektieren, anhand der mit ihnen verbundenen Wahrscheinlichkeiten gewichtet. Die Bewertung der Schuld setzt nach WD Liabilities.36A an dem Betrag an, den das Unternehmen am Bewertungsstichtag vernünftigerweise bezahlen würde, um sich von der Verpflichtung zu befreien. Dieser Betrag ist gemäß WD Liabilities.36B das Minimum aus dem Barwert des Betrags zur Erfüllung der Schuld, dem Betrag zum Erlass der Schuld oder dem Betrag zur Übertragung der Schuld auf eine dritte Partei. Falls die beiden letztgenannten Beträge nicht ermittelt werden können, erachtet WD Liabilities.36C die alleinige Ermittlung des Barwerts für ausreichend. Hierbei wird ein je Szenario wahrscheinlichkeitsgewichteter Erwartungswert gebildet (WD Liabilities.B2). Die Bewertung einer einzelnen Verpflichtung mit dem wahrscheinlichsten Wert aus einer Bandbreite möglicher Werte wäre demnach nicht mehr möglich. Für die Bildung des Barwerts ist es also nicht mehr notwendig, dass der Zinseffekt wesentlich sein muss. Ein weiterer Unterschied zu IAS 37 besteht bei leistungsbezogenen Verpflichtungen (etwa einer Rückbauverpflichtung) in der Berücksichtigung von Gewinnmargen, die bisher nach IAS 37 nicht berücksichtigt wurden, wenn das Unternehmen die eigenen Kosten der Erfüllung als Verpflichtungsbetrag ansetzte. Derart angesetzte Verbindlichkeiten können mithin überbewertet sein, da der Gewinnzuschlag selbst dann zu berücksichtigen ist, wenn das Unternehmen definitiv die eigenständige Erfüllung anstrebt und dazu nachweislich in der Lage ist.

Beispiel

Im folgenden, dem ED/2010/1 entnommenen und hier modifizierten Beispiel ist ein Erdölproduzent umweltrechtlich verpflichtet, seine Ölplattform am Ende der Nutzungsdauer (10 Jahre) abzuwracken. Erlass und Übertragung der Schuld sind nicht möglich, weswegen das Unternehmen lediglich den Barwert des Betrags zur Erfüllung der Schuld bemessen muss. Da für diese Leistung annahmegemäß kein Angebotsmarkt existiert, muss das Unternehmen einen fiktiven Marktpreis schätzen, der bei den Kosten der Selbsterfüllung und einem Gewinnzuschlag ansetzt. Auf dieser Basis ermittelt das Unternehmen drei Szenarien (unter Verwendung eines risikolosen Zinssatzes von 6%):

Szenario	Geschätzte Kosten in T€	Barwert	Wahrscheinlichkeit	Gewichteter Barwert in T€
1	200	111,68	25 %	27,92
2	225	125,64	30 %	37,69
3	275	153,56	45 %	69,10
Barwert des Betrags zur Erfüllung der Schuld				**134,71**

Um bisher nicht einbezogenen Preisänderungsrisiken sowie der Unsicherheit über die Nutzungsdauer Rechnung zu tragen, wird zusätzlich ein Risikozuschlag von 5 % berücksichtigt (6,74 T€). Als Betrag, den das Unternehmen am Bewertungsstichtag vernünftigerweise bezahlen würde, um sich von der Verpflichtung zu befreien, ergibt sich folglich 141,45 T€.

5 Ausweis und Offenlegung

Ausweis als Fremdkapital

Rückstellungen sind als Teil der bilanziellen Schulden auszuweisen. Je nach Fristigkeit sind sie Teil des langfristigen oder des kurzfristigen Fremdkapitals.

Rückstellungsspiegel

Nach IAS 37.84 ist die Veränderung der Rückstellungen – zusammengefasst zu homogenen Klassen (IAS 37.87) – in der Berichtsperiode detailliert zu erläutern. Zu den erforderlichen Angaben gehören dabei die Buchwerte zu Beginn und Ende der Betrachtungsperiode, die Beträge, die im aktuellen Geschäftsjahr zusätzlich zurückgestellt wurden sowie die Änderungsbeträge aus der Inanspruchnahme und Auflösung nicht genutzter Rückstellungen. Ebenfalls anzugeben sind Änderungen des Rückstellungsbetrages, die sich aus der Aufzinsung sowie einer gegebenenfalls eintretenden Änderung des Diskontierungszinses ergeben. Sämtliche erforderlichen Angaben lassen sich am besten als „Rückstellungsspiegel" präsentieren, für den Vorjahresangaben nicht gefordert werden.

Beispiel 15.7

Die Melania AG erstellt ihren Rückstellungsspiegel zum 31.12.2010. Folgende Informationen liegen vor:

- Aus dem Vorjahr existiert eine Rückstellung für Schadenersatzzahlungen aus zwei Rechtsstreitigkeiten. Der Buchwert beträgt 95 T€.
- Am Anfang des Geschäftsjahres 2010 wurden die Kläger in Verfahren 1 mit 50 T€ außergerichtlich abgefunden. Mit weiteren Belastungen aus diesem Verfahren, das mit 70 T€ im aktuellen Rückstellungsbuchwert berücksichtigt ist, wird nicht gerechnet.
- In Verfahren 2, mit dessen Ausgang Ende 2012 gerechnet wird, haben sich keine neuen Informationen ergeben.
- Aus einem Verfahren 3, das in 2010 erstmals anhängig geworden ist, erwartet die Melania AG künftige Belastungen von 45 T€, die voraussichtlich Ende 2014 fällig werden.

Alle Schätzungen spiegeln das Risiko der künftigen Belastungen zutreffend wider. Die Melania AG rechnet mit einem Kalkulationszins von 5 %.

Lösung

Rückstellungsspiegel	**Rückstellung in T€**
Buchwert zum 1.1.2010	**95.000**
Zusätzliche Rückstellungsbeträge ($45.000 / 1{,}05^4$)	+ 37.022
Verwendete Rückstellungsbeträge	– 50.000
Nicht verwendete Rückstellungsbeträge	– 20.000
Aufzinsung der Rückstellung ($25.000 \cdot 0{,}05$)	+ 1.250
Buchwert zum 31.12.2010	**63.272**

Zusatzangaben zu Rückstellungen

Zusätzlich zum Rückstellungsspiegel erfordert IAS 37.85 folgende Informationen je Rückstellungsklasse:

- Angaben zur Verpflichtungsart und zur erwarteten Fälligkeit künftiger Belastungen,
- eine Beschreibung der mit Höhe oder Fälligkeit der Belastungen verbundenen Unsicherheit, nötigenfalls unter Angabe der wesentlichen Annahmen über künftige Ereignisse, und
- erwartete Erstattungsbeträge unter Angabe der hierfür ggf. aktivierten Vermögenswerte.

Eventualschulden

Wie oben erläutert, sind Eventualschulden im Gegensatz zu Rückstellungen nicht zu passivieren. Stattdessen sind sie – ebenfalls zu homogenen Klassen zusammengefasst – kurz zu beschreiben, sofern die Inanspruchnahme des Unternehmens aus der möglichen Verpflichtung nicht sehr unwahrscheinlich (remote) ist (IAS 37.86). Falls praktikabel, sind folgende Zusatzangaben zu machen[12]:

- Eine Schätzung der finanziellen Auswirkungen, wobei die für Rückstellungen gelten Bewertungsgrundsätze anzuwenden sind,
- eine Beschreibung der mit Fälligkeit oder Betrag verbundenen Unsicherheiten und
- die Möglichkeit einer Erstattung.

Eventualforderungen

Spiegelbildliche Angaben werden auch für Eventualforderungen vorgeschrieben, welche offen zu legen sind, wenn ein künftiger Nutzenzufluss wahrscheinlich ist (IAS 37.89).

Keine Pflicht, sich selbst zu belasten

In extrem seltenen Fällen können die hier geforderten Angaben gegen das Unternehmen verwandt werden und, etwa in einem Rechtsstreit, dessen Position erheblich beeinträchtigen. Wenn diese Gefahr nachgewiesen werden kann, dürfen die betreffenden Angaben unter Angabe von Gründen unterbleiben. Allerdings ist dann generell auf den Rechtsstreit hinzuweisen und anzugeben, dass bestimmte Informationen zurückgehalten wurden (IAS 37.92).

6 Wesentliche Unterschiede zum IFRS for SMEs

Bei Ansatz und Bewertung ergeben sich keine wesentlichen Unterschiede. IAS 37 enthält im Gegensatz zum IFRS for SMEs (hier IFRS-SME.21) jedoch ausführlichere Leitlinien, etwa zu Restrukturierungsrückstellungen.

7 Wesentliche Unterschiede zum HGB

Vorsichtsprinzip

Unterschiede zwischen HGB und IFRS ergeben sich sowohl auf der Ebene der Ansatzvorschriften als auch bei der Bewertung. Dabei bewirkt das die HGB-Vorschriften prägende Vorsichtsprinzip, dass es bei gleichen Sachverhalten nach HGB eher zur Rückstellungsbildung kommt als dies nach IFRS der Fall wäre[13].

Abschließender Katalog in § 249 HGB

§ 249 HGB enthält eine abschließende Liste von Rückstellungen, für die entweder eine Ansatzpflicht oder ein Ansatzwahlrecht besteht. Für andere als die dort genannten Zwecke dürfen Rückstellungen nicht gebildet werden (§ 249 Abs. 2 HGB).

Passivierungspflicht

Verpflichtend zu bilden (§ 249 Abs. 1 HGB) sind demnach Rückstellungen für ungewisse Verbindlichkeiten, für drohende Verluste aus schwebenden Ge-

12 Werden Angaben wegen fehlender Praktikabilität unterlassen, so ist gemäß IAS 37.91 ohne Angabe von Gründen auf diese Tatsache hinzuweisen.

13 So auch *Wagenhofer*, IAS/IFRS, S. 262.

schäften und für Gewährleistungen, die ohne rechtliche Verpflichtung erbracht werden.

Aufwandsrückstellungen

Weiterhin besteht eine Passivierungspflicht für bestimmte Aufwandsrückstellungen, die sich auf folgende im aktuellen Geschäftsjahr geplanten Maßnahmen beziehen: Instandhaltungsmaßnahmen, die auf das erste Quartal des folgenden Geschäftsjahres verschoben wurden, und Abraumbeseitigungsmaßnahmen, die im folgenden Geschäftsjahr nachgeholt werden. Aufwandsrückstellungen fallen nicht unter den in der internationalen Rechnungslegung üblichen Rückstellungsbegriff, der auf Verpflichtungen gegenüber Dritten abstellt. Die hier genannten Passivierungsvoraussetzungen sollen verhindern, dass Aufwandsrückstellungen zur allgemeinen Vorsorge für nicht näher umschriebene künftige Belastungen bis hin zum allgemeinen Geschäftsrisiko eingesetzt werden.

Wahrscheinlichkeit

Dem Vorsichtsprinzip folgend, wird man nach HGB eine Rückstellung bereits bei einer relativ geringen Wahrscheinlichkeit einer künftigen Belastung bilden. Während nach IFRS eine Wahrscheinlichkeit von über 50 % vorliegen muss, ist nach HGB wohl eine geringere Wahrscheinlichkeit hinreichend.

Bewertung

Die Bewertung von Rückstellungen erfolgt gemäß § 253 Abs. 1 und 2 HGB zum nach vernünftiger kaufmännischer Beurteilung notwendigen Erfüllungsbetrag. Rückstellungen mit einer Restlaufzeit von mehr als einem Jahr sind mit dem ihrer Restlaufzeit entsprechenden durchschnittlichen Marktzinssatz der vergangenen sieben Geschäftsjahre abzuzinsen. Insofern vollzieht das HGB nach BilMoG den Abzinsungsgedanken der IFRS und des deutschen Steuerrechts (gemäß § 6 Abs. 1 Nr. 3a. e) Satz 1 EStG) nach. Der anzuwendende Abzinsungszinssatz wird von der Deutschen Bundesbank nach Maßgabe einer Rechtsverordnung ermittelt und monatlich bekannt gegeben. Diese, trotz Abzinsung, vagen Bewertungsregeln werden dahingehend interpretiert, dass bei identischen Daten wohl – wiederum dem Vorsichtsprinzip folgend – von einem höheren Rückstellungsbetrag im Vergleich zur IFRS-Rechnungslegung auszugehen ist. Insbesondere wird bei einem hohen Grad an Unsicherheit nicht notwendigerweise der Erwartungswert (mit Eintrittswahrscheinlichkeiten gewichteter Durchschnitt aus möglichen Belastungsszenarien) verwendet, sondern das Vorliegen von Unsicherheit löst einen tendenziell höheren und damit pessimistischeren Rückstellungsbetrag aus[14].

8 Wesentliche Unterschiede zu US-GAAP

Weitgehende Übereinstimmung mit IFRS

Bei den Ansatzvoraussetzungen für Rückstellungen entsprechen sich IFRS und US-GAAP, hier insbesondere SFAS 5 / ASC 450 „Accounting for Contingencies" bzw. „Contingencies", weitestgehend. Allerdings ist im Sprachgebrauch

14 Vgl. etwa *Baetge/Kirsch/Thiele*, Bilanzen, S. 411, die hier von einer „Vorsichtskomponente" sprechen.

der US-GAAP der Begriff der Rückstellung (provision) nicht anzutreffen, sondern die unter das Konzept der Rückstellung im engeren Sinne fallenden Sachverhalte werden als contingent liabilities bezeichnet.

Loss contingencies

Contingent liabilities resultieren aus loss contingencies. Diese bilden einen Unterfall der Erfolgsunsicherheiten (contingencies) im Allgemeinen, bei denen dem Grunde nach Unsicherheit über eine künftige Belastung oder einen künftigen Anspruch herrscht, deren Bestätigung oder Widerlegung von einem künftigen Ereignis abhängt. Loss contingencies sind als Rückstellungen aufwandswirksam zu erfassen, wenn die künftige Belastung am Bilanzstichtag wahrscheinlich ist und vernünftig geschätzt werden kann[15]. Eine passivierungspflichtige Rückstellung wird folglich nach US-GAAP als contingent liability bezeichnet, während mit diesem Begriff nach IFRS eine lediglich offenlegungspflichtige Eventualschuld gemeint ist.

Accrued liabilities und deferred credits

Dem deutschen Begriff der Rückstellung entsprechen ferner mit den accrued liabilities bereits sicher entstandene Verpflichtungen, deren Höhe jedoch noch ungewiss ist. Als deferred credits werden schließlich Abgrenzungsposten für künftige Auszahlungen für Außenverpflichtungen bezeichnet, die Aufwand der aktuellen Periode darstellen und dem deutschen Konzept der Rechnungsabgrenzungsposten entsprechen.

Eintrittswahrscheinlichkeit

Ein wichtiger Unterschied zu den IFRS liegt zudem in der für die Rückstellungsbildung geforderten Wahrscheinlichkeit einer drohenden Inanspruchnahme. Während hierfür nach IAS 37 (noch) eine Wahrscheinlichkeit von mehr als 50 % ausreicht, wird nach US-GAAP für den Begriff probable eine weit höhere Schwelle gefordert, die zum Teil bei 70-80 % und darüber angesiedelt wird[16]. Demzufolge kommt es bei vergleichbaren Sachverhalten nach HGB am häufigsten zur Rückstellungsbildung. Die IFRS sind demgegenüber zwar restriktiver, stellen aber dennoch weniger strikte Anforderungen als die US-GAAP.

Vernünftige Schätzbarkeit

Das Kriterium der vernünftigen Schätzbarkeit wurde vom FASB in FIN 14 „Reasonable Estimation of the Amount of a Loss – An Interpretation of FASB Statement No. 5“ geklärt (ASC 450-20). Die Anforderungen an die Quantifizierbarkeit der künftigen Belastungen sind dabei nicht so hoch, dass eine relativ sichere Punktschätzung erforderlich wäre. Es genügt vielmehr, wenn eine Spanne möglicher Werte angegeben werden kann. Aus einer solchen Spanne ist der beste Schätzwert anzusetzen. Erscheint die mögliche Bandbreite als Gleichverteilung, so ist der geringste Wert heranzuziehen. Über eine mögliche Mehrbelastung ist jedoch im Anhang zu berichten (FIN 14.3 / ASC 450-20-30-1).

---

15 Derartige Sachverhalte führen nicht stets zur Passivierung einer Rückstellung, sondern können fallweise auch die Wertminderung (impairment) eines Vermögenswertes auslösen (SFAS 5.3 / ASC 450-20-25-1).

16 Es zeigt sich also, dass Unterschiede in der Bilanzierung von Rückstellungen zumindest teilweise auf die uneinheitliche Interpretation von Wahrscheinlichkeitsbegriffen zurückzuführen sind. Zur Unterscheidung und Quantifizierung unterschiedlicher Wahrscheinlichkeitsbegriffe vgl. *Simon, J.*, Interpretation of Probability Expressions by Financial Directors and Auditors of UK Companies, in: European Accounting Review, 11. Jg. (2002), S. 601-629.

Nach SFAS 5.10 / ASC 450-20-50-3 sind loss contingencies, bei denen eine künftige Belastung lediglich möglich ist, ebenso wie nach IAS 37 anzugeben. Im Gegensatz zu IAS 37 soll nach SFAS 5.12 / ASC 460-10-50-2 allerdings über bestimmte Verlustmöglichkeiten, die im Zusammenhang mit Garantiezusagen bestehen, auch dann berichtet werden, wenn deren Eintrittswahrscheinlichkeit lediglich gering ist.

Angabepflichten

Entsorgungs- und ähnliche Verpflichtungen sind Gegenstand von SFAS 143 „Accounting for Asset Retirement Obligations“ (ASC 410-20) und SOP 96-1 „Environmental Remediation Liabilities“ (ASC 410-30)[17]. Restrukturierungsrückstellungen sind in SFAS 146 „Accounting for Costs Associated with Exit or Disposal Activities“ (ASC 420-10) geregelt[18]. Die Vorschriften zum Sonderfall von Entsorgungsverpflichtungen für Elektro- und Elektronikschrott finden sich in FSP FAS 143-1 „Accounting for Electronic Equipment Waste Obligations“ (ASC 410-20). Im Wesentlichen entsprechen die vorstehenden Regeln den einschlägigen IFRS.

Spezialregeln ähnlich IFRS

Ausgewählte Literatur

Beyhs, O./Barth, D./Hausen, R., Neue Regelungen zur Bilanzierung von Schulden nach IAS 37 – Herausforderung für die Unternehmenspraxis?, in: KoR, 10. Jg. (2010), S. 395-404.

Daub, S., Rückstellungen nach HGB, US GAAP und IAS, Baden-Baden 2000.

Kirchhof, J., Die Bilanzierung von Restrukturierungsrückstellungen nach IFRS, in: WPg, 58. Jg. (2005), S. 589-601.

Kühne, M./Nerlich, C., Vorschläge für eine geänderte Rückstellungsbilanzierung nach IAS 37: Darstellung und kritische Würdigung, in: BB, 60. Jg. (2005), S. 1839-1844.

Marx, F./Köhlmann, S., Bilanzierung von Entsorgungsverpflichtungen nach HGB und IFRS, in: StuB, 7. Jg. (2005), S. 693-702.

Osterloh-Konrad, C., Rückstellungen für Prozessrisiken in Handels- und Steuerbilanz – Kriterien der Risikokonkretisierung und ihre Anwendung auf die Prozesssituation (Teil I), in: DStR, 41. Jg. (2003), S. 1631-1635.

Schildbach, T., Aufwandsrückstellungen in der internationalen Rechnungslegung, in: StuB, 4. Jg. (2002), S. 791-797.

Zeimes, M., Fair Value-Bewertung von Rückstellungen nach IFRS, in: DB, 56. Jg. (2003), S. 2077-2080.

17 Vgl. etwa *Kieso/Weygandt/Warfield,* Intermediate Accounting, S. 658-661; *Zeimes, M.*, Fair Value-Bewertung von Rückstellungen nach IFRS, in: DB, 56. Jg. (2003), S. 2078-2079.

18 Vgl. etwa *Schildbach, T.*, Aufwandsrückstellungen in der internationalen Rechnungslegung, in: StuB, 4. Jg. (2002), S. 791-794.

Übungsaufgaben

Aufgabe 1:

Die nach deutschem Recht steuerpflichtige Fluggesellschaft EuroFly hat zum 31.12.2010 einen Konzernabschluss nach den IFRS zu erstellen. Im Rahmen der Abschlussarbeiten sind folgende Informationen zu berücksichtigen. Der Ertragsteuersatz beträgt 30 %.

1. Die EuroFly AG hat Ende 2010 am Düsseldorfer Flughafen ein neues Terminal E, das ihr exklusiv zur Nutzung zur Verfügung steht, errichtet und in Betrieb genommen. In drei Jahren soll eine umfangreiche Wartung erfolgen, die zu geschätzten Aufwendungen von 30 Mio. Euro führt.
2. Während eines Transatlantikfluges geriet eine EuroFly-Maschine in einem Unwetter in Turbulenzen, wobei sich eine Reihe von Passagieren an heißem Kaffee verbrühte. Eine in den USA angekündigte Sammelklage könnte mit 50%iger Wahrscheinlichkeit eine Schadenersatzverpflichtung zur Folge haben. Die Rechtsabteilung der EuroFly AG rät dazu, eine erwartete Summe von 5 Mio. Euro bereits heute Gewinn mindernd zu buchen.
3. Im Rahmen des „Kilometer & Mehr"-Programms erhalten EuroFly-Stammkunden Gratisflüge und sonstige Prämien. Das Management geht dabei von folgenden Annahmen aus:

Szenario	**Wahrscheinlichkeit**	**geschätzter Aufwand**
I	60 %	4 Mio. EUR
II	20 %	2 Mio. EUR
III	20 %	1 Mio. EUR

Erörtern Sie die Ansatz- und Bewertungsregeln von Rückstellungen nach IAS 37 zunächst allgemein und anschließend am Beispiel des obigen Geschäftsvorfalles Nr. 2. Buchen Sie anschließend unter Berücksichtigung latenter Steuern die obigen Vorfälle nach den IFRS für das Jahr 2010. Diskutieren Sie zum Abschluss die Konzeption der so genannten Aufwandsrückstellungen vor dem Hintergrund der internationalen Bilanzierung. Erläutern Sie dabei zunächst, was sich hinter diesem Konzept verbirgt und diskutieren Sie anschließend, ob Aufwandsrückstellungen die Ansatzkriterien des IAS 37 erfüllen.

Aufgabe 2:

Die kapitalmarktorientierte Spielekonsolen AG hat zum 31.12.2010 einen Konzernabschluss nach den IFRS zu erstellen. Folgende Sachverhalte sind im IFRS-Konzernabschluss 2010 noch nicht gebucht worden:

1. Zur Herstellung der neuen Spielkonsole *Powerplant* wurde bis Ende 2008 ein Spezialwerk errichtet, das am 01.01.2009 in Betrieb genommen wurde. Verbunden mit der Errichtung des Werkes ist eine Verpflichtung aus der Stillle-

gung des Werkes am Ende seiner Nutzungsdauer, welche 15 Jahre beträgt. Die Anschaffungskosten des Spezialwerkes betrugen 50 Mio. €, in denen bereits geschätzte Stilllegungskosten in Höhe von 3 Mio. € berücksichtigt wurden, was bei einem konstanten risikoadjustierten Zinssatz von 5 % einer geschätzten zukünftigen Verpflichtung in Höhe von 6,2 Mio. € entspricht. Ende 2010 hat sich herausgestellt, dass die Stillegungskosten aufgrund einer technologischen Neuerung um 1 Mio. € zu hoch veranschlagt wurden.

2. Für Kulanzleistungen ohne rechtliche Verpflichtung, denen sich das Unternehmen aber aus wirtschaftlichen Gründen nicht entziehen kann, erwartet das Management mit jeweils 50%iger Wahrscheinlichkeit eine zukünftige Verpflichtung in Höhe von 300.000 € bzw. 500.000 €.
3. Die Spielekonsolen AG ist in einen Patentstreit mit der Zock AG verwickelt. Ein endgültiger Gerichtsbeschluss wird für das nächste Jahr erwartet. Dabei rechnet die Spielekonsolen AG mit 90%iger Wahrscheinlichkeit mit einer Verurteilung. Unklar ist jedoch, auf welchen Betrag sich die Schadenersatzzahlungen belaufen würden. Folgenden drei Szenarien sind hierzu denkbar:

Szenario	Wahrscheinlichkeit	Geschätzter Aufwand
I	15 %	5 Mio. €
II	60 %	15 Mio. €
III	25 %	20 Mio. €

Ermitteln Sie in einem ersten Schritt, wie hoch die in Geschäftsvorfall Nr. 1 beschriebene Stilllegungsverpflichtung am 31.12.2010 ist, wenn Sie die Auswirkung der technologischen Neuerung nicht berücksichtigen. Welche bilanziellen Folgen hat schließlich die nachträgliche Minderung der Stilllegungsverpflichtung? Geben Sie anschließend die erforderlichen Buchungssätze zu den drei geschilderten Sachverhalten unter Vernachlässigung latenter Steuern an.

Aufgabe 3:

Die Hulk AG muss ihren Konzernabschluss im Geschäftsjahr 2010 erstmals nach den IFRS aufstellen. Als Experte für die Rechnungslegung nach den IFRS gelten Sie auch als erste Ansprechperson des Managements für die Bilanzierung von Rückstellungen. Im Rahmen der Aufstellung des IFRS-Abschlusses müssen noch unten aufgeführte Geschäftsfälle aus dem Jahr 2010 berücksichtigt werden.

1. Die Spezialmaschinen der Hulk AG werden alle 4 Jahre zum Jahresende einer Generalüberholung unterzogen. Dazu werden am Ende der vier Jahre 800.000 € benötigt, was einer jährlichen Ansparsumme von 200.000 € entspricht. Die nächste Generalüberholung ist Ende 2010 geplant.
2. Am 10.12.2010 entschied der Vorstand der Hulk AG, den Geschäftsbereich „Spielzeugpuppen" zu schließen. Dazu wurde am 27.12.2010 ein detaillierter Restrukturierungsplan vorgelegt, der zu Beginn des nächsten Jahres allen Beteiligten kommuniziert und mit dessen Umsetzung nach der Bekanntgabe unverzüglich begonnen werden soll. Die Restrukturierungsaufwendungen werden voraussichtlich 15 Mio. € betragen.

3. Aus einem noch laufenden Prozess gegen die Jings AG erwartet das Management mit einer Wahrscheinlichkeit von 60 % eine zu leistende Schadenersatzzahlung in Höhe von 300.000 €. Mit einer Verurteilung wird allerdings in frühestens 3 Jahren gerechnet. Der die spezifischen Risiken der Verpflichtung berücksichtigende Kalkulationszinssatz beträgt 8 %.

Erläutern Sie zunächst die Voraussetzungen zum Ansatz von Restrukturierungsrückstellungen. Inwieweit sind diese mit Blick auf Geschäftsvorgang Nr. 2 erfüllt? Geben Sie anschließend unter Vernachlässigung latenter Steuern die Buchungssätze nach den IFRS für das Geschäftsjahr 2010 an.

Kapitel 16
Pensionsverpflichtungen und Leistungen an Arbeitnehmer

Verpflichtungen aus betrieblichen Pensionszusagen stellen in den Bilanzen vieler Unternehmen eine zentrale Position dar. Durch Verluste an den Kapitalmärkten im Zuge der Finanzmarktkrise und durch das seit 2008 fallende Zinsniveau entstanden bei Unternehmen teils steigende Finanzierungslücken der betrieblichen Pensionszusagen[1]. Diese Finanzierungs- bzw. Deckungslücken schlagen sich bei Anwendung der internationalen Bilanzierungsvorschriften allerdings nicht zwingend in vollem Ausmaß in den Pensionsrückstellungen der Unternehmen nieder. Dies ist einer der Gründe dafür, dass die Bilanzierung von Pensionsverpflichtungen in den letzten Jahren immer wieder kontrovers diskutiert wurde. Nobelpreisträger *Joseph E. Stiglitz* machte die vorherrschenden Bilanzierungspraktiken einst sogar für die Krise der betrieblichen Altersversorgung insbesondere in den USA mitverantwortlich[2].

Traditionell werden Pensionszusagen in Deutschland unternehmensintern über die Bildung von Rückstellungen finanziert. Dieser als Direktzusage bezeichnete Durchführungsweg ist international eher unbekannt. Insbesondere in angelsächsischen Ländern ist eine unternehmensexterne Finanzierung der Pensionszusagen über Pensionsfonds vorherrschend. Aus Unternehmenssicht bietet dieser Finanzierungsweg den Vorteil, dass das ausgelagerte Vermögen nach internationalen Rechnungslegungsregeln mit den Pensionsverpflichtungen saldiert werden darf. Dadurch können sich zentrale Bilanzrelationen erheblich verbessern, was auch einen positiven Einfluss auf das Unternehmensrating haben kann.

Seit einigen Jahren passen sich immer mehr deutsche Unternehmen an diese Vorgehensweise an und nutzen verstärkt ausgelagertes Vermögen zur Deckung ihrer Pensionsverpflichtungen. So waren beispielsweise im Geschäftsjahr 2009 die kumulierten Pensionsverpflichtungen der DAX-Konzerne i.H.v. 220 Mrd. € zu 65 % durch ausgelagertes Pensionsvermögen i.H.v. 144 Mrd. € gedeckt. Eine Möglichkeit, Pensionsvermögen auszulagern, besteht z.B. durch die Übertragung von Vermögenswerten auf sog. contractual trust arrangements (CTAs)[3]. Mit diesen Treuhandmodellen ist es möglich, unter Beibehaltung des Durchführungswegs Direktzusage einen Nettoausweis der Pensionsverpflichtungen in der Bilanz nach IFRS und US-GAAP zu erreichen.

Lernziele

Die Lektüre dieses Kapitels soll

- Ihnen die unterschiedlichen Arten und Ausgestaltungsformen von Leistungen an Arbeitnehmer vermitteln,
- Ihnen zeigen, wie beitragsorientierte und leistungsorientierte Pensionszusagen bilanziert werden und
- Sie dafür sensibilisieren, welche bilanzpolitischen Spielräume es dabei gibt.

1 Vgl. Börsen-Zeitung v. 31.03.2009, S. 9, und v. 14.10.2010, S. 5.
2 Vgl. FAZ v. 04.11.2003, S. 23.
3 Vgl. zu CTA-Modellen *Neuhaus, S.*, Contractual Trust Arrangement (CTA), in: DBW, 67. Jg. (2007), S. 123-127.

1 Einleitung

Relevante Normen

Die Bilanzierung von Pensionszusagen und anderen Leistungen an Arbeitnehmer ist Gegenstand von IAS 19 „Leistungen an Arbeitnehmer“ (Employee Benefits), der seit 1999 gilt und seitdem durch kleinere Überarbeitungen geändert wurde. Eine umfangreichere Änderung, durch die ein neues Wahlrecht zur Erfassung von versicherungsmathematischen Gewinnen und Verlusten sowie erweiterte Angabepflichten eingeführt wurden, erfolgte im Dezember 2004. Der im Juli 2007 veröffentlichte IFRIC 14 „Die Begrenzung eines leistungsorientierten Vermögenswertes, Mindestfinanzierungsvorschriften und ihre Wechselwirkung“ regelt schließlich spezielle Fragen, die bei überdotierten Pensionsplänen auftreten.

Die Komplexität von IAS 19 und die meist an Versicherungsmathematiker delegierten Berechnungen machen IAS 19 in Bezug auf die geforderte Vorgehensweise, die bilanziellen Konsequenzen und die zum Teil informationsverzerrende Wirkung zu einem der meist kritisiertesten IFRS. Diese Problematik betrifft auch andere, vom Arbeitgeber für die Zeit nach Beendigung des Arbeitsverhältnisses zugesagte Leistungen, zu denen Versicherungs-, Gesundheitsvorsorge- und ähnliche Leistungen gehören.

Aufbau von IAS 19

IAS 19 ist wie folgt aufgebaut: Im Anschluss an Zwecksetzung und Anwendungsbereich (IAS 19.1-6) werden zentrale Begriffe definiert (IAS 19.7). Im Zentrum des Standards stehen die von einem Unternehmen seinen Arbeitnehmern zugesagten Leistungen nach Beendigung des Arbeitsverhältnisses[4]. Deren Klassifikation in beitragsorientierte Zusagen (defined contribution plans) und leistungsorientierte Zusagen (defined benefit plans) ist Gegenstand von IAS 19.24-42. Während die Regeln zur Bilanzierung beitragsorientierter Pensionszusagen vergleichsweise wenig Raum einnehmen (IAS 19.43-47), erstrecken sich die Vorschriften zur Bilanzierung leistungsorientierter Pensionszusagen über den Großteil des Standards (IAS 19.48-125). Die bilanzielle Erfassung anderer Leistungen an Arbeitnehmer wird ebenfalls reguliert: IAS 19.8-23 betreffen die Bilanzierung von kurzfristig fälligen Leistungen an Arbeitnehmer, während IAS 19.126-131 andere langfristig fällige Leistungen zum Gegenstand haben. Leistungen anlässlich der Beendigung des Arbeitsverhältnisses werden schließlich in IAS 19.132-143 behandelt. Der Rest des Standards enthält Vorschriften zum Übergang auf IAS 19 (IAS 19.153-156) und zum Inkrafttreten (IAS 19.157-160).

Standardenwurf

Im April 2010 veröffentlichte das IASB den Standardentwurf ED/2010/3 „Defined Benefit Plans“, der wesentliche Änderungen am derzeit geltenden Standard vorschlägt.

4 Der begrifflichen Einfachheit halber werden solche post-employment benefits im Folgenden einheitlich als Pensionsleistungen bzw. Pensionszusagen bezeichnet. Vgl. auch IAS 19.24.

2 Klassifikation von Pensionszusagen

Zwei Arten von Pensionszusagen

Die bilanzielle Abbildung der Pensionszusagen bzw. -pläne hängt zunächst davon ab, welche Vereinbarung das Unternehmen als Arbeitgeber mit dem Arbeitnehmer geschlossen hat. Im Grundsatz lassen sich hier zwei Arten von Pensionszusagen unterscheiden, durch welche ein Unternehmen erbrachte Arbeitsleistungen kompensiert: beitrags- und leistungsorientierte Zusagen.

Beitragsorientierte Pensionszusagen

Bei den beitragsorientierten Pensionszusagen (defined contribution plans) verpflichtet sich das Unternehmen „lediglich" zur Zahlung fester Beiträge an externe Versorgungsträger, die auch die spätere Pensionsleistung erbringen. Das betreffende Unternehmen hat außer den periodischen Zahlungen keinerlei weitere Verpflichtungen; es garantiert insbesondere nicht die Höhe der künftigen Leistungen. Der Arbeitnehmer trägt damit das Risiko, dass seine künftigen Pensionszahlungen geringer als erwartet ausfallen (IAS 19.25). In Deutschland haftet der Arbeitgeber jedoch aufgrund der in § 1 Abs. 1 BetrAVG kodifizierten Subsidiärhaftung mindestens für die zum Aufbau der betrieblichen Altersversorgung eingezahlten Beiträge.

Leistungsorientierte Pensionszusagen

Demgegenüber verpflichtet sich das Unternehmen bei leistungsorientierten Pensionsplänen (defined benefit plans) selbst zu einer bestimmten künftigen Pensionsleistung, die i.d.R. von der Zahl der Dienstjahre und/oder der Gehaltshöhe abhängt. Es hat damit sicherzustellen, dass jederzeit ausreichende Mittel zur Begleichung fälliger Pensionsleistungen zur Verfügung stehen. Hier trägt folglich das Unternehmen sämtliche Risiken, dass die künftigen Zahlungsverpflichtungen aus der Pensionszusage höher als erwartet ausfallen, profitiert aber u.U. im umgekehrten Fall von einer entsprechenden Minderung (IAS 19.27).

Finanzierung

Während beitragsorientierte Pläne schon per Definition mit einem Mittelabfluss an externe Versorgungsträger einhergehen, hat das Unternehmen bei leistungsorientierten Pensionsplänen die Wahl zwischen unterschiedlichen Finanzierungsformen[5]. Entweder sammelt es die finanziellen Mittel im Unternehmen selber an oder es bedient sich auch hier der Hilfe externer Versorgungsträger, ohne dadurch jedoch aus der Leistungsverpflichtung entlassen zu werden. Tabelle 16.1 fasst die grundlegenden Ausgestaltungsformen von Pensionszusagen zusammen.

Grenzfälle

In Abhängigkeit von den konkreten Ausgestaltungsdetails der betrieblichen Pensionszusage ist die Grenze zwischen beitrags- und leistungsorientierten Plänen oftmals fließend[6]. IAS 19.26 nennt Arrangements, die darauf hindeuten, dass beim Unternehmen eine rechtliche oder faktische Verpflichtung verbleibt, mehr

---

5 Vgl. unter finanzwirtschaftlichen Gesichtspunkten diese Alternativen analysierend *Arbeitskreis „Finanzierung" der Schmalenbach-Gesellschaft für Betriebswirtschaft e.V.*, Betriebliche Altersversorgung mit Pensionsrückstellungen oder Pensionsfonds – Analyse unter finanzwirtschaftlichen Gesichtspunkten, in: DB, 51. Jg. (1998), S. 321-331. Vgl. auch IAS 19.49.

6 Insbesondere beitragsorientierte Pläne existieren in Deutschland nicht in Reinform, da beim Arbeitgeber eine Art Subsidiärhaftung verbleibt. Vgl. § 1 Abs. 1 Satz 3 des Gesetzes zur Verbesserung der betrieblichen Altersversorgung (BetrAVG).

als die vereinbarten Beträge zu Gunsten des Arbeitnehmers zu zahlen. In solchen Fällen liegt ggf. eine leistungsorientierte Zusage vor. Hierzu zählen u.a. die Gewohnheit eines Unternehmens, vereinbarte Zusagen im Nachhinein freiwillig zu erhöhen, sowie garantierte (Mindest-)Renditen aus ansonsten rein beitragsorientierten Zusagen. Ein weiterer Grenzfall wird explizit in IAS 19.39-42 genannt: Schließt ein Unternehmen zu Gunsten seines Arbeitnehmers eine Lebensversicherung ab, so liegt eine beitragsorientierte Zusage vor. Dies gilt nur dann nicht, wenn das Unternehmen verpflichtet ist, die Pensionsbeträge bei Fälligkeit direkt an den Arbeitnehmer zu zahlen oder wenn es über die Versicherungssumme hinausgehende Beträge leisten muss.

	Beitragsorientierte Pensionspläne	**Leistungsorientierte Pensionspläne**
Unternehmens-externe Finanzierung	Zahlung bestimmter Beträge an externe Versorgungsträger; Risiko liegt primär beim Arbeitnehmer.	Zahlung bestimmter Beträge an externe Versorgungsträger; Risiko liegt primär beim Unternehmen.
Unternehmens-interne Finanzierung	—	Ansammlung der künftig benötigten Mittel innerhalb des Unternehmens; Risiko liegt primär beim Unternehmen.

Tab. 16.1: Ausgestaltungsformen von Pensionszusagen

Bilanzierung beitragsorientierter Zusagen

Beitragsorientierte Pläne sind für die Rechnungslegung wenig komplex, solange das Unternehmen seinen Zahlungsverpflichtungen regelmäßig und in voller Höhe nachkommt. Folgerichtig wird die Bilanzierung beitragsorientierter Pläne in IAS 19.43 als einfach bezeichnet, da die periodischen Beitragsverpflichtungen in dem Vertrag mit dem externen Versorgungsträger bereits festgelegt sind. Die anfallenden Zahlungsverpflichtungen sind zeitkongruent mit der Erbringung der Arbeitsleistung des Begünstigten GuV-wirksam zu verbuchen. Versäumte oder im Voraus geleistete Zahlungen an den externen Versorgungsträger werden als Schuld bzw. Forderung abgegrenzt (IAS 19.44). Liegt der geplante Zahlungstermin mehr als 12 Monate nach dem Ende der Periode, in der die entsprechenden Arbeitsleistungen erbracht wurden, ist die resultierende Verbindlichkeit abzuzinsen (IAS 19.45).

Beispiel 16.1

Die X AG hat einigen ihrer Mitarbeiter beitragsorientierte Pensionspläne in Form einer Lebensversicherung zugesagt. Dafür sind jedes Jahr insgesamt 100 T€ an die LV AG zu überweisen. Nachdem die X AG ihren Zahlungsverpflichtungen bisher immer nachgekommen ist, überweist sie der LV AG für dieses Jahr wegen eines Liquiditätsengpasses nur 90 T€. Hier wird wie folgt gebucht:

Pensionsaufwand	*100 T€*	*an*	*Bank*	*90 T€*
			Verbindlichkeit	*10 T€*

3 Bilanzierung leistungsorientierter Zusagen

Überblick

Im Unterschied zu beitragsorientierten Zusagen versprechen Unternehmen ihren Mitarbeitern mit leistungsorientierten Pensionszusagen i.d.R. nach dem Ausscheiden aus dem aktiven Berufsleben lebenslange betriebliche Rentenzahlungen. Dieses Versprechens können sie sich durch Zahlungen an externe Versorgungsträger nicht entledigen, weil diese bei nicht ausreichenden Mitteln ein Rückgriffsrecht auf das Unternehmensvermögen haben. Im Endeffekt erfüllt eine leistungsorientierte Pensionszusage für das Unternehmen damit den Tatbestand einer ungewissen Verbindlichkeit. Entsprechend den in IAS 19.48 als komplex bezeichneten Bilanzierungsregeln (IAS 19.48-125) ist im Folgenden insbesondere zu klären,

- wie die aus der Zusage resultierende Verpflichtung zu bewerten ist (Abschnitt 3.1),
- wie das ggf. in einem externen Versorgungsträger angesammelte Planvermögen bewertet wird (Abschnitt 3.2),
- wie der jährliche Pensionsaufwand zu ermitteln ist (Abschnitt 3.3),
- wie versicherungsmathematische Gewinne und Verluste entstehen und wie diese bilanziell zu erfassen sind (Abschnitt 3.4),
- welche Beträge letztlich in Bilanz und Gesamtergebnisrechnung ausgewiesen werden (Abschnitt 3.5) und
- welche zusätzlichen Angaben erforderlich sind (Abschnitt 6).

Ein zusammenfassendes Beispiel sowie die Diskussion einiger Spezialfragen finden sich in den Abschnitten 4 und 5. Abschließend werden die vorgeschlagenen Änderungen des Standardentwurfs vorgestellt.

3.1 Bewertung der Verpflichtung

Versicherungsmathematisches Verfahren

Unabhängig davon, ob die leistungsorientierte Pensionszusage intern oder extern finanziert wird, folgt die Bewertung der resultierenden Verpflichtung einem versicherungsmathematischen Verfahren. Im Kern geht es darum, für jeden betroffenen Arbeitnehmer in einem ersten Schritt die künftigen Rentenzahlungen in ihrer absoluten Höhe zu schätzen, sie in einem zweiten Schritt auf den Pensionseintrittstermin abzuzinsen und sie in einem dritten Schritt auf die Perioden der aktiven Dienstzeit des betreffenden Arbeitnehmers zu verteilen (vgl. Abbildung 16.1).

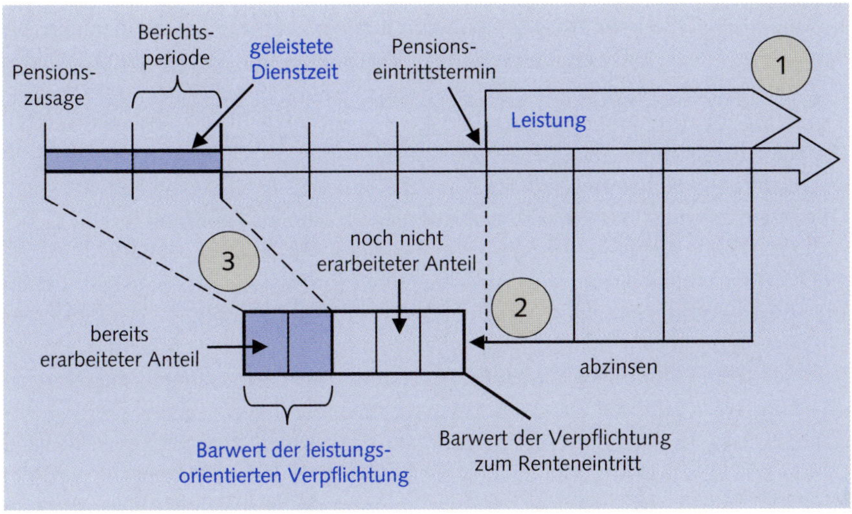

Abb. 16.1: Barwert leistungsorientierter Verpflichtungen nach dem Anwartschaftsbarwertverfahren

Versicherungsmathematische Annahmen

Die Höhe der künftigen Pensionszahlungen hängt von den Vertragsdetails der Pensionszusage sowie von versicherungsmathematischen Annahmen etwa über Sterblichkeit, Fluktuation oder Frühpensionierung ab (IAS 19.63). Da sich Pensionszahlungen häufig am letzten Gehalt vor Pensionseintritt sowie ggf. zusätzlich am gesetzlichen Rentenniveau orientieren, fordern IAS 19.83-87 die Berücksichtigung erwarteter künftiger Gehaltssteigerungen. In die Schätzung der künftigen Gehaltssteigerungen fließen Informationen über die künftige Arbeitsmarktsituation, Inflation und etwaige Beförderungen ein. Rententrends sind ebenfalls regelmäßig zu berücksichtigen, etwa wenn die Leistungszusage an das gesetzliche Rentenniveau geknüpft ist und sich dessen Entwicklung zuverlässig schätzen lässt.

Kalkulationszins

Um die Pensionszahlungen abzinsen zu können, bedarf es eines Zinssatzes. Dieser ist als Vorsteuer-Nominalzins ausgestaltet[7] und hat sich an der Marktrendite erstrangiger, festverzinslicher Industrieanleihen mit gleicher Währung und Laufzeit zu orientieren (IAS 19.78-82). Marktrenditen von Staatspapieren sind nur dann heranzuziehen, wenn in einem Land keine liquiden Märkte für solche Industrieanleihen existieren[8]. Der Diskontierungszins berücksichtigt folglich in erster Linie den Zeitwert des Geldes, also die Verteilung der Zahlungsverpflichtungen im Zeitablauf, und nicht das unternehmensspezifische Risiko (IAS 19.79).

7 Vgl. *Wollmert/Rhiel/Hofmann/Schwitters*, IAS-Kommentar, IAS 19, Tz. 92 ff.

8 Mit dem im August 2009 herausgegebenem ED/2009/10 „Discount Rate for Employee Benefits" wurden vom IASB zwischenzeitlich Überlegungen angestellt, die Verwendung von Marktrenditen von Staatspapieren grundsätzlich nicht zu erlauben. Das Projekt wurde jedoch im Oktober 2009 wieder eingestellt.

Barwert der leistungsorientierten Verpflichtung

Kennt das Unternehmen nun – wiederum gedanklich für jeden einzelnen Arbeitnehmer – den Barwert der künftigen Pensionszahlungen im Zeitpunkt des Pensionseintritts, so ist hieraus die am Bilanzstichtag zu berücksichtigende Verpflichtung zu ermitteln. In einem dritten Schritt wird dieser Barwert auf die Perioden der aktiven Dienstzeit zurückverteilt. Am Bilanzstichtag ist hiernach festzustellen, welcher Barwertanteil auf die laufende Periode sowie auf frühere Dienstzeitperioden entfällt. Es wird folglich der bereits erarbeitete Anteil berechnet. Dieser Antcil an der künftigen Leistung wird auf den Betrachtungszeitpunkt (Bilanzstichtag) abgezinst und bildet den Barwert der leistungsorientierten Verpflichtung (present value of the defined benefit obligation).

Methode der laufenden Einmalprämien

Diese versicherungsmathematische Verfahrensweise nennt sich Methode der laufenden Einmalprämien (projected unit credit method) und stellt ein Anwartschaftsbarwertverfahren dar, weil Leistungsanteile entweder linear (Ausnahmefall nach IAS 19.67) oder einer bestimmten Planformel folgend (Regelfall nach IAS 19.67) den Dienstjahren zugerechnet werden. In jedem Dienstjahr wird ein zusätzlicher Teil des letztendlichen Leistungsanspruchs erdient. Nur der bis zum Bilanzstichtag kumuliert erdiente Leistungsanspruch wird in dem Barwert der leistungsorientierten Verpflichtung berücksichtigt.

Beispiel 16.2

Die X AG stellt den gerade 62 Jahre alt gewordenen Johann Muster mit der Zusage ein, ihm in den zehn Folgejahren nach seiner Pensionierung mit 65 Jahren jeweils 5 % seines Endgehalts als Jahresrente zu zahlen. Basierend auf einem Endgehalt von 32.608,40 € beträgt die Jahresrente nach derzeitigem Informationsstand also 1.630,42 €. Die Rente wird jeweils am Ende der Folgejahre gezahlt. Für den Kalkulationszinsfuß wird eine vergleichbare Rendite von Industrieanleihen in Höhe von 6 % unterstellt.

Im ersten Schritt wird die zugesagte künftige Leistung mit Hilfe des Rentenbarwertfaktors,

$$\frac{(1+i)^n - 1}{i \cdot (1+i)^n},$$

auf den Pensionseintrittstermin abgezinst. Mit i = 6 % ergibt sich ein Barwert von

$$1.630{,}42 \cdot \frac{1{,}06^{10} - 1}{0{,}06 \cdot 1{,}06^{10}} = 12.000 €.$$

Im zweiten Schritt wird dieser Barwert nach der Methode der laufenden Einmalprämien auf die drei aktiven Dienstjahre von Johann Muster verteilt. Hierbei wird eine lineare Verteilung unterstellt. Zum Diensteintritt entspricht die Pensionsverpflichtung dem Barwert der Leistungen, die früheren Dienstjahren zugerechnet werden. Dieser Barwert beträgt anfangs naturgemäß 0 €.

Am Ende des ersten Dienstjahres bzw. zu Beginn des zweiten Dienstjahres hat sich Johann Muster ein Drittel des gesamten späteren Leistungsanspruchs erdient. Der Barwert leistungsorientierter Verpflichtungen beträgt ($12.000 / 3 \cdot 1{,}06^{-2} =$) 3.560 €.

Im Verlauf des zweiten Dienstjahres wird der zu Periodenbeginn vorhandene Barwert mit 6 % aufgezinst (3.560 · 0,06 = 213 €). Zudem wird auch dieser Periode wieder ein Leistungsanteil (12.000 / 3) zugeordnet und entsprechend abgezinst: (12.000 / 3 · $1{,}06^{-1}$ =) 3.774 €. Die Verpflichtung am Ende des zweiten Dienstjahres entspricht nun dem Barwert der Leistungen, die der laufenden sowie früheren Perioden zugeordnet werden: 3.560 + 213 + 3.774 = 7.547 €. Analog ist im dritten und letzten Dienstjahr vorzugehen. Die Entwicklung der Pensionsverpflichtung über die dreijährige Dienstzeit kann zusammenfassend wie folgt dargestellt werden (in €):

Dienstjahr (Alter)	**1 (63)**	**2 (64)**	**3 (65)**
Verpflichtung zu Beginn der Periode	0	3.560	7.547
Verzinsung des Anfangsbestandes (6 %)	0	+ 213	+ 453
Barwert des Leistungsanteils, der der Berichtsperiode zugerechnet wird	+ 3.560	+ 3.774	+ 4.000
Verpflichtung am Ende der Periode	**3.560**	**7.547**	**12.000**

Komplexe Berechnung

Das mehrstufige Bewertungsverfahren und die Vielzahl der im stark vereinfachenden Beispiel nicht berücksichtigten Faktoren, wie z.B. geschätzte Gehaltstrends, mögen das IASB motiviert haben, den betroffenen Unternehmen in IAS 19.57 zu empfehlen, bei der Bewertung der künftigen Verpflichtung aus leistungsorientierten Pensionszusagen die Dienste eines qualifizierten Versicherungsmathematikers in Anspruch zu nehmen.

3.2 Externe Finanzierung über Planvermögen

Definition

Um die späteren Pensionsleistungen erbringen zu können, sind finanzielle Mittel erforderlich, die entweder innerhalb oder außerhalb des Unternehmens angesammelt werden. Außerhalb des Unternehmens angesammelte Mittel bilden das Planvermögen (plan assets), wenn es sich gemäß IAS 19.7 um qualifizierte Versicherungspolicen oder anderes Vermögen handelt, das durch einen langfristig ausgelegten Fonds zur Erfüllung von Leistungen an Arbeitnehmer gehalten wird. Dieser externe Versorgungsträger muss rechtlich unabhängig sein und das von ihm gehaltene Vermögen darf den Gläubigern des berichtenden Unternehmens selbst in einem Insolvenzverfahren nicht zur Verfügung stehen[9]. Eine wirtschaftliche Nutzung des Planvermögens durch das Trägerunternehmen ist jedoch in bestimmten Fällen möglich[10].

---

9 Diese Voraussetzung erfüllen u.a. die eingangs erwähnten CTAs. Vgl. dazu auch *Neuhaus, S.*, Auslagerung betrieblicher Pensionszusagen, Frankfurt a. M. u.a. 2008.

10 Vgl. hierzu ausführlich *IDW*, Stellungnahme zur Rechnungslegung: Einzelfragen zur Anwendung von IFRS (IDW RS HFA 2), in: WPg, 58. Jg. (2005), S. 1402-1415.

Bewertung

Das Planvermögen ist mit dem beizulegenden Zeitwert zu bewerten (IAS 19.102-104). Dieser ergibt sich entweder aus dem Marktwert der Vermögensanlagen oder aus Schätzungen, die z.B. auf diskontierten künftigen Cashflows basieren. Der beizulegende Zeitwert des Planvermögens ist – wie auch der Barwert der leistungsorientierten Verpflichtung – vom Unternehmen in ausreichender Regelmäßigkeit zu ermitteln (IAS 19.56). Im Idealfall wird die Berechnung für jeden Bilanzstichtag neu durchgeführt.

Beispiel 16.3

Im Ausgangsbeispiel (Beispiel 16.2) finanziert die X AG die Rente von Johann Muster über einen Pensionsfonds. Diesem wird am Ende jeden Jahres ein Betrag jeweils in Höhe des Barwerts der in der Periode zusätzlich erdienten Pensionsansprüche zugeführt. Der Fondsmanager investiert diese Beträge in Aktien. Bei einer Aktienrendite in Höhe des verwendeten Abzinsungsfaktors von 6 % pro Jahr entwickelt sich das Planvermögen im Gleichschritt mit der Pensionsverpflichtung wie folgt (in €):

Dienstjahr (Alter)	**1 (63)**	**2 (64)**	**3 (65)**
Planvermögen zu Beginn der Periode	0	3.560	7.547
Wertzuwachs in der Periode (6 %)	0	+ 213	+ 453
Zuführung am Ende der Periode	+ 3.560	+ 3.774	+ 4.000
Planvermögen am Ende der Periode	**3.560**	**7.547**	**12.000**

Bei planmäßigem Verlauf kann somit der am Ende der dreijährigen Dienstzeit vorliegende Anspruch von Johann Muster in Höhe von 12.000 € gerade durch das im Pensionsfonds angesammelte Planvermögen gedeckt werden.

3.3 Ermittlung des Pensionsaufwandes

Konzeptionell zutreffende Vorgehensweise

Konzeptionell ergäbe sich der in der Periode zu erfassende Pensionsaufwand als Saldo zweier Veränderungsgrößen: Zum einen wäre eine Erhöhung des Barwerts der Verpflichtung als Aufwand zu erfassen. Ein kompensierender Effekt träte demgegenüber ein, wenn das Planvermögen eine positive Rendite erbringt. Gegenläufige Effekte wären dabei mit umgekehrten Vorzeichen zu berücksichtigen. Wird die Erhöhung des Barwerts der Verpflichtung, wie im Ausgangsbeispiel erläutert, in zwei Komponenten unterteilt, ergeben sich konzeptionell die folgenden Bestandteile des Pensionsaufwandes:

Laufender Dienstzeitaufwand

- Laufender Dienstzeitaufwand (current service cost): Der laufende Dienstzeitaufwand ist derjenige Betrag, um den der Barwert der leistungsorientierten Verpflichtung durch die in der Periode zusätzlich erdienten Pensionsansprüche steigt.

- Zinsaufwand (interest cost): Der zu Anfang einer Periode vorliegende Barwert der leistungsorientierten Verpflichtung wird mit dem Diskontierungszinssatz aufgezinst. Zinsaufwand
- Ertrag aus dem Planvermögen (return on plan assets): Dieser besteht aus dem während der Periode erwirtschafteten Gesamtertrag (Zinsen, Dividenden, Kurssteigerungen) des Planvermögens. Ertrag aus dem Planvermögen

Beispiel 16.4

Ausgehend von den Angaben in Beispiel 16.2 und Beispiel 16.3 ließe sich der Pensionsaufwand konzeptionell wie folgt ermitteln:

Dienstjahr (Alter)	**1 (63)**	**2 (64)**	**3 (65)**
Laufender Dienstzeitaufwand	3.560	3.774	4.000
Zinsaufwand (6 %)	0	+ 213	+ 453
Ertrag aus Planvermögen	0	- 213	- 453
Pensionsaufwand	**3.560**	**3.774**	**4.000**

Es wird deutlich, dass sich Zinsaufwand und Ertrag aus dem Planvermögen bei planmäßiger Entwicklung des Planvermögens mit einer Rendite in Höhe des Kalkulationszinssatzes genau ausgleichen. In diesem theoretischen Fall liegt ein Pensionsaufwand stets allein in Höhe des laufenden Dienstzeitaufwandes vor.

Abweichung von der konzeptionell zutreffenden Vorgehensweise

Die bisher beschriebenen Schritte (Bewertung der Pensionsverpflichtung, Bewertung des Planvermögens und Aufwandsermittlung) stellen nach IAS 19 jedoch lediglich den Ausgangspunkt für Bewertung und Ausweis der Verpflichtung dar. Abweichend von der bisher beschriebenen konzeptionell zutreffenden Vorgehensweise muss der Pensionsaufwand daher ggf. noch um weitere Bestandteile ergänzt werden:

- Nachzuverrechnender Dienstzeitaufwand (past service cost): Dieser entsteht, wenn ein Unternehmen rückwirkend neue leistungsorientierte Pensionspläne einführt oder bestehende ändert. Bei noch verfallbaren Leistungen ist er linear über den durchschnittlichen Zeitraum bis zum Eintritt der Unverfallbarkeit der Anwartschaften zu verteilen. Sind die Ansprüche bereits unverfallbar, erfolgt eine sofortige Aufwandsverrechnung im Gewinn oder Verlust (IAS 19.96). Nachzuverrechnender Dienstzeitaufwand
- Plankürzungen und Abgeltungen (curtailments and settlements): Dabei handelt es sich um Gewinne oder Verluste, die z.B. aus Betriebsschließungen resultieren. Diese sind zum Zeitpunkt der Kürzung bzw. Abgeltung sofort GuV-wirksam zu erfassen (IAS 19.109-110). Plankürzungen und Abgeltungen
- Unter bestimmten Umständen müssen zudem sog. versicherungsmathematische Gewinne und Verluste im Pensionsaufwand berücksichtigt werden (IAS 19.92-95). Diese sind Gegenstand des folgenden Abschnitts. Weitere Bestandteile

3.4 Versicherungsmathematische Gewinne und Verluste

Definition

Wenn die tatsächliche Entwicklung versicherungsmathematischer Annahmen wie z.B. der künftigen Gehaltsentwicklung oder des Diskontierungszinssatzes von der erwarteten Entwicklung abweicht, resultieren daraus „außerplanmäßige" Erhöhungen oder Verminderungen des Barwerts der leistungsorientierten Verpflichtung oder des Planvermögens. Diese auftretenden Differenzen zwischen den erwarteten Planwerten und den tatsächlich eintreffenden Werten werden als versicherungsmathematische Gewinne oder Verluste bezeichnet.

Konkret resultieren solche versicherungsmathematischen Gewinne und Verluste im Grunde aus zwei Sachverhalten (IAS 19.94):

Verpflichtung

- Zum einen können unerwartete tatsächliche Entwicklungen sowie Schätzungsrevisionen bezüglich der versicherungsmathematischen Annahmen von Periode zu Periode sprunghafte Änderungen im Barwert der leistungsorientierten Verpflichtung hervorrufen.

Beispiel 16.5

Die bisherige Pensionszusage an Johann Muster basiert im Ausgangsbeispiel 16.2 auf einem geschätzten Endgehalt von 32.608,40 € am Ende von Periode 3. Unerwartet tritt in Periode 1 indes ein Gehaltssprung ein, so dass nun ein Endgehalt von 41.798,80 € zugrunde gelegt werden muss.

Die zugesagte Jahresrente beträgt folglich (41.798,80 · 0,05 =) 2.089,94 €. Der Barwert der künftigen Verpflichtung zum Pensionseintrittstermin ergibt sich damit zu

$$2.089{,}94 \cdot \frac{1{,}06^{10} - 1}{0{,}06 \cdot 1{,}06^{10}} = 15.382{,}14\ €.$$

Dieser ist, wie im Ausgangsbeispiel geschehen, nach der bekannten Methode der laufenden Einmalprämien den Dienstperioden von Johann Muster zuzuordnen. Für Periode 1 ergibt sich damit ein Wert von ($15.382{,}14 / 3 \cdot 1{,}06^{-2}$ =) 4.563 €. Die folgende Aufstellung zeigt den Barwert der leistungsorientierten Verpflichtung in Periode 1 unter Berücksichtigung der neuen Information:

Verpflichtung zu Beginn der Periode	0 €
Verzinsung des Anfangsbestandes (6 %)	0 €
Barwert des Leistungsanteils, der der Berichtsperiode zugerechnet wird	bisher 3.560 € neu zusätzlich 1.003 €
Verpflichtung am Ende der Periode	4.563 €
Versicherungsmathematischer Verlust aus der leistungsorientierten Verpflichtung: „Einmaleffekt" in Höhe von	(4.563 - 3.560 =) 1.003 €

Gegenüber der Ausgangssituation „springt" der Barwert also aufgrund neuer Informationen in Periode 1 von 3.560 € auf 4.563 €. Diese Differenz von

1.003 € wird als versicherungsmathematischer Verlust aus der leistungsorientierten Verpflichtung bezeichnet, da er quasi „außerplanmäßig" deren Barwert erhöht.

- Zum anderen kann der tatsächliche Ertrag des Fondsvermögens von den Erwartungen abweichen.

Planvermögen

Beispiel 16.6

In der Ausgangssituation (Beispiel 16.3) ging die X AG von einem jährlichen Ertrag des Planvermögens in Höhe von 6 % aus. Entgegen den Erwartungen kommt es jedoch in Periode 2 zu einem Crash am Aktienmarkt, aufgrund dessen das Planvermögen einen Verlust von 20 % erwirtschaftet. In Periode 3 werden demgegenüber wieder 6 % Ertrag erzielt. Die folgende Tabelle stellt die erwartete mit der tatsächlichen Entwicklung des Planvermögens – bei unveränderten Zuführungen trotz Schätzrevision bezüglich des Endgehalts (Beispiel 16.5) – gegenüber:

Dienstjahr (Alter)	**1 (63)**	**2 (64)**	**3 (65)**
Erwartetes Planvermögen (Periodenbeginn)	0	3.560	6.622
Erwarteter Wertzuwachs in der Periode (6 %)	0	+ 213	+ 397
Zuführung am Periodenende	+ 3.560	+ 3.774	+ 4.000
Erwartetes Planvermögen (Periodenende)	**3.560**	**7.547**	**11.019**
Tatsächl. Planvermögen (Periodenbeginn)	0	3.560	6.622
Tatsächlicher Wertzuwachs in der Periode	0	- 712	+ 397
Zuführung am Periodenende	+ 3.560	+ 3.774	+ 4.000
Tatsächliches Planvermögen (Periodenende)	**3.560**	**6.622**	**11.019**
Versicherungsmath. Verlust aus Planvermögen	0	925	0

Das Beispiel zeigt, dass das Planvermögen trotz planmäßiger Zuführungen zum Pensionsfonds am Ende von Periode 3 den erforderlichen Betrag von 12.000 € verfehlt. Die Differenz zwischen tatsächlichem und erwartetem Planvermögen von 925 € in Periode 2 stellt einen versicherungsmathematischen Verlust aus dem Planvermögen dar. Um diesen auszugleichen, müsste die X AG zusätzliche Zahlungen an den Fonds leisten.

Bilanzielle Erfassung

Zur bilanziellen Erfassung versicherungsmathematischer Gewinne und Verluste gestattet IAS 19.92-95 drei Alternativen, die – einmal ausgewählt – auf alle Pensionsverträge stetig anzuwenden sind:

- Sofortige GuV-wirksame Erfassung,
- GuV-wirksame Erfassung nach dem Korridorverfahren (corridor approach),
- Sofortige GuV-neutrale Erfassung im sonstigen Ergebnis (3. Option).

Sofortige GuV-wirksame Erfassung

Mit der in IAS 19.93-95 etablierten Methode der sofortigen GuV-wirksamen Erfassung werden versicherungsmathematische Gewinne und Verluste unmittelbar in der Periode ihres Auftretens im Gewinn oder Verlust erfasst. Aus der unmittelbaren Erfassung können hohe Volatilitäten der Pensionsverbindlichkeit und des Pensionsaufwandes resultieren.

Beispiel 16.7

Wenn die X AG versicherungsmathematische Gewinne und Verluste sofort GuV-wirksam erfasst, können die in Periode 1 und 2 entstandenen versicherungsmathematischen Verluste aus der Pensionsverpflichtung (in Höhe von 1.003 €; Beispiel 16.5) und aus dem Planvermögen (in Höhe von 925 €; Beispiel 16.6) bereits in Periode 1 bzw. 2 GuV-wirksam verbucht werden:

Periode 1:

Pensionsaufwand	*an*	*Pensionsrückstellung*	*1.003 T€*

Periode 2:

Pensionsaufwand	*an*	*Pensionsrückstellung*	*925 T€*

Korridorverfahren

Um derartige Volatilitäten zu vermeiden, können versicherungsmathematische Gewinne und Verluste alternativ „zeitlich gestreckt" GuV-wirksam erfasst werden (IAS 19.92-95). Dieser Ergebnisglättungsmechanismus führt dazu, dass versicherungsmathematische Gewinne und Verluste erst ab einer bestimmten Größenordnung – und selbst dann ggf. nur zum Teil – GuV-wirksam in der Gesamtergebnisrechnung erfasst werden. Damit soll u.a. dem transitorischen, sich über längere Zeiträume ausgleichenden Charakter einiger versicherungsmathematischer Annahmen, z.B. des Kalkulationszinses, Rechnung getragen werden. Nach dem Korridorverfahren werden versicherungsmathematische Gewinne und Verluste so lange in einer Nebenrechnung geführt, bis ihr kumulierter Gesamtbetrag am Ende der Vorperiode 10 % des Barwerts der leistungsorientierten Verpflichtung oder des Planvermögens – falls dieses höher ist – übersteigt.

Beispiel 16.8

In Periode 2 vergleicht die X AG die Summe der versicherungsmathematischen Verluste mit dem entsprechenden Schwellenwert auf Basis der Werte zu Ende der Periode 1:

Versicherungsmathematischer Verlust aus Verpflichtung	1.003 €
Versicherungsmathematischer Verlust aus Planvermögen	0 €
Summe versicherungsmathematischer Verluste	1.003 €
10 % Barwert Verpflichtung (10 % von 4.563 €)	456 €
10 % beizulegender Zeitwert Planvermögen (10 % von 3.560 €)	356 €
Übersteigender Betrag	(1.003 - 456 =) 547 €

Es zeigt sich, dass die Summe versicherungsmathematischer Verluste am Ende von Periode 1 den Referenzwert (hier: 10 % des Barwerts der Verpflichtung) um 547 € übersteigt.

Verteilung des Differenzbetrags

IAS 19.93 sieht nun vor, dass der überschießende Differenzbetrag i.d.R. über die durchschnittliche Restdienstzeit der von der Pensionszusage erfassten Arbeitnehmer GuV-wirksam zu verteilen ist. Diese Ergebniskomponente taucht in IAS 19.61 (d) als Bestandteil des Pensionsaufwandes auf. Eine abweichende, systematische Verteilungsmethode, die zu einer schnelleren GuV-wirksamen Erfassung führt, ist jedoch erlaubt (IAS 19.93).

Beispiel 16.9

Die X AG muss also den Betrag von 547 € über die Restdienstzeit von Johann Muster periodisieren. Diese beträgt am Ende von Periode 1 noch zwei Jahre. Damit werden in den Perioden 2 und 3 versicherungsmathematische Gewinne und Verluste in Höhe von jeweils (547 / 2 =) 274 € GuV-wirksam gebucht:

Pensionsaufwand an Pensionsrückstellung 274 T€

Fortschreibung des Restbetrags

Der Restbetrag der (noch nicht GuV-wirksam erfassten) versicherungsmathematischen Gewinne und Verluste wird weiterhin in der Nebenrechnung geführt und in den Folgeperioden jeweils wiederum dem Korridorverfahren unterzogen.

Beispiel 16.10

In Periode 2 treten die versicherungsmathematischen Verluste aus dem Planvermögen hinzu (Beispiel 16.6). Außerdem ist der in der Nebenrechnung geführte Betrag um den in Periode 2 amortisierten Betrag zu vermindern. In Periode 3 wird folglich der aus dem Korridor überschießende Betrag von (1.654 - 967 =) 687 € vollständig GuV-wirksam erfasst, weil die Dienstzeit von Johann Muster in derselben Periode endet.

Diese Vorgehensweise macht zweierlei deutlich: Erstens werden versicherungsmathematische Gewinne und (hier im Beispiel) Verluste als Einmaleffekte begriffen, die nur in der Periode ihres Auftretens als solche behandelt werden. Es gibt diesbezüglich keinen „Nachhalleffekt" in späteren Perioden. Daher wird beispielsweise ab Periode 2 mit der auf den neuen Annahmen (Beispiel 16.5) basierenden Verpflichtung weitergerechnet (s. auch Beispiel 16.12), ohne dass aus dem in Periode 1 eingetretenen „Schock" in Periode 2 und 3 weitere versicherungsmathematische Verluste entstünden. Zweitens wird der am Ende der Dienstzeit noch nicht amortisierte, innerhalb des Korridors verbliebene Betrag von 967 € nicht sofort, sondern entsprechend der künftigen Abnahme von Pensionsverpflichtung und Planvermögen – und damit der Korridorgrenzen – über die kommenden zehn Jahre GuV-wirksam aufgelöst[11]. Insgesamt zeigt das Beispiel, dass Schwankungen in der Verpflichtungshöhe und im Planvermögen nur teilweise und verzögert GuV-wirksam erfasst werden, insbesondere wenn die durchschnittliche Restdienstzeit der entsprechenden Arbeitnehmer – anders als hier unterstellt – noch lang ist.

11 Es handelt sich hier um einen theoretischen Grenzfall eines einzelnen Arbeitnehmers, der so in der Praxis nur selten anzutreffen sein wird.

Dienstjahr (Alter)	**1 (63)**	**2 (64)**	**3 (65)**
Versicherungsmathematischer Verlust (Anfang)	0	1.003	1.654
Versich. Verlust aus Verpflichtung (in Periode)	+ 1.003	0	0
Versich. Verlust aus Planvermögen (in Periode)	0	+ 925	0
In der Periode amortisierte Beträge	0	- 274	- 687
Summe versicherungsmath. Verluste (Ende)	**1.003**	**1.654**	**967**
10 % Barwert der Verpflichtung	456	967*	
10 % beizulegender Zeitwert des Planvermögens	356	662**	
Übersteigender Betrag	547	687	
* 10 % von 15.382,14 € · 2 / 3 · $1{,}06^{-1}$; ** 10 % von 6.622 €			

3. Option: Sofortige GuV-neutrale Erfassung

IAS 19 erlaubt darüber hinaus eine dritte Möglichkeit für die Behandlung versicherungsmathematischer Gewinne und Verluste. Demnach dürfen diese bei Eintritt in voller Höhe GuV-neutral im sonstigen Ergebnis erfasst und ausgewiesen werden (IAS 19.93A-93D). Dadurch ist der Pensionsaufwand und damit der Gewinn oder Verlust deutlich weniger volatil als bei der sofortigen GuV-wirksamen Erfassung. Andererseits ergibt sich ein dauerhafter Kongruenzverstoß auf Ebene des Gewinn oder Verlusts daraus, dass die GuV-neutral erfassten versicherungsmathematischen Gewinne und Verluste dauerhaft am Gewinn oder Verlust vorbei fließen und auch zu keinem späteren Zeitpunkt GuV-wirksam berücksichtigt werden (recycling).

Beispiel 16.11

Nach dem Wahlrecht in IAS 19.93A kann die X AG die in Periode 1 und 2 entstandenen versicherungsmathematischen Verluste aus der Pensionsverpflichtung (in Höhe von 1.003 €; Beispiel 16.5) und aus dem Planvermögen (in Höhe von 925 €; Beispiel 16.6) bereits in Periode 1 bzw. 2 GuV-neutral im sonstigen Ergebnis verbuchen:

Periode 1:

Sonstiges Ergebnis (OCI)	*an*	*Pensionsrückstellung*	*1.003 T€*

Periode 2:

Sonstiges Ergebnis (OCI)	*an*	*Pensionsrückstellung*	*925 T€*

Von den drei alternativen Bilanzierungsformen betrieblicher Altersversorgungszusagen werden überwiegend das Korridorverfahren und die 3. Option angewandt. Beispielsweise wandten im Geschäftsjahr 2009 elf DAX-Unternehmen das Korridorverfahren und 19 DAX-Unternehmen die 3. Option an[12].

12 Vgl. *Pellens, B./Obermüller, P./Riemenschneider, S.*, Darstellung und Simulation der Konsequenzen des Exposure Drafts zu IAS 19, in: DB, 63. Jg. (2010), S. 2061-2066.

3.5 Ausweis

Bilanziell anzusetzende Größe: Nettoausweis

Da IAS 19 einem Nettoausweis folgt, sind bei externer Finanzierung weder der Barwert der leistungsorientierten Verpflichtung noch der beizulegende Zeitwert des Planvermögens in der Bilanz in voller Höhe ersichtlich[13]. Lediglich der Saldo dieser Größen, also eine etwaige Über- oder Unterdeckung der Verpflichtung durch das Planvermögen, wird in der Bilanz ausgewiesen.

Korrekter Ausweis in Abhängigkeit der Methode

Kommt es zu versicherungsmathematischen Gewinnen oder Verlusten kann dieser Saldo der Bilanz dabei nur bei Anwendung von sofortiger GuV-wirksamer oder -neutraler Erfassung unverfälscht entnommen werden. Wird das Korridorverfahren angewendet, verzerren möglicherweise noch nicht erfasste versicherungsmathematische Gewinne oder Verluste den Ausweis. Im Falle nicht erfasster nachzuverrechnender Dienstzeitaufwendungen bei noch verfallbaren Leistungen lässt sich eine etwaige Über- oder Unterdeckung indes – unabhängig von der verwendeten Methode – der Bilanz nicht unverfälscht entnehmen. Stattdessen bestimmt IAS 19.54, dass folgende Größe in der Bilanz als Schuld oder Vermögenswert[14] auszuweisen ist:

	Barwert der leistungsorientierten Verpflichtung
+/(–)	versicherungsmathematische Gewinne (Verluste), die bei Anwendung des Korridorverfahrens noch nicht GuVwirksam erfasst wurden
–	noch nicht GuV-wirksam erfasster nachzuverrechnender Dienstzeitaufwand
–	beizulegender Zeitwert des Planvermögens
=	**bilanziell zu erfassender Saldo aus einer leistungsorientierten Zusage**

Unternehmensinterne Finanzierung

Nur bei ausschließlich unternehmensinterner Finanzierung der Pensionsverpflichtung entfällt das Planvermögen innerhalb dieser Berechnung und der Barwert leistungsorientierter Verpflichtungen erscheint in voller Höhe auf der Passivseite der Bilanz. Allerdings ist auch dieser Barwert bei Anwendung des Korridorverfahrens um die noch nicht GuV-wirksam verrechneten versicherungsmathematischen Gewinne oder Verluste zu „korrigieren“.

Beispiel 16.12

Auf Basis der bisherigen Berechnungen erfasst die X AG bei Anwendung des Korridorverfahrens am Ende von Periode 3 folgenden Betrag als Schuld aus einem leistungsorientierten Plan in ihrer Bilanz:

13 Zur Forderung eines diesbezüglichen Bruttoausweises von Pensionsverpflichtung und Planvermögen in jeweils voller Höhe vgl. *Pellens, B./Fülbier, R. U./Sellhorn, T.*, Bilanzierung leistungsorientierter Pensionspläne bei deutschen und US-amerikanischen Unternehmen – Vorschlag und Simulation einer Weiterentwicklung von SFAS 87, in: DBW, 64. Jg. (2004), S. 133-153, 144 f. Eine ausführliche Diskussion der Vor- und Nachteile von Brutto- und Nettoansatz erfolgt in IAS 19.BC68A-BC68L.

14 Die Höhe eines solchen Vermögenswerts ist gemäß IAS 19.58A begrenzt (asset ceiling). Zu den Regeln des asset ceiling vgl. *Deiter, N./Sellhorn, T.*, Bilanzierung überdotierter Pensionsverpflichtungen: Die Asset Ceiling-Regel nach IAS 19 und IFRIC 14, in: PiR, 4. Jg. (2008), S. 356-364.

	Barwert der leistungsorientierten Verpflichtung	15.382 €
+/(–)	versicherungsmathematische Gewinne (Verluste), die noch nicht GuV-wirksam erfasst wurden	-967 €
–	noch nicht GuV-wirksam erfasster nachzuverrechnender Dienstzeitaufwand	0 €
–	beizulegender Zeitwert des Planvermögens	-11.019 €
=	**bilanzielle Schuld aus leistungsorientierter Zusage**	**3.396 €**

Damit weist die X AG bilanziell eine Schuld von 3.396 € aus. Tatsächlich jedoch sieht sie sich einer Verpflichtung in Höhe von 15.382 € gegenüber, für deren Abgeltung sie im Pensionsfonds bisher lediglich 11.019 € angesammelt hat. Die tatsächliche Unterdeckung beträgt damit 4.363 €, ist also um den Betrag der noch nicht GuV-wirksam erfassten versicherungsmathematischen Verluste von 967 € (s. Erläuterung in Beispiel 16.10) höher als der bilanziell ersichtliche Wert. Erfasst die X AG versicherungsmathematische Verluste dagegen sofort GuV-wirksam oder -neutral, wird die vollständige Unterdeckung i.H.v. 4.363 € in der Bilanz ausgewiesen.

Nettoausweis auch im Konzernabschluss

Dieser Nettoausweis gemäß IAS 19 gilt im Übrigen auch für den Konzernabschluss. Entspricht das separierte Planvermögen den Anforderungen von IAS 19.7, sind die Vorschriften von IAS 27 zum Konsolidierungskreis nicht anwendbar, denn IAS 19 geht IAS 27 als *lex specialis* vor. Interpretation SIC-12.6 schließt zudem die Konsolidierung als Zweckgesellschaft (special purpose entity) aus.

GuV-Wirkung: Pensionsaufwand

IAS 19.119 enthält keine konkreten Regelungen bezüglich des Ausweises der einzelnen Komponenten des Pensionsaufwands in der Gesamtergebnisrechnung. Jedoch wird auch der GuV-wirksam zu verrechnende Pensionsaufwand mit Ausnahme der Anwendung der sofortigen GuV-neutralen Erfassung wie schon dargestellt von versicherungsmathematischen Gewinnen und Verlusten beeinflusst. Grundsätzlich legt IAS 19.61 folgendes Schema zur Ermittlung des Pensionsaufwandes fest[15]:

	Dienstzeitaufwand der Periode
+	Zinsaufwand
–	erwarteter Ertrag aus Planvermögen
+/(–)	Amortisationsbetrag von versicherungsmathematischen Verlusten (Gewinnen) nach dem Korridorverfahren / sofortige, vollständige GuV-wirksame Erfassung versicherungsmathematischer Gewinne (Verluste)
+	Amortisationsbetrag von nachzuverrechnendem Dienstzeitaufwand
+/(–)	Auswirkungen etwaiger Plankürzungen oder -abgeltungen
=	**Pensionsaufwand oder -ertrag der Periode**

15 Etwas anderes gilt, wenn Teile des Aufwandes in die Anschaffungs- oder Herstellungskosten eines Vermögenswertes einbezogen werden müssen bzw. dürfen.

Bilanzpolitische Spielräume

Da der Zinsaufwand/-ertrag ggf. gemindert um den erwarteten Ertrag aus Planvermögen nicht zwangsläufig im Finanzergebnis auszuweisen ist, können die Unternehmen hier erhebliche bilanzpolitische Spielräume nutzen.

Beispiel 16.13

Auf Basis der bisherigen Berechnungen erfasst die X AG bei Anwendung des Korridorverfahrens am Ende von Periode 3 folgenden Betrag als Pensionsaufwand in ihrer GuV:

	Dienstzeitaufwand der Periode	(15.382 / 3 =) 5.127 €
+	Zinsaufwand	$(15.382 \cdot 2 / 3 \cdot 1{,}06^{-1} \cdot 0{,}06 =)$ 580 €
–	erwarteter Ertrag aus Planvermögen	$((-1) \cdot 6.622 \cdot 0{,}06 =)$ -397 €
+/(–)	Amortisationsbetrag von versicherungsmathematischen Verlusten (Gewinnen) nach dem Korridorverfahren	687 €
=	**Pensionsaufwand der Periode 3**	**5.997 €**

Damit weist die X AG in ihrer GuV einen Pensionsaufwand von 5.997 € aus. Tatsächlich jedoch ergäbe sich – wie oben gezeigt – ohne Berücksichtigung des Korridorverfahrens ein Pensionsaufwand von 5.311 € (Dienstzeitaufwand: 5.127 €, Zinsaufwand: 580 €, abzüglich des Ertrags aus Planvermögen: 397 €). Dies entspricht gleichzeitig dem Pensionsaufwand, der sich bei sofortiger GuV-neutraler Erfassung ergibt. In diesem Beispiel entspricht dies auch dem Pensionsaufwand, der bei sofortiger GuV-wirksamer Erfassung zu verbuchen wäre, da in der betrachteten Periode 3 keine versicherungsmathematischen Gewinne oder Verluste angefallen sind.

4 Zusammenfassendes Beispiel: Lufthansa AG

Anhand der Konzernabschlussdaten der Lufthansa AG für das Geschäftsjahr 2009 soll die erläuterte Vorgehensweise zusammengefasst werden[16]. Die bilanzielle Nettoschuld aus leistungsorientierten Pensionsverpflichtungen von 2.710 Mio. € ergibt sich dabei zunächst als Saldo des Barwerts der leistungsorientierten Pensionsverpflichtung von 9.613 Mio. €[17] und des Planvermögens von 6.133 Mio. €, der anschließend gemäß IAS 19.54 u.a. um die durch Anwendung des Korridorverfahrens noch nicht erfassten versicherungsmathematischen Verluste sowie nachzuverrechnende Dienstzeitaufwendungen von kumuliert 770 Mio. € vermindert wird (vgl. Abbildung 16.2).

16 Die im Folgenden verwendeten Daten stammen aus dem Geschäftsbericht 2009 der Lufthansa AG, insbesondere S. 186-189.

17 Diese ist mit 2.157 Mio. € auf rückstellungs- und mit 7.456 Mio. € auf fondsfinanzierte Zusagen zurückzuführen.

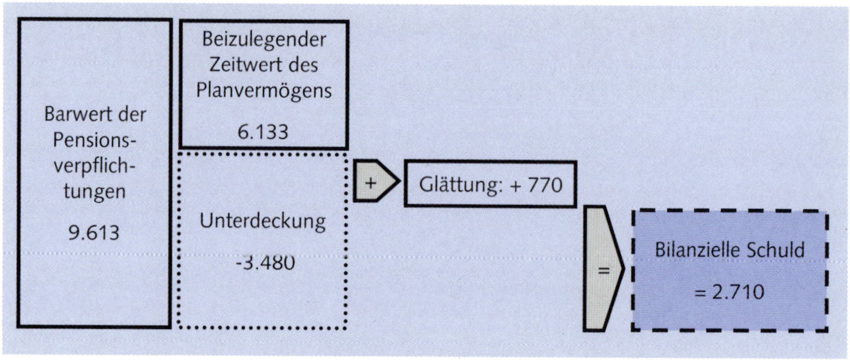

Abb. 16.2: Herleitung der bilanziellen Schuld aus leistungsorientierten Pensionszusagen

Auch in der GuV schlägt sich die Anwendung des Korridorverfahrens nieder (vgl. Abbildung 16.3). Die laufenden Aufwandsbestandteile (Dienstzeitaufwand und Zinsaufwand) machen mit 743 Mio. € den Großteil des Pensionsaufwandes aus. Dieser wird durch die Amortisationsbeträge der im Nebenbuch mitgeführten Größen um weitere 15 Mio. € erhöht. Dem steht der erwartete Ertrag aus dem Planvermögen in Höhe von 261 Mio. € sowie Plankürzungen und -abgeltungen in Höhe von 17 Mio. € kompensierend gegenüber.

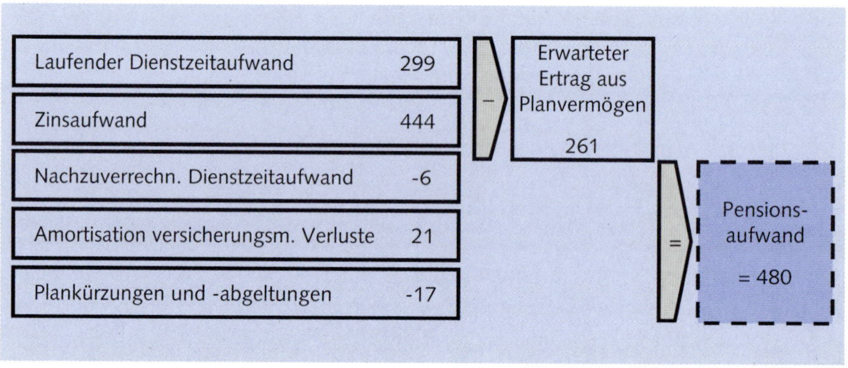

Abb. 16.3: Ermittlung des Pensionsaufwandes

Hätte die Lufthansa AG statt des Korridorverfahrens die sofortige GuV-wirksame oder -neutrale Erfassung versicherungsmathematischer Gewinne und Verluste gewählt, ergäbe sich in Folge einer deutlich höheren bilanziellen Schuld ein geringeres Eigenkapital. Dieses würde in der Folgezeit bei sonst gleichen Bedingungen zu einer höheren Eigenkapitalrendite führen, zumal der Gewinn oder Verlust durch die Amortisation versicherungsmathematischer Verluste ebenfalls nicht mehr belastet wird.

5 Spezialfragen

Gemeinschaftliche Pläne mehrerer Arbeitgeber

IAS 19.29-35 enthalten Vorschriften zur Bilanzierung von gemeinschaftlichen Plänen mehrerer Arbeitgeber. Hierbei handelt es sich um Arrangements, bei denen verschiedene Arbeitgeber, die nicht unter gemeinsamer Beherrschung (under common control) stehen, zur Finanzierung ihrer beitrags- oder leistungsorientierten Zusagen Vermögenswerte in einen gemeinsamen Fonds einbringen. Aus diesem Vermögensbestand werden gegenüber den Begünstigten die vereinbarten Leistungen erbracht, ohne dass es dabei eine Rolle spielt, bei welchem Unternehmen der jeweilige Begünstigte angestellt war bzw. ist. Ein gemeinschaftlicher Plan mehrerer Arbeitgeber kann als beitrags- oder leistungsorientierter Plan einzustufen sein (IAS 19.29). Im letzteren Fall muss das beteiligte Unternehmen die oben beschriebenen Bilanzierungsmethoden auf seinen Anteil an der gemeinschaftlichen Verpflichtung, dem gemeinschaftlichen Planvermögen und dem gemeinschaftlichen Aufwand anwenden. Die mangelnde Zuordnung dieser Positionen auf die beteiligten Unternehmen führt jedoch dazu, dass die Informationen, die ein Unternehmen für die Bilanzierung benötigt, u.U. schwierig zu erhalten sind. Ist dies der Fall, so werden die betreffenden Zusagen wie beitragsorientierte Zusagen behandelt, wobei zusätzliche Angabepflichten entstehen (IAS 19.30). Ähnliche Bilanzierungsgrundsätze wie für gemeinschaftliche Pläne mehrerer Arbeitgeber gelten gemäß IAS 19.36-38 auch für sog. staatliche Pläne.

Andere Leistungen

IAS 19 behandelt alle Arten von Leistungen an Arbeitnehmer. Neben Pensionszusagen sind dies

- kurzfristig fällige Leistungen an Arbeitnehmer (IAS 19.8-23),
- andere langfristig fällige Leistungen an Arbeitnehmer (IAS 19.126-131) und
- Leistungen aus Anlass der Beendigung des Arbeitsverhältnisses (IAS 19.132-143).

Kurzfristig fällige Leistungen

Kurzfristig fällige Leistungen werden spätestens 12 Monate nach Ende der Periode, in der die entsprechende Arbeitsleistung erbracht wurde, in voller Höhe fällig (IAS 19.7). Hierzu gehören gemäß IAS 19.8 u.a. Löhne, Gehälter, Sozialversicherungsbeiträge, Erfolgsbeteiligungen sowie geldwerte Vorteile. Diese Leistungen werden, ebenso wie Leistungen aus beitragsorientierten Pensionszusagen, zeitkongruent mit der vergüteten Arbeitsleistung GuV-wirksam erfasst. Auch hier sind Mehr- oder Minderzahlungen abzugrenzen. Eine Abzinsung ist jedoch nicht zulässig.

Andere langfristig fällige Leistungen

Andere langfristig fällige Leistungen sind z.B. Jubiläumszahlungen oder langfristige Erfolgsbeteiligungen. Anders als etwa Pensionszusagen sind sie häufig mit geringerer Schätzunsicherheit behaftet (IAS 19.127) und werden daher nach einem vereinfachten Verfahren bilanziert. So entfällt die bei leistungsorientierten Pensionszusagen mögliche Glättung durch das Korridorverfahren sowie die zeitlich gestreckte Erfassung von nachzuverrechnendem Dienstzeitaufwand, so dass der Saldo aus dem Barwert der Verpflichtung und dem beizulegenden Zeitwert etwaigen Planvermögens grundsätzlich unverfälscht sichtbar ist

(IAS 19.128). Auch der als Aufwand zu erfassende Betrag steht dem oben beschriebenen konzeptionellen Ideal wesentlich näher als dies bei Pensionszusagen der Fall ist (IAS 19.129).

Leistungen anlässlich der Beendigung des Arbeitsverhältnisses

Mit Leistungen anlässlich der Beendigung des Arbeitsverhältnisses werden nicht Arbeitsleistungen entgolten, sondern es handelt sich um Zahlungen, deren auslösendes Ereignis die vorzeitige Entlassung oder das vom Unternehmen finanziell geförderte freiwillige Ausscheiden eines Mitarbeiters ist (IAS 19.132). Im Wesentlichen sind dies Abfindungen oder Lohnfortzahlungen, an die kein wirtschaftlicher Nutzen für das Unternehmen mehr geknüpft ist. Erst wenn sich das vorzeitige Ausscheiden der Mitarbeiter in einem detaillierten Plan konkretisiert hat und die dadurch fälligen Leistungen für das Unternehmen unausweichlich sind, werden sie als Schuld und Aufwand erfasst (IAS 19.133). Bei langfristiger Fälligkeit sind die Leistungen abzuzinsen (IAS 19.139).

6 Anhangangaben

Umfangreiche Angabepflichten

Wie die bisherigen Erläuterungen zeigen, sind weder der Barwert der leistungsorientierten Verpflichtung noch der beizulegende Zeitwert des Planvermögens (bei externer Finanzierung) unmittelbar der Bilanz zu entnehmen. Diese Informationen müssen allerdings im Anhang aufgeführt werden. So enthält IAS 19.120-125 umfangreiche Angabepflichten zur Bilanzierung von Pensionsverpflichtungen, zu denen u.a. gehören:

- Eine Beschreibung der Pensionspläne (IAS 19.120A (b)) sowie die Veröffentlichung wesentlicher versicherungsmathematischer Annahmen wie Kalkulationszinsfuß, erwartete Rendite des Planvermögens sowie Gehalts- und Rententrends (IAS 19.120A (n)),
- die Angabe des Barwerts der leistungsorientierten Verpflichtungen, des beizulegenden Zeitwerts des Planvermögens und der Bestandteile der in Gesamtergebnisrechnung sowie Bilanz ausgewiesenen Posten (IAS 19.120A (f)-(g)),
- eine Überleitungsrechnung vom Periodenanfang zum Periodenende für die Verpflichtung bzw. für das Planvermögen (IAS 19.120A (c) bzw. (e)),
- die Aufspaltung der Pensionsverpflichtung in intern und extern finanzierte Teilbeträge (IAS 19.120A (d)),
- eine Aufteilung des Planvermögens in verschiedene Asset-Klassen (IAS 19.120A (j)),
- eine verbale Beschreibung und Begründung der erwartenden Rendite aus dem Planvermögen (IAS 19.120A (l)) und
- eine Fünf-Jahres-Historie der Pensionsverpflichtung und des Planvermögens mit den entsprechenden Anpassungen und Parameteränderungen im Zeitablauf (IAS 19.120A (p)).

Diese umfangreichen und komplexen Angabepflichten können die je nach verwendeter Methode zur Erfassung versicherungsmathematischer Gewinne und Verluste unterschiedlich ausfallenden Informationsdefizite in Bilanz und Ergebnisrechnung nicht vollständig beheben, da die IFRS dem Anhang eine derartige Funktion nicht zuerkennen. Denn bereits die Rechenwerke für sich sollen die Vermögens-, Finanz- und Ertragslage den tatsächlichen Verhältnissen entsprechend darstellen[18].

Keine Heilung von Defiziten durch Anhangangaben

Geplante Änderungen durch den Exposure Draft ED/2010/3 „Defined Benefit Plans"

Exkurs

Mit dem am 29.04.2010 veröffentlichten Standardentwurf „Defined Benefit Plans – Proposed amendments to IAS 19" hat das IASB wesentliche Änderungen bei der Bilanzierung von leistungsorientierten Pensionsverpflichtungen vorgeschlagen. Im Kern betreffen die Änderungen die Behandlung versicherungsmathematischer Gewinne und Verluste, die Ermittlung der erwarteten Erträge aus Planvermögen, die Erfassung von nachzuverrechnendem Dienstzeitaufwand und den Ausweis des Pensionsaufwands in der GuV.

Erfassung versicherungsmathematischer Gewinne und Verluste

Der Standardentwurf sieht die Abschaffung der sofortigen GuV-wirksamen Erfassung und der Korridor-Methode vor. Künftig sollen versicherungsmathematische Gewinne und Verluste nach der 3. Option in der Periode ihrer Entstehung GuV-neutral im sonstigen Ergebnis erfasst werden (ED IAS 19.119A(c) i.V.m. ED IAS 19.7). Ein Wahlrecht soll nicht mehr bestehen. Durch die Festlegung auf eine Methode soll u.a. die Vergleichbarkeit zwischen Abschlüssen verschiedener Unternehmen erhöht werden. Allerdings bleibt ein wesentlicher Kritikpunkt an der sofortigen GuV-neutralen Erfassung bestehen, da auch künftig kein GuV-wirksames recycling vorgesehen ist und es somit auch weiterhin zu einem dauerhaften Kongruenzverstoß kommt.

Erwarteter Ertrag aus Planvermögen

Der erwartete Ertrag aus Planvermögen soll künftig nicht mehr auf Basis von zu Beginn der Periode vorherrschenden Markterwartungen hinsichtlich Anlageerträgen ermittelt werden, sondern unter Verwendung desselben Diskontierungszinssatzes, der zur Berechnung des Barwerts der leistungsorientierten Verpflichtung verwendet wird (ED IAS 19.119C). Die Differenz zwischen erwartetem und tatsächlichem Ertrag soll als versicherungsmathematischer Gewinn oder Verlust GuV-neutral im sonstigen Ergebnis erfasst werden.

Nachzuverrechnender Dienstzeitaufwand

Ist nachzuverrechnender Dienstzeitaufwand bislang bei noch verfallbaren Leistungen linear über den durchschnittlichen Zeitraum bis zum Eintritt der Unverfallbarkeit zu verteilen, soll dieser nach dem Standardentwurf grundsätzlich immer unmittelbar in der Periode GuV-wirksam erfasst werden, in der die Anpassung des jeweiligen leistungsorientierten Pensionsplans erfolgt (ED IAS 19.96A).

18 Vgl. IAS 1.18; siehe auch *Fülbier/Pellens*, MünchKommHGB, § 314, Tz. 58.

Ausweis des Pensionsaufwandes

Während IAS 19 bisher keine konkreten Ausweisvorschriften für den Pensionsaufwand enthält, wird dies nun im Standardentwurf geregelt: Dienstzeitaufwand, nachzuverrechnender Dienstzeitaufwand und Gewinne oder Verluste aus Plankürzungen sind gemäß ED IAS 19.119A(a) als operativer Aufwand auszuweisen. Der Saldo aus dem Zinsaufwand des Barwertes der leistungsorientierten Verpflichtung und dem erwarteten Ertrag aus Planvermögen soll künftig als Zinsertrag oder -aufwand im Finanzergebnis ausgewiesen werden (ED IAS 19.119A(b)). Gewinne und Verluste aus Abgeltungen sowie versicherungsmathematische Gewinne und Verluste sollen gemäß ED IAS 19.119A(c) GuV-neutral im sonstigen Ergebnis erfasst werden.

7 Wesentliche Unterschiede zum IFRS for SMEs

Section 28 orientiert sich an IAS 19

Die Bilanzierung von Pensionsverpflichtungen ist im IFRS for SMEs in Section 28 „Employee Benefits" geregelt. Die Regelungen orientieren sich grundsätzlich an IAS 19, allerdings bestehen hinsichtlich der Bilanzierung leistungsorientierter Zusagen teils erhebliche Abweichungen zu den Regelungen von IAS 19.

Bewertung der Verpflichtung

Zur Bewertung der Verpflichtung verweist IFRS-SME.28.18 zwar grundsätzlich auf die Methode der laufenden Einmalprämie, gestattet aber starke Vereinfachungen, wenn die Berechnung nur mit übermäßigen Aufwand oder Kosten möglich ist. So dürfen nach IFRS-SME.28.19 erwartete künftige Gehaltssteigerungen, künftige Änderungen im Pensionsplan, Sterblichkeit vor Renteneintritt sowie Fluktuation und Invalidität bei der Berechnung ignoriert werden[19]. Die Lebenserwartung ist hingegen wie nach den „full" IFRS immer in der Berechnung zu berücksichtigen. Insgesamt ist das Verfahren derart vereinfacht worden, dass der Standard explizit darauf hinweist, dass die Dienste eines unabhängigen Versicherungsmathematikers nicht erforderlich sind. Darüber hinaus muss die Bewertung der Verpflichtung bei nur unwesentlichen Änderungen gemäß IFRS-SME.28.20 nicht jährlich erfolgen. Stattdessen genügt eine Anpassung der Vorjahreszahlen um Mitarbeiterzahlen und -gehälter (IFRS-SME.28.20).

Erfassung von Bewertungsänderungen

Kommt es in einer Periode zu versicherungsmathematischen Gewinnen oder Verlusten, sind diese nach IFRS-SME.28.24 unmittelbar in der Periode ihres Auftretens entweder im sonstigen Ergebnis oder alternativ im Gewinn oder Verlust zu erfassen. Das nach IAS 19 erlaubte Korridorverfahren ist in den IFRS for SME nicht gestattet. Neben den versicherungsmathematischen Gewinnen und Verlusten sind gemäß IFRS-SME.28.21 nachzuverrechnende Dienstzeitaufwendungen oder -erträge, Kürzungen bestehender Pläne sowie Abfindungen unmittelbar in der laufenden Periode GuV-wirksam zu erfassen.

19 Vgl. hierzu auch *Fodor, J./Wildner, S.*, "IAS 19 light" – Bilanzierung von Pensionsverpflichtungen nach dem IFRS for SMEs, in: BB, 64. Jg. (2009), S. 1967.

8 Wesentliche Unterschiede zum HGB

Durch das BilMoG kam es zu einer Annäherung der handelsrechtlichen Regelungen der Pensionsbilanzierung an die Vorschriften des IAS 19 und damit zu zwingenden Unterschieden zu den steuerrechtlichen Berechnungsvorschriften in § 6a EStG.

Ansatzwahlrecht für Altzusagen

Für die handelsbilanzielle Abbildung von Pensionszusagen ist zunächst Art. 28 EGHGB einschlägig, der zwischen Neuzusagen (nach dem 31.12.1986) und Altzusagen (vor dem 01.01.1987) differenziert. Hier wird in Verbindung mit den allgemeinen Ansatzvorschriften der §§ 246 Abs. 1, 249 Abs. 1 Satz 1 HGB eine Passivierungspflicht für Neuzusagen und ein Passivierungswahlrecht für Altzusagen formuliert.

Bewertung der Verpflichtung

Für die Bewertung der Pensionsverpflichtung ist die allgemeine Regelung zur Bewertung von Rückstellungen (§ 253 Abs. 1 Satz 2 HGB), nach der sie zum nach vernünftiger kaufmännischer Beurteilung notwendigen Erfüllungsbetrag anzusetzen sind, maßgeblich. Diese durch das BilMoG eingeführte Neuerung bedingt, dass in der Bewertung der Pensionsverpflichtung künftige Gehalts- und Rententrends zu berücksichtigen sind[20]. Als Diskontierungssatz dient nach § 253 Abs. 2 HGB grundsätzlich ein der Restlaufzeit entsprechender durchschnittlicher Marktzinssatz der vergangenen sieben Geschäftsjahre. Dieser wird von der Deutschen Bundesbank ermittelt und monatlich bekannt gegeben[21]. Alternativ darf pauschal ein durchschnittlicher Marktzins, der sich bei einer angenommen Restlaufzeit von 15 Jahren ergibt, verwendet werden.

Berechnungsverfahren

Anders als IAS 19 schreibt das HGB kein spezifisches Berrechnungsverfahren zur Ermittlung der Verpflichtung vor[22]. Folglich können Unternehmen diese zum einen anhand des Verfahrens der laufenden Einmalprämien (Anwartschaftsbarwertverfahren) oder alternativ mit dem steuerlichen Teilwertverfahren (Anwartschaftsdeckungsverfahren) berechnen. Im Unterschied zu IAS 19 sieht letzteres vor, die künftigen, auf den Pensionseintrittstermin abgezinsten Pensionsleistungen mit dem Rückwärtsverteilungsfaktor gleichmäßig auf die Dienstjahre zu verteilen. Damit wird eine kontinuierliche Arbeitsleistung des pensionsberechtigten Arbeitnehmers unterstellt.

Das Anwartschaftsbarwertverfahren ergibt insbesondere zu Beginn der Dienstzeit geringere Verpflichtungsbeträge, die jedoch bis zum Pensionseintrittstermin stärker ansteigen. Hier wirkt sich der Abzinsungseffekt in den ersten Perioden überproportional stark und in den späteren Perioden geringer aus als

20 Vgl. *Küting, K./Kessler, H./Keßler, M.*, Bilanzierung von Pensionsverpflichtungen, in: Küting, K./Pfitzer, N./Weber, C.-P. (Hrsg.), Das neue deutsche Bilanzrecht, 2. Aufl., Stuttgart 2009, S. 350 f.

21 Vgl. www.bundesbank.de/download/statistik/abzinsungszinssaetze.pdf (Stand: 03.01.2011).

22 Vgl. *Hasenburg, C./Hausen, R.*, Zur Umsetzung der HGB-Modernisierung durch das BilMoG: Bilanzierung von Altersversorgungsverpflichtungen und vergleichbaren langfristig fälligen Verpflichtungen unter Einbeziehung der Verrechnung mit dem Planvermögen, in: DB, Beilage Nr. 5/2009, 62. Jg. (2009), S. 40.

beim Anwartschaftsdeckungsverfahren. In der Tendenz verlagert das Anwartschaftsbarwertverfahren den Pensionsaufwand damit stärker auf die späteren Dienstjahre[23].

Beispiel 16.14

Um die Unterschiede in der Bewertungsmethodik zwischen Anwartschaftsbarwert- und Anwartschaftsdeckungsverfahren herauszustellen, wird das Anwartschaftsdeckungsverfahren auf die im Ausgangsbeispiel (Beispiel 16.2) gegebenen Informationen angewandt. Der Rückwärtsverteilungsfaktor ergibt sich als

$$\frac{i}{(1+i)^n - 1}.$$

Bei einem Kalkulationszins von 6 % beträgt der Teilwert der Verpflichtung am Ende des ersten Dienstjahres

$$12.000 \cdot \frac{0{,}06}{1{,}06^3 - 1} = 12.000 \cdot 0{,}314 = 3.769\ €.$$

Zum Ende des zweiten Dienstjahres wird diese Annuität von 3.769 € mit dem Rentenendwertfaktor für n = 2 Jahre,

$$\frac{1{,}06^2 - 1}{0{,}06} = 2{,}06,$$

multipliziert, wodurch das Aufzinsen der Verpflichtung im Zeitablauf (3.769 · 1,06 = 3.995 €) sowie der neu erdiente Leistungsanteil (3.769 €) erfasst werden. Der Teilwert beträgt folglich (3.769 · 2,06 =) 7.765 €. Am Ende des dritten Dienstjahres wird die Pensionszahlung in Höhe von 12.000 € fällig. Sie ergibt sich durch Multiplikation der ursprünglichen Annuität von 3.769 € mit dem Rentenendwertfaktor für n = 3 Jahre zu (3.769 · 3,1836 =) 12.000 €.

Analog zum Ausgangsbeispiel wird im Folgenden die Entwicklung der Pensionsverpflichtung über die dreijährige Dienstzeit dargestellt. Zum Vergleich werden in der letzten Zeile die anhand des Anwartschaftsbarwertsverfahrens ermittelten Beträge angegeben.

23 Zur Verdeutlichung vgl. die Gegenüberstellung versicherungsmathematischer Methoden bei *Wollmert/Rhiel/Hofmann/Schwitters*, IAS-Kommentar, IAS 19, Tz. 145 ff.

Dienstjahr (Alter)	1 (63)	2 (64)	3 (65)
Verpflichtung zu Beginn der Periode	0	3.769	7.765
Verzinsung des Anfangsbestandes (6 %)	0	226	466
Barwert des Leistungsanteils, der der Berichtsperiode zugerechnet wird	3.769	3.769	3.769
Verpflichtung am Ende der Periode	3.769	7.765	12.000
Verpflichtungsbeträge nach IAS 19	3.560	7.547	12.000

Nettoausweis

Pensionsverpflichtungen sind gemäß § 246 Abs. 2 Satz 2 HGB mit dem korrespondierenden Planvermögen zu saldieren. Als Planvermögen gelten dabei Vermögensgegenstände, die ausschließlich der Erfüllung der Pensionsverpflichtung dienen und dem Zugriff aller anderen Gläubiger entzogen sind. Dieses Planvermögen ist nach § 253 Abs. 1 Satz 4 HGB am Bilanzstichtag mit dem beizulegenden Zeitwert zu bewerten. Die verbleibende Rückstellung ist als Passivposition „Rückstellungen für Pensionen und ähnliche Verpflichtungen" auszuweisen (§ 266 Abs. 3 B 1 HGB). Zusammenfassend unterscheidet sich damit die handelsrechtliche von der steuerlichen (Gehalts- und Rententrends sowie im Zinssatz) als auch von der IFRS-Berechnung (Zinssatz).

9 Wesentliche Unterschiede zu US-GAAP

SFAS 87 und 158 konzeptionell ähnlich zu IAS 19

IAS 19 beruht in weiten Teilen auf dem einschlägigen SFAS 87 „Employers' Accounting for Pensions". Auch die US-GAAP folgen somit einem Nettoausweis von extern finanzierten Pensionsverpflichtungen und sehen eine Reihe von Glättungsmechanismen vor. Die teils deutlichen Unterdeckungen der Pensionspläne von US-amerikanischen Unternehmen wurden durch diese Glättungsmechanismen nur unvollständig ausgewiesen, was insbesondere von Finanzanalysten und auch von der SEC zunehmend kritischer gesehen wurde. Das FASB reagierte auf diese Kritik und startete ein Projekt zur grundsätzlichen Überarbeitung der Regelungen zur Pensionsbilanzierung. Als Ergebnis der ersten Phase dieses Projekts wurde im September 2006 SFAS 158 „Employers' Accounting for Defined Benefit Pension and Other Postretirement Plans" veröffentlicht[24].

24 Vgl. zu den durch SFAS 158 eingeführten Neuerungen im Detail *Baetge, J./Haenelt, T.*, Pensionsrückstellungen im IFRS-Abschluss – Kritische Würdigung der Regelungen zur Vereinnahmung versicherungsmathematischer Gewinne und Verluste im IFRS-Abschluss unter Berücksichtigung der Neuregelung des FASB, in: DB, 59. Jg. (2006), S. 2415 f.

Erfassung versicherungsmathematischer Gewinne und Verluste

Die Neuordnung der US-GAAP fasst die Verlautbarungen nun zu einem Themengebiet (topic) „Compensation – Retirement Benefits“ (ASC 715) zusammen, ohne dass es im Zuge dessen jedoch zu inhaltlichen Veränderungen kam. SFAS 158.4 / ASC 715-30-25 schreibt einen Ausweis der vollständigen Nettopensionsverpflichtung in der Bilanz vor. Versicherungsmathematische Gewinne und Verluste sind daher gemäß SFAS 158.4 / ASC 715-30-35 im Jahr ihres Anfalls GuV-neutral im sonstigen Ergebnis oder alternativ GuV-wirksam im Gewinn oder Verlust zu erfassen. Wenn versicherungsmathematische Gewinne oder Verluste im sonstigen Ergebnis erfasst werden, sieht SFAS 87.32 / ASC 715-30-35-24 im Gegensatz zu dem vergleichbaren Wahlrecht des IAS 19 in den Folgejahren ein recycling dieser Beträge vor. Die zunächst im sonstigen Ergebnis erfassten Beträge werden hiernach in den Folgeperioden nach dem Korridorverfahren im Gewinn oder Verlust vereinnahmt.

Ausgewählte Literatur

Arbeitskreis „Finanzierung“ der Schmalenbach-Gesellschaft für Betriebswirtschaft e.V., Betriebliche Altersversorgung mit Pensionsrückstellungen oder Pensionsfonds – Analyse unter finanzwirtschaftlichen Gesichtspunkten, in: DB, 51. Jg (1998), S. 321-331.

Baetge, J./Haenelt, T., Pensionsrückstellungen im IFRS-Abschluss – Kritische Würdigung der Regelungen zur Vereinnahmung versicherungsmathematischer Gewinne und Verluste im IFRS-Abschluss unter Berücksichtigung der Neuregelung des FASB, in: DB, 59. Jg. (2006), S. 2413-2419.

Küting, K./Keßler, M./Seel, C., Bilanzierung von Pensionsverpflichtungen im DAX 30 – Sind die IFRS ein geeignetes Vorbild für das HGB?, in: BB, 65. Jg. (2010), S. 1907-1912.

Lachnit, L./Müller, S., Bilanzanalytische Behandlung von Pensionsverpflichtungen, in: DB, 57. Jg. (2004), S. 497-506.

Pellens, B./Fülbier, R. U./Sellhorn, T., Bilanzierung leistungsorientierter Pensionspläne bei deutschen und US-amerikanischen Unternehmen – Vorschlag und Simulation einer Weiterentwicklung von SFAS 87, in: DBW, 64. Jg. (2004), S. 133-153.

Pellens, B./Obermüller, P./Schmidt, A., Bilanzielle Konsequenzen der Inanspruchnahme der dritten Option zur Pensionsbilanzierung, in: WPg, 63. Jg (2010), S. 574-581.

Übungsaufgaben

Aufgabe 1:

Beschreiben Sie die beiden Grundformen von Pensionszusagen sowie die allgemeinen Möglichkeiten zu ihrer Finanzierung. Erläutern Sie in Grundzügen die bilanzielle Behandlung dieser Ausgestaltungsformen.

Aufgabe 2:

Buchen Sie unter Vernachlässigung latenter Steuern folgenden Sachverhalt: Die Y AG muss im Rahmen eines beitragsorientierten Pensionsplanes jährlich 250 T€ an die Entente-Versicherung überweisen. Wegen eines Liquiditätsüberhanges zahlt sie im laufenden Jahr einen Betrag von 500 T€. Im Vorjahr war die Y AG um 50 T€ hinter ihrer Zahlungsverpflichtung zurückgeblieben.

Aufgabe 3:

Ermitteln Sie analog zu Beispiel 16.2 den Barwert der leistungsorientierten Verpflichtung (nach IAS 19) in den Perioden 1 bis 5 für folgenden Sachverhalt: An ihrem 60. Geburtstag tritt Bettina Sachs in den Dienst der Y AG. Die Y AG sagt ihr zu, ihr in den 25 Folgejahren nach ihrer Pensionierung mit 65 Jahren jeweils 10 % ihres Endgehalts als Jahresrente zu zahlen. Derzeit wird von einem Endgehalt in Höhe von 40.000 € bei Renteneintritt ausgegangen. Erstrangige Industrieanleihen verzinsen sich derzeit mit 5 %.

Aufgabe 4:

Beziehen Sie sich auf Ihre Ergebnisse in Aufgabe 3. In Periode 3 sinke der Kalkulationszins aufgrund eines einmaligen Schocks auf 4 %. Gleichzeitig zeigen neue Informationen, dass das Endgehalt von Frau Sachs bei Renteneintritt voraussichtlich 45.000 € betragen wird. Am Ende der Periode 3 beträgt das für die Finanzierung der Pensionsverpflichtung vorgesehene Planvermögen 30.000 €. Wie hoch ist der versicherungsmathematische Gewinn oder Verlust in Periode 3? Wie ist er in Periode 4 zu behandeln, wenn die Y AG den corridor approach anwendet? Geben Sie die dazu erforderlichen Buchungssätze an.

Aufgabe 5:

Nennen und erläutern Sie die in IAS 19 vorgesehenen Möglichkeiten zur bilanziellen Behandlung von versicherungsmathematischen Gewinnen und Verlusten. Stellen Sie verbal die jeweiligen Auswirkungen auf den return on capital employed (RoCE) und auf die Eigenkapitalquote unter der Annahme dar, dass versicherungsmathematische Verluste vorliegen.

Aufgabe 6:

Die Z AG hat dem Mitarbeiter Herrn Been vor einigen Jahren eine Pensionszusage gegeben. Zum Ende des laufenden Geschäftsjahres 2011 wird planmäßig ein Barwert der leistungsorientierten Verpflichtung i.H.v. 60.000 € erwartet. Für das zugehörige Planvermögen wird ein Wert von 40.000 € erwartet. Am Jahresende haben sich jedoch folgende Änderungen gegenüber der ursprünglichen Planung ergeben:

- Während des Jahres fallen die Zinsen erstklassiger Industrieanleihen entgegen der Erwartung um 0,5 %, wodurch sich der Barwert der leistungsorientierten Verpflichtung entgegen der ursprünglichen Planung um 6.129 € verändert.
- Aufgrund ungünstiger Entwicklungen des Planvermögens bleibt der Ertrag aus Planvermögen um 1.000 € unter den zu Jahresbeginn erwarteten Erträgen.

a) Berechnen Sie den versicherungsmathematischen Gewinn oder Verlust, der im Geschäftsjahr 2011 anfällt.
b) Wenn nötig, berechnen Sie den Betrag, der den Korridor übersteigt.
c) Geben Sie die Buchungssätze für 2011 und ggf. 2012 an, wenn die Z AG versicherungsmathematische Gewinne und Verluste
   - sofort GuV-wirksam erfasst,
   - mittels des Korridorverfahrens erfasst (angenommene Restdienstzeit ab 31.12.2011: 4 Jahre),
   - sofort GuV-neutral im sonstigen Ergebnis erfasst.

Kapitel 17
Eigenkapital

Eigenkapital ist eine zentrale Bilanzposition. Gerade die zum Teil emotional geführten Diskussionen über IAS 32 zeigen die Bedeutung dieser Bilanzposition auf[1]. Dieser Standard befasst sich mit der Abgrenzung des bilanziellen Eigenkapitals vom Fremdkapital. Besonders in Deutschland sahen sich gerade Personenhandelsgesellschaften (wie z.B. OHG, KG und GmbH & Co. KG) aufgrund der bisherigen Bilanzregeln benachteiligt. Diese empfundene Benachteiligung resultierte aus einer konsequenten Anwendung des ursprünglichen IAS 32.18(b) aus dem Jahr 2003. Dadurch wären damals große Teile des Eigenkapitals von Personenhandelsgesellschaften und Genossenschaften nicht mehr als Eigenkapital, sondern als Fremdkapital ausgewiesen worden. Ein gegen Null tendierendes Eigenkapital alarmierte Unternehmen und Fachwelt. Der Grund für diese Klassifikation bestand bei diesen Rechtsformen aus Sicht von IAS 32 darin, dass Mitglieder bzw. Gesellschafter ein nicht ausschließbares Recht auf Kündigung ihrer Gesellschafteranteile und auf Zahlung einer Abfindung besitzen. Damit ist nach IFRS formal die Definition einer Schuld erfüllt.

Verschiedene Unternehmensverbände reagierten, indem sie auf drei Ebenen nachdrücklich auf die Konsequenzen dieser Bilanzierungsvorschriften hinwiesen. Die Bedenken wurden sowohl auf internationaler (beim IASB und beim IFRIC) als auch auf europäischer (bei der EU-Kommission, dem EU-Parlament und bei EFRAG) und auf deutscher Ebene (beim IDW, DRSC, bei den Ministerien und bei der Regierung) artikuliert. Im Jahr 2008 reagierte das IASB auf diese Lobbyarbeit durch eine Neufassung des IAS 32. Diese enthält Änderungen, die zwei Ausnahmetatbestände zur bisherigen Eigenkapitaldefinition beinhaltet. Mithilfe der Ausnahmeregelungen wird damit die Eigenkapitalproblematik aus Sicht der deutschen Personenhandelgesellschaften geheilt. Dennoch ist mit dieser Änderung des Standards die Frage nach der Eigenkapitaldefinition noch nicht abgeschlossen. Die Anpassungen der Abgrenzungskriterien sind aus Sicht des IASB als eine kurzfristige Lösung anzusehen. Mittelfristig wird eine generelle Überarbeitung der Abgrenzung zwischen Eigen- und Fremdkapital angestrebt. Dieses Ziel wird innerhalb eines gemeinsamen Projekts mit dem FASB verfolgt. Von FASB und IASB liegen bereits Diskussionspapiere vor.

Lernziele

Die Ausführungen zeigen, dass die Abgrenzung zur Schuld eines von vielen wichtigen Themen rund um das Eigenkapital ist. Von daher werden die derzeitig gültigen Regelungen dargestellt. Daneben werden die durch das IASB und FASB vorgeschlagenen Ansätze für eine gemeinsame zukünftige Eigenkapitaldefinition erläutert.

Neben diesen Aspekten soll darüber hinaus dargelegt werden,

- welche Gliederungsvorschriften das IASB für das Eigenkapital vorsieht,
- welche Inhalte die verschiedenen Eigenkapitalpositionen haben,
- welche speziellen Angaben im Zusammenhang mit der Eigenkapitalbilanzierung gemacht werden müssen und
- wie der Rückkauf eigener Anteile zu bilanzieren ist.

1 Vgl. *Hoffmann, W./Lüdenbach, N.*, Die Neuregelung des IASB zum Eigenkapital bei Personengesellschaften, in: DB, 59. Jg. (2006), S. 1797.

1 Definition und Abgrenzung zu Schulden

Relevante Standards

Die Regelungen zur Bilanzierung des Eigenkapitals sind in verschiedenen Standards zu finden. Innerhalb des Rahmenkonzeptes erfolgt eine Definition des Eigenkapitals. Eine Abgrenzung gegenüber dem Fremdkapital wird indes in IAS 32 vorgenommen. Die Gliederungsvorschriften für die Bilanzposition Eigenkapital werden in IAS 1 erläutert.

Ergänzt werden diese Standards durch IFRIC 2 „Die Bilanzierung von Genossenschaftsanteilen" (Members' Shares in Co-operative Entities and Similar Instruments). In dieser Interpretation wird die Abgrenzung von Eigen- und Fremdkapital bei genossenschaftlich organisierten Unternehmen geregelt.

Eigenkapitaldefinition

Die Position Eigenkapital (equity) repräsentiert die Ansprüche der Anteilseigner eines Unternehmens innerhalb der Bilanz. Als Residualgröße sämtlicher Vermögenswerte abzüglich der Schulden (RK.4.4(c)) ist die Höhe des Eigenkapitals insbesondere von der Bilanzierung der übrigen Bilanzpositionen und somit von geltenden Ansatz- und Bewertungsregeln abhängig. Daher entsprechen Buchwert und Marktwert der Eigenkapitalanteile einander im Zeitablauf allenfalls zufällig (RK.4.22).

Abgrenzung von Schulden

Erneut aufgegriffen wird die Eigenkapitaldefinition in IAS 32 „Finanzinstrumente: Angaben und Darstellung". IAS 32.11 beinhaltet klare Abgrenzungskriterien zwischen Eigenkapital und Schulden. Nur wenn die folgenden zwei Bedingungen erfüllt sind, handelt es sich bei einer Passivposition um ein Eigenkapitalinstrument (IAS 32.16):

1. Das passivische Finanzinstrument darf keine Verpflichtung bedingen, einen finanziellen Vermögenswert an eine andere Partei zu liefern oder finanzielle Vermögenswerte oder Schulden mit einer anderen Partei zu ungünstigen Bedingungen zu tauschen (IAS 32.16(a)).
2. Falls das Finanzinstrument durch Eigenkapitaltitel des ausgebenden Unternehmens bedient wird bzw. bedient werden kann, ist es entweder
   - ein nicht-derivatives Instrument, das keine Verpflichtung des Ausgebers verbrieft, eine variable Anzahl eigener Eigenkapitaltitel zu liefern (IAS 32.16(b)(i)) oder
   - ein Derivat, das vom ausgebenden Unternehmen durch die Lieferung einer fixen Anzahl von Eigenkapitaltiteln für einen fixen Geldbetrag oder sonstigen finanziellen Vermögenswert bedient wird (IAS 32.16(b)(ii)).

Die erste Bedingung schließt zunächst alle Finanzinstrumente aus, die die Definition von Schulden erfüllen. Die zweite Bedingung grenzt Instrumente aus, die zwar durch Eigenkapitaltitel bedient werden, bei denen die Eigenkapitaltitel aber lediglich eine Art Währung darstellen und zur Bezahlung von anders normierten Beträgen verwendet werden. Weitere Erläuterungen finden sich in IAS 32.17-27.

Beispiel 17.1

Anhand des folgenden Beispielsachverhalts soll die obige Abgrenzung von Eigen- und Fremdkapital verdeutlicht werden: Die X AG erwirbt von der Y AG ein Aktienpaket der Z AG. Im Sinne von IAS 32.16(a) bestünde eine

Schuld darin, dass sich die X AG dazu verpflichtet, im Gegenzug 1 Mio. € in liquiden Mitteln oder Bundesanleihen im Wert von 1 Mio. € an die Y AG zu liefern. Ebenso läge eine Schuld vor, wenn die X AG im Gegenzug einwilligte, eine Schuld der Y AG in Höhe von 1 Mio. € zu übernehmen.

Im Sinne von IAS 32.16(b)(i) könnte die X AG die Aktien der Z AG auch in eigenen Aktien bezahlen. Sofern sie sich verpflichtet, eine *variable*, also noch festzulegende Anzahl eigener Aktien im Wert von 1 Mio. € an die Y AG zu leisten, liegt eine Schuld vor. In diesem Fall sind die Aktien der X AG lediglich eine Art Währung, um eine auf einen festen Betrag lautende Verpflichtung zu begleichen.

Besteht die Gegenleistung der X AG hingegen in einer *festen* Anzahl eigener Aktien, so schwankt ihr Wert mit dem Aktienkurs der X AG, lautet also nicht auf einen festen Betrag von z.B. 1 Mio. €. Damit liegt, sofern die erste Voraussetzung in IAS 32.16(a) ebenfalls erfüllt ist, gemäß IAS 32.16(b)(i) ein Eigenkapitalinstrument vor.

Gemäß IAS 32.16(b)(ii) ist als Eigenkapitalinstrument auch ein Derivat anzusehen, das vom Unternehmen mit der Ausgabe einer *festen* Anzahl eigener Aktien gegen einen *festen* Geldbetrag glattgestellt wird. Beispielsweise könnte die X AG als Stillhalterin einer Kaufoption verpflichtet sein, dem Zeichner der Option 10.000 eigene Aktien gegen Zahlung von 1 Mio. € zu übertragen. Aus IAS 32.16(b)(ii) lässt sich nun folgern, dass eine Schuld demgegenüber dann vorliegt, wenn die X AG für die 10.000 eigenen Aktien keinen festen Betrag erhält, sondern z.B. denjenigen variablen Betrag, der dem Wert von 10 t Kupfer im Ausübungszeitpunkt der Option entspricht.

IAS 32 (rev. 2008)

Neben diesen Abgrenzungskriterien wird in IAS 32.18 darüber hinaus klargestellt, dass die Einstufung eines Finanzinstruments nicht allein durch seine rechtliche Ausgestaltung bestimmt wird. Ausschlaggebend für die Zuordnung eines Finanzinstruments zum Eigenkapital ist seine wirtschaftliche Substanz. Daraus folgt, dass durchaus Finanzinstrumente existieren können, die rein rechtlich als Eigenkapital angesehen werden, aber wirtschaftlich zu den Verbindlichkeiten zu zählen sind. Diese Betrachtungsweise wurde bisher dahingehend konkretisiert, dass Instrumente, die den Inhaber berechtigen, diese gegen flüssige Mittel oder andere finanzielle Vermögenswerte an den Emittenten zurückzugeben („kündbare Instrumente" oder „puttable instruments"), als finanzielle Verbindlichkeiten einzustufen waren. Damit wurden Finanzinstrumente, die rechtlich Eigenkapital darstellen, bilanziell als Fremdkapital eingestuft. Wie oben bereits beschrieben, führte diese Betrachtungsweise zu erheblicher Kritik gerade aus der Perspektive von deutschen Personenhandelsgesellschaften[2]. Das IASB reagierte, indem es in diesem Bereich eine überarbeitete Version des IAS 32 veröffentlichte, die erstmals verpflichtend für Geschäftsjahre anzuwenden war, die am 1.1.2009 oder später begannen. Durch die Neufassung des IAS 32 bleibt das Prinzip der Ab-

2 Vgl. *Schildbach, T.*, Das Eigenkapital deutscher Unternehmen im Jahresabschluß nach IFRS – Analyse eines Problems, in: BFuP, 58. Jg. (2006), S. 325-341.

grenzung zwischen Eigen- und Fremdkapital unverändert. Es werden lediglich zwei neue Arten von Eigenkapital geschaffen, welche Ausnahmen zu den bisherigen Prinzipien darstellen. Es werden zum einen kündbare Instrumente und zum anderen Verpflichtungen im Falle einer Liquidation definiert. Da gerade Erstere als Reaktion auf die deutsche Kritik angesehen werden können und von daher auch in Deutschland eine größere Bedeutung besitzen, wird auf diese im Folgenden näher eingegangen[3].

Prüfungskriterien

Die Vorschriften des IAS 32.16A erfordern für kündbare Instrumente einen dreistufigen Prüfungsprozess, der durchleuchtet, ob solche Gesellschaftereinlagen als Eigenkapital auszuweisen sind. Dabei ist zu untersuchen, ob folgende Kriterien kumulativ erfüllt werden:

1. Die Einlage muss den Merkmalen eines kündbaren Instruments entsprechen.
2. Die Kriterien des IAS 32.16A müssen erfüllt sein.
3. Das Instrument darf nicht unter die Negativabgrenzung des IAS 32.16B fallen.

Kündbares Instrument

Die Definition eines kündbaren Instruments nach IAS 32 bildet die Grundlage für die Abgrenzung gegenüber dem Fremdkapital. Der Standard definiert, dass unter diese Definition solche Finanzinstrumente fallen,

- die ihre Inhaber dazu berechtigen, sie gegen flüssige Mittel oder andere finanzielle Vermögenswerte an den Emittenten zurückzugeben, oder
- die bei Eintritt eines ungewissen künftigen Ereignisses, bei Ableben des Inhabers oder bei dessen Eintritt in den Ruhestand automatisch an den Emittenten zurückgehen.

Klassifizierungskriterien nach IAS 32.16A

Sind die Merkmale eines kündbaren Instruments erfüllt, so müssen folgende fünf Voraussetzungen des IAS 32.16A kumulativ vorliegen:

- Proportionaler Beteiligungsanspruch in der Liquidation,
- nachrangigste Klasse von Finanzinstrumenten,
- alle Finanzinstrumente der nachrangigsten Klasse besitzen die gleichen Merkmale,
- außer den Verpflichtungen, die ein kündbares Instrument begründet, existieren keine weiteren Zahlungsverpflichtungen aus dem Instrument,
- der Zahlungsstrom des Instruments beruht im Wesentlichen auf den Gewinnen und Verlusten, der Änderung des bilanziellen Reinvermögens oder den Unternehmenswertsteigerungen des Unternehmens.

Beteiligungsquotaler Liquidationsanspruch

Der Beteiligungsanspruch des Inhabers eines kündbaren Instruments im Falle einer Liquidation soll seinem proportionalen Gesellschaftsanteil entsprechen. Als Liquidationserlös wird dabei auf das Nettovermögen des Unternehmens abgestellt. Für den Fall einer KG stellt das IASB klar, dass trotz der unterschiedlichen Gesellschafterstellung zwischen Kommanditisten und Komplementären

---

3 Vgl. hierzu ebenfalls *Schmidt, M.*, IAS 32 (rev. 2008): Ergebnis- statt Prinzipienorientierung, in: BB, 63. Jg. (2008), S. 435.

diese Regelung erfüllt wird. Die Zahlungen, die an den Komplementär geleistet werden, sind daher für die Beurteilung dieses Kriteriums zu unterteilen. Ein Teil des Zahlungsstroms wird als Vergütung für dessen Haftungsübernahme angesehen und von daher im Rahmen der Kriterienüberprüfung außen vor gehalten.

Nachrangigste Klasse

Die Nachrangigkeit der Gesellschaftereinlage muss im Falle einer Liquidation des Unternehmens gegeben sein. Es ist daher zu untersuchen, ob man im Falle einer Insolvenz den Ansprüchen aus dem vorliegenden Instrument tatsächlich erst nachkommen würde, wenn es bereits zu einer Erfüllung der Ansprüche aller anderen Kapitalgeber gekommen wäre.

Beispiel 17.2[4]

Der Gesellschaftsvertrag der XY OHG sieht folgendes vor: Gesellschafter A wird im Falle einer Liquidation ein Vorabanteil gewährt. Der verbleibende Restbetrag wird entsprechend der Anteile zwischen A, B und C verteilt.

Lösung

Der Anteil des Gesellschafters A gehört nicht zur nachrangigsten Klasse und ist daher als Fremdkapital zu klassifizieren. Die übrigen Einlagen der Gesellschafter B und C sind untereinander gleichgestellt und gehören zur nachrangigsten Klasse. Von daher sind diese als Eigenkapital auszuweisen.

Gleiche Merkmale

Alle Finanzinstrumente in der nachrangigsten Klasse müssen die gleichen Ausstattungsmerkmale besitzen. Dabei bezieht sich diese Bedingung auf die Art und Weise, in der die Verteilung des Jahresergebnisses und eines möglichen Liquidationserlöses erfolgt. Als unproblematisch wird dabei angesehen, wenn das Jahresergebnis nach den erbrachten Leistungen verteilt wird. In diesem Zusammenhang werden Unterschiede in Geschäftsführungs- oder Informationsrechten ebenfalls als unschädlich angesehen. Kritisch wird hingegen eine ungleiche Ausstattung mit Stimmrechten gesehen. Sollten einzelne Gesellschafter abweichend von ihrem Anteil an der Gesellschaft überproportionale Rechte gegenüber anderen Gesellschaftern besitzen, so kann diese Bedingung verletzt sein. Entscheidend ist dabei, ob die überproportionale Stimmrechtsaufteilung durch einen Gesellschafter dazu genutzt werden könnte, ohne Mitwirkung der übrigen Gesellschafter eine Modifikation des Gesellschaftsvertrags herbeizuführen, welche die finanziellen Ausstattungsmerkmale der Anteile zu seinen Gunsten verändern würde.

Keine weiteren Zahlungsverpflichtungen

Die Gesellschaftereinlage darf über die bereits genannten Ansprüche hinaus, das Instrument gegen flüssige Mittel oder einen anderen finanziellen Vermögenswert zurückzukaufen oder zurückzunehmen, keine weiteren Verpflichtungen des Emittenten begründen.

Ergebnisabhängige Zahlungsströme

Die Zahlungsströme des Instruments müssen sich substanziell entweder auf buchhalterische Größen oder die ökonomische Performance des Unternehmens beziehen. Im Rahmen der buchhalterischen Größen wird dabei auf Gewin-

4 In Anlehnung an *Haufe IFRS-Kommentar*, § 20: Eigenkapital, Eigenkapitalspiegel, Tz. 28.

ne/Verluste oder die Veränderung des bilanziellen Reinvermögens abgestellt. Die ökonomische Performance wird hingegen durch die Veränderung des Unternehmenswerts widergespiegelt.

Negativabgrenzung

IAS 32.16B verlangt, dass kein anderes Finanzinstrument oder Vertrag solche Vertragsbedingungen aufweist, die den Klassifikationskriterien des IAS 32.16A entsprechen. Damit soll gewährleistet werden, dass das ausgewiesene Eigenkapital tatsächlich einer Residualgröße entspricht. Um diese Regelung praktikabel zu gestalten, werden solche Verträge als unschädlich angesehen, die mit dem Unternehmen nicht nahestehenden Personen zu geschäftsüblichen Konditionen geschlossen wurden.

Klassifizierung von kündbaren Instrumenten im Konzernabschluss

Die dargestellte Klassifizierung von kündbaren Instrumenten im Einzelabschluss ist nicht auf den Konzernabschluss übertragbar. Diese Unterscheidung wird dann relevant, wenn innerhalb des Konsolidierungskreises Personenhandelsgesellschaften existieren, deren Anteile nicht komplett durch den Konzern beherrscht werden. Solche Finanzinstrumente sind unabhängig davon, ob sie die oben genannten Klassifizierungskriterien erfüllen, als Fremdkapital auszuweisen. Solche Minderheitenanteile unterliegen nicht den dargestellten Abgrenzungskriterien und sind daher einer Folgebewertung zu unterziehen. Als Wertansatz wird der fiktive Anspruch herangezogen, welcher aus einer Kündigung der Anteile resultieren würde[5].

IFRIC 2

Bereits im Vorfeld der dargestellten Änderungen des IAS 32 hatte das IFRIC Ende 2004, ebenfalls als Reaktion auf die erwähnte Lobbyarbeit, die Interpretation IFRIC 2 „Members' Shares in Co-operative Entities and Similar Instruments", die sich mit der Anwendung von IAS 32 auf genossenschaftlich organisierte Unternehmen beschäftigt, veröffentlicht. Damit wurde bereits damals die Möglichkeit geschaffen, genossenschaftliche Anteile als Eigenkapital auszuweisen. Die alte Fassung des IAS 32 i.V.m. IFRIC 2 erlaubt die Einordnung von Eigenkapitalanteilen, wenn eine der folgenden Voraussetzungen aus IFRIC 2.7 ff. erfüllt ist:

- Das Unternehmen hat das bedingungslose Recht, die Anteile nicht zurücknehmen zu müssen.
- Gesetzliche, regulatorische oder satzungsmäßige Vorschriften verbieten die Rücknahme des Gesellschafts- bzw. Genossenschaftsanteils. Das Verbot ist dabei nicht an weitere Prämissen gebunden, kann aber einen nur partiellen Wirkungsbereich haben. So kann nach IFRIC 2.9 die Rücknahme der Anteile an Genossenschaften und Personenhandelsgesellschaften durch die Gesellschaften nur dann ausgeschlossen sein, wenn dadurch das eingezahlte Kapital einen vorher determinierten Betrag unterschreiten würde. Diejenigen Anteile, die nicht mehr in den Wirkungsbereich des Verbotes fallen, stellen Schulden dar, sofern sie nicht die obige erste Bedingung erfüllen.

5 Vgl. *Schmidt, M.*, IAS 32 (rev. 2008): Ergebnis- statt Prinzipienorientierung, in: BB, 63. Jg. (2008), S. 438.

Damit diesen Bedingungen entsprochen werden konnte, waren bisher Satzungsänderungen der Genossenschaft erforderlich. Aus der Veröffentlichung des überarbeiteten IAS 32 folgen für Genossenschaftsanteile weitere Handlungsmöglichkeiten zur Klassifizierung von Finanzinstrumenten als Eigenkapital. Dabei ist aber festzuhalten, dass eine bestehende Einordnung der Finanzinstrumente als Eigenkapital nach IAS 32 a.F. i.V.m. IFRIC 2 bestehen bleibt[6].

Veränderung des Eigenkapitals

Nach IFRS sind Veränderungen des Buchwerts des Eigenkapitals auf Kapitaltransaktionen mit Gesellschaftern (Einlagen, Dividenden), auf den Gewinn oder Verlust (net profit or loss) und auf – nach deutschem Bilanzrecht weitgehend unbekannte – GuV-neutrale Eigenkapitalveränderungen (etwa aus Neubewertungen oder Währungsumrechnungsdifferenzen) zurückzuführen. Die Summe der beiden letztgenannten Quellen der Eigenkapitalveränderungen repräsentiert das periodische Gesamtergebnis eines Unternehmens, für welche sich die aus der Terminologie der US-GAAP stammende Bezeichnung comprehensive income etabliert hat (vgl. Kapitel 7). Abbildung 17.1 fasst die möglichen Quellen der Veränderungen des Eigenkapitals zusammen.

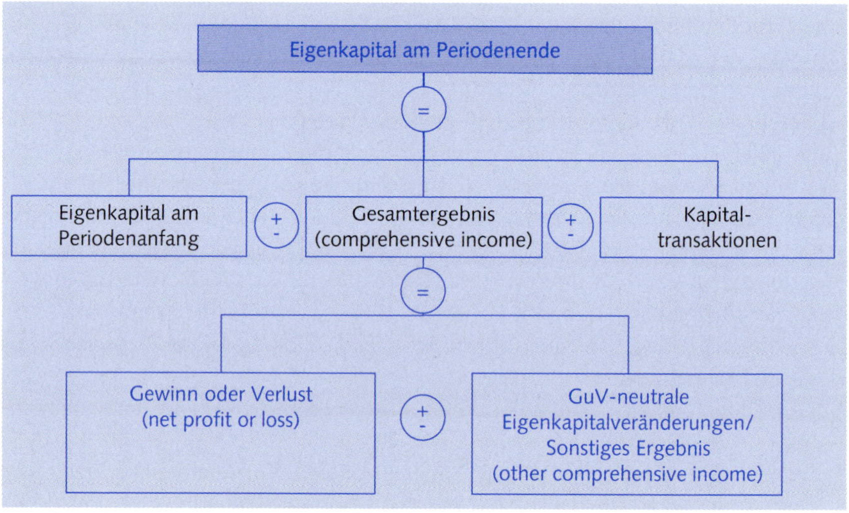

Abb. 17.1: Quellen der periodischen Veränderungen des Eigenkapitals

Gesamtergebnis- und Eigenkapitalveränderungsrechnung

Um auch die nicht in der GuV erfassten Änderungen des Reinvermögens nachvollziehbar zu machen, schreibt IAS 1.81-105 i.V.m. IAS 1.10(b) eine Gesamtergebnisrechnung vor, die auch das sonstige Ergebnis (GuV-neutrale Geschäftsvorfälle) umfasst. Darüber hinaus soll nach IAS 1.106-110 i.V.m. IAS 1.10(c) der Überblick über die Vermögens-, Finanz- und Ertragslage sowie der in Zukunft erwarteten Cashflows (IAS 1.9) mithilfe einer Eigenkapitalveränderungsrechnung innerhalb der Finanzberichterstattung vervollständigt werden.

6 Vgl. weiterführend *Schmidt, M.*, IAS 32 (rev. 2008): Ergebnis- statt Prinzipienorientierung, in: BB, 63. Jg. (2008), S. 437.

Exkurs

Discussion Paper „Financial Instruments with Characteristics of Equity"
Die dargestellte Überarbeitung des IAS 32 hinsichtlich der Eigenkapitaldefinition ist nur als temporäre Zwischenlösung anzusehen. Mit den beiden eingefügten Ausnahmeregelungen der kündbaren Instrumente und der Verpflichtungen im Falle einer Liquidation wollte man die o.g. Vorbehalte rasch ausräumen. Nichtsdestotrotz treibt das IASB derzeit zusammen mit dem FASB eine grundlegende Überarbeitung der Abgrenzung von Eigen- und Fremdkapital voran. Ein erstes Ergebnis dieser Zusammenarbeit war die Veröffentlichung eines Diskussionspapiers Anfang des Jahres 2008. In diesem Papier werden mögliche Ansätze einer Eigenkapitaldefinition vorgestellt. Die drei alternativen Vorschläge basieren dabei auf Projektergebnissen des FASB, welches diese ohne Beteiligung des IASB erarbeitet hatte. Folgende Abgrenzungsansätze werden innerhalb des Papiers diskutiert:

- Basic-Ownership-Ansatz,
- Ownership-Settlement-Ansatz und
- Reassessed-Expected-Outcomes-Ansatz.

Basic-Ownership-Ansatz

Bei dem Basic-Ownership-Ansatz werden zwei Arten von Instrumenten unterschieden: Auf der einen Seite existieren Finanzinstrumente mit einer „ewigen" Laufzeit (non-redeemable). Auf der anderen Seite sind einige Instrumente mit einem Fälligkeitszeitpunkt oder einem Kündigungsrecht durch den Inhaber ausgestattet (redeemable). Damit ein unendlich laufendes Instrument als Eigenkapital klassifiziert werden kann, muss es zwei Bedingungen erfüllen. Es muss zunächst die nachrangigste Klasse bilden. Dabei ist der Nachrang anhand rechtlicher Kriterien zu beurteilen. Darüber hinaus muss dem Inhaber im Falle einer Liquidation ein prozentualer Anteil des verbleibenden Nettovermögens zustehen. Im Falle von fälligen Instrumenten werden die zuvor genannten Bedingungen durch zwei alternative Kriterien geheilt. Dabei muss der Anspruch aus dem Finanzinstrument für den Inhaber zum Fälligkeitszeitpunkt dem Anteil am Nettovermögen des Unternehmens entsprechen, welcher sich bei einer hypothetischen Liquidation ergäbe. Darüber hinaus müssen die Bedingungen des Instruments so ausgestaltet sein, dass eine Rückzahlung nicht zustande käme, wenn dadurch höherrangige Klassen beeinträchtigt würden.

Ownership-Settlement-Ansatz

Die Basis für den Ownership-Settlement-Ansatzes bilden zunächst die Instrumente des Basic-Ownership-Ansatzes. Darüber hinaus werden zwei weitere Klassen definiert, die bei der Erfüllung bestimmter Kriterien ebenfalls als Eigenkapital zu erfassen sind. Die erste Art von Finanzinstrumente sind other perpetual instruments. Dies sind Verträge, die während der Lebensdauer des Unternehmens keine Tilgungsverpflichtungen beinhalten. Die zweite zusätzliche Art von Finanzinstrumenten, bilden sog. indirect ownership instruments. Dabei handelt es sich um Derivate, die sich auf Finanzinstrumente des Basic-Ownership-Ansatzes des Unternehmens beziehen und eine begrenzte Laufzeit aufweisen. Die Ausübungsbedingungen für diese Derivate müssen sich nach den Marktpreisen der Instrumente des Basic-Ownership-Ansatzes richten. Alternativ ist es möglich, dass sich die Bedingungen auf einen für den Emittenten relevanten Index beziehen. Entscheidend ist dabei, dass die Erfüllung des Vertrags in Form einer physichen Lieferung des Instruments des Basic-Ownership-Ansatzes und nicht lediglich durch finanzielle Glattstellung erfolgt.

Reassessed-Expected-Outcomes-Ansatz

Als letzer diskutierter Ansatz legt der Reassessed-Expected-Outcomes-Ansatz ebenfalls die beiden Instrumente des Basic-Ownership-Ansatzes zugrunde. Darüber hinaus wird eine weitere Eigenkapitalklasse definiert. Diese besteht aus den indirect ownership instruments des Ownership-Settlement-Ansatzes, wobei hier eine tiefergehende Differenzierung in Eigen- und Fremdkapitelkomponenten erfolgt. Während der Ownership-Settlement-Ansatz bei diesen Instrumenten lediglich prüft, ob diese in Gänze als Eigenkapital eingeordnet werden müssen, untersucht der Reassessed-Expected-Outcomes-Ansatz die einzelnen Komponenten auf ihre Klassifizierung. Diese Differenzierung wird bei Finanzinstrumenten relevant, die sowohl Eigen- als auch Fremdkapitaleigenschaften (hybride Instrumente) aufweisen. Ausschlaggebend für die Eigenkapitalklassifikation ist dabei, dass sich der Preis des kompletten Instruments oder einiger seiner Komponenten nach der Preisentwicklung des zugrunde liegenden Instruments des Basic-Ownership-Ansatzes richtet. Wichtig ist zudem, dass der Preis in dieselbe Richtung wie letzterer variiert.

PAAinE-Ansatz

Neben diesen drei dargestellten Ansätzen verweist das IASB in seinem Diskussionspapier auf einen weiteren Ansatz der „Proactive Accounting Activities in Europe“ (PAAinE)-Initiative. Diese setzt sich aus dem DRSC, der EFRAG und weiteren europäischen Rechnungslegungsgremien zusammen. In einem von ihr veröffentlichten Diskussionspapier wird der sog. Loss-Absorption-Approach vorgestellt. Die Zielsetzung dieses Ansatzes liegt darin, das ausgewiesene Eigenkapital als Indikator für das Verlustabsorptionspotenzial des Unternehmens fungieren zu lassen. Dieser Vorschlag würde dabei die bisherige Definition des Eigenkapitals als Residualgröße obsolet werden lassen. Für die gesamte Passivseite würde als ausschließliches Klassifikationskriterium die Frage gelten, nach welcher Rangfolge die einzelnen Finanzinstrumente zu bedienen sind.

Ausblick

Zwischenzeitlich hatte das IASB die Veröffentlichung eines Standardentwurfs für das erste Quartal des Jahres 2011 angekündigt. Aufgrund der Vielzahl an weiteren aktuellen Projekten hat sich das IASB im Oktober 2010 dazu entschieden, dass Eigenkapitalprojekt zunächst ruhen zu lassen. Sobald die nötigen Kapazitäten wieder frei werden, will man sich dem Projekt erneut widmen.

2 Sonderformen des Eigenkapitals

2.1 Vorzugsaktien

Rückzahlbarkeit entscheidend

Wie das genossenschaftliche Kapital sind auch rückzahlbare Vorzugsaktien grundsätzlich dem Fremdkapital zuzuordnen. Solche rückzahlbaren Vorzugsaktien, die auf Beschluss der Hauptversammlung zu einem im Voraus festgelegten Preis vom Unternehmen zurückgekauft werden, kommen in Deutschland jedoch nur selten vor. Sie sind zu unterscheiden von den gebräuchlicheren Vorzugsaktien ohne Stimmrecht, bei denen Anteilseigner für ihren Verzicht auf das Stimmrecht ein Dividendenvorrecht erhalten. Durch dieses Vorrecht werden Vorzugsaktionäre bei der Gewinnverteilung bevorzugt berücksichtigt, sofern der Bilanzgewinn nicht ausreicht, um alle Aktionäre zu bedienen. Außerdem kann die Gesellschaftssatzung eine höhere Ausschüttung für Vorzugsaktionäre vorsehen. Besitzen Vorzugsaktionäre ein Nachbezugsrecht, so haben sie in ausschüttungslosen Jahren das Recht auf Nachzahlung der Mindestdividende. Vorzugsaktien ohne Stimmrecht sind nach den Abgrenzungskriterien des IAS 32 im Gegensatz zu rückzahlbaren Vorzugsaktien dem Eigenkapital zuzuordnen.

2.2 Mezzanine-Kapital

In der Regel Aufspaltung erforderlich

Eine weitere Finanzierungsform, die hinsichtlich der Klassifizierung als Eigen- bzw. Fremdkapital kritisch zu betrachten ist, stellt das sogenannte Mezzanine-Kapital dar[7]. Hierunter werden meist langfristige Finanzierungsformen verstanden, die zwischen Eigen- und Fremdkapital sehr variabel ausgestaltet sein können. So werden u.a. nachrangige Darlehen, Genussrechte sowie typische und atypisch stille Beteiligungen unter dem Begriff subsumiert. Als idealtypisch kann die Nachrangigkeit des Mezzanine-Kapitals angesehen werden. Es wird also nach dem Fremdkapital, jedoch vor dem Eigenkapital bedient, daher liegt auch die Verzinsung i.d.R. zwischen den Verzinsungserwartungen von Fremd- und Eigenkapitalgebern. Ferner stellt die zeitliche Befristung ein Charakteristikum von Mezzanine-Kapital dar. In IAS 32.18(b), 32.25 und 32.AG37 sind Kriterien genannt, die jeweils dazu führen können, dass ein Finanzinstrument bzw. die Komponente eines Finanzinstruments vom Emittenten als Fremdkapital zu klassifizieren ist[8]. Hierzu gehören fest vereinbarte Zahlungsverpflichtungen, Wandlungs- bzw. Kündigungsrechte des Halters sowie bedingte Zahlungsverpflichtungen, deren Eintritt nicht vom Inhaber beeinflussbar ist. Diese Kriterien

7 Vgl. zu den folgenden Ausführungen mit weiteren Nachweisen *Kamp, A./Solmecke, H.*, Mezzanine-Kapital: Ein Eigenkapitalsubstitut für den Mittelstand?, in: FB, 7. Jg. (2005), S. 618-625.

8 Vgl. zu den folgenden Ausführungen *Isert, D./Schaber, M.*, Zur Abgrenzung von Eigenkapital und Fremdkapital nach IAS 32 (rev. 2003) – Teil I und II, in: KoR, 7. Jg. (2005), S. 299-310 und 357-364.

implizieren, dass Mezzanine-Kapital im Regelfall als Fremdkapital zu klassifizieren sein wird und dass eine Zerlegung in einzelne Komponenten unabdingbar erscheint.

2.3 Finanzinstrumente mit Eigen- und Fremdkapitalanteil

Auch hier Aufspaltung

Eine Vielzahl von Finanzinstrumenten beinhaltet separierbare Eigenkapital- und Schuldanteile. Wenn es sich bei einem der beiden Instrumente um ein Finanzderivat und bei dem anderen um ein originäres Instrument handelt, muss die Auftrennung nach IAS 39.11 erfolgen. IAS 32.28 fordert nun,

- dass eine Auftrennung in Eigenkapital und Schuld auch für nicht-derivative Instrumente zu erfolgen hat und
- dass für die Bewertung der Trennung der Schuldteil durch Rückgriff auf vergleichbare Titel zu bewerten ist. Der Wert des Eigenkapitalteils ergibt sich dann nach IAS 32.31-32 als Differenz aus dem gesamten beizulegenden Zeitwert des Finanzinstruments und dem Wert des Schuldteils.

So ist z.B. eine Wandelanleihe, die im ersten Jahr keine Auszahlung von Zinsen oder Dividenden vorsieht, dem Inhaber jedoch nach einem Jahr den Tausch gegen eine Aktie oder wahlweise den Erhalt einer im Voraus determinierten Zahlung zugesteht, aus Sicht des Emittenten in Höhe des Barwerts der möglichen Zahlungsverpflichtung als Fremdkapital auszuweisen. Lediglich die Differenz zwischen dem Emissionserlös aus der Wandelanleihe und deren Barwert kann je nach vertraglicher Ausgestaltung als Eigenkapital klassifiziert werden.

3 Eigenkapitalpositionen

3.1 Struktur

Eingezahltes vs. erwirtschaftetes Kapital

Unter Berücksichtigung der in den IFRS genannten Positionen kann das Eigenkapital wie in Abbildung 17.2 systematisiert werden. Im Wesentlichen wird dabei differenziert zwischen dem eingezahlten Kapital und dem erwirtschafteten Kapital[9]. Zu Letzterem werden neben den Gewinnrücklagen auch die GuV-neutral gebildeten Eigenkapitalpositionen gezählt. Im Folgenden werden die Eigenkapitalpositionen näher beschrieben.

9 Theoretisch denkbar wäre für die einzelnen Positionen auch eine Unterscheidung zwischen den (Mehrheits-)Konzerngesellschaftern und den Minderheitenanteilen. Im Folgenden wird eine solche Differenzierung jedoch nicht vorgenommen.

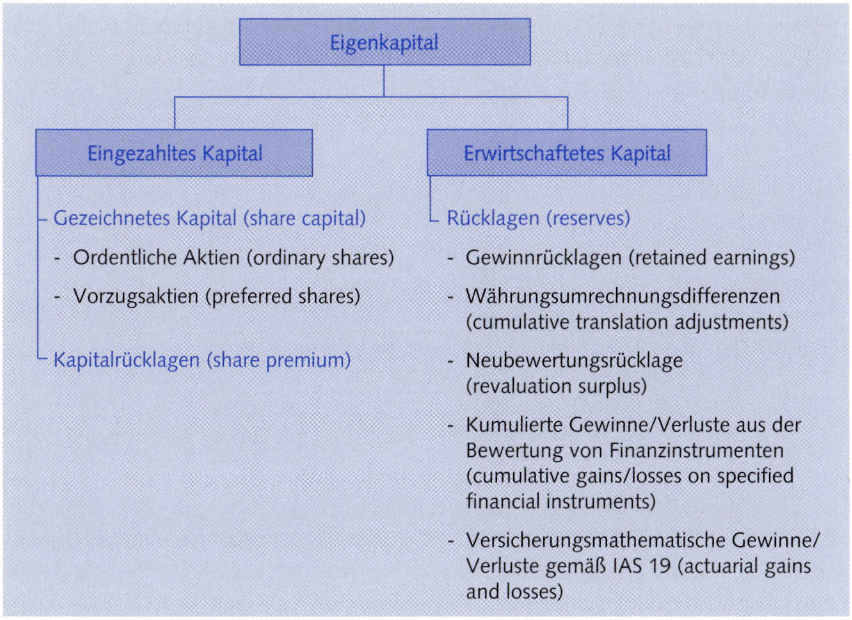

Abb. 17.2: Eigenkapitalpositionen nach IFRS. Quelle: In Anlehnung an *Förschle/Hoffmann*, Beck Bil-Komm., § 272, Tz. 497.

3.2 Eingezahltes Kapital

Gezeichnetes Kapital

In Abhängigkeit von den national rechtlichen Bestimmungen, denen das nach IFRS bilanzierende Unternehmen aufgrund seines Sitzes unterliegt, kann sich das Gezeichnete Kapital aus Stamm- und Vorzugsaktien zusammensetzen, die jeweils mit oder ohne Nennwert ausgestaltet sein können. Für jede Anteilskategorie sind die oben bereits aufgezeigten Offenlegungspflichten des IAS 1.78-80 in Bilanz bzw. Anhang zu berücksichtigen.

Ausstehende Einlagen

Häufig wird nur ein Teil der von Unternehmen emittierten Anteile auch direkt von den Gesellschaftern eingezahlt. Anders als nach deutschen Rechnungslegungsvorschriften wird die Formulierung des IAS 1.79(a)(ii) so interpretiert, dass ein Ausweis ausstehender Einlagen (shares issued but not fully paid) auf der Aktivseite i.S.v. Forderungen gegen die Gesellschafter nicht vorgesehen ist. Sie sind vielmehr offen vom Gezeichneten Kapital abzusetzen. Alternativ ist auch eine Angabe im Anhang zulässig[10].

Kapitalrücklage

Zwar wird die Kapitalrücklage (share premium) in keinem IFRS definiert, die Bildung dieser Unterposition ist aber vor dem Hintergrund der fair presentation (IAS 1.77) geboten. IAS 1.78(e) fordert einen separaten Ausweis des Postens in

10 Vgl. *Förschle/Kroner*, Beck Bil-Komm., § 272, Tz. 457; *ADS International*, Abschnitt 7: Darstellung von Bilanz und Gewinn- und Verlustrechnung, Tz. 116.

Anhang oder Bilanz. Die Kapitalrücklage enthält das Agio (Aufgeld), das bei der Ausgabe von Anteilen durch die Gesellschafter bereitgestellt wird. Sie grenzt sich dadurch vom Gezeichneten Kapital sowie von den übrigen Rücklagen, die aus realisierten und unrealisierten Gewinnen bzw. Verlusten entstanden sind, ab.

Beispiel 17.3

Die Dyckerhoff AG führte im Geschäftsjahr 2010 eine ordentliche Kapitalerhöhung durch. Sie emittierte 4.862.954 nennwertlose Stammaktien zu einem Kurs von 22 € und 4.846.588 nennwertlose Vorzugsaktien zu jeweils 20 €. Jede der ausgegebenen Aktien hat einen rechnerischen Anteil von 2,56 € am Gezeichneten Kapital. Damit erhöhte sich das Gezeichnete Kapital um 2,56 € · (4.862.954 + 4.846.588) und die Kapitalrücklage um (22 € - 2,56 €) · 4.862.954 + (20 € - 2,56 €) · 4.846.588.

Bank	*203.917 T€*	*an*	*Gezeichnetes Kapital*	*24.857 T€*
			Kapitalrücklage	*179.060 T€*

Emissionskosten

Bei Eigenkapitaltransaktionen (Kapitalerhöhungen) können sich GuV-wirksame und GuV-neutrale Veränderungen im Eigenkapital ergeben. Die bei der Eigenkapitalbeschaffung unmittelbar entstehenden Kosten (beispielsweise für Beratungsleistungen von Investmentbanken oder den Druck von Börsenprospekten) mindern den Emissionserlös. Diese werden nach der Berücksichtigung abzugsfähiger Steuern direkt gegen das Eigenkapital gebucht (IAS 32.37). Obwohl IAS 32.37 offen lässt, welche Eigenkapitalposition um Emissionskosten nach Steuern zu kürzen ist, liegt es nahe, Letztere als Abschlag vom Aufgeld zu interpretieren und die Kapitalrücklage entsprechend zu belasten. Können Anteile ggf. nicht am Markt platziert werden oder wird die Emission der Aktien verschoben, so sind die entstandenen Transaktionskosten als Aufwand der Periode zu berücksichtigen Durch die Transaktionskosten wird die Kapitalrücklage reduziert. Die steuerliche Abzugsfähigkeit der Emissionsausgaben erhöht wiederum direkt das Eigenkapital. Weder die Emissionskosten noch die korrespondierende Steuerentlastung wirken sich im Endeffekt auf den Gewinn aus. Da die faktische Steuerminderung indes GuV-wirksam ist, wird ein latenter Steueraufwand gebucht, der diese GuV-Wirkung korrigiert (IAS 32.39). Dies führt jedoch nicht zur Bildung einer passiven latenten Steuer, sondern direkt zu einer Erhöhung der Kapitalrücklage[11].

Beispiel 17.4

Die Ausgabe von 100.000 neuen Aktien (Nennwert 1 €, Emissionskurs 15 €) führt zu Transaktionskosten von 100.000 €, die steuerlich voll abzugsfähig sind. Der relevante Steuersatz beträgt 30 %. Die Verbuchung erfolgt wie folgt:

sonst. betr. Aufwand	*an*	*Bank*	*100 T€*

11 Für die Bilanzierung von Emissionskosten nach internationalen Regeln vgl. *Lind, H./Faulmann, A.*, Die Bilanzierung von Eigenkapitalbeschaffungskosten nach IAS, US-GAAP und HGB, in: DB, 54. Jg. (2001), S. 601-605.

Bank	*1.500 T€*	*an*	*Gezeichnetes Kapital*	*100 T€*
			Kapitalrücklage	*1.400 T€*
Kapitalrücklage		*an*	*sonst. betr. Aufwand*	*100 T€*
Steueraufwand		*an*	*Kapitalrücklage*	*30 T€*

3.3 Erwirtschaftetes Kapital

Beschreibung nach Art und Zweck

IAS 1.78(e) sieht eine Beschreibung jeder Rücklage nach Art und Zweck im Eigenkapital vor. Neben der das Aufgeld enthaltenden Kapitalrücklage sind hiervon auch die Gewinnrücklagen sowie sonstige Rücklagen betroffen, wobei Letztere innerhalb einzelner Standards näher spezifiziert werden.

Gewinnrücklagen

Die Gewinnrücklagen (retained earnings/accumulated profits) enthalten die Summe der einbehaltenen Gewinne (ggf. vermindert um Verluste) der Vorjahre zuzüglich des aktuellen Gewinns oder Verlustes. Das Ergebnis des laufenden Geschäftsjahres wird nicht als separate Eigenkapitalposition ausgewiesen, sondern ist Bestandteil der seit der Unternehmensgründung angesammelten Gewinne bzw. Verluste. Eine Ergebnisverwendungsrechnung, wie sie der deutsche Gesetzgeber für Kapitalgesellschaften verlangt, muss nach den Bestimmungen des IASB nicht angeben werden. Allerdings ist die Offenlegung der an die Anteilseigner ausgeschütteten Dividende sowie des dazugehörigen Betrages je Aktie in der Eigenkapitalveränderungsrechnung oder alternativ im Anhang vorgesehen (IAS 1.107).

GuV-neutrale Veränderung der Gewinnrücklagen

Die Gewinnrücklagen werden jedoch nicht allein über den Saldo der GuV im Zeitablauf, d.h. über GuV-wirksame Sachverhalte, verändert. Sie haben zusätzlich die Funktion eines Ausgleichspuffers für die GuV-neutrale Berücksichtigung der Änderungen von Bilanzierungs- und Bewertungsmethoden (IAS 8.22 und 8.26) sowie der Korrektur von Fehlern aus Vorperioden (IAS 8.42 und Implementation Guidance zu IAS 8 Beispiel 1; vgl. Kapitel 26). Auch die erstmalige Anwendung eines IFRS kann eine Veränderung der Gewinnrücklagen bewirken. IAS 8.19 besagt, dass die erstmalige Anwendung eines Standards oder einer Interpretation immer gemäß den in der jeweiligen Verlautbarung enthaltenen Übergangsvorschriften zu erfolgen hat. Nur für den Fall, dass es keine spezifischen Übergangsregelungen gibt, hat eine retrospektive Behandlung analog zu der in IAS 8 beschriebenen Vorgehensweise zu erfolgen. So führte die erstmalige Anwendung von IAS 41 „Landwirtschaft" (verpflichtend für alle Geschäftsjahre, die am oder nach dem 01.01.2003 begannen) zu den unter IAS 8 beschriebenen Anpassungen (IAS 41.59). IAS 41.12 sieht die Bewertung von biologischen Vermögenswerten (wie z.B. Schafen, Milchvieh, Obstbäumen) grundsätzlich zum beizulegenden Zeitwert abzüglich der geschätzten Verkaufskosten vor. Dabei sind Gewinne und Verluste aus dem erstmaligen Ansatz und aus der Änderung des beizulegenden Zeitwertes abzüglich der geschätzten Verkaufskosten in der Periode, in der sie entstanden sind, GuV-wirksam zu erfassen.

Beispiel 17.5

Der Viehbestand der Bauer AG umfasste u.a. Milchziegen, die Ende 2002 mit einem Buchwert (fortgeführte Anschaffungskosten) in Höhe von 37 T€ in der Bilanz standen. Die geschätzten Veräußerungskosten seien Null. Da das Geschäftsjahr dem Kalenderjahr entspricht, musste im Jahr 2003 erstmals IAS 41 angewendet werden. (Alle Angaben dazu sind der Tabelle zu entnehmen.) Die Anpassung des Buchwertes der biologischen Vermögenswerte am 01.01.2003 erfolgte gemäß IAS 8.19 retrospektiv GuV-neutral über die Gewinnrücklagen unter Berücksichtigung latenter Steuern (Steuersatz 40 %):

	Zeitwert	**Fortgeführte AK**	**Differenz**
01.01.2002	37,5 T€	36 T€	1,5 T€
31.12.2002	38 T€	37 T€	1 T€
31.12.2003	41 T€	39 T€	2 T€

	Vor Steuern	**Steuern**	**Nach Steuern**
Vor 2002	1,5 T€	0,6 T€	0,9 T€
2002	-0,5 T€	-0,2 T€	-0,3 T€
Summe zum 01.01.2003	1 T€	0,4 T€	0,6 T€
2003	1 T€	0,4 T€	0,6 T€
Summe zum 31.12.2003	2 T€	0,8 T€	1,2 T€

Die Berücksichtigung der Vorperioden, d.h. vor 2002 und im Geschäftsjahr 2002, erfolgt über die Anpassung der Gewinnrücklagen. Die Differenz aus 2003 wird derweil schon GuV-wirksam vereinnahmt, da die Umstellung zum 01.01.2003 erfolgte und für das Geschäftsjahr bereits die oben beschriebenen Regelungen des IAS 41 greifen. Wäre der Milchziegenbestand auch 2003 noch zu fortgeführten Anschaffungskosten bewertet worden, so wäre 2003 der Gewinn vor Steuern um 1.000 € bzw. um 600 € nach Steuern geringer ausgefallen.

Die GuV-neutrale Anpassung aus der Erstanwendung des IAS 41 wäre demnach wie folgt zu buchen:

Milchziegen	*1.000 €*	*an*	*Gewinnrücklagen*	
			(aus Erstanpassung IAS 41)	*600 €*
			passive latente Steuern	*400 €*

Die Änderung des beizulegenden Zeitwerts abzüglich der geschätzten Veräußerungskosten 2003 würde dagegen GuV-wirksam bilanziert:

Milchziegen	*an*	*Ertrag aus der Wertänderung des Milchviehbestandes*	*1.000 €*
Steueraufwand	*an*	*passive latente Steuern*	*400 €*

Die Bildung der latenten passiven latenten Steuern beruht darauf, dass steuerlich eine Zuschreibung des Milchziegenbestandes über die fortgeführten historischen Anschaffungskosten hinaus nicht zulässig ist.

Gesetzliche und satzungsmäßige Rücklagen

Die IFRS gelten außerhalb konkreter nationaler gesetzlicher Rahmenbedingungen. Nationale (steuer-)rechtliche Bestimmungen und vertragliche Vorschriften machen ggf. die Bildung einer gesetzlichen (legal reserve), satzungsmäßigen (statutory reserve) bzw. steuerlichen Rücklage (tax reserve) innerhalb des Eigenkapitals notwendig (RK.4.21). In Deutschland sind für Aktiengesellschaften die gesetzlichen Rücklagen, andere Gewinnrücklagen, Rücklagen für Anteile an einem herrschenden oder mit Mehrheit beteiligten Unternehmen und die satzungsmäßigen Rücklagen relevant. Die Dotierung dieser Rücklagen ergibt sich dabei aus den Vorschriften zur Ergebnisverwendung innerhalb des AktG bzw. HGB. In der nachfolgenden Abbildung 17.3 werden die möglichen Unterpositionen der Gewinnrücklagen grafisch veranschaulicht:

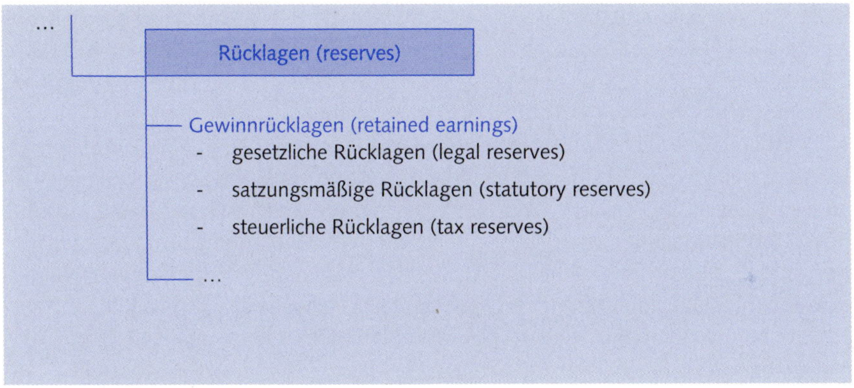

Abb. 17.3: Aufgliederung der Gewinnrücklagen

Spezielle Eigenkapitalpositionen

Wie in den vorangehenden Kapiteln zu speziellen Bilanzierungsproblemen bereits aufgezeigt, wird das Eigenkapital nach den Vorschriften des IASB noch in weitere Rücklagenpositionen untergliedert, die sich aus Komponenten des sonstigen Ergebnisses zusammensetzen. Hier handelt es sich um GuV-neutrale Aufwendungen und Erträge. Um einer angemessenen Berichterstattung (fair presentation) zu genügen, werden separate, die spezielle Ursache ihrer Bildung beschreibende Rücklagenpositionen gebildet.

Kongruenzprinzip

In der Regel dienen diese sonstigen Rücklagen dem „Zwischenparken" GuV-neutraler Aufwendungen und Erträge, die dann im Zeitpunkt des Abgangs des betreffenden Vermögenswertes bzw. der Fälligkeit der Schuld über die GuV aufgelöst werden. Diese Methode ist unter dem Terminus recycling/clean surplus accounting bekannt. Andere Rücklagenarten werden aber z.T. nicht nur GuV-neutral gebildet, sondern per Verrechnung mit den Gewinnrücklagen auch wieder GuV-neutral aufgelöst. Auf diese als dirty surplus accounting bezeichnete

Weise verstoßen die Vorschriften des IASB teilweise dauerhaft gegen das Kongruenzprinzip, nachdem die Summe der Gewinne und Verluste mit dem Totalgewinn eines Unternehmens übereinstimmt. Liegt das Kongruenzprinzip zugrunde, so sind Reinvermögensänderungen ausschließlich über die Gewinne und Verluste der Perioden, gezahlte Dividenden und Kapitalerhöhungen bzw. -minderungen zu erklären. Das Kongruenzprinzip bleibt indes auch innerhalb der IFRS unverletzt, wenn nicht auf die Summe der Gewinne oder Verluste, sondern auf die Summe der Gesamtergebnisse (comprehensive income) abgestellt wird.

Währungsumrechnungsdifferenzen

Das IASB folgt bei der Umrechnung von Abschlüssen ausländischer Geschäftsbetriebe für den konsolidierten Abschluss dem Konzept der funktionalen Währung (vgl. Kapitel 22). Die bei der Konsolidierung von ausländischen Geschäftsbetrieben mit abweichender funktionaler Währung entstehenden Währungsumrechnungsdifferenzen werden in einer gesonderten Eigenkapitalposition gesammelt (IAS 21.39(c)). Die Bildung der Rücklage für Währungsumrechnungsdifferenzen erfolgt GuV-neutral nach Berücksichtigung aktiver bzw. passiver latenter Steuern. Der Eigenkapitalposten wird bis zum Ausscheiden des ausländischen Geschäftsbetriebes aus dem Konzern GuV-neutral weitergeführt, dann allerdings GuV-wirksam aufgelöst (IAS 21.48), so dass das Kongruenzprinzip gewahrt bleibt.

Neubewertungsrücklage

Wird bei der Folgebewertung des Sachanlagevermögens und/oder immaterieller Vermögenswerte der beizulegende Zeitwert gewählt (Neubewertungsmethode), so führen Wertansätze über die historischen Anschaffungs- oder Herstellungskosten hinaus zu einer GuV-neutralen Berücksichtigung im sonstigen Ergebnis. Die Kumulierung dieser Ergebniskomponenten erfolgt in einer Neubewertungsrücklage innerhalb des Eigenkapitals. Dabei sind passive latente Steuern zu berücksichtigen. Spätere Wertminderungen führen zunächst zur GuV-neutralen Auflösung der Neubewertungsrücklage. Wie bereits in Kapitel 11 und 12 aufgezeigt, werden aufgrund einer Neubewertung von immateriellen Vermögenswerten (nach IAS 38) bzw. Sachanlagen (nach IAS 16) entstandene Neubewertungsrücklagen bei Realisierung GuV-neutral in die Gewinnrücklagen umgebucht. Die Neubewertung führt über die Nutzungsdauer der Vermögenswerte ggf. zu einer GuV-wirksamen Anpassung der Abschreibungsbeträge. Hier wird das Kongruenzprinzip insofern durchbrochen.

Kumulative Gewinne/Verluste aus der Bewertung von Finanzinstrumenten

Die Bewertung bestimmter Finanzinstrumente zum beizulegenden Zeitwert führt ebenfalls nach den Bestimmungen des IASB zur Berücksichtigung innerhalb des sonstigen Ergebnisses (vgl. Kapitel 19). Gewinne bzw. Verluste aus der Wertänderung von zur Veräußerung gehaltenen Wertpapieren sind gemäß IAS 39 nicht GuV-wirksam abzubilden. Die jeweiligen Bewertungsergebnisse werden vielmehr innerhalb des Eigenkapitals kumuliert. Es sind jeweils latente Steuern zu bilden. Die Auflösung dieser Eigenkapitalkomponente erfolgt bei Veräußerung des finanziellen Vermögenswertes durch GuV-wirksames recycling (IAS 39.26). Die kumulierten Gewinne und Verluste aus derivativen Finanzinstrumenten (vgl. Kapitel 20) zur Absicherung von Cashflows (cash flow hedges) sind, soweit sie den effektiven Teil des Sicherungsgeschäfts betreffen, innerhalb des Eigenkapitals zu berücksichtigen (IAS 39.95). Analog hierzu werden auch Sicherungsinstrumente in Bezug auf Nettoinvestitionen in ausländische Geschäftsbetriebe (hedges of a net investment in a foreign operation) nach IAS 39.102 dort abgebildet. Eine nähere Beschreibung des jeweiligen Sachverhalts ist zudem in der Gesamtergebnisrechnung vorgesehen.

Versicherungsmathematische Gewinne und Verluste

Nach IAS 19 „Leistungen an Arbeitnehmer" können versicherungsmathematische Gewinne und Verluste über eine sofortige, vollständige und GuV-neutrale Verrechnung mit dem Eigenkapital erfasst werden (vgl. Kapitel 16). Eine solche Behandlung stellt ebenfalls einen Verstoß gegen das Kongruenzprinzip dar.

Ausweis GuV-neutral gebildeter Rücklagen

Einige Unternehmen fassen in der Bilanz sämtliche GuV-neutral gebildeten Eigenkapitalposten in einem Sammelposten zusammen und weisen diesen neben Gewinnrücklagen und den beiden Kategorien des eingezahlten Kapitals aus[12]. Die einzelnen Quellen sämtlicher Eigenkapitalentwicklungen müssen separat in der Eigenkapitalveränderungsrechnung offen gelegt werden. Hierbei wird auch das Herunterbrechen der GuV-neutralen Reinvermögensänderungen auf ihre jeweilige Ursache sowie der Ausweis ihrer Summen gefordert (IAS 1.106(d)). Alle Komponenten des sonstigen Ergebnisses der jeweiligen Periode sind darüber hinaus innerhalb der Gesamtergebnisrechnung (IAS 1.81) anzugeben. Die folgende Abbildung 17.4 fasst die Aufgliederung der GuV-neutral gebildeten Rücklagen zusammen:

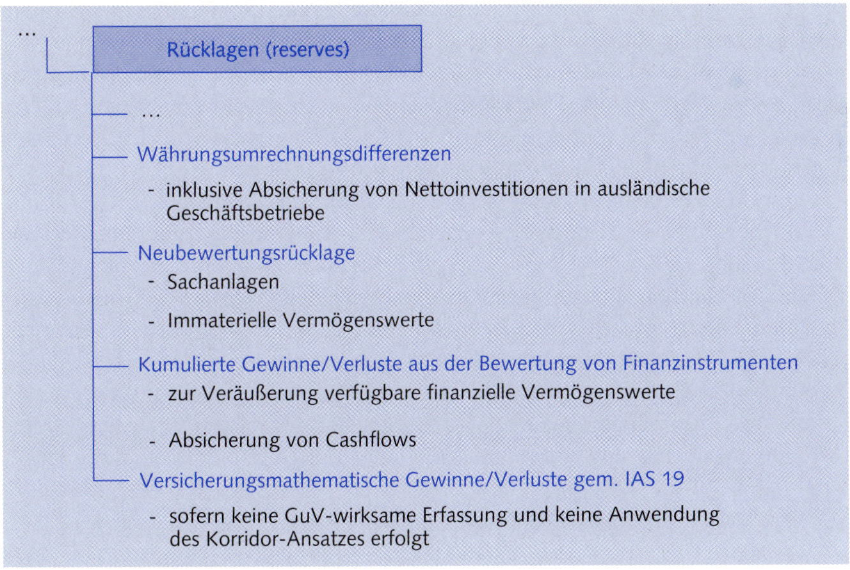

Abb. 17.4: Aufgliederung der GuV-neutral gebildeten sonstigen Rücklagen (other comprehensive income)

12 Vgl. z.B. *Linde AG*, Geschäftsbericht 2009, S. 103.

3.4 Ausweis eigener Anteile

Ausweis als Abzug vom Eigenkapital

Unternehmen können eigene Anteile aus verschiedenen Gründen zurückkaufen. So stellt der Rückkauf ein Ausschüttungsinstrument dar, außerdem kann er z.B. Kapitalherabsetzungen, späteren Neuemissionen bei besseren Kapitalmarktbedingungen oder der Ausgabe von Mitarbeiteraktien bzw. Aktienoptionsprogrammen dienen. IAS 1.79(a)(vi) fordert in der Bilanz oder alternativ im Anhang für alle Anteilskategorien Angaben über eigene Anteile, die vom Unternehmen selbst oder von Tochtergesellschaften bzw. assoziierten Unternehmen gehalten werden. Nicht explizit eingeschlossen in diese Regelung sind gemeinschaftlich geführte Unternehmen (jointly controlled entities). Der Ausweis rückgekaufter Anteile ist in IAS 32.33 geregelt. Danach sind eigene Anteile nicht auf der Aktivseite, sondern als Abzug vom Eigenkapital auszuweisen. Damit ist eine Aktivierung unter den Wertpapieren des Umlaufvermögens unzulässig. Der Erwerb eigener Anteile führt zu einer direkten Verminderung des Reinvermögens in Höhe der Anschaffungskosten.

Drei Ausweis-alternativen

Für den Ausweis rückgekaufter Anteile war früher SIC 16 heranzuziehen. Zwar wurde SIC 16 durch die aktuelle Fassung des IAS 32 außer Kraft gesetzt, dennoch sind große Teile der Inhalte dieser Interpretation wohl weiterhin relevant[13]. Daher sollen im Folgenden für den Abzug eigener Anteile vom Eigenkapital die vormals in SIC 16.10 geregelten drei Bilanzierungsmöglichkeiten für die Darstellung der Anschaffungskosten in der Bilanz oder im Anhang erläutert werden. Ihre jeweilige Anwendung führt allein zu Unterschieden in der Struktur der Eigenkapitalpositionen nach dem Erwerb der eigenen Anteile:

- Anschaffungskostenmethode (cost method): Die gesamten Anschaffungskosten werden en bloc offen vom Eigenkapital als Abzugsposten abgesetzt.
- Nennwertmethode (par value method): In Abhängigkeit von der Verteilung des ursprünglichen Emissionserlöses pro Aktie werden die Rückkaufkosten auf das Gezeichnete Kapital und die Kapitalrücklage verteilt. Liegt der Rückkaufpreis über dem Emissionspreis, sind die Gewinnrücklagen entsprechend zu kürzen.
- Die Anschaffungskosten eigener Anteile werden nach dem Ermessen des Unternehmens auf die relevanten Eigenkapitalpositionen verteilt. Dabei ist aber der Nennbetrag vom gezeichneten Kapital abzusetzen[14]. Angesichts der bilanziellen Ermessensspielräume ist hierbei fraglich, inwieweit diese Methode der im Rahmenkonzept festgelegten Zielsetzung der IFRS-Rechnungslegung entspricht und eine glaubwürdige Darstellung ermöglicht.

---

13 So kann mangels konkreter Vorgaben in den IFRS anhand von IAS 8.10-12 eine Anwendung der entsprechenden US-GAAP-Regelungen hergeleitet werden. Diese sehen in Analogie zu SIC 16 die cost method oder die par value method vor. Vgl. hierzu *Kirsch, H.*, Bilanzierung eigener Aktien nach IFRS – Darstellung, Prüfungsaspekte und Auswirkungen auf die Jahresabschlussanalyse, in: StuB, 7. Jg. (2005), S. 10.

14 Vgl. *Förschle/Kroner*, Beck Bil-Komm, § 272, Tz. 494 sowie ausführlich *Schmidbauer, R.*, Die Bilanzierung eigener Aktien im internationalen Vergleich, in: DStR, 40. Jg. (2002), S. 190-192.

Die ersten beiden der in SIC 16 genannten Methoden werden im folgenden Beispiel verdeutlicht.

Beispiel 17.6

Die Atlas AG emittiert am 01.01.2009 50.000 Aktien mit einem Nennwert von einem Euro zu einem Ausgabekurs von 15 Euro.

Bank 750 T€	*an*	*Gezeichnetes Kapital*	*50 T€*
		Kapitalrücklage	*700 T€*

Am 15.3.2010 kauft die Atlas AG 1.000 Aktien zu einem Kurs von 18 Euro zurück. Die Gewinnrücklagen betragen zu diesem Zeitpunkt 100 T€. Nach den oben vorgestellten verschiedenen Ausweismöglichkeiten, lauten die Buchungssätze wie folgt:

(a) Anschaffungskostenmethode

Eigene Anteile (Eigenkapital)	*an*	*Bank*	*18 T€*

(b) Nennwertmethode

Gezeichnetes Kapital (Eigene Anteile)	*1 T€*			
Kapitalrücklage (Eigene Anteile)	*14 T€*			
Gewinnrücklagen (Eigene Anteile)	*3 T€*	*an*	*Bank*	*18 T€*

(a) Anschaffungskostenmethode		**(b) Nennwertmethode**	
Gezeichnetes Kapital	50 T€	Gezeichnetes Kapital	50 T€
Kapitalrücklage	700 T€	*Eigene Anteile*	*-1 T€*
Gewinnrücklagen	100 T€	Kapitalrücklage	700 T€
Eigenkapital (brutto)	850 T€	*Eigene Anteile*	*-14 T€*
Eigene Anteile	*-18 T€*	Gewinnrücklagen	100 T€
		Eigene Anteile	*-3 T€*
Summe Eigenkapital	832 T€	Summe Eigenkapital	832 T€

Angenommen, die Atlas AG hätte nur 12 Euro pro rückgekaufte Aktie bezahlt, so lauteten die Buchungssätze:

(a) Anschaffungskostenmethode

Eigene Anteile (Eigenkapital)	*an*	*Bank*	*12 T€*

(b) Nennwertmethode[15]

Gezeichnetes Kapital (Eigene Anteile)	*1 T€*			
Kapitalrücklage (Eigene Anteile)	*11 T€*	*an*	*Bank*	*12 T€*

(a) Anschaffungskostenmethode		**(b) Nennwertmethode**	
Gezeichnetes Kapital	50 T€	Gezeichnetes Kapital	50 T€
Kapitalrücklage	700 T€	*Eigene Anteile*	*-1 T€*
Gewinnrücklagen	100 T€	Kapitalrücklage	700 T€
Eigenkapital (brutto)	850 T€	*Eigene Anteile*	*-11 T€*
Eigene Anteile	*-12 T€*	Gewinnrücklagen	100 T€
Summe Eigenkapital	838 T€	Summe Eigenkapital	838 T€

Wiederverkauf eigener Anteile

Die erneute Ausgabe rückgekaufter Aktien wird bei der Nennwertmethode analog zu einer erstmaligen Aktienemission behandelt. Hingegen führt der Wiederverkauf eigener Anteile bei der Anschaffungskostenmethode zunächst zu einer Auflösung des negativen offenen Korrekturpostens im Eigenkapital. Höhere bzw. niedrigere Wiederveräußerungswerte führen zu einer Anpassung der Kapitalrücklage. Wird diese von Veräußerungsverlusten aufgezehrt, kommt es zu einer zusätzlichen Kürzung der Gewinnrücklagen.

4 Gliederungsvorschriften und Angaben

Bilanzausweis

Die im Rahmenkonzept bzw. in IAS 32.11 enthaltene Eigenkapitaldefinition gilt für alle Unternehmen, die einen IFRS-Abschluss erstellen (RK.4.24). Die Höhe und zeitliche Veränderung des Eigenkapitals soll den Anteilseignern als Indikator für die Fähigkeit eines Unternehmens, in Zukunft Ausschüttungen vorzunehmen oder Kapital zurückzuzahlen, dienen. In der Bilanz schreiben die IFRS zunächst keine detaillierte Gliederung des Eigenkapitals vor. Als Leitlinie gelten demnach IAS 1.54(q) und (r), die lediglich den Ausweis für das Gezeichnete Kapital und die Rücklagen sowie den Minderheitenanteil fordern. Damit die Abschlussadressaten u.a. besser abschätzen zu können, inwieweit mögliche Ausschüttungsrestriktionen vorliegen könnten, wird nach IAS 1.77-80 eine weitere Aufgliederung der Residualgröße Eigenkapital vorgeschrieben. Die detailliertere Untergliederung kann dabei wahlweise direkt in der Bilanz oder im Anhang vorgenommen werden.

15 Zu diskutieren wäre, ob nicht das komplette bei der Erstemission der Aktien entstandene Agio aus der Kapitalrücklage herauszubuchen ist. Folgt man dieser Auffassung, so müssten zusätzlich zu der hier angegebenen Buchung noch 3 T€ aus der Kapitalrücklage in die Gewinnrücklagen gebucht werden.

Gliederungsvorschriften ergeben sich aus einzelnen Standards

Die Notwendigkeit einer Bildung bestimmter Unterpositionen des Eigenkapitals ergibt sich z.T. aus einzelnen IFRS. Wird die Neubewertungsmethode z.B. bei der Folgebewertung von Sachanlagevermögen gewählt, so sind nach IAS 16.39 Werterhöhungen über die fortzuführenden historischen Anschaffungs- oder Herstellungskosten hinaus innerhalb einer Neubewertungsrücklage auszuweisen, sofern zuvor keine außerplanmäßige Abschreibung vorgenommen wurde. Die Implementation Guidance zu IAS 1 zeigt in der Textziffer 6 die exemplarische Gliederung einer Konzernbilanz. Das Eigenkapital wird grob in die folgenden Positionen unterteilt:

- Gezeichnetes Kapital (share capital),
- Gewinnrücklagen (retained earnings),
- Andere Eigenkapitalbestandteile (other components of equity) und
- Minderheitenanteil am Eigenkapital (non-controlling interest).

Für die ersten drei Eigenkapitalpositionen ist eine Zwischensumme anzugeben, die das den Anteilseignern des Mutterunternehmens zuzurechnende Eigenkapital (equity attributable to equity holders of the parent) kennzeichnet.

Minderheitenanteile

Ferner sind die Anteile von Minderheitsgesellschaftern gesondert innerhalb des Eigenkapitals auszuweisen (IAS 27.33). Das IASB hat mit der Ende 2003 erfolgten Überarbeitung von IAS 27 den zuvor eher interessentheoretisch orientierten Ausweis abgeändert, der noch eine Trennung vom (übrigen) Eigenkapital und vom Fremdkapital vorsah. Die Hinwendung zur Einheitstheorie ist nunmehr unverkennbar (vgl. Kapitel 23).

Heterogenität in der Praxis

Die beschriebenen relativ offen formulierten Gliederungsvorschriften zum Eigenkapital führen in der deutschen IFRS-Bilanzierungspraxis zu sehr unterschiedlichen Darstellungen der Gesellschafteransprüche innerhalb der Bilanz bzw. im Anhang:

Beispiel 17.7

Im IFRS-Konzernabschluss 2009 der Adidas AG wird zwischen Grundkapital, Sonstigen Rücklagen, Gewinnrücklagen und Minderheitenanteilen unterschieden. Die Aufteilung der Veränderung des erwirtschafteten Kapitals (Gewinnrücklagen und sonstiges Ergebnis) in die einzelnen Positionen ergibt sich nur aus der Eigenkapitalveränderungsrechnung und dem Anhang.

Demgegenüber gruppiert die Linde AG in ihrem IFRS-Konzernabschluss 2009 das Eigenkapital in der Bilanz in Gezeichnetes Kapital, Kapitalrücklage, Gewinnrücklagen, kumulierte GuV-neutrale Eigenkapitalveränderungen sowie Anteile anderer Gesellschafter. Die kumulierten GuV-neutralen Eigenkapitalveränderungen werden ausführlich im Anhang aufgeschlüsselt. Zusätzliche Informationen liefert die Eigenkapitalveränderungsrechnung.

Mindestangabepflichten

IAS 1.107 und 1.137 enthalten darüber hinaus bestimmte Angabepflichten zum Eigenkapital, die sich auf die vorgeschlagene Dividende beziehen. Außerdem haben Unternehmen gemäß IAS 1.78-80 folgende Informationen in der Bilanz oder im Anhang offen zu legen:

- Für jede Anteilsklasse, u.a.
  - Anzahl genehmigter Anteile,
  - Anzahl ausgegebener vollständig eingezahlter Anteile und Anzahl ausgegebener nicht vollständig eingezahlter Anteile,
  - Nennwert der Anteile bzw. die Angabe, dass die Anteile keinen Nennwert haben,
  - eine Überleitungsrechnung der Anzahl der ausgegebenen Anteile vom Anfang zum Ende der Periode,
  - Informationen zu bestimmten (Vorzugs-)Rechten und Beschränkungen von Anteilen,
  - Informationen zu eigenen Anteilen sowie zu von Tochterunternehmen oder assoziierten Unternehmen gehaltenen Anteilen am Unternehmen, sowie
  - Angaben zu Anteilen, die aufgrund von Optionen und Verkaufsverträgen vorgehalten werden,
- Beschreibung der Beschaffenheit und des Zwecks der Rücklagenpositionen des Eigenkapitals.

Diese Angabepflichten zielen primär auf die Rechtsform der Kapitalgesellschaft. Unternehmen mit einer anderen Rechtsform, wie z.B. Personengesellschaften, haben äquivalente Informationen in der Bilanz oder im Anhang zu veröffentlichen.

Kündbare Instrumente

Im Zusammenhang mit kündbaren Instrumenten muss ein Unternehmen nach IAS 1.136A folgende Angaben liefern:

- den Gesamtbetrag der als Eigenkapital eingestuften Finanzinstrumente,
- Informationen zu den Methoden, wie die Rückzahlungsverpflichtungen gesteuert werden, wenn das Kündigungsrecht durch die Inhaber ausgeübt wird, einschließlich ihrer Veränderung gegenüber dem Vorjahr,
- die erwarteten Zahlungsmittelabflüsse bei Rücknahme oder Rückkauf der Finanzinstrumente, sowie
- Informationen über die Verfahren, wie der erwartete Zahlungsmittelabfluss ermittelt wurde.

5 Wesentliche Unterschiede zum IFRS for SMEs

Die Regelungen zum Eigenkapital finden sich in Abschnitt 22 des IFRS for SMEs. Inhaltlich existieren keine wesentlichen Unterschiede zu IAS 32. Einzige Abweichungen sind dabei die expliziten Regelungen dreier Bilanzierungsprobleme, die innerhalb des IAS 32 auf diese Weise nicht separat erfasst werden. IFRS-SME.22.7 ff. regelt die Ausgabe zusätzlicher Anteile oder anderer Eigenkapitalinstrumente. Der Verkauf von Optionen und gleichartigen Instrumenten auf eigene Anteile wird im IFRS-SME.22.11 erläutert. IFRS-SME.22.12 zeigt auf, wie Gratisaktien und Aktiensplits bilanziell zu berücksichtigen sind. Inhaltlich entsprechen die Absätze zur Ausgabe von Optionen und gleichartigen Instrumenten auf eigene Anteile dem IAS 32.16(b)(ii) (vgl. Bsp. 17.1). Für die übrigen Abschnitte existieren keine Regelungen innerhalb der „full“ IFRS, da sie sich implizit aus den Gliederungsvorschriften des IAS 1 ergeben.

6 Wesentliche Unterschiede zum HGB

Eigenkapitaldefinition und -gliederung

Die Gliederung des Eigenkapitals ergibt sich für Kapitalgesellschaften aus § 266 Abs. 3 HGB und sieht einen separaten Ausweis von Gezeichnetem Kapital, Kapitalrücklage, Gewinnrücklagen, Gewinn- bzw. Verlustvortrag sowie dem Jahresüberschuss bzw. -fehlbetrag der Berichtsperiode vor. Für den Einzelabschluss ist die Untergliederung insbesondere aufgrund der Ausschüttungsbemessungfunktion wichtig. Im Konzernabschluss erfolgt die Untergliederung dagegen nur aus Informationsgründen. Wird der Abschluss nach (teilweiser) Gewinnverwendung aufgestellt (§ 268 Abs. 1 HGB), so schließt statt der beiden letztgenannten Positionen der Bilanzgewinn bzw. -verlust die Gliederung des Eigenkapitals ab. Hierbei ist ein eventuell vorhandener Gewinn- oder Verlustvortrag einzurechnen und in Bilanz oder Anhang gesondert anzugeben. Im Unterschied zu den IFRS werden die Gewinnrücklagen also nicht mit dem (verwendeten) Gewinn und ggf. Gewinn- bzw. Verlustvortrag zu einem Sammelposten zusammengefasst. Ergebnisneutrale Veränderungen des Eigenkapitals kommen im HGB-Konzernabschluss z.B. bei der Berücksichtigung von Währungsdifferenzen im Rahmen der Umrechnung von Abschlüssen ausländischer Teileinheiten vor. Minderheitenanteile werden im Konzernabschluss gemäß § 307 Abs. 1 HGB separat, und analog zu den IFRS als Bestandteil des Konzerneigenkapitals ausgewiesen[16].

Gezeichnetes Kapital und Kapitalrücklage

Analog zu den Vorschriften nach IFRS wird beim eingezahlten Kapital von Kapitalgesellschaften zwischen Gezeichnetem Kapital und Kapitalrücklage unterschieden. Die Kapitalrücklage enthält das von Gesellschaftern gezahlte Agio bei der Ausgabe von Anteilen, die Prämie von Gesellschaftern zur Erlangung eines Vorzugs ihrer Anteile, sonstige Zuzahlungen sowie den Betrag, der bei der Ausgabe von Schuldverschreibungen für Wandlungs- und Optionsrechte zum Erwerb von Anteilen erzielt wird (§ 272 Abs. 2 HGB). Eine ergebnisneutrale Verrechnung direkter Emissionskosten nach Steuern mit der Kapitalrücklage, wie nach internationalen Vorschriften üblich, ist nach deutschem Bilanzrecht allerdings nicht zulässig. Sie gelten vielmehr als Aufwand der Periode.

Abgrenzung zu Schulden

Stimmrechtslose Vorzugsaktien sind in Übereinstimmung mit den IFRS als Eigenkapital zu klassifizieren. Wesentliche Unterschiede zu den IFRS bestehen dagegen beim Ausweis von rückzahlbaren Vorzugsaktien, die aufgrund einer Abgrenzung von Eigenkapital zu Fremdkapital auf Basis von Fristigkeits- und

16 Vgl. auch *Busse von Colbe et al.*, Konzernabschlüsse, S. 205 f.

Ergebnisabhängigkeitsmerkmalen sowie des Anspruches im Konkursfall grundsätzlich dem Eigenkapital zugeordnet werden. Ähnlich wie rückzahlbare Vorzugsaktien werden auch Kommandit- und Genossenschaftsanteile dem Eigenkapital zugeordnet.

Ausstehende Einlagen

Zudem ist anders als nach IFRS ein Ausweis ausstehender Einlagen auf der Aktivseite der Bilanz vorgesehen. Dabei wird in HGB-Bilanzen zwischen eingeforderten und noch nicht eingeforderten ausstehenden Einlagen unterschieden. Nach § 272 Abs. 1 Satz 3 sind die nicht eingeforderten ausstehenden Einlagen offen vom Gezeichneten Kapital abzusetzen (sog. Nettoausweis). Das eingeforderte Kapital ist hingegen auf der Passivseite auszuweisen. Auf der Aktivseite wird eine Forderung ausgewiesen, die den eingeforderten aber noch nicht eingezahlten Einlagen entspricht.

Gewinnrücklagen

Auch nach deutschem Recht entstehen Gewinnrücklagen aus einbehaltenen Gewinnen vergangener Perioden. Nach § 266 Abs. 3 HGB sind sie in gesetzliche Rücklagen, Rücklagen für Anteile an einem herrschenden oder mehrheitlich beteiligten Unternehmen, satzungsmäßige Rücklagen und andere Gewinnrücklagen zu untergliedern. Eine gesetzliche Rücklage ist nur für Aktiengesellschaften und Kommanditgesellschaften auf Aktien vorgesehen; ihre Höhe ergibt sich aus § 150 AktG. Die Einstellung aus dem Jahresüberschuss von Aktiengesellschaften in die anderen Gewinnrücklagen ist in § 58 AktG geregelt. Im Gegensatz zur Auflösung der Kapitalrücklage und gesetzlichen Rücklagen, welche nur sehr restriktiv möglich ist, kann die Auflösung anderer Gewinnrücklagen durch Vorstand und Aufsichtsrat bzw. durch die Hauptversammlung recht willkürlich vorgenommen werden.

Ergebnisneutrale Eigenkapitalveränderungen

Wie oben bereits angedeutet, spielten ergebnisneutrale Eigenkapitalveränderungen in Deutschland lange eine eher untergeordnete Rolle. Ihr Ausweis in einer gesonderten Rücklagenkategorie wird daher nicht verlangt, vielmehr führen sie zu pauschalen Anpassungen der Gewinnrücklagen bzw. – nach deren Aufzehrung – der Kapitalrücklage. Allerdings müssen Konzernabschlüsse nach § 297 Abs. 1 Satz 1 auch einen Eigenkapitalspiegel beinhalten. Damit hat der Gesetzgeber 2004 im Rahmen des BilReG auf die in Zukunft erwartete gesteigerte Bedeutung ergebnisneutraler Eigenkapitalveränderungen insbesondere für den Konzernabschluss reagiert. Mit der Einführung des BilMoG wurde die Pflicht zur Erstellung eines Eigenkapitalspiegels innerhalb des HGB ausgeweitet. Gemäß § 264 Abs. 1 Satz 2 HGB ist nun auch seine Aufstellung für kapitalmarktorientierte Kapitalgesellschaften im Einzelabschluss vorgeschrieben, sofern diese nicht zur Aufstellung eines Konzernabschlusses verpflichtet sind. Normen für die inhaltliche Ausgestaltung des Eigenkapitalspiegels sind hingegen im deutschen Handelsrecht nicht kodifiziert. Der DSR hat jedoch Vorgaben zum Eigenkapitalspiegel innerhalb des DRS 7 ausgearbeitet, die i.V.m. § 342 Abs. 2 HGB die gesetzliche Konformität gewährleisten. Diese Regelungen sind in weiten Teilen mit denen des IAS 1 vergleichbar.

Eigene Anteile

Seit der Verabschiedung des „Gesetzes zur Kontrolle und Transparenz im Unternehmensbereich“ (KonTraG) 1998 erfährt der Erwerb eigener Aktien durch den neu eingeführten § 71 Abs. 1 Nr. 8 AktG auch in Deutschland praktische Relevanz[17]. Gemäß § 272 Abs. 1a HGB sind eigene Anteile als Korrekturposten zum Eigenkapital auszuweisen. Dabei wird der Nennbetrag der Aktien offen vom Gezeichneten Kapital abgesetzt. Der Unterschiedsbetrag zwischen den Anschaffungskosten und dem Nennbetrag wird mit den frei verfügbaren Rücklagen verrechnet. Unter den frei verfügbaren Rücklagen sind dabei alle Beträge der Kapital- und der Gewinnrücklage zu verstehen, die nicht nach gesetzlichen oder satzungsmäßigen Vorschriften für eine Ausschüttung gesperrt sind. Dieses Vorgehen entspricht der Nennwertmethode nach IFRS. Die Anschaffungsnebenkosten sind direkt als Aufwand in der GuV zu erfassen. Bei der Wiederausgabe der Aktien hat nach § 272 Abs. 1b HGB eine Korrektur der Eigenkapitalpositionen zu erfolgen, aus denen ursprünglich der Kaufpreis entnommen wurde. Von daher ist zuerst das Gezeichnete Kapital in Höhe des Nennbetrags zu erhöhen. Der Differenzbetrag zwischen dem Verkaufserlös und dem Nennbetrag wird anschließend in derselben Höhe auf die Rücklagen verteilt, die beim Kauf der Aktien als freie Rücklagen dienten. Der verbleibende Restbetrag wird abschließend in die Kapitalrücklage eingestellt. Die bei der Veräußerung der Aktien entstehenden Nebenkosten sind ebenfalls direkt als Aufwand in der GuV zu erfassen.

7 Wesentliche Unterschiede zu US-GAAP

Eigenkapitaldefinition und -gliederung

Analog zu den Bestimmungen des IASB wird Eigenkapital gemäß SFAC 6.49 / ASC 505-10-05-3 als Residualanspruchsgröße der Anteilseigner aus Vermögen abzüglich Schulden definiert[18]. SEC-berichtspflichtige Unternehmen untergliedern das Eigenkapital in Gezeichnetes Kapital (capital stock), Kapitalrücklage (additional paid in capital), Gewinnrücklagen, Ergebnisvortrag und Gewinne oder Verluste (retained earnings), kumulierte GuV-neutrale Eigenkapitalveränderungen, die keine Kapitaltransaktionen sind (accumulated other comprehensive income) sowie eigene Anteile (treasury stock). Im Gegensatz zu den IFRS sind Minderheitenanteile im Konzernabschluss gemäß Regulation S-X Rule 5.02.27 / ASC 210-10-S99-1.31 gesondert vom übrigen Eigenkapital und den Schulden zwischen Eigen- und Fremdkapital auszuweisen.

Gezeichnetes Kapital und Kapitalrücklage

Das Gezeichnete Kapital wird in Stammaktien (common stock) und Vorzugsaktien (preferred stock) unterteilt, wobei rückzahlbare Vorzugsaktien (mandatory redeemable preferred stocks) wie nach internationalen Vorschriften ebenfalls

17 Die Durchbrechung des generellen Verbots zum Rückkauf eigener Aktien gab es auch schon vor der Verabschiedung des KonTraG, jedoch war diese an bestimmte Ausnahmefälle gebunden. Vgl. im Folgenden *Schremper, R.*, Aktienrückkauf und Kapitalmarkt, Frankfurt a. M. 2002, S. 16-19, 28-32.

18 Vgl. zu den folgenden Ausführungen *KPMG*, US-GAAP, S. 145-147 sowie S. 175-176.

nicht im Eigenkapital, sondern unter den Verbindlichkeiten auszuweisen sind. Zudem sind umfangreiche Offenlegungspflichten zu beachten (u.a. in SFAS 129 / ASC 505-10-50.4 sowie Regulation S-X Rule 5.02.28-31 / ASC 210-10-S99-1.27). Die das Aufgeld und weitere Zahlungen umfassende Kapitalrücklage wird analog zu den Vorschriften des IAS 32 GuV-neutral um Kosten nach Steuern, die direkt bei der Emission von Aktien entstehen, gekürzt (SFAS 109.36c / ASC 340-10-S99-1).

Gewinnrücklagen

Die Gewinnrücklagen beinhalten nach US-GAAP die in der Vergangenheit thesaurierten Gewinne sowie den Saldo der GuV des laufenden Geschäftsjahres und stellen grundsätzlich das Ausschüttungspotential eines Unternehmens dar. Der US-amerikanische Abschluss hat allerdings analog zum IFRS-Abschluss einzig eine Informations- und keine Ausschüttungsbemessungsfunktion. Die Entscheidung über die Dividende ist vielmehr dem Unternehmensführungs- und Aufsichtsgremium (board) vorbehalten. Für die Gewinnrücklagen können wie nach deutschem Recht Ausschüttungssperren (appropriations) bestehen, die auf gesetzlichen, vertraglichen oder satzungsmäßigen Bestimmungen fußen und somit die mögliche Ausschüttungshöhe einschränken. Darüber hinaus kann sich eine Veränderung der Gewinnrücklagen aus APB Opinion 20 / ASC 250-10-45.23 bei der Änderung von Bilanzierungs- oder Bewertungsmethoden sowie bei der Korrektur wesentlicher Fehler ergeben (vgl. Kapitel 26). Die Gewinnrücklagen können dabei über den laufenden Saldo der GuV oder durch direkte Anpassungen Veränderungen erfahren.

GuV-neutrale Eigenkapitalveränderungen

GuV-neutrale Veränderungen des Eigenkapitals der laufenden Periode und früherer Perioden, die nicht auf Transaktionen mit den Anteilseignern beruhen, werden im accumulated other comprehensive income ausgewiesen. Beispiele für solche Sachverhalte sind Währungsumrechnungsdifferenzen (SFAS 52 / ASC 830), unrealisierte Gewinne/Verluste aus Finanzinstrumenten (SFAS 115 / ASC 825), die Mindestrückstellung im Zusammenhang mit Pensionsverpflichtungen (minimum pension liability adjustments, SFAS 87 / ASC 715), Marktwertänderungen von cash flow hedges (SFAS 133 / ASC 815) oder weitere Posten, die u.a. aus der Equity-Bewertung assoziierter Unternehmen resultieren[19]. Die Bestandteile der GuV-neutralen Eigenkapitaländerungen sind dabei nicht in einem Sammelposten, sondern nach der Quelle ihres Ursprungs getrennt in der Bilanz auszuweisen (SFAS 130.17 / ASC 220-10-45.5). Im Unterschied zu den IFRS-Vorschriften werden im Grundsatz sämtliche GuV-neutral gebildeten Eigenkapitalpositionen des other comprehensive income irgendwann über die GuV aufgelöst (clean surplus accounting). Eine Ausnahme ergibt sich allerdings durch SFAS 154 / ASC 250, der durch die retrospektive Änderungen der Bilanzierungsmethoden sowie rückwirkende und ergebnisneutrale Korrektur wesentlicher Fehler eine Durchbrechung des Kongruenzprinzips induziert (vgl. Kapitel 26).

19 Vgl. *Lachnit, L./Müller*, S., Other comprehensive income nach HGB, IFRS und US-GAAP - Konzeption und Nutzung im Rahmen der Jahresabschlussanalyse, in: DB, 58. Jg. (2005), S. 1637-1645.

Eigene Anteile

Eigene Aktien stellen nach US-GAAP keinen Vermögenswert dar und werden daher grundsätzlich auch nicht auf der Aktivseite der Bilanz ausgewiesen. In Abhängigkeit vom Erwerbsmotiv beim Rückkauf eigener Anteile kommen für ihre Bilanzierung zwei der oben beschriebenen Methoden in Betracht. Eigene Anteile, die für den Einzug vorgesehen sind, werden nach der Nennwertmethode bilanziert. Beabsichtigt ein Unternehmen hingegen, die erworbenen Anteile zu einem späteren Zeitpunkt erneut auszugeben bzw. ist die Entscheidung über ihre Verwendung noch nicht gefallen, kommt regelmäßig die Anschaffungskostenmethode zur Anwendung[20].

Ausgewählte Literatur

Göbel, S./Kormayer, B., Bilanzierung des Aktienrückkaufs im internationalen Vergleich, in: PiR, 2 Jg. (2006), S. 65-70.

Hayn, S. et al., Eigenkapital, in: Küting, K. et al. (Hrsg.), Das neue deutsche Bilanzrecht - Handbuch zur Anwendung des Bilanzrechtsmodernisierungsgesetzes (BilMoG), 2. Aufl., Stuttgart 2009, S. 293-320.

Lind, H./Faulmann, A., Die Bilanzierung von Eigenkapitalbeschaffungskosten nach IAS, US-GAAP und HGB, in: DB, 54. Jg. (2001), S. 601-605.

Scheffler, E., Eigenkapital im Jahres- und Konzernabschluss nach IFRS, München 2006.

Schmidt, M., IAS 32 (rev. 2008): Ergebnis- statt Prinzipienorientierung, in: BB, 63. Jg. (2008), S. 434-439.

Schmidt, M., Die drei Ansätze des FASB zur Abgrenzung zwischen Eigen- und Fremdkapitalinstrumenten, in: IRZ, 3. Jg. (2008), S. 235-243.

Thiele, S., Das Eigenkapital im handelsrechtlichen Jahresabschluß: rechtsformübergreifende und rechtsformspezifische Grundsätze für Ansatz und Ausweis des gesetzestypischen Eigenkapitals und der hybriden Finanzierungsformen, Düsseldorf 1998.

20 Vgl. zu einer Gegenüberstellung von Anschaffungskosten- und Nennwertmethode *Arbeitskreis „Externe Unternehmensrechnung" der Schmalenbach Gesellschaft*, Behandlung „eigener Aktien" nach deutschem Recht und US-GAAP unter besonderer Berücksichtigung der Änderungen des KonTraG, in: DB, 51. Jg. (1998), S. 1673 f.

Übungsaufgaben

Aufgabe 1:

a) Für welche Unternehmensformen war die Abgrenzung von Eigen- und Fremdkapital nach IAS 32 bisher problematisch? Begründen Sie Ihre Antwort.

b) Welche Kriterien müssen die Gesellschaftereinlagen solcher Unternehmensformen erfüllen, damit sie als Eigenkapital qualifiziert werden?

c) Welche Ansätze werden derzeit diskutiert, um eine prinzipienorientierte Abgrenzung von Eigen- und Fremdkapital zu erreichen?

Aufgabe 2:

a) Welche drei großen Bereiche von Eigenkapitalveränderungen können unterschieden werden?

b) Wie werden Minderheitenanteile in der IFRS-Konzernbilanz ausgewiesen? Welche theoretische Leitlinie lässt sich daraus erkennen?

c) Wie ist es zu erklären, dass die IFRS-Konzernbilanzen deutscher Unternehmen teilweise einen sehr unterschiedlichen bilanziellen Ausweis des Eigenkapitals aufweisen?

Aufgabe 3:

a) Am 27.09.2009 gibt die Ernst AG im Rahmen einer Kapitalerhöhung 50.000 neue Aktien (Nennwert 1 €, Emissionspreis 8 €) aus. Im Rahmen der Emission enstehen Registerkosten, Beratungsgebühren, Druckkosten und Börsenumsatzsteuern i.H.v. insgesamt 25 T€. Diese Ausgaben sind steuerlich voll abzugsfähig. Der relevante Steuersatz beträgt 30 %. Wie ist die Emission bilanziell abzubilden?

b) Anfang Oktober 2010 beschließt die Ernst AG, einen Teil der am 27.09.2009 ausgegebenen Aktien wieder zurückzukaufen, um so das neu aufgelegte Aktienoptionsprogramm bedienen zu können. Am 13.10.2010 kauft die Ernst AG schließlich 1.000 Aktien zu einem Kurs von 10 Euro zurück. Die Gewinnrücklagen betragen zu diesem Zeitpunkt 200 T€, das gezeichnete Kapital 80 T€ und die Kapitalrücklage 500 T€. Das Geschäftsjahr entspricht dem Kalenderjahr. Geben Sie die Buchungssätze für den Rückkauf der eigenen Anteile unter Anwendung der Anschaffungskostenmethode an. Wie wäre zu buchen, wenn stattdessen die Nennwertmethode zur Anwendung käme?

Kapitel 18
Anteilsbasierte Vergütungssysteme

Wie kann sichergestellt werden, dass sich Führungskräfte und Mitarbeiter eines Unternehmens an den Zielen der Aktionäre orientieren? Viele Unternehmen versuchen dies durch einen variablen Vergütungsbestandteil, der sich an der Wertentwicklung der Unternehmensanteile orientiert, zu erreichen. Immer dann, wenn sich die Eigentümer über Werterhöhungen freuen, soll auch das Einkommen der Mitarbeiter steigen.

In der Vergangenheit wurden sehr häufig Aktienoptionen als anteilsbasiertes Vergütungssystem eingesetzt. Diese Beliebtheit wurde u.a. damit begründet, dass sie nach der in der Praxis üblichen Vorgehensweise nicht zu einem Personalaufwand in der GuV führten. Für IFRS-Bilanzierer war dies lange Zeit dadurch möglich, dass in IAS 19 „Leistungen an Arbeitnehmer" bewusst auf Ansatz- und Bewertungsvorschriften für solche Vergütungen verzichtet wurde. Erst mit der Veröffentlichung von IFRS 2 „Anteilsbasierte Vergütung" (Share-based Payment) im Jahr 2004 hat das IASB hierzu einen eigenen Standard veröffentlicht und in diesem die aufwandswirksame Bilanzierung aller Formen der anteilsbasierten Vergütungen verpflichtend gemacht.

Lernziele

Im Folgenden sollen Sie lernen,
- welche Formen anteilsbasierter Vergütung zu unterscheiden sind,
- aufgrund welcher Überlegungen Aktienoptionspläne und ähnliche Entgeltformen nach IFRS 2 zu Aufwendungen führen,
- wie die Höhe dieser Aufwendungen bestimmt wird und wie sie bei der Mitarbeitervergütung auf den Leistungszeitraum zu verteilen sind und
- welche Angaben über anteilsbasierte Vergütungen gemacht werden müssen.

1 Anwendungsbereich

Anwendungsbereich nicht auf Mitarbeitervergütung beschränkt

Das typische Anwendungsgebiet von IFRS 2 ist die Mitarbeitervergütung durch Aktien oder Aktienoptionen. Jedoch ist der Anwendungsbereich des Standards weder auf Transaktionen mit Mitarbeitern noch auf die Rechtsform der Aktiengesellschaft beschränkt. Nach IFRS 2.2 betrifft er grundsätzlich alle Transaktionen, bei denen Unternehmensanteile oder Optionen auf solche Anteile als Entgelt für Güter, Arbeitsleistungen oder andere Dienstleistungen gewährt werden. Der Standard ist z.B. auch in folgenden Fällen anzuwenden:
- Bei der Gründung einer Aktiengesellschaft bringt ein Gründer anstelle von Barmitteln ein Kraftfahrzeug als Firmenwagen ein und erhält hierfür Aktien.
- Ein Unternehmensberater erhält als Entgelt für seine Tätigkeit Optionen auf Aktien des Unternehmens.
- Der GmbH-Geschäftsführer erhält als Tantieme einige GmbH-Anteile.

Spezialfälle im Konzern

Eine anteilsbasierte Vergütung liegt nach IFRS 2.3A auch dann vor, wenn die Eigenkapitalinstrumente nicht vom Unternehmen selbst, sondern von dessen Anteilseignern, z.B. bei Konzerngesellschaften vom Mutterunternehmen, gewährt werden. Weiterhin fallen auch solche Transaktionen in den Anwendungsbereich, bei denen Mitarbeiter eines Tochterunternehmens Eigenkapitalinstrumente des Mutterunternehmens als Entgelt für ihre Tätigkeit beim Tochterunternehmen erhalten.

Nicht identifizierbare Gegenleistung

Von einer anteilsbasierten Vergütung ist nach IFRS 2.2 grundsätzlich auch dann auszugehen, wenn die vom Unternehmen erhaltene Gegenleistung nicht identifizierbar ist. Jedoch ist im Einzelfall zu prüfen, ob tatsächlich eine anteilsbasierte Vergütung vorliegt. In einer Fußnote zu IFRS 2.BC18D wird dies z.B. für Nachfolgeregelungen, bei denen Anteile ohne Gegenleistung an Familienmitglieder weitergereicht werden, verneint.

Anwendungsausschlüsse

Aus dem Anwendungsbereich ausgenommen sind nach IFRS 2.5-6 solche Transaktionen, deren Bilanzierung explizit in anderen Verlautbarungen geregelt ist. Hierzu zählen die nach IFRS 3 (vgl. Kapitel 23) zu bilanzierenden Unternehmenszusammenschlüsse, bei denen ein Teil des Kaufpreises mit Eigenkapitaltiteln des erwerbenden Unternehmens erbracht wird, und in den Anwendungsbereich von IAS 32.8-10 bzw. IAS 39.5-7 (vgl. Kapitel 19) fallende Warenterminkontrakte, bei denen anstelle des Warenbezugs eine finanzielle Glattstellung beabsichtigt ist.

Echte und virtuelle Eigenkapitalinstrumente

Der Begriff der anteilsbasierten Vergütung ist nach IFRS 2.2 nicht auf Transaktionen mit einem Ausgleich durch Eigenkapitalinstrumente (equity-settled share-based payment transactions) beschränkt. Es wird auch die Bilanzierung solcher Transaktionen geregelt, bei denen sich das Unternehmen zu einem an der Wertentwicklung von Unternehmensanteilen bemessenen Barausgleich verpflichtet (cash-settled share-based payment transactions). Durch solche Barvergütungen werden i.d.R. die finanziellen Konsequenzen der Gewährung von Aktien, Aktienoptionen oder anderen Eigenkapitaltiteln (z.B. GmbH-Anteilen) aus Sicht der Empfänger nachgebildet, weshalb sie auch als virtuelle Eigenkapitalinstrumente bezeichnet werden.

Tabelle 18.1 gibt einen Überblick über verschiedene Ausgestaltungsformen anteilsbasierter Vergütungen. Aus anreiztheoretischer Sicht ist die Unterscheidung zwischen Anteils- und Optionscharakter die wichtigere, da hierdurch das Vergütungsrisiko der Manager maßgeblich beeinflusst wird. Hinsichtlich der Bilanzierung ist demgegenüber die Einteilung in echte und virtuelle Eigenkapitalinstrumente von größerer Bedeutung. Hierdurch wird festgelegt, ob die Entgeltempfänger gegenüber dem Unternehmen einen Eigenkapital- oder einen Fremdkapitalanspruch erhalten.

	Anteilscharakter	**Optionscharakter**
Echte Eigenkapital-instrumente	Belegschaftsaktien, GmbH-Anteile (restricted shares)	Optionen auf Unternehmensanteile (share options)
Virtuelle Eigenkapital-instrumente	virtuelle Unternehmensanteile (phantom shares)	virtuelle Optionen auf Unternehmensanteile (share appreciation rights)

Tab. 18.1: Anteilsbasierte Vergütungen

Kombinierter Einsatz von echten und virtuellen Instrumenten

Neben Vorschriften für die Bilanzierung echter und virtueller Eigenkapitalinstrumente enthält IFRS 2 auch Regelungen für den kombinierten Einsatz beider Ausgestaltungsformen (share-based payment transactions with cash alternatives). Bei solchen Kombinationsmodellen hat entweder das Unternehmen oder der Entgeltempfänger das Wahlrecht zwischen der Gewährung echter Eigenkapitalinstrumente und einer – zumeist äquivalenten – Barzahlung.

Die folgenden Ausführungen konzentrieren sich auf die Bilanzierung von anteilsbasierten Entgelten im Zusammenhang mit der Mitarbeitervergütung bei Aktiengesellschaften. Auf abweichende Regelungen, die beim Einsatz anteilsbasierter Entgelte für andere Zwecke zu beachten sind, wird ggf. gesondert hingewiesen.

2 Echte Eigenkapitalinstrumente

2.1 Ausgestaltungsvarianten

Aktien und Aktienoptionen

Aktiengesellschaften können echte Eigenkapitalinstrumente in Form von Aktien oder Aktienoptionen als Entgelt für Waren und/oder Dienstleistungen einsetzen. Traditionell bieten viele Unternehmen ihren Beschäftigten regelmäßig Belegschaftsaktien an. Hierbei erhalten die Beschäftigten die Möglichkeit, Aktien unter dem aktuellen Marktpreis zu erwerben. Die Höhe der Vergünstigung pro Mitarbeiter bewegt sich häufig innerhalb des steuerlich geförderten Rahmens von jährlich 360 € (§ 3 Nr. 39 EStG).

Aktienoptionen werden bevorzugt an Führungskräfte der obersten Ebenen ausgegeben. Sie erhalten als Incentivierung das Recht, eine bestimmte Anzahl von Aktien zu einem bestimmten Preis zu erwerben. Während des Börsen-Booms der späten 1990er Jahre haben viele junge, liquiditätsschwache Unternehmen sogar nahezu allen Beschäftigten Aktienoptionen gewährt. In jüngerer Zeit haben einige Unternehmen damit begonnen, Aktienoptionspläne für Führungskräfte durch Aktienprogramme zu ersetzen.

Gestaltungsparameter bei Vergütung mit Aktien

Bei einer Vergütung mit Aktien liegt der wirtschaftliche Vorteil der Empfänger darin, dass sie einen unter dem aktuellen Börsenkurs liegenden Preis für die Aktien zahlen. Gestaltungsparameter von Belegschafts- und anderen Aktienprogrammen sind neben dem Kreis der Teilnahmeberechtigten vor allem die Höhe des Kursabschlags und die Länge der Haltefrist, innerhalb der die Aktien nicht veräußert werden dürfen. Gesellschaftsrechtlich sind verschiedene Durchführungsformen nach der Herkunft der ausgegebenen Aktien zu unterscheiden: Handelt es sich um junge Aktien aus einer Kapitalerhöhung oder um zurückgekaufte eigene Aktien (treasury shares)? Aus Unternehmenssicht liegt der Unterschied vor allem in der Liquiditätswirkung. Während durch einen Rückkauf zunächst liquide Mittel abfließen, kommt bei einer Kapitalerhöhung allein der

Kapitalzufluss zum Zeitpunkt der Aktienausgabe zum Tragen. Für die Bilanzierung ist die Herkunft der Aktien hingegen unerheblich, da die Wiederausgabe zurückgekaufter Aktien nach IAS 32.33-34 wertmäßig zu den gleichen gesamtergebnisneutralen Veränderungen des Eigenkapitals führt wie die Ausgabe junger Aktien.

Gestaltungsparameter bei Vergütung mit Aktienoptionen

Beim Einsatz von Aktienoptionen zur Mitarbeitervergütung erhalten die Empfänger das Recht, Aktien des Unternehmens nach Ablauf einer Sperrfrist zu einem im Voraus festgelegten Preis zu kaufen. Der wirtschaftliche Vorteil der Mitarbeiter liegt dabei zunächst darin, dass sie die Optionen ohne finanzielle Gegenleistung erhalten. In Abhängigkeit von der Aktienkursentwicklung kann sich dieser Vorteil in der Folge erhöhen oder vermindern. Hierbei ist die Gewinnchance prinzipiell unbegrenzt, während der maximale Verlust dem Optionswert bei Gewährung entspricht. Um tatsächlich von den Optionsrechten profitieren zu können, müssen die Mitarbeiter allerdings in der Regel verschiedene Ausübungsbedingungen (vesting conditions) erfüllen. Hierzu zählt z.B. die Dienstbedingung (service condition), bis zum Ende der Sperrfrist im Unternehmen zu verbleiben. Während die Sperrfrist bei deutschen Unternehmen in der Vergangenheit meist zwei Jahre betrug, verlangt § 193 Abs. 2 Nr. 4 AktG seit der Änderung durch das Gesetz zur Angemessenheit der Vorstandsvergütung (VorstAG) von 2009 eine Frist von mindestens vier Jahren. Verlässt ein Mitarbeiter das Unternehmen innerhalb dieses Zeitraums, verfallen seine Optionen unabhängig davon, wie viel Zeit bereits verstrichen ist. Insbesondere in Deutschland werden zudem oft Leistungsbedingungen (Erfolgsziele, performance conditions) vereinbart[1]. Eine für die Bilanzierung wichtige Unterscheidung ist dabei, ob eine kapitalmarktbezogene Leistungsbedingung (market condition) vorliegt[2]. Hierbei kann es sich um absolute oder relative Kursziele handeln. Bei einem absoluten Kursziel dürfen die Optionen nur ausgeübt werden, wenn der Aktienkurs um einen bestimmten Mindestbetrag steigt bzw. eine bestimmte jährliche Mindestrendite erreicht wird. Relative Kursziele setzen die Kursentwicklung demgegenüber ins Verhältnis zur Entwicklung eines Vergleichsindex. Hierbei kann es sich um einen Marktindex, wie z.B. DAX und Dow Jones Eurostoxx, um einen Branchenindex oder um einen selbst definierten Wettbewerber-Index handeln. Absolute und relative Kursziele können auch kombiniert eingesetzt werden, wie das folgende Praxisbeispiel zeigt:

1 Zur Gestaltung der Erfolgsziele in den Aktienoptionsplänen deutscher Unternehmen vgl. *Leuner, R./Lehmeier, O./Rattler, T.*, Entwicklungen und Tendenzen bei Stock Option Modellen, in: FB, 6. Jg. (2004), S. 264 f.; *Winter, S.*, Erfolgsziele deutscher Aktienoptionsprogramme, in: Franck E. et al. (Hrsg.), Marktwertorientierte Unternehmensführung – Anreiz und Kommunikationsaspekte, ZfbF-Sonderheft 50/03, Düsseldorf u.a. 2003, S. 129-137.

2 Im englischen Originaltext von IFRS 2 zählen „market conditions“ zu den „vesting conditions“. Die deutsche Übersetzung impliziert demgegenüber fälschlicherweise, dass Markt- und Ausübungsbedingungen begrifflich nebeneinander stehen. Die Ausführungen in diesem Kapitel folgen der Einteilung im Originaltext.

Beispiel 18.1

„Die Bezugsrechte können nur ausgeübt werden, wenn mindestens eines der folgenden Erfolgsziele erreicht wird:

1. Absolute Performance: In dem Zeitraum zwischen Ausgabe und Ausübung der Bezugsrechte muss der Börsenkurs der Aktie der adidas AG – errechnet auf der Grundlage des „Total Shareholder Return-Ansatzes“ – um jährlich durchschnittlich mindestens 8 % gestiegen sein.
2. Relative Performance: Im selben Zeitraum muss sich der Börsenkurs der Aktie der adidas AG um jährlich durchschnittlich 1 % besser entwickelt haben als die Börsenkurse der wesentlichen Wettbewerber des adidas Konzerns weltweit und darf absolut gesehen nicht gefallen sein.“[3].

Nicht kapitalmarktbezogene Leistungsbedingungen sind insbesondere rechnungswesenbasierte Ziele. Diese beziehen sich auf Größen wie das Ergebnis je Aktie oder das Ergebnis vor Zinsen und Steuern (earnings before interest and taxes, EBIT), für die bestimmte Mindestwerte oder Steigerungsraten festgelegt werden.

Zusammenhang zwischen Erfolgszielen und Bezugskurs

Bei vielen Aktienoptionsplänen steht die Höhe des Bezugskurses in unmittelbarem Zusammenhang mit dem Erfolgsziel. So kann bei einem absoluten Kursziel der Bezugskurs mit dem Mindestkurs gleich gesetzt oder jährlich um die vorgegebene Rendite erhöht werden. Bei relativen Erfolgszielen kann der Abschlag vom Aktienkurs zum Zeitpunkt der Ausübung davon abhängen, um wie viele Prozentpunkte der Vergleichsindex geschlagen wurde. Je höher die „Outperformance“, desto höher der Abschlag. Durch eine Verknüpfung mit dem Erfolgsziel steht somit vielfach nicht der Bezugskurs selbst, sondern nur die Formel zu dessen Berechnung im Voraus fest.

Durchführungsformen nach deutschem Recht

Gesellschaftsrechtlich sind Aktienoptionspläne wie Aktienprogramme danach zu unterscheiden, ob die auszugebenden Aktien aus einer Kapitalerhöhung oder aus einem Aktienrückkauf stammen. Auch hier liegt ein wesentlicher Unterschied in der Liquiditätswirkung. Soll ein Optionsplan auf jungen Aktien basieren, stehen den Unternehmen im Wesentlichen zwei Varianten offen: Zum einen können sie die 1998 durch das KonTraG speziell für Zwecke der Mitarbeitervergütung eingeführte Möglichkeit nutzen, so genannte „nackte“ Optionsrechte auf der Grundlage von § 192 Abs. 2 Nr. 3 AktG auszugeben. Sie sind dann gemäß § 193 Abs. 2 Nr. 4 AktG verpflichtet, eine Sperrfrist von mindestens vier Jahren sowie ein Erfolgsziel festzulegen[4]. Alternativ können sie auch auf die bereits zuvor existierende Möglichkeit zurückgreifen, Wandel- oder Optionsanleihen auszugeben. Hierbei müssen die Manager eine Anleihe zeichnen, die sie später in Aktien wandeln können (Wandelanleihe) bzw. die ergänzend mit dem gewünschten Optionsrecht (Optionsanleihe) ausgestattet ist. Diese etwas umständlichere Variante bietet den Vorteil, nicht an die Vorgaben von § 193 Abs. 2 Nr. 4 AktG gebunden zu sein. Gleichwohl gilt aber die Empfehlung des Deutschen

3 Geschäftsbericht 2009 der Adidas AG, S. 208.

4 Die gleichen Anforderungen gelten auch, wenn auf Basis von § 71 Abs. 1 Nr. 8 AktG zurückgekaufte Aktien als Basis für einen Aktienoptionsplan genutzt werden.

Corporate Governance Kodex, dass aktienbasierte Vergütungselemente „auf anspruchsvolle, relevante Vergleichsparameter bezogen sein" sollen (Ziffer 4.2.3). Bei der Bilanzierung ist beim Einsatz von Wandel- und Optionsanleihen zu beachten, dass auch der Anleihebestandteil abzubilden ist. Für die Erfassung des Optionsrechts selbst ergeben sich jedoch keine Besonderheiten.

2.2 Bilanzansatz

Komplexität aufgrund der Zusammenfassung zweier Vorgänge

Die Mitarbeitervergütung mit echten Eigenkapitalinstrumenten umfasst sowohl eine Transaktion mit Eigenkapitalgebern als auch einen leistungswirtschaftlichen Vorgang. Aufgrund der Zusammenfassung dieser beiden Vorgänge kommt es zu der ungewöhnlichen Konstellation, dass als Gegenposten für den mit der Mitarbeitervergütung einhergehenden Personalaufwand direkt das Eigenkapital angebucht wird. Die Verminderung des Eigenkapitals durch den Personalaufwand wird also unmittelbar durch eine gesamtergebnisneutrale Eigenkapitalerhöhung kompensiert. Um die Logik dieser Buchung zu verdeutlichen, soll zunächst ein ebenfalls in den Anwendungsbereich von IFRS 2 fallender Sachverhalt betrachtet werden, bei dem die beiden Vorgänge separat zu bilanzieren sind. Ein Beispiel hierfür ist die Einbringung eines Kraftfahrzeugs bei der Gründung einer Aktiengesellschaft (Sacheinlage) und dessen anschließende Nutzung im Unternehmen.

Beispiel 18.2

Bei der Gründung einer Aktiengesellschaft bringt einer der Gründer anstelle einer Barzahlung ein Kraftfahrzeug im Wert von 100.000 € in das Unternehmen ein. Als Entgelt hierfür erhält er einen entsprechenden Anteil am Gründungskapital, der durch 1.000 Aktien mit einem Nennwert von je 1 € verbrieft wird. Diese Sacheinlage ist bilanziell wie folgt ohne Berührung der Gesamtergebnisrechnung zu erfassen:

Fuhrpark	*100.000 €*	*an*	*Gezeichnetes Kapital*	*1.000 €*
			Kapitalrücklage	*99.000 €*

Die Nutzung des Fahrzeugs ist anschließend durch Abschreibungen zu erfassen. Bei einer Nutzungsdauer von fünf Jahren und Anwendung der linearen Abschreibungsmethode ist im ersten Jahr der Nutzung zu buchen:

Abschreibung		*an*	*Fuhrpark*	*20.000 €*

In den weiteren Perioden ist diese Buchung zu wiederholen, bis das Fahrzeug vollständig abgeschrieben ist.

Die erste Buchung im Beispiel entspricht IFRS 2.7-8. Nach IFRS 2.7 kommt es bei der Gewährung von echten Eigenkapitalinstrumenten als Entgelt zu einer gesamtergebnisneutral zu vereinnahmenden Eigenkapitalmehrung in Höhe des beizulegenden Werts der vom Unternehmen erhaltenen Güter oder Dienstleistungen und nach IFRS 2.8 ist der eingebrachte Vermögenswert im Gegenzug zu aktivieren. Die zweite Buchung spiegelt die übliche bilanzielle Vorgehensweise beim Eingang einer Ressource in den Leistungsprozess des Unternehmens wider.

Vorgehen bei fehlender Aktivierungsfähigkeit

Was passiert nun, wenn die vom Unternehmen erhaltenen Güter oder Dienstleistungen anders als ein Fahrzeug keinen aktivierungsfähigen Vermögenswert darstellen? Genau dies ist bei der Mitarbeitervergütung mit echten Eigenkapitalinstrumenten der Fall. Der den Mitarbeitern gewährte wirtschaftliche Vorteil stellt ein Entgelt für Arbeitsleistungen dar. Diese sind unabhängig davon, ob sie bereits erbracht wurden oder noch zu erbringen sind, nicht aktivierungsfähig. Wenn die Arbeitsleistungen bereits erbracht wurden, müssten sie bei einer Aktivierung sofort wieder vollständig abgeschrieben werden. Werden zukünftige Arbeitsleistungen entgolten, scheitert die Aktivierungsfähigkeit am fehlenden rechtlichen Anspruch des Unternehmens auf die Mitarbeiterleistung. Sie stellen insofern einen Teil des originären, nicht bilanzierungsfähigen Goodwills des Unternehmens dar.

Direkte Aufwandsbuchung als Ausweg

Das IASB löst dieses konzeptionelle Problem dadurch, dass nach IFRS 2.8 bei fehlender Aktivierungsfähigkeit der erhaltenen Güter oder Dienstleistungen eine Aufwandsbuchung vorzunehmen ist. Beim Einsatz von Aktien zur Mitarbeitervergütung führt dies zum Buchungssatz „Personalaufwand / Kasse an Gezeichnetes Kapital / Kapitalrücklage", der den wirtschaftlichen Gehalt des Geschäftsvorfalls in zusammengefasster Form ausdrückt. Zur Veranschaulichung sei folgendes Beispiel betrachtet, bei dem von einer Vergütung bereits erbrachter Arbeitsleistungen ausgegangen wird.

Beispiel 18.3

Zwanzig Manager erhalten anstelle ihres Jahresbonus für das abgelaufene Jahr jeweils 50 Aktien. Der aktuelle Aktienkurs beträgt 100 €, der Nennwert der Aktien 1 €. Die Manager müssen für jede Aktie nur 60 € bezahlen. Dieser Vorgang wird wie folgt erfasst:

Personalaufwand	*40.000 €*			
Kasse	*60.000 €*	*an*	*Gezeichnetes Kapital*	*1.000 €*
			Kapitalrücklage	*99.000 €*

Insgesamt werden (20 · 50 =) 1.000 Aktien ausgegeben. Aufgrund der Zuzahlungen der Manager fließen dem Unternehmen dementsprechend (1.000 · 60 =) 60.000 € zu. Im Eigenkapital werden die Aktien aber mit ihrem Marktwert von insgesamt 100.000 € eingebucht, der durch die Ausgabe der Aktien am Kapitalmarkt hätte erzielt werden können. Die Differenz von (100 · 40 =) 40.000 € wird als Personalaufwand gebucht.

Ansatz bei Gewährung von Aktienoptionen

Die bilanzielle Abbildung bei einer Vergütung mit Aktienoptionen ist komplexer, da hier sowohl die Gewährung der Aktienoptionen als auch die mögliche Ausgabe von Aktien bilanziell abzubilden sind. Die Gewährung der Aktienoptionen ohne finanzielle Gegenleistung wird als der eigentliche Vergütungsvorgang gewertet. Der entsprechende Buchungssatz lautet „Personalaufwand an Kapitalrücklage". Die Aktienausgabe erfolgt hingegen nur, wenn die Mitarbeiter die Optionen später ausüben. Gewinne und Verluste der Mitarbeiter aus dem Optionsgeschäft werden dabei nicht mehr der Leistungssphäre des Unternehmens zugerechnet, sondern als Reichtumsverschiebung zwischen Alt- und Neuaktionären gewertet. Werden die Optionen ausgeübt, sind dementsprechend nur die Einzahlungen der Mitarbeiter durch die Buchung „Kasse an Gezeichnetes Kapital / Kapitalrücklage" zu erfassen. Eine nachträgliche Anpassung des Personalaufwands an den Ausübungsgewinn des Managers findet gemäß IFRS 2.23 nicht statt. Diese Vorgehensweise geht konform mit der Wertung von Aktienoptionen als Eigenkapitalinstrumente, für die einmal vorgenommene Buchungen nicht mehr aufgrund von späteren Wertänderungen anzupassen sind.

Zur Veranschaulichung sei ein weiteres Beispiel betrachtet, bei dem wieder von einer Vergütung bereits erfolgter Arbeitsleistungen ausgegangen wird.

Beispiel 18.4

Zwanzig Manager erhalten anstelle ihres Jahresbonus für das abgelaufene Jahr jeweils 300 Aktienoptionen im Wert von 8 € pro Option. Jede Option verbrieft das Recht, eine Aktie des Unternehmens zum Preis von 100 € zu erwerben. Der Buchungssatz zum Zeitpunkt der Gewährung lautet:

Personalaufwand		*an*	*Kapitalrücklage*	*48.000 €*

In dieser Buchung kommt zum Ausdruck, dass insgesamt 6.000 Optionen im Wert von 8 € ausgegeben werden. Obwohl keine finanzielle Gegenleistung erfolgt, werden sie in der Kapitalrücklage mit ihrem geschätzten Marktwert erfasst. Die Höhe des Eigenkapitals wird durch die Buchung insgesamt aber nicht verändert, da sich Aufwandsbuchung und Rücklagenerhöhung gegenseitig kompensieren.

Nach vier Jahren üben die Manager ihre Optionen aus. Der Aktienkurs zu diesem Zeitpunkt ist 120 €, so dass pro Option ein Gewinn von 20 € erzielt wird. Die Buchung zum Zeitpunkt der Ausübung lautet:

Kasse	*600.000 €*	*an*	*Gezeichnetes Kapital*	*6.000 €*
			Kapitalrücklage	*594.000 €*

Bei der Ausübung werden (20 · 300 =) 6.000 Aktien mit einem Nennwert von 1 € ausgegeben. Aufgrund der Zuzahlungen der Manager fließen dem Unternehmen (6.000 · 100 =) 600.000 € zu, die auf die Bestandteile Gezeichnetes Kapital und Kapitalrücklage verteilt werden. Der von den Managern erzielte Wertzuwachs von (20 - 8 =) 12 € pro Option bleibt hingegen ohne bilanzielle Konsequenz.

Verteilung des Aufwands über mehrere Perioden

Bislang wurde angenommen, dass bereits erbrachte Arbeitsleistungen durch Aktienoptionen vergütet werden. Dies ist jedoch nach IFRS 2.14 nur dann möglich, wenn die freie Verfügbarkeit der Aktien bzw. die Ausübbarkeit der Optionen nicht von einem weiteren Anstellungsverhältnis abhängt. Eine solche Bedingung ist aber insbesondere bei Aktienoptionsplänen die Regel, so dass von einer

Vergütung zukünftiger Arbeitsleistungen auszugehen ist. Die Aufwendungen sind in diesem Fall zu gleichen Teilen auf die Perioden des Leistungszeitraums zu verteilen. Dessen Ende wird nach IFRS 2.15 durch den Zeitpunkt bestimmt, zu dem die Eigenkapitalinstrumente frei verfügbar bzw. ausübbar werden (vesting period). Bei Aktienoptionsplänen entspricht dieser Zeitraum in der Regel der Sperrfrist, deren Länge aber mitunter vom Erreichen bestimmter Erfolgsziele abhängt. Ist dies der Fall, soll nach IFRS 2.15(b) der Leistungszeitraum geschätzt werden. Liegt eine kapitalmarktbezogene Bedingung vor, darf der bei Gewährung geschätzte Leistungszeitraum später nicht korrigiert werden. Bei anderen Erfolgszielen ist hingegen eine Anpassung an die tatsächliche Dauer bis zum Erreichen des Erfolgsziels vorzunehmen.

Nachträgliche Korrektur, wenn Ausübungsbedingungen nicht erfüllt

Wie bereits ausgeführt, sind die dem Personalaufwand gegenüberstehenden Eigenkapitalbuchungen grundsätzlich nicht mehr anzupassen. Eine Abweichung von diesem Grundsatz ist allerdings in IFRS 2.19-21 für Eigenkapitalinstrumente vorgesehen, die verfallen, weil Ausübungsbedingungen, die keine Marktbedingungen sind, nicht erfüllt werden. In diesem Fall sind bereits erfolgte Eigenkapitalbuchungen wieder zurückzunehmen. Diese Vorgehensweise wirkt sich auch auf die Aufwandsverteilung aus. Um den zu verteilenden Aufwand festzulegen, ist nach IFRS 2.20 zunächst die Anzahl der Eigenkapitalinstrumente zu schätzen, die aufgrund von nicht erfüllten Ausübungsbedingungen, die keine Marktbedingungen sind, voraussichtlich verfallen. Im Zeitablauf ist diese Schätzung an die tatsächliche Ausfallrate anzupassen. Notwendige Anpassungsbuchungen sind jeweils in der Periode vorzunehmen, in der neue Informationen über die Ausfallrate bekannt werden. Zur Veranschaulichung sei das obige Beispiel zu Aktienoptionen in abgewandelter Form betrachtet.

Beispiel 18.5

Wiederum erhalten zwanzig Manager je 300 Aktienoptionen im Wert von 8 € pro Option. Jede Option verbrieft das Recht, eine Aktie des Unternehmens zum Preis von 100 € zu erwerben. Um die Optionen ausüben zu dürfen, müssen die Manager nun aber zwei weitere Jahre im Unternehmen verbleiben. Bei Gewährung wird davon ausgegangen, dass fünf Manager (25 %) die Bedingung nicht erfüllen werden. Dementsprechend sind (48.000 · 0,75 =) 36.000 € auf den Leistungszeitraum von zwei Jahren zu verteilen. Jeder Periode werden also zunächst 18.000 € zugerechnet.

Zum Zeitpunkt der Gewährung ist keine Buchung notwendig, da noch keine Arbeitsleistungen erbracht wurden. Für die weiteren Buchungen ist zu unterscheiden, ob die erwartete Ausfallrate tatsächlich eintritt oder ob es zu Abweichungen kommt.

Fall 1: Die erwartete Ausfallrate tritt ein

Während der Sperrfrist verlassen wie erwartet fünf Manager das Unternehmen und verlieren damit ihren Anspruch auf die Aktienoptionen. Es ist deshalb in beiden Jahren jeweils der auf der erwarteten Ausfallrate basierende Personalaufwand von 18.000 € zu buchen.

Personalaufwand	*an*	*Kapitalrücklage*	*18.000 €*

Fall 2: Die erwartete Ausfallrate tritt nicht ein
Abweichend von der ursprünglichen Erwartung verlassen nur drei Manager das Unternehmen, so dass die tatsächliche Ausfallquote 15 % beträgt. Der insgesamt zu verrechnende Personalaufwand ist deshalb auf (48.000 · 0,85 =) 40.800 € zu korrigieren. Die Abweichung von der ursprünglichen Erwartung wird erst im zweiten Jahr bekannt, so dass im ersten Jahr bereits ein Personalaufwand von 18.000 € gebucht worden ist. Im zweiten Jahr sind nun zusätzlich zu den planmäßig veranschlagten 18.000 € weitere 4.800 € als Personalaufwand zu buchen.

Personalaufwand	*an*	*Kapitalrücklage*	*22.800 €*

Der zusätzliche Betrag verteilt sich je zur Hälfte auf die Korrektur des Personalaufwands im aktuellen Geschäftsjahr und auf die Korrektur des im vorherigen Jahr zu niedrig ausgewiesenen Betrags.

Bilanzpolitische Möglichkeiten durch uneinheitliche Behandlung von Erfolgszielen

Die differenzierte Behandlung von kapitalmarktbezogenen und nicht-kapitalmarktbezogenen Erfolgszielen ist kritisch zu sehen, da sie Möglichkeiten zur Bilanzpolitik durch Sachverhaltsgestaltung eröffnet. Durch die konkrete Ausgestaltung von Erfolgszielen kann die Reagibilität des durch echte Aktienoptionen verursachten Aufwands auf negative Unternehmensentwicklungen gesteuert werden. Bei kapitalmarktbezogenen Erfolgszielen besteht keine Reagibilität, da auch bei schlechter Kursentwicklung sowohl die Anzahl als auch die Bewertung der Eigenkapitalinstrumente identisch bleibt. Bei nicht-kapitalmarktorientierten Erfolgszielen wie z.B. einer geforderten Steigerung des Ergebnisses je Aktie sieht dies anders aus: Werden die Ziele im vorgegebenen Zeitraum nicht erreicht, verringert sich die Anzahl der anzusetzenden Eigenkapitalinstrumente auf null, sodass insgesamt kein Aufwand zu buchen ist. In den späteren Perioden des Leistungszeitraums ist sogar von Erträgen auszugehen, da bereits gebuchte Aufwendungen rückgängig gemacht werden müssen. Umgekehrt kommt es allerdings bei positiver Entwicklung zu höheren Aufwendungen, wenn die Ausfallrate gegenüber der ursprünglichen Erwartung sinkt. Das IASB diskutiert diese bilanzpolitischen Möglichkeiten in der Begründung zu IFRS 2 und sieht kein schwerwiegendes Problem darin. Lapidar wird festgestellt, dass es nicht klar sei, ob die Unternehmen in einer größeren Reagibilität einen Vor- oder einen Nachteil sehen (IFRS 2.BC184). Nichtsdestotrotz verbleibt den Unternehmen die Möglichkeit, je nach subjektiver Sichtweise Aktienoptionspläne entsprechend zu gestalten.

Latente Steuern

Je nachdem, wie Mitarbeiter-Aktien(optionen) auf Unternehmensseite steuerlich behandelt werden, kann es bei ihrer Bilanzierung auch zum Ansatz latenter Steuern kommen (IFRS 2.BC311-329). Bemerkenswert ist dabei, dass diese anzusetzen sind, obwohl zu keinem Zeitpunkt Bewertungsdifferenzen ausgewiesener Bilanzpositionen vorliegen. Das IASB argumentiert, nach IAS 12 könnten auch Bewertungsunterschiede nicht bilanziell ausgewiesener Vermögenswerte und Schulden latente Steuern begründen. Voraussetzung ist allerdings, dass es sich um zeitlich begrenzte Differenzen handelt. Nach deutschem Steuerrecht führen echte Eigenkapitalinstrumente nach herrschender Meinung nicht zu steuerlichen Betriebsausgaben[5]. Somit liegen zeitlich unbegrenzte Differenzen vor, für die keine latenten Steuern zu bilden sind.

2.3 Bilanzbewertung

Grundsatz: Bewertung zum beizulegenden Zeitwert der empfangenen Leistungen

Nach IFRS 2.10 sind grundsätzlich alle Transaktionen, bei denen echte Eigenkapitalinstrumente als Entgelt eingesetzt werden, mit dem beizulegenden Zeitwert der vom Unternehmen empfangenen Güter oder Dienstleistungen zu erfassen. Beim Einsatz von Aktienoptionen und Aktien zur Vergütung von Arbeitsleistungen stellt sich aber das Problem, dass diese – wenn überhaupt – nur in Ausnahmefällen auf direktem Wege bewertet werden können. Nach IFRS 2.11-12 ist deshalb zur Bewertung eingebrachter Arbeitsleistungen ersatzweise auf den Wert der als Entgelt gewährten Eigenkapitalinstrumente zum Zeitpunkt der Gewährung (grant date) abzustellen. Dienen Aktien und Aktienoptionen hingegen als Entgelt für Güter und Dienstleistungen von Dritten, stellt IFRS 2.13 die widerlegbare Vermutung auf, dass deren Wert zuverlässig auf direktem Weg ermittelbar ist. Als Bewertungszeitpunkt wird in diesem Fall der Zeitpunkt des Zugangs der Güter oder Dienstleistungen herangezogen. Letzteres ändert sich auch dann nicht, wenn die Vermutung widerlegt wird. Es ist dann ersatzweise der Wert der Eigenkapitalinstrumente zum Zugangszeitpunkt zu bestimmen.

Beizulegender Zeitwert versus innerer Wert

Ist entsprechend dieser Regelungen der beizulegende Zeitwert der Eigenkapitalinstrumente zu bestimmen, soll nach IFRS 2.16 soweit wie möglich auf Marktpreise abgestellt werden. Dies ist z.B. problemlos möglich, wenn ein börsennotiertes Unternehmen Belegschaftsaktien ausgibt. Sind hingegen keine Marktpreise verfügbar, soll gemäß IFRS 2.17 ein allgemein anerkanntes Bewertungsmodell eingesetzt werden. Insbesondere bei der Bewertung von speziell zur Mitarbeitervergütung ausgestalteten Aktienoptionen ist dies als Normalfall anzusehen. Dabei ist grundsätzlich der innere Wert (intrinsic value) vom beizulegenden Zeitwert der Optionen zu unterscheiden. Der innere Wert misst den Betrag, um den der aktuelle Aktienkurs den Bezugskurs übersteigt und verdeutlicht somit den möglichen Gewinn bei sofortiger Ausübung. Der beizulegende Zeitwert (fair value) oder Gesamtwert beinhaltet neben dem inneren Wert auch den so genannten Zeitwert (time value), in dem zum Ausdruck kommt, dass der Optionsinhaber von positiven Aktienkursentwicklungen künftig vollständig profitiert, während er gegen negative Entwicklungen geschützt ist. Der Zeitwert ist zu jedem Zeitpunkt vor dem Ende der Laufzeit positiv, so dass eine Option

---

5 Zur steuerlichen Behandlung von Aktienoptionsplänen auf Unternehmensseite vgl. *Herzig, N./Lochmann, U.*, Steuerbilanz und Betriebsausgabenabzug bei Stock Options, in: WPg, 55. Jg. (2002), S. 325-344; *Lochmann, U.*, Stock Options im Rahmen einer bedingten Kapitalerhöhung – Betriebsausgabenabzug durch sachgerechte Erweiterung des Einlagentatbestands, in: StuW, 82. Jg. (2005), S. 71-80.

auch dann noch einen Wert besitzt, wenn der innere Wert gleich null ist. Erst am Ende der Laufzeit wird der Optionswert allein durch den inneren Wert bestimmt. Abbildung 18.1 verdeutlicht die Entwicklung der verschiedenen Wertkomponenten in Abhängigkeit vom Aktienkurs schematisch für eine positive und eine negative Kursentwicklung.

Anforderungen an Optionsbewertungsmodelle

Um Weiterentwicklungen auf dem Gebiet der Optionsbewertung jederzeit berücksichtigen zu können, legt sich das IASB nicht auf ein konkretes Bewertungsmodell fest. Es nennt jedoch die in jedem Fall zu berücksichtigenden Parameter. Hierzu zählen nach IFRS 2.B6 der Ausübungspreis, die Optionslaufzeit, der aktuelle Marktpreis der zugrunde liegenden Aktie, dessen erwartete Volatilität, die erwartete Dividendenrendite und der risikolose Zinsfuß. Diese Parameter sind unter Berücksichtigung der Besonderheiten von vergütungshalber gewährten Aktienoptionen zu schätzen. Weiterhin sind kapitalmarktbezogene Erfolgsziele, also insbesondere absolute und relative Kursziele, nach IFRS 2.21 bei der Bewertung zu berücksichtigen. Andere Ausgabebedingungen sind – wie bereits beschrieben – über die zunächst geschätzte und im Zeitablauf angepasste Anzahl der tatsächlich ausgegebenen Eigenkapitalinstrumente einzubeziehen.

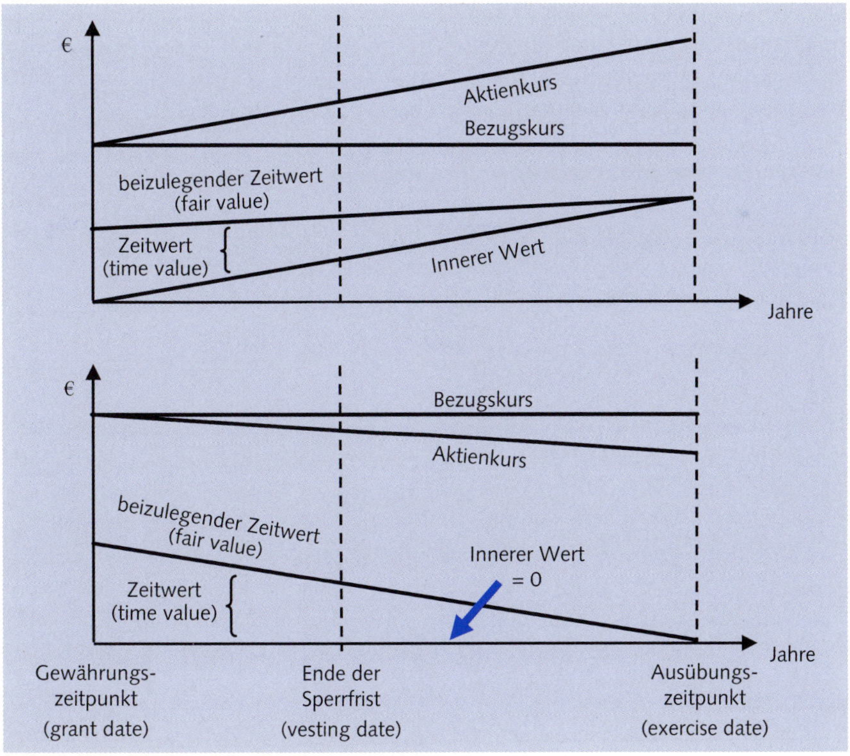

Abb. 18.1: Bewertung von Aktienoptionen

Bewertung zum inneren Wert in Ausnahmefällen

Nur ausnahmsweise darf von der Bewertung zum beizulegenden Zeitwert der Optionen abgewichen werden. Voraussetzung hierfür ist nach IFRS 2.24, dass das Unternehmen sich außer Stande sieht, den beizulegenden Zeitwert zuverlässig zu ermitteln. Ersatzweise sind die Optionen dann mit ihrem inneren Wert zu bewerten. Anders als bei der Bewertung zum beizulegenden Zeitwert ist die Bewertung zum inneren Wert bei Gewährung nicht endgültig. Veränderungen des inneren Werts im Zeitablauf sind in der jeweiligen Periode GuV-wirksam zu berücksichtigen. Die Bewertung zum inneren Wert ist dabei stetig bis zur Ausübung bzw. zum Verfallen der Optionen beizubehalten. Ein späterer Wechsel auf eine Bewertung zum beizulegenden Zeitwert ist nicht möglich. Insgesamt ist damit über die Laufzeit der Optionen ein Aufwand in Höhe des Ausübungsgewinns des Optionsinhabers zu verrechnen.

Ob die Vorschrift in IFRS 2.24 eine echte Erleichterung für die Unternehmen darstellt, kann bezweifelt werden. Zum einen wird die regelmäßige Anpassung der Bewertung häufig zu einer höheren Ergebnisvolatilität führen. Zum anderen dürfte sich die Schätzproblematik oft nur verlagern, da die betroffenen Unternehmen in den meisten Fällen nicht börsennotiert sind. Anstelle der einmaligen Schätzung des Optionswertes ist dann zu jedem Bilanzstichtag der Wert der den Optionen zugrunde liegenden Anteile zu schätzen, um den inneren Wert zu bestimmen. Insofern kann die Regelung als ein Versuch des IASB gewertet werden, die Unternehmen trotz der damit verbundenen Schwierigkeiten zu einer Bewertung zum beizulegenden Zeitwert bei Gewährung anzuhalten.

Exkurs

Bewertung von Mitarbeiter-Aktienoptionen

Bei der Bewertung von Optionen wird üblicherweise auf das Prinzip der Arbitragefreiheit abgestellt[6]. Der Wert einer Option muss hiernach dem Wert eines Wertpapier-Portfolios entsprechen, durch das die Rückflüsse der Option exakt nachgebildet werden. Weicht der Preis einer Option von dem so bestimmten Wert ab, besteht die Möglichkeit, risikolose Arbitragegewinne durch den Kauf (Verkauf) der Option und den gleichzeitigen Verkauf (Kauf) des Portfolios zu erzielen.

Black/Scholes-Modell

Das bekannteste auf diesem Prinzip basierende Bewertungsmodell ist das nach *Fischer Black* und *Myron Scholes* benannte Black/Scholes-Modell. Mit diesem Modell wurde Anfang der 1970er Jahre erstmals eine geschlossene Bewertungsgleichung für Optionen gefunden – eine Leistung für die *Scholes* und *Robert C. Merton*, der das ursprüngliche Modell um zahlreiche Facetten erweiterte, 1997 mit dem Wirtschaftsnobelpreis ausgezeichnet wurden[7]. Gerade die geschlossene Gleichungsform erweist sich aber als zu unflexibel, um die Besonderheiten von Mitarbeiter-Aktienoptionen adäquat zu berücksichti-

6 Einführend zur Optionsbewertung vgl. z.B. *Kruschwitz, L/Husmann, S.*, Finanzierung und Investition, 6. Aufl., München u.a. 2010, Kapitel 9; vertiefend vgl. z.B. *Hull, J.*, Optionen, Futures und andere Derivative, 7. Aufl., München 2009.

7 *Black* war zu diesem Zeitpunkt bereits verstorben. Zur Vergabe des Nobelpreises an *Scholes* und *Merton* vgl. http://www.nobel.se/economics/laureates/1997/press.html.

gen. Unter anderem kann die Möglichkeit einer frühzeitigen Ausübung nicht integriert werden, da die Black/Scholes-Formel auf der Annahme beruht, dass die Ausübung am Ende der Laufzeit erfolgt.

Lattice-Modelle

Größere Flexibilität im Umgang mit den Besonderheiten von Mitarbeiter-Aktienoptionen bieten Modelle, bei denen die zeitstetige Modellierung der Aktienkursbewegungen im Black/Scholes-Modell durch eine zeitdiskrete Modellierung ersetzt wird (Lattice-Modelle)[8]. Im Binomialmodell wird beispielsweise unterstellt, dass die Entwicklung des Aktienkurses innerhalb eines bestimmten Zeitraums nur zwei mögliche Ausprägungen annehmen kann. Durch die Aufteilung der Optionslaufzeit in sehr viele kurze Perioden kann auch hier eine realitätsnahe Verteilung von Aktienrenditen erreicht werden. Auf jede der beiden möglichen Ausprägungen am Ende einer Periode folgen dann zwei weitere mögliche Ausprägungen in der nächsten Periode. Abbildung 18.2 zeigt die Modellierung der Aktienkursentwicklung in einem Binomialmodell mit fünf Perioden.

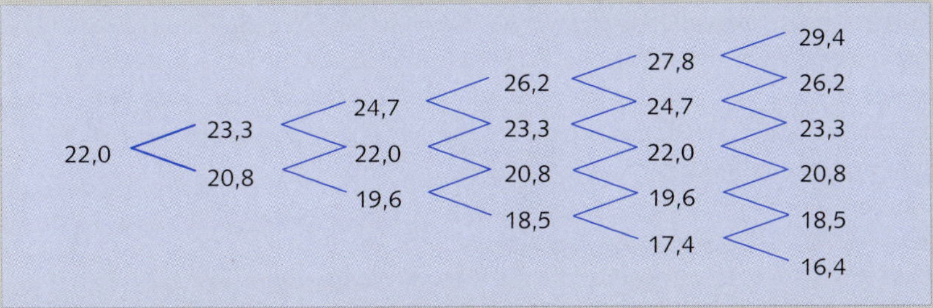

Abb. 18.2: Aktienkursentwicklung im Binomialmodell

Berücksichtigung von Besonderheiten

Der eigentliche Bewertungsvorgang erfolgt im Binomialmodell und in anderen Lattice-Modellen (z.B. Trinomialmodelle mit jeweils drei Ausprägungen pro Periode und Ausgangszustand) rekursiv. Zunächst werden die möglichen Ausübungsgewinne am Ende der Laufzeit bestimmt. Diese sind dann Eingabeparameter für die zustandsbedingten Werte zu Beginn der letzten Periode und so fort. Der gesamte Vorgang wird so in viele kleine Bewertungsprobleme mit nur zwei Zeitpunkten und zwei möglichen Umweltzuständen zerlegt, die jeweils nach dem Prinzip der Arbitragefreiheit zu lösen sind.

Durch das rekursive Vorgehen kann in jedem Zustand und zu jedem Zeitpunkt überprüft werden, ob sich eine frühzeitige Ausübung lohnt. Grundsätzlich kann dies immer nur dann passieren, wenn weiteres Abwarten mit Kosten verbunden ist (z.B. entgehende Dividenden oder ein im Zeitablauf steigender Bezugskurs). Lohnt sich die frühzeitige Ausübung, ist statt des Optionswerts der Ausübungsgewinn als Eingabeparameter für die nächste Bewertungsstufe

8 Die Bezeichnung „Lattice-Modelle" bezieht sich auf die an ein Gitter (im Englischen: Lattice) erinnernde grafische Darstellung zeitdiskreter Bewertungsmodelle in der Form eines Zustandsbaums.

zu verwenden. Darüber hinaus können in Lattice-Modellen auch die Ausübungsbedingungen von Periode zu Periode und auch zustandsbedingt variiert werden. Hierdurch gewinnen sie genügend Flexibilität zur Berücksichtigung der Besonderheiten von Mitarbeiter-Aktienoptionen.

Sperrfrist und Ausübungszeiträume

Die Laufzeit von Mitarbeiter-Aktienoptionen unterteilt sich üblicherweise in zwei Phasen: die Sperrfrist, während der die Optionen noch nicht ausgeübt werden dürfen, und den Ausübungszeitraum[9]. Darüber hinaus gibt es bei vielen Programmen weitere Zeiträume, in denen eine Ausübung nicht erlaubt ist, um die Ausnutzung von Insiderwissen zu vermeiden. Entweder wird zu diesem Zweck eine Ausübung zu bestimmten Zeiten untersagt (z.B. vier Wochen vor der Veröffentlichung von Quartalszahlen) oder es werden so genannte Ausübungsfenster festgelegt (z.B. vier Wochen nach der Veröffentlichung von Quartalszahlen).

Diesen Vorgaben entsprechend ist in Lattice-Modellen eine Bedingung einzuarbeiten, zu welchen Zeitpunkten eine frühzeitige Ausübung erlaubt ist. Soweit dies nicht der Fall ist, müssen generell die zustandsbedingten Optionswerte als Eingabeparameter für die nächste Bewertungsstufe verwendet werden. Können günstige Gelegenheiten zur frühzeitigen Ausübung nicht genutzt werden, sinkt der Optionswert bei Gewährung.

Kapitalmarktbezogene Erfolgsziele

Wie oben ausgeführt, sind kapitalmarktbezogene Erfolgsziele bei der Bewertung von Mitarbeiter-Aktienoptionen zu berücksichtigen. Der berechnete Optionswert sinkt hierdurch im Allgemeinen, da die Ausübung der Optionsrechte unwahrscheinlicher wird. Die Vorgehensweise zur Berücksichtigung von Erfolgszielen ist je nach Art des Ziels unterschiedlich komplex.

Im einfachsten Fall besteht das Erfolgsziel im Erreichen eines bestimmten Aktienkurses, der gleichzeitig auch der Bezugskurs ist. Da der Bezugskurs ein wichtiger Parameter der Optionsbewertung ist, wird ein solches Erfolgsziel automatisch berücksichtigt. Etwas komplexer ist der Fall, dass das Erreichen des Mindestkurses zwar eine Bedingung darstellt, der Bezugskurs aber niedriger liegt. Die Überprüfung der Bedingung und die Berechnung des möglichen Ausübungsgewinns stellen dann zwei separate Schritte dar.

Schwieriger ist die Berücksichtigung von relativen Erfolgszielen[10]. Hierbei ist nicht nur die mögliche Entwicklung des Aktienkurses, sondern auch die Entwicklung des Vergleichsindex zu modellieren. Dabei ist auch die Korrela-

---

9 Mitarbeiter-Aktienoptionen stellen somit eine Mischform aus europäischen (Ausübung nur am Ende der Laufzeit) und amerikanischen Optionen (Ausübung zu jedem Zeitpunkt während der Laufzeit) dar. Im Fachjargon werden solche Optionen – mit Referenz zur geografischen Lage der Inselgruppe – auch als Bermuda-Optionen bezeichnet.

10 Vgl. hierzu z.B. *Crasselt, N.*, Bewertung indexierter Mitarbeiter-Aktienoptionen im Binomialmodell, in: KoR, 5. Jg. (2005), S. 444-449.

tion der beiden Entwicklungen zu berücksichtigen. Weiterhin hängt der Bezugskurs häufig davon ab, wie viel besser als der Vergleichsindex sich die Aktie entwickelt hat. Der Bezugskurs ist dann für jeden Zeitpunkt und jeden Zustand und in Abhängigkeit von der erwarteten „Outperformance" festzulegen.

Erzwungene frühzeitige Ausübung bzw. Verfallen der Optionen bei Ausscheiden der Mitarbeiter

Nach IFRS 2.19 ist die Bedingung eines fortgesetzten Anstellungsverhältnisses während der Sperrfrist nicht bei der Bewertung der Optionen, sondern durch eine nachträgliche Anpassung der Anzahl der ausgegebenen Optionen zu berücksichtigen. Effekte, die sich aufgrund des Ausscheidens von Mitarbeitern nach Ende der Sperrfrist ergeben, sind hingegen in die Bewertung zu integrieren. Scheidet ein Mitarbeiter während der Ausübungsphase aus dem Unternehmen aus, muss er seine Aktienoptionen zumeist innerhalb eines kurzen Zeitraums ausüben. Hierdurch wird er gezwungen, den Zeitwert der Optionen aufzugeben. Wenn die Ausübung sich innerhalb des vorgegebenen Zeitraums überhaupt lohnt, kann er nur den inneren Wert realisieren. Lohnt sich die Ausübung nach seinem Ausscheiden nicht, verliert er ebenfalls den Zeitwert, der aber in diesem Fall den gesamten Optionswert ausmacht.

Die Auswirkung einer erzwungenen frühzeitigen Ausübung bzw. des Verfallens der Optionen bei Ausscheiden hängt davon ab, wie hoch die Quote der ausscheidenden Mitarbeiter eingeschätzt wird. Im Bewertungsmodell ist diese Quote dadurch zu berücksichtigen, dass mit einer gewissen Wahrscheinlichkeit auch dann von einer frühzeitigen Ausübung auszugehen ist, wenn diese aufgrund der berechneten Werte nicht lohnend erscheint. Dabei kann die erwartete Quote zustands- und zeitpunktsbedingt variiert werden, wenn z.B. davon ausgegangen wird, dass in einer Unternehmenskrise (und damit einhergehender schlechter Kursentwicklung) mehr Mitarbeiter ausscheiden als bei einer guten Unternehmensentwicklung.

Frühzeitige Ausübung aufgrund fehlender Handelbarkeit und eingeschränkten Möglichkeiten zur Risikodiversifikation

Eine wichtige Eigenschaft von Mitarbeiter-Aktienoptionen ist, dass sie nicht handelbar sind. Hierdurch soll erreicht werden, dass sich die Mitarbeiter des ihnen aufgebürdeten Vergütungsrisikos nicht einfach durch Verkauf der Optionen entledigen. Unwahrscheinlich ist auch, dass es den Mitarbeitern gelingt, das Risiko durch Geschäfte mit anderen Wertpapieren abzusichern. Hiergegen sprechen vor allem die sehr lange Laufzeit, die speziellen Ausgestaltungsmerkmale sowie die hohen Transaktionskosten.

Die fehlende Handelbarkeit kann sich auf das Ausübungsverhalten der Mitarbeiter auswirken. Anders als Besitzer von gehandelten Optionsrechten können sie ihr in Optionen gebundenes Vermögen nicht durch Verkauf in Liquidität umwandeln. Die einzige Möglichkeit, an liquide Mittel aus der Optionsvergütung zu kommen, liegt in der Ausübung. In diesem Effekt wird eine Erklärung für die empirische Beobachtung gesehen, dass Mitarbeiter-Optionen deutlich früher ausgeübt werden als von der Theorie vorausgesagt. Ein weiterer Grund hierfür kann auch in der fehlenden Möglichkeit zur effizienten Risikodiversifikation gesehen werden, die ebenfalls durch die speziellen Merkmale der Optionen und hohe Transaktionskosten bedingt ist. Eine ineffiziente Risikodiversifikation führt bei Risikoaversion zu einer niedrigeren Bewertung der Optionen aus Mitarbeitersicht. Dementsprechend wird die frühzeitige Ausübung für sie tendenziell attraktiver.

Die Reaktionen der Mitarbeiter auf die fehlende Handelbarkeit und die fehlenden Diversifikationsmöglichkeiten wirken sich auch auf die Bewertung von Mitarbeiter-Aktienoptionen aus Unternehmens- bzw. Aktionärssicht aus. Gegenüber dem Referenzfall ohne Handelsbeschränkungen sinkt der Optionswert. Um dies zu berücksichtigen, schlägt das IASB vor, die Laufzeit der Optionen durch die erwartete Haltedauer zu ersetzen (IFRS 2.B17). Von wissenschaftlicher Seite wird hingegen alternativ vorgeschlagen, eine Auslöseschwelle in das Bewertungsmodell einzubauen, bei deren Überschreiten es zur frühzeitigen Ausübung kommt[11]. Empirische Untersuchungen deuten darauf hin, dass diese Schwelle für eine sonst nicht begründbare frühzeitige Ausübung zwischen dem Doppelten und dem Dreifachen des Bezugskurses liegt.

3 Virtuelle Eigenkapitalinstrumente

3.1 Ausgestaltungsvarianten

Gestaltungsparameter bei virtuellen Eigenkapitalinstrumenten

Beim Einsatz virtueller Eigenkapitalinstrumente werden die finanziellen Konsequenzen ihrer echten Pendants aus Sicht der Empfänger durch Auszahlungen des Unternehmens nachgebildet. So erhalten die Mitarbeiter bei der Ausgabe virtueller Aktienoptionen das Recht, zu einem bestimmten Zeitpunkt oder innerhalb eines bestimmten Zeitraums eine Zahlung des Unternehmens zu verlangen, deren Höhe sich an der Differenz zwischen dem aktuellen Aktienkurs und dem im Voraus festgelegten Bezugskurs orientiert. Anders als für echte Aktienoptionen gibt es für virtuelle Aktienoptionen keine gesetzlichen Vorgaben. Jedoch orientieren sich die meisten Unternehmen an den Vorgaben für echte Aktienoptionen. Durch virtuelle Aktien werden die finanziellen Konsequenzen einer verbilligten Aktiengewährung nachgebildet. Hierzu ist es prinzipiell notwendig, dass die Mitarbeiter zunächst selbst eine Einlage leisten. Solche Vereinbarungen sind in der Praxis allerdings nur selten anzutreffen. Wird auf eine Einlage und damit auf die Möglichkeit einer vollständigen Verlustbeteiligung verzichtet, verschwimmen die Grenzen zwischen virtuellen Aktien und Aktienoptionen.

11 Vgl. *Hull, J./White, A.*, How to value employee stock options, in: Financial Analysts Journal, Vol. 60 (2004), Heft 1, S. 114-119.

Vor- und Nachteile

Aus Sicht der Mitarbeiter ist es in aller Regel unerheblich, ob sie mit echten oder virtuellen Aktienoptionen vergütet werden. Dies gilt insbesondere in Deutschland, wo in beiden Fällen der gesamte Ausübungsgewinn der individuellen Einkommensteuer der Mitarbeiter unterliegt. Aus Unternehmenssicht bestehen hingegen mehrere Unterschiede. Der wesentliche Nachteil virtueller Aktienoptionen ist, dass sie zu einem Liquiditätsabfluss in Höhe des Ausübungsgewinns führen, während bei echten Aktienoptionen mit der Ausübung ein Kapitalzufluss stattfindet. Stammen die Aktien aus einer Kapitalerhöhung steht diesem Zufluss kein Liquiditätsabfluss gegenüber. Wesentlicher Vorteil virtueller Aktienoptionen für deutsche Unternehmen ist, dass in Höhe der tatsächlich gezahlten Vergütung unstrittig eine Betriebsausgabe geltend gemacht werden kann. Ein weiterer Aspekt ist der Einfluss auf die Aktionärsstruktur. Anders als bei echten Aktienoptionen besteht bei virtuellen Aktienoptionen keine Gefahr, dass Mehrheitsverhältnisse beeinflusst werden. Schließlich sind die rechtlichen Anforderungen an virtuelle Aktienoptionspläne geringer. Insbesondere wird zu ihrer Verabschiedung kein Hauptversammlungsbeschluss benötigt. Während dies aus Unternehmenssicht einen Vorteil darstellen kann, ist die fehlende Einflussmöglichkeit aus Sicht der Aktionäre als Nachteil zu werten.

3.2 Bilanzansatz

Geringere Komplexität, da Eigenkapital nicht berührt

Die bilanzielle Abbildung von virtuellen Eigenkapitalinstrumenten ist weniger komplex, da die Entgeltempfänger hier nicht in die Position eines aktuellen oder potentiellen Gesellschafters gelangen. Folglich kommt es zu keinen gesamtergebnisneutralen Buchungen im Eigenkapital. Stattdessen ist die unsichere Zahlungsverpflichtung des Unternehmens gegenüber den Entgeltempfängern gemäß IFRS 2.7 durch eine Rückstellung zu erfassen. Dienen die virtuellen Eigenkapitalinstrumente als Entgelt für Güter oder bereits erbrachte Dienst- bzw. Arbeitsleistungen, ist die Rückstellung ab dem Zeitpunkt der Gewährung in voller Höhe anzusetzen. Wenn das Unternehmen einen aktivierungsfähigen Vermögenswert erwirbt, ist gleichzeitig ein Aktivposten in Höhe des beizulegenden Werts zu bilden. Anderenfalls ist ein Aufwand in gleicher Höhe zu buchen. Dienen die virtuellen Eigenkapitalinstrumente als Entgelt für zukünftige Dienst- oder Arbeitsleistungen, soll die Rückstellung nach IFRS 2.32 ratierlich aufgebaut und erst dann in voller Höhe angesetzt werden, wenn die Arbeitsleistungen als vollständig erbracht anzusehen sind. Der Leistungszeitraum ist dabei nach den gleichen Prinzipien festzulegen wie beim Einsatz echter Eigenkapitalinstrumente.

Latente Steuern

Eine Verpflichtung aufgrund virtueller Eigenkapitalinstrumente führt nicht nur zum Ansatz einer Rückstellung, sondern bei abweichender steuerlicher Behandlung auch zum Ansatz latenter Steuern. Anders als bei echten Eigenkapitalinstrumenten sind die latenten Steuern hier unmittelbar aus der Bilanz über Bewertungsdifferenzen bei der Rückstellung zu begründen. Je nach Art der Bewertungsdifferenz kann es sich um aktive oder passive latente Steuern handeln.

3.3 Bilanzbewertung

Bewertung der Verbindlichkeit zum beizulegenden Zeitwert

Für den Einsatz virtueller Eigenkapitalinstrumente sieht IFRS 2.30 keine direkte Bewertung der vom Unternehmen empfangenen Güter oder Dienstleistungen vor. Vielmehr soll deren Wert generell indirekt über den beizulegenden Zeitwert der unsicheren Zahlungsverpflichtung bestimmt werden. Da die hierbei zugrunde liegenden erwarteten Auszahlungen des Unternehmens unmittelbar durch die Wertentwicklung der Unternehmensanteile determiniert werden, sind für die Bewertung die gleichen Methoden heranzuziehen wie für echte Eigenkapitalinstrumente. Eine Besonderheit besteht jedoch darin, dass die Bewertung nicht einmalig zum Gewährungszeitpunkt erfolgt, sondern während der Laufzeit zu jedem Bilanzstichtag aktualisiert werden muss. Die Rückstellung ist jeweils GuV-wirksam an die veränderte Bewertung anzupassen.

Zur Veranschaulichung sei das folgende Beispiel betrachtet, das an das obige Beispiel zur Mitarbeitervergütung mit echten Aktienoptionen angelehnt ist.

Beispiel 18.6

Zwanzig Manager erhalten als Teil ihrer variablen Vergütung jeweils 300 virtuelle Aktienoptionen mit einem beizulegenden Zeitwert bei Gewährung von 8 € pro Option. Jede Option verbrieft das Recht, die Differenz zwischen dem Aktienkurs bei Ausübung und dem Bezugskurs von 100 € ausbezahlt zu bekommen. Um die virtuellen Aktienoptionen ausüben zu dürfen, müssen die Manager zwei weitere Jahre im Unternehmen verbleiben. Bei Gewährung wird davon ausgegangen, dass fünf Manager (25 %) die Bedingung nicht erfüllen werden. Am Ende des ersten Jahres wird diese Annahme aufrechterhalten. Am Ende des zweiten Jahres stellt sich jedoch heraus, dass tatsächlich nur drei Manager das Unternehmen verlassen haben.

Aufgrund einer günstigen Aktienkursentwicklung steigt der Wert der virtuellen Optionen im Laufe des ersten Jahres auf 12 € und bis zum Ende der zweijährigen Sperrfrist auf 14 €. Am Ende des dritten Jahres beträgt er hingegen nur noch 11 €.

Innerhalb des dritten Jahres üben acht Manager ihre virtuellen Optionen aus. Der Aktienkurs beträgt bei der Ausübung 106 €. Dementsprechend wird für jedes Optionsrecht eine Zahlung von 6 € fällig.

Zum Zeitpunkt der Gewährung ist nach IFRS 2 noch keine Buchung vorzunehmen, da ein schwebendes Geschäft vorliegt. In den folgenden Jahren ist jeweils eine Rückstellung zu bilden:

Erstes Jahr

Am Ende des ersten Jahres ist die Hälfte des Leistungszeitraums verstrichen, so dass eine Rückstellung in halber Höhe des aktuellen Werts der Zahlungsverpflichtung von (15 · 300 · 12 =) 54.000 € zu bilden ist. Die Gegenbuchung erfolgt im Personalaufwand:

Personalaufwand *an* *Rückstellung* *27.000 €*

Der aktuelle Wert der Verpflichtung basiert auf dem aktuellen beizulegenden Zeitwert der Optionsrechte, also 12 €. Außerdem ist zu berücksichtigen, dass das Ausscheiden von insgesamt fünf der zwanzig Manager erwartet wird.

Zweites Jahr
Am Ende des zweiten Jahres ist der Leistungszeitraum beendet. Die Rückstellung ist deshalb in voller Höhe zu bilden. Ausgangspunkt der Bewertung ist wiederum der beizulegende Zeitwert der Optionsrechte, jetzt also 14 €. Außerdem ist die Rückstellung an die tatsächliche Ausfallquote von 15 % anzupassen. Sie muss dementsprechend um 44.400 € auf (17 · 300 · 14 =) 71.400 € erhöht werden:

Personalaufwand	*an*	*Rückstellung*	*44.400 €*

Durch den gestiegenen Optionswert und die Revision der Ausfallquote ist die Belastung im zweiten Jahr deutlich höher als im ersten Jahr.

Drittes Jahr
Auch am Ende des dritten Jahres ist die Rückstellung in Höhe des aktuellen Werts der Zahlungsverpflichtung zu bilden. Der Rückstellungsbetrag ist aber gegenüber dem Vorjahr aufgrund von zwei Effekten zu modifizieren. Zum einen sind insgesamt (8 · 300 =) 2.400 Optionsrechte ausgeübt worden. Zum anderen ist der beizulegende Zeitwert der Optionen auf 11 € gefallen. Die Rückstellung ist also nur noch in Höhe von (9 · 300 · 11 =) 29.700 € zu bilden. Die Differenz gegenüber dem Vorjahr in Höhe von 41.700 € verteilt sich auf eine gesamtergebnisneutrale und eine GuV-wirksame Gegenbuchung. Gesamtergebnisneutral ist der mit der Optionsausübung verbundenen Kassenabflusses von (2.400 · 6 =) 14.400 € zu erfassen. Der verbleibende Betrag ist als sonstiger betrieblicher Ertrag auszuweisen:

Rückstellung	*41.700 €*	*an*	*Kasse*	*14.400 €*
			sonst. betriebl. Ertrag	*27.300 €*

Der sonstige betriebliche Ertrag setzt sich aus zwei Komponenten zusammen. Erstens kommt darin die Verringerung der Rückstellung aufgrund des um 3 € auf 11 € gesunkenen Optionswerts zum Ausdruck (17 · 300 · 3 = 15.300 €). Zweitens musste für jede der 2.400 ausgeübten Optionen nur eine Zahlung in Höhe des inneren Werts von 6 € geleistet werden. Der von den Managern aufgegebene Zeitwert beträgt insgesamt (2.400 · (11 - 6) =) 12.000 €.

Weitere Jahre
In den weiteren Jahren der Laufzeit ist die Rückstellung wie im dritten Jahr an die Anzahl der noch nicht ausgeübten virtuellen Optionsrechte und deren aktuellen Wert anzupassen.

Höhere Volatilität des Personalaufwands

Wie das Beispiel verdeutlicht, unterscheiden sich die GuV-Wirkungen von echten und virtuellen Aktienoptionen durch die regelmäßige Anpassung der Bewertung erheblich. Während bei echten Aktienoptionen die Höhe des pro Optionsrecht zu verrechnenden Aufwands zum Zeitpunkt der Gewährung determiniert wird, ist bei virtuellen Aktienoptionen letztlich der Ausübungsgewinn des Mitarbeiters aufwandswirksam. Je nach Marktentwicklung kann der Ausübungsgewinn höher oder niedriger ausfallen als der beizulegende Zeitwert der Optionen bei Gewährung. Folglich erhöht sich beim Einsatz virtueller Aktienoptionen die Ergebnisvolatilität.

Separater Ausweis von Personal- und Finanzierungsaufwand

Um die GuV-Wirkungen von echten und virtuellen Aktienoptionen besser vergleichen zu können, bietet sich ein separater Ausweis folgender Aufwandskomponenten an:

- Der Teil der Aufwendungen, der bei einem vergleichbar ausgestalteten echten Aktienoptionsplan über den Leistungszeitraum als Personalaufwand anzusetzen wäre.
- Der verbleibende Teil der Aufwendungen, der durch die Wahl eines virtuellen anstatt eines echten Aktienoptionsplans begründet ist und insofern als Finanzierungsaufwand klassifiziert werden kann.

Während der Standardentwurf zu IFRS 2 eine solche Aufteilung noch als verpflichtende Angabe gefordert hatte, wird sie wird im endgültigen Standard nur noch als eine mögliche Zusatzangabe genannt (IFRS 2.BC252-BC255).

4 Kombinationsmodelle

Abgrenzungskriterium: Vorliegen einer Zahlungsverpflichtung

Für den in der Praxis häufig vorzufindenden kombinierten Einsatz von echten und virtuellen Eigenkapitalinstrumenten hat das IASB mit IFRS 2.34-43 differenzierte Regeln aufgestellt, die als Unterscheidungskriterium auf das Vorliegen einer Zahlungsverpflichtung des Unternehmens abstellen. Von einer Zahlungsverpflichtung ist insbesondere dann auszugehen, wenn der Entgeltempfänger die Art der Inanspruchnahme wählen darf. Liegt das Wahlrecht demgegenüber beim Unternehmen, ist nur unter bestimmten Bedingungen vom Vorliegen einer Zahlungsverpflichtung auszugehen. Beispielsweise ist dies der Fall, wenn das Wahlrecht aufgrund von gesellschaftsrechtlichen Restriktionen faktisch nicht zugunsten der Eigenkapitalvariante ausgeübt werden kann oder wenn das Unternehmen in der Vergangenheit regelmäßig die Barvariante gewählt hat.

In Abhängigkeit davon, ob von einer Zahlungsverpflichtung auszugehen ist, sind Kombinationsmodelle wie folgt zu bilanzieren:

- Ist von einer Zahlungsverpflichtung auszugehen, gelten die Regeln für virtuelle Eigenkapitalinstrumente. Wird später dennoch die Eigenkapitalvariante in Anspruch genommen, ist die Rückstellung zum Ausübungszeitpunkt neu zu bewerten und gesamtergebnisneutral in das Eigenkapital umzubuchen. Die Inanspruchnahme der Eigenkapitalvariante wird somit als die Ausgabe eines Eigenkapitalinstruments zum Zeitpunkt der Wahlrechtsausübung interpretiert.

- Ist nicht von einer Zahlungsverpflichtung auszugehen, gelten die Regeln für echte Eigenkapitalinstrumente. Entscheidet sich das Unternehmen letztlich doch für eine Barzahlung an die Entgeltempfänger, ist dies als Rückkauf von Eigenkapitalinstrumenten zu werten. Entsprechend ist der ausgezahlte Betrag gesamtergebnisneutral vom Eigenkapital abzuziehen.

Zur Veranschaulichung sei folgendes Beispiel betrachtet, das an die beiden Beispiele zu echten und virtuellen Aktienoptionen anknüpft.

Beispiel 18.7

Zwanzig Manager erhalten als Teil ihrer variablen Vergütung jeweils 300 Optionsrechte aus einem Kombinationsplan. Der beizulegende Zeitwert jedes Optionsrechts beträgt bei Gewährung 8 €. Es sind zwei Fälle zu unterscheiden. Im ersten Fall können die Manager bei der Ausübung wählen, ob sie Aktien beziehen oder eine äquivalente Barvergütung erhalten. Folglich ist von einer Zahlungsverpflichtung auszugehen. Im zweiten Fall hat das Unternehmen das Wahlrecht und es gibt auch keine anderen Anhaltspunkte dafür, dass eine Zahlungsverpflichtung vorliegt.

Erster Fall: Eine Zahlungsverpflichtung liegt vor
Im ersten und zweiten Jahr ist genauso zu buchen wie in dem obigen Beispiel zu virtuellen Aktienoptionen. Wenn die Manager bei der Ausübung im dritten Jahr die Barvergütung wählen, ändert sich auch die Buchung im dritten Jahr nicht. Entscheiden sich die Manager im dritten Jahr hingegen für den Bezug von Aktien, ist demgegenüber wie folgt zu buchen:

Rückstellung	*41.700 €*			
Kasse	*240.000 €*	*an*	*Gezeichnetes Kapital*	*2.400 €*
			Kapitalrücklage	*252.000 €*
			sonst. betriebl. Ertrag	*27.300 €*

Wie zuvor ist die Rückstellung um 41.700 € zu verringern, um sie an den aktuellen Wert von 29.700 € anzupassen. Ebenfalls wie zuvor entsteht ein sonstiger betrieblicher Ertrag von 27.300 €, der sich aus den gleichen Komponenten wie oben zusammensetzt. Anders als zuvor kommt es jetzt jedoch nicht zu einem Kassenabfluss. Stattdessen erhält das Unternehmen liquide Mittel in Höhe von (2.400 · 100 =) 240.000 €. Dieser Betrag ist zusammen mit dem auf die ausgeübten Optionen entfallenen Teil der Rückstellung im Eigenkapital gegenzubuchen. Der Betrag von insgesamt (240.000 + 14.400 =) 254.400 € verteilt sich entsprechend dem Nennwert und dem darüber hinaus gehenden Teil auf das Gezeichnete Kapital und die Kapitalrücklage.

Zweiter Fall: Eine Zahlungsverpflichtung liegt nicht vor
Wie im obigen Beispiel zu echten Aktienoptionen ist im ersten Jahr ein Personalaufwand von 18.000 € und im zweiten Jahr von 22.800 € zu buchen. Gleichzeitig ist das Eigenkapital entsprechend zu erhöhen. Entscheidet sich das Unternehmen, bei der Ausübung von 2.400 Optionen im dritten Jahr Aktien auszugeben, ist der Zufluss von 240.000 € wie folgt zu erfassen:

Kasse	*240.000 €*	*an*	*Gezeichnetes Kapital*	*2.400 €*
			Kapitalrücklage	*237.600 €*

Entscheidet sich das Unternehmen hingegen für eine Barvergütung, ist folgende Buchung vorzunehmen:

Kapitalrücklage	*14.400 €*	*an*	*Kasse*	*14.400 €*

Eine Anpassung des Gewinns oder Verlusts ist aufgrund der Wertung als Rückkauf von Eigenkapitalinstrumenten nicht notwendig.

Über die hier dargestellten Vorschriften hinaus sieht IFRS 2 auch Regeln für solche Kombinationspläne vor, bei denen sich die Werte der Eigenkapital- und der Barvariante unterscheiden. Wenn das Wahlrecht bei den Empfängern liegt, ist in solchen Fällen von einem strukturierten Finanzinstrument auszugehen, das in eine Eigen- und in eine Fremdkapitalkomponente aufzuteilen ist. Da solche Kombinationsmodelle zumindest in der deutschen Unternehmenspraxis bislang kaum vorzufinden sind, soll auf diese Regelungen aber hier nicht näher eingegangen werden.

5 Anhangangaben

Umfangreiche Angabepflichten

Die Darstellung in Bilanz und Gesamtergebnisrechnung ist durch umfangreiche Anhangangaben zu ergänzen. Nach IFRS 2.44 sollen Informationen veröffentlicht werden, die es dem Jahresabschlussleser ermöglichen, die Art und das Ausmaß der für die Berichtsperiode relevanten anteilsbasierten Entgeltvereinbarungen zu verstehen. Nach IFRS 2.46 sollen darüber hinaus Informationen veröffentlicht werden, durch die die im Zusammenhang mit solchen Entgelten vorgenommene Bewertung von Gütern und Dienstleistungen bzw. der gewährten Eigenkapitalinstrumente transparent wird. Nach IFRS 2.50 sollen schließlich die Auswirkungen anteilsbasierter Vergütungen auf die Ertrags- und Finanzlage des Unternehmens verdeutlicht werden.

Angaben über Art und Ausmaß relevanter Transaktionen

Das IASB konkretisiert diese drei Grundsätze durch umfangreiche Mindestanforderungen an die Publizität der Unternehmen. Im Hinblick auf den ersten Grundsatz sind nach IFRS 2.45 insbesondere folgende Angaben zu machen:

- Eine allgemeine Beschreibung aller während der Periode existierenden anteilsbasierten Vergütungsvereinbarungen. Hierbei ist auf alle wesentlichen

Merkmale (z.B. Bezugskurs, Erfolgsziele, Sperrfrist, Laufzeit, Durchführungsform) einzugehen.

- Die Anzahl und der gewichtete durchschnittliche Bezugskurs von echten Aktienoptionen getrennt nach folgenden Gruppen:
  - zu Beginn der Periode ausstehende Aktienoptionen;
  - während der Periode gewährte Aktienoptionen;
  - während der Periode aufgrund nicht erfüllter Ausübungsbedingungen erloschene Aktienoptionen;
  - während der Periode ausgeübte Aktienoptionen;
  - während der Periode am Ende ihrer Laufzeit verfallene Aktienoptionen;
  - am Ende der Periode ausstehende Aktienoptionen; und
  - am Ende der Periode ausübbare Aktienoptionen.
- Für alle in der Periode ausgeübten Aktienoptionen der mittlere Aktienkurs am Tag der Ausübung.
- Die Bandbreite der Bezugskurse und die mittlere verbleibende Laufzeit der am Ende der Periode noch ausstehenden Aktienoptionen.

Angaben zur Bewertung

Hinsichtlich des zweiten Grundsatzes sind nach IFRS 2.47-49 insbesondere folgende Angaben zu machen:

- Der durchschnittliche beizulegende Zeitwert aller Eigenkapitalinstrumente, die in der Periode anstelle von Gütern oder Dienstleistungen bewertet wurden. Diese Angabe muss getrennt für Aktien und Aktienoptionen erfolgen.
- Detaillierte Informationen über die eingesetzten Bewertungsmodelle und die dabei verwendeten Eingabeparameter.
- Die Vorgehensweise bei der direkten Bewertung von Gütern oder Dienstleistungen, die das Unternehmen aufgrund von anteilsbasierten Vergütungen während der Periode empfangen hat.
- Falls empfangene Güter oder Dienstleistungen indirekt über den Wert der Eigenkapitalinstrumente bewertet wurden, ist zu begründen, warum eine direkte Bewertung nicht möglich war.

Angaben zu den Auswirkungen auf Ertrags- und Finanzlage

Zur Konkretisierung des dritten Grundsatzes schreibt IFRS 2.51 vor allem folgende Angaben vor:

- Der Gesamtaufwand, der aufgrund von anteilsbasierten Vergütungen angesetzt wurde, bei denen die erhaltene Gegenleistung keinen aktivierbaren Vermögenswert dargestellt hat. Dabei ist der Anteil der Transaktionen, bei denen echte Eigenkapitalinstrumente zum Einsatz kamen, separat aufzuführen.
- Der Gesamtbetrag, der am Ende der Periode aufgrund von anteilsbasierten Vergütungen als Rückstellung angesetzt wurde.
- Der Teilbetrag der Rückstellung, der dem inneren Wert von bereits ausübbaren virtuellen Optionsrechten entspricht.

Wenn die in IFRS 2.44, 2.46 und 2.50 formulierten Grundsätze durch die Mindestangaben nicht ausreichend erfüllt werden, sollen die Unternehmen gemäß IFRS 2.52 nach Bedarf weitere Angaben machen.

6 Wesentliche Unterschiede zum IFRS for SMEs

Nach den IFRS for SMEs (Abschnitt 26) ist die Bilanzierung anteilsbasierter Vergütungen weitgehend identisch mit IFRS 2 geregelt. Erleichterungen finden sich insbesondere bei folgenden Punkten:

- Transaktionen mit Erfüllungswahlrecht (Kombinationsmodelle) sollen im Regelfall wie eine Transaktion mit Barausgleich bilanziert werden. Eine Aufteilung in Eigen- und Fremdkapitalkomponenten ist nicht notwendig.
- Wenn Marktdaten für die Objektivierung des beizulegenden Zeitwerts fehlen, dürfen bestmögliche Schätzungen der Unternehmensleitung als Eingabeparameter verwendet werden.
- Die geforderten Anhangangaben sind deutlich weniger detailliert.

7 Wesentliche Unterschiede zum HGB

Keine explizite Regelung nach HGB

Nach deutschem Recht existiert mit § 272 Abs. 2 HGB eine Vorschrift zur Bilanzierung von Transaktionen, bei denen Aktien und Aktienoptionen als Entgelt ausgegeben werden. Deren Anwendung ist jedoch nur dann unstrittig, wenn das Unternehmen aktivierungsfähige Vermögensgegenstände erwirbt. Für solche Transaktionen führt § 272 Abs. 2 HGB zum gleichen Ergebnis wie IFRS 2. Beim Einsatz von echten Eigenkapitalinstrumenten zur Mitarbeitervergütung wird die Anwendbarkeit von § 272 Abs. 2 HGB hingegen vielfach bezweifelt. Dementsprechend ist die bilanzielle Behandlung solcher Transaktionen aus den Grundsätzen ordnungsmäßiger Buchführung (GoB) abzuleiten. Hier prallen bisher verschiedene Meinungen aufeinander, ohne dass sich bislang eine eindeutig herrschende Meinung herausgebildet hat[12]:

Ansatz echter Aktienoptionen

- Mehrfach wird aus den Zielen des handelsrechtlichen Jahresabschlusses eine Vorgehensweise abgeleitet, die weitgehend mit IFRS 2 übereinstimmt. Diese Sichtweise liegt u.a. dem 2001 veröffentlichten Standardentwurf E-DRS 11 zugrunde, der auch vom IDW positiv gewertet und unterstützt wurde. Jedoch ist der Entwurf nie in einen endgültigen Standard überführt worden.
- Häufig wird jedoch die Meinung vertreten, die Gewährung von echten Aktienoptionen könne gar nicht zu einem Aufwand führen, da die Leistungssphäre des Unternehmens nicht berührt werde. Dementsprechend wird auch die Buchung einer korrespondierenden Einlage abgelehnt. Bilanziell zu erfassen ist nach dieser Auffassung lediglich der Kassenzufluss bei der Optionsausübung.

---

12 Für einen Überblick über die verschiedenen Positionen mit weiteren Literaturhinweisen vgl. *Pellens, B./Crasselt, N.*, Bilanzierung von Stock Options: Status quo und aktuelle Entwicklungen, in: Küting, K./Weber, C.-P. (Hrsg.), Vom Financial Accounting zum Business Reporting: Kapitalmarktorientierte Rechnungslegung und integrierte Unternehmenssteuerung, Stuttgart 2002, S. 147-171, hier S. 155 f.

- Vereinzelt wird argumentiert, für noch ausstehende echte Aktienoptionen sei eine Rückstellung in Höhe des jeweils aktuellen inneren Werts zu bilden. Erst bei Ausübung solle eine Umbuchung ins Eigenkapital erfolgen.

Wird der ersten Meinung gefolgt, ergeben sich Unterschiede nur bei Detailfragen wie z.B. der Aufwandsverteilung über den Leistungszeitraum. Die zweite Auffassung steht hingegen im krassen Gegensatz zu IFRS 2. Das IASB diskutiert diese Position in der Begründung zu IFRS 2 und lehnt sie mit dem Argument ab, dass die Arbeitsleistungen sehr wohl dem Unternehmen zugute kommen (IFRS 2.BC35). Die dritte Position steht grundsätzlich mit dem Gedanken in Einklang, dass anteilsbasierte Mitarbeitervergütungen zu Aufwendungen führen. Jedoch werden noch nicht ausgeübte Aktienoptionen dem Fremd- und nicht dem Eigenkapital zugeordnet. Auch das IASB hat diesen Ansatz abgelehnt, da eine solche Zuordnung zum Fremdkapital nicht mit dem Rahmenkonzept vereinbar ist (IFRS 2.BC98, 2.BC113-118).

Bewertung von Rückstellungen für virtuelle Aktienoptionen

Unterschiedliche Meinungen existieren auch zur Frage der Bewertung der Rückstellungen im Zusammenhang mit virtuellen Aktienoptionen[13]. Hier wird u.a. vom DSR in E-DRS 11 und vom IDW die Meinung vertreten, die Bewertung solle wie nach IFRS 2 zum zeitanteiligen beizulegenden Zeitwert erfolgen. Dem steht die Meinung gegenüber, dass die Bewertung fortlaufend zum möglichen Ausübungsgewinn zum Bewertungszeitpunkt, also dem inneren Wert, erfolgen soll („Ausübungshypothese"). Dies soll unabhängig davon gelten, ob die Optionen tatsächlich bereits ausgeübt werden dürfen. Somit wäre auch bereits während des Leistungszeitraums der volle innere Wert anzusetzen.

8 Wesentliche Unterschiede zu US-GAAP

Bewertungswahlrecht in alter Regelung

Die Bilanzierung von Aktienoptionsplänen und ähnlichen Entgeltformen nach US-GAAP ist in der Vergangenheit höchst kontrovers diskutiert worden. Bereits 1993 hat das FASB einen Standardentwurf vorgelegt, der weitgehend mit dem Inhalt des heute gültigen IFRS 2 übereinstimmte. Starker politischer Druck zwang das FASB allerdings dazu, den 1995 veröffentlichten SFAS 123 „Accounting for Stock-based Compensation" mit einem Bewertungswahlrecht zu versehen[14]. Durch die Bewertung von Aktienoptionen zum inneren Wert bei Gewährung konnten die Unternehmen zumeist Aufwandsbuchungen vermeiden.

---

13 Zum Vergleich der im Folgenden skizzierten Methoden vgl. *Pellens, B./Crasselt, N.*, Virtuelle Aktienoptionsprogramme im Jahresabschluß, in: WPg, 52. Jg. (1999), S. 765-772.

14 Zum Entstehungsprozess der 1995er Fassung von SFAS 123 vgl. *Zeff, S.*, Playing the congressional card on employee stock options, in: Cooke, T.E./Nobes, C. (Hrsg.), The Development of Accounting in an International Context, London 1997, S. 177-192. Detailliert zu den Regelungen der alten Fassung vgl. *Pellens, B./Crasselt, N.*, Bilanzierung von Stock Options, in: DB, 51. Jg. (1998), S. 217-223.

Angleichung an IFRS 2

Das FASB hat 1995 keinen Hehl daraus gemacht, dass es die von den Unternehmen erzwungene Kompromisslösung nur mit Widerwillen verabschiedet hat. Insofern ist es wenig überraschend, dass es die Initiative des IASB zum Anlass genommen hat, sich selbst wieder mit dem Thema zu beschäftigen. In der Folge hat das FASB Ende 2004 eine überarbeitete Fassung des Standards verabschiedet, der nun wie IFRS 2 die Bezeichnung „Share-based Payment" trägt (SFAS 123R / ASC 718) und auch inhaltlich bis auf wenige Details mit den IFRS-Regelungen übereinstimmt. Die wichtigsten noch verbleibenden Unterschiede wurden vom FASB in SFAS 123R.B259-269 aufgeführt. Da es sich hierbei durchweg um Detailfragen mit geringer Anwendungsrelevanz handelt, soll an dieser Stelle nicht weiter darauf eingegangen werden.

Ausgewählte Literatur

Crasselt, N./Pellens, B., Abschnitt 26: Anteilsbasierte Vergütung (Share-based Payment), in: Bruns, H.-G. et al. (Hrsg.), IFRS for SMEs – Kommentar zur Rechnungslegung nach IFRS für nicht kapitalmarktorientierte Unternehmen, Stuttgart 2010, S. 565-576.

Küting, K./Dürr, U., IFRS 2 Share-based Payment – ein Schritt zur weltweiten Konvergenz?, in: WPg, 57. Jg. (2004), S. 609-620.

Pellens, B./Crasselt, N., Exkurs: Bilanzierung von Aktienoptionsplänen, in: Baetge, J./Kirsch, H.-J./Thiele, S. (Hrsg.), Bilanzrecht, Bonn/Berlin, 14. Aktualisierung 2006, § 272, Rz. 801-921.

Rossmanith, J./Funk, W./Alber, M., Stock Options – Neue Bilanzierungs- und Bewertungsansätze nach IFRS 2 und SFAS 123 (R) im Vergleich, in: WPg, 59. Jg. (2006), S. 664-671.

Schmidt, L., Bilanzierung von Aktienoptionen nach IFRS 2 – Darstellung und ökonomische Analyse, Frankfurt a. M. u.a. 2006.

Übungsaufgaben

Aufgabe 1:

Geben Sie für die folgenden Geschäftsvorfälle an, ob sie in den Anwendungsbereich von IFRS 2 fallen. Begründen Sie Ihre Antwort.

a) Der bisherige Alleineigentümer der Freund AG überträgt dem Geschäftsführer des Unternehmens 25 % der Anteile ohne finanzielle Gegenleistung. Im Gegenzug verzichtet der Geschäftsführer in den nächsten beiden Jahren auf 40 % seines Gehalts, um die Liquidität des Unternehmens zu stärken.

b) Die Huckschlag AG erwirbt Rohstoffe von der Klee GmbH. Als Gegenleistung erhält die Klee GmbH junge Aktien der Huckschlag AG.

c) Die Huckschlag AG übernimmt das Betriebsvermögen der Freund AG, die zeitgleich mit dem Erwerb aufgelöst wird. Als Gegenleistung erhalten die beiden Aktionäre der Freund AG junge Aktien der Huckschlag AG.
d) Die Huckschlag AG hat mit der Investment Bank, die die Übernahme der Freund AG betreut hat, folgende Vereinbarung getroffen: Als Teil des Honorars erhält die Bank 10.000 Zertifikate, deren Wert sich an der Aktienkursentwicklung innerhalb eines Jahres nach dem Unternehmenskauf bemisst. Steigt der Kurs, zahlt die Huckschlag AG pro Zertifikat den Betrag, um den der Aktienkurs gestiegen ist. Sinkt der Kurs, wird keine Zahlung fällig.
e) Die Mitarbeiter der Huckschlag AG haben folgende Vereinbarung mit ihrem Arbeitgeber getroffen: Der Jahresbonus wird nicht mehr wie gewohnt bar ausgezahlt, sondern durch die Ausgabe von Aktien ersetzt. Die Mitarbeiter erhalten die Aktien zum Nennwert von 1 €. Der aktuelle Kurs beträgt 7,20 €.
f) Ein Mitarbeiter der Huckschlag AG hat im Vorjahr eine am Kapitalmarkt angebotene Wandelanleihe des Unternehmens mit einem Nominalwert von 1.000 € gezeichnet. Die Anleihe kann ohne Zuzahlung in 20 Aktien der Huckschlag AG gewandelt werden. Der Mitarbeiter hat das Wandlungsrecht beim aktuellen Aktienkurs von 7,20 € wahrgenommen.

Aufgabe 2:
Geben Sie für jeden der folgenden Geschäftsvorfälle die notwendigen Buchungen im IFRS-Konzernabschluss 2008 der Wolny AG an. Die Aktien der Wolny AG haben einen Nennwert von 1 €. Latente Steuern brauchen nicht berücksichtigt zu werden.
a) Die obersten Führungskräfte der Wolny AG erhalten echte Aktienoptionen als Teil ihrer variablen Vergütung. Im Geschäftsjahr 2008 wurden insgesamt 19.300 Aktienoptionen mit einem Basispreis von 15,25 € ausgeübt. Der durchschnittliche Aktienkurs bei Ausübung betrug 17,40 €. Der Fair Value der Aktienoptionen am Ende des Geschäftsjahres 2007 betrug 1,90 €. Der Leistungszeitraum endete am 31.12.2007.
b) Die mittleren Führungskräfte der Wolny AG erhalten virtuelle Aktienoptionen als Teil ihrer variablen Vergütung. Im Geschäftsjahr 2006 wurden insgesamt 8.400 Optionsrechte mit einem Basispreis von 12,20 € ausgeübt. Der durchschnittliche Aktienkurs bei Ausübung betrug 18,30 €. Der Fair Value der virtuellen Aktienoptionen am Ende des Geschäftsjahres 2007 betrug 3,70 €. Der Leistungszeitraum endete am 31.12.2007.
c) Aus einem früheren Optionsplan hielten die obersten Führungskräfte noch 60.000 Aktienoptionen mit einem Basispreis von 30,50 € und die mittleren Führungskräfte noch insgesamt 30.000 virtuelle Aktienoptionen mit einem Basispreis von 24,40 €. Diese Optionsrechte sind im Laufe des Geschäftsjahres unausgeübt verfallen. Der Fair Value der Aktienoptionen betrug am Ende des Geschäftsjahres 2007 0,15 €, der Fair Value der virtuellen Aktienoptionen 0,40 €.
d) Die Geschäftsführer eines Tochterunternehmens, der Kranz GmbH, erhalten ebenfalls Aktienoptionen zum Bezug von Wolny-Aktien. Bei diesem Aktien-

optionsplan hat sich die Wolny AG allerdings das Recht einer Barauszahlung anstelle der Ausgabe von Aktien vorbehalten. Im Geschäftsjahr sind aus diesem Programm 3.000 Optionsrechte mit einem Ausübungsgewinn von 6.300 € ausgeübt worden. Entgegen ihrer bisherigen Absicht hat die Wolny AG sich für eine Barauszahlung entschieden.

e) Im Januar 2007 hat ein Tochterunternehmen der Wolny AG, die Peters GmbH, einen neuen Gesellschafter aufgenommen. Der neue Gesellschafter hat eine Produktionsanlage im Wert von 25.000 € aus seinem Privatbesitz eingebracht und dafür einen GmbH-Anteil erhalten. Vor dem Eintritt des neuen Gesellschafters war die Peters GmbH im Alleinbesitz der Wolny AG.

Aufgabe 3:

a) Zeigen Sie für das im Folgenden skizzierte Szenario auf, wie in den Geschäftsjahren 2008 bis 2010 zu buchen ist. Latente Steuern brauchen nicht berücksichtigt zu werden.
   - Am 01.01.2008 werden 1 Mio. Aktienoptionen mit einem Bezugskurs in Höhe des aktuellen Aktienkurses von 9 € und mit einer Laufzeit von drei Jahren gewährt. Um aktienrechtlichen Voraussetzungen zu genügen, werden eine Sperrfrist von zwei Jahren und eine Mindestkurssteigerung von 25 % als Erfolgsziel vereinbart. Der Wert der Aktienoptionen am 01.01.2008 beträgt 1,25 €. Es wird erwartet, dass während der Sperrfrist rund 5 % der Mitarbeiter das Unternehmen verlassen werden.
   - Im Laufe des Geschäftsjahres 2008 sinkt der Aktienkurs kontinuierlich und erreicht am 31.12.2008 einen Stand von 7,90 €. Der Wert der Aktienoptionen sinkt auf 0,70 €. Wie erwartet sind 2008 rund 25.000 Optionen verfallen, weil Mitarbeiter das Unternehmen während der Sperrfrist verlassen haben.
   - Im Laufe des Geschäftsjahres 2009 erholt sich der Aktienkurs, das Erfolgsziel wird aber nicht erreicht. Am 31.12.2009 liegt der Aktienkurs bei 8,70 €. Der Wert der Aktienoptionen ist auf 0,60 € gesunken. Im Jahr 2009 haben deutlich mehr Mitarbeiter das Unternehmen verlassen als erwartet, so dass weitere 75.000 Optionen verfallen sind.
   - Auch im Laufe des Geschäftsjahres 2010 wird das Erfolgsziel nicht erreicht. Am 31.12.2010 verfallen die Optionsrechte aller Mitarbeiter wertlos.

b) Wie würden sich die Buchungen verändern, wenn alternativ zur Mindestkurssteigerung folgendes Erfolgsziel gelten würde und ebenfalls nicht erreicht wird? Alternatives Erfolgsziel: Der Gewinn je Aktie muss innerhalb der bis zum 31.12.2009 laufenden Sperrfrist um 25 % gesteigert werden. Referenzgröße ist der 2007 erzielte Gewinn je Aktie. Der ohne Berücksichtigung dieses Erfolgsziels berechnete Wert der Aktienoptionen zum 01.01.2008 beträgt 2,30 €.

c) Wie würden sich die Buchungen verändern, wenn anstelle echter Aktienoptionen virtuelle Aktienoptionen ausgegeben werden. Beziehen Sie sich bitte auf die Angaben in Aufgabenteil a).

Kapitel 19
Finanzinstrumente

Die Bilanzierung von Finanzinstrumenten und insbesondere deren Bewertung zum beizulegenden Zeitwert sind im Rahmen der Finanzkrise in den letzten Jahren in die Kritik geraten. Auch wenn wissenschaftliche Belege dafür rar sind, so sind sich zahlreiche Praktiker und auch einige Hochschullehrer anscheinend darüber einig, dass die Fair Value-Bewertung ein „Brandbeschleuniger“ der Finanzkrise gewesen sei[1]. Anscheinend verdammen weite Teile der aktuellen politischen Meinungsträger die Fair Value-Bewertung und wünschen sich die Rückkehr zu einer konsequenten Anschaffungskostenbewertung, um die „künstliche Volatilität“ der Finanzmärkte insbesondere in Krisenzeiten von den Bilanzen und vor allem von den Ergebnisrechnungen fernzuhalten.

Auch wenn diese vorgetragenen Meinungen vordergründig einleuchtend klingen mögen, so zeigt ein genauerer Blick auf das Problem der Bilanzierung von Finanzinstrumenten, dass einfache Lösungen häufig leider zu kurz greifen. Die Welt der Finanzinstrumente ist nicht zuletzt deshalb kompliziert, weil die abzubildenden Transaktionen komplex sind. Die Verwendung von Finanzinstrumenten hat in den letzten Jahren erheblich zugenommen. Wurden früher Finanzinstrumente fast ausschließlich zur Finanzierung und zur Liquiditätsaufbewahrung genutzt, so erfüllen sie heute eine Vielzahl von weiteren Zwecken. Zum Beispiel

- finanzieren viele Unternehmen sich nicht mehr nur bei ihrer Hausbank, sondern nehmen internationale Kapitalmärkte zur Fremdfinanzierung in Anspruch,
- dienen Derivate (z.B. Optionen oder Futures) zur Absicherung von Risiken des Geschäftsbetriebs,
- werden Vermögenswerte und Schulden gegen Überlassung eines Finanzinstruments zeitweise an Dritte veräußert bzw. am Kapitalmarkt verbrieft und
- liquide Mittel des Unternehmens in verschiedene risikobehaftete Anlageformen umgeschichtet, um die Rentabilität und das Gesamtrisiko des Unternehmens zu steuern.

Außerdem weisen manche Finanzinstrumente im Zeitablauf hohe Wertschwankungen auf, was eine besondere bilanzielle Behandlung notwendig macht, die deren Risiken und Chancen offen legt. Während wir uns in Kapitel 20 speziell mit Problemen der Bilanzierung von Sicherungsgeschäften befassen, schildert dieses Kapitel zunächst die grundsätzliche Bilanzierung von Finanzinstrumenten.

1 So Jochen Sanio, der Präsident der deutschen Bundesanstalt für Finanzdienstleistungsaufsicht, in der Wochenzeitung Die Zeit, Nr. 16 vom 10.04.2008, S. 32. Vgl. des Weiteren die eindeutigen, allerdings auch zumindest in Teilen wissenschaftlich unbelegten Aussagen von *Bieg, H. et al.*, Die Saarbrücker Initiative gegen den Fair Value, in: DB, 61. Jg. (2008), S. 2543-2546. Vgl. differenzierter *Wagenhofer, A.*, Fair Value-Bewertung: Führt sie zu einer nützlicheren Finanzberichterstattung?, in: ZfbF, 60. Jg. (2008), S. 185-194; *Laux, C./Leuz, C.*, The crisis of fair value accounting: Making sense of the recent debate, in: AOS, 34. Jg. (2009), S. 826-834.

Lernziele

Somit sollen Sie im Folgenden lernen,
- wo das Grundproblem der Bilanzierung von Finanzinstrumenten liegt,
- welche Arten von Finanzinstrumenten es gibt und wann und zu welchem Wert diese Finanzinstrumente bilanziell zu erfassen sind,
- wie die Folgebewertung von Finanzinstrumenten vorgenommen wird und
- wann Finanzinstrumente ganz oder teilweise auszubuchen sind.

1 Einleitung

1.1 Warum ist die Bilanzierung von Finanzinstrumenten kompliziert?

Warum nicht einfach zu Anschaffungskosten bewerten?

Auch wenn wir erst im nächsten Anschnitt genau definieren werden, was die Standards des IASB unter Finanzinstrumenten verstehen, so dürfte jede(r) von uns eine gewisse Vorstellung davon haben, was ein Finanzinstrument ausmacht: Geld oder ein in der Regel verbrieftes Recht auf Geld. Liquide Mittel sind ein Finanzinstrument, Forderungen sind ein Finanzinstrument, Schulden gegenüber Lieferanten oder der Hausbank sind Finanzinstrumente und ebenso Aktien, die das Unternehmen hält. Deren Bilanzierung wurde bisher in IAS 39 geregelt. Zu diesem Standard bemerkte 2007 der Vorsitzende des IASB, Sir David Tweedie: „[…] if you understand it, you haven't read it properly—it's incomprehensible."[2] Warum soll die Bilanzierung von Finanzinstrumenten so kompliziert sein? Es gibt Anschaffungskosten und manchmal auch Marktwerte. Eine vorsichtige Bilanzierungsregel könnte z.B. für Finanzaktiva lauten: Erstansatz zu Anschaffungskosten. Wenn sich im Rahmen der Folgebewertung herausstellt, dass der Marktwert unter die Anschaffungskosten gefallen ist, könnte man eine Pflicht zur Abschreibung vorsehen. Spätere Wertaufholungen könnte man ausschließen oder bis zur Höhe der ursprünglichen Anschaffungskosten beschränkt zulassen. Auf der Passivseite könnte man einfach eine Passivierung des Verpflichtungsbetrags (also der Schuld) fordern. Streiten könnte man sich noch darüber, ob dieser Verpflichtungsbetrag abzuzinsen und dann in den Folgeperioden zuzuschreiben ist.

Diese Regeln scheinen intuitiv logisch für die oben angeführten einfachen Beispiele. Schauen wir nun, wie solche einfachen Bewertungsregeln funktionieren würden, wenn wir einige kompliziertere Finanzinstrumente betrachten. Hierzu dient das Beispiel 19.1.

2 *Pickard, G.*, Simplifying Global Accounting: IASB Chair Discusses the Future of IFRS, U.S. GAAP and the Global Accounting Profession, in: JoA, Juli (2007), S. 36.

Beispiel 19.1

Folgende Transaktionen sollen gemäß einer einfachen Anschaffungskostenmethode mit Niederstwertprinzip bewertet werden:

- Langfristige Unternehmensbeteiligungen
- Ein Fremdwährungstermingeschäft
- Eine Kreditzusage
- Das Factoring von Kundenforderungen

Beginnen wir mit der Unternehmensbeteiligung. Zahlreiche deutsche Industrieunternehmen halten seit Jahrzehnten Minderheitsbeteiligungen an Kundenunternehmen. Nehmen wir an, ein Unternehmen hat vor 50 Jahren eine Beteiligung an einem deutschen Maschinenbauunternehmen zu damaligen Anschaffungskosten von 100.000 Deutsche Mark erworben. Gehen wir auch davon aus, dass die Beteiligung nie wertgemindert war. Dementsprechend läge der momentane Buchwert zu Anschaffungskosten bei ca. 50.000 €. Wie informativ ist dieser Buchwert, wenn berücksichtigt wird, dass die kumulative Inflation über den betrachteten Zeitraum in Deutschland bei über 400 % liegt und dass der deutsche Aktienmarkt in dem Zeitraum von 1960 bis 2010 um ca. 1.500 % zugelegt hat? Offensichtlich besitzt der historische Buchwert der Beteiligung über den Charakter als Merkposten hinaus im Jahr 2010 keinerlei Relevanz mehr. Hieraus folgt Problem 1:

Anschaffungskosten für Finanzinstrumente verlieren im Zeitablauf teilweise dramatisch an Relevanz.

Als nächstes wenden wir uns der Bilanzierung eines Fremdwährungstermingeschäfts zu. Ein Termingeschäft beinhaltet die feste Zusage eines Käufers, ein bestimmtes Gut zu einem fixierten Preis zu einem bestimmten Zeitpunkt in der Zukunft zu kaufen. Hierbei handelt es sich um ein sog. Derivat, das heißt, der Wert des Termingeschäfts hängt von der Wertentwicklung eines sog. Grundgeschäfts ab. Bei einem Fremdwährungstermingeschäft ist das Grundgeschäft ein Fremdwährungsbestand. So kann zum Beispiel ein deutsches Unternehmen, das in einem Jahr einen US-$-Kredit tilgen muss, die US-$ bereits jetzt „auf Termin" erwerben, um sich gegen eine Aufwertung des US-$ abzusichern. Wie ist dieses Termingeschäft nun zu bewerten? Zu Anschaffungskosten? Die sind in der Regel Null. Dies führt in der traditionellen anschaffungskostenorientierten Bilanzierung regelmäßig dazu, dass solche Geschäfte überhaupt keinen direkten Eingang in die Bilanzierung finden, sondern lediglich als „schwebende Geschäfte"[3] behandelt werden. Wir erkennen Problem 2:

Viele Finanzinstrumente haben gar keine Anschaffungskosten.

3 Als „schwebende Geschäfte" werden Transaktionen definiert, bei denen die Leistung noch nicht erbracht wurde. Solche Geschäfte werden in der traditionellen Bilanzierung lediglich unter Umständen im Bereich der Rückstellungsbilanzierung erfasst.

Nun betrachten wir einen Fall auf der Passivseite. Nehmen wir an, dass ein Wachstumsunternehmen gerade mit seiner Hausbank einen neuen Kreditvertrag ausgehandelt hat, der eigentlich ganz normal ausgestaltet ist: Endfällige Tilgung in fünf Jahren, Rückzahlungsbetrag 10 Mio. €, Auszahlung 9,9 Mio. €. Allerdings hat sich das Unternehmen bereits jetzt die Option zusichern lassen, den Kredit in fünf Jahren auf 25 Mio. € aufzustocken und dies zu einem Zinssatz, der 25 Basispunkte unter dem dann gültigen risikoadäquaten Marktzins liegen wird. Wegen dieser Kreditzusage akzeptiert das kreditaufnehmende Unternehmen nun einen Zinssatz, der 25 Basispunkte über dem aktuellen Zinsniveau liegt.

Unsere einfache Bilanzierungsregel würde vorsehen, dass wir den Kredit zum Rückzahlungsbetrag von 10 Mio. € passivieren. Wie würde die Kreditzusage bilanziert? Ökonomisch handelt es sich bei der Kreditzusage um eine Option. Optionen haben für ihren Halter immer einen positiven Wert. Das gilt natürlich auch hier, denn das Wachstumsunternehmen ist nicht verpflichtet, den künftigen Kredit in Anspruch zu nehmen. Außerdem zahlt das Unternehmen auch für die Option, schließlich hat es einen höheren Zinssatz akzeptiert. Hier wird also zusammen mit der Schuld ein Vermögenswert über die Laufzeit von fünf Jahren erworben. Wie sind die Anschaffungskosten dieses Vermögenswerts zu bestimmen? Und wie ist der Vermögenswert von der eigentlichen Kreditschuld (die ja auf die Passivseite gehört) abzutrennen? Damit ergibt sich Problem 3:

Finanzinstrumente lassen sich vielfältig bündeln und strukturieren, so dass mit ihnen verbundene Zahlungen praktisch vollkommen flexibel über die Zeit und das Eintreten bestimmter Ereignisse hinweg verteilt werden können. Anschaffungskosten im klassischen Sinn werden dadurch nahezu beliebig gestaltbar.

Als letztes Beispiel diskutieren wir das Factoring von Kundenforderungen. Unter Factoring wird der „Verkauf" von Forderungen durch das haltende Unternehmen an eine dritte Partei, in der Regel ein Kreditinstitut, verstanden. Verkauf, das klingt nach dem einfachen Buchungssatz „Bank an Forderung", wobei ggf. ein Gewinn bzw. Verlust entsteht, wenn der Verkaufserlös vom Buchwert abweicht. Wird eine solche Factoringtransaktion genauer betrachtet, so wird indes deutlich, dass im Regelfall das abgebende Unternehmen die Forderung nicht einfach komplett abtritt, sondern vielmehr neue Verpflichtungen gegenüber dem erwerbenden Kreditinstitut eingeht. Zum Beispiel kann sich das Unternehmen verpflichten, das Debitorenmanagement weiter zu übernehmen. Außerdem könnte das Kreditinstitut bestimmte Sicherheiten für Forderungsausfälle verlangen. Das vierte Problem tritt hervor:

Finanzinstrumente werden häufig nicht vollständig verkauft, sondern vielmehr gegen neue, teilweise komplexe Finanzinstrumente getauscht. In diesem

Zusammenhang sind sowohl der Abgangszeitpunkt, der Abgangswert als auch der Zugangszeitpunkt und die Anschaffungskosten der neu auflebenden Bilanzpositionen unklar.

Anschaffungskosten als alleiniger Wertansatz ungeeignet

Durch Beispiel 19.1 wird deutlich: Die alleinige Ausrichtung an einer Bewertung zu Anschaffungskosten kann für Finanzinstrumente nicht die Lösung sein: Sie sind zumindest teilweise irrelevant, nicht vorhanden bzw. schwer zu ermitteln und für viele Finanzinstrumente nahezu beliebig gestaltbar. Vor diesem Hintergrund erstaunt es wenig, dass Experten der Bilanzierung von Finanzinstrumenten schon seit Jahrzehnten eine Bilanzierung gemäß eines Full Fair Value-Ansatzes diskutieren[4]. Beizulegende Zeitwerte sollten die ökonomische Wertentwicklung von Finanzinstrumenten widerspiegeln und werden vor allem auch von professionellen Investoren als sehr entscheidungsnützlich angesehen[5]. Aber auch die durchgehende Bilanzierung von Finanzinstrumenten zu beizulegenden Zeitwerten ist nicht unproblematisch, wie das nachfolgende Beispiel 19.2 zeigt.

Beispiel 19.2

Wie würde die Bilanzierung der im Beispiel 19.1 beschriebenen Finanzinstrumente nach dem Full Fair Value-Ansatz gestaltet werden? Für die langfristigen Unternehmensbeteiligungen hängt das ganz wesentlich davon ab, ob für sie ein beizulegender Zeitwert auf einem liquiden Markt beobachtbar ist. Ist dies der Fall, so erscheint die Bewertung problemlos möglich. Wie ist aber zu verfahren, falls die Beteiligungen nicht an Sekundärmärkten gehandelt werden? Dies ist zum Beispiel für Anteile an deutschen GmbHs regelmäßig der Fall, womit der beizulegende Zeitwert nur über aufwändige Verfahren zu ermitteln wäre. Hierfür muss der Bewertende regelmäßig nur schwer objektivierbare Annahmen treffen, so dass der Wertansatz häufig subjektiv wird. Dies ist das Problem 1 der Fair Value-Bewertung:

Für Finanzinstrumente, die nicht auf einem liquiden und weitgehend informationseffizienten Markt gehandelt werden, sind beizulegende Zeitwerte häufig kaum objektiv und damit verlässlich zu ermitteln, so dass erhebliche Bilanzierungsspielräume entstehen.

Doch selbst wenn ein beizulegender Zeitwert verlässlich ermittelt werden kann, so ist seine Relevanz umstritten. Unterstellen wir, das bilanzierende Unternehmen beabsichtigt keinesfalls, seine Unternehmensbeteiligungen in absehbarer Zukunft zu veräußern, da es sich bei den jeweiligen Unternehmen um langfristige und strategisch wichtige Kunden handelt und eine Veräuße-

4 Vgl. z.B. *IASC/CICA*, Discussion Paper „Accounting for Financial Assets and Financial Liabilities", 1997.

5 Vgl. *Gassen, J./Schwedler, K.*, The decision usefulness of financial accounting measurement concepts: Evidence from an online survey of professional investors and their advisors, in: EAR, 19. Jg. (2010), S. 505 f.

rung somit ein negatives Signal senden würde. In diesem Fall ließe sich darüber streiten, ob die Wertentwicklung der Beteiligungen für das bilanzierende Unternehmen überhaupt relevant ist. Besonders problematisch wäre dies dann, wenn z.B. Aktionäre unter dem Eindruck von zu einem hohen Zeitwert bilanzierten Beteiligungen deren Verkauf fordern würden, um höhere Dividendenzahlungen vereinnahmen zu können. Problem 2 wird erkennbar:

Ist die Realisierung von Fair Value-bedingten Gewinnen und Verlusten nicht unternehmerisch geplant bzw. möglich, dann kann die aus der Bewertung zum beizulegenden Zeitwert resultierende Ergebnisvolatilität zur Fehlinterpretation der Unternehmenslage führen. Hieraus drohen insbesondere dann negative Konsequenzen, wenn vertragliche oder rechtliche Konsequenzen direkt oder indirekt von Abschlussgrößen abhängen.

Angesichts der Bewertung des Fremdwährungstermingeschäfts wird ein weiteres Problem deutlich: Angenommen, der Terminkauf der US-$ wird zum beizulegenden Zeitwert bilanziert, während die US-$-Verbindlichkeit – zu einem historischen US-$-Kurs umgerechnet – zum Rückzahlungskurs bilanziert wird. Nun fällt der US-$. Aus dem Termingeschäft wird aus Sicht des bilanzierenden Unternehmens eine Verbindlichkeit. Der korrespondierende Wertverfall der Schuld (der zur Tilgung der Verbindlichkeit erforderliche US-$ Betrag wird in Euro billiger) würde allerdings nicht bilanziert. Dementsprechend würde die ökonomisch vorhandene Absicherung bilanziell nicht erkennbar, da nur das Termingeschäft, nicht aber die Schuld zum beizulegenden Zeitwert bilanziert wird. Dies wird in der Fachliteratur als accounting mismatch bezeichnet und von Experten als Grund dafür angeführt, sämtliche Finanzinstrumente zum beizulegenden Zeitwert zu bilanzieren. Nur: Finanzinstrumente werden auch genutzt, um nichtfinanzielle oder noch gar nicht bilanziell erfasste Positionen abzusichern. Das resultierende Problem 3 wird in Kapitel 20 „Sicherungsbeziehungen" eingehend diskutiert:

Die Mischung unterschiedlicher Bewertungskonzepte in der Bilanz führt unweigerlich zu einer inkonsistenten Bilanzierung (accounting mismatch). Eine „Full-Full Fair Value-Bilanzierung", die sämtliche Vermögenswerte und Schulden und damit auch sämtliche nichtfinanzielle Positionen umfasst, ist indes illusorisch[6].

Im Hinblick auf die letzten beiden in Beispiel 19.1 diskutierten Finanzinstrumente (die Kreditzusage und das Factoringgeschäft) wird zunächst erneut

6 Eine besondere Spielart dieser Inkonsistenz ist das sog. Own Credit Risk-Problem. Mit sinkender Bonität des bilanzierenden Unternehmens sinkt der beizulegende Zeitwert von dessen Schulden. Der daraus resultierende Ertrag ist u.a. deswegen inkonsistent, da auf der Aktivseite nicht alle Vermögenswerte zum beizulegenden Zeitwert bewertet werden und sich das Eigenkapital als Residualgröße ergibt.

deutlich, dass die verlässliche Bestimmung von beizulegenden Zeitwerten bei nicht marktgängigen Finanzinstrumenten problematisch ist (Problem 1). Als weiterer Problembereich kommt hier die Bündelung bzw. Separierung von Finanzinstrumenten zum Vorschein. Da die Risiken von Finanzinstrumenten häufig negativ korreliert und damit zum Teil diversifizierbar sind, können die beizulegenden Zeitwerte unterschiedlicher Finanzinstrumente nur begrenzt separiert werden. Hieraus resultiert das Problem 4:

Finanzinstrumente werden häufig als Bündel gekauft bzw. getauscht. Der aus ihnen resultierende Zahlungsstrom ist letztlich nur in seiner Gesamtheit zu bewerten. Dies widerspricht dem Einzelbewertungsgrundsatz.

Full Fair Value-Ansatz auch keine Lösung: Mixed model approach als Kompromiss

Aus den Beispielen 19.1 und 19.2 wird deutlich, dass eine einheitliche Lösung für die Bilanzierung von Finanzinstrumenten unmöglich erscheint. Ein systemtreues Festhalten an Anschaffungskosten hat ebenso wie ein Full Fair Value-Ansatz gewisse Nachteile. De facto geht es bei der Bilanzierung von Finanzinstrumenten also darum, zwischen den Vor- und Nachteilen beider Konzepte abzuwägen. Hierbei ist zudem zu berücksichtigen, dass die hieraus zwangsläufig resultierenden Probleme der Vergleichbarkeit (ökonomisch ähnliche Sachverhalte werden ungleich bilanziert) auch immer Möglichkeiten zur Bilanzpolitik durch Sachverhaltsgestaltung oder -abbildung schaffen. Der resultierende sog. mixed model approach mag zwar nicht theoretisch überzeugen, weist aber als Ergebnis von jahrzehntelangen Diskussionen zumindest eine gewisse evolutionäre Stabilität auf.

Aufbau des Kapitels

Im Folgenden werden wir uns nun dem konkreten „Problemlösungsansatz" des IASB widmen. Hierfür werden zunächst die relevanten Normen und Definitionen und deren Anwendungsbereich dargestellt (Abschnitte 1.2 und 1.3), bevor – ganz klassisch – Ansatz (Abschnitt 2), Bewertung (Abschnitt 3 und 4), Wertminderung (Abschnitt 5), Ausbuchung (Abschnitt 6) und Ausweis (Abschnitt 7) diskutiert werden. Ausführungen zum IFRS for SMEs (Abschnitt 8), zu den handelsrechtlichen Vorschriften (Abschnitt 9) und den US-GAAP (Abschnitt 10) beschließen das Kapitel.

1.2 Relevante Standards und Definitionen

IAS 32, IAS 39, IFRS 7 und IFRS 9 sind zentrale Normen

Die Bilanzierung von Finanzinstrumenten nach IFRS wird im Wesentlichen von vier separaten Standards geregelt (vgl. Tabelle 19.1). Die Ausführungen dieses Kapitels basieren primär auf IAS 32, IAS 39, IFRS 7 und IFRS 9 auf dem Stand vom 31.12.2010:

- IAS 32 „Finanzinstrumente: Darstellung" (Financial Instruments: Presentation) wurde ursprünglich 1995 verabschiedet. Nach grundlegenden Überarbeitungen wurden 2005 die Vorschriften zu Angabepflichten in den neuen IFRS 7 überführt, so dass IAS 32 sich nunmehr lediglich mit Regeln der Eigen-/Fremdkapitaldifferenzierung (vgl. Kapitel 17) und mit den Möglichkeiten zur Saldierung von Finanzaktiva und -passiva befasst. Er ist in seiner aktuellen Fassung gültig für Geschäftsjahre, die am oder nach dem 01.02.2010 beginnen.

- IAS 39 „Finanzinstrumente: Ansatz und Bewertung" (Financial Instruments: Recognition and Measurement) wurde ursprünglich 1998 verabschiedet. Nach zahlreichen Überarbeitungen im Laufe der Jahre wurden anlässlich der Finanzkrise im Oktober 2008 insbesondere die Reklassifizierungsregeln grundlegend überarbeitet (vgl. den Exkurs Reklassifizierung in diesem Kapitel). Die aktuelle Fassung ist gültig für Geschäftsjahre, die am oder nach dem 01.01.2010 beginnen. IAS 39 wurde durch die Einführung bzw. Ergänzung von IFRS 9 im November 2009 und Oktober 2010 modifiziert, hauptsächlich indem jene Teile von IAS 39, die mittlerweile durch IFRS 9 geregelt werden, gestrichen wurden. Diese Änderungen sind jedoch nur von Unternehmen, die IFRS 9 befolgen, anzuwenden. Dementsprechend gilt für Unternehmen, die weiterhin IAS 39 anwenden, eine Version von IAS 39, die die Änderungen aufgrund der Einführung von IFRS 9 nicht enthält. Eine solche Version des IAS 39 ist im sog. Blue Book der IFRS Foundation enthalten. Das Blue Book 2011 beinhaltet alle Standards bzw. Standardänderungen, die für Geschäftsjahre, die am oder nach dem 01.01.2011 beginnen, verpflichtend anzuwenden sind. Die Verweise dieses Kapitels beziehen sich, sofern sie IAS 39-Anwender betreffen, auf die entsprechende Fassung dieses Standards im Blue Book 2011.
- IFRS 7 „Finanzinstrumente: Angaben" (Financial Instruments: Disclosures) regelt die Angabepflichten für Finanzinstrumente. Er wurde im August 2005 verabschiedet, modifizierte IAS 32, löste IAS 30 „Angaben im Abschluss von Banken und ähnlichen Finanzinstitutionen" (Disclosures in the Financial Statements of Banks and Similar Financial Institutions) ab und ist in seiner aktuellen Fassung für Geschäftsjahre ab dem 01.07.2011 anzuwenden.
- IFRS 9 „Finanzinstrumente" (Financial Instruments) ist das vorläufige Ergebnis der aktuellen umfassenden Neuentwicklung der Vorschriften zu Finanzinstrumenten. Die erste Fassung, die sich nur mit der Klassifizierung und Bewertung von finanziellen Vermögenswerten befasste, wurde im November 2009 veröffentlicht. Im Oktober 2010 wurde eine Neufassung von IFRS 9 veröffentlicht, die nun auch die Bewertung von finanziellen Verbindlichkeiten regelt. In diesem Zusammenhang wurden auch die Vorschriften zur Ausbuchung von Finanzinstrumenten aus IAS 39 in IFRS 9 integriert. Aktuell können die Unternehmen wählen, ob sie IAS 39 oder IFRS 9 anwenden wollen. Eine verpflichtende Anwendung von IFRS 9 ist für Geschäftsjahre, die am oder nach dem 01.01.2013 beginnen, geplant.

	IAS 32	IAS 39	IFRS 7	IFRS 9
Definition Finanzinstrument	X			X
Abgrenzung EK/FK	X			
Ansatz		X		X
Klassifikation		X		X
Bewertung		X		X
Wertminderung		X		ED
Ausbuchung		X		X
Ausweis			X	
Sicherungsbeziehungen		X		ED

Tab. 19.1: Übersicht der Regelungsbereiche der für Finanzinstrumente relevanten Standards

Exkurs

Wie geht es mit IFRS 9 weiter?

Das Projekt zur Entwicklung von IFRS 9 ist in drei Phasen eingeteilt. Im Rahmen der ersten Phase wurden zunächst die Regelungen zur Klassifizierung und Bewertung von Finanzinstrumenten überarbeitet. Phase zwei bezieht sich auf die Bestimmung fortgeführter Anschaffungskosten und Wertminderungen. Phase drei soll anschließend die Regelungen der Sicherungsbilanzierung erneuern. Die erste Phase des Projekts ist abgeschlossen; für die zweite und dritte Phase wurden Exposure Drafts veröffentlicht (vgl. den Exkurs „Wertminderung nach IFRS 9" in diesem Kapitel und den Abschnitt 5 in Kapitel 20). Das IASB plant derzeit (Stand Januar 2011) den Entwicklungsprozess des IFRS 9 bis Mitte 2011 abzuschließen und eine verpflichtende Anwendung für Geschäftsjahre, die nach dem 31.12.2012 beginnen, vorzuschreiben. Eine Frühanwendung bereits verabschiedeter Regelungen soll dabei jederzeit möglich sein. Inwiefern diese Regelungen zeitnah im Rahmen des Endorsement von der EU übernommen werden ist jedoch noch fraglich, da die EU in Anbetracht des schleppenden Verlaufs des Projekts den Übernahmeprozess im November 2009 aussetzte und eine Übernahme erst nach vollständiger Entwicklung des Standards in Aussicht stellt.

Annerkennung durch die EU

Das EU-Endorsement der neuentwickelten IAS 32 und 39 war lange umstritten. Zwischenzeitlich führte dies zu einem teilweisen Endorsement von IAS 39 mit einer technischen Beschränkung im Bereich der Sicherungsbilanzierung und ohne Berücksichtigung der vollen im Standard vorgesehenen Fair Value-Option, d.h. der Möglichkeit, Finanzinstrumente wahlweise GuV-wirksam zum beizulegenden Zeitwert bewerten zu können. Diese partielle Anerkennung eines Standards (sog. carve outs) durch die EU war heftiger Kritik ausgesetzt. Im November 2005 wurde die neuformulierte Standardänderung zur Fair Value-Option von der EU anerkannt, so dass die zum 31.12.2010 aktuelle Fassung des EUanerkannten IAS 39 bis auf den ersten oben erwähnten carve out dem aktuell gültigen IAS 39 entspricht. IAS 32 ist in seiner aktuell gültigen Form durch die EU anerkannt. Bei IFRS 7 sind die Änderungen des Jahres 2010 („Improvement to IFRSs 2010" und „Amendments to IFRS 7 Financial Instruments: Disclosures") noch im Endorsement-Prozess. IFRS 9 ist noch nicht anerkannt und es scheint derzeit unwahrscheinlich, dass die EU ihn vor seiner endgültigen Fertigstellung durch das IASB anerkennen wird.

Definition Finanzinstrument

Um zu erfassen, welchen breiten Wirkungsbereich IAS 32/39 und IFRS 7/9 entfalten, ist die Definition des Begriffs „Finanzinstrument" entscheidend. IAS 32.11 (auf die IAS 39.8 als auch IFRS 9.A verweisen) definiert ein Finanzinstrument als einen Vertrag, der bei einer Vertragspartei einen finanziellen Vermögenswert und bei der anderen eine finanzielle Verbindlichkeit[7] oder ein Eigenkapitalinstrument entstehen lässt. Diese Definition wirft drei neue Fragen auf:

Finanzieller Vermögenswert

- **Was ist ein finanzieller Vermögenswert?**
  Finanzielle Vermögenswerte umfassen den Kassenbestand, andere flüssige Mittel sowie Eigenkapitaltitel anderer Unternehmen. Auch Rechte auf flüssige Mittel (wie z.B. gehaltene Anleihen anderer Unternehmen) sowie auf Eigenkapitaltitel anderer Unternehmen (wie z.B. Aktienoptionen) sind finanzielle Vermögenswerte des bilanzierenden Unternehmens, ebenso wie Rechte, die den vorteilhaften Austausch von Finanzinstrumenten garantieren (wie z.B. ein Terminkauf von Fremdwährung zu einem Terminkurs, der unter dem Kassakurs liegt).

Finanzielle Verbindlichkeit

- **Was ist eine finanzielle Verbindlichkeit?**
  Eine finanzielle Verbindlichkeit entsteht aus einer Verpflichtung des bilanzierenden Unternehmens, entweder flüssige Mittel an einen externen Vertragspartner zu liefern (wie z.B. bei einer ausgegebenen Anleihe) oder Finanzinstrumente mit diesem zu ungünstigen Bedingungen zu tauschen (wie z.B. die Stillhalterverpflichtung eines Optionsgeschäfts).

Eigenkapitalinstrument

- **Was ist ein Eigenkapitalinstrument?**
  Ein Eigenkapitalinstrument (z.B. eine Aktie) garantiert dem Eigentümer den anteiligen Anspruch am Residualvermögen des Unternehmens, also an allen Vermögenswerten nach Abzug aller Schulden. Diese Definition umfasst nicht nur „normale" Aktien, sondern z.B. auch Stillhalterpositionen von Kaufoptionen für Aktien des bilanzierenden Unternehmens (vgl. hierzu auch Kapitel 17).

7 Im strengen Sinne ist zu fragen, ob nicht „finanzielle Schuld" eine bessere Übersetzung für „financial liability" wäre, da auch Schulden, die Rückstellungscharakter haben (wie z.B. die erwartete Zahlungsverpflichtung aus einem sich negativ entwickelnden Termingeschäft), die Definition von financial liabilities erfüllen. Um Einheitlichkeit mit der offiziellen deutschen Übersetzung sicherzustellen, wird im Folgenden dennoch der Begriff „finanzielle Verbindlichkeiten" gewählt.

Ein Finanzinstrument ist also jede Vertragsform, die ohne Produktions- und Absatzprozess direkt oder indirekt zum Zu- oder Abfluss von flüssigen Mitteln oder Eigenkapitaltiteln führt. Hierunter fallen sowohl derivative als auch nicht-derivative Finanzinstrumente. Dies führt zu einer nächsten Frage:

- **Was ist ein Finanzderivat?** Finanzderivat

  Zentrale Eigenschaft von derivativen Finanzinstrumenten ist, dass ihre Wertentwicklung von einem so genannten Basisobjekt abhängt. Solche Basisobjekte können zum Beispiel Währungen, Zinsen, Aktien oder Aktienindizes sowie Rohstoffe und sogar das Wetter sein. Da der Halter eines Finanzderivats nicht das Basisobjekt selber besitzen muss, kann er mit einem vergleichsweise geringen Investment an der Wertentwicklung des Basisobjekts während der Laufzeit im Guten wie im Schlechten partizipieren.

Es gibt drei typische Klassen von Finanzderivaten:

- *Termingeschäft*, auch *Future* (standardisierter Vertrag) oder *Forward* (unstandardisierter Vertrag) genannt. Hier erwirbt der Halter von dem Stillhalter das *Recht und die Pflicht*, zu einem bestimmten Zeitpunkt das Basisobjekt zu einem bestimmten Preis zu erwerben. Ein Beispiel hierfür ist ein Währungstermingeschäft: Hier wird ein bestimmter Betrag einer Fremdwährung erworben. Der Preis wird zum Zeitpunkt des Vertragsabschlusses mittels des Terminkurses fixiert. Der eigentliche Kauf der Fremdwährung erfolgt allerdings erst in der Zukunft. In Abhängigkeit von der zukünftigen Entwicklung des Fremdwährungskurses kann ein Termingeschäft entweder Vermögenswert- oder Schuldcharakter erlangen. Termingeschäft
- Bei einer *Option* hingegen erwirbt der Halter *lediglich das Recht*, innerhalb eines Zeitraums (amerikanische Option) oder zu einem festen Zeitpunkt (europäische Option) das Basisobjekt zu einem bestimmten Preis zu erwerben (*Call*) bzw. zu verkaufen (*Put*). Eine Verpflichtung besteht nicht. Ein Beispiel hierfür ist eine Aktienkaufoption (auch Aktiencall genannt): Hier erwirbt eine Partei von einer anderen das Recht, in der Zukunft zu einem bestimmten Kurs eine Aktie zu kaufen. Das Recht der kaufenden Partei (die auch als Zeichner oder underwriter bezeichnet wird) stellt immer einen Vermögenswert dar. Die Verpflichtung der verkaufenden Partei (auch Stillhalter oder writer genannt) ist in der Regel eine Verbindlichkeit oder, bei Optionen auf eigene Aktien, unter Umständen auch ein Eigenkapitaltitel. Option
- Bei einem *Swapgeschäft* verpflichten sich die beiden Parteien, die Zahlungsströme aus zwei Basisobjekten über einen bestimmten Zeitraum hinweg zu tauschen. Ein Beispiel hierfür ist ein Zinsswap: Hier tauschen zwei Parteien die Zinszahlungen aus zwei Krediten. Zum Beispiel zahlt eine Partei A die variablen Zinsen für einen Kredit der Partei B. Diese wiederum leistet die Zinszahlungen für einen festverzinslichen Kredit von Partei A. Je nachdem, wie sich die variable Verzinsung entwickelt, kann ein Swapgeschäft für die eine oder andere Partei vorteilhaft sein. Swapgeschäft

1.3 Anwendungsbereich

Grundsatz: Gilt für alle Finanzinstrumente

Auch wenn IAS 32, IAS 39 und IFRS 9 grundsätzlich die Bilanzierung aller Finanzinstrumente regeln, gibt es doch einige Ausschlüsse, da die hiervon betroffenen Finanzinstrumente entweder in anderen Standards explizit behandelt werden oder für sie ein solcher Standard geplant ist[8]. Weder IAS 32 noch IAS 39 und IFRS 9 finden Anwendung auf:

Anwendungsausschlüsse

- Anteile an Tochtergesellschaften (IFRS 3), an assoziierten Unternehmen (IAS 28) oder an Gemeinschaftsunternehmen (IAS 31), wenn diese Anteile konsolidiert oder at equity bewertet werden (vgl. Kapitel 23 und 24). Teilweise fordern einige Standards jedoch explizit die Anwendung von IAS 39 bzw. IFRS 9. Dann sind auch die Angabepflichten von IAS 32 zu erfüllen. Dies ist z.B. bei Gemeinschaftsunternehmen, die von Investmentgesellschaften nur zum Zweck der Weiterveräußerung gehalten werden, oder bei ggf. zusätzlich aufgestellten Einzelabschlüssen (separate financial statements i.S.v. IAS 28 und IAS 31) der Fall.
- Finanzinstrumente, die aus Altersversorgungsplänen resultieren (IAS 19, vgl. Kapitel 16).
- Finanzinstrumente (bis auf darin eingebettete Derivate), die aus Versicherungsverträgen stammen und in den Anwendungsbereich von IFRS 4 fallen. Bürgschaften und gestellte Kreditsicherheiten (financial guarantee contracts, vgl. IAS 39.9) fallen grundsätzlich in den Anwendungsbereich von IAS 32 und IAS 39 bzw. IFRS 9. Unternehmen haben indes die Möglichkeit, diese Verträge fallweise nach IFRS 4 zu bilanzieren, wenn sie im Vorfeld deutlich gemacht haben, dass sie solche Verträge als Versicherungsverträge ansehen (vgl. IAS39.AG4-AG4A).
- Finanzinstrumente, die aus einer ermessensabhängigen Überschussbeteiligung in Versicherungsverträgen (discretionary participation feature) resultieren. Diese Überschussbeteiligungen, die von dem Anlageerfolg der Versicherung abhängen und dem Versicherungsnehmer von der Versicherung ermessensabhängig zugesichert werden, nehmen eine Zwitterrolle zwischen Eigen- und Fremdkapital ein, da zum Zeitpunkt der Bilanzierung regelmäßig noch nicht feststeht, ob und in welcher Höhe solche Beträge den Versicherungsnehmern zugestanden werden.
- Finanzinstrumente oder sonstige Verträge oder Verpflichtungen, die in den Anwendungsbereich von IFRS 2 fallen (vgl. Kapitel 18). IFRS 2 behandelt eigenkapitalbasierte Entgelte für bezogene Güter und Dienstleistungen und deren bilanzielle Behandlungen beim Emittenten. IFRS 2 gilt hingegen nicht für netto glattstellbare Warenterminkontrakte i.S.v. IAS 32.8-10 oder IAS 39.5-7, so dass diese wiederum in den Anwendungsbereich von IAS 32/39 fallen. Die Behandlung von eigenen Aktien gemäß IAS 32.33-34 bleibt von IFRS 2 unberührt.

---

8 IFRS 9 hat keine eigenen Regeln zum Anwendungsbereich, sondern verweist in IFRS 9.2.1 auf IAS 39.

Neben diesen Ausschlüssen gibt es weitere, die nur für IAS 39 und IFRS 9 gelten:

- Finanzinstrumente (außer Forderungen, Verbindlichkeiten aus Finanzierungsleasing und eingebetteten derivativen Instrumenten), die aus Leasingverhältnissen stammen (IAS 17, vgl. Kapitel 21).
- Termingeschäfte mit Aktionären, die dazu führen, dass eine Unternehmensakquisition stattfinden wird. Solche Termingeschäfte sind vor dem eigentlichen Akquisitionszeitpunkt nicht zu bilanzieren.
- Eigenkapitalinstrumente des bilanzierenden Unternehmens (also eigene Aktien), einschließlich Options- und Bezugsrechte hierauf. Zwar sind diese Instrumente gemäß IAS 32 auszuweisen, eine Bewertung nach IAS 39 bzw. IFRS 9 erfolgt allerdings nicht.
- Kreditzusagen, die nicht durch Finanzinstrumente bedient werden, wie z.B. die Vorfinanzierung von Bauleistungen durch den Bauherren. Solche Kreditzusagen sind gemäß IAS 39.2 (h) zum Ausgabezeitpunkt zum beizulegenden Zeitwert anzusetzen und sollen dann entweder als Schuld nach IAS 37 (vgl. Kapitel 15) folgebewertet oder nach IAS 18 (vgl. Kapitel 9) ratierlich aufgelöst werden. Hierbei soll immer der höhere Wertansatz Anwendung finden. Für die Entscheidung, wann eine solche Kreditzusage die Bilanz verlässt, sind allerdings die Ausbuchungsvorschriften von IAS 39 bzw. IFRS 9 anzuwenden.
- Forderungen, die in Verbindung mit gemäß IAS 37 bilanzierten Rückstellungssachverhalten stehen (vgl. Kapitel 15).

Warenterminkontrakte

Zu diskutieren ist zudem, ob IAS 39 für Warenterminkontrakte gilt. Warenterminkontrakte, also die feste Zusage, zu einem bestimmten Zeitpunkt eine Ware zu einem festen Kurs zu kaufen oder zu verkaufen, sind im strengen Sinn keine Finanzinstrumente, da sie ein Recht auf die Lieferung eines *nichtfinanziellen* Vermögenswerts verbriefen. In der Unternehmenspraxis werden Warenterminkontrakte indes häufig nicht durch die tatsächliche Lieferung der Waren abgewickelt, sondern es wird vielmehr durch Glattstellung lediglich die Wertdifferenz zum „Liefertermin" transferiert. IAS 39 ist auf solche Verträge gemäß IAS 39.6 nicht anzuwenden, wenn das bilanzierende Unternehmen auch tatsächlich beabsichtigt, beim Terminverkauf eigene Vermögenswerte zu liefern, bzw. beim Terminkauf beabsichtigt, die erworbenen Vermögenswerte auch tatsächlich in der Produktion einzusetzen. Dieser Absicht darf die vergangene Geschäftspraxis nicht entgegenstehen.

2 Ansatz

Ansatz bei Vertragsabschluss

Im Rahmen des Ansatzes erscheint zunächst fraglich, wann der Erstansatz zu erfolgen hat. Die Regeln nach IAS 39 und IFRS 9 entsprechen sich hier weitestgehend. Der Ansatz von Finanzinstrumenten hat nach IAS 39.14 (IFRS 9.3.1.1) immer genau dann zu erfolgen, wenn das bilanzierende Unternehmen Partei eines Vertrages wird, der zu einem Finanzinstrument führt. IAS 39.9 (IFRS 9.A) definiert den üblichen Erwerb bzw. Verkauf von finanziellen Vermögenswerten als einen Vorgang, der innerhalb eines durch Marktvorschriften oder -konventionen gesetzten Zeitraums abgewickelt wird. Definitionsgemäß handelt es sich bei einem solchen üblichen Vertrag aufgrund der Festpreisverpflichtung um ein Finanzderivat, da die Vorteilhaftigkeit des Vertrags von der Preisentwicklung des gehandelten Vermögenswerts über diesen Zeitraum abhängt. Trotzdem wird ein solcher Vertrag im Regelfall nach IAS 39.38 (IFRS 9.3.1.2) nicht als separates Finanzderivat erfasst, da der Zeitraum zwischen dem

- Handelstag, also dem Zeitpunkt des Vertragsabschlusses und dem
- Erfüllungstag, also dem Zeitpunkt, an dem das Unternehmen die Verfügungsrechte über den gehandelten finanziellen Vermögenswert erlangt bzw. abgibt,

im Allgemeinen relativ kurz ist. Hingegen ist ein Erwerb nach IAS 39.AG54 (IFRS 9.B.3.1.4) als Finanzderivat zu behandeln, wenn eine Nettoglattstellung möglich ist, also statt der tatsächlichen Lieferung am Erfüllungstag ein rein finanzieller Ausgleich erfolgen kann.

Ansatz zum Handels- oder Erfüllungstag für jede Kategorie wählbar

Das bilanzierende Unternehmen kann gemäß IAS 39.AG53 (IFRS 9.B3.1.3) für jede Kategorie von Finanzinstrumenten entscheiden, ob es den Ansatz zum Handelstag oder zum Erfüllungstag vornehmen will. Innerhalb der jeweiligen Kategorie ist der Ansatz stetig zu halten. Wenn Finanzinstrumente zum Erfüllungstag angesetzt werden, bzw. bei Verkäufen die Bilanz verlassen, müssen mögliche Wertänderungen zwischen Handels- und Erfüllungstag indes entsprechend der geltenden Folgebewertungsvorschriften der jeweiligen Kategorie trotzdem beachtet werden. Dies geschieht, indem Wertänderungen, die sich zwischen Handels- und Erfüllungstag konkretisieren, als Forderung oder Verbindlichkeit erfasst werden, wie das nachfolgende Beispiel verdeutlicht.

Beispiel 19.3

Ein Unternehmen erwirbt am 29.12.2010 (Handelstag) eine Aktie zum beizulegenden Zeitwert von 180 €. Zum Bilanzstichtag hat diese Aktie einen Wert von 200 € und zum Zeitpunkt der Depotgutschrift am 02.01.2011 (Erfüllungstag) einen Wert von 190 €. Die Aktie wird zum Handelsbestand gezählt und somit GuV-wirksam zum beizulegenden Zeitwert bewertet.

Bilanziert das Unternehmen seinen Handelsbestand zum Handelstag, so lauten die Buchungssätze unter Vernachlässigung von latenten Steuern:

29.12.10:	*Wertpapier*	*an*	*Verbindlichkeit*	*180 €*
31.12.10:	*Wertpapier*	*an*	*sonstiger betrieblicher Ertrag*	*20 €*

02.01.11:	*Verbindlichkeit*	*an*	*Bank*	*180 €*
02.01.11:	*Sonst. betr. Aufwand*	*an*	*Wertpapier*	*10 €*

Bilanziert das Unternehmen seinen Handelsbestand hingegen zum Erfüllungstag, lauten die Buchungssätze:
29.12.10: —

31.12.10:	*Forderung*	*an*	*sonstiger betrieblicher Ertrag*	*20 €*
02.01.11:	*Wertpapier*	*an*	*Bank*	*180 €*
02.01.11:	*Sonst. betr. Aufw. 10 €* *Wertpapier 10 €*	*an*	*Forderung*	*20 €*

3 Erstbewertung

Erstbewertung zum beizulegenden Zeitwert

Wenn ein Finanzinstrument in der Bilanz anzusetzen ist, ist als nächstes die Frage zu klären, zu welchem Wert der Erstansatz zu erfolgen hat. IAS 39 hält hierfür eine einfache Grundregel parat, an die sich auch IFRS 9 hält: Nach IAS 39.43 (IFRS 9.5.1.1) sind alle Finanzinstrumente zum beizulegenden Zeitwert erstzubewerten. Hinzu kommen für Finanzinstrumente, die nicht GuV-wirksam zum beizulegenden Zeitwert folgebewertet werden, die mit dem Erwerb bzw. der Ausgabe in direkter Verbindung stehenden Transaktionskosten. IAS 39.9 (auf den IFRS 9.A verweist) definiert hierfür Transaktionskosten als die Kosten, die nicht entstanden wären, wenn der Erwerb, der Abgang oder die Ausgabe von Finanzinstrumenten nicht stattgefunden hätte. Falls ein Unternehmen die oben erläuterte Methode des Ansatzes zum Erfüllungstag verwendet, dann ist nach IAS 39.44 (IFRS 9.5.1.2) dennoch, wie im obigen Beispiel, der beizulegende Zeitwert zum Handelstag maßgeblich für den Erstansatz. Dies ist für Finanzinstrumente von Bedeutung, die zu historischen Kosten oder fortgeführten Anschaffungskosten folgebewertet werden.

Bestimmung des beizulegenden Zeitwerts

Wie ist der beizulegende Zeitwert eines Finanzinstruments zu ermitteln? Hierfür ist zu unterscheiden, ob ein aktiver Markt für das Finanzinstrument vorliegt oder nicht. Ein aktiver Markt liegt nach IAS 39.AG71 (IFRS 9.B5.4.3) dann vor, wenn Preise regelmäßig z.B. mittels Börse, Händler, Branchenverband, Preisagentur oder Regulierungsbehörde bereitgestellt werden und wenn die Preise aus Transaktionen zwischen gleichberechtigten Partnern resultieren. In diesem Fall stellen die aktuellen (oder letzten verfügbaren) Preise dieses Marktes den beizulegenden Zeitwert dar (mark-to-market accounting). Weitere Details der Preisbestimmung am aktiven Markt werden von IAS 39.AG71-73 (IFRS 9.B5.4.1-B5.4.3) geregelt.

Wenn kein aktiver Markt verfügbar ist, ist zur Bestimmung des beizulegenden Zeitwerts ein geeignetes Bewertungsverfahren anzuwenden (mark-to-model accounting). Nahe liegend sind hier zunächst Vergleichspreise. Wenn ein Finanzinstrument von einer dritten Partei im Rahmen einer gleichberechtigten Transaktion erworben wurde, so sind die Anschaffungskosten bei einem Vermögenswert bzw. die erhaltene Gegenleistung (bei einer Schuld) als beizulegender Zeitwert anzusehen (IAS 39.AG76, IFRS 9.B5.4.8). Falls keine Vergleichspreise zur Verfügung stehen, nennt IAS 39.AG74 (IFRS 9.B5.4.6) Discounted Cashflow-Verfahren und Optionsbewertungsmodelle als Beispiele für allgemein anerkannte Bewertungsverfahren. Angaben zu den Einflussfaktoren für Bewertungsmodelle wie Zinsstrukturen, Kreditrisiken, Wechselkurse, Rohstoffpreise, Eigenkapitalpreise und Volatilitäten enthält IAS 39.AG82 (IFRS 9.B5.4.13), weitere Details finden sich in IAS 39.AG74-82 (IFRS 9B5.4.6-B5.4.17).

Beispiel 19.4

Aufgenommener Kredit

Für finanzielle Verbindlichkeiten werden die Anschaffungskosten also durch den beizulegenden Zeitwert der erhaltenen Gegenleistung bestimmt. Wie hoch ist demnach der Erstansatz, wenn ein Unternehmen einen Kredit über 10 Mio. € mit einem Disagio von 5 % aufnimmt und hierbei Transaktionskosten in Höhe von 50 T€ entstehen? Finanzielle Verbindlichkeiten sind nicht GuV-wirksam zum beizulegenden Zeitwert folgezubewerten.

Lösung

In diesem Fall sind die „Anschaffungskosten" des Kredits 9,45 Mio. €, da von dem Wert der Gegenleistung (0,95 · 10 Mio. € = 9,5 Mio. €) noch die Transaktionskosten von 50 T€ abgezogen werden.

Forderungsbewertung

Eine Beratungsgesellschaft erbringt im Kalenderjahr 2002 eine Restrukturierungsberatung für einen von Liquiditätsproblemen geplagten Kunden. Da diese Beratung sehr spezifisch ist und vergleichbare Transaktionspreise von ähnlichen Aufträgen aufgrund des vertraulichen Charakters solcher Projekte nicht ermittelbar sind, ist eine verlässliche Ermittlung des beizulegenden Zeitwerts der erbrachten Gegenleistung nicht möglich. Um den Kunden nicht endgültig in die Illiquidität zu stürzen, wurde ihm ein vierjähriges Zahlungsziel eingeräumt. Dann wird der Betrag von 10 Mio. € fällig. Wie ist bei der Bewertung der Forderung grundsätzlich vorzugehen?

Lösung

Zunächst ist festzuhalten, dass bei einem so langen Zahlungsziel der Zinseffekt wesentlich ist, der Rechnungsbetrag also nicht den beizulegenden Zeitwert der Forderung darstellen kann (vgl. IAS 39.AG79, IFRS 9.B5.4.12). Wenn die Gegenleistung für die Forderung nicht verlässlich ermittelbar ist, muss somit auf andere Bewertungsverfahren ausgewichen werden. Hier bietet sich z.B. das Discounted Cashflow-Verfahren an. Um einen adäquaten Zinssatz zu ermitteln, ist hierbei die angespannte Liquiditätslage des Kunden explizit zu berücksichtigen. Eine mögliche Informationsquelle für einen solchen

Zinssatz könnte eine ebenfalls auf Euro lautende Anleihe des Kunden mit gleicher Laufzeit sein. Anhand der wirtschaftlichen Lage ist jedenfalls davon auszugehen, dass der Zinssatz wesentlich über dem aktuellen Marktzins für risikoschwache Anleihen liegen dürfte. Wenn der adäquate Zinssatz beispielsweise 25 % beträgt, wäre die Forderung des Beratungsunternehmens mit (10 Mio. € / $1{,}25^4$ =) 4.096 T€ zu bewerten.

4 Folgebewertung

4.1 Grundlagen der Folgebewertung

IAS 39 und IFRS 9 folgen dem mixed model approach

Im Rahmen der Folgebewertung sind zwei idealtypische Regelungen denkbar. Entweder wird der Wert eines Finanzinstrumentes auf Basis seiner Anschaffungskosten fortgeführt oder es erfolgt eine Neubewertung zum beizulegenden Zeitwert. Wie in Abschnitt 1.1 erörtert, erscheint es unmöglich, eines der beiden Konzepte ausschließlich anzuwenden. Dementsprechend muss der jeweilige Standard regeln, welche Finanzinstrumente nach welcher Methode folgezubewerten sind. Hierbei sind sämtliche Probleme beider Wertansätze zu berücksichtigen. Die IFRS-Regeln zur Bilanzierung von Finanzinstrumenten verfolgen grundsätzlich das Ziel einer weitgehenden Verwendung des beizulegenden Zeitwerts. Zugleich ist für jene Finanzinstrumenten, bei denen die Nachteile der Fair Value-Bewertung überwiegen, die Folgebewertung zu fortgeführten Anschaffungskosten vorgesehen. IAS 39 und IFRS 9 stellen daher einen Kompromiss zwischen den beiden oben genannten Idealtypen der Folgebewertung dar (mixed model approach). Die drei verschiedenen Folgebewertungskonzepte für Finanzinstrumente im Rahmen der IFRS sind:

- Bewertung zum beizulegenden Zeitwert,
- Bewertung zu fortgeführten Anschaffungskosten mittels der Effektivzinsmethode und
- Bewertung zu historischen Kosten.

Kategorien

Sowohl IAS 39 als auch IFRS 9 differenzieren für die Festlegung der Folgebewertung zwischen verschiedenen Kategorien, in die zu bilanzierende Finanzinstrumente einzuordnen sind. Diese Kategorien orientieren sich am Charakter und an der Aufgabe der Finanzinstrumente innerhalb des Unternehmens. Die Art der Abgrenzung dieser Kategorien ist einer der zentralen Unterschiede zwischen IAS 39 und IFRS 9. Bevor darauf besonders eingegangen wird, sollen zuerst einige wichtige Aspekte der Folgebewertung dargestellt werden.

Schwankungen des beizulegenden Zeitwerts

Im Rahmen der Folgebewertung zum beizulegenden Zeitwert entstehen durch Schwankungen zwangsläufig auch Erträge oder Aufwendungen. Fraglich ist, ob diese tatsächlich dem Gewinn oder Verlust der Periode zuzurechnen sind. Es ist unklar, ob die unrealisierten aber jederzeit realisierbaren Erträge aus der Höherbewertung von Wertpapieren des Handelsbestandes Erträge der aktuellen Periode darstellen oder erst dann zu erfassen sind, wenn die Wertpapiere tatsächlich veräußert wurden. Es ist daher denkbar, die aus der Folgebewertung resultierenden Wertdifferenzen nicht unmittelbar GuV-wirksam, sondern GuV-neutral über das sonstige Ergebnis zu verbuchen. Durch die Wertänderungen bauen sich in diesem Fall durch den Abschluss des sonstigen Ergebnisses positive oder negative Eigenkapitalpositionen auf. Wenn ein entsprechendes Finanzinstrument die Bilanz verlässt, stellt sich die Frage, ob diese Eigenkapitalpositionen GuV-wirksam aufzulösen sind oder einfach in die Rücklagen umgebucht werden. Eine Auflösung würde sicherstellen, dass letztlich die Wertdifferenz zwischen Anschaffungskosten und Verkaufserlös im vollen Umfang GuV-wirksam wird und somit das Kongruenzprinzip (vgl. Kapitel 17) gewahrt bleibt. Dieses Verfahren wird auch als recycling bezeichnet.

Effektivzinsmethode

Neben dem beizulegenden Zeitwert spielt im Rahmen der Folgebewertung von Finanzinstrumenten die Effektivzinsmethode eine zentrale Rolle. Grundgedanke der Effektivzinsmethode ist die systematische Erfassung der Wertänderungen, die aus dem bloßen Verstreichen der Zeit resultieren. Besonders prägnant treten solche Wertänderungen bei Zerobonds zu Tage: Der Erwerber eines Zerobonds, also einer Anleihe ohne jährliche Zinszahlung, erhält zum Ende der Laufzeit mit dem Nominalwert der Anleihe mehr Geld, als er zum Erwerbszeitpunkt für die Anleihe bezahlt hat. Dieser Mehrwert entspricht der Verzinsung des eingesetzten Kapitals und entsteht über den Zeitraum, in dem der Erwerber die Anleihe hält. Die Effektivzinsmethode ermittelt nun Periode für Periode diesen Wertzuwachs und schreibt ihn dem Zerobond zu. In Analogie zur Folgebewertung des Sachanlagevermögens durch Abschreibungen wird auch hier von „fortgeführten" Anschaffungskosten gesprochen. In gleicher Weise ist auch zu verfahren, wenn die Nominalverzinsung einer Anleihe zwar größer Null, aber ungleich der Effektivverzinsung ist.

Im Anschluss werden nun zunächst die Regeln zur Folgebewertung nach IAS 39 geschildert. Darauf aufbauend wird in Abschnitt 4.3 die Folgebewertung nach IFRS 9 diskutiert.

4.2 Folgebewertung nach IAS 39

4.2.1 Klassifikation

Vier unterschiedliche Kategorien nach IAS 39

Bei der Klassifikation muss zuerst zwischen finanziellen Vermögenswerten und finanziellen Verbindlichkeiten differenziert werden. Sämtliche Verbindlichkeiten, die nicht zum Handelsbestand des Unternehmens gehören und die das bilanzierende Unternehmen nicht freiwillig zum beizulegenden Zeitwert bilanziert (s.u.), werden in einer separaten Gruppe als sonstige finanzielle Verbindlichkeiten zusammengefasst. Alle anderen Finanzinstrumente sind nach IAS 39.9 in eine der folgenden vier Kategorien einzuteilen:

- Ausleihungen und Forderungen (loans and receivables),
- bis zur Endfälligkeit gehaltene finanzielle Vermögenswerte (held-to-maturity investments),
- Finanzinstrumente, die GuV-wirksam zum beizulegenden Zeitwert folgebewertet werden (financial instruments at fair value through profit or loss) oder
- zur Veräußerung verfügbare finanzielle Vermögenswerte (available-for-sale financial assets).

Die sonstigen finanziellen Verbindlichkeiten, die in diese Klassifikation nicht passen, können somit als fünfte Kategorie von Finanzinstrumenten im Sinne von IAS 39 angesehen werden, auch wenn diese Kategorie dort nicht explizit aufgeführt wird.

Beizulegender Zeitwert ist vorherrschendes Bewertungskonzept

Welche Kategorie ist nun wie zu bewerten? IAS 39 fordert für eine Vielzahl von Finanzinstrumenten eine Folgebewertung zum beizulegenden Zeitwert. Neben der ersten Kategorie der Finanzinstrumente, die schon dem Namen nach GuV-wirksam zum beizulegenden Zeitwert bilanziert werden, sind auch alle finanziellen Vermögenswerte, die als zur Veräußerung verfügbar klassifiziert wurden, zum beizulegenden Zeitwert folgezubewerten. Bewertungsdifferenzen sind bei letzteren jedoch GuV-neutral zu verbuchen und werden erst bei Ausbuchung im Rahmen des recycling im Gewinn oder Verlust erfasst. Demgegenüber sind bis zur Endfälligkeit gehaltene finanzielle Vermögenswerte und Ausleihungen oder Forderungen des Unternehmens ebenso wie nicht zum beizulegenden Zeitwert zu bewertende finanzielle Verbindlichkeiten zu fortgeführten Anschaffungskosten mittels der Effektivzinsmethode zu bewerten[9]. Investitionen in Eigenkapitaltitel von anderen Unternehmen, für die kein aktiver Markt vorliegt und deren beizulegender Zeitwert nicht verlässlich gemessen werden kann, sowie Derivate auf solche Eigenkapitaltitel, sind zu historischen Kosten zu bewerten. Ein Beispiel für solche Eigenkapitaltitel sind schwer bewertbare GmbH-Anteile.

Im Folgenden werden die einzelnen Kategorien beschrieben. Eine zusammenfassende Darstellung der Klassifizierung findet sich in Abbildung 19.1.

4.2.2 Ausleihungen und Forderungen (loans and receivables)

Nur für finanzielle Vermögenswerte ohne aktiven Markt

Diese Gruppe umfasst nur finanzielle Vermögenswerte. Bei den hierunter fallenden Instrumenten handelt es sich um Ausleihungen, bei denen das Unternehmen als Gläubiger fungiert. Dies kann auch bei Industrieunternehmen der Fall sein, wenn z.B. Kunden mehrjährige Zahlungsziele eingeräumt werden.

9 Eine Ausnahme hiervon stellen lediglich Verbindlichkeiten dar, die im Zuge der Bilanzierung eines Abgangs von anderen Finanzinstrumenten entstehen. Vgl. hierzu Abschnitt 6 dieses Kapitels.

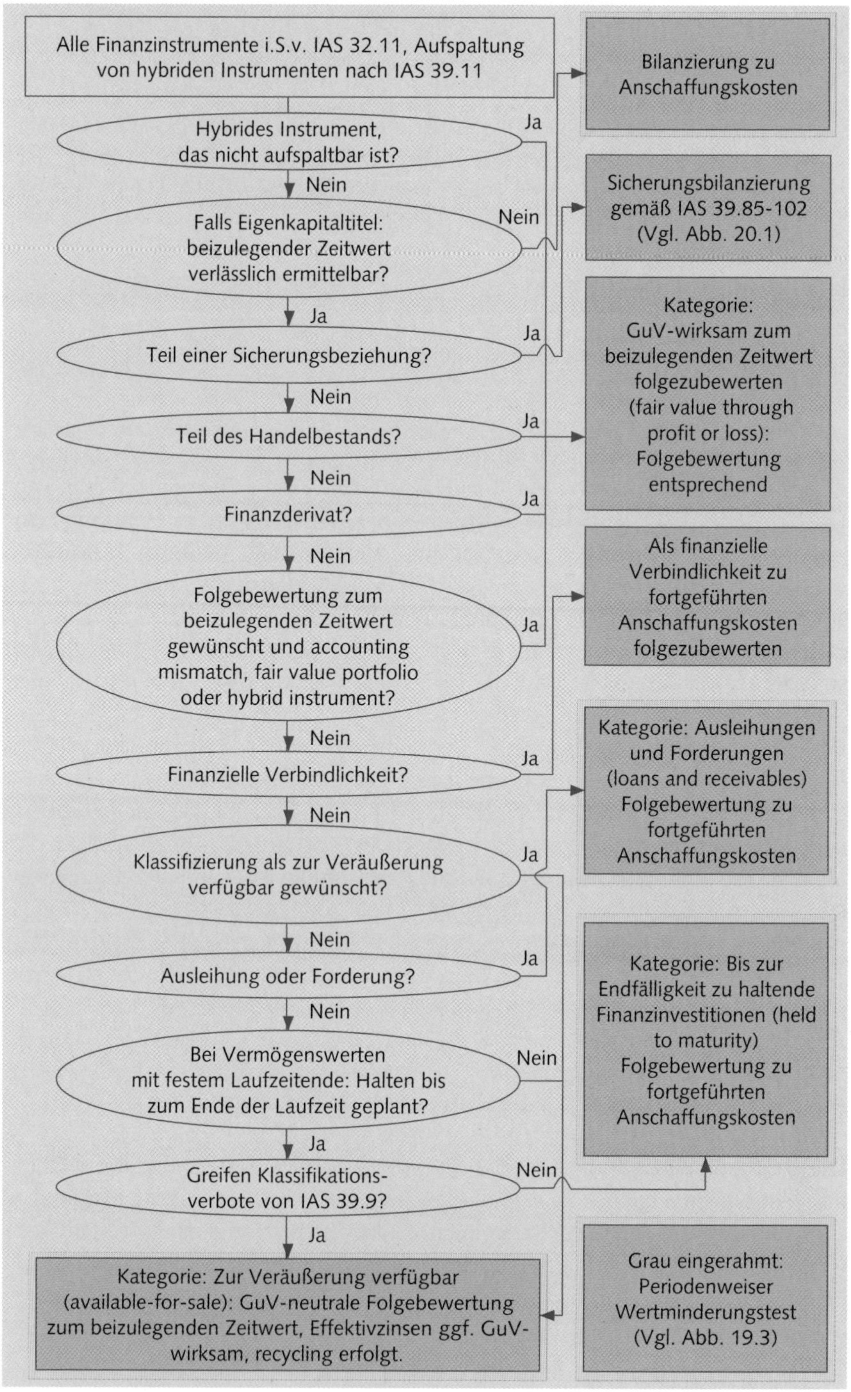

Abb. 19.1: Ablaufschema zur Klassifizierung von Finanzinstrumenten nach IAS 39

Nach IAS 39.9 werden in diese Kategorie allerdings nur Finanzinstrumente aufgenommen, die nicht an einem aktiven Markt notiert werden. Dementsprechend fällt eine vom bilanzierenden Unternehmen erworbene Anleihe nicht in diese Kategorie, wenn ihr Kurs an einer Börse regelmäßig festgestellt wird. Ein weiteres wesentliches Merkmal für Ausleihungen und Forderungen ist, dass sie feste oder klar determinierbare Zahlungen festschreiben. Das heißt: Ein variabel verzinslicher Kredit ist eine Ausleihung im Sinne dieser Definition. Außerdem dürfen die Vermögenswerte nicht der Definition des Handelsbestandes genügen.

Gemäß IAS 39.9 sind alle finanziellen Vermögenswerte in diese Kategorie einzusortieren, welche die obige Definition erfüllen und für die das bilanzierende Unternehmen weder das Wahlrecht zur GuV-wirksamen Folgebewertung zum beizulegenden Zeitwert ausübt (Fair Value-Option) noch eine Klassifikation als zur Veräußerung verfügbar vornimmt.

4.2.3 Bis zur Endfälligkeit gehaltene finanzielle Vermögenswerte (held-to-maturity investments)

Begrenzte Laufzeit und determinierte Zahlungen notwendig

Schon der Name der Kategorie verrät die zentralen Bedingungen für eine Einordnung von finanziellen Vermögenswerten in diese Kategorie:

- Es muss sich um finanzielle Vermögenswerte handeln, die eine feste Endfälligkeit aufweisen. Des Weiteren müssen sämtliche Zahlungen fest oder zumindest klar determinierbar sein. Letzteres gilt z.B. für variabel verzinsliche Anleihen. Aus diesen Bedingungen folgt eindeutig, dass normale Stammaktien keine bis zur Endfälligkeit gehaltene Finanzinvestition darstellen können.
- Das Unternehmen muss weiterhin die Absicht und auch die Fähigkeit besitzen, diese finanziellen Vermögenswerte bis zum Ende der Laufzeit zu halten.
- Es darf sich nicht um Ausleihungen oder Forderungen handeln.

Ungeachtet davon, ob ein bestimmter Vermögenswert die oben stehenden Bedingungen erfüllt, hat das bilanzierende Unternehmen weiterhin die Möglichkeit, entweder das Wahlrecht zur GuV-wirksamen Folgebewertung zum beizulegenden Zeitwert wahrzunehmen (Fair Value-Option) oder den Vermögenswert als zur Veräußerung verfügbar zu klassifizieren.

Strafe bei Reklassifizierung

Um zu verhindern, dass ein Vermögenswert fälschlich als bis zur Endfälligkeit gehalten klassifiziert wird, gibt es in IAS 39.9 und 39.AG16-AG25 eine Reihe von Vorschriften, die einerseits erläutern, wann keine hinreichende Absicht oder Möglichkeit zum Halten bis zur Endfälligkeit unterstellt werden kann. Andererseits wird das vorzeitige Verkaufen von bis zur Endfälligkeit gehaltenen Finanzinvestitionen mit einem Verbot „bestraft", überhaupt noch Finanzinstrumente so zu klassifizieren. Dieses Verbot gilt für die aktuelle und die folgenden zwei Perioden (vgl. auch den Exkurs „Reklassifizierung").

Beispiel 19.5

Eine Staatsanleihe mit dreijähriger Restlaufzeit, einem rückzahlbaren Nominalwert von 10.000 € und einer Nominalverzinsung von 4 %, jeweils zum 31.12., wird zum 31.12.2010 nach Zinszahlung zu 9.500 € erworben. Aus diesen Informationen lässt sich folgende Zahlungsreihe ableiten:

Jahr	**2010**	**2011**	**2012**	**2013**
Zahlung [€]	-9.500	+400	+400	+10.400

Wie ist diese Anleihe unter Vernachlässigung von latenten Steuern erst- und folgezubewerten? Es ist davon auszugehen, dass die Anleihe vom bilanzierenden Unternehmen nach IAS 39 als bis zur Endfälligkeit gehalten klassifiziert wird.

Lösung

Es ist leicht zu erkennen, dass die Effektivverzinsung dieser Anleihe über 4 % liegt, schließlich liegt das Anfangsinvestment unter dem Rückzahlungsbetrag von 10.000 €. Der Effektivzinssatz entspricht dem internen Zinsfuß der Zahlungsreihe und beträgt ca. 5,87 %.

Wie sind nun die fortgeführten Anschaffungskosten für die kommenden Perioden unter Verwendung der Effektivzinsmethode zu ermitteln? Der Buchwert der Anleihe muss in jeder Periode so zugeschrieben werden, dass der Effektivzins konstant bleibt. Dies stellt sicher, dass der Wertansatz der Anleihe bis auf den Zeiteffekt dem Erstansatzwert der Anleihe entspricht, dass also die Anschaffungskosten korrekt fortgeführt werden. Eine konstante Effektivverzinsung wird sichergestellt, indem der neue Buchwert so bestimmt wird, dass eine hypothetische Zahlungsreihe mit dem neuen Buchwert als Investitionsauszahlung einen internen Zinsfuß in Höhe der Effektivverzinsung ausweist. Dies sei für die oben gegebene Zahlungsreihe für den Zeitpunkt Ende 2011 erläutert: Gesucht ist hier ein Buchwert für den gilt:

$$\text{-Buchwert} + 400\,€ / 1{,}0587 + 10.400\,€ / 1{,}0587^2 = 0.$$

Die Lösung dieser Gleichung findet sich bei einem Buchwert von 9.657,26 €. Alternativ lässt sich das gleiche Ergebnis bei bekanntem Buchwert der Vorperiode und internem Zins auch ermitteln, indem der alte Buchwert aufgezinst und die nominelle Zinszahlung abgezogen wird. Für Ende 2011 ergibt sich so: 9.500 € · 1,0587 - 400 € = 9.657,26 €. Um die Anleihe auf diesen Buchwert, also auf die fortgeführten Anschaffungskosten für das Jahr 2011 zuzuschreiben, ist ein dementsprechender Zinsertrag zu buchen. Für das Jahr 2012 betragen die fortgeführten Anschaffungskosten der Anleihe 9.823,75 € (10.400 € / 1,0587).

Aus diesen Daten ergeben sich folgende Buchungssätze:

2010:

Wertpapier *an* *Bank* *9.500 €*

2011:

Bank	*an*	*Zinsertrag*	*400 €*
Wertpapier	*an*	*Zinsertrag*	*157,26 €*

2012:

Bank	*an*	*Zinsertrag*	*400 €*
Wertpapier	*an*	*Zinsertrag*	*166,49 €*

2013:

Bank	*an*	*Zinsertrag*	*400 €*
Wertpapier	*an*	*Zinsertrag*	*176,25 €*
Bank	*an*	*Wertpapier*	*10.000 €*

Zu beachten ist, dass aus der Effektivzinsmethode in jedem Kalenderjahr ein Zinsergebnis resultiert, welches genau der Effektivverzinsung der Anleihe entspricht. So beträgt im Kalenderjahr 2011 der Zinsertrag 557,26 €. Dies sind 5,87 % von 9.500 €. Der jeweilige Buchwert der Anleihe entspricht ihrem theoretischen Marktwert, wenn Marktzins und Bonität des Schuldners konstant bleiben.

4.2.4 Finanzinstrumente, die GuV-wirksam zum beizulegenden Zeitwert folgebewertet werden (financial instruments at fair value through profit or loss)

Zwei Subkategorien

Diese Kategorie umfasst zwei unterschiedliche Gruppen von Finanzinstrumenten: Alle Finanzinstrumente des Handelsbestands *müssen* in diese Gruppe einsortiert werden, bestimmte andere Finanzinstrumente *können* in diese Gruppe einsortiert werden. Änderungen des beizulegenden Zeitwerts werden in der Gesamtergebnisrechnung GuV-wirksam erfasst.

Handelsbestand

Zum Handelsbestand gehören alle Finanzinstrumente,

- die primär mit der Absicht einer kurzfristigen Veräußerung erworben bzw. eingegangen wurden,
- die Teil eines gemeinsam verwalteten Portfolios von Finanzinstrumenten sind, wobei das erkennbare Ziel der Portfolioverwaltung darin besteht, kurzfristige Gewinne zu erzielen, oder
- die derivativ sind und nicht Teil einer nach IAS 39 zu bilanzierenden Sicherungsbeziehung (vgl. Kapitel 20) darstellen.

Fair Value-Option

Das Klassifizierungswahlrecht für andere Finanzinstrumente ist international unter dem Begriff Fair Value-Option geläufig. Diese Option erlaubt für drei Arten von Finanzinstrumenten wahlweise die Klassifikation in die Kategorie der GuV-wirksam zum beizulegenden Zeitwert folgezubewertenden Finanzinstrumente:

- Hybride Finanzinstrumente, die gemäß IAS 39.11 aufzuspalten wären und deren eingebettetes Derivat die Zahlungsreihe wesentlich beeinflusst (IAS 39.11A), sowie
- Finanzinstrumente, deren GuV-wirksame Folgebewertung zum beizulegenden Zeitwert helfen würde, eine bewertungsbedingte Verzerrung zu vermeiden. Dies wäre zum Beispiel der Fall, wenn die zinsbedingte Wertentwicklung von bestimmten Aktiva perfekt negativ mit der zinsbedingten Wertentwicklung von bestimmten Passiva korrelierte, die Aktiva GuV-wirksam zum Marktwert bewertet würden, die Passiva allerdings zu (fortgeführten) Anschaffungskosten.
- Finanzinstrumente, die in einem Portfolio von ähnlichen Instrumenten auf Basis ihres beizulegenden Zeitwerts gesteuert werden.

Ausgenommen hiervon sind generell Eigenkapitaltitel, für die kein aktiver Markt besteht und für die auch anderweitig kein verlässlicher beizulegender Zeitwert bestimmbar ist (vgl. IAS 39.46(c) und 39.AG80-AG81).

4.2.5 Zur Veräußerung verfügbare finanzielle Vermögenswerte (available-for-sale financial assets)

Residualkategorie

Alle finanziellen Vermögenswerte, die nicht in eine der anderen drei Kategorien eingeteilt wurden, werden als zur Veräußerung verfügbar klassifiziert. Hierbei ist allerdings zu beachten, dass auch Vermögenswerte, welche die Definition einer Ausleihung, einer Forderung oder einer bis zur Endfälligkeit gehaltenen Finanzinvestition erfüllen, als zur Veräußerung verfügbar klassifiziert werden können, wenn das bilanzierende Unternehmen dies wünscht. Lediglich Vermögenswerte, die zu Handelszwecken gehalten werden, können nicht als zur Veräußerung verfügbar definiert werden.

Grundsätzlich GuV-neutrale Erfassung der Wertschwankungen mit recycling

Wertschwankungen des beizulegenden Zeitwerts von als zur Veräußerung verfügbar klassifizierten finanziellen Vermögenswerten werden GuV-neutral über das sonstige Ergebnis abgebildet. Wertschwankungen, die sich durch die Änderungen von Wechselkursen ergeben, sollen allerdings nach IAS 21 GuV-wirksam behandelt werden, wenn es sich bei dem Finanzinstrument um eine monetäre Position im Sinne von IAS 21 handelt (vgl. Kapitel 22) und wenn dieses Finanzinstrument nicht Teil einer Sicherungsbeziehung (vgl. Kapitel 20) ist. Monetäre Positionen im Sinne von IAS 21.8 i.V.m. IAS 21.16 sind neben Devisen z.B. Forderungen und Anleihen, nicht jedoch Eigenkapitaltitel anderer Unternehmen (vgl. IAS 39.AG83). Dividenden sind unabhängig von der Bewertungsmethode des grundlegenden Finanzinstruments GuV-wirksam zu erfassen, wenn das bilanzierende Unternehmen einen Rechtsanspruch auf sie hat (IAS 18.30(c)). Finanzinstrumente, die als zur Veräußerung verfügbar klassifiziert wurden, können zugleich auch Gegenstand der Folgebewertung mit der Effektivzinsmethode sein. In diesem Fall müssen die Wertänderungen, die aus einer Fortführung der Anschaffungskosten unter Anwendung der Effektivzinsmethode entstehen, GuV-wirksam erfasst werden. Wenn ein als zur Veräußerung verfügbar klassifizierter Vermögenswert die Bilanz verlässt, sind die aus den Wertänderungen entstandenen positiven oder negativen Eigenkapitalpositionen im Rahmen des recycling GuV-wirksam in der Gesamtergebnisrechnung aufzulösen (IAS 39.26).

Beispiel 19.6

Das bilanzierende Unternehmen hält eine geringfügige Eigenkapitalbeteiligung, die nach IAS 39 zu bewerten ist. Die Wertentwicklung der Beteiligung ist der folgenden Tabelle zu entnehmen.

Jahr [T€]	**2010**	**2011**	**2012**
AK/beizulegender Zeitwert 01.01.2010	500	—	—
beizulegender Zeitwert 31.12.	600	400	—
Verkaufserlös 01.07.2012	—	—	470

Der Steuersatz betrage 25 %[10]. Zum 31.12.2011 wird von einer dauerhaften Wertminderung ausgegangen, die steuerlich zu einer Teilwertabschreibung führt[11]. Wie ist diese Eigenkapitalposition zu bilanzieren, wenn sie als GuV-wirksam zum beizulegenden Zeitwert zu bilanzieren klassifiziert wird und wie, wenn sie als zur Veräußerung verfügbar klassifiziert wird?

Lösung – GuV-wirksam zum beizulegenden Zeitwert

Wenn der Eigenkapitaltitel freiwillig als GuV-wirksam zum beizulegenden Zeitwert folgezubewerten klassifiziert wird, sind alle Wertschwankungen unmittelbar GuV-wirksam zu erfassen. Wenn Ende 2010 der Wertansatz 100 T€ über dem steuerrechtlichen Wert liegt, ist eine passive latente Steuer GuV-wirksam zu buchen. Im Folgejahr gleichen sich steuerlicher Wert und bilanzieller Wert wieder an, die Steuerlatenz ist somit GuV-wirksam aufzulösen. Die Buchungen lauten also:

01.01.2010:

Wertpapier	*an*	*Bank*	*500 T€*

31.12.2010:

Wertpapier	*an*	*sonst. betr. Ertrag*	*100 T€*
Steueraufwand	*an*	*passive latente Steuer*	*25 T€*

10 Hier und im Folgenden wird von der realiter bestehenden teilweisen Steuerfreiheit von Kapitalerträgen abstrahiert.

11 Es soll hier davon ausgegangen werden, dass keine Wertminderung nach IAS 39 vorliegt; vgl. hierzu Abschnitt 5 dieses Kapitels.

31.12.2011:				
Sonst. betr. Aufwand		*an*	*Wertpapier*	*200 T€*
Passive latente Steuer		*an*	*Steuerertrag*	*25 T€*
01.07.2012:				
Bank	*470 T€*	*an*	*Wertpapier*	*400 T€*
			sonst. betr. Ertrag	*70 T€*

Lösung – Zur Veräußerung verfügbar

Wird der Eigenkapitaltitel als zur Veräußerung verfügbar klassifiziert, sind die Wertschwankungen GuV-neutral im sonstigen Ergebnis zu erfassen. Zur Verdeutlichung soll das relevante Erfolgskonto hier als „sonstiges Ergebnis (OCI FI)" bezeichnet werden. Dementsprechend sind bei Bewertungsunterschieden zur Steuerbilanz GuV-neutral latente Steuern zu bilden. Ein besonderer Fall ergibt sich allerdings, wenn 2011 eine GuV-neutrale Abwertung nach IAS 39 in der Steuerbilanz GuV-wirksam durchgeführt wird. Auch wenn streng genommen zum 31.12.2011 keine Temporary Difference zwischen IFRS-Wertansätzen und steuerlichen Wertansätzen vorliegt, da keine Bestandsdifferenzen existieren, scheint wohl dennoch eine GuV-wirksame passive latente Steuer sinnvoll, da sehr wohl eine Timing Difference besteht (vgl. Kapitel 8). Schließlich ist das steuerrechtliche Ergebnis aufgrund der Teilwertabschreibung um 100 T€ geringer als der IFRS-Gewinn. Im Jahr 2012 kehrt sich die Timing Difference um: Das steuerrechtliche Ergebnis aus der betrachteten Transaktion beträgt +70 T€, während ein IFRS-Ergebnis von -30 T€ vorliegt. Die Steuerrückstellung ist demnach wieder GuV-wirksam aufzulösen. Die Buchungssätze lauten:

01.01.2010:				
Wertpapier		*an*	*Bank*	*500 T€*
31.12.2010:				
Wertpapier		*an*	*sonst. Ergebnis (OCI FI)*	*75 T€*
			passive latente Steuer	*25 T€*
31.12.2011:				
Sonst. Ergeb. (OCI FI)	*175 T€*			
Passive latente Steuer	*25 T€*	*an*	*Wertpapier*	*200 T€*
Steueraufwand		*an*	*passive latente Steuer*	*25 T€*
01.07.2012:				
Bank	*470 T€*			
Sonst. betr. Aufwand	*30 T€*	*an*	*Wertpapier*	*400 T€*
			sonst. Ergebnis (OCI FI)	*100 T€*
Passive latente Steuer		*an*	*Steuerertrag*	*25 T€*

Ein weiteres Beispiel zeigt die Anwendung der Effektivzinsmethode im Rahmen der Folgebewertung einer ausländischen Anleihe, die als zur Veräußerung verfügbar klassifiziert wurde. Zudem verdeutlicht dieses Beispiel die gleichzeitige Behandlung von Währungsumrechnungsdifferenzen bei monetären Vermögenswerten (vgl. Kapitel 22).

Kombination mit Effektivzinsmethode

Beispiel 19.7

Die Invest AG erwirbt am 31.12.2010 eine festverzinsliche, börsennotierte Anleihe mit einer Restlaufzeit von 2 Jahren für 963 TUS-$. Der Nominalzinssatz beträgt 4 %. Die Zinsen werden zum 31.12. jedes Jahres gezahlt, auf die Zinsen zum 31.12.2010 hat die Invest AG allerdings keinen Anspruch mehr. Der Rückzahlungsbetrag der Anleihe liegt bei 1 Mio. US-$. Die Invest AG klassifiziert die Anleihe als zur Veräußerung verfügbar. Am 01.01.2012 wird die Anleihe zum aktuellen Börsenkurs verkauft. Die fortgeführten Anschaffungskosten, die von den fortgeführten Anschaffungskosten unabhängige Entwicklung des beizulegenden Zeitwerts der Anleihe sowie der US-$/€-Wechselkurs sind der folgenden Tabelle zu entnehmen.

Zeitpunkt	**31.12.2010**	**31.12.2011 = 01.01.2012**
Kurs US-$/€	1,00	1,10
fortgeführte Anschaffungskosten (Effektivzins 6 %; ex Zinscoupon [TUS-$])	963	981
fortgeführte Anschaffungskosten (Effektivzins 6 %; ex Zinscoupon [T€])	963	892
beizulegender Zeitwert (ex Zinscoupon in [TUS-$])	963	984
beizulegender Zeitwert (ex Zinscoupon in [T€])	963	894

Wie hat die Verbuchung der Anleihe unter Vernachlässigung von latenten Steuern zu erfolgen?

Lösung
Da am 31.12.2010 Euro-Dollar-Parität herrscht, entfällt eine Umrechnung des Kaufkurses. Der erste Buchungssatz lautet also:

31.12.2010:

Wertpapier	*an*	*Bank*	*963 T€*

Am Ende des nächsten Jahres sind zunächst die Zinserträge zu buchen. Da der Dollar abgewertet wurde, erfolgt dies allerdings zum niedrigeren Eurobetrag von 40 TUS-$ / 1,10 US-$/€ = 36 T€.

31.12.2011:

Bank	*an*	*Zinsertrag*	*36 T€*

Wie IAS 39.55(b) fordert, ist das Wertpapier nun zunächst GuV-wirksam auf die fortgeführten Anschaffungskosten zuzuschreiben. Dies geschieht gemäß IAS 39.AG83 zunächst noch zum alten, paritätischen Dollarkurs (981 T€ - 963 T€):

Wertpapier	*an*	*Zinsertrag*	*18 T€*

Der Buchwert des Wertpapiers entspricht nun den fortgeführten Anschaffungskosten vom 31.12.2011, allerdings zum alten, paritätischen US-$ Kurs vom 31.12.2010. Nun ist die Währungsumrechnungsdifferenz gemäß IAS 39.55(b) i.V.m. 21.23(a) und 21.28 GuV-wirksam zu erfassen. Die fortgeführten Anschaffungskosten sind also mit dem neuen US-$ Kurs umzurechnen (892 T€ - 981 T€).

Aufw. aus Währungsumrechnung	*an*	*Wertpapier*	*89 T€*

Als letzter Bewertungsschritt für das Geschäftsjahr 2011 erfolgt nun die GuV-neutrale Bewertung zum beizulegenden Zeitwert. Hier wird nun nicht mehr zwischen kursinduzierten und währungsinduzierten Wertschwankungen differenziert:

Wertpapier	*an*	*sonst. Ergebnis (OCI FI)*	*2 T€*

Mit Anfang des Jahres 2012 wird das Wertpapier annahmegemäß zum aktuellen beizulegenden Zeitwert und damit zum Buchwert verkauft. Somit ist die im letzten Jahr aus dem sonstigen Ergebnis gebildete EK-Position (Neubewertungsrücklage) GuV-wirksam aufzulösen.

01.01.2012:

Bank	*an*	*Wertpapier*	*894 T€*
Neubewertungsrücklage FI	*an*	*Zinsertrag*	*2 T€*

Exkurs

Hybride Finanzinstrumente

Ein hybrides Finanzinstrument besteht aus einem nicht-derivativen Basisvertrag und mindestens einem eingebetteten Finanzderivat. Beide Teile sind rechtlich nicht separierbar, denn sonst wären sie separate Finanzinstrumente.

Ein prominentes Beispiel für ein solches hybrides Finanzinstrument ist eine Wandelanleihe. Eine Wandelanleihe besteht aus zwei Komponenten:

- Einer normalen Unternehmensanleihe als Basisvertrag, bei der der Emittent für die zeitweise Überlassung eines Geldbetrags einen bestimmten, in der Regel fixen Zinssatz garantiert und den überlassenen Geldbetrag nach dem Ende der Laufzeit wieder zurückzahlt.
- Die zweite Komponente besteht in einem Wandlungsrecht als eingebettetes Finanzderivat, also einer Kaufoption des Halters auf Eigenkapitaltitel i.d.R. des Emittenten. Wenn der Halter die Kaufoption wahrnimmt, erhält er für eine bestimmte Zuzahlung und Hingabe seiner Anleihe eine bestimmte Zahl von Aktien.

Da es sich bei dem Wandlungsrecht um eine Option, also um ein Finanzderivat handelt, ist eine Wandelanleihe ein hybrides Finanzinstrument im Sinne von IAS 39.10 (IFRS 9.4.3.1). Die Wandeloption führt im Regelfall dazu, dass das Unternehmen nur einen unter dem Marktzins liegenden Zinssatz leisten muss. Das eingebettete Finanzderivat beeinflusst also die Zahlungsreihe des hybriden Finanzinstruments wesentlich. Die bilanzielle Behandlung von Wandelanleihen aus Sicht des emittierenden Unternehmens wird in IAS 32 behandelt.

Bilanzielle Behandlung nach IAS 39

Wie ist ein solches Finanzinstrument aus Sicht des Erwerbers zu klassifizieren? Während die erworbene Anleihe einen finanziellen Vermögenswert darstellt, ist das eingebettete Derivat für sich genommen dem Handelsbestand zuzuordnen. Nach IAS 39.11 muss ein solches eingebettetes Finanzderivat von seinem Basisvertrag hinsichtlich Ansatz und Bewertung immer dann getrennt werden, wenn folgende drei Bedingungen erfüllt sind:

- Die wirtschaftlichen Merkmale des eingebetteten Finanzderivats und die aus ihm resultierenden Risiken sind mit denen des Basisvertrags nicht eng verbunden.
- Das eingebettete Finanzderivat würde für sich genommen die Definition eines Finanzderivats nach IAS 39.9 erfüllen.
- Das hybride Instrument wird nicht als solches schon GuV-wirksam zum beizulegenden Zeitwert bewertet.

Die zweite Bedingung ist automatisch erfüllt, wenn das hybride Finanzinstrument richtig identifiziert wurde. Die letzte Bedingung verhindert, dass hybride Finanzinstrumente unnötig aufgespalten werden, wenn sie ohnehin GuV-wirksam zum beizulegenden Zeitwert bewertet werden. Da das bilanzierende Unternehmen nach der Fair Value-Option die Möglichkeit hat, hybride Finanzinstrumente ungeachtet ihrer originären Klassifizierung GuV-wirksam zum beizulegenden Zeitwert zu bewerten, können Unternehmen so die Aufspaltung von hybriden Finanzinstrumenten verhindern. Fraglich erscheint, wann und ggf. wie oft diese Aufspaltungsentscheidung getroffen werden muss bzw. kann. IFRIC 9 „Neubeurteilung eingebetteter Derivate" bestimmt, dass die Aufspaltungsentscheidung zum Vertragsabschluss getroffen werden muss. Eine spätere Revidierung dieser Entscheidung ist nur bei wesentlichen Änderungen der Vertragskonditionen möglich[12].

Regeln zur Aufspaltung

Zentrales Kriterium zur Bestimmung, welche hybriden Instrumente aufgespalten werden müssen, ist die Ähnlichkeit der wirtschaftlichen Merkmale von Basisvertrag und eingebettetem Derivat. Hinweise hierfür finden sich in IAS 39.AG30-AG33. Aus ihnen wird deutlich, dass die Aufspaltung von hybriden Instrumenten auch für Unternehmen außerhalb der Finanzbranche häufig relevant sein dürfte. So sind z.B. Wandelschuldverschreibungen ebenso aufzuspalten wie Kredite mit Verlängerungsoptionen, wenn die Verlängerung

12 Vgl. *Schmidt, M./Schreiber, S.*, IFRIC 9 „Neubeurteilung eingebetteter Derivate" – Darstellung und kritische Würdigung, in: KoR, 6. Jg. (2006), S. 445-451.

nicht zu am Verlängerungszeitpunkt gültigen Marktkonditionen erfolgt. Auch Warentermingeschäfte, die weder in der Währung des Liefer- oder Empfängerlandes noch in der weltweit vorherrschenden Handelswährung abgewickelt werden, beinhalten durch die Währungskonversion ein abzuspaltendes eingebettetes Derivat. Gleiches gilt für finanzielle Vermögenswerte, deren Verzinsung z.B. von Aktienindizes, Rohstoffpreisen oder erzielten Toren der deutschen Nationalmannschaft abhängt.

Bilanzielle Behandlung nach IFRS 9

Nach IFRS 9.4.3.3 sind nur noch hybride Finanzinstrumente aufzuspalten, deren Basisverträge keine finanziellen Vermögenswerte sind. Die Fair Value-Option bleibt erhalten. Stellt der Basisvertrag hingegen einen finanziellen Vermögenswert dar, so muss das hybride Finanzinstrument in seiner Gesamtheit beurteilt und nach den allgemeinen Regeln klassifiziert werden. Das dürfte regelmäßig dazu führen, dass diese Finanzinstrumente (z.B. Wandelanleihen) in die Kategorie des beizulegenden Zeitwerts einzusortieren sind.

4.3 Folgebewertung nach IFRS 9

4.3.1 Klassifikation

Nur noch zwei Kategorien für Finanzinstrumente

Im Vergleich zu IAS 39 wird die Klassifizierung von Finanzinstrumenten durch IFRS 9 vereinfacht. Finanzielle Vermögenswerte und Verbindlichkeiten müssen nur noch auf die beiden folgenden Kategorien aufgeteilt werden:

- Finanzinstrumente, die zu fortgeführten Anschaffungskosten folgebewertet werden (financial instruments at amortised cost),
- Finanzinstrumente, die zum beizulegenden Zeitwert folgebewertet werden (financial instruments at fair value).

Für die Einteilung in die Kategorie der fortgeführten Anschaffungskosten müssen besondere Bedingungen erfüllt sein. Alle übrigen Finanzinstrumente und solche, für die ein Unternehmen die Fair Value-Option ausübt, werden zum beizulegenden Zeitwert folgebewertet. Wertänderungen werden hierbei grundsätzlich GuV-wirksam erfasst. Nur in Einzelfällen wird die Folgebewertung GuV-neutral vorgenommen, wobei ein recycling nicht mehr stattfindet. Investitionen in Eigenkapitaltitel von anderen Unternehmen, für die kein aktiver Markt vorliegt und deren beizulegender Zeitwert nicht verlässlich gemessen werden kann, sowie Derivate auf solche Eigenkapitaltitel, werden unter bestimmten Bedingungen weiterhin zu Anschaffungskosten bewertet. Im Folgenden werden die beiden Kategorien beschrieben. Abbildung 19.2 gibt die Klassifizierungsschritte im Überblick wieder.

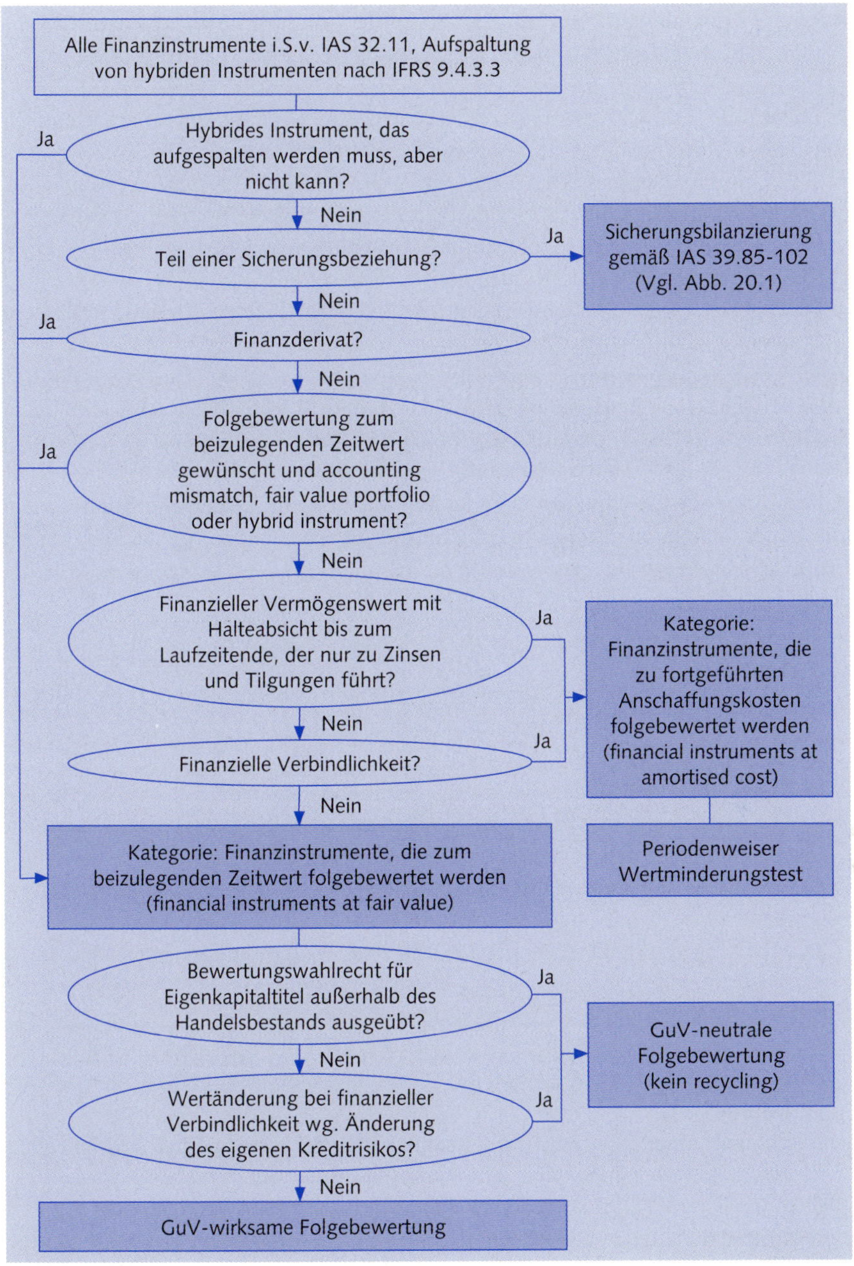

Abb. 19.2: Ablaufschema zur Klassifizierung von Finanzinstrumenten nach IFRS 9

4.3.2 Finanzinstrumente, die zu fortgeführten Anschaffungskosten folgebewertet werden (financial instruments at amortised cost)

Besondere Bedingungen für Klassifizierung

In diese Kategorie wird ein finanzieller Vermögenswert aufgenommen, wenn für ihn die beiden folgenden Bedingungen kumulativ erfüllt sind:

- Das Unternehmen hat die Absicht, den Vermögenswert (oder die Gruppe von Vermögenswerten, zu der er gehört) zu halten und die vertraglich vereinbarten Zahlungsströme zu vereinnahmen (Geschäftsmodellbedingung),
- der Vermögenswert ist so ausgestaltet, dass er nur zu zeitlich festgelegten Zahlungsströmen führt, die Zinsen und Tilgung für eine Kapitalüberlassung darstellen (Zahlungsstrombedingung).

Ebenso gehören grundsätzlich alle finanziellen Verbindlichkeiten, die keine Derivate darstellen, zu dieser Kategorie. Die Folgebewertung wird zu fortgeführten Anschaffungskosten vorgenommen. Sie erfolgt GuV-wirksam und unter Anwendung der Effektivzinsmethode. Wie im Folgenden dargestellt wird, kann ein Unternehmen allerdings unter bestimmten Umständen Finanzinstrumente beim Ansatz freiwillig zum beizulegenden Zeitwert folgebewerten und in die entsprechende Kategorie aufnehmen (Fair Value-Option).

4.3.3 Finanzinstrumente, die zum beizulegenden Zeitwert folgebewertet werden (financial instruments at fair value)

Neue Residualkategorie für finanzielle Vermögenswerte

Alle finanziellen Vermögenswerte, die nicht die beiden Bedingungen für die Kategorie der fortgeführten Anschaffungskosten erfüllen, sowie alle derivativen finanziellen Verbindlichkeiten (soweit sie nicht Teil einer nach IAS 39 zu bilanzierenden Sicherungsbeziehung sind), werden zum beizulegenden Zeitwert folgebewertet.

Fair Value-Option

Darüber hinaus kennt auch IFRS 9 eine Fair Value-Option. Danach können Finanzinstrumente in den folgenden drei Fällen beim Ansatz freiwillig in die Kategorie des beizulegenden Zeitwerts aufgenommen werden:

- Hybride Finanzinstrumente, die gemäß IFRS 9.4.3.3 aufzuspalten wären und deren eingebettetes Derivat die Zahlungsreihe wesentlich beeinflusst (IFRS 9.4.3.5).
- Finanzinstrumente, deren GuV-wirksame Folgebewertung zum beizulegenden Zeitwert helfen würde, eine bewertungsbedingte Verzerrung zu vermeiden. Dies wäre zum Beispiel der Fall, wenn die zinsbedingte Wertentwicklung von bestimmten Aktiva perfekt negativ mit der zinsbedingten Wertentwicklung von bestimmten Passiva korreliert, die Aktiva GuV-wirksam zum Marktwert bewertet werden, die Passiva allerdings zu (fortgeführten) Anschaffungskosten.
- Finanzielle Verbindlichkeiten, die in einem Portfolio von ähnlichen Instrumenten auf Basis ihres beizulegenden Zeitwerts gesteuert werden.

Folgebewertung grundsätzlich GuV-wirksam

Die Folgebewertung wird grundsätzlich GuV-wirksam vorgenommen. Eine generelle Ausnahme für die Bewertung von Eigenkapitaltiteln und deren Derivaten, für die kein aktiver Markt besteht und für die auch anderweitig kein verlässlicher beizulegender Zeitwert bestimmbar ist, kennt IFRS 9 im Gegensatz zur IAS 39 nicht. Allerdings ist in diesen Fällen weiterhin unter bestimmten Bedingungen die hilfsweise Bewertung zu historischen Kosten zulässig (vgl. IFRS 9.B5.4.14-17).

GuV-neutrale Bewertung in Ausnahmefällen

Es gibt zwei Fälle, in denen Änderungen des beizulegenden Zeitwerts nicht GuV-wirksam, sondern GuV-neutral über das sonstige Ergebnis verbucht werden. Zum einen kann ein Unternehmen für Eigenkapitaltitel, die nicht zum Handelsbestand gehören, bei deren Ansatz das Wahlrecht der GuV-neutralen Folgebewertung ausüben (IFRS 9.5.7.5). Dieses Wahlrecht kann für jeden Eigenkapitaltitel einzeln ausgeübt werden, muss dann allerdings über die Haltedauer beibehalten werden. Dividendenzahlungen sind weiterhin GuV-wirksam zu erfassen. Zum anderen muss bei finanziellen Verbindlichkeiten eine Änderung des beizulegenden Zeitwerts GuV-neutral verbucht werden, wenn diese durch eine Veränderung des Kreditrisikos der Verbindlichkeit entstanden ist. Nur wenn durch diese Vorgehensweise eine bewertungsbedingte Verzerrung geschaffen oder vergrößert werden würde (accounting mismatch), muss die Änderung GuV-wirksam erfasst werden. In beiden Fällen der GuV-neutralen Folgebewertung ist eine Auflösung der entsprechenden Eigenkapitalposition bei der Ausbuchung des jeweiligen Finanzinstruments (recycling) nicht mehr vorgesehen (vgl. hierzu auch das Beispiel 19.7).

Exkurs

Reklassifizierung

Die Klassifizierung der nach IAS 39 zu bilanzierenden Finanzinstrumente ist ein zentraler Bestandteil der gesamten Ansatz- und Bewertungsregeln. Um zu verhindern, dass Unternehmen die Vorteile einer bestimmten Kategorie situationsabhängig in Anspruch nehmen können, bietet es sich an, Reklassifizierungen, also ein Verschieben zwischen den Kategorien, zu verbieten oder nur sehr restriktiv zu erlauben. Entsprechend war die ursprüngliche Fassung von IAS 39 ausgestaltet, was anhand der Folgen für eine Reklassifizierung von bis zur Endfälligkeit gehaltenen finanziellen Vermögenswerten als zur Veräußerung verfügbar deutlich wird: Ein solcher Vorgang ist nach IAS 39.51 zwar möglich, er führt jedoch ebenso wie der direkte Verkauf aus der Kategorie der bis zur Endfälligkeit gehaltenen finanziellen Vermögenswerte zur zwangsweisen Umwidmung aller Vermögenswerte dieser Kategorie als zur Veräußerung verfügbar. Darüber hinaus darf das bilanzierende Unternehmen im laufenden und den folgenden zwei Geschäftsjahren keine Finanzinstrumente mehr als bis zur Endfälligkeit gehalten klassifizieren. Diese Konsequenzen dürften einem bilanzpolitisch motivierten Reklassifizierungswunsch erheblich entgegen wirken. Andere Reklassifizierungen waren gemäß der ursprünglichen Regeln in IAS 39 praktisch kaum möglich.

Reklassifizierung als Abbild sich ändernder ökonomischer Bedingungen

Die Kategorisierung nach IAS 39 ist jedoch maßgeblich von der Intention abhängig, die das Management eines Unternehmens mit dem Erwerb eines Finanzinstruments verfolgt. Sollte sich diese Intention wesentlich und vor allem nachhaltig ändern, kann es durchaus sinnvoll sein, diesen Grundsatz zu durchbrechen. Somit muss das IASB im Rahmen der Standardentwicklung regelmäßig abwägen, ob eine Möglichkeit zur Reklassifizierung sinnvoll sein könnte, um ein unverzerrtes Bild der wirtschaftlichen Absichten des Unternehmens zu bieten, oder ob dies zu große bilanzpolitische Spielräume zulässt.

Reklassifizierung durch politischen Druck

Im Zusammenhang mit der Finanzkrise wurde von betroffenen Unternehmen, vorwiegend aus der Finanzbranche, erheblicher lobbyistischer Druck auf das IASB ausgeübt mit dem Ziel, die Reklassifizierung von Finanzinstrumenten zu ermöglichen bzw. zu erleichtern. Als Grund wurde angeführt, dass die radikal geänderte Marktlage einen Wechsel der Haltestrategien und damit auch einen Wechsel der Bilanzierung unausweichlich gemacht hätte. Das IASB reagierte auf diese Diskussion mit einer sehr kurzfristigen und nicht dem due process entsprechenden Änderung von IAS 39 und IFRS 7, die im Schnellverfahren den Endorsement-Prozess der EU passierte und die Reklassifzierung erleichtern soll[13].

Im Ergebnis sieht IAS 39 zwar weiterhin vor, dass eine Reklassifizierung von Finanzinstrumenten, die im Rahmen der Fair Value-Option freiwillig als GuV-wirksam zum beizulegenden Zeitwert folgebewertet werden, ausgeschlossen bleibt (IAS 39.50(a) und (b)). Ebenso unmöglich ist darüber hinaus eine Umwidmung von Ausleihungen und Forderungen oder eine Reklassifizierung von Finanzinstrumenten als GuV-wirksam zum beizulegenden Zeitwert folgezubewerten. Zugleich wurden jedoch neue Spielräume zur Reklassifizierung geschaffen, die in Tabelle 19.2 zusammengefasst werden.

Umwidmungen aus dem Handelsbestand nur auf Basis eines „seltenen Umstandes"

Am umfangreichsten sind die Möglichkeiten zur Umwidmung bei Finanzinstrumenten des Handelsbestandes, welcher verpflichtend GuV-wirksam zum beizulegenden Zeitwert folgebewertet wird. Dies sollte jedoch nicht darüber hinwegtäuschen, dass diese Reklassifizierungen nur unter sehr restriktiven Voraussetzungen möglich sind. So muss zum einen nachgewiesen werden, dass die Finanzinstrumente nicht kurzfristig veräußert werden sollen (IAS 39.50(c)), zum anderen muss bei Reklassifizierungen als zur Veräußerung verfügbar oder als bis zur Endfälligkeit gehalten (gemäß IAS 39.50B) ein „seltener Umstand" vorliegen. Das IASB hat den Begriff des seltenen Umstands zwar nicht näher spezifiziert, die globale Finanzkrise kann jedoch als ein solcher Umstand gewertet werden. Dies verdeutlicht, dass eine Reklassifizierung das Ergebnis wirtschaftlich bedrohlicher Ausnahmesituationen

13 Vgl. zu der politischen Diskussion und zu der ökonomischen Relevanz der resultierenden Änderungen der Reklassifizierungsregeln *Bischof, J./Brüggemann, U./Daske, H.*, Relaxation of Fair Value Rules in Times of Crisis: An Analysis of Economic Benefits and Costs of the Amendment to IAS 39, Working Paper (2010), verfügbar unter: www.ssrn.com (Stand: 21.12.2010). Siehe auch: *Sellhorn, T./Hahn, S.*, Bilanzierung strukturierter Finanzprodukte vor dem Hintergrund aktueller Entwicklungen, in: IRZ, 5. Jg. (2010), S. 397-413.

bleiben muss. Eine Reklassifizierung aus dem Handelsbestand in die Kategorie der Ausleihungen und Forderungen ist hingegen nicht an eine derart restriktive Bedingung geknüpft. Allerdings verlangt IAS 39.50D in einem solchen Fall, dass das Finanzinstrument beim Erstansatz und unterstellter fehlender Handelsabsicht die Anforderungen dieser Kategorie erfüllt hätte und das nunmehr eine dauerhafte Halteabsicht besteht. In allen genanten Fällen ist der letzte zuverlässig ermittelbare beizulegende Zeitwert des Finanzinstruments vor der Reklassifizierung als neuer Wertansatz zu wählen (IAS 39.50C).

Ursprungskategorie	**Mögliche Umwidmungen**
Bis zur Endfälligkeit gehaltene finanzielle Vermögenswerte	Zur Veräußerung verfügbare finanzielle Vermögenswerte
Handelsbestand (Teil der Kategorie: Finanzinstrumente, die GuV-wirksam zum beizulegenden Zeitwert folgebewertet werden)	Ausleihungen und Forderungen
	Bis zur Endfälligkeit gehaltene finanzielle Vermögenswerte
	Zur Veräußerung verfügbare finanzielle Vermögenswerte
Zur Veräußerung verfügbare finanzielle Vermögenswerte	Ausleihungen und Forderungen
	Bis zur Endfälligkeit gehaltene finanzielle Vermögenswerte

Tab. 19.2: Möglichkeiten der Reklassifizierung nach IAS 39, nach: *Lüdenbach, N.*, in: Haufe IFRS-Kommentar, 8. Aufl. (2010), § 28, Rz. 184.

Umwidmung von als zur Veräußerung verfügbar klassifizierten Vermögenswerten

Während Reklassifizierungen aus dem Handelsbestand somit nur in äußerst seltenen Fällen durchführbar sind, können Reklassifizierungen aus der Kategorie der zur Veräußerung verfügbaren Vermögenswerte heraus vergleichsweise einfach durchgeführt werden. So schreibt IAS 39.50E im Falle der Reklassifizierung in die Kategorie Ausleihungen und Forderungen wiederum nur vor, dass beim Erstansatz und unterstellter Halteabsicht bereits eine Eingliederung in diese Kategorie möglich gewesen wäre und nunmehr nachweislich eine dauerhafte Halteabsicht besteht. Im Falle der Reklassifizierung als bis zur Endfälligkeit gehaltene finanzielle Vermögenswerte muss das Unternehmen lediglich die dauerhafte Halteabsicht aufzeigen. Als neuer Wertansatz ist auch in diesen Fällen der letzte zuverlässig ermittelbare beizulegende Zeitwert vor der Reklassifizierung zu wählen. Die bereits im sonstigen Ergebnis akkumulierten Wertänderungen sind gemäß IAS 39.54 wie folgt zu behandeln:

- Bei Vermögenswerten mit fester Restlaufzeit wird die korrespondierende Eigenkapitalposition über diesen Zeitraum GuV-wirksam aufgelöst. Der aus dem Wertansatz zum beizulegenden Zeitwert und dem Rückzahlungsbetrag am Laufzeitende resultierende Unterschied wird analog zum normalen Verfahren der fortgeführten Anschaffungskosten gemäß der Effektivzinsmethode über die Perioden der Laufzeit als Zinsanpassung verteilt.
- Bei Finanzinstrumenten ohne feste Laufzeit bleibt die korrespondierende Eigenkapitalposition unangetastet, bis das Finanzinstrument die Bilanz verlässt. Erst dann wird sie GuV-wirksam aufgelöst.

Reklassifizierungen nach IFRS 9

Demgegenüber sind die Möglichkeiten zur Reklassifizierung finanzieller Vermögenswerte gemäß IFRS 9.4.9 vergleichsweise einfach[14]. Eine Reklassifizierung zwischen den beiden Kategorien, die nach IFRS 9 nur noch bestehen, ist bei Änderung des Geschäftsmodells jederzeit möglich. Allerdings verengt IFRS 9.B5.9 die Bedingung darauf, dass die Geschäftsleitung des Unternehmens die Änderung des Geschäftsmodells auf Grund signifikant veränderter interner oder externer Rahmenbedingungen zum Zeitpunkt der Reklassifizierung bereits beschlossen haben muss. Zudem muss die Änderung des Geschäftsmodells gegenüber externen Adressaten nachweisbar sein. Gemäß IFRS 9.5.3.2 führt eine Reklassifizierung in die Kategorie des beizulegenden Zeitwerts dazu, dass die Differenz zwischen dem letzten Buchwert und dem beizulegenden Zeitwert am Tag der Reklassifizierung GuV-wirksam erfasst wird. Eine Reklassifizierung in die Kategorie der fortgeführten Anschaffungskosten bleibt hingegen gemäß IFRS 9.5.3.3 zunächst ohne Ergebniswirkung, da der letzte zuverlässig ermittelbare beizulegende Zeitwert vor der Reklassifizierung als Wertansatz übernommen wird.

5 Wertminderung von finanziellen Vermögenswerten

Werthaltigkeitstest jede Periode

Neben der normalen Folgebewertung sind alle finanziellen Vermögenswerte, die nicht GuV-wirksam zum beizulegenden Zeitwert bilanziert werden, nach IAS 39.58 zu jedem Bilanzstichtag auf Ihre Werthaltigkeit zu überprüfen[15]. Falls eine Wertminderung festgestellt wird, ist der Vermögenswert abzuschreiben.

14 Vgl. für eine ausführliche Darstellung der Regelungen bspw. *Wiese, R./Spindler, M.*, IFRS 9 Financial Instruments: Neuregelungen zur Umklassifizierung finanzieller Vermögenswerte, in: PiR, 6. Jg. (2010), S. 341-347.

15 IFRS 9 enthält noch keine Vorschriften zu Wertminderungen. Allerdings wurde im November 2009 ein Exposure Draft „Financial Instruments: Amortised Cost and Impairment" veröffentlicht. Vgl. hierzu den Exkurs „Wertminderung nach IFRS 9" in diesem Abschnitt.

Diese Prüfung auf Wertminderung kann auch ganze Gruppen von finanziellen Vermögenswerten umfassen.

Zweistufige Vorgehensweise

Der in Abbildung 19.3 wiedergegebene Ablauf der Wertminderungsprüfung ist in zwei Stufen gegliedert. Zunächst sind alle nicht GuV-wirksam zum beizulegenden Zeitwert bewerteten Vermögenswerte zum Bilanzstichtag einzeln oder in Gruppen daraufhin zu untersuchen, ob objektive Hinweise auf eine Wertminderung vorliegen.

1. Stufe: Identifikation von objektiven Hinweisen

Ein objektiver Hinweis ist immer das Ergebnis eines Ereignisses, welches nach dem Ansatz des Vermögenswerts stattgefunden hat und das zu einer verlässlich messbaren Änderung der erwarteten künftigen Zahlungsströme führt (wie z.B. ein eröffnetes Insolvenzverfahren). Ein künftiges Ereignis (wie z.B. die erwartete Eröffnung eines Insolvenzverfahrens) kann nie einen objektiven Hinweis auslösen, egal wie wahrscheinlich es ist. Diese Vorgehensweise wird in der internationalen Diskussion auch als incurred loss model bezeichnet und von dem sog. expected loss model abgegrenzt. Der gemeinsame Effekt von mehreren Ereignissen kann einen objektiven Hinweis darstellen. Alle finanziellen Vermögenswerte, die zu fortgeführten Anschaffungskosten bilanziert werden, sind, auch wenn sich bei individueller Betrachtung kein Hinweis auf Wertminderung ergibt, nach IAS 39.64 nochmals in einer Gruppe mit ähnlichen Instrumenten zusammengefasst auf eine gruppenweite Wertminderung zu überprüfen.

Verfahren eröffnet bilanziellen Spielraum

IAS 39 präsentiert keine abschließende Liste der Sachverhalte, die als objektive Hinweise für das Vorliegen einer Wertminderung angesehen werden können. Somit verbleibt ein gewisser Spielraum beim Bilanzierer, wann diese Hinweise als gegeben anzunehmen sind. Von den in IAS 39.59 aufgeführten Beispielen zielen die meisten auf das Vorliegen von deutlichen finanziellen Schwierigkeiten des Emittenten ab. So gelten folgende Ereignisse als objektive Hinweise:

- Vertragsbruch, wie Zahlungsverzug oder kompletter Ausfall des Schuldendienstes.
- Kreditgeber des Emittenten haben bereits Zugeständnisse gemacht, die sie bei liquiden Emittenten nicht eingegangen wären.
- Es besteht, durch ein konkretes Ereignis (z.B. Eröffnung des Insolvenzverfahrens) belegt, Konkurs- oder sonstige finanziell bedingte Reorganisationsgefahr beim Emittenten.
- Der aktive Markt für den Vermögenswert ist aufgrund von finanziellen Schwierigkeiten des Emittenten zusammengebrochen.
- Für Gruppen von Vermögenswerten können weiterhin auch Ereignisse, die auf eine Wertminderung für die Gesamtheit der Gruppe schließen lassen, objektive Hinweise darstellen. Ein solches Ereignis kann z.B. eine Häufung von Zahlungsverzügen bei einer Gruppe von ähnlichen Schuldnern darstellen. Auch ökonomische Entwicklungen, die eine Erhöhung der Ausfallwahrscheinlichkeit für bestimmte Kreditgruppen vermuten lassen, stellen u.U. objektive Hinweise dar.

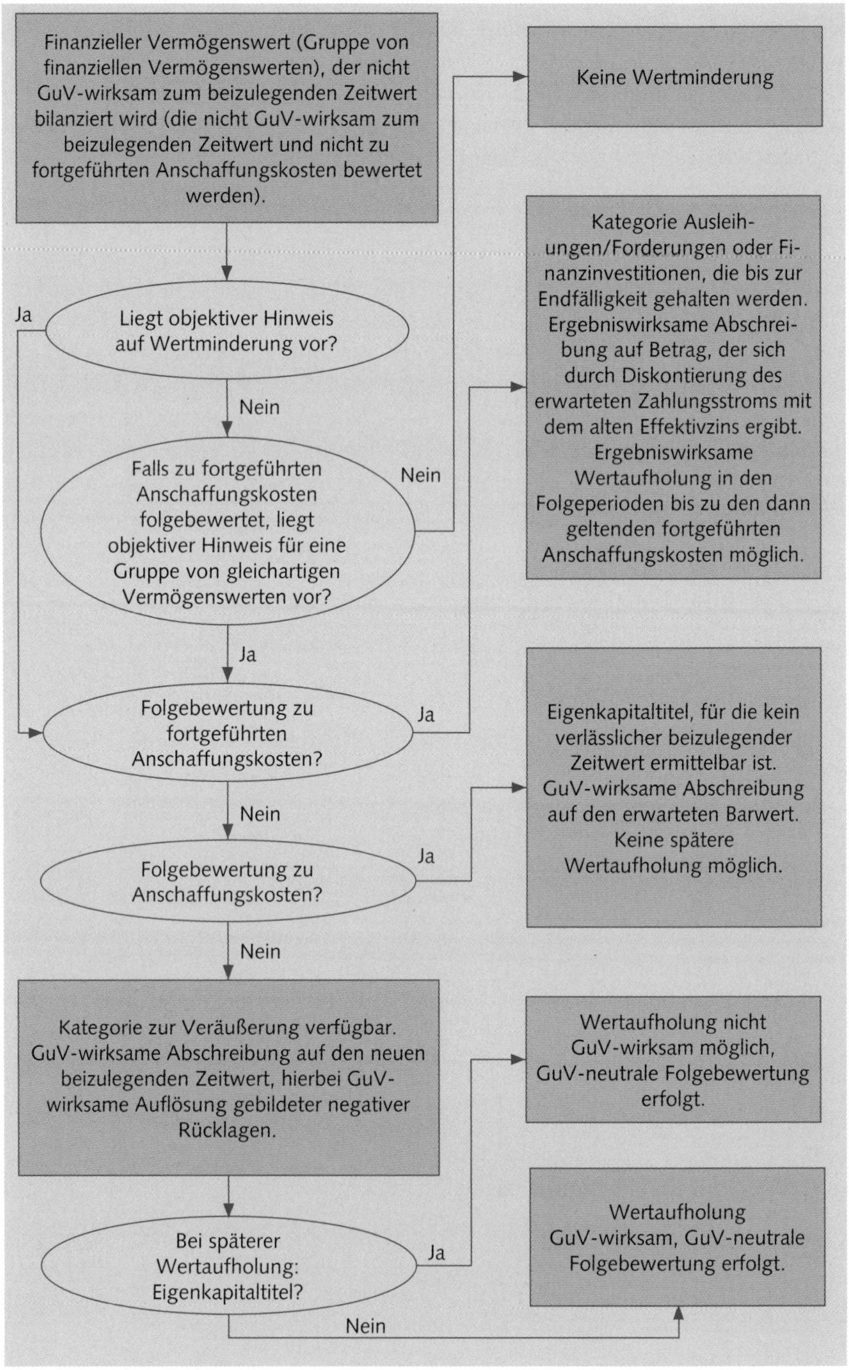

Abb. 19.3: Ablaufschema zur Wertminderung von finanziellen Vermögenswerten nach IAS 39

Speziell für Eigenkapitaltitel werden in IAS 39.61 weitere Hinweise genannt:

- Deutliche Änderungen im Marktumfeld des Unternehmens, die einen negativen Effekt auf den Unternehmenswert haben werden und deutlich machen, dass die Anschaffungskosten nicht einbringbar erscheinen. Diese Umfeldänderungen können neben ökonomischer auch technischer oder rechtlicher Natur sein.
- Ein nachhaltiger oder deutlicher Rückgang des beizulegenden Zeitwerts unter die Anschaffungskosten.

Um den Spielraum bei der Identifikation von objektiven Hinweisen zu beschränken, geht IAS 39.60 auch auf Indizien ein, die, jeweils für sich genommen, keinen objektiven Hinweis darstellen:

- Das Delisting eines Finanzinstruments. Indes kann dies wohl ein objektiver Hinweis sein, wenn es aufgrund von finanziellen Schwierigkeiten des Emittenten erfolgt.
- Ein Herabstufen des Kreditratings.
- Ein Sinken des beizulegenden Zeitwerts unter die fortgeführten Anschaffungskosten, solange dies nicht nachhaltig und deutlich bei einem Eigenkapitaltitel vorliegt.

2. Stufe: Wertminderungsaufwand bei Bewertung zu fortgeführten Anschaffungskosten, ...

Finden sich nun objektive Hinweise, dann ist in einem zweiten Schritt die eigentliche Höhe des Wertminderungsbetrags zu ermitteln. Dies erfolgt abhängig von der angewendeten Folgebewertungsmethode. Wird der finanzielle Vermögenswert zu fortgeführten Anschaffungskosten bewertet, dann wird zunächst die Höhe der noch erwarteten Zahlungen bestimmt. Falls ein Vermögenswert besichert ist und es wahrscheinlich ist, dass diese Besicherungen in Anspruch genommen werden, ist dies zu berücksichtigen. Als Zinssatz für die Diskontierung findet der bislang verwendete Effektivzins Anwendung. Da weiterhin davon ausgegangen wird, dass das bilanzierende Unternehmen den Vermögenswert bis zur Endfälligkeit hält, ist der aktuelle Marktzins weiterhin nicht relevant. Änderungen der Zahlungsbedingungen im Zuge der Wertminderung wirken sich nur auf die Zahlungsreihe, aber nicht auf den Zinssatz aus. Durch Diskontierung ergibt sich die neue Wertbasis und somit auch der Wertminderungsaufwand. Dieser GuV-wirksame Aufwand kann entweder direkt gegen den Vermögenswert gebucht werden oder zur Bildung eines Wertberichtigungspostens führen. Falls ein Wertberichtigungsposten gebildet wird, ist wohl davon auszugehen, dass dieser als negativer Korrekturposten auf der Aktivseite auszuweisen ist.

In Folgeperioden ist der zur Diskontierung verwendete Zinssatz weiter zu verwenden, um die fortgeführten Anschaffungskosten zu ermitteln. Falls nach der Wertminderung ein Ereignis auftritt, dass die Wertminderung rückgängig macht, wie z.B. das Abwenden eines Insolvenzfalles aufgrund von neuen externen Geldgebern, dann ist der Wertminderungsaufwand der Vorperiode durch eine Ertragsbuchung in der laufenden Periode GuV-wirksam rückgängig zu machen. Der Vermögenswert ist somit auf den Betrag wieder zuzuschreiben, der den fortgeführten Anschaffungskosten ohne Wertminderung entspricht. Falls die Abschreibung gegen einen Wertberichtigungsposten erfolgt war, so ist dieser zu korrigieren bzw. aufzulösen.

... bei Bewertung zu Anschaffungskosten und ...

Wenn für zu Anschaffungskosten bewertete finanzielle Vermögenswerte, also für Eigenkapitalinstrumente mit nicht zuverlässig ermittelbaren beizulegenden Zeitwerten oder deren aktivische Derivate, objektive Hinweise auf eine Wertminderung vorliegen, wie ist dann der Umfang der Wertminderung abzuschätzen? Hierfür ist nach IAS 39.66 der aus diesem Vermögenswert unter Berücksichtigung der Wertminderung noch erwartete Zahlungsstrom unter Verwendung eines für ähnliche Vermögenswerte adäquaten Marktzinssatzes abzuzinsen. Die Differenz zwischen diesem möglichst marktnahen Wert und dem Buchwert ist als Wertminderungsaufwand GuV-wirksam zu erfassen. Eine solche Wertminderung kann in späteren Perioden nicht rückgängig gemacht werden.

... bei GuV-neutraler Bewertung zum beizulegenden Zeitwert.

Bei finanziellen Vermögenswerten, die als zur Veräußerung verfügbar klassifiziert wurden, wird die Differenz zwischen den fortgeführten Anschaffungskosten und dem beizulegenden Zeitwert normalerweise GuV-neutral behandelt. Wenn sich nun herausstellt, dass für einen solchen Vermögenswert objektive Hinweise auf eine Wertminderung vorliegen, dann ist die korrespondierende Rücklage GuV-wirksam aufzulösen. Um für Schuldinstrumente den beizulegenden Zeitwert zu ermitteln, kann auf den erzielbaren Betrag zurückgegriffen werden. Dieser ermittelt sich durch die Abzinsung der Zahlungsreihe der noch einbringbaren Zahlungen mit einem adäquaten Marktzins. Für Eigenkapitaltitel kann eine solche Wertminderung gemäß IAS 39.69 in späteren Perioden nicht GuV-wirksam rückgängig gemacht werden. Allerdings ist es weiterhin möglich, ausgehend von der neuen Wertbasis, im Zuge der normalen Bewertungsregeln für zur Veräußerung verfügbare finanzielle Vermögenswerte den beizulegenden Zeitwert GuV-neutral anzupassen. Für Fremdkapitaltitel gilt demgegenüber gemäß IAS 39.70, dass analog zum Vorgehen bei bis zur Endfälligkeit gehaltenen Finanzinvestitionen ein GuV-wirksames Rückgängigmachen der Wertminderung vorzunehmen ist, wenn neue objektive Hinweise in späteren Perioden dafür sprechen.

Beispiele 19.8

Zerobond

Das bilanzierende Unternehmen hält einen Zerobond, der am 01.01.2013 fällig wird. Der Zerobond ist als bis zur Endfälligkeit gehalten klassifiziert und wird dementsprechend zu fortgeführten Anschaffungskosten bilanziert. Der Rückzahlungsbetrag beträgt 1 Mio. €, der Effektivzins 5 %. Dementsprechend ist der Bilanzansatz zum 31.12.2010 907 T€.

Zum 01.01.2011 wird ein Insolvenzverfahren über das Vermögen des Emittenten des Zerobonds eröffnet. Das bilanzierende Unternehmen erfährt, dass es realistischerweise nur mit einer Rückzahlung (zum 01.01.2013) von 200 T€ rechnen kann. Am 01.01.2012 erfährt das Unternehmen, dass die Insolvenz abgewendet werden konnte. Es ist nun wieder mit einer vollen Rückzahlung des Bonds zu rechnen. Wie ist der Zerobond in den Jahren 2011 und 2012 unter Vernachlässigung von latenten Steuern zu verbuchen?

Lösung
Das eröffnete Insolvenzverfahren stellt einen objektiven Hinweis auf eine Wertminderung dar. Der Wertminderungsbetrag ist gemäß IAS 39.63 zu ermitteln. Der erwartete Rückzahlungsbetrag von 200 T€ ist mit dem alten Effektivzins von 5 % abzuzinsen, was zu einem neuen Wertansatz von (200 T€ / $1{,}05^2$ =)181 T€ und einem Wertminderungsaufwand von 726 T€ führt. Der direkte Buchungssatz lautet:

01.01.2011:

Wertminderungsaufwand	*an*	*Zerobond*	*726 T€*

Basierend auf dem neuen Wertansatz werden die Anschaffungskosten gemäß der Effektivzinsmethode mit dem alten Effektivzins fortgeführt:

31.12.2011:

Zerobond	*an*	*Zinsertrag*	*9 T€*

Die Abwendung der Insolvenz am 01.01.2012 stellt wiederum einen objektiven Hinweis dar, der gemäß IAS 39.65 eine Wertaufholung rechtfertigt. Dementsprechend wird der Zerobond zunächst bis zu den ursprünglichen fortgeführten Anschaffungskosten von (1.000 T€ / 1,05 =) 952 T€ zugeschrieben:

01.01.2012:

Zerobond	*an*	*Ertrag aus Wertaufholung*	*762 T€*

Schließlich werden wiederum die Anschaffungskosten gemäß der Effektivzinsmethode mit dem alten Effektivzins fortgeführt:

31.12.2012:

Zerobond	*an*	*Zinsertrag*	*48 T€*

Somit beträgt der Bilanzansatz des Zerobonds zum 31.12.2012 genau 1 Mio. €, was eine GuV-neutrale Ausbuchung zum Rückzahlungszeitpunkt ermöglicht.

GmbH-Anteil
Das Unternehmen hält weiterhin einen 5%igen GmbH-Anteil. Die ursprünglichen Anschaffungskosten betrugen 10 Mio. €. Da das Unternehmen sich außer Stande sieht, den beizulegenden Zeitwert des Anteils verlässlich zu bestimmen, wird der Anteil zu historischen Kosten folgebewertet. Am 31.12.2011 erfährt das bilanzierende Unternehmen, dass auf dem Markt, an dem die GmbH tätig ist, nachhaltige Umsatzeinbußen zu befürchten sind. Aufgrund neuer Informationen kann das bilanzierende Unternehmen die nun zu erwartenden regelmäßigen jährlichen Gewinne aus dem Anteil auf eine Höhe von 500 T€ schätzen. Ein risikoadäquater Zins liegt bei 10 %. Im Laufe des Jahres 2012 erschließt die GmbH überraschenderweise einen neuen Markt. Zudem erhält sie Lizenzen für neue Produkte zugesprochen. Beides zusammen lässt die erwarteten Gewinne des GmbH-Anteils auf 1.500 T€ pro Jahr steigen. Wie lautet der Wertansatz des GmbH-Anteils zum 31.12.2011 und zum 31.12.2012?

Lösung

Der Markteinbruch stellt einen objektiven Hinweis i.S.v. IAS 39.61 dar. Aus den künftig erwarteten Zahlungen als ewige Rente und dem risikoadjustierten Zins ergibt sich demnach ein wertgeminderter Ansatz für den GmbH-Anteil von (500 T€ / 0,1 =) 5 Mio. €. Insofern sind 5 Mio. € GuV-wirksam abzuschreiben. Die Informationen des Folgejahres können durchaus als objektive Hinweise für eine Wertaufholung angesehen werden. IAS 39.61 verbietet allerdings für finanzielle Vermögenswerte, die zu historischen Kosten folgebewertet werden, explizit die Wertaufholung. Deswegen bleibt der Wertansatz von 5 Mio. € auch 2012 bestehen.

Eigenkapitalbeteiligung über börsengehandelte Aktien

Weiterhin hat das bilanzierende Unternehmen zum 31.12.2010 eine Minderheitsbeteiligung an einem viel versprechenden Börsenneuling im Wert von 20 Mio. € erworben. Die Beteiligung wurde als zur Veräußerung verfügbar klassifiziert. Nach einigen desillusionierenden Unternehmensnachrichten ist der Börsenwert zum 31.12.2011 zunächst auf 18 Mio. € gefallen, um im Laufe des Jahres 2012 schließlich auf 5 Mio. € einzubrechen. Im Laufe des Jahres 2013 stellt sich eine leichte Erholung ein, der Börsenwert der Beteilung steigt auf 5,5 Mio. €.Wie ist die Beteiligung in den Jahren 2011-2013 unter Vernachlässigung von latenten Steuern zu verbuchen?

Lösung

IAS 39.61 fordert für das Vorliegen von objektiven Hinweisen eine deutliche und andauernde Minderung des beizulegenden Zeitwerts. Es soll hier davon ausgegangen werden, dass dies erst 2012 gegeben ist. Somit ist die Beteiligung gemäß ihrer Klassifizierung 2011 GuV-neutral folgezubewerten:

31.12.2011:

Sonst. Ergebnis (OCI FI)	*an*	*Wertpapiere AV*	*2 Mio. €*

2012 erfolgt dann die Wertminderung, wobei die bislang GuV-neutral mindernd angebuchte Rücklage GuV-wirksam aufzulösen ist:

31.12.2012:

Wertminderungsaufw. 15 Mio. €	*an*	*Wertpapier AV*	*13 Mio. €*
		Neubewertungsrücklage (FI)	*2 Mio. €*

Der Wertansatz von 5 Mio. € wird im Folgenden die neue Wertbasis. Eine spätere GuV-wirksame Wertaufholung ist nach IAS 39.69 ausgeschlossen, da es sich bei diesem als zur Veräußerung verfügbar klassifizierten Instrument um einen Eigenkapitaltitel handelt. Die Wertaufholung wird also GuV-neutral gebucht:

31.12.2013:

Wertpapier AV	*an*	*sonst. Ergebnis (OCI FI)*	*0,5 Mio. €*

Exkurs

Wertminderung nach IFRS 9

Bislang gibt es noch keine Vorschriften für die Bilanzierung von Wertminderungen nach IFRS 9. Dies bedeutet zunächst, dass die (durch IFRS 9 veränderten) Vorschriften von IAS 39 weiter verbindlich bleiben. Allerdings wird das Anwendungsgebiet der Vorschriften wesentlich kleiner. Durch den Wegfall des recycling von GuV-neutral aufgebauten Rücklagenpositionen sind Wertminderungsregeln nach IFRS 9 nur noch für finanzielle Vermögenswerte relevant, die zu fortgeführten Anschaffungskosten bewertet werden. Da – zumindest konzeptionell – Eigenkapitaltitel immer zum beizulegenden Zeitwert zu bewerten sind, entfallen auch die speziellen Vorschriften von IAS 39 zur Wertminderung von Eigenkapitaltiteln. In diesem Zusammenhang ist darauf hinzuweisen, dass sich auch aus dem Rückgriff auf historische Anschaffungskosten mangels marktnaher Alternativen im Zuge der Ermittlung des beizulegenden Zeitwerts kein zukünftiger Wertminderungsbedarf im engeren Sinne ergeben kann. Sollte sich in diesem Fall zukünftig ein niedrigerer marktnaher Wert als zuverlässig ermittelbare Alternative zum Ansatz historischer Anschaffungskosten anbieten, so stellt die daraus resultierende niedrigere Bewertung des Finanzinstruments eine gewöhnliche Folgebewertung dar und keine Wertminderung.

Exposure Draft ED/2009/12 „Financial Instruments: Amortised Cost and Impairment“ schlägt expected loss model vor

Somit bleibt die Frage offen, wie künftig nach IFRS 9 mit Wertminderungen bei finanziellen Vermögenswerten, die zu fortgeführten Anschaffungskosten folgebewertet werden, umzugehen ist. Hierzu wurde im November 2009 der Exposure Draft ED/2009/12 „Financial Instruments: Amortised Cost and Impairment“ veröffentlicht. Wertminderungen wären demnach künftig auf Grundlage des expected loss model vorzunehmen. Im Gegensatz zum bisher nach IAS 39 geltenden incurred loss model würden Wertminderungen dann nicht erst bei tatsächlich eingetretener Wertminderung erfasst, sondern bereits dann, wenn sie hinreichend sicher zu erwarten sind. Dieser Vorschlag kann als Reaktion des IASB auf die Finanzkrise gesehen werden, da in diesem Zusammenhang kritisiert wurde, dass viele Finanzinstitute mit (zu) starker Verzögerung beispielsweise Kredite abschrieben, die mit an Sicherheit grenzender Wahrscheinlichkeit auszufallen drohten. Technisch wird das expected loss Modell umgesetzt, indem zu jedem Bilanzstichtag die künftig zu erwartenden Cashflows aus dem finanziellen Vermögenswert geschätzt werden. Eine Reduktion dieser geschätzten Cashflows wirkt sich dann über den Effektivzins direkt auf die fortgeführten Anschaffungskosten und damit auf den Buchwert aus. Diese Vorgehensweise würde eine Abkehr von einer primär marktorientierten Bestimmung der Wertminderung bedeuten und dürfte auch bilanzpolitische Spielräume eröffnen. Auch um diesen Spielräumen entgegenzuwirken, sieht der aktuelle Exposure Draft weitgehende Angabepflichten vor[16].

16 Vgl. *Schaber, M./Märkl, H./Kroh, T.*, IFRS 9 Financial Instruments: Exposure Draft zu fortgeführten Anschaffungskosten und Wertminderungen, in: KoR, 10. Jg. (2010), S. 241-246.

6 Ausbuchung

6.1 Ausbuchung von finanziellen Vermögenswerten

Wann verlässt ein finanzieller Vermögenswert die Bilanz?

Was in der Bilanz angesetzt wird, muss sie auch irgendwann wieder verlassen. Aufgrund der Kreativität der Finanzbranche ist die Frage, wann ein Finanzinstrument aus Sicht des bilanzierenden Unternehmens endgültig abgegeben wurde oder erloschen ist, teilweise schwierig zu beantworten, wie auch schon in Beispiel 19.1 gezeigt wurde. IAS 39 behandelt die Ausbuchung für finanzielle Vermögenswerte und Verbindlichkeiten unterschiedlich. IFRS 9 hat die umstrittenen Ausbuchungsregeln von IAS 39 fürs Erste übernommen, obwohl ursprünglich eine Neuentwicklung der Vorschriften geplant war. Dementsprechend werden die Vorschriften hier gemeinsam behandelt und wir beginnen mit den Regeln für die Ausbuchung von Vermögenswerten. Zur Verdeutlichung des Abgangproblems soll das folgende Beispiel dienen.

Beispiel 19.9

Die im Bereich Maschinenbau tätige Meier AG hält eine kurzfristige Forderung über 10 Mio. € gegenüber einem Kunden. Um die eigene Liquiditätssituation zu verbessern, verkauft er diese Forderung an seine Hausbank. Diese zahlt ihm dafür 9,6 Mio. €, behält sich allerdings das Recht vor, im Falle des Ausfalls der Forderung Ansprüche an den Maschinenbauer geltend zu machen, die einen wesentlichen Teil (20 %) des Ausfalls kompensieren. Im Gegenzug ist eine Weiterveräußerung der Forderung an Dritte durch die Bank nur mit vorheriger Zustimmung der Meier AG möglich. Hat die Meier AG die Forderung noch zu bilanzieren?

Zunächst Prüfung, ob Rechte erloschen oder veräußert

Zur Beantwortung dieser Frage ist das Schaubild Abbildung 19.4 hilfreich. Hiernach ist gemäß IAS 39.17(a) (IFRS 9.3.2.3(a)) zunächst zu prüfen, ob die Rechte an der Forderung erloschen sind. Dies ist hier sicherlich nicht der Fall. Der Kunde der Meier AG muss seine Verbindlichkeit immer noch begleichen. Als nächster Schritt ist nach IAS 39.18 (IFRS 9.3.2.4) zu prüfen, ob die Rechte an einen konzernexternen Dritten veräußert wurden oder ob sich das bilanzierende Unternehmen verpflichtet hat, die aus den Rechten resultierenden Cashflows direkt an einen Konzerndritten abzuführen. Wenn nichts von beiden gegeben ist, dann wäre die Forderung weiter zu bilanzieren. Im Fall der Meier AG hat ein Forderungsverkauf stattgefunden, die Rechte an der Forderung hält nun die Hausbank.

Wer hält Chancen und Risiken?

Ist also ein Abgang der Forderung bei der Meier AG zu bilanzieren? Zur Beantwortung dieser Frage ist zu prüfen, wer nach der Veräußerung die Chancen und Risiken der Forderung hält. Liegen diese nunmehr praktisch komplett bei dem Käufer, so hat der Verkäufer gemäß IAS 39.20(a) (IFRS 9.3.2.6(a)) den Vermögenswert auszubuchen. Verbleiben sie hingegen praktisch komplett beim Verkäufer, so erfolgt gemäß IAS 39.20(b) (IFRS 9.3.2.6(b)) keine Ausbuchung, der Vermögenswert verbleibt beim Verkäufer. Was heißt das nun für die

Meier AG? Hier hat die Bank einen Anspruch auf Kompensation für einen wesentlichen Teil des Forderungsausfalls, allerdings nicht auf eine praktisch komplette Kompensation. Es findet also eine Teilung des Risikos zwischen Käufer und Verkäufer statt.

Bei geteilten Chancen und Risiken: Wer hat die Kontrolle?

In diesem Fall ist die Frage der Ausbuchung nach IAS 39.20(c) (IFRS 9.3.2.6(c)) in Abhängigkeit davon zu beantworten, wer nach Veräußerung die Kontrolle über den Vermögenswert hat: Hat der Verkäufer die Kontrolle verloren, so bucht er den Vermögenswert aus, anderenfalls verbleibt er in der Bilanz und zwar in dem Umfang in dem der Verkäufer noch an der Wertentwicklung des Vermögenswerts partizipiert. Was macht nun die Kontrolle über einen finanziellen Vermögenswert aus? IAS 39.23 (IFRS 9.3.2.9) gibt die Antwort: Wenn der Käufer das Recht hat, den Vermögenswert an eine dritte Partei weiterzuveräußern, ohne Rücksprache mit dem Käufer vorzunehmen oder den Verkauf einzuschränken, dann hat der Käufer die Kontrolle über den Vermögenswert. In allen anderen Fällen behält der Verkäufer die Kontrolle. Da die Meier AG Weiterverkäufen explizit zustimmen muss, hat sie also im Sinne von IAS 39 weiterhin die Kontrolle über die Forderungen.

Als Ergebnis der Abgangsprüfung lässt sich festhalten: Die Meier AG hat die Forderung an einen Konzerndritten veräußert. Da weder der Käufer noch die Meier AG nach der Veräußerung praktisch alle Chancen und Risiken an der Forderung halten, muss die Frage der Ausbuchung anhand des Kontrollbegriffs entschieden werden. Weil die Weiterveräußerung der Forderung durch die Hausbank nur mit Zustimmung der Meier AG möglich ist, behält die Meier AG faktisch die Kontrolle über die Forderung. Somit hat die Meier AG die Forderung weiterhin zu bilanzieren. Dies erfolgt im Rahmen des so genannten continuing involvement Konzepts in dem Umfang, in dem sie weiterhin an der Wertentwicklung der Forderung partizipiert.

Ermittlung der Höhe der andauernden Beteiligung

Wie lässt sich dieser Umfang bestimmen? Dies hängt im Wesentlichen von den Einzelheiten der Kompensation ab, die im Verkaufsvertrag festgelegt werden. Vorschriften hierzu finden sich in IAS 39.30 (IFRS 9.3.2.16) und IAS 39.AG48 (IFRS 9.B3.2.13). Im vorliegenden Fall findet IAS 39.30(a) (IFRS 9.3.2.16(a)) Anwendung: Der Umfang bestimmt sich anhand der Höhe der maximal möglichen Kompensationszahlung, solange diese geringer ist als der Buchwert der Forderung. In diesem Fall wäre also die Forderung weiterhin in der Bilanz der Meier AG mit 2 Mio. € zu bilanzieren. Zudem wird aus dem Angebot der Hausbank deutlich, dass die Forderung bislang nicht zum beizulegenden Zeitwert in der Bilanz steht: Die Hausbank geht davon aus, dass der Kredit eine Ausfallwahrscheinlichkeit von 5 % besitzt, denn so ergibt sich – unter Vernachlässigung von Inkassogebühren – der Preis von (0,95 · 10 Mio. € + 0,05 · 2 Mio. € =) 9,6 Mio. €. Insofern hat die Forderung vor dem Abgang einen beizulegenden Zeitwert von 9,5 Mio. €.

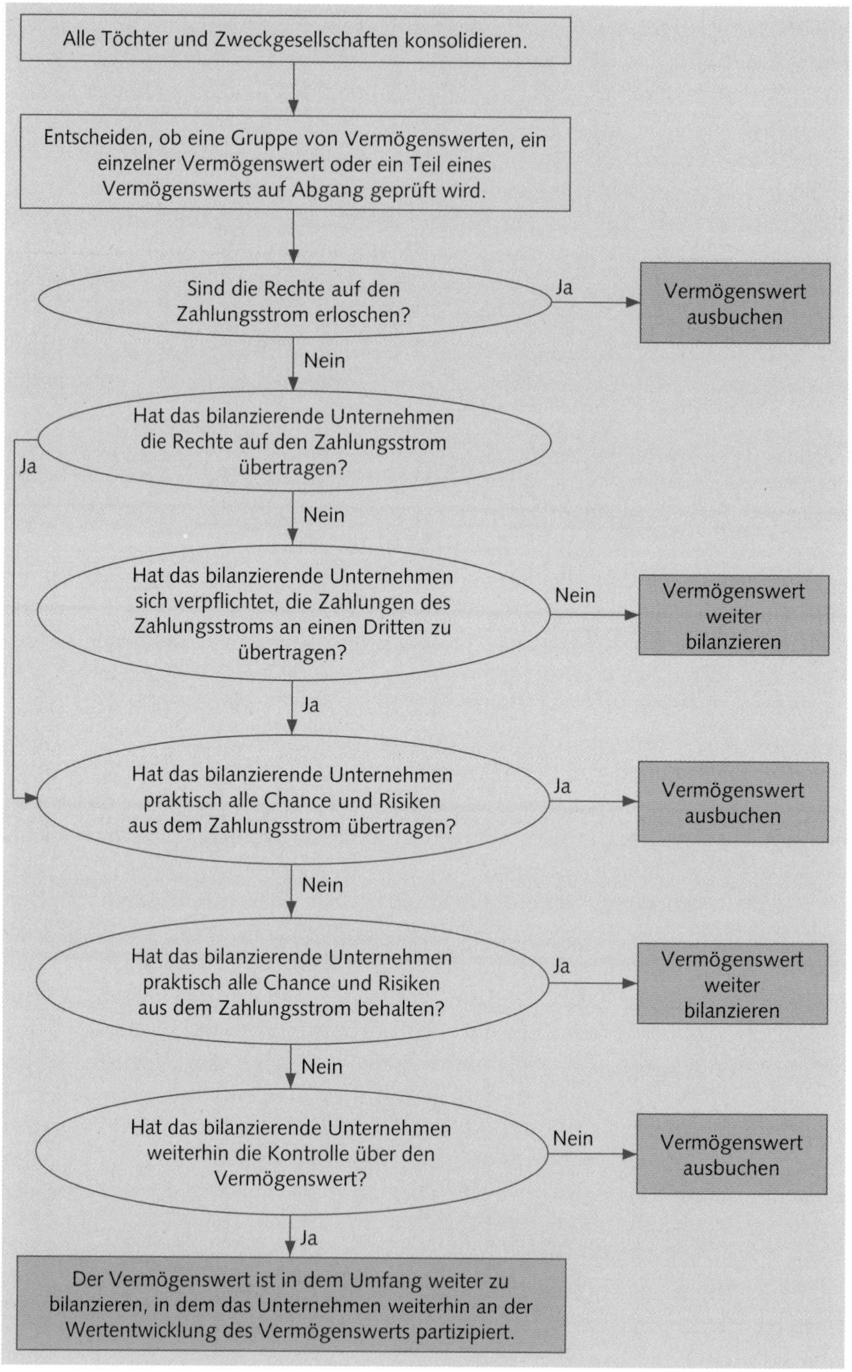

Abb. 19.4: Ausbuchung von finanziellen Vermögenswerten (vgl. IAS 39.AG36, IFRS 9.B3.2.1)

Parallel zur Ausbuchung der Forderung ist zudem eine Schuld einzubuchen. Der Wertansatz der Schuld bestimmt sich nach IAS 39.31 (a) (IFRS 9.3.2.17(a)) so, dass die Differenz aus noch bilanziertem Vermögenswertanteil und eingebuchter Schuld genau der verbleibenden Verpflichtung des verkaufenden Unternehmens entspricht. Dies ist genau dann der Fall, wenn die Höhe der Schuld gleich der Summe des in der Bilanz verbleibenden Vermögenswerts und der noch bestehenden Verpflichtung des verkaufenden Unternehmens ist. Somit wird sichergestellt, dass die aus Forderung und Verbindlichkeit resultierende Nettoposition einen korrekten Vermögensausweis sicherstellt. In dem hier vorliegenden Fall ist die Meier AG verpflichtet, beim Ausfall der Forderung eine Garantiezahlung von 2 Mio. € zu leisten. Weil es sich um eine kurzfristige Forderung handelt, soll hier von einem Effektivzins von Null ausgegangen werden. Der Wert der Verpflichtung entspricht dann der Ausfallwahrscheinlichkeit der Forderung von 5 % mal dem Garantiebetrag von 2 Mio. €, also 100 T€. Da nach Veräußerung der Forderung diese weiterhin in Höhe von 2 Mio. € in der Bilanz der Meier AG steht, muss nach IAS 39.31(a) (IFRS 9.3.2.17(a)) eine Schuld in Höhe von 2,1 Mio. € eingebucht werden.

Einbuchung einer Schuld, so dass weiter bilanzierter Vermögenswert und Schuld saldiert den Wert der andauernden Beteiligung ergeben

Somit ergibt sich die folgende zusammenfassende Lösung des Beispiels:

Lösung Beispiel 19.9

Die Meier AG muss die Forderung weiterhin in dem Umfang bilanzieren, wie sie an der Wertentwicklung partizipiert. Dieser Umfang beläuft sich gemäß IAS 39.30(a) (IFRS 9.3.2.16(a)) auf 2 Mio. €. Die Verpflichtung der Meier AG, ggf. die Garantieleistung von 2 Mio. € zu erbringen, hat bei einer aus dem Kaufpreis der Forderung abgeleiteten Ausfallwahrscheinlichkeit von 5 % einen Wert von 100 T€. Dementsprechend hat die Meier AG eine Schuld von 2,1 Mio. € einzubuchen. Falls zunächst die notwendige Wertminderung der Forderung gebucht wird, ergeben sich unter Vernachlässigung von latenten Steuern folgende Buchungssätze:

Aufwand aus Wertminderung		*an*	*Forderungen*	*500 T€*
Bank	*9,6 Mio. €*	*an*	*Forderungen*	*7,5 Mio. €*
			Schuld	*2,1 Mio. €*

Falls vor der Ausbuchung keine Wertminderung erfolgt, resultiert aus der Ausbuchung ein Aufwand, der der Höhe der Wertminderung entspricht:

Bank	*9,6 Mio. €*			
Sonst. betr. Aufw.	*0,5 Mio. €*	*an*	*Forderungen*	*8 Mio. €*
			Schuld	*2,1 Mio. €*

Falls eine Ausbuchung eines finanziellen Vermögenswerts als gegeben angesehen wird, ist nach IAS 39.26 (IFRS 9.3.2.12) die Differenz von erhaltener Gegenleistung und Buchwert des Vermögenswerts GuV-wirksam zu erfassen. Für Unternehmen, die IFRS 9 nicht anwenden und dementsprechend die pre-IFRS 9 Fassung von IAS 39 befolgen, kommt nach IAS 39.26(b) (Blue Book) ggf. noch die Auflösung der GuV-neutral akkumulierten Neubewertungsrücklage hinzu.

Beispiel 19.10

Neben der Forderung veräußert die Meier AG noch ein Aktienpaket. Es werden zwei Szenarien betrachtet. Nach dem ersten Szenario bilanziert die Meier AG nach IAS 39 und hat die Aktien als zur Veräußerung verfügbar klassifiziert und somit GuV-neutral folgebewertet. Im zweiten Szenario bilanziert die Meier AG nach IFRS 9. Dementsprechend sind die Aktien in die Kategorie des beizulegenden Zeitwerts eingeordnet. Die Meier AG hat das für EK-Titel gewählte Wahlrecht zur GuV-neutralen Folgebewertung gewählt. Der Buchwert der Aktien beträgt 115.000 €, die korrespondierende EK-Rücklage beträgt 15.000 €, da die ursprünglichen Anschaffungskosten 100.000 € betrugen. Der Verkaufserlös beläuft sich auf 114.500 €. Wie ist der Abgang der Aktien unter Vernachlässigung von latenten Steuern zu bilanzieren?

Lösung – Szenario 1 (IAS 39)

Da die Meier AG sämtliche Verfügungsrechte an den Aktien bedingungslos veräußert hat, erscheint der komplette Abgang unkritisch. Die Meier AG bucht:

Bank	*114.500 €*			
Neubewertungsrücklage (FI)	*15.000 €*	*an*	*Wertpapiere FV*	*115.000 €*
			sonst. betr. Ertrag	*14.500 €*

Damit wird die Rücklage GuV-wirksam aufgelöst und gleichzeitig der Veräußerungsgewinn berücksichtigt. Da dieser allerdings niedriger ist als die ursprüngliche GuV-neutrale Eigenkapitalposition, ergibt sich insgesamt aus dem Verkauf eine Eigenkapitalreduktion von 500 €.

Lösung – Szenario 2 (IFRS 9)

Auch hier ist der Abgang unkritisch. Die Meier AG bucht:

Bank	*114.500 €*			
Sonst. betr. Aufwand	*500 €*	*an*	*Wertpapiere FV*	*115.000 €*
Neubewertungsrücklage (FI)		*an*	*sonst. Gewinnrücklagen*	*15.000 €*

Da nach IFRS 9 kein recycling der GuV-neutral gebildeten Neubewertungsrücklage mehr erfolgt, wird die Rücklage nicht GuV-wirksam aufgelöst. Die Meier AG bucht gemäß dem Wahlrecht von IFRS 9.B5.7.1 die Neubewertungsrücklage in die sonstigen Rücklagen um. Das nach IFRS 9 fehlende recycling bedeutet einen Verstoß gegen das Kongruenzprinzip bzw. gegen das Konzept des clean surplus accounting, da über die Totalperiode die Summe der Gewinne plus die Summe der Eigentümertransaktionen nicht mehr dem Eigenkapital am Ende der Totalperiode entsprechen wird. In der betrachteten Periode führt dies dazu, dass nur die Eigenkapitalreduktion von 500 € auch GuV-wirksam wird.

Teilweiser Verkauf

Unternehmen veräußern ihre finanziellen Vermögenswerte nicht in jedem Fall vollständig. So werden zum Beispiel Forderungen verkauft, die Inkassodienstleistung jedoch beibehalten. Oder eine Anleihe wird im Rahmen eines Strips in einen Zerobond und in eine Zinszahlungsreihe aufgespalten. Fraglich ist nun, wie der Buchwert des Finanzinstruments auf die verkaufte und die zurückbehaltene Komponente aufzuteilen ist.

IAS 39.27 (IFRS 9.3.2.13) sieht hier vor, dass der Buchwert des Vermögenswerts anteilig gemäß der beiden beizulegenden Zeitwerte aufzuteilen ist. Beide Teile zusammen bilden den Schlüssel, nach dem der Buchwert des einbehaltenen Teils und der eventuell verbleibende Gewinn oder Verlust ermittelt werden. Falls die Ermittlung des beizulegenden Zeitwerts für den nicht veräußerten Teil nicht verlässlich möglich erscheint, ist nach IAS 39.28 (IFRS 9.3.2.14) davon auszugehen, dass die Veräußerung zum beizulegenden Zeitwert erfolgt. Somit ergibt sich der Buchwert des nicht veräußerten Teils des Vermögenswerts aus der Differenz von Gesamtbuchwert und Veräußerungserlös.

Beispiel 19.11

Ein Unternehmen hält eine festverzinsliche Anleihe erstklassiger Bonität mit drei Jahren Restlaufzeit und endfälliger Tilgung. Der Nennbetrag beträgt 1 Mio. €, der Zins 6 %, was auch dem aktuellen Marktzins entsprechen soll. Das Unternehmen spaltet die Anleihe in eine Zinszahlungsreihe (drei Zahlungen von je 60.000 €) und einen Zerobond (in drei Jahren einmalige Zahlung von 1 Mio. €) auf. Die Anleihe steht zum beizulegenden Zeitwert von 1 Mio. € in der Bilanz.

Auf Basis einer finanzmathematischen Kalkulation beträgt der Wert des Zerobonds 839.619 € und der Wert der Zinszahlungsreihe 160.381 €. Angenommen, die Hausbank des Unternehmens erwirbt den Zerobonds des Unternehmens für 830.000 € inklusive aller Verfügungsrechte. Wie lautet der Buchungssatz für den Verkauf?

Lösung

Da sowohl der beizulegende Zeitwert der Anleihe als auch der beizulegende Zeitwert der Zahlungsreihe auf Basis von marktnahen Daten verlässlich geschätzt werden können, soll hier davon ausgegangen werden, dass der beizulegende Zeitwert der Anleihe 839.619 € beträgt. Somit resultiert aus der Veräußerung ein Verlust. Der Buchungssatz lautet:

Bank	*830.000 €*			
Zinsforderung	*160.381 €*			
Sonst. betr. Aufwand	*9.619 €*	*an*	*Anleihe*	*1.000.000 €*

Beleihungen und Sicherheiten

Die Frage der Ausbuchung stellt sich auch, wenn finanzielle Vermögenswerte beliehen werden oder als Sicherheiten verwendet werden. Eine Beleihung von Vermögenswerten bzw. die zeitweise Übereignung von Vermögenswerten als Sicherheiten stellt regelmäßig keinen Abgang von Vermögenswerten dar. Die Bilanzierung von Sicherheiten hängt nach IAS 39.37 (IFRS 9.3.2.23) im Wesentlichen davon ab, welche Rechte der Sicherheitsempfänger an den Forderungen hält:

- Der Sicherheitsgeber bilanziert im Regelfall den als Sicherheit anzusehenden finanziellen Vermögenswert weiterhin. Der Sicherheitsempfänger bilanziert nichts.
- Wenn der Sicherheitsempfänger das Recht hat, die als Sicherheit anzusehenden finanziellen Vermögenswerte weiterzuveräußern, dann hat der Sicherheitsgeber diese Vermögenswerte in eine Bilanzposition einzustellen, die dies verdeutlicht. Eine solche Bilanzposition könnte zum Beispiel „Als Sicherheiten veräußerte Forderungen" lauten.
- Wenn der Sicherheitsempfänger einen solchen Vermögenswert dann an einen Dritten weiter veräußert, hat er dies GuV-wirksam zu bilanzieren. Andererseits hat er gleichzeitig eine Schuld gegenüber dem Sicherheitsgeber zum beizulegenden Zeitwert zu bilanzieren, so dass das gesamte Geschäft im Regelfall GuV-neutral ausfällt.
- Wenn der Sicherheitsgeber im Rahmen eines Konkurses die Anrechte auf den als Sicherheit anzusehenden Vermögenswert verliert, dann hat er diesen in der Bilanz GuV-wirksam auszubuchen. Der Sicherheitsempfänger hat ihn dann bilanziell zu erfassen bzw. seine Verpflichtung zur Rückübereignung auszubuchen.

6.2 Ausbuchung von finanziellen Verbindlichkeiten

Ausbuchung, wenn erloschen

Eine Verbindlichkeit soll nach IAS 39.39 (IFRS 9.3.3.1) dann und nur dann die Bilanz verlassen, wenn sie durch Tilgung, Aufkündigung oder Auslauf erloschen ist. Weitere Details, die erläutern, wann ein solches Erlöschen gegeben ist, finden sich in IAS 39.AG57-AG63 (IFRS 9.B3.3.1-7). Falls im Rahmen der Ausbuchung eine Differenz zwischen dem auszubuchenden Buchwert der Schuld und der Gegenleistung resultiert, ist diese Differenz nach IAS 39.41 (IFRS 9.3.3.3) GuV-wirksam zu erfassen. Wird nur ein Teil einer Schuld getilgt, so ist die Restschuld gemäß IAS 39.42 (IFRS 9.3.3.4) mit ihrem anteiligen beizulegenden Zeitwert zu bewerten.

Behandlung von Umschuldungen

Umschuldungen sind nach IAS 39.40 (IFRS 9.3.3.2) bei einer wesentlichen Konditionenänderung als eine Tilgung der alten Schuld und Aufnahme einer neuen Schuld zu behandeln. Wann aber sind die Konditionen so wesentlich verschieden, dass eine Tilgung und neue Aufnahme vorliegt? Eine wesentliche Konditionenänderung ist gemäß IAS 39.AG62 (IFRS 9.B3.3.6) immer dann gegeben, wenn die abgezinsten Cashflows der neuen Schuld (inkl. Gebühren) sich um mehr als 10 % von den abgezinsten Cashflows der alten Schuld unterscheiden.

Beispiel 19.12

Die Meier AG hält einen Bankkredit über 1 Mio. €, der sich zum aktuellen Marktzins von 6 % verzinst und in einem Jahr voll zu tilgen wäre. Um die Liquiditätslage der nächsten Periode zu verbessern, einigt man sich mit der

Hausbank auf eine Verlängerung des Kredits auf eine Laufzeit von noch 5 Jahren, ebenfalls mit endfälliger Tilgung. Der Zinssatz wird auf 7,5 % festgelegt, liegt damit also 150 Basispunkte über dem aktuell gültigen Marktzins. Außerdem fallen für die Umschuldung Transaktionskosten von 50 T€ an, die von der Meier AG zu tragen sind. Wie ist diese Umschuldung unter Vernachlässigung von latenten Steuern zu verbuchen?

Lösung

Der diskontierte Cashflow aus dem alten Kredit beträgt (1.060.000 / 1,06 =) 1 Mio. €. Der diskontierte Cashflow des neuen Kredits ergibt sich unter Berücksichtigung der Transaktionskosten zu:

$$50.000\ € + 75.000\ € / 1{,}06 + 75.000\ € / 1{,}06^2 + 75.000\ € / 1{,}06^3 + 75.000\ € / 1{,}06^4 + 1.075.000\ € / 1{,}06^5 = 1.113.185\ €$$

Da dieser Wert über 10 % höher liegt als der alte Wert von 1 Mio. €, ist die alte Schuld auszubuchen und eine neue in Höhe von 1 Mio. € zu passivieren. Die Transaktionskosten müssen gemäß IAS 39.AG62 (IFRS 9.B3.3.6) sofort GuV-wirksam erfasst werden. Die resultierenden Buchungssätze lauten:

Verbindl. ggü. KI	*an*	*Verbindl. ggü. KI*	*1.000 T€*
Finanzaufwand	*an*	*Bank*	*50 T€*

Die Zinsbuchung des ersten Jahres umfasst dann exemplarisch nur den Nominalzins, da der Effektivzinssatz wie der Nominalzinssatz bei 7,5 % liegt und keine Zuschreibung der Verbindlichkeit vorgenommen wird:

Zinsaufwand	*an*	*Bank*	*75 T€*

7 Ausweisfragen und Angabepflichten

Auch Finanzinstrumente sind grundsätzlich einzeln zu bewerten

Neben der zentralen Frage der Differenzierung von Eigenkapital und Schulden, für deren Behandlung auf das Kapitel 17 verwiesen wird, erscheint hinsichtlich des Ausweises von Finanzinstrumenten insbesondere fraglich, ob und ggf. wann ein saldierter Ausweis von finanziellen Vermögenswerten und Verbindlichkeiten möglich ist. Grundsätzlich gilt für die Bilanzierung der Grundsatz der Einzelbewertung, das heißt, Vermögenswerte und Schulden sind einzeln zu erfassen und zu bewerten. Hiermit ist sichergestellt, dass die Vermögens- und Finanzlage korrekt wiedergegeben wird. Eine beliebige Saldierung von Vermögenswerten und Schulden würde dies beeinträchtigen. Ein Unternehmen, dass gleichzeitig Forderungen in Höhe von 10 Mio. € gegenüber Kunden und 10 Mio. € Verbindlichkeiten aus Lieferungen und Leistungen hat, steht anders da, als ein Unternehmen, das keine Forderungen oder Verbindlichkeiten hat: Das erste Unternehmen unterliegt einem Forderungsausfallrisiko. Es sind jedoch Fälle denkbar, in denen eine Saldierung trotzdem sinnvoll sein kann: Was ist zum Beispiel, wenn Forderungen und Verbindlichkeiten gegenüber dem gleichen Vertragspartner bestehen und das bilanzierende Unternehmen das Recht hat, diese gegeneinander aufzurechnen? In diesem Fall gibt es kein Forderungsausfallrisiko mehr, eine Saldierung erscheint zweckmäßig.

Saldierung nur in bestimmten Fällen möglich

Nach IAS 32.42[17] ist eine solche Saldierung vorzunehmen, wenn:

- Das Unternehmen das Recht hat, Vermögenswert und Schuld tatsächlich gegeneinander aufzurechnen und
- das Unternehmen auch beabsichtigt, dies zu tun oder wenn es beabsichtigt, Vermögenswert und Schuld exakt gleichzeitig zu begleichen.

Eine Saldierung ist nicht zulässig, wenn die Ausbuchung eines veräußerten Vermögenswerts an den Regeln von IAS 39 gescheitert ist und stattdessen eine korrespondierende Schuld passiviert wurde. Auch erwartete, aber noch nicht einklagbare Vermögenswerte, wie z.B. Versicherungsleistungen, berechtigen nicht zur Saldierung.

Zu betonen ist ferner, dass die Klassifikation der Finanzinstrumente nach IAS 39.45 bzw. IFRS 9.4.1 zum Zweck der Folgebewertung für den bilanziellen Ausweis selbst keine Rolle spielt. So können Finanzinstrumente unterschiedlicher Folgebewertungskategorien in einer Bilanzposition ausgewiesen werden.

IFRS 7 fordert umfangreiche Angaben

Über die Zuordnung von Bilanzpositionen zu Bewertungskategorien informieren jedoch die weiteren Angaben, die grundsätzlich direkt in den Rechenwerken oder im Anhang erfolgen können. Die Angabepflichten zu Finanzinstrumenten sind in IFRS 7 „Finanzinstrumente: Angaben“ (Financial Instruments: Disclosures) zusammengefasst. In IFRS 7.1 werden für die Angabepflichten zwei zentrale Ziele formuliert. Sie sollen den Anleger in die Lage versetzen,

- die Bedeutung von Finanzinstrumenten für die wirtschaftliche Lage des berichtenden Unternehmens einzuschätzen, und
- sie sollen qualitative und quantitative Informationen über die aus Finanzinstrumenten resultierenden Risiken geben. Hierbei soll auch transparent werden, wie das bilanzierende Unternehmen mit den Risiken umgeht.

Zahlreiche Angabepflichten zu Bilanzpositionen

Generell fordert IFRS 7 keine spezielle Form der Anhangangaben. Informationen, die bereits innerhalb der Rechenwerke präsentiert wurden, müssen nicht im Anhang wiederholt werden. Die Finanzinstrumente des Unternehmens sind gemäß IFRS 7.6 so zu gruppieren, dass die Angaben im Wesentlichen je Gruppe erfolgen können. Die Gruppierung soll sich an dem Charakter der Instrumente

17 IFRS 9 beinhaltet bislang noch keine Vorschriften zur Saldierung. Im Rahmen der Überarbeitung der Vorschriften zur Bilanzierung von Finanzinstrumenten haben IASB und FASB auch ein gemeinsame Projekt „Asset and Liability Offsetting“ aufgelegt, mit dem die Boards ihre Regeln in diesem Bereich vereinheitlichen wollen. Die Veröffentlichung eines gemeinsamen Exposure Draft ist für das erste Quartal 2011 geplant. Die Ausführungen dieses Abschnitts beziehen sich mit Ausnahme des letzten Absatzes auf den Stand des IFRS 7 gemäß des Blue Book 2011, berücksichtigen also nicht die primär formalen Änderungen, die durch die Anwendung von IFRS 9 induziert würden.

orientieren. Eine Überleitung auf die Bilanzpositionen ist anzugeben. Des Weiteren sind die Buchwerte je Folgebewertungskategorie anzugeben. Hierbei bilden der Handelsbestand und die Finanzinstrumente, für die die Fair Value-Option angewendet wurde, zwei separate Kategorien. Besondere Angabepflichten ergeben sich zudem für

- GuV-wirksam zum beizulegenden Zeitwert folgebewertete Finanzinstrumente (IFRS 7.9-11),
- reklassifizierte Finanzinstrumente (IFRS 7.12-7.12A),
- partielle Ausbuchungen (IFRS 7.13),
- Sicherheiten (IFRS 7.14-15),
- Wertkorrekturen für notleidende Kredite (IFRS 7.16),
- vom Unternehmen ausgegebene komplexe hybride Instrumente, deren derivative Komponenten sich in ihren Wertentwicklungen gegenseitig beeinflussen (IFRS 7.17), und
- eigene Zahlungsverzuge (IFRS 7.18-19).

Finanzergebnis

Auch das Finanzergebnis ist u.a. auf die Folgebewertungskategorien herunterzubrechen (IFRS 7.20). Zudem sind detaillierte Angaben zu den angewendeten Ansatz- und Bewertungsmethoden zu machen (IFRS 7.21).

Beizulegende Zeitwerte sind anzugeben

Als weiteren Angabeblock fordert IFRS 7.25-30 die Angabe von beizulegenden Zeitwerten für die Finanzinstrumente, die nicht zum beizulegenden Zeitwert folgebewertet werden. Ausgenommen hiervon sind Eigenkapitaltitel inklusive deren Derivate von Unternehmen, für die kein verlässlicher Marktpreis verfügbar ist. Diese sind nach IAS 39 zu fortgeführten Anschaffungskosten zu bilanzieren. Da ihr beizulegender Zeitwert nur unzuverlässig ermittelt werden kann, müssen die Unternehmen neben der genauen Beschreibung der Titel möglichst eine Spannbreite angeben, innerhalb der der beizulegende Zeitwert sich mit hoher Wahrscheinlichkeit befindet. Wenn solche Titel veräußert werden, ist der hierbei anfallende Gewinn oder Verlust anzugeben.

„Finanzinstrumentespiegel“ auf Basis der Fair Value-Hierachie

Für die sonstigen Finanzinstrumente sind gemäß IFRS 7.27A-7.27B weitreichende Angaben zu machen. Sie beziehen sich auf die sog. Fair Value-Hierachie. IFRS 7.27A charakterisiert hierfür drei Stufen von beizulegenden Zeitwerten:

- Level 1: Marktpreise auf aktiven Märkten für das bewertete Instrument.
- Level 2: Sonstige Inputgrößen, die auf Märkten direkt oder indirekt beobachtet werden können.
- Level 3: Inputgrößen, die nicht auf beobachtbaren Marktdaten basieren.

IFRS 7.27B fordert nun, dass alle gemäß IFRS 7.6 gebildeten Kategorien hinsichtlich dieser Fair Value-Hierachie aufzugliedern sind. Ebenso sind weitreichende Angaben zu Umgliederungen zwischen den unterschiedlichen Fair Value-Stufen zu machen. Für beizulegende Zeitwerte, die Level 3 zuzuordnen sind, werden die Offenlegungspflichten noch intensiviert, so dass de facto eine Art „Finanzinstrumentespiegel“ gefordert wird (vgl. IFRS 7.27B(c)). Schließlich ist auch noch die Reagibilität von Level 3-Wertansätzen hinsichtlich wichtiger Annahmenänderungen offenzulegen.

Informationen zu Risiken

Die Angabepflichten zu Finanzinstrumenten sollen den Bilanzleser in die Lage versetzen, den bilanziellen Umfang der Finanzinstrumente ebenso wie die aus ihnen resultierenden Cashflows und Risiken einschätzen zu können. Hierzu gehören auch Informationen über die Sicherheit und Höhe zukünftiger Zahlungen. Selbstverständlich unterliegen Finanzinstrumente bestimmten Risiken. IFRS 7.31-42 nennt drei zentrale Risikogruppen:

- Kreditrisiken: Die Gefahr, dass von dem Unternehmen als Gläubiger gehaltene Kredite notleidend werden.
- Liquiditätsrisiken: Die Gefahr, dass das bilanzierende Unternehmen die Liquidität nicht aufbringen kann, um künftigen Zahlungsverpflichtungen aus Finanzinstrumenten nachzukommen.
- Marktrisiken: Die Gefahr oder die Chance, dass Marktdaten wie Wechselkurse, Zinssätze und Aktienkurse den Wert von Finanzinstrumenten des Unternehmens beeinflussen.

Diese Risikoklassifizierung ist bei der Erstellung der Angaben zu Finanzinstrumenten als Leitfaden zu verwenden, um sicherzustellen, dass der Adressat über die wesentlichen Risiken informiert wird. Zudem verlangt IFRS 7.33 qualitative Angaben zur allgemeinen Risikosteuerungsstrategie. Bei den quantitativen Angaben erscheinen die geforderten Sensitivitätsanalysen für das Marktrisiko (IFRS 7.40-41) als besonders bedeutend. Weitere quantitative Angabepflichten zu den Risikokategorien finden sich in IFRS 7.34-39 und 7.42.

Neue Angabepflichten zum Abgang von Finanzinstrumenten

Im Rahmen der Überarbeitung der Vorschriften zur Ausbuchung (vgl. Abschnitt 8 dieses Kapitels) entschloss sich das IASB im Oktober 2010, die Regeln des IAS 39 in den neuen IFRS 9 zu übernehmen. In diesem Zusammenhang wurde „Disclosures – Transfers of Financial Assets (Amendments to IFRS 7)" veröffentlicht, der die Offenlegungspflichten des IFRS 7 um weitreichende Angabepflichten im Zusammenhang mit dem Abgang bzw. der Verbriefung von Finanzinstrumenten erweitert. Die neu eingefügten Vorschriften finden sich in IFRS 7.42A-42H. Ziel der neuen Angabepflichten ist es gemäß IFRS 7.42B, es den Anwendern zu ermöglichen, die Zusammenhänge zwischen den unterschiedlichen Vermögenswerten und Schulden nachzuvollziehen, die aus einem teilweisen Abgang von Finanzinstrumenten resultieren können. Die Angaben sind verpflichtend für alle Geschäftsjahre, die am oder nach dem 01.07.2011 beginnen.

8 Wesentliche Unterschiede zum IFRS for SMEs

Wahlrecht zwischen Vollanwendung und teilweisem Rückgriff auf IAS 39

Auch im Rahmen des IFRS-SME sind spezielle Regelungen zur Bilanzierung von Finanzinstrumenten vorgesehen. Bereits im Frühstadium der Entwicklung des Standards wurde jedoch offenbar, dass die bestehenden Regelungen des IAS 39 für die Zwecke kleiner und mittelgroßer Unternehmen wohl zu komplex und damit kaum zweckdienlich zur Abbildung der tatsächlichen wirtschaftlichen Verhältnisse solcher Unternehmen sind (vgl. IFRS-SME.BC99). Vor dem Hintergrund des Primats der angestrebten Entscheidungsnützlichkeit veröffentlichter Informationen wurde aber ebenso schnell deutlich, dass ein völliger Ausschluss der Anwendungsmöglichkeit des IAS 39 nicht zielführend sein könne und schwierige Einzelfragen im Rahmen der Bilanzierung komplexer Finanzinstrumente durch einen zu stark vereinfachten Basisstandard nicht gelöst werden können. Daher entschied sich das IASB dafür, gemäß IFRS-SME.11.2 ein Wahlrecht einzuräumen, ob vollständig auf die Vorschriften des IFRS-SME zurückgegriffen wird oder die allgemeinen Ansatz- und Bewertungsregeln des IAS 39 und lediglich die vereinfachten Offenlegungsvorschriften des IFRS-SME angewendet werden. Dabei ist jedoch zu beachten, dass dieses Wahlrecht einheitlich für alle Finanzinstrumente auszuüben ist.

Zwei maßgebliche Kategorien

Der IFRS-SME teilt die Gruppe der Finanzinstrumente in grundlegende Finanzinstrumente und sonstige Finanzinstrumente[18]. Grundlegende Finanzinstrumente sind gemäß IFRS-SME.11.5 beispielsweise Zahlungsmittel(äquivalente), Forderungen, Darlehen, Anleihen und ähnliche finanzielle Verbindlichkeiten, normale Stammaktien, nicht wandelbare Vorzugsaktien sowie nicht kündbare sonstige Aktien. Sonstige Finanzinstrumente, die gemäß IFRS-SME.11.6 unter den Anwendungsbereich des IFRS-SME.12 fallen, sind hingegen beispielsweise asset-backed securities, Optionen, Futures und Zinsswaps. Im Vergleich zu IAS 39 verzichtet der IFRS-SME somit auf die Klassifizierung der Finanzinstrumente auf Grundlage der Verwendungsabsicht in vier Kategorien und gibt stattdessen zwei Kategorien vor, die sich weitgehend unabhängig von der Verwendungsabsicht durch die Substanz der Finanzinstrumente konstituieren.

Grundlegende Finanzinstrumente

Grundlegende Finanzinstrumente werden gemäß IFRS-SME.11.13 generell zu Anschaffungskosten erfasst. Davon ausgenommen sind Finanzinstrumente, die einen Finanzierungscharakter haben, die also langfristig Liquidität für das Unternehmen bereitstellen. Für diese Finanzinstrumente ist ein Barwertansatz vorgesehen, der sich aus der Summe der zum Marktzinssatz diskontierten zukünftigen Zahlungen aus dem Instrument ergibt. Im Rahmen der Folgebewertung grundlegender Finanzinstrumente zum Ende einer jeden Periode sieht der IFRS-SME Folgendes vor:

- Verschuldungsinstrumente werden grundsätzlich zu fortgeführten Anschaffungskosten unter Berücksichtigung der Effektivzinsmethode bewertet (vgl.

18 Vgl. für eine detaillierte Auflistung der grundlegenden Finanzinstrumente IFRS-SME.11.8 ff. und für eine detaillierte Auflistung der sonstigen Finanzinstrumente IFRS-SME.11.6.

dazu IFRS-SME.11.15 ff.). Ein ausnahmsloses Festhalten an diesem Grundsatz kann in Ausnahmesituationen jedoch zu ungewünschten Ergebnissen führen. Wird einem Unternehmen beispielsweise eingeräumt ein geliefertes Auto erst in zwei Jahren zu bezahlen, so wirkt dieser Vorgang im Ergebnis wie ein zinsfreies Darlehen. Der Rückgriff auf die Effektivzinsmethode würde in diesem Fall ins Leere laufen und ein ökonomisch verzerrtes Ergebnis generieren. Gleiches gilt darüber hinaus beispielsweise auch für Kredite, deren Zinssatz vom Marktzinssatz abweicht. Der IFRS-SME bezeichnet derartige Transaktionen als Verschuldungsinstrumente mit Finanzierungscharakter, die zum Barwert zu bewerten sind, der sich aus den zum Marktzinssatz diskontierten zukünftigen Zahlungen des Instruments ergibt (vgl. IFRS-SME.11.13). Darüber hinaus verzichtet der IFRS-SME – wohl aus Vereinfachungsgründen – auch auf die Effektivzinsmethode im Falle kurzfristiger Verschuldungsinstrumente ohne Finanzierungscharakter, die zum undiskontierten erwarteten Zahlungsfluss zu bewerten sind.

- Investitionen in nicht wandelbare Vorzugsaktien sowie sonstige nicht kündbare Aktien werden im Falle eines öffentlich zugänglichen Handels GuV-wirksam zum beizulegenden Zeitwert bewertet. Dieser ist gemäß IFRS-SME.11.27 ff. zu ermitteln, wobei eine große Übereinstimmung mit der Ermittlungshierarchie des IAS 39.48 f. zu erkennen ist. Sollte kein öffentlich beobachtbarer Marktpreis vorliegen und der beizulegende Zeitwert auch sonst nicht zuverlässig messbar sein, erfolgt eine Bewertung zu fortgeführten Anschaffungskosten.

Sonstige Finanzinstrumente

Im Gegensatz dazu werden die sonstigen Finanzinstrumente zwar auch grundsätzlich zum Anschaffungspreis angesetzt. Die Folgebewertung erfolgt hingegen grundsätzlich GuV-wirksam zum beizulegenden Zeitwert. Ausgenommen hiervon sind Eigenkapitalinstrumente, die nicht öffentlich gehandelt werden bzw. deren beizulegender Zeitwert nicht zuverlässig bestimmt werden kann. Diese Instrumente werden zu fortgeführten Anschaffungskosten bewertet. Im Wesentlichen übereinstimmend mit IAS 39.58 ff. ist darüber hinaus gemäß IFRS-SME.11.21 ff. jährlich ein Wertminderungstest für alle zu fortgeführten Anschaffungskosten bewerteten Finanzinstrumente vorzunehmen und der Wertansatz der Folgebewertung ggf. entsprechend zu korrigieren. Auch im Zuge der Bewertung von Finanzinstrumenten ist somit das Bestreben des IASB zu erkennen, zum Zwecke der Komplexitätsreduktion die Bilanzierung im Wesentlichen an die Substanz des Finanzinstruments zu koppeln und nicht an die Verwendungsabsicht des Unternehmens.

Komplexitätsreduktion im Rahmen der Ausbuchung

Neben deutlich verringerten Offenlegungsvorschriften (vgl. IFRS-SME.11.39 ff.) lässt sich darüber hinaus ein weiterer essentieller Unterschied zu IAS 39 im Rahmen der Regelungen zur Ausbuchung feststellen. Im Gegensatz zu den teilweise komplexen Prüfungsschritten des IAS 39.15 ff. reduziert der IFRS-SME die Bedingungen zur Ausbuchung im Wesentlichen auf drei Fälle und verzichtet damit vor allem auf die teilweise Bilanzierung eines Instruments im Rahmen des continuing involvement Konzepts. Die Voraussetzungen für die (vollständige) Ausbuchung sind gemäß IFRS-SME.11.33:

- Die vertraglichen Rechte hinsichtlich des Cashflows aus dem Finanzinstrument sind erloschen oder erfüllt.
- Es werden alle wesentlichen Chancen und Risiken des Instruments auf eine andere Partei übertragen.
- Das Unternehmen überträgt die Verfügungsmacht an dem Finanzinstrument auf eine andere Partei, so dass diese frei über das Instrument verfügen und somit beispielsweise ohne Zustimmung des Unternehmens transferieren kann. Für den Fall, dass das Unternehmen wesentliche Chancen und Risiken zurückbehält, sind diese nach der Ausbuchung des Finanzinstruments separat anzusetzen. Dies gilt auch für den Fall, dass solche Chancen und Risiken erst durch den Transfer entstehen.

Falls eine Ausbuchung nicht zulässig ist, ist das Finanzinstrument weiter zum Buchwert zu bilanzieren. Gegebenenfalls vom „Käufer" erhaltene Leistungen sind zu passivieren (IFRS-SME.11.34)

9 Wesentliche Unterschiede zum HGB

In Deutschland wird bei der Bilanzierung von Finanzinstrumenten einerseits zwischen Aktiva und Passiva sowie andererseits zwischen Anlage- und Umlaufvermögen unterschieden. Unter den Wertpapieren des Anlagevermögens sind diejenigen Wertpapiere zu subsumieren, die dauerhaft gehalten werden, ohne dass dabei eine Beteiligungsabsicht bzw. eine Beteiligungsvermutung nach § 271 Abs. 1 Satz 3 HGB besteht. Wertpapiere des Umlaufvermögens dienen hingegen nur der vorübergehenden Anlage flüssiger Mittel und können in Anteile an verbundenen Unternehmen, eigene Anteile sowie sonstige Wertpapiere unterteilt werden. Hinzu kommen als weitere Finanzinstrumente Forderungen und liquide Mittel als Aktiva und Verbindlichkeiten als Passiva.

AK/HK als grundsätzliche Wertobergrenze

Unabhängig von der Zuordnung zum Anlage- oder Umlaufvermögen gelten in Deutschland für jeden Vermögensgegenstand, und damit auch für finanzielle Vermögensgegenstände, anders als nach IAS 39, gemäß § 253 Abs. 1 Satz 1 HGB die Anschaffungs- oder Herstellungskosten grundsätzlich als Bewertungsobergrenze. Unrealisierte Gewinne, die sich aus einem höheren Börsen- oder Marktpreis zum Stichtag ergeben, dürfen somit in der Regel nicht ausgewiesen werden.

Zeitwertbewertung nur für den Handelsbestand von Kreditinstituten möglich

Diese strikte Anschaffungskostenorientierung im Bereich der Finanzinstrumente und die daraus resultierenden Diskrepanzen zu den internationalen Rechnungslegungsstandards waren ein wesentlicher Grund für die Entwicklung des Bilanzrechtsmodernisierungsgesetzes (BilMoG). Ziel des Gesetzes war es, eine Annäherung der deutschen Regeln an die internationale Rechnungslegung zu erreichen. Während der Gesetzgeber in der Entwicklungsphase noch eine Zeitwertbewertung bestimmter finanzieller Vermögenswerte für alle Unternehmen vorsah, beschränkte er in der abschließenden Gesetzesfassung die Möglichkeit der Zeitwertbewertung gemäß § 340e Abs. 3 HGB ausschließlich auf den Handelsbestand von Kreditinstituten. Eine analoge Regel wurde in das Steuerrecht aufgenommen (§ 6 Abs. 1 Nr. 2b EStG). Somit ist auch nach Inkrafttreten des BilMoG eine wesentliche Abweichung zwischen IFRS-Rechnungslegung und HGB zu beobachten. Diese Einschätzung wird zusätzlich dadurch verschärft, dass selbst im oben beschriebenen Spezialfall wesentliche Abweichungen zwischen den Rechungslegungssystemen bestehen. So ist zum einen der Zeitwert der Handelsbestände um einen angemessenen Risikoabschlag zu korrigieren. Darüber hinaus sind gemäß § 340e Abs. 4 HGB i.V.m. § 340g HGB jährlich mindestens 10 % der Nettoerträge in einen Fond für allgemeine Bankrisiken einzustellen. Dessen Auflösung ist gemäß § 340e Abs. 4 Satz 2 HGB nur zulässig, soweit er 50 % des Durchschnitts der Nettoerträge des Handelsbestands der letzten fünf Jahre übersteigt oder die Auflösung zum Ausgleich von Nettoaufwendungen des Handelsbestands verwendet wird.

Die GuV-wirksame Erfassung von Wertminderungen resultiert in Deutschland aus dem Niederstwertprinzip. Während außerplanmäßige Abschreibungen auf niedrigere Börsen- oder Marktpreise bzw. niedrigere beizulegende Werte am Abschlussstichtag bei Wertpapieren des Umlaufvermögens zwingend erforderlich sind (strenges Niederstwertprinzip gemäß § 253 Abs. 4 HGB), existiert im Anlagevermögen für Finanzanlagen bei voraussichtlich nur vorübergehender Wertminderung ein Abschreibungswahlrecht (gemildertes Niederstwertprinzip gemäß § 253 Abs. 3 Satz 4 HGB). Sind in Deutschland durch zwischenzeitlich gestiegene Börsen- oder Marktpreise die Gründe für eine in früheren Perioden vorgenommene Wertberichtigung entfallen, so muss auch nach § 253 Abs. 5 HGB grundsätzlich eine Zuschreibung maximal bis zu den Anschaffungskosten erfolgen.

Verbindlichkeiten sind zum Erfüllungsbetrag anzusetzen

Verbindlichkeiten des Unternehmens sind grundsätzlich zum Erfüllungsbetrag anzusetzen (§ 253 Abs. 1 Satz 2 HGB). Dies verlangt unter Umständen die Aktivierung eines Disagios oder Passivierung eines Agios. Diese Rechnungsabgrenzungsposten sind dann über die Laufzeit der Verbindlichkeit GuV-wirksam aufzulösen. Eventuelle wechselkursbedingte Wertschwankungen sind imparitätisch zu erfassen, der Rückzahlungsbetrag multipliziert mit dem Briefkurs zum Entstehungszeitpunkt der Verbindlichkeit ergibt auf jeden Fall den Mindestwert der Verbindlichkeit.

Finanzderivate häufig nicht bilanzwirksam

Finanzderivate, deren Zugang nicht mit dem Abgang von liquiden Mitteln verbunden war und die die Definition eines schwebenden Geschäfts erfüllen, werden nicht in der Bilanz angesetzt. Hierbei ist unter einem schwebenden Geschäft i.S.v. § 249 HGB ein vertraglich abgesichertes oder faktisch bindendes Geschäft zu verstehen, bei dem die Leistung noch nicht erbracht wurde. Falls allerdings ein Verlust aus dem Halten eines Finanzderivats droht, ist eine Drohverlustrückstellung zu passivieren.

Für den Abgang von Finanzinstrumenten ist nach HGB der Verlust der rechtlichen Verfügungsgewalt maßgeblich. Gegebenenfalls ist allerdings ein verbleibendes Risiko als Rückstellung zu passivieren oder gemäß § 251 HGB als Haftungsverhältnis unterhalb der Bilanz anzugeben. Ausbuchung

Im Zuge der Umsetzung der europäischen Fair-Value-Richtlinie wurde auf eine Umsetzung der Ansatz- und Bewertungswahlrechte der Richtlinie verzichtet. Lediglich die Pflichtbestandteile, die den Ausweis im Anhang und Lagebericht betreffen, wurden umgesetzt. So fordern nun § 285 Satz 1 Nr. 18 bis 20 sowie § 314 Nr. 10 und 11 HGB umfangreiche Angabepflichten zu Finanzderivaten und zu Finanzinstrumenten, die oberhalb ihres beizulegenden Zeitwerts ausgewiesen werden. Neben anderen Informationen ist auch deren beizulegender Zeitwert anzugeben. Des Weiteren fordert § 289 Abs. 2 Nr. 2 HGB Lageberichtsangaben zum Einsatz von Finanzinstrumenten im Rahmen des Risikomanagements. Mehr Ausweispflichten durch Transformation der Fair-Value-Richtlinie

Es wird deutlich, dass sich die HGB-Vorschriften zu Finanzinstrumenten grundlegend von IAS 39 und IFRS 9 unterscheiden. So werden Finanzinstrumente nach HGB imparitätisch GuV-wirksam bewertet, eine Zuschreibung von Vermögenswerten über die Anschaffungskosten hinaus ist also bis auf die Ausnahme des Handelsbestandes von Banken nicht möglich. Termingeschäfte und Swaps werden als schwebende Geschäfte nicht bilanziert, sondern gegebenenfalls lediglich über eine Drohverlustrückstellung erfasst. Verbindlichkeiten werden nicht zum Barwert, sondern zum Erfüllungsbetrag angesetzt und für den Abgang von finanziellen Vermögenswerten ist weniger die wirtschaftliche, sondern eher die rechtliche Sichtweise maßgeblich. Zahlreiche wesentliche Unterschiede zu IFRS

10 Wesentliche Unterschiede zu US-GAAP

Die Bilanzierung von Finanzinstrumenten ist nach US-GAAP in einer Vielzahl von einzelnen Standards geregelt. Die Wichtigsten sind in Tabelle 19.3 wiedergegeben. Standardvielfalt nach US-GAAP

ASC	SFAS	Titel
310-10-35	114	Receivables – Subsequent Measurement
320	115	Investments – Debt and Equity
480	150	Distinguishing Liabilities from Equity
815	133	Derivatives and Hedging
820	157	Fair Value Measurements and Disclosure
825-10-25	159	Financial Instruments – Recognition
825-10-50	107	Financial Instruments – Disclosure
860	140	Transfers and Servicing
948	65	Financial Services – Mortgage Banking

Tab. 19.3: Zentrale Vorschriften zu Finanzinstrumenten nach US-GAAP

Die Regelungen des wichtigsten Standards SFAS 115 / ASC 320 entsprechen weitgehend IAS 39 und sind in Tabelle 19.4 wiedergegeben.

Kategorie	**Trading**	**Available-for-Sale**	**Held-to-Maturity**
Ansatz und Ausweis	Current Assets	In Abhängigkeit von der Unternehmensstrategie kann es sich um Current Assets oder Non-current Assets handeln.	I.d.R. sind dies Non-current Assets. Bei Fälligkeit im folgenden Geschäftsjahr ist eine Umgliederung zu Current Assets vorzunehmen.
Bewertung	Fair Value (i.d.R. Börsen- oder Marktpreis)		Amortized Cost (fortgeführte AK)
Grundsatz	Unrealisierte Gewinne und Verluste werden, bezogen auf das Net Income, GuV-wirksam verrechnet.	Unrealisierte Gewinne und Verluste werden, bezogen auf das Net Income, GuV-neutral verrechnet. Ausweis der Wertschwankungen in einem gesonderten Eigenkapitalposten.	Unrealisierte Gewinne und Verluste werden nicht erfasst. Die Differenz zwischen den AK und dem Nominalwert des Schuldtitels ist GuV-wirksam auf dessen Laufzeit zu verteilen.
Ausnahme		Fair Value < Amortized Cost	
		1) vorübergehend (temporary) ▪ siehe Grundsatz! 2) nicht nur vorübergehend (other than temporary) ▪ die Wertminderung wird GuV-wirksam; ▪ es ist auf den niedrigeren Fair Value abzuschreiben: dieser wird neue Wertbasis	
Anhang	Angaben über die Ergebniswirkung	Umfangreiche Offenlegungspflichten	

Tab. 19.4: Bilanzierung und Bewertung von Wertpapieren nach SFAS 115 / ASC 320. Quelle: In Anlehnung an *Kroner, M.*, Bilanzierung und Bewertung von Wertpapieren nach SFAS No. 115, in: DB, 47. Jg. (1994), S. 2247.

Recht hohe Ähnlichkeit zu IAS 39 – Unterschiede im Detail

Zentrum der Regelungen ist somit auch unter US-GAAP eine Kategorisierung, die maßgeblich von der Verwendungsabsicht des Unternehmens abhängt und grundsätzlich die anzuwendenden Ansatz- und Bewertungsverfahren festlegt. Darüber hinaus besteht auch nach SFAS 159 / ASC 825-10-25 die Option, bestimmte Finanzinstrumente abweichend von der eigentlich vorgesehenen Bewertungsmethode zum beizulegenden Zeitwert zu bewerten. Allerdings sind die Möglichkeiten zur Ausübung dieser Option deutlich umfangreicher als im Rahmen der IFRS-Rechnungslegung. Nach US-GAAP kann grundsätzlich jedes Finanzinstrument der Kategorie available for sale, bzw. der Kategorie held to maturity, jede finanzielle Verbindlichkeit sowie jedes Investment in Eigenkapitaltitel, das eigentlich nach der Equity-Methode zu bilanzieren wäre, freiwillig der Bewertung zum beizulegenden Zeitwert zugeführt werden. Doch nicht alle

Regelungen der US-GAAP sind weiter gefasst. So sind beispielsweise GuV-wirksame Wertaufholungen nach einer Wertminderung nur für bestimmte Forderungen und Ausleihungen zulässig[19]. Darüber hinaus ist beispielsweise auch ein Unterschied im Rahmen der Ausbuchung von Finanzinstrumenten festzustellen. Der Abgang von Finanzinstrumenten folgt gemäß SFAS 140 / ASC 860 dem sog. financial components approach. Hiernach hat das bilanzierende Unternehmen nur die (Teile von) Finanzinstrumente(n) zu bilanzieren, über die es tatsächlich die wirtschaftliche Kontrolle ausübt. Die hierfür notwendige Aufspaltung der Finanzinstrumente ist nach IAS 39 nur eingeschränkt möglich. Stattdessen ist nach IAS 39 zunächst zu prüfen, ob eine Partei praktisch alle Chancen und Risiken aus dem Vermögenswert hält und wer, bei unklarer Verteilung von Chancen und Risken, die Kontrolle über den gesamten Vermögenswert ausübt. Falls das bilanzierende Unternehmen noch die Kontrolle über den Vermögenswert hat, ist dieser im Umfang der noch bestehenden Beteiligung weiter zu bilanzieren. Diese konzeptionellen Unterschiede in der Standardgestaltung dürften im Regelfall allerdings zu recht ähnlichen Bilanzierungsentscheidungen führen.

Ausgewählte Literatur

Berentzen, C., Die Bilanzierung von finanziellen Vermögenswerten im IFRS-Abschluss nach IAS 39 und IFRS 9, Lohmar 2010.

Helke, I./Wiechens, G./Klaus, A., Zur Umsetzung der HGB-Modernisierung durch das BilMoG: Die Bilanzierung von Finanzinstrumenten, in: DB, 62. Jg. (2009), Heft 23, Beilage 5, S.30-37.

Kuhn, S., Die bilanzielle Abbildung von Finanzinstrumenten in der Rechnungslegung nach IFRS: Vergleich des Mixed-Model-Ansatzes (IASB) mit dem Fair-Value-Model-Ansatz (JWG), Düsseldorf 2007.

Kuhn, S./Scharpf, P., Rechnungslegung von Financial Instruments nach IFRS: IAS 32, IAS 39 und IFRS 7, 3. Auflage, Stuttgart 2006.

Löw, E. (Hrsg.), Rechnungslegung für Banken nach IFRS: Praxisorientierte Einzeldarstellungen, 2. Auflage, Wiesbaden 2005.

Lühr, I., Internationale Rechnungslegung für kleine und mittelgroße Unternehmen, Wiesbaden 2010, S. 264-273.

Märkl, H./Schaber, M., IFRS 9 Financial Instruments: Neue Vorschriften zur Kategorisierung und Bewertung von finanziellen Vermögenwerten, in: KoR, 10. Jg. (2010), S. 65-74

Reiland, M., Derecognition – Ausbuchung finanzieller Vermögenswerte: Eine Analyse der Regelungen in IAS 39, SFAS 140 und FRS 5, Düsseldorf 2006.

19 Vgl. *Köster, O.*, Impairment von Finanzinstrumenten nach IFRS und US-GAAP, in: BB, 64. Jg. (2009), S. 97-98.

Schmidt, M., Rechnungslegung von Finanzinstrumenten: Abbildungskonzeptionen aus Sicht der Bilanztheorie, der empirischen Kapitalmarktforschung und der Abschlussprüfung, Wiesbaden 2005.

Schmidt, M./Pittroff, E./Klingels, B., Finanzinstrumente nach IFRS: Bilanzierung, Absicherung, Publizität, München 2007.

Übungsaufgaben

Aufgabe 1:

Die in Köln ansässige Päffgen AG erstellte bis einschließlich 2009 einen HGB-Konzernabschluss. Für das Jahr 2010 wird der Konzernabschluss erstmalig nach den IFRS erstellt. Um Vergleichszahlen zu erhalten, wurde auch der Konzernabschluss 2009 rückwirkend auf die IFRS umgestellt. Der Steuersatz der Päffgen AG liegt bei 25 %.

a) Die Päffgen AG hat 2009 und 2010 die nachfolgend aufgeführten Wertpapiertransaktionen (Beträge in €) getätigt. Buchen Sie die Geschäftsvorfälle 2009 und 2010 sowohl nach HGB als auch nach IAS 39 und alternativ nach IFRS 9.

Wertpapiergattung	**Anschaffungsdatum** **Anschaffungskosten**	**Börsenkurs am 31.12.2009**	**Börsenkurs am 31.12.2010**	**Veräußerungsdatum** **Veräußerungspreis**
Aktien A (Available-for-Sale, Anlagevermögen)	01.02.2009 120.000	140.000	—	03.07.2010 120.000
Aktien B (Available-for-Sale, Anlagevermögen)	21.07.2009 100.000	90.000	100.000	—
Aktien C (Trading)	30.09.2009 70.000	60.000	110.000	—

Hinweis: Bei der IFRS-Bilanzierung wählt die Päffgen AG eine Vorgehensweise, die sich möglichst wenig auf den Jahresüberschuss auswirkt. Bei der HGB-Bilanzierung wird zudem bei Wertschwankungen unter die Anschaffungskosten – soweit möglich – auf Abschreibungen verzichtet. Gehen Sie zudem davon aus, dass im vorliegenden Fall die steuerrechtliche Verbuchung derjenigen nach HGB folgt.

b) Buchen Sie für die unter a) aufgeführten Wertpapiere für 2010 die Korrektur von HGB auf IAS 39 / IFRS 9.

Aufgabe 2:
Die Gerida AG hat zum Beginn des Geschäftsjahres 2010 ein Aktienpaket eines Konkurrenten erworben. Für 70.000 Aktien der Compet AG sind je 35 € gezahlt worden. An Bankprovisionen fielen noch einmal insgesamt 25.000 € an. Kurz- und mittelfristig ist kein Verkauf dieser Anteile geplant. Das Management behält sich vor, diese strategische Position in Zukunft aufzustocken. Eine Beherrschungsmöglichkeit („control") oder ein maßgeblicher Einfluss ist derzeit aber nicht gegeben. Zum 31.12.2010 notierte die Compet-Aktie bei 42 €. Steuerlatenzen sind zu vernachlässigen.

Welche unterschiedlichen Möglichkeiten der Verbuchung dieses Geschäftsvorfalls existieren nach IAS 39 und IFRS 9? Geben Sie die jeweiligen Buchungssätze an und diskutieren Sie die jeweiligen Auswirkungen auf Eigenkapital und Gewinn oder Verlust.

Aufgabe 3:
Die bisher nach HGB bilanzierende Hardy AG hält die in der Tabelle aufgeführten Finanzinstrumente in ihrem Bestand (in T€). Im Rahmen der Umstellung auf IFRS zum 31.12.2010 fragt sich der Leiter Konzernrechnungswesen, wie der Bestand nach IFRS bilanziell abzubilden wäre.

Name	**Art**	**Anschaffungskosten (31.12.2007)**	**Marktwert 31.12.2008**	**Marktwert 31.12.2009**	**Marktwert 31.12.2010**
Stan AG	Aktie	20.000	30.000	25.000	18.000
Laurel AG	Aktie	40.000	45.000	35.000	43.000
Oliver AG	Anleihe	95.000	98.000	99.000	100.000

Die steuerrechtliche Bilanzierung der Wertpapiere, bei denen es sich durchgehend um Minderheitsbeteiligungen handelt, erfolgt bei der Hardy AG analog zu der HGB-Verbuchung, wobei die Hardy AG einem Ertragsteuersatz von 30 % unterliegt. Gehen Sie bei der Anleihe davon aus, dass handels- und steuerrechtlich wie nach den Vorschriften von IAS 39 bilanziert wurde.

Nennen Sie für sämtliche Wertpapiere und evtl. Zinszahlungen die originären Buchungssätze nach IAS 39 bzw. IFRS 9 für die Geschäftsjahre 2008 bis 2010. Berücksichtigen Sie dabei folgende Zusatzangaben:

- Die Hardy AG möchte den Ausweis von beizulegenden Zeitwerten und hieraus resultierende GuV-wirkungen möglichst vermeiden.

- Aktie Stan AG wird im Handelsbestand gehalten.
- Aktie Laurel AG ist Teil einer langfristigen Anlagestrategie. Im Jahr 2009 lag eine dauerhafte Wertminderung vor, die auch nach IAS 39 zu einer Wertminderung führen würde.
- Anleihe Oliver AG hat einen Nennwert von 100.000 T€, Nominalzins 5 %, Effektivzins 6,9 %, Laufzeitende 31.12.2010 mit Halteabsicht bis zur endfälligen Tilgung.

Kapitel 20
Sicherungsbeziehungen

Wissen Sie, wie hoch die weltweite Marktkapitalisierung aller börsennotierten Eigenkapitaltitel ist? Laut der World Federation of Exchanges betrug sie Ende 2009 über 47,5 Billionen US-\$, also über 47.500.000.000.000 US-\$. Hinzu kommt ein 63 Billionen US-\$-Markt für börsennotierte Fremdkapitaltitel.

Wissen Sie, wie hoch demgegenüber die Summe der Basiswerte der an Börsen gehandelten Derivate, also insbesondere Optionen und Futures, ist? Die Antwort können Sie der nachfolgenden Tabelle 20.1 entnehmen.

Derivatekategorie	**Basiswert Ende 2009 in Mio. US-\$**
Stock Options	4.856.970
Stock Futures	1.138.483
Stock Index Options	70.031.977
Stock Index Futures	74.830.095
Short Term Interest Rate Options	382.666.006
Short Term Interest Rate Futures	806.880.106
Long Term Interest Rate Options	28.946.326
Long Term Interest Rate Futures	171.088.319
Currency Options	928.984
Currency Futures	23.892.076
Commodity Options	1.361.378
Commodity Futures	14.701.671
Summe	**1.582.992.225**

Tab. 20.1: Werte gehandelter Derivate. Quelle: World Federation of Exchanges, www.world-exchanges.org

Die Gesamtsumme ist Schwindel erregend: 1.590 Billionen US-\$, mehr als das 25-fache des Weltwirtschaftsprodukts. Selbst wenn die Währungs- und Zinsderivate außen vor gelassen werden, wenn also nur die Aktien- und Warenderivate berücksichtigt werden, liegt die Gesamtsumme mit 167 Billionen US-\$ über dem 1,5-fachen der Marktkapitalisierung der organisierten Eigen- und Fremdkapitalmärkte. Hinzu kommen OTC-Derivate, also Derivate, die „over the counter", außerhalb des börslichen Handels, gehandelt werden. Deren Basiswert betrug Ende 2009 laut der Bank for International Settlements 615 Billionen US-\$.

Wofür gibt es alle diese Derivate, deren Grundstruktur bereits in Kapitel 19 erläutert wurde? Neben der Spekulation dienen sie vor allem der Absicherung von bestimmten Grundgeschäften. Rohstoffproduzenten sichern sich z.B. gegen Preisschwankungen, Banken gegen Zinsänderungen und Getränkehersteller gegen verregnete Sommer ab. Sie haben sich nicht verlesen. Getränkehersteller, landwirtschaftliche Betriebe und andere können sich tatsächlich durch den Einsatz von Wetterderivaten gegen Umsatzeinbrüche in verregneten Sommern absichern. Als Teil so genannter Sicherungsbeziehungen sind Derivate somit zu einer zentralen Säule der internationalen Finanzmärkte geworden. Ihre Chance und ihr Risiko zugleich liegt in dem geringen finanziellen Einsatz, den es erfordert, um sie zu erwerben. Was glauben Sie, was es kosten würde, den gesamten OTC-Markt der Derivate zu erwerben? Etwa 22 Billionen US-$ und damit gerade mal 3,5 % der Basiswerte.

Sie sehen, Finanzderivate und die mit ihnen gebildeten Sicherungsbeziehungen sind aus dem modernen Wirtschaftsgeschehen nicht mehr wegzudenken.

Lernziele

Daher sollen Sie im Folgenden lernen,

- was Sicherungsbeziehungen sind, was ihr ökonomischer Zweck ist und wo das bilanzielle Problem Ihrer Abbildung liegt,
- welchem Konzept das IASB bei der Sicherungsbilanzierung folgt und wie die Sicherungsbeziehungen hiernach zu klassifizieren sind und schließlich,
- wie die Bilanzierung von Sicherungsbeziehungen im Detail zu erfolgen hat.

1 Grundlagen

1.1 Sinn der Sicherungsbilanzierung

Problem der Sicherungsbilanzierung

Was ist Sicherungsbilanzierung und warum erscheint sie in bestimmten Fällen sinnvoll und notwendig? Diese Frage soll anhand eines einführenden Beispiels beantwortet werden.

Beispiel 20.1

Die Invest AG hält zu Beginn des Jahres 2011 eine US-$-Verbindlichkeit, deren Nennwert von 10 Mio. US-$ am 01.01.2012 fällig wird. Zinszahlungen fallen nicht an. Bislang notierten US-$ und Euro zur Parität[1]. In der Finanzierungsabteilung herrscht allerdings die Befürchtung, dass der US-$-Kurs im Laufe des Jahres 2011 deutlich steigen wird und dass die Invest AG somit am 01.01.2012 mehr Euro aufwenden muss, um den US-$-Kredit zu tilgen. Deswegen schließt die Invest AG am 01.01.2011 ein Devisentermingeschäft ab. Dieses Geschäft verpflichtet die Invest AG zum 01.01.2012 10 Mio. US-$ zu einem Terminkurs von 1,05 €/US-$ zu erwerben. Mit diesen auf Termin gekauften US-$ ist die Invest AG dann in der Lage, die Verbindlichkeit zu tilgen. Da das Termingeschäft für die Invest AG die Verpflichtung bedingt, die US-$ auch tatsächlich für 1,05 €/US-$ zu kaufen, besteht aus Sicht der Invest AG nun kein Währungsrisiko mehr: Sicher ist, dass sie am 01.01.2012 die Verbindlichkeit zum Terminkurs tilgen wird, also für 10,5 Mio. €.

Wie sähe nun die bilanzielle Abbildung zum Ende des Jahres 2011 aus, wenn angenommen wird, dass das Termingeschäft gemäß Einzelbewertungs-

1 Sämtliche Wechselkurse und Preise dieses Kapitels sind didaktisch motiviert und haben dementsprechend mit der Realität teilweise erschreckend wenig zu tun.

grundsatz als schwebendes Geschäft unter eventueller Bildung einer Drohverlustrückstellung bilanziert wird? Die untenstehende Tabelle beantwortet diese Frage in Abhängigkeit von der möglichen Entwicklung des US-$ Kurses:

Szenario **Werte in T€ zum 31.12.2011**	**US-$ fällt**	**US-$ konstant**	**US-$ steigt**
US-$ Kurs [€/US-$]	0,90	1,00	1,10
Buchwert Verbindlichkeit	9.000	10.000	11.000
Aufwand/Ertrag Verbindlichkeit	1.000	0	-1.000
Rückstellung Termingeschäft	1.500	500	0
Gewinn oder Verlust	-500	-500	-1.000

Aus ökonomischer Sicht müsste der Gewinn oder Verlust unabhängig von der Entwicklung des US-$ Kurses -500 T€ betragen, da die Verbindlichkeit zum 01.01.2012 in jedem Fall für 10,5 Mio. € getilgt werden wird. Bei isolierter Betrachtung der Entwicklungen der Verbindlichkeit und des Termingeschäfts schlägt sich diese ökonomische Perspektive jedoch nicht zwangsläufig im ausgewiesenen Gewinn oder Verlust des Unternehmens nieder. Im Falle eines drohenden Verlustes aus dem Devisentermingeschäft wird die GuV-wirksam erfasste Entwicklung der Verbindlichkeit zwar durch eine Drohverlustrückstellung kompensiert und ein ökonomisch korrektes Ergebnis ausgewiesen. Im Falle eines zu erwartenden Gewinns aus dem Devisentermingeschäft unterbleibt diese Korrektur jedoch, da nicht realisierte Gewinne aus schwebenden Geschäften qua Annahme nicht GuV-wirksam erfasst werden dürfen. Das Unternehmen weist in diesem Fall einen Verlust aus, der nicht der ökonomischen Realität entspricht.

Grundidee zur Vermeidung von Verzerrungen

Wie sind solche bilanziellen Verzerrungen zu vermeiden? Aus theoretischer Sicht ist für abgesicherte bilanzwirksame Risiken die Antwort einfach: Alle Vermögenswerte und Schulden, also auch das Sicherungsinstrument und das zu sichernde Grundgeschäft, sind hinsichtlich des gesicherten Risikos gleich zu bewerten. Dies führte dazu, dass die ökonomisch geplante Risikoabsicherung auch bilanziell erkennbar und beurteilbar wird. In dem hier vorliegenden Beispiel wäre dies zu erreichen, wenn die Wertsteigerung des Termingeschäfts auf 500 T€ im Szenario steigender US-$-Kurse ebenso GuV-wirksam bilanziert werden würde wie die wechselkursbedingte Erhöhung der Verbindlichkeit. Dies würde dann zu dem ökonomisch korrekten Verlust von -500 T€ führen.

Wie ist aber vorzugehen, wenn eine bisher lediglich geplante Transaktion, wie ein beabsichtigtes ausländisches Investment, gegen Währungsrisiken abgesichert wird? Wenn in leichter Abwandlung des obigen Beispiels nicht eine bereits bestehende Verbindlichkeit, sondern ein geplanter Kauf von Rohstoffen in US-$ durch ein Termingeschäft abgesichert wird, kann eine ökonomisch sinnvolle bilanzielle Darstellung der Sicherungsbeziehung nicht ohne weiteres geleistet werden. Im Gegensatz zu Beispiel 20.1 besteht der Grund der bilanziellen Verzerrung in diesem Fall jedoch gerade nicht im Verzicht auf die GuV-wirksame Erfassung von Gewinnen aus schwebenden Geschäften. Sollte sich ein Gewinn aus dem schwebenden Geschäft ergeben, so wird dieser, genauso wie die geplante Transaktion, nicht bilanziert; was zu einem unverzerrten Ergebnisausweis führt. Sollte jedoch ein Verlust aus dem Termingeschäft drohen, so wird dieser wie in Beispiel 20.1 GuV-wirksam durch die Bildung einer entsprechenden Drohverlustrückstellung erfasst. In Kombination mit dem auch in diesem Fall weiterhin bestehenden Verzicht auf die bilanzielle Abbildung der geplanten Transaktion führt dies jedoch zu einem verzerrten Ergebnis; schließlich geht das Unternehmen das Risiko des Verlustes aus dem Termingeschäft nicht um seiner selbst Willen ein, sondern um ökonomische Sicherheit hinsichtlich einer verbindlich geplanten unternehmerischen Disposition zu erlangen. Während die stets GuV-wirksame Erfassung des Termingeschäfts in Beispiel 20.1 einen ökonomisch korrekten Gewinn oder Verlust somit garantieren kann, führt sie im Falle einer noch nicht bilanzwirksamen geplanten Transaktion zu einer ökonomisch verzerrten Darstellung der Lage des Unternehmens.

Umsetzung durch IAS 39

Daher fordert IAS 39 die explizite Berücksichtigung von Sicherungsbeziehungen mittels zweier unterschiedlicher Konzepte:

- Wo immer möglich, sollen zu sicherndes Grundgeschäft und Sicherungsinstrument hinsichtlich des gesicherten Risikos gleich bewertet werden. Die hieraus jeweils resultierenden Gewinne und Verluste sind GuV-wirksam zu erfassen, so dass sie sich bei perfekter Absicherung gegenseitig ausgleichen.
- Wenn dies nicht möglich erscheint, dann soll die Wertentwicklung des Sicherungsinstruments GuV-neutral behandelt werden, solange sie durch eine gegenläufige Wertentwicklung des zu sichernden Grundgeschäfts kompensiert wird.

Sicherungsinstrument und gesichertes Grundgeschäft bilden Sicherungsbeziehung

Für diese Vorgehensweise ist es notwendig, die existenten Sicherungsbeziehungen zu identifizieren. Diese bestehen im Sinne von IAS 39.9 jeweils aus einem Sicherungsinstrument und einem gesicherten Grundgeschäft. Ein Sicherungsinstrument ist gemäß IAS 39.9 ein Finanzderivat oder, bei der Absicherung von Wechselkursschwankungen, auch ein sonstiges Finanzinstrument, von dem erwartet wird, dass es die Wertschwankung des gesicherten Grundgeschäfts hinsichtlich der abgesicherten Risiken ausgleichen kann.

Ein gesichertes Grundgeschäft kann prinzipiell jeder Vermögenswert oder jede Schuld sein, der oder die der Gefahr von Wertschwankungen unterliegt und vom bilanzierenden Unternehmen explizit als abgesichert bestimmt wird. Neben Vermögenswerten und Schulden können, wie oben bereits erwähnt, eine feste Verpflichtung, eine vorhergesehene künftige Transaktion oder auch eine Nettoinvestition in einen ausländischen Geschäftsbetrieb gesicherte Grundgeschäfte darstellen, wenn die für Vermögenswerte und Schulden genannten Bedingungen für sie gelten. Details zu den Definitionen von Sicherungsinstrument und gesichertem Grundgeschäft werden in den folgenden beiden Abschnitten diskutiert.

1.2 Sicherungsinstrument

Externer Vertragspartner nötig

Als Sicherungsinstrumente im Sinne des IAS 39 sind ausschließlich Finanzinstrumente geeignet, deren Vertragspartner sich außerhalb der rechnungslegenden Einheit befindet (vgl. IAS 39.9 i.V.m. IAS 39.73). Dies schließt zum einen den Einsatz eigener Aktien des Unternehmens als Sicherungsinstrument aus, da diese als Eigenkapitaltitel des bilanzierenden Unternehmens keine Finanzinstrumente darstellen (vgl. IAS 39.AG97). Zum anderen kann die Beurteilung der Eignung eines Finanzinstruments als Sicherungsinstrument von der Art des zu erstellenden Abschlusses abhängen. So ist zwar die Klassifizierung eines Finanzinstruments, deren Vertragspartner konzernzugehörige Gesellschaften sind, als Sicherungsinstrument im Rahmen des Konzernabschlusses ausgeschlossen[2], jedoch bedeutet das nicht zwangsläufig, dass dies auch für den Einzelabschluss und ggf. sogar für den (Teil)Konzernabschluss der betroffenen Gesellschaften gilt. Aus Sicht dieser Abschlüsse stellt schließlich beispielsweise ein Termingeschäft mit einer Schwestergesellschaft eindeutig eine Transaktion mit einem Vertragspartner dar, der sich außerhalb der rechnungslegenden Einheit des berichtenden Unternehmens befindet.

Grundsätzlich nur Finanzderivate als Sicherungsinstrument denkbar

Im Regelfall sind Sicherungsinstrumente gemäß IAS 39.9 Finanzderivate. Dennoch eignen sich nicht alle Finanzderivate beliebig als Sicherungsinstrumente. So erkennt IAS 39.AG96 Finanzderivaten, deren Wertentwicklung von einem Eigenkapitalinstrument abhängt, dessen beizulegender Zeitwert nicht verlässlich messbar ist[3], die Eignung als Sicherungsinstrument ab. Darüber hinaus ist zu beachten, dass Stillhalterpositionen, die das bilanzierende Unternehmen bei Optionen eingeht, eine begrenzte Chance (den Optionspreis) bei ex ante unbegrenztem Risiko aufweisen. IAS 39.AG94 erlaubt demzufolge den Einsatz einer Stillhalterposition als Sicherungsinstrument nur für den Fall, bei dem eine gegenläufige gezeichnete Option das gesicherte Grundgeschäft darstellt. In diesem Zusammenhang ist darauf hinzuweisen, dass unterschiedliche Finanzderivate auch gemeinsam als Sicherungsinstrument klassifiziert werden können. Aus dem Zusammenschluss darf allerdings in der Gesamtsicht auch in diesem Fall nicht der Charakter einer Stillhalterposition resultieren.

Nicht-derivative Finanzinstrumente können nur Währungsrisiken absichern

Nicht-derivative Finanzinstrumente eignen sich weniger gut als Sicherungsinstrumente, da ihre Wertentwicklung im Regelfall von unterschiedlichen und teils schwer zu isolierenden und messbaren Risiken abhängt und so eine spezifische Bewertung für ein einzelnes Risiko schwer durchzuführen ist. Deswegen dürfen nicht-derivative Finanzinstrumente nur als Sicherungsinstrumente für Währungsrisiken eingesetzt werden, da diese Risiken scharf messbar sind.

2 Dies folgt mitunter bereits daraus, dass Konsolidierungseffekte ggf. dafür sorgen, dass ausschließlich innerhalb des Konzerns abgewickelte Geschäfte im Rahmen des Konzernabschlusses eliminiert werden und daher ohnehin keine Wirkung auf Konzernebene entfalten können.

3 Was regelmäßig für nicht börsennotierte Eigenkapitaltitel erfüllt ist.

IAS 39.AG95 verweist in diesem Zusammenhang insbesondere auf den Einsatz von zu Anschaffungskosten bewerteten finanziellen Vermögenswerten.

Teile eines Finanzinstruments als Sicherungsinstrument bestimmbar

Finanzinstrumente müssen jedoch nicht stets vollständig als Sicherungsinstrument bestimmt werden. Gemäß IAS 39.75 können Sicherungsinstrumente vielmehr komplett oder quotal als Teil einer Sicherungsbilanzierung bestimmt werden. Es ist also möglich, 50 % eines ausländischen, festverzinslichen Wertpapiers (Rückzahlungsbetrag 20 Mio. US-$) zur Absicherung einer künftigen Auslandszahlung (10 Mio. US-$) gegen Währungskursschwankungen zu verwenden. Selbst die Klassifizierung der Summe von Teilen verschiedener Finanzinstrumente als Sicherungsinstrument ist gemäß IAS 39.77 möglich. Die Zuordnung eines Finanzinstruments zu einer Sicherungsbeziehung nur für einen Teil der Laufzeit des Finanzinstruments ist gemäß IAS 39.75 hingegen ausgeschlossen[4].

Absicherung verschiedener Risiken durch ein Sicherungsinstrument möglich

Weiterhin kann ein Sicherungsinstrument innerhalb einer Sicherungsbilanzierung unterschiedliche Risiken absichern. Voraussetzung dafür ist, dass die abgesicherten Risiken eindeutig identifiziert werden können, die Zuordnung des Sicherungsinstruments zu den Risikopositionen gelingt und die Wirksamkeit des Sicherungsgeschäfts nachgewiesen werden kann (siehe dazu Kapitel 2.2 in diesem Abschnitt). So kann beispielsweise ein Währungszinsswap, der variable US-$-Zinszahlungen in fixe Eurozinszahlungen umwandelt, benutzt werden, um einen variabel verzinslichen US-$-Kredit gegen währungskurs- und zinsinduzierte Zahlungsstromschwankungen abzusichern.

Aufspaltung des Instruments in separat zu bewertende Teile nur in Ausnahmefällen

Eine Aufspaltung in verschiedene, separat zu bewertende Teile ist demgegenüber grundsätzlich nicht möglich, da vor allem Finanzderivate im Allgemeinen im Ganzen bewertet werden. Zwei Ausnahmen gibt es jedoch:

- Optionen können in ihren Zeitwert und ihren inneren Wert aufgespaltet werden, wobei dann nur der innere Wert als sichernde Komponente des Sicherungsinstruments bestimmt wird[5]. Der innere Wert einer Option ergibt sich als Differenz zwischen Ausübungskurs und beizulegendem Zeitwert des Bezugsguts. Der Zeitwert einer Option ist nicht mit dem beizulegenden Zeitwert einer Option im Sinne des fair value zu verwechseln. Er ergibt sich vielmehr als Spanne zwischen dem inneren Wert und dem beizulegenden Zeitwert der Option. Eine Option, die zum Kauf von einer Daimler Aktie für 45 € berechtigt, hat bei einem aktuellen Kurs von 51 € für die gleiche Aktie einen inneren Wert von 6 €. Wenn diese Option momentan zum beizulegenden Zeitwert von 8 € gehandelt wird, beträgt der Zeitwert der Option 2 €.
- Terminkurse können in den zum Bewertungszeitpunkt gültigen Kassakurs und einen Zinsanteil aufgespaltet werden, wobei dann die Entwicklung der

4 Eine von der geplanten Sicherungsbeziehung abweichende Laufzeit des Sicherungsinstruments erscheint in den meisten Fällen ökonomisch ohnehin nicht sinnvoll, da aus der Konzeption der Sicherungsbilanzierung heraus Sicherungsinstrumente originär für den Sicherungszweck konstruiert werden.

5 Diese Aufspaltung ist auch notwendig, da IAS 39.AG99BA für den Fall der Absicherung von Shortfall- und Excessrisiken durch Optionen zwingend den inneren Wert als Sicherungsinstrument vorsieht.

Zinskomponente direkt GuV-wirksam erfasst und die Kassakurskomponente separat als sichernde Komponente der Sicherungsbeziehung angesehen werden kann. So ist z.B. der Terminkurs US-$/€ höher als der Kassakurs, wenn US-Dollarguthaben besser verzinst werden als Euroguthaben. Diese Zinsdifferenzwirkung lässt sich anhand beobachtbarer internationaler Zinsunterschiede ermitteln und ist genau die Differenz zwischen dem Terminkurs und dem aktuellen Kassakurs. Beispiel 20.2 behandelt eine solche Aufspaltung.

1.3 Gesichertes Grundgeschäft

IAS 39 beschränkt wie bereits einleitend erwähnt eine Sicherungsbilanzierung nicht auf die Absicherung von bilanzwirksamen Positionen. Abgesichert werden können vielmehr vier unterschiedliche Sachverhaltsgruppen:

- Vermögenswerte und Schulden, wie z.B. Fremdwährungsforderungen und -verbindlichkeiten
- Bilanzunwirksame Verpflichtungen (schwebende Geschäfte) zur Abwicklung einer künftigen Transaktion, wie z.B. der bereits vertraglich abgesicherte künftige Kauf von Rohöl in US-$
- Eine mit hoher Wahrscheinlichkeit erwartete Transaktion, zu der allerdings noch keine Verpflichtung besteht, wie z.B. der geplante Kauf einer Fertigungsanlage von einem ausländischen Lieferanten
- Ein Fremdwährungsinvestment in einem ausländischen Geschäftsbetrieb, wie z.B. ein Kredit, der in Yen aufgenommen wurde, um eine japanische Tochter, deren funktionale Währung der Yen ist, zu finanzieren.

Dabei sind jedoch zwei wesentliche Ausnahmen zu berücksichtigen:

- Die Absicht, eine Gesellschaft im Rahmen eines Unternehmenskaufs zu erwerben, kann nicht abgesichert werden, da das daraus resultierende Risiko im Wesentlichen ein allgemeines Geschäftsrisiko darstellt. Davon ausgenommen sind die aus der Finanzierung des Kaufs eventuell resultierenden Fremdwährungsrisiken.
- At-Equity bilanzierte oder konsolidierte Unternehmensanteile können ebenfalls nicht abgesichert werden, da ihre bilanzielle Abbildung nicht gemäß dem eventuell nicht messbaren Marktwert schwankt, sondern gemäß dem periodischen Geschäftsverlaufs der jeweiligen Unternehmen. Dieses Risiko ist wiederum ein allgemeines Geschäftsrisiko und kann nicht abgesichert werden.

Während gemäß IAS 39.80 wie auch bei der Abgrenzung möglicher Sicherungsinstrumente grundsätzlich nur Transaktionen mit Vertragspartnern außerhalb der rechnungslegenden Einheit als gesichertes Grundgeschäft gelten können, gibt es indes eine Ausnahme für (geplante) Fremdwährungstransaktionen zwischen zwei konsolidierten Unternehmen, falls die aus ihr resultierenden Währungseffekte nicht vollständig durch die Konsolidierung eliminiert werden und somit die

Gewinn- und Verlustrechnung auf Konzernebene beeinflussen. Dies kann nach IAS 21 dann eintreten, wenn die beiden Unternehmen unterschiedliche funktionale Währungen besitzen, die wiederum von der funktionalen Währung der Mutter abweichen.

Gruppenbildung möglich

Alle einleitend erwähnten Sachverhalte können einzeln oder in Gruppen mit weitgehend homogener Risikostruktur abgesichert werden. Eine Gruppenbildung von zu sichernden Grundgeschäften hat demnach so zu erfolgen, dass die risikoinduzierten Wertänderungen der einzelnen Grundgeschäfte im Wesentlichen proportional zur risikoinduzierten Wertänderung des Gesamtportfolios verlaufen. Demnach kann eine Gruppe keine gegenläufigen Positionen beinhalten. Würden z.B. künftige US-$-Forderungen und US-$-Verbindlichkeiten zusammengefasst, so würde eine Wechselkursänderung auf das Gesamtportfolio anders wirken, als auf die beiden einzelnen Positionen. Trotzdem ist in diesem Fall eine Absicherung sehr wohl möglich: Die Gruppe ist so zu definieren, dass sie lediglich die Spitze der Fremdwährungspositionen umfasst, in diesem Fall enthält sie entweder nur Vermögenswerte oder nur Schulden. Eine Sonderregel gilt für Gruppen von festverzinslichen finanziellen Vermögenswerten und Schulden, die als gesichertes Grundgeschäft gegen Zinsschwankungen abgesichert werden. Diese Portfolios sind gemäß ihrer Laufzeiten anhand so genannter Laufzeitenbänder in Gruppen mit ähnlichen erwarteten Fälligkeitsterminen bzw. ähnlicher erwarteter Anpassung an Marktzinsen aufzuteilen. Jede Gruppe für sich ist dann als gesichertes Grundgeschäft zulässig[6].

Zuordnung zu Sicherungsbeziehung abhängig von der Art des Grundgeschäfts

Die Zuordnung von Grundgeschäften zu Sicherungsbeziehungen erfolgt abhängig davon, ob es sich bei ihnen um Finanzinstrumente oder um Grundgeschäfte ohne finanziellen Charakter wie z.B. Rohstoffvorräte handelt. Finanzinstrumente können ganz oder teilweise gesichert werden, vorausgesetzt, dass die Effektivität der Sicherungsbeziehung messbar bleibt. Ebenso ist die Absicherung nur spezifischer Risiken möglich. So kann eine festverzinsliche Auslandsanleihe gegen ihr komplettes Zinsänderungsrisiko und in einer anderen Sicherungsbeziehung gegen 50 % ihres Wechselkursrisikos abgesichert werden. Voraussetzung dafür ist, dass es sich um separat identifizierbare Risikokomponenten des Geschäfts handelt, die verlässlich messbar sind. Gemäß IAS 39.AG99F ist dies bei festverzinslichen Finanzinstrumenten beispielsweise für den risikolosen Zinssatz erfüllt. Inflationsrisiken sind hingegen grundsätzlich nicht separierbar, es sei denn, das Zinsänderungsrisiko des Grundgeschäfts ist, wie z.B. bei inflation-linked bonds, sehr stark mit dem Inflationsrisiko korreliert.

Nicht-finanzielle Sachverhalte können demgegenüber nur in ihrer Gesamtheit oder hinsichtlich ihres Fremdwährungsrisikos abgesichert werden. Eine Absicherung von einzelnen Risiken scheitert daran, dass die Wertänderungen des gesicherten Geschäfts aufgrund dieser einzelnen Risiken regelmäßig nicht verlässlich messbar sind. Eine Absicherung des gesamten Risikos ist allerdings auch durch ein Sicherungsinstrument möglich, das eigentlich auf ein leicht ande-

6 Vgl. hierzu *Kropp, M./Klotzbach, D.*, Der Vorschlag des IASB zum Makro Hedge Accounting, in: WPg, 56. Jg. (2003), S. 1180-1192, vgl. insbesondere auch IAS 39.AG114 ff.

res Grundgeschäft bezogen ist. So kann ein geplanter Kauf von Flachstahl durch einen Terminkauf von Walzstahl abgesichert werden, solange die sonstigen Vorschriften des Standards, insbesondere bezüglich der Effektivität der Sicherungsbeziehung, erfüllt sind.

2 Bestimmung von Sicherungsbeziehungen

2.1 Klassifizierung

Drei Kategorien von Sicherungsbeziehungen

In Abhängigkeit von den Möglichkeiten, einen bilanziellen Ausgleich der Wertentwicklung von gesichertem Grundgeschäft und Sicherungsinstrument herbeizuführen, differenziert IAS 39.86 drei Arten von Sicherungsbeziehungen.

- *Absicherung des beizulegenden Zeitwerts (fair value hedge)*: Bei dieser Absicherung werden Vermögenswerte oder Schulden (bzw. Anteile davon) gegen Schwankungen des beizulegenden Zeitwerts abgesichert. Entscheidend ist, dass diese Wertschwankungen auch tatsächlich den Gewinn oder Verlust beeinflussen können. Dies wäre z.B. beim Verkauf einer zu fortgeführten Anschaffungskosten bilanzierten langfristigen Forderung der Fall, wenn sich zwischenzeitlich der Zinssatz geändert hat. Darüber hinaus können auch feste Verpflichtungen, die bisher noch nicht bilanzwirksam waren, gegen Wertschwankungen ihrer beizulegenden Zeitwerte abgesichert werden. Eine geplante Transaktion kann hingegen nicht im Rahmen eines fair value hedges abgesichert werden.
- *Absicherung der Cashflows (cash flow hedge)*: Hier sichert ein Unternehmen nicht den beizulegenden Zeitwert selber, sondern Zahlungsströme, die aus einem Vermögenswert, einer Schuld oder einer geplanten Transaktion resultieren können. Wie kann ein mit einem Vermögenswert verbundener Zahlungsstrom schwanken, ohne dass der beizulegende Zeitwert des Vermögenswerts selbst schwankt? Ein Beispiel sind die Zinszahlungen aus einer variabel verzinslichen Anleihe: Der beizulegende Zeitwert der Anleihe ist von Änderungen des Marktzinses unabhängig, während die Zinszahlungen selber schwanken.
- *Absicherung einer Nettoinvestition in einen ausländischen Geschäftsbetrieb (hedge of a net investment in a foreign operation)*: IAS 21.8 definiert einen ausländischen Geschäftsbetrieb als ein(en) Unternehmen(steil), das/der im Ausland bzw. mit ausländischer Währung agiert. Wenn dieser ausländische Geschäftsbetrieb nicht die funktionale Währung des berichterstattenden Unternehmens hat, sind nach IAS 21.32 Unterschiedsbeträge aus der Währungsumrechnung solcher Unternehmen(steile) bis zum Veräußerungszeitpunkt des jeweiligen Unternehmens GuV-neutral im Eigenkapital zu bilanzieren (vgl. Kapitel 22). Trotzdem kann die berichterstattende Konzernmutter sich entschließen, das Währungsrisiko abzusichern.

Die Sicherungsbilanzierung erfolgt in Abhängigkeit der Zuordnung der Sicherungsbeziehung zu einer dieser drei Kategorien, wie in Abbildung 20.1 überblicksartig visualisiert und im Folgenden beschrieben wird.

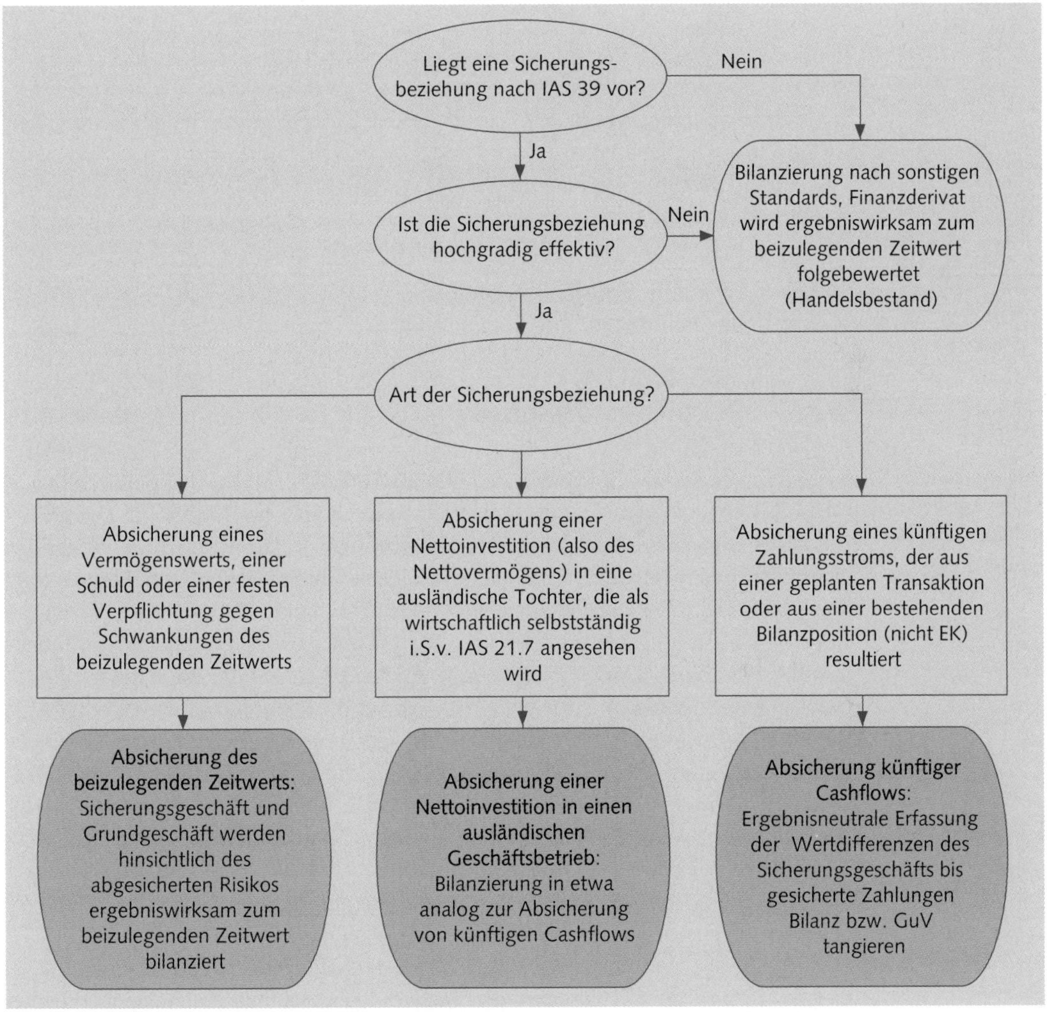

Abb. 20.1: Ablaufschema Sicherungsbilanzierung

Bedingungen für Sicherungsbilanzierung

Um eine Bilanzierung als Sicherungsbeziehung zu rechtfertigen, müssen bestimmte in IAS 39.88 aufgezählte Bedingungen kumulativ erfüllt sein. Neben der Dokumentation befassen sich diese Bedingungen zentral mit der erwarteten und tatsächlichen Effektivität der Sicherungsbeziehung. Hierbei ist zu klären, inwieweit das explizit abzusichernde Risiko des Grundgeschäfts auch tatsächlich durch das Sicherungsinstrument beseitigt wird.

Die Bedingungen im Einzelnen:

- Die Sicherungsbeziehung muss insgesamt und in Beziehung zur Risikomanagementstrategie des Unternehmens hinreichend formal dokumentiert sein. Diese Dokumentation muss insbesondere das Verfahren der Effektivitätsmessung umfassen.
- Eine hohe Effektivität der Sicherungsbeziehung ist zu erwarten.
- Falls eine geplante Transaktion abgesichert wird, muss diese wiederum hochgradig wahrscheinlich sein. Eine solche hochgradige Wahrscheinlichkeit muss extern plausibel sein, also z.B. durch veröffentlichte Pläne des Unternehmens dokumentiert werden.
- Die Effektivität der Sicherungsbeziehung muss verlässlich messbar sein, und diese Messung muss regelmäßig durchgeführt werden.
- In der Vergangenheit wurden diese Effektivitätsmessungen jeweils mit positivem Ergebnis durchgeführt.

2.2 Effektivitätsmessung

Effektivität der Sicherungsbeziehung muss zu erwarten sein und rückwirkend bestätigt werden

Sicherungsbeziehungen können aus ökonomischer Sicht nur dann sinnvoll sein, wenn das abgesicherte Risiko tatsächlich weitgehend eliminiert wird. Die Effektivität der Sicherungsbeziehung muss daher sowohl zukunftsgerichtet (weiterhin) zu erwarten sein als auch bei bereits bestehenden Sicherungsbeziehungen vergangenheitsgerichtet bestätigt werden. Das absolute Verhältnis von Wertänderung des Sicherungsinstruments und Wertänderung des gesicherten Grundgeschäfts muss dabei zwischen 80 % und 125 % liegen[7]. Sollte die Effektivität der Sicherungsbeziehung nicht gegeben sein, kann die Sicherungsbilanzierung nicht durchgeführt werden. Eine Methode zur Messung der Effektivität wird indes nicht vorgegeben. Eine Absicherung, bei der die risikoinduzierte Wertschwankung des Grundgeschäfts zu 100 % durch eine gegenläufige Wertentwicklung des Sicherungsinstruments kompensiert wird, wird als perfekte oder vollständige Absicherung bezeichnet.

Solche perfekten Absicherungen können gemäß IAS 39.AG108 insbesondere dann vorliegen, wenn

- das Grundgeschäft das exakte Bezugsgut des sichernden Derivats darstellt,
- das Derivat zum Startpunkt der Sicherungsbeziehung einen beizulegenden Zeitwert von Null hat,
- die Laufzeiten und Bezugsmengen gleich lauten und
- die sichernden Bestandteile des Sicherungsinstruments geeignet bestimmt wurden.

7 IAS 39.AG105 gibt die Bandbreite eigentlich nur für den retrospektiven Effektivitätstest vor. Für den prospektiven Effektivitätstest erscheint die Identifikation einer geeigneten Methodik problematisch, da sie letztlich auch auf historischen Daten basieren muss (vgl. IAS 39.105A).

Das nachfolgende Beispiel bezieht sich auf den Fall einer perfekten Absicherung.

Beispiel 20.2

Ein Unternehmen plant am 31.12.2010 für den 31.12.2012 einen Rohstoffkauf von 100 Tonnen Kupfer. Der aktuelle Marktpreis für Kupfer liegt bei 3.000 €/t. Um sich gegen Marktpreisschwankungen abzusichern, schließt die Einkaufsabteilung am 31.12.2010 ein Termingeschäft zum 31.12.2012 über 100 t Kupfer gleicher Qualität ab. Der relevante Zinssatz liegt bei 6 %. Die Daten zur Absicherung können der folgenden Tabelle entnommen werden. Um die Aufspaltung des Terminkurses in Kassa- und Zinskomponente besser nachvollziehbar zu machen, wird die Zinskomponente des Terminkurses als Teil des gesamten Terminkurses separat dargestellt.

Kurs	**31.12.2010**	**31.12.2011**	**31.12.2012**
Kassa	3.000 €/t	3.300 €/t	3.500 €/t
Termin	3.370 €/t	3.498 €/t	3.500 €/t
davon Zinsanteil	370 €/t	198 €/t	0 €/t

Um eine perfekte Sicherung zu erzielen, wird das Termingeschäft in Kassa- und Zinskomponente aufgespaltet, wobei nur die Wertentwicklung der Kassakomponente als Sicherungsinstrument bestimmt wird. Die Wertentwicklung der geplanten Transaktion wird ebenfalls anhand der Entwicklung der Kassakurse abgeschätzt. Der beizulegende Zeitwert des Termingeschäfts ergibt sich aus der Differenz zwischen dem aktuellen Terminkurs und dem Terminkurs zum Vertragsabschluss.

Da diese Differenz erst zum Ende des Termingeschäfts am 31.12.2012 realisiert wird, ist sie ggf. zum aktuellen Marktzins von 6 % auf den Bewertungszeitpunkt abzuzinsen. So ergibt sich der Wert des Termingeschäfts zum 31.12.2011 zu ((3.498 €/t - 3.370 €/t) · 100 t) / 1,06 = 12,1 T€. Analog wird die Entwicklung der Zinskomponente ebenfalls zum Marktzins abgezinst. Also ergibt sich der Wert der Zinskomponente zum 31.12.2011 zu ((198 €/t - 370 €/t) · 100 t) / 1,06 = -16,2 T€. Schließlich ergibt sich der Wert der Kassakomponente zu ((3.300 €/t - 3.000 €/t) · 100 t) / 1,06 = 28,3 T€. Zusammenfassend ergibt sich folgende Wertentwicklung des Termingeschäfts und seiner Komponenten für die 100 t Kupfer:

Beizulegender Zeitwert für 100 t	**31.12.2010**	**31.12.2011**	**31.12.2012**
Termingeschäft	0	12,1 T€	13,0 T€
Zinskomponente	0	-16,2 T€	-37,0 T€
Kassakomponente	0	28,3 T€	50,0 T€

Zum Bilanzstichtag am 31.12.2011 ist dann festzuhalten: Die geplante Transaktion hat sich um 30 T€ verteuert ((3.300 €/t - 3.000 €/t) · 100 t). Abgezinst ergibt sich eine Wertänderung von (30 T€ / 1,06 =) 28,3 T€. Die Kassakomponente des Termingeschäfts hat eine korrespondierende Wertsteigerung von 28,3 T€ erfahren, während die Entwicklung der Zinskomponente direkt als Aufwand in Höhe von -16,2 T€ verrechnet wird. Durch die Bestimmung der Kassakomponente des Termingeschäfts als Sicherungsinstrument ist gewährleistet, dass die Absicherung immer 100 % effektiv sein wird.

Aber wie wird nun vorgegangen, wenn eine solche 100 %-Effektivität nicht erzielt werden kann, z.B. weil keine Derivate auf das entsprechende Bezugsgut verfügbar sind? In diesem Fall muss die tatsächliche Effektivität, wie bereits erwähnt, empirisch gemessen werden. Von den mehreren vorstellbaren Verfahren werden zwei zentrale, die Dollar-Offset-Methode und das Regressionsverfahren, anhand des nachfolgenden Beispiels erläutert[8].

Beispiel 20.3

Ein Maschinenbauunternehmen plant, am 01.06.2011 10.000 t Flachstahl zu kaufen. Um diese geplante Transaktion abzusichern, werden am 01.06.2010 10.000 t Walzstahl anderer Qualität auf Termin zum 01.06.2011 erworben. Als Sicherungsinstrument wird wiederum die Kassakomponente des Walzstahlterminkurses verwendet, so dass die Abschätzung der Effektivität anhand der historischen Kassakursänderungen vorgenommen werden kann.

Um abzuschätzen, ob die bisherigen Preisänderungen von Walzstahl hinreichend stark mit Preisänderungen von Flachstahl korrelieren, wird eine lineare Regression der historischen Daten durchgeführt. Als Ergebnis ergibt sich die in der nachfolgenden Abbildung wiedergegebene Gerade. Sowohl Geradensteigung als auch, und das ist wesentlich, Bestimmtheitsmaß (R^2) liegen innerhalb der von IAS 39 spezifizierten Grenzen von 80-125 %. Vor Beginn der Sicherungsbeziehung besteht somit auf Basis der Regressionsmethode Anlass, von einer hinreichend hohen Effektivität auszugehen.

8 Vgl. weiterführend zur Effektivitätsmessung *Clark, J.*, Hedge-Effektivität im Spannungsfeld zwischen Risikomanagement-Strategie und internationalen Hedge-Accounting-Regelungen, Düsseldorf 2011; *Scharpf, P.*, Hedge Accounting nach IAS 39: Ermittlung und bilanzielle Behandlung der Hedge (In-)Effektivität, in: KoR, Beilage 1 zu Heft 11, 4. Jg. (2004); *Hailer, A./Rump, S.*, Evaluierung von Hedge-Effektivitätstests, Zeitschrift für das gesamte Kreditwesen, 58. Jg. (2005), S. 1089-1097.

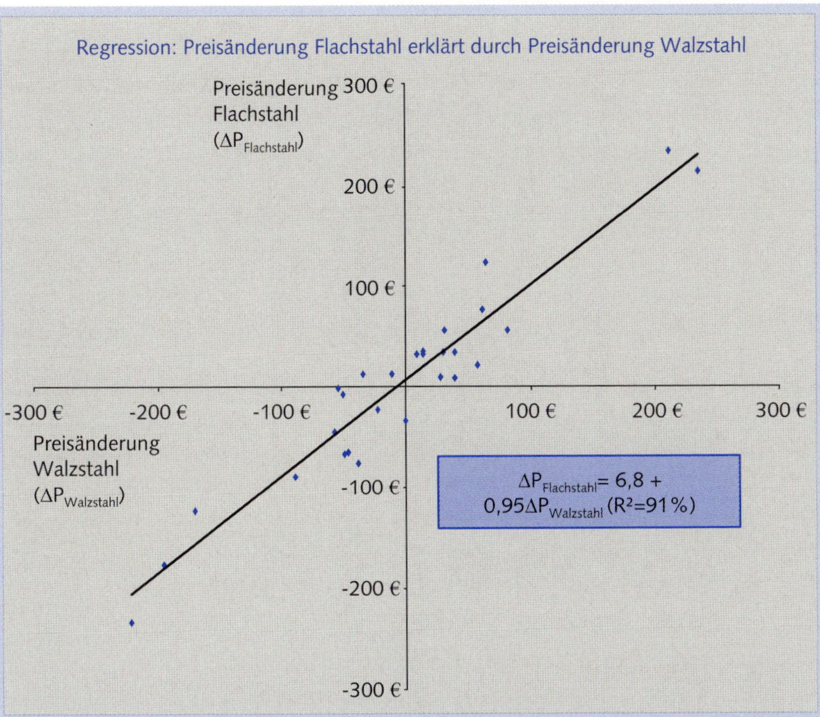

Nach dem Abschluss des Termingeschäfts zeigt sich folgende Entwicklung der Kassakurse:

Quartal	**Preisänderung Walzstahl**	**Preisänderung Flachstahl**
2010 III	12,00 €	10,00 €
2010 IV	-25,00 €	-23,00 €
2011 I	-17,00 €	-17,00 €
2011 II	23,00 €	22,00 €

Für das dritte Quartal 2010 stellt sich nun heraus, dass der Walzstahlpreis stärker gestiegen ist als der Flachstahlpreis. Eine perfekte Absicherung liegt also nicht vor. Mit 12 € im Verhältnis zu 10 €, also 120 %, liegt eine Überkompensation vor, die allerdings noch im „Effektivitätskorridor" liegt, der von IAS 39.AG105 aufgespannt wird.

Quartal	Preisänderung Walzstahl	Preisänderung Flachstahl	(WS/FS) je Periode	kum. Preisänderung WS	kum. Preisänderung FS	(WS/FS) kumuliert
2010 III	12 €	10 €	120,0 %	12 €	10 €	120,0 %
2010 IV	-25 €	-23 €	108,7 %	-13 €	-13 €	100,0 %
2011 I	-17 €	-17 €	100,0 %	-30 €	-30 €	100,0 %
2011 II	23 €	22 €	104,5 %	-7 €	-8 €	87,5 %

Um jetzt retrospektiv zu beurteilen, wie sich die Effektivität der Absicherung darstellt, wird die so genannte Dollar-Offset-Methode verwendet. Hierfür werden für jede Periode einzeln und für den gesamten Sicherungszeitraum die Preisänderungen von Grundgeschäft und Sicherungsinstrument direkt ins Verhältnis gesetzt. Die resultierenden Prozentsätze dienen dazu, Ineffektivitäten zu erkennen, wobei insbesondere darauf zu achten ist, dass auf die gesamte Sicherungsdauer betrachtet keine Ineffektivität entsteht. Dies ist hier der Fall: Sowohl je Periode als auch über die gesamte Laufzeit der Absicherung liegt keine Ineffektivität vor, da die Prozentzahlen nie unter 80 % (Untersicherung) fallen oder über 125 % (Übersicherung) steigen. Für die Vorgehensweise bei fehlender Effektivität vgl. Beispiel 20.6.

3 Bewertung

3.1 Absicherung des beizulegenden Zeitwerts (fair value hedge)

Wenn die Absicherung des beizulegenden Zeitwerts als hochgradig effektiv eingeschätzt wird und dies auch hinreichend dokumentiert ist, orientiert sich die Bilanzierung der Sicherungsbeziehung an der einfachen Grundregel:

> *Sowohl Sicherungsinstrument als auch gesichertes Grundgeschäft sind hinsichtlich des abgesicherten Risikos GuV-wirksam zum beizulegenden Zeitwert zu bewerten, und zwar unabhängig davon, ob zuvor ggf. eine Bewertung zu historischen Anschaffungskosten erfolgte.*

Eine korrekte Abbildung der Sicherungsbeziehung erfolgt dann automatisch durch die gegenläufige GuV-Wirkung beider Geschäfte. Wichtig ist hierbei:

- Sowohl Sicherungsinstrument als auch gesichertes Grundgeschäft sind nur hinsichtlich der wirklich zur Sicherung bestimmten Teile nach der oben stehenden Regel zu bewerten. Wenn als Sicherungsinstrument z.B. ein nichtderivatives Finanzinstrument eingesetzt wird, das nur Wechselkursschwankungen absichert, dann ist dieses auch nur hinsichtlich dieser Wechselkursschwankungen zum beizulegenden Zeitwert abzubilden. Für andere Wertänderungen, wie z.B. Schwankungen der Bonität, gelten weiter die normalen Vorschriften.

- Falls das Sicherungsinstrument veräußert wird bzw. ausgelaufen ist oder die Bedingungen für eine Bilanzierung der Sicherungsbeziehung nicht mehr gegeben sind, ist die Bewertung des gesicherten Grundgeschäfts zum beizulegenden Zeitwert gegebenenfalls prospektiv einzustellen. Eine rückwärtige Anpassung ist somit nicht notwendig. Eine Beendigung der Sicherungsbilanzierung erfolgt allerdings nicht, wenn das Sicherungsinstrument direkt durch ein anderes ersetzt wird und dieses Vorgehen geplant und dokumentiert war. Darüber hinaus ist darauf hinzuweisen, dass das Unternehmen jederzeit die Sicherungsbilanzierung auflösen kann. Es besteht somit keine Pflicht eine in der Vergangenheit vorgenommene Sicherungsbilanzierung bis zur Abwicklung des Grundgeschäfts aufrecht zu erhalten.
- Wenn ein zu fortgeführten Anschaffungskosten bilanziertes verzinsliches Finanzinstrument als gesichertes Grundinstrument umbewertet wurde, ist die Buchwertanpassung aus der teilweisen Bewertung zum beizulegenden Zeitwert über die Restlaufzeit zu amortisieren. Dazu ist ein neu ermittelter effektiver Zinssatz zu berücksichtigen. Die Amortisation ist frühestens nach der Vornahme der Buchwertanpassung zu beginnen, spätestens jedoch nach Ende der Absicherung. Dies ist insbesondere von Bedeutung, wenn die Sicherungsbeziehung vor dem Bilanzabgang des Vermögenswerts aus den oben genannten Gründen eingestellt wurde (vgl. IAS 39.92).

Die Bilanzierung einer Absicherung des beizulegenden Zeitwerts wird nachfolgend anhand einiger Beispiele dargestellt.

Beispiel 20.4

Das bilanzierende Unternehmen hält seit dem 31.12.2010 ein festverzinsliches Wertpapier, das als zur Veräußerung verfügbar klassifiziert wurde. Um es gegen Wertschwankungen abzusichern, wird am 31.12.2011 ein „pay-fixed receive-variable“ Zinsswap abgeschlossen. Durch diesen Swap verpflichtet sich das Unternehmen, feste Zinsen zu zahlen (die es ja durch sein Wertpapier einnimmt) und erhält dafür variable Zinszahlungen. Hierdurch wird das Wertpapier ökonomisch in eine variabel verzinsliche Anleihe transformiert und so das Zinsänderungsrisiko des beizulegenden Zeitwerts ausgeschlossen. Nachfolgend sind die Wertentwicklungen für die Jahre 2011 und 2012 wiedergegeben.

Instrument (T€)	**31.12.2010**	**31.12.2011**	**31.12.2012**
Anleihe	5.000	4.800	4.700
Zinsswap		0	100

Die Bedingungen für eine Absicherung zum beizulegenden Zeitwert seien erfüllt. Wie ist die Sicherungsbeziehung unter Vernachlässigung von latenten Steuern zu bilanzieren?

Lösung
Nach dem Kauf der Anleihe 2010 reduziert sich der Marktwert der Anleihe 2011 in Folge einer Zinssteigerung um 200 T€ auf 4.800 T€. Da keine Anzeichen einer Wertminderung vorliegen und das Wertpapier als zur Veräußerung verfügbar klassifiziert wurde, wird diese Wertveränderung GuV-neutral über das sonstige Ergebnis gebucht. Der Vertragsabschluss des Zinsswaps führt zunächst zu keinen Auszahlungen, der Erstverbuchungswert ist somit null, eine Buchung braucht nicht zu erfolgen.

31.12.2010:

Anleihe	*an*	*Bank*	*5.000 T€*

31.12.2011:

Sonst. Ergebnis (OCI FI)	*an*	*Anleihe*	*200 T€*

Daher wird im folgenden Jahr die hier als lediglich zinsinduziert angenommene Wertänderung der Anleihe GuV-wirksam gebucht. Die korrespondierende Werterhöhung des Zinsswaps kompensiert die GuV-Wirkung und verdeutlicht gleichzeitig die komplette Absicherung.

31.12.2012:

Absicherungsaufwand	*an*	*Anleihe*	*100 T€*
Zinsswap	*an*	*Absicherungsertrag*	*100 T€*

Nachdem in diesem Beispiel das Bewertungsprinzip verdeutlicht wurde, wird nun ein etwas komplexerer Sachverhalt analysiert. Im folgenden Beispiel wird ein nicht-derivatives Sicherungsinstrument verwendet, um eine Fremdwährungsverbindlichkeit gegen wechselkursbedingte Schwankungen des beizulegenden Zeitwerts abzusichern.

Beispiel 20.5

Ein in Euro bilanzierendes Unternehmen geht am 30.06.2010 eine Verbindlichkeit aus Lieferungsbeziehungen in Höhe von 1 Mio. US-$ ein, die nach einem Jahr zu tilgen ist. Um sich gegen das Währungsrisiko abzusichern, erwirbt es gleichzeitig einen zum gleichen Zeitpunkt fälligen Zerobond mit einem Rückzahlungsbetrag von 1 Mio. US-$. Die Verbindlichkeit wird mit einem risikofreien Geldmarktzins von 5 % abgezinst, der auch dem Effektivzinssatz des Zerobond entspricht. Da zum 30.06.2010 US-$/€-Parität herrscht, ergibt sich für beide Finanzinstrumente ein Erstansatz zu 952 T€. Der Zerobond wird als zur Veräußerung verfügbar klassifiziert.

Zum 31.12.2010 ist der US-$/€-Kurs auf 0,9 US-$/€ gefallen. Zudem hat sich die Bonität des Zerobonds verschlechtert, so dass der effektive Zinssatz bei 8 % liegt. Daraus ergibt sich ein Wertansatz für den Zerobond von

(1 Mio. US-$ / $(1 + 0{,}08)^{0,5}$) / 0,9 US-$/€ = 1.069 T€, während die Verbindlichkeit zu (1 Mio. US-$ / $(1 + 0{,}05)^{0,5}$) / 0,9 US-$/€ = 1.084 T€ notiert.

Wie ist dieser Geschäftsvorfall unter Vernachlässigung von latenten Steuern als Absicherung des beizulegenden Zeitwerts zu verbuchen?

Lösung
Die Verbindlichkeit entstand aufgrund von Rohstofflieferungen, während der Zerobond am Kapitalmarkt erworben wurde.

30.6.2010:

Rohstoffe	*an*	*Verbindlichkeit*	*952 T€*
Wertpapier	*an*	*Kasse*	*952 T€*

Zum Bilanzstichtag ist für die Verbindlichkeit zunächst der Zinseffekt in Höhe von 952 T€ · $1{,}05^{0,5}$ - 52 T€ = 24 T€ zu berücksichtigen. Gemäß IAS 21.23 und IAS 21.28 ist für die Verbindlichkeit auch die wechselkursinduzierte Wertschwankung 1.084 T€ - (952 T€ + 24 T€) = 108 T€ GuV-wirksam zu erfassen. Da eine Absicherung des beizulegenden Zeitwerts vorliegt, wird dies nunmehr als Absicherungsaufwand ausgewiesen.

31.12.2010:

Zinsaufwand	*an*	*Verbindlichkeit*	*24 T€*
Absicherungsaufwand	*an*	*Verbindlichkeit*	*108 T€*

Das Sicherungsinstrument wird zunächst gemäß der Effektivitätszinsmethode GuV-wirksam fortgeschrieben. Dann erfolgt die Berücksichtigung der Bonitätsabwertung (1 Mio. € / $1{,}08^{0,5}$ - 1 Mio. € / $1{,}05^{0,5}$ = -14 T€). Da keine Anzeichen einer Wertminderung vorliegen, erfolgt diese Abwertung außerhalb der Sicherungsbeziehung GuV-neutral. Die der Absicherung dienende Wechselkursänderung (1.069 T€ - 952 T€ + 24 T€ - 14 T€ = 107 T€) wird hingegen GuV-wirksam erfasst.

Wertpapier	*an*	*Zinsertrag*	*24 T€*
Sonst. Ergebnis (OCI FI)	*an*	*Wertpapier*	*14 T€*
Wertpapier	*an*	*Absicherungsertrag*	*107 T€*

Durch die Bonitätsabwertung des Zerobonds wird für das Geschäftsjahr 2010 keine perfekte Absicherung erreicht (Absicherungsertrag ≠ Absicherungsaufwand), die Effektivität beträgt indes ca. 99 % und liegt damit klar innerhalb der zulässigen Grenzen. Die Ineffektivität wird zudem direkt GuV-wirksam, da im Rahmen der Absicherung des beizulegenden Zeitwerts sowohl Sicherungsinstrument, als auch gesichertes Grundgeschäft GuV-wirksam zum beizulegenden Zeitwert folgebewertet werden.

Im Geschäftsjahr 2011 läuft alles wie geplant: Der Zerobond wird zurückgezahlt und mit dieser Zahlung wird die Verbindlichkeit getilgt. Der Wechselkurs ist auf 0,85 US-$/€ gefallen. Zunächst ist der Zinsaufwand der Verbindlichkeit auf Basis des alten Wechselkurses zu buchen (1.084 T€ $\cdot$ $1{,}05^{0{,}5}$ - 1.084 T€ = 27 T€). Daran anschließend wird die wechselkursinduzierte Änderung der Verbindlichkeit als Absicherungsaufwand erfasst (1.176 T€ - (1.084 + 27 T€) = 65 T€), so dass sich die Verbindlichkeit somit zum aktuellen Rückzahlungsbetrag von 1.176 T€ (= 1 Mio. US-$ / 0,85 US-$/€) in der Bilanz befindet.

30.6.2011:

Zinsaufwand	*an*	*Verbindlichkeit*	*27 T€*
Absicherungsaufwand	*an*	*Verbindlichkeit*	*65 T€*

Auch der Zerobond wird zunächst gemäß der Effektivzinsmethode zugeschrieben. Da die Rückzahlung nunmehr direkt bevorsteht, entspricht sein beizulegender Zeitwert dem der Verbindlichkeit. Somit ist zunächst die negative Neubewertungsrücklage aufzulösen, in die das sonstige Ergebnis qua Abschlussbuchung eingestellt wurde. Die verbleibende Wertdifferenz (1.176 T€ - (1.069 T€ + 27 T€ + 14 T€) = 66 T€) ist wechselkursinduziert und wird somit als Absicherungsertrag erfasst.

Wertpapier	*an*	*Zinsertrag*	*27 T€*
Wertpapier	*an*	*Neubewertungsrücklage (FI)*	*14 T€*
Wertpapier	*an*	*Absicherungsertrag*	*66 T€*

Schlussendlich verlassen Sicherungsinstrument und gesichertes Grundgeschäft in Verbindung mit dem dementsprechenden Mittelab- bzw. -zufluss die Bilanz.

Bank	*an*	*Wertpapier*	*1.176 T€*
Verbindlichkeit	*an*	*Bank*	*1.176 T€*

Aus der Bilanzbetrachtung wird deutlich, dass die bonitätsbedingte Ineffektivität der Sicherungsbeziehung 2010 im Jahr 2011 genau ausgeglichen wird. Dies entspricht der ökonomischen Realität, da, über beide Perioden betrachtet, eine perfekte Absicherung vorlag. Was ist der Unterschied dieser Bilanzierung zu einer Bilanzierung ohne explizite Sicherungsbilanzierung? Es gibt zwei Unterschiede: Zunächst werden die Erträge und Aufwendungen aus Wechselkursschwankungen explizit als gesichert ausgewiesen. Der zweite Unterschied liegt im Detail: Wäre der Zerobond normal als zur Veräußerung verfügbar klassifiziert bilanziert worden, wären nur die Wechselkursschwankungen basierend auf den fortgeführten Anschaffungskosten GuV-wirksam erfasst worden (vgl. IAS 39.AG83, zu dem Vorgehen hier im Beispiel).

Die Effektivität der Sicherungsbeziehung ist in beiden diskutierten Beispielen unproblematisch. Der nun folgende Sachverhalt zeigt eine Absicherung des beizulegenden Zeitwerts einer festen Verpflichtung zum Rohstoffverkauf, die aufgrund mangelnder Effektivität abgebrochen werden muss.

Beispiel 20.6

Das bilanzierende Handelsunternehmen hat sich am 30.06.2010 vertraglich verpflichtet, zum 30.06.2011 150 Tonnen Flachstahl zum Festpreis von 170.000 € zu liefern. Da dieser Flachstahl erst kurzfristig am Spotmarkt erworben werden soll, beabsichtigt das Unternehmen, sich gegen Wertschwankungen durch den Abschluss eines Termingeschäfts abzusichern, um die imposante Gewinnspanne von 50.000 € zu sichern. Da Termingeschäfte auf Flachstahl nicht verfügbar sind, wird ein Termingeschäft auf den Kauf von Walzstahl abgeschlossen. Als sichernde Komponente wird der gesamte beizulegende Zeitwert des Termingeschäfts bestimmt.

Die Effektivität der Sicherungsbeziehung wird quartalsweise evaluiert. Die Wertentwicklung von Sicherungsinstrument und gesichertem Grundgeschäft, sowie die Entwicklung der periodenübergreifenden Effektivität ist der nachfolgenden Tabelle zu entnehmen. Auf die Berücksichtigung von Zinseffekten wird hier verzichtet.

Quartalsende	**2010 II**	**2010 III**	**2010 IV**	**2011 I**	**2011 II**
Beizulegender Zeitwert Flachstahl	120 T€	130 T€	140 T€	150 T€	160 T€
Beizulegender Zeitwert Termingeschäft Walzstahl	0	9 T€	17 T€	20 T€	24 T€
Effektivität (periodenübergreifend)		90 %	85 %	66 %	60 %

Es wird deutlich, dass die Preissteigerungen des Flachstahls nur unzureichend durch die Wertentwicklung des Termingeschäfts ausgeglichen werden. Die periodenübergreifende Effektivität sinkt kontinuierlich und fällt im ersten Quartal 2011 unter den Schwellenwert von 80 %. Da dies nicht antizipierbar war, ist bis zum vierten Quartal 2010 die Sicherungsbilanzierung vorzunehmen. Im ersten Quartalsbericht 2011 ist die Sicherungsbilanzierung zu beenden.

Somit werden im dritten Quartal 2010 die Wertentwicklungen jeweils GuV-wirksam erfasst. Da das schwebende Geschäft der Flachstahllieferung für sich nicht bilanzwirksam ist, erfolgt lediglich ein bilanzieller Ansatz der Wertänderung als Wertminderung bzw. -erhöhung. Der beizulegende Zeitwert des sichernden Termingeschäfts kann hingegen direkt abgebildet werden. Das gleiche Bild zeigt sich auch für das folgende Quartal 2010 IV.

2010 III:

Absicherungsaufwand		*an*	*Wertminderung feste Verpflichtung*	*10 T€*
Termingeschäft		*an*	*Absicherungsertrag*	*9 T€*

2010 IV:

Absicherungsaufwand		*an*	*Wertminderung feste Verpflichtung*	*10 T€*
Termingeschäft		*an*	*Absicherungsertrag*	*8 T€*

Mit Ablauf des Quartals 2011 I wird hingegen die Sicherungsbilanzierung abgebrochen. Unter der Annahme, dass keine effektive Beziehung bestand, waren die Aufwendungen der Vorquartale unnötig. Da nach IAS 39.91 in diesen Fällen die Sicherungsbilanzierung prospektiv zu beenden ist, verbleibt der Buchwert der Wertminderung in der Bilanz. Das Termingeschäft wird nunmehr wie ein normales Finanzderivat des Handelsbestandes GuV-wirksam bilanziert, was letztlich nur den Ausweis beeinflusst (sonstiger betrieblicher Ertrag statt Absicherungsertrag). In der letzten Periode wird das Termingeschäft glattgestellt und das schwebende Geschäft erfüllt, wobei die passivierte Wertminderung die Kosten des Umsatzes reduziert.

2011 I:

Termingeschäft		*an*	*sonst. betr. Ertrag*	*3 T€*

2011 II:

Bank	*24 T€*	*an*	*Termingeschäft*	*20 T€*
			sonst. betr. Ertrag	*4 T€*
Handelsware Flachstahl		*an*	*Bank*	*160 T€*
Kosten des Umsatzes	*140 T€*			
Wertminderung feste Verpflichtung	*20 T€*	*an*	*Handelsware Flachstahl*	*160 T€*
Forderungen		*an*	*Umsatzerlöse*	*170 T€*

Aus diesen Buchungen ergeben sich für die Quartale folgende GuV-Wirkungen:

Quartal	2010 III	2010 IV	2011 I	2011 II
GuV-Wirkung bei abgebrochener Sicherungsbilanzierung	-1 T€	-2 T€	+3 T€	+34 T€
GuV-Wirkung bei durchgehender Sicherungsbilanzierung	-1 T€	-2 T€	-7 T€	+44 T€
GuV-Wirkung ohne Sicherungsbilanzierung	+9 T€	+8 T€	+3 T€	+14 T€

Zum Vergleich wird die GuV-Wirkung unter der Annahme einer durchgehenden Sicherungsbilanzierung und ohne Sicherungsbilanzierung dargestellt.

3.2 Absicherung von Zahlungsströmen (cash flow hedge)

Absicherung bei nicht bilanzwirksamen Risiken

Wird statt eines Vermögenswertes, einer Schuld oder einer festen Verpflichtung eine künftige Zahlung oder eine Reihe künftiger Zahlungen abgesichert, dann kann ein automatischer Ausgleich durch parallele GuV-wirksame Bewertung zum beizulegenden Zeitwert nicht mehr erfolgen. Schließlich ist das gesicherte Grundgeschäft weder Vermögenswert noch Schuld. Somit ist eine andere Grundregel anzuwenden:

> *Da das gesicherte Grundgeschäft zumindest hinsichtlich des abgesicherten Risikos bilanzunwirksam ist, ist die als effektiv eingestufte Entwicklung des beizulegenden Zeitwerts des Sicherungsinstruments GuV-neutral im sonstigen Ergebnis zu erfassen. Der ineffektive Teil der Wertentwicklung ist hingegen gemäß der allgemeinen Bilanzierungsvorschriften, denen das Sicherungsinstrument ansonsten unterliegt, zu behandeln.*

Diese Regel berührt im Wesentlichen drei Problembereiche:

- Wie ist zwischen effektivem und ineffektivem Teil zu differenzieren?
- Wie ist mit der Eigenkapitalposition zu verfahren, wenn die abgesicherten Zahlungen anfallen?
- Was ist zu tun, wenn die Absicherungsbeziehung beendet wird oder die Bedingungen von IAS 39.88 nicht mehr erfüllt sind?

Bestimmung des effektiven Teils des Sicherungsinstruments

Wie ist also der effektive Teil des Sicherungsinstruments zu bestimmen? IAS 39.96 schreibt indirekt vor, dass hierfür auf den kumulativen periodenübergreifenden Effektivitätsbegriff abzustellen ist. Dieser fordert, dass die Eigenkapitalposition immer so anzupassen ist, dass es den absolut gesehen niedrigeren Betrag der kumulativen Wertänderung der erwarteten Cashflows oder der kumulativen Wertänderungen des Sicherungsinstruments beinhaltet.

Beispiel 20.7

Folgende Daten sind gegeben:

Jahr (T€)	**2010**	**2011**	**2012**
Beizulegender Zeitwert Sicherungsinstrument	0	20	38
Barwert der Cashflows	100	82	60

Wie hoch wäre in diesem Fall die Eigenkapitalposition für die Absicherung der erwarteten Cashflows?

Lösung

Jahr (T€)	**2010**	**2011**	**2012**
Kumulative Abweichung Sicherungsinstrument	0	+20	+38
Kumulative Abweichung Barwert Cashflows	0	-18	-40
Rücklage (Cashflow-Absicherung)	0	+18	+38

Es wird davon ausgegangen, dass das Sicherungsinstrument für sich genommen GuV-wirksam zum beizulegenden Zeitwert zu bilanzieren ist. 2011 steigt das Sicherungsinstrument um 20 T€, während der Barwert der Cashflows nur um 18 T€ sinkt. Eine Ineffektivität liegt vor, dementsprechend wird nur ein Teil der Wertänderung als sonstiges Ergebnis (cash flow hedge, CFH) im other comprehensive income (OCI) gebucht:

Sicherungsinstrument	*20 T€*	*an*	*sonst. Ergebnis (OCI CFH)*	*18 T€*
			sonst. betr. Ertrag	*2 T€*

Im Gegensatz zur Absicherung von beizulegenden Zeitwerten, bei der Ineffektivitäten „automatisch" GuV-wirksam werden, wird bei der Absicherung von Zahlungsströmen der ineffektive Teil anders (GuV-wirksam) bewertet als der effektive Teil (GuV-neutral). 2012 ist ein höherer Betrag als sonstiges Ergebnis GuV-neutral zu erfassen als das Sicherungsinstrument an Wert gewonnen hat. Insofern ist ein Buchungssatz folgender Art zu bilden:

Sicherungsinstrument	*18 T€*			
Sonst. betr. Aufwand	*2 T€*	*an*	*sonst. Ergebnis (OCI CFH)*	*20 T€*

Dem Aufwand von 2012 steht der 2011 aufgrund der dort festgestellten Ineffektivität realisierte Ertrag in gleicher Höhe gegenüber. Insofern handelt es sich um eine Reklassifizierung von Erträgen der Vorperiode in die GuV-neutrale Komponente des Eigenkapitals.

Auflösung der Rücklage

Grundsätzlich ist die im Rahmen der Sicherungsbilanzierung durch die Neubewertungsrücklage gebildete Eigenkapitalposition parallel zur GuV-Wirkung der abgesicherten Zahlungen aufzulösen. Hierfür erscheinen zwei Fälle denkbar:

- Die Zahlungen führen direkt zu Aufwendungen oder Erträgen, wie z.B. bei Zinszahlungen. In diesem Fall wird dann die Eigenkapitalposition direkt GuV-wirksam aufgelöst.
- Die Zahlungen führen zum Ansatz eines Vermögenswerts oder einer Schuld, wie z.B. bei einer Auszahlung zum Erwerb einer Maschine, die als geplante Transaktion abgesichert war. Dies ist für sich genommen zunächst GuV-neutral. Somit erfolgt die Auflösung der Eigenkapitalposition erst, wenn die Maschine abgeschrieben oder veräußert wird. Für nicht-finanzielle Vermögenswerte oder Schulden gibt es allerdings nach IAS 39.98 (b) das Wahlrecht, alternativ die Eigenkapitalposition zum Ansatz aufzulösen und so die Erstbewertung des Vermögenswerts oder der Schuld zu verändern. Dieses Wahlrecht ist jedoch einheitlich für alle nicht-finanziellen Vermögenswerte und Schulden, die in einem cash flow hedge abgesichert werden, auszuüben.

Generell ist allerdings zu beachten, dass Verluste, die im Rahmen der Absicherung GuV-neutral über das sonstige Ergebnis im Eigenkapital erfasst wurden, GuV-wirksam aufzulösen sind, sobald zu erwarten ist, dass der erwartete Nutzen aus dem gesicherten Grundgeschäft nicht mehr realisierbar erscheint.

Beendung der Sicherungsbilanzierung

Neben der freiwilligen Beendigung kann eine Sicherungsbilanzierung aus unterschiedlichen Gründen terminiert werden:

- Das Sicherungsinstrument läuft aus oder wird verkauft und nicht im Rahmen der dokumentierten Risikostrategie direkt durch ein neues ersetzt.
- Die Anforderungen von IAS 39.88 an die Sicherungsbilanzierung sind nicht mehr erfüllt. Dies kann insbesondere der Fall sein, wenn die Absicherung nicht mehr hinreichend effektiv oder die geplante Transaktion nicht mehr hoch wahrscheinlich ist.

In beiden Fällen ist die weitere Vorgehensweise indes gemäß IAS 39.101 ähnlich: Die in der Neubewertungsrücklage akkumulierte Position verbleibt dort solange, bis das gesicherte Grundgeschäft GuV-wirksam wird. Dann erfolgt die Auflösung analog zu den Regeln für qualifizierende Sicherungsbeziehungen. Anders stellt sich die Situation dar, wenn es für unwahrscheinlich gehalten wird, dass die Zahlungen aus dem gesicherten Grundgeschäft überhaupt noch eintreten: In diesem Fall ist die Eigenkapitalposition sofort GuV-wirksam aufzulösen. Wie im Fall der Beendigung eines fair value hedges, wird die Sicherungsbeziehung somit prospektiv beendet und bilanziell bereits erfasste Vorgänge zunächst beibehalten, sofern das Grundgeschäft noch zu erwarten ist.

Die Bilanzierung einer Absicherung von Zahlungsströmen wird nun anhand von zwei Beispielen weiter verdeutlicht. Im ersten Sachverhalt wird eine geplante Transaktion gegen Wechselkursschwankungen gesichert.

Beispiel 20.8

Ein in Euro bilanzierendes Unternehmen plant am 30.06.2010 den Neukauf einer Anlage für den 30.06.2011. Durch den Neukauf wird zeitgleich die Zahlung von 10 Mio. US-$ fällig. Die Anlage wird im Anschluss über zehn Jahre abgeschrieben, wobei bereits 2011 eine komplette Jahresabschreibung erfolgen soll, da dies dem wirtschaftlichen Nutzenverlauf entspricht.

Um sich gegen das Risiko einer Euroabwertung abzusichern, wird ein zeit- und betragsgleiches Termingeschäft abgeschlossen. Die notwendigen Termin- und Kassakurse sind der folgenden Tabelle zu entnehmen.

Zeitpunkt	**30.06.2010**	**31.12.2010**	**30.06.2011**
€/US-$ Kassakurs	1,000	1,100	1,200
€/US-$ Terminkurs	1,005	1,103	1,200

Aus diesen Ergebnissen ergeben sich folgende Wertentwicklungen, auf eine Berücksichtigung von Abzinsungseffekten wurde verzichtet.

Zeitpunkt	**30.06.2010**	**31.12.2010**	**30.06.2011**
Geplante Transaktion	0	-1.000 T€	-2.000 T€
Termingeschäft insgesamt	0	980 T€	1.950 T€
Termingeschäft Kassakomponente	0	1.000 T€	2.000 T€
Termingeschäft Zinskomponente	0	-20 T€	-50 T€

Gemäß IAS 39.74(b) kann das bilanzierende Unternehmen entweder das ganze Termingeschäft oder nur die Kassakomponente als Sicherungsinstrument bestimmen. Hier werden beide Varianten dargestellt:

Gesamtes Termingeschäft als Sicherungsinstrument

31.12.2010:

Termingeschäft		*an*	*sonst. Ergebnis (OCI CFH)*	*980 T€*

30.06.2011:

Termingeschäft		*an*	*sonst. Ergebnis (OCI CFH)*	*970 T€*
Anlage	*12.000 T€*	*an*	*Bank*	*10.050 T€*
			Termingeschäft	*1.950 T€*

31.12.2011:

Abschreibung	*1.005 T€*			
Neubewertungs-rücklage (CFH)	*195 T€*	*an*	*Anlage*	*1.200 T€*

Alternativ ist hier auch die Reduktion der Erstbewertung der Anlage nach IAS 39.98(b) möglich. Die letzten beiden Buchungssätze lauten dann:

30.06.2011:				
Anlage	*10.050 T€*			
Neubewertungs-rücklage (CFH)	*1.950 T€*	*an*	*Bank*	*10.050 T€*
			Termingeschäft	*1.950 T€*
31.12.2011:				
Abschreibung	*1.005 T€*	*an*	*Anlage*	*1.005 T€*

Nur Kassakomponente als Sicherungsinstrument

31.12.2010:				
Termingeschäft		*an*	*sonst. Ergebnis (OCI CFH)*	*1.000 T€*
Sonstiger betrieblicher Aufwand		*an*	*Termingeschäft*	*20 T€*
30.06.2011:				
Termingeschäft		*an*	*sonst. Ergebnis (OCI CFH)*	*1.000 T€*
Sonstiger betrieblicher Aufwand		*an*	*Termingeschäft*	*30 T€*
Anlage	*12.000 T€*	*an*	*Bank*	*10.050 T€*
		an	*Termingeschäft*	*1.950 T€*
31.12.2011:				
Abschreibung	*1.000 T€*			
Neubewertungs-. rücklage (CFH)	*200 T€*	*an*	*Anlage*	*1.200 T€*

Auch hier ist alternativ eine direkte Erfassung der Eigenkapitalposition im Rahmen der Erstbewertung der Anlage möglich. Beim Vergleichen der Buchungen werden die Unterschiede beider Varianten deutlich:

- Wenn nur die Kassakomponente als Sicherungsinstrument fungiert, wird der Zinseffekt des Termingeschäfts, hier aufgrund der angenommenen Zinsunterschiede negativ, direkt GuV-wirksam erfasst. Dementsprechend ist ab 2011 die Abschreibung geringer.
- Durch die Bestimmung der Kassakomponente als Sicherungsinstrument ist die Absicherung quasi definitorisch vollständig effektiv, während bei Bestimmung des gesamten Termingeschäfts als Sicherungsinstrument nur ein Teil der Wertschwankungen der geplanten Transaktion tatsächlich durch das Termingeschäft abgesichert werden.

Als nächstes Beispiel wird die bereits im Vorabschnitt dargestellte Absicherung eines Rohstoffverkaufs durch ein Warentermingeschäft wieder aufgegriffen. Im

Gegensatz zu diesem Beispiel besteht nun nicht eine feste Verpflichtung zur Lieferung von Flachstahl, sondern die Transaktion ist lediglich geplant.

Beispiel 20.9 (basiert auf Beispiel 20.6)

Dieses Beispiel basiert somit auf den Daten des Beispiels zur Absicherung des beizulegenden Zeitwerts: Das bilanzierende Unternehmen plant am 30.06.2010, zum 30.06.2011 150 Tonnen Flachstahl zum Festpreis von 170.000 € zu veräußern. Da dieser Flachstahl erst kurzfristig am Spotmarkt erworben werden soll, beabsichtigt das Unternehmen, sich gegen Wertschwankungen durch den Abschluss eines Termingeschäfts abzusichern. Da Termingeschäfte auf Flachstahl nicht verfügbar sind, wird ein Termingeschäft auf den Kauf von Walzstahl abgeschlossen. Als sichernde Komponente wird der gesamte beizulegende Zeitwert des Termingeschäfts bestimmt.

Die Effektivität der Sicherungsbeziehung wird quartalsweise evaluiert. Die Wertentwicklung von Sicherungsinstrument und gesichertem Grundgeschäft, sowie die Entwicklung der periodenübergreifenden Effektivität ist der nachfolgenden Tabelle zu entnehmen. Auf die Berücksichtigung von Zinseffekten wird hier verzichtet.

Quartalsende	**2010 II**	**2010 III**	**2010 IV**	**2011 I**	**2011 II**
Beizulegender Zeitwert Flachstahl	120 T€	130 T€	140 T€	150 T€	160 T€
Beizulegender Zeitwert Termingeschäft Walzstahl	0	9 T€	17 T€	20 T€	24 T€
Effektivität		90 %	85 %	66 %	60 %

Es wird deutlich, dass die Preissteigerungen des Flachstahls nur unzureichend durch die Wertentwicklung des Termingeschäfts ausgeglichen werden. Die periodenübergreifende Effektivität sinkt kontinuierlich und fällt im ersten Quartal 2011 unter den Schwellenwert von 80 %. Da dies nicht antizipierbar war, ist bis zum vierten Quartal 2010 die Sicherungsbilanzierung vorzunehmen. Im ersten Quartalsbericht 2011 ist die Sicherungsbilanzierung zu beenden.

Weil bei einer Absicherung der Cashflows die geplante Transaktion als Grundgeschäft bilanzunwirksam ist, wird in den ersten Quartalen nur die Wertentwicklung des Termingeschäfts GuV-neutral erfasst.

2010 III:

Termingeschäft	*an*	*sonst. Ergebnis (CFH)*	*9 T€*

2010 IV:

Termingeschäft	*an*	*sonst. Ergebnis (CFH)*	*8 T€*

Mit Ablauf des Quartals 2011 I wird hingegen die Sicherungsbilanzierung abgebrochen. Da indes die geplante Transaktion weiterhin wahrscheinlich ist, bleibt nach IAS 39.101(b) die aus der Neubewertungsrücklage resultierende Eigenkapitalposition unangetastet. Das Termingeschäft wird nunmehr wie ein normales Finanzderivat des Handelsbestandes GuV-wirksam bilanziert

2011 I:

Termingeschäft		*an*	*sonst. betr. Ertrag*	*3 T€*

In der letzten Periode wird das Termingeschäft glattgestellt. Im Rahmen der Erfüllung der geplanten Transaktion wird die Eigenkapitalposition GuV-wirksam aufgelöst und reduziert die Kosten des Umsatzes.

2011 II:

Bank	*24 T€*	*an*	*Termingeschäft*	*20 T€*
			sonst. betr. Ertrag	*4 T€*
Handelsware Flachstahl		*an*	*Bank*	*160 T€*
Kosten des Umsatzes	*143 T€*			
Neubewertungs-rücklage (CFH)	*17 T€*	*an*	*Handelsware Flachstahl*	*160 T€*
Forderungen		*an*	*Umsatzerlöse*	*170 T€*

Aus diesen Buchungen ergeben sich für die Quartale die in der folgenden Tabelle dargestellten GuV-Wirkungen. Zum Vergleich wird auch hier wieder die GuV-Wirkung unter der Annahme einer durchgehenden Sicherungsbilanzierung sowie ohne Sicherungsbilanzierung dargestellt. Im Gegensatz zur Absicherung des beizulegenden Zeitwerts ist hier die Ineffektivität des Sicherungsinstruments in den ersten Quartalen nicht zu erkennen. Dies liegt daran, dass das Sicherungsinstrument untersichert, also kein Teil des Sicherungsinstruments GuV-wirksam erfasst werden muss. Gleichzeitig wird aus der geplanten Transaktion immer noch ein Gewinn erwartet, sodass keine Rückstellungen aus belastenden Verträgen gebildet werden müssen.

Quartal	**2010 III**	**2010 IV**	**2011 I**	**2011 II**
GuV-Wirkung bei abgebrochener Sicherungsbilanzierung	0	0	+3 T€	+31 T€
GuV-Wirkung bei durchgehender Sicherungsbilanzierung	0	0	0	+34 T€
GuV-Wirkung ohne Sicherungsbilanzierung	+9 T€	+8 T€	+3 T€	+14 T€

3.3 Absicherung einer Nettoinvestition in einen ausländischen Geschäftsbetrieb

Behandlung von Wechselkursschwankungen bei ausländischen Geschäftsbetrieben nach IAS 21

Unternehmen, die in ausländische Gesellschaften investieren, übernehmen nicht nur ein wirtschaftliches, sondern auch ein wechselkursbedingtes Risiko. Die Behandlung dieses Risikos wird im Wesentlichen in IAS 21 „Auswirkungen von Änderungen der Wechselkurse“ geregelt. Für die Währungsumrechnung von Tochtergesellschaften und sonstigen Investitionen in Auslandsunternehmen kennt IAS 21 zwei Grundregeln (vgl. Kapitel 22):

- Unternehmen, die im Sinne von IAS 21.11 praktisch als verlängerter Arm des Mutterunternehmens im Ausland agieren, wie z.B. reine Produktions- oder Vertriebsgesellschaften, besitzen die gleiche funktionale Währung wie die Mutter. Somit sind ihre Abschlüsse jeweils so in die Berichtswährung der Mutter umzurechnen, als ob es originäre Abschlusspositionen der Mutter wären (Zeitbezugsmethode).
- Abschlusspositionen von Unternehmen, die eine andere funktionale Währung als das Bericht erstattende Unternehmen besitzen, sind zum jeweiligen Stichtagskurs in die Berichtswährung der Mutter umzurechnen. Die sich daraus ergebenden Umrechnungsdifferenzen sind über das sonstige Ergebnis GuV-neutral in eine gesonderte Rücklage einzustellen und dort solange zu belassen, bis das jeweilige Unternehmen den Konzernverbund verlässt bzw. bis die Beteiligung veräußert wird (modifizierte Stichtagskursmethode).

Absicherung sinnvoll bei ausländischen Geschäftsbetrieben mit eigener funktionaler Währung

Im ersten Fall ist die Absicherung des Fremdwährungsrisikos einer Schuld oder eines Vermögenswerts problemlos möglich, da kein Unterschied zu einem Vermögenswert oder einer Schuld besteht, den das Mutterunternehmen selber hält. Im zweiten Fall ist eine solche Abgrenzung nicht möglich, da die Wertschwankungen der Auslandsinvestition GuV-neutral erfasst werden. Für diese Fälle ist die Absicherungskategorie „Absicherung einer Nettoinvestition in einen ausländischen Geschäftsbetrieb“ vorgesehen. Ihre Grundidee besteht darin, dass nur die Nettoinvestition der gesamten Auslandsinvestition abgesichert wird. Was ist nun aber eine Nettoinvestition? Bei nicht konsolidierten oder bei at equity bilanzierten Beteiligungen ist das einfach: Es handelt sich um den Buchwert der Beteiligung. Wie ist das aber bei konsolidierten Beteiligungen? Hier ermittelt sich die Nettoinvestition grundsätzlich als Summe der Vermögenswerte abzüglich der Schulden des konsolidierten Unternehmens. Hierzu zählt auch der Goodwill, da dieser nach der Währungsumrechnung gemäß IAS 21.47 in der funktionalen Währung der Tochter ermittelt wird. Hinzu zu zählen sind gemäß IAS 21.15 sowohl bei at equity bewerteten als auch bei konsolidierten Unternehmen ggf. vom Mutterunternehmen der ausländischen Teileinheit gewährte bzw. erhaltene Kredite, nicht jedoch Forderungen und Verbindlichkeiten.

Diese Nettoinvestition kann nun in ihrer Gesamtheit gegen Währungsschwankungen abgesichert werden, wobei auch antizipierte Dividendenzahlungen und ähnliche Transfers zu berücksichtigen sind. Gemäß IFRIC 16.14 kommt als Sicherungsinstrument entsprechend der allgemeinen Regeln des IAS 39.72 jedes Finanzinstrument in Frage. Da es sich im vorliegenden Fall um die Absicherung eines Fremdwährungsrisikos handelt, sind damit sowohl derivative als auch nicht derivative Finanzinstrumente und sogar beliebige Kombination aus diesen Instrumenten als Sicherungsinstrument zugelassen. Mit Ausnahme des ausländischen Geschäftsbetriebs selbst ist es zudem gemäß IFRIC 16.14 irrelevant, von welcher konzernzugehörigen Gesellschaft das als Sicherungsinstrument designierte Finanzinstrument gehalten wird, solange die allgemeinen Voraussetzungen des IAS 39.88 durch die Sicherungsbeziehung erfüllt werden können[9]. Die bilanzielle Behandlung der Absicherung erfolgt analog zur Absicherung von künftigen Cashflows:

- Der effektive Teil des Sicherungsinstruments wird über das sonstige Ergebnis GuV-neutral in der gleichen EK-Rücklage wie die Währungsumrechnungsdifferenz des Auslandsinvestments erfasst.
- Der nicht effektive Teil wird gemäß der ansonsten für das Sicherungsinstrument geltenden Regeln behandelt.

Beispiel 20.10

Ein deutsches Mutterunternehmen in der Telekommunikationsbranche hat am 31.12.2010 für 100 Mio. US-$ eine 100 %-Beteiligung an einer US-amerikanischen Tochter erworben. Die Muttergesellschaft plant keine Änderung des operativen Geschäfts der Tochter, sondern hält es eher für realistisch, die Tochtergesellschaft mittelfristig an einen Dritten zu veräußern. Somit handelt es sich um einen ausländischen Geschäftsbetrieb mit abweichender funktionaler Währung, der allerdings vollkonsolidiert wird. Um die Nettoinvestition gegen Wertschwankungen abzusichern, wird ein variabel verzinslicher US-$-Kredit über 100 Mio. US-$ aufgenommen, der jederzeit getilgt werden kann. Die relevanten Daten finden sich in der folgenden Tabelle.

Periode	**2010**	**2011**	**2012**
Vermögenswerte TU [Mio. US-$]	140,0	130,0	130,0
Schulden TU [Mio. US-$]	60,0	60,0	60,0
Goodwill [Mio. US-$]	20,0	20,0	20,0
Nettoinvestition [Mio. US-$]	100,0	90,0	90,0
Wert US-$-Kredit [Mio. US-$]	100,0	100,0	100,0
Wechselkurs [US-$/€]	1,0000	1,0625	1,1250
Vermögenswerte TU [Mio. €]	140,0	122,4	115,5
Schulden TU [Mio. €]	60,0	56,5	53,3
Goodwill TU [Mio. €]	20,0	18,8	17,8
Nettoinvestition [Mio. €]	100,0	84,7	80,0
Wert US-$-Kredit [Mio. €]	100,0	94,1	88,9

9 Vgl. IFRIC 16.AG2 für ein fortgeschrittenes Beispiel zu den Absicherungsmöglichkeiten im Rahmen der Absicherung einer Nettoinvestition in ausländischen Geschäftsbetrieben.

Die Wechselkursentwicklung verdeutlicht eine Abwertung des US-Dollar, die auch zu einer zusätzlichen Wertminderung der Nettoinvestition führt. Dies ist auch bei der Verbuchung der Absicherung zu erkennen: Durch die Abwertung des US-$ sinken Vermögenswerte und Schulden der Tochtergesellschaft, was insgesamt zur Erfassung eines negativen sonstigen Ergebnisses aus Währungsumrechnung (WU) führt.

31.12.2011:

Sonst. Ergebnis (OCI WU)		*an*	*div. Aktiva Tochter*	*7,6 Mio. €*
Div. Passiva Tochter		*an*	*sonst. Ergebnis (OCI WU)*	*3,5 Mio. €*
Sonst. Ergebnis (OCI WU)		*an*	*Goodwill Tochter*	*1,2 Mio. €*

Die aufgenommene Schuld als Sicherungsinstrument ist ebenfalls abzuwerten, was zu einem Ertrag aus Währungsumrechnung führt, der die negative Rücklage überkompensiert und damit in seinem ineffektiven Teil GuV-wirksam wird.

Schuld US-$-Kredit	*5,9 Mio. €*	*an*	*sonst. Ergebnis (OCI WU)*	*5,3 Mio. €*
			Ertrag aus WU	*0,6 Mio. €*

Die gleiche Situation stellt sich aufgrund der fortschreitenden Abwertung des US-Dollar nahezu unverändert für 2012 dar.

31.12.2012:

Sonst. Ergebnis (OCI WU)		*an*	*div. Aktiva Tochter*	*6,9 Mio. €*
Div. Passiva Tochter		*an*	*sonst. Ergebnis (OCI WU)*	*3,2 Mio. €*
Sonst. Ergebnis (OCI WU)		*an*	*Goodwill Tochter*	*1,0 Mio. €*
Schuld US-$-Kredit	*5,2 Mio. €*	*an*	*sonst. Ergebnis (OCI WU)*	*4,7 Mio. €*
			Ertrag aus WU	*0,5 Mio. €*

Zur Effektivität des Sicherungsinstruments ist Folgendes anzumerken: 2010 stimmt der Nennwert der Verbindlichkeit mit dem Betrag der abzusichernden Nettoinvestition überein. Im Jahr 2011 allerdings sinkt der US-Dollar-Wert der Nettoinvestition auf 90 Mio., so dass ein ineffektiver Teil verbleibt. Die Effektivität beträgt nach der Dollar-Offset-Methode kumulativ berechnet für 2011 111 % (5,9 Mio. € / 5,3 Mio. €) und für 2012 ebenfalls 111 % (5,9 + 5,2) Mio. € / (5,3 + 4,7) Mio. €. Trotzdem kann die Sicherungsbeziehung durchaus als 100 %-effektiv angesehen werden, wenn nur ein quotaler Teil (hier 90 %) des Kredits als Sicherungsinstrument angesehen wird. Dieser quotale Teil kann unter Umständen auch kontinuierlich angepasst werden. An der Bilanzierung ändert diese Vorgehensweise nichts, da der nicht als Sicherungsinstrument bestimmte Teil analog zum ineffektiven Teil bilanziert wird.

4 Angabepflichten

IFRS 7 fordert Angaben zur Sicherungsbilanzierung

Ein Großteil der aus der Sicherheitsbilanzierung resultierenden Angabepflichten entspricht den Angabepflichten zu Finanzinstrumenten, so dass hierfür auf den entsprechenden Abschnitt des Kapitels 19 „Finanzinstrumente" verwiesen werden kann. Speziell für Sicherungsbeziehungen fordert IFRS 7 neben allgemeinen Angaben zur Risikostrategie auch Ausführungen zu den einzelnen Sicherungsbeziehungen. IFRS 7.22 fordert, gegliedert nach der Klassifizierung der Sicherungsbeziehungen, folgende Angaben:

- Eine allgemeine Beschreibung der Sicherungsbeziehungen,
- eine Beschreibung der Sicherungsinstrumente und deren beizulegender Zeitwerte zum Bilanzstichtag und
- Angaben zum Wesen des abgesicherten Risikos.

Angabepflichten für Absicherungen künftiger Cashflows

Speziell für Absicherungen künftiger Cashflows verlangt IFRS 7.23 die Angabe folgender Punkte:

- Den Zeitraum, für den diese Cashflows erwartet werden, und wann sie voraussichtlich GuV-wirksam werden,
- Informationen über alle geplanten Transaktionen, die im Rahmen einer Sicherungsbilanzierung abgesichert wurden, aber deren Eintritt nun für nicht mehr wahrscheinlich gehalten wird,
- Der Betrag, der während der Periode in die Cashflow Hedge-Rücklage eingestellt wurde,
- Für jede GuV-Position den Betrag, der aus der Cashflow Hedge-Rücklage im laufenden Jahr GuV-wirksam aufgelöst wurde, sowie
- Die aus der Cashflow Hedge-Rücklage stammenden Beträge, die im Rahmen des Erstansatzes von nicht-finanziellen Vermögenswerten aufgelöst wurden.

Des Weiteren sind nach IFRS 7.24 bei Absicherungen von künftigen Cashflows oder von Nettoinvestitionen in ausländische Geschäftsbetriebe die ineffektiven Wertänderungen der Sicherungsinstrumente anzugeben. Für Absicherungen von beizulegenden Zeitwerten sind die korrespondierenden Absicherungserträge und Absicherungsaufwendungen der Grundgeschäfte und der Sicherungsinstrumente zu veröffentlichen.

5 Die Zukunft der Sicherungsbilanzierung im Rahmen des IFRS 9

Ganzheitliches Risikomanagement zunehmend im Vordergrund

Unternehmensweite Risikomanagementstrategien sind gerade für global agierende und nicht stark diversifizierte Konzerne von großer Bedeutung. So verursachte beispielsweise der Treibstoffverbrauch der Lufthansa AG im Jahr 2009 fast 15 % der betrieblichen Aufwendungen des Unternehmens[10]. Vor dem Hintergrund stark schwankender Rohstoffpreise und dem Umstand, dass das Geschäftsmodell der Lufthansa ohne Kerosin offensichtlich nicht erfolgreich sein kann, erscheint es daher nur verständlich, dass sich das Unternehmen auf vielfältigste Art und Weise gegen Schwankungen der Rohölpreise und darüber hinaus z.B. auch gegen Zinsänderungsrisiken und Wechselkursschwankungen absichert. Im Gegensatz zum grundlegenden Sicherungsverständnis des IAS 39 erfolgt diese Absicherung in der Praxis jedoch immer seltener auf Grundlage eines Micro-Hedges, bei dem spezielle Risiken bestimmter Vermögenspositionen einzeln durch ein spezifisches Sicherungsinstrument abgesichert werden. Stattdessen wird zunehmend versucht im Rahmen eines ganzheitlichen Risikomanagements das gesamte interne und externe Risiko eines Unternehmens zu erfassen und, auch unter Einsatz qualitativer Instrumente, systematisch zu minimieren.

Bindung der Sicherungsbilanzierung an das Risikomanagement erwünscht

Ganzheitliche Risikomanagementstrategien sind in den vergangenen Jahren zum überlebenswichtigen Alltag vieler Unternehmen geworden und die erfolgreiche Implementierung eines effektiven Risikomanagementsystems stellt aus Sicht der Investoren, gerade vor dem Hintergrund der aktuellen globalen Finanzkrise und der damit einhergehenden volatilen Entwicklung der Rohstoff-, Devisen- und Kapitalmärkte, entscheidungsnützliche Information dar. Aus Sicht des IASB werden die derzeitigen Regelungen in IAS 39 diesem Anspruch jedoch nicht gerecht, was vornehmlich auf die Tatsache zurückgeführt werden kann, dass die aktuell gültigen Regelungen zur Sicherungsbilanzierung auf Grundsätzen basieren, die aus einer Zeit stammen, in der die Sicherungsbilanzierung tendenziell ein Randthema der Rechnungslegung darstellte[11]. So ist es aus Sicht eines modernen Verständnisses des Risikomanagements beispielsweise schwer nachvollziehbar, warum im Rahmen des IAS 39 die Absicherung von Nettopositionen ausschließlich für den Sonderfall des fair value hedges für Zinsänderungsrisiken zulässig ist, obwohl es gängige Praxis ist, dass Unternehmen zunächst Fremdwährungsforderungen und -verbindlichkeiten zu einer Nettoposition bündeln, um nur diese Position schlussendlich z.B. gegen Fremdwährungsrisiken abzusichern.

Das IASB hat diese Kritik aufgegriffen und eine Weiterentwicklung der Sicherungsbilanzierung im Rahmen der dritten Phase des IFRS 9 Gesamtprojektes anvisiert[12]. Aktueller Höhepunkt dieser Entwicklung ist der im Dezember 2010

10 Vgl. Geschäftsbericht 2009 der Lufthansa AG.

11 Vgl. *IASB*, Snapshot Hedge Accounting 2010, verfügbar unter: www.ifrs.org.

12 Vgl. zum Stand des IFRS 9 Gesamtprojekts Kapitel 19.9.

veröffentlichte Exposure Draft ED/2010/13, der die bestehenden Regelungen teilweise erheblich verändert. Der Exposure Draft kann bis zum 09.03.2011 kommentiert werden. Ein Inkrafttreten ist derzeit für den 01.01.2013 geplant, wobei eine Frühanwendung generell möglich sein soll.

Kreis potentieller Sicherungsinstrumente erweitert

So sollen zukünftig als Sicherungsinstrumente grundsätzlich alle finanziellen Vermögenswerte und Schulden in Betracht kommen, die GuV-wirksam bewertet werden (ED IFRS 9.5 HA). Zur Absicherung von Fremdwährungsrisiken sollen darüber hinaus sogar alle finanziellen Vermögenswerte und Schulden in Betracht kommen, deren Wertänderungen nicht GuV-neutral im sonstigen Ergebnis erfasst werden (ED IFRS 9.6 HA). Dies führt dazu, dass sogar die Designierung eines zu fortgeführten Anschaffungskosten bewerteten finanziellen Vermögenswerts als Sicherungsinstrument zur Absicherung von Fremdwährungsrisiken möglich werden soll. Im Vergleich zu IAS 39 72 f. ist somit eine deutliche Erweiterung des Kreises möglicher Sicherungsinstrumente festzustellen. Unverändert übernommen wurden indes die notwendige und hinreichende Voraussetzung eines aus Sicht der Rechnungslegung externen Vertragspartners, (ED IFRS 9.7 HA) sowie das Verbot, Stillhalterpositionen in Optionsgeschäften und Eigenkapitalinstrumente des eigenen Unternehmens als Sicherungsinstrument zu klassifizieren (ED IFRS 9.B2 f. HA).

Gruppenbildung auch für gegenläufige Vermögenswerte und Schulden

Als sicherungsfähige Grundgeschäfte sollen gemäß ED IFRS 9.12 HA zukünftig weiterhin bereits bilanzierte Vermögenswerte und Schulden, noch nicht bilanzwirksame zukünftige Verpflichtungen, geplante Transaktionen, welche mit hoher Wahrscheinlichkeit zu erwarten sind, und Nettoinvestitionen in ausländischen Geschäftsbetrieben in Betracht kommen. Während im Vergleich zu IAS 39.78 somit zunächst keine Unterschiede zu erkennen sind und unter anderem auch die Forderung nach einem sich außerhalb der rechnungslegenden Einheit befindlichen Vertragspartner übernommen wurde (ED IFRS 9.16 HA), erfahren die Detailregelungen weitreichende Veränderungen. Während derzeit beispielsweise die Absicherung einer Gruppe gegenläufiger Vermögenswerte und Schulden grundsätzlich unmöglich ist, könnte zukünftig die Designierung einer solchen Gruppe als Grundgeschäft denkbar sein[13]. Die derzeit geplanten Voraussetzungen dafür, die im Übrigen auch für alle anderen als Grundgeschäft designierten Gruppen gelten, sind gemäß ED IFRS 9.34 HA[14]:

- Alle in der Gruppen enthaltenen Positionen müssen für sich alleine zulässige Grundgeschäfte sein.
- Die Gruppenbildung muss durch das tatsächliche Risikomanagement des Unternehmens motiviert sein und somit die realen Verhältnisse der Risikomanagementstrategie abbilden.
- Im Falle eines cash flow hedges müssen alle gegenläufigen Cashflows der abgesicherten Gruppe vollständig in derselben Periode anfallen.

13 Wobei das Sicherungsinstrument in diesem Fall nur die Nettoposition absichert.

14 Darüber hinaus sind vor allem spezielle Ausweisregeln gemäß ED IFRS 9.B37 f. zu beachten.

Einzelne Komponenten unabhängig von Grundgeschäft absicherungsfähig

Auch hinsichtlich der Zuordnung von Sicherungsinstrument und Grundgeschäft sollen die bestehenden Regelungen stark verändert werden. Während bisher die Zuordnungsmöglichkeiten von der Art des Grundgeschäfts abhängig ist und z.B. die exklusive Absicherung von Komponenten nicht finanzieller Grundgeschäfte nur für den Spezialfall der Fremdwährungsrisiken möglich ist, erweitert IFRS 9.18 HA diese Regelungen erheblich. Demnach könnten zukünftig, unabhängig von der Art des Grundgeschäfts, folgende Komponenten absicherungsfähig sein:

- Schwankungen des Cashflows oder des fair value, die einem oder mehreren separat identifizierbaren spezifischen Risiken zugeordnet werden können.
- Einzelne oder mehrere vertraglich vereinbarte Zahlungsströme.
- Relative Anteile des Grundgeschäfts, wie z.B. 50 % eines vertraglich vereinbarten Zahlungsstroms (vgl. ED IFRS 9.B20 HA).
- Absolute Anteile des Grundgeschäfts, wie z.B. 80 Mio. € einer Verpflichtung, die insgesamt 100 Mio. € betragen wird, oder die ersten 100 Barrel Rohöl, die im Juli 2012 gekauft werden (vgl. ED IFRS 9.B21 HA, welcher darüber hinaus auch weitere Beispiele bereithält).

Keine Bandbreite im Rahmen des Effektivitätstest

Auch im Rahmen der generellen Voraussetzungen der Sicherungsbilanzierung sollen sich die Regelungen verändern. Während die Dokumentationsanforderungen gemäß ED IRS 9.19(b) HA im Wesentlichen unverändert aus IAS 39 übernommen wurden, erwägt das IASB die gültige Praxis der Effektivitätsmessung, und damit das zentrale Element der bisherigen Sicherungsbilanzierung, aufzugeben. So findet sich im vorgeschlagenen Standard keine Erwähnung einer vorgegebenen Effektivitätsbandbreite. Auch die Forderung nach einem retrospektiven Effektivitätstest ist nicht mehr vorhanden. Stattdessen wird eine Erwartungsbildung hinsichtlich der tatsächlichen Fähigkeit der Sicherungsbeziehung, Ineffektivitäten systematisch zu minimieren, vorgeschlagen (ED IFRS 9.B29 HA). Dies impliziert zum einen, dass Ineffektivitäten nicht gänzlich ausgeschlossen werden müssten und eine perfekte Absicherung somit nicht zwingend erforderlich sein würde. Zum anderen lässt diese Bedingung die Forderung nach einer ökonomisch planbaren Sicherungsbeziehung erkennen. Die Absicherung dürfte damit nicht ausschließlich und möglicherweise zufällig auf Grundlage rein statistischer Zusammenhänge zustande kommen, sondern müsste zwingend ökonomisch begründbar sein (ED IFRS 9.B31 HA). Im Rahmen des Nachweises der Effektivität der Sicherungsbeziehung wird keine Methode vorgegeben. Stattdessen wird gemäß ED IFRS 9.B33 ff. HA im Wesentlichen auf die quantitativen und qualitativen Methoden des Risikomanagements verwiesen. Gemäß ED IFRS 9.B30 HA ist jedoch insbesondere zu prüfen, inwiefern die Sicherungsbeziehung durch Veränderungen der Relation von gesicherten Grundgeschäft und Sicherungsinstrument tendenziell effektiver wird[15].

15 Vgl. ED IFRS 9.B30 HA für ein Beispiel; vgl. ED IFRS 9.B46 ff. HA für die Folgen der Veränderung eines solchen hedge ratios.

Wie bereits im Rahmen der Sicherungsbilanzierung nach IAS 39 können auch zukünftig beizulegende Zeitwerte (fair value hedge), Zahlungsströme (cash flow hedge) und Nettoinvestitionen in einen ausländischen Geschäftsbetrieb gemäß IAS 21 abgesichert werden. Während im Rahmen der Bilanzierung der letzten beiden Fälle die Regelungen des IAS 39 unwesentlich verändert übernommen wurden, könnte sich die Bilanzierung der Absicherung beizulegender Zeitwerte hingegen grundlegend ändern. So sollen zukünftig im Rahmen des fair value hedges Wertänderungen von Sicherungsinstrument und Grundgeschäft zunächst im sonstigen Ergebnis erfasst werden (ED IFRS 9.26(a) und (b) HA)[16]. Anschließend sollen aus diesem Ergebnis der Anteil der Wertänderung, der auf den ineffektiven Teil der Sicherungsbilanzierung entfällt, in die Gewinn und Verlustrechnung transferiert werden (ED IFRS 9.26(c) HA).

Wesentliche Veränderungen des fair value hedges

Abschließend lässt der Exposure Draft erkennen, dass Unternehmen zukünftig im Vergleich zur bisherigen Regelung möglicherweise deutlich erweiterte Offenlegungspflichten erfüllen müssen. Diese betriffen neben detaillierten Angaben zur Prognose von Cashflows (ED IFRS 9.45 ff. HA) vor allem die Darstellung der Risikomanagementstrategie des Unternehmens (ED IFRS 9.44 HA).

Anhangsangaben erweitert

6 Wesentliche Unterschiede zum IFRS for SMEs

Die im Rahmen dieses Kapitels vorgestellten Regelungen zur Sicherungsbilanzierung nach IAS 39 gelten als mit die schwierigsten Regelungen der IFRS-Rechnungslegung. Die hohe Komplexität des Standards erkannte auch das IASB im Rahmen der Entwicklung des IFRS for SMEs und vereinfachte die Sicherungsbilanzierung für kleine und mittelgroße Unternehmen erheblich[17].

Als sicherungsfähiges Grundgeschäft kommen demnach nur die folgenden Risikoarten in Betracht.

Sicherungsfähige Grundgeschäfte abhängig von abzusichernden Risiken

- Das Zinsänderungsrisiko eines Schuldtitels der zu Anschaffungskosten bewertet wurde.
- Das Wechselkursrisiko oder das Zinsänderungsrisiko einer bestehenden Verpflichtung oder einer geplanten Transaktion, die mit hoher Wahrscheinlichkeit durchgeführt wird.
- Das Preisänderungsrisiko beim Kauf oder Verkauf einer Ware. Dabei ist es unerheblich, ob das Unternehmen die Ware bereits hält, verpflichtet ist, sie zu einem zukünftigen Termin abzunehmen, oder lediglich mit hoher Wahrscheinlichkeit zu erwarten ist, dass das Unternehmen die Ware handeln wird.
- Das Wechselkursrisiko einer Nettoinvestition in einem ausländischen Geschäftsbetrieb.

16 Vgl. insbesondere ED IFRS 9.26(b) HA und ED IFRS 9.28 HA für Ausweisfragen.

17 Vgl. IFRS-SME, BC99. Alternativ haben die Unternehmen allerdings die Möglichkeit, die Ansatz- und Bewertungsregeln des IAS 39 für alle Finanzinstrumente anzuwenden, vgl. IFRS-SME 12.2.

Als wesentlicher Unterschied ist somit festzustellen, dass im Rahmen der IFRS-SME die sicherungsfähigen Grundgeschäfte anders als in IAS 39.78 ff. hinsichtlich der absicherungsfähigen Risikoarten exakt abgegrenzt werden. Darüber hinaus ist vor allem die Absicherung von Portfolios für kleine und mittelgroße Unternehmen nicht möglich, da das IASB derartige Absicherungsstrategien als unüblich für kleine und mittelgroße Unternehmen betrachtet (vgl. IFRS-SME.BC104).

Gruppe möglicher Sicherungsinstrumente eingeschränkt

Auch hinsichtlich der möglichen Sicherungsinstrumente enthält der IFRS-SME einige Vereinfachungen. Ein Sicherungsinstrument muss demnach folgende Voraussetzungen kumulativ erfüllen:

- Das Sicherungsinstrument ist ein Zinsswap, ein Wechselkursswap, ein Wechselkurstermingeschäft oder ein Warentermingeschäft, von dem erwartet wird, dass es in Bezug auf die Absicherung des Risikos des Grundgeschäfts hoch effektiv ist.
- Der Vertragspartner befindet sich außerhalb der rechnungslegenden Einheit.
- Der Basiswert des Sicherungsinstruments entspricht dem Betrag des abzusichernden Grundkapitals, bzw. dem Betrag des abzusichernden Basiswert des Grundgeschäfts.
- Das Sicherungsinstrument ist nicht vor dem Grundgeschäft fällig.

Im Vergleich zu IAS 39.72 ff. lässt sich somit insbesondere feststellen, dass Optionen im Rahmen der Sicherungsbilanzierung nicht als Sicherungsinstrumente eingesetzt werden können, da das IASB auch hier davon ausgeht, dass derartige Absicherungsstrategien nicht der üblichen Praxis entsprechen (vgl. IFRS-SME.BC104).

Bilanzielle Abbildung abhängig von abgesicherter Risikoart

Sollte ein kleines oder mittelgroßes Unternehmen diese grundlegenden Voraussetzungen im Rahmen einer Dokumentation der Risikomanagementstrategie nachweisen und darüber hinaus vor allem zeigen können, dass die Absicherung mit hoher Wahrscheinlichkeit effektiv ist, so kann es eine Sicherungsbilanzierung in Anlehnung an IAS 39.85 ff. vornehmen. Die Absicherung von Zinsänderungsrisiken festverzinslicher Finanzinstrumente, bzw. die Preisänderungsrisiken bereits bilanzierter Waren werden dabei im Wesentlichen wie ein fair value hedge bilanziert. Die Absicherung von Zinsänderungsrisiken variabel verzinslicher Finanzinstrumente, bzw. die Preisänderungsrisiken noch nicht bilanzwirksamer Transaktionen und Nettoinvestionen in ausländischen Geschäftsbetrieben wird hingegen im Wesentlichen wie ein cash flow hedge abgebildet. Wesentliche Unterschiede bestehen vor allem in der vorzeitigen Auflösung der Sicherungsbilanzierung. Das IASB sieht für kleine und mittelgroße Unternehmen lediglich eine periodische Beurteilung der Voraussetzungen der Konditionen vor und stellt klar, dass eine Auflösung der Sicherungsbilanzierung prospektiv ab dem Abschlussstichtag und nicht schon ab dem Zeitpunkt der tatsächlichen Auflösung (und damit unterjährig) vorzunehmen ist (vgl. IFRS-SME.BC102).

7 Wesentliche Unterschiede zum HGB

Während die Möglichkeit der Sicherungsbilanzierung vor Inkrafttreten des Bilanzrechtsmodernisierungsgesetzes (BilMoG) Gegenstand kontroverser Diskussionen in Literatur und Praxis war, ist die Sicherungsbilanzierung nunmehr per Kodifizierung in § 254 HGB (Bildung von Bewertungseinheiten) zum expliziten Bestandteil handelsrechtlicher Rechnungslegung geworden. Wenngleich der Gesetzeswortlaut relativ kurz gefasst ist, lässt er grundsätzlich eine Übereinstimmung mit dem Konzept des IAS 39 erkennen. Dies täuscht jedoch darüber hinweg, dass sich die Regelungen in einigen wesentlichen Zügen fundamental unterscheiden.

Sicherungsinstrument kann jedes Finanzinstrument sein

So beschränkt der deutsche Gesetzgeber z.B. den Umfang der Gruppe möglicher Sicherungsinstrumente nicht wie IAS 39.72 auf derivative Finanzinstrumente[18]. Vielmehr ist im Rahmen der handelsrechtlichen Rechnungslegung grundsätzlich jedes Finanzinstrument in der Lage als Sicherungsinstrument zu fungieren, was zu einer deutlich weiteren Abgrenzung des Terminus im HGB führt.

Keine Vorgabe einer Effektivitätsspanne

Darüber hinaus ergibt sich im Rahmen der Effektivitätstests eine wesentliche Abweichung. Zwar werden auch im HGB Bewertungseinheiten gebildet, um den „[...] Ausgleich gegenläufiger Wertänderungen und Zahlungsströme [...]“ zu ermöglichen, was die Forderung nach einer ökonomisch werthaltigen Sicherungsbeziehung erkennen lässt. Anders als IAS 39.AG105 verzichtet der deutsche Gesetzgeber jedoch ausdrücklich auf die Vorgabe einer Effektivitätsspanne für die auf Grundlage dieser Forderung notwendigen Effektivitätstests[19].

Durchbuchungs- und Einfrierungsmethode

Unterschiede ergeben sich zudem vor allem auch bei der bilanziellen Abbildung der Wertentwicklungen von Grundgeschäft und Sicherungsinstrument. Da § 254 HGB anders als IAS 39 keine expliziten Bilanzierungsanweisungen vorgibt, sondern vielmehr zahlreiche grundlegende Ansatz- und Bewertungsregeln für den Wirkungsbereich der Bewertungseinheit außer Kraft setzt[20], scheint es dem Anwender freigestellt zu sein, wie er den Risikoausgleich bilanziell darstellt. Daher wird für die handelsrechtliche Rechnungslegung auf zwei optionale Methoden zurückgegriffen, die sich historisch in der akademischen Diskussion durchgesetzt haben. Während die so genannte Durchbuchungsmethode im Wesentlichen dem Vorgehen eines fair value hedge nach IAS 39.89 ff. entspricht, setzt die Einfrierungsmethode sämtliche bilanzielle Wirkung der Bewertungs-

18 Wobei die Ausnahme der Designierung eines nicht derivativen Finanzinstruments als Sicherungsinstrument im Rahmen der Absicherung von Wechselkursrisiken zu beachten ist.

19 Vgl. BT-DS 16/12407, S. 86.

20 Im Einzelnen sind dies die Pflicht zur Bildung von Drohverlustrückstellungen, der Einzelbewertungsgrundsatz, das Realisationsprinzip, das Imparitätsprinzip, sämtliche Bewertungsregeln für Vermögensgegenstände und Schulden des § 253 Abs. 1 HGB sowie die Vorschriften zur Währungsumrechnung gemäß § 256a HGB; vgl. auch *Fülbier, R.U./Gassen, J.*, Das Bilanzrechtsmodernisierungsgesetz (BilMoG): Handelsrechtliche GoB vor der Neuinterpretation, in: DB, 60. Jg (2007), S. 2010 f.

einheit schlichtweg außer Kraft, was dem Umstand Rechnung trägt, dass eine Nachbildung der Regelungen des cash flow hedges in der handelsrechtlichen Rechnungslegung nicht möglich ist, da im HGB kein Pendant zum other comprehensive income der IFRS-Rechnungslegung existiert[21].

8 Wesentliche Unterschiede zu US-GAAP

Recht hohe Ähnlichkeit von SFAS 133 / ASC 815 und IAS 39

Nach US-GAAP regelt SFAS 133 / ASC 815 „Derivatives and Hedging" die Bilanzierung von Derivaten und Sicherungsbeziehungen. Analog zu IAS 39 differenziert der Standard Absicherungen des beizulegenden Zeitwerts und Absicherungen künftiger Cashflows. Zusätzlich werden separate Kategorien für Absicherungen von Fremdwährungsrisiken definiert, was vorrangig ausweisbedingt ist. Die Vorschriften von IAS 39 und SFAS 133 / ASC 815sind im Grundsatz recht ähnlich, Unterschiede ergeben sich eher im Detail. So ist es z.B. nach SFAS 133 / ASC 815 nicht möglich, die aus einer Absicherung künftiger Cashflows resultierende Eigenkapitalposition bei nicht-finanziellen Grundgeschäften im Rahmen der Erstbewertung aufzulösen. Zudem gibt es keine Möglichkeit zur Absicherung von Zinsänderungsrisiken von Portfolios.

Ausgewählte Literatur

Breckheimer, I., Die steuerbilanzielle Behandlung von Sicherungsbeziehungen, Wiesbaden 2010.

Große, J.-V., Ablösung von IAS 39 – Implikationen für das hedge accounting, in: KoR, 10. Jg. (2010), S. 191-199.

Hachmeister, D., Portfolio-Hedging von Zinsänderungsrisiken nach IAS 39, in: ZfCM, Sonderheft 1, 51. Jg. (2007), S. 75-84.

IdW (Hrsg.), IDW Stellungnahme zur Rechnungslegung: Einzelfragen zur Bilanzierung von Finanzinstrumenten nach IFRS (IDW RS HFA 9), in: IdW Fachnachrichten, o. Jg. (2007), S. 326-400.

21 Vgl. zu dieser Diskussion ausführlich *Scharpf*, HdR, § 254 HGB – Bildung von Bewertungseinheiten, Rn. 303 ff.; vgl. zudem IDW ERS HFA 35, Rn. 72 ff. Bedeutend scheint in diesem Zusammenhang auch, welche Bilanzierungsalternative dem Leser mehr Informationen über die abzubildende Sicherungsbilanzierung bietet. Dies scheint tendenziell die Durchbuchungsmethode zu sein, da dort die Wertentwicklung von Grund- und Sicherungsgeschäft bilanzwirksam wird. Dementsprechend wäre die Einfrierungsmethode lediglich in den Fällen angebracht, wo die Bilanzierung nach der Durchbuchungsmethode nicht möglich ist.

Kuhn, S./Scharpf, P., Rechnungslegung von Financial Instruments nach IFRS: IAS 32, IAS 39 und IFRS 7, 3. Aufl., Stuttgart 2006.

Zwirner, C./Froschhammer, M., Die Bilanzierung von Bewertungseinheiten nach § 254 HGB, in: Zeitschrift für Bilanzierung und Rechnungswesen, 34. Jg. (2010), S. 153-156.

Übungsaufgaben

Aufgabe 1:

Verbuchen Sie den folgenden Geschäftsvorfall unter Vernachlässigung von latenten Steuern:

a) Im November 2010 kauft die Päffgen AG 100.000 US-$ auf Termin (per 01.01.2012) 1,06 €/US-$. Der Terminkurs lag am 31.12.2010 bei 1,09 €/US-$. Dieses Termingeschäft ist durch den geplanten Erwerb einer Produktionsanlage per 01.01.2012 begründet, der mit einer Zahlungsverpflichtung von 100.000 US-$ einhergeht. Wie klassifizieren Sie das Termingeschäft nach IFRS und welche Buchungssätze fallen bei der Päffgen AG 2010 nach IFRS an?

b) Was ändert sich bezüglich der Klassifikation und Verbuchung des unter a) dargestellten Termingeschäfts, wenn der Erwerb der Produktionsanlage
   - überhaupt nicht geplant ist?
   - 2010 auf Kredit (Rückzahlung zum 01.01.2012) durchgeführt wurde?

Aufgabe 2:

Verbuchen Sie die beiden folgenden Finanzderivate unter Vernachlässigung von latenten Steuern:

a) Ein Bestand an Fertigerzeugnissen, dessen Veräußerung für 2011 geplant ist, wurde am 01.06.2010 durch ein Termingeschäft (Anschaffungskosten = 0) gegen Marktpreisänderungsrisiken abgesichert. Zum 31.12.2010 hatte dieses Termingeschäft einen Wert von 40.000 €. Der beizulegende Zeitwert der Fertigerzeugnisse ist von 160.000 € (31.12.2009) auf 120.000 € (31.12.2010) gefallen. Die Hedgingbedingungen von IAS 39 sind erfüllt.

b) Eine Aktienindexoption auf deutsche Aktien (Put), vom Finanzvorstand in sicherer Erwartung fallender Aktienkurse am 31.12.2009 für 10.000 € erworben, um das international diversifizierte Nettoaktienportfolio des Unternehmens abzusichern, hatte am 31.12.2010 einen Marktwert von 1.000 €.

Aufgabe 3:

Die Norisk AG hält langfristig produktionsnotwendige Kupfervorräte vor, die sie gegen Marktwertschwankungen absichern will. Deswegen schließt die Einkaufsabteilung ein börsennotiertes Termingeschäft (Future) ab, indem sie ähnlich spezifizierte Rohstoffe in gleicher Menge auf Termin (31.12.2012) verkauft. Die relevanten Angaben finden sich in der folgenden Tabelle (in €).

Position	**31.12.2010**	**31.12.2011**	**31.12.2012**
Kupferpreis Spot je Tonne	2.000	3.000	3.500
Kupferpreis Termin je Tonne zum 31.12.2012	2.332	3.240	3.500
Beizulegender Zeitwert Kupferlager je Tonne	2.000	2.950	3.400

a) Ermitteln Sie für die in der Tabelle angegebenen Zeitpunkte die Wertentwicklung des Termingeschäft insgesamt sowie der Zinskomponente, jeweils je Tonne. Der relevante Zinssatz beträgt 8 %.

b) Wie beurteilen Sie die Effektivität der Sicherungsbeziehung?

c) Charakterisieren Sie die Sicherungsbeziehung und verbuchen Sie sie für die Jahre 2010 bis 2012. Gehen Sie davon aus, dass die 1000 t Kupfer zum 31.12.2010 am Spotmarkt erworben wurden und dass gleichzeitig das Termingeschäft abgeschlossen wurde. Die Absicherung soll zum Kassakurs erfolgen und latente Steuern sind zu vernachlässigen.

Kapitel 21 Leasing

Die Finanzierung über Leasing hat eine lange Tradition. Bereits 1700 v. Chr. wurden Ochsen und Kühe als Arbeitstiere geleast[1]. In der zweiten Hälfte des 19. Jahrhunderts verleasten Telekommunikationsunternehmen ihre Telefone an Kunden. In den 1930er und 1940er Jahren begann die Verleasung von Automobilen[2]. Vor dem gesamtwirtschaftlichen Konjunkturabschwung im Jahr 2008 belief sich der Anteil der Leasing-Investitionen an den gesamtwirtschaftlichen Investitionen, die sogenannte Leasing-Quote, auf etwa 20 %. Trotz krisenbedingter Absenkung dieser Quote in den Folgejahren wurden in den letzten Jahren in Deutschland mehr Investitionen über Leasing finanziert als über den klassischen Bankkredit[3].

Was ist überhaupt unter Leasing zu verstehen? Letztlich verbirgt sich dahinter die bekannte Miete. Einer Vertragspartei wird das Nutzungsrecht an einem bestimmten Leasinggegenstand eingeräumt, ohne dass dafür sofort ein voller Kaufpreis zu entrichten ist. Als Leasinggegenstand kommen alle denkbaren Vermögenswerte in Betracht, z.B.

- Maschinen bis hin zu ganzen Produktionsanlagen,
- Immobilien,
- Gegenstände der Betriebs- und Geschäftsausstattung, z.B. einzelne Kfz oder der gesamte Fuhrpark,
- aber auch immaterielle Vermögenswerte, z.B. die eingesetzte Software.

Um der Informationsfunktion einer kapitalmarktorientierten Rechnungslegung gerecht zu werden, müssen Leasingverträge gemäß ihrem wirtschaftlichen Gehalt bilanziert werden. Fraglich ist dabei, wer genau was zu bilanzieren hat.

Die Bilanzierung könnte wie bei einem klassischen Mietvertrag aussehen. Hier aktiviert der Leasinggeber (Vermieter) als rechtlicher Eigentümer den Leasinggegenstand und schreibt ihn über seine Nutzungsdauer ab. Zudem wird die Leasingrate wie eine Miete periodisch als Ertrag erfasst. Der Leasingnehmer (Mieter) hat demgegenüber die Leasingraten periodisch als Aufwand zu verbuchen. Der Sinn einer derartigen Bilanzierung ist jedoch fraglich, wenn weitere Charakteristika vorliegen, die für einen Leasingvertrag ebenfalls typisch sein können. Zum Beispiel:

- Der Leasingnehmer kann den gemieteten Vermögenswert über eine feste, unkündbare Mietzeit nutzen, die sich in etwa mit der voraussichtlichen Nutzungsdauer des Vermögenswertes deckt.
- Die insgesamt zu zahlende Miete übersteigt den ursprünglichen Kaufpreis des Vermögenswertes.

Obwohl der Leasingnehmer auch in diesen Fällen kein rechtliches Eigentum erlangt, kann ihm eine Art wirtschaftliches Eigentum nicht abgesprochen werden. Er darf den Vermögenswert über einen Großteil der Lebensdauer nutzen

1 Vgl. *Marek, M.*, Geschichte des Leasing, in: Arbeitspapiere des Fachbereichs Wirtschaftswissenschaften Universität Paderborn, o. Jg. (2001), S. 4.

2 Vgl. *Gäfgen, D.*, Arten und Probleme des Leasing, in: Hagenmüller, K. F. (Hrsg.): Leasing-Handbuch, 3. Aufl., Frankfurt a.M. 1973, S. 11.

3 Vgl. *Bundesverband Dt. Leasing-Unternehmen*, Jahresbericht 2009/2010, S. 18-19.

und zahlt dafür eventuell sogar mehr als dessen Neuwert. Wirtschaftlich kann dies als ein verdeckter Kauf – kombiniert mit einer Kreditfinanzierung durch den Leasinggeber – interpretiert werden. Diese Finanzierungskomponente ist oftmals das Hauptargument für einen Leasingvertrag.

Was folgt daraus für die Rechnungslegung? Bei einem derartigen „Finanzierungsleasing" – der Begriff wird im folgenden Abschnitt genauer definiert – erscheint es sinnvoll, dass nicht mehr der rechtliche, sondern der wirtschaftliche Eigentümer den Vermögenswert aktiviert. Das Rahmenkonzept des IASB stellt schließlich auf die wirtschaftliche Betrachtungsweise ab und lässt die formalrechtliche Seite in den Hintergrund treten.

Ein Leasingverhältnis hat aber auch eine schuldrechtliche Seite, die die Passiva der Bilanz betrifft und sich auf die Kapitalstruktur auswirkt. So muss der Leasingnehmer gegenüber dem Leasinggeber eine vertragliche Zahlungsverpflichtung eingehen. Bei ihm entsteht demnach eine Schuld und beim Leasinggeber eine korrespondierende Forderung. Darüber hinaus ergeben sich Konsequenzen für die Gesamtergebnisrechnung und entsprechende Rentabilitätskennziffern.

Schon anhand dieser Überlegungen wird deutlich, welche bilanziellen Konsequenzen das Leasing hat. Je nachdem, welcher der beiden Vertragsparteien die Leasinggegenstände wirtschaftlich zugeordnet werden, wirken sie sich unmittelbar auf die Struktur des investierten Vermögens und die Frage späterer Abschreibungen aus. Fast noch wichtiger ist dabei die schuldrechtliche Seite. Ein verhältnismäßig langfristiger Mietvertrag (Finanzierungsleasing) wirkt sich beim Leasingnehmer bilanziell wie ein fremdfinanzierter Kauf aus, d.h. es steigt nicht nur das Anlagevermögen, sondern auch das Fremdkapital und damit der Verschuldungsgrad. Um negative Auswirkungen auf die Bonitätsbeurteilung, z.B. durch Ratingagenturen, zu verhindern, dürfte der Leasingnehmer ein Interesse daran haben, den Leasingvertrag möglichst so auszugestalten, dass bilanziell nur eine Miete abgebildet wird. Der Leasinggegenstand und vor allem die korrespondierende Schuld wären „off balance sheet", das Fremdkapital erhöhte sich nicht, der Verschuldungsgrad bliebe unberührt.

Es kann somit festgehalten werden, dass Leasingverhältnisse komplexe Auswirkungen auf den Jahresabschluss beider Vertragsparteien haben können und dass es hierfür insbesondere auf den konkreten Vertrag und dessen individuelle Ausgestaltung ankommt.

Lernziele

Im Folgenden sollen Sie deshalb lernen,

- wie Leasingverhältnisse in bestimmte Grundtypen klassifiziert werden,
- wie Leasingverhältnisse in Abhängigkeit von ihrer Klassifikation bilanziert werden,
- wie sich die Bilanzierung dieser Verhältnisse für Leasinggeber und Leasingnehmer unterscheidet,
- welche sonstigen Angabepflichten auf die beiden Vertragsparteien zukommen und
- wie in der Praxis zu beobachtende Vertragskonstruktionen, insbesondere Sale-and-leaseback-Transaktionen, zu bilanzieren sind.

IAS 17

IAS 17 „Leasingverhältnisse" (Leases) regelt die Bilanzierung von Leasingverhältnissen. Dieser Standard datiert in seiner ursprünglichen Fassung aus dem Jahr 1982, wurde aber 1997 und zuletzt 2003 grundlegend überarbeitet. Die im Jahr 2003 verabschiedete Fassung ist für Geschäftsjahre seit Januar 2005 anzuwenden.

Trotz der Überarbeitung sieht das IASB IAS 17 noch nicht als abschließend an: Die Vorschrift sei noch zu komplex, biete noch zu viele Gestaltungsfreiräume bei der Bilanzierung und bilde nicht alle entscheidungsrelevanten Informationen ab. Deshalb hat das IASB in Zusammenarbeit mit dem FASB ein Leasing-Projekt initiiert, dessen Ergebnisse IAS 17 in Zukunft vollständig ersetzen sollen. Ein erstes Diskussionspapier ist im März 2009 erschienen. Der Standardentwurf wurde im August 2010 veröffentlicht[4].

1 Definition und Klassifizierung von Leasingverhältnissen

Anwendungsbereich von IAS 17 und Definition

Grundsätzlich regelt IAS 17 die Bilanzierung *sämtlicher* Leasingverhältnisse. Ein Leasingverhältnis wird dabei nach IAS 17.4 definiert als „eine Vereinbarung, bei der der Leasinggeber dem Leasingnehmer gegen eine Zahlung oder eine Reihe von Zahlungen das Recht auf Nutzung eines Vermögenswertes für einen vereinbarten Zeitraum überträgt." Unter diese Definition fallen sämtliche Mietverträge oder mietrechtsähnliche Verträge. Das wesentliche Definitionsmerkmal liegt in der Übertragung eines Nutzungsrechts an einem Vermögenswert. Mietkaufverträge, die die Vermietung eines Vermögenswertes mit einer anschließenden Kaufoption verbinden, sind ebenfalls als Leasingverhältnisse anzusehen. Somit entscheidet die wirtschaftliche Substanz der Vereinbarung über die Frage, ob ein Leasingverhältnis vorliegt.

IFRIC 4 und SIC 27

Die wirtschaftliche Betrachtungsweise wird durch die Interpretationen IFRIC 4 „Beurteilung, ob eine Vereinbarung ein Leasingverhältnis enthält" und SIC 27 „Beurteilung des wirtschaftlichen Gehalts von Transaktionen in der rechtlichen Form von Leasingverhältnissen" untermauert, die den Anwendungsbereich von IAS 17 bei speziellen Vertragskonstruktionen regeln. IFRIC 4 fo-

4 Vgl. zu den möglichen Ergebnissen dieses Reformprojekts den Exkurs in diesem Kapitel sowie im Detail *Fülbier, R.U./Fehr, J.*, IASB und FASB machen Ernst mit der neuen Leasingbilanzierung: Der Standardentwurf zu „Leases" liegt vor, in: WPg, 63. Jg. (2010), S. 1019-1023, *Fülbier, R.U./Fehr, J.*, Die Bilanzierung von Leasingverhältnissen in der internationalen Rechnungslegung – Aktueller Diskussions- und Forschungsstand, in: Steuern und Rechnungslegung, Festschrift für Jochen Sigloch zum 65. Geburtstag, hrsg. von Egner, T./Henselmann, K./Schmidt, L., Aachen 2009, S. 581-611, *Fülbier, R.U./Pferdehirt, M.H.*, Überlegungen des IASB zur künftigen Leasingbilanzierung: Abschied vom off balance sheet approach, in: KoR, 5. Jg. (2005), S. 275-285.

kussiert auf langfristige Liefer- und Leistungsverträge (sog. Betreibermodelle), bei denen indirekte Nutzungsrechte, etwa an Produktionsanlagen oder Leitungsnetzkapazitäten, zur Verfügung gestellt werden. SIC 27 bezieht sich auf oftmals steuerlich motivierte Sale-and-leaseback-Transaktionen[5].

Vom Anwendungsbereich des IAS 17 sind diejenigen Leasingverhältnisse ausgenommen, die in einem anderen Standard geregelt werden: Lizenzvereinbarungen über immaterielle Werte und Leasingvereinbarungen in Bezug auf nicht regenerative Ressourcen, wie z.B. Öl oder Erdgas (IAS 17.2).

Klassifizierung

Liegt nun ein Leasingverhältnis nach IAS 17 vor, stellt sich die zentrale Bilanzierungsfrage, welche der beiden Vertragsparteien welche Vermögenswerte und Schulden in welcher Höhe anzusetzen hat. Wie eingangs bereits beschrieben, ist diese Frage nur zu beantworten, wenn das wirtschaftliche Eigentum an dem Leasinggegenstand eindeutig zugeordnet werden kann. Diese Zuordnung nimmt IAS 17 im Rahmen einer Klassifizierung vor. Je nachdem, wer das wirtschaftliche Eigentum an dem Leasinggegenstand hält, wird zwischen

- einem Finanzierungsleasing (finance lease) und
- einem Operating-Leasing (operating lease)

unterschieden. Dabei kann es im Einzelfall schwierig sein, den wirtschaftlichen Eigentümer zu identifizieren.

Risks and rewards approach

In diesem Zusammenhang ist deshalb nach IAS 17.7 zu prüfen, in welchem Umfang die mit dem Eigentum eines Leasinggegenstandes verbundenen *Risiken* und *Chancen* beim Leasinggeber oder Leasingnehmer liegen. Während die Risiken auf Verlustmöglichkeiten, z.B. durch Ausfall oder technische Überholung des Gegenstandes, abstellen, zielen die Chancen auf Gewinnmöglichkeiten, die z.B. durch den Einsatz des Leasinggegenstandes im Geschäftsbetrieb oder dessen Wertzuwachs entstehen. Diese Prüfung ist zu Beginn eines Leasingverhältnisses und bei wesentlichen Vertragsänderungen vorzunehmen. Als Beginn des Leasingverhältnisses gilt grundsätzlich der Zeitpunkt des Vertragsabschlusses. Davon zu unterscheiden ist der Beginn der Laufzeit des Leasingverhältnisses, der für die Klassifizierung unbedeutend ist.

Finanzierungsleasing

Ein Leasingverhältnis wird als Finanzierungsleasing klassifiziert, wenn es im Wesentlichen alle Risiken und Chancen, die mit dem Eigentum verbunden sind, auf den Leasingnehmer überträgt (IAS 17.8). Der Leasingnehmer wird im Zuge einer Art fremdfinanzierten Kaufs wirtschaftlicher Eigentümer. Der Kaufpreis des Leasinggegenstandes wird dabei nicht sofort, sondern in Raten unter zusätzlicher Berücksichtigung von Finanzierungsaufwendungen entrichtet. Der Leasingnehmer erwirbt also den wirtschaftlichen Nutzen aus dem Gebrauch des Leasinggegenstandes für den überwiegenden Teil der wirtschaftlichen Nutzungsdauer und verpflichtet sich im Gegenzug, für dieses Recht bestimmte Leasingraten zu entrichten, die in der Summe dem beizulegenden Zeitwert des Ge-

5 Vgl. dazu ausführlicher *Kümpel, T./Becker, M.*, Leasing nach IFRS – Beurteilung, Bilanzierung und Berichtspflichten, 2006, S. 4-13.

genstandes und den Finanzierungskosten in etwa entsprechen. Es ist noch einmal zu betonen, dass es unerheblich ist, ob das rechtliche Eigentum tatsächlich übertragen wird.

Operating-Leasing Indizien für ein Finanzierungsleasing

Sicherlich erscheint die Klassifizierung von Leasingverhältnissen auf dieser allgemeinen Basis sehr abstrakt. Dies gilt insbesondere vor dem Hintergrund der immensen Gestaltungsvielfalt in der Praxis. IAS 17 hilft hier in begrenztem Maße weiter und nennt in IAS 17.10 und 17.11 konkrete Kriterien, die – einzeln oder in Kombination – auf ein Finanzierungsleasing hindeuten (vgl. Tabelle 21.1). Diese Kriterien sind jedoch nicht abschließend, haben eher Indiziencharakter und sind teilweise mit großen Ermessensspielräumen behaftet. Zudem bleibt unklar, warum einerseits von „Beispielen“ (IAS 17.10) und andererseits von „Indikatoren“ (IAS 17.11) gesprochen wird.

Immobilien-Leasing

Eine besondere Schwierigkeit stellt die Klassifizierung des Immobilien-Leasing dar. Grundsätzlich gilt, dass Leasingverhältnisse über Grundstücke (Grund und Boden) und Gebäude ebenso wie andere Leasingverhältnisse entweder als Operating-Leasing oder als Finanzierungsleasing klassifiziert werden. Kombinierte Verträge über bebaute Grundstücke sind in die einzelnen Bestandteile aufzuteilen, so dass der Boden- und der Gebäudevertragsbestandteil separat klassifiziert werden können (IAS 17.15). Bei dieser Klassifikation weisen Grundstücke jedoch eine Besonderheit auf. Wegen ihrer grundsätzlich unbegrenzten wirtschaftlichen Nutzungsdauer verfügt der Leasinggeber auch bei einer noch so langen, endlichen Vertragslaufzeit immer noch uneingeschränkt über das vollwertige Nutzenpotential des Grundstücks und damit über alle Risiken und Chancen. Wenn der Übergang der Risiken und Chancen nicht anderweitig sichergestellt wird, z.B. durch Übertragung des rechtlichen Eigentums am Laufzeitende oder durch eine unendliche Vertragslaufzeit, ist ein Finanzierungsleasing bei Grundstücken unmöglich.

Kriterien für das Finanzierungsleasing	**Begründung**
Am Ende der Leasing-Vertragslaufzeit erhält der Leasingnehmer das rechtliche Eigentum an dem Vermögenswert.	Der Leasingnehmer hat von Beginn an die tatsächliche Herrschaftsgewalt, die ihm bei ordnungsgemäßer Vertragserfüllung nicht mehr streitig gemacht werden kann. Da der Vermögenswert automatisch bei ihm verbleibt, trägt er auch alle damit verbundenen Risiken und Chancen.
Der Leasingnehmer hat eine Kaufoption auf den Vermögenswert. Der vereinbarte Kaufpreis liegt deutlich unter dem beizulegenden Zeitwert, der zum Ausübungszeitpunkt erwartet wird.	Durch die günstige Kaufpreisgestaltung ist schon zu Beginn des Leasingverhältnisses hinreichend sicher, dass die Option ausgeübt wird. Was allerdings als günstig angesehen werden kann, bleibt letztlich eine Ermessensfrage. IAS 17 gibt keine konkreten Hinweise.

Kriterien für das Finanzierungsleasing	Begründung
Die Vertragslaufzeit umfasst den überwiegenden Teil der wirtschaftlichen Nutzungsdauer des Vermögenswertes.	Auch wenn das rechtliche Eigentum nicht übertragen wird, nutzt der Leasingnehmer den Vermögenswert fast über dessen gesamte Nutzungsdauer, so dass so gut wie alle daran geknüpften Risiken und Chancen bei ihm liegen. IAS 17 enthält aber keine genau definierten quantitativen Kriterien. Ein Mindestverhältnis von Vertragslaufzeit zur wirtschaftlichen Nutzungsdauer existiert nicht. Im Rahmen dieses zwangsläufig existierenden Ermessensspielraums scheint die Orientierung an einer konkreten Grenze – z.B. nach US-GAAP 75 % oder nach deutschem Steuerrecht 90 % – möglich, nicht jedoch zwingend. Der „überwiegende Teil" (major part) muss dem Wortsinn nach zumindest mehr als 50 % umfassen.
Zu Beginn des Leasingverhältnisses entspricht der Barwert der (Mindest-) Leasingzahlungen mindestens dem beizulegenden Zeitwert des Vermögenswertes.	Wirtschaftlich betrachtet kann hier ein Ratenkauf vermutet werden. Die eventuell entstehende Differenz zwischen den Mindestleasingzahlungen und dem beizulegenden Zeitwert wird durch Finanzierungskosten o.ä. erklärt. Ob dieses Kriterium wörtlich zu nehmen ist oder schon greift, wenn der Barwert zumindest annähernd dem beizulegenden Zeitwert entspricht, bleibt indes fraglich. Andere Rechnungslegungssysteme wie z.B. US-GAAP legen hier konkrete Grenzen (90 %) zugrunde.
Der geleaste Vermögenswert ist so speziell beschaffen, dass er ohne wesentliche Veränderungen nur vom Leasingnehmer genutzt werden kann.	Beim sog. ‚Spezialleasing' wird das Leasingobjekt letztlich nur für den Leasingnehmer nutzbar sein. Mangels anderweitiger Verwertungsmöglichkeit muss sich der Vermögenswert deshalb aus Sicht des Leasinggebers über die Laufzeit des Leasingvertrags voll amortisieren. Dadurch gerät der Leasingnehmer in die Position des wirtschaftlichen Eigentümers, der die Risiken und Chancen trägt.
Der Leasingnehmer trägt die Verluste des Leasinggebers bei vorzeitiger Auflösung des Leasingverhältnisses.	Der Zwang zur Verlustübernahme durch den Leasingnehmer bei vorzeitiger Vertragsauflösung zeigt konkret auf, wie Teile der mit dem Leasinggegenstand verbundenen Risiken auf den Leasingnehmer übertragen werden.
Der Leasingnehmer trägt Gewinne und Verluste infolge von Schwankungen des beizulegenden Zeitwertes des Restwertes.	Trägt der Leasingnehmer Gewinne und Verluste aus Restwertschwankungen, so liegen auch die diesbezüglichen Risiken und Chancen bei ihm.
Der Leasingnehmer hat die Möglichkeit zur Fortführung des Leasingverhältnisses im Rahmen einer zweiten Mietperiode zu einer Miete weit unter den marktüblichen Bedingungen.	Die niedrige Anschlussmiete mag als Indiz für die zuvor übergegangenen und im Wesentlichen abgegoltenen Chancen und Risiken aus dem Vermögenswert auf den Leasingnehmer angesehen werden.

Tab. 21.1: Beispiele und Indikatoren nach IAS 17.10 und 17.11 für das Finanzierungsleasing

Zusammenfassung

Abschließend sollen noch einmal wichtige Grundsätze für die Klassifizierung von Leasingverhältnissen festgehalten werden:

- Klassifizierungskriterium ist die Aufteilung der Risiken und Chancen.
- Liegen im Wesentlichen alle Risiken und Chancen beim Leasingnehmer, ist Finanzierungsleasing gegeben.
- Sind die Voraussetzungen für ein Finanzierungsleasing nicht gegeben, liegt Operating-Leasing vor.
- Es zählt allein die wirtschaftliche Betrachtungsweise. Ein Leasingverhältnis ist vor diesem Hintergrund in seiner Gesamtheit und nicht nur auf der Basis einzelner vertraglicher Absprachen zu beurteilen.
- IAS 17.10 und 17.11 geben den Bilanzierenden einen in begrenztem Maße hilfreichen Kriterienkatalog zur Klassifizierung an die Hand.

Bilanzierung in Abhängigkeit von der Klassifizierung

Ist die Klassifizierung vorgenommen worden, leiten sich aus IAS 17 die entsprechenden Bilanzierungsregeln ab. Da hierbei wiederum zwischen den Regeln für Leasingnehmer und Leasinggeber zu differenzieren ist, lässt sich die Bilanzierung von Leasingverhältnissen auch als Vier-Felder-Matrix darstellen (Abbildung 21.1). In jedem der vier Felder sind Ansatz- und Bewertungsfragen zu beantworten, denen sich die nun folgenden Abschnitte widmen.

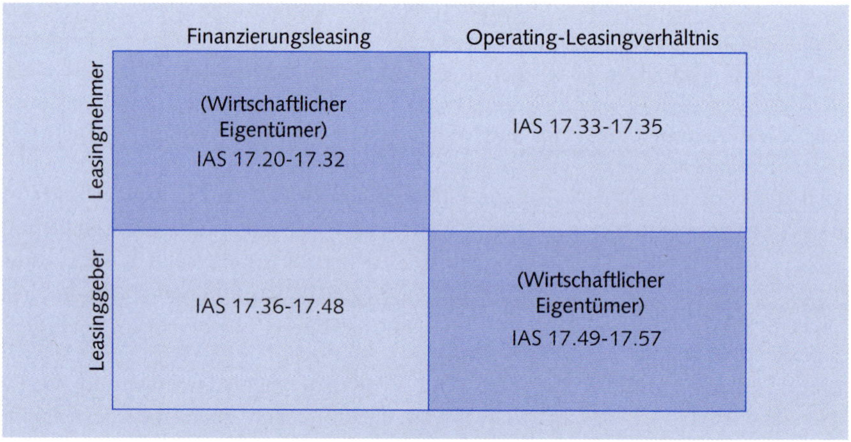

Abb. 21.1: Bilanzierungsvorschriften von IAS 17 in Abhängigkeit von der Klassifizierung des Leasingverhältnisses

2 Ansatz

2.1 Finanzierungsleasing

Ansatz beim Leasingnehmer

Beim Finanzierungsleasing ist der Leasingnehmer als wirtschaftlicher Eigentümer des Leasinggegenstandes identifiziert worden. Um seine wirtschaftlichen Ressourcen vollständig auszuweisen, muss er den Leasinggegenstand nach IAS 17.20 unter den langfristigen Vermögenswerten aktivieren.

Simultaner Ansatz von Leasinggegenstand und Verbindlichkeit

Der Leasingnehmer hat simultan eine langfristige Schuld bzw. Verbindlichkeit zu passivieren. Sie drückt die Verpflichtung zu künftigen Leasingzahlungen aus. Die Verpflichtung darf nicht aktivisch von dem aktivierten Vermögenswert abgesetzt werden. Die bilanzielle Vorgehensweise entspricht beim Leasingnehmer demnach einer normalen kreditfinanzierten Anschaffung. Er hat zu buchen:

Vermögenswert *an* *Leasingverbindlichkeit*

Ansatz beim Leasinggeber

Die Abbildung des Leasingverhältnisses beim Leasinggeber verläuft im Grundsatz – nicht jedoch zwingend in den Beträgen – spiegelbildlich zur Abbildung beim Leasingnehmer. Da er im Wesentlichen alle mit dem Leasinggegenstand verbundenen Risiken und Chancen auf den Leasingnehmer übertragen hat, ist der Leasinggeber nicht länger wirtschaftlicher Eigentümer des Leasinggegenstandes. Der vermietete Leasinggegenstand ist daher auch nicht als Vermögenswert in seiner Bilanz zu aktivieren, sondern ggf. auszubuchen.

Ansatz einer Forderung

Der Leasinggeber hat jedoch nach IAS 17.36 eine Forderung über die erwarteten Zahlungen aus dem Leasingverhältnis anzusetzen. Zumeist wird die Forderung eingebucht und gleichzeitig der Vermögenswert ausgebucht.

Forderung *an* *Vermögenswert*

Alternativ kann auch ein (Raten-)Kauf mit unmittelbarer GuV-Wirkung vorliegen. Dieser Sonderfall, in dem Produzenten oder Händler als Leasinggeber auftreten, wird in Abschnitt 4 noch einmal näher betrachtet.

2.2 Operating-Leasing

Ansatz beim Leasingnehmer

Bei einem Operating-Leasing ist der Leasingnehmer weder rechtlicher noch wirtschaftlicher Eigentümer des Vermögenswertes. Das Leasingverhältnis wird wie ein normaler Mietvertrag behandelt, der mit keinerlei Ansatzpflichten einhergeht. Die periodengerechte GuV-wirksame Erfassung der Leasingraten über die Laufzeit ist die einzige aus dem Leasingverhältnis resultierende Konsequenz.

Ansatz beim Leasinggeber

Beim Operating-Leasing ist der Leasinggeber nicht nur rechtlicher, sondern auch wirtschaftlicher Eigentümer des Leasinggegenstandes. Somit muss er den Leasinggegenstand gemäß IAS 17.49 unter den langfristigen Vermögenswerten aktivieren.

3 Bewertung

3.1 Anwendungsbereich von IAS 17 bei Bewertungsfragen

Priorität von IAS 40 und 41 bei bestimmten Bewertungsfragen

Grundsätzlich regelt IAS 17 auch die Bewertung der erfassten und klassifizierten Leasingverhältnisse. Für als Finanzinvestition gehaltene Immobilien (IAS 40) und biologische Vermögenswerte (IAS 41) gilt dies aber nur zum Teil. Bei hierauf beruhenden Leasingverhältnissen muss der wirtschaftliche Eigentümer für Bewertungsfragen IAS 40 bzw. 41 heranziehen (IAS 17.2). Alle sonstigen Vorschriften des IAS 17 sind indes weiterhin anzuwenden.

Beispiel 21.1

Im Rahmen eines Finanzierungsleasing least die X GmbH als Leasingnehmer ein bebautes Grundstück von der L AG.

Variante 1
Die X GmbH nutzt das bebaute Grundstück im Rahmen der eigenen Produktion als Lagerstätte.

Lösung
Hier greift IAS 17 für Ansatz und Bewertung. Dies gilt für die L AG und für die X GmbH uneingeschränkt. Das bebaute Grundstück ist für die X GmbH keine als Finanzinvestition gehaltene Immobilie.

Variante 2
Die X GmbH vermietet das bebaute Grundstück an ein anderes Unternehmen weiter.

Lösung
Hier greift grundsätzlich auch IAS 17. Dies gilt uneingeschränkt für die L AG. Da die X GmbH das bebaute Grundstück aber nun als Finanzinvestition im Sinne von IAS 40 hält, hat sie IAS 40 für Zwecke der Bewertung anzuwenden. Für alle sonstigen Fragen hat sie weiterhin IAS 17 zu beachten. Neben dem Ausweis und den Anhangangaben gilt IAS 17 damit auch für den Ansatz, d.h. für die Frage, wie das Leasingverhältnis zu klassifizieren und anzusetzen ist.

3.2 Erstbewertung

3.2.1 Finanzierungsleasing

3.2.1.1 Erstbewertung beim Leasingnehmer

Beim Finanzierungsleasing muss der Leasingnehmer den Leasinggegenstand und eine simultane Verbindlichkeit ansetzen. IAS 17.20 schreibt hier vor, dass

Vermögenswert und Verbindlichkeit zu Beginn des Leasingverhältnisses in gleicher Höhe und zwar

- mit dem beizulegenden Zeitwert des Leasinggegenstandes zu Beginn des Leasingverhältnisses oder, sofern niedriger,
- mit dem Barwert der Mindestleasingzahlungen, bewertet werden.

Barwert der Mindestleasingzahlungen

Während der beizulegende Zeitwert im IFRS-System eine bekannte Wertkategorie darstellt, ist der Barwert der Mindestleasingzahlungen ein IAS 17-spezifischer Wertmaßstab. Unter den Mindestleasingzahlungen versteht IAS 17.4 sämtliche vom Leasingnehmer während der Laufzeit pflichtgemäß zu leistenden Zahlungen. Dazu gehören u.a. auch die von ihm garantierten Beträge einschließlich garantierter Restwerte. Ausgeschlossen sind z.B. nicht garantierte Restwerte oder bedingte Mietzahlungen, die als Teil der Leasingrate nicht betraglich fixiert, sondern an Faktoren wie z.B. Verkaufsquote oder Preisindizes gekoppelt sind.

Da es sich im Zeitpunkt der Erstbewertung um künftige Zahlungen handelt, ist eine Abzinsung der Mindestleasingzahlungen erforderlich, um den Barwert zu erhalten. Der insofern erforderliche Abzinsungsfaktor ist im Regelfall der Zins, der dem Leasingverhältnis zugrunde liegt. Nur wenn dieser nicht in praktikabler Weise ermittelbar ist, soll nach IAS 17.20 der Grenzfremdkapitalzinssatz des Leasingnehmers herangezogen werden.

Der dem Leasingverhältnis zugrunde liegende Zins

Der dem Leasingverhältnis zugrunde liegende Zins ist nach IAS 17.4 der interne Zinsfuß des Leasingverhältnisses. Dieser bestimmt sich zu Beginn des Leasingverhältnisses wie folgt: Es wird der Diskontierungssatz ermittelt, bei dem die Summe der Barwerte der Mindestleasingzahlungen des nicht garantierten Restwertes dem beizulegenden Zeitwert des Leasinggegenstandes entsprechen. Dieser interne Zinsfuß gibt die Effektivverzinsung des Leasingverhältnisses an.

Beispiel 21.2

Über eine Maschine wird am 01.01.2010 ein Leasingvertrag mit einer Laufzeit von drei Jahren abgeschlossen. Zu diesem Zeitpunkt hat die Maschine einen beizulegenden Zeitwert von 30 T€. Jährliche nachschüssige Leasingzahlungen von 12 T€ sind vereinbart. Die Maschine wird keinen Restwert mehr haben.

Lösung

Der interne Zinsfuß (r) ergibt sich allgemein nach Auflösung folgender Berechnungsformel:

$$-a_0 + \sum_{t=1}^{n} c_t (1+r)^{-t} = 0$$

mit a_0 als beizulegendem Zeitwert der Maschine, c_t als Folgezahlungen einschließlich Restwert und n als Anzahl der Perioden der Laufzeit. Unter Verwendung der konkreten Zahlen ergibt sich mit Hilfe eines iterativen Verfahrens unter Auflösung der Gleichung

$$-30.000 + (12.000 \cdot (1 + r)^{-1} + 12.000 \cdot (1 + r)^{-2} + 12.000 \cdot (1 + r)^{-3}) = 0$$

ein interner Zinsfuß r von 9,7 %. Dies ist der dem Leasingverhältnis zugrunde liegende Zins. Wird mit diesem Zins der Barwert der Mindestleasingzahlungen berechnet, entspricht dieser Barwert nahe liegender Weise dem beizulegenden Zeitwert. Unterschiede zwischen diesen beiden Wertansätzen können indes entstehen, wenn z.B. der Grenzfremdkapitalzinssatz des Leasingnehmers zur Barwertberechnung herangezogen wird.

Grenzfremdkapitalzinssatz des Leasingnehmers

Der alternativ heranzuziehende Grenzfremdkapitalzinssatz des Leasingnehmers stellt hingegen eine Art Opportunitätskostensatz des Leasingnehmers dar. Hierunter wird derjenige Zinssatz verstanden, den der Leasingnehmer bei einem anderen Dritten für ein vergleichbares Leasingverhältnis zahlen müsste. Die Festlegung eines derartigen Zinssatzes ist regelmäßig nicht frei von Ermessensspielräumen. Sofern dieser Satz überhaupt nicht ermittelbar ist, muss ein vergleichbarer Fremdkapitalzinssatz für einen Kreditbetrag mit gleicher Fristigkeit und gleicher Sicherheit herangezogen werden (IAS 17.4).

Anfängliche direkte Kosten

Um das Leasingverhältnis zu begründen, fallen oft Kosten z.B. für Verhandlungen, Rechtsberatung und Verträge an. Sofern diese dem Leasingverhältnis direkt zugeordnet werden können, müssen sie dem geleasten Vermögenswert zugerechnet und mit aktiviert werden (IAS 17.24). IAS 17.4 bezeichnet sie als anfängliche direkte Kosten.

3.2.1.2 Erstbewertung beim Leasinggeber

Nettoinvestitionswert aus dem Leasingverhältnis

Auf Seiten des Leasinggebers ist im Zuge der Erstbewertung die Forderung gegenüber dem Leasingnehmer zu ermitteln. Gemäß IAS 17.36 muss diese Forderung in Höhe des Nettoinvestitionswertes aus dem Leasingverhältnis gebildet werden. Obwohl IAS 17 damit wieder eine neue Wertkategorie einführt, unterscheidet sich diese nicht grundlegend von denjenigen Werten, die für den Leasingnehmer bei der Erstbewertung verpflichtend sind. Die Bruttoinvestition ist die Summe der bereits bekannten Mindestleasingzahlungen zuzüglich des dem Leasinggeber zuzurechnenden vom Leasingnehmer nicht garantierten Restwertes. Die Differenz zwischen Brutto- und Nettoinvestitionswert, der sich durch die Abzinsung des Bruttoinvestitionswertes mit dem internen Zinsfuß des Leasinggebers ergibt, wird als nicht realisierter Finanzertrag bezeichnet. Der Barwert der Bruttoinvestition stellt also den Nettoinvestitionswert dar. Durch das Abstellen auf den Nettoinvestitionswert wird somit aus Sicht des Leasinggebers der noch nicht realisierte Finanzertrag erst einmal abgezogen und im Zeitablauf vereinnahmt.

Der Unterschied zwischen Barwert der Mindestleasingzahlungen einerseits und Nettoinvestitionswert andererseits liegt im Wesentlichen im Restwert begründet, der bei der Nettoinvestition insgesamt – einschließlich auch des nicht garantierten Anteils – berücksichtigt wird, während beim Barwert der Mindestleasingzahlungen nur der garantierte Teil zu berücksichtigen ist. Der Nettoinvestitionswert entspricht häufig dem beizulegenden Zeitwert des Leasinggegenstandes. Abweichungen können sich z.B. ergeben, wenn der beizulegende Zeitwert nicht auf Basis eines abgezinsten Zahlungsflusses ermittelt wird oder bei seiner Ermittlung außer Leasingzahlungen und Restwerten noch weitere Zahlungen, wie z.B. bedingte Mietzahlungen, berücksichtigt werden.

Beispiel 21.3

Der Leasinggeber einer Maschine erhält im Rahmen eines zweijährigen Leasingvertrages pro Jahr 25 T€. Der dem Leasingverhältnis zugrunde liegende Zinssatz beträgt 8 % (interner Zinsfuß bei einem beizulegenden Zeitwert von 48.868 €). Unter Berücksichtigung der zu erwartenden Nutzung hat die Maschine nach der Vertragslaufzeit einen wahrscheinlichen Restwert von 5 T€. Der Leasingnehmer hat gegenüber dem Leasinggeber aber diesbezüglich eine Garantieverpflichtung für nur 3 T€ übernommen. Verlängerungs- oder Kaufoptionen sind nicht vereinbart; die Maschine fällt nach Ende der Laufzeit an den Leasinggeber zurück.

Lösung
Die Bruttoinvestition in das Leasingverhältnis beträgt 55.000 €. Die Nettoinvestition beträgt 48.868 € ($= 25.000 / 1{,}08 + 25.000 / 1{,}08^2 + 5.000 / 1{,}08^2$). Der Differenzbetrag von 6.132 € kann aus Sicht des Leasinggebers als noch nicht realisierter Finanzertrag interpretiert werden. Der Restwert ist dem Leasinggeber insgesamt zuzurechnen, obwohl dieser einen nicht garantierten Teil von 2 T€ enthält (für Leasinggeber relevante Wertkategorie).

Der Barwert der Mindestleasingzahlungen beträgt 47.154 € ($= 25.000 / 1{,}08 + 25.000 / 1{,}08^2 + 3.000 / 1{,}08^2$). Der Unterschied zur Nettoinvestition ist durch den diskontierten Unterschied im Restwert begründet (für Leasingnehmer relevante Wertkategorie).

Anfängliche direkte Kosten

Sollten dem Leasinggeber anfängliche direkte Kosten entstehen, so sind diese dem Wertansatz der Forderung gemäß IAS 17.38 hinzuzufügen. Auch der dem Leasingverhältnis zugrunde liegende Zins berücksichtigt diese Kosten des Leasinggebers. Bei der Berechnung des internen Zinsfußes müssen die abgezinsten Leasingzahlungen und Restwertbeträge der Summe aus beizulegendem Zeitwert und anfänglichen direkten Kosten entsprechen (IAS 17.4).

Beispiel 21.4

Eine Produktionsanlage mit einem beizulegenden Zeitwert von 1 Mio. € wird für fünf Jahre geleast (Finanzierungsleasing). Jährliche Leasingzahlungen von 230 T€ werden vereinbart. Der nicht garantierte und dem Leasinggeber zustehende Restwert wird auf 100 T€ geschätzt. Für eine aufwendige Rechtsberatung durch ein auf das Leasingrecht spezialisiertes Anwaltsteam und die gesamten sonstigen Vertragsverhandlungen fallen weitere 74 T€ beim Leasinggeber an.

Lösung

Die Bruttoinvestition in das Leasingverhältnis beträgt 1,25 Mio. € (= 5 · 230 T€ + 100 T€). Der dem Leasingverhältnis zugrunde liegende Zins (r) beträgt 5 % und ermittelt sich aus der folgenden Gleichung:

$$-1.074.000 + (230.000 \cdot (1 + r)^{-1} + 230.000 \cdot (1 + r)^{-2} + 230.000 \cdot (1 + r)^{-3} + 230.000 \cdot (1 + r)^{-4} + 330.000 \cdot (1 + r)^{-5} = 0$$

Der Nettoinvestitionswert ist also mit 1.074.000 € zu beziffern und übersteigt damit den beizulegenden Zeitwert der Produktionsanlage, da die anfänglichen direkten Kosten ebenfalls Bestandteil des Nettoinvestitionswertes sind. Die anfänglichen direkten Kosten reduzieren somit über die Laufzeit des Vertrages die insgesamt anfallenden Finanzerträge um 74 T€ auf 176 T€ (Differenz zwischen Brutto- und Nettoinvestitionswert).

3.2.2 Operating-Leasing

Erstbewertung beim Leasinggeber

Fragen der Erstbewertung stellen sich beim Operating-Leasing nur für den Leasinggeber, der den Leasinggegenstand zu aktivieren und zu bewerten hat. Wie jeder normale Vermögenswert wird der Leasinggegenstand entsprechend seiner Eigenschaft als materieller bzw. immaterieller Wert nach den jeweiligen Standards bewertet. Bei der Erstbewertung sind regelmäßig die Anschaffungs- oder Herstellungskosten heranzuziehen.

3.3 Folgebewertung

3.3.1 Finanzierungsleasing

3.3.1.1 Folgebewertung beim Leasingnehmer

Wie bei einem normalen kreditfinanzierten Kauf tritt die GuV-Wirkung auch bei der Leasingbilanzierung des Leasingnehmers erst in den Folgeperioden ein: Der aktivierte Gegenstand wird in der Regel abgeschrieben und die passivierte Verbindlichkeit wird verzinst und getilgt. Abschreibungen und Finanzierungskosten sind Aufwand. Die Tilgung reduziert GuV-neutral die Leasingverbindlichkeit. Zu buchen ist damit:

Abschreibung	*an*	*Vermögenswert*
Finanzaufwand und Leasingverbindlichkeit	*an*	*Bank*

Um so verfahren zu können, sind folgende Fragen zu klären:

- Nach welcher Abschreibungsmethode und über welchen Zeitraum ist der Leasinggegenstand abzuschreiben?
- Nach welcher Methode und über welchen Zeitraum ist die Leasingverbindlichkeit aufzulösen, d.h. zu tilgen?

- Wie hoch sind die Finanzierungskosten und wie sind sie zeitlich zu verteilen?
- Wie sind die Leasingzahlungen in diesem Zusammenhang zu behandeln?

Abschreibungsmethode

Bei der Frage nach der Abschreibungsmethode verweist IAS 17.27 auf die allgemeinen Grundsätze für die planmäßige Abschreibung langfristiger Vermögenswerte. Diese sind für materielle Vermögenswerte in IAS 16 und für immaterielle Vermögenswerte in IAS 38 festgelegt. Als langfristiger Vermögenswert unterliegt der aktivierte Leasinggegenstand auch der Möglichkeit zusätzlicher (außerplanmäßiger) Wertminderungen. Diese sind gegeben, wenn der künftige wirtschaftliche Nutzen unter den Buchwert des Leasinggegenstandes fällt. Die Vorgehensweise und bilanzielle Berücksichtigung einer Wertminderung richten sich nach IAS 36. Der Leasingnehmer hat also den Leasinggegenstand in Übereinstimmung mit den Grundsätzen abzuschreiben, die auch für die übrigen von ihm aktivierten Vermögenswerte gelten.

Abschreibungszeitraum

Der ursprünglich aktivierte Wert des Leasinggegenstandes ist planmäßig auf die Perioden der erwarteten Nutzung zu verteilen. Nach IAS 17.27 und 17.28 ist dies die voraussichtlich verbleibende wirtschaftliche Nutzungsdauer des Leasinggegenstandes, sofern ein Übergang des rechtlichen Eigentums nach Ablauf des Leasingvertrages vereinbart wurde. Ist dieser Übergang zu Beginn des Leasingverhältnisses nicht vereinbart oder nicht hinreichend sicher, ist der Leasinggegenstand entweder über die Laufzeit des Leasingvertrages oder die verbleibende wirtschaftliche Nutzungsdauer abzuschreiben, je nachdem welcher der beiden Zeiträume der kürzere ist (Abbildung 21.2).

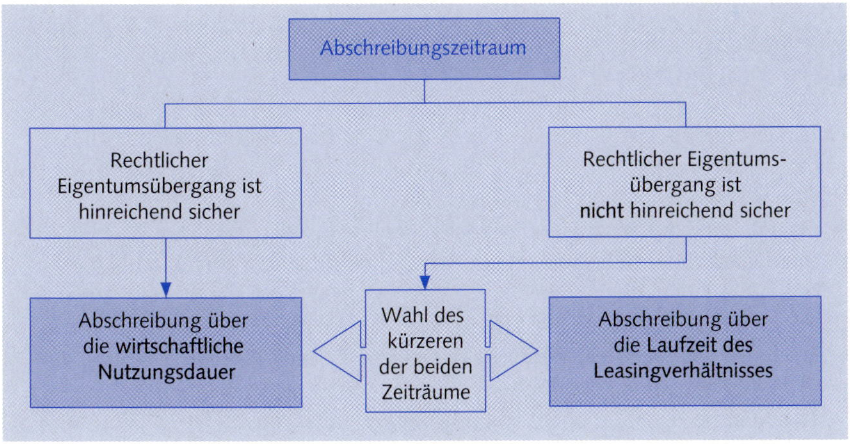

Abb. 21.2: Abschreibungszeitraum beim Finanzierungsleasing

Beispiel 21.5

Variante 1
Die Produktion AG hat eine Maschine für fünf Jahre geleast. Der Standardleasingvertrag enthält keine Bestimmung hinsichtlich eines späteren Eigentumsübergangs. Zu Beginn des Leasingverhältnisses war die Maschine bereits gebraucht und hatte noch eine wirtschaftliche Restnutzungsdauer von etwa sechs Jahren.

Lösung
Die Maschine ist über fünf Jahre abzuschreiben.

Variante 2
Die Produktion AG hat eine Maschine für fünf Jahre geleast und einen späteren Eigentumsübergang vereinbart. Zu Beginn des Leasingverhältnisses war die Maschine bereits gebraucht und hatte noch eine wirtschaftliche Restnutzungsdauer von etwa sechs Jahren.

Lösung
Die Maschine ist über sechs Jahre abzuschreiben.

Variante 3
Die Produktion AG hat eine gebrauchte Maschine mit einer wirtschaftlichen Restnutzungsdauer von etwa sechs Jahren geleast. Um die jährliche Belastung zu reduzieren, hat die Produktion AG im Rahmen eines Standardleasingvertrages auf einer Vertragslaufzeit von acht Jahren bestanden.

Lösung
Die Maschine ist über sechs Jahre abzuschreiben.

Aufteilung der Leasingzahlungen

Nachdem nun geklärt wurde, wie und über welchen Zeitraum der Leasinggegenstand abzuschreiben ist, werden die Leasingzahlungen näher betrachtet. Aus Sicht des Leasingnehmers haben diese zwei Aufgaben:

- Begleichung der Finanzierungskosten (Zinsaufwand) und,
- mit dem darüber hinausgehenden Betrag, Tilgung der Verbindlichkeit.

Leasingzahlungen sind nach IAS 17.25 in den Tilgungsanteil und die Finanzierungskosten aufzuspalten. Beide Bestandteile werden wie folgt über die Laufzeit des Leasingverhältnisses verteilt.

Die Summe der jährlichen Tilgungsbeträge muss am Ende der Vertragslaufzeit der anfänglich eingebuchten Verbindlichkeit entsprechen, damit die Verbindlichkeit vollständig getilgt ist. Die darüber hinausgehenden Zahlungen sind Zinsaufwendungen. Diese Differenz entspricht dem Betrag, um den die Mindestleasingzahlungen bei der Berechnung der Leasingverbindlichkeiten abgezinst werden.

Beispiel 21.6[6]

Über eine Maschine wird ein Leasingvertrag mit einer Laufzeit von drei Jahren abgeschlossen. Die Maschine hat zu diesem Zeitpunkt einen beizulegenden Zeitwert von 30 T€ (der Barwert der Mindestleasingzahlungen ist nicht niedriger) und eine wirtschaftliche Nutzungsdauer von ebenfalls drei Jahren. Jährliche Leasingzahlungen von 12 T€ sind vereinbart.

Lösung
Der Tilgungsbetrag beläuft sich auf insgesamt 30 T€. Die Finanzierungskosten betragen insgesamt 6 T€ (= 36 T€ - 30 T€).

Zeitliche Verteilung von Tilgung und Finanzierungskosten nach der Effektivzinsmethode

Die Finanzierungskosten und die korrespondierende Tilgung müssen periodisiert werden. IAS 17.25 gibt hier als Leitlinie vor, die Finanzierungskosten so über die Perioden zu verteilen, dass auf die verbliebene Restverbindlichkeit immer ein konstanter Zinssatz angewendet wird (Effektivzinsmethode). Damit ist erneut der interne Zinsfuß der Zahlungsreihe zu berechnen, die sich aus einer Einzahlung zu Beginn (Wertansatz des Leasinggegenstandes) und späteren Auszahlungen (Leasingzahlungen) zusammensetzt.

Beispiel (Fortsetzung von Beispiel 21.6)

Wie sind nun die 6 T€ Finanzierungskosten in obigem Beispiel zu verteilen?

Lösung
Die Zahlungsreihe +30.000, -12.000, -12.000, -12.000 hat den internen Zinsfuß von 9,7 %. Mit diesem Zins ergeben sich die folgenden Werte:

Jahr	Verbindlichkeit zum 01.01	Zahlung	Finanzierungskosten	Tilgung
1	30.000	12.000	**2.910** (= 30.000 · 0,097)	9.090
2	20.910	12.000	**2.029** (= 20.910 · 0,097)	9.971
3	10.939	12.000	**1.061** (= 10.939 · 0,097)	10.939
Summe		36.000	**6.000**	30.000

Die Bedingung von IAS 17.25 wäre erfüllt, da sich die Finanzierungskosten aus der jeweiligen Restverbindlichkeit mit dem konstanten Zins von 9,7 % ergeben.

Näherungsverfahren

Nach IAS 17.26 können diese Berechnungen in der Praxis auch vereinfacht werden, indem Näherungsverfahren zur Anwendung kommen. Konkrete Verfahren werden dort jedoch nicht benannt.

Digitale Methode

Als Näherungsverfahren taugt evtl. die digitale Methode, die die Finanzierungskosten arithmetisch-degressiv auf die Perioden verteilt. Der Verteilungsfaktor ergibt sich hierbei als Quotient aus der Summe der Jahresziffern der Ver-

6 Vgl. auch das umfassende Beispiel in *Kirsch*, IAS-Kommentar, IAS 17, Tz. 43-53.

tragslaufzeit (Nenner) und den einzelnen Jahresziffern (Zähler). Angesichts des degressiven Charakters wird mit der höchsten Jahresziffer im Zähler begonnen.

Beispiel (Fortsetzung von Beispiel 21.6)

Wie sind die 6 T€ Finanzierungskosten vereinfacht nach der digitalen Methode zu verteilen?

Lösung

Bei einer Laufzeit des Leasingvertrages von drei Jahren ergibt sich ein Verteilungsschlüssel von 50 % (3 / (1 + 2 + 3)) im ersten, 33,33 % (2 / 6) im zweiten und 16,67 % (1 / 6) im dritten Jahr. Es ergeben sich die folgenden Werte:

Jahr	Verbindlichkeit zum 01.01	Zahlung	Finanzierungskosten	Tilgung
1	30.000	12.000	**3.000** (= 6.000 · 0,5000)	9.000
2	21.000	12.000	**2.000** (= 6.000 · 0,3333)	10.000
3	11.000	12.000	**1.000** (= 6.000 · 0,1667)	11.000
Summe		36.000	**6.000**	30.000

Lineare Aufteilung

Völlig offen ist, ob lineare Aufteilungen noch als Näherungslösung im Sinne von IAS 17.26 akzeptiert werden. Hiernach werden die Finanzierungskosten unter Vernachlässigung jeder Verzinsung linear auf die Vertragslaufzeit verteilt.

Beispiel (Fortsetzung von Beispiel 21.6)

Es ergeben sich die folgenden Werte für eine lineare Verteilung:

Jahr	Verbindlichkeit zum 01.01	Zahlung	Finanzierungskosten	Tilgung
1	30.000	12.000	**2.000** (= 6.000 / 3)	10.000
2	20.000	12.000	**2.000** (= 6.000 / 3)	10.000
3	10.000	12.000	**2.000** (= 6.000 / 3)	10.000
Summe		36.000	**6.000**	30.000

Im Grundsatz dürfte gelten, dass die lineare Verteilung als Näherungslösung umso eher infrage kommt, je kürzer die Laufzeit des Leasingverhältnisses ist. IAS 17.29 stellt in diesem Zusammenhang klar, dass eine undifferenzierte Verbuchung der jährlichen Leasingzahlungen als Aufwand anstelle von Abschreibung und Zinsaufwand unangemessen ist. Abschreibung und Zinsaufwendungen dürften zusammengerechnet nur in Ausnahmefällen den Leasingzahlungen entsprechen. Daraus folgt übrigens, dass der Wertansatz für den aktivierten Leasinggegenstand demjenigen der Leasingverbindlichkeit – vorausgesetzt, es liegen keine anfänglichen direkten Kosten vor – nur zu Anfang entspricht. In der Regel entwickeln sich die beiden Wertansätze im Zuge der Folgebewertung unterschiedlich weiter und gleichen sich erst am Vertragsende wieder an.

3.3.1.2 Folgebewertung beim Leasinggeber

Aufteilung der Leasingzahlungen

Korrespondierend zur Bilanzierung beim Leasingnehmer hat auch der Leasinggeber die während der Laufzeit des Leasingverhältnisses erhaltenen Zahlungen aufzuteilen:

- in eine Kapitalrückzahlung zur Rückführung der Forderung und
- in einen Finanzertrag als Vergütung für die Kapitalüberlassung.

Daraus resultiert für ihn der Buchungssatz:

Bank	*an*	*Forderungen*
		Finanzertrag

Zeitliche Verteilung von Kapitalrückzahlung und Finanzertrag

Von der Idee her sind die Finanzerträge über die Laufzeit des Leasingverhältnisses zu verteilen. Maßstab dieser Verteilung ist nach IAS 17.39 eine konstante periodische Verzinsung der Forderung und damit der noch ausstehenden Nettoinvestition des Leasinggebers. Wie beim Leasingnehmer ist also auch beim Leasinggeber der dem Leasingverhältnis zugrunde liegende Zinssatz und damit die Effektivzinsmethode heranzuziehen. Der dem Leasingverhältnis zugrunde liegende Zinssatz entspricht dem internen Zinsfuß der Zahlungsreihe, die sich – spiegelbildlich zum Leasingnehmer – aus einer Auszahlung zu Beginn (Nettoinvestition) und späteren Einzahlungen (insb. Leasingzahlungen) zusammensetzt.

Beispiel 21.7

Das schon bekannte Beispiel 21.6 wird wieder aufgegriffen: Über eine Maschine wird ein Leasingvertrag mit einer Laufzeit von drei Jahren abgeschlossen. Die Maschine hat zu diesem Zeitpunkt einen beizulegenden Zeitwert (= Nettoinvestitionswert) von 30 T€ und eine wirtschaftliche Nutzungsdauer von ebenfalls drei Jahren. Der Restwert nach Ablauf des Leasingverhältnisses ist 0. Jährliche Leasingzahlungen von 12 T€ sind vereinbart.

Lösung

Die Kapitalrückzahlung beläuft sich auf Seiten des Leasinggebers auf 30 T€ und die Finanzerträge auf 6 T€. Der interne Zinsfuß für den Leasinggeber entspricht natürlich dem des Leasingnehmers bei einer identischen, aber spiegelverkehrten Zahlungsreihe (-30.000 +12.000 +12.000 +12.000). Er beträgt 9,7 %. Die 6 T€ Finanzerträge verteilen sich wie folgt:

Jahr	Forderung zum 01.01.	Einzahlung	Finanzerträge	Kapitalrückzahlung
1	30.000	12.000	**2.910** (= 30.000 · 0,097)	9.090
2	20.910	12.000	**2.029** (= 20.910 · 0,097)	9.971
3	10.939	12.000	**1.061** (= 10.939 · 0,097)	10.939
Summe		36.000	**6.000**	30.000

Die Bedingung von IAS 17.39 wäre erfüllt, da sich die jeweilige Restforderung mit dem konstanten Zins von 9,7 % verzinst.

Näherungsverfahren nicht explizit zugelassen

Die Verwendung von Näherungsverfahren wird nach IAS 17 – anders als beim Leasingnehmer – nicht explizit zugelassen. In IAS 17.40 existiert lediglich ein Hinweis, wonach die Finanzerträge auf einer „planmäßigen und vernünftigen Grundlage“ zu verteilen sind. Da diese Verteilung allerdings auf einer konstanten periodischen Verzinsung basieren soll, ist fraglich, ob und inwieweit Näherungsverfahren angewendet werden können. Es wäre allerdings nicht konsistent, die Verwendung von Näherungsverfahren dem Leasingnehmer zu gestatten, nicht jedoch dem Leasinggeber.

Restwertänderungen

Im Rahmen der Folgebewertung kann es dazu kommen, dass sich Einschätzungen bezüglich des Restwertes ändern. Nicht garantierte Restwerte, die zwangsläufig auf Schätzungen beruhen, sind deshalb regelmäßig zu überprüfen. Sollte eine Minderung des geschätzten, nicht garantierten Restwertes eintreten, muss die Ertragsverteilung gemäß IAS 17.41 berichtigt werden. Diese Berichtigung ist über die Laufzeit des Leasingverhältnisses zu verteilen. Der Berichtigungsbetrag, der sich auf bereits abgelaufene Perioden bezieht, ist unmittelbar GuV-wirksam zu erfassen.

Beispiel 21.8 (Modifizierung von Beispiel 21.7)

Variante 1

Über eine Maschine wird ein Leasingvertrag mit einer Laufzeit von drei Jahren abgeschlossen. Die Maschine hat zu diesem Zeitpunkt einen beizulegenden Zeitwert (= Nettoinvestitionswert) von 30 T€ und eine wirtschaftliche Nutzungsdauer von drei Jahren. Der Restwert nach Ablauf des Leasingverhältnisses beträgt voraussichtlich 2 T€, ist vom Leasingnehmer jedoch nicht garantiert. Jährliche Leasingzahlungen von 12 T€ sind vereinbart.

Lösung

Auf Seiten des Leasinggebers erhöht sich der Bruttoinvestitionswert um 2 T€ auf 38 T€. Der dem Leasingverhältnis zugrunde liegende Zins beträgt nunmehr 12,5 %. Bei gleichem Wertansatz der Forderung von 30 T€ ergibt sich nun gegenüber dem Ausgangsfall ohne Restwert ein insgesamt höherer Finanzertrag von 8 T€. Dieser ist folgendermaßen auf die Perioden zu verteilen:

Jahr	Forderung zum 01.01.	Forderung zum 31.12.	Einzahlung	Finanzerträge	Kapitalrückzahlung
1	30.000	21.739	12.000	**3.739** (= 30.000 · 0,12463)	8.261
2	21.739	12.448	12.000	**2.709** (= 21.739 · 0,12463)	9.291
3	12.448	2.000	12.000	**1.552** (= 12.448 · 0,12463)	10.448
Σ			36.000	**8.000**	30.000

Am Ende der dritten Periode steht noch eine Forderung in Höhe von 2 T€ in der Bilanz. Dies entspricht dem Restwert des Leasinggegenstandes, der an den Leasinggeber zurückfällt.

Variante 2
Am Ende des zweiten Jahres wird nun im Rahmen der regelmäßigen Überprüfung festgestellt, dass der geschätzte Restwert am Ende der Vertragslaufzeit nur noch 1 T€ betragen wird.

Lösung

Jahr	Finanzerträge bei bisheriger Restwertschätzung	Finanzerträge bei korrigierter Restwertschätzung	Differenz im Jahr 1 (= Korrekturbedarf im Jahr 2)	Tatsächlich realisierter Finanzertrag
1	**3.739** (= 30.000 · 0,12463)	**3.331** (= 30.000 · 0,11105)	408	**3.739**
2	**2.709** (= 21.739 · 0,12463)	**2.369** (= 21.331 · 0,11105)	-408	**1.961**
3	**1.552** (= 12.448 · 0,12463)	**1.300** (= 11.700 · 0,11105)		**1.300**
$\sum$	**8.000**	**7.000**		**7.000**

Die Verteilung der Finanzerträge ist nun so zu korrigieren, als ob die veränderte Schätzung bereits zu Beginn des Leasingverhältnisses bekannt gewesen wäre. Der korrigierte Bruttoinvestitionswert beträgt nun 37 T€. Der neue interne Zinssatz liegt bei 11,105 %. Im Vergleich zur bisherigen Verteilung der Finanzerträge ergibt sich folgende Veränderung: Im zweiten Jahr, dem Jahr der Schätzänderung, wird bereits mit dem korrigierten Finanzertrag gerechnet (2.369 €). Um den „falsch" gebuchten Finanzertrag aus dem ersten Jahr auszugleichen, wird dieser jedoch um die Differenz aus dem ersten Jahr korrigiert (um 408 auf 1.961 €). In der dritten Periode ist dann nur noch der korrigierte Finanzertrag von 1.300 € zu realisieren.

3.3.2 Operating-Leasing

Folgebewertung beim Leasingnehmer

Während der Laufzeit eines Operating-Leasing hat der Leasingnehmer die Leasingzahlungen als Aufwand zu erfassen.

Mietaufwand *an* *Bank*

Im Grundsatz lineare Aufwandsverteilung

Die Verteilung des Leasingaufwands auf die Vertragslaufzeit ist dabei unabhängig vom Zahlungsabfluss. Nach IAS 17.33 gilt hier im Grundsatz, dass der Aufwand linear über die Laufzeit zu verteilen ist. Dieser Vorgehensweise liegt letztlich das in IAS 1.27 und 1.28 festgeschriebene Konzept der Periodenabgrenzung zugrunde. Hiernach sollen die Leasingaufwendungen korrespondierend zu den Erträgen anfallen, die mit dem geleasten Vermögenswert erwirtschaftet werden. Da der Nutzenverlauf aber nicht immer linear sein muss, sieht IAS 17.33 als Ausnahme konsequenterweise eine Alternative zur linearen Verteilung vor: Wenn eine andere systematische Grundlage dem Verlauf der wirtschaftlichen Nutzung eher entspricht, ist diese anzuwenden.

Beispiel 21.9

Variante 1
Eine Maschine wird im Rahmen eines vierjährigen Operating-Leasing geleast und im Unternehmen eingesetzt. Weitere Informationen zur Nutzung dieser Maschine über die Laufzeit des Leasingverhältnisses liegen nicht vor.

Lösung
Die Aufwendungen sind linear auf die vierjährige Vertragslaufzeit zu verteilen.

Variante 2
Im Rahmen eines vierjährigen Operating-Leasing über eine Maschine nutzt der Leasingnehmer die Maschine im ersten Jahr sehr intensiv. In den Folgejahren ist ein jeweils abnehmender Nutzenverlauf geplant.

Lösung
Die Aufwendungen sind degressiv auf die Vertragslaufzeit zu verteilen.

Abgrenzung der Zahlungen

Da die Zahlungen von den jährlichen Aufwendungen abweichen können, müssen sie eventuell aktivisch (Zahlung übersteigt den Aufwand) oder passivisch (Aufwand übersteigt die Zahlung) abgegrenzt werden.

Beispiel 21.10

Im Rahmen eines Operating-Leasing mit einer vierjährigen Laufzeit wird eine mietfreie Zeit in den ersten zwei Jahren vereinbart. In diesen ersten Jahren nutzt der Leasingnehmer den Leasinggegenstand zudem sehr viel intensiver als in der Folgezeit.

Lösung
Durch die anfänglich intensivere Nutzung des Leasinggegenstandes verteilt der Leasingnehmer den Aufwand degressiv auf die vierjährige Laufzeit. Die mietfreie Zeit führt zudem in den ersten beiden Jahren zu einer passivischen Abgrenzung, die nach IFRS die Ansatzvoraussetzungen einer Schuld erfüllt. Durch die degressive Aufwandsverteilung fällt diese höher aus als bei einer linearen Verteilung.

Bei einem Operating-Leasing hat der Leasinggeber den Leasinggegenstand in den Folgeperioden abzuschreiben und die Leasingzahlungen als Ertrag zu erfassen. Die Abschreibungen bemessen sich nach den üblichen Grundsätzen, die sich aus IAS 16, IAS 36 oder IAS 38 ergeben (IAS 17.53 und 17.54).

Folgebewertung beim Leasinggeber

Wie beim Leasingnehmer bemisst sich die Verteilung der Leasingerträge auf die Vertragslaufzeit nicht nach dem Zahlungsfluss. Dem Konzept der Periodenabgrenzung folgend sollen die Leasingerträge korrespondierend zu der wirtschaftlichen (Ab-)Nutzung des Leasinggegenstandes anfallen. Bei regelmäßig linearer Abschreibung sollen deshalb auch die Leasingerträge im Grundsatz linear verteilt werden, es sei denn, eine andere Systematik entspricht eher dem zeitlichen Verlauf des Nutzens für den Leasingnehmer. Spiegelbildlich zur Behandlung beim Leasingnehmer muss deshalb eventuell aktivisch oder passivisch abgegrenzt werden.

Ertragsverteilung

Beispiel 21.11

Im Rahmen eines vierjährigen Operating-Leasing über eine Maschine schreibt der Leasinggeber die aktivierte Maschine nach IAS 16 linear über eine zehnjährige Nutzungsdauer ab. Mit dem Leasingnehmer werden eine erhöhte Miete für das erste Jahr und reduzierte Mieten für die Folgejahre vereinbart.

Bei einer linearen Verteilung der Leasingerträge hat der Leasinggeber einen Teil der erhaltenen Leasingzahlung des ersten Jahres passivisch abzugrenzen. In den drei Folgejahren ist die daraus erwachsene Schuld GuV-wirksam aufzulösen.

Analog zum Finanzierungsleasing ist zu beachten, dass anfängliche direkte Kosten, z.B. für Kommission, Vertragsabschluss oder Rechtsberatung, den Anschaffungs- oder Herstellungskosten des Leasinggegenstandes hinzuzurechnen sind. Sie verteilen sich damit durch die Abschreibungen GuV-wirksam über die Laufzeit des Leasingverhältnisses (IAS 17.52). Sonstige Kosten, die dem Leasinggeber während der Vertragslaufzeit im Zusammenhang mit dem Leasinggeschäft entstehen, werden unmittelbar als Aufwand verrechnet (IAS 17.51).

Anfängliche direkte Kosten und sonstige Kosten

In der Praxis ist es auch üblich, dass der Leasinggeber den Leasingnehmer über Anreize dazu bewegt, den Leasingvertrag abzuschließen. Derartige Anreizvereinbarungen, die z.B. eine Barzahlung oder die Übernahme von Kosten vorsehen können, müssen nach SIC 15.4-5 periodisiert werden. Aus Sicht des Leasinggebers sind die Kosten für Anreizvereinbarungen als Reduktion der Mieterträge linear über die Laufzeit des Leasingverhältnisses zu erfassen. Von der linearen Verteilung darf nur abgewichen werden, wenn eine andere systematische Periodisierungsmethode wirtschaftlich sinnvoller erscheint. Für den Leasingnehmer ergibt sich die umgekehrte Situation: Er hat die erhaltenen Anreize über die Laufzeit von den Mietaufwendungen abzusetzen.

Anreizvereinbarungen

Die wesentlichen Ansatz- und Bewertungsregeln des IAS 17 lassen sich abschließend in Tabelle 21.2 zusammenfassen.

Zusammenfassung

	Finanzierungsleasing	Operating-Leasing
Leasing-nehmer	▪ Ansatz des Leasinggegenstandes zum beizulegenden Zeitwert oder niedrigeren Barwert der Mindestleasingzahlungen (IAS 17.20). ▪ Simultaner Ansatz einer Schuld (IAS 17.20). ▪ Abschreibung des Leasinggegenstandes nach den einschlägigen Vorschriften, z.B. IAS 16, über wirtschaftliche Nutzungsdauer oder Laufzeit des Leasingverhältnisses (IAS 17.27). ▪ Leasing(aus)zahlungen sind in Tilgungsanteil und Finanzierungskosten aufzuteilen (IAS 17.25).	▪ Leasing(aus)zahlungen sind vom Zahlungszeitpunkt unabhängig als Aufwand zu erfassen. Evtl. entsteht dadurch ein Abgrenzungsbedarf. Im Grundsatz verteilt sich der Aufwand linear über die Laufzeit des Leasingverhältnisses, es sei denn, ein anderer wirtschaftlicher Nutzungsverlauf des Leasinggegenstandes ist nachweisbar (IAS 17.33).
Leasing-geber	▪ Ansatz einer Forderung zum Nettoinvestitionswert (IAS 17.36). ▪ Leasing(ein)zahlungen sind in Kapitalrückzahlung und Finanzertrag aufzuteilen (IAS 17.37, 17.39).	▪ Ansatz des Leasinggegenstandes entsprechend der einschlägigen Vorschriften, z.B. IAS 16 (IAS 17.49). ▪ Abschreibung des Leasinggegenstandes nach den einschlägigen Vorschriften über die wirtschaftliche Nutzungsdauer (IAS 17.53). ▪ Leasing(ein)zahlungen sind vom Zahlungszeitpunkt unabhängig als Ertrag zu erfassen. Evtl. entsteht dadurch ein Abgrenzungsbedarf. Im Grundsatz verteilt sich der Ertrag linear über die Laufzeit des Leasingverhältnisses, es sei denn, ein anderer wirtschaftlicher Verzehr des Leasinggegenstandes ist nachweisbar (IAS 17.50).

Tab. 21.2: Ansatz- und Bewertungsregeln von IAS 17 im Überblick

4 Sonderprobleme des Leasing

4.1 Hersteller oder Händler als Leasinggeber

Unterstellung eines Verkaufsgeschäftes

Handelt es sich beim Leasinggeber um einen Händler oder um den Hersteller des Leasinggegenstandes, so wird das Leasinggeschäft zunächst auch hier nach den üblichen Kriterien klassifiziert. Besonderheiten existieren jedoch bei der Bilanzierung. Oft kommt es vor, dass Hersteller und Händler ihren Kunden das Produkt-Leasing als Alternative zum Kauf anbieten. Sofern hier die Bedingungen eines Finanzierungs-Leasing gegeben sind (dies dürfte der Regelfall sein), zwingt IAS 17 diese Leasinggeber dazu, ein Veräußerungsgeschäft, und zwar einen Ratenkauf, im Jahresabschluss abzubilden. Die Entscheidung zwischen Kauf oder Leasinggeschäft soll keine Auswirkungen auf die bilanzielle Abbildung beim Leasinggeber/Verkäufer haben.

Damit hat der Leasinggeber zwei Arten von Ertrag:

- den bei Leasinggeschäften üblichen Finanzertrag, der auf die Laufzeit des Leasingverhältnisses verteilt wird, und
- die bei Verkaufsgeschäften übliche Marge zwischen den Produktionskosten bzw. dem Einkaufspreis und dem Verkaufspreis, der sofort GuV-wirksam zu erfassen ist.

Beispiel 21.12

Kunde König kommt zum Autohändler Stern-Stuttgart und informiert sich über ein Auto der neuen D-Klasse. Nach kurzer Beratung entschließt er sich begeistert, dieses Auto künftig fahren zu wollen. Wegen einer gerade durchgeführten Sanierung seines Eigenheims hat König Liquiditätsengpässe und will das Auto im Rahmen eines langjährigen Leasingvertrages über dessen komplette Nutzungsdauer leasen.

Lösung

Der Autohändler Stern-Stuttgart hat als Leasinggeber bilanziell ein Veräußerungsgeschäft (Ratenkauf) abzubilden. Neben seiner üblichen Gewinnspanne bei einem Auto der D-Klasse freut er sich auch über den jährlichen Finanzertrag aus dem Leasinggeschäft.

Bilanzierung des Veräußerungsgeschäftes beim Leasinggeber

Wie wird der Ratenkauf beim Leasinggeber nun konkret bilanziert? Der Leasinggeber hat das Verkaufsgeschäft nach der gleichen Methode zu bilanzieren, die er auch bei einem direkten Verkauf anwendet (IAS 17.42). So bucht er z.B. nach dem Umsatzkostenverfahren

Umsatzkosten	*an*	*Fertige Erzeugnisse/ Waren*
Forderung	*an*	*Umsatzerlöse*

Umsatzkosten

Damit läge in der Differenz zwischen den Umsatzkosten und den Umsatzerlösen der unmittelbar anfallende Verkaufserlös. Die Umsatzkosten bestimmen sich dabei nach IAS 17.44 durch

- die Anschaffungs- bzw. Herstellungskosten des Leasinggegenstandes oder, falls abweichend,
- den Buchwert des Leasinggegenstandes abzüglich des Barwertes eines nicht garantierten Restwertes.

Umsatzerlöse

Die Umsatzerlöse bestimmen sich durch

- den beizulegenden Zeitwert des Vermögenswertes oder, wenn niedriger,
- den Barwert der Mindestleasingzahlungen, berechnet auf der Grundlage eines marktüblichen Zinssatzes.

Marktüblicher Zinssatz

Die Verwendung des marktüblichen Zinssatzes hat einen einfachen Grund: Kunden werden oft mit sensationell niedrigen Finanzierungskosten zu einer Kauf- bzw. Leasingentscheidung verleitet. Eine Barwertberechnung auf der Basis dieses künstlich niedrigen Zinssatzes führte zwangsläufig zu einem unverhältnismäßig hohen Verkaufserlös. Da wirtschaftlich ein Verkaufsgeschäft und kein klassisches Leasinggeschäft vorliegt, werden auch anfängliche direkte Kosten des Händlers oder Herstellers sofort zu Beginn des Leasingverhältnisses als Aufwand verrechnet (IAS 17.46).

Beispiel (Fortsetzung von Beispiel 21.12)

Der Autohändler Stern-Stuttgart kauft ein Auto der D-Klasse für insgesamt 37 T€ ein. Anschließend wird mit dem Kunden König ein Leasingvertrag abgeschlossen. Vereinbart werden eine achtjährige Laufzeit und jährliche Zahlungen von 7 T€ bei einem günstigen Zins von etwa 1 %. Der Zins ist deshalb günstig, da der marktübliche Zins bei 6 % liegt. Der Händler hat anfängliche direkte Kosten in Höhe von 500 €. Nach Laufzeit des Leasingvertrages geht der Autohändler von einem (nicht garantierten) Restwert von etwa 3 T€ aus, der abgezinst auf den Beginn des Leasingverhältnisses 1.900 € beträgt. Latente Steuern bleiben unberücksichtigt.

Lösung

Die Umsatzkosten belaufen sich auf 35.100 € (Anschaffungskosten abzüglich des Barwertes des nicht garantierten Restwertes). Die anfänglichen direkten Kosten werden sofort GuV-wirksam verrechnet. Die Umsatzerlöse belaufen sich auf 43.470 €, berechnet als Barwert der Mindestleasingzahlungen auf der Grundlage des marktüblichen Zinses von 6 %. Es wird angenommen, dass dieser Barwert unter dem beizulegenden Zeitwert des Wagens liegt.

Buchungssätze für das erste Jahr:

Waren	*37.000 €*			
Sonst. betr. Aufwand	*500 €*	*an*	*Bank*	*37.500 €*
Umsatzkosten	*35.100 €*			
Restwertforderung	*1.900 €*	*an*	*Waren*	*37.000 €*
Forderung	*43.470 €*	*an*	*Umsatzerlöse*	*43.470 €*

Der abgezinste Restwert wird hier als Restwertforderung gebucht. Über die Vertraglaufzeit verzinst sich diese mit 6 % und wird bei Laufzeitende 3.000 € betragen[7]. Die Leasingzahlungen sind – wie gehabt – in Kapitalrückzahlung

7 Die Bilanzierung des nicht garantierten Restwertes lässt sich nicht eindeutig IAS 17 entnehmen. Alternativ wäre z.B. denkbar, diesem nicht garantierten Restwert die Vermögenswerteigenschaft gänzlich abzusprechen, ihn nicht anzusetzen und einen insoweit reduzierten Umsatzerlös (nur noch 41.570 €) zu buchen. Vgl. ähnlich *Alfredson, K. et al.*, Applying IFRS, S. 532-533.

und Finanzertrag aufzuspalten (bei konstanter periodischer Verzinsung der Forderung).

Bank	*7.000 €*	*an*	*Forderung*	*4.392 €*
			Finanzertrag	*2.608 €*
Restwertforderung	*114 €*	*an*	*Finanzertrag*	*114 €*
				(= 1.900 · 6 %)

Operating-Leasing

Liegen hingegen die Voraussetzungen für ein Finanzierungsleasing nicht vor, verbleiben Risiken und Chancen beim Leasinggeber, so dass kein Verkauf vorliegt und auch kein Veräußerungsgeschäft im Jahresabschluss abzubilden ist. Der Händler oder Hersteller hat als Leasinggeber ein normales Operating-Leasing zu bilanzieren.

Beispiel 21.13

Kunde König kommt zum Autohändler Stern-Stuttgart und informiert sich über ein Auto der neuen D-Klasse, das er nur für eine zweijährige Übergangsphase leasen möchte. Nach kurzer Beratung entschließt er sich begeistert zum Vertragsabschluss.

Lösung

Der Autohändler Stern-Stuttgart hat als Leasinggeber bilanziell ein normales Operating-Leasing zu bilanzieren. Der Wagen der D-Klasse und anfängliche direkte Kosten sind zu aktivieren und über die Nutzungsdauer abzuschreiben (IAS 17.49 und IAS 17.52-53). Die Leasingerträge sind auf die zweijährige Laufzeit des Leasingvertrages zu verteilen.

4.2 Sale-and-leaseback-Transaktionen

In der Unternehmenspraxis existieren Vertragskombinationen, die als Sale-and-leaseback-Transaktionen bezeichnet werden. Hierbei handelt es sich streng genommen um eine Kombination zweier Verträge:

- Kaufvertrag: Durch einen Kauf wechselt das rechtliche Eigentum an einem Vermögenswert.
- Leasingvertrag: Durch einen anschließenden Leasingvertrag über den gleichen Vermögenswert wird der ursprüngliche rechtliche Eigentümer zum Leasingnehmer. Er behält damit das Nutzungsrecht. Der neue rechtliche Eigentümer wird Leasinggeber.

Finanzierungsleasing als Regelfall

Wie bei jedem sonstigen Leasingverhältnis ist auch hier das bestehende Leasingverhältnis in einem ersten Schritt nach den Kriterien von IAS 17 zu klassifizieren. In der Regel dürfte es sich um Finanzierungsleasing handeln, da Sale-and-leaseback-Transaktionen gerade das Ziel haben, nur das rechtliche, nicht jedoch das wirtschaftliche Eigentum abzugeben. Letzteres verbleibt also beim

Verkäufer bzw. Leasingnehmer. Operating-Leasing ist jedoch nicht ausgeschlossen.

Besonderheiten nur bei der Behandlung des Verkaufsgewinns

Sale-and-leaseback-Verträge werden nun als Finanzierungs- und Operating-Leasing im Grundsatz genauso behandelt wie sonstige Leasingverhältnisse. Dies gilt auch für die Angabepflichten, in deren Rahmen insbesondere auch die Vertragsbedingungen der Sale-and-leaseback-Transaktion zu beschreiben sind. Lediglich einige Besonderheiten hinsichtlich der Behandlung des eventuell anfallenden Verkaufsgewinns sind zu beachten. Dies resultiert aus der Erkenntnis, dass der Verkaufspreis normalerweise gemeinsam mit den Leasingzahlungen festgelegt wird und ein Zusammenhang wahrscheinlich ist.

Abgrenzung des Verkaufsgewinns

Sind Sale-and-leaseback-Transaktionen als Finanzierungsleasingverhältnisse ausgestaltet, handelt es sich um eine reine Kreditfinanzierung durch den Leasinggeber. Das rechtliche Eigentum an dem Leasinggegenstand dient ihm hierbei als Sicherheit. Da sich im wirtschaftlichen Vermögen des Leasingnehmers und Leasinggebers keine echten Veränderungen vollziehen, soll nach IAS 17.59 auch keine Veräußerung abgebildet werden. Stattdessen soll der Überschuss der Veräußerungserlöse über den Buchwert (Verkaufsgewinn) abgegrenzt und über die Laufzeit des Leasingverhältnisses GuV-wirksam verteilt werden. Der Verkaufsgewinn ist mit den künftigen Leasingzahlungen zu verrechnen. Fraglich ist jedoch, wie dieser Verkaufsgewinn genau über die Vertragslaufzeit zu verteilen ist. Um diese Frage zu beantworten, wird erst einmal unterstellt, dass der Verkaufspreis des Leasinggegenstandes dessen beizulegendem Zeitwert entspricht.

Bei einem ebenfalls unterstellten Finanzierungsleasing wird der Leasinggegenstand nach Verkauf und Abgrenzung des hierbei entstandenen Verkaufsgewinns zum beizulegenden Zeitwert oder, sofern niedriger, zum Barwert der Mindestleasingzahlungen aktiviert. Dieser Wertansatz übersteigt den vorherigen Buchwert und führt somit zu höheren Abschreibungen in den Folgeperioden. Die kumulierte Differenz zu den ursprünglichen Abschreibungen entspricht genau dem abgegrenzten Verkaufsgewinn. Die Auflösung dieses Abgrenzungspostens soll nun die Abschreibungsaufwendungen mindern, so dass in Summe die jährlichen Abschreibungen verbleiben, die ohne Sale-and-leaseback-Transaktion entstanden wären.

Beispiel 21.14

Die Produktion AG schließt mit der Finanzierung AG einen Sale-and-leaseback-Vertrag ab. Hiernach erwirbt die Finanzierung AG eine Maschine von der Produktion AG, die zeitgleich im Rahmen eines Leasingvertrages der Produktion AG zur Nutzung über die fünfzehnjährige Restnutzungsdauer überlassen wird. Die Maschine hat bei der Produktion AG zum Vertragszeitpunkt einen Buchwert von 100 T€, der beizulegende Zeitwert entspricht dem Veräußerungspreis in Höhe von 120 T€. Es werden jährliche Leasingzahlungen über die Laufzeit von 15 Jahren in Höhe von 14 T€ vereinbart. Die Maschine hat am Ende der Laufzeit keinen Wert mehr. Latente Steuern sind zu vernachlässigen.

Lösung

1. Leasingnehmer: Zuerst wird der Veräußerungsvorgang gebucht. Der Verkaufsgewinn in Höhe von 20 T€ wird zunächst nicht realisiert, sondern abgegrenzt.

Bank	*120.000 €*	*an*	*Maschine*	*100.000 €*
			abgegrenzter Gewinn	*20.000 €*

In einem zweiten Schritt wird das Leasinggeschäft verbucht. Hierfür muss der dem Leasingverhältnis zugrunde liegende (interne) Zins berechnet werden, der in diesem Beispiel ca. 8 % beträgt. Beim Leasingnehmer (Produktion AG) wird zu Beginn des Leasingverhältnisses eine Verbindlichkeit gemäß IAS 17.20 zu 120 T€ eingebucht. In entsprechender Höhe wird der Anlagegegenstand aktiviert. Buchungssatz zu Beginn des Leasingverhältnisses:

Maschine		*an*	*Leasingverbindlichkeit*	*120.000 €*

Am Jahresende wird nun der Leasinggegenstand über die erwartete Restlaufzeit abgeschrieben (120 T€ / 15 Jahre = 8 T€/Jahr). Gleichzeitig wird der abgegrenzte Gewinn aufgelöst (20 T€ / 15 Jahre = 1.333 € / Jahr). In Summe wird also eine jährliche Abschreibung in Höhe von 6.667 € verbucht, was der ursprünglichen Abschreibung entspräche (100 T€ / 15 Jahre = 6.667 €). Buchungssatz am Ende des ersten Jahres:

Abschreibung		*an*	*Maschine*	*8.000 €*
Abgegrenzter Gewinn		*an*	*Abschreibung*	*1.333 €*

Oder:

Abschreibung	*6.667 €*			
Abgegrenzter Gewinn	*1.333 €*	*an*	*Maschine*	*8.000 €*

Die Leasingzahlungen werden mit Hilfe der Effektivzinsmethode (oder einer anderen opportunen Methode) in Tilgung und Zinsaufwand getrennt. Es fallen im ersten Jahr Zinsen in Höhe von 9.600 € (= 120 T€ · 8 %) an. Der Tilgungsanteil beträgt demnach 4.400 € (= 14.000 € - 9.600 €).

Leasingverbindlichkeit	*4.400 €*			
Finanzaufwand	*9.600 €*	*an*	*Bank*	*14.000 €*

2. Leasinggeber: Beim Leasinggeber (Finanzierung AG) wird ein „normales" Finanzierungsleasing verbucht. Buchungssatz zu Beginn des Leasingverhältnisses:

Forderung		*an*	*Bank*	*120.000 €*

Buchungssatz am Ende des ersten Jahres:

Bank	*14.000 €*	*an*	*Forderung*	*4.400 €*
			Finanzertrag	*9.600 €*

Sollte nun der Verkaufserlös über dem beizulegenden Zeitwert des Vermögensgegenstandes liegen, helfen IAS 17.59 und 17.60 nicht weiter. Diese Regeln bleiben unbestimmt. Ökonomisch dürfte in dieser Differenz jedoch ein weiteres Kreditgeschäft zu vermuten sein. Kein fremder Dritter wäre ansonsten bereit, einen derartigen Preis zu zahlen. Insofern erscheint es sinnvoll, die gesamte Spanne zwischen ursprünglichem Buchwert des Leasinggegenstandes und dessen Verkaufserlös in zwei Teile aufzuspalten. Der erste Teil (beizulegender Zeitwert - Buchwert) wird als Verkaufsgewinn abgegrenzt, während der zweite Teil (Verkaufserlös - beizulegender Zeitwert) als Verbindlichkeit behandelt, d.h. in den Folgeperioden verzinst und getilgt wird.

Beispiel 21.15 (Modifikation von Beispiel 21.14)

Anstelle eines beizulegenden Zeitwertes in Höhe des Veräußerungspreises beträgt der beizulegende Zeitwert lediglich 110 T€; der Veräußerungspreis bleibt bei 120 T€.

Lösung

1. Leasingnehmer: Zuerst wird der Veräußerungsvorgang gebucht. Die Differenz zwischen Buchwert (100 T€) und Verkaufserlös (120 T€) wird in den abzugrenzenden Gewinn und das Kreditgeschäft aufgespalten.

Bank	*120.000 €*	*an*	*Maschine*	*100.000 €*
			abgegrenzter Gewinn	*10.000 €*
			Verbindlichkeit	*10.000 €*

In einem zweiten Schritt wird das Leasinggeschäft verbucht. Mangels Informationen über eventuell unterschiedliche Zinssätze wird für das gesamte Kreditgeschäft von 120 T€ ein interner Zinsfuß von erneut ca. 8 % berechnet. Das Finanzierungsleasing wird nun bilanziert, indem die Maschine und die korrespondierende Leasingverbindlichkeit zu 110 T€ angesetzt werden.

Maschine	*110.000 €*	*an*	*Leasingverbindlichkeit*	*110.000 €*

Die Maschine muss nun jährlich um 7.333 € abgeschrieben werden. Dies geschieht analog zum vorhergehenden Beispiel unter ratierlicher Auflösung des abgegrenzten Gewinns. Die ursprünglichen Abschreibungsbeträge ohne Sale-and-leaseback-Transaktion bleiben damit erhalten.

Abschreibung	*6.667 €*			
Abgegrenzter Gewinn	*667 €*	*an*	*Maschine*	*7.333 €*

Die gesamte Verbindlichkeit von 120 T€ wird in gewohnter Manier zurückgeführt, indem die Leasingzahlungen in Tilgungs- und Zinsanteil aufgespalten werden. Dabei wird in diesem Beispiel angesichts der Zins- und Tilgungsidentität nicht mehr zwischen den beiden Kreditgeschäften (10 T€ und 110 T€) im Ausweis differenziert.

(Leasing)Verbindlichkeit	*4.400 €*			
Finanzaufwand	*9.600 €*	*an*	*Bank*	*14.000 €*

2. Leasinggeber: Aus Sicht des Leasinggebers ändert sich nichts.

Obwohl Sale-and-leaseback-Transaktionen über die Abgrenzung des Verkaufsgewinns keine GuV-Wirkung entfalten, wirken sie sich auf das Vermögen des Leasingnehmers aus. Durch die Verbuchung des Verkaufs mit anschließendem Finanzierungsleasing werden stille Reserven beim Leasinggegenstand GuV-neutral gehoben. Damit entstehen letztlich doch Veränderungen im wirtschaftlichen Vermögen des Leasingnehmers.

Operating-Leasing

Im Gegensatz zum Finanzierungsleasing geht beim Operating-Leasing das rechtliche und das wirtschaftliche Eigentum auf den Leasinggeber über. Nach IAS 17.61 ist ein Verkaufsgewinn aber nur in der Höhe anzunehmen, in der er auch in einem normalen Verkaufsgeschäft ohne anschließende Leasingvereinbarung zustande gekommen wäre. Daraus folgt: Wird die Transaktion zum beizulegenden Zeitwert getätigt, ist jeder daraus erwachsene Gewinn oder Verlust unmittelbar GuV-wirksam zu erfassen.

Abgrenzung

Falls es Abweichungen von dem beizulegenden Zeitwert gibt, sind diese über die voraussichtliche Nutzungsdauer des Leasinggegenstandes GuV-wirksam zu verteilen. Nur wenn der Verkaufspreis unter dem beizulegenden Zeitwert liegt und nicht durch entsprechend niedrigere Leasingzahlungen in Zukunft ausgeglichen wird, ist der daraus resultierende Verlust unmittelbar zu realisieren.

Ähnlich den Überlegungen beim Finanzierungsleasing dürfte auch bei einem Operating-Leasing ein Kreditgeschäft zu vermuten sein, wenn der Verkaufspreis den beizulegenden Zeitwert des Leasinggegenstandes übersteigt. Konsequenterweise müsste hier wiederum eine Verbindlichkeit eingebucht werden, die in den Folgeperioden Zins- und Tilgungsleistungen erfordert. Die Bilanzierung eines Abgrenzungspostens, der z.B. linear aufgelöst wird, kann demgegenüber nur als Vereinfachungsregel interpretiert werden.

Beispiel 21.16 (Modifikation von Beispiel 21.14)

Es sei auf die vorherigen Beispiele verwiesen. Der beizulegende Zeitwert beträgt wieder 110 T€. Die nun auf 10 Jahre deutlich verkürzte Laufzeit des Leasingverhältnisses rechtfertigt nun ein Operating-Leasing.

Lösung

Es wird ein Veräußerungsvorgang gebucht. Dessen Gewinn ist aber auf die Differenz von 10 T€ zwischen beizulegendem Zeitwert und Buchwert beschränkt. Der darüber hinausgehende Teil des Veräußerungspreises ist abzugrenzen. Hierbei wird der Einfachheit halber eine lineare Verteilung gewählt. Es ergeben sich für den Leasingnehmer (Produktion AG) die folgenden Buchungssätze:

Buchungssatz zu Beginn des Leasingverhältnisses:

Bank	*120.000 €*	*an*	*Maschine*	*100.000 €*
			sonst. betriebl. Ertrag	*10.000 €*
			Schuld (Abgrenzung)	*10.000 €*

Es ist zu berücksichtigen, dass IAS 17.63 eine außerplanmäßige Abschreibung im Zeitpunkt des Verkaufs vorschreibt, wenn der beizulegende Zeitwert zum Bilanzstichtag bereits unter dem Buchwert liegt. Dies ist hier aber nicht der Fall.

Buchungssatz am Ende des ersten Jahres:

Mietaufwand	*13.000 €*			
Schuld (Abgrenzung)	*1.000 €*	*an*	*Bank*	*14.000 €*

Für den Leasinggeber (Finanzierung AG) ergibt sich analog:

Buchungssatz zu Beginn des Leasingverhältnisses:

Maschine	*110.000 €*			
Vermögenswert (Abgrenzung)	*10.000 €*	*an*	*Bank*	*120.000 €*

Buchungssatz am Ende des ersten Jahres:

Abschreibung		*an*	*Maschine*	*7.333 €*
Bank	*14.000 €*	*an*	*Finanzertrag*	*13.000 €*
			Vermögenswert (Abgrenzung)	*1.000 €*

5 Angaben

5.1 Finanzierungsleasing

Angabepflichten beim Leasingnehmer

Neben den Informationen in der Bilanz und in der Gesamtergebnisrechnung sind weitere Informationen notwendig, um den Adressaten des Jahresabschlusses alle entscheidungsrelevanten Informationen zu liefern. Zu beachten ist, dass der Leasingnehmer beim Finanzierungsleasing als wirtschaftlicher Eigentümer je nach Art des betreffenden Leasinggegenstandes bereits den Angabepflichten von

- IAS 16 „Sachanlagen" (vgl. Kapitel 12),
- IAS 36 „Wertminderung von Vermögenswerten" (vgl. Kapitel 10),
- IAS 38 „Immaterielle Vermögenswerte" (vgl. Kapitel 11),
- IAS 40 „Als Finanzinvestition gehaltene Immobilien" (vgl. Kapitel 13) und/oder
- IAS 41 „Landwirtschaft" unterliegt.

Zudem hat der Leasingnehmer den Angabepflichten von IFRS 7 „Finanzinstrumente: Angaben" zu folgen, da Leasingverhältnisse eine bestimmte Art von Finanzinstrumenten darstellen und die allgemeinen Pflichten des IFRS 7 damit neben die Spezialnorm IAS 17 treten (IAS 17.31). IAS 17.31 gibt darüber hinaus eine Reihe weiterer Angabepflichten vor. Anzugeben sind u.a.:

- Allgemeine Beschreibung der wesentlichen Leasingvereinbarungen des Leasingnehmers, die insbesondere die Modalitäten für eventuelle bedingte Mietzahlungen, Kauf- oder Verlängerungsoptionen, Preisanpassungsklauseln und auferlegte Beschränkungen umfassen soll.
- Nettobuchwert (ursprünglicher Wertansatz abzüglich der Abschreibungen) zum Bilanzstichtag je Klasse von Leasinggegenständen.
- Summe der Mindestleasingzahlungen zum Bilanzstichtag und für bestimmte Folgeperioden (bis zu einem Jahr, bis zu fünf Jahren, länger als fünf Jahre) sowie Überleitung auf deren Barwert.
- Summe der künftigen Mindestleasingzahlungen, deren Erhalt aufgrund unkündbarer Untermietverhältnisse am Bilanzstichtag erwartet wird.

Angabepflichten beim Leasinggeber

Wie der Leasingnehmer hat auch der Leasinggeber bestimmte Angabepflichten zu beachten. Da er jedoch kein wirtschaftlicher Eigentümer des Leasinggegenstandes mehr ist und diesen auch nicht bilanziert, entfallen alle diesbezüglichen Angabepflichten. Es verbleiben die mit dem Leasingverhältnis an sich zusammenhängenden Angaben. Da Leasingverhältnisse eine bestimmte Art von Finanzinstrumenten darstellen, gelten erst einmal die

- allgemeinen Angabepflichten von IFRS 7,
- die durch die Spezialvorschriften in IAS 17 ergänzt werden.

In IAS 17.47 werden u.a. folgende Angaben verlangt:

- Allgemeine Beschreibung der wesentlichen Leasingvereinbarungen des Leasinggebers.
- Überleitung von der Bruttogesamtinvestition zum Barwert der ausstehenden Mindestleasingzahlungen. Dies gilt für jede der Perioden bis zu einem Jahr, bis zu fünf Jahren und länger als fünf Jahre.
- Noch nicht realisierter Finanzertrag.
- Die nicht garantierten, zu Gunsten des Leasinggebers wahrscheinlich anfallenden Restwerte.

5.2 Operating-Leasing

Angabepflichten beim Leasingnehmer

Den Leasingnehmer treffen auch bei einem Operating-Leasing bestimmte Angabepflichten. Da er kein wirtschaftlicher Eigentümer des Leasinggegenstandes ist und diesen auch nicht bilanziert, entfallen alle diesbezüglichen Angaben. Es verbleiben die mit dem Leasingverhältnis an sich zusammenhängenden Angaben. Auch hier gelten bereits die Angabepflichten von IFRS 7, die durch Spezialvorschriften in IAS 17 ergänzt werden. Zudem werden insbesondere folgende Angaben verlangt (IAS 17.35):

- Allgemeine Beschreibung der wesentlichen Leasingvereinbarungen des Leasingnehmers.

- Summe der ausstehenden Mindestleasingzahlungen aus unkündbarem Operating-Leasing für jede der Perioden bis zu einem Jahr, bis zu fünf Jahren und länger als fünf Jahre.
- Summe der ausstehenden Mindestleasingzahlungen, die aufgrund unkündbarer Untermietverhältnisse zum Bilanzstichtag erwartet werden (Leasingnehmer als Zwischenmieter).
- GuV-wirksam erfasste Zahlungen aus Leasingverhältnissen und Untermietverhältnissen.

Angabepflichten beim Leasinggeber

Wie der Leasingnehmer hat auch der Leasinggeber bei einem Operating-Leasing bestimmte Angabepflichten zu beachten. Da er als wirtschaftlicher Eigentümer den Leasinggegenstand aktiviert hat, treffen ihn bereits die diesbezüglichen Angabepflichten (IFRS 7, IAS 16, 36, 38, 40, 41). Des Weiteren ist u.a. anzugeben (IAS 17.56):

- Allgemeine Beschreibung der wesentlichen Leasingvereinbarungen des Leasinggebers.
- Summe der künftigen Mindestleasingzahlungen aus unkündbarem Operating-Leasing. Neben dem Gesamtbetrag sind auch die Beträge für die Perioden bis zu einem Jahr, bis zu fünf Jahren und länger als fünf Jahre anzugeben.

Exkurs
Abkehr vom „all or nothing approach"

Überlegungen des IASB zur künftigen Leasingbilanzierung

Die bilanzielle Zweiteilung in Finanzierungsleasing und Operating-Leasing ist seit Jahrzehnten Gegenstand heftiger Kritik. Schließlich werden Leasingverträge häufig so gestaltet, dass Leasinggegenstände und vor allem die korrespondierenden Verbindlichkeiten nicht in der Bilanz des Leasingnehmers erscheinen. Dies ist möglich, weil IAS 17 wie viele andere Rechnungslegungssysteme einem „all or nothing approach" folgt, nach dem ein Vertrag entweder vollständig in der Bilanz des Leasingnehmers erscheint (Finanzierungsleasing) oder ebenso vollständig aus ihr verbannt wird (Operating-Leasing). Diese zielgerichtete Gestaltung der Leasingverträge ist aus Sicht der ökonomischen Theorie eine rationale „Ausweichhandlung der Regulierten", bei der es darum geht, Leasingverhältnisse hinsichtlich der Klassifikationskriterien zielorientiert zu gestalten, um insbesondere die bilanzielle Verschuldung und entsprechende Kennzahlen nicht zu erhöhen. Das IASB hat in IAS 17 allerdings versucht, entsprechende Ausweichhandlungen mit weiter gefassten und interpretationsfähigen Klassifikationskriterien, die den ökonomischen Gehalt der Transaktion in den Vordergrund stellen, zumindest zu erschweren. Das Ergebnis bleibt mit Hinweis auf die vielen Gestaltungsspielräume unbefriedigend. Zudem betont auch das IASB, dass nicht alle entscheidungsrelevanten Informationen durch die gegenwärtige Form der Bilanzierung abgebildet werden.

Exposure Draft „Leases"

Konsequenterweise hat das IASB entschieden, ein Leasing-Projekt auf die Agenda zu nehmen, dessen Ergebnisse IAS 17 in Zukunft ersetzen sollen. Vorarbeiten auf diesem Gebiet existieren bereits seit Mitte der 1990er Jahre.

Seit dem Jahr 2006 wird die internationale Leasingbilanzierung als Konvergenzprojekt von IASB und FASB aktiv diskutiert. Vorläufiges Ergebnis dieser Diskussionen markiert der im August 2010 veröffentlichte Standardentwurf „Leases" (ED/2010/9), der auf dem Diskussionspapier vom März 2009 basiert[8]. Darin zeigt sich die Tragweite der angestrebten Reform: Die Klassifizierung in ein bilanzwirksames Finanzierungsleasing und ein bilanzunwirksames Operating-Leasing dürfte entfallen. Künftig würden sämtliche Leasingverhältnisse sowohl beim Leasingnehmer als auch – mit der Ausnahme kurzfristiger Leasingverhältnisse – beim Leasinggeber bilanzierungspflichtig.

Leasingbilanzierung aus Leasingnehmersicht: Ansatz und Erstbewertung

Der Leasingnehmer hat im Sinne des sog. right of use approach grundsätzlich einen Vermögenswert für das Recht zur Nutzung des Leasinggegenstandes (right of use asset) und eine korrespondierende Schuld zur Zahlung der Leasingraten anzusetzen. Der Ausweis des Nutzungsrechts erfolgt unter dem Sachanlagevermögen, separiert von den im rechtlichen Eigentum befindlichen Vermögenswerten. Die Leasingverpflichtung ist separat von anderen finanziellen Verpflichtungen in der Bilanz darzustellen. Die Erstbewertung des Nutzungsrechts und der Schuld erfolgt mit dem Barwert der Leasingzahlungen diskontiert mit dem Grenzfremdkapitalzins oder – sofern bestimmbar – mit dem vom Leasinggeber verlangten Zinssatz. Darunter fällt bspw. auch der dem Leasingverhältnis zugrunde liegende Zinssatz. Dem Wert des Nutzungsrechts sind noch eventuell anfallende anfängliche direkte Kosten zuzuschlagen.

Optionen, Restwertgarantien und bedingte Leasingzahlungen, die komplexere Leasingverhältnisse regelmäßig prägen, sind nicht separat zu erfassen, sondern im Rahmen der Bewertung von Nutzungsrecht und Schuld zu berücksichtigen (single asset and liability approach). Je nach Wahrscheinlichkeit der Optionsausübung (more likely than not) entscheidet der Leasingnehmer künftig auch über die wahrscheinliche Leasinggesamtlaufzeit und damit über die Bewertungshöhe des Nutzungsrechts und der Schuld. Von der vertraglich abgesicherten Mindestlaufzeit und den Mindestleasingzahlungen, so wie sie der gegenwärtige IAS 17 kennt, ist somit gänzlich abgerückt worden.

Leasingbilanzierung aus Leasingnehmersicht: Folgebewertung

Hinsichtlich der Folgebewertung der Zahlungsverpflichtung des Leasingnehmers sieht der Standardentwurf die Bewertung zu fortgeführten Anschaffungskosten unter Anwendung der Effektivzinsmethode vor. Sofern Tatsachen oder Umstände auftreten, die eine wesentliche Änderung der Leasingverpflichtung gegenüber der Vorperiode zur Folge haben, hat eine Anpassung der Leasingvertragslaufzeit unter Berücksichtigung ggf. vorhandener Optionen, Restwertgarantien und bedingter Leasingzahlungen sowie eine Bewer-

8 Vgl. zur detaillierten Analyse des Exposure Drafts *Fülbier, R.U./Fehr, J.*, IASB und FASB machen Ernst mit der neuen Leasingbilanzierung: Der Standardentwurf zu „Leases" liegt vor, in: WPg, 63. Jg. (2010), S. 1019-1023 sowie zur grundlegenden Aufarbeitung der konzeptionellen Möglichkeiten einer Leasingbilanzreform *Fülbier, R.U./Fehr, J.*, Aktueller Diskussionsstand im IASB/FASB-Leasingprojekt: Weiter Richtung full fair value?, in: PiR 4. Jg. (2008), S. 181-188.

tungsanpassung der Schuld und des Nutzungsrechts zu erfolgen (reassessment). Das Nutzungsrecht ist in der Folge entweder über die erwartete Leasinglaufzeit oder – sofern kürzer – über die wirtschaftliche Nutzungsdauer des Leasinggegenstandes abzuschreiben. Ein Wertminderungstest ist gemäß IAS 36 zu jedem Bilanzstichtag durchzuführen. Anstelle der Bewertung zu fortgeführten Anschaffungskosten kann das Nutzungsrecht im Rahmen der Folgebewertung – unabhängig von dem Vorliegen eines aktiven Marktes – zu einem Neubewertungsbetrag angesetzt werden, der dem beizulegenden Zeitwert abzüglich Abschreibungen und Wertminderungen im Zeitpunkt der Neubewertung entspricht.

Beispiel:
Über eine Maschine wird am 01.01.2010 ein Leasingvertrag mit einer Laufzeit von fünf Jahren abgeschlossen. Jährliche nachschüssige Leasingzahlungen von 2 T€ sind vereinbart. Die Nutzungsdauer der Maschine beträgt 10 Jahre. Der Grenzfremdkapitalzins beträgt 5 %. Am Ende der Leasingvertragslaufzeit hat der Leasingnehmer die Option zur Verlängerung des Leasingverhältnisses um weitere zwei Jahre zu gleichen Konditionen. Eine Restwertgarantie wurde nicht vereinbart.

Basierend auf vertraglichen Faktoren, nichtvertraglichen finanziellen Faktoren und Faktoren aus der Geschäftstätigkeit kommt der Leasingnehmer zu folgenden Eintrittswahrscheinlichkeiten hinsichtlich der Leasingdauer:

Leasingdauer	5 Jahre	7 Jahre
Wahrscheinlichkeit	35 %	65 %

Lösung
Die wahrscheinliche Leasinggesamtlaufzeit beträgt sieben Jahre. Zu Beginn des Leasingverhältnisses setzt der Leasingnehmer ein Nutzungsrecht und eine Verpflichtung zur Zahlung der Leasingraten an. Die Erstbewertung erfolgt korrespondierend zum Barwert der Leasingzahlungen diskontiert mit dem Grenzfremdkapitalzins.

01.01.2010:

Nutzungsrecht		*an*	*Leasingverbindlichkeit*	*11.573*

Im Rahmen der Folgebewertung muss das Nutzungsrecht nun über die Leasinglaufzeit abgeschrieben werden. Die Leasingverbindlichkeit ist in der Folge zu fortgeführten Anschaffungskosten unter Anwendung der Effektivzinsmethode zu bewerten.

31.12.2010:

Abschreibung		*an*	*Nutzungsrecht*	*1.653*
Leasingverbindlichkeit	*1.421*			
Finanzierungskosten	*579*	*an*	*Bank*	*2.000*

Leasingbilanzierung aus Leasinggebersicht

Während beim Leasingnehmer künftig sämtliche Leasingverhältnisse bilanziell einheitlich abgebildet werden, sieht der Standardentwurf beim Leasinggeber zwei Bilanzierungsmöglichkeiten vor. Die Bilanzierung orientiert sich an der Frage, ob bei dem Leasinggeber wesentliche Risiken und Chancen bezüglich des Leasinggegenstandes verbleiben. Ist diese Frage zu bejahen, muss der Leasinggeber dem performance obligation approach folgen, andernfalls dem derecognition approach.

Performance oblibation approach

Bei dem performance obligation approach erscheinen in der Bilanz des Leasinggebers der Leasinggegenstand, das Recht auf Erhalt der Leasingzahlungen als Forderung und die Leistungsverpflichtung zur Nutzungsüberlassung. Kern-Charakteristikum dieser Variante ist das Nicht-Ausbuchen des Leasinggegenstandes. Er verbleibt auf der Aktivseite. Ihm wird allerdings in einer Art Bruttorechnung auf der Passivseite eine Schuldposition gegenübergestellt, die den Zugriff des Leasingnehmers auf den Leasinggegenstand repräsentiert. Die Erstbewertung der Forderung erfolgt mit der Summe des Barwertes der Leasingzahlungen, diskontiert mit dem vom Leasinggeber verlangten Zinssatz, und der anfänglichen direkten Kosten. Die Leistungsverpflichtung erfährt eine zur Forderung korrespondierende Erstbewertung. Analog zum Leasingnehmer erfolgt die Bewertung der Vermögenswerte und Schulden auf Basis der erwarteten Leasinggesamtlaufzeit und der entsprechend erwarteten Zahlungen.

Derecognition approach

Der derecognition approach erhält seinen Namen durch das teilweise Ausbuchen des Leasinggegenstandes beim Leasinggeber. Anders als der performance obligation approach folgt dieser Ansatz somit einer Art Nettorechnung. Ausgebucht wird derjenige Betrag, der das Nutzungsrecht des Leasingnehmers repräsentiert. Dabei wird das Nutzungsrecht nicht mit dem vollen Barwert der Leasingzahlungen wie beim performance obligation approach bewertet, sondern nur mit dem proportionalen Buchwertanteil. Der beim Leasinggeber verbleibende Teil des Leasinggegenstandes ist als Restwert zu klassifizieren, der die noch bei ihm verbleibenden Rechte an diesem Vermögenswert verkörpert. Durch die Anpassung über den proportionalen Buchwertanteil ist er nicht zwingend mit der Zusammenfassung von Leasinggegenstand und Leistungsverpflichtung im performance obligation approach identisch. Der derecognition approach sieht darüber hinaus einen mitunter erheblichen GuV-Effekt bei der Erstbewertung vor. Weil buchhalterisch der hier ebenfalls einzubuchenden Forderung auf Erhalt der Leasingzahlungen nur der Teil des Leasinggenstandes gegenübersteht, der das Nutzungsrecht des Leasingnehmers repräsentiert, wird die darüber hinausgehende Differenz GuV-wirksam. Im derecognition approach zeigt die Bilanz demnach eine Restwertposition als Nettogröße und, wie im performance obligation approach, eine leasinginduzierte Forderung.

In beiden Verfahren ist die Forderung in den Folgeperioden zu fortgeführten Anschaffungskosten unter Anwendung der Effektivzinsmethode zu bewerten. Wenn das Recht auf Erhalt der Leasingzahlungen in den Folgeperioden aufgrund äußerer Umstände im Verhältnis zur Ausgangssituation verändert wird, hat eine Anpassung der Forderungshöhe, letztlich der Leasingvertragslaufzeit unter Berücksichtigung der ggf. vorhandenen Optionen, Restwertgarantien und bedingten Leasingzahlungen zu erfolgen (reassessment). Die Bewertungsanpassung wirkt sich je nach Bilanzierungsmethode auch auf die Leistungsverpflichtung (performance obligation approach; die „normale" Folgebewertung der Leistungsverpflichtung bestimmt sich nach einem systematischen Verwendungsschema oder – sofern nicht bestimmbar – nach einem linearen Verlauf) bzw. auf den Restwert (derecognition approach; der Restwert wird grundsätzlich nicht mehr neu bewertet) aus. Anpassungen durch reassessment sind GuV-wirksam. Zudem hat der Leasinggeber zu jedem Berichtszeitpunkt gemäß IAS 39 zu bestimmen, ob die Forderung auf Erhalt der Leasingzahlungen im Wert gemindert ist (impairment). Diese Wertminderungen sind GuV-wirksam zu erfassen. Analog ist IAS 36 für die Restwertposition im derecognition approach anzuwenden.

Beispiel: Performance obligation approach
Über eine Maschine wird am 01.01.2010 ein Leasingvertrag mit einer Laufzeit von fünf Jahren geschlossen. Der Buchwert der Maschine beträgt 15 T€ (beizulegender Zeitwert 17 T€), die Nutzungsdauer 15 Jahre. Der Leasingvertrag enthält eine Option zur Kündigung nach drei Jahren. Die jährlichen nachschüssigen Leasingzahlungen betragen 1 T€. Der vom Leasinggeber verlangte Zins beträgt 7 %. Der Leasinggeber schätzt die Leasingdauer auf fünf Jahre, d.h. er geht davon aus, dass die Kündigungsoption nicht genutzt wird. Des Weiteren nimmt der Leasinggeber an, dass wesentliche Chancen und Risiken bezüglich des Leasinggegenstandes über die Gesamtnutzungsdauer bei ihm verbleiben.

Lösung
Da wesentliche Chancen und Risiken bezüglich des Leasinggegenstandes beim Leasinggeber verbleiben, ist nach dem performance obligation approach zu bilanzieren. Die Maschine bleibt damit in seiner Bilanz. Zu Beginn des Leasingverhältnisses bilanziert der Leasinggeber zudem die Forderung auf Erhalt der Leasingzahlungen und die Leistungsverpflichtung zur Nutzungsüberlassung als Leasingverbindlichkeit. Die Bewertung erfolgt korrespondierend zum Barwert der Leasingzahlungen diskontiert mit dem vom Leasinggeber verlangten Zinssatz.

01.01.2010:

Forderung	*an*	*Leasingverbindlichkeit*	*4.100*

In der Folge ist die Forderung zu fortgeführten Anschaffungskosten unter Anwendung der Effektivzinsmethode zu bewerten. Für die GuV-wirksame Folgebewertung der Leistungsverpflichtung wird hier ein linearer Verlauf unterstellt. Zudem muss der bereits bilanzierte Vermögenswert abgeschrieben werden.

31.12.2010:

Abschreibung		*an*	*Maschine*	*1.000*
Bank	*1.000*	*an*	*Forderung*	*713*
			Finanzertrag	*287*
				(= 4.100 · 7 %)
Leasingverbindlichkeit		*an*	*Leasingertrag*	*820*
				(= 4.100 / 5)

Beispiel: Derecognition approach

Unter Bezug auf das vorstehende Beispiel geht der Leasinggeber nun davon aus, dass wesentliche Chancen und Risiken bezüglich des Leasinggegenstandes nach Ende der Leasingdauer nicht bei ihm verbleiben. Dies könnte z.B. über eine reduzierte Nutzungsdauerschätzung oder über neue Verlängerungsoptionen gerechtfertigt werden.

Lösung

Zu Beginn des Leasingverhältnisses muss der Leasinggeber den Leasinggegenstand in der Höhe ausbuchen, die das Nutzungsrecht des Leasingnehmers repräsentiert. Der auszubuchende Betrag ergibt sich aus dem Verhältnis von Buchwert und Fair Value des zugrunde liegenden Vermögenswertes multipliziert mit dem Fair Value des Rechts auf Erhalt der Leasingzahlungen. Zudem bilanziert der Leasinggeber eine Forderung auf Erhalt der Leasingzahlungen zum Barwert der Leasingzahlungen. Die Differenz von Barwert und buchwertproportionalem Nutzungsrecht wird direkt als Nettoertrag erfasst.

01.01.2010:

Forderung	*4.100*			
Aufwand/Umsatzkosten	*3.618*	*an*	*Ertrag/Umsatzerlöse*	*4.100*
			Maschine	*3.618*
				(= 15.000 · 4.100 / 17.000)

In der Folge ist die Forderung zu fortgeführten Anschaffungskosten unter Anwendung der Effektivzinsmethode zu bewerten. Der beim Leasinggeber verbleibende Restwert des Leasinggegenstandes wird nicht mehr neu bewertet.

31.12.2010:

Bank 1.000	*an*	*Forderung*	*713*
		Finanzertrag	*287*
			(= 4.100 · 7 %)

Würdigung der Reformbestrebungen

Den Reformbestrebungen kann nicht abgesprochen werden, dass sie eine oftmals kritisierte und durchaus problematische Leasingbilanzierung abzuschaffen gedenken. Für die Bilanzierenden wird allerdings eine neue Ebene der Komplexität geschaffen, wenn sämtliche Leasingverträge auf Leasingnehmerseite anzusetzen und in ihren Nutzungswerten und Verbindlichkeiten erst- und folgebewertet werden müssen. Zudem ergeben sich konzeptionelle Fragen hinsichtlich der generellen Behandlung von Dauerschuldverhältnissen oder der Hinwendung zu einer stärkeren Nutzungsrechtsorientierung im Sinne der „property rights theory". Objektivierungsvorteilen durch das Entfallen der Klassifizierung von Leasingverhältnissen stehen auch Entobjektivierungen gegenüber: Das betrifft die Paketbewertung, nach der Optionen, Restwertgarantien und bedingte Leasingzahlungen mit in die Leasingposten gezogen und kombiniert bewertet werden, wie auch die damit zusammenhängende Abschätzung der wahrscheinlichen Leasinggesamtlaufzeit. Genauso wirkt wohl die neue, wenig konkrete Zuordnungsregel in der Leasinggeberbilanzierung. Die künftigen Strukturierungsanstrengungen sind unschwer zu erahnen, wenn alleine schon der drastische Ergebnisunterschied (umso drastischer, je höher die stillen Reserven ausfallen) zwischen diesen beiden Methoden in der Erstbewertung offenkundig wird.

Ergebnisse aus der Rechnungslegungsforschung

Die Rechnungslegungsforschung beschäftigt sich – primär fokussiert auf die Leasingnehmerseite – mit den antizipierten Wirkungen der Reformüberlegungen[9]. Stark im Operating-Leasing involvierte Branchen (z.B. der Einzelhandel, Mode- oder Luftfahrtunternehmen) würden veränderte Bilanzrelationen, insbesondere deutlich steigende Verschuldungsgrade erleiden. Dies mag die Kreditkonditionen verschlechtern. Allerdings nur, wenn Informationen über Leasingschulden außerhalb der Bilanz in der Kreditwürdigkeitsprüfung heute keine Berücksichtigung fänden. Die Simulationsergebnisse deuten auch an, dass manche Branchen überhaupt nicht von Leasing betroffen sind. Aber selbst die leasingintensiven Branchen sind in ihren Profitabilitäts- und kapitalmarktrelevanten Bewertungskennzahlen nur geringfügig tangiert. Zudem scheint der Effekt der Leasingreform symmetrisch zu wirken, d.h. er verändert nicht die relative Bewertung der Unternehmen untereinander. Eine zusätzliche Auswertung von Kommentierungsschreiben an das IASB deutet zudem an, wie die Betroffenen auf die Leasingreform reagieren. Neben der Erwartung, dass der Bilanzierungsaufwand für die Ersteller und Prüfer erheblich steigt, werden negative Auswirkungen auf wesentliche Bilanzkennzahlen erwartet. Dies führe zu einer Neu- bzw. Nachverhandlung von Verschuldungsgrenzen und Kreditlinien, zu Problemen bei der Beschaffung neuer Finanzierungsmöglichkeiten, einer Herabstufung im Rating und negativ beeinflussten Unternehmensbewertungen. Alle Interessengruppen antizipieren, dass sich die Laufzeiten von Leasingverträgen reduzieren, um die bilanzielle Verschuldung

9 Vgl. insbesondere *Fülbier, R.U./Lirio Silva, J./Pferdehirt, H.*, Impact of lease capitalization on the financial ratios of listed German companies, in: sbr, 60. Jg. (2008), S. 122-144.

zu minimieren. Einige erwarten sogar, dass Leasing als Finanzierungsalternative generell weniger attraktiv werde.

6 Wesentliche Unterschiede zum IFRS for SMEs

Keine wesentlichen Unterschiede

Zwischen IAS 17 und IFRS-SME.20 bestehen keine wesentlichen inhaltlichen Unterschiede. Auch nach IFRS-SME.20.4 ist eine Klassifizierung in Operating- oder Finanzierungsleasing vorzunehmen, die sich an zu IAS 17 identischen Beispielen und Indikatoren orientiert (IFRS-SME.20.5-6). Die aus der Klassifizierung resultierenden Ansatz- und Bewertungsregeln für Leasingnehmer und Leasinggeber sind weitestgehend deckungsgleich. Abweichungen sind insofern festzustellen, als einige Textstellen des IAS 17 mit leicht verändertem Wortlaut an andere Stellen im IFRS-SME.20 verschoben wurden. Einige erläuternde Textstellen des IAS 17 wurden nicht übernommen. Zudem fehlen in IFRS-SME.20 Hinweise, wie Leasingverhältnisse bei Grundstücken und Gebäuden behandelt werden sollen.

7 Wesentliche Unterschiede zum HGB

Steuerliche Leasingerlasse

Im deutschen HGB gibt es außer den allgemeinen Ansatz- und Bewertungsvorschriften keine speziellen Regeln zur Bilanzierung von Leasingverhältnissen. Allerdings findet sich in den Ansatzvorschriften des HGB seit Einführung des Bilanzrechtsmodernisierungsgesetzes (BilMoG) explizit der Hinweis auf die wirtschaftliche Betrachtungsweise (§ 246 Abs. 1 HGB). Dies zwingt zur Abstellung auf das wirtschaftliche, nicht das rechtliche Eigentum im Rahmen von Leasingverträgen. Die Regulierungsbegründung stellt indes klar, dass § 246 Abs. 1 HGB keine Änderung des bisherigen Rechtszustandes bedeutet. Demnach behalten die steuerlichen Leasingerlasse des Bundesministeriums der Finanzen (BMF)[10] ihre Bedeutung und sind in der Bilanzierungspraxis weiterhin heranzuziehen[11].

Im Rahmen der vorzunehmenden Klassifizierung steht das Finanzierungsleasing im Vordergrund, das in Voll- und Teilamortisationsverträge beweglicher sowie unbeweglicher Wirtschaftsgüter untergliedert wird. Als zentrales Abgren-

10 Vgl. z.B. *Bundesministerium der Finanzen* (1971), Ertragsteuerliche Behandlung von Leasing-Verträgen über bewegliche Wirtschaftsgüter, BMF-Schreiben vom 19.04.1971.

11 Vgl. *Bundesministerium der Justiz* (2008), Entwurf eines Gesetzes zur Modernisierung des Bilanzrechts vom 30.07.2008, abrufbar unter www.bmj.de (Stand 10.01.2011).

zungskriterium gilt die unkündbare Grundmietzeit. Das Operating-Leasing wird nicht thematisiert und bilanziell weitgehend dem Mietvertrag gleichgesetzt.

Die zentrale Frage, wer den Leasinggegenstand als wirtschaftlicher Eigentümer zu bilanzieren hat, ist nur durch Überprüfung weiterer Kriterien zu beantworten. Die BMF-Erlasse haben hier eine Fülle von Einzelkriterien entwickelt (z.B. wenn das Verhältnis der Grundmietzeit zur betriebsgewöhnlichen Nutzungsdauer bei Vollamortisationsverträgen über bewegliche Wirtschaftsgüter kleiner 40 % oder größer 90 % ist und darüber hinaus ein Kaufoptionsrecht mit einem Kaufpreis oberhalb des Restbuchwertes vereinbart wurde, hat der Leasingnehmer das Wirtschaftsgut zu aktivieren). Diese sind sehr viel quantitativer und präziser als die weiten und ermessensbehafteten IAS 17-Klassifikationskriterien (Chancen und Risiken), können daher über Vertragsgestaltung aber auch einfacher umgangen werden. Zudem kann tendenziell festgehalten werden, dass die deutsche Vorgehensweise höhere Anforderungen an das wirtschaftliche Eigentum knüpft und sich insofern stärker vom juristischen Eigentumskonzept leiten lässt. Die IFRS-Bilanzierung führt somit tendenziell eher zur Aktivierung beim Leasingnehmer.

Der Schwerpunkt der Leasingerlasse liegt bei den Ansatzfragen. Bewertungsfragen sind dort nur rudimentär abgehandelt. Verträge, bei denen der Leasinggegenstand dem Leasinggeber zugerechnet wird, werden eher wie Mietverträge nach den Grundsätzen für schwebende Geschäfte behandelt. Bei Zurechnung zum Leasingnehmer werden die Verträge wie Teilzahlungsgeschäfte bilanziert. Weitere Unterscheide liegen im Detail, z.B. sind anfängliche direkte Vertragsabschlusskosten nicht zu aktivieren und die Methode der Aufteilung in Zins- und Tilgungsanteil wird nicht explizit festgelegt.

8 Wesentliche Unterschiede zu US-GAAP

Vor der Neuordnung der US-GAAP im Jahr 2009 waren Leasingverhältnisse Gegenstand zahlreicher Verlautbarungen im US-GAAP-System (u.a. SFAS 13, 28, 66, 98, EITF 90-15). Zentrale Bedeutung hatte SFAS 13 „Accounting for Leases". Die Neuordnung der US-GAAP fasst die Verlautbarungen zur Leasingbilanzierung nun zu einem sachlogisch gegliederten Themengebiet (Topic) „Leases" (ASC 840) zusammen, das eine weitere Untergliederung in Unterthemen (subtopics) auf Basis des jeweiligen Transaktionstyps erfährt. Die darauffolgende Gliederungsebene (sections) unterteilt sodann in Leasingnehmer und Leasinggeber.

Zu inhaltlichen Veränderungen gegenüber SFAS 13 hat die Neuordnung der US-GAAP nicht geführt. Die auch nach ASC 840 vorzunehmende Klassifizierung der Leasingverträge in Operating- oder Finanzierungsleasing orientiert sich analog zu IAS 17 an der Verteilung der Risiken und Chancen. Ähnlich IAS 17.10 und 17.11 werden diesbezüglich Klassifikationskriterien vorgegeben, die allerdings abschließend und tendenziell auch konkreter formuliert sind. So gibt SFAS 13.7 / ASC 840-10-25 insbesondere klare quantitative Grenzen für das Verhältnis von Vertragslaufzeit und wirtschaftlicher Nutzungsdauer (75 %) oder Barwert der Leasingraten und beizulegendem Zeitwert des Leasinggegenstandes (90 %) vor.

Die Ansatz- und Bewertungsregeln von IAS 17 und US-GAAP sind von großen Gemeinsamkeiten geprägt; Unterschiede liegen nur in einigen Details.

Ausgewählte Literatur

Fülbier, R.U./Fehr, J., IASB und FASB machen Ernst mit der neuen Leasingbilanzierung: Der Standardentwurf zu „Leases" liegt vor, in: WPg, 63. Jg. (2010), S. 1019-1023,

Fülbier, R.U./Fehr, J., Aktueller Diskussionsstand im IASB/FASB-Leasingprojekt: Weiter Richtung full fair value?, in: PiR, 4. Jg. (2008), S. 181-188.

Leippe, B., Die Bilanzierung von Leasinggeschäften nach deutschem Handelsrecht und US-GAAP, Frankfurt a. M. u.a. 2002.

Pferdehirt, H., Die Leasingbilanzierung nach IFRS – Eine theoretische und empirische Analyse der Reformbestrebungen, Wiesbaden 2007.

Vater, H., Bilanzierung von Leasingverhältnissen nach IAS 17: Eldorado bilanzpolitischer Möglichkeiten?, in: DStR, 40. Jg. (2002), S. 2094-2100.

Übungsaufgaben

Aufgabe 1:

Die Produktion AG (Leasingnehmer) schließt am 01.01.2010 mit der Finanzierung AG (Leasinggeber) einen Leasingvertrag mit einer Laufzeit von drei Jahren für eine Maschine ab. Die wirtschaftliche Nutzungsdauer dieser Maschine beträgt wahrscheinlich ebenfalls drei Jahre. Zum Zeitpunkt des Vertragsabschlusses hat die Maschine einen beizulegenden Zeitwert von 3.000 T€. Ein Restwert von 300 T€ (200 T€ garantiert, 100 T€ nicht garantiert) wird angenommen. Als Leasingzahlungen sind jährlich 1.100 T€ vereinbart worden.

a) Berechnen Sie die Summe der Mindestleasingzahlungen, den dem Leasingverhältnis zu Grunde liegenden Zins, den Barwert der Mindestleasingzahlungen und die Brutto- sowie Nettoinvestition in das Leasingverhältnis.
b) Klassifizieren Sie das Leasingverhältnis.

c) Welche Buchungsvorgänge sind aus Sicht der Produktion AG für die Jahre 2010 bis 2012 zu berücksichtigen? Der Restwert von 300 T€ wird erreicht. Vernachlässigen Sie dabei eventuell anfallende latente Steuern.
d) Welche Buchungsvorgänge sind aus Sicht der Finanzierung AG für die Jahre 2010 bis 2012 zu berücksichtigen? Vernachlässigen Sie dabei eventuell anfallende latente Steuern.

Aufgabe 2:
Die Produktion AG verkauft 2010 der Finanzierung AG eine Maschine, um diese anschließend wieder zurück zu leasen. Die Maschine ist fünf Jahre alt und hat eine erwartete Gesamtnutzungsdauer von 10 Jahren. Sie ist für 2.000 T€ gekauft und bereits linear über die ersten 5 Jahre abgeschrieben worden; nach 10 Jahren ist sie wertlos. Der von der Finanzierung AG gezahlte Verkaufspreis beträgt 1.240 T€. Nehmen Sie an, die Produktion AG least den Gegenstand über die verbleibenden 5 Jahre zurück. Die Leasingraten betragen 300 T€ pro Jahr, zahlbar jeweils am Jahresende. Welche Buchungsvorgänge sind aus Sicht der Produktion AG für 2010 unter Vernachlässigung latenter Steuern zu berücksichtigen?

Kapitel 22 Währungsumrechnung

Der METRO-Konzern ist der weltweit drittgrößte Einzelhändler. Mit einem Umsatz von etwa 66 Mrd. € im Geschäftsjahr 2009 ist das Handelsunternehmen mit seinen über 286.000 Mitarbeitern weltweit tätig. Die verschiedenen Handelsformate verteilen sich auf 33 Länder der Kontinente Europa, Asien und Afrika. Aufgrund dieser Standortverteilung ergeben sich weltweite Absatzmärkte, weshalb der METRO-Konzern mehr als 60 % seiner Umsätze im Ausland tätigt. Aus diesem hohen ausländischen Umsatzanteil resultieren Chancen und Risiken für METRO. Diese Chancen hat der Konzern im dritten Quartal des Geschäftsjahres 2010 in seinen osteuropäischen Vertriebsländern ausnutzen können. Da die Wechselkurse der dortigen Währungen in diesem Zeitraum gegenüber dem Euro an Wert gewonnen hatten, wirkte sich dieser Wechselkurseffekt positiv auf die in Euro auszuweisenden Umsatzerlöse aus. Neben einer operativen Umsatzsteigerung in Landeswährung von 1,1 % sorgte der Währungseffekt dafür, dass METRO in Osteuropa ein Umsatzwachstum in Höhe von 7,1 % in Euro ausweisen konnte.

In der Rechnungslegung werfen diese internationalen Verflechtungen vielfältige Fragen auf und machen u.a. eine Währungsumrechnung erforderlich. Der IFRS-Konzernabschluss von METRO wird in Euro aufgestellt. Daher müssen die vielfältigen Fremdwährungstransaktionen sowie die aus ihnen resultierenden Bilanzpositionen und Erfolgskomponenten in diese Währung umgerechnet werden. Insbesondere wenn die Wechselkurse im Zeitablauf stark schwanken, kann die Währungsumrechnung erhebliche Auswirkungen auf das Konzernergebnis und das Konzerneigenkapital haben.

Lernziele

Nach der Lektüre dieses Kapitels sollten Sie wissen,

- wie Fremdwährungstransaktionen im IFRS-Abschluss erfasst werden und
- wie die Jahresabschlüsse ausländischer Tochterunternehmen, die in fremder Währung aufgestellt wurden, für die Einbeziehung in einen Konzernabschluss in die Konzernwährung umzurechnen sind.

1 Einleitung

Die zunehmende Internationalisierung der Kapital- und Gütermärkte hat dazu geführt, dass immer mehr Unternehmen vom Inland aus Geschäfte in fremden Währungen abschließen (Im- und Export) und/oder Tochterunternehmen, Gemeinschaftsunternehmen, assoziierte Unternehmen oder Niederlassungen (Betriebsstätte, Büro, Filiale etc.) unterhalten, die ihre Geschäftsbücher in einer Fremdwährung führen. Obwohl die IFRS als international ausgerichtetes Regelungssystem keine bestimmte Währung für die Erstellung von Abschlüssen vorschreiben, sondern die Wahl der Berichtswährung den Unternehmen überlassen, ist offensichtlich, dass alle in einen Jahresabschluss aufzunehmenden Geschäftsvorfälle in einer einheitlichen Währung abgebildet werden müssen. Aus diesen

Gründen sind sowohl Regeln zur Umrechnung von Fremdwährungsgeschäften im IFRS-Abschluss als auch solche zur Umrechnung von Fremdwährungsabschlüssen für die Einbeziehung in den IFRS-Konzernabschluss erforderlich.

Relevante Normen

Diese Regeln sind in IAS 21 „Auswirkungen von Änderungen der Wechselkurse" (The Effects of Changes in Foreign Exchange Rates) enthalten. IAS 21 ist wie folgt aufgebaut: Im Anschluss an Zwecksetzung (IAS 21.1-2) und Anwendungsbereich (IAS 21.3-7) wird eine Reihe von zentralen Begriffen definiert (IAS 21.8-16). Die grundlegende, bei der Währungsumrechnung zu befolgende Vorgehensweise wird in IAS 21.17-19 geschildert. IAS 21.20-37 behandeln die Frage, wie Fremdwährungstransaktionen in der sog. funktionalen Währung (functional currency) darzustellen sind. Anschließend wird erläutert, wie bei einem Abweichen von funktionaler Währung und Berichtswährung (presentation currency) vorzugehen ist (IAS 21.38-49). IAS 21.50 stellt klar, dass auf Steuerwirkungen aus der Währungsumrechnung IAS 12 anzuwenden ist. IAS 21.51-57 legen Angabepflichten im Zusammenhang mit der Währungsumrechnung fest, während Inkrafttreten und Übergangsvorschriften in IAS 21.58-60 geregelt sind. IAS 21.61-62 schließlich weisen darauf hin, dass durch die aktuelle Version von IAS 21 die Vorversion des Standards sowie die Interpretationen SIC-11, SIC-19 und SIC-30 ihre Gültigkeit verlieren. Die Interpretation SIC-7 (Einführung des Euro) stellt klar, dass die Vorschriften des IAS 21 ebenfalls für Länder herangezogen werden sollen, die in späteren Phasen der Eurozone beitreten.

In Form einer Änderung an IAS 21 im Jahr 2005 wurde der Umgang mit Umrechnungsdifferenzen aus Nettoinvestitionen in einen ausländischen Geschäftsbetrieb geregelt. Die Anwendung dieser Ergänzungen ist seit 2005 verpflichtend. Zudem regelt IAS 29 „Rechnungslegung in Hochinflationsländern" (Financial Reporting in Hyperinflationary Economies) die Berücksichtigung hoher Kaufkraftverluste bei der Währungsumrechnung. Dieser Standard wird durch die Interpretation IFRIC 7 „Anwendung des Anpassungsansatzes unter IAS 29" ergänzt. Hier wird geregelt, inwieweit Anpassungen vorzunehmen sind, wenn ein Unternehmen in der funktionalen Währung eines in der laufenden Berichtsperiode erstmals hochinflationären Landes bilanziert.

Konzeption

Die buchhalterische Erfassung und Bewertung der unternehmerischen Tätigkeit soll nach Ansicht des IASB in der Währung des primären wirtschaftlichen Umfeldes des Unternehmens erfolgen, in der dieses seine wesentlichen Transaktionen durchführt. Dies wäre für ein in Deutschland ansässiges Unternehmen, das auch seine Geschäftsbücher in Landeswährung führt, der Euro. Alternativ wäre aber auch denkbar, dass ein deutsches Unternehmen aufgrund seiner Fokussierung auf den US-amerikanischen Markt sämtliche Geschäfte in US-Dollar fakturiert.

Funktionale Währung

Die Währung des primären wirtschaftlichen Umfeldes wird als funktionale Währung (functional currency) bezeichnet. Das IASB stellt es den IFRS-Anwendern jedoch grundsätzlich frei, in welcher Berichtswährung (presentation currency) sie ihre Abschlüsse präsentieren wollen.

Die Notwendigkeit der Währungsumrechnung ergibt sich folglich daraus,

- dass nicht zwingend alle Geschäfte in der funktionalen Währung, sondern fallweise in Fremdwährungen abgeschlossen werden (Fremdwährungsgeschäfte)[1],
- dass ausländische Geschäftsbetriebe innerhalb eines Konzernverbundes (foreign operations) in unterschiedlichen Währungsräumen tätig sind, deren funktionale Währungen ggf. von derjenigen des Mutterunternehmens abweichen und
- dass sich funktionale Währung und Berichtswährung voneinander unterscheiden können.

2 Bilanzielle Abbildung von Fremdwährungsgeschäften

Bestimmung der funktionalen Währung

Für die Währungsumrechnung ist das Konzept der funktionalen Währung von zentraler Bedeutung. Erst durch die Festlegung einer funktionalen Währung zeigt sich, welche Geschäfte aus der Perspektive eines Unternehmens als Fremdwährungsgeschäfte gelten. Gemäß IAS 21.8 ist die funktionale Währung eines Unternehmens die Währung desjenigen wirtschaftlichen Umfeldes, in dem das Unternehmen hauptsächlich tätig ist, also im Regelfall dasjenige, in welchem es primär seine Zahlungsmittelzu- und -abflüsse generiert (IAS 21.9). IAS 21.9-14 enthalten konkrete Anhaltspunkte für die Bestimmung der funktionalen Währung in Zweifelsfällen. In erster Linie ist gemäß IAS 21.9 darauf abzustellen, auf welche Währung der Großteil der Umsatzerlöse und -kosten des Unternehmens lautet und in welcher Währung die zugehörigen Transaktionen abgewickelt werden. Erst in zweiter Linie sind die Währung der Finanzierungsvorgänge sowie andere Faktoren relevant.

Änderung der funktionalen Währung

Einmal bestimmt, wird die funktionale Währung nur dann geändert, wenn sich das wirtschaftliche Umfeld des Unternehmens grundlegend wandelt (IAS 21.13). IAS 21.35-37 regeln, dass eine Änderung der funktionalen Währung prospektiv zu buchen ist. Folglich werden die bisherigen Beträge mit dem zum Zeitpunkt der Änderung geltenden Wechselkurs in die neue funktionale Währung umgerechnet.

Hochinflationsländer

In Hochinflationsländern kann der Kaufkraftverlust während einer Abrechnungsperiode so hoch sein, dass der intertemporäre Vergleich von Beträgen in nominaler Landeswährung, denen Geschäftsvorfälle oder sonstige Ereignisse aus unterschiedlichen Zeiträumen zugrunde liegen, erschwert ist. Ist die funktionale Währung eines Unternehmens die eines Hochinflationslandes, muss das Unternehmen seine Abschlüsse daher gemäß IAS 29 in einer einheitlichen, am Bilanz-

1 Dementsprechend bezeichnet IAS 21.8 als Fremdwährung aus Sicht eines Unternehmens jede Währung, die nicht dessen funktionale Währung.

stichtag geltenden Maßeinheit aufstellen. Hierzu ist ggf. eine Anpassung von Bilanz- und Erfolgsrechnungspositionen mit Hilfe eines allgemeinen Preisindexes erforderlich. Diese Anpassung ist auch für Vergleichszahlen aus Vorperioden vorzunehmen.

Ansatz und Erstbewertung

Fremdwährungsgeschäfte, also Geschäfte, die nicht auf die funktionale Währung des Unternehmens lauten oder in ihr abgerechnet werden (IAS 21.20), werden für ihre erstmalige buchhalterische Erfassung in der funktionalen Währung mit dem Stichtagskurs umgerechnet (IAS 21.21). Hierbei handelt es sich um den zum Transaktionszeitpunkt (date of the transaction) gültigen Devisenkassakurs (spot exchange rate)[2]. Als Transaktionszeitpunkt gilt dabei derjenige Zeitpunkt, zu dem der betreffende Geschäftsvorfall nach den IFRS erstmalig zu erfassen ist (IAS 21.22). Der Einfachheit halber dürfen wöchentliche oder monatliche Durchschnittskurse für die Umrechnung aller Geschäftsvorfälle der jeweiligen Periode verwendet werden, außer bei signifikanten Schwankungen des Wechselkurses innerhalb der Betrachtungsperiode.

Beispiel 22.1

Die X AG kauft am 15.06.2010 15.000 Barrel Erdöl zu je 86,52 US-$. Die funktionale Währung der X AG sei der Euro. Der Devisenkassakurs betrug am 15.06.2010 1,36 US-$ je Euro. Die Umrechnung dieses Fremdwährungsgeschäftes erfolgt mit dem Devisenkassakurs zum Transaktionszeitpunkt, also am 15.06.2010. In der funktionalen Währung (Euro) bucht die X AG also ihre Anschaffungskosten von (15.000 · 86,52 / 1,36 =) 954,26 T€ wie folgt:

Vorräte *an* *Bank* *954,26 T€*

Folgebewertung

Bei der Folgebewertung von Bilanzpositionen, die auf eine Fremdwährung lauten, soll erreicht werden, dass diese im Abschluss so erscheinen, als seien sie originär in der funktionalen Währung gebucht worden (IAS 21.34). Dies entspricht einer Währungsumrechnung nach der aus dem sog. Äquivalenzprinzip folgenden Zeitbezugsmethode[3]. Zu den Bilanzpositionen, die auf eine Fremdwährung lauten, zählen etwa solche, die in einer ausländischen Betriebsstätte in der Landeswährung geführt werden. Bei der Währungsumrechnung nach der Zeitbezugsmethode ist zwischen verschiedenen Kategorien von Bilanzpositionen zu unterscheiden (IAS 21.23):

Monetäre Posten

- Monetäre Posten (monetary items) in Fremdwährung werden mit dem Stichtagskurs am Bilanzstichtag umgerechnet. Monetäre Posten sind gemäß IAS 21.8 Währungsbestände des Unternehmens sowie Vermögenswerte bzw. Schulden, für die das Unternehmen einen festen oder bestimmbaren (Nominal-) Betrag an Währungseinheiten erhalten wird oder zahlen muss. Hierunter fallen alle Fremdwährungsforderungen und -verbindlichkeiten. Zu den in

2 Der Standard lässt dabei offen, ob der Geld-, der Brief- oder der Mittelkurs heranzuziehen ist. Vgl. *Schmidbauer, R.*, Die Fremdwährungsumrechnung nach deutschem Recht und nach den Regelungen des IASB – Vergleichende Darstellung unter Berücksichtigung von DRS 14 und den Änderungen von IAS 21, in: DStR, 42. Jg. (2004), S. 700.

3 Vgl. *Busse von Colbe et al.*, Konzernabschlüsse, S. 171-181.

IAS 21.16 aufgelisteten Beispielen für monetäre Posten gehören Pensions- und ähnliche Verpflichtungen, die in bar zu begleichen sind, sowie zu zahlende Dividenden. Auch wenn das Unternehmen beispielsweise verpflichtet ist, eine variable Anzahl seiner eigenen Anteile oder anderer Vermögenswerte anstelle von Geldmitteln zu übereignen, liegt ein monetärer Posten vor, wenn sich der geschuldete Betrag als feste oder bestimmbare Menge an Währungseinheiten ausdrücken lässt.

Beispiel 22.2

Die X AG geht am 15.07.2010 eine Fremdwährungsverbindlichkeit in Höhe von 500.000 russischen Rubel (RUB) ein. Zum Transaktionszeitpunkt betrug der Devisenkassakurs 35,1 RUB je Euro. Damit erfolgt der Erstansatz der Verbindlichkeit mit (500.000 / 35,1 =) 14.245 €. Am 31.12.2010 lautet der Kassakurs 36 RUB je Euro, so dass am Bilanzstichtag lediglich (500.000 / 36 =) 13.888 € als Verbindlichkeit auszuweisen sind.

Nicht-monetäre Posten

- Bei der Umrechnung nicht-monetärer Posten ist zu differenzieren, nach welchem Folgebewertungsverfahren diese behandelt werden. Nicht-monetäre Posten, die mit den historischen Anschaffungs- oder Herstellungskosten zu Buche stehen, werden mit dem historischen Wechselkurs umgerechnet, der zum Zeitpunkt des Anschaffungs- bzw. Herstellungsvorganges galt. Dies gilt auch für die Aufwendungen und Erträge, die mit diesen Posten in Zusammenhang stehen, wie etwa Abschreibungen[4].
- Demgegenüber werden nicht-monetäre Posten, die mit dem beizulegenden Zeitwert bewertet werden, mit dem Wechselkurs zum Zeitpunkt der letztmaligen Wertermittlung (also beispielsweise zum Zeitpunkt der Neubewertung nach IAS 16) umgerechnet. Gleiches gilt für die entsprechenden Aufwendungen und Erträge.

Beispiel 22.3

Die X AG besitzt in Toronto ein als Finanzinvestition gehaltenes Bürogebäude, das sie nach IAS 40 mit dem beizulegenden Zeitwert bewertet. Die letztmalige Zeitwertermittlung erfolgte am 01.08.2010 und ergab einen Wert von 50 Mio. kanadischen Dollar (CAD). Zu diesem Zeitpunkt stand der EURO bei 1,63 CAD. Zum Abschlussstichtag am 31.12.2010 beträgt der EURO-Kurs 1,60 CAD. Als Buchwert für das Bürogebäudes ist im IFRS-Abschluss zum 31.12.2010 der X AG ein Betrag von (50 / 1,63 =) 30,67 Mio. € anzusetzen.

Niederstwerttest

- Daraus folgt, dass auch für außerplanmäßige Abschreibungen der Wechselkurs zum Zeitpunkt des Werthaltigkeitstests maßgeblich ist[5].
- Steht ein nicht-monetärer Posten mit einem Fremdwährungsbetrag zu Buche, der Resultat eines Niederstwerttests etwa nach IAS 2 oder IAS 36 ist, so ist dieser Niederstwerttest um eine Berücksichtigung der Wechselkursentwicklung zu erweitern (IAS 21.25).

4 Vgl. *Oechsle/Müller/Doleczik*, IAS-Kommentar, IAS 21, Tz. 60.
5 Vgl. *Oechsle/Müller/Doleczik*, IAS-Kommentar, IAS 21, Tz. 62.

Beispiel 22.4

Eine britische Betriebsstätte der X AG hat am 01.04.2010 zum Preis von 100 T£ ein Grundstück erworben. Am 15.10.2010 wurden auf dem Grundstück erhebliche Altlasten entdeckt. Ein Niederstwerttest nach IAS 36 ergab einen erzielbaren Betrag von 90 T£ am 15.10.2010. Aufgrund der hieraus resultierenden Wertminderung von 10 T£ steht das Grundstück am 31.12.2010 mit 90 T£ in den Büchern der britischen Betriebsstätte. Der Wechselkurs habe sich in diesem Zeitraum wie folgt entwickelt:

	01.04.2010	**15.10.2010**	**31.12.2010**
1 € entspricht …	0,70 £	0,65 £	0,66 £

Gemäß IAS 21.25 sind am Bilanzstichtag nun die Anschaffungskosten in Pfund Sterling, umgerechnet mit dem historischen Kurs zum Transaktionszeitpunkt (01.04.2010), mit dem erzielbaren Betrag in Pfund Sterling, umgerechnet mit dem Wechselkurs, der bei dessen Ermittlung (15.10.2010) galt, zu vergleichen:

Anschaffungskosten am 01.04.2010 / Wechselkurs am 01.04.2010	**Erzielbarer Betrag am 15.10.2010 / Wechselkurs am 15.10.2010**
100 T£ / 0,70 = 142,86 T€	90 T£ / 0,65 = 138,46 T€

In diesem Beispiel zeigt sich, dass die in Pfund Sterling eingetretene Wertminderung durch den Kursgewinn des Pfund teilweise kompensiert wurde[6]. Der Wertminderung in Höhe von (100 T£ / 0,70 - 90 T£ / 0,70 =) 14,29 T€ stehen Wechselkursgewinne von (90 T£ / 0,65 - 90 T£ / 0,70 =) 9,89 T€ entgegen. Das Grundstück wird mit 138,46 T€ bilanziert, so dass insgesamt ein Wertverlust von (142,86 - 138,46 =) 4,40 T€ entsteht. Im IFRS-Abschluss der X AG sind daher folgende Buchungen vorzunehmen:

Grundstück	*an*	*Ertrag aus WU*	*9,89 T€*
Abschreibung	*an*	*Grundstück*	*14,29 T€*

Umrechnungsdifferenzen und Wechselkurserfolge

Umrechnungsdifferenzen entstehen, wenn ein Fremdwährungsbetrag im Zeitablauf mit unterschiedlichen Wechselkursen umgerechnet wird (IAS 21.8). Grundsätzlich sind hier zwei Fälle denkbar: Umrechnungsgewinne bzw. Umrechnungsverluste entstehen, wenn in der Berichtsperiode Fremdwährungsforderungen eingezahlt oder Fremdwährungsverbindlichkeiten beglichen werden und der tatsächlich realisierte Wechselkurs vom Umrechnungskurs des letzten Bilanzstichtags abweicht. Umrechnungserfolge entstehen aber auch dann, wenn am Bilanzstichtag z.B. noch bestehende Fremdwährungsforderungen bzw. Fremdwährungsverbindlichkeiten aufgrund von Wechselkursänderungen neu bewertet werden müssen.

6 Auf derartige Kompensationswirkungen wird in IAS 21.25 explizit hingewiesen.

Erfassung bei monetären Posten

Bei monetären Posten sind solche Wechselkursgewinne bzw. Wechselkursverluste, die aus der Umrechnung mit unterschiedlichen Stichtagskursen resultieren, GuV-wirksam zu erfassen.

Beispiel 22.5

Die X AG hält seit dem 31.12.2009 unverändert eine Devisenposition von 12 Mio. japanischen Yen. Am 31.12.2009 wurde dieser monetäre Posten mit einem Stichtagskurs von 129 ¥ je Euro umgerechnet, stand also mit (12.000 / 129 =) 93,02 T€ in der IFRS-Bilanz der X AG. Am 31.12.2010 beträgt der Devisenkassakurs 136 ¥ je Euro. Der Yen-Bestand ist folglich nun mit (12.000 / 136 =) 88,24 T€ anzusetzen. Die X AG bucht den resultierenden Wechselkursverlust von (93,02 - 88,24 =) 4,78 T€ wie folgt:

Aufwand aus WU *an* *Devisenposition* *4,78 T€*

Monetärer Posten als Teil einer Nettoinvestition in einen ausländischen Geschäftsbetrieb

Eine Ausnahme gilt für Umrechnungsdifferenzen bei monetären Posten, die Teil einer Nettoinvestition in einen ausländischen Geschäftsbetrieb (foreign operation) sind. Solche monetären Posten werden gemäß IAS 21.32 in dem (Konzern-)Abschluss, in den sowohl das berichterstattende Unternehmen als auch der ausländische Geschäftsbetrieb (als Tochterunternehmen, Gemeinschaftsunternehmen, assoziiertes Unternehmen oder Niederlassung) einbezogen wird, zunächst innerhalb des sonstigen Ergebnisses berücksichtigt und innerhalb des Eigenkapitals gesondert ausgewiesen. Erst bei Veräußerung des ausländischen Geschäftsbetriebes wird diese Eigenkapitalposition GuV-wirksam aufgelöst (IAS 21.48)[7]. Als ausländische Geschäftsbetriebe definiert IAS 21.8 alle Tochter-, Gemeinschafts- oder assoziierten Unternehmen sowie alle Niederlassungen des berichterstattenden Unternehmens, deren Geschäftstätigkeit primär in einem anderen Land oder Währungsraum durchgeführt wird. Als Teile einer Nettoinvestition in einen solchen ausländischen Geschäftsbetrieb gelten gemäß IAS 21.15 langfristige Forderungen an den oder Verbindlichkeiten gegenüber dem ausländischen Geschäftsbetrieb, deren Begleichung in absehbarer Zukunft weder geplant noch wahrscheinlich ist. Mithilfe des Amendments vom Dezember 2005 wird dahingehend eine Konkretisierung vorgenommen, als dass kein unmittelbares Schuldverhältnis zwischen berichtendem Unternehmen und dem ausländischen Geschäftsbetrieb bestehen muss, damit eine Nettoinvestition vorliegt (IAS 21.15A). Als mögliche Fälle sind daher denkbar:

- Die Herausgabe eines Darlehens durch eine vollzukonsolidierende Tochtergesellschaft an ein eigenes vollzukonsolidierendes Tochterunternehmen.
- Die Einräumung eines Darlehens durch eine vollzukonsolidierende Tochtergesellschaft an eine Schwestergesellschaft.

7 Im Einzelabschluss des berichterstattenden Unternehmens (wenn eine Niederlassung vorliegt) bzw. im Einzelabschluss des ausländischen Geschäftsbetriebes selbst (wenn dieser eine eigenständige Rechtseinheit bildet) sind diese Umrechnungsdifferenzen allerdings gemäß dem Grundsatz in IAS 21.28 GuV-wirksam zu behandeln (IAS 21.32). Die GuV-neutrale Erfassung wird ggf. zum Teil durchbrochen, wenn der monetäre Posten auf eine Drittwährung lautet und zunächst in die funktionale Währung des berichterstattenden Unternehmens bzw. des ausländischen Geschäftsbetriebes umgerechnet werden muss.

In beiden Fällen liegt aus Sicht des Mutterunternehmens eine Nettoinvestition in einen ausländischen Geschäftsbetrieb vor.

Erfassung bei nicht-monetären Posten

Wie erläutert werden nicht-monetäre Posten mit dem Wechselkurs umgerechnet, der zum jeweiligen Zeitpunkt der Ermittlung ihres Fremdwährungs-Buchwertes galt. Treten hierbei Erfolge auf, so werden die hierin enthaltenen Wechselkurskomponenten (exchange component) wie die entsprechenden Gewinne oder Verluste aus der Bewertung entweder GuV-wirksam oder innerhalb des sonstigen Ergebnisses erfasst (IAS 21.30).

GuV-wirksame Erfassung

- Bei nicht-monetären Posten, deren Wertänderungen GuV-wirksam erfasst werden, sind auch die entsprechenden Wechselkurskomponenten GuV-wirksam zu buchen. Hierzu zählen etwa Aktien, die nach IAS 39 als Handelsbestand (trading) klassifiziert werden, oder als Finanzinvestition gehaltenene Immobilien, die nach IAS 40 nach dem Modell des beizulegenden Zeitwertes bewertet werden.

Berücksichtigung im sonstigen Ergebnis

- Entsprechend sind bei nicht-monetären Posten, deren Wertänderungen im sonstigen Ergebnis erfasst werden, auch die entsprechenden Wechselkurskomponenten nicht GuV-wirksam zu buchen. Hiervon betroffen sind beispielsweise Sachanlagen, die nach der Neubewertungsmethode gemäß IAS 16 bilanziert werden, oder zur Veräußerung verfügbare (available for sale) Finanzinstrumente gemäß IAS 39.

Beispiel 22.6

Die X AG hält in ihrer available for sale-Kategorie 5.000 Aktien der in New York in US-Dollar notierten Flex Corporation. Folgende Tabelle zeigt die Kursentwicklung der Flex-Aktie, die Wechselkursentwicklung von US-Dollar und Euro sowie die daraus resultierenden, nach IAS 21.23(c) ermittelten Wertansätze des Flex-Aktienpaketes im IFRS-Abschluss der X AG:

	31.12.2009	**31.12.2010**
Kurs der Flex-Aktie (in US-$)	23,45	17,67
1 € entspricht …	1,25 US-$	1,15 US-$
Wertansatz der Flex-Aktien im IFRS-Abschluss der X AG	5.000 · 23,45 / 1,25 = 93.800 €	5.000 · 17,67 / 1,15 = 76.826 €

In diesem Beispiel zeigt sich, dass der Aktienkursverlust in US-$ durch den Kursgewinn des US-$ teilweise kompensiert wurde. Der Wertminderung in Höhe von (93.800 - 5.000 · 17,67 / 1,25 =) 23.120 € stehen Wechselkursgewinne aus dem Halten der Flex-Aktien von (5.000 · 17,67/ 1,15 - 5.000 · 17,67/ 1,25 =) 6.146 € entgegen. Dieser ist – ebenso wie die „Aktienkurskomponente" der Wertminderung – im sonstigen Ergebnis zu erfassen. Die Aktien werden mit 76.826 € bilanziert, so dass insgesamt ein Wertverlust von (93.800 - 76.826 =) 16.974 € entsteht. Im IFRS-Abschluss der X AG sind daher folgende Buchungen vorzunehmen:

Sonst. Ergebnis FI	*an*	*Wertpapier*	*23.120 €*
Wertpapier	*an*	*Ertrag aus WU*	*6.146 €*

3 Umrechnung von in Fremdwährung aufgestellten Abschlüssen

Funktionale Währung

Auch bei der Umrechnung von Fremdwährungsabschlüssen ist das Konzept der funktionalen Währung von entscheidender Bedeutung. Je nach funktionaler Währung eines ausländischen Geschäftsbetriebs ist bei der Währungsumrechnung differenziert vorzugehen[8]. IAS 21.11 legt spezielle Kriterien fest, die zusätzlich zu den in IAS 21.9-10 formulierten Faktoren bei der Frage heranzuziehen sind, welche Währung die funktionale Währung eines Tochterunternehmens ist. Hier geht es in erster Linie um den Grad an Selbständigkeit, den das ausländische Tochterunternehmen in seiner Geschäftstätigkeit besitzt: Von unselbständigen Tochterunternehmen, die als „verlängerter Arm" des Mutterunternehmens betrieben werden, wird vermutet, dass ihre funktionale Währung die des Mutterunternehmens ist. Dagegen hat ein selbstständiges, in einem anderen Währungsraum relativ autonom agierendes Tochterunternehmen in der Regel eine eigene, von der des Mutterunternehmens abweichende funktionale Währung. In Zweifelsfällen sollen die in IAS 21.9 enthaltenen Kriterien gegenüber den in IAS 21.10-11 genannten Faktoren in den Vordergrund treten, da in ihnen der Gedanke einer wirtschaftlichen Betrachtungsweise stärker zum Ausdruck kommt (IAS 21.BC9).

Beispiel 22.7

Als Beispiel für die erste Kategorie (unselbständige Tochterunternehmen) nennt IAS 21.11 eine reine Vertriebsgesellschaft, die vom Mutterunternehmen importierte Produkte auf einem ausländischen Markt verkauft und die erzielten Umsatzerlöse an das Mutterunternehmen transferiert.

Im Gegensatz dazu ist von hoher Selbständigkeit in der Regel dann auszugehen, wenn ein Tochterunternehmen liquide Mittel, Forderungen und Verbindlichkeiten sowie Aufwendungen und Erträge in seiner lokalen Währung generiert und auch seine eigene Finanzierung vornehmlich in dieser Währung sicherstellt.

Unselbständige Tochterunternehmen: Zeitbezugsmethode

Weil für relativ unselbständige Tochterunternehmen die funktionale Währung des Mutterunternehmens gilt, müssen deren Geschäftsvorfälle gedanklich ebenso umgerechnet werden wie die Fremdwährungsgeschäfte des Mutterunternehmens selbst: Die Fremdwährungsabschlüsse unselbständiger Tochterunternehmen werden folglich so in die funktionale Währung des Mutterunternehmens umgerechnet, als wären ihre Geschäftsvorfälle originär in dieser Währung gebucht worden (IAS 21.23-34). Daher ist in diesen Fällen die sog. Zeitbezugsmethode anzuwenden, die konzeptionell aus dem oben erläuterten Äquivalenzprinzip folgt. Die Währungsumrechnung wird damit zu einem Bewertungsvorgang, um

8 Die Umrechnung von Fremdwährungsabschlüssen ist in erster Linie relevant, wenn ein ausländisches Tochterunterunternehmen in den IFRS-Konzernabschluss des Mutterunternehmens einbezogen werden soll. Daher ist im Folgenden an Stelle der Begriffe „ausländischer Geschäftsbetrieb" und „berichterstattendes Unternehmen" vereinfachend von „Tochterunternehmen" bzw. „Mutterunternehmen" die Rede.

die Geschäftsvorfälle des Tochterunternehmens, die integraler Bestandteil der Tätigkeit des Mutterunternehmens sind, zutreffend abzubilden.

Beispiel 22.8[9]

Die X AG erwirbt Mitte 2009 die US-amerikanische Z Corp. und betreibt diese als unselbständiges Tochterunternehmen. Das Anlagevermögen der Z Corp. stammt aus dem Erwerbszeitpunkt. Bei Umlaufvermögen und Fremdkapital handelt es sich um monetäre Posten. Die Wechselkursentwicklung wird in folgender Übersicht wiedergegeben:

Zeitpunkt	**Kurs**	**Kursart**
Erwerbszeitpunkt der Z Corp.	1 € = 1,00 $	Historischer Kurs (HK)
31.12.2009	1 € = 1,00 $	Stichtagskurs (StK)
31.12.2010	1 € = 1,40 $	Stichtagskurs (StK)
Durchschnittskurs in 2010	1 € = 1,30 $	Durchschnittskurs (DK)

Ende 2009 wird die Bilanz der Z-Corp. erstmalig nach der Zeitbezugsmethode umgerechnet. Da der historische Kurs (Erwerbszeitpunkt) und der Stichtagskurs am 31.12.2009 übereinstimmen, ergibt sich für diesen Bilanzstichtag eine bilanzielle Umrechnungsdifferenz von Null.

Bilanz der Z Corp. zum 31.12.2009				
	T US-$	**Kurs**	**Kursart**	**T€**
Anlagevermögen	1.000	1,00	HK	1.000
Umlaufvermögen	1.000	1,00	StK	1.000
Summe Aktiva	2.000			2.000
Gezeichnetes Kapital	600	1,00	HK	600
Rücklagen	400	1,00	HK	400
Fremdkapital	1.000	1,00	StK	1.000
Summe Passiva	2.000			2.000

Für die Folgeperiode 2010 sind folgende Zusatzinformationen zu berücksichtigen. Die Rücklagen der Z Corp. haben sich wie folgt entwickelt:

9 Die hier präsentierte, theoretisch korrekte Vorgehensweise ist relativ aufwendig und wird daher in der Praxis möglicherweise nicht durchgängig gewählt. Eine in der Praxis ebenfalls verbreitete, vereinfachende Vorgehensweise findet sich bei *Oechsle/Müller/Doleczik,* IAS-Kommentar, IAS 21, Tz. 93.

Entwicklung der Rücklagen der Z Corp. in 2010	**T US-$**
Rücklagen zum 01.01.2010	400
– in 2010 gezahlte Dividenden (Wechselkurs: 1 € = 1,00 US-$)	-100
+ Gewinn des Jahres 2010	300
= Rücklagen zum 31.12.2010	600

Die US-Dollar-GuV der Z Corp. für 2010 sieht wie folgt aus:

GuV der Z Corp. für den Zeitraum vom 01.01. - 31.12.2010	**T US-$**
Umsatzerlöse	1.000
– Abschreibungen	-200
– übrige Aufwendungen	-500
= Gewinn	300

Ende 2010 ist der US-$-Abschluss der Z Corp. erneut in Euro umzurechnen, um die Z Corp. in den IFRS-Abschluss der X AG einbeziehen zu können. Die Bilanzposten werden mit den jeweils relevanten Kursen umgerechnet. Das aus der GuV zu übernehmende Euro-Gewinn bringt die Bilanz zum Ausgleich.

Bilanz der Z Corp. zum 31.12.2010				
	T US-$	**Kurs**	**Kursart**	**T€**
Anlagevermögen	800	1,00	HK	800
Umlaufvermögen	1.400	1,40	StK	1.000
Summe Aktiva	2.200			1.800
Gezeichnetes Kapital	600	1,00	HK	600
Rücklagen	300	1,00	HK	300
Gewinn	300	*	*	186
Fremdkapital	1.000	1,40	StK	714
Summe Passiva	2.200			1.800
* ermittelt als Residualgröße in der Bilanz (1.800 - 600 - 300 - 714 = 186)				

Der Euro-Gewinn ergibt sich nicht als Saldo der umgerechneten Aufwendungen und Erträge (vorläufiger Saldo). Es wird als Residualgröße in der Bilanz ermittelt. Der auf diese Weise errechnete Euro-Gewinn weicht aufgrund von Umrechnungsdifferenzen vom vorläufigen Saldo ab. Diese Differenzen lassen sich in die GuV-Umrechnungsdifferenz und die Veränderung der bilanziellen Umrechnungsdifferenz unterteilen, welche beide GuV-wirksam in der GuV erfasst werden. Die GuV-Umrechnungsdifferenz ergibt sich dadurch, dass in der GuV statt mit Stichtagskursen mit Durchschnittskursen umgerechnet wird.

Die Ergebniswirkungen der Wechselkursänderung (von 1 € = 1,00 US-$ auf 1 € = 1,40 US-$) bezogen auf einzelne Bilanzpositionen sorgen für die Veränderung der bilanziellen Umrechungsdifferenz.

GuV der Z Corp. (01.01. - 31.12.2010)	**T US-$**	**Kurs**	**Kursart**	**T€**
Umsatzerlöse	1.000	1,30	DK	769
– Abschreibungen	-200	1,00	HK	-200
– übrige Aufwendungen	-500	1,30	DK	-385
(Vorläufiger) Saldo der umgerechneten Aufwendungen und Erträge				184
Gewinn	300			186
Saldo der Umrechnungsdifferenzen				2
– GuV-Umrechnungsdifferenz*				-27
– Verlust im Umlaufvermögen aus Wechselkursänderung**			-257	
+ Gewinn im Fremdkapital aus Wechselkursänderung***			+286	
Veränderung der bilanziellen Umrechnungsdifferenz[10]				+29

* Die GuV-Umrechnungsdifferenz resultiert, wenn der Saldo der mit Durchschnittskursen umgerechneten Aufwendungen und Erträge ((1.000 - 500) / 1,30) von dem Betrag abgezogen wird, der sich aus der Umrechnung dieses Saldos mit dem Stichtagskurs ergibt ((1.000 - 500) / 1,40). Sie beträgt ((1.000 - 500) / 1,40 - (1.000 - 500) / 1,30 =) -27 T€.

** Im Umlaufvermögen von (Anfangsbestand 1.000 - Dividendenausschüttung 100 =) 900 T US-$ fällt durch die Euro-Aufwertung ein Verlust an, denn dieses ist, obwohl in US-Dollar unverändert, in Euro nun weniger wert. Dieser Wechselkursverlust beträgt (900 / 1,00 - 900 / 1,40 =) 257 T€. Die restlichen 500 T US-$ Umlaufvermögen stammen aus dem Cashflow (Gewinn 300 + Abschreibungen 200) der laufenden Periode, welcher bei einem Wechselkurs von 1 € = 1,40 US-$ zugeflossen ist.

*** Spiegelbildlich wurde im Fremdkapital ein Wechselkursgewinn erwirtschaftet, da die US-$-Verbindlichkeiten wegen der Wechselkursänderung nun mit weniger Euro als bisher beglichen werden können. Dieser Erfolg beträgt (1.000 / 1,00 - 1.000 / 1,4 =) 286 T€, da sich die Zusammensetzung des Fremdkapitals 2010 nicht verändert hat.

Umrechnungsdifferenzen im Rahmen der Zeitbezugsmethode

Wie aus dem Beispiel ersichtlich, sorgt die zum Durchschnittskurs umgerechnete GuV noch nicht für einen Ausgleich der Bilanz. Dies resultiert daraus, dass Positionen in der Bilanz und in der GuV mit heterogenen Kursen umgerechnet werden. Daher wird der auf Basis von Durchschnittskursen umgerechnete Ge-

10 Da die bilanzielle Umrechnungsdifferenz im Vorjahr Null betrug, entspricht die Veränderung der bilanziellen Umrechnungsdifferenz 2010 ihrem Endbestand.

winn oder Verlust GuV-wirksam angepasst, so dass eine Überführung in das Residualergebnis der Bilanz erfolgt[11]. Dabei ist zu beachten, dass bestandsbedingte Umrechnungsdifferenzen, die innerhalb des sonstigen Ergebnisses ausgewiesen werden (z.B. die Folgebewertung von available-for-sale Wertpapieren), nicht in die GuV-wirksame Anpassung der GuV einfließen[12].

Selbständige Tochterunternehmen: Modifizierte Stichtagskursmethode

Demgegenüber stellt für selbständig agierende Tochterunternehmen deren eigene funktionale Währung das relevante Wertgerüst für die Buchungsvorgänge bereit. Änderungen des Wechselkurses gegenüber der Währung des Mutterunternehmens sind damit aus dem Blickwinkel des Tochterunternehmens irrelevant. Das Konzept der funktionalen Währung soll dazu beitragen, dass die Aktivitäten und die finanzielle Struktur des jeweiligen selbständigen Tochterunternehmens so in den Konzernabschluss einfließen, wie sie sich auch in ihrer funktionalen Währung darstellen. Die Währungsumrechnung zielt hier auf die unverzerrte Wiedergabe der Jahresabschlussrelationen sowie der Ergebnisstruktur des ausländischen Abschlusses ab. Die Strukturen der Rechenwerke des Tochterunternehmens sollen durch die Umrechnung in die Berichtswährung des Mutterunternehmens möglichst nicht verändert werden. Der Umrechnungsvorgang wird damit mehr zu einer reinen Lineartransformation und erfolgt nach der sog. modifizierten Stichtagskursmethode. Ebenso ist vorzugehen, wenn ein berichterstattendes Unternehmen beschließt, eine von der funktionalen Währung abweichende Berichtswährung für seine Finanzberichterstattung zu verwenden (IAS 21.38).

Modifizierte Stichtagskursmethode

Gemäß IAS 21.39 ist in diesen Fällen wie folgt vorzugehen[13]:

- Monetäre und nicht-monetäre Vermögenswerte und Schulden werden mit dem am Bilanzstichtag gültigen Stichtagskurs umgerechnet. Für die Vorperiodenwerte sind die an den entsprechenden Vorperiodenstichtagen gültigen Stichtagskurse relevant.
- Aufwendungen und Erträge werden mit den jeweiligen Transaktionskursen umgerechnet. Dies gilt auch für die Vorperiodenwerte. Auch hier ist die Verwendung von Durchschnittskursen zulässig, solange hierdurch das Ergebnis aufgrund stark schwankender Wechselkurse nicht verzerrt wird (IAS 21.40). Bei planmäßigen Abschreibungen ist regelmäßig der Durchschnittskurs heranzuziehen, da sich der hierin zum Ausdruck kommende Wertverzehr auf die gesamte Berichtsperiode bezieht.

---

11 Neben diesem vereinfachten Verfahren zur Ermittlung der Umrechnungsdifferenzen existieren in der Literatur noch weitere Ansätze. Vgl. hierzu *Bieker, M.*, Aufspaltung von Umrechnungsdifferenzen bei der Währungsumrechnung – Eine Fallstudie zur Anwendung der Zeitbezugs- bzw. Äquivalenzmethode, in: KoR, 7. Jg. (2007), S. 703-709.

12 Vgl. *Gassen, J. et al.*, Währungsumrechnung nach IFRS im Rahmen des Konzernabschlusses – Eine Fallstudie zur Umrechnung von Fremdwährungsabschlüssen nach IAS 21, in: KoR, 7. Jg. (2007), S. 173.

13 Eine abweichende Vorgehensweise gilt für selbständige Tochterunternehmen, deren funktionale Währung die eines Hochinflationslandes ist. Vgl. dazu IAS 21.42-43.

Umrechnung des Eigenkapitals und Umrechnungsdifferenzen

Für die Umrechnung des Eigenkapitals enthält IAS 21 keine Regelung. Da bei der Stichtagskursmethode jedoch Umrechnungsdifferenzen als gesonderter Teil des Eigenkapitals auszuweisen sind (IAS 21.39(c)), ergibt sich das Eigenkapital als Residualgröße aus der Währungsumrechnung[14]. Um die Entwicklung der aus dem sonstigen Ergebnis resultierenden und im Eigenkapital ausgewiesenen Umrechnungsdifferenzen, wie in IAS 21.52(b) gefordert, darstellen zu können, ist eine Umrechnung dieser einzelnen Eigenkapitalbestandteile mit denjenigen Kursen erforderlich, die zu den Zeitpunkten ihrer jeweiligen, aus Konzernsicht erfolgten Zugänge galten[15]. Der aktuelle Gewinn oder Verlust ergibt sich damit als Saldo der umgerechneten Aufwendungen und Erträge in der GuV und wird in die Bilanz übernommen. Während der Konzernzugehörigkeit erwirtschaftete und einbehaltene Gewinne oder Verluste werden mit den Durchschnittskursen der jeweiligen Entstehungsperiode umgerechnet. Der Eigenkapitalposten „Umrechnungsdifferenz" spiegelt dann die sich im Zeitablauf ergebenden Auswirkungen von Wechselkursänderungen auf das Eigenkapital des Tochterunternehmens wider[16]. Er ist gemäß IAS 21.48 bei Veräußerung des Tochterunternehmens – bei einem Teilverkauf anteilig – GuV-wirksam aufzulösen.

Beispiel 22.9[17]

Als Abwandlung des obigen Beispiels sei nun unterstellt, dass die Z Corp. als selbständiges Tochterunternehmen geführt wird, also den US-Dollar als funktionale Währung hat. Bei der modifizierten Stichtagskursmethode wird zunächst der Euro-Gewinn oder -Verlust als Saldo der mit den Transaktions- bzw. vereinfachenden Durchschnittskursen umgerechneten Aufwendungen und Erträge ermittelt.

GuV der Z Corp. (01.01. - 31.12.2010)	**T US-$**	**Kurs**	**Kursart**	**T€**
Umsatzerlöse	1.000	1,30	DK	769
– Abschreibungen	-200	1,30	DK	-154
– übrige Aufwendungen	-500	1,30	DK	-385
= Gewinn	300			231

Anschließend werden in der Bilanz die Vermögenswerte und Schulden mit dem Stichtagskurs umgerechnet. Die Umrechnung des Eigenkapitals erfolgt demgegenüber mit den historischen Kursen zu den jeweiligen Zugangszeit-

14 Vgl. zum Folgenden *Oechsle/Müller/Doleczik,* IAS-Kommentar, IAS 21, Tz. 98.

15 Die reine Stichtagskursmethode, nach der sämtliche Abschlussposten mit einem einheitlichen Stichtagskurs umgerechnet werden und die insofern eine Lineartransformation darstellt, ist mit IAS 21 hingegen nicht vereinbar (IAS 21.56). Vgl. dazu auch IAS 21.BC17. Zur reinen Stichtagskursmethode (all current method) vgl. *Busse von Colbe et al.*, Konzernabschlüsse, S. 166.

16 Beträge, die auf Minderheitenanteile an vollkonsolidierten Tochterunternehmen entfallen, sind im Eigenkapital als Teil des Minderheitenanteils auszuweisen (IAS 21.41).

17 Ein ähnliches Beispiel findet sich bei *Oechsle/Müller/Doleczik*, IAS-Kommentar, IAS 21, Tz. 109.

punkten. Der Gewinn wird aus der Euro-GuV in die Bilanz übernommen. Damit wird es also letztlich auch mit dem bei seinem Zugang geltenden Kurs umgerechnet, denn die in der GuV vorgenommene Umrechnung mit dem Durchschnittskurs ist mit der Annahme konsistent, dass der Gewinn während der Periode kontinuierlich erwirtschaftet wurde. Eine bilanzielle Umrechnungsdifferenz ergibt sich innerhalb des Eigenkapitals als Residualgröße zur Herstellung der Bilanzidentität, wird also GuV-neutral innerhalb des Eigenkapitals ausgewiesen.

Bilanz der Z Corp. zum 31.12.2010				
	T US-$	**Kurs**	**Kursart**	**T€**
Anlagevermögen	800	1,40	StK	571
Umlaufvermögen	1.400	1,40	StK	1.000
Summe Aktiva	2.200			1.571
Gezeichnetes Kapital	600	1,00	HK	600
Rücklagen*	300	1,00	HK	300
Gewinn	300	1,30	DK	231
Umrechnungsdifferenz**				-274
Fremdkapital	1.000	1,40	StK	714
Summe Passiva	2.200			1.571
* resultiert aus dem Anfangsbestand in Höhe von 400 abzüglich der Dividendenausschüttung von 100				
** ermittelt als Residualgröße: 1.571 - 600 - 300 - 231 - 714 = -274 T€.				

Da sich der Gewinn oder Verlust als Saldo der umgerechneten Aufwendungen und Erträge ergibt bzw. hier wie alle Aufwendungen und Erträge mit dem Durchschnittskurs umgerechnet wird, fällt bei der modifizierten Stichtagskursmethode keine GuV-Umrechnungsdifferenz an. Die separat im Eigenkapital auszuweisende bilanzielle Umrechnungsdifferenz erklärt sich daraus, dass das Nettovermögen mit dem Stichtagskurs, die einzelnen Eigenkapitalkomponenten aber mit davon abweichenden Kursen umgerechnet werden. Sie ist im Beispiel mit -274 T€ als Korrekturposten und hier damit als Wertminderung des Eigenkapitals anzusehen. Sie verdeutlicht – unabhängig von der Wertentwicklung der jeweiligen Vermögenswerte und Schulden in US-Dollar – allein die Auswirkungen der Euro-Aufwertung auf das Nettovermögen[18]. Die bilanzielle Umrechnungsdifferenz setzt sich wie folgt zusammen:

18 Vgl. zur betriebswirtschaftlichen Würdigung der Umrechnungsverfahren sowie zur Behandlung von Umrechnungsdifferenzen *Busse von Colbe et al.*, Konzernabschlüsse, S. 159-160.

	Ermittlung	T€
Differenz aus Umrechnung des Netto-Anfangsvermögens zu verändertem Stichtagskurs (Wertverlust des Eigenkapitals)	1.000 / 1,40 - 1.000 / 1,00	-286
Differenz Gewinn zu Stichtags- und zu Durchschnittskursen	300 / 1,40 - 300 / 1,30	-16
Differenz aus der Dividendenausschüttung	-100 / 1,40 - (-100) / 1,00	28
= Umrechnungsdifferenz		-274

Obwohl mit dem Konzept der funktionalen Währung vermeintlich klare Kriterien für die Anwendung der Zeitbzugs- bzw. der modifizierten Stichtagskursmethode existieren, zeigt es sich in der Praxis, dass die Zeitbezugsmethode deutlich weniger verbreitet ist als die modifizierte Stichtagskursmethode[19].

Konsolidierung

Bei Unternehmenszusammenschlüssen werden die Vermögenswerte und Schulden des erworbenen Tochterunternehmens mit ihren beizulegenden Zeitwerten in die Konzernbilanz übernommen. In vielen Fällen entsteht dabei zudem ein Goodwill (vgl. hierzu Kapitel 23). Die Anpassungsbeträge sowie ein Goodwill sind gemäß IAS 21.47 als Vermögenswerte bzw. Schulden des Tochterunternehmens anzusehen. Sie werden folglich in dessen funktionaler Währung geführt. Die Umrechnung des Goodwills hängt davon ab, ob ein unselbständiges oder selbständiges Unternehmen vorliegt. Bei unselbständigen Tochterunternehmen kommt die Zeitbezugsmethode zum Tragen, so dass im Rahmen der Folgebewertung des Goodwills keine Wechselkursschwankungen auftreten. Kommt es zwischenzeitlich im Rahmen eines Werthaltigkeitstests zu einer außerplanmäßigen Abschreibung, so ist für die Folgebewertung des Goodwills der Wechselkurs zum Testzeitpunkt relevant. Wird hingegen bei selbständigen Tochterunternehmen die modifizierte Stichtagskursmethode angewendet, so ändert sich der Wert des Goodwills entsprechend den Wechselkursen der jeweiligen Bilanzstichtage[20]. Die Allokation des Goodwills im Rahmen der Währungsumrechnung kann sich gemäß IAS 21.BC32 von der Allokation für die Zwecke des Werthaltigkeitstests gemäß IAS 36 (vgl. hierzu Kapitel 23) unterscheiden.

Abbildung 22.1 ordnet noch einmal den Vorgang der Währungsumrechnung in die Maßnahmen im Rahmen der Konzernabschlusserstellung ein (vgl. hierzu Kapitel 23).

19 Vgl. *Weber, C.*, Kapitalerhaltung bei Anwendung der funktionalen Methode zur Währungsumrechnung, in: zfbf, 59. Jg. (2007), S. 930 ff.

20 Vgl. *Gassen, J. et al.*, Währungsumrechnung nach IFRS im Rahmen des Konzernabschlusses – Eine Fallstudie zur Umrechnung von Fremdwährungsabschlüssen nach IAS 21, in: KoR, 7. Jg. (2007), S. 173 f.

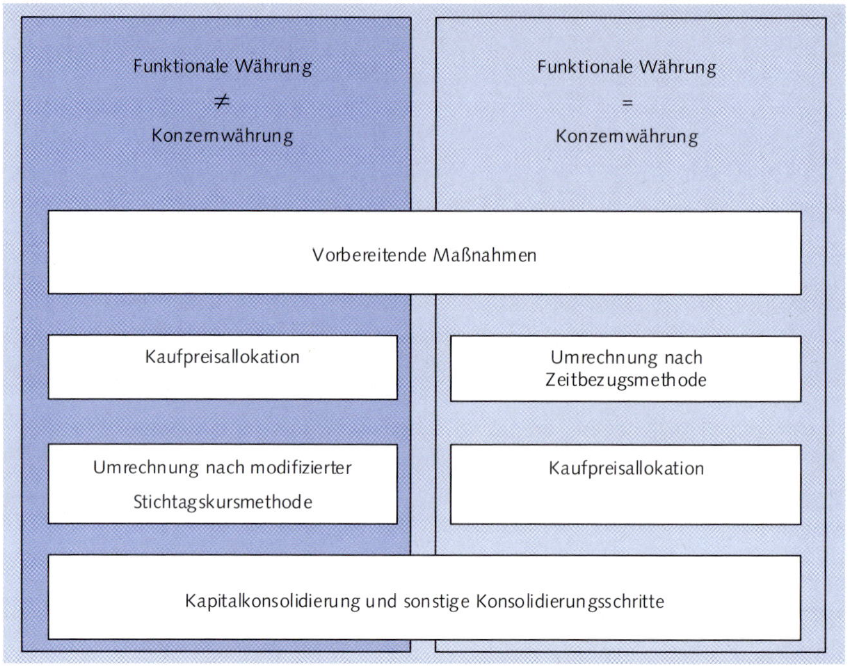

Abb. 22.1: Währungsumrechnung im Rahmen der Konzernabschlusserstellung. Quelle: In Anlehnung an Gassen, J. et al., Währungsumrechnung nach IFRS im Rahmen des Konzernabschlusses – Eine Fallstudie zur Umrechnung von Fremdwährungsabschlüssen nach IAS 21, in: KoR, 7. Jg. (2007), S. 171.

4 Anhangangaben

In IAS 21.51-57 werden umfangreiche Angabepflichten hinsichtlich der Währungsumrechnung festgelegt. Gemäß IAS 21.51 ist der Gesamtbetrag GuV-wirksam erfasster Umrechnungsdifferenzen aus der Anwendung der Zeitbezugsmethode anzugeben. Zudem ist die Entwicklung der aus dem sonstigen Ergebnis resultierenden und im Eigenkapital ausgewiesenen Umrechnungsdifferenzen aus der Anwendung der modifizierten Stichtagskursmethode darzustellen. Auch ist darauf hinzuweisen, wenn die Berichtswährung des (Konzern-)Abschlusses nicht der funktionalen Währung entspricht (IAS 21.53) und wenn sich die funktionale Währung des Mutterunternehmens oder eines bedeutenden Tochterunternehmens ändert (IAS 21.54). Weitere Angabepflichten entstehen, wenn ein Unternehmen Finanzinformationen in einer Drittwährung präsentiert, die von funktionaler und Berichtswährung abweicht (IAS 21.57). Solche Zusatzinformationen sind vom Unternehmen als nicht IFRS-konform zu kennzeichnen und zu erläutern.

5 Wesentliche Unterschiede zum IFRS for SMEs

Die Regelungen zur Währungsumrechnung sind innerhalb des IFRS for SMEs in den Abschnitten 30 (Foreign Currency Translation) und 31 (Hyperinflation) geregelt. Wesentliche materielle Unterschiede zu den Regelungen in IAS 21 und IAS 29 bestehen dabei nicht. Der einzige Unterschied betrifft die Behandlung von Eigenkapitalpositionen, die aus Umrechnungsdifferenzen bei monetären Posten, die Teil einer Nettoinvestition in einen ausländischen Geschäftsbetrieb sind, resultieren. Während in IAS 21.48 vorgeschrieben wird, dass bei Veräußerung des ausländischen Geschäftsbetriebs die Eigenkapitalposition GuV-wirksam aufzulösen ist, schließt IFRS-SME.30.13 das recycling der Position aus.

6 Wesentliche Unterschiede zum HGB

Umrechnung von Fremdwährungsgeschäften

Aus § 298 Abs. 1 i.V.m. § 244 HGB, die eine Aufstellung des (Konzern-)Abschlusses in Euro fordern, ergibt sich die grundsätzliche Notwendigkeit einer Währungsumrechnung. Im Zuge des BilMoG wurde § 256a HGB neu in das Handelsgesetzbuch eingeführt. Er regelt die Umrechnung von Fremdwährungsgeschäften im Einzelabschluss und schreibt vor, dass auf fremde Währungen lautende Vermögensgegenstände und Verbindlichkeiten mit einer Restlaufzeit von mehr als einem Jahr zum Devisenkassamittelkurs umzurechnen sind. Aufgrund des Realisations- und des Anschaffungskostenprinzips (§§ 252, 253 HGB) dürfen dabei im Rahmen der Folgebewertung keine Wechselkursgewinne aus Fremdwährungsgeschäften berücksichtigt werden. Aus Praktikabilitätsgründen ist dagegen bei kurzfristigen Vermögensgegenständen und Verbindlichkeiten ohne Berücksichtigung des Realisations- und des Anschaffungskostenprinzips der Devisenkassamittelkurs anzuwenden.

Umrechnung von Fremdwährungsabschlüssen

Die Reformierung des HGB sorgte ebenfalls für eine Kodifizierung der Umrechnung von Fremdwährungsabschlüssen im Rahmen der Konzernabschlusserstellung. Vor der Einführung des § 308a HGB existierten hierfür keine konkreten Vorschriften. Dementsprechend wurden in der deutschsprachigen Literatur eine Vielzahl verschiedener Varianten der hier beschriebenen Zeitbezugs- und (modifizierten) Stichtagskursmethode für GoK-konform und damit zulässig gehalten[21]. Mit der Verabschiedung des DRS 14 „Währungsumrechnung" ent-

21 Vgl. etwa *Langenbucher, G.*, Umrechnung von Fremdwährungsabschlüssen, in: Handbuch der Konzernrechnungslegung, Kommentar zur Bilanzierung und Prüfung, 2. Aufl., Stuttgart 1998, S. 633-673; *Busse von Colbe, W./Müller, E./Reinhard, H.* (Hrsg.), Aufstellung von Konzernabschlüssen, ZfbF-Sonderheft Nr. 21, 2. Aufl., Düsseldorf u.a. 1989, S. 51; *HFA des IDW*, Geänderter Entwurf einer Verlautbarung zur Währungsumrechnung im Jahres- und Konzernabschluß, in: WPg, 39. Jg. (1986), S. 664-667.

standen hingegen eigene Regelungen für die Konzernrechnungslegung, welche für den Einzelabschluss ebenfalls als sachgerecht empfunden wurden. Inhaltlich orientierte sich dieser Standard dabei sehr nah an den Vorschriften des IAS 21. Die Einführung des § 308a HGB durch das BilMoG sorgte dafür, dass der DRS 14 außer Kraft gesetzt worden ist. § 308a HGB verankert die modifizierte Stichtagskursmethode als einzige Umrechnungsmethode. Damit wurde das Konzept der funktionalen Währung nicht in die neuen Vorschriften übernommen.

7 Wesentliche Unterschiede zu US-GAAP

Für die Währungsumrechnung nach US-GAAP ist insbesondere SFAS 52 / ASC 830 „Foreign Currency Matters" maßgeblich. Da IAS 21 sich in weiten Teilen an SFAS 52 / ASC 830 orientiert, ergeben sich zwischen beiden Vorschriften kaum nennenswerte Unterschiede.

Ausgewählte Literatur

Gassen, J. et al., Währungsumrechnung nach IFRS im Rahmen des Konzernabschlusses – Eine Fallstudie zur Umrechnung von Fremdwährungsabschlüssen nach IAS 21, in: KoR, 7. Jg. (2007), S. 171-180.

Künkele, K./Zwirner, C., Währungsumrechnung nach IAS 21, in: IRZ, 4. Jg. (2009), S. 352-355.

Küting, K./Mojadadr, M., Währungsumrechnung, in: Küting, K. et al. (Hrsg.), Das neue deutsche Bilanzrecht - Handbuch zur Anwendung des Bilanzrechtsmodernisierungsgesetzes (BilMoG), 2. Aufl., Stuttgart 2009, S. 473-497.

Küting, K./Wirth, J., Umrechnung von Fremdwährungsabschlüssen vollzukonsolidierender Unternehmen nach IAS/IFRS, in: KoR, 3. Jg. (2003), S. 376-387.

Löw, E./Lorenz, K., Bilanzielle Behandlung von Fremdwährungsgeschäften nach deutschem Recht und nach den Vorschriften des IASB, in: KoR, 2. Jg. (2002), S. 234-243.

Rolf, B., Währungsumrechnung und Kongruenz – Kritische Würdigung des Konzeptes der funktionalen Währung nach US-GAAP, Berlin 2001.

Zwirner, C./Künkele, K., Währungsumrechnung nach HGB: Erstmalige Kodifikation durch das BilMoG, in: StuB, 1. Jg. (2008), S. 636-642.

Übungsaufgaben

Aufgabe 1:
Der Konsolidierungskreis des nach IFRS bilanzierenden Godzone Konzerns umfasst zum 31.12.2010 auch die ausländische Frutti S.p.A. Obwohl ein Control-Verhältnis zwischen der Godzone Ltd. und der Frutti S.p.A. vorliegt, sind die Aktivitäten der Frutti S.p.A. weitgehend selbständig. Zudem bestehen zwischen den beiden Unternehmen nur unwesentliche Leistungsbeziehungen.

a) Wie müssen allgemein die Positionen der Bilanz und Gewinn- und Verlustrechnung der Frutti S.p.A. umgerechnet werden, wenn die Godzone Ltd. eine Währungsumrechnung nach IAS 21 durchführt?
b) Was soll das Konzept der funktionalen Währung, bezogen auf die Darstellung der Frutti S.p.A. innerhalb des Konzernabschlusses, bezwecken?

Aufgabe 2:
Das Unternehmen Börg Ltd. will folgende Geschäftsvorfälle zum 31.12.2010 gemäß IAS 21 in die eigene funktionale Währung Euro umrechnen. Wie sind die jeweiligen Umrechnungsdifferenzen zu behandeln? Bitte geben Sie die jeweiligen Buchungssätze an.

1. Die Börg Ltd. unterhält seit dem 31.3.2010 einen Aktienbestand in Höhe von 20.000 Aktien an der russischen Oil Corp. Die Aktien gehören dem Handelsbestand nach IAS 39 an.

	31.03.2010	**31.12.2010**
Kurs der Oil-Aktie (in Rubel)	16,65	18,12
1 € entspricht …	33,70 RUB	33,50 RUB

2. Die Börg Ltd. besitzt auf den Cayman Islands eine Betriebsstätte, auf der eine Maschine (Buchwert zum 31.12.2009 (in Kaiman-Dollar): 250 TKYD) zum Einsatz kommt. Diese wird zu fortgeführten Anschaffungskosten bilanziert. Durch einen Betriebsunfall sind einige Funktionen der Maschine nicht mehr einsetzbar, so dass eine Werthaltigkeitsprüfung zum 31.12.2010 eine Wertminderung in Höhe von 100 TKYD ergab. Der historische Kurs zum Transaktionszeitpunkt betrug 1 € = 3,20 KYD. Am 31.12.2010 liegt der Kurs bei 1 € = 4,10 KYD.
3. In dieser Betriebsstätte werden ebenfalls Vorräte vorgehalten. Die Anschaffungskosten betrugen 520 TKYD. Der geschätzte Verkaufspreis zum 31.12.2010 liegt bei 560 TKYD. Als Vertriebskosten werden 20 TKYD geschätzt. Der Kurs zum Transaktionszeitpunkt lag bei 1 € = 4,00 KYD.
4. Die Börg Ltd. besitzt eine Beteiligung an der dänischen Bölög AG. Dieser wurde ein unbefristetes Gesellschafterdarlehen in Höhe von 500.000 dänischen Kronen (DKK) gewährt. Der Stichtagskurs zum 31.12.2010 lag bei 1 € = 7,30 DKK. Der aktuelle Stichtagskurs liegt bei 1 € = 7,50 DKK.

5. Die Börg Ltd. hält 8.000 Aktien der in Zürich in Schweizer Franken notierten Zürli AG. Diese Aktien werden nach IAS 39 als „zur Veräußerung verfügbare finanzielle Vermögenswerte“ klassifiziert.

	31.12.2009	**31.12.2010**
Kurs der Zürli-Aktie (in CHF)	48,65	42,30
1 € entspricht …	1,61 CHF	1,52 CHF

Aufgabe 3:

Die Star AG erwirbt zum 01.01.2010 die ausländische Bane Corp. Der Abschluss der Bane Corp. ist zum 31.12.2010 umzurechnen, um in den Konzernabschluss einbezogen zu werden. Der Kurs der Landeswährung (LW) betrug zum 01.01.2010 1 LW = 3 Euro. Im Laufe des Jahres steigt der Wechselkurs des Euro gegenüber der Landeswährung auf 1 LW = 2 Euro. Folgende Angaben sind zusätzlich zu berücksichtigen:

- Der Endbestand an Vorräten ist komplett in 2010 nach der Wechselkursänderung entstanden.
- Der Anfangsbestand der Forderungen wurde nach der Wechselkursänderung vollständig beglichen.
- Der Anfangsbestand an liquiden Mitteln wurde nach der Wechselkursänderung komplett für eine Investition ausgegeben.
- Sachanlagen wurden Ende 2010 für 60 LW neu erworben.
- 150 LW Verbindlichkeiten wurden vor der Wechselkursänderung getilgt. 30 LW Verbindlichkeiten wurden dagegen 2010 nach der Wechselkursänderung beglichen. Der restliche Bestand entstand nach der Wechselkursänderung.

a) Führen Sie die Währungsumrechnung nach der modifizierten Stichtagskursmethode durch.

b) Zeigen Sie anschließend auf, wie sich Bilanz- und GuV-Positionen bei Anwendung der Zeitbezugsmethode verändern, in dem Sie den Abschluss der Bane Corp. auch nach dieser Methode umrechnen. Welche Umrechnungsdifferenzen treten auf? Wie hoch sind diese?

Bilanz der Bane Corp.	**2009**		**2010**	
	Mio. LW		Mio. LW	
Aktiva				
Sachanlagen	200		220	
Vorräte	150		160	
Forderungen	150		160	
Kasse	200		210	
Passiva				
gez. Kapital		100		100
Kapitalrücklage		150		150
Gewinnrücklagen		150		150
Gewinn		—		80
Unterschiedsbetrag aus der Währungsumrechnung		—		—
Verbindlichkeiten		300		270
Summe	700	700	750	750

GuV der Bane Corp. 2010	**Mio. LW**
Umsatzerlöse	1.000
sonstige Erträge	100
Material- und Personalaufwand	980
Abschreibungen auf das Sachanlagevermögen	40
Gewinn	80

Kapitel 23 Unternehmenszusammenschlüsse und Konsolidierung

Unternehmenszusammenschlüsse und Übernahmen (business combinations) sind, wenn man z.B. an die Commerzbank-Dresdner Bank-Übernahme denkt, vielbeachtete Ereignisse, die nicht selten die Wettbewerbssituation ganzer Branchen beeinflussen und zu erheblichen Veränderungen in den betroffenen Unternehmen führen. Diese Transaktionen können nach rechtlichen und wirtschaftlichen Kriterien unterschieden werden.

Während der asset deal vor allem beim Verkauf von einzelkaufmännischen Unternehmen oder rechtlich unselbständigen Unternehmensteilen zur Anwendung kommt, schließen sich im Rahmen einer Fusion meist zwei Kapitalgesellschaften durch Aufnahme oder Neubildung zu einem neuen Rechtsträger zusammen. Insbesondere bei grenzüberschreitenden Zusammenschlüssen großer Kapitalgesellschaften bildet hingegen der share deal den Regelfall. Hier wird der Zusammenschluss zweier Unternehmen durch den Erwerb von i.d.R. mehr als 50 % der Eigenkapitalanteile und somit i.d.R. der Stimmrechte des erworbenen Unternehmens realisiert. Beim share deal wird zumeist zwischen Akquisitionen, bei denen Erwerber und Erworbener eindeutig feststehen, und Zusammenschlüssen unter Gleichen (merger of equals) unterschieden. Die Übernahme der Mannesmann AG durch den britischen Mobilfunkkonzern Vodafone ist ein viel zitiertes Beispiel der ersten Kategorie, während der zwischenzeitliche Zusammenschluss der Daimler-Benz AG und der Chrysler Corp. zur DaimlerChrysler AG dem Kapitalmarktpublikum als „Schulterschluss zweier gleichberechtigter Partner" und damit als Exempel der zweiten Kategorie kommuniziert wurde[1].

Ergebnisse der empirischen Rechnungslegungsforschung zeigen, dass Manager offenbar nicht nur am wirtschaftlichen Erfolg von Zusammenschlüssen interessiert sind, sondern auch deren bilanzieller Abbildung, die sich je nach Art des Unternehmenszusammenschlusses unterschiedlich darstellt, große Bedeutung beimessen. Eine besondere Rolle nimmt dabei der Geschäfts- oder Firmenwert (Goodwill) ein, der bei Unternehmenserwerben immer dann entsteht, wenn der Erwerber für das Erwerbsobjekt einen über dessen neu bewertetes bilanzielles Eigenkapital hinausgehenden Kaufpreis bezahlt. Die bilanzielle Behandlung dieser Position hat enorme Konsequenzen für die Darstellung der Vermögens-, Finanz- und Ertragslage des Erwerbers und ist daher oftmals Gegenstand bilanzpolitischer Überlegungen[2].

Lernziele

Mit Hilfe dieses Kapitels sollen Sie
- die bilanziellen Konsequenzen von Zusammenschlüssen verstehen,
- die Erstellung eines Konzernabschlusses aus den Einzelabschlüssen der Konzernunternehmen erlernen und
- mit den Bilanzierungsvorschriften für den Goodwill vertraut werden.

1 Weitere Beispiele mit deutscher Beteiligung sowie deren rechtliche und bilanzielle Behandlung finden sich bei *Krawitz, N./Leukel, S.*, Die Abbildung von Unternehmensfusionen in der Rechnungslegung – Rechtliche Möglichkeiten und Analyse ausgewählter Fälle mit deutscher Beteiligung, in: KoR, 1. Jg. (2001), S. 91-106.

2 Vgl. hierzu *Sellhorn, T.*, Goodwill Impairment – An Empirical Investigation of Write-Offs under SFAS 142, Frankfurt a.M. 2004, S. 34-55.

1 Einleitung

Die oben genannten Zusammenschlussformen sind Gegenstand von IFRS 3 „Unternehmenszusammenschlüsse“ (Business Combinations), der am 10.01.2008 verabschiedet wurde und zu großen Teilen der US-GAAP-Vorschrift SFAS 141 „Business Combinations“ (2007) / ASC 805 entspricht. Zudem ist IAS 27 für die Abbildung von Unternehmenszusammenschlüssen im Konzernabschluss relevant. IAS 27 und die ihn ergänzende SIC-12 sollen anlässlich der Finanzkrise und damit einhergehenden Fragen des Konsolidierungskreises durch einen neuen Standard ersetzt werden. In diesem Rahmen wurde zunächst im Dezember 2008 der ED 10 „Consolidated Financial Statements“ veröffentlicht, der dann Ende 2010 in den staff draft „Consolidated Financial Statements“ (SD CFS) mündete (hierzu wird auf den Exkurs in Kapitel 6 verwiesen). In Bezug auf die sonstigen Arbeitsschritte zur Erstellung eines konsolidierten Abschlusses sowie andere Teile dieses Kapitels, für deren Zwecke IAS 27 als Rechtsgrundlage genannt wird, ergeben sich durch SD CFS keine inhaltlichen Änderungen.

1.1 Relevante Normen und Begriffe

Regelungsumfang von IFRS 3

Der Regelungsumfang von IFRS 3 erstreckt sich insbesondere auf die bei Unternehmenszusammenschlüssen anzuwendende Erwerbsmethode (acquisition method) und mit dieser im Zusammenhang stehende Fragen. Da IFRS 3 die Existenz von „Zusammenschlüssen unter Gleichen“ verneint, ist zunächst die gelegentlich verzwickte Frage zu klären, welche Partei bei einem Unternehmenszusammenschluss der Erwerber (acquirer) und welche der Erworbene (acquiree) ist. Anschließend wird festgelegt, wie die Anschaffungskosten aus Sicht des Erwerbers (cost of a business combination) zu bestimmen sind. Da die im Rahmen eines Unternehmenszusammenschlusses erworbenen Vermögenswerte und Schulden beim Erwerber mit ihren beizulegenden Zeitwerten (fair values) im Erwerbszeitpunkt (acquisition date) anzusetzen sind, enthält IFRS 3 zudem umfangreiche Ansatz- und Bewertungsregeln für erworbene materielle und immaterielle Vermögenswerte sowie für Goodwill, Eventualschulden und andere Bilanzpositionen.

Aufbau von IFRS 3

Im Einzelnen ist IFRS 3 wie folgt aufgebaut: Im Anschluss an die Zielsetzung (IFRS 3.1) erfolgt eine Abgrenzung des Anwendungsbereiches (IFRS 3.2). Anschließend wird auf die Identifizierung eines Geschäftsvorfalls als Unternehmenszusammenschluss (business combination) eingegangen (IFRS 3.3). Anwendungsfragen der für Unternehmenszusammenschlüsse allein zulässigen Erwerbsmethode bilden den Großteil des Standards (IFRS 3.4-53). Dabei geht es im Einzelnen um die Festlegung des Erwerberunternehmens und des Erwerbsdatums (IFRS 3.6-9), Ansatz und Bewertung identifizierbarer Vermögenswerte, Schulden und nicht beherrschender Anteile (IFRS 3.10-31), Ansatz und Bewertung des Goodwills sowie die Behandlung eines Unterschiedsbetrags aus günstigem Kauf (bargain purchase; IFRS 3.32-36), die Bestimmung der Anschaffungskosten der Beteiligung (IFRS 3.37-40) und die Vorgehensweise bei besonderen Arten von Unternehmenszusammenschlüssen (IFRS 3.41-44). Anschließend ist die nachträgliche Korrektur vorläufig ermittelter Beträge (IFRS 3.45-50), die Bestimmung der Bestandteile einer business combination (IFRS 3.51-53) sowie die Bilanzierung in nachfolgenden Perioden (IFRS 3.54-58) geregelt. Abschließend enthält der Standard umfangreiche Angabepflichten (IFRS 3.59-63). Übergangsvorschriften und Inkrafttreten werden in IFRS 3.64-68 behandelt. Die umfangreichen Anhänge bilden teilweise integrale Bestandteile von IFRS 3 und enthalten Definitionen (Anhang A), Anwendungshinweise (Anhang B) und eine Übersicht über Änderungen anderer Standards durch die Neuregelungen (Anhang C). Zudem liefert das IASB eine Darstellung der basis for conclusions, erläuternde Beispiele sowie eine Übersicht über die (geringfügigen) Unterschiede zwischen IFRS 3 und seinem US-Pendant SFAS 141 (2007) / ASC 805.

Konsolidierung nach IAS 27

Share deals führen, wie oben erläutert, zur Entstehung eines Konzerns bzw. dazu, dass ein neues Tochterunternehmen erstmals in einen bereits bestehenden Konzernabschluss einbezogen wird. Die Erstellung des Konzernabschlusses erfolgt dann durch Zusammenführung der Abschlüsse der einzubeziehenden Konzernunternehmen. Dabei sind konzerninterne Salden und Geschäftsvorfälle durch so genannte Konsolidierungsmaßnahmen zu eliminieren (IAS 27.20). Große Teile von IAS 27 regeln die Pflicht zur Erstellung eines Konzernabschlusses und die Abgrenzung des Kreises der in einen Konzernabschluss einzubeziehenden Unternehmen (vgl. Kapitel 6). Die eigentlichen Konsolidierungsmaßnahmen sowie die ihnen vorgelagerten Schritte sind Gegenstand von IAS 27.18-31.

Unternehmenszusammenschlusses

IFRS 3 gilt für Unternehmenszusammenschlüsse (business combinations) (IFRS 3.2). Ein Unternehmenszusammenschluss liegt immer dann vor, wenn ein Unternehmen eine Beherrschungsmöglichkeit (control) über ein oder mehrere Geschäftsbetriebe (businesses) erlangt (IFRS 3.A). Unter business versteht IFRS 3 eine integrierte Gruppe von Aktivitäten und Vermögenswerten, mit deren Hilfe eine Rendite für Investoren erwirtschaftet werden soll (IFRS 3.A). Damit ist IFRS 3 für asset deals, Fusionen und share deals gleichermaßen relevant. Ein Unternehmenszusammenschluss liegt also nicht vor, wenn die erworbene Gruppe von Vermögenswerten und Schulden nicht den Charakter eines Geschäftsbetriebs hat. In diesem Fall soll die Transaktion wie ein Erwerb von Vermögensgegenständen behandelt werden (IFRS 3.3).

In IFRS 3 nicht geregelte Zusammenschlussformen

Die folgenden Unternehmenszusammenschlüsse sind aus dem Anwendungsbereich von IFRS 3 ausgenommen (IFRS 3.2a-c):

- Die Bildung von Joint Ventures[3],
- der Erwerb von Vermögenswerten oder einer Gruppe solcher, die kein business darstellen, sowie

3 Die Bilanzierung von Anteilen an Gemeinschaftsunternehmen ist Gegenstand von IAS 31. Vgl. hierzu Kapitel 24.

- Zusammenschlüsse von Unternehmen oder Geschäften, die sowohl vor als auch nach der Transaktion von ein und derselben „Partei“ oder Gruppe beherrscht werden (under common control), also etwa die Zusammenführung zweier Tochterunternehmen desselben Mutterunternehmens[4].

1.2 Arten von Unternehmenszusammenschlüssen

Verschiedene Ausprägungen

Ein Unternehmenszusammenschluss kann auf unterschiedlichen Wegen erreicht werden. Die gewählte Struktur hängt z.B. vom nationalen Steuersystem und Gesellschaftsrecht sowie ggf. auch von den bilanziellen Konsequenzen ab. IFRS 3.B5-B6 nennen eine nicht abschließende Reihe von Ausgestaltungsmöglichkeiten. Eine grobe Unterscheidung ist nach Art des Erwerbs, wie in Abbildung 23.1 veranschaulicht, und Art der Gegenleistung möglich:

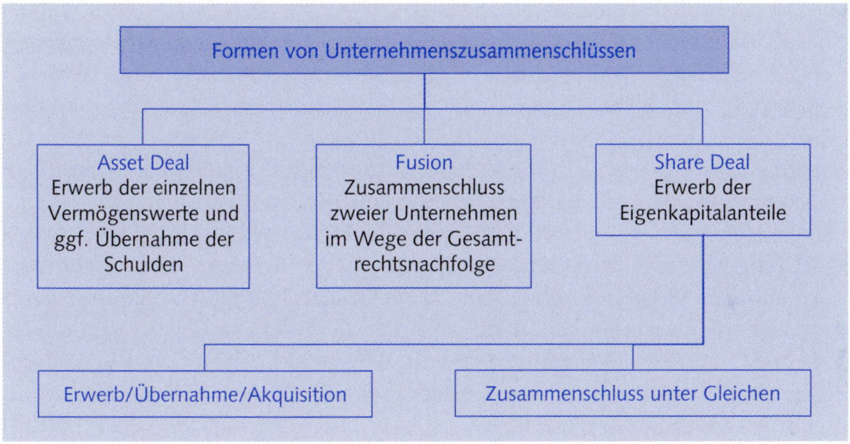

Abb. 23.1: Ausgestaltungsformen von Unternehmenszusammenschlüssen

Art des Erwerbs

- Wie eingangs erwähnt, kann sich der Erwerber einerseits durch Anteilskauf am Kapital des Erworbenen beteiligen, ohne dass dieser dadurch seine Rechtspersönlichkeit verliert (share deal). Die beteiligten Unternehmen werden in diesen Fällen oftmals einer Umorganisation bzw. Restrukturierung unterzogen. Im anderen Fall bezieht sich der Kauf auf die Vermögenswerte und ggf. Schulden, die der Erwerber durch Einzelrechtsnachfolge (asset deal) oder Gesamtrechtsnachfolge (Fusion) übernimmt. Sofern der Erworbene vor der Transaktion eine eigenständige Rechtspersönlichkeit besessen hat, geht diese

4 Zu näheren Ausführungen vgl. IFRS 3.B1-B4.

durch den Zusammenschluss verloren[5]. Vielfach erstreckt sich die Transaktion lediglich auf Unternehmensteile, die allerdings, wie oben erläutert, für sich genommen als selbständige businesses einzustufen sein müssen. Im Folgenden werden die Fälle des asset deal und der Fusion vereinfachend unter dem Begriff „asset deal" zusammengefasst, um diesen für die Fragen der bilanziellen Darstellung vom share deal abzugrenzen.

Art der Gegenleistung

- Der Erwerber kann den Kaufpreis zum einen durch Anteilstausch begleichen, indem er eigene Anteile an die Anteilseigner des erworbenen Unternehmens überträgt. Zum anderen können dafür Bargeld oder andere Vermögenswerte hingegeben werden. Insbesondere ist auch die Übernahme von Schulden des Erworbenen durch den Erwerber gebräuchlich.

Bilanzielle Auswirkungen

Die bilanziellen Konsequenzen von Unternehmenszusammenschlüssen hängen von der Ausgestaltung der Transaktion ab. In allen Fällen ergeben sich Konsequenzen für den Einzelabschluss, wohingegen nur in bestimmten Fällen zusätzlich der Konzernabschluss berührt ist.

Keine Konsolidierung bei asset deal

- Ist der Unternehmenszusammenschluss als asset deal oder Fusion ausgestaltet, entsteht kein Mutter-Tochter-Verhältnis, weil der Erwerb sich nicht auf das (ggf. stimmberechtigte) Kapital des Erworbenen bezieht, sondern auf dessen Vermögenswerte und Schulden. Zudem verliert der Erworbene im Rahmen eines asset deal vielfach seine Rechtspersönlichkeit oder hat als rechtlich unselbständiges business eines anderen Unternehmens von Anfang an keine solche besessen. Dieser Fall ist Gegenstand des folgenden Abschnitts 2.

Konsolidierung bei share deal und Mutter-Tochter-Verhältnis

- Ist ein Unternehmenszusammenschluss hingegen als share deal ausgestaltet, so führt dieser in aller Regel zu einem Mutter-Tochter-Verhältnis (parent-subsidiary relationship), weil der Erwerber hierdurch die Beherrschungsmöglichkeit über den Erworbenen erlangt (vgl. Kapitel 6). Damit muss der Erwerber den Erworbenen in seinen Konzernabschluss einbeziehen. Dieser Fall wird in Abschnitt 3 behandelt.

2 Bilanzielle Abbildung eines asset deal im Einzelabschluss

Erwerbsmethode allein zulässig

IFRS 3.4 lässt für die bilanzielle Abbildung von Unternehmenszusammenschlüssen allein die Erwerbsmethode zu. Mit dieser Festlegung stellt sich das IASB auf den Standpunkt, dass im Grunde jeder Unternehmenszusammenschluss, auf den

5 Verliert nur der Erworbene seine rechtliche Selbständigkeit, handelt es sich um eine Verschmelzung durch Aufnahme. Im Falle einer Verschmelzung durch Neubildung geht hingegen auch die Rechtspersönlichkeit des Erwerbers unter, und die sich zusammenschließenden Unternehmen übertragen ihr Vermögen auf einen neu gegründeten Rechtsträger. Hierfür ist vor allem das Umwandlungsgesetz einschlägig (UmwG).

IFRS 3 anwendbar ist, eine Akquisition darstellt, bei der Erwerber und Erworbener eindeutig zu bestimmen sind (IFRS 3.6).

Grundgedanke der Erwerbsmethode

Die Erwerbsmethode unterstellt, dass der Erwerber, unabhängig von der konkret gewählten gesellschaftsrechtlichen Ausgestaltung der Transaktion, wirtschaftlich betrachtet die Vermögenswerte und Schulden des Erworbenen kauft. Auf Ansatz und Bewertung der bisher beim Erwerber selbst bilanzierten Positionen hat eine solche Akquisition aber keinerlei Auswirkungen, da diese nicht Gegenstand der Transaktion sind (IFRS 3.51). Die im Rahmen eines asset deal durch Einzel- oder Gesamtrechtsnachfolge erworbenen Positionen werden vom Erwerber in seinem Abschluss mit ihren Anschaffungskosten und damit mit ihren beizulegenden Zeitwerten angesetzt. Dies gilt ungeachtet dessen, ob und mit welchem Betrag sie bereits im Abschluss des Erworbenen bilanziert waren.

Unterschiedsbeträge

In vielen Fällen entspricht der vom Erwerber gezahlte Kaufpreis nicht dem beizulegenden Zeitwert des erworbenen Nettovermögens, also der Vermögenswerte abzüglich eventuell übernommener Schulden. Zwei Fälle sind denkbar:

Goodwill

Der Erwerber zahlt eine über den beizulegenden Zeitwert des erworbenen Nettovermögens hinausgehende Prämie. Diese wird als Geschäfts- oder Firmenwert (Goodwill) bezeichnet und als Vermögenswert aktiviert (IFRS 3.32).

Beispiel 23.1

Die X AG schließt am 31.12.2010 mit den Gesellschaftern der Y GmbH einen Kaufvertrag über alle Vermögenswerte der Y GmbH. Im Gegenzug verpflichtet sich die X AG zur Zahlung von 1.200 T€ sowie zur Übernahme aller Schulden der Y GmbH. Damit liegt hier ein asset deal vor. Die Bilanz der Y GmbH zu Buchwerten zeigt vor der Transaktion folgendes Bild:

Bilanz der Y GmbH zum 31.12.2010 zu Buchwerten (in T€)			
Anlagevermögen	550	Eigenkapital	500
Umlaufvermögen	300	Fremdkapital	350
Summe	850	Summe	850

Nachfolgend wird die Bilanz der X AG vor der Transaktion dargestellt:

Bilanz der X AG zum 31.12.2010 vor Erwerb der Y GmbH (in T€)			
Anlagevermögen	1.800	Eigenkapital	2.100
Umlaufvermögen	2.050	Fremdkapital	1.750
Summe	3.850	Summe	3.850

Ein Immobiliensachverständiger ermittelt für die im Anlagevermögen ausgewiesenen Gebäude der Y GmbH (Buchwert: 300 T€) einen beizulegenden Zeitwert von 600 T€. Ansonsten entsprechen die Buchwerte den beizulegenden Zeitwerten.

Lösung[6]

Die X AG hat die erworbenen Vermögenswerte sowie die übernommenen Schulden mit ihren beizulegenden Zeitwerten anzusetzen. Dabei entsteht ein positiver Unterschiedsbetrag, der als Goodwill unter den immateriellen Vermögenswerten aktiviert wird:

Kaufpreis	1.200	T€
– Vermögenswerte der Y GmbH (zu Buchwerten)	- 850	T€
– Stille Reserven in den Gebäuden der Y GmbH	- 300	T€
+ Schulden der Y GmbH	+ 350	T€
= positiver Unterschiedsbetrag (Goodwill)	**400**	**T€**

Damit ergibt sich für die X AG folgende Bilanz nach dem Erwerb und der Übernahme der Vermögenswerte und Schulden der Y GmbH:

Bilanz der X AG zum 31.12.2010 nach Erwerb der X GmbH (in T€)			
Anlagevermögen (1.800 + 550 + 300 =)	2.650	Eigenkapital	2.100
Goodwill	400		
Umlaufvermögen (2.050 - 1.200 + 300 =)	1.150	Fremdkapital (1.750 + 350 =)	2.100
Summe	4.200	Summe	4.200

Negativer Unterschiedsbetrag

Ist der beizulegende Zeitwert des erworbenen Nettovermögens höher als der dafür vom Erwerber entrichtete Kaufpreis und hält ein solcher negativer Unterschiedsbetrag einer erneuten Überprüfung (reassessment) stand, so ist er als Ertrag zu erfassen (IFRS 3.34-36). Hier ist zu beachten, dass stille Reserven auch dann voll aufzudecken sind, wenn daraus ein negativer Unterschiedsbetrag entsteht oder sich erhöht. Eine sog. Anschaffungskostenrestriktion gibt es nicht.

Beispiel 23.2

Im Unterschied zu Beispiel 23.1 wird nun unterstellt, der Kaufpreis für das Nettovermögen der Y GmbH habe nicht 1.200 T€, sondern lediglich 700 T€ betragen. Dann ergäbe sich ein negativer Unterschiedsbetrag, der von der X AG als Ertrag vereinnahmt wird:

Kaufpreis	700	T€
– Vermögenswerte der Y GmbH (zu Buchwerten)	– 850	T€
– Stille Reserven in den Grundstücken der Y GmbH	– 300	T€
+ Schulden der Y GmbH	+ 350	T€
= negativer Unterschiedsbetrag (Ertrag)	**-100**	**T€**

6 Bei diesem und den folgenden Beispielen werden Steuereffekte zunächst vernachlässigt. Diese werden in Abschnitt 5 berücksichtigt.

3 Bilanzielle Abbildung eines share deal im Konzernabschluss

3.1 Verfahrensschritte

Während die Erwerbsmethode beim asset deal sowohl im Einzel- als auch in einem vom Erwerber ggf. aufzustellenden Konzernabschluss wie beschrieben angewendet wird, gilt sie im Falle eines share deal ausschließlich im Konzernabschluss des Erwerbers. Ein share deal führt i.d.R. zu einem Mutter-Tochter-Verhältnis mit der Konsequenz, dass der Erwerber den Erworbenen unter Anwendung von IFRS 3 im Wege der Vollkonsolidierung in seinen Konzernabschluss einbeziehen muss. Da der Erworbene als Tochterunternehmen mit eigener Rechtspersönlichkeit weiter existiert, wird der Erwerb im Einzelabschluss des Mutterunternehmens als reiner Beteiligungszugang (Beteiligungen an Bank) ausgewiesen. Diese wird dort als „Anteile an Tochterunternehmen" (investments in subsidiaries) entweder nach der Anschaffungskostenmethode (at cost) oder nach IAS 39 bzw. IFRS 9 bilanziert (IAS 27.38).

Schritte der Konzernabschlusserstellung

Im Konzernabschluss wird die Erwerbsmethode im Rahmen der Konsolidierung angewendet. Sie stellt damit einen zentralen Schritt bei der Erstellung eines Konzernabschlusses aus den Einzelabschlüssen aller zur wirtschaftlichen Einheit „Konzern" gehörenden Unternehmen dar. Die nachfolgende Abbildung 23.2 listet die Arbeitsschritte bei der Erstellung eines konsolidierten Abschlusses kurz auf.

1. Prüfung, ob das betrachtete Unternehmen an der Spitze einer nach wirtschaftlichen Kriterien festgelegten Unternehmensgruppe steht (**Pflicht zur Aufstellung eines Konzern- bzw. Teilkonzernabschlusses**)
2. Festlegung aller zu dieser Gruppe gehörenden rechtlich selbständigen Unternehmen (**Konsolidierungskreis**)
3. **Vereinheitlichung von Bilanzansatz und Bilanzbewertung** der in den Konzernabschluss einzubeziehenden Abschlüsse
4. Bei ausländischen Tochterunternehmen: Ggf. Umrechnung der einheitlichen Abschlüsse in die Konzernabschlusswährung (**Währungsumrechnung**)
5. **Erstellung eines Summenabschlusses** durch Horizontaladdition der Jahresabschlusspositionen der einheitlichen und umgerechneten Jahresabschlüsse
6. **Durchführung der Konsolidierungsmaßnahmen** zur Eliminierung konzerninterner Geschäftsbeziehungen und Abschlusskorrekturen zur Beachtung der Fiktion der rechtlichen Einheit

Abb. 23.2: Arbeitsschritte zur Erstellung eines konsolidierten Abschlusses

Prüfung der Aufstellungspflicht

- Erstens ist zu prüfen, ob ein Unternehmen an der Spitze einer nach wirtschaftlichen Kriterien abgegrenzten Unternehmensgruppe steht und damit zur Erstellung eines Konzern- bzw. Teilkonzernabschlusses verpflichtet ist. Diese grundlegende Frage der Konzernabschlusserstellungspflicht ist gemäß IAS 27 und SIC-12 i.d.R. dann zu bejahen, wenn das Unternehmen ein oder mehrere Tochterunternehmen hat. Vgl. hierzu ausführlich Kapitel 6 und insbesondere den dortigen Exkurs zu absehbaren Änderungen durch SD CFS.

Konsolidierungskreis

- Zweitens ist der Kreis derjenigen rechtlich selbständigen Unternehmen festzulegen, die in den Konzernabschluss des Mutterunternehmens aufzunehmen sind, weil sie mit diesem in einem Mutter-Tochter-Verhältnis stehen. Auch diese Frage ist in IAS 27 geregelt. Vgl. hierzu wiederum Kapitel 6 und insbesondere den dortigen Exkurs.

Vereinheitlichung einschließlich Währungsumrechnung

- Drittens sind zwecks Erstellung eines IFRS-konformen Konzernabschlusses die in den einzubeziehenden Abschlüssen angewandten Ansatz- und Bewertungsmethoden sowie die Abschlussstichtage ggf. zu vereinheitlichen (IAS 27.22-25).
- Viertens ergibt sich bei ausländischen Tochterunternehmen häufig das zusätzliche Erfordernis, deren in Fremdwährung erstellte Abschlüsse in die Konzernabschlusswährung umzurechnen. Für diese Währungsumrechnung gilt IAS 21. Vgl. hierzu ausführlich Kapitel 22.
- Fünftens ist als weiterer Schritt die Horizontaladdition der einzubeziehenden, in Konzernabschlusswährung umgerechneten und konzerneinheitlich aufgestellten Abschlüsse erforderlich. Ergebnis dieses Vorganges ist der Summenabschluss.

Konsolidierung

- Den sechsten und zentralen Schritt der Konzernabschlusserstellung bildet schließlich die eigentliche Konsolidierung. Mit ihrer Hilfe werden die bilanziellen Effekte aller konzerninternen Geschäftsbeziehungen aus dem Summenabschluss eliminiert, so dass der Konzernabschluss entsprechend der „Fiktion der rechtlichen Einheit" als Abschluss der gesamten, wirtschaftlich zusammengehörigen Unternehmensgruppe erscheint. Bei diesen in IAS 27.22-31 geregelten Maßnahmen handelt es sich um die Kapitalkonsolidierung, die Schuldenkonsolidierung, die Aufwands- und Ertragskonsolidierung und die Zwischenerfolgseliminierung (Abbildung 23.3)[7].

7 In IAS 27 ist der Begriff „Konsolidierung" für die Kapitalkonsolidierung reserviert (IAS 27.18), wohingegen die übrigen Konsolidierungsschritte als Eliminierung konzerninterner Salden und Transaktionen und Erträge sowie Aufwendungen bezeichnet werden (IAS 27.20).

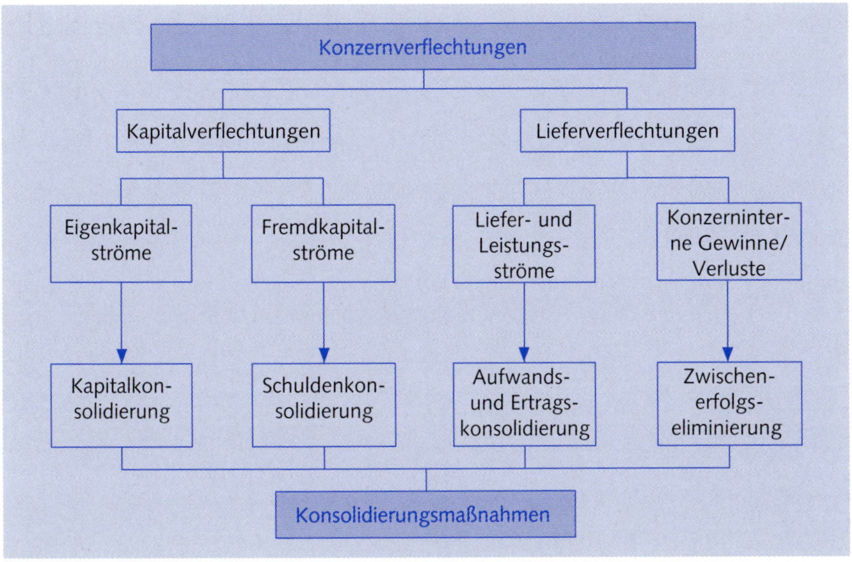

Abb. 23.3: Konzernverflechtungen und resultierende Konsolidierungsmaßnahmen

3.2 Vorbereitende Maßnahmen

Im Folgenden werden die den eigentlichen Konsolidierungsmaßnahmen vorgelagerten Arbeitsschritte der Konzernabschlusserstellung, sofern sie nicht Gegenstand eigener Kapitel dieses Buches sind, erläutert.

Vereinheitlichung von Ansatz und Bewertung

Das Erfordernis der Vereinheitlichung von Ansatz- und Bewertungsmethoden ergibt sich aus IAS 27.24, wonach Konzernabschlüsse unter Anwendung einheitlicher Bilanzierungsgrundsätze für ähnliche Geschäftsvorfälle zu erstellen sind. Wurden die in den Konzernabschluss aufzunehmenden Abschlüsse bisher nach abweichenden Methoden erstellt, sind demzufolge Anpassungsbuchungen in einer „Handelsbilanz II" erforderlich (IAS 27.25). Beispiele hierfür sind etwa abweichende Nutzungsdauern für die Abschreibung von ansonsten gleichen Vermögenswerten oder unterschiedliche Diskontierungszinssätze. Da sich durch die Anpassungsbuchungen die Bewertung von Vermögenswerten oder Schulden ändert, können diese Änderungen als stille Reserven bzw. Lasten interpretiert werden.

Konzernabschlussstichtag

Die zum Konzernabschluss zu aggregierenden Abschlüsse des Mutterunternehmens und der Tochterunternehmen sollen einen gemeinsamen Abschlussstichtag haben. Weicht der Stichtag eines Tochterunternehmens von dem des Mutterunternehmens ab, so erstellt das betreffende Tochterunternehmen zu Konsolidierungszwecken einen Zwischenabschluss, es sei denn, dies ist nicht durchführbar oder wirtschaftlich nicht zu vertreten (IAS 27.22). Wird aus diesen

Gründen kein Zwischenabschluss erstellt, so sind zwischen den abweichenden Stichtagen eingetretene bedeutende Geschäftsvorfälle oder sonstige Ereignisse durch Korrekturbuchungen zu berücksichtigen. Die zwischen den Stichtagen liegende Abweichung, die im Zeitablauf ebenso wie die Abrechnungsperioden selbst konstant bleiben soll, darf jedoch allenfalls drei Monate betragen; geht sie darüber hinaus, ist ein Zwischenabschluss unbedingt erforderlich (IAS 27.23).

Summen-abschluss

Als letzter Schritt verbleibt nach einer ggf. vorzunehmenden Währungsumrechnung (vgl. Kapitel 22) die Verdichtung der einzelnen Abschlüsse der Konzernunternehmen durch Horizontaladdition zum sog. Summenabschluss, der dann den eigentlichen Konsolidierungsmaßnahmen zugrunde gelegt wird (IAS 27.18).

Beispiel 23.3

Im Folgenden wird unterstellt, dass der im Beispiel 23.1 beschriebene Erwerb der Y GmbH durch die X AG für 1.200 T€ über einen share deal realisiert wurde, bei dem die X AG zum 31.12.2010 die Anteile an der Y GmbH zu 100 % erworben hat. Die erforderlichen vorbereitenden Maßnahmen wurden bereits getroffen. Die Bilanz der X AG habe zum Erwerbszeitpunkt folgendes Bild:

Bilanz der X AG zum 31.12.2010 (in T€)			
Anlagevermögen	1.800	Eigenkapital	2.100
Beteiligung an Y	1.200	Fremdkapital	1.750
Umlaufvermögen	850		
Summe	3.850	Summe	3.850

Die Horizontaladdition mit der im obigen Beispiel abgebildeten Bilanz der Y GmbH wird im Folgenden dargestellt. In analoger Weise ist grundsätzlich mit den übrigen Rechenwerken zu verfahren.

31.12.2010, T€	**X AG**		**Y GmbH**		**Summenbilanz**	
Anlagevermögen	1.800		550		2.350	
Beteiligung an Y	1.200		—		1.200	
Umlaufvermögen	850		300		1.150	
Eigenkapital		2.100		500		2.600
Fremdkapital		1.750		350		2.100
Summe	3.850	3.850	850	850	4.700	4.700

3.3 Kapitalkonsolidierung

3.3.1 Konzeptionelle Grundlagen der Erstkonsolidierung

Problem der Mehrfacherfassungen

In dem obigen Summenabschluss ist der „Wert" des Tochterunternehmens doppelt erfasst. Im Jahresabschluss des Mutterunternehmens steht der Beteiligungsbuchwert, der mit dem Eigenkapital im Jahresabschluss des Tochterunternehmens korrespondiert. Aus Konzernsicht hält das Mutterunternehmen mit der Beteiligung am Tochterunternehmen quasi „eigene Aktien", die im Rahmen der Kapitalkonsolidierung mit dem Eigenkapital zu saldieren sind.

Grundsätzliche Vorgehensweise

Um die Doppelerfassung zu korrigieren, wird der Beteiligungsbuchwert im Zeitpunkt des Erwerbs mit dem anteilig erworbenen Eigenkapital des Tochterunternehmens verrechnet. Im folgenden Beispiel wird zunächst die grundlegende Technik der Kapitalkonsolidierung erläutert.

Beispiel 23.4

Ausgehend von Beispiel 23.3 erfolgt nun die Kapitalkonsolidierung. Aufgrund der Ungleichheit von Beteiligungsbuchwert (1.200 T€) und anteilig erworbenem Eigenkapital der Y GmbH (Buchwert: 500 T€) ergibt sich zunächst ein Unterschiedsbetrag aus der Kapitalkonsolidierung in Höhe von 700 T€ (Konsolidierungsbuchung [a]).

31.12.2010, T€	X AG		Y GmbH		Summenbilanz		Konsolidierung		Konzernbilanz	
Anlageverm.	1.800		550		2.350				2.350	
Beteilig. an Y	1.200		—		1.200			[a]1.200	—	
Umlaufverm.	850		300		1.150				1.150	
Unterschiedsb.	—		—		—		[a]700		700	
Eigenkapital		2.100		500		2.600	[a]500			2.100
Fremdkapital		1.750		350		2.100				2.100
Summe	3.850	3.850	850	850	4.700	4.700			4.200	4.200

[a] Kapitalkonsolidierung: Verrechnung des Beteiligungsbuchwerts aus dem Einzelabschluss der X AG mit dem Eigenkapital der Y GmbH; Entstehung eines aktivischen Unterschiedsbetrags aus der Kapitalkonsolidierung.

Stille Reserven und stille Lasten

Bei der Kapitalkonsolidierung entstehende Unterschiedsbeträge können unterschiedliche Ursachen haben. Ihre bilanzielle Behandlung ergibt sich teilweise aus der Bewertungskonzeption, nach welcher Mutter- und Tochterunternehmen in der Konzernbilanz abgebildet werden sollen. Bei der nach IFRS 3 allein gültigen Erwerbsmethode gilt, dass alle erworbenen Vermögenswerte und Schulden des Tochterunternehmens – unabhängig von ihrer bisherigen Behandlung – mit ihren beizulegenden Zeitwerten im Konzernabschluss bilanziert werden. Dementsprechend ist ein bei der Kapitalkonsolidierung entstehender Unterschiedsbetrag zwischen Beteiligungsbuchwert und anteilig erworbenem Eigenkapital des Tochterunternehmens zunächst daraufhin zu untersuchen, ob er auf stille Reserven bzw. stille Lasten zurückzuführen ist.

Beispiel 23.5

Wie in Beispiel 23.1 erwähnt, befinden sich in den Grundstücken der Y GmbH stille Reserven in Höhe von 300 T€. Da die Grundstücke – ebenso wie alle anderen Vermögenswerte und Schulden der Y GmbH – nach IFRS 3 mit den beizulegenden Zeitwerten in die Konzernbilanz aufzunehmen sind, erfolgt zunächst eine Neubewertung im Rahmen einer „Handelsbilanz III" (Buchung [a]). Hierdurch erhöht sich das Eigenkapital der Y GmbH um 300 T€. Die anschließende Konsolidierungsbuchung ergibt damit einen gegenüber dem vorangegangenen Beispiel um 300 T€ reduzierten Unterschiedsbetrag von 400 T€ (Buchung [b]), der als Goodwill unter den immateriellen Vermögenswerten auszuweisen ist.

31.12.2010, T€	X AG	Y GmbH	Summenbilanz	Neubewertung	Konsolidierung	Konzernbilanz
Anlagevermögen	1.800	550	2.350	[a]300		2.650
Beteiligung an Y	1.200	—	1.200		[b]1.200	—
Umlaufvermögen	850	300	1.150			1.150
Goodwill	—	—	—		[b]400	400
Eigenkapital	2.100	500	2.600	[a]300	[b]800	2.100
Fremdkapital	1.750	350	2.100			2.100
Summe	3.850 3.850	850 850	4.700 4.700			4.200 4.200

[a] Neubewertung der erworbenen Vermögenswerte der Y GmbH.

[b] Kapitalkonsolidierung: Verrechnung des Beteiligungsbuchwerts aus dem Einzelabschluss der X AG mit dem neubewerteten Eigenkapital der Y GmbH; Aktivierung des entstehenden Goodwills.

Keine Anschaffungskostenrestriktion

Die Höhe der auflösbaren stillen Reserven und stillen Lasten ist dabei nicht auf den ursprünglichen Unterschiedsbetrag begrenzt. Es ist auch denkbar, dass das neubewertete Nettovermögen des Tochterunternehmens die Anschaffungskosten der Beteiligung übersteigt. In einem solchen Fall würde durch die Auflösung stiller Reserven und stiller Lasten aus einem ursprünglich positiven Unterschiedsbetrag eine negative Differenz (vgl. bereits Beispiel 23.2).

Bisher nicht bilanzierte Positionen

Neben der Auflösung von Bewertungsunterschieden zwischen Buchwerten und beizulegenden Zeitwerten verlangt IFRS 3 im Rahmen der Erwerbsmethode auch den Ansatz von bisher beim Tochterunternehmen nicht angesetzten Vermögenswerten und Schulden, sofern diese bestimmte Kriterien erfüllen.

Behandlung verbleibender Unterschiedsbeträge

Auch nach vollständiger Erfassung der identifizierbaren Vermögenswerte und Schulden des Tochterunternehmens verbleibt in der Praxis regelmäßig ein Unterschiedsbetrag zwischen dem Beteiligungsbuchwert und dem neubewerteten anteiligen Eigenkapital. Wie bereits oben im Zusammenhang mit dem Fall des asset deal erläutert, wird dieser nach IFRS 3 asymmetrisch behandelt.

Goodwill

Eine verbleibende positive Differenz (Firmen- bzw. Geschäftswert oder Goodwill) wird als Vermögenswert aktiviert (IFRS 3.32). Nach dem Verständnis des IASB ist der erworbene Goodwill ein immaterieller Vermögenswert, dem es an Identifizierbarkeit fehlt, der aber ansonsten alle Definitionsmerkmale eines Vermögenswerts erfüllt, was seine Aktivierung rechtfertigt. Einen Überblick über denkbare Bestandteile des Goodwills für den Fall einer 100 %-Beteiligung bietet Abbildung 23.4[8].

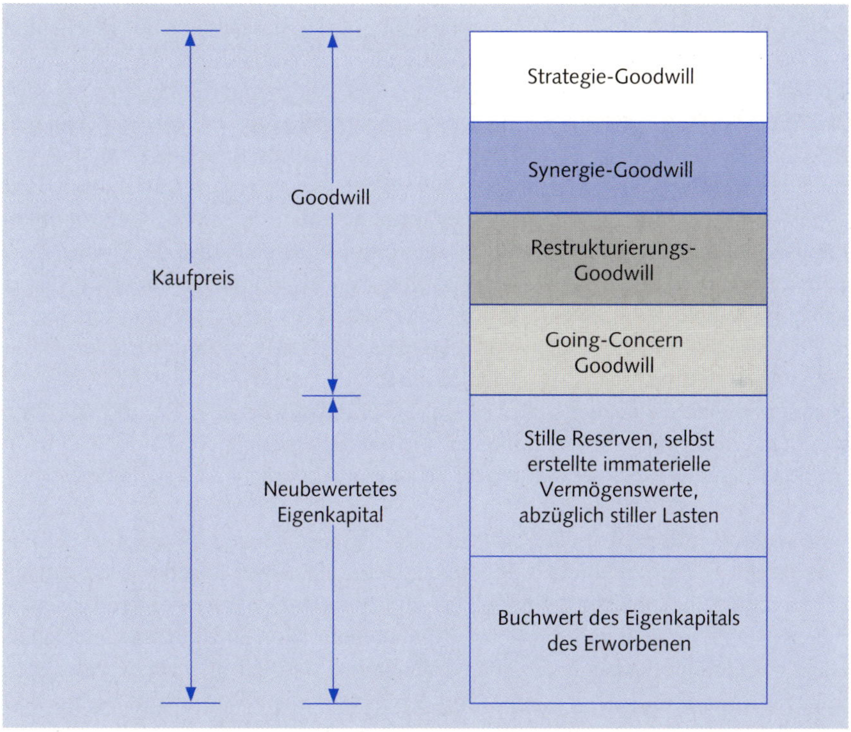

Abb. 23.4: Komponenten eines positiven Unterschiedsbetrags. Quelle: In Anlehnung an *Sellhorn, T.*, Ansätze zur bilanziellen Behandlung des Goodwills im Rahmen einer kapitalmarktorientierten Rechnungslegung, in: DB, 53. Jg. (2000), S. 885-892.

8 Von möglichen Bewertungsfehlern oder Über- bzw. Unterzahlungen des Erwerbers wird hier abgesehen. Bei einer Beteiligungsquote unter 100 % erlaubt IFRS 3 zudem eine Aktivierung des den nicht beherrschenden Anteilseignern zustehenden Goodwills. Dieser würde mit seinem beizulegenden Zeitwert bewertet werden. Zum Vorgehen vgl. Beispiel 23.9.

Der wirtschaftliche Gehalt des Goodwills leitet sich aus künftigen Erträgen ab, die der Erwerber mit Hilfe des Zusammenschlusses zu generieren plant. Diese Erträge sollen sich erstens aus nicht bilanzierungsfähigen Werten des erworbenen Unternehmens ergeben. Beispiele hierfür sind ein vorhandener Kundenstamm oder ein hoch qualifiziertes Management. Dieser going-concern goodwill entspricht dem originären Goodwill des erworbenen Unternehmens. Er umfasst damit den Unterschied zwischen dem Gesamtbewertungswert des erworbenen Unternehmens und der Summe von dessen einzeln bewerteten Vermögenswerten und Schulden. Zweitens kann sich künftiges Ertragspotenzial aus einer Restrukturierung des erworbenen Unternehmens ergeben. Ein solcher Restrukturierungs-Goodwill kann durch effizientere Ausnutzung vorhandener Ressourcen und/oder Konzentration auf das Kerngeschäft durch Abbau nicht betriebsnotwendiger Ressourcen gehoben werden. Drittens verbindet der Erwerber mit einem Zusammenschluss häufig die Hoffnung auf Synergien aus der Bündelung von Aktivitäten und/oder der Übertragung von Know-how. Der Synergie-Goodwill besteht folglich aus den quantifizierten Verbundeffekten, die aus dem Zusammenschluss erwartet werden[9]. Weniger greifbar als die bisher genannten Bestandteile erscheint eine vierte Komponente, die als Strategie-Goodwill bezeichnet werden kann. Sie spiegelt den Beitrag des Zusammenschlusses zur geplanten Strategieumsetzung des Erwerbers wider. So werden Zusammenschlüsse oftmals damit gerechtfertigt, dass nur auf diese Weise die Eintrittsbarrieren eines lukrativen, neuen Marktes überwunden werden können. Zu dieser letzten Goodwill-Komponente gehört ganz allgemein die Gesamtheit der durch einen Zusammenschluss neu hinzugewonnenen Handlungsalternativen. Diese Flexibilität lässt sich als Realoption auffassen und unter Zuhilfenahme entsprechender Verfahren auch quantifizieren[10]. Schließlich kann der Goodwill auch mögliche Über- oder Unterzahlungen, die auf Bewertungsfehlern oder anderen Irrationalitäten beruhen, enthalten. Diese sind in Abbildung 23.4 nicht erfasst.

Negativer Unterschiedsbetrag

Gelegentlich entsteht bei der Kapitalkonsolidierung jedoch eine negative Differenz. Auch für einen solchen negativen Unterschiedsbetrag sind verschiedene Erklärungsansätze denkbar: Zum einen sind Bewertungsfehler bei den Anschaffungskosten eine denkbare Ursache. Zum anderen kann es zu einer Unterschätzung von stillen Lasten oder Überschätzung von stillen Reserven gekommen sein. Bewertungsungenauigkeiten bei den erworbenen Vermögenswerten und Schulden sind ferner deshalb möglich, weil einzelne Wertansätze im Rahmen der Kaufpreisallokation als beizulegende Zeitwerte gelten, in Wirklichkeit aber keine beizulegenden Zeitwerte darstellen. Als Beispiel sind latente Steuerpositionen, die im Rahmen der Kaufpreisallokation undiskontiert zu berücksichtigen sind, obwohl die Vertragsparteien ihnen im Rahmen der Kaufverhandlungen

9 Vgl. auch IAS 36.80, der Goodwill vor allem durch erwartete Synergien erklärt.

10 Vgl. dazu *Crasselt, N./Tomaszewski, C.*, Unternehmerische Flexibilität bei strategischen Akquisitionen – Einsatzmöglichkeiten von Optionspreismodellen, in: Controlling, 11. Jg. (1999), S. 517-524.

möglicherweise diskontierte Werte zugrunde gelegt haben, zu nennen. Lassen sich die bisher genannten Gründe ausschließen, so wird ein negativer Unterschiedsbetrag letztendlich als Ausdruck eines günstigen Kaufs (bargain purchase, lucky buy) anzusehen sein. Ein negativer Restbetrag ist i.d.R. als Ertrag zu vereinnahmen (IFRS 3.34).

Vorgehensweise bei Existenz von nicht beherrschenden Anteilseignern

Da nach dem control-Konzept für das Vorliegen eines Mutter-Tochter-Verhältnisses auch Beteiligungen unter 100 % ausreichen, müssen vielfach auch Tochterunternehmen, an denen das Mutterunternehmen weniger als 100 % der Anteile hält, im Wege der Vollkonsolidierung in den Konzernabschluss einbezogen werden. Hier sind weiterhin nicht beherrschende Anteilseigner am Kapital des Tochterunternehmens beteiligt[11]. Deren Behandlung hängt von der dem Konzernabschluss zugrunde liegenden Konzerntheorie ab[12].

Einheitstheorie

- Nach der Einheitstheorie (entity theory), in deren Richtung sich IFRS und auch US-GAAP insbesondere mit der Verabschiedung von IFRS 3 und SFAS 141 (2007) / ASC 805 entwickelt haben, erscheinen nicht beherrschende Anteilseigner als Eigenkapitalgeber der wirtschaftlichen Einheit Konzern, so dass die nicht beherrschenden Anteile im Konzernabschluss zwar separat, aber innerhalb des Eigenkapitals ausgewiesen wird (IAS 27.27).

Interessentheorie

- Die konkurrierende Interessentheorie (parent company theory) sieht den gesamten Konzern demgegenüber aus dem Blickwinkel der Anteilseigner des Mutterunternehmens. An Tochterunternehmen beteiligte nicht beherrschende Anteilseigner stellen aus dieser Perspektive außen stehende Kapitalgeber dar, obwohl auch sie dem Konzern über Tochterunternehmen Eigenkapital zur Verfügung gestellt haben. Ein nicht beherrschender Anteil wäre nach dieser Sichtweise als Verbindlichkeit und damit im Fremdkapital auszuweisen.

Beispiel 23.6

In Abwandlung von Beispiel 23.4 sei im Folgenden unterstellt, die X AG habe eine 70 %-Beteiligung an der Y GmbH für 840 T€ erworben. Der beizulegende Zeitwert der restlichen 30 % – also der nicht beherrschenden Anteile – sei 360 T€[13]. Für die Bilanz der X AG ergibt sich damit ein verändertes Bild:

11 Da eine Einbeziehungspflicht für das Mutterunternehmen auch bei einem Kapitalanteil von weniger als 50 % gegeben sein kann (vgl. Kapitel 6), ist der Begriff des Minderheitsgesellschafters in solchen Fällen nicht ganz korrekt. *Busse von Colbe et al.*, Konzernabschlüsse, S. 205, verwenden den dem deutschen HGB (§ 307) entlehnten Begriff der anderen Gesellschafter und bezeichnen deren Eigenkapitalanteil als „Ausgleichsposten für Anteile anderer Gesellschafter“. In IFRS 3 und IAS 27 wird der Begriff „non-controlling interest“ genutzt, welcher offiziell mit „nicht beherrschende Anteile“ übersetzt wird.

12 Vgl. ausführlich *Busse von Colbe et al.*, Konzernabschlüsse, S. 26-28, sowie Abschnitt 3.3.2 in diesem Kapitel.

13 Somit wird im Beispiel davon ausgegangen, dass sich der Wert des Anteils nicht beherrschender Anteilseigner durch proportionale Hochrechnung (also unter Vernachlässigung einer Kontrollprämie) aus dem der Mehrheitsbeteiligung herleiten lässt ($840 / 0{,}7 \cdot 0{,}3 = 360$).

Bilanz der X AG zum 31.12.2010 (in T€)			
Anlagevermögen	1.800	Eigenkapital	2.100
Beteiligung an Y	840	Fremdkapital	1.750
Umlaufvermögen	1.210		
Summe	3.850	Summe	3.850

Die Bilanz der Y GmbH wird demgegenüber unverändert aus dem Ausgangsbeispiel bzw. aus Beispiel 23.4 übernommen:

Bilanz der Y GmbH zum 31.12.2010 zu Buchwerten (in T€)			
Anlagevermögen	550	Eigenkapital	500
Umlaufvermögen	300	Fremdkapital	350
Summe	850	Summe	850

Obwohl die X AG hier weniger als 100 % der Anteile an der Y GmbH hält, werden – ein control-Verhältnis sei unterstellt – deren Vermögenswerte und Schulden vollständig in die Summenbilanz und damit in den Konzernabschluss einbezogen. Der Buchwert der Y-Beteiligung (840 T€) wird hier mit dem anteiligen, der X AG zustehenden Eigenkapital der Y GmbH in Höhe von (500 · 0,7 =) 350 T€ verrechnet (Konsolidierungsbuchung [a]). Die verbleibenden 150 T€ des Y-Eigenkapitals werden auf die nicht beherrschenden Anteile umgegliedert (Konsolidierungsbuchung [b]).

31.12.2010, T€	**X AG**	**Y GmbH**	**Summenbilanz**	**Konsolidierung**	**Konzernbilanz**
Anlageverm.	1.800	550	2.350		2.350
Beteiligung an Y	840		840	[a]840	—
Umlaufverm.	1.210	300	1.510		1.510
Unterschiedsb.	—	—	—	[a]490	490
Eigenkapital	2.100	500	2.600	[a]350 [b]150	2.100
Nicht beherrschende Anteile	—	—	—	[b]150	150
Fremdkapital	1.750	350	2.100		2.100
Summe	3.850 3.850	850 850	4.700 4.700		4.350 4.350

[a] Kapitalkonsolidierung: Verrechnung des Beteiligungsbuchwerts aus dem Einzelabschluss der X AG mit dem anteiligen Eigenkapital der Y GmbH; Entstehung eines aktivischen Unterschiedsbetrags aus der Kapitalkonsolidierung als Zwischenschritt.

[b] Einbuchung der nicht beherrschenden Anteile am Eigenkapital der Y GmbH.

Im Sinne der Einheitstheorie sind die nicht beherrschenden Anteile als gesonderte Position im Eigenkapital auszuweisen, das sich folglich zu (2.100 + 150 =) 2.250 T€ ermittelt und zu einer Eigenkapitalquote von (2.250 / 4.350 =) 51,7 % führt.

Der in der Konzernbilanz noch enthaltene Unterschiedsbetrag setzt sich hier aus stillen Reserven und Goodwill zusammen. Er kann, je nach konzerntheoretischer Perspektive und daraus abgeleiteter Erstkonsolidierungskonzeption, unterschiedlich behandelt werden. Im folgenden Abschnitt werden diese Alternativen detailliert erörtert.

3.3.2 Alternative Konzeptionen der Erstkonsolidierung

Konzerntheoretische Einordnung

Konzeptionell sind, je nach konzerntheoretischer Perspektive und den wirtschaftlichen Umständen des betreffenden share deal (Erwerb oder Zusammenschluss), unterschiedliche Methoden der Kapitalkonsolidierung denkbar. Abbildung 23.5 vermittelt einen Überblick über die Methoden der Vollkonsolidierung, die nachfolgend anhand eines durchgehenden Beispiels verdeutlicht werden.

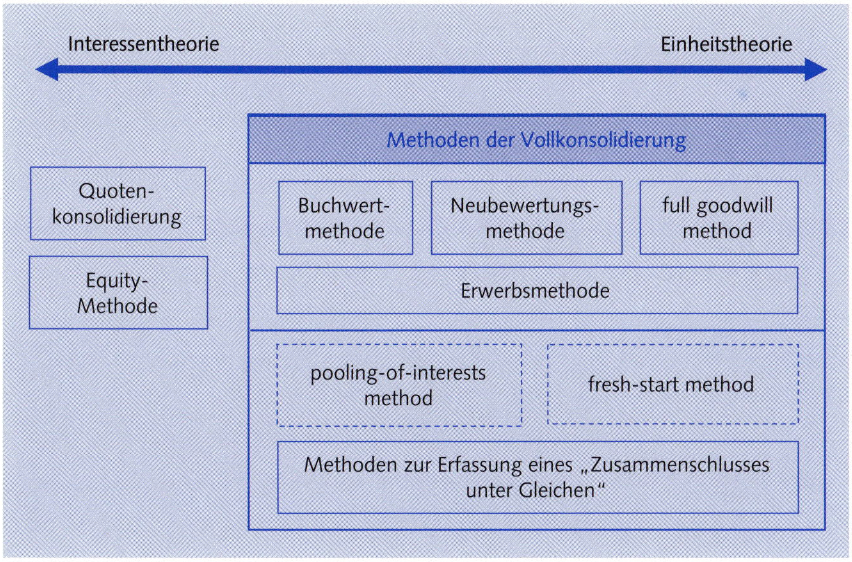

Abb. 23.5: Bilanztheoretische Einordnung von Konsolidierungsmethoden

Varianten der Erwerbsmethode

Die in der oberen Hälfte des Kastens befindlichen Varianten der Erwerbsmethode stehen inzwischen im Fokus der Standardisierungsbemühungen von IASB und FASB. Hier wird davon ausgegangen, dass sich die an einem Unternehmenszusammenschluss beteiligten Parteien immer in einen Erwerber und einen Erworbenen unterscheiden lassen. Der IFRS 3 (2008)-Vorgänger sah für die Kapitalkonsolidierung einzig die Neubewertungsmethode vor. Nach IFRS 3 (2008) sind nunmehr die Neubewertungsmethode sowie die full goodwill method zulässig[14]. Der Erwerber kann für jeden Unternehmenszusammenschluss, der in den Anwendungsbereich von IFRS 3 fällt, frei zwischen diesen beiden Methoden wählen (IFRS 3.19). Die in Abbildung 23.5 dargestellten Ausprägungen der Erwerbsmethode unterscheiden sich hinsichtlich der Berücksichtigung etwaiger nicht beherrschender Anteile an Tochterunternehmen, die entstehen, wenn das Mutterunternehmen weniger als 100 % des Eigenkapitals des Tochterunternehmens erwirbt. Bei einer Anteilsquote des Mutterunternehmens von 100 % führen alle drei Methoden folglich zum selben Ergebnis.

Buchwertmethode

Nach der Buchwertmethode erstreckt sich die Neubewertung der Vermögenswerte und Schulden des Tochterunternehmens lediglich auf den Anteil, den das Mutterunternehmen an diesen erworben hat. Somit werden stille Reserven und stille Lasten nur proportional zur Anteilsquote des Mutterunternehmens aufgedeckt, weshalb dieses Verfahren auch als beteiligungsproportionale Neubewertungsmethode bekannt ist. Der den nicht beherrschenden Anteilseignern „zustehende" Anteil an Vermögenswerten und Schulden wird demzufolge mit seinen ursprünglichen Buchwerten übernommen. Sind also nicht beherrschende Anteilseigner an einem Tochterunternehmen beteiligt, so erfolgt die Bewertung der Vermögenswerte und Schulden dieses Tochterunternehmens in der Konzernbilanz mit einem schwer interpretierbaren Wertkonglomerat. Einerseits werden beizulegende Zeitwerten von Vermögenswerten und Schulden, für die keine stillen Reserven bzw. Lasten vorliegen, vollumfänglich in die Konzernbilanz übernommen. Andererseits werden bei Vermögenswerten und Schulden, deren beizulegende Zeitwerte stille Reserven bzw. Lasten enthalten, die Buchwerte vor diesen Reserven bzw. Lasten vollumfänglich konsolidiert. Die stillen Reserven bzw. Lasten selbst gehen indes lediglich proportional zur Anteilsquote des Mutterunternehmens in die Konzernbilanz ein. Die Buchwertmethode ist die am stärksten interessentheoretisch geprägte Variante der Erwerbsmethode.

Beispiel 23.7

Die Unterschiede zwischen den hier erläuterten Methoden der Kapitalkonsolidierung werden anhand des folgenden einfachen Beispiels und vorerst unter Vernachlässigung latenter Steuern illustriert[15]. Hierzu werden die jeweiligen Auswirkungen auf den Return on Capital Employed (ROCE) des Unternehmens diskutiert, wobei für die Folgeperioden von einem Konzern-EBIT von jährlich 400 T€ ausgegangen wird. Der ROCE wird hier vereinfacht als EBIT / Bilanzsumme definiert. Zudem werden die Auswirkungen auf die Ei-

14 Beide Methoden werden in IFRS 3 als (Varianten der) Erwerbsmethode bezeichnet. Die Buchwertmethode ist nicht mehr vorgesehen.

15 Die Berücksichtigung latenter Steuern im Rahmen der Kapitalkonsolidierung wird im Rahmen des zusammenfassenden Beispiels in Abschnitt 5 dargestellt. Für eine Illustration der Quotenkonsolidierung und der Equity-Methode vgl. Kapitel 24.

genkapitalquote (Eigenkapital / Gesamtkapital) als zentrale Kapitalstrukturkennzahl betrachtet. Dabei wird der nicht beherrschende Anteil im Sinne einer einheitstheoretischen Sichtweise dem Eigenkapital zugerechnet.

Ausgangspunkt sei der Erwerb einer 70 %-Beteiligung an der Y GmbH durch die X AG (Beispiel 23.6). Zudem sind wiederum die bereits in Beispiel 23.1 erwähnten stillen Reserven in Höhe von 300 T€ in den Gebäuden der Y GmbH zu berücksichtigen. Bei der Buchwertmethode erfolgt eine Neubewertung der erworbenen Vermögenswerte und Schulden nur proportional zum Kapitalanteil des Mutterunternehmens, also lediglich zu 70 %.

Buchwertmethode	**X AG**	**Y GmbH**	**Summenbilanz**	**Konsolidierung**	**Konzernbilanz**
Anlagevermögen	1.800	550	2.350	[b]210	2.560
Beteiligung an Y	840	—	840	[a]840	—
Umlaufvermögen	1.210	300	1.510		1.510
Unterschiedsbetrag	—	—	—	[a]490 [b]490	—
Goodwill	—	—	—	[b]280	280
Eigenkapital	2.100	500	2.600	[a]350 [c]150	2.100
Nicht beherrschende Anteile	—	—	—	[c]150	150
Fremdkapital	1.750	350	2.100		2.100
Summe	3.850 3.850	850 850	4.700 4.700		4.350 4.350

[a] Kapitalkonsolidierung: Verrechnung des Beteiligungsbuchwerts aus dem Einzelabschluss der X AG mit dem anteiligen Eigenkapital der Y GmbH; Entstehung eines aktivischen Unterschiedsbetrags aus der Kapitalkonsolidierung.

[b] Anteilige Aufdeckung der stillen Reserven in den erworbenen Vermögenswerten der Y GmbH. Aktivierung des verbleibenden Unterschiedsbetrags als Goodwill.

[c] Einbuchung der nicht beherrschenden Anteile am Eigenkapital der Y GmbH.

Bei einheitstheoretischer Betrachtung ergibt sich eine Konzerneigenkapitalquote von (2.250 / 4.350 =) 51,7 %. Der ROCE beträgt hier (400 / 4.350 =) 9,2 %.

Neubewertungsmethode

Nach der Neubewertungsmethode werden die Vermögenswerte und Schulden des Tochterunternehmens unabhängig von der Anteilsquote des Mutterunternehmens mit ihren vollen beizulegenden Zeitwerten erfasst. Der den nicht beherrschenden Anteilseignern zuzuordnende Eigenkapitalanteil wird hier folglich als proportionaler Anteil der nicht beherrschenden Anteilseignern am beizulegenden Zeitwert des erworbenen Nettovermögens – exklusive Goodwill – berechnet. Diese Methode ist die in IFRS 3.19(b) genannte zweite Variante der Erwerbsmethode.

Beispiel 23.8

Bei Anwendung der Neubewertungsmethode werden die erworbenen Vermögenswerte (ohne Goodwill) und Schulden inklusive des nicht beherrschenden Anteils neu bewertet.

Neubewertungs-methode	**X AG**		**Y GmbH**		**Summen-bilanz**		**Neu-bewertung**		**Konsoli-dierung**		**Konzern-bilanz**	
Anlagevermögen	1.800		550		2.350		[a]300				2.650	
Beteiligung an Y	840		—		840					[b]840	—	
Umlaufvermögen	1.210		300		1.510						1.510	
Goodwill	—		—		—				[b]280		280	
Eigenkapital		2.100		500		2.600		[a]300	[b]560 [c]240			2.100
Nicht beherrschende Anteile		—		—		—				[c]240		240
Fremdkapital		1.750		350		2.100						2.100
Summe	3.850	3.850	850	850	4.700	4.700					4.440	4.440

[a] Neubewertung der erworbenen Vermögenswerte der Y GmbH.

[b] Kapitalkonsolidierung: Verrechnung des Beteiligungsbuchwerts aus dem Einzelabschluss der X AG mit dem anteiligen neubewerteten Eigenkapital der Y GmbH; Aktivierung des entstehenden Goodwills.

[c] Einbuchung der nicht beherrschenden Anteile am neubewerteten Eigenkapital der Y GmbH.

Die Konzernbilanzsumme ist durch die vollständige Aufdeckung der stillen Reserven (300 statt 210) höher als bei der Buchwertmethode, was sich in einem niedrigeren ROCE von (400 / 4.440 =) 9,0 % ausdrückt. Von der Einheitstheorie ausgehend, ist die Eigenkapitalquote gegenüber der Buchwertmethode gestiegen. Sie beträgt (2.340 / 4.440 =) 52,7 %.

Full goodwill method

Die full goodwill method kann als einheitstheoretische Extremform der Erwerbsmethode bezeichnet werden. Hier erfolgt nicht nur eine Neubewertung des den nicht beherrschenden Anteilseignern zustehenden Anteils an den Vermögenswerten und Schulden des Tochterunternehmens. Es wird zudem ein den nicht beherrschenden Anteilseignern zustehender Goodwill aktiviert. Dieser

Goodwill der nicht beherrschenden Anteilseigner erscheint in der Konzernbilanz als Teil des Goodwills auf der Aktivseite und erhöht auf der Passivseite entsprechend den Eigenkapitalanteil der nicht beherrschenden Anteilseigner. Die full goodwill method ist die in IFRS 3.19(a) genannte erste Variante der Erwerbsmethode zur bilanziellen Behandlung von Unternehmenszusammenschlüssen.

Beispiel 23.9

Bei Anwendung der full goodwill method ist es notwendig, den beizulegenden Zeitwert der nicht beherrschenden Anteile zu bestimmen. Dieser wurde in der Ausgangssituation mit 360 T€ angenommen. Der Anteil der nicht beherrschenden Anteilseigner am ausgewiesenen full goodwill ergibt sich dann als Differenz aus dem Zeitwert der nicht beherrschenden Anteile und ihrem analog zur Neubewertungsmethode bestimmten Anteil am neu bewerteten Eigenkapital. Somit ergibt sich in Beispiel 23.9 ein Goodwill der nicht beherrschenden Anteilseigner in Höhe von (360 - 240 =) 120 T€ und ein full goodwill von (280 + 120 =) 400 T€. Für diesen Gesamt-Goodwill ergibt sich in diesem Beispiel genau der Wert, der auch beim vollständigen Erwerb in Beispiel 23.5 entstanden ist. Damit wäre der full goodwill auch durch einfache „Hochrechnung" (280 / 0,7) zu bestimmen gewesen[16]. In der Konzernbilanz werden nun auch die nicht beherrschenden Anteile mit ihrem beizulegenden Zeitwert ausgewiesen.

full goodwill method	X AG	Y GmbH	Summenbilanz	Neubewertung	Konsolidierung	Konzernbilanz
Anlagevermögen	1.800	550	2.350	[a]300		2.650
Beteiligung an Y	840		840		[b]840	—
Umlaufvermögen	1.210	300	1.510			1.510
Goodwill	—				[b]280 [d]120	400
Eigenkapital	2.100	500	2.600	[a]300	[b]560 [c]240	2.100
Nicht beherrschende Anteile	—				[c]240 [d]120	360
Fremdkapital	1.750	350	2.100			2.100
Summe	3.850 3.850	850 850	4.700 4.700			4.560 4.560

16 Dies muss jedoch nicht immer der Fall sein. Der proportionale Wert, also der Wert pro Anteil, eines Mehrheitenanteils kann z.B. aufgrund einer gezahlten control-Prämie oder – umgekehrt – eines minority discount von dem eines entsprechenden Anteils nicht beherrschender Anteilseigner abweichen. Vgl. hierzu Abschnitt 3.3.3.4.

[a] Neubewertung der erworbenen Vermögenswerte der Y GmbH.
[b] Kapitalkonsolidierung: Verrechnung des Beteiligungsbuchwerts aus dem Einzelabschluss der X AG mit dem anteiligen neubewerteten Eigenkapital der Y GmbH; Aktivierung des entstehenden Mehrheiten-Goodwills.
[c] Einbuchung der nicht beherrschenden Anteile am neubewerteten Eigenkapital der Y GmbH.
[d] Aktivierung des Goodwills der nicht beherrschenden Anteilseigner.

Durch die Aufdeckung des gesamten Goodwills steigt hier die Konzernbilanzsumme gegenüber der Neubewertungsmethode an. Das Management muss nun auch auf den Anteil der nicht beherrschenden Anteilseigner am Goodwill eine Rendite erbringen.

Der ROCE beträgt hier nur noch (400 / 4.560 =) 8,8 %. Dementsprechend ist wiederum die Eigenkapitalquote höher als zuvor. Sie beträgt nun (2.460 / 4.560 =) 53,9 %.

Quotenkonsolidierung

Wenn nicht beherrschende Anteilseigner im Sinne einer interessentheoretischen Extremhaltung vollständig als Konzernfremde angesehen würden, wären die Vermögenswerte und Schulden von Tochterunternehmen nur zu demjenigen Anteil in den Konzernabschluss einzubeziehen, der vom Mutterunternehmen kontrolliert wird. Hier würde folglich keine Vollkonsolidierung, sondern nur eine beteiligungsproportionale bzw. quotale Konsolidierung des Nettovermögens des Tochterunternehmens durchgeführt. Diese Vorgehensweise wird als Quotenkonsolidierung bezeichnet. Nach IFRS kommt die Quotenkonsolidierung für die bilanzielle Behandlung von Tochterunternehmen nicht in Betracht, da das control-Konzept von einer nicht teilbaren Beherrschungsmöglichkeit des gesamten Tochterunternehmens ausgeht. Vorgesehen ist die Quotenkonsolidierung gemäß IAS 31 vielmehr – als Wahlrecht neben der Equity-Methode – für die Bilanzierung von Anteilen an Gemeinschaftsunternehmen. Hier leiten zwei oder mehr gleichberechtigte Partner gemeinsam ein anderes Unternehmen. Allerdings ist durch den Entwurf ED 9 „Joint Arrangements“ bzw. einen daraus bald folgenden neuen Standard eine Abschaffung der Quotenkonsolidierung geplant (vgl. Kapitel 24).

Equity-Methode

Eine noch stärker der Interessentheorie folgende Konzernsichtweise wird durch die Equity-Methode umgesetzt. Bei diesem Verfahren werden nicht die Vermögenswerte und Schulden der Beteiligungsgesellschaft in die Konzernbilanz des beteiligten Unternehmens aufgenommen. Stattdessen wird die Beteiligung, ausgehend von den Anschaffungskosten, in den Folgeperioden der Entwicklung des anteiligen Eigenkapitals und damit dem Nettovermögen bzw. dem

Bilanzkurs angepasst. Da es auch zur anteiligen Eliminierung von Zwischenerfolgen kommt, kann die Equity-Methode als partielles Konsolidierungsverfahren (one-line consolidation) interpretiert werden (vgl. Kapitel 24).

Methoden zur Bilanzierung von „Zusammenschlüssen unter Gleichen“

Neben den verschiedenen Varianten der Erwerbsmethode werden zwei Konsolidierungsmethoden diskutiert, die im Falle eines „Zusammenschlusses unter Gleichen“ (merger of equals) für eine angemessene bilanzielle Abbildung sorgen sollen. Konzeptionell wird ein Bedarf nach solchen Verfahren damit gerechtfertigt, dass nicht jeder Unternehmenszusammenschluss als einseitiger Erwerbsvorgang interpretiert werden kann, bei dem ein Erwerber ein anderes Unternehmen akquiriert. Vielmehr handele es sich in vielen Fällen um Zusammenschlüsse, bei denen sich zwei gleichberechtigte Partner zusammenschließen, um ihre Unternehmen gemeinsam fortzuführen oder um aus zwei bestehenden Unternehmen ein neues zu gründen[17].

Pooling-of-interests method

Von der erstgenannten Prämisse geht die pooling-of-interests method aus. Diese Methode wurde im Jahr 2004 u.a. deswegen aus den IFRS „verbannt“, weil ein Nebeneinander von zwei unterschiedlichen Bilanzierungsmethoden für Unternehmenszusammenschlüsse die Vergleichbarkeit von Abschlüssen behindere. Bei der pooling-of-interests method werden mangels Erwerbsvorgang die Vermögenswerte und Schulden keiner Neubewertung unterzogen, sondern zu Buchwerten in den Konzernabschluss übernommen. Ein etwaiger Unterschiedsbetrag zwischen einem Beteiligungsbuchwert und dem anteiligen Eigenkapital ist GuV-neutral mit dem Eigenkapital zu verrechnen.

Beispiel 23.10

Bei der pooling-of-interests method erfolgt eine Buchwertfortführung, so dass keinerlei stille Reserven der sich zusammenschließenden Unternehmen aufgedeckt werden. Der Unterschiedsbetrag wird mit dem Eigenkapital verrechnet[18].

17 Vgl. zum Folgenden etwa *Pellens, B./Sellhorn, T.*, Kapitalkonsolidierung nach der Fresh-Start-Methode, in: BB, 54 Jg. (1999), S. 2125-2132. *Telkamp, H.-J./Bruns, C.*, Pooling-of-interests-Methode versus Fresh-Start-Methode – ein Vergleich, in: WPg, 53. Jg. (2000), S. 744-749, sprechen in diesem Zusammenhang von einer „Fusionsfiktion“ (S. 746).

18 Die Darstellung der Zusammenschlussmethoden (pooling-of-interests method und fresh-start method) anhand des gewählten Beispiels mit 30 % nicht beherrschenden Anteilen ist nicht ganz unproblematisch. Eigentlich sind diese Methoden für solche Zusammenschlüsse vorgesehen, bei denen die beteiligten Unternehmen sich (annähernd) vollständig zusammenschließen, ohne dass dabei nicht beherrschende Anteilseigner verbleiben. Aus didaktischen Gründen werden jedoch im Folgenden alle zuvor dargestellten Methoden anhand desselben Beispiels gezeigt, um Unterschiede zwischen ihnen zu verdeutlichen.

pooling-of-interests method	X AG		Y GmbH		Summen-bilanz		Konsoli-dierung		Konzern-bilanz	
Anlagevermögen	1.800		550		2.350				2.350	
Beteiligung an Y	840				840			[a]840	—	
Umlaufvermögen	1.210		300		1.510				1.510	
Unterschiedsbetr.	—		—		—		[a]490	[b]490	—	
Eigenkapital		2.100		500		2.600	[a]350 [b]490 [c]150			1.610
Nicht beherrschende Anteile		—		—		—		[c]150		150
Fremdkapital		1.750		350		2.100				2.100
Summe	3.850	3.850	850	850	4.700	4.700			3.860	3.860

[a] Kapitalkonsolidierung: Verrechnung des Beteiligungsbuchwerts aus dem Einzelabschluss der X AG mit dem anteiligen Eigenkapital der Y GmbH; Entstehung eines aktivischen Unterschiedsbetrags aus der Kapitalkonsolidierung.

[b] Verrechnung des Unterschiedsbetrags mit dem Konzerneigenkapital.

[c] Einbuchung der nicht beherrschenden Anteile am Eigenkapital der Y GmbH.

Die Konzernbilanzsumme erscheint gegenüber den Erwerbsmethoden erheblich reduziert. Der aus diesem Grunde relativ hohe ROCE von (400 / 3.860 =) 10,4 % erklärt die Attraktivität dieser Methode für viele Unternehmen. Im Gegenzug sinkt die Eigenkapitalquote gegenüber den Erwerbsmethoden. Sie beträgt hier (1.760 / 3.860 =) 45,6 %.

fresh-start method

Auch die fresh-start method beruht auf dem Grundgedanken, dass kein Erwerb vorliegt. Hier wird jedoch davon ausgegangen, dass sich zwei gleichberechtigte Partner zu einem neuen Unternehmen zusammenschließen, das sie fortan gemeinsam betreiben wollen. Anders als nach der pooling-of-interests method sollen hier die Vermögenswerte und Schulden beider Parteien einer vollständigen Neubewertung unterzogen werden. Ob diese sich auch auf die Goodwills beider Unternehmen erstrecken soll, ist dabei offen. Konzeptionell treibt die fresh-start method die einheitstheoretisch motivierte Neubewertung auf Spitze.

Beispiel 23.11

Im Beispiel werden die full goodwills beider beteiligten Unternehmen aktiviert. Im Anlagevermögen der X AG befinden sich stille Reserven in Höhe von 400 T€ und ein originärer Goodwill betrage 500 T€.

fresh-start method	X AG	Y GmbH	Summen-bilanz	Neu-bewertung	Konsoli-dierung	Konzern-bilanz
Anlagevermögen	1.800	550	2.350	[a]300 [b]400		3.050
Beteiligung an Y	840	—	840		[e]840	—
Umlaufvermögen	1.210	300	1.510			1.510
Goodwill	—	—	—	[c]400 [d]500		900
Eigenkapital	2.100	500	2.600	[a]300 [b]400 [c]400 [d]500	[e]840 [f]360	3.000
Nicht beherr-schende Anteile	—	—	—		[f]360	360
Fremdkapital	1.750	350	2.100			2.100
Summe	3.850 3.850	850 850	4.700 4.700			5.460 5.460

[a] Neubewertung der erworbenen Vermögenswerte der Y GmbH.
[b] Neubewertung der Vermögenswerte der X AG.
[c] Aktivierung des full goodwill der Y GmbH.
[d] Aktivierung des full goodwill der X AG.
[e] Kapitalkonsolidierung: Verrechnung des Beteiligungsbuchwerts aus dem Einzelabschluss der X AG mit dem anteiligen neubewerteten Eigenkapital der Y GmbH.
[f] Einbuchung der nicht beherrschenden Anteile am neu bewerteten Eigenkapital der Y GmbH.

Gegenüber der pooling-of-interests method bildet die fresh-start method gemessen am ROCE das andere Extrem. Durch die Aufdeckung aller stillen Reserven und Goodwills der beteiligten Parteien wird die Konzernbilanzsumme stark aufgebläht. Der geringe ROCE von (400 / 5.460 =) 7,3 % erklärt möglicherweise, warum sich dieses Verfahren bisher nicht durchsetzen konnte. Die Eigenkapitalquote erscheint demgegenüber mit (3.360 / 5.460 =) 61,5 % deutlich gestärkt.

3.3.3 IFRS 3-Regeln zur Erwerbsmethode

3.3.3.1 Erlaubte Methoden

Nach IFRS 3 (2008) sind von den dargestellten Konsolidierungsmethoden die Neubewertungsmethode und die full goodwill method als Varianten der Erwerbsmethode zulässig. Sie werden daher im nachfolgenden Beispiel nochmals dargestellt.

Beispiel 23.12 Die erforderlichen Angaben stammen aus Beispiel 23.6. Hinzu treten, wie bereits in Beispiel 23.1 unterstellt, stille Reserven in den Gebäuden der Y GmbH in Höhe von 300 T€.

full goodwill method	**X AG**	**Y GmbH**	**Summen-bilanz**	**Neu-bewertung**	**Konsoli-dierung**	**Konzern-bilanz**
Anlagevermögen	1.800	550	2.350	[a]300		2.650
Beteiligung an Y	840	—	840		[b]840	—
Umlaufvermögen	1.210	300	1.510			1.510
Goodwill	—	—	—		[b]280 [d]120	400
Eigenkapital	2.100	500	2.600	[a]300	[b]560 [c]240	2.100
Nicht beherr-schende Anteile	—	—	—		[c]240 [d]120	360
Fremdkapital	1.750	350	2.100			2.100
Summe	3.850 3.850	850 850	4.700 4.700			4.560 4.560

[a] Neubewertung der erworbenen Vermögenswerte der Y GmbH.

[b] Kapitalkonsolidierung: Verrechnung des Beteiligungsbuchwerts aus dem Einzelabschluss der X AG mit dem anteiligen neubewerteten Eigenkapital der Y GmbH; Aktivierung des entstehenden Goodwills.

[c] Einbuchung der nicht beherrschende Anteile am neubewerteten Eigenkapital der Y GmbH. Soll der Unternehmenserwerb nach der Neubewertungsmethode in der Konzernbilanz abgebildet werden, ist dies die letzte Buchung.

[d] Einbuchung des Goodwills der nicht beherrschenden Anteilseigner. Dieser Buchungsschritt ist nur notwendig, wenn die full goodwill method gewählt wird.

3.3.3.2 Vorgehensweise

Übersicht

Nachdem die Erwerbsmethode in ihren Grundzügen erläutert wurde, sollen im Folgenden die IFRS 3 (2008)-spezifischen Einzelvorschriften zur konkreten Anwendung dieses Verfahrens dargestellt werden[19]. Bei Anwendung der Erwerbsmethode sind nach IFRS 3.5 folgende Schritte durchzuführen:

- Erstens gilt es, bei einem Unternehmenszusammenschluss den Erwerber und das Erwerbsdatum zu bestimmen (IFRS 3.6-9).

19 Diese Einzelvorschriften gelten für asset deals ebenso wie für share deals, werden jedoch aufgrund der größeren Relevanz von share deals für den hier im Vordergrund stehenden Konzernabschluss im Folgenden durchgehend am Beispiel der Konsolidierung diskutiert.

- Zweitens müssen die erworbenen Vermögenswerte, die übernommenen Schulden sowie ein eventueller Anteil nicht beherrschender Anteilseigner bewertet und angesetzt werden (IFRS 3.10-31). Dabei geht es, wie oben beschrieben, um die Aufdeckung stiller Reserven und Lasten und den Ansatz bisher nicht bilanzierter Positionen.
- Drittens muss entweder ein Goodwill oder – bei Vorliegen eines bargain purchase – ein Ertrag bewertet und erfasst werden (IFRS 3.32-36). Hierzu sind auch die genauen Anschaffungskosten zu bestimmen (IFRS 3.37-40).

Spezialprobleme

Spezialprobleme ergeben sich ferner bei Unternehmenszusammenschlüssen, die sich, etwa wegen sukzessiven Anteilserwerbs, über mehrere Phasen erstrecken (IFRS 3.41-42). Gelegentlich sind auch Unternehmenszusammenschlüsse zu beobachten, bei denen keine Gegenleistung erfolgt. Solche Fälle sind z.B. bei Vorliegen eines Beherrschungsvertrages möglich und werden von IFRS 3.43-44 geregelt. Zudem ist denkbar, dass die erstmalige Konsolidierung eines Tochterunternehmens nur auf der Basis vorläufiger Werte durchgeführt werden kann (IFRS 3.45-50).

3.3.3.3 Bestimmung des Erwerbers und des Erwerbsdatums

Der Grundgedanke der Erwerbsmethode macht es erforderlich, für jeden Unternehmenszusammenschluss einen Erwerber festzulegen, der im Rahmen der anschließenden Konsolidierung die Rolle des Mutterunternehmens einnimmt (IFRS 3.6). Dies kann in Einzelfällen schwierig sein, etwa wenn sich zwei in etwa gleich „starke" Partner in einem merger of equals zu einem neuen Unternehmen zusammenschließen.

Grundsatz: control-Konzept

Als Erwerber gilt dasjenige Unternehmen, welches die Beherrschungsmöglichkeit über das andere am Zusammenschluss beteiligte Unternehmen erlangt (IFRS 3.7).

Hinweise auf den Erwerber

In der Regel kann unter Rückgriff auf IAS 27 bestimmt werden, wer der Erwerber ist. In Fällen, in denen sich ein Erwerber so nicht eindeutig identifizieren lässt, sind die in IFRS 3.B14-B18 aufgeführten Indikatoren heranzuziehen. Im Falle einer Bezahlung stimmberechtigter Eigenkapitalanteile mit liquiden Mitteln oder anderen Vermögenswerten gilt die zahlende Partei als Erwerber. Werden zur Zahlung Schulden übernommen, gilt diejenige Partei, welche die Schulden übernimmt, als Erwerber (IFRS 3.B14). Wenn sich die beteiligten Parteien hinsichtlich ihrer Größe wesentlich unterscheiden, ist das größere Unternehmen i.d.R. der Erwerber.

Anteilstausch

Besonders problematisch ist die Festlegung des Erwerbers häufig bei einem Unternehmenszusammenschluss durch Anteilstausch. Hierbei handelt es sich, wie oben erläutert, um einen share deal, bei dem das Mutterunternehmen die Anteile am Tochterunternehmen mit eigenen Aktien bezahlt. Dementsprechend vermutet IFRS 3.B15 in derjenigen Partei den Erwerber, die im Rahmen der Transaktion eigene Aktien ausgibt. Diese widerlegbare Vermutung macht jedoch eine Detailprüfung, welche Partei tatsächlich control erworben hat, nicht überflüssig. Hierbei sind alle relevanten Tatsachen und Umstände zu berücksichtigen.

Reverse acquisitions

Die Situation, dass ein Unternehmen „sich akquirieren lässt“, wird als umgekehrter Unternehmenserwerb (reverse acquisition) bezeichnet[20]. Typischer Anlass einer solchen Transaktion ist das Bestreben eines großen, nicht-börsennotierten Unternehmens, durch die Verbindung mit einer kleineren börsennotierten Gesellschaft ein Börsenlisting zu erlangen. Auch wenn die Anteile ausgebende börsennotierte Gesellschaft juristisch als Mutterunternehmen gilt, erlangt das (juristisch gesehen) erworbene Unternehmen oftmals die Beherrschungsmöglichkeit über das neu entstandene Gebilde und gilt daher nach IFRS 3.B15 für bilanzielle Zwecke als Erwerber. Die Bilanzierung von reverse acquisitions wird in Anhang B (IFRS 3.B19-B27) erläutert. Der Konzernabschluss trägt zwar den Namen des juristischen Mutterunternehmens, wird aber im Anhang als Fortführung der Finanzberichterstattung des juristischen Tochterunternehmens enttarnt. Folglich werden im Rahmen der Erwerbsmethode die Vermögenswerte und Schulden des juristischen Mutterunternehmens mit ihren beizulegenden Zeitwerten angesetzt, während es hinsichtlich des juristischen Tochterunternehmens – also des wirtschaftlichen, bilanziellen Erwerbers – zu einer Buchwertfortführung kommt.

Gründung eines neuen Unternehmens

Ein weiterer Weg, einen Unternehmenszusammenschluss herbeizuführen, besteht darin, ein neues Unternehmen zu gründen, welches anschließend durch Ausgabe eigener Anteile die Anteile der beiden sich zusammenschließenden Unternehmen erwirbt. Hier verlangt IFRS 3.B18, dass eines der beiden ursprünglich existierenden Unternehmen als Erwerber identifiziert wird.

Beispiel 23.13

Diese in IFRS 3.B18 beschriebene rechtliche Konstruktion wurde seinerzeit von Daimler-Benz und Chrysler gewählt. So erwarb die neu gegründete DaimlerChrysler AG gegen Ausgabe eigener Anteile die Anteile sowohl an der Daimler-Benz AG als auch an der Chrysler Corporation. Dieser inzwischen wieder rückgängig gemachte Zusammenschluss wirft interessante bilanzielle Fragen auf, die Einblick in die konzeptionellen Hintergründe der unterschiedlichen Konsolidierungsmethoden gewähren:

- Die tatsächliche bilanzielle Abbildung dieser Transaktion erfolgte seinerzeit nach der pooling-of-interests method gemäß US-GAAP. Zweifel daran, dass es sich tatsächlich um einen „Zusammenschluss unter Gleichen“ (merger of equals) gehandelt hat, und damit an der Angemessenheit der bilanziellen Abbildung, wurden zwischenzeitlich öffentlichkeitswirksam insbesondere von dem US-Großinvestor Kirk Kerkorian geäußert.

20 Vgl. *Küting, K./Müller, W./Pilhofer, J.*, 'Reverse Acquisitions' als Anwendungsfall einer 'Reverse Consolidation' bei der Erstellung von Konzernabschlüssen nach US-GAAP und IAS – ein Leitbild für die deutsche Rechnungslegung?, in: WPg, 53. Jg. (2000), S. 257-269.

- Interessant, wenn auch nur hypothetisch, ist die Frage, welches der beiden Unternehmen als Erwerber gegolten hätte, wenn seinerzeit die nun in IFRS 3.B18 gewählte Lösung zur Anwendung gekommen wäre. Die Durchführbarkeit der Transaktion hing dem Vernehmen nach entscheidend davon ab, dass sie dem US-amerikanischen (Kapitalmarkt-) Publikum als Zusammengehen zweier gleichberechtigter Partner vermittelt werden konnte. Das Erfordernis in IFRS 3.B18, einen Erwerber benennen zu müssen, hätte diesen Eindruck beeinträchtigt – ein weiteres Beispiel dafür, dass Bilanzierungsvorschriften realwirtschaftliche Entscheidungen beeinflussen können.
- Wäre das IASB seiner damals diskutierten Alternativlösung gefolgt, hätte die neu gegründete DaimlerChrysler AG als Erwerberin der beiden Automobilkonzerne gegolten. Im Rahmen der Erwerbsmethode wären damit die Vermögenswerte und Schulden beider Unternehmen mit ihren beizulegenden Zeitwerten angesetzt worden. Diese Lösung entspräche im Ergebnis der oben im Zusammenhang mit „Fusionen unter Gleichen“ diskutierten fresh-start method.

Zusammenschluss von mehr als zwei Unternehmen

Als weiteren Problemfall der Bestimmung des Erwerbers nennt IFRS 3.B17 den Zusammenschluss von mehr als zwei Unternehmen. Auch hier ist eine der Parteien auf der Basis der vorhandenen Informationen als Erwerber zu bestimmen. Zu berücksichtigen sind dabei u.a. die relativen Unternehmensgrößen (Bilanzsumme, Umsatzerlöse) sowie die Frage, welche der Parteien den Zusammenschluss angebahnt hat.

Erwerbsdatum

Als Erwerbsdatum gilt der Zeitpunkt, zu dem der Erwerber die Beherrschung über das erworbene Unternehmen erlangt. Dieses ist i.d.R. das Datum, an dem der Erwerber die Zahlung vornimmt und somit die Vermögenswerte und Schulden des Tochterunternehmens übernimmt. Allerdings kann der control-Übergang auch zu einem anderen Zeitpunkt stattfinden. Liegen z.B. schon vor der Zahlung schriftliche Vereinbarungen vor, die eine control-Möglichkeit beinhalten, liegt auch das Erwerbsdatum vor der Zahlung. Der Erwerbszeitpunkt ist maßgeblich für die Ermittlung der beizulegenden Zeitwerte.

3.3.3.4 Ansatz und Bewertung von erworbenem Nettovermögen und nicht beherrschenden Anteilen

Ansatz

Gemäß IFRS 3.10 sind im Erwerbszeitpunkt die identifizierbaren Vermögenswerte, Schulden und eventuelle nicht beherrschende Anteile separat vom Goodwill anzusetzen. Dabei ist in Ausnahmefällen denkbar, dass erst durch den Unternehmenszusammenschluss die Ansatzvoraussetzungen für bestimmte Vermögenswerte oder Schulden verwirklicht werden (IFRS 3.13). Die erworbenen Vermögenswerte und übernommenen Schulden müssen die Kriterien des Rahmenkonzeptes (vgl. Kapitel 5) erfüllen (IFRS 3.11) und als Teil des Unternehmenszusammenschlusses identifizierbar sein (IFRS 3.12).

Das erwerbende Unternehmen soll zudem am Erwerbsdatum alle übernommenen Vermögenswerte und Schulden anhand der Vertragsgestaltung der Akquisition, der ökonomischen Rahmenbedingungen und der eigenen Rechnungslegungsgrundsätze klassifizieren. Anhand dieser Einordnung sollen dann die entsprechenden IFRS zur Folgebilanzierung angewandt werden (IFRS 3.15). Ausgenommen von dieser Regelung sind Leasing- und Versicherungsverträge. Diese sind so zu bilanzieren, wie sie am ursprünglichen Abschlussdatum oder zum Zeitpunkt einer substanziellen Änderung zu behandeln waren (IFRS 3.17).

Operating Leasing

Abschließend liefert IFRS 3 auch für Operating Leasing und immaterielle Vermögenswerte weitere Ansatzvorschriften. IFRS 3.B28 legt fest, dass vom Erwerber keine Vermögenswerte und Schulden im Rahmen eines Operating Leasing-Verhältnisses, in dem das erworbene Unternehmen der Leasingnehmer ist, angesetzt werden sollen. Ausnahmen bilden die in IFRS 3.B29-B30 genannten Positionen. Hiernach soll vom Erwerber zunächst bestimmt werden, ob das Leasingverhältnis für ihn unter Marktkonditionen vor- oder nachteilig ist. Auf Basis dieser Einschätzung ist dann entweder ein immaterieller Vermögenswert oder eine Schuld anzusetzen.

Immaterielle Vermögenswerte

Unter den erworbenen Vermögenswerten befinden sich in der Regel auch immaterielle Vermögenswerte. Diese sind nach IFRS 3.B31 vom erwerbenden Unternehmen anzusetzen, wenn sie identifizierbar sind. IFRS 3.A definiert Identifizierbarkeit als gegeben, wenn

- der Vermögenswert separierbar ist, d.h. wenn er – unabhängig, ob der Erwerber dies konkret plant – veräußert, übertragen oder in einer anderen Art und Weise verwertet werden kann; oder
- wenn der Vermögenswert durch vertragliche oder andere Rechte entsteht.

Kein Verweis auf IAS 38

IFRS 3 verweist zur Definition anzusetzender immaterieller Vermögenswerte im Gegensatz zu seinem Vorläufer nicht mehr auf IAS 38. Die weiteren Kriterien des IAS 38.21 für den Ansatz eines immateriellen Vermögenswertes im Rahmen eines Unternehmenszusammenschlusses – wahrscheinlicher künftiger Nutzenzufluss sowie verlässlich messbare Kosten – werden als erfüllt unterstellt (IAS 38.33). Hierdurch soll erreicht werden, dass so viele immaterielle Vermögenswerte wie möglich vom Goodwill separiert werden, um diesen „Sammelposten" möglichst gering zu halten. Zur Klärung von Definitionsfragen liefert Anhang B umfangreiche Erläuterungen (IFRS 3.B32-B40)[21].

Bewertung zum fair value

Nach IFRS 3.18 sind vom Erwerber alle Vermögenswerte und Schulden mit ihrem beizulegenden Zeitwert anzusetzen und in den Folgeperioden gemäß ihrer oben erwähnten Klassifizierung fortzuschreiben (IFRS 3.54). Der beizulegende Zeitwert ist in IFRS 3.A als der Wert definiert, zu dem ein Vermögenswert ge-

21 Vgl. ausführlich zur Aufdeckung immaterieller Werte bei Unternehmenszusammenschlüssen *Arbeitskreis Arbeitskreis „Immaterielle Werte im Rechnungswesen" der Schmalenbach-Gesellschaft*, Immaterielle Werte im Rahmen der Purchase Price Allocation bei Unternehmenszusammenschlüssen nach IFRS – Ein Beitrag zur Best Practice, in: ZfbF, 61. Jg. (2009), Sonderheft 60.

tauscht bzw. eine Schuld beglichen werden könnte. Bei der Bewertung sind nach IFRS 3.B41 keine Bewertungsrückstellungen anzusetzen, da die Unsicherheit zukünftiger Zahlungsströme bereits im beizulegenden Zeitwert berücksichtigt ist.

Im Zeitwert von Vermögenswerten, die Bestandteil eines Operating Leasing-Verhältnisses sind, bei dem das erworbene Unternehmen der Leasinggeber ist, sind vom Erwerber wiederum die Konditionen des Leasingverhältnisses zu berücksichtigen. Nach IFRS 3.B42 ist hier jedoch kein separater immaterieller Vermögenswert oder eine separate Schuld anzusetzen, wenn ein Vergleich mit den Marktkonditionen den Leasingvertrag als vor- bzw. nachteilig erscheinen lässt. Eine Bewertung zum beizulegenden Zeitwert ist auch dann geboten, wenn das erwerbende Unternehmen einen Vermögenswert nicht oder nicht optimal nutzen möchte. Dieses kann nach IFRS 3.B43 z.B. dann der Fall sein, wenn ein immaterieller Vermögenswert aus Forschungs- und Entwicklungsleistungen erworben wurde und der Erwerber das entsprechende Geschäftssegment einstellen oder weiterveräußern möchte.

Nicht beherrschende Anteile

Eventuelle Anteile nicht beherrschender Anteilseigner sind nach IFRS 3.10 im Erwerbszeitpunkt anzusetzen. Für Bewertungszwecke gewährt IFRS 3.19 hier jedoch ein Wahlrecht. Für jeden Unternehmenszusammenschluss kann das erwerbende Unternehmen für Zwecke des Konzernabschlusses wählen, ob es den Anteil nicht beherrschender Anteilseigner mit seinem beizulegenden Zeitwert oder in Höhe des den nicht beherrschenden Anteilseignern zustehenden Anteils am identifizierbaren Nettovermögen ausweist. Dieses Wahlrecht hat weit reichende Konsequenzen für die Goodwillbestimmung, die im folgenden Kapitel 3.3.3.5 genauer erläutert wird. Der beizulegende Zeitwert des Anteils nicht beherrschender Anteilseigner lässt sich gelegentlich anhand der Marktpreise für die nicht vom Erwerber gehaltenen Anteile bestimmen. Sind solche Marktpreise nicht vorhanden, muss auf Bewertungsverfahren zurückgegriffen werden (IFRS 3.B44). Zudem wird ausdrücklich darauf hingewiesen, dass der Preis je Anteil für Mehrheitseigner und nicht beherrschende Anteilseigner unterschiedlich sein kann. Dieser Umstand lässt sich z.B. durch eine so genannte control-Prämie erklären, die der Erwerber zahlt, um das erworbene Unternehmen beherrschen zu können (IFRS 3.B45).

Ausnahme vom Ansatzgrundsatz: Eventualschulden

Darüber hinaus kennt IFRS 3 einige Ausnahmen von den Ansatz- und Bewertungsgrundsätzen. Hinsichtlich des Ansatzes bilden Eventualschulden (contingent liabilities) die einzige Ausnahme. Diese sind separat zu passivieren, wenn sie eine gegenwärtige Verpflichtung, resultierend aus vergangenen Ereignissen, darstellen, deren beizulegender Zeitwert verlässlich bestimmbar ist (IFRS 3.23). Die Definitionsmerkmale einer Eventualschuld finden sich originär in IAS 37.10 und werden in IFRS 3.22 wiederholt. Hiernach handelt es sich bei Eventualschulden um künftige Verpflichtungen, deren Vorliegen und/oder Höhe sich noch nicht hinreichend konkretisiert hat, um eine Passivierung zu rechtfertigen. Folglich besteht für sie nach IAS 37.27 ein Passivierungsverbot, das jedoch mit Angabepflichten verbunden ist. Von dieser Linie weicht das IASB in IFRS 3 ab, sobald verlässliche Bewertbarkeit gegeben ist[22]. Für Eventualforderungen bleibt es hingegen beim Aktivierungsverbot des IAS 37. Insofern werden Eventualschulden und Eventualforderungen asymmetrisch behandelt. Auch die Folgebewertung von Eventualschulden ist in IFRS 3 geregelt, weil sich diese Frage aufgrund des Bilanzierungsverbotes in IAS 37 nicht stellt. In den Folgeperioden ist der jeweils höhere der beiden folgenden Wertansätze maßgeblich (IFRS 3.56):

- Der Betrag, der nach IAS 37 anzusetzen gewesen wäre, nämlich aufgrund des Passivierungsverbotes i.d.R. Null, oder
- der ursprünglich passivierte Betrag abzüglich etwaiger ratierlicher Auflösungsbeträge nach IAS 18.

Ausnahmen vom Ansatz- und Bewertungsgrundsatz

Ausnahmen sowohl vom Ansatz- als auch vom Bewertungsgrundsatz formuliert IFRS 3 für latente Steuern, für Vermögenswerte, die aus einer Absicherung des Erwerbers durch den Verkäufer für gewisse Unsicherheiten entstehen, sowie für Pensionsrückstellungen:

- Im Rahmen der Kaufpreisallokation werden die erworbenen Vermögenswerte, Schulden und Eventualschulden vielfach mit Werten angesetzt, die von denen in der Steuerbilanz des Tochterunternehmens abweichen. Solche Unterschiede lösen als so genannte temporäre Differenzen nach dem temporary-Konzept latente Steuern aus, die gemäß IAS 12 zu behandeln sind (IFRS 3.24-25). Daher werden etwa stille Reserven und bisher nicht bilanzierte immaterielle Vermögenswerte im Saldo lediglich „nach Steuern" aufgedeckt, denn die Zuschreibung der Aktiva des Tochterunternehmens löst die GuV-neutrale Bildung einer entsprechenden Steuerrückstellung aus.
- Gelegentlich sichert der Verkäufer des Unternehmens den Käufer gegen bestimmte Zukunftsereignisse ab (IFRS 3.27). In solchen Fällen soll ein entsprechender Vermögenswert aus der Absicherung zu dem Zeitpunkt angesetzt werden, zu dem auch der abgesicherte Sachverhalt bilanziert wird. Die Bewertung soll analog zur Bewertung des abgesicherten Sachverhalts – also in der Regel zum beizulegenden Zeitwert – erfolgen. Zur Folgebewertung sollen hierzu konsistente Annahmen getroffen werden (IFRS 3.57).
- Eine Schuld oder ein Vermögenswert aus Leistungszusagen an die Arbeitnehmer des erworbenen Unternehmens wird nach IAS 19 behandelt (IFRS 3.26).

Ausnahmen vom Bewertungsgrundsatz

Zudem sieht IFRS 3 Ausnahmen vom Bewertungsprinzip für zurück erworbene Rechte, Schulden oder Eigenkapitalinstrumente aus Aktienoptionsprogrammen oder ähnlichen Entgeltformen des erworbenen Unternehmens sowie für zur Veräußerung gehaltene Vermögenswerte vor:

- Im Rahmen eines Unternehmenszusammenschlusses kann es dazu kommen, dass der Erwerber ein Recht zurück erwirbt, das er dem Erworbenen zuvor

22 Unter Bezugnahme auf mögliche Änderungen im Bereich der Rückstellungsbilanzierung, die den Kreis der Eventualschulden stark verringern könnten, wird auf den Exkurs in Kapitel 15 verwiesen.

z.B. im Rahmen eines Franchise-Vertrages gewährt hat. Dieses zurück erworbene Recht ist ein immaterieller Vermögenswert, der auf Basis der verbleibenden Laufzeit des Vertrages zu bewerten ist. Dieses gilt auch, wenn andere Marktteilnehmer potenzielle künftige Vertragsverlängerungen bei der Bestimmung des beizulegenden Zeitwertes berücksichtigen würden (IFRS 3.29). Für Zwecke der Folgebewertung ist der Vermögenswert über die verbleibende Vertragslaufzeit abzuschreiben. Wird das Recht indes vor Vertragsablauf an eine dritte Partei veräußert, wird dessen Buchwert bei der Ermittlung des Veräußerungserfolgs einbezogen (IFRS 3.55). Sind die Vertragskonditionen verglichen mit aktuellen Marktbedingungen vor- bzw. nachteilig, erfasst der Erwerber einen entsprechenden Ertrag bzw. Aufwand (IFRS 3.B36).

- Aktienoptionsprogramme oder ähnliche Entgeltformen des erworbenen Unternehmens, die durch solche des erwerbenden Unternehmens ersetzt werden, sind im Einklang mit den Regelungen des IFRS 2 zu bilanzieren (IFRS 3.30).
- Zur Veräußerung gehaltene Vermögenswerte oder Veräußerungsgruppen, die am Erwerbsdatum als zur Veräußerung gehalten klassifiziert worden sind, sind nach IFRS 5 mit dem beizulegenden Zeitwert abzüglich Veräußerungskosten zu bewerten (IFRS 3.31).

Bilanzpolitische Spielräume

Insgesamt wird deutlich, dass IFRS 3 komplexe Ansatz- und Bewertungsregeln beinhaltet. Da das Ergebnis der Anwendung dieser Regeln oftmals stark von den Annahmen und Prognosen des Managements geprägt sein wird, eröffnet die Neubewertung der erworbenen Vermögenswerte, Schulden und eines eventuellen Anteils nicht beherrschender Anteilseigner vielfältige bilanzpolitische Spielräume bei der Aufdeckung stiller Reserven und stiller Lasten sowie bei der erstmaligen Aktivierung bisher nicht bilanzierter immaterieller Vermögenswerte.

3.3.3.5 Anschaffungskostenermittlung und -allokation

Bevor die eigentliche Kapitalkonsolidierung stattfinden kann, müssen die Anschaffungskosten der Beteiligung ermittelt werden sowie den erworbenen Positionen und i.d.R. dem Goodwill zugeordnet werden. Dieser Vorgang wird als Kaufpreisallokation (purchase price allocation) bezeichnet. Ein eventuell entstehender Goodwill bestimmt sich hierbei nach IFRS 3.32-33. Ein negativer Unterschiedsbetrag ist gemäß IFRS 3.34-36 zu behandeln.

Anschaffungskosten

Die Anschaffungskosten der Beteiligung sind die zum Erwerbszeitpunkt ermittelten beizulegenden Zeitwerte der als Gegenleistung für die Beherrschungsmöglichkeit übertragenen Vermögenswerte, der eingegangenen bzw. übernommenen Schulden sowie der ausgegebenen Eigenkapitalinstrumente (IFRS 3.37). Anschaffungsnebenkosten sind dagegen in der Periode ihrer Entstehung als Aufwand zu erfassen (IFRS 3.53). Sind Vermögenswerte und Schulden, die zuvor mit von ihren beizulegenden Zeitwerten abweichenden Buchwerten bilanziert wurden, Teil der Gegenleistung, sind diese am Erwerbsdatum mit ihren beizulegenden Zeitwerten neu zu bewerten. Hieraus entstehende Bewertungsgewinne oder -verluste sind GuV-wirksam zu erfassen. Werden die hingegebenen Vermögenswerte und Schulden jedoch weiterhin aus Konzernsicht kontrolliert, entfällt eine Neubewertung (IFRS 3.38).

Beispiel 23.14

Die X AG hat von den Anteilseignern der Y GmbH 100 % der Anteile an der Y GmbH durch Anteilstausch, also gegen Bezahlung in X-Aktien, erworben. Zwei Szenarien sind denkbar:

- Die X AG sagt im Erwerbszeitpunkt die Übereignung von 10 Mio. Stück eigenen Aktien zu. Deren Börsenkurs beträgt im Erwerbszeitpunkt 25 € je Aktie. Im Tauschzeitpunkt ist der Kurs auf 20 € je Aktie gefallen. Relevant für die Ermittlung der Anschaffungskosten ist dennoch allein der beizulegende Zeitwert im Erwerbszeitpunkt, so dass die Anschaffungskosten 250 Mio. € betragen.
- Die X AG verpflichtet sich im Erwerbszeitpunkt zur Zahlung eines festen Kaufpreises von 250 Mio. €. Als „Akquisitionswährung" werden eigene Aktien der X AG vereinbart. Im Tauschzeitpunkt wird offenbar, dass die ursprünglich ausgegebenen 10 Mio. Stück eigene Aktien, deren Wert nunmehr lediglich 200 Mio. € beträgt, zur Begleichung des Kaufpreises nicht ausreichen. Die X AG ist verpflichtet, weitere 2,5 Mio. eigene Aktien an die Alteigentümer der Y GmbH auszugeben. Auch hier bleiben die Anschaffungskosten aus Sicht der X AG unverändert bei 250 Mio. €.

Erwerb durch Anteilstausch

Hat das Mutterunternehmen ausschließlich eigene Anteile als Gegenleistung an die Alteigentümer des Tochterunternehmens hingegeben, so können die beizulegenden Zeitwert der Anteile des Tochterunternehmens das verlässlichere Maß zur Bestimmung der Gegenleistung sein, und der Wert der Gegenleistung muss auf diese Weise bestimmt werden (IFRS 3.33).

Anschaffungskosten bei bedingter Gegenleistung

Gelegentlich machen die Parteien eines Unternehmenszusammenschlusses den zu zahlenden Kaufpreis zum Teil von künftigen Ereignissen abhängig. Beispielsweise können nachträgliche Kaufpreisanpassungen in Abhängigkeit vom Börsenkurs der ausgegebenen Anteile oder von der Ergebnisentwicklung eines der beteiligten Unternehmen vereinbart werden. Darüber hinaus werden häufig Eigenkapitalgarantien zum Zeitpunkt des Übergangs vereinbart. Aus solchen bedingten Gegenleistungen resultierende Anpassungen sind im Rahmen der Erstkonsolidierung im Erwerbszeitpunkt mit ihrem beizulegenden Zeitwert zu berücksichtigen (IFRS 3.39). Eine eventuelle zukünftige Verpflichtung ist dabei – auf Basis von IAS 32.11 – entweder als Schuld oder als Eigenkapitalinstrument zu erfassen. Eine eventuelle spätere Zahlung o.ä. an den Erwerber ist als Vermögenswert zu erfassen (IFRS 3.40). Wird eines der formulierten Ziele erreicht, sind als Eigenkapital ausgewiesene Verpflichtungen nicht neu zu bewerten. Eine spätere Begleichung soll innerhalb des Eigenkapitals verrechnet werden. Als Verbindlichkeit ausgewiesene Zahlungsverpflichtungen sind nach

IAS 39 zum beizulegenden Zeitwert auszuweisen, sofern sie in den Anwendungsbereich dieses Standards fallen. Ist dieses nicht der Fall, sind sie nach IAS 37 oder – falls angebracht – einem anderen Standard zu behandeln (IFRS 3.58). Ändert sich der beizulegende Zeitwert einer bedingten Gegenleistung indes lediglich aufgrund neuer Informationen über im Erwerbszeitpunkt herrschende Umstände, werden solche Änderungen als so genannte Berichtigungen innerhalb des Bewertungszeitraums nach IFRS 3.45-49 behandelt.

Aktienoptionsprogramme des erworbenen Unternehmens

Gelegentlich werden Aktienoptionsprogramme des erworbenen Unternehmens durch die des Erwerbers ersetzt. Solche Änderungen sind im Einklang mit IFRS 2 zu behandeln. Können die Mitarbeiter des erworbenen Unternehmens einen solchen Umtausch durchsetzen, muss der Erwerber die daraus resultierenden Kosten als Anschaffungskosten der Beteiligung berücksichtigen (IFRS 3.B56). IFRS 3.B57-62 regeln diesbezüglich Detailfragen.

Sukzessiver Anteilserwerb

Ein Unternehmenszusammenschluss kann sich über mehrere Phasen erstrecken, also in mehrere Tauschvorgänge zerfallen, die zu unterschiedlichen Tauschzeitpunkten stattfinden. Beispielsweise kann das Mutterunternehmen seine Anteilsquote am späteren Tochterunternehmen durch sukzessiven Anteilserwerb nach und nach steigern, bis der Tatbestand der Beherrschungsmöglichkeit verwirklicht und somit der Erwerbszeitpunkt erreicht ist (IFRS 3.41). In einem solchen Fall sind die schon zuvor gehaltenen Anteile im Erwerbszeitpunkt GuV-wirksam neu zu bewerten. Sind Wertänderungen der gehaltenen Anteile zuvor GuV-neutral behandelt worden, so ist der Betrag der Wertänderung so zu behandeln, als hätte das Unternehmen die Anteile verkauft (IFRS 3.42). Die Ermittlung des Unterschiedsbetrages erfolgt also auf Basis des aktuellen beizulegenden Zeitwertes der Anteile. Werden nach Erlangung der Beherrschungsmacht weitere Anteile erworben, so sind diese Käufe als reine Eigenkapitaltransaktionen abzubilden (IAS 27.30): Die Differenz zwischen dem beizulegenden Zeitwert des Kaufpreises und dem Betrag, um den der Anteil der nicht beherrschenden Anteilseigner anzupassen ist, ist mit dem Eigenkapital zu verrechnen (IAS 27.31).

Beispiel 23.15

Die S AG erwirbt am 31.12.2010 10 % der Anteile an der A AG, die erste Tranche, zu einem Preis von 10 T€ (1.000 Aktien zu einem Kurs von 10 € / Aktie). Die Aktien werden nach IAS 39 als zur Veräußerung verfügbare finanzielle Vermögenswerte in der Bilanz der S AG zum beizulegenden Zeitwert geführt. Zum 31.12.2011 erwirbt die S AG weitere 50 % der Anteile, die zweite Tranche, an der A AG zu einem Preis von 75 T€ (5.000 Aktien zu einem Preis von 15 € / Aktie) und erlangt Beherrschung[23]. Bei der A AG liegen keine stillen Reserven oder Lasten vor, sodass der Buchwert des Eigenkapitals (90 T€) der A AG dem neubewerteten Eigenkapital entspricht.

23 Beispiel 23.16 geht auf den Kauf weiterer Anteile nach Erlangung der Beherrschung ein.

31.12.2011	S AG	A AG	Neubewertung und Recycling der ersten Tranche	Summenbilanz	Konsolidierung	Konzernbilanz
Anlagevermögen	1.900	60		1.960		1.960
Beteiligung an A	85	—	[a] 5	90	[c]90	—
Umlaufvermögen	1.015	30		1.045		1.045
Goodwill	—	—			[c]36 [e]24	60
Eigenkapital	2.000	90		2.090	[c]54 [d]36	2.000
Nicht beherrschende Anteile	—	—			[d]36 [e]24	60
Neubewertungsrücklage			[b] 5 [a] 5			
Jahresüberschuss	0		[b] 5	5		5
Fremdkapital	1.000	—		1.000		1.000
Summe	3.000 3.000	90 90		3.095 3.095		3.065 3.065

[a] GuV-neutrale Neubewertung der ersten Tranche im Einzelabschluss, die nun bei einem Preis von 15 € / Aktie einen Wert von 15 T€ aufweist, der um 5 T€ über dem bisherigen Buchwert liegt.

[b] GuV-wirksames Recycling nach IFRS 3.42, d.h. Umbuchung der in der Neubewertungsrücklage erfassten Wertänderung in den Jahresüberschuss.

[c] Kapitalkonsolidierung: Verrechnung des neubewerteten Beteiligungsbuchwerts aus dem Einzelabschluss der S AG mit dem anteiligen neubewerteten Eigenkapital der A AG; Aktivierung des entstehenden Goodwills.

[d] Einbuchung der nicht beherrschenden Anteile am neubewerteten Eigenkapital der A AG. Soll der Unternehmenserwerb nach der Neubewertungsmethode in der Konzernbilanz abgebildet werden, ist dies die letzte Buchung.

[e] Einbuchung des Goodwills der nicht beherrschenden Anteilseigner, der hier vereinfacht durch Hochrechnung ermittelt wurde. Dieser Buchungsschritt ist nur notwendig, wenn die full goodwill method gewählt wird.

Zusammenschluss ohne Gegenleistung

In seltenen Fällen kann es darüber hinaus dazu kommen, dass ein Unternehmen Beherrschung über ein anderes erlangt, ohne dafür eine Gegenleistung zu bezahlen. Hierzu kann es z.B. kommen, wenn ein Unternehmen eigene Aktien zurückkauft und dadurch ein Dritter die Stimmrechtsmehrheit erhält, wenn Vetorechte von nicht beherrschenden Anteilseignern entfallen oder wenn durch einen Beherrschungsvertrag ein Vertragskonzern entsteht (IFRS 3.43). Da keine Gegenleistung besteht, wird dieser Wert durch den beizulegenden Zeitwert der schon vom Erwerber gehaltenen Anteile ersetzt. Zur Wertbestimmung sind dabei geeignete Bewertungsverfahren heranzuziehen (IFRS 3.33). Anhang B liefert in IFRS 3.B46-49 weitere Hinweise zur Wertbestimmung. Alle Eigenkapitalanteile an einem solchen lediglich durch Vertrag herbeigeführten Unternehmenszusammenschluss, die nicht vom Erwerber gehalten werden, sind als nicht beherrschende Anteile auszuweisen. Dies gilt selbst dann, wenn so das gesamte Eigenkapital als nicht beherrschende Anteile klassifiziert würde (IFRS 3.44).

Unterschiedsbetrag

Sind die Anschaffungskosten bestimmt, ergibt sich der Unterschiedsbetrag nach IFRS 3.32 als Differenz aus:

- der Summe der zum beizulegenden Zeitwert bewerteten Gegenleistung, des wie oben erläutert bestimmten Anteils der nicht beherrschenden Anteilseigner sowie den schon zuvor gehaltenen Anteilen am erworbenen Unternehmen und
- dem Wert der Vermögenswerte abzüglich der Schulden, der im Einklang mit IFRS 3 ermittelt worden ist.

Goodwill: Ansatz und Erstbewertung

Von großer Praxisrelevanz ist der als Geschäfts- oder Firmenwert bzw. Goodwill bezeichnete positive Unterschiedsbetrag. Dieser wird im Erwerbszeitpunkt als Vermögenswert aktiviert. Obwohl IFRS 3 dem Goodwill Vermögenswertcharakter zuspricht (IFRS 3.A), ergibt sich dessen erstmaliger Wertansatz als Restgröße aus der Kaufpreisallokation und nicht durch eigenständige Ermittlung eines beizulegenden Zeitwerts. IFRS 3.B63(a) legt unter Verweis auf IAS 36 umfangreiche und komplexe Folgebewertungsregeln fest, die in Abschnitt 3.3.4.2 erläutert werden.

Keine latenten Steuern auf Goodwill

Ein Goodwill aus der Kapitalkonsolidierung taucht i.d.R. in der Steuerbilanz nicht auf. Die hierdurch entstehende temporäre Differenz löst jedoch nach IFRS explizit keine latenten Steuern aus: Gemäß IAS 12.21 soll die Residualgröße Goodwill nicht durch passive latente Steuern zusätzlich aufgebläht werden (vgl. Kapitel 8). Dem widerspricht der Wortlaut von IFRS 3.A, nachdem der Goodwill kein bloßes Residuum aus der Kaufpreisallokation darstellt, sondern Vermögenswertcharakter hat und folgerichtig auch latente Steuern auslösen müsste.

Goodwill nicht beherrschender Anteilseigner

Wie bereits erläutert, kann ein Anteil nicht beherrschender Anteilseigner auf zwei Arten bewertet werden. Wird der Anteil nicht beherrschender Anteilseigner mit seinem beizulegenden Zeitwert ausgewiesen, wendet der Erwerber damit die full goodwill method an, da den nicht beherrschenden Anteilseignern – zumindest theoretisch – ebenfalls ein Goodwill zusteht und dieser im beizulegenden Zeitwert enthalten sein muss. Wird die zweite Alternative gewählt und der Anteil nicht beherrschender Anteilseigner in Höhe des den nicht beherrschenden Anteilseignern zustehenden Teils am identifizierbaren Nettovermögen bewertet, wendet der Erwerber die schon in IFRS 3 (2004) als einzige Alternative vorgesehene Neubewertungsmethode an. Hingegen hat sich das FASB in

SFAS 141 (2007) / ASC 805 für die full goodwill method als einzig anzuwendendes Verfahren entschieden. Hier kann die Vergleichbarkeit auf mehreren Ebenen stark eingeschränkt werden: Zunächst sind IFRS und US-GAAP-Abschlüsse bezüglich des Goodwills nur noch eingeschränkt vergleichbar. Für IFRS-Abschlüsse verschiedener Unternehmen gilt gleiches. Da aber für jeden Unternehmenszusammenschluss zwischen den beiden Alternativen gewählt werden kann (IFRS 3.19), ist der nach IFRS 3 ausgewiesene Goodwill potenziell ein Wertkonglomerat aus verschiedenen Methoden der Kapitalkonsolidierung.

Negativer Unterschiedsbetrag

Wenig nachvollziehbar erscheint die Behandlung eines negativen Unterschiedsbetrags (IFRS 3.34-36). Diesen muss das Mutterunternehmen einer erneuten Überprüfung (reassessment) unterziehen. Dabei sind die Ansatzvoraussetzungen und Wertansätze der identifizierbaren Vermögenswerte und Schulden des Tochterunternehmens sowie die Anschaffungskosten der Beteiligung nochmals zu ermitteln. Zudem ist die Vorgehensweise bei den Wertermittlungen zu überprüfen (IFRS 3.36). Erst ein aus diesem reassessment hervorgehender negativer Restbetrag ist als Ertrag zu vereinnahmen (IFRS 3.34). Diese der Ertragsrealisierung vorgeschaltete „letzte Hürde" ist streng genommen überflüssig. Wird eine korrekte Vorgehensweise bei der Wertermittlung vorausgesetzt, basiert das reassessment auf denselben Regeln wie die ursprüngliche Ermittlung des Unterschiedsbetrags. Somit kann es nur in einem Fall ein davon abweichendes Ergebnis erbringen: Der Abschlussersteller hat bei der ursprünglichen Ermittlung des Unterschiedsbetrags „geschludert". Indem das IASB ein solches reassessment fordert, geht es insoweit davon aus, dass die Anwender bei der Neubewertung des erworbenen Nettovermögens gelegentlich die Anforderungen von IFRS 3 verletzen.

Erstkonsolidierung auf der Basis vorläufiger Wertansätze

Gelegentlich sind die genauen Wertverhältnisse der Vermögenswerte und Schulden des Tochterunternehmens am Erwerbsdatum noch nicht bekannt, da die Kaufpreisallokation im Rahmen der Erstkonsolidierung eines Tochterunternehmens einen umfangreichen und häufig langwierigen Bewertungsvorgang darstellt. Die Erstkonsolidierung muss dann auf der Grundlage vorläufig ermittelter, geschätzter Wertansätze erfolgen.

Zwölfmonatige Anpassungsfrist

Aus diesem Grund sieht IFRS 3.45 eine zwölfmonatige Anpassungsfrist (measurement period) vor, während der neue Informationen wie folgt berücksichtigt werden: Die vorläufigen Wertansätze der Vermögenswerte und Schulden des erworbenen Tochterunternehmens, des Anteils nicht beherrschender Anteilseigner sowie des Goodwills werden so angepasst, als seien bereits im Erwerbszeitpunkt die endgültigen Wertansätze bekannt gewesen und bei der Erstkonsolidierung verwendet worden. Folglich kann innerhalb dieser Anpassungsfrist auch ein Goodwill GuV-neutral verändert werden (IFRS 3.46). Allerdings betont IFRS 3.47, dass Informationen, die kurz nach dem Erwerbsdatum erhalten werden, wahrscheinlicher zu Wertanpassungen im Sinne des IFRS 3.45 führen, als solche, die erst nach einigen Monaten bekannt werden.

Spätere Anpassungen

Wertkorrekturen der Vermögenswerte und Schulden des erworbenen Tochterunternehmens nach Verstreichen der zwölfmonatigen Anpassungsfrist sind nur noch zur Berichtigung von Fehlern unter den Voraussetzungen von IAS 8 möglich (IFRS 3.50; vgl. Kapitel 26).

Bestandteile eines Unternehmenserwerbs

Oftmals hatten Erwerber und Erworbener schon vor dem Unternehmenszusammenschluss geschäftliche Beziehungen zueinander. In solchen Fällen muss gemäß IFRS 3.51 genau bestimmt werden, welche Vermögenswerte, Schulden und welche Gegenleistung zum Unternehmenserwerb gehören und welche Positionen aus den zuvor schon existenten Beziehungen stammen. Transaktionen, die nicht zum Zusammenschluss gehören, sollen nach den hierfür relevanten IFRS behandelt werden. IFRS 3.52 und der Anhang B (IFRS 3.B50-62) liefern Beispiele und Hilfestellungen zur Bestimmung von schon zuvor bestehenden Unternehmensbeziehungen.

Erwerb und Veräußerung von Anteilen an Tochterunternehmen

Die Vorgehensweise bei Erwerb und Veräußerung von Anteilen an bereits vollkonsolidierten Tochterunternehmen ist in IAS 27 geregelt. Wird die Beteiligungshöhe an einem Tochterunternehmen verändert, ohne dass dies mit einem control-Verlust einhergeht, kommt es nicht zu einer bilanziellen Anpassung der Wertansätze der Vermögenswerte und Schulden aus der Erstkonsolidierung des Tochterunternehmens. Vielmehr ist jede Veränderung der Beteiligungshöhe an einem Tochterunternehmen seit dessen Konzernzugehörigkeit als GuV-neutrale Eigenkapitaltransaktion zwischen Mehrheitsgesellschaftern und den nicht beherrschenden Anteilseignern zu interpretieren. Eventuelle Differenzen zwischen dem Betrag, um den der Anteil nicht beherrschender Anteilseigner angepasst wird, und dem beizulegendem Zeitwert der Gegenleistung sind direkt im Eigenkapitalanteil des Mutterunternehmens zu berücksichtigen (IAS 27.30-31).

Beispiel 23.16

Ausgehend vom Beispiel 23.12, welches den Erwerb einer 70 %-Beteiligung an der Y GmbH behandelt, erwerbe die X AG nun die restlichen 30 % der Y-Anteile für 420 T€ in bar. Der Buchwert des entsprechenden Anteils nicht beherrschender Anteilseigner beträgt 360 T€. Der Erwerb der 30 %-Tranche wird – unter der Fiktion, dass direkt im Konzernabschluss gebucht wird, und der Annahme, dass zuvor die full goodwill method angewandt wurde – wie folgt erfasst:

Nicht beherrschende Anteile	*360 T€*			
Kapitalrücklage	*60 T€*	*an*	*liquide Mittel*	*420 T€*

Da dieser Vorgang nicht zu einer Anpassung der im Konzernabschluss bilanzierten Wertansätze der Vermögenswerte und Schulden der Y GmbH führt, werden diese nach wie vor auf der Basis der Wertansätze im Erwerbszeitpunkt folgekonsolidiert. Der Anteil nicht beherrschender Anteilseigner am Eigenkapital von bisher 360 T€ ist auszubuchen. Die Differenz zwischen dem Kaufpreis (420 T€) und dem abgehenden Anteil nicht beherrschender Anteilseigner (360 T€) von 60 T€ wird von der Kapitalrücklage abgezogen und damit – vergleichbar dem Erwerb eigener Aktien – als Kapitalrückzahlung interpretiert. Dies entspricht der Einheitstheorie, nach der das gesamte Nettovermögen der Y GmbH bereits seit dem Erwerbszeitpunkt von der X AG kontrolliert wird und der Erwerb der 30 %-Tranche als reine Eigenkapitaltransaktion zwischen Mehrheitsgesellschaftern und nicht beherrschenden Anteilseignern anzusehen und damit GuV-neutral zu buchen ist. Wäre im obigen Beispiel hingegen die Neubewertungsmethode angewandt worden, wäre der Anteil nicht beherrschender Anteilseigner in der obigen Buchung mit 240 T€ auszubuchen gewesen. Damit hätte sich eine Buchung gegen die Kapitalrücklage in Höhe von 180 T€ ergeben.

Alternativ wird nun davon ausgegangen, dass die X AG von der ursprünglichen 70 %-Beteiligung an der Y GmbH nun 10 % der Y-Anteile für 140 T€ in bar veräußert. Der Verkauf der 10 %-Tranche wird – erneut unter der Fiktion, dass direkt im Konzernabschluss gebucht wird, und der Annahme, dass zuvor die full goodwill method angewandt wurde – wie folgt erfasst:

Liquide Mittel	*140 T€*	*an*	*Nicht beherrschende Anteile*	*120 T€*
			Kapitalrücklage	*20 T€*

Damit wird deutlich, dass es sich hier aus dem Blickwinkel aller Konzerneigenkapitalgeber um eine Kapitalerhöhung in Höhe von 140 T€ handelt. Entsprechend wird der zum Eigenkapital zählende Anteil nicht beherrschender Anteilseigner von bisher 360 T€ auf der Basis der Wertverhältnisse zum Erwerbszeitpunkt um 120 T€ erhöht. Die Differenz zwischen dem Verkaufspreis (140 T€) und dem zusätzlichen Anteil nicht beherrschender Anteilseigner (120 T€) von insgesamt 20 T€ wird in die Kapitalrücklage eingestellt und damit – vergleichbar der Emission eigener Aktien – als Kapitalerhöhung interpretiert. Wäre im obigen Beispiel hingegen nach der Neubewertungsmethode gebucht worden, wäre der Anteil nicht beherrschender Anteilseigner im obigen Buchungssatz lediglich um 80 T€ zu erhöhen gewesen. Damit hätte sich eine Buchung gegen die Kapitalrücklage in Höhe von 60 T€ ergeben.

3.3.3.6 Aufteilung des Goodwills

Da der Goodwill nach IAS 36 durch Niederstwerttests auf der Ebene der zahlungsmittelgenerierenden Einheiten (cash-generating units; ZGE) des Erwerbers fortzuführen ist (vgl. Abschnitt 3.3.4.2), muss er auf die ZGE des Konzerns aufgeteilt werden. Dies gilt sowohl für die erstmalige Anwendung von IFRS 3 auf den zu diesem Zeitpunkt im Konzern vorhandenen Goodwill als auch für alle zu späteren Zeitpunkten neu erworbenen Goodwills.

Zu testende Ebene

Für das Verständnis der Ebene, auf welcher der Niederstwerttest des Goodwills erfolgt, ist es hilfreich, die Grundkonzeption von IAS 36 zu erläutern. Grundsätzlich sind Niederstwerttests auf der Ebene einzelner Vermögenswerte durchzuführen, wobei der Buchwert mit dem erzielbaren Betrag (recoverable amount) verglichen wird. Wenn der erzielbare Betrag allerdings für einen einzelnen Vermögenswert nicht bestimmbar ist, erfolgt eine Aggregation mehrerer Vermögenswerte zu einer ZGE, welche sodann dem Niederstwerttest unterworfen wird (IAS 36.22). Der Goodwill ist das Musterbeispiel eines Vermögenswerts, der nicht einzeln bewertbar und dessen erzielbarer Betrag somit nicht bestimmbar ist. Daher wird der Goodwill auf der Ebene der ZGE, der er zuzurechnen ist, einem Niederstwerttest unterzogen.

Allokation neu erworbener Goodwills

Ein erworbener Goodwill ist im Erwerbszeitpunkt auf diejenigen ZGE des Konzerns aufzuteilen, die voraussichtlich von den erwarteten Synergien des Zusammenschlusses profitieren werden (IAS 36.80). Dabei ist es unerheblich, ob diesen ZGE auch andere Vermögenswerte oder Schulden aus dem betreffenden Zusammenschluss zugeordnet wurden. Um eine möglichst genaue Folgebewertung des Goodwills zu ermöglichen, soll ein erworbener Goodwill auf eng abgegrenzte ZGE zugeteilt werden, für die die notwendigen Informationen verfügbar sind, ohne dass hierzu ein eigenes Berichtssystem entwickelt werden müsste (IAS 36.82). Diese Vorgehensweise soll verhindern, dass eine „Quersubventionierung" der Goodwills mehrerer ZGE untereinander stattfindet[24]. Daher müssen ZGE, denen ein Goodwill zugeteilt wird, die folgenden zwei Kriterien erfüllen:

Untergrenze

- Zum einen muss es sich bei der betreffenden ZGE um die niedrigste Unternehmensebene handeln, auf welcher der Goodwill für interne Managementzwecke überwacht wird (IAS 36.80(a)). Da es oftmals schwierig ist, die aus einem Zusammenschluss erwarteten und sich im Goodwill niederschlagenden Überrenditen willkürfrei einer einzelnen ZGE zuzuordnen, kann auch eine Zuordnung zu einem Verbund mehrerer ZGE erfolgen (IAS 36.81)[25].

Obergrenze

- Zum anderen jedoch ist die Aggregation von ZGE für Zwecke der Goodwill-Allokation auch nach oben begrenzt: Die Einheit, auf die ein Goodwill aufgeteilt wird, darf nicht größer sein als ein Berichtssegment gemäß IFRS 8 (2007) (IAS 36.80(b)).

Beispiel 23.17

Die von der X AG zu 100 % erworbene Y GmbH (Kaufpreis: 1.200 T€; neubewertetes Eigenkapital: 800 T€; Beispiel 23.5) werde als eigenständige ZGE 4 geführt. Keine der übrigen drei ZGE des Konzerns profitiere von Synergien aus diesem Zusammenschluss. Folglich wird der gesamte erworbene Goodwill von 400 T€ der ZGE 4 (ehemals Y GmbH) zugeordnet. Die Zuordnung der erworbenen stillen Reserven und des erworbenen Goodwills führt im Erwerbszeitpunkt zu folgender unternehmensinterner „push-down"-Bilanz der ZGE 4, die für die Folgebehandlung des Goodwills in einer Nebenrechnung geführt wird:

24 Vgl. etwa *Pellens, B./Sellhorn, T.*, Goodwill-Bilanzierung nach SFAS 141 und 142 für deutsche Unternehmen, in: DB, 54. Jg. (2001), S. 1685-1686.

25 Wenn daher im Folgenden von ZGE die Rede ist, so können hiermit auch Gruppen von ZGE gemeint sein.

„push-down"-Bilanz der ZGE 4 zum 31.12.2010 (in T€)			
Anlagevermögen	850	Eigenkapital	1.200
Goodwill	400	Fremdkapital	350
Umlaufvermögen	300		
Summe	1.550	Summe	1.550

Alternativ wird es in der Unternehmenspraxis aber auch häufig vorkommen, dass die bereits bestehenden ZGE des Konzerns von dem Zusammenschluss profitieren. Daher sei in Abwandlung des vorherigen Beispiels nun unterstellt, dass nicht nur die zu 100 % erworbene Y GmbH (künftig ZGE 4), sondern auch die übrigen drei ZGE der X AG von den aus dem Zusammenschluss erwarteten Synergien wie in der folgenden Übersicht dargestellt profitieren.

Der aus dem Erwerb resultierende Goodwill von 400 T€ entfällt damit zu (60 / 400 =) 15 % auf ZGE 1, zu (20 / 400 =) 5 % auf ZGE 3 und zu (320 / 400 =) 80 % auf die neu geschaffene ZGE 4. Im Kaufpreis von 1.200 T€ für ZGE 4 wurden damit auch Synergiepotenziale vergütet, die in anderen Unternehmensteilen anfallen. Die Goodwills der ZGE sind für Zwecke späterer Niederstwerttests in einer Nebenrechnung fortzuführen.

T€	ZGE 1	ZGE 2	ZGE 3	ZGE 4
Unternehmenswert ohne Synergien	1.000	800	1.200	1.120
Unternehmenswert mit Synergien	1.060	800	1.220	1.120
Wertzuwachs bzw. Goodwill	60	0	20	320

Abschluss der Goodwill-Allokation

Der Prozess der Goodwill-Allokation auf ZGE soll i.d.R. bis zum folgenden Abschlussstichtag beendet sein (IAS 36.84). Ist dies nicht möglich, so muss das Mutterunternehmen hierüber im Anhang berichten (IAS 36.133) und die Goodwill-Allokation innerhalb eines Zeitraumes von insgesamt 12 Monaten nach dem Erwerbszeitpunkt abschließen. Können die erforderlichen Werte anfangs nur vorläufig ermittelt werden, so gelten die Vorschriften in IFRS 3.45-50 entsprechend.

3.3.4 Folgekonsolidierung

3.3.4.1 Technik der Folgekonsolidierung

Begriff und Zweck

Unter Folgekonsolidierung wird die Wiederholung der Kapitalkonsolidierung in den auf den Zusammenschluss folgenden Berichtsperioden sowie die Durchführung weiterer Anpassungsbuchungen verstanden. Die Anpassungsbuchungen betreffen die Fortführung von im Rahmen der Erstkonsolidierung aufgedeckten stillen Reserven bzw. Lasten, erstmals bilanzierten immateriellen Vermögenswerten und Eventualschulden sowie eventuellen Unterschiedsbeträgen. Zudem ist der Anteil der nicht beherrschenden Anteilseigner am Konzerneigenkapital in den Folgeperioden anzupassen.

Behandlung stiller Reserven bzw. Lasten

Aus Konzernsicht sind die erworbenen Vermögenswerte und Schulden ausgehend von ihren Konzernanschaffungskosten fortzuschreiben. Der Folgekonsolidierung liegen die den erworbenen Vermögenswerten und Schulden im Rahmen der Erstkonsolidierung zugeordneten Wertansätze zugrunde. So sind die Abschreibungsbeträge planmäßig abzuschreibender Vermögenswerte auf Basis der Konzernanschaffungsbeträge zum Erwerbszeitpunkt zu ermitteln. Für die konkrete Folgebewertung der erworbenen Positionen verweisen IFRS 3.15, IFRS 3.54 und IFRS 3.B63 auf die einschlägigen Einzelstandards.

Latente Steuern

Auch die aus der Erstkonsolidierung stammenden latenten Steuerbeträge sind in den Folgeperioden entsprechend der ihnen zugrunde liegenden stillen Reserven und Lasten fortzuführen (IFRS 3.B63(c))[26].

Nicht beherrschende Anteilseigner

Sind an einem Tochterunternehmen nicht beherrschende Anteilseigner beteiligt, so muss deren Anteil am Konzerneigenkapital in den Folgeperioden einerseits um die beim Tochterunternehmen entstandenen Eigenkapitalveränderungen und andererseits um Konsolidierungseffekte fortgeschrieben werden. So sind im Rahmen der Erwerbsmethode z.B. die den nicht beherrschenden Anteilseignern zuzurechnenden Abschreibungen auf offen gelegte stille Reserven ebenso zu berücksichtigen wie Veränderungen der stillen Lasten.

Beispiel 23.18

Ausgehend vom obigen Beispiel 23.12 zur Erstkonsolidierung nach der Erwerbsmethode bei Vorliegen von 30 % nicht beherrschenden Anteilen wird nun die Folgekonsolidierung zum 31.12.2011 vorgenommen. Es wird unterstellt, dass zur Erstkonsolidierung die Neubewertungsmethode gewählt wurde. Die Anlagevermögenswerte der Y GmbH und damit auch die aufgedeckten stillen Reserven in Höhe von 300 T€ werden über fünf Jahre planmäßig abgeschrieben. Für den Goodwill liegt ein Wertberichtigungsbedarf in Höhe von 140 T€ vor. Außerdem habe die Y GmbH einen Gewinn von 50 T€ erwirtschaftet.

Da die Konzernbilanz aus den Einzelbilanzen abgeleitet wird, sind zunächst die bei der Erstkonsolidierung auf den Erwerbszeitpunkt vorgenommenen Buchungen zu wiederholen (Neubewertungsbuchung [a] und Konsolidierungsbuchungen [b] und [c]). Anschließend sind Abschreibungen auf stille Reserven (Konsolidierungsbuchung [d]) und Goodwill (Konsolidierungsbuchung [e]) durchzuführen, da diese nur im Konzernabschluss, nicht aber im Einzelabschluss der Y GmbH existieren. Schließlich ist der Gewinn der Y GmbH anteilig den nicht beherrschenden Anteilseignern zuzuteilen (Konsolidierungsbuchung [f]).

26 Vgl. dazu das zusammenfassende Beispiel in Abschnitt 5.

31.12.2011, T€	X AG	Y GmbH	Summenbilanz	Neubewertung	Konsolidierung	Konzernbilanz
Anlagevermögen	1.850	600	2.450	[a]300	[d]60	2.690
Beteiligung an Y	840	—	840		[b]840	—
Umlaufvermögen	1.360	350	1.710			1.710
Goodwill	—	—	—		[b]280 [e]140	140
Eigenkapital	2.100	500	2.600	[a]300	[b]560 [c]240	2.100
Gewinn oder Verlust / Konzerngewinn oder -verlust	200	50	250		[d]42 [e]140 [f]15	53
Nicht beherrschende Anteile	—	—	—		[d]18 [c]240 [f]15	237
Fremdkapital	1.750	400	2.150			2.150
Summe	4.050 4.050	950 950	5.000 5.000			4.540 4.540

[a] Neubewertung der erworbenen Vermögenswerte der Y GmbH.
[b] Kapitalkonsolidierung: Verrechnung des Beteiligungsbuchwerts aus dem Einzelabschluss der X AG mit dem anteiligen neubewerteten Eigenkapital der Y GmbH; Aktivierung des entstehenden Goodwills.
[c] Einbuchung der nicht beherrschenden Anteile am neubewerteten Eigenkapital der Y GmbH.
[d] Abschreibung der aufgedeckten stillen Reserven.
[e] Außerplanmäßige Abschreibung des Goodwills.
[f] Einbuchung des Gewinnanteils der nicht beherrschenden Anteilseigner.

3.3.4.2 Folgebehandlung des erworbenen Goodwills

Impairment-only approach

IFRS 3 sieht für den Goodwill keine planmäßige Abschreibung über seine voraussichtliche Nutzungsdauer, sondern nur eine außerplanmäßige Abschreibung im Falle einer Wertminderung (impairment) vor. Diese Vorgehensweise wird als impairment-only approach bezeichnet. Nach ihr bleibt der immaterielle Vermögenswert Goodwill nach der Erstkonsolidierung so lange mit seinem ursprünglichen Wertansatz aktiviert, bis ein in IAS 36 geregelter Niederstwerttest eine Wertminderung anzeigt. Diese ist dann GuV-wirksam zu erfassen. Ein solcher Niederstwerttest muss turnusmäßig in jährlichem Abstand durchgeführt werden und wird zusätzlich fallweise durch die in IAS 36.7-17 beschriebenen Indikatoren ausgelöst[27].

27 Die Ereignisse bzw. Umstände, die gemäß IAS 36 auf eine mögliche Wertminderung hindeuten, sind ausführlich in Kapitel 10 beschrieben.

Konzeptionelle Begründung

Das IASB begründet diese Vorgehensweise bei der Folgebewertung wie folgt: Der Goodwill sei ein immaterieller Vermögenswert mit unbestimmter (indefinite) Nutzungsdauer. Die planmäßige Abschreibung über eine geschätzte künftige Nutzungsdauer sei von Willkür geprägt und stelle für die Adressaten der Rechnungslegung folglich keine entscheidungsrelevante Information dar. Stattdessen sei der Goodwill entsprechend seinem tatsächlichen Wertverlauf abzubilden und damit nur dann abzuschreiben, wenn ein Niederstwerttest einen Wertverlust anzeige. Dieser Argumentation wird entgegengehalten, dass eine unveränderte Goodwillhöhe dadurch bedingt sein kann, dass der ursprünglich erworbene und aktivierte Goodwill nur deshalb nicht an Wert verliere, weil er durch fortlaufende Investitionen in einen originären, selbst geschaffenen Goodwill transformiert werde. Damit werde der Aktivierung originären Goodwills eine Hintertür geöffnet, welche Unternehmen ohne erworbenen Goodwill nicht offen stehe. Darüber hinaus könne die Argumentation des IASB auf alle langlebigen Vermögenswerte wie z.B. Immobilien übertragen werden.

Niederstwerttest

Der Niederstwerttest ist Gegenstand von IAS 36 (vgl. Kapitel 10). Einmal jährlich sowie ggf. zusätzlich bei Hinweisen auf eine Wertminderung sind ZGE, denen in der in Abschnitt 3.3.3.6 beschriebenen Weise ein Goodwill zugeteilt wurde, einem Niederstwerttest zu unterwerfen[28]. Hierzu wird der erzielbare Betrag der ZGE mit ihrem Buchwert – inklusive Goodwill – verglichen (Abbildung 23.6). Übersteigt dieser Buchwert den erzielbaren Betrag, so liegt eine Wertminderung (impairment loss) der ZGE vor (IAS 36.90).

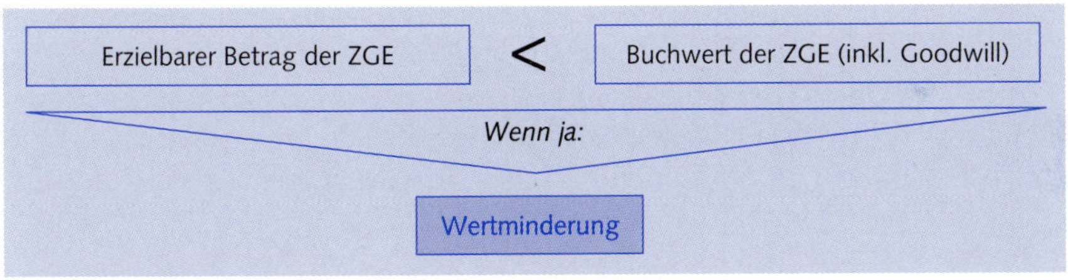

Abb. 23.6: Goodwill-Niederstwerttest nach IAS 36.90

Konsistenz von Buchwert und erzielbarem Betrag

IAS 36.75 stellt klar, dass erzielbarer Betrag und Buchwert der ZGE in konsistenter Weise ermittelt werden müssen. Zu beachten ist insbesondere, dass der erzielbare Betrag vor allem in seiner Ausprägung als Nutzungswert in der Regel als Wert des Gesamtvermögens (Eigen- und Fremdkapital) ermittelt wird[29]. Seine Berechnung basiert auf Cashflows vor Abzug von Fremdkapitalzinsen (IAS 36.50(a)). Ein solchermaßen als Bruttogröße verstandener erzielbarer Betrag passt konzeptionell nur zu einem ebenfalls als Bruttogröße ermittelten

28 ZGE, denen kein Goodwill zugeordnet wurde, sind demgegenüber ausschließlich bei Hinweisen auf eine Wertminderung einem Niederstwerttest zu unterziehen, es sei denn, zu ihnen gehört ein immaterieller Vermögenswert mit unbestimmter Nutzungsdauer (IAS 36.88-89).

29 Vgl. etwa *Wirth, J.*, Firmenwertbilanzierung nach IFRS, Stuttgart 2005, S. 36.

Buchwert. Der Buchwert der ZGE wird damit in der Regel durch die gedankliche „Bilanzsumme“ der ZGE gebildet, also durch die Summe der Buchwerte der ihr zugehörigen Vermögenswerte. Schulden sind nicht abzuziehen (IAS 36.76(b)). Von dieser Vorgehensweise gibt es allerdings Ausnahmen:

Behandlung von ZGE-Schulden

- Zum einen sind bestimmte Schulden (insb. Rückstellungen), die so mit der ZGE im Zusammenhang stehen, dass sie bei deren Verkauf vom Erwerber übernommen werden müssten, vom Buchwert der Vermögenswerte abzuziehen (IAS 36.78). In solchen Fällen muss auch der erzielbare Betrag unter Berücksichtigung dieser Schulden und der mit ihnen im Zusammenhang stehenden Auszahlungen ermittelt werden.
- Zum anderen wird ein erzielbarer Betrag in der Praxis häufig entgegen IAS 36.50(a) unter Berücksichtigung von Schulden ermittelt (IAS 36.79)[30]. Dies dürfte vielfach der Fall sein, wenn ZGE auf Segmentebene abgegrenzt werden und entsprechende ZGE-Bilanzen vorliegen. Hier sind die entsprechenden Schulden gemäß IAS 36.75 auch vom Buchwert der ZGE abzuziehen.

In den nachfolgenden Beispielen wird, soweit nicht ausdrücklich auf eine abweichende Vorgehensweise hingewiesen wird, von der zuletzt beschriebenen Nettovorgehensweise ausgegangen.

Beispiel 23.19

Die von der X AG zu 100 % erworbene Y GmbH wird von dieser als ZGE 4 geführt. Der gesamte Goodwill aus dem Erwerb (400 T€) wurde dieser ZGE 4 zugeordnet (Beispiel 23.17). Zum 31.12.2011 ist turnusmäßig ein Niederstwerttest der ZGE 4 durchzuführen. Zu diesem Zeitpunkt sind die im Rahmen der Erstkonsolidierung aufgedeckten stillen Reserven (Beispiel 23.5) im Abschluss der ZGE 4 um (300 / 5 =) 60 T€ abgeschrieben worden, weshalb der ursprüngliche Gewinn der ZGE 4 aus Beispiel 23.18 von annahmegemäß 50 T€ auf einen Verlust von (50 - 60 =) -10 T€ zu korrigieren ist.

Der ursprüngliche Kaufpreis für die ZGE 4 (Y GmbH) hatte 1.200 T€ betragen. Der erzielbare Betrag zum 31.12.2011 sei demgegenüber nur 650 T€. Die „push-down“-Bilanz der ZGE 4 hat folgendes Bild:

„push-down“-Bilanz der ZGE 4 zum 31.12.2011 (in T€)			
Anlagevermögen	840	Eigenkapital	1.200
Goodwill	400	Gewinn oder Verlust	-10
Umlaufvermögen	350	Fremdkapital	400
Summe	1.590	Summe	1.590

30 Vgl. etwa *Wirth, J.*, Firmenwertbilanzierung nach IFRS, Stuttgart 2005, S. 87-88.

Der Niederstwerttest ergibt, dass der erzielbare Betrag (650 T€) den Buchwert der ZGE (1.190 T€) deutlich unterschreitet. Es liegt also eine Wertkorrektur der ZGE 4 von (650 - 1.190 =) -540 T€ vor.

Wie zuvor erläutert, basiert die bisherige Vorgehensweise in diesem Beispiel auf der zuvor erläuterten Nettolösung. Würde demgegenüber brutto gerechnet, wären erzielbarer Betrag und Buchwert gedanklich jeweils um das beim Nettoverfahren abgezogene Fremdkapital zu erhöhen: Der erzielbare Betrag betrüge dann (650 + 400 =) 1.050 T€ und der Buchwert läge in Höhe der Bilanzsumme, also bei (1.190 + 400 =) 1.590 T€. Der Niederstwerttest ergäbe auch hier einen Wertminderungsaufwand von (650 - 1.190 =) -540 T€.

Buchung einer Wertminderung

Die Wertminderung einer ZGE wird GuV-wirksam erfasst. Zunächst wird sie gegen den Buchwert des Goodwills gebucht. Übersteigt die Wertminderung den Goodwill-Buchwert, so wird der Restbetrag proportional zu ihren jeweiligen Buchwerten gegen die übrigen Vermögenswerte der ZGE gebucht, soweit sie in den Anwendungsbereich von IAS 36 fallen (IAS 36.104). Dies betrifft im Wesentlichen Vermögenswerte des Anlagevermögens, die nicht durch IAS 36.2 aus dem Anwendungsbereich von IAS 36 ausgenommen sind[31].

Beispiel 23.20

Die in Beispiel 23.19 ermittelte Wertminderung der ZGE 4 in Höhe von 540 T€ wird im ersten Schritt durch folgende Buchung erfasst:

Wertminderung Goodwill	*an*	*Goodwill*	*400 T€*

Die Wertminderungen des übrigen Vermögens werden gemäß IAS 36.104 (b) ermittelt: Der Restbetrag von (540 - 400 =) 140 T€ wird dem Anlagevermögen, das hier annahmegemäß in den Anwendungsbereich von IAS 36 fällt und zu 504 T€ aus Maschinen sowie 336 T€ Betriebs- und Geschäftsausstattung (BGA) besteht, proportional zu den Buchwerten der Anlagevermögenbestandteile zugeordnet. Die Wertminderung auf Maschinen beträgt folglich (504 / 840 · 140 =) 84 T€; entsprechend beträgt die Wertminderung auf die BGA (336 / 840 · 140 =) 56 T€:

Wertminderung Anlagevermögen	*an*	*Maschinen*	*84 T€*
		BGA	*56 T€*

Wertuntergrenzen für übrige Vermögenswerte

Durch die Zuteilung des Restbetrags soll der Buchwert eines Vermögenswerts jedoch nicht so weit reduziert werden, dass er den beizulegenden Zeitwert abzüglich der Verkaufskosten (fair value less costs to sell) oder – falls höher – den Nutzungswert (value in use) oder – falls höher – Null unterschreitet. Verbleibende Restbeträge sind ebenso auf die übrigen Vermögenswerte zu verteilen wie der ursprüngliche Restbetrag (IAS 36.105). Falls die Ermittlung der Wertuntergrenzen nicht praktikabel ist, wird die oben beschriebene proportionale Methode angewandt (IAS 36.106). Auch wenn nach Anwendung dieser Regeln auf alle

31 Hier ist *Wirth, J.*, Firmenwertbilanzierung nach IFRS, Stuttgart 2005, S. 92, zu folgen. Vgl. zu einem weiteren Beispiel *Alfredson et al.*, Applying IFRS, S. 481-484.

Vermögenswerte der ZGE dennoch ein nicht verteilbarer Restbetrag verbleibt, ist in dieser Höhe eine Schuld nur dann zu passivieren, wenn ein anderer IFRS dies vorschreibt (IAS 36.108).

Beispiel 23.21

Im obigen Beispiel 23.20 seien folgende Zusatzinformationen gegeben:

T€	**Nettoveräußerungspreis**	**Nutzungswert**
Anlagevermögen	770	700
Umlaufvermögen	190	185

Hier darf das Anlagevermögen nach IAS 36.105 nicht unter den Betrag von 770 T€ abgeschrieben werden.

Wertminderung AV an Anlagevermögen 70 T€

Der Restbetrag von (140 - 70 =) 70 T€ kann hier nur dann GuV-wirksam erfasst werden, wenn in seiner Höhe – etwa nach IAS 37 – eine Schuld zu passivieren ist.

Konzeptionelle Probleme bei Existenz von nicht beherrschenden Anteilseignern

Konzeptionelle Probleme des Niederstwerttests können entstehen, wenn an einer ZGE nicht beherrschende Anteilseigner beteiligt sind und zur Konsolidierung die Neubewertungsmethode gewählt wurde. Denn ein der ZGE zugeordneter Goodwill spiegelt dann nur den vom Mutterunternehmen erworbenen, auf der Basis der Anschaffungskosten ermittelten Teil wider. Ein den nicht beherrschenden Anteilseignern zuzurechnender Goodwill taucht folglich im Buchwert des Nettovermögens der ZGE nicht auf. Der erzielbare Betrag der ZGE hingegen beruht wenigstens zum Teil auf einem solchen Goodwill der nicht beherrschenden Anteilseigner. Daher wird der Goodwill einer ZGE, an der nicht beherrschende Anteilseigner beteiligt sind, für Zwecke des Niederstwerttests auf eine fiktive 100%-Beteiligung hochgerechnet. Dieser hochgerechnete full goodwill wird dem Niederstwerttest zugrunde gelegt (IAS 36.C4). Problematisch erscheint dabei, dass IAS 36.C4 eine proportionale Hochrechnung vorsieht, obwohl die full goodwill-Bestimmung in IFRS 3.32 – wie oben erläutert – anders geregelt ist. Hier kann es zu einer Vermischung unterschiedlicher Konzeptionen kommen.

Aufteilung einer Wertminderung

Eine ermittelte Wertminderung muss eventuell auf das Mutterunternehmen und die nicht beherrschender Anteilseigner aufgeteilt werden. Wird zur Bilanzierung die full goodwill method gewählt, stehen den nicht beherrschenden Anteilseignern Anteile an allen Vermögenswerten und damit auch am Goodwill zu. Daraus folgt jedoch direkt, dass ihnen auch etwaige Wertminderungen anteilig zuzuordnen sind. Wenn die getestete ZGE ein Tochterunternehmen mit nicht beherrschenden Anteilseignern ist oder ein solches enthält, ist eine Wertminderung demnach aufzuteilen. Im dem Fall, dass ein Tochterunternehmen oder ein Teil eines solchen eine eigenständige ZGE ist, ist der Wertminderungsaufwand so zu verteilen, wie auch der Gewinn oder Verlust verteilt wird (IAS 36.C6). Ist ein Tochterunternehmen mit Anteil nicht beherrschender Anteilseigner oder der

Teil eines solchen jedoch Bestandteil einer übergeordneten ZGE, muss ein Wertminderungsaufwand zunächst auf die Teile der ZGE mit nicht beherrschenden Anteilseignern und die Teile ohne solche aufgeteilt werden. Diese Zuordnung soll erfolgen

- anhand der Wertverhältnisse der Goodwills der Teileinheiten vor der Wertminderung, soweit sich die Wertminderung auf den Goodwill der ZGE bezieht, und
- anhand der Wertverhältnisse der Vermögenswerte der Teileinheiten vor der Wertminderung, soweit sich die Wertminderung auf die identifizierbaren Vermögenswerte der ZGE bezieht.

Anschließend wird wieder analog zur Aufteilung des Gewinns oder Verlustes die Allokation auf Mutterunternehmen und nicht beherrschende Anteilseigner vorgenommen (IAS 36.C7).

Bei Anwendung der Neubewertungsmethode hingegen sind für die nicht beherrschenden Anteilseigner nur solche Wertminderungen, die sich auf identifizierbare Vermögenswerte beziehen, abzuschreiben. Da der Goodwill der nicht beherrschenden Anteilseigner nicht aktiviert ist, braucht dieser auch nicht abgeschrieben zu werden (IAS 36.C8). Unabhängig von der gewählten Konsolidierungsmethode kann – entgegen früheren Regelungen – durch eine den nicht beherrschenden Anteilseignern zuzurechnende Wertminderung auch ein negativer Anteil nicht beherrschender Anteilseigner (deficit balance) entstehen (IAS 27.28).

Beispiel 23.22[32]

Im obigen Beispiel 23.12 hat die X AG an der Y GmbH eine 70 %-Beteiligung für 840 T€ erworben und diese als Tochterunternehmen konsolidiert. Innerhalb der Organisationsstruktur der X AG erfüllt die Y GmbH die Kriterien einer ZGE. Zur Konsolidierung sei die Neubewertungsmethode herangezogen worden. Der resultierende Goodwill in Höhe von 280 T€ wurde dieser ZGE ebenso wie in Beispiel 23.17 zu 100 % zugeordnet.

Die ZGE ist nun einem Niederstwerttest zu unterziehen. Dies erfordert einen Vergleich des erzielbaren Betrags (wiederum netto) der ZGE mit dem Buchwert ihres Nettovermögens inklusive des zugeordneten Goodwills. Die Hochrechnung des ursprünglichen Goodwills auf eine fiktive 100 %-Beteiligung ergibt einen full goodwill der ZGE von (280 / 0,7 =) 400 T€.

Der erzielbare Betrag der ZGE betrage 950 T€. Der Buchwert des Nettovermögens der ZGE inklusive des hochgerechneten Goodwills beträgt (790 + 400 =) 1.190 T€. Dies ergibt eine Wertkorrektur der ZGE von (950 - 1.190 =) -240 T€. Diese bezieht sich in voller Höhe auf den Goodwill, ist aber gemäß IAS 36.C8 nur für dessen 70 %-Anteil des Mutterunternehmens, also in Höhe von (240 · 0,7 =) 168 T€ zu erfassen:

Wertminderung Goodwill *an* *Goodwill* *168 T€*

32 Ein weiteres Beispiel findet sich in IAS 36.IE62-IE68.

Veräußerung von Geschäftsbereichen

Bei der Veräußerung eines Teilbereiches einer ZGE (operation) wird ein Teil des Goodwills der ZGE in die Ermittlung des Veräußerungserfolges einbezogen. Nach IAS 36.86 ist dieser Goodwill-Teil durch Schlüsselung anhand der erzielbaren Beträge des zu veräußernden und des verbleibenden Teils der ZGE zu ermitteln. Von diesem Verfahren darf nur dann zu Gunsten einer anderen Methode abgewichen werden, wenn das Unternehmen nachweisen kann, dass diese den veräußerten Goodwill-Teil besser erfasst.

Beispiel 23.23[33]

Die X AG veräußert im Rahmen eines asset deal einen Teilbetrieb der ZGE 4 (Beispiel 23.17) für 250 T€ an Dritte. Für den zurückbehaltenen Teil der ZGE wird ein erzielbarer Betrag von brutto 700 T€ ermittelt. Der in den Buchwert des zu veräußernden Teils einzubeziehende Goodwill-Teil beträgt (250 / (250 + 700) =) 26,3 % des gesamten Goodwills der ZGE und damit (400 · 0,263 =) 105,3 T€.

Reorganisation der Berichtsstruktur

Wenn ein Unternehmen seine Berichtsstruktur dergestalt ändert, dass hiervon die Zusammensetzung einer oder mehrerer ZGE verändert wird, muss der diesen ZGE zugerechnete Goodwill neu aufgeteilt werden (IAS 36.87). Für diese Neuaufteilung gilt konzeptionell die oben beschriebene Vorgehensweise bei der Veräußerung von Geschäftsbereichen analog.

Beispiel 23.24

Die ZGE A eines Unternehmens, zu der ein Goodwill von 300 T€ gehört, soll aufgelöst und in ZGE B und ZGE C integriert werden. Die Aufteilung des Goodwills von ZGE A auf ZGE B und ZGE C wird wie folgt vorgenommen:

T€	ZGE B	ZGE C
Erzielbarer Betrag	1.800	2.200
Wertverhältnis	45 %	55 %
Zuzurechnender Goodwill von ZGE A	135	165

Zeitpunkt des Niederstwerttests

Der turnusmäßige, jährliche Niederstwerttest für ZGE, denen ein Goodwill zugeordnet wurde, kann zu einem beliebigen Zeitpunkt während des Berichtsjahres durchgeführt werden. Voraussetzung hierfür ist lediglich, dass der gewählte Zeitpunkt im Zeitablauf unverändert bleibt (IAS 36.96). Die verschiedenen ZGE können zu unterschiedlichen Zeitpunkten getestet werden. ZGE, denen ein Goodwill zugeordnet wurde, der aus einem Unternehmenszusammenschluss des aktuellen Berichtsjahres stammt, sind jedoch bis Ende dieses Berichtsjahres zu testen. Sollten einzelne Vermögenswerte oder ZGE gleichzeitig mit dem höheren Aggregat, dem der Goodwill zugeteilt wurde, getestet werden, so sind diese zuerst zu testen (IAS 36.97). Hiermit will das IASB Verzerrungen des Testergebnisses vermeiden, indem zunächst die Werte der einzelnen Vermögenswerte bzw. ZGE auf den „neuesten Stand“ gebracht werden.

33 Ein weiteres Beispiel wird in IAS 36.86 gegeben.

Beispiel 23.25

Der erzielbare Betrag einer zu 100 % im Besitz des Mutterunternehmens stehenden ZGE sei 500 T€. Der Buchwert des Nettovermögens betrage 550 T€, inklusive eines Goodwills von 100 T€. Der Niederstwerttest ergibt eine Wertminderung von 50 T€, die vollständig vom Goodwill abgeschrieben wird.

Wertminderung Goodwill an Goodwill 50 T€

Falls für die einzelnen Vermögenswerte der ZGE zeitgleich ein Niederstwerttest terminiert ist, müssten diese zuerst getestet werden. Dabei werde im Anlagevermögen eine Wertminderung von 100 T€ festgestellt und gebucht.

Wertminderung AV an Anlagevermögen 100 T€

Der anschließende Niederstwerttest der ZGE ergibt nun wegen des auf 450 T€ gesunkenen Buchwerts keine Wertminderung mehr. Der Goodwill wird folglich nicht abgeschrieben.

Erleichterungsregel

Die aufwändige Ermittlung der erzielbaren Beträge von ZGE muss nicht zwingend in jedem Berichtsjahr vorgenommen werden. IAS 36.99 erlaubt, detailliert ermittelte Werte aus einer vergangenen Periode heranzuziehen, wenn die folgenden drei Kriterien kumulativ erfüllt sind:

- Die Vermögenswerte der ZGE und die ihr zugeordneten Schulden haben sich seither nicht signifikant geändert (IAS 36.99 (a)),
- der seinerzeit ermittelte erzielbare Betrag überstieg den Buchwert des Nettovermögens der ZGE um einen deutlichen Betrag (IAS 36.99(b)) und
- nach einer Analyse der seither eingetretenen Entwicklung ist es unwahrscheinlich, dass der erzielbare Betrag der ZGE den Buchwert ihres Nettovermögens unterschreitet (IAS 36.99(c)).

Wertaufholung

IAS 36.124 verbietet eine Wertaufholung beim Goodwill. Dies bedeutet, dass Wertberichtigungen des Goodwills in den Folgeperioden nicht durch Zuschreibung rückgängig gemacht werden dürfen. Zur Begründung wird angeführt, dass spätere Wertsteigerungen des Goodwills wahrscheinlich auf Zuwächse eines originären Goodwills und weniger auf Wertaufholungen des ursprünglichen erworbenen Goodwills zurückzuführen sind (IAS 36.125).

3.3.5 Entkonsolidierung

Die Entkonsolidierung, also die bilanzielle Abbildung des Ausscheidens eines Tochterunternehmens aus dem Konsolidierungskreis, ist in IAS 27 geregelt. IAS 27.34 regelt für den Fall eines – wie auch immer begründeten – control-Verlustes, dass das Mutterunternehmen

- einen Abgang der Vermögenswerte und Schulden des Tochterunternehmens zum Buchwert am Tag des control-Verlustes,
- einen Abgang eines eventuellen Anteils nicht beherrschender Anteilseigner zum Buchwert,

- den Zugang einer eventuellen Gegenleistung zum beizulegenden Zeitwert,
- eine eventuell zurückbehaltene Beteiligung am ehemaligen Tochterunternehmen zum beizulegenden Zeitwert bei control-Verlust sowie
- einen eventuell als Residualgröße entstehenden Aufwand oder Ertrag bucht.

Folgebewertung

Zudem müssen im Rahmen einer solchen Transaktion eventuell ausgegebene Aktien des Tochterunternehmens berücksichtigt werden. Die Folgebewertung nach der Entkonsolidierung verbleibender Vermögenswerte oder Schulden richtet sich nach den einschlägigen IFRS (IAS 27.36). Eine verbleibende Beteiligung am ehemaligen Tochterunternehmen ist i.d.R. zum beizulegenden Zeitwert am Tag des control-Verlustes nach IAS 39 bzw. IFRS 9 auszuweisen. Unter Umständen kommt auch eine Erfassung des beizulegenden Zeitwerts als erstmaliger Wertansatz für die Bilanzierung als assoziiertes (IAS 28) oder Gemeinschaftsunternehmen (IAS 31) in Betracht (IAS 27.37). Zudem sind alle Beträge, die zuvor gegen das sonstige Ergebnis gebucht worden sind und aus der Beteiligung am Tochterunternehmen resultieren, so zu behandeln, als ob das Mutterunternehmen die zu Grunde liegenden Vermögenswerte direkt verkauft bzw. Schulden direkt beglichen hätte. IAS 27.35 nennt hier als Beispiele Beträge aus der Währungsumrechnung und aus der Folgebewertung von Finanzinstrumenten sowie solche aus Sicherungsbeziehungen.

Beispiel 23.26

Im Anschluss an die Folgekonsolidierung zum 31.12.2011 (Beispiel 23.18) verkauft die X AG am 02.01.2012 ihre 70 %-Beteiligung an der Y GmbH zu einem Preis von 1.100 T€ in bar. Die folgende Übersicht zeigt die Vorgehensweise bei der Entkonsolidierung. Der Veräußerungserfolg ergibt sich hier als Residualgröße:

T€	Konzernbilanz vor Entkonsolidierung (31.12.2011)		Entkonsolidierung für Anteile der X AG		Konzernbilanz nach Entkonsolidierung (02.01.2012)	
Anlagevermögen	2.690			840[a]	1.850	
Umlaufvermögen	1.710		1.100[a]	350[a]	2.460	
Goodwill	140			140[a]	—	
Eigenkapital		2.100				2.100
Gewinn oder Verlust / Konzerngewinn oder -verlust		53		407[a]		460
Nicht beherrschende Anteile		237	237[a]			—
Fremdkapital		2.150	400[a]			1.750
Summe	4.540	4.540			4.310	4.310

[a] Einbuchung des Veräußerungspreises; Ausbuchung des Anlagevermögens und des Umlaufvermögens der Y GmbH; Ausbuchung des fortgeführten Goodwills aus dem Erwerb der Y GmbH; Ausbuchung der nicht beherrschenden Anteile; Ausbuchung des Fremdkapitals der Y GmbH; GuV-wirksame Einbuchung des Veräußerungserfolges.

3.4 Sonstige Konsolidierungsmaßnahmen

Eliminierung sonstiger konzerninterner Transaktionen

Neben der Kapitalkonsolidierung sind weitere Konsolidierungsmaßnahmen notwendig, um aus dem Summenabschluss noch enthaltene konzerninterne Salden (intra-group balances), Geschäftsvorfälle (transactions) sowie Erträge und Aufwendungen (income and expenses) in voller Höhe herauszurechnen (IAS 27.20-21)[34].

Latente Steuern auf sonstige Konsolidierungsmaßnahmen

Wie bei der Kapitalkonsolidierung kann die Eliminierung sonstiger konzerninterner Transaktionen sich auf latente Steuerpositionen auswirken, wenn hieraus Unterschiede zwischen den Bestandsgrößen der Konzern- und der Steuerbilanz resultieren. Hiervon ist z.B. bei der Schuldenkonsolidierung sowie bei der Zwischenerfolgseliminierung regelmäßig auszugehen. IAS 27.21 verlangt z.B. explizit eine Anwendung von IAS 12 auf temporäre Differenzen, die aus der Korrektur konzerninterner Zwischenerfolge resultieren[35].

Negativer Anteil der nicht beherrschenden Anteilseigner

Fallweise kann es auch im Rahmen der sonstigen Konsolidierungsmaßnahmen wie bei einer eventuellen Wertminderung des Goodwills dazu kommen, dass nicht beherrschende Anteilseigner überproportional zu ihrem Kapitalanteil an dem Verlust eines Tochterunternehmens partizipieren und somit ein negativer Anteil nicht beherrschender Anteilseigner auszuweisen ist (IAS 27.28).

3.4.1 Schuldenkonsolidierung

Zweck

Um im Konzernabschluss nur solche Forderungen und Verbindlichkeiten auszuweisen, die durch Geschäfte mit konzernexternen Unternehmen entstanden sind, werden im Rahmen der Schuldenkonsolidierung alle konzerninternen Forderungen und Verbindlichkeiten aus dem Summenabschluss eliminiert. Dieses Vorgehen resultiert aus der Fiktion der rechtlichen Einheit des Konzerns, nach der ein rechtlich einheitliches Unternehmen mit sich selbst kein Schuldverhältnis eingehen kann[36].

Berührte Positionen

Im Rahmen der Schuldenkonsolidierung werden sämtliche Positionen des Summenabschlusses, die aus Kreditgeschäften und sonstigen Verpflichtungen

34 Diese sonstigen Konsolidierungsmaßnahmen werden hier nur in Grundzügen erläutert. Für weiterführende Darstellungen sowie Literaturhinweise wird auf *Busse von Colbe et al.*, Konzernabschlüsse, verwiesen.

35 Vgl. zur Berücksichtigung latenter Steuern bei den sonstigen Konsolidierungsmaßnahmen das zusammenfassende Beispiel in Abschnitt 5.

36 Vgl. *Busse von Colbe et al.*, Konzernabschlüsse, S. 345.

zwischen den konsolidierten Unternehmen stammen, eliminiert. Dies betrifft z.B. Forderungen und Verbindlichkeiten gegen verbundene Unternehmen und die zugehörigen Zinsaufwendungen und -erträge. Da sämtliche Finanzvermögenswerte und Schulden in die Schuldenkonsolidierung einzubeziehen sind, müssen auch alle Rückstellungen und Eventualschulden, die aus konzerninternen Gründen gebildet wurden, eliminiert werden.

Unterschiedsbeträge aus der Schuldenkonsolidierung

Die Schuldenkonsolidierung ist unproblematisch, wenn sich konzerninterne Forderungen und Verbindlichkeiten betragsmäßig entsprechen. In diesem Fall stellt die Schuldenkonsolidierung eine Verkürzung der Summenbilanz dar, aus der kein Unterschiedsbetrag entsteht. Aus unterschiedlichen Gründen kann es jedoch dazu kommen, dass die aus konzerninternen Schuldverhältnissen entstehenden Passivposten in der Summe höher (selten niedriger) sind als die entsprechenden Aktivposten. Beispielsweise ist dies der Fall, wenn ein Konzernunternehmen aufgrund konzerninterner Sachverhalte (z.B. Garantieverpflichtungen) eine Rückstellung gebildet hat, ohne dass der korrespondierende Anspruch in einem anderen Konzernunternehmen aktiviert wurde. Solche Unterschiedsbeträge (Aufrechnungsdifferenzen) sind als Korrekturposten zum Eigenkapital gesondert auszuweisen oder direkt mit Eigenkapitalpositionen zu verrechnen. Obwohl hierzu in den IFRS keine explizite Ausweisregelung existiert, erfolgt in der Unternehmenspraxis regelmäßig eine Verrechnung mit den Gewinnrücklagen.

Beispiel 23.27

Die X AG erhält von ihrem vollkonsolidierten Tochterunternehmen, der Y GmbH, eine Lieferung von 2.500 PCs für die konzerninterne EDV-Anlage. Die Y GmbH bildet für dieses Geschäft eine Rückstellung in Höhe von 25 T€ für künftige Kulanzgewährleistungen, während die X AG keinen entsprechenden Anspruch aktiviert. Diese von der Y GmbH gebildete Rückstellung für konzerninterne Sachverhalte ist im Rahmen der Schuldenkonsolidierung zu eliminieren. Da ihr kein entsprechender Aktivposten eines anderen Konzernunternehmens gegenübersteht, entsteht dabei eine passivische Aufrechnungsdifferenz.

Rückstellung	*an*	*Aufrechnungsdifferenz*	*25 T€*

In der Konzernbilanz wird diese passivische Aufrechnungsdifferenz als Teil des Eigenkapitals in die Gewinnrücklagen eingestellt.

Aufrechnungsdifferenz	*an*	*Gewinnrücklagen*	*25 T€*

In der Summen-Gesamtergebnisrechnung ist die Aufwandsbuchung der Y GmbH zu eliminieren und die damit verbundene Erhöhung des Konzerngewinns oder Konzernverlusts in die Gewinnrücklagen einzustellen.

Das nachfolgende Beispiel illustriert die Behandlung von Aufrechnungsdifferenzen im Zeitablauf bis zu dem Zeitpunkt, zu dem sich die Differenz zwischen Aktiv- und Passivpositionen aus konzerninternen Schuldverhältnissen wieder schließt.

Beispiel 23.28

Die X AG gewährt ihrem vollkonsolidierten Tochterunternehmen, der Y GmbH, Ende 2011 einen Kredit über 100 T€. Dieser wird zu 80 % ausgezahlt und ist Ende 2016 zu 100 % zurückzuzahlen. Hier wird aus didaktischen Gründen angenommen, dass dieses konzerninterne Kreditgeschäft nicht nach IAS 39 (Effektivzinsmethode), sondern wie folgt behandelt wird:

Es sei unterstellt, dass in der Einzelbilanz der X AG zum 31.12.2011 die Forderung gegen die Y GmbH mit den Anschaffungskosten von (100 · 0,8 =) 80 T€ erscheine, während die Y GmbH die korrespondierende Verbindlichkeit in ihrer Einzelbilanz zum Rückzahlungsbetrag von 100 T€ passiviere und das Disagio von 20 T€ aktiviere. Im Rahmen der Schuldenkonsolidierung zum 31.12.2011 werden diese Positionen vollständig miteinander verrechnet. Zu einem Unterschiedsbetrag kommt es also in 2011 nicht.

Verbindlichkeit	*100 T€*	*an*	*Forderung*	*80 T€*
			Disagio	*20 T€*

In den fünf Folgeperioden löse die Y GmbH das Disagio zeitanteilig GuV-wirksam auf. Diese Disagioverrechnung führt dazu, dass in den Folgejahren, sofern die X AG ihre Forderung nicht entsprechend GuV-wirksam zuschreibt, im Rahmen der Schuldenkonsolidierung eine passivische Aufrechnungsdifferenz entsteht, die bis 2015 stetig anwächst. Die folgende Aufstellung gibt einen Überblick über die relevanten Positionen und Beträge in der Summenbilanz[37].

31.12., in T€	**2011**	**2012**	**2013**	**2014**	**2015**	**2016**
Ausleihung an Y	+80	+80	+80	+80	+80	—
Verbindlichkeit gegen X	-100	-100	-100	-100	-100	—
Disagio	+20	+16	+12	+ 8	+4	—
Aufrechnungsdifferenz	0	-4	-8	-12	-16	—
Δ Aufrechnungsdifferenz gegenüber Vorjahr	0	-4	-4	-4	-4	+16
Korrektur des Konzern-JÜ durch Schuldenkons.	0	+4	+4	+4	+4	-16

In der Summen-Gesamtergebnisrechnung der Jahre 2012 bis 2015 ist die Disagioverrechnung der Y GmbH jeweils entsprechend zu korrigieren. Hierdurch steigt das Konzerngesamtergebnis um jeweils 4 T€ und damit insgesamt um 16 T€ gegenüber dem Summengesamtergebnis an. In der Konzernbilanz werden diese Beträge in die Gewinnrücklagen eingestellt, womit die passivische Aufrechnungsdifferenz als Eigenkapital anzusehen ist. Im Jahr 2016 vereinnahmt die X AG den Rückzahlungsbetrag von 100 T€ und realisiert einen Ertrag von 20 T€. Die Y GmbH verrechnet die letzte Tranche des Dis-

37 Vgl. das ähnliche Beispiel bei *Busse von Colbe et al.*, Konzernabschlüsse, S. 347-348.

agios in Höhe von 4 T€ als Aufwand. Durch Eliminierung dieser konzerninternen Erfolge sinkt das Konzerngesamtergebnis gegenüber dem Summenabschluss um (20 - 4 =) 16 T€. Auch diese Ergebniskorrektur ist mit den Gewinnrücklagen zu verrechnen, so dass mit Ablauf des Kreditvertrages auch alle Gesamtergebniswirkungen eliminiert sind. Demnach wird beispielsweise am 31.12.2014 wie folgt gebucht:

Verbindlichkeit	*100 T€*	*an*	*Forderung*	*80 T€*
			Disagio	*8 T€*
			Aufrechnungsdifferenz	*12 T€*
Aufrechnungsdifferenz	*12 T€*	*an*	*Gewinn oder Verlust*	*4 T€*
			Gewinnrücklagen	*8 T€*

Ende 2016 schlägt sich die Beendigung des Kreditverhältnisses wie folgt nieder. Hier ist insbesondere der Zinsertrag der X AG zu eliminieren.

Zinsertrag	*20 T€*	*an*	*Zinsaufwand*	*4 T€*
			Gewinnrücklagen	*16 T€*

3.4.2 Aufwands- und Ertragskonsolidierung sowie Zwischenerfolgseliminierung

Aufwands- und Ertragskonsolidierung

Die Aufwands- und Ertragskonsolidierung dient der Aufrechnung sämtlicher Erträge aus konzerninternen Lieferungen und Leistungen sowie Gewinn- oder Verlustübernahmen gegen die korrespondierenden Aufwendungen, um auch hier – entsprechend der Fiktion der rechtlichen Einheit – die vollkonsolidierten Unternehmen als ein einziges Unternehmen erscheinen zu lassen. Hiermit müssen sowohl die Umsatzerlöse als auch andere Erträge (z.B. Miet-, Zins- und Konzernumlagenerträge) gegen die entsprechenden Aufwendungen im Summenabschluss eliminiert werden. Der Schwerpunkt der folgenden Darstellungen liegt auf dem international üblichen Umsatzkostenverfahren.

Beispiel 23.29

In Abwandlung von Beispiel 23.28 muss die Y GmbH der X AG auf das gewährte Darlehen von 100 T€ jährlich Zinsen in Höhe von nominal 5 % bezahlen. Zudem stellt die X AG der Y GmbH ein Gebäude zur Verfügung, für dessen Nutzung sie der Y GmbH jährlich 20 T€ Miete berechnet. Für 2011 ist eine Aufwands- und Ertragskonsolidierung wie folgt vorzunehmen, um die konzerninternen Zins- (Buchung [a]) und Mieterfolge (Buchung [b]) aus der Summen-Gesamtergebnisrechnung zu eliminieren:

31.12.2011, T€	**Summen-Gesamtergebnisrechnung**	**Konsolidierung**	**Konzern-Gesamtergebnisrechnung**
Zinsertrag X AG	5	[a]5	—
Mietertrag X AG	20	[b]20	—
Zinsaufwand Y GmbH	5	[a]5	—
Mietaufwand Y GmbH	20	[b]20	—

Innenumsätze

Während das obige Beispiel den einfachen Fall einer umsatzfremden Leistungsverflechtung zeigt, gestaltet sich die Aufwands- und Ertragskonsolidierung bei konzerninternen Lieferungen etwas aufwändiger, da hierbei oftmals auch ein Gewinn oder Verlust entsteht, der aus Konzernsicht noch nicht realisiert ist. Dieser Fall wird gemeinsam mit der Eliminierung solcher Zwischenerfolge an Beispiel 23.31 erläutert.

Erstmalige Aufwands- und Ertragskonsolidierung

Bei der Erstellung der Konzern-Gesamtergebnisrechnung ist ferner zu klären, zu welchem Zeitpunkt die Aufwendungen und Erträge eines Tochterunternehmens erstmals in die Summen-Gesamtergebnisrechnung zu übernehmen sind. Nach IAS 27.26 ist dies der Erwerbszeitpunkt. Fällt der Abschlussstichtag nicht mit dem Erwerbszeitpunkt zusammen, ist ein Zwischenjahresabschluss zu erstellen. Das bis zum Erwerbszeitpunkt erwirtschaftete Ergebnis des erworbenen Unternehmens gilt, auch wenn es teilweise aus Geschäften mit dem Mutterunternehmen stammt, als realisiert und wird – sofern es dem Erwerber zuzurechnen ist – zum konsolidierungspflichtigen Eigenkapital gezählt. In die Konzern-Gesamtergebnisrechnung gehen nur solche Erträge und Aufwendungen ein, die nach dem Erwerbszeitpunkt anfallen. Erst wenn die Beherrschungsmöglichkeit des Mutterunternehmens endet, werden die Ergebnisse des Tochterunternehmens nicht mehr einbezogen.

Abschreibungen auf Basis der Konzernwertansätze

Die Aufwendungen und Erträge des Tochterunternehmens sind auf der Grundlage der im Rahmen der Erstkonsolidierung ermittelten beizulegenden Zeitwerte der erworbenen Vermögenswerte, Schulden und Eventualschulden zu ermitteln (IAS 27.26). Diese Vorgehensweise ergibt sich bereits aus der Konzeption der Neubewertungsmethode selbst.

Beispiel 23.30

Die Gebäude der Y GmbH werden über fünf Jahre planmäßig abgeschrieben (Beispiel 23.18). Vor dem Erwerb durch die X AG standen die Gebäude mit 550 T€ zu Buche. Im Rahmen der Kaufpreisallokation wurde ihnen ein beizulegender Zeitwert von 850 T€ zugeordnet. Die Konzern-Gesamtergebnisrechnung wird damit in den Folgeperioden – die Beibehaltung des Abschreibungsplanes vorausgesetzt – mit jährlichen Abschreibungsbeträgen nicht von (550 / 5 =) 110 T€, sondern (850 / 5 =) 170 T€ belastet.

Anteil nicht beherrschender Anteilseigner am Konzernergebnis

In der Konzernbilanz muss der Anteil der nicht beherrschenden Anteilseigner über die Zeit fortgeschrieben werden und ist im Eigenkapital getrennt vom Eigenkapital der beherrschenden Anteilseigner auszuweisen (IAS 27.27). Ausgangspunkt für die Berechnung des Ergebnisanteils der nicht beherrschenden Anteilseigner bildet die nach konzerneinheitlichen Regeln erstellte Handelsbilanz II. Darüber hinaus sind aber auch alle GuV-wirksamen Konsolidierungsmaßnahmen daraufhin zu überprüfen, ob bei wirtschaftlicher Betrachtungsweise hierdurch das Gesamtergebnis der nicht beherrschenden Anteilseigner verändert wird[38]. Dies gilt z.B. für die Abschreibung im Rahmen der Erstkonsolidierung aufgedeckter stiller Reserven, für Anteile an einer Goodwill-Wertminderung, für die Aufwands- und Ertragskonsolidierung und auch für die anteilig auf nicht beherrschende Anteilseigner zuzurechnenden Zwischenerfolgseliminierungen. Ferner ist der Anteil des Mutterunternehmens am Gesamtergebnis eines Tochterunternehmens ggf. um kumulative Vorzugsdividenden zu kürzen, die nicht beherrschenden Anteilseignern des Tochterunternehmens zustehen (IAS 27.29).

Zwischenerfolgseliminierung

Mit der Zwischenerfolgseliminierung sind schließlich die von konzerninternen Lieferungen und Leistungen betroffenen Bestandsgrößen der Summenbilanz (z.B. Grundstücke, Vorräte) um die hierin enthaltenen internen Gewinne oder Verluste zu bereinigen. Zwischenerfolge, also konzerninterne Gewinne oder Verluste in den Bestandsgrößen, werden durch Gegenüberstellung des Einzelbilanzwerts eines konzernintern gelieferten Vermögenswerts mit den Konzernanschaffungs- bzw. -herstellungskosten ermittelt. Diese ergeben sich durch analoge Anwendung der entsprechenden Einzelabschlussvorschriften aus der Perspektive des Konzerns als gedachte rechtliche Einheit. Die Zwischenerfolgseliminierung hat nur dann Auswirkungen auf das Konzerngesamtergebnis, wenn die gelieferten Vermögenswerte am Konzernabschlussstichtag noch im Bestand eines einbezogenen Unternehmens sind. Wurden sie indes bereits an konzernfremde Dritte weitergeliefert, ist ein (bisheriger) Zwischenerfolg auch aus Konzernsicht realisiert.

Korrekturen im Umsatzkostenverfahren

Folgendes Beispiel verdeutlicht anhand der Gewinn- und Verlustrechnungsgliederung nach dem Umsatzkostenverfahren die Aufwands- und Ertragskonsolidierung sowie die Zwischenererfolgseliminierung bei der Lieferung von Erzeugnissen in das Vorratsvermögen des Abnehmers, ohne dass dieser die gelieferten Güter weiterverarbeitet. Beim Umsatzkostenverfahren sind die Innenumsatzerlöse in allen Fällen gegen die Herstellungskosten des Umsatzes (beim Lieferer) sowie gegen einen im Vorrats- bzw. Sachanlagevermögen des Abnehmers befindlichen Zwischenerfolg zu eliminieren.

38 Vgl. dazu weitergehend *Pellens, B./Neuhaus, S./Nölte, U.*, Konzernergebnis und Earnings per Share, in: Betriebliches Rechnungswesen und Controlling im Spannungsfeld von Theorie und Praxis, Festschrift für Prof. Dr. Jürgen Graßhoff zum 65. Geburtstag, Hamburg 2005, S. 31-51.

Beispiel 23.31

Die X AG liefert an die Y GmbH eigene Produkte für 20 T€, deren Produktion (Konzernherstellungskosten) 10 T€ Materialaufwand und 5 T€ Löhne erfordert. Die Y GmbH lagert die Produkte als fertige Erzeugnisse im Vorratsvermögen. Bei der X AG wird hier originär wie folgt gebucht:

Diverse Aufwendungen		*an*	*Diverse Aktiva*	*15 T€*
Fertige Erzeugnisse		*an*	*Diverse Aufwendungen*	*15 T€*
Umsatzkosten		*an*	*Fertige Erzeugnisse*	*15 T€*
Bank		*an*	*Umsatzerlöse*	*20 T€*

Hier ist also ein Zwischengewinn von (20 - 15 =) 5 T€ entstanden. Als nächstes wird die originäre Buchung der Y GmbH gezeigt:

Fertige Erzeugnisse		*an*	*Bank*	*20 T€*

Aus Konzernsicht handelt es sich bei dieser Transaktion um die Produktion von Fertigerzeugnissen auf Lager, die in der originären Buchführung einer rechtlichen Einheit „Konzern" wie folgt hätte erfasst werden müssen:

Diverse Aufwendungen		*an*	*Diverse Aktiva*	*15 T€*
Fertige Erzeugnisse		*an*	*Diverse Aufwendungen*	*15 T€*

Der zu einem Zwischengewinn von 5 T€ führende Umsatzakt ist aus Konzernsicht noch nicht mit konzernfremden Dritten realisiert. Er ist daher im Rahmen der Zwischenerfolgseliminierung wie folgt zu korrigieren:

Umsatzerlöse	*20 T€*	*an*	*Umsatzkosten*	*15 T€*
			Fertige Erzeugnisse	*5 T€*

Per Saldo wird durch die Zwischenerfolgseliminierung das Konzerngesamtergebnis gegenüber dem Summenabschluss um 5 T€ vermindert. Die damit verbundene Eigenkapitalreduktion wird auf der Aktivseite durch den verringerten Wertansatz der fertigen Erzeugnisse ausgeglichen.

Korrekturen im Gesamtkostenverfahren

In Abhängigkeit von den verschiedenen Arten von Innenumsatzerlösen muss bei der Aufwands- und Ertragskonsolidierung nach dem Gesamtkostenverfahren unterschiedlich vorgegangen werden. Tabelle 23.1 vermittelt einen Überblick über denkbare Konstellationen bei der Lieferung von Vorräten und deren Behandlung im Rahmen der Aufwands- und Ertragskonsolidierung, wenn das Gesamtkostenverfahren der Gewinn- und Verlustrechnungsgliederung angewandt wird.

<table>
<tr><th rowspan="2"></th><th colspan="3">Lieferung ...</th></tr>
<tr><th colspan="2">... in das Vorratsvermögen</th><th rowspan="2">... in das Anlagevermögen</th></tr>
<tr><th>Lieferer hat Vermögenswerte ...</th><th>Abnehmer hat verarbeitet</th><th>Abnehmer hat nicht verarbeitet</th></tr>
<tr><td>... bearbeitet (Erzeugnisse)</td><td rowspan="2">Innenumsatz ist gegen Materialaufwand des Abnehmers zu saldieren</td><td>Innenumsatz ist auf Bestandserhöhungen bei Erzeugnissen umzugliedern</td><td>Innenumsatz ist auf aktivierte Eigenleistungen umzugliedern</td></tr>
<tr><td>... nicht bearbeitet (Handelsware)</td><td colspan="2">Innenumsatzerlöse sind gegen Materialaufwand des Lieferers zu saldieren</td></tr>
</table>

Tab. 23.1: Aufwands- und Ertragskonsolidierung bei der Lieferung von Vorräten. Quelle: In Anlehnung an *Busse von Colbe et al.*, Konzernabschlüsse, S. 440.

4 Anhangangaben

Umfangreiche Angabepflichten in IFRS 3

Unter der Maxime, dass ein Erwerber durch Veröffentlichung entsprechender Informationen die Bilanzadressaten in die Lage versetzen soll, die Art und die finanziellen Auswirkungen der im abgelaufenen Geschäftsjahr durchgeführten Unternehmenszusammenschlüsse beurteilen zu können (IFRS 3.59), fordert IFRS 3 von den Bilanzierenden äußerst detaillierte Anhangangaben. Dies gilt auch für die in IAS 36 verlangten Informationen. An dieser Stelle kann daher lediglich eine stark verkürzende Übersicht geboten werden.

Informationen zu Unternehmenszusammenschlüssen

Für jeden Unternehmenszusammenschluss werden zahlreiche Daten gefordert, u.a. Namen und Beschreibungen der sich vereinigenden Unternehmen oder Geschäfte, der Erwerbszeitpunkt, der erworbene Stimmrechtsanteil, die Anschaffungskosten, eine Übersicht über die Kaufpreisallokation sowie die Faktoren, die zu einem Goodwill beigetragen haben, und vieles mehr (IFRS 3.B64). Die meisten dieser Informationen müssen nach IFRS 3.B65 in aggregierter Form auch für die Gesamtheit derjenigen Unternehmenszusammenschlüsse angegeben werden, die je für sich betrachtet als unwesentlich eingestuft wurden.

Sonstige Angabepflichten

Ein weiteres Prinzip, das in IFRS 3.61 formuliert und anschließend in IFRS 3.B67 durch eine umfangreiche Positivliste konkretisiert wird, fordert die Angabe von Informationen, die eine Abschätzung der finanziellen Auswirkungen von Gewinnen und Verlusten sowie Korrekturen und Fehlerberichtigungen im Zusammenhang mit zurückliegenden Unternehmenszusammenschlüssen erlauben.

Die den Goodwill betreffenden Angabepflichten in IAS 36 betreffen im Wesentlichen die Annahmen, die im Rahmen des Niederstwerttests für die Bewertung von ZGE angewendet wurden (IAS 36.134-137). Auch über den Gesamtbetrag der Goodwill-Wertberichtigungen muss unter Angabe der Zeile, in der er enthalten ist, berichtet werden (IAS 36.126(a)). IAS 36.130-131 fordern weiterhin für wesentliche Wertberichtigungen umfassende Erläuterungen. Sofern das IASB hier auf die Idee käme, auch die Veröffentlichung der jeweiligen erzielbaren Beträge aller ZGE zu verlangen, könnte der Bilanzleser hieraus den Unternehmenswert aus dem Blickwinkel des Managements berechnen. Dieser Wert könnte mit der Marktkapitalisierung des Eigenkapitals verglichen werden und ggf. die unterschiedlichen Einschätzungen von Markt und Managern aufzeigen.

Angabepflichten zu Goodwill-Wertminderungen

Ein Konzernabschluss ist um folgende konsolidierungskreisbezogenen Angaben zu erweitern (IAS 27.41):

Angabepflichten nach IAS 27

- die Abschlussstichtage von Tochterunternehmen, sofern sie von dem des Mutterunternehmens abweichen, sowie eine Begründung dieser Abweichung,
- Art und Umfang etwaiger Beschränkungen, die die Fähigkeit des Tochterunternehmens, Finanzmittel an das Mutterunternehmen zu transferieren, beeinträchtigen,
- eine Übersicht, welche die Effekte aus Eigenkapitaltransaktionen mit Minderheitsaktionären darstellt, sowie
- Angaben zu den Ergebniswirkungen etwaiger Entkonsolidierungen.

5 Zusammenfassendes Beispiel

Im folgenden Beispiel wird die in diesem Kapitel beschriebene Vorgehensweise bei der Konsolidierung zusammenfassend unter Berücksichtigung latenter Steuern illustriert.

Beispiel 23.32

Die M AG hat zum 31.12.2010 eine 75 %-Beteiligung an der T GmbH zu einem Kaufpreis von 1.175 T€ erworben. Der Marktwert der restlichen Anteile wird auf 365 T€ geschätzt. Im Rahmen der Due Diligence hat das Management der M AG folgende Informationen erhalten: Die Maschinen der T GmbH weisen stille Reserven in Höhe von 400 T€ auf. Die Restnutzungsdauer dieser Maschinen beträgt fünf Jahre, wobei entsprechende Abschreibungen in den Herstellungskosten des Umsatzes gebucht werden. Der bei der T GmbH im Jahr 2011 entstandene Gewinn oder Verlust wurde mit erworben und soll im Folgejahr thesauriert werden. Bei der Kapitalkonsolidierung sind latente Steuern zu berücksichtigen. Der relevante Ertragsteuersatz beträgt 30 %.

Erstkonsolidierung zum 31.12.2010

31.12.2010, T€	M AG	T GmbH (Buchwerte)	Neubewertung	Summenbilanz	Konsolidierung	Konzernbilanz
Anlagevermögen	800	550	[a]400	1.750		1.750
Beteiligung an T	1.175	—		1.175	[c]1.175	—
Goodwill	—	—		—	[c]590 [e]170	760
Umlaufvermögen	1.000	400		1.400		1.400
Gezeichn. Kapital	550	100		650	[c]75 [d]25	550
Rücklagen	800	300	[b]120 [a]400	1.380	[c]435 [d]145	800
Gewinn oder Verlust	50	100		150	[c]75 [d]25	50
Nicht beherrschende Anteile	—	—		—	[d]195 [e]170	365
Verbindlichkeiten	1.575	450		2.025		2.025
Pass. lat. Steuern	—	—	[b]120	120		120
Summe	2.975 2.975	950 950		4.325 4.325		3.910 3.910

[a] Aufdeckung sämtlicher stiller Reserven der T GmbH (400 T€) im Rahmen der Neubewertung des erworbenen Nettovermögens (Erstellung der sog. „Handelsbilanz III“).

[b] GuV-neutrale Bildung passiver latenter Steuern auf die aufgedeckten stillen Reserven in Höhe von (400 · 0,3 =) 120 T€.

[c] Eigentliche Kapitalkonsolidierung: Verrechnung des Beteiligungsbuchwerts aus dem Einzelabschluss der M AG (1.175 T€) mit dem anteiligen neubewerteten Eigenkapital (inklusive des erworbenen Gewinns) der T GmbH (780 · 0,75 = 585); Aktivierung des entstehenden Goodwills in Höhe von 590 T€.

[d] Einbuchung der nicht beherrschenden Anteile am neubewerteten Eigenkapital der T GmbH in Höhe von (780 · 0,25 =) 195 T€.

[e] Einbuchung des Goodwills der nicht beherrschenden Anteilseigner in Höhe von (365 - 195 =) 170 T€. Dieser Buchungssatz ist nur bei Anwendung der full goodwill method notwendig. Er entfällt ersatzlos, wenn zur Konsolidierung die Neubewertungsmethode gewählt wird. In diesem Fall sind nicht beherrschende Anteile, Goodwill und Bilanzsumme somit um 170 T€ geringer.

Ermittlung des Goodwills nach IFRS 3.32 bei Anwendung der Neubewertungsmethode nach IFRS 3.19 (b):

Kaufpreis der 75 %-Beteiligung	1.175 T€
+ Anteil nicht beherrschender Anteilseigner am neubewerteten EK der T GmbH ((100 + 300 + 100 + 400 · 0,7) · 0,25 =)	195 T€
– Neubewertetes Eigenkapital der T GmbH (100 + 300 + 100 + 400 · 0,7 =)	780 T€
= Goodwill	**590 T€**

Ermittlung des Goodwills nach IFRS 3.32 bei Anwendung der full goodwill method nach IFRS 3.19 (a):

Kaufpreis der 75 %-Beteiligung	1.175 T€
+ Beizulegender Zeitwert der nicht beherrschenden Anteile	365 T€
– Neubewertetes Eigenkapital der T GmbH	780 T€
= Goodwill	**760 T€**

Der Goodwill der nicht beherrschenden Anteilseigner entspricht der Differenz vom beizulegenden Zeitwert der nicht beherrschenden Anteile und dem Anteil nicht beherrschender Anteilseigner am neubewerteten Eigenkapital der T GmbH in Höhe von (365 - 195 =) 170 T€. Er entspricht genau der Differenz der beiden nach den unterschiedlichen Methoden errechneten Goodwills in Höhe von (760 - 590 =) 170 T€.

Folgekonsolidierung zum 31.12.2011

Für die Folgekonsolidierung zum 31.12.2011 nach der Neubewertungsmethode sind folgende Zusatzinformationen relevant: 2011 erwirtschaftete die T GmbH einen Gewinn von 200 T€. Die M AG verkaufte der T GmbH am 01.01.2011 ein Grundstück. Aus dieser Transaktion entstand ein Zwischengewinn von 50 T€. Zur Finanzierung gewährte sie der T GmbH am 01.01.2011 ein Darlehen in Höhe von 100 T€ zu einem Zinssatz von 10 % p.a. Im Rahmen des Niederstwerttests für den Goodwill hat sich keine Wertminderung ergeben. Die beiden folgenden Schemata illustrieren die Folgekonsolidierung zum 31.12.2011, bei der von einer Anwendung der full goodwill method ausgegangen wird.

31.12.2011, T€	**M AG**	**T GmbH (Buchw.)**	**Neu-bewertung**	**Summen-bilanz**	**Konsoli-dierung**	**Konzern-bilanz**
Anlagevermögen	700	700	[a]400	1.800	[f]80 [h]50	1.670
Beteiligung an T	1.175	—		1.175	[c]1.175	—
Goodwill	—	—		—	[c]590 [e]170	760
Ausleih. an T	100	—		100	[j]100	—
Umlaufvermögen	1.150	450		1.600		1.600
Akt. lat. Steuern	—	—			[i]15	15
Gezeichn. Kapital	550	100		650	[c]75 [d]25	550
Rücklagen	800	400	[b]120 [a]400	1.480	[c]510 [d]170	800
Gewinn oder Verlust / Konzerngewinn oder -verlust	100	200		300	[GuV]140 [GuV]49 [l]27,25	181,75
Nicht beherrschende Anteile	—	—		—	[d]195 [e]170 [l]27,25	392,25
Verbindl. gg. M		100		100	[j]100	—
Verbindlichkeiten	1.675	350		2.025		2.025
Pass. lat. Steuern	—	—	[b]120	120	[g]24	96
Summe	3.125 3.125	1.150 1.150		4.675 4.675		4.045 4.045

[a] bis [e]: Siehe hierzu die obigen Erläuterungen zur Erstkonsolidierung.

[f] Abschreibung der stillen Reserven (fünf Jahre Nutzungsdauer) um (400 / 5 =) 80 T€.

[g] GuV-wirksame Auflösung damit verbundener passiver latenter Steuern um (80 · 0,3 =) 24 T€.

[h] Eliminierung des Zwischenerfolges von 50 T€ aus Sachanlagevermögen und sonstigen betrieblichen Erträgen.

[i] GuV-wirksame Bildung damit verbundener aktiver latenter Steuern in Höhe von (50 · 0,3 =) 15 T€.

[j] Durchführung der Schuldenkonsolidierung: Verrechnung von Ausleihung (100 T€) und Verbindlichkeit (100 T€).

[k] Eliminierung des Zinsertrages (10 T€) und des Zinsaufwandes (10 T€).

[l] Einbuchung des Anteils nicht beherrschender Anteilseigner am Gewinn der T GmbH: 27,25 T€.

1.1.-31.12.2011, T€	M AG		T GmbH		Summen-Ergebnisrechn.		Konsolidierung		Konzern-Ergebnisrechn.	
	Aufw.	Ertrag	Aufw.	Ertrag	Aufw.	Ertrag	Soll	Haben	Aufw.	Ertrag
Umsatzerlöse		14.550		12.660		27.210				27.210
HK des Umsatzes	10.200		9.400		19.600		[f]80		19.680	
Vertriebskosten	1.300		1.150		2.450				2.450	
Verwaltungskosten	2.150		1.650		3.800				3.800	
Sonst. betr. Ertr.		280		310		590	[h]50			540
Sonst. betr. Aufw.	710		270		980				980	
Zinserträge		40		—		40	[k]10			30
Zinsaufwendungen	280		140		420			[k]10	410	
Ertragsteuern	130		160		290			[g]24 [i]15	251	
(Konzern-) JÜ		100		200		300	140	49		209
Gewinnanteile der nicht beherrschenden Anteilseigner	—		—		—					27,25
Konzerngewinn- oder verlust	—		—		—					181,75

Ermittlung des Gewinns nicht beherrschender Anteilseigner

Aus der Bilanz der T GmbH	(200 · 0,25 =) 50 T€
– anteilige Abschreibung stiller Reserven	(-80 · 0,25 =) -20 T€
+ anteilige latente Steuern	(24 · 0,25 =) + 6 T€
Zwischensumme	**36 T€**

Bei wirtschaftlicher Betrachtungsweise ist der Gewinnanteil der nicht beherrschenden Anteilseigner auch um den ihnen zustehenden anteiligen Zwischenerfolg nach Steuern von ((50 · 0,7 · 0,25 =) 8,75 T€ zu kürzen. Schließlich befindet sich das Grundstück im Vermögen der T GmbH, so dass die Zwischenerfolgsrisiken auch von den nicht beherrschenden Anteilseignern getragen werden.

Anteilige Zwischenerfolge	(-35 · 0,25 =) -8,75 T€
Gewinn nicht beherrschender Anteilseigner	**27,25 T€**

Darüber hinaus könnte auch geprüft werden, ob die der M AG von der T GmbH gezahlten Zinsen den nicht beherrschenden Anteilseignern wieder anteilig zugerechnet werden. Obwohl dies bei einer rein interessentheoretischen Sichtweise durchaus sinnvoll erscheint, wird hier davon abgesehen.

6 Wesentliche Unterschiede zum IFRS for SMEs

Keine full goodwill method

Die Regelungen zur Konsolidierung finden sich in IFRS-SME.9, zu Unternehmenszusammenschlüssen in IFRS-SME.19. Es kommt hierbei die in IFRS 3 (2004) verwendete Neubewertungsmethode zur Anwendung. Diese stellt auf die Ermittlung der Anschaffungskosten und deren Verteilung auf die erworbenen Vermögenswerte, Schulden und Eventualschulden ab. IFRS 3 sieht konzeptionell eher den Bewertungsvorgang von Vermögenswerten und Schulden einerseits und der Gegenleistung andererseits im Vordergrund.

Entsprechend ist nach dem IFRS for SMEs die full goodwill method nach IFRS 3.19 (a) nicht anwendbar. Daher können die nicht beherrschenden Anteile nur zu ihrem Anteil am neubewerteten Eigenkapital entsprechend IFRS 3.19 (b) ausgewiesen werden.

Planmäßige Abschreibung des Goodwill

Ein aus einem Unternehmenszusammenschluss resultierender Goodwill ist über seine Nutzungsdauer plan- und bei einer Wertminderung außerplanmäßig abzuschreiben. Kann die Nutzungsdauer nicht verlässlich geschätzt werden, soll eine Nutzungsdauer von 10 Jahren angenommen werden. Der impairment-only approach ist insofern unzulässig.

7 Wesentliche Unterschiede zum HGB

Methoden der Kapitalkonsolidierung

Die Bilanzierung von Unternehmenszusammenschlüssen nach HGB weicht in Teilen von der nach IFRS ab. § 301 Abs. 1 HGB lässt, wie auch DRS 4 „Unternehmenserwerbe im Konzernabschluss“ (DRS 4.23), lediglich die Neubewertungsmethode zu. Die full goodwill method ist nicht zulässig. Vor Verabschiedung des BilMoG waren noch die Buchwertmethode sowie die pooling-of-interests method (Interessenzusammenführungsmethode) gestattet.

Kaufpreis-allokation

Die Vorgehensweise bei der Kaufpreisallokation ist im HGB nicht detailliert reguliert. Gemäß § 300 Abs. 1 HGB sind die Vermögensgegenstände, Schulden und Rechnungsabgrenzungsposten des Tochterunternehmens vollständig aufzunehmen, so lange keine Bilanzierungsverbote oder -wahlrechte bestehen. Gleiches bestimmt § 246 Abs. 1 HGB für den Einzelabschluss. Die bis 2002 bestehende Anschaffungskostenrestriktion für die Aufteilung von Unterschiedsbeträgen aus der Erstkonsolidierung (§ 301 Abs. 1 Satz 4 HGB) wurde durch das TransPuG für die Neubewertungsmethode aufgehoben. Einzelne Problemkreise, die im Rahmen der Kaufpreisallokation international diskutiert und äußerst detailliert geregelt werden, sind nicht Gegenstand des HGB, wurden aber in DRS 4 aufgegriffen und meist analog zum seinerzeit geltenden IAS 22 (1998) gelöst.

Latente Steuern

Wie in Abschnitt 3.3.3.5 beschrieben, fallen nach IFRS bei der Aufdeckung stiller Reserven im Rahmen der Kaufpreisallokation latente Steuern an. Durch das BilMoG wird nun auch im HGB das bilanzorientierte temporary-Konzept angewendet, wodurch auch nach HGB stille Reserven und Lasten aus der Kaufpreisallokation gemäß § 306 HGB latente Steuern auslösen. Diese dürfen, wie auch nach IFRS 3, nicht auf einen Geschäfts- oder Firmenwert (Goodwill) gebildet werden.

Goodwill-Bilanzierung nach HGB

Der impairment-only approach hat sich in Deutschland bisher nicht durchsetzen können. Mittlerweile wird der Goodwill nach HGB wie ein zeitlich begrenzt nutzbarer Vermögensgegenstand behandelt. Damit fallen die vor dem BilMoG bestehenden speziellen Regelungen zur Folgebewertung weg. Vielmehr sind nun planmäßige und außerplanmäßige Abschreibungen, wie bei anderen Vermögensgegenständen, vorzunehmen. Eine vom Erwerbsobjekt abweichende Allokation des Goodwill auf eine ZGE ist im HGB nicht vorgesehen.

Negativer Unterschiedsbetrag

Für den negativen Unterschiedsbetrag sieht das HGB eine von den IFRS abweichende Behandlung vor. Er ist als „Unterschiedsbetrag aus der Kapitalkonsolidierung“ auf der Passivseite auszuweisen und darf nur insoweit GuV-wirksam aufgelöst werden, als Negativentwicklungen oder Aufwendungen, die zum Erwerbszeitpunkt oder bei Erstkonsolidierung prognostiziert worden waren, tatsächlich eintreten oder am Abschlussstichtag feststeht, dass der negative Unterschiedsbetrag einem realisierten Gewinn entspricht (§ 309 Abs. 2 HGB).

8 Wesentliche Unterschiede zu US-GAAP

Weitgehende Konvergenz der Systeme

Schon mit der Vorgängerversion von IFRS 3 (2008) hatte sich das IASB explizit an die entsprechenden US-GAAP-Regeln in SFAS 141 / ASC 805 und SFAS 142 / ASC 350 angelehnt. So wurde damals z.B. ebenfalls nach US-GAAP die pooling-of-interests method zu Gunsten der alleinigen Zulässigkeit der Erwerbsmethode abgeschafft. Auch die planmäßige Abschreibung des Goodwills wurde durch den impairment-only approach ersetzt. Die nun anzuwendenden Regeln sind Ergebnis des Projekts „Business Combinations – Phase II“, das gemeinsam von IASB und FASB durchgeführt wurde. Dennoch gibt es zwischen IFRS und US-GAAP nach wie vor einige Unterschiede bei der Behandlung von Unternehmenszusammenschlüssen. Eine Übersicht hierzu liefert der Anhang E von IFRS 3. Im Folgenden werden die wesentlichen Unterschiede vorgestellt:

Anwendungsbereich

SFAS 141 „Business Combinations“ (2007) / ASC 805 gilt für alle Arten von Unternehmenszusammenschlüssen mit einer Ausnahme: Zusammenschlüsse, bei denen mindestens eine der beteiligten Parteien eine gemeinnützige Organisation ohne Gewinnerzielungsabsicht (not-for-profit organization) ist, fallen nicht in seinen Anwendungsbereich (SFAS 141.2(d) / ASC 805-10-15-3 f.).

Operating Leasing

Im Rahmen von Operating Leasing-Verhältnissen ist nach SFAS 141 (2007) / ASC 805 stets ein immaterieller Vermögenswert oder eine Schuld anzusetzen, der die Vor- bzw. Nachteiligkeit des Leasingverhältnisses abbildet. Nach IFRS 3.B29 und IFRS 3.B42 gilt dies nur für den Fall, dass der Erwerber der Leasingnehmer ist (vgl. Abschnitt 3.3.3.4). Dieser Umstand kann z.B. bei der bilanziellen Abbildung von sale-and-leaseback-Transaktionen innerhalb eines Konzerns zu deutlichen Unterschieden führen.

Konsolidierungsmethode

Während IFRS 3 wie beschrieben ein Wahlrecht zwischen Neubewertungsmethode und full goodwill method gewährt, ist nach US-GAAP lediglich die full goodwill method zulässig (SFAS 141.20 / ASC 805-20-30-1). Damit sind die beiden Standards in diesem zentralen Punkt unterschiedlich. Wie bereits in Abschnitt 3.3.3.5 erläutert, resultieren hieraus unter Umständen Vergleichbarkeitsprobleme.

Eventualschulden und -forderungen

Auf die nach IFRS 3 geforderte asymmetrische Behandlung von Eventualschulden und -forderungen (contingent assets und contingent liabilities) verzichten die US-GAAP. Gemäß SFAS 141.23-25 / ASC 805-20-25-18A sind auch contingent assets im Rahmen der Kaufpreisallokation zum beizulegenden Zeitwert anzusetzen, wenn sie aus Verträgen entstanden sind oder wenn ihr tatsächliches Eintreten wahrscheinlich ist. Sowohl Eventualschulden als auch -forderungen sind in den Folgeperioden weiterhin zum beizulegenden Zeitwert zu bilanzieren, während die Regelungen in IFRS 3.56 auch eine Fortschreibung des ursprünglichen Wertes vorsehen (vgl. Abschnitt 3.3.3.4).

Bedingte Gegenleistung

IFRS 3.58(b) sieht für die Folgebewertung einer Schuld aus einer bedingten Gegenleistung je nach Art der Verbindlichkeit entweder eine GuV-wirksame Bewertung zum beizulegenden Zeitwert oder eine Bewertung anhand eines anderen einschlägigen Standards vor. SFAS 141.65 / ASC 805-30-35-1 definiert eine solche Verbindlichkeit direkt als eine zum beizulegenden Zeitwert zu bewertende Schuld.

Weitere Unterschiede

Neben den zuvor genannten Unterschieden gibt es noch einige andere Abweichungen im Detail. Oft betreffen diese jedoch lediglich den Umfang der Anhangangaben oder resultieren daraus, dass IFRS 3 und SFAS 141 (2007) / ASC 805 auf andere IFRS bzw. US-GAAP verweisen, die (noch) voneinander abweichen.

Zweistufiger Niederstwerttest des Goodwills

Ein gewichtiger Unterschied zwischen IFRS und US-GAAP besteht in der Vorgehensweise beim Niederstwerttest des Goodwills. Das IASB hatte in ED 3 „Business Combinations" ursprünglich eine SFAS 142 / ASC 350 entsprechende, zweistufige Regelung gewählt, diese jedoch wieder verworfen. Der impairment test nach SFAS 142 / ASC 350 wird entsprechend dem in Abbildung 23.7 gezeigten Schema durchgeführt.

Während die erste Stufe im Wesentlichen IAS 36 entspricht, aber nach SFAS 142 / ASC 350 lediglich als Auslösemechanismus fungiert, wird die eigentliche Quantifizierung des GuV-wirksam zu erfassenden impairment loss erst auf der zweiten Stufe vorgenommen. Sie erfolgt dann nach der konzeptionell überzeugenden, aber aufwändigen Fiktion des Neuerwerbs der zu prüfenden Einheit (reporting unit) zum Testzeitpunkt: Der beizulegende Zeitwert der Einheit wird mit ihrem neubewerteten Eigenkapital verglichen, wie es im Rahmen einer Erstkonsolidierung zum Testzeitpunkt zu ermitteln wäre (Neuerwerbsfiktion). Demgegenüber erfolgt nach IAS 36 ein Vergleich des erzielbaren Betrags der Einheit lediglich mit ihrem Buchwert, um den außerplanmäßig abzuschreibenden Betrag festzustellen[39]. Seit der Erstkonsolidierung aufgelaufene stille Reserven oder selbst erstellte immaterielle Vermögenswerte würden folglich nach US-GAAP den Abwertungsbedarf eines erworbenen Goodwills tendenziell erhöhen, während sie nach IFRS als Goodwillbestandteile unberücksichtigt bleiben[40].

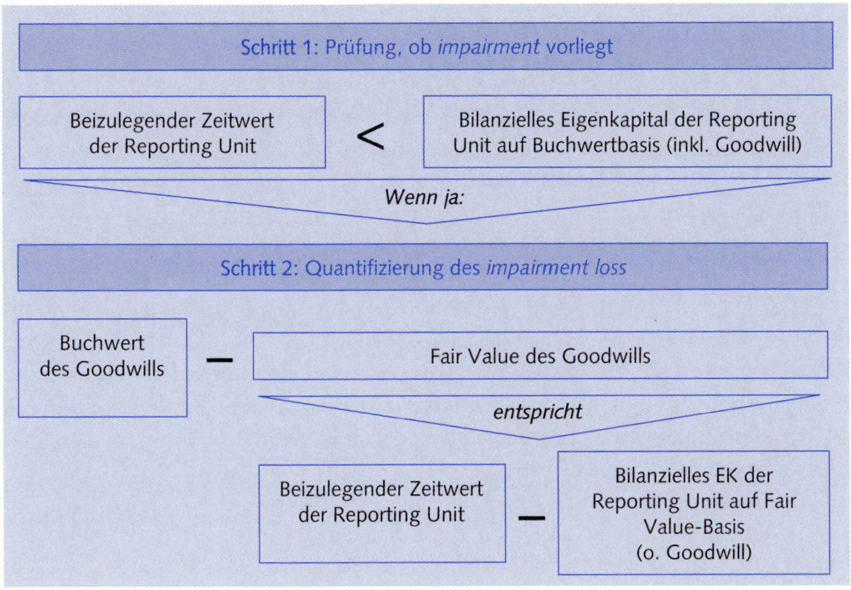

Abb. 23.7: Goodwill-Niederstwerttest nach SFAS 142 / ASC 350. Quelle: *Pellens, B./ Sellhorn, T.*, Goodwill-Bilanzierung nach SFAS 141 und 142 für deutsche Unternehmen, in: DB, 54. Jg. (2001), S. 1683.

Unterschiedliche Definition der zu testenden Einheit

Die Konzeptionen der Untereinheiten, auf deren Ebene der Goodwill auf Wertminderung zu testen ist, weichen ebenfalls voneinander ab. Daher kann es in der Praxis vorkommen, dass eine ZGE nach IAS 36 eine kleinere Einheit darstellt als eine reporting unit nach SFAS 142 / ASC 350. Je höher jedoch die Untereinheiten, auf die der Goodwill zum Zweck des Niederstwerttests aufgeteilt wird, aggregiert sind, desto geringer ist die Wahrscheinlichkeit, dass ein Wertberichti-

39 Wie in Abschnitt 3.3.4.2 ausführlich diskutiert, wird nach IAS 36 zudem bezüglich des erzielbaren Betrags und des Buchwerts der ZGE i.d.R. von einer Bruttovorgehensweise ausgegangen, während SFAS 142 / ASC 350 auf Nettogrößen, also auf Eigenkapitalwerte abstellt.

40 Die Frage, wie mit einer Reporting Unit umzugehen ist, deren Buchwert inklusive Goodwill Null oder negativ ist, regelt ASU No. 2010-28 dahingehend, dass in diesen Fällen auch bei positivem beizulegendem Zeitwert der zweite Testschritt durchgeführt werden muss, wenn ein Goodwill-Impairment wahrscheinlich ist.

gungsbedarf (impairment) festgestellt wird[41]. Der Niederstwerttest nach SFAS 142 / ASC 350 wird daher möglicherweise seltener zu Wertberichtigungen führen als der nach IAS 36. Ein weiterer konzeptioneller Unterschied besteht darin, dass die reporting unit als Teilbereich mit i.d.R. zuordenbarer Bilanz verstanden wird, während die ZGE eine Gruppe von Vermögenswerten ist, in welche Schulden nur in Ausnahmefällen oder aus praktischen Gründen einbezogen werden.

Relevante Wertmaßstäbe

Die unterschiedlichen beim Niederstwerttest anzuwendenden Wertkonstrukte wurden ebenfalls bereits in Kapitel 10 kurz erwähnt. Während IAS 36 auf den erzielbaren Betrag abstellt, der i.d.R. als unternehmensspezifischer Nutzungswert vor Steuern ermittelt wird, sind nach SFAS 142 / ASC 350 ebenso wie nach SFAS 144 / ASC 360 bei der Ermittlung des beizulegenden Zeitwerts (fair value) möglichst die Annahmen von Marktteilnehmern und damit etwa keine Synergien zu berücksichtigen. Die konzeptionelle Basis hierzu findet sich in SFAC 7.

Verbuchung einer außerplanmäßigen Goodwill-Abschreibung

Auch bei Buchung und Ausweis einer außerplanmäßigen Goodwill-Abschreibung unterscheiden sich IAS 36 und SFAS 142 / ASC 350. Nach SFAS 142.20 / ASC 350-20-35-9 ff. kann ein Goodwill-Niederstwerttest eine Wertberichtigung maximal in Höhe des Goodwill-Buchwerts ergeben. Nach IAS 36 wird hingegen ein darüber hinausgehender Wertberichtigungsbedarf auf die sonstigen Vermögenswerte der ZGE verteilt. Der Ausweis der Goodwill-Abschreibung erfolgt nach SFAS 142.43 / ASC 350-20-45-1 f. separat in der Gesamtergebnisrechnung vor der Zwischensumme income from continuing operations. Nach IAS 36.126 müssen die Unternehmen indes lediglich angeben, in welchen Zeilen sich Goodwill-Wertberichtigungen verbergen.

41 Zu einem Zahlenbeispiel, welches diesen Effekt verdeutlicht, vgl. *Pellens, B./Sellhorn, T.*, Goodwill-Bilanzierung nach SFAS 141 und 142 für deutsche Unternehmen, in: DB, 54. Jg. (2001), S. 1685-1686.

Ausgewählte Literatur

Beyhs, O./Wagner, B., Die neuen Vorschriften des IASB zur Abbildung von Unternehmenszusammenschlüssen, in: DB, 60. Jg. (2008), S. 73-83.

Hendler, M., Abbildung des Erwerbs und der Veräußerung von Anteilen an Tochterunternehmen nach der Interessentheorie und der Einheitstheorie – Eine Analyse vor dem Hintergrund des Rechnungslegungsziels des IASB, Lohmar u.a. 2002.

Hinz, M., Der Konzernabschluss als Instrument zur Informationsvermittlung und Ausschüttungsbemessung, Wiesbaden 2002.

Krawitz, N./Leukel, S., Die Abbildung von Unternehmensfusionen in der Rechnungslegung – Rechtliche Möglichkeiten und Analyse ausgewählter Fälle mit deutscher Beteiligung, in: KoR, 1. Jg. (2001), S. 91-106.

Leinen, M., Die Kapitalkonsolidierung im mehrstufigen Konzern – Konzeptionelle Grundlagen und praxisnahe Konsolidierungsbeispiele, Herne u.a. 2002.

Pellens, B./Sellhorn, T./Amshoff, H., Reform der Konzernbilanzierung – Neufassung von IFRS 3 „Business Combinations", in: DB, 58. Jg. (2005), S. 1749-1755.

Richter, M., Die Bewertung des Goodwill nach SFAS No. 141 und SFAS No. 142 – Eine kritische Würdigung des impairment only-Ansatzes, IDW-Verlag, Düsseldorf 2004.

Sellhorn, T., Goodwill Impairment – An Empirical Investigation of Write-Offs under SFAS 142, Frankfurt a. M. u.a. 2004.

Wirth, J., Firmenwertbilanzierung nach IFRS, Stuttgart 2005.

Übungsaufgaben

Aufgabe 1:

Erläutern Sie den Unterschied zwischen einem asset deal und einem share deal. In welchen Fällen kommen asset deals vor allem zur Anwendung?

Aufgabe 2:

Beim Durchblättern des Konzernabschlusses der X AG stoßen Sie auf die Bezeichnung „Nicht beherrschende Anteile". Erklären Sie, wie es zu dieser Position kommen kann, wo sie in der Bilanz ausgewiesen wird und wie sie ökonomisch zu interpretieren ist. Gehen Sie dabei auf die Einheits- und die Interessentheorie ein.

Aufgabe 3:
Die nach IFRS bilanzierende Sun AG hat zum 31.12.2010 eine 80%ige Beteiligung an der Shine AG zu einem Kaufpreis von 200 Mio. € erworben. Der bei der Shine AG im Jahr 2010 entstandene Jahresüberschuss wurde von der Sun AG anteilig mit erworben und wird im Folgejahr thesauriert. Der Marktwert der technischen Anlagen der Shine AG beträgt 240 Mio. € (Buchwert: 200 Mio. €) bei einer Restnutzungsdauer von 4 Jahren. Führen Sie die Erstkonsolidierung zum 31.12.2010 nach der in IFRS 3 zulässigen Neubewertungsmethode durch. Die Bilanz der Shine AG ist bereits an die konzerneinheitlichen Bilanzierungs- und Bewertungsmethoden angepasst. Der Ertragsteuersatz beträgt 40 %.

Bilanzen zum 31.12.2010

	Sun AG		**Shine AG**		**Neubewertung**		**Summenbilanz**		**Konsolidierung**		**Konzernbilanz**	
	A	P	A	P	A	P	A	P	S	H	A	P
Goodwill	50		—									
SAV	800		291									
FAV	200		—									
Umlaufvermögen	550		100									
Aktive lat. Steuern	—		30									
Gez. Kap.		300		20								
Rücklagen		400		86								
Gewinn oder Verlust		100		15								
Nicht beherrschende Anteile		—		—								
Verbindlichkeiten		770		280								
Passive lat. Steuern		30		20								
Summe	1.600	1.600	421	421								

Aufgabe 4:
Führen Sie nun die Folgekonsolidierung zum 31.12.2011 durch. Berücksichtigen Sie, dass die Sun AG der Shine AG 2011 ein Gebäude mit einem Buchwert von 10 Mio. € zu einem Verkaufspreis von 15 Mio. € veräußerte.

Bilanzen zum 31.12.2011

	Sun AG		Shine AG		Neu-bewertung		Summen-bilanz		Konsolidie-rung		Konzern-bilanz	
	A	P	A	P	A	P	A	P	S	H	A	P
Goodwill	40		—									
SAV	960		321									
FAV	200		—									
Umlauf-vermögen	600		150									
Aktive lat. Steuern	—		20									
Gez. Kap.		300		20								
Rücklagen		450		101								
Gewinn oder Verlust		50		20								
Minderh.		—		—								
Verbind-lichkeiten		980		310								
Passive lat. Steuern		20		40								
Summe	1.800	1.800	491	491								

Aufgabe 5:

Nehmen Sie an, der Unternehmenszusammenschluss aus Aufgabe 4 sei nach der in IFRS 3 alternativ zulässigen full goodwill method abzubilden. Ermitteln Sie den full goodwill aus der Akquisition der Shine AG durch die Sun AG. Treffen und diskutieren Sie die dafür erforderlichen Annahmen. Ordnen Sie den full goodwill den nicht beherrschenden Anteilseignern und den Mehrheitsgesellschaftern der Sun AG zu.

Aufgabe 6:

Nehmen Sie an, die Sun AG führe die Ende 2010 erworbene Shine AG als zahlungsmittelgenerierende Einheit (ZGE) gemäß IAS 36. Ein Jahr später ist diese ZGE inklusive dem ihr zugeordneten Goodwill einem Werthaltigkeitstest zu unterziehen. Der beizulegende Zeitwert der ZGE insgesamt ergibt sich aus einem Kaufpreisangebot der Moon Corp., die für die gesamten Vermögenswerte der ZGE 510 Mio. € zahlen würde. Noch anstehende Verkaufskosten werden mit 5 Mio. € beziffert. Der Nutzungswert der ZGE, ermittelt als Wert des Gesamtkapitals (Bruttobetrachtung), beträgt 520 Mio. €. Führen sie für die ZGE einen Werthaltigkeitstest zum 31.12.2011 unter der Annahme durch, dass der Goodwill der ZGE nach der Erwerbsmethode gemäß IFRS 3 ermittelt wurde.

Kapitel 24
Joint Ventures und assoziierte Unternehmen

Die Anhangangaben zum Konsolidierungskreis im Geschäftsbericht 2009 der Bayer AG zeigen, dass zwischen dem Anteilsbesitz an Tochterunternehmen, Gemeinschaftsunternehmen und assoziierten Unternehmen differenziert wird. Im Einzelnen findet sich innerhalb der Anhangangaben neben der konkreten Anteilsquote der Bayer AG an den Beteiligungsgesellschaften die Angabe der Methode, mittels der die jeweiligen Unternehmensanteile im Konzernabschluss der Bayer AG abgebildet werden. Hierbei zeigt sich, dass die Bayer AG an allen vollkonsolidierten Tochterunternehmen – abgesehen von Zweckgesellschaften (vgl. Kapitel 6) – einen für Mutter-Tochter-Verhältnisse konstitutiven Kapitalanteil von mehr als 50 % besitzt. Im Unterschied hierzu liegt die gesellschaftsrechtliche Beteiligungsquote der Bayer AG an den anteilsmäßig im Konzernabschluss konsolidierten Gemeinschaftsunternehmen regelmäßig bei 50 %. Entsprechende Kapitalanteilsquoten finden sich darüber hinaus bei der niederländischen Lyondell Bayer Manufacturing Maasvlakte VOF sowie der japanischen DIC Bayer Polymer Ltd[1]. Allerdings werden diese beiden Unternehmen ungeachtet der im Vergleich zu den Gemeinschaftsunternehmen identischen Anteilsquoten nicht als solche, sondern als assoziierte Unternehmen kategorisiert, die im Wege der Equity-Methode in den Bayer-Konzernabschluss einbezogen werden. Augenscheinlich können also identische Anteilsquoten mit unterschiedlichen Formen von Unternehmensverbindungen und Bilanzierungsmethoden einhergehen.

Lernziele

Worin besteht also der Unterschied zwischen sogenannten Gemeinschaftsunternehmen und assoziierten Unternehmen, und welche Konsequenzen ergeben sich ausgehend von dieser Differenzierung in Bezug auf die bilanzielle Abbildung der entsprechenden Beteiligungen nach IFRS? Um diese Fragen beantworten zu können, sollen Sie mit Hilfe dieses Kapitels lernen,

- was ein Joint Venture ist und wie es in einem IFRS-Abschluss zu berücksichtigen ist und
- was ein assoziiertes Unternehmen ist und wie es in einen IFRS-Abschluss einzubeziehen ist.
- In diesem Zusammenhang sollen Sie zudem die Technik der Quotenkonsolidierung sowie die Equity-Methode kennen lernen.

1 Einleitung

Stufenkonzept

Unternehmensverbindungen können unterschiedliche Intensitäten besitzen. Diese Verbindungsintensität determiniert die anzuwendende IFRS-Bilanzierungsregel. Hierfür geht das IASB von der Idee eines „Stufenkonzeptes“ aus, das anschaulich in Abbildung 6.3 in Kapitel 6 dargestellt wird.

Tochterunternehmen

Bei Unternehmenszusammenschlüssen werden Unternehmen – sofern sie rechtlich bestehen bleiben (share deal; vgl. Kapitel 23) – regelmäßig mehrheit-

1 Geschäftsbericht 2009 der Bayer AG, S. 177.

lich übernommen und büßen als Tochterunternehmen ihre wirtschaftliche Selbständigkeit weitgehend ein. Das über die *Beherrschungsmöglichkeit* (control) nach IAS 27 begründete Mutter-Tochter-Verhältnis stellt damit die engste Form einer Unternehmensverbindung im IFRS-System dar. Bilanzierungstechnisch konkretisiert sich dieses in der Vollkonsolidierung des Tochterunternehmens im Konzernabschluss des Mutterunternehmens (vgl. Kapitel 6 und 23).

jointly controlled entity

Weniger intensiv ist eine Unternehmensverbindung, wenn sich eine Gesellschaft an einem Gemeinschaftsunternehmen bzw. einem gemeinschaftlich geführten Unternehmen (jointly controlled entity) als spezieller Form eines Joint Venture beteiligt. Konstituierendes Merkmal dieser Kooperationsform ist die *gemeinschaftliche Führung* (joint control) des Gemeinschaftsunternehmens durch zwei oder mehrere ökonomisch selbständige Partnerunternehmen. Da der Tatbestand der gemeinschaftlichen Führung – beispielsweise im Sinne der gemeinschaftlichen Verfügungsgewalt über die Ressourcen des Gemeinschaftsunternehmens – die alleinige Beherrschungsmöglichkeit durch eines der Partnerunternehmen ausschließt, erreicht diese Verbindung nicht die Intensität einer Mutter-Tochter-Beziehung. Eine Vollkonsolidierung von Gemeinschaftsunternehmen scheidet damit aus. Stattdessen ist, von einigen Ausnahmen abgesehen, im Konzernabschluss eine für alle Gemeinschaftsunternehmen einheitliche Ausübung des Wahlrechts zur Anwendung der Quotenkonsolidierung (Abschnitt 2.4) oder der Equity-Methode (Abschnitt 3.3) vorgeschrieben.

Assoziierte Unternehmen

Unternehmen der dritten Intensitätsstufe sind die sog. assoziierten Unternehmen. Diese Unternehmen unterliegen einem *maßgeblichen Einfluss* (significant influence) durch das beteiligte Unternehmen. Der maßgebliche Einfluss ist schwächer als der Einfluss durch Beherrschungsmöglichkeit oder gemeinschaftliche Führung. Er ist aber dennoch von Bedeutung, da der Investor z.B. aufgrund einer Sperrminorität einen erheblichen Einfluss auf die Geschäftspolitik des assoziierten Unternehmens ausüben kann. Assoziierte Unternehmen werden, von einigen Ausnahmen abgesehen, im Konzernabschluss nach der Equity-Methode bilanziert.

Beteiligungen

Die geringste Verbindungsintensität weisen schließlich die „einfachen" Beteiligungen auf. In diesem Fall bestehen i.d.R. keine oder nur geringe Einflussmöglichkeiten. Die Beteiligung wird als Finanzinstrument nach IAS 39 bzw. spätestens für Geschäftsjahre, die am oder nach dem 01.01.2013 beginnen, nach IFRS 9 – sofern der Standard in europäisches Recht übernommen wird – bewertet (vgl. Kapitel 19).

Relevante Normen

Im Folgenden wird dargestellt, wie Beteiligungen an Joint Ventures und assoziierten Unternehmen bilanziell behandelt werden. Die hierfür relevanten IFRS-Vorschriften bilden IAS 31 „Anteile an Joint Ventures" (Interests in Joint Ventures) und IAS 28 „Anteile an assoziierten Unternehmen" (Investments in Associates). Darüber hinaus wird ein im Rahmen eines Exkurses ein Überblick über die geplanten Änderungen des IAS 31 gegeben, die sich ausgehend vom bereits am 13.09.2007 veröffentlichten Standardentwurf ED 9 „Joint Arrangements" (Gemeinschaftliche Vereinbarungen) und dem aktuell seitens des IASB kommunizierten Projektstand höchstwahrscheinlich ergeben werden.

2 Bilanzierung von Joint Ventures

2.1 Anwendungsbereich von IAS 31

Anwendungsbereich und Ausnahmen

IAS 31 regelt die Bilanzierung von Joint Ventures. Der Standard ist nicht anzuwenden auf Joint Ventures in Form von Gemeinschaftsunternehmen (jointly controlled entities), wenn eines der Partnerunternehmen (venturer)

- eine Wagniskapital-Organisation (venture capital organisation) oder
- ein aktiv gemanagter Investmentfond (mutual fund), ein passiv gemanagter Investmentfond (unit trust) oder ein ähnliches Unternehmen, einschließlich fondsgebundener Versicherungen (investment-linked insurance fund), ist (IAS 31.1) und
- die betreffende Beteiligung nach IAS 39 bzw. IFRS 9 (vgl. Kapitel 19) GuV-wirksam zum beizulegenden Zeitwert bilanziert wird.

Gründe für Befreiung

Die Befreiung von der Anwendung des IAS 31 zu Gunsten der Vorschriften des IAS 39 bzw. IFRS 9 wurde diesen Unternehmen zugestanden, da eine Quotenkonsolidierung bzw. Equity-Bilanzierung bei ihnen zu Informationen führen würde, die für die Anteilseigner nicht relevant sind. Hier ist eine GuV-wirksame Bilanzierung der Beteiligung zum beizulegenden Zeitwert, der in dieser Branche als regelmäßig verfügbar angenommen wird, für das Management und die Anteilseigner von größerem Interesse (IAS 31.BC 4-9). Die genaue Definition einer Wagniskapital-Organisation wurde im Kontext der Ausnahmeregel bewusst offen gelassen, um es solchen Unternehmen nicht zu erschweren, ihre Investitionen zum beizulegenden Zeitwert bewerten zu können (IAS 31.BC 12). Ebenso lässt der Standard eine genaue Definition eines mutual fund, unit trust oder eines investment-linked insurance fund offen.

Ausnahmen von den Bilanzierungsvorschriften

Darüber hinaus ist ein an einem Gemeinschaftsunternehmen beteiligtes Partnerunternehmen gemäß IAS 31.2 von der Anwendung der in IAS 31 festgelegten Bilanzierungsmethoden (Quotenkonsolidierung oder Equity-Methode) befreit, wenn einer der folgenden Sachverhalte gegeben ist:

- Die am Gemeinschaftsunternehmen gehaltenen Anteile sind gemäß IFRS 5 zum Verkauf bestimmt (held for sale) und werden entsprechend bilanziert (vgl. dazu Kapitel 27).
- Es greift ein Sachverhalt, der unter die Ausnahmeregel des IAS 27.10 fällt. Diese betrifft Mutterunternehmen, die von der Pflicht zur Aufstellung eines Konzernabschlusses befreit sind, jedoch Anteile an einem Gemeinschaftsunternehmen besitzen.
- Es liegt ein Sachverhalt vor, der die folgenden Voraussetzungen kumulativ erfüllt:
  - Das Partnerunternehmen ist selbst ein Tochterunternehmen und dessen Anteilseigner sind über die Nichtanwendung der Quotenkonsolidierung bzw. der Equity-Methode informiert und erheben keine Einwände dagegen;

- die Schuld- und Eigenkapitalinstrumente des Partnerunternehmens werden nicht am Kapitalmarkt gehandelt bzw. die Abschlüsse des Unternehmens werden nicht für eine geplante Registrierung zum Handel benötigt; und
- ein übergeordnetes Mutterunternehmen des Anteilseigners stellt einen IFRS-Konzernabschluss auf, der veröffentlicht wird.

2.2 Definition und Formen von Joint Ventures

Definition

Nach IAS 31.3 ist ein Joint Venture eine vertragliche Vereinbarung, bei der zwei oder mehr Parteien (Partnerunternehmen) eine wirtschaftliche Aktivität unter gemeinschaftlicher Führung (joint control) durchführen.

Vertragliche Vereinbarung

Dem Kriterium der vertraglichen Vereinbarung kommt dabei eine hohe Bedeutung zu. Existiert diese nicht, liegt nach IAS 31.9 kein Joint Venture vor. Problematisch ist daher die Auslegung der Vertragsdetails, da die Grenzen zwischen Beherrschungsmöglichkeit (control), gemeinschaftlicher Führung (joint control), maßgeblichem Einfluss (significant influence) und fehlendem maßgeblichem Einfluss oft fließend sind. Um die Bedingung eines Joint Venture zu erfüllen, sollten diese Vereinbarungen insbesondere festlegen, dass keine Vertragspartei bei wichtigen Entscheidungen allein die Führung des Unternehmens übernehmen kann. Nach IAS 31.10 sollten qualifizierende vertragliche Vereinbarungen i.d.R. in schriftlicher Form (Vertrag, Gesprächsprotokolle, Satzung o.ä. gesellschaftsrechtliches Dokument) niedergelegt sein, die

- die Tätigkeit, Dauer und Berichterstattungspflichten der Vertragsparteien beschreiben,
- die Ernennung eines Geschäftsführungs- und/oder Aufsichtsorgans oder gleichwertiger Leitungsgremien sowie die Verteilung der Stimmrechte umfassen,
- die Kapitaleinlagen der Partnerunternehmen bestimmen und
- die Beteiligung der Partnerunternehmen an Produktion, Erträgen, Aufwendungen oder Ergebnissen des Joint Venture festlegen.

Gemeinschaftliche Führung

Neben dem Vorliegen einer vertraglichen Vereinbarung fungiert das Kriterium der gemeinschaftlichen Führung (joint control) als entscheidendes Abgrenzungsmerkmal zwischen Gemeinschafts- und Tochterunternehmen. Unter gemeinschaftlicher Führung ist dabei zu verstehen, dass die verschiedenen Partnerunternehmen die Kontrolle über die der Vereinbarung zugrunde liegende wirtschaftliche Aktivität nur gemeinsam ausüben können. IAS 31.3 konkretisiert das Vorliegen gemeinsamer Kontrolle dahingehend, dass die im Rahmen der wirtschaftlichen Geschäftstätigkeit zu treffenden strategischen, finanziellen und operativen Entscheidungen ein einstimmiges Einvernehmen der Partnerunternehmen erfordern. Gleich hohe Beteiligungsquoten der einzelnen Partnerunternehmen werden dabei nicht vorausgesetzt. Entscheidend ist einerseits, dass die Beherrschungsmöglichkeit des Joint Venture durch ein einzelnes Unternehmen (wodurch eine Mutter-Tochter-Beziehung begründet würde) grundsätzlich ausscheidet (IAS 31.11). Andererseits sind insbesondere solche Entscheidungen gemeinsam zu treffen, die für die Ziele des Gemeinschaftsunternehmens von entscheidender Bedeutung sind.

Wirtschaftliche Aktivität

Neben den Tatbeständen der vertraglichen Vereinbarung und der gemeinschaftlichen Führung ist des Weiteren das in IAS 31.3 genannte Kriterium der wirtschaftlichen Aktivität von Bedeutung. Die geforderte wirtschaftliche Aktivität kann nach IAS 31.7 durch drei mögliche, weit gefasste Ausprägungsformen von Joint Ventures entfaltet werden (vgl. Abbildung 24.1).

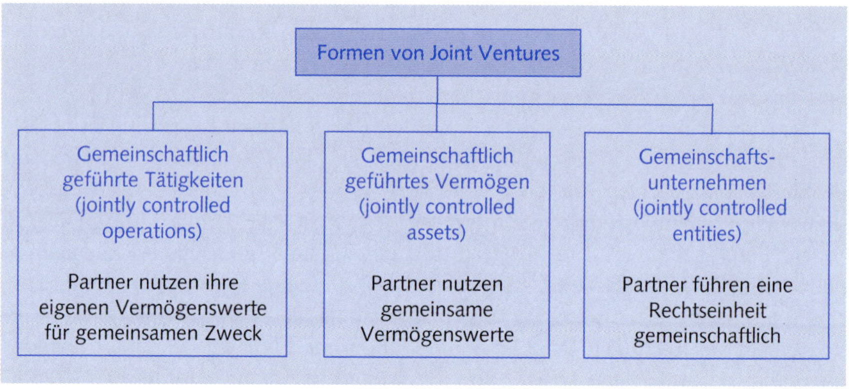

Abb. 24.1: Formen von Joint Ventures

Gemeinschaftlich geführte Tätigkeiten

Gemeinschaftlich geführte Tätigkeiten zeichnen sich nach IAS 31.13 dadurch aus, dass die Vertragspartner ihre eigenen Vermögenswerte und andere Ressourcen in den Dienst des Joint Venture stellen, ohne dass hierbei gemeinschaftliches Vermögen existiert oder ein gemeinschaftlich geführtes Unternehmen gegründet wird. Die einzelnen Vertragsparteien sind weiterhin rechtlich voneinander unabhängig. Jedes Partnerunternehmen nutzt sein eigenes Vermögen, geht eigene Verbindlichkeiten ein, finanziert sich selbständig, leistet eigene Auszahlungen und setzt sein eigenes Personal u.U. auch parallel für die Arbeiten des Joint Venture und für das eigene Unternehmen ein. Lediglich die Erträge – und ggf. gemeinschaftlich angefallene Aufwendungen – aus dem Joint Venture werden nach einem vorab vereinbarten Verfahren zwischen den Parteien aufgeteilt.

Beispiel 24.1

Die Unternehmen Aerobus (A), Blindflight (B) und Conkort (C) vereinbaren, gemeinsam Flugzeuge herzustellen. A ist spezialisiert auf die Herstellung von Triebwerken und produziert diese in seiner Heimatfabrik. B ist verantwortlich für die Produktion von Rumpf, Tragflügeln und Fahrwerk. Anschließend werden die einzelnen Baugruppen in die Lagerhallen von C transportiert, das die Endmontage durchführt und die Flugzeuge anschließend verkauft. B erhält für seine Arbeit 50 % des Gewinns, während für A und C jeweils 25 % vereinbart sind. In diesem Fall ist die Herstellung von Flugzeugen eine gemeinschaftlich geführte Tätigkeit. Es liegt kein Gemeinschaftsunternehmen vor.

Das gemeinschaftlich geführte Vermögen grenzt sich von den gemeinschaftlich geführten Tätigkeiten dadurch ab, dass die Vertragspartner die gemeinschaftliche Führung und oft auch das gemeinschaftliche Eigentum an Vermögenswerten besitzen, die ausschließlich gemeinschaftlichen Projekten gewidmet sind (IAS 31.18). Jede Vertragspartei besitzt das Verfügungsrecht über seinen Anteil an den Vermögenswerten, erhält einen Anteil an den erbrachten Leistungen und trägt den vereinbarten Teil der Aufwendungen.

Gemeinschaftlich geführtes Vermögen

Beispiel 24.2

Das Ölförderunternehmen Scottish Petroleum (SP) möchte Öl aus dem Londoner Stadtteil Chelsea nach Kensington transportieren. Um die Finanzierung der Pipeline sicherzustellen, kooperiert es mit der Island Oil (IO). Beide erwerben die erforderlichen Materialien, bauen die Pipeline und verwenden sie zum Transport ihrer Ölreserven. In diesem Fall stellt die Pipeline gemeinschaftlich geführtes Vermögen dar.

Die engste Form der Zusammenarbeit bei Joint Ventures bildet schließlich das gemeinschaftlich geführte Unternehmen (Gemeinschaftsunternehmen). Nach IAS 31.24 ist es definiert als ein Joint Venture, das die Gründung einer Kapitalgesellschaft, Partnerschaft oder einer anderen rechtlichen Einheit umfasst, an der jedes Partnerunternehmen beteiligt ist. Dieses Rechtskonstrukt agiert ebenso wie jedes andere Unternehmen auch. Es kann in seinem eigenen Namen Verträge abschließen und für eigene Zwecke die Finanzierung sicherstellen. Darüber hinaus beherrscht das gemeinschaftlich geführte Unternehmen die Vermögenswerte des Gemeinschaftsunternehmens, trägt eigenständig Aufwendungen und erwirtschaftet Erträge. Hierbei hat jedes Partnerunternehmen ein Anrecht auf einen Anteil am Gewinn der gemeinschaftlich geführten Einheit (IAS 31.25). Das gemeinschaftlich geführte Unternehmen führt selbständig Bücher und erstellt Abschlüsse (IAS 31.28). Vor dem Hintergrund des deutschen Gesellschaftsrechts ist unzweifelhaft, dass Kapitalgesellschaften gemeinschaftlich geführte Unternehmen darstellen können. Schwieriger wird die Beantwortung der Frage indes für Personengesellschaften und insb. für Gesellschaften bürgerlichen Rechts. Im Zweifelsfall ist der Gemeinschaftsunternehmensbegriff wohl recht weit auszulegen, so dass auch Personengesellschaften und BGB-Gesellschaften, wenn es sich um Außengesellschaften handelt, Gemeinschaftsunternehmen darstellen können[2].

Gemeinschaftlich geführte Unternehmen

Beispiel 24.3[3]

Die SP und die IO (Beispiel 24.2) wollen aus steuerlichen Gründen ein eigenes Unternehmen für den Öltransport bilden. Hierzu gründen sie zusammen mit der amerikanischen Hexaco Corp. ein Gemeinschaftsunternehmen, die Standard Oil, Inc. Auf der ersten Gesellschafterversammlung sollen die Anteile am Kapital verteilt werden. Da Hexaco den größten Teil der Kapitalaus-

2 Vgl. hierzu auch *Lüdenbach*, Haufe IFRS-Kommentar, § 34, Tz. 51.
3 Beispiel in Anlehnung an *Lüdenbach*, Haufe IFRS-Kommentar, § 34, Tz. 23.

stattung von Standard Oil beigesteuert hat, ist folgende Verteilung der Kapitalanteile beabsichtigt:

Gesellschafter	Kapital- und Stimmanteil in %
Hexaco	55 %
Scottish Petroleum	30 %
Island Oil	15 %

In den Verträgen wird zudem festgelegt, dass die Beschlüsse der Gesellschafterversammlung mit einer Mehrheit von mindestens 50 % des bei der Gesellschafterversammlung vertretenen Kapitals getroffen werden. Fraglich ist nun, ob die Standard Oil ein Gemeinschaftsunternehmen ist. Falls nicht, was könnten die drei Parteien in die Verträge mit aufnehmen, um die Voraussetzungen zu erfüllen?

Lösung
Im vorliegenden Fall besitzt Hexaco die Kapitalmehrheit an Standard Oil. Sie kann Beschlüsse des Unternehmens mit ihrer Kapitalmehrheit allein durchsetzen. Eine gemeinschaftliche Führung ist damit nicht gegeben. Ein Joint Venture liegt nicht vor, vielmehr steht Standard Oil in einer Mutter-Tochter-Beziehung zu Hexaco.

Nach IAS 31.11 ist eine gemeinschaftliche Führung und damit ein Gemeinschaftsunternehmen nur gegeben, wenn keiner der Partner das Joint Venture allein beherrschen kann. Im vorliegenden Fall müsste der oben genannte Passus daher dahingehend geändert werden, dass die bedeutenden Beschlüsse der Gesellschaft einstimmig zu treffen sind. Indiz, aber keine hinreichende Bedingung, für ein Gemeinschaftsunternehmen ist häufig die Gleichverteilung der Stimmrechte auf die einzelnen Partnerunternehmen.

2.3 Einbeziehung in den Abschluss des Partnerunternehmens

IAS 31 regelt die bilanzielle Behandlung von Joint Ventures in den IFRS-Abschlüssen der Partnerunternehmen in Abhängigkeit von der jeweiligen Organisationsform der gemeinsamen wirtschaftlichen Aktivität.

Gemeinschaftlich geführte Tätigkeit

Liegt eine gemeinschaftlich geführte Tätigkeit vor, ist die Bilanzierung vergleichsweise einfach. Ein rechtlich selbständiges Gemeinschaftsunternehmen o.ä. liegt nicht vor und die Partnerunternehmen bleiben rechtliche sowie wirtschaftliche Eigentümer sämtlicher Ressourcen, die im Joint Venture gebunden sind. Insofern ist für das Joint Venture i.d.R. weder eine eigenständige Buchhaltung noch ein separater Abschluss erforderlich (IAS 31.17). Jedes Partnerunternehmen hat stattdessen die in seiner Verfügungsmacht stehenden Vermögenswerte und Schulden zu bilanzieren (IAS 31.15). Dies gilt für den Einzel- und Konzernabschluss gleichermaßen (IAS 31.16). Entsprechende Erträge und Aufwendungen sind in der Gesamtergebnisrechnung abzubilden, wobei Erträge aus dem Joint Venture den Partnerunternehmen nur anteilig zufließen. Da jeder Vertragspartner einen Teil der Wertschöpfung erzielt, muss eine entsprechende Gewinnverteilung gewährleistet sein. Diese kann z.B. auf einer Betriebsabrechnung beruhen (IAS 31.17). Zwischen den Partnerunternehmen sind keinerlei Konsolidierungsmaßnahmen erforderlich.

Gemeinschaftlich geführtes Vermögen

Bei gemeinschaftlich geführtem Vermögen müssen Vermögenswerte und Schulden in den Abschlüssen der Partnerunternehmen anteilig berücksichtigt werden. Nach IAS 31.21 muss ein Partnerunternehmen in seinem Einzel- und Konzernabschluss folgende das Joint Venture betreffenden Posten ansetzen:

- Den Anteil an dem gemeinschaftlich geführten Vermögen, kategorisiert nach der Art der einzelnen Vermögenswerte,
- die unter eigenem Namen eingegangenen Schulden,
- den Anteil an gemeinschaftlich aufgenommenen Schulden in Bezug auf das Joint Venture,
- die anteiligen Erträge aus dem Verkauf oder der Nutzung des Anteils an den vom Joint Venture erbrachten Leistungen sowie die ihm anteilig zuzurechnenden Aufwendungen des Joint Venture und
- die dem Partnerunternehmen im Hinblick auf das Joint Venture entstandenen Aufwendungen.

Da auch in diesem Fall die Vermögenswerte anteilig in die Abschlüsse der Partnerunternehmen aufgenommen werden, wird auch hier für das Joint Venture kein eigenständiger Abschluss benötigt (IAS 31.23).

Gemeinschaftsunternehmen

Das rechtlich selbständige Gemeinschaftsunternehmen ist der zentrale Anwendungsfall von IAS 31. Die Beträge, die jedes Partnerunternehmen in die Einheit eingebracht hat, werden in den separaten IFRS-Einzelabschlüssen der Partnerunternehmen (sofern solche erstellt werden, was die IFRS nicht vorschreiben) als Anteile an dem gemeinschaftlich geführten Unternehmen bilanziert (IAS 31.29). Hier greifen die Vorschriften von IAS 27.37-40 (IAS 31.46), wonach diese entweder nach der Anschaffungskostenmethode (at cost), nach IFRS 5 oder gemäß IAS 39 bzw. IFRS 9 zum beizulegenden Zeitwert zu bilanzieren sind.

Quotenkonsolidierung oder Equity-Methode

Für den Konzernabschluss der Partnerunternehmen stellt sich die Frage, ob und wie eine Einbeziehung erfolgt. Im Grundsatz sieht IAS 31.30 für die bilanzielle Abbildung der an einem Gemeinschaftsunternehmen gehaltenen Anteile im Konzernabschluss des Partnerunternehmens ein Wahlrecht vor: Das Gemeinschaftsunternehmen ist demnach entweder per Quotenkonsolidierung oder über die Equity-Methode in den Abschluss des Partnerunternehmens einzubeziehen, wobei dieses Wahlrecht gemäß IAS 8.13 für alle Gemeinschaftsunternehmen einheitlich auszuüben und die angewendete Methode im Anhang anzugeben ist (IAS 31.57). Während die Quotenkonsolidierung in IAS 31 seitens des IASB noch ausdrücklich empfohlen wird, da nur diese die ökonomische Realität der

Verbindung darstelle (IAS 31.32 und 31.40), sieht der bereits 2007 veröffentlichte ED 9 „Joint Arrangements“ eine Abschaffung der Quotenkonsolidierung zugunsten der Equity-Methode vor (vgl. hierzu den Exkurs unter Abschnitt 2.4). Im Folgenden wird zunächst die Quotenkonsolidierung vorgestellt. Eine Beschreibung der Equity-Methode erfolgt in dem nachfolgenden Abschnitt zu assoziierten Unternehmen (vgl. Abschnitt 3.3).

2.4 Quotenkonsolidierung

Nach der Quotenkonsolidierung werden die Vermögenswerte, Schulden, Erträge und Aufwendungen des Gemeinschaftsunternehmens anteilig, d.h. beteiligungsproportional, in den Konzernabschluss des Partnerunternehmens einbezogen (IAS 31.33).

Bestimmung der zu konsolidierenden Anteile

Fraglich erscheint zunächst, wie die der Konsolidierung zugrunde liegende Anteilsquote ermittelt wird. IAS 31 enthält hierzu keine explizite Regelung. Grundsätzlich besteht jedoch die Möglichkeit, dass sich die geforderte quotale Einbeziehung auf den Kapitalanteil, den Gewinnanteil oder auf beide (Bilanzposten auf den Kapitalanteil, Posten der Gesamtergebnisrechnung auf den Gewinnanteil) bezieht.

Bei einer Konsolidierung entsprechend dem Kapitalanteil errechnet sich dieser aus der Gesamtheit aller dem Partnerunternehmen direkt oder indirekt zurechenbaren Anteile am gezeichneten Kapital des Gemeinschaftsunternehmens[4]. Da aber in Verträgen zu Gemeinschaftsunternehmen häufig der Anteil am Gewinn von dem Anteil am Eigenkapital abweicht, kann es in der Gesamtergebnisrechnung dazu kommen, dass der quotal ermittelte Ergebnisanteil von dem vertraglich vereinbarten Anteil abweicht. In diesem Fall wird die Gewinnanteilsdifferenz in einem Korrekturposten ausgewiesen.

Parallele zur Vollkonsolidierung

Die Technik, mittels der die anteiligen Vermögenswerte und Schulden sowie die anteiligen Aufwendungen und Erträge gemeinschaftlich geführter Unternehmen in den Konzernabschluss der Partnerunternehmen einzubeziehen sind, stimmt konzeptionell weitgehend mit der Methode der Vollkonsolidierung (vgl. Kapitel 23) überein (IAS 31.33). Allerdings hat die Anwendung der Quotenkonsolidierung zur Folge, dass in den Konzernabschluss eines Partnerunternehmens lediglich die *anteiligen* Vermögenswerte und Schulden des gemeinschaftlich kontrollierten Gemeinschaftsunternehmens einbezogen werden. Analog werden auch nur die anteiligen Aufwendungen und Erträge im entsprechenden Konzernabschluss ausgewiesen. Der wesentliche Unterschied zur Vollkonsolidierung besteht damit in dem bei der Quotenkonsolidierung fehlenden Ausweis der Anteile anderer Gesellschafter in den Konzernbilanzen und Gesamtergebnisrechnungen der Partnerunternehmen. Die methodische Vorgehensweise bei der Quotenkonsolidierung soll anhand des nachfolgenden Beispiels verdeutlicht werden.

4 Vgl. *Köster*, IAS 31, MünchKomm Bilanzrecht, Tz. 108.

Beispiel 24.4

Die X AG hat gemeinsam mit der K AG die Y GmbH im Rahmen eines share deal erworben. Für einen Kaufpreis von 600 T€ erhält die X AG eine 50 %ige Beteiligung an der Y GmbH. Die Voraussetzungen eines Joint Venture mit der K AG sind erfüllt. Die Bilanzen der X AG und der Y GmbH sind im Folgenden dargestellt. Angesichts der Beteiligung von 50 % sind Vermögenswerte, Schulden und Eigenkapital der Y GmbH lediglich zur Hälfte in die Summenbilanz zu übernehmen.

Weiterhin seien auch hier stille Reserven in den Grundstücken der Y GmbH in Höhe von 300 T€ unterstellt, die von den Partnerunternehmen durch Neubewertung aufzudecken und jeweils anteilig in ihren Konzernabschlüssen zu erfassen sind (Buchung [a]). Wie bei der Vollkonsolidierung ist eine Kapitalkonsolidierung durchzuführen, so dass das neubewertete anteilige Eigenkapital der Y GmbH (250 + (300 · 0,5) =) 400 T€ mit der Beteiligung im Abschluss der X AG verrechnet wird. Der verbleibende aktivische Unterschiedsbetrag in Höhe von 200 T€ ist als Goodwill auszuweisen (Buchung [b]).

31.12.2010, T€	**X AG**		**Y GmbH**		**∑-Bilanz**	
Anlagevermögen	1.800		(550 · 0,5=) 275		2.075	
Beteiligung an Y	600		—		600	
Umlaufvermögen	850		(300 · 0,5=) 150		1.000	
Eigenkapital		2.100		(500 · 0,5=) 250		2.350
Fremdkapital		1.150		(350 · 0,5=) 175		1.325
Summe	3.250	3.250	425	425	3.675	3.675

31.12.2010, T€	**∑-Bilanz**		**Neubewertung (HB III)**		**Konsolidierung**		**Konzernbilanz X-Konzern**	
Anlagevermögen	2.075		[a]150				2.225	
Beteiligung an Y	600					[b]600	—	
Umlaufvermögen	1.000						1.000	
Goodwill		—			[b]200		200	
Eigenkapital		2.350		[a]150	[b]400			2.100
Fremdkapital		1.325						1.325
Summe	3.675	3.675					3.425	3.425

Sonstige Konsolidierungsmaßnahmen

Darüber hinaus sind auch hier sämtliche Geschäftsvorfälle zwischen dem Partnerunternehmen und dem Gemeinschaftsunternehmen im Rahmen der Schulden-, Aufwands- und Ertragskonsolidierung sowie der Zwischenerfolgseliminierung zu eliminieren, wobei diese Konsolidierungsmaßnahmen regelmäßig quotal durchzuführen sind[5]. Hierbei ist zwischen der

- Lieferung vom Gemeinschaftsunternehmen an Partnerunternehmen (upstream; IAS 31.48) und der
- Lieferung von Partnerunternehmen an das Gemeinschaftsunternehmen (downstream; IAS 31.49) zu unterscheiden.

Downstream-Lieferungen

Liefert das bilanzierende Partnerunternehmen einen Vermögenswert an das Gemeinschaftsunternehmen (downstream), wird ein eventuell enthaltener Zwischenerfolg auf Ebene des Partnerunternehmens lediglich quotal eliminiert. Insofern wird hier unterstellt, dass der Zwischenerfolg in Höhe der Anteilsquote der anderen Vertragspartner realisiert ist. Fällt bei der Transaktion jedoch ein Zwischenverlust an und bestätigt sich dieser im Rahmen eines Werthaltigkeitstests, so ist dieser Verlust nicht zu eliminieren und wird damit vollständig im Abschluss des Partnerunternehmens erfasst (IAS 31.48).

SIC-13

Die Vorschriften zur Gewinnrealisierung aus downstream-Lieferungen in Form von Einlagen nicht-monetärer Vermögenswerte (Sacheinlagen) in Gemeinschaftsunternehmen im Tausch gegen entsprechende Kapitalanteile finden sich in SIC-13 „Gemeinschaftlich geführte Einheiten – Nicht monetäre Einlagen durch Partnerunternehmen“ (Jointly Controlled Entities – Non-Monetary Contributions by Venturers). Der Interpretation folgend sind Gewinne bzw. Verluste anteilig in Höhe des Fremdanteils am Gemeinschaftsunternehmen zu realisieren, sofern folgende Kriterien kumulativ erfüllt sind (SIC-13.5a-c):

- Die signifikanten, mit dem Besitz des übertragenen Vermögenswerts verbundenen Chancen und Risiken wurden auf das Gemeinschaftsunternehmen übertragen;
- der mit der Sacheinlage verbundene Gewinn oder Verlust kann verlässlich gemessen werden; und
- der Transaktion mangelt es nicht – wie in IAS 16 beschrieben – an wirtschaftlicher Substanz.

Unrealisierte Gewinne bzw. Verluste

Sofern eines der vorausgehend genannten Kriterien nicht erfüllt ist, sind mit der Einlage in das Gemeinschaftsunternehmen verbundene unrealisierte Gewinne bzw. Verluste im Rahmen der Quotenkonsolidierung gegen die zugrunde liegenden Vermögenswerte und Schulden oder – bei Anwendung der Equity-Methode – gegen die Anteile an dem Gemeinschaftsunternehmen zu eliminieren (SIC-13.5 i.V.m. SIC-13.7).

Upstream-Lieferungen

Liefert ein Gemeinschaftsunternehmen einen Vermögenswert an das Partnerunternehmen (upstream), wird ein anteiliger Zwischenerfolg im IFRS-Abschluss

5 Für Einzelheiten der sonstigen Konsolidierungsmaßnahmen ist auf Kapitel 23 zu verweisen.

des Partnerunternehmens eliminiert. Eine Erfolgsrealisation findet erst zu dem Zeitpunkt statt, zu dem der Vermögenswert an einen unabhängigen Dritten weiterveräußert wird (IAS 31.49). Diese Vorgehensweise gilt grundsätzlich auch für einen gegebenenfalls entstehenden Zwischenverlust. Allerdings muss ein solcher in voller Höhe realisiert werden, wenn er im Rahmen eines Wertminderungstests gemäß IAS 36 bestätigt wird (IAS 31.50).

Beendigung der Quotenkonsolidierung

Sobald eine gemeinschaftliche Führung des Joint Venture aus Sicht des Partnerunternehmens nicht mehr gegeben ist, wird die Anwendung der Quotenkonsolidierung über eine Entkonsolidierung eingestellt (IAS 31.36). Ein solcher Fall ist denkbar, wenn ein Partnerunternehmen an einer Kapitalerhöhung des Gemeinschaftsunternehmens nicht teilnehmen möchte bzw. seine Anteile an Dritte veräußert. Daraus folgt i.d.R., dass das Partnerunternehmen nicht mehr dieselben Einflussrechte geltend machen kann, wodurch es die gemeinschaftlichen Kontrollrechte verliert. Sofern das ursprüngliche Partnerunternehmen allerdings einen maßgeblichen Einfluss auf die Finanz- und Geschäftspolitik des Beteiligungsunternehmens ausüben kann, ist das anteilige Eigenkapital in eine Equity-Bewertung zu überführen (IAS 31.45). Erwirbt ein Partnerunternehmen dagegen die Möglichkeit zur Beherrschung eines (bisherigen) Gemeinschaftsunternehmens, ist IAS 27 in Verbindung mit IFRS 3 anzuwenden und damit auf die Vollkonsolidierung überzugehen. In dem Fall, dass nach dem Verlust der gemeinschaftlichen Kontrolle weder ein beherrschender noch ein maßgeblicher Einfluss geltend gemacht werden kann, ist die Beteiligung nach IAS 39 bzw. IFRS 9 zum beizulegenden Zeitwert zu bewerten. Hierbei bildet der beizulegende Zeitwert der Anteile zu dem Zeitpunkt, in dem sich das Beteiligungsunternehmen nicht mehr als Gemeinschaftsunternehmen qualifiziert, den maßgeblichen Wert für den Erstansatz der verbliebenen Anteile nach IAS 39 / IFRS 9 (IAS 31.45A).

Beispiel 24.5

Die X AG hat akute Liquiditätsprobleme und entschließt sich, einen 20 %-Kapitalanteil an der Y GmbH an die K AG zu verkaufen (vgl. Beispiel 24.4). Sie behält sich aber weiterhin ihr Stimmrecht bei wichtigen finanziellen und personalpolitischen Entscheidungen und damit einen maßgeblichen Einfluss vor. Damit muss die X AG zur Bewertung der Beteiligung in ihrem Konzernabschluss die Equity-Methode anwenden, während die K AG wegen ihrer 70 %-Beteiligung eine Vollkonsolidierung durchführt.

Ausweis

Für den Ausweis der quotal erfassten Vermögens- und Ergebnisbestandteile sieht IAS 31.34 zwei Alternativen vor. Zum einen kann das Gliederungsschema der Bilanz und Gesamtergebnisrechnung erweitert werden. Dabei würden die von der quotalen Einbeziehung betroffenen Positionen separat ausgewiesen. Dies dient der leichteren Identifikation, schränkt die Übersichtlichkeit allerdings ein. Zum anderen können die betroffenen Positionen des Gemeinschaftsunternehmens auch mit den entsprechenden Abschlussposten des Partnerunternehmens zusammengefasst werden. In der Konzernbilanz und Konzern-Gesamtergebnisrechnung finden sich dann keine Angaben mehr darüber, ob einzelne Positionen unter Beherrschungsmöglichkeit oder unter gemeinschaftlicher Führung stehen. Um dennoch die Beträge der anteilig erfassten Vermögenswerte, Schulden, Erträge und Aufwendungen des Gemeinschaftsunternehmens erkennen zu können, sind diese im Anhang aufzulisten (IAS 31.56).

Angabepflichten

Zusätzlich fordert IAS 31.54 Angaben zu Eventualschulden, die aus dem Gemeinschaftsunternehmen resultieren können, es sei denn, die Wahrscheinlichkeit eines Eintritts ist äußerst gering (remote; vgl. Kapitel 15). IAS 31.54 zielt dabei auf die unterschiedlichen Verbindungsmöglichkeiten zwischen den Partner- und Gemeinschaftsunternehmen ab. Demnach sind im Konzernabschluss anzugeben:

- Eventualschulden eines Partnerunternehmens, die daraus resultieren, dass das Partnerunternehmen Verpflichtungen zu Gunsten des Gemeinschaftsunternehmens eingegangen ist;
- der Anteil des Partnerunternehmens an den vom Gemeinschaftsunternehmen eingegangenen Eventualschulden;
- der Anteil des Partnerunternehmens an den Eventualschulden der anderen Partnerunternehmen. Dieser Fall kann dann eintreten, wenn vertraglich vereinbart ist, dass ein Partnerunternehmen nicht nur für seinen Anteil an den Eventualschulden eines Joint Venture einsteht, sondern auch für den Anteil, den die anderen Partnerunternehmen u.U. nicht tragen können.

Angaben bei Nachschusspflicht

Zusätzlich besteht oft eine Pflicht, Kapital in ein Joint Venture „nachzuschießen". Daher verlangt IAS 31.55 zusätzliche Angaben über

- alle anteiligen Kapitalverpflichtungen eines Partnerunternehmens, die das Joint Venture eingegangen ist und
- seinen Anteil an den Kapitalverpflichtungen, welche die Partnerunternehmen zusammen eingegangen sind.

Wesentliche Joint Ventures und Bilanzierungsmethode

Schließlich sind im Anhang alle wesentlichen Joint Ventures unter Angabe der an ihnen gehaltenen Anteile aufzuführen und zu beschreiben (IAS 31.56). Zudem hat das Partnerunternehmen nach IAS 31.57 darüber zu berichten, ob es sich bei der Bilanzierung von Gemeinschaftsunternehmen für die Quotenkonsolidierung oder für die Equity-Methode entschieden hat.

Würdigung der Quotenkonsolidierung

Insgesamt wird deutlich, dass die Quotenkonsolidierung der Fiktion der rechtlichen Einheit widerspricht. Durch die quotale Einbeziehung von Vermögenswerten und Schulden in den Abschluss des Partnerunternehmens wird der Eindruck erweckt, dieses könne über die in den Abschluss einbezogenen Vermögenswerte verfügen, obwohl die Verfügungsmacht durch die gemeinschaftliche Führung deutlich eingeschränkt ist. In die gleiche Richtung zielt die Kritik der fehlenden Übereinstimmung mit der Definition eines Vermögenswertes im Rahmenkonzept. Darin wird ein Vermögenswert als in der „Verfügungsmacht des Unternehmens stehende Ressource" bezeichnet (RK.49(a)). Die Idee der

Quotenkonsolidierung, dass ein Vermögenswert von zwei oder mehreren unabhängigen Unternehmen kontrolliert wird, ist hiermit nur schwer vereinbar[6].

ED 9 „Joint Arrangements"

Vor diesem Hintergrund hat das IASB ED 9 „Joint Arrangements" veröffentlicht, der IAS 31 in naher Zukunft weitgehend ersetzen wird.

Exkurs

Geplante Änderungen durch den Exposure Draft (ED) 9 „Joint Arrangements"

Wesentliche Änderungen durch ED 9

Am 13.09.2007 hat das IASB im Rahmen des kurzfristigen Konvergenz-Projekts mit dem FASB einen Standardentwurf zur Änderung der derzeit gültigen Regelungen des IAS 31 herausgegeben. ED 9 „Joint Arrangements" (Gemeinschaftliche Vereinbarungen) soll künftig IAS 31 und SIC-13 ersetzen und damit die Unterschiede zu den korrespondierenden US-GAAP-Vorschriften verringern. Im Kern bestehen die wesentlichen Änderungen des Standardentwurfs in einer Anpassung der verwendeten Terminologie, einer Abschaffung der Quotenkonsolidierung zur Bilanzierung von Gemeinschaftsunternehmen im Konzernabschluss sowie einer deutlichen Ausweitung der Angabepflichten.

joint arrangement

Der Standardentwurf definiert als joint arrangement eine vertragliche Vereinbarung, die sich auf eine von zwei oder mehr Parteien gemeinsam durchgeführte wirtschaftliche Aktivität bezieht, bezüglich der Entscheidungen auch nur gemeinsam getroffen werden können. Die definitorische Voraussetzung der gemeinsamen Kontrolle nach IAS 31 sollte insofern durch die Voraussetzung der gemeinsamen Entscheidungsfindung ersetzt werden. Inzwischen hat das IASB im Zuge seiner Neuerwägungen des ursprünglichen Entwurfs beschlossen, den Begriff der gemeinsamen Kontrolle als wesentliches Kriterium zur Identifizierung einer gemeinschaftlichen Vereinbarung beizubehalten.

Formen von joint arrangement

Analog zu IAS 31 waren unter dem Begriff des joint arrangement nach ED 9 drei unterschiedliche Formen von gemeinschaftlichen Vereinbarungen zu subsumieren (ED 9.3): joint operations (gemeinschaftliche Tätigkeiten), joint assets (gemeinschaftliche Vermögenswerte) und joint ventures (Gemeinschaftsunternehmen). Inzwischen hat sich das IASB allerdings dazu entschieden, im endgültigen Standard nur noch zwischen zwei Formen von joint arrangements zu differenzieren: So sollen joint ventures nur noch von joint operations abgegrenzt werden, unter denen künftig und abweichend von ED 9 einerseits die in ED 9 aufgeführten joint operations und andererseits die joint assets zu subsumieren sind. Die Zuordnung einer gemeinschaftlichen Vereinbarung zu einer der verschiedenen Ausprägungen hätte dabei auf Grundlage der vertraglichen Rechte und Pflichten, die mit der Vereinbarung verbunden sind, zu erfolgen (ED 9.5). Entscheidend für die bilanzielle Abbildung dieser Rechte und Pflichten wäre damit aber nicht mehr – wie noch nach IAS 31 – die identifizierte „Form" der Vereinbarung. Die bilanzielle Behandlung hinge künftig also nicht mehr davon ab, ob ein rechtlich selbständiges Unternehmen

6 Vgl. in diese Richtung argumentierend auch *Busse von Colbe et al.*, Konzernabschlüsse, S. 509.

gegründet wird (ED 9.BC5). Stattdessen hätte ein Partnerunternehmen dem neuen „core principle" folgend allein seine vertraglichen Ansprüche und Pflichten zu bilanzieren (ED 9.1). Dieser Grundsatz stellt im Vergleich zu IAS 31 eine entscheidende Neuerung dar (ED 9.IN2a bzw. ED 9.BC5), die sich vornehmlich auf die Bilanzierung von Gemeinschaftsunternehmen auswirkt. Denn in Konsequenz dieser Neuregelung hätte ein Partnerunternehmen – im Unterschied zu IAS 31 – die Rechte an einzelnen Vermögenswerten und Schulden aus dem Unternehmen herauszulösen und diese Vermögenswerte und Schulden separat zu bilanzieren (ED 9.15). Das nach der Eliminierung dieser Vermögenswerte und Schulden verbleibende joint venture wäre anschließend entsprechend der nach ED 9 allein zulässigen Equity-Methode zu bilanzieren.

Neue Definition von joint ventures

Nach den bestehenden Regeln des IAS 31 stellt eine neu gegründete rechtlich selbständige Einheit, an der jedes Partnerunternehmen beteiligt ist und die nur durch diese gleichberechtigten Partnerunternehmen gemeinschaftlich geführt werden kann, ein Gemeinschaftsunternehmen (jointly controlled entity) dar. ED 9 sieht im Vergleich zu dieser IAS 31 folgenden begrifflichen und materiellen Abgrenzung von Gemeinschaftsunternehmen wesentliche Änderungen vor. So soll der Begriff der jointly controlled entity künftig durch den Begriff joint venture ersetzt werden, der in IAS 31 noch als übergeordneter Begriff für gemeinschaftlich geführte Vermögenswerte, Tätigkeiten und Unternehmen fungiert. In materieller Hinsicht soll der Begriff des Gemeinschaftsunternehmens (joint venture) nach ED 9.5 deutlich enger gefasst werden. Demnach würde ein Gemeinschaftsunternehmen als (Teil) eine(r) gemeinschaftliche(n) Vereinbarung definiert, die von den Partnerunternehmen gemeinsam kontrolliert wird (ED 9.15). Entscheidend für die Klassifikation als Gemeinschaftsunternehmen wäre dabei, dass die Partnerunternehmen keinen Anspruch auf einzelne Vermögenswerte des Gemeinschaftsunternehmens bzw. keine Verpflichtungen bezüglich der beim Gemeinschaftsunternehmen anfallenden Ausgaben haben. Stattdessen würde allein das Recht auf einen vorab vertraglich festgelegten Anteil am Ergebnis der gemeinschaftlichen Vereinbarung die Klassifikation als Gemeinschaftsunternehmen begründen (ED 9.5 sowie ED 9.15).

Bilanzierung von Anteilen an joint ventures

Anknüpfend an die neue Definition eines Gemeinschaftsunternehmens ergeben sich auch für die bilanzielle Abbildung der an diesem gehaltenen Anteile abweichende Regeln. Die Grundlage der entsprechenden Neuregelungen liegt dabei in der Problematik, dass die Anforderungen des IAS 31 zu einer „mixed presentation" im Konzernabschluss eines Partnerunternehmens führen können. Das bedeutet, dass Vermögenswerte eines Gemeinschaftsunternehmens, die durch ein Partnerunternehmen nicht (allein) kontrolliert werden können, und Schulden, die für ein einzelnes Partnerunternehmen keine Verpflichtung darstellen, in deren Bilanz bisher quotal angesetzt werden müssen (ED 9.BC8). Damit würden vom Partnerunternehmen kontrollierte Vermögenswerte vollkonsolidierter Tochterunternehmen und nicht kontrollierte, aber quotal bilanzierte, Vermögenswerte von Gemeinschaftsunternehmen zusammengefasst in der Konzernbilanz ausgewiesen. Das IASB hat diesen Kritikpunkt in ED 9 konsequent eliminiert und plant demzufolge, die Anwendung der in IAS 31 noch präferierten Quotenkonsolidierung zur Abbildung von Anteilen an Gemeinschaftsunternehmen im Konzernabschluss abzuschaffen. Stattdessen sollen Gemeinschaftsunternehmen künftig nur noch auf Grundlage der Equity-Methode gemäß IAS 28 in die Konzernabschlüsse der einzelnen Partnerunternehmen einbezogen werden (ED 9.23), sofern die Ausnahmetatbestände des ED 9.23a-c nicht greifen[7].

Anwendung der Equity-Methode

Bei der Anwendung der Equity-Methode ist allerdings die neue Abgrenzung von joint ventures zu beachten. Denn es ist denkbar, dass ein Unternehmen zwar gemeinschaftlich durch mehrere Partnerunternehmen kontrolliert wird, dass die einzelnen Partner dabei allerdings auch einen (anteiligen) Anspruch auf spezifische Vermögenswerte besitzen. In diesem Fall müsste die bilanzielle Darstellung des joint arrangement gemäß folgendem neuen (zweistufigen) Grundsatz erfolgen: Die zunächst zu identifizierenden gemeinschaftlichen Tätigkeiten und Vermögenswerte wären in einem ersten Schritt (unabhängig von der Rechtsform) explizit in den Abschluss der anspruchsberechtigten Partnerunternehmen einzubeziehen. Die danach verbleibende Beteiligung an dem Gemeinschaftsunternehmen müsste dann per Equity-Methode im Konzernabschluss bilanziert werden. Für die bilanzielle Erfassung der Vermögenswerte, die (anteilig) das Eigentum eines Partnerunternehmens sind, müssten also die Regelungen zu joint operations angewendet werden. Auf die Frage, wie die Bereinigung um separat zu bilanzierende joint operations konsistent durchzuführen ist, gibt ED 9 indes keine konkrete Antwort.

Bilanzierung von joint operations und joint assets

Die Bilanzierung von joint operations erfolgt grundsätzlich analog zu den Vorschriften von IAS 31 für jointly controlled operations und jointly controlled assets (vgl. dazu Gliederungspunkt 2.3). Damit beschränken sich die diesbezüglichen Änderungen auf die neue Terminologie für entsprechende Sachverhalte.

Erweiterte Angabepflichten

ED 9 sah schließlich deutlich erweiterte Angabepflichten vor. Einerseits sollten diese zusätzlichen Informationen dazu beitragen, die Art und das Ausmaß der auf Basis gemeinschaftlicher Vereinbarungen durchgeführten Tätigkeiten sachgerecht einschätzen zu können. Andererseits sollten durch ED 9 speziell die Offenlegungsvorschriften zu Gemeinschaftsunternehmen an diejenigen des IAS 28 zu assoziierten Unternehmen angepasst werden. Denn im Fall der weiterhin seitens des IASB intendierten Änderungen zur Bilanzierung von Gemeinschaftsunternehmen wären künftig sowohl assoziierte als auch Gemeinschaftsunternehmen verpflichtend nach der Equity-Methode zu bilanzieren. Die zusätzlichen Angabepflichten würden sich in diesem Zusammenhang vornehmlich auf die Anwendung der Equity-Methode bei den Gemein-

7 Zu den Konsequenzen der Abschaffung der Quotenkonsolidierung vgl. *Schmidt, M./Labrenz, H.*, Konsequenzen möglicher Änderungen bei der Bilanzierung von Gemeinschaftsunternehmen nach IFRS, in: KoR, 6. Jg. (2006), S. 467-476.

schaftsunternehmen beziehen (ED 9.BC23). Inzwischen hat das IASB allerdings beschlossen, dass die Angabepflichten zu gemeinschaftlichen Vereinbarungen – losgelöst von den noch in ED 9 enthaltenen Änderungsvorschlägen – innerhalb eines eigenständigen IFRS geregelt werden sollen. Dieser IFRS soll hierbei Angabepflichten für sämtliche Beziehungen zu anderen Unternehmen enthalten, die nicht in den Anwendungsbereich von IFRS 9 „Finanzinstrumente" fallen (z.B. Tochterunternehmen, assoziierte Unternehmen, Gemeinschaftsunternehmen).

3 Bilanzierung von Anteilen an assoziierten Unternehmen

3.1 Anwendungsbereich von IAS 28

Die Bilanzierung von Anteilen an assoziierten Unternehmen wird in IAS 28 geregelt. Wie auch in IAS 31 sind solche Beteiligungen an assoziierten Unternehmen vom Anwendungsbereich des IAS 28 ausgenommen, die von Wagniskapital-Organisationen, Investmentfonds oder ähnlichen Unternehmen gehalten und gemäß IAS 39 bzw. IFRS 9 GuV-wirksam zum beizulegenden Zeitwert folgebewertet werden (IAS 28.1). Ebenfalls in Analogie zu IAS 31 schließt IAS 28.13 für einige assoziierte Unternehmen die Anwendung der Equity-Methode aus. Betroffen sind z.B. diejenigen Beteiligungen, die gemäß IFRS 5 als held for sale klassifiziert werden, sowie die oben beschriebenen Ausnahmen von der Konzernabschlusspflicht und der Pflicht zur Bilanzierung von Gemeinschaftsunternehmen nach der Quotenkonsolidierung oder der Equity-Methode.

3.2 Definition assoziierter Unternehmen

Maßgeblicher Einfluss

Assoziierte Unternehmen sind nach IAS 28.2 Unternehmen mit oder ohne eigene Rechtspersönlichkeit, d.h. sowohl Kapitalgesellschaften (z.B. AG, GmbH) als auch Personengesellschaften (z.B. Partnerschaften, OHG, KG, GbR), auf die der Investor einen maßgeblichen Einfluss ausüben kann und die weder Tochter- noch Gemeinschaftsunternehmen sind.

Ein maßgeblicher Einfluss liegt vor, wenn der Investor die Möglichkeit hat, an den finanz- und geschäftspolitischen Entscheidungen des Beteiligungsunternehmens mitzuwirken, ohne dieses jedoch zu beherrschen oder gemeinschaftlich mit (einem) anderen Unternehmen zu führen. Auf die tatsächliche Ausübung des maßgeblichen Einflusses kommt es hierbei nicht an. IAS 28.7 nennt als Indizien eines maßgeblichen Einflusses

Indizien für einen maßgeblichen Einfluss

- die Vertretung in einem Leitungs- oder Kontrollorgan (z.B. Vorstand, Aufsichtsrat),
- die Teilnahme an der Geschäftspolitik, einschließlich der Teilnahme an Ausschüttungsentscheidungen,
- erhebliche Geschäftsbeziehungen zwischen assoziiertem und eigenem Unternehmen,
- den Austausch von Führungspersonal zwischen assoziiertem und eigenem Unternehmen sowie
- die Bereitstellung wichtiger technischer Informationen.

Assoziierungsvermutung

Fragen ergeben sich hier in der praktischen Anwendung, da diese Merkmalsausprägungen i.d.R. nicht von externer Seite ersichtlich sind. Daher arbeitet das IASB in IAS 28.6 mit einer widerlegbaren Assoziierungsvermutung: Liegt eine Beteiligung von mindestens 20 % und weniger als 50 % an den Stimmrechten des Unternehmens vor, wird widerlegbar vermutet, dass ein maßgeblicher Einfluss gegeben ist. Liegt eine höhere Beteiligung vor, besteht demgegenüber eine Beherrschungsvermutung. Im Falle von weniger als 20 % der Stimmrechte wird dagegen unterstellt, dass kein maßgeblicher Einfluss ausgeübt werden kann, so dass die Bilanzierungsregeln für Finanzinstrumente (IAS 39 bzw. IFRS 9) greifen. Die Anteilsquote wird unter Berücksichtigung der dem Investor unmittelbar und mittelbar zuzurechnenden Anteile ermittelt. Wenn also der Investor über Tochterunternehmen weitere Anteile an dem assoziierten Unternehmen hält, werden diese in die Berechnung der Anteilsquote einbezogen (IAS 28.21). Anteile von anderen assoziierten Unternehmen oder Gemeinschaftsunternehmen werden dagegen vernachlässigt.

Beispiel 24.6

Die Liquid AG hat eine 40 %-Beteiligung an der Solidus AG erworben und will diese nach IAS 28 bilanzieren. Wegen der Anteilsquote von mehr als 20 % gilt die Assoziierungsvermutung. Leider war der hochbezahlte Anwalt der Liquid AG bei Vertragsabschluss nicht in Bestform. Im Beteiligungsvertrag findet sich folgende Klausel: „Der Liquid AG ist es untersagt, in irgendeiner Weise auf den Geschäftsbetrieb der Solidus AG Einfluss zu nehmen.“ Wie ist die Beteiligung zu bilanzieren?

Lösung
Die Möglichkeit einer maßgeblichen Einflussnahme liegt nicht vor. Die Assoziierungsvermutung wurde damit widerlegt. Die Anteile an der Solidus AG sind somit nach IAS 39 bzw. IFRS 9 als Finanzinstrumente zu bilanzieren.

Potentielle Stimmrechte

Eine zusätzliche Frage tritt auf, falls ein Unternehmen (Investor) neben den mit Stimmrechten ausgestatteten Stammaktien noch über potentielle Stimmrechte verfügt. Potentielle Stimmrechte in Form potentieller Stammaktien resultieren beispielsweise aus Aktienoptionen oder Wandelanleihen. Potentielle Stammaktien sind nach IAS 33.5 Finanzinstrumente oder Verträge, die einer unternehmensexternen Partei die Möglichkeit geben können, Stammaktien des Unternehmens und damit Stimmrechte zu erhalten. Bei der Beurteilung, ob ein Unternehmen über einen maßgeblichen Einfluss verfügt, sind solche potentiellen Stammaktien nach IAS 28.8 zu berücksichtigen, wenn beispielsweise das Wandlungsrecht einer Wandelanleihe, Bezugsrechte oder das Optionsrecht zum Aktienerwerb aktuell ausgeübt werden können. Die Fragen, ob die Ausübung der Option ökonomisch sinnvoll ist und ob das Management die Absicht und finanziellen Möglichkeiten zur Wandlung bzw. Ausübung der Option hat, spielen keine Rolle (IAS 28.9). Eine Einbeziehung potenzieller Stimmrechte ist nicht erlaubt, wenn die potentiellen Stammaktien – z.B. aufgrund einer Sperrfrist – nicht aktuell wandelbar sind.

Beispiel 24.7

Die Pumper AG hält eine 10 %ige Beteiligung an der Nickel AG. Zusätzlich hält die Pumper AG noch Aktienoptionen, die sie zum gegenwärtigen Zeitpunkt berechtigen, weitere 20 % der Gesellschaft zu erwerben. Bei der Beurteilung des maßgeblichen Einflusses müssen diese potentiellen Stimmrechte einbezogen werden.

3.3 Bewertung der Anteile an assoziierten Unternehmen im IFRS-Einzelabschluss und Anwendung der Equity-Methode im IFRS-Konzernabschluss

Bewertung im separaten IFRS-Einzelabschluss

Beteiligungen an assoziierten Unternehmen sind in einem separaten IFRS-Einzelabschluss nach IAS 27.38-43 (IAS 28.35) entweder zu Anschaffungskosten oder entsprechend IAS 39 bzw. IFRS 9 zum beizulegenden Zeitwert zu bilanzieren. Lediglich wenn die zu Anschaffungskosten bewerteten Anteile zum Zweck der Weiterveräußerung gehalten werden, sind diese in Übereinstimmung mit IFRS 5 zu bilanzieren.

Equity-Methode im Konzernabschluss

Die bilanzielle Abbildung im Konzernabschluss hat nach IAS 28.13 hingegen at equity zu erfolgen. Konstitutives Merkmal der Equity-Methode ist, dass nicht sämtliche Positionen der Bilanz und Gesamtergebnisrechnung des assoziierten Unternehmens im Konzernabschluss des Anteilseigners ausgewiesen werden. Stattdessen wird lediglich der dem bilanzierenden Unternehmen zustehende Nettovermögensanteil unter dem Finanzanlagevermögen im Konzernabschluss bilanziert. Folglich wird die Beteiligung mit dem anteiligen Eigenkapital (at equity), also mit dem Bilanzkurs des assoziierten Unternehmens, ausgewiesen. Der grundsätzliche Charakter der Equity-Methode wird mit nachfolgendem Beispiel verdeutlicht.

Beispiel 24.8

Die Solidus AG hat 100.000 Aktien ausgegeben. Die Liquid AG erwirbt am 31.12.2010 hiervon 40 % zu einem Preis von 25 € je Aktie. Die Anschaffungskosten der Beteiligung betragen folglich (40.000 · 25 =) 1.000 T€, was auch dem Buchwert des Eigenkapitals entspricht. Die Solidus AG hat im Jahr 2011 einen Gewinn von 250 T€ erwirtschaftet. Der Börsenkurs ist auf 35 € gestiegen. Mit welchen Werten wäre ein Ansatz denkbar?

Lösung

Grundsätzlich denkbar wären hier mehrere Bewertungsmethoden:

- Bewertung nach der Anschaffungskostenmethode: Hier werden die Anteile weiterhin zu Anschaffungskosten von 25 € je Aktie bewertet. Der Ansatz der Beteiligung ist damit weiterhin 1.000 T€.
- Bewertung zum beizulegenden Zeitwert: Nach dieser Methode müssen die Aktien zu dem aktuellen Börsenkurs von 35 € je Aktie bewertet werden. Der Beteiligungswert wäre damit (40.000 · 35 =) 1.400 T€.
- Bewertung nach der Equity-Methode (Bewertung zum anteiligen Eigenkapital oder „Bilanzkurs"): Nach der Equity-Methode wird der Liquid AG ein anteiliger Gewinn von (250 · 0,4 =) 100 T€ zugewiesen. Der Beteiligungswert wäre in diesem Jahr 1.100 T€.

Konzeptionelle Unterschiede

Bei der Anschaffungskostenmethode wird ein Beteiligungsertrag im Jahresabschluss des Investors im Regelfall erst dann als realisiert ausgewiesen, wenn das assoziierte Unternehmen den Gewinnverwendungsbeschluss auf der Hauptversammlung (§ 174 AktG) bzw. der Gesellschafterversammlung (§ 29 i.V.m. § 46 Nr. 1 GmbHG) getroffen hat[8]. Demgegenüber wird bei der Equity-Methode ein Ertrag aus Beteiligungen bereits dann gebucht, wenn auf Ebene des assoziierten Unternehmens ein entsprechender Erfolg realisiert wird. Bei der Bewertung zum beizulegenden Zeitwert erfolgt eine Gewinnrealisation im Beteiligungsbuchwert schon mit jeder Marktwertsteigerung und insofern bereits mit der Antizipation eines Gewinns der Beteiligungsgesellschaft durch die Kapitalmarktteilnehmer. Insofern sind die Equity-Methode, wie auch die Anschaffungskostenmethode und die Bewertung zum beizulegenden Zeitwert, Bewertungsverfahren für Beteiligungen, die sich hinsichtlich der Konkretisierung des Realisationsprinzips unterscheiden.

Erstmaliger Ansatzzeitpunkt

Nach IAS 28.23 ist das assoziierte Unternehmen von dem Zeitpunkt an at equity zu bewerten, zu dem das Assoziierungsverhältnis entsteht. Dies ist meist der Zeitpunkt, zu dem die Stimmrechte vertraglich übergehen, d.h. der Investor die Möglichkeit der maßgeblichen Einflussnahme erhält. Im Fall des sukzessiven Erwerbs ist die Beteiligung zu dem Zeitpunkt auf die Bilanzposition „Anteile an assoziierten Unternehmen" umzugliedern, ab dem ein maßgeblicher Einfluss entsteht. Bei einem unterjährigen Beteiligungserwerb müssen daher die Wertverhältnisse zum Kaufdatum der Beteiligung bekannt sein (z.B. über Bewertungsgutachten) sowie ein Zwischenabschluss vorliegen.

Abweichender Bilanzstichtag

Nach IAS 28.24 ist bei der Anwendung der Equity-Methode der letzte verfügbare Abschluss zu verwenden. Sofern beide Gesellschaften identische Bilanzstichtage besitzen, muss sichergestellt werden, dass die Daten des assoziierten Unternehmens rechtzeitig an den Investor geliefert werden. Bei abweichenden Bilanzstichtagen verlangt IAS 28.24 die Aufstellung eines Zwischenabschlusses. Sollte die Aufstellung eines Zwischenabschlusses nicht möglich sein,

8 Vgl. zu Details der Realisierung von Dividendenzahlungen Kapitel 9.

bspw. weil die hierfür benötigten Informationen vom assoziierten Unternehmen nicht oder nicht rechtzeitig (trotz gleicher Bilanzstichtage) bereitgestellt werden, so ist eine Arbeitsbilanz auf Grundlage von Anpassungen für wesentliche Transaktionen oder Ereignisse zwischen den beiden Abschlussstichtagen zu erstellen. In keinem Fall sollte der Abstand zwischen den Bilanzstichtagen mehr als drei Monate betragen (IAS 28.25).

Konzerneinheitliche Bilanzierung

Auch IAS 28.26 verlangt eine einheitliche Bilanzierung von Investor und Beteiligungsunternehmen. Dies ist sowohl im Zeitpunkt der Anschaffung bedeutsam, wenn der Wert des anteiligen Eigenkapitals festgestellt wird, als auch bei der Folgebewertung. Allerdings wird es in vielen Fällen für den Investor nicht möglich sein, einen entsprechenden Abschluss zu fordern, da es an der notwendigen Beherrschungsmöglichkeit fehlt. Aufwendig erscheint dies z.B. für den Fall, dass ein Beteiligungsunternehmen nach HGB bilanziert, während im Konzernabschluss des Investors die IFRS verwendet werden. In diesem Fall sollen nach IAS 28.27 Anpassungen gemacht werden, um die unterschiedlichen Bilanzierungsvorschriften anzugleichen. Allerdings bleibt unklar, wie der Investor zu handeln hat, wenn die Informationen für diese Anpassungen nicht verfügbar sind. Im schlechtesten Fall gelingt es dem Investor auch unter nachweislich größtmöglichen Bemühungen nicht, die für die erforderlichen Korrekturen notwendigen Informationen zu erhalten. Zwar könnte in diesem Fall ggf. die Möglichkeit einer maßgeblichen Einflussnahme und damit eines Assoziierungsverhältnisses generell in Frage gestellt werden. Allerdings wäre selbst unter diesen Umständen zunächst zu prüfen, ob der Equity-Wert nicht im Rahmen einer vereinfachten Ermittlung auf Grundlage von Schätzungen des Fortschreibungsbetrages bestimmt werden kann. Sofern hiervon ausgegangen werden kann, wäre diese Alternative dem Verzicht auf eine Bewertung mittels Equity-Methode wohl vorzuziehen[9].

Erstbewertung

Nach IAS 28.11 wird die Beteiligung im Erwerbszeitpunkt mit den Anschaffungskosten, zu denen anders als nach IFRS 3.57 auch die direkt zurechenbaren Anschaffungsnebenkosten zu zählen sind[10], bewertet.

Beispiel 24.9

Wie in Beispiel 24.8 beschrieben, erwirbt die Liquid AG am 31.12.2010 einen 40 %-Anteil an der Solidus AG zu einem Preis von 25 € je Aktie und damit insgesamt zu (40.000 · 25 =) 1.000 T€. In der Bilanz der Liquid AG findet am 31.12.2010 folgender Aktivtausch statt:

Beteiligung an assoziierten Unternehmen	*an*	*Bank*	*1.000 T€*

Stille Reserven und Goodwill

Da der Goodwill eine Residualgröße aus Anschaffungskosten und anteiligem neubewertetem Eigenkapital darstellt, müssen die Komponenten der Anschaffungskosten im Grundsatz denen nach IFRS 3 entsprechen (vgl. Kapitel 23). Die

9 So auch *Lüdenbach*, Haufe IFRS-Kommentar, § 34, Tz. 76-78.

10 Vgl. *Lüdenbach*, Haufe IFRS-Kommentar, § 34, Tz. 46; *Hayn*, Beck´sches IFRS-Handbuch, § 36, Tz. 31.

Anschaffungskosten einer Beteiligung sind hierbei oft höher als der Wert des anteiligen bilanziellen Eigenkapitals. Der aus der Aufrechnung entstehende aktivische Unterschiedsbetrag besteht i.d.R. zu weiten Teilen aus den anteiligen stillen Reserven und Lasten der identifizierbaren Vermögenswerte und Schulden des assoziierten Unternehmens. Im Rahmen der Equity-Methode sind diese stillen Reserven/Lasten entsprechend der Regelungen des IFRS 3 in einer Nebenrechnung aufzudecken und in den Folgejahren fortzuschreiben (IAS 28.23). Besteht nach der Allokation der Anschaffungskosten auf die stillen Reserven/Lasten weiterhin ein aktivischer Unterschiedsbetrag, so ist dieser als (nur in der Nebenrechung zu ermittelnder) Goodwill zu interpretieren (IAS 28.23). Die anteiligen planmäßigen und außerplanmäßigen Abschreibungen der stillen Reserven sowie eventuelle Goodwill-Wertminderungen verringern in der Folgezeit den Ergebnisanteil des Investors.

Beispiel 24.10

Die Liquid AG erhält mit der 40 %-Beteiligung an der Solidus AG (Beispiel 24.8) auch einen maßgeblichen Einfluss. Das bilanzielle Eigenkapital der Solidus AG am 31.12.2010 betrage nun 2.125 T€. Die Solidus AG besitzt stille Reserven in Gebäuden in Höhe von 150 T€.

Equity-Ansatz zum 31.12.2010		**1.000 T€**
Nebenrechnung		
Anschaffungskosten der Beteiligung		1.000 T€
– anteiliges bilanzielles Eigenkapital bei Erwerb (2.125 T€ · 0,4 =)		-850 T€
Unterschiedsbetrag		**150 T€**
davon:	40 %-Anteil an den stillen Reserven in Gebäuden (150 · 0,4 = 60; Restnutzungsdauer 10 Jahre)	60 T€
davon:	Goodwill	90 T€

Negativer Unterschiedsbetrag

Alternativ ist es möglich, dass es bei der Aufteilung der Anschaffungskosten zu einem negativen Unterschiedsbetrag kommt. Dieser wird ggf. direkt GuV-wirksam vereinnahmt (IAS 28.23). Durch die damit verbundene Zuschreibung der Beteiligung wird diese mit einem Buchwert oberhalb der Anschaffungskosten in der Bilanz ausgewiesen.

Folgebewertung

In der Folgezeit wird der Equity-Wertansatz

- um die anteiligen Eigenkapitalveränderungen des assoziierten Unternehmens angepasst (IAS 28.11),
- um die Abschreibungen der im Erwerbszeitpunkt aufgedeckten stillen Reserven gesenkt bzw. um die Auflösung der stillen Lasten erhöht (IAS 28.23) und
- um eine ggf. vorzunehmende Wertminderung der Beteiligung verringert (IAS 28.23).

Eigenkapitalveränderungen

Die anteiligen Eigenkapitalveränderungen im assoziierten Unternehmen können dabei auf GuV-neutralen, GuV-wirksamen oder sogar gesamtergebnisneutralen Veränderungen basieren.

GuV-neutrale über das sonstige Ergebnis (OCI) zu verbuchende Änderungen des anteiligen Eigenkapitals können z.B. aus Neubewertungen von Sachanlagen oder aus nach IAS 39 als Available-for-Sale-Wertpapiere kategorisierten Finanzinstrumenten bzw. aus nach IFRS 9 GuV-neutral folgezubewertenden Eigenkapitalinstrumenten des assoziierten Unternehmens resultieren. Sie erhöhen bzw. senken GuV-neutral das Eigenkapital des assoziierten Unternehmens und damit anteilig den Equity-Wertansatz beim Investor. Solche Veränderungen sind insofern anteilig durch eine GuV-neutrale Beteiligungszuschreibung bzw. -abschreibung über das sonstige Ergebnis im Abschluss des Investors zu berücksichtigen (IAS 28.11).

GuV-wirksame Veränderungen des Eigenkapitals des assoziierten Unternehmens entstehen über entsprechende Gewinne oder Verluste im assoziierten Unternehmen. Sie werden anteilig durch eine GuV-wirksame Beteiligungszuschreibung in die Bilanz des Investors übernommen. Nimmt das assoziierte Unternehmen eine Gewinnausschüttung vor, ist diese Eigenkapitalverminderung im Konzernabschluss des Investors wie eine Kapitalrückzahlung und damit gesamtergebnisneutral (*liquide Mittel an Anteile an assoziierten Unternehmen*) zu buchen (IAS 28.11).

Kapitalerhöhungen und Kapitalherabsetzungen

Darüber hinaus ziehen Kapitalerhöhungen gegen Einlage und effektive Kapitalherabsetzungen auf Ebene des assoziierten Unternehmens regelmäßig gesamtergebnisneutrale Korrekturen des Equity-Wertes nach sich. Voraussetzung ist hierbei, dass es nicht zu einer Änderung des Assoziierungsstatus kommt. Bei Kapitalerhöhungen ist im Einzelnen danach zu differenzieren, ob das beteiligte Unternehmen beteiligungsproportional, -überproportional oder -unterproportional an der Kapitalerhöhung teilnimmt. Während eine beteiligungsproportionale Partizipation an der Kapitalerhöhung lediglich zu einer Erhöhung des Equity-Ansatzes führt, zieht die Erhöhung der Beteiligungsquote bei einer überproportionalen Teilnahme – analog zu einem Kauf neuer Anteile – eine neue Erstkonsolidierung nach sich. Im Falle einer unterproportionalen Partizipation an der Kapitalerhöhung ist entscheidend, in welchem Verhältnis die kompensatorischen Effekte aus der Erhöhung des bilanziellen Eigenkapitals im Zuge der Einlage und der Verminderung der Beteiligungsquote zueinander stehen[11].

Beispiel 24.11

Die Liquid AG verfügt am 29.12.2011 über 30 % der Kapital- und Stimmrechtsanteile an der Big Boss AG. Das buchmäßige Eigenkapital der Big Boss AG beträgt zu diesem Zeitpunkt 1.000 T€, wobei das gezeichnete Kapital mit 200 T€ bewertet wird. Bezogen auf das buchmäßige Eigenkapital liegt der Wert der Beteiligung der Liquid AG an der Big Boss AG damit zum 29.12.2011 bei 300 T€. Der Equity-Wertansatz der Beteiligung beträgt zu diesem Zeitpunkt aufgrund implizit im Beteiligungsbuchwert enthaltener stiller

11 Vgl. hierzu im Detail *Lüdenbach*, Haufe IFRS-Kommentar, § 33, Tz. 92-95.

Reserven und eines Goodwills 360 T€. Am 30.12.2011 führt die Big Boss AG eine Kapitalerhöhung durch, an der die Liquid AG nicht teilnimmt. Hierbei erhöht sich das buchmäßige Eigenkapital der Big Boss AG um insgesamt 300 T€ auf 1.300 T€, wobei das gezeichnete Kapital von ursprünglich 200 T€ auf 240 T€ ansteigt. Hierdurch verringert sich die Beteiligungsquote der Liquid AG um 5 %-Punkte auf 25 % (= 60 T€ / 240 T€). Dem Anstieg des Anteils der Liquid AG am buchmäßigen Eigenkapital um 25 T€ auf 325 T€ (= 25 % · 1.300 T€) steht hierbei ein kompensatorischer Effekt infolge der Beteiligungsminderung von 5/30 gegenüber. Dieser beträgt infolge der im Beteiligungsbuchwert enthaltenen stillen Reserven und des hierin enthaltenen Goodwills, die in Summe bei 60 T€ liegen, 10 T€ (= 5 / 30 · 60 T€). Unter Berücksichtigung beider Effekte steigt demzufolge der Equity-Wert der Beteiligung an der Big Boss AG um insgesamt 15 T€ auf nunmehr 375 T€ an. Die Liquid AG bucht:

Anteile an assoziierten Unt. *an* *Ergebnis aus assoziierten Unt. 15 T€*

Abschreibung stiller Reserven und Auflösung stiller Lasten

Die bei der erstmaligen Anwendung in der Nebenrechnung ermittelten anteiligen stillen Reserven/Lasten sind in der Folgezeit wie die entsprechenden Vermögenswerte und Schulden im assoziierten Unternehmen GuV-wirksam abzuschreiben bzw. aufzulösen (IAS 28.23). Alle GuV-wirksamen Vorfälle werden separat im Konto „Ergebnis aus assoziierten Unternehmen“ erfasst, um eine Vermischung in der Gesamtergebnisrechnung des Mutterunternehmens zu verhindern.

Beispiel 24.12

Am 30.12.2011 erfolgt im Jahresabschluss der Solidus AG eine GuV-neutrale Neubewertung der Grundstücke in Höhe von +10 T€ (IAS 16.39). Von der Bildung latenter Steuern wird hier abgesehen. Zum 31.12.2011 ermittelt die Solidus AG einen Gewinn von 250 T€, von dem 30 % im Folgejahr ausgeschüttet werden sollen. Die im Erwerbszeitpunkt vorhandenen anteiligen stillen Reserven in den Gebäuden der Solidus AG in Höhe von (150 · 0,4 =) 60 T€ sind über die Restnutzungsdauer von 10 Jahren abzuschreiben.

Ermittlung des Beteiligungsbuchwertes

Equity-Ansatz 31.12.2010:	**1.000 T€**
Nebenrechnung zum 31.12.2011	
+ anteiliger Jahresüberschuss (250 T€ · 0,4 =)	100 T€
– Abschreibung auf die stillen Reserven in Gebäuden (60 / 10 =)	-6 T€
Anteilige GuV-wirksame Beteiligungszuschreibung [a]	94 T€
Anteilige GuV-neutrale Neubewertung (10 · 0,4 =) [b]	4 T€
Equity-Ansatz 31.12.2011	**1.098 T€**

Die Geschäftsvorfälle werden am 31.12.2011 in der Konzernbilanz und Konzern-Gesamtergebnisrechnung der Liquid AG folgendermaßen erfasst:

[a] Anteile an assoziierten Unt.	*an*	*Ergebnis aus ass. Unt.*	*94 T€*
[b] Anteile an assoziierten Unt.	*an*	*sonstiges Ergebnis (OCI)*	*4 T€*

Die 2012 von der Liquid AG erwartete Dividendenzahlung in Höhe von anteilig (250 · 0,3 · 0,4 =) 30 T€ ist im Folgejahr ergebnisneutral über

Bank	*an*	*Anteile an assoziierten Unt.*	*30 T€*

mit dem Beteiligungsbuchwert bei der Liquid AG zu verrechnen. Für den Fall, dass die Beteiligung an dem assoziierten Unternehmen im Einzelabschluss der Liquid AG nach der z.B. in Deutschland vorgeschriebenen Anschaffungskostenmethode bilanziert wird, ist die Gewinnausschüttung hier GuV-wirksam als Beteiligungsertrag zu vereinnahmen. Im Konzernabschluss wäre diese Buchung dann im Rahmen der Konzernabschluss-Erstellung insofern zu korrigieren, als der Beteiligungsertrag GuV-wirksam zurückgenommen wird und der hierdurch reduzierte Konzernerfolg durch eine Verminderung des Beteiligungsbuchwertes ausgeglichen wird (*Beteiligungsergebnis an Anteile an assoziierten Unternehmen*).

Negativer Equity-Wert

Wenn das assoziierte Unternehmen einen Verlust erwirtschaftet, ist der Equity-Wert anteilig GuV-wirksam zu reduzieren. Hat dieser den Wert Null erreicht, so wird die Equity-Bewertung ausgesetzt. In einer Nebenrechnung werden die über den buchmäßigen Equity-Wert von Null hinausgehenden Verluste zu einem negativen Equity-Wert fortgeführt. Erwirtschaftet das assoziierte Unternehmen in den Folgejahren wieder Gewinne, werden diese beteiligungsanteilig zunächst mit dem in der Nebenrechnung fortgeführten negativen (Rest)Betrag verrechnet. Erst ein über den bestehenden Verlustsaldo hinausgehender Gewinnanteil wird in der Bilanz wieder durch eine GuV-wirksame Zuschreibung der Beteiligung erfasst (IAS 28.30). Ist der Investor allerdings eine Verpflichtung eingegangen, für Verluste des assoziierten Unternehmens einzustehen, hat er auch dessen über den Equity-Wert hinausgehende anteilige Verluste zu erfassen (IAS 28.30). Für diese ist dann GuV-wirksam eine Verbindlichkeit oder eine Rückstellung zu bilden.

Nettoinvestition in das assoziierte Unternehmen

Die Maximalhöhe der bilanzwirksam zu verrechnenden Verluste wird nicht zwingend durch den Restbuchwert der Equity-Beteiligung begrenzt. Vielmehr hat der Investor bei über einen Equity-Buchwert von Null hinausgehenden Verlusten zunächst zu prüfen, ob er noch in anderer Weise am assoziierten Unternehmen „beteiligt" ist. So ist denkbar, dass der Investor zusätzlich zur Kapitalbeteiligung auch noch langfristige ungesicherte Forderungen gegenüber dem assoziierten Unternehmen hält. Diese Forderungen wären auch Teil der sog. Nettoinvestition in das assoziierte Unternehmen und infolge anhaltender Verluste ebenfalls im Rahmen der Equity-Bewertung abzuschreiben. Sofern ein Unternehmen neben der Kapitalbeteiligung mehrere solcher Investitionen als Teil der Nettoinvestition an der Equity-Beteiligung hält, erfolgen ggf. notwendige Abschreibungen in der Reihenfolge ihrer Eigenkapitalnähe (IAS 28.29). Erwirtschaftet das assoziierte Unternehmen in der Folgezeit wieder Gewinne, so sind die neben der Kapitalbeteiligung existierenden anderen Bestandteile der Nettoinvestition um den dem Investor zurechenbaren Gewinnanteil GuV-wirksam zuzuschreiben. Nicht zum Investment des Investors gehören indes gesicherte Forderungen oder kurzfristige Forderungen, wie z.B. Forderungen aus Lieferungen und Leistungen.

Beispiel 24.13

Die Liquid AG hält eine weitere Beteiligung an der Snake GmbH in Höhe von 40 % mit einem Beteiligungsbuchwert am 31.12.2009 von 100 T€. Ein Unterschiedsbetrag existiert nicht mehr. Die Liquid AG ist keine Verpflichtung eingegangen, für die Verluste der Snake GmbH zu haften. Die Snake GmbH benötigt in den Jahren 2010 bis 2012 sehr hohe Anfangsinvestitionen. Die Abschreibungen hierauf führen zu einem Verlust von jeweils 150 T€ in 2010, 2011 und 2012 und damit zu anteiligen Verlusten bei der Liquid AG von jeweils (150 · 0,4 =) 60 T€ in diesen Jahren. Ab dem vierten Jahr zahlen sich die Anfangsinvestitionen jedoch aus und die Snake GmbH erwirtschaftet jeweils Gewinne von 125 T€. In den Jahren 2010 bis 2015 werden keine Dividenden gezahlt.

Lösung

Die Entwicklung des Equity-Wertes, des anteiligen Ergebnisses sowie des kumulierten Ergebnisses kann der folgenden Tabelle entnommen werden[12].

Jahr	Equity-Wert (01.01.)	Anteiliges Ergebnis (40 %)	Equity-Wert (31.12.)	Kumuliertes, nicht im Equity-Wert berücksichtigtes Ergebnis	Anwendung der Equity-Methode
2010	100	-60	40	—	Ja
2011	40	-60	0	-20	Ausgesetzt
2012	0	-60	0	-80	Ausgesetzt
2013	0	+50	0	-30	Ausgesetzt
2014	0	+50	+20	—	Ja
2015	20	+50	+70	—	Ja

Indikatoren für eine Wertminderung

In den Folgejahren ist zusätzlich zu prüfen, ob der Buchwert der Beteiligung im Wert gemindert und diese damit außerplanmäßig abzuschreiben ist (IAS 28.31). Der lediglich in der Nebenrechnung geführte Goodwill ist allerdings – im Unter-

12 In Anlehnung an *Baetge/Bruns/Klaholz*, IFRS-Kommentar, IAS 28, Tz. 145.

schied zu dem aus Unternehmenszusammenschlüssen resultierenden Goodwill – nicht separat auf Wertminderung zu testen (IAS 28.33). Stattdessen ist zu prüfen, ob objektive Hinweise vorliegen, die auf eine Wertminderung der Equity-Beteiligung hindeuten. Hier verweist IAS 28.31 auf IAS 39, der Beispiele für objektive Wertminderungstatbestände gibt. Demnach können bspw. Änderungen im Marktumfeld des Unternehmens oder deutliche und nachhaltige Verringerungen des beizulegenden Zeitwertes der Beteiligung objektive Hinweise auf Wertminderung sein. IAS 28.32 verlangt zusätzlich, dass geprüft werden muss, ob neben objektiven Hinweisen auf eine Wertminderung der Nettoinvestition auch objektive Hinweise vorliegen, die auf eine Wertminderung der Anteile des Investors hindeuten, die *kein* Bestandteil der Nettoinvestition sind. Dies könnten z.B. nach IAS 39 folgezubewertende Forderungen aus Lieferungen und Leistungen des Investors gegenüber dem assoziierten Unternehmen sein.

Ermittlung eines Wertminderungsbedarfs

Sollten objektive Hinweise auf eine Wertminderung vorliegen, verlangt IAS 28.33 die Anwendung von IAS 36 zur Bestimmung eines eventuellen Wertminderungsaufwands. Nach IAS 36 muss der Buchwert der Beteiligung mit ihrem erzielbaren Betrag verglichen werden. Der erzielbare Betrag ist dabei definiert als der höhere der beiden Beträge aus Nettoveräußerungspreis und Nutzungswert (vgl. Kapitel 10). Zur Schätzung des Nutzungswertes gibt IAS 28.33 zwei Möglichkeiten vor, die unter konsistenten Prämissen zu gleichen Werten führen. Der Nutzungswert der Beteiligung lässt sich demnach ermitteln als

- Anteil an dem Barwert der erwarteten, vom assoziierten Unternehmen erwirtschafteten zukünftigen Cashflows, inklusive eventueller Cashflows aus der endgültigen Veräußerung der Beteiligung, oder
- Barwert der erwarteten zukünftigen Cashflows, die aus den Dividenden des assoziierten Unternehmens und aus der endgültigen Veräußerung der Beteiligung resultieren.

Sollten sowohl der Nutzungswert als auch der Nettoveräußerungspreis geringer sein als der Buchwert der Beteiligung, kommt es zu einer GuV-wirksam zu verbuchenden Wertminderung des Beteiligungsbuchwertes.

Beispiel 24.14

Der Equity-Wert der Solidus AG beträgt zum 31.12.2011 – wie oben (Beispiel 24.12) ermittelt – 1.098 T€. Im folgenden Jahr reduziert er sich durch die anteilige Gewinnausschüttung (30 T€) und Abschreibungen auf stille Reserven (6 T€) um insgesamt 36 T€ auf 1.062 T€. Darüber hinaus liegen nun objektive Hinweise für eine Wertminderung vor. Eine anschließende Unternehmensbewertung zeigt, dass sowohl der Nettoveräußerungspreis als auch der Nutzungswert der Beteiligung nur noch 951 T€ betragen. Damit entsteht ein Wertminderungsaufwand von 111 T€, um den der Beteiligungsbuchwert GuV-wirksam zu reduzieren ist.

Fraglich erscheint nun, wie diese Wertminderung innerhalb der für die Fortführung des Equity-Wertes erforderlichen Nebenrechnung zu erfassen ist. IAS 28.33 gibt diesbezüglich infolge der Änderungen durch das Annual Improvements Project 2008 vor, dass der Wertminderungsaufwand keinen Vermögenswerten (inkl. des Goodwills), die einen Bestandteil des Buchwerts der Equity-Beteiligung bilden, zugerechnet werden darf[13]. Als problematisch erweist sich hierbei, dass eine konsistente Folgebewertung der Equity-Beteiligung im Grundsatz eine Allokation des Wertminderungsaufwands auf den Goodwill und den Bestand an stillen Reserven voraussetzen würde. Diese Vorgehensweise widerspricht allerdings der wörtlichen Auslegung des IAS 28.33, demzufolge die stillen Reserven auf Grundlage der vor der Wertminderung in der Nebenrechnung ermittelten Werte fortzuführen sind[14]. Mit Blick auf obige Beispielrechnung bedeutet das, dass der Wertminderungsaufwand in der Nebenrechnung – im Unterschied zur Vorgehensweise vor den Änderungen durch das Annual Improvements Project – weder mit dem Goodwill noch den stillen Reserven zu verrechnen wäre. Die für die Fortführung des Equity-Werts zu ermittelnde Abschreibung auf die stillen Reserven würde demnach zum 31.12.2012 analog zur Vorperiode bei 6 T€ liegen[15].

Wertaufholung

Sofern der erzielbare Betrag in den Perioden nach der Wertminderung wieder über den Beteiligungsbuchwert ansteigt, ist eine Wertaufholung maximal in Höhe des ursprünglichen Wertminderungsbetrags vorzunehmen (IAS 28.33). Da der nur in der Nebenrechnung geführte Goodwill im Zuge einer Wertminderung nicht länger abzuschreiben ist, wird auf diese Weise das Problem einer nach IAS 36.124 nicht zulässigen Wertaufholung des Goodwills umgangen.

Eliminierung von Zwischenerfolgen

Haben zwischen dem assoziierten Unternehmen und dem Investor Geschäftsvorfälle stattgefunden, sind hierin enthaltene Zwischenerfolge nach IAS 28.22 entsprechend der am assoziierten Unternehmen gehaltenen Beteiligungshöhe anteilig zu eliminieren. Als realisiert angesehen werden damit nur diejenigen Anteile am Zwischenerfolg, die der Anteilsquote konzernfremder Investoren des assoziierten Unternehmens entsprechen. Diese anteilige Eliminierungspflicht gilt sowohl für upstream- (assoziiertes Unternehmen liefert an Investor) als auch für downstream-Lieferungen (Investor liefert an assoziiertes Unternehmen). Ein

13 Bis zu den Änderungen durch das Annual Improvements Project 2008 war es so, dass ein etwaiger Wertminderungsaufwand zunächst den Goodwill minderte und anschließend auf die bestehenden stillen Reserven verteilt wurde.

14 Vgl. zu dieser Problematik ausführlich auch *Lüdenbach*, Haufe IFRS-Kommentar, § 33, Tz. 88.

15 Vor den Änderungen durch das Annual Improvements Project wäre der Wertminderungsaufwand in der Nebenrechnung zunächst mit dem Goodwill verrechnet worden. Der den Goodwill übersteigende Wertminderungsaufwand wäre anschließend mit den stillen Reserven saldiert worden, so dass letztere nach der Wertminderung nur noch einen Betrag von 27 T€ [= 54 - (117 - 90)] aufgewiesen hätten. Die zur Fortführung des Equity-Werts für 2012 zu ermittelnde planmäßige Abschreibung hätte in diesem Fall dann nicht mehr 6 T€ betragen, sondern lediglich 3 T€ (= 27 / 9).

hieraus resultierender zu korrigierender Betrag wird im Falle von downstream-Lieferungen zu Lasten des Anteils am assoziierten Unternehmen, also direkt im Equity-Wert, gebucht. Im Fall von upstream-Lieferungen besteht demgegenüber die Alternative, die notwendige Zwischenergebniseliminierung entweder durch Korrektur des Equity-Wertansatzes oder des gelieferten Vermögenswertes vorzunehmen. Das Gegenkonto dieser Konsolidierungsbuchung stellt dabei das „Ergebnis aus assoziierten Unternehmen“ dar.

Beispiel 24.15

Die Halo AG ist an der Alliance AG zu 25 % beteiligt und hat damit die Möglichkeit, einen maßgeblichen Einfluss auf die Geschäfts- und Finanzpolitik der Alliance AG auszuüben. Folglich wird die Alliance AG in den Konzernabschluss der Halo AG über die Equity-Methode einbezogen. Die Halo AG hat im Geschäftsjahr 2009 ein Grundstück, das mit einem Buchwert von 1 Mio. € in ihrer Bilanz stand, für 2 Mio. € an die Alliance AG veräußert. Im Jahr 2011 veräußert die Alliance AG das Grundstück zum Buchwert in Höhe von 2 Mio. € an eine konzernfremde Gesellschaft weiter.

Lösung

Bei der beschriebenen Transaktion handelt es sich um eine downstream-Lieferung, die bei der Halo AG zu einem Zwischengewinn in Höhe von 1 Mio. € führt. Aufgrund der anteiligen Eliminierungspflicht der Halo AG muss im Geschäftsjahr 2009 ein Zwischengewinn in Höhe von 250 T€ eliminiert werden. Demzufolge sind im Geschäftsjahr 2009 in der Konzernbilanz der Halo AG folgende Buchungen vorzunehmen:

[a] Bank 2.000 T€	*an*	*Grundstück*	*1.000 T€*
		sonst. betr. Ertrag	*1.000 T€*
[b] Sonst. betr. Ertrag	*an*	*Anteile an assoz. Untern.*	*250 T€*

Buchungssatz [a] bildet den Verkauf des Grundstücks bilanziell ab. Durch Buchung [b] erfolgt demgegenüber die notwendige Eliminierung des Zwischengewinns in Höhe des an der Alliance AG gehaltenen Beteiligungsanteils.

Da der Konzernabschluss aus den Einzelabschlüssen der einbezogenen Unternehmen erstellt wird und im Einzelabschluss der Halo AG der durch die Transaktion mit der Alliance AG erzielte Gewinn im Jahr 2010 in den Gewinnrücklagen enthalten ist, muss die Zwischenerfolgseliminierung zum Ende des Geschäftsjahres 2010 über die Gewinnrücklagen erfolgen. Die entsprechende Buchung lautet:

Gewinnrücklagen	*an*	*Anteile an assoz. Untern.*	*250 T€*

Aus Sicht der Halo AG ist der durch den Grundstücksverkauf entstandene Zwischengewinn erst vollständig zu erfassen, wenn er gegenüber Dritten als vollständig realisiert anzusehen ist. Da der Vermögenswert im Jahr 2011 an eine konzernfremde Gesellschaft weiterveräußert wird, muss der Zwischengewinn in Höhe des an der Alliance AG gehaltenen Beteiligungsanteils in diesem Geschäftsjahr auch im Konzernabschluss realisiert werden. Damit ist 2011 folgende Buchung vorzunehmen:

Gewinnrücklagen an sonst. betr. Ertrag 250 T€

Doppelte Eliminierung von Zwischenerfolgen

Die Zwischenerfolgseliminierung über den Beteiligungsansatz kann leicht dazu führen, dass anteilige Zwischengewinne doppelt eliminiert werden. Liefert z.B. der Investor einen Vermögenswert mit einem Zwischengewinn an das assoziierte Unternehmen, so wird dieser anteilig zunächst durch eine GuV-wirksame Reduktion des Beteiligungsansatzes eliminiert. Sofern dieser Vermögenswert im assoziierten Unternehmen im Rahmen eines Werthaltigkeitstests ebenfalls abgeschrieben wird, ist diese anteilige Wertminderung zunächst mit dem im Rahmen der Zwischenerfolgseliminierung korrigierten Betrag zu verrechnen.

Fehlen erforderlicher Daten

Da der maßgebliche Einfluss i.d.R. nicht dazu ausreicht, die erforderlichen Controllingdaten des assoziierten Unternehmens einzusehen, werden die erforderlichen Informationen für eine Zwischenerfolgseliminierung häufig nicht zur Verfügung stehen. In diesem Fall könnten Schätzungen oder branchenübliche Margen die Höhe der Zwischenerfolgseliminierung determinieren[16].

Sonstige Konsolidierung

Zur denkbaren Schuldenkonsolidierung enthält IAS 28 keine Vorschrift. Grundsätzlich verweist IAS 28.20 hierzu auf IAS 27. Damit wäre z.B. eine Rückstellung für Garantiefälle, die vom Investor für Lieferungen an das assoziierte Unternehmen gebildet wird, im Rahmen einer GuV-wirksamen Schuldenkonsolidierung wieder anteilig zu eliminieren. Auch hier ergeben sich jedoch praktische Probleme in der Durchführung einer Konsolidierung, da der Investor über die erforderlichen Informationen verfügen muss.

Des Weiteren wirft eine Schuldenkonsolidierung ähnliche Probleme auf, wie sie bereits bei einer Zwischengewinneliminierung bestehen. In diesem Sinne sind beispielweise Forderungen bzw. Verbindlichkeiten gegenüber einem assoziierten Unternehmen, das analog eine Verbindlichkeit bzw. Forderung gegenüber dem Investor ausweist, gegen den Beteiligungswert zu korrigieren.

Latente Steuern

Nach dem Temporary-Konzept sind für alle zeitlich begrenzten Bestandsdifferenzen latente Steuern zu bilden (vgl. Kapitel 8). Im Rahmen der Anwendung der Equity-Methode kann es folglich zur Bildung von latenten Steuern kommen. Hier ist zwischen der erstmaligen Anwendung der Equity-Methode und der Anwendung in den Folgeperioden zu unterscheiden. Bei der erstmaligen Anwendung der Equity-Methode entstehen im Bilanzansatz keine latenten Steuern, wenn die Anteile zu einem Zeitpunkt erworben werden (Einmalerwerb), da in diesem Fall die Beteiligung sowohl im Konzernabschluss als auch in der Steuerbilanz mit den Anschaffungskosten erfasst wird. Innerhalb der Nebenrechnung sind jedoch passive/aktive latente Steuern auf ggf. aufgedeckte stille Reserven/Lasten anzusetzen, die die Höhe eines verbleibenden Unterschiedsbetrages verändern.

16 Vgl. *Baetge/Bruns/Klaholz,* IAS-Kommentar, IAS 28, Tz. 101 f.

Latente Steuern in den Folgeperioden

In den Folgeperioden kann es zudem durch die Fortschreibungen des Beteiligungsbuchwertes zur Bildung von latenten Steuern kommen. Thesauriert das assoziierte Unternehmen einen Teil seines Jahresüberschusses, dann weichen c.p. die Beteiligungswertansätze der Steuerbilanzen von denen des Konzernabschlusses ab. Da diese Unterschiede sich aber nicht automatisch im Zeitablauf, sondern erst mit einer späteren Ausschüttung oder bei Veräußerung auflösen, liegen hier quasi-permanente oder, sofern die spätere Vereinnahmung zu steuerfreien Erträgen führt, permanente Differenzen vor. Während auf quasipermanente Differenzen latente Steuern zu bilden sind, unterbleibt eine Bildung von latenten Steuern für permanente Differenzen.

Bei der Bereinigung um Zwischenerfolge entstehen sowohl Ergebnis- als auch Bestandsdifferenzen zwischen Steuerbilanz und Konzernabschluss, die sich im Zeitablauf ausgleichen. Wie bei der Zwischenerfolgseliminierung im Rahmen der Voll- und Quotenkonsolidierung sind auch hier latente Steuern zu bilden. Sie werden im Rahmen der Nebenrechnung erfasst und über die Anteile an assoziierten Unternehmen und über das Ergebnis aus assoziierten Unternehmen verrechnet.

Beendigung der Equity-Methode

Die Equity-Methode darf nicht mehr angewendet werden, wenn keine Möglichkeit mehr gegeben ist, auf die Finanz- und Geschäftspolitik des assoziierten Unternehmens Einfluss zu nehmen (IAS 28.18). Dies kann mehrere Gründe haben, z.B.:

- Der Investor verliert den maßgeblichen Einfluss, bspw. durch Verkauf von Anteilen, die Übernahme der Verfügungsgewalt durch einen Insolvenzverwalter oder aufgrund vertraglicher Vereinbarungen (IAS 28.10). Ab diesem Zeitpunkt sind evtl. verbliebene Anteile nach IAS 39 bzw. IFRS 9 zu bilanzieren. Im Einzelnen sind diese Anteile zum Zeitpunkt des Statuswechsels mit ihrem beizulegenden Zeitwert anzusetzen (IAS 28.19), wobei Differenzen zwischen dem beizulegenden Zeitwert und dem auf die verbliebenen Anteile entfallenden anteiligen Equity-Buchwert ergebniswirksam zu vereinnahmen sind. Hierbei ist zu berücksichtigen, dass sämtliche im sonstigen Ergebnis kumulierten Beträge gemäß IAS 28.19A so zu erfassen sind, als wären die hiermit verbundenen Vermögenswerte und Schulden veräußert worden. Wenn also ein assoziiertes Unternehmen Wertänderungen von zur Veräußerung verfügbaren Finanzinstrumenten im sonstigen Ergebnis erfasst hat, so hat das Beteiligungsunternehmen bei Verlust seines maßgeblichen Einflusses die korrespondierenden, seinerseits anteilig im sonstigen Ergebnis erfassten Beträge GuV-wirksam umzugliedern (recycling).
- Der Investor erwirbt weitere Anteile, so dass er die Beherrschungsmöglichkeit oder die gemeinschaftliche Führung über das Unternehmen erwirbt. Bei Erwerb der alleinigen Beherrschungsmöglichkeit ist das assoziierte Unternehmen nach IAS 27 voll zu konsolidieren; bei gemeinschaftlicher Führung ist IAS 31 zur Bilanzierung von Gemeinschaftsunternehmen anzuwenden. Als Konsolidierungsgrundlage fungieren im Folgenden die Anschaffungskosten der neu erworbenen Anteile sowie die nach IFRS 3.32 zum beizulegenden

Zeitwert neu bewerteten Altanteile. Die Neubewertung der Altanteile kann damit dazu führen, dass im Falle einer Differenz zwischen ihrem beizulegenden Zeitwert und ihrem Equity-Buchwert zum Zeitpunkt des Statuswechsels ein Erfolg aus Altanteilen entsteht, der GuV-wirksam zu erfassen ist.

Ausweis

Neben den umfangreichen Angabepflichten des IAS 28 beinhaltet IAS 1 in Verbindung mit IAS 28.38-39 eine Reihe von Ausweisvorschriften. Demzufolge sind at equity bewertete Anteile an assoziierten Unternehmen in der Bilanz gesondert unter den langfristigen Vermögenswerten und damit unter dem Finanzanlagevermögen auszuweisen (IAS 1.54(e); IAS 28.38). Darüber hinaus wird innerhalb der Gesamtergebnisrechnung ein gesonderter Ausweis des Anteils am Gewinn bzw. Verlust eines assoziierten Unternehmens gefordert (IAS 1.82(c); IAS 28.38). Gleiches gilt auch für den Anteil der seitens des assoziierten Unternehmens im sonstigen Ergebnis erfassten Beträge (IAS 1.82(h)). Dieser ist nach IAS 28.39 ebenso wie auf Ebene des assoziierten Unternehmens im sonstigen Ergebnis des Investors darzustellen.

Angabepflichten

Kerngedanke der Angaberegelungen bei der Equity-Methode ist, dass ein Aktionär des investierenden Unternehmens über das Risiko des assoziierten Unternehmens informiert werden soll. Da es im Falle einer Vollkonsolidierung ebenfalls sehr detaillierte Angabevorschriften gibt, sollte kein Unternehmen die Möglichkeit erhalten, über eine u.U. nur marginal geringere Beteiligung auf einen Großteil der Angabepflichten verzichten zu können. Nach IAS 28.37 sind daher im Anhang anzugeben:

- die wesentlichen assoziierten Unternehmen mit ihren beizulegenden Zeitwerten, wenn Marktpreise vorhanden sind,
- zusammengefasste finanzielle Informationen der assoziierten Unternehmen,
- eine Erklärung, warum auf ein Unternehmen ein maßgeblicher Einfluss ausgeübt werden kann, wenn weniger als 20 % der Stimmrechtsanteile gehalten werden,
- eine Erklärung, warum auf ein Unternehmen kein maßgeblicher Einfluss ausgeübt werden kann, obwohl ein Stimmrechtsanteil von mindestens 20 % besteht,
- eine Erklärung, warum für ein assoziiertes Unternehmen ein Bilanzstichtag oder Berichtszeitraum verwendet wurde, der von dem des Investors abweicht,
- der Grund und das Ausmaß von Restriktionen, die den Kapitalfluss vom assoziierten Unternehmen an den Investor verhindern (hierunter fallen bspw. Ausschüttungsrestriktionen aufgrund gesetzlicher Auflagen),
- der Wert eines nicht ausgewiesenen Verlustes, falls ein assoziiertes Unternehmen aufgrund von Verlusten einen negativen Beteiligungsbuchwert hat,
- die Tatsache, dass ein assoziiertes Unternehmen entsprechend der Ausnahmeregelung des IAS 28.13 nicht at equity bewertet wird, sowie
- zusammengefasste finanzielle Informationen von assoziierten Unternehmen, die nicht nach der Equity-Methode bilanziert werden, für die also bspw. die Ausnahmeregelung nach IAS 28.13 gilt.

Darüber hinaus hat der Inhaber der Anteile an einem assoziierten Unternehmen in Übereinstimmung mit IAS 37 einerseits anzugeben, in welchem Umfang er selbständig für Eventualschulden des assoziierten Unternehmens haftet. Andererseits ist auch der Anteil an den gemeinschaftlich mit anderen Eigentümern des assoziierten Unternehmens eingegangenen Eventualschulden angabepflichtig (IAS 28.40). Abschließend fordert IAS 28.38 separate Angaben zum dem Investor zustehenden Anteil an sämtlichen aufgegebenen Geschäftsbereichen des assoziierten Unternehmens.

4 Wesentliche Unterschiede zum IFRS for SMEs

Zusätzliche Wahlrechte

Im Unterschied zu den „full“ IFRS enthält der IFRS for SMEs weitergehende Wahlrechte zur Bilanzierung von Anteilen an assoziierten Unternehmen (IFRS-SME.14) und Gemeinschaftsunternehmen (IFRS-SME.15). IFRS-SME.14.4 und IFRS-SME.15.9 sehen demnach im Grundsatz vor, dass Anteile an assoziierten Unternehmen und Gemeinschaftsunternehmen entweder zu (fortgeführten) Anschaffungskosten, zum beizulegenden Zeitwert oder im Wege der Equity-Bewertung zu bilanzieren sind. Eingeschränkt wird dieses Wahlrecht allerdings für Anteile, für die eine öffentliche Kursnotierung verfügbar ist (also börsennotierte Anteile). Demnach stellen IFRS-SME.14.5 und SME-IFRS.15.10 klar, dass eine Bilanzierung von Beteiligungen an assoziierten Unternehmen und Gemeinschaftsunternehmen zu (fortgeführten) Anschaffungskosten nur dann zulässig ist, wenn es sich um nicht-börsennotierte Anteile handelt. Börsennotierte Anteile dürfen demnach lediglich wahlweise zum beizulegenden Zeitwert (IFRS-SME.14.7 und IFRS-SME.15.12) oder nach der Equity-Methode bilanziert werden. Darüber hinaus wird in IFRS-SME.14.10 und IFRS-SME.15.15 betont, dass solche Anteile, deren beizulegender Zeitwert nur unter Inkaufnahme unangemessen hoher Kosten verlässlich bestimmt werden kann, zu Anschaffungskosten folgezubewerten sind.

Bewertung zum beizulegenden Zeitwert

Mit Blick auf die wahlweise Bilanzierung der Anteile an assoziierten Unternehmen und Gemeinschaftsunternehmen zum beizulegenden Zeitwert ist zu berücksichtigen, dass Änderungen des beizulegenden Zeitwerts nach IFRS-SME.14.10 und IFRS-SME.15.15 zwingend GuV-wirksam zu erfassen sind.

Keine Quotenkonsolidierung

Darüber hinaus kommt eine konzernbilanzielle Abbildung der Anteile an Gemeinschaftsunternehmen im Wege der Quotenkonsolidierung im Unterschied zu IAS 31 nicht in Betracht.

Einheitliche Wahlrechtsausübung

Um die aufgrund der Wahlrechte bestehenden Bilanzierungsspielräume einzuschränken, wird in IFRS-SME.14.4 bzw. IFRS-SME.15.9 festgelegt, dass die Wahlrechte einerseits für alle assoziierten Unternehmen sowie andererseits für alle Gemeinschaftsunternehmen einheitlich auszuüben sind. Der Investor muss sich also entscheiden, ob er sämtliche Anteile an assoziierten Unternehmen bzw. Gemeinschaftsunternehmen at equity oder GuV-wirksam zum beizulegenden Zeitwert bzw. ersatzweise zu Anschaffungskosten bilanzieren möchte.

5 Wesentliche Unterschiede zum HGB

Gemeinschafts-unternehmen

Auch das HGB gestattet das Wahlrecht, die Quotenkonsolidierung oder die Equity-Bilanzierung anzuwenden, wenn ein Unternehmen von einem in den Konzernabschluss einbezogenen Unternehmen mit einem oder mehreren nicht in den Konzernabschluss einbezogenen Unternehmen gemeinschaftlich geführt wird[17]. Nach § 310 Abs. 1 HGB muss das Unternehmen aber tatsächlich gemeinschaftlich geführt werden; die reine *Möglichkeit* der gemeinschaftlichen Führung entsprechend IAS 31.3 reicht dazu nicht aus. Die Pflicht zur vertraglichen Gestaltung der gemeinschaftlichen Führung ist nach HGB dagegen nicht zwingend erforderlich, während dies nach IFRS eine notwendige Voraussetzung ist. Nach dem deutschen Handelsrecht löst die gemeinschaftliche Führung eines Unternehmens allein noch keine Konzernrechnungslegungspflicht aus. Dies kann aus der Grundsatzvorschrift in § 310 Abs. 1 HGB abgeleitet werden, nach der ein Wahlrecht zur Anwendung der Quotenkonsolidierung nur dann gegeben wird, wenn der Konzernabschluss ohnehin aufgestellt wird. Somit ist die Anwendung der Quotenkonsolidierung im Einzelabschluss ebenso wie nach IAS 31 nicht möglich. Da im handelsrechtlichen Einzelabschluss auch die Anwendung der Equity-Methode nicht zulässig ist, müssen Beteiligungen also grundsätzlich zu ihren fortgeführten Anschaffungskosten bewertet werden. Die Vorgehensweise der Quotenkonsolidierung nach § 310 HGB entspricht weitgehend der nach IFRS. Es ist allerdings zu berücksichtigen, dass ein im Rahmen der Kapitalkonsolidierung ggf. entstehender Goodwill nach IFRS im Unterschied zum HGB nicht planmäßig über seine geschätzte Nutzungsdauer abzuschreiben ist.

Nach § 310 Abs. 2 HGB sind die sonstigen Konsolidierungsvorschriften, die bereits für die Vollkonsolidierung gelten, auch bei der Quotenkonsolidierung durchzuführen. In Bezug auf eine Zwischenerfolgseliminierung ist dabei allerdings davon auszugehen, dass diese – unabhängig von der Lieferrichtung – quotal vorzunehmen ist[18].

Assoziierte Unternehmen

Die Anwendung der Equity-Methode ist nach HGB an die tatsächliche Ausübung des maßgeblichen Einflusses gekoppelt. IAS 28 verlangt hingegen lediglich die *Möglichkeit* einer maßgeblichen Einflussnahme. Dieser Unterschied ist hauptsächlich dadurch begründet, dass eine Einfluss*möglichkeit* im Rahmen einer Prüfung leichter nachweisbar ist als die tatsächliche Ausübung. Damit verbunden ist eine Verringerung der bilanzpolitischen Spielräume.

Nach HGB ist bei der Verteilung eines Unterschiedsbetrages zwischen dem Kaufpreis und dem anteilig dem Beteiligungsunternehmen zurechenbaren bilanziellen Eigenkapital die Neubewertung der Vermögensgegenstände und Schul-

17 Dieses Wahlrecht ergibt sich aus der Formulierung des § 310 Abs. 1 HGB, nach der Gemeinschaftsunternehmen entsprechend den Anteilen am Kapital, die dem Mutterunternehmen gehören, einbezogen werden *dürfen*. Im Zusammenspiel mit der Gesetzesbegründung wird klargestellt, dass die Quotenkonsolidierung lediglich eine Alternative zur Equity-Methode darstellt. Vgl. auch *Winkeljohann/Böcker*, Beck Bil-Komm., § 310, Tz. 3.

18 Vgl. *Winkeljohann/Böcker*, Beck Bil-Komm., § 310, Tz. 65.

den – anders als bei der Vollkonsolidierung – durch die Anschaffungskosten der Anteile begrenzt. Diese Sichtweise lässt sich aus der handelsrechtlichen Konzeption der Buchwertmethode und den – gegenüber dem Referentenentwurf zum BilMoG – geänderten Formulierungen der Regierungsbegründung ableiten[19]. Nach IFRS besteht diese sogenannte Anschaffungskostenrestriktion nicht. Sämtliche anteiligen stillen Reserven sind aufzudecken, auch wenn dadurch ein passiver Unterschiedsbetrag entsteht bzw. sich erhöht. Des Weiteren schreibt § 312 Abs. 1 HGB für at equity bilanzierte Anteile an assoziierten Unternehmen die sog. Buchwertmethode vor, die weitgehend der nach IFRS vorgeschriebenen Methode entspricht und nach der ein ggf. entstehender Goodwill nicht separat, sondern lediglich als Bestandteil des Beteiligungsbuchwerts ausgewiesen wird.

Ein solcher sich im Rahmen des Beteiligungserwerbs ergebender Goodwill wird nach § 309 Abs. 1 HGB behandelt. Danach muss der Goodwill planmäßig über seine voraussichtliche betriebliche Nutzungsdauer oder außerplanmäßig bei Vorliegen einer Wertminderung abgeschrieben werden. Demgegenüber sehen die IFRS ein Verbot zur plan- und außerplanmäßigen Abschreibung des im Beteiligungsbuchwert einer Equity-Beteiligung enthaltenen, lediglich in einer Nebenrechnung erfassten Goodwills vor.

Darüber hinaus besteht ein Unterschied zwischen IFRS und HGB darin, dass nach HGB auf Differenzen zwischen dem Wertansatz der Beteiligung in der Steuerbilanz des Investors und dessen handelsrechtlichem Konzernabschluss gemäß § 306 Satz 4 HGB keine latenten Steuern gebildet werden dürfen.

DRS 8 und DRS 9

Im Rahmen der Bestrebungen zur Modernisierung des deutschen Konzernrechnungslegungsrechts hat der Deutsche Standardisierungsrat DRS 8 „Bilanzierung von Anteilen an assoziierten Unternehmen im Konzernabschluss" und DRS 9 „Bilanzierung von Anteilen an Gemeinschaftsunternehmen im Konzernabschluss" verabschiedet. Im Wesentlichen interpretieren beide Standards – insbesondere bei Bestehen von Zweifelsfragen, auf die der handelsrechtliche Gesetzestext keine Antwort gibt – die §§ 310 und 311 HGB entsprechend IAS 28 und IAS 31, wobei für die Bilanzierung von Gemeinschaftsunternehmen – entgegen der derzeitigen Auffassung des IASB – die Anwendung der Quotenkonsolidierung gefordert wird.

6 Wesentliche Unterschiede zu US-GAAP

Quotenkonsolidierung

Nach US-GAAP ist die Quotenkonsolidierung nach wie vor weitgehend unbekannt. Dem entspricht, dass in APB 18.16 / ASC 323-10-35-3 die Equity-Methode für Investitionen in Joint Ventures vorgeschrieben wird. Allerdings

19 Vgl. Begr. RegE BilMoG, BT-Drucks. 16/10067, S. 85; *Melcher, W./Murer, A.*, Die Auswirkungen des BilMoG auf die Equity-Methode nach § 312 HGB, in: DB, 63. Jg. (2010), S. 1600; *Winkeljohann/Böcker*, Beck Bil-Komm., § 312, Tz. 30.

wird die Quotenkonsolidierung in AIN-APB 18 Nr. 2.2 / ASC 932-323-25-1 beispielsweise für rechtlich unselbständige Kooperationen innerhalb der Öl- und Gasindustrie als zulässige Branchenpraxis anerkannt.

Equity-Methode

Aufgrund der starken Annäherung der IFRS an die US-GAAP hinsichtlich der Equity-Methode bestehen kaum Unterschiede zwischen den beiden Rechnungslegungssystemen. Ein wesentlicher Unterschied liegt noch in der Berechnung der Bemessungsgrenze von 20 %. Nach US-GAAP besteht hier die Regelung, dass eine Beteiligung von 20 % und mehr an den Stimmrechten des Beteiligungsunternehmens zu der Vermutung führt, dass für den Investor die Möglichkeit eines maßgeblichen Einflusses besteht. Allerdings beziehen die US-GAAP nach APB 18.18 / ASC 323-10-15-9 im Gegensatz zu IAS 28.8 keine potentiellen Stimmrechte etwa aus Wandelanleihen oder Call-Optionen in die Berechnung der 20 %-Grenze ein.

Ein weiterer Unterschied besteht in der verpflichtenden Anwendung der Equity-Methode auch im Einzelabschluss nach APB 18.17 / ASC 323-10-15-3. Im Gegensatz dazu verbietet IAS 28.35 i.V.m. IAS 27.38 die Anwendung der Equity-Methode im separaten IFRS-Einzelabschluss.

Anders als nach IFRS verlangen die US-GAAP nicht explizit, dass die Bilanzierungsmethoden des assoziierten Unternehmens mit denen des Investors vereinheitlicht werden. Darüber hinaus ist zu berücksichtigen, dass nach APB 18.19 / ASC 323-10-35-7 die Gewinne bzw. die Verluste des assoziierten Unternehmens bzw. Gemeinschaftsunternehmens um Zwischenerfolge aus Lieferungen und Leistungen zwischen vollkonsolidierten und assoziierten Unternehmen bzw. Gemeinschaftsunternehmen voll oder quotal zu eliminieren sind.

Ausgewählte Literatur

Baetge, J./Bruns, C., Die Equity Methode nach IAS 28: Darstellung ausgewählter IAS-Regelungen und Vergleich mit dem deutschen Handelsrecht, in: Küting, K./Langenbucher, G. (Hrsg.): Internationale Rechnungslegung, Stuttgart 1999, S. 267-289.

Erchinger, H./Melcher, W., Stand der Konvergenz zwischen IFRS und US-GAAP: Die Bilanzierung von Joint Ventures, in: KoR, 8. Jg. (2008), S. 164-178.

Kunowski, S., Bilanzierung von Anteilen an assoziierten Unternehmen sowie Gemeinschaftsunternehmen im Konzernabschluss nach DRS 8 und DRS 9, in: StuB, 4. Jg. (2004), S. 261-270.

Lüdenbach, N./Frowein, N., Bilanzierung von Equity-Beteiligungen bei Verlusten – ein Vergleich zwischen HGB, IFRS und US-GAAP, in: BB, 58 Jg. (2003), S. 2449-2456.

Schmidt, M./Labrenz, H., Konsequenzen möglicher Änderungen bei der Bilanzierung von Gemeinschaftsunternehmen, in: KoR, 6. Jg. (2006), S. 467-476.

Zülch, H./Erdmann, M.-K./Wünsch, M., Geplante Änderungen bei der Bilanzierung von gemeinschaftlich geführten Unternehmen durch den Exposure Draft ED 9 Joint Arrangements, in: WPg, 61. Jg. (2008), S. 204-208.

Übungsaufgaben

Aufgabe 1:

a) Erläutern Sie die Grundidee und die Anwendungsvoraussetzungen der Quotenkonsolidierung nach den IFRS und zeigen Sie die wesentlichen Unterschiede zum HGB auf.

b) Zum 31.12.2010 wurde die G AG, ein Hersteller von Öl-Pipelines, im Rahmen eines Share Deal von den drei Gesellschaften X, Y und Z AG zu jeweils 33⅓ % erworben. Im Rahmen vertraglicher Verhandlungen wurde im Voraus festgelegt, dass alle drei Unternehmen gleichberechtigte Partner darstellen, die die G AG gemeinschaftlich führen sollen. Die X AG hat zum 31.12.2010 einen Konzernabschluss nach den IFRS aufzustellen. Mit Blick auf das nach IAS 31 gewährte Wahlrecht zur Anwendung der Equity-Methode oder der Quotenkonsolidierung zur Einbeziehung von Gemeinschaftsunternehmen in den Konzernabschluss entscheidet sich die X AG für die Anwendung der Quotenkonsolidierung.

   Zeigen Sie unter Berücksichtigung der folgenden Informationen, wie die G AG bei Anwendung der Quotenkonsolidierung zum 31.12.2010 in den Konzernabschluss der X AG einzubeziehen ist.

   - Im Zeitpunkt des Erwerbs der Beteiligung wies die G AG ein Gezeichnetes Kapital in Höhe von 90 Mio. € und Rücklagen in Höhe von 45 Mio. € auf.
   - Die Anschaffungskosten der 33⅓ % Beteiligung betrugen 60 Mio. €.
   - Grundstücke und Maschinen wiesen zum Zeitpunkt des Beteiligungserwerbs stille Reserven in Höhe von 20 Mio. € bzw. 10 Mio. € auf. Die Restnutzungsdauer der Maschinen wurde mit 5 Jahren veranschlagt.
   - Der Steuersatz lag bei 30 %.
   - Der bei der G AG realisierte Jahresüberschuss wurde mit erworben und soll im Folgejahr thesauriert werden.

Bilanz (31.12.2010)	X AG (in Tsd. €)	G AG (in Tsd. €)
Grundstücke	170.000	120.000
Maschinen	131.000	93.000
Beteiligungen	80.000	-
Forderungen	18.000	15.000
Vorräte	30.000	21.000
Sonstige Aktiva	30.000	30.000
Summe Aktiva	459.000	279.000
Gezeichnetes Kapital	150.000	90.000
Rücklagen	100.000	45.000
Jahresüberschuss	9.000	3.000
Verbindlichkeiten	170.000	126.000
Sonsige Passiva	30.000	15.000
Summe Passiva	459.000	279.000

c) Führen Sie nun unter Berücksichtigung der folgenden Informationen die Folgekonsolidierung zum 31.12.2011 durch.

- Im Rahmen des Verkaufs eines Grundstücks am 01.01.2011 für 9 Mio. € an die G AG hat die X AG einen Zwischengewinn in Höhe von 3 Mio. € realisiert.
- Des Weiteren hat die X AG der G AG am 01.01.2011 einen Kredit in Höhe von 9 Mio. € gewährt, wobei der Ausgabe- dem Rückzahlungsbetrag entspricht. Die Rückzahlung hat am Ende der Laufzeit von 5 Jahren zu erfolgen. Der zu Grunde liegende Zinssatz beträgt 5 %.
- Der Niederstwerttest für den Goodwill zog keine Wertminderung nach sich.
- Die Bilanzen und Gesamtergebnisrechnungen der X AG und der G AG zum 31.12.2011 sehen wie folgt aus:

Bilanz (31.12.2011)	**X AG (in Tsd. €)**	**G AG (in Tsd. €)**
Grundstücke	164.000	129.000
Maschinen	131.000	90.000
Beteiligungen	80.000	-
Forderungen	25.000	24.000
Ford. ggü. G AG	9.000	-
Vorräte	25.000	15.000
Sonstige Aktiva	35.000	27.000
Summe Aktiva	469.000	285.000
Gezeichnetes Kapital	150.000	90.000
Rücklagen	100.000	48.000
Jahresüberschuss	15.000	7.200
Verbindlichkeiten	125.000	90.000
Verb. ggü. X AG	-	9.000
Sonstige Passiva	79.000	40.800
Summe Passiva	469.000	285.000

Gesamtergebnisrechnung (01.01.-31.12.2011)	**X AG (in Tsd. €)**	**G AG (in Tsd. €)**
Umsatzerlöse	100.000	60.000
Herstellungskosten des Umsatzes	-75.000	-45.000
Vertriebskosten	-2.500	-1.800
Verwaltungskosten	-1.000	-1.200
Sonstige betriebliche Erträge	12.700	2.250
Sonst. betriebliche Aufwendungen	-9.000	-2.100
Zinserträge	1.800	1.200
Zinsaufwendungen	-2.000	-1.350
Ertragsteuern	-10.000	-4.800
Jahresüberschuss	15.000	7.200

Aufgabe 2:

a) Erläutern Sie die Grundidee und die Anwendungsvoraussetzungen der Equity-Bewertung nach den IFRS und zeigen Sie die wesentlichen Unterschiede zum HGB auf.

b) Die nach IFRS bilanzierende Matrix AG hat am 31.12.2010 30 % der Anteile der Zion AG zu einem Kaufpreis von 3.000 TEUR erworben. Beschreiben Sie die Vorgehensweise bei der Ermittlung des Beteiligungsbuchwerts der Zion AG im Konzernabschluss der Matrix AG nach der Equity-Methode im Erwerbs- und Folgejahr und ermitteln Sie den Beteiligungsansatz zum 31.12.2010 und 31.12.2011. Berücksichtigen Sie dabei folgende Informationen über die Zion AG:

- Gezeichnetes Kapital: 2.000 TEUR
- Rücklagen: 2.900 TEUR
- Stille Reserven in den Grundstücken von 2.000 TEUR und in den Maschinen (Nutzungsdauer von 5 Jahren) von 1.000 TEUR
- Bilanzgewinn zum 31.12.2010: 100 TEUR
- In 2011 wird der Bilanzgewinn 2010 mit der beschlossenen Quote von 40 % ausgeschüttet; am Jahresende 2011 entsteht ein Jahresfehlbetrag von 500 TEUR.
- Zum 31.12.2011 beträgt der Marktwert der Zion AG 9.000 TEUR.

Aufgabe 3:
Die Captiva AG erwirbt am 31.12.2010 eine 25 %ige Beteiligung an der Sanibel AG zum Preis von 5 Mio. Euro. Die Captiva AG übt einen maßgeblichen Einfluss auf die Geschäfts- und Finanzpoltik der Sanibel AG tatsächlich aus und erhofft sich von dieser Beteiligung die Sicherung der eigenen Marktposition für die nächsten 3 Jahre.

Zum Erwerbszeitpunkt beträgt das Gezeichnete Kapital der Sanibel AG 3 Mio. Euro, die Kapitalrücklage 4 Mio. Euro, die Gewinnrücklagen 8 Mio. Euro und der Bilanzgewinn 1 Mio. Euro. Die Sanibel AG besitzt Maschinen, deren Tageswerte um 800.000 Euro über den Buchwerten liegen. Die Maschinen werden linear abgeschrieben und haben eine Restnutzungsdauer von 4 Jahren. Die Gebäude weisen stille Reserven in Höhe von 2 Mio. Euro auf und haben eine Restnutzungsdauer von 10 Jahren.

Die Hauptversammlung der Sanibel AG beschließt, 40 % des Bilanzgewinns zum 31.12.2010 in die Gewinnrücklagen einzustellen; der Rest wird Mitte 2011 ausgeschüttet. Im Geschäftsjahr 2011 wird ein Jahresüberschuss in Höhe von 400.000 Euro erwirtschaftet, der im Jahr 2012 zu 50 % ausgeschüttet wird. Im Geschäftsjahr 2012 erzielt die Sanibel AG einen Jahresfehlbetrag in Höhe von 100.000 Euro. Im Herbst 2012 liefert die Sanibel AG unverarbeitete Erzeugnisse mit einem Zwischenverlust von 16.000 Euro an die Captiva AG.

Ermitteln Sie den Equityansatz der Beteiligung an der Sanibel AG gemäß der Regelungen in IAS 28 für die Konzernbilanzen der Captiva AG zum 31.12.2010, 31.12.2011 und 31.12.2012. Erläutern Sie kurz Ihre Vorgehensweise. Latente Steuern sind zu vernachlässigen.

Kapitel 25
IFRS-Erstanwendung

Die BMW Group veröffentlichte bereits im Geschäftsjahr 2001 erstmals einen Konzernabschluss nach IFRS. Neben den Erläuterungen zur Umstellung im Anhang des Geschäftsberichts erfolgte die Aufstellung des Konzernabschlusses so, als ob schon immer die damals gültigen IAS und Interpretationen angewandt worden wären. Aufgrund der von den handelsrechtlichen Grundsätzen abweichenden Ansatz- und Bewertungsvorschriften veränderte sich das handelsrechtliche Eigenkapital zum 01.01.2001 auf drastische Weise (vgl. Tabelle 25.1).

	in Mio. €
Eigenkapital zum 31.12.2000 nach HGB	**4.896**
Aktivierung von Entwicklungskosten	+2.054
Abgrenzung latenter Steuern	+723
Vorratsbewertung	+691
Wegfall bzw. Umbewertung übriger Rückstellungen	+673
Abschreibungen Anlagevermögen	+669
Umklassifizierung von Operating Leases in Finance Leases	+306
Auflösung von Wertberichtigungen auf Forderungen	+169
Marktbewertung Finanzinstrumente	-1.074
Sonstige Ansatz- und Bewertungsunterschiede	+325
Eigenkapital zum 01.01.2001 nach IFRS	**9.432**

Tab. 25.1: Überleitung des Eigenkapitals der BMW Group auf IFRS zum 01.01.2001. Quelle: Geschäftsbericht 2001 der *BMW Group*, S. 62.

Insgesamt führte der Wechsel auf die IFRS-Rechnungslegung zu einer Erhöhung des Konzerneigenkapitals um 92,6 %. Gleichzeitig änderte sich durch die Umstellung das Jahresergebnis im Geschäftsjahr 2000 von 1.026 Mio. € (HGB) auf 1.209 Mio. € (IFRS) und damit um +17,8 %. Dieses Beispiel zeigt, dass die Umstellung der Rechnungslegung auf IFRS erhebliche Anpassungen des Eigenkapitals als auch des Jahresergebnisses hervorrufen kann. Das Verständnis und die Analyse von Umstellungseffekten auf wesentliche Jahresabschlussgrößen sind daher von entscheidender Bedeutung für den Abschlussadressaten.

Lernziele

Im Folgenden sollen Sie daher lernen,

- welche Unternehmen als IFRS-Erstanwender zu bezeichnen sind,
- wie die bilanzielle Umstellung grundsätzlich erfolgt,
- welche optionalen und verpflichtenden Ausnahmebereiche von der grundsätzlichen Umstellungsmethodik bestehen und
- welche Angaben im ersten IFRS-Abschluss zu tätigen sind.

1 Einführung

Regeln für die Rechnungslegungsumstellung auf IFRS beinhaltet IFRS 1 „Erstmalige Anwendung der IFRS“ (First-time Adoption of IFRS).

Zielsetzung

Darin setzt sich das IASB ein anspruchsvolles Ziel: Mit der Anwendung von IFRS 1 soll sichergestellt werden, dass ein erstmaliger IFRS-Abschluss hochwertige, transparente und vergleichbare Informationen über alle Berichtsperioden eines Erstanwenders liefert. Ferner soll ein erstmaliger Abschluss eine zuverlässige Ausgangsbasis für alle nachfolgenden Abschlüsse darstellen und Kosten-Nutzen-Gesichtspunkte berücksichtigen.

2 Anwendungsbereich von IFRS 1

Definition von Erstanwendern der IFRS

IFRS 1 ist grundsätzlich von allen Erstanwendern der IFRS anzuwenden. Erstanwender stellen nach IFRS 1.3 ausschließlich Unternehmen dar, deren Abschluss erstmalig die ausdrückliche und uneingeschränkte Aussage enthält, mit sämtlichen IFRS übereinzustimmen. In folgenden Fällen liegt daher ein IFRS-Erstanwender vor:

- Ein Unternehmen erstellte bisher überhaupt noch keinen Jahresabschluss bzw. noch keinen IFRS-Abschluss.
- Es wurde bisher ein nicht mit den IFRS konsistenter Abschluss, wie z.B. ein handelsrechtlicher Jahresabschluss unter Verwendung lediglich einzelner IFRS erstellt, oder es wurde bislang allein eine Überleitungsrechnung auf IFRS veröffentlicht.
- Bis jetzt wurde lediglich aus internen Gründen oder für Konsolidierungszwecke ein IFRS-Abschluss aufgestellt.
- Ein Unternehmen veröffentlichte zwar zuletzt einen IFRS-Abschluss, dieser stimmte jedoch laut eigener Aussage nicht mit sämtlichen IFRS überein oder enthielt noch keine Übereinstimmungsaussage.

Ausschlüsse vom Anwendungsbereich

Die erstmalige IFRS-Übereinstimmungserklärung stellt somit das konstituierende Merkmal für Erstanwender dar. Sofern vor der Umstellung ein IFRS- und HGB-konformer dualer Abschluss erstellt wurde, der eine Übereinstimmungsaussage mit den IFRS enthielt, liegt keine Erstanwendung vor. Selbst wenn ein Abschluss aufgrund erheblicher Zweifel an der IFRS-Konformität nur eingeschränkt testiert wurde, darf IFRS 1 nicht angewendet werden, sofern der Abschluss eine Übereinstimmungserklärung beinhaltete. Änderungen von Bilanzierungs- und Bewertungsmethoden von bereits nach IFRS bilanzierenden Unternehmen fallen gleichfalls nicht unter den Anwendungsbereich von IFRS 1, sondern sind nach IAS 8 „Rechnungslegungsmethoden, Änderungen von rechnungslegungsbezogenen Schätzungen und Fehlern“ bzw. nach den spezifischen Übergangsvorschriften anderer IFRS abzubilden.

3 Übergangszeitpunkt

IFRS-Eröffnungsbilanz

Ein erstmaliger IFRS-Abschluss ist zu einem festgelegten Berichtszeitpunkt (reporting date) aufzustellen. Da nach IFRS 1.21 mit seiner Veröffentlichung auch Vergleichsdaten für mindestens eine Vorperiode anzugeben sind, hat ein Erstanwender eine IFRS-Eröffnungsbilanz zu Beginn der frühesten Vergleichsperiode aufzustellen, die im ersten IFRS-Abschluss dargestellt wird. Der Beginn der Vergleichsperiode stellt den Übergangszeitpunkt (date of transition) und damit den Ausgangspunkt für die weitere Rechnungslegung nach IFRS dar (vgl. Abbildung 25.1).

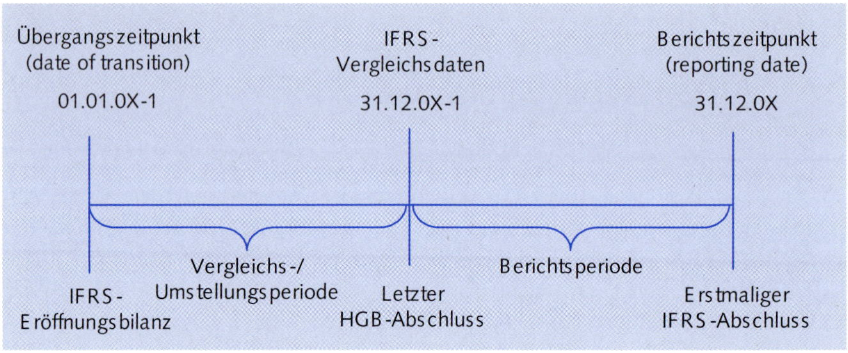

Abb. 25.1: Übergangszeitpunkt zur IFRS-Rechnungslegung

Beispiel 25.1

Ein Unternehmen stellt zum 31.12.2010 erstmalig einen IFRS-Abschluss auf. Mit der Veröffentlichung hat es Vergleichszahlen zum 31.12.2009 anzugeben. Dazu muss eine IFRS-Eröffnungsbilanz zum 01.01.2009 erstellt werden.

4 Vorgehensweise

4.1 Grundsatz der retrospektiven Anwendung

Retrospektive Anwendung der IFRS

Grundsätzlich sind nach IFRS 1.7 sämtliche am erstmaligen IFRS-Berichtszeitpunkt geltenden IFRS retrospektiv, d.h. rückwirkend, anzuwenden. Demzufolge ist die Eröffnungsbilanz, die den Ausgangspunkt der weiteren Berichterstattung darstellt, so aufzustellen, als ob schon immer nach den aktuellen IFRS bilanziert worden wäre. Ein neuer aber bisher noch nicht verbindlicher IFRS darf, sofern zulässig, ebenfalls retrospektiv angewandt werden. Die in den einzelnen IFRS enthaltenen Übergangsregelungen gelten, mit Ausnahme von später noch zu behandelnden Bereichen, nicht für Erstanwender.

Die retrospektive Anwendung der aktuell gültigen IFRS erfordert, dass Vermögenswerte und Schulden bis zu ihrer erstmaligen Erfassung zurückverfolgt werden. Anschließend ist zu prüfen, ob der damalige Ansatz, die angewendete Bewertungsmethode und der Ausweis IFRS-konform waren. Ist dies nicht der Fall, müssen Ansatz, Bewertung und/oder Ausweis bei der Aufstellung der Eröffnungsbilanz korrigiert werden. Ein dabei entstehender Korrekturbetrag ist unter Berücksichtigung latenter Steuern GuV-neutral mit den Gewinnrücklagen oder einem anderen, besser geeigneten Eigenkapitalposten zu verrechnen. Im Allgemeinen sind daher in der IFRS-Eröffnungsbilanz

- sämtliche Vermögenswerte und Schulden, deren Ansatz nach IFRS verlangt wird, anzusetzen,
- sämtliche Vermögenswerte und Schulden, die nur nach nationalen Vorschriften anzusetzen wären, aus der Eröffnungsbilanz zu entfernen,
- alle Posten, die nach IFRS anderweitig auszuweisen sind als nach nationalen Vorschriften, umzugliedern und
- die angesetzten Vermögenswerte und Schulden nach den Vorschriften der IFRS zu bewerten.

Beispiel 25.2

Die bisher nach HGB bilanzierende Sunsilk GmbH stellt ihren Konzernabschluss zum 31.12.2010 auf IFRS um. Am Anfang des Geschäftsjahres 2008 hatte sie Forschungs- und Entwicklungsausgaben in Höhe von 1.000 T€ als Aufwand verrechnet. Annahmegemäß stellen davon 800 T€ nach IFRS aktivierungspflichtige Entwicklungskosten dar. Im Jahr 2008 noch zulässige Aufwandsrückstellungen gemäß § 249 Abs. 2 HGB a.F. bildete sie zudem in Höhe von 1.500 T€. Hierauf anfallende aktive latente Steuern wurden in Höhe von 450 T€ (Ertragsteuersatz 30 %) angesetzt. Wie sind diese Sachverhalte bei der Aufstellung der IFRS-Eröffnungsbilanz zum 01.01.2009 zu verrechnen?

Lösung

Die Forschungs- und Entwicklungsausgaben sind retrospektiv nach IAS 38 „Immaterielle Vermögenswerte" zu behandeln. Die nach IAS 38.57 aktivierungspflichtigen Entwicklungsausgaben sind somit in der Eröffnungsbilanz unter Berücksichtigung latenter Steuern anzusetzen. Die Aufwandsrückstellung einschließlich der gebildeten aktiven latenten Steuern ist vollständig auszubuchen, da sie nicht die Ansatzkriterien von IAS 37 „Rückstellungen, Eventualschulden und Eventualforderungen" erfüllt. Der Ansatz und die Ausbuchung erfolgen dabei gegen die Gewinnrücklagen.

Korrektur-Buchungssätze zum 01.01.2009:

Immaterielle Vermögenswerte	*800 T€*	*an*	*Gewinnrücklagen*	*560 T€*
			passive latente Steuern	*240 T€*
Sonstige Rückstellung	*1.500 T€*	*an*	*Gewinnrücklagen*	*1050 T€*
			aktive latente Steuern	*450 T€*

4.2 Ausnahmebereiche

Um die Umstellung für Unternehmen zu erleichtern und Gestaltungsspielräume des Managements einzuschränken, erlaubt bzw. fordert IFRS 1 in bestimmten Bereichen die Abweichung von der retrospektiven Anwendung.

Optionale Ausnahmebereiche

Optionale Befreiungen existieren dort, wo laut IASB eine verpflichtende retrospektive Anwendung der IFRS bei den Abschlusserstellern Kosten hervorrufen würde, die in keinem angemessenen Verhältnis zum wahrscheinlichen Nutzen der Abschlussadressaten stehen. Alternativ dürfen hier die zur bilanziellen Abbildung anzuwendenden IFRS-Vorschriften erst ab dem Übergangszeitpunkt und damit prospektiv angewendet werden. Wie die nachfolgenden Ausführungen zeigen, bedeutet dies jedoch nicht, dass die bislang nach nationalen Vorschriften ermittelten Wertansätze ohne Korrektur in die Eröffnungsbilanz übernommen werden können. Vielmehr enthält IFRS 1 hier gesonderte Vorschriften Die Unternehmen können alle, einzelne oder keine dieser Befreiungen in Anspruch nehmen.

IFRS 1: Grundsatz der retrospektiven Anwendung aller IFRS

Optionale Ausnahmen

- Unternehmenszusammenschlüsse (IFRS 1.C)
- Anteilsbasierte Vergütung (IFRS 1.D2-D3)
- Versicherungsverträge (IFRS 1.D4)
- Beizulegender Zeitwert oder Neubewertung als Ersatz für Anschaffungs-/Herstellungskosten (IFRS 1.D5-D8A)
- Leasingverhältnisse (IFRS 1.D9-D9A)
- Leistungen an Arbeitnehmer (IFRS 1.D10-D11)
- Umrechnungsdifferenzen (IFRS 1.D12-D13)
- Anteile an (IFRS 1.D14-D15) sowie Vermögenswerte und Schulden von (IFRS 1.D16-D17) Tochterunternehmen, assoziierten Unternehmen und Gemeinschaftsunternehmen
- Hybride Finanzinstrumente (IFRS 1.D18)
- Klassifikation von Finanzinstrumenten (IFRS 1.D19)
- Zeitwertbewertung von finanziellen Vermögenswerten und Schulden beim erstmaligen Ansatz (IFRS 1.D20)
- In den Sachanlagen enthaltene Entsorgungskosten (IFRS 1.D.21-D21A)
- Dienstleistungskonzessionsvereinbarungen (IFRS 1.D22)
- Fremdkapitalkosten (IFRS 1.D23)
- Übertragung von Vermögenswerten durch Kunden (IFRS 1.D24)
- Tilgung finanzieller Verbindlichkeiten mit Eigenkapitalinstrumenten (IFRS 1.D25)
- Ausgeprägte Hyperinflation (IFRS 1.D26-D30)

Verpflichtende Ausnahmen

- Schätzungen (IFRS 1.14-17)
- Ausbuchung von finanziellen Vermögenswerten und Schulden (IFRS 1.B2-B3)
- Sicherungsbeziehungen (IFRS 1.B4-B6)
- Nicht beherrschende Anteile (IFRS 1.B7)
- Klassifikation und Bewertung von Finanzinstrumenten nach IFRS 9 (IFRS 1.B8)

Abb. 25.2: Optionale und verpflichtende Ausnahmen vom Grundsatz der retrospektiven Anwendung (Stand 31.12.2010)

Verpflichtende Ausnahmebereiche

Ferner schreibt IFRS 1 die prospektive Anwendung der betreffenden IFRS-Vorschrift in einzelnen Bereichen explizit vor, um Gestaltungsspielräume des Managements weitgehend zu vermeiden.

Die Wahlrechte und verpflichtenden Ausnahmebereiche schränken die intertemporale Vergleichbarkeit und die Vergleichbarkeit mit Abschlüssen von bereits nach IFRS bilanzierenden Unternehmen erheblich ein. Darüber hinaus kann die jeweilige Ausübung der Wahlrechte zu völlig unterschiedlichen Abschlüssen von Erstanwendern führen. Das IASB entscheidet für künftig neu veröffentlichte IFRS im Einzelfall, ob von der retrospektiven Vorgehensweise abgesehen werden kann bzw. abzusehen ist. Abbildung 25.2 zeigt die zum 31.12.2010 bestehenden Befreiungen und die verpflichtenden Ausnahmen vom Grundsatz der retrospektiven Anwendung der IFRS.

4.2.1 Verpflichtende Ausnahmebereiche

Verpflichtende Ausnahmebereiche vom Grundsatz der retrospektiven IFRS-Anwendung beinhaltet IFRS 1 in insgesamt vier Bereichen.

Schätzungen

Die zum Übergangszeitpunkt für Zwecke der Bilanzerstellung nach nationalem Recht erfolgten Schätzungen sind grundsätzlich unverändert in die IFRS-Eröffnungsbilanz zu übernehmen. Ausnahmen hiervon bestehen, wenn objektive Hinweise vorliegen, dass diese Schätzungen fehlerhaft sind oder nationale Bilanzierungs- und Bewertungsmethoden von den IFRS abweichen. So ist beispielweise die Bewertung von Rückstellungen aufgrund des stärker ausgeprägten Vorsichtprinzips nach HGB in der IFRS-Eröffnungsbilanz ggf. anzupassen. Waren nach nationalem Recht keine Schätzungen zum Übergangszeitpunkt erforderlich, müssen die nach IFRS durchzuführenden Schätzungen die Verhältnisse zum Übergangszeitpunkt widerspiegeln. Folglich sind zwischenzeitlich gewonnene bessere Erkenntnisse nicht zu berücksichtigen. Diese Regelungen gelten analog für das Ende der Vergleichsperiode.

Beispiel 25.3

Ein Unternehmen veröffentlicht zum 31.12.2010 erstmalig einen IFRS-Abschluss. In die Eröffnungsbilanz zum 01.01.2009 übernimmt es eine Rückstellung in Höhe von 1.000 T€, die nach nationalen Vorschriften gebildet wurde und mit IAS 37 konform geht. Das Management weiß per 31.12.2010, dass unter Berücksichtigung von neuen Informationen, die seit dem 30.06.2009 vorlagen, nur eine Rückstellung in Höhe von 800 T€ notwendig gewesen wäre.

Bei der Aufstellung der Eröffnungsbilanz dürfen diese Informationen nicht berücksichtigt werden. Stattdessen ist die Rückstellungshöhe von 1.000 T€ im Laufe der Übergangsperiode IAS 8 folgend GuV-wirksam auf 800 T€ zu korrigieren.

Ausbuchung von finanziellen Vermögenswerten und Schulden

IFRS 1 schreibt vor, dass die Regelungen zur Ausbuchung von nicht-derivativen Finanzinstrumenten verpflichtend prospektiv auf alle ab dem Übergangszeitpunkt angefallenen Transaktionen anzuwenden sind. Demnach sind vor diesem Zeitpunkt nach vorherigen Rechnungslegungsgrundsätzen ausgebuchte Finanzinstrumente nicht mehr in der IFRS-Eröffnungsbilanz anzusetzen, selbst wenn sie im Übergangszeitpunkt gemäß IAS 39 anzusetzen wären. Wahlweise kann jedoch, analog zu der freiwilligen früheren retrospektiven Anwendung von IFRS 3, eine vorgezogene Anwendung vorgenommen werden, sofern den Unternehmen die nach IAS 39 benötigten Informationen zum Zeitpunkt ihrer historischen Bilanzierung vorlagen. Derivative Finanzinstrumente müssen stets in der Eröffnungsbilanz erfasst werden, sofern sie die Ansatzkriterien gemäß IAS 39 erfüllen.

Sicherungsbeziehungen

Eine weitere verpflichtende Ausnahme vom Grundsatz der retrospektiven Anwendung existiert für Sicherungsbeziehungen. Derivate sind gemäß IAS 39 erst im Übergangszeitpunkt in der IFRS-Eröffnungsbilanz mit dem beizulegenden Zeitwert anzusetzen. Gleichzeitig sind alle nach nationalen Vorschriften im Zusammenhang mit Derivaten entstandenen Gewinne und Verluste auszubuchen, die bisher wie Vermögenswerte oder Schulden ausgewiesen wurden. Sicherungszusammenhänge, die nicht die in IAS 39 definierten Voraussetzungen für eine Sicherungsbeziehung im Übergangszeitpunkt erfüllen, dürfen nicht in der Eröffnungsbilanz abgebildet werden. Demnach ist die Bilanzierung von Sicherungsbeziehungen, die vor dem Übergangszeitpunkt gebildet worden sind und nicht den Kriterien von IAS 39 entsprachen, gemäß den Vorschriften von IAS 39.91 und IAS 39.101 im Übergangszeitpunkt einzustellen.

Bilanzierung von Minderheitenanteilen

Bei der erstmaligen Anwendung der IFRS hat das Unternehmen bestimmte Regelungen von IAS 27 zur Bilanzierung von nicht beherrschenden Anteilen grundsätzlich prospektiv zum Übergangszeitpunkt anzuwenden. Darunter fallen die Zurechnung des anteiligen Gesamtergebnisses auf die Minderheiten, auch wenn der Minderheitenposten hierdurch negativ wird, die Bilanzierung von Änderungen der Beteilungsquote, die nicht zum Verlust der Beherrschung führen sowie die Regelungen zur Endkonsolidierung bei Kontrollverlust an einem Tochterunternehmen. Entscheidet sich ein Erstanwender allerdings IFRS 3 retrospektiv auf vergangene Unternehmenszusammenschlüsse anzuwenden, gilt selbiges unter Beachtung von IFRS 1.C1 entsprechend für IAS 27.

Klassifizierung und Bewertung von Finanzinstrumenten nach IFRS 9

Eine weitere verpflichtende prospektive Anwendung gilt für die Vorschrift zur Klassifizierung eines finanziellen Vermögenswertes in die Bilanzierung zu fortgeführten Anschaffungskosten nach dem ab 2013 verpflichtend anzuwendenden IFRS 9. Für die Prüfung der Kriterien des IFRS 9.4.2 sind zwingend die Informationen heranzuziehen, die zum Zeitpunkt des Übergangs auf IFRS zur Verfügung standen.

4.2.2 Optionale Ausnahmebereiche

4.2.2.1 Unternehmenszusammenschlüsse

Wahlweise prospektive Anwendung von IFRS 3

Der für Konzerne unbestritten bedeutendste Ausnahmebereich stellt das Befreiungswahlrecht im Zusammenhang mit der Bilanzierung von Unternehmenszusammenschlüssen dar. Zusammenschlüsse von Unternehmen sind grundsätzlich nach den Vorschriften von IFRS 3 „Unternehmenszusammenschlüsse" unter Berücksichtigung von IAS 27 „Konzern- und Einzelabschlüsse" zu bilanzieren. Eine retrospektive Anwendung der Standards würde insbesondere bei Konzernen mit umfangreichem Konsolidierungskreis zu einem erheblichen Datenermittlungsaufwand führen. So wären z.B. für sämtliche Zusammenschlüsse die jeweils in der Vergangenheit angewandte Konsolidierungsmethode rückwirkend auf IFRS-Konformität und ein Goodwill zu jedem vergangenen Abschlussstichtag auf eine Wertminderung gemäß IAS 36 zu prüfen. Alternativ ist es Erstanwendern daher erlaubt, IFRS 3 erst prospektiv ab dem Übergangszeitpunkt oder wahlweise ab einem bestimmten historischen Zeitpunkt für alle nachfolgenden Unternehmenszusammenschlüsse retrospektiv anzuwenden.

Beispiel 25.4

Ein Unternehmen erstellt seine IFRS-Eröffnungsbilanz zum 01.01.2011. Den ersten Unternehmenserwerb hat es Anfang des Geschäftsjahres 1997 vollzogen. In der Zwischenzeit wurden noch zahlreiche weitere Unternehmenserwerbe durchgeführt. Gemäß dem Befreiungswahlrecht hat es in der Eröffnungsbilanz zur Abbildung der Unternehmenszusammenschlüsse folgende drei Möglichkeiten:

- Vollständig retrospektive Anwendung von IFRS 3 auf alle vergangenen Unternehmenszusammenschlüsse ab dem ersten Erwerb Anfang 1997.
- Teilweise retrospektive Anwendung von IFRS 3 für alle Unternehmenszusammenschlüsse, die z.B seit dem 01.01.2002 durchgeführt wurden.
- Prospektive Anwendung von IFRS 3 ab dem 01.01.2011 auf alle bestehenden und künftigen Unternehmenszusammenschlüsse.

Behandlung vergangener Unternehmenszusammenschlüsse bei prospektiver Anwendung von IFRS 3

Sofern die prospektive Anwendung von IFRS 3 in Anspruch genommen wird, sind grundsätzlich zum Übergangszeitpunkt alle im Rahmen vergangener Unternehmenszusammenschlüsse erworbenen Vermögenswerte und Schulden zu bilanzieren. Ausgenommen von dieser Regel sind:

- Finanzinstrumente, die vor dem 01.01.2004 nach nationalen Regeln ausgebucht wurden, nach IAS 39 aber nicht hätten ausgebucht werden dürfen und
- Vermögenswerten einschließlich Goodwill und Schulden, die weder nach den bisherigen nationalen Vorschriften im Konzernabschluss des Käufers erfasst wurden noch im Einzelabschluss des akquirierten Unternehmens nach IFRS ansatzfähig wären.

Dabei ist die nach nationalen Regelungen gewählte Klassifizierung des Unternehmenszusammenschlusses, bspw. als Erwerb, umgekehrter Erwerb oder Interessenzusammenführung, im Übergangszeitpunkt beizubehalten. Demzufolge muss ein bisher GuV-neutral verrechneter Geschäfts- oder Firmenwert weiterhin mit dem Eigenkapital verrechnet bleiben.

Darüber hinaus sind folgende Korrekturschritte zum Übergangszeitpunkt vorzunehmen:

- Eliminierung aller Bilanzposten, die die Ansatzkriterien für einen Vermögenswert oder eine Schuld nach IFRS nicht erfüllen.

  Grundsätzlich sind Vermögenswerte und Schulden, die die IFRS-Ansatzkriterien nicht erfüllen, unter Berücksichtigung von Minderheiten und latenten Steuern, gegen die Gewinnrücklagen auszubuchen. Dies gilt allerdings nicht für bisher bilanzierte immaterielle Vermögenswerte, welche die Ansatzkriterien des IAS 38 nicht erfüllen. Ihre Ausbuchung erfolgt gegen den im Rahmen des entsprechenden Unternehmenszusammenschlusses entstandenen Goodwill.

- Bewertung der Vermögenswerte und Schulden zum beizulegenden Zeitwert (fair value), sofern die Folgebewertung nach IFRS eine derartige Bewertung vorsieht.

  Wurden Vermögenswerte und Schulden aus dem Unternehmenszusammenschluss, die nach IFRS zum beizulegenden Zeitwert folgebewertet werden müssen, bisher bspw. zu fortgeführten Anschaffungskosten bilanziert, ist in der IFRS-Eröffnungsbilanz eine entsprechende Anpassung nach den Vorgaben der IFRS vorzunehmen. So sind z.B. Wertpapiere, die nach IAS 39 zum beizulegenden Zeitwert bilanziert werden, nach handelsrechtlichen Vorschriften aber nicht über die Anschaffungskosten hinaus bewertet werden dürfen, zum Übergangszeitpunkt mit dem herrschenden Marktwert anzusetzen. Der entsprechende Anpassungsbetrag ist nicht gegen den Goodwill, sondern gegen die Gewinnrücklagen oder einen besser geeigneten Eigenkapitalposten zu verrechnen.

- Übernahme der angepassten Buchwerte von Vermögenswerten und Schulden aus dem Unternehmenszusammenschluss, sofern sie im Rahmen der Folgebewertung nach IFRS zu fortgeführten Anschaffungs- oder Herstellungskosten bewertet werden sollen.

  Sehen die IFRS eine Folgebewertung von Vermögenswerten und Schulden zu fortgeführten Kosten vor, stellen die unmittelbar im Anschluss an den Unternehmenszusammenschluss nach den vorherigen Rechnungslegungsgrundsätzen ermittelten Buchwerte den Ersatz für die Anschaffungskosten nach IFRS dar und bilden somit die Ausgangsbasis für die zu berechnenden Abschreibungen.

- Ansatz von Vermögenswerten und Schulden, die bisher nicht bilanziert wurden, im Übergangszeitpunkt aber die Ansatzkriterien nach IFRS im Einzelabschluss des erworbenen Unternehmens erfüllen.

  Sämtliche Vermögenswerte und Schulden aus dem Unternehmenszusammenschluss, die im Übergangszeitpunkt die IFRS-Ansatzkriterien erfüllen, sind in der Eröffnungsbilanz anzusetzen. Beispielsweise könnten Vermögenswerte, die im Rahmen eines Leasingvertrages vermietet und nach handelsrechtlichen Vorschriften beim Leasingnehmer bilanziert wurden, unter Anwendung von IAS 17 „Leasingverhältnisse" im Übergangszeitpunkt als Operating-Leasingverhältnis des Leasinggebers klassifiziert werden. Somit wären sie zwingend in der IFRS-Eröffnungsbilanz abzubilden. Sie sind dabei mit dem Betrag anzusetzen, zu dem sie auch nach IFRS im Einzelabschluss des erworbenen Unternehmens bewertet würden. Der Ansatz der Vermögenswerte bzw. Schulden hat dabei erneut unter Berücksichtigung von Minderheiten und latenten Steuern gegen die Gewinnrücklagen zu erfolgen. Eine Ausnahme bilden wiederum immaterielle Vermögenswerte, die nach bisherigen Vorschriften Bestandteile des Goodwills darstellten. Sofern diese im Übergangszeitpunkt die Ansatzkriterien von IAS 38 im Einzelabschluss des erworbenen Unternehmens erfüllen, sind sie aus dem Goodwill auszubuchen und separat anzusetzen.

- Korrektur des bisher nach nationalen Regeln bilanzierten Goodwills.

  Behandlung des Goodwills

  Der bisher nach nationalen Vorschriften angesetzte Goodwill ist grundsätzlich mit seinem Buchwert in die IFRS-Eröffnungsbilanz zu übernehmen. Anschließend sind folgende, teilweise bereits beschriebene Korrekturen durchzuführen:
  - Wurden im Rahmen eines Unternehmenszusammenschlusses bisher immaterielle Vermögenswerte aktiviert, die nicht die Ansatzkriterien von IAS 38 erfüllen, führt deren Ausbuchung unter Berücksichtigung der damit ggf. verbundenen latenten Steuern und Minderheitenanteile zu einer Erhöhung des Goodwills.
  - Erfüllen immaterielle Vermögenswerte, die bisher Bestandteile des Goodwills darstellten, die Ansatzkriterien nach IAS 38 im Einzelabschluss des erworbenen Unternehmens, sind sie unter Berücksichtigung von Minderheiten und latenten Steuern aus dem Goodwill auszubuchen und separat anzusetzen.

– Anschließend ist unabhängig davon, ob Anhaltspunkte für eine Wertminderung vorliegen, für die angesetzten Geschäfts- oder Firmenwerte ein Werthaltigkeitstest nach IAS 36 durchzuführen. Dieser hat auf Grundlage der Verhältnisse zum Übergangszeitpunkt zu erfolgen. Notwendige Wertminderungen des Goodwills sind GuV-neutral in den Gewinnrücklagen zu erfassen.

Beispiel 25.5

Die nach handelsrechtlichen Vorschriften bilanzierende Sun AG erwarb am 01.01.2009 100 % der Anteile der Silk GmbH. Im Rahmen der Erstkonsolidierung wurden Sachanlagen (im Wert von 8.000 T€), zur Veräußerung verfügbare Wertpapiere (6.000 T€), Goodwill (2.000 T€) und Aufwendungen für die Erweiterung des Geschäftsbetriebes als Bilanzierungshilfe (1.000 T€) einschließlich der damit verbundenen passiven latenten Steuern (300 T€) in die Konzernbilanz übernommen. Sachanlagen, Goodwill, Erweiterungsaufwendungen und passive latente Steuern wurden über jeweils vier Jahre abgeschrieben bzw. vereinnahmt. Der Ertragsteuersatz der Sun AG beträgt 30 %.

Zum 01.01.2011 erstellt die Sun AG eine IFRS-Eröffnungsbilanz. Zu diesem Übergangszeitpunkt beträgt der Buchwert der Sachanlagen 4.000 T€. Die Folgebewertung unter IFRS soll weiterhin zu fortgeführten Anschaffungs- oder Herstellungskosten erfolgen. Unterschiede zur bisherigen HGB-Bilanzierung bestehen nicht. Der Buchwert der zur Veräußerung verfügbaren Wertpapiere beträgt weiterhin 6.000 T€, der aktuelle Börsenkurs 8.000 T€. Der Buchwert des Goodwills beträgt nach zweijähriger planmäßiger Abschreibung 1.000 T€, der Buchwert der Erweiterungsaufwendungen 500 T€ und der Buchwert der passiven latenten Steuern 150 T€. Wie ist bei der Erstellung der IFRS-Eröffnungsbilanz zum 01.01.2011 vorzugehen, wenn IFRS 3 nicht rückwirkend angewendet wird?

Lösung

Zunächst sind sämtliche nach nationalen Vorschriften bilanzierte Vermögenswerte und Schulden in die Eröffnungsbilanz zu übernehmen. Anschließend sind vorzunehmende Korrekturen zu prüfen. Im Fall von Sachanlagen besteht annahmegemäß zwischen den fortgeführten Anschaffungs- oder Herstellungskosten nach HGB und IFRS kein Unterschied, so dass keine Anpassung des Buchwerts erfolgen muss.

Zur Veräußerung verfügbare Wertpapiere sind nach IAS 39 zum beizulegenden Zeitwert anzusetzen. Entsprechend dem aktuellen Börsenkurs im Übergangszeitpunkt beträgt der anzusetzende Wert 8.000 T€. Der Buchwert der Wertpapiere ist somit um 2.000 T€ zu erhöhen, wobei die Zuschreibung gegen das sonstige Ergebnis unter Berücksichtigung von passiven latenten Steuern in Höhe von 600 T€ (30 % von 2.000 T€) zu erfolgen hat.

Der Buchwert des Goodwills (1.000 T€) ist in die IFRS-Eröffnungsbilanz zu übernehmen und um den Buchwert der Erweiterungsaufwendungen im Wert von 500 T€ zu erhöhen. Die Erweiterungsaufwendungen werden somit aus der Eröffnungsbilanz entfernt, da sie nach IAS 38 keinen immateriellen Vermögenswert darstellen. Gleichfalls sind die mit den Erweiterungsaufwendungen verbundenen passiven latenten Steuern auszubuchen. Die Ausbuchung hat ebenfalls gegen den Goodwill zu erfolgen, so dass der anzusetzende IFRS-Wert hierfür insgesamt 1.350 T€ (= 1.000 T€ + 500 T€ - 150 T€) beträgt. Abschließend ist der Goodwill einem Werthaltigkeitstest nach IAS 36 zu unterziehen. Dabei soll annahmegemäß kein Wertminderungsbedarf festgestellt worden sein.

Korrektur-Buchungssätze zum 01.01.2011:

Wertpapiere	*2.000 T€*	*an*	*sonstiges Ergebnis*	*1.400 T€*
			passive latente Steuern	*600 T€*
Goodwill	*350 T€*			
Passive lat. Steuern	*150 T€*	*an*	*Aufw. für die Erweiterung des Geschäftsbetriebs*	*500 T€*

Optionale rückwirkende Anwendung von IAS 21

Sofern es sich bei dem Unternehmenszusammenschluss um den Erwerb eines ausländischen Geschäftsbetriebs mit Fremdwährung handelt, ist für die Währungsumrechnung der Differenzen zwischen Buchwerten und beizulegenden Zeitwerten von Vermögenswerten und Schulden bei der Kaufpreisallokation und für die Umrechnung des Goodwills IAS 21 „Auswirkungen von Wechselkursänderungen" anzuwenden. Erstanwendern ist es hier erlaubt, IAS 21 entweder

- rückwirkend auf alle vor dem Übergangszeitpunkt stattgefundenen Unternehmenszusammenschlüsse;
- prospektiv auf Unternehmenszusammenschlüsse, die nach dem Übergangszeitpunkt anfallen, oder
- rückwirkend ab dem Zeitpunkt, den der Erstanwender für die freiwillige retrospektive Anwendung von IFRS 3 gewählt hat, anzuwenden.

Behandlung bisher nicht konsolidierter Unternehmen

Sofern ein Erstanwender ein unter IFRS konsolidierungspflichtiges Tochterunternehmen bislang nicht in den Konzernabschluss einbezogen oder bislang keinen Konzernabschluss erstellt hat, muss er eine modifizierte Erstkonsolidierung vornehmen (sofern das Tochterunternehmen bereits nach IFRS bilanziert, siehe Abschnitt 4.2.1.2). Dazu hat der Erstanwender die Vermögenswerte und Schulden des Tochterunternehmens zum Übergangszeitpunkt so zu übernehmen, wie sie in dessen IFRS-Einzelabschluss abzubilden wären. Der Unterschiedsbetrag zwischen dem Beteilungsbuchwert und dem zum Übergangszeitpunkt ermittelten anteiligen Eigenkapital an der Tochter ist als Goodwill in der Eröffnungsbilanz anzusetzen und einem Werthaltigkeitstest gemäß IAS 36 zu unterziehen.

Die oben aufgeführten Vorschriften gelten analog für die Behandlung von assoziierten Unternehmen (IAS 28 „Anteile an assoziierten Unternehmen") und Gemeinschaftsunternehmen (IAS 31 „Anteile an Gemeinschaftsunternehmen").

4.2.2.2 Sonstige optionale Ausnahmebereiche

Die in Abbildung 25.2 aufgeführten sonstigen optionalen Ausnahmebereiche unterliegen aufgrund der umfangreichen Tätigkeit des IASB einem ständigen Erweiterungsprozess. Nachfolgend werden sie daher nur in ihren wesentlichen Bestandteilen beschrieben.

Anteilsbasierte Vergütung

IFRS 2 „Anteilsbasierte Vergütung" regelt die Bilanzierung von Aktienoptionsplänen und ähnlichen am Wert von Unternehmensanteilen orientierten Entgelten (vgl. Kapitel 18).

Für IFRS-Erstanwender besteht hierbei ein Wahlrecht, IFRS 2 nicht auf Eigenkapitalinstrumente anzuwenden,

- die vor dem 07.11.2002 gewährt wurden, oder
- die nach dem 07.11.2002 gewährt aber vor dem späteren Zeitpunkt aus IFRS-Übergangszeitpunkt und dem 01.01.2005 ausübbar geworden sind.

Beispiel 25.6

Der IFRS-Übergangszeitpunkt eines Unternehmens ist der 01.01.2004. IFRS 2 ist dann verpflichtend retrospektiv auf alle Eigenkapitalinstrumente anzuwenden, die nach dem 07.11.2002 gewährt wurden und deren Sperrfrist am 01.01.2005 noch besteht. Für alle anderen Eigenkapitalinstrumente besteht ein Anwendungswahlrecht.

Ist der Übergangszeitpunkt eines Unternehmens der 01.01.2008, ist IFRS 2 retrospektiv für nach dem 07.11.2002 gewährte Eigenkapitalinstrumente mit einer Sperrfrist über den 01.01.2008 hinaus anzuwenden.

Erstanwender sind ferner davon befreit, Verbindlichkeiten aus anteilsbasierten Vergütungstransaktionen, die vor dem IFRS-Übergangszeitpunkt oder vor dem 01.01.2005 beglichen wurden, nach IFRS 2 abzubilden. Des Weiteren brauchen für nach IFRS 2 zu bilanzierende Verbindlichkeiten keine IFRS-Vergleichszahlen für Perioden vor dem 07.11.2002 angegeben zu werden. Eine freiwillige retrospektive Anwendung von IFRS 2 setzt voraus, dass bisher der beizulegende Zeitwert der Eigenkapitalinstrumente zum jeweiligen Bewertungszeitpunkt ermittelt und veröffentlicht wurde.

Versicherungsverträge

Bei der Bilanzierung von Versicherungsverträgen nach IFRS 4 ist es Erstanwendern erlaubt, die Übergangsregelungen gemäß IFRS 4.41-45 anzuwenden. Hierdurch entfällt eine Reihe von Angabepflichten für die Vergleichsperiode.

Ansatz von bestimmten Vermögenswerten und Schulden zum beizulegenden Zeitwert

Die retrospektive Ermittlung von fortgeführten Anschaffungs- oder Herstellungskosten für immaterielle Vermögenswerte gemäß IAS 38, Sachanlagen gemäß IAS 16 und als Finanzinvestition gehaltene Immobilien gemäß IAS 40 erfordert die Bestimmung ihrer historischen Kosten und die anschließende IFRS-konforme Folgebewertung. Da diese Vorgehensweise teilweise mit hohem Datenbeschaffungsaufwand verbunden ist, dürfen Erstanwendern, die genannten Vermögenswerte zum Übergangszeitpunkt alternativ bewerten. Es darf der beizulegende Zeitwert oder, sofern unter bisher angewandten Vorschriften schon vor dem Übergangszeitpunkt eine Neubewertung dieser Vermögenswerte vorgenommen wurde, der entsprechend fortgeführte Bilanzwert in der Eröffnungsbilanz angesetzt werden. Dieser Wertansatz stellt insofern den Ersatz für die andernfalls retrospektiv zu ermittelnden Anschaffungs- oder Herstellungskosten und damit den fortzuführenden Bilanzwert (deemed cost) im Rahmen der Folgebewertung dar. Der beizulegende Zeitwert ist dabei nach den Vorschriften des jeweils einschlägigen Standards zu ermitteln. Falls dieser keine spezifischen Ermittlungsvorschriften enthält, sind die Anwendungsleitlinien nach IFRS 3 zu beachten. Die Neubewertung braucht nicht auf die gesamte Gruppe eines Vermögenswertes ausgedehnt zu werden, sondern kann auch nur für einzelne Vermögenswerte erfolgen. Umstellenden Unternehmen bietet sich hier demzufolge ein erheblicher Spielraum zur Bilanzpolitik. Allerdings darf das Befreiungswahlrecht für immaterielle Vermögenswerte nur in Anspruch genommen werden, sofern ein aktiver Markt gemäß IAS 38 vorliegt.

Leasingverhältnisse

Im Dezember 2004 wurde die Interpretation IFRIC 4 „Feststellung, ob eine Vereinbarung ein Leasingverhältnis enthält" verabschiedet, die für nach dem 01.01.2006 beginnende Geschäftsjahre verpflichtend anzuwenden ist. Mit Verabschiedung der Interpretation wurde ein weiteres Befreiungswahlrecht in IFRS 1 eingefügt. So kann anstelle einer rückwirkenden Anwendung der Interpretation alternativ die Übergangsvorschrift von IFRIC 4.17 beachtet werden. Demzufolge kann die Prüfung, ob eine Vereinbarung ein Leasingverhältnis enthält, obwohl es in seiner rechtlichen Form nicht derart ausgestaltet wurde, auf Grundlage der zum Übergangszeitpunkt vorliegenden Informationen vorgenommen werden.

Leistungen an Arbeitnehmer

Nach IAS 19 „Leistungen an Arbeitnehmer" besitzt ein Unternehmen verschiedene Möglichkeiten zur Erfassung versicherungsmathematischer Gewinne und Verluste. Diese entstehen bei der Bilanzierung von leistungsorientierten Pensionsverpflichtungen durch z.B. Veränderungen der zugrunde liegenden Bewertungsannahmen (wie z.B. Zinssatz oder Gehalts- und Rententrends) (vgl. Kapitel 16). Eine retrospektive Anwendung des Korridoransatzes (corridor approach) ist für nach vorherigen Rechnungslegungsvorschriften bestehende versicherungsmathematischen Gewinne und Verluste nur erlaubt, wenn diese seit Beginn des Pensionsplans bis zum Übergangszeitpunkt ermittelt und in erfasste und nicht-erfasste Anteile aufgespalten werden. Aus Erleichterungsgründen erlaubt IFRS 1 dem Erstanwender alternativ einen sogenannten fresh start zum Übergangszeitpunkt. Hierbei werden sämtliche kumulierten versicherungsmathematischen Gewinne und Verluste GuV-neutral mit den Gewinnrücklagen verrechnet. Dies erfolgt ungeachtet der im Folgenden angewendeten Methode zur Erfassung künftiger Gewinne oder Verluste. Sofern ein fresh start durchgeführt wird, ist er auf alle Pensionspläne einheitlich anzuwenden.

Umrechnungsdifferenzen

Die Behandlung von Währungsumrechnungsdifferenzen regelt IAS 21 „Auswirkungen von Wechselkursänderungen". Dessen verpflichtende retrospektive Anwendung auf die Umrechnung von Fremdwährungsabschlüssen, d.h. von Vermögenswerten und Schulden ausländischer Geschäftsbetriebe, würde die Ermittlung sämtlicher bisher aufgelaufener Umrechnungsdifferenzen und in bestimmten Fällen deren gesonderten Ausweises im sonstigen Ergebnis erfordern. Dies würde besonders für Unternehmen mit einem hohen Internationalisierungsgrad zu einem erheblichen Datenbeschaffungsaufwand führen. Daher erlaubt IFRS 1, kumulierte Umrechnungsdifferenzen, die bei der Währungsumrechnung von ausländischen Geschäftsbetrieben entstanden sind, im Übergangszeitpunkt mit den Gewinnrücklagen zu verrechnen und somit „auf Null" zu setzen. Anschließend ist IAS 21 prospektiv anzuwenden.

Anteile an Tochter-, Gemeinschafts- oder assoziierten Unternehmen im Einzelabschluss

Anteile an Tochterunternehmen, Gemeinschaftsunternehmen und assoziierten Unternehmen sind im Einzelabschluss des Mutterunternehmens nach IAS 27.38 entweder zum beizulegenden Zeitwert gemäß IAS 39 oder zu fortgeführten Anschaffungskosten zu bewerten. Entscheidet sich der IFRS-Erstanwender für letzteren Ansatz, dürfen die Anteile im Rahmen der IFRS-Eröffnungsbilanz als Ausgangsbasis für die Folgebewertung entweder zu Anschaffungskosten nach IAS 27 oder mit fiktiven Anschaffungskosten angesetzt werden. Für diesen Ersatzwert kommt der fair value nach IAS 39 oder der zu diesem Zeitpunkt nach vorherigen Rechnungslegungsgrundsätzen ermittelte Buchwert in Betracht.

Erstmalige Anwendung bei Tochter-, assoziierten und Gemeinschaftsunternehmen

Sofern ein Tochterunternehmen seinen Abschluss erst später als das Mutterunternehmen auf IFRS umstellt, kann die Rechnungslegungsumstellung ebenfalls unter Anwendung von IFRS 1 vorgenommen werden. Alternativ ist es erlaubt, die zum Übergangszeitpunkt des Mutterunternehmens berichteten und an die Ansatz- und Bewertungsvorschriften der Mutter angepassten HB II-Werte unter Rücknahme von Konsolidierungsmaßnahmen und Anpassungen durch die Kaufpreisallokation mit ihren fortgeführten Werten in die Eröffnungsbilanz zu übernehmen. Die Vorschriften gelten analog für assoziierte Unternehmen und Gemeinschaftsunternehmen.

Beispiel 25.7

Ein Mutterunternehmen veröffentlicht erstmalig zum 31.12.2010 einen IFRS-Konzernabschluss. Sein nach nationalen Vorschriften bilanzierendes Tochterunternehmen plant derzeit aufgrund eines künftigen Börsengangs, seinen Abschluss zum 31.12.2011 freiwillig umzustellen. Eine eigene IFRS-Eröffnungsbilanz ist daher erst zum 01.01.2010 notwendig. Zu Konsolidierungszwecken berichtet es aber schon seit dem 01.01.2009 und damit auch zum 31.12.2009 IFRS-Wertansätze an die Muttergesellschaft.

Zur Erleichterung darf es die zum 31.12.2009 berichteten IFRS-Wertansätze als Ausgangsbasis für die eigene Eröffnungsbilanz zum 01.01.2010 verwenden.

Stellt ein Mutterunternehmen seinen Konzernabschluss später als ein Tochterunternehmen, assoziiertes Unternehmen oder Gemeinschaftsunternehmen auf IFRS um, muss es die Buchwerte der Vermögenswerte und Schulden des jeweiligen Unternehmens nach Konsolidierungsanpassungen und Anpassungen der Auswirkungen des Unternehmenszusammenschlusses in seine Konzerneröffnungsbilanz übernehmen.

Hybride Finanzinstrumente

Zusammengesetzte Finanzinstrumente, wie z.B. Aktienanleihen oder Wandelschuldverschreibungen, sind gemäß IAS 32 „Finanzinstrumente: Darstellung" beim Emittenten bilanziell in ihre Eigenkapital- und Fremdkapitalkomponenten aufzuspalten. Die strikte Befolgung des retrospektiven Grundsatzes würde somit die rückwirkende Aufspaltung hybrider Finanzinstrumente erfordern. Zur Erleichterung brauchen Erstanwender zusammengesetzte Finanzinstrumente jedoch nicht aufzuspalten, sofern die Fremdkapitalkomponente im Übergangszeitpunkt bereits getilgt ist und somit nicht mehr aussteht.

Klassifikation von Finanzinstrumenten

Erstanwendern ist es unabhängig von der bisherigen Klassifizierung erlaubt, Finanzinstrumente im Übergangszeitpunkt entweder in die Kategorie „zur Veräußerung verfügbar" oder als „GuV-wirksam zum beizulegenden Zeitwert folgezubewerten" einzuordnen. Letztere Klassifikation ist dabei an die Erfüllung entsprechender Kriterien nach IAS 39 geknüpft (IFRS 1.D19). Die Einteilung hat unmittelbare Auswirkungen auf die Folgebewertung. Während Marktwertschwankungen von GuV-wirksam zum beizulegenden Zeitwert bewerteten Finanzinstrumenten direkt den Gewinn oder Verlust beeinflussen, sind sie bei Klassifikation als zur Veräußerung verfügbar GuV-neutral im sonstigen Ergebnis zu erfassen und erst bei späterer Veräußerung GuV-wirksam aufzulösen. Auch hier wird offensichtlich, dass sich Erstanwendern erhebliche bilanzpolitische Spielräume eröffnen. Bilanziert ein Erstanwender Finanzinstrumente bereits vorzeitig nach den Regelungen des ab 2013 verpflichtenden IFRS 9, darf die Klassifikation in „GuV-wirksame" und „GuV-neutrale" Folgebewertung unter Berücksichtigung der einschlägigen Vorschriften von IFRS 9 ebenfalls prospektiv zum Übergangszeitpunkt erfolgen.

Zeitwertbewertung von Finanzinstrumenten beim erstmaligen Ansatz

Nach IAS 39 sind Finanzinstrumente grundsätzlich zum Zugangszeitpunkt mit ihrem beizulegenden Zeitwert zu bewerten. Besteht kein aktiver Markt für ein Finanzinstrument, stellt nach IAS 39.A76 der Transaktionspreis den besten Nachweis für den beizulegenden Zeitwert dar, es sei denn, dieser kann durch Vergleichstransaktionen nachgewiesen werden oder seine Ermittlung beruht auf einem Bewertungsverfahren, in das ausschließlich Daten von beobachtbaren Märkten einfließen. In einem derartigen Fall können aufgrund der Abweichung von Transaktionspreis und beizulegendem Zeitwert zu sogenannten day one profits bzw. losses auftreten. Um die komplexe Erforschung zurückliegender Transaktionen zu vermeiden, erlaubt es IFRS 1.D20, die Vorschriften zur Erfassung solcher Gewinne oder Verluste prospektiv für nach dem Übergangszeitpunkt abgeschlossene Geschäfte anzuwenden.

In die AK/HK von Sachanlagen einzubeziehende Entsorgungsverpflichtungen

Ein weiteres Befreiungswahlrecht von einer retrospektiven Anwendung gilt für die Behandlung von Änderungen bestehender Entsorgungsverpflichtungen, die in den Anschaffungs- oder Herstellungskosten von Sachanlagen enthalten sind. IFRIC 1 schreibt zum Zeitpunkt der Bewertungsänderung einer Entsorgungsverpflichtung die Anpassung der Anschaffungskosten des zugehörigen Vermögenswertes vor. Anstelle einer rückwirkenden Anwendung ist es einem Erstanwender nach IFRS 1 gestattet, diese Anpassungen prospektiv zum Zeitpunkt des Übergangs auf IFRS vorzunehmen. Dazu ist zunächst der Barwert der Entsorgungsverpflichtung zum Übergangszeitpunkt gemäß IAS 37 zu ermitteln. Anschließend ist der Betrag zu schätzen, der auf dieser Basis in den Anschaffungskosten des zugehörigen Vermögenswerts enthalten gewesen wäre. Hierzu ist ein historischer, auf der bestmöglichen Schätzung basierender, risikoadjustierter Zinssatz heranzuziehen. Schließlich hat der Erstanwender, ausgehend von neu berechneten Anschaffungskosten, die kumulierten Abschreibungen unter Berücksichtigung der Regelungen des IAS 16 zum Übergangszeitpunkt zu ermitteln.

Dienstleistungskonzessionsvereinbarungen

Die Interpretation IFRIC 12, die sich mit der Bilanzierung von Vereinbarungen über Dienstleistungskonzessionen befasst, ist verpflichtend für Geschäftsjahre anzuwenden, die am oder nach dem 01.01.2008 beginnen. Durch Dienstleistungskonzessionsvereinbarungen vergibt eine Regierung oder eine andere Institution Aufträge an private Betreiber, um öffentliche Dienstleistungen wie z.B. Straßen, Energieversorgung etc. bereitzustellen. Erstanwendern ist es dabei erlaubt, anstelle einer retrospektiven Bilanzierung die Übergangsvorschriften von IFRIC 12.30 anzuwenden. Danach können aus der Vereinbarung entstandene finanzielle und immaterielle Vermögenswerte unverändert mit ihrem bisherigen Buchwert in die Eröffnungsbilanz übernommen werden. Anschließend sind diese jedoch einem Wertminderungstest zu unterziehen.

Fremdkapitalkosten

Im März 2007 veröffentlichte das IASB eine überarbeitete Version von IAS 23 „Fremdkapitalkosten“ , in der u.a. das Wahlrecht zur Einbeziehung von Fremdkapitalkosten bei der Ermittlung der Anschaffungs- oder Herstellungskosten von qualifizierten Vermögenswerten zu Gunsten einer diesbezüglichen Pflicht aufgehoben wurde. Anstelle einer retrospektiven Anwendung des Standards können IFRS-Erstanwender die Übergangsvorschriften von IAS 23.27-28 befolgen. Danach besteht ein Wahlrecht zur prospektiven Anwendung von IAS 23 zum 01.01.2009 oder zum ggf. späteren IFRS-Übergangszeitpunkt.

Ausgeprägte Hyperinflation

Unterlag die für die Berichterstattung maßgebliche funktionale Währung eines Unternehmens in der Vergangenheit einer ausgeprägten Hochinflation, dürfen die davon betroffenen Vermögenswerte und Schulden zum Übergangszeitpunkt zum fair value bewertet und diese Werte als angenommene Anschaffungskosten in die IFRS-Eröffnungsbilanz übernommen werden.

5 Angaben

Angabepflichten nach IFRS 1

Ein erstmalig veröffentlichter IFRS-Abschluss muss sämtliche nach IFRS erforderlichen Angaben und Vergleichsdaten der Vorperiode enthalten. Somit hat der erste IFRS-Abschluss mindestens drei Bilanzen und jeweils zwei Gesamtergebnis-, Kapitalfluss- und Eigenkapitalveränderungsrechnungen zu enthalten.

Neben den grundsätzlich nach IFRS erforderlichen Angaben müssen Erstanwender gemäß IFRS 1.23-31 folgende zusätzliche Informationen veröffentlichen:

- Eine Erläuterung, wie sich die Umstellung auf die Vermögens-, Finanz- und Ertragslage ausgewirkt hat.

- Sofern zusätzlich nationale Vergleichszahlen veröffentlicht werden, ein Hinweis, dass diese nicht mit den IFRS übereinstimmen sowie eine qualitative Beschreibung der Art der Korrekturmaßnahmen, die erforderlich wären, um eine Übereinstimmung mit IFRS herzustellen.
- Je Bilanzposition die Summe der in der Eröffnungsbilanz als fortzuführende Werte angesetzten beizulegenden Zeitwerte für immaterielle Vermögenswerte, Sachanlagen und als Finanzinvestition gehaltene Immobilien und der damit verbundene Anpassungsbetrag gegenüber den Buchwerten nach nationalen Vorschriften.
- Sofern Finanzinstrumente gemäß IAS 39 neu klassifiziert worden sind, den beizulegenden Zeitwert der neu eingeordneten Finanzinstrumente je Kategorie sowie die Klassifikation und den Buchwert im vorherigen Abschluss. Wird bereits IFRS 9 angewendet, müssen die Angaben der Vergleichsinformationen der Vorperiode nicht zwingend mit Anforderungen nach IFRS 7 und IFRS 9 übereinstimmen, sondern können nach den Vorschriften von IFRS 1.E1 veröffentlicht werden.
- Wurden Anteile an Tochter-, Gemeinschafts- oder assoziierten Unternehmen mit einem Ersatz für die Anschaffungs- oder Herstellungskosten bewertet, die Summe der als Ersatzwert angesetzten beizulegenden Zeitwerte, Angaben über die Buchwerte nach vorherigen Rechnungslegungsgrundsätzen sowie über den sich ergebende Anpassungsbetrag.
- Angaben entsprechend IAS 36, sofern Wertminderungen für den Zeitpunkt der Eröffnungsbilanz vorgenommen bzw. rückgängig gemacht worden sind.

Überleitungsrechnungen

Zusätzlich sind detaillierte Überleitungen des Eigenkapitals nach nationalen Vorschriften auf IFRS zum Übergangszeitpunkt und bei Veröffentlichung des letzten nationalen Abschlusses darzustellen. Darüber hinaus hat eine Überleitung des Gesamtergebnisses nach nationalen Vorschriften auf IFRS für den Berichtszeitraum des letzten veröffentlichten nationalen Abschlusses zu erfolgen. In den Überleitungsrechnungen sind Effekte, die aus einer Korrektur von Schätzfehlern resultieren, von Auswirkungen der Umstellung der Bilanzierungsmethoden zu trennen. Sofern bisher eine Kapitalflussrechnung aufgestellt wurde, sind damit verbundene Umstellungseffekte ebenfalls anzugeben.

Zusatzangaben für Zwischenberichte

Veröffentlicht ein Unternehmen in der erstmaligen Berichtsperiode Quartals- oder Halbjahresberichte nach IAS 34 „Zwischenberichterstattung“, verlagert sich der Zeitpunkt der erstmaligen Offenlegung von IFRS-Daten. Da gemäß IAS 34.20 auch jeder Zwischenbericht entsprechende Vergleichsdaten der Vorperiode enthalten muss, sind bspw. im erstmaligen IFRS-Quartalsbericht zum 31.03.2010 Quartalsvergleichzahlen zum 31.03.2009 zu veröffentlichen. Zudem sind sämtliche Ereignisse und Geschäftsvorfälle anzugeben, die wesentlich für das Verständnis der aktuellen Zwischenberichtsperiode sind. Das schließt eine umfassende Beschreibung der abweichenden IFRS-Bilanzierungs- und Bewertungsmethoden mit ein. Alternativ genügt ein Hinweis auf ihre Veröffentlichung an anderer Stelle. Neben den zu veröffentlichenden Informationen gemäß

IAS 34 sind Überleitungsrechnungen von nationalen auf IFRS-Vorschriften für das Eigenkapital zum Ende der Zwischenberichtsperiode sowie für das Gesamtergebnis der Zwischenberichtsperiode darzustellen. Der erste Zwischenbericht hat außerdem die zuvor dargestellten Eigenkapital- und Ergebnisüberleitungen, die auch im erstmaligen IFRS-Abschluss zu veröffentlichen sind, zu beinhalten.

6 Wesentliche Unterschiede zum IFRS for SMEs

Grundlagen

Die Erstanwendung des IFRS for SMEs wird in IFRS-SME.35 geregelt. Die Vorschriften sind dabei unabhängig von den zuvor verwendeten Rechnungslegungsgrundsätzen zu beachten, d.h. auch Unternehmen, die zuvor nach den „full" IFRS bilanzierten, gelten als Erstanwender. Die Übergangsvorschriften ähneln prinzipiell jenen von IFRS 1. So sind beim erstmaligen Abschluss ebenfalls Vergleichdaten für mindestens eine Vorperiode zu veröffentlichen. Dies beinhaltet z.B. im Anhang die Angabe von Überleitungsrechnungen des Eigenkapitals sowie des Ergebnisses von vorherigen Rechnungslegungsgrundsätzen auf IFRS for SMEs. Die Vorschriften des IFRS for SMEs sind grundsätzlich retrospektiv anzuwenden.

Erleichterungen

Ausgenommen hiervon sind zwingend, wie nach den „full" IFRS, die Ausbuchung finanzieller Vermögenswerte und Schulden, Sicherungsbilanzierung, Schätzungen und die Ermittlung von Minderheitsanteilen sowie zusätzlich die Darstellung aufgegebener Geschäftsbereiche. Darüber hinaus gelten für eine Reihe von Regelungen Wahlrechte, um auf die retrospektive Darstellung zu verzichten (IFRS-SME.35.10). Darunter fallen beispielsweise Unternehmenszusammenschlüsse (IFRS-SME.19), kumulierte Umrechnungsdifferenzen (IFRS-SME.30) und Vereinbarungen, die ein Leasingverhältnis beinhalten (IFRS-SME.20). Als weitere Erleichterungen wird es Erstanwendern erlaubt, auf die rückwirkende Anwendung einzelner Regelungen sowie auf die Angabe von Vergleichsinformationen im Anhang zu verzichten, falls dies als nicht praktikabel erachtet wird.

Ausgewählte Literatur

Detert, K., Bilanzpolitisches Verhalten bei der Umstellung der Rechnungslegung von HGB auf IFRS – Eine empirische Untersuchung deutscher Unternehmen, Frankfurt a.M. 2008.

Klöpfer, E., Bilanzpolitisches Gestaltungspotenzial bei der Umstellung der Rechnungslegung von HGB auf IFRS, Hamburg 2006.

Haller, A./Froschhammer, M./Denk, S., Umstellung der Rechnungslegung von HGB auf IFRS – Eine empirische Analyse der Ausübung der Wahlrechte des IFRS 1, in: KoR, 10. Jg. (2010), S. 554-559.

Übungsaufgabe

Aufgabe:
Die bisher nicht kapitalmarktorientierte Umbau AG stellt aufgrund ihres Börsengangs den bisher nach handelsrechtlichen Grundsätzen aufgestellten Abschluss auf IFRS um. Als wesentliche Umstellungsbereiche werden folgende, bisher seit dem Jahr 1998 getätigte Unternehmenszusammenschlüsse identifiziert:

02.05.2001	**03.06.2003**	**01.01.2007**
Pool GmbH (70 %) Kaufpreis: 30.000 T€	Eventa GmbH (80 %) Kaufpreis: 15.000 T€	Incept AG (100 %) Kaufpreis: 8.000 T€

a) Welche Möglichkeiten zur bilanziellen Abbildung der Unternehmenszusammenschlüsse erlaubt IFRS 1?

b) Die Umbau AG entscheidet sich zur prospektiven Anwendung von IFRS 3 ab dem Übergangszeitpunkt auf IFRS zum 01.01.2009. Zeigen Sie unter Berücksichtigung der Vorschriften des IFRS 1 anhand folgender Daten der Incept AG, welche Auswirkungen auf das Eigenkapital in der Eröffnungsbilanz zum 01.01.2009 in Abhängigkeit von der vorgenommenen Bilanzierung zu erwarten sind. Geben Sie dazu auch die Korrekturbuchungssätze zur Erstellung der Eröffnungsbilanz an.

- Im Rahmen der Erstkonsolidierung der nach HGB bilanzierenden Incept AG wurden Sachanlagen (10.000 T€), Wertpapiere des Handelsbestands (4.000 T€), Aufwandsrückstellungen (2.000 T€) und Verbindlichkeiten (7.000 €) zu Tageswerten in die Konzernbilanz übernommen, Die steuerliche Bilanzierung folgt grundsätzlich der handelsrechtlichen. Lediglich aufgrund der steuerlich nicht zulässigen Aufwandsrückstellungen wurden aktive latente Steuern gebildet wurden. Der Steuersatz der Incept AG beträgt dabei konstant 30 %.
- Ein selbst erstelltes patentiertes Verfahren mit nach IAS 38 aktivierungspflichtigen Entwicklungskosten von 500 T€ wurde handelsrechtlich nicht bilanziert. Das Verfahren verbessert seit Anfang 2007 den Produktionsbetrieb, wobei eine Nutzungsdauer von 5 Jahren geschätzt wurde.
- Die planmäßige Abschreibung der Sachanlagen erfolgt linear über eine Nutzungsdauer von 10 Jahren. Der beizulegende Zeitwert zum 31.12.2008 betrug 11.000 T€.

- Ein im Rahmen des Unternehmenszusammenschlusses entstandener Goodwill wird über die voraussichtliche Nutzungsdauer von 15 Jahren abgeschrieben.
- Der Marktwert der Wertpapiere zum 31.12.2008 betrug 6.000 T€.
- Aufwandsrückstellungen werden jährlich um 500 T€ erhöht, um den Gesamtbetrag einer im Jahr 2009 vorzunehmenden Generalüberholung zu erreichen.
- Verbindlichkeiten wurden insgesamt bis zum 31.12.2008 in Höhe von 1.500 T€ getilgt.
- Wertminderungen des Goodwills liegen nicht vor.

c) Wie würde sich die betragsmäßige Wirkung auf das Eigenkapital ändern, wenn der Goodwill der Incept AG bisher nach dem HGB GuV-neutral mit dem Eigenkapital verrechnet wurde?

Kapitel 26
Methoden- und Schätzänderungen sowie Fehlerkorrekturen

Am 01.09.2009 wurde im elektronischen Bundesanzeiger eine Bekanntmachung über Fehler in der Rechnungslegung der Praktiker Bau- und Heimwerkermärkte Holding AG veröffentlicht[1]. Diese Bilanzierungsfehler hatte die Deutsche Prüfstelle für Rechnungslegung (DPR) im Rahmen der Prüfung des Konzernabschlusses zum 31.12.2007 gemäß § 342b Abs. 2 Satz 3 Nr. 3 HGB festgestellt. Es handelte sich dabei insbesondere um folgende Mängel, die in Zusammenhang mit der Erstkonsolidierung der Max Bahr Holzhandlung GmbH & Co. KG stehen:

- Fehler bei der Kaufpreisallokation durch eine Unterbewertung von Vorräten sowie eines zu niedrigen Ansatzes des Leasingvolumens und einen dadurch zu hoch ausgewiesenen Goodwill,
- Fehler bei der Berechnung des Steueraufwands sowie der aktiven latenten Steuern und
- Fehler bei der Berechnung des verwässerten Ergebnisses je Aktie.

Dem Geschäftsbericht 2009 ist ferner zu entnehmen, dass das Unternehmen dem Verlangen der DPR nachkam und die Bilanzierungsfehler für die Geschäftsjahre 2007 und 2008 durch entsprechende Anpassungen korrigierte[2]. Die Praktiker Bau- und Heimwerkermärkte Holding AG ist aber bei weitem nicht das einzige Unternehmen, bei dem die „deutsche Bilanzpolizei", wie die DPR insbesondere in der Presse häufig genannt wird, fündig geworden ist. Dem entsprechenden Tätigkeitsbericht der Prüfstelle für das Jahr 2009 ist zu entnehmen, dass in 23 von 118 Prüfverfahren eine fehlerhafte Rechnungslegung festgestellt wurde[3]. Damit haben für kapitalmarktorientierte Unternehmen auch die Vorschriften nach IFRS zur Korrektur von bilanziellen Fehlern eine nochmals höhere Bedeutung erfahren. Neben der Behandlung von Bilanzierungsfehlern führen auch die bilanzielle Abbildung von Schätzrevisionen und Änderungen der bisher angewandten Bilanzierungsmethoden regelmäßig zu Anpassungen des Abschlusses und können teilweise ein beträchtliches Ausmaß erreichen.

Lernziele

Im Folgenden sollen Sie daher lernen,

- wie Änderungen von Rechnungslegungsmethoden abgebildet werden müssen,
- wie Schätzungsänderungen von Fehlern abzugrenzen und bilanziell zu erfassen sind und
- wann ein Bilanzierungsfehler vorliegt und wie dieser zu korrigieren ist.

---

1 Vgl. https://www.unternehmensregister.de/ureg/result.html;jsessionid=0A16E5AC71B263347B6D89D04F5EA2E6.www03-1?submitaction=showDocument&id=3966074 (Stand: 06.12.2010).

2 Vgl. Geschäftsbericht 2009 der Praktiker Bau- und Heimwerkermärkte Holding AG, S. 16, S. 73 f.

3 Vgl. Tätigkeitsbericht der DPR für das Jahr 2009, S. 3.

1 Einführung

Die Änderungen von Rechnungslegungsmethoden (accounting policies), Änderungen von Schätzungen, Korrekturen von wesentlichen Fehlern aus Vorperioden sowie die Behandlung von Regelungslücken sind in IAS 8 „Rechnungslegungsmethoden, Änderungen von rechnungslegungsbezogenen Schätzungen und Fehler" geregelt. IAS 8 wurde 1993 veröffentlicht und 2003 wesentlich überarbeitet. Im Rahmen dieser Überarbeitung wurden u.a. die Interpretationen SIC-2 und SIC-18 in den Standard integriert. IAS 8.5 definiert u.a. auch, wann eine grundsätzlich geltende Bilanzierungsvorschrift aus praktischen Gründen nicht anwendbar ist (Undurchführbarkeit). Wie in Kapitel 25 bereits beschrieben, wird die Vorgehensweise für die erstmalige Erstellung eines vollständigen IFRS-Abschlusses hingegen durch IFRS 1 festgelegt. Weiterhin ist zu beachten, dass steuerliche Konsequenzen, die sich durch die Korrektur von Fehlern aus Vorperioden oder aus der Änderung von Rechnungslegungsmethoden ergeben, nicht in den Anwendungsbereich von IAS 8 fallen (IAS 8.4). Vielmehr ist in diesen Fällen IAS 12 „Ertragsteuern" maßgeblich (vgl. Kapitel 8). Die in IAS 8 (veröffentlicht 1993) noch enthaltenen Regelungen zur damaligen Gewinn- und Verlustrechnung sind in modifizierter Form nun Gegenstand von IAS 1 „Darstellung des Abschlusses", der zuletzt im Rahmen des Projekts „Financial Statement Presentation" modifiziert und im September 2007 in neuer Fassung publiziert wurde (vgl. Kapitel 7).

Anwendungsbereich von IAS 8

Nach der im Standard formulierten Zielsetzung dient IAS 8 insbesondere der Herstellung einer unternehmensübergreifenden und intertemporalen Vergleichbarkeit von IFRS-Abschlüssen sowie der Erhöhung von Relevanz und Verlässlichkeit des in diesen Abschlüssen publizierten Zahlenmaterials. So dürfen bspw. im Gegensatz zu früheren Versionen des IAS 8 bereits in Vorperioden gemachte und damit auch den entsprechenden Jahresabschlüssen zuzuordnende Fehler nicht nochmals falsch erfasst werden, indem die Vorjahresvergleichszahlen des aktuellen Abschlusses unangepasst bleiben. Vielmehr müssen solche Fehler aus Vorperioden bereits in den Vergleichsinformationen im Abschluss der nachfolgenden Periode korrigiert werden. In die Gesamtergebnisrechnung des aktuellen Jahres gehen demnach keine Anpassungsbeträge mehr ein, die logisch zu Vorperioden gehören. Das IASB geht davon aus, dass der Standard dadurch dem selbst gesetzten Postulat der Erzeugung von Vergleichbarkeit und Stetigkeit von Abschlüssen besser genügen kann als zuvor (IAS 8.BC7). Dem steht jedoch entgegen, dass mit dieser Vorgehensweise der Bilanzierungsgrundsatz der Kongruenz (clean surplus) verletzt wird, wonach die Summe der in den einzelnen Perioden ausgewiesenen Gewinne und Verluste mit den nicht durch Eigenkapitaltransaktionen mit den Eigentümer bedingten Eigenkapitalveränderungen übereinstimmen soll.

Zielsetzung

IAS 8 beinhaltet, wie die meisten IFRS, zuerst eine Beschreibung des Regelungsziels (IAS 8.1-2) und eine Abgrenzung des Anwendungsbereichs (IAS 8.3-4). Anschließend folgt ein Katalog wichtiger Begriffsdefinitionen (IAS 8.5-6). Nachfolgend widmet sich IAS 8 der Änderung von Rechungslegungsmethoden

Aufbau von IAS 8

(IAS 8.7-31), bevor Schätzänderungen behandelt werden (IAS 8.32-40). In den Absätzen 41-49 wird die Behandlung von Fehlern geregelt, während die Undurchführbarkeit hinsichtlich rückwirkender Anwendung und rückwirkender Anpassung Gegenstand der Absätze 50-53 ist. Abschließend wird der Zeitpunkt des Inkrafttretens (IAS 8.54) und die Rücknahme anderer Verlautbarungen beschrieben (IAS 8.55-56).

2 Änderungen von Rechnungslegungsmethoden

Stetigkeit und Vergleichbarkeit von Abschlüssen

Für die Vergleichbarkeit von Abschlüssen im Zeitablauf und die Ableitung von Entwicklungstendenzen der Ertragskraft, der Vermögens- und Finanzlage sowie der Cashflows eines Unternehmens fordert IAS 8 in den Textziffern 13 und 15 die Beibehaltung von Rechnungslegungsmethoden für ähnliche Sachverhalte. Eine Abweichung von diesem Grundsatz erlaubt das IASB nur im Fall einer von einem Standard oder einer Interpretation vorgeschriebenen Änderung bzw. dann, wenn die Änderung zu einer zutreffenderen und relevanteren Darstellung der Unternehmenslage führt (IAS 8.14).

Keine Änderung der Rechnungslegungsmethode

IAS 8.16-18 konkretisiert die Sachverhalte, die nicht als eine Änderung von Rechnungslegungsmethoden zu interpretieren sind. Die Anwendung einer schon vorher angewandten Rechnungslegungsmethode auf einen Sachverhalt, der sich grundlegend von bereits existierenden Geschäftsvorfällen unterscheidet, ist nicht als Änderung zu verstehen. Kauft ein Unternehmen z.B. eine Maschine, deren Abschreibungsverlauf am besten degressiv beschrieben werden kann, obwohl alle übrigen Maschinen des Unternehmens linear abgeschrieben werden, so ist dies keine Methodenänderung. Ebenfalls liegt keine Methodenänderung vor, wenn eine neue Rechnungslegungsmethode auf Geschäftsvorfälle angewendet wird, die bislang nicht aufgetreten sind bzw. vorher nicht wesentlich waren. Explizit wird außerdem die erstmalige Anwendung der Neubewertungsmethode nach IAS 16 und IAS 38 vom Geltungsbereich des IAS 8 ausgeschlossen.

Erstmalige Anwendung einzelner Standards

Änderungen der Rechnungslegungsmethoden können aus der Erstanwendung einzelner IFRS und Interpretationen resultieren. Die meisten der veröffentlichten Standards und Interpretationen bieten ihren Nutzern jedoch ausführliche Übergangsvorschriften für die Berücksichtigung der Auswirkungen ihrer erstmaligen Anwendung. Diese Vorschriften können entweder eine prospektive oder aber eine retrospektive Erfassung vorsehen. Für alle anderen Rechnungslegungsvorschriften ohne gesonderte Übergangsregeln schreibt IAS 8.19 grundsätzlich eine retrospektive Anwendung vor. Wurde z.B. bei der Bilanzierung von Roh-, Hilfs- und Betriebsstoffen nach Überarbeitung des IAS 2 im Jahr 2003 von der inzwischen grundsätzlich als Bewertungsvereinfachungsverfahren nicht mehr zulässigen LIFO-Methode auf die Durchschnittsmethode gewechselt, so musste die Vermögens-, Finanz- und Ertragslage so dargestellt werden, als hätte das Unternehmen den Wertansatz schon immer nach der Durchschnittsmethode ermittelt.

Verbesserte Darstellung der Lage des Unternehmens

Neben der Erstanwendung neuer IFRS i.w.S. ist die Änderung der Rechnungslegungsmethoden zur Verbesserung der Lagedarstellung des Unternehmens ein zweiter Grund für die Durchbrechung des Stetigkeitsgebots. Die Frage, wann ein Methodenwechsel als eine Verbesserung der Berichterstattung zu interpretieren ist, ist eine Ermessensentscheidung im Einzelfall.

Retrospektive Behandlung von Methodenänderungen

Analog zur Korrektur wesentlicher Fehler aus Vorperioden ist die Änderung von Rechnungslegungsmethoden anhand der retrospektiven Anwendung abzubilden. Die Beträge sind jeweils so anzupassen, als wäre die neue Methode von jeher angewendet worden. Die im aktuellen Abschluss angegebenen Vorjahreswerte müssen im Zuge der rückwirkenden Anwendung GuV-neutral angepasst werden. In der Regel wird die Anpassung über die Gewinnrücklagen erfolgen (IAS 8.26). Die Anpassung der Vorjahreswerte, die nicht als Vergleichsperioden im aktuellen Abschluss veröffentlicht werden, erfolgt über den Saldovortrag der Eigenkapitalposten der frühesten veröffentlichten Periode. Dementsprechend müssen die angepassten Eröffnungsbilanzwerte der Eigenkapitalposten des Vorjahres ebenfalls dargestellt werden (IAS 8.22).

Ausnahmen von der retrospektiven Korrektur

Ausnahmen von diesem grundsätzlichen Vorgehen aus Praktikabilitätsgründen sind in IAS 8.23-27 angegeben. Lässt sich der periodenspezifische Anpassungseffekt nicht für alle Vergleichsperioden bestimmen, so soll die neue Rechnungslegungsmethode rückwirkend ab der frühesten Periode, für die das Vorgehen durchführbar ist, angewendet werden. Für die entsprechende Periode hat eine Anpassung der Eröffnungsbilanzsalden der betroffenen Eigenkapitalposten zu erfolgen (IAS 8.24). Ist der kumulative Effekt einer Methodenänderung nicht bestimmbar, so hat das Unternehmen die Vergleichszahlen prospektiv ab dem frühestmöglichen Zeitpunkt anzupassen. Dass damit die Beträge aus denjenigen Perioden, die zeitlich vor diesem Zeitpunkt liegen, nicht angepasst werden, wird dabei vom IASB bewusst in Kauf genommen (IAS 8.27).

Angabepflichten

Gemäß IAS 1.10(f) ist bei einer rückwirkenden Änderung der Rechnungslegungsmethoden eine dritte Bilanz, nämlich die Eröffnungsbilanz der Vergleichsperiode, zu veröffentlichen. Hat die erstmalige Anwendung eines Standards oder einer Interpretation Auswirkungen auf die aktuelle Berichtsperiode bzw. eine frühere Berichtsperiode oder könnten sich in Zukunft solche Auswirkungen ergeben, sind umfangreiche Offenlegungspflichten zu beachten (IAS 8.28). So sind folgende Informationen gefordert:

- Titel des Standards oder der Interpretation,
- Angabe, dass die Übergangsvorschriften (falls vorhanden) beachtet wurden,
- Art der Änderung der Rechnungslegungsmethoden,
- Beschreibung der Übergangsvorschriften (sofern vorhanden),
- Übergangsvorschriften, die einen Einfluss auf künftige Perioden haben könnten,

- Anpassungsbeträge für jede einzelne betroffene Abschlussposition sowie ggf. für die Angaben zum Ergebnis je Aktie nach IAS 33,
- Betrag der Anpassungen, die sachlich den nicht mehr im Abschluss präsentierten Perioden zuzurechnen sind, sowie
- ggf. Gründe, warum die grundsätzlich anzuwendende retrospektive Methode nicht durchführbar war, sowie eine Beschreibung, wie und ab wann die Anpassung tatsächlich erfolgte.

Freiwilliger Methodenwechsel

Ähnliche Angaben sind im Fall eines freiwilligen Wechsels der Rechnungslegungsmethoden zu machen (IAS 8.29), worunter eine freiwillige frühere Anwendung eines Standards oder einer Interpretation allerdings nicht zu subsumieren ist (IAS 8.20)[4]. Darüber hinaus gibt es auch Offenlegungspflichten, wenn verabschiedete, aber noch nicht verpflichtend anzuwendende Standards oder Interpretationen im aktuellen Berichtsjahr noch nicht zur Anwendung gekommen sind (IAS 8.30-31). Hierbei ist insbesondere der zu erwartende Einfluss der erstmaligen Anwendung der neuen Bilanzierungsregeln anzugeben.

Beispiel 26.1

Folgendes Beispiel zeigt die Angaben gemäß IAS 8.28 zu den Anpassungsbeträgen aufgrund der Änderung des Standards IAS 23 im Geschäftsbericht 2009 der Daimler AG[5]:

Das IASB hat im März 2007 IAS 23 „Borrowing Costs“ geändert. Die Änderung schafft das Wahlrecht zur sofortigen aufwandswirksamen Berücksichtigung von Fremdkapitalkosten ab. Der geänderte Standard schreibt die Aktivierung von Fremdkapitalkosten vor, die dem Erwerb, der Erstellung oder der Produktion von qualifizierten Vermögenswerten direkt zugeordnet werden können.

Vermögenswerte gelten als qualifiziert, wenn ein beträchtlicher Zeitraum erforderlich ist, um sie in den beabsichtigten gebrauchs- oder verkaufsfähigen Zustand zu versetzen. Der geänderte Standard wurde prospektiv ab dem 1. Januar 2009 für qualifizierte Vermögenswerte angewendet, mit deren Errichtung oder Herstellung nach diesem Zeitpunkt begonnen wurde. In diesem Zusammenhang wurden im Jahr 2009 Fremdkapitalkosten von 1 Mio. € aktiviert, die langfristige Entwicklungsprojekte betreffen.

---

4 Der im Standard verwendete Begriff der freiwilligen Änderung der Bilanzierungs- und Bewertungsmethoden ist streng genommen nicht konform mit der Definition in IAS 8.14(b). Letztgenannte Textziffer legt ausdrücklich fest, dass auch dann eine Pflicht zur Änderung der Bilanzierungs- und Bewertungsmethoden besteht, wenn dies nicht explizit durch eine Verlautbarung gefordert wird, jedoch eine verlässliche und relevantere Informationsvermittlung induziert. Vgl. hierzu auch *Lüdenbach*, Haufe IFRS-Kommentar, § 24, Tz. 22.

5 Vgl. Geschäftsbericht 2009 der Daimler AG, S. 180.

3 Änderungen von Schätzungen

Notwendigkeit von Schätzungen

Unternehmerische Tätigkeit ist immer mit Unsicherheit über die künftige Entwicklung verbunden. Aufgrund des eingeschränkten Wissensstandes über die Zukunft müssen Unternehmen Abschlussposten, die nicht genau bewertet werden können, auf Basis der zum Bilanzstichtag verfügbaren Informationen möglichst fundiert schätzen. Da Prognosen vor dem Hintergrund der unternehmerischen Unsicherheit für die Abschlusserstellung unumgänglich sind, verstößt ein auf vernünftigen Schätzungen basierender Abschluss laut IAS 8.33 ausdrücklich nicht gegen den Verlässlichkeitsgrundsatz. Änderungen von Schätzungen werden als in der Rechnungslegungspraxis nicht zu vermeidende und insofern regelmäßig wiederkehrende, gewöhnliche Sachverhalte angesehen.

Entstehen von Schätzungsänderungen

Wegen der beschriebenen Unsicherheit können z.B.

- der Wert risikobehafteter Forderungen,
- Nutzungsdauern und Abschreibungsverläufe von abnutzbaren Vermögenswerten oder aber
- der Wertansatz von Gewährleistungsgarantien

nicht präzise bestimmt, sondern lediglich prognostiziert werden. Die Notwendigkeit regelmäßiger Schätzungsänderungen ergibt sich dabei direkt aus den betreffenden Standards. Generell sind bei jeder Schätzung und bei jeder Änderung von Schätzungen die aktuellsten verfügbaren, verlässlichen Informationen zugrunde zu legen (IAS 8.32). Im Zeitablauf können eine neue Informationslage, ein größerer Erfahrungsschatz oder aktuelle Entwicklungen dazu führen, dass vormals vorgenommene Schätzungen geändert werden müssen (IAS 8.34).

Beispiel 26.2

Die Blechdosen AG erwirbt zum 01.01.2009 vier Spezialmaschinen gleichen Typs zur Fertigung verschiedenartiger Dosengrößen und -formen zu einem Anschaffungspreis von insgesamt 400 T€. Die Nutzungsdauer wird von der Geschäftsführung auf jeweils acht Jahre geschätzt. Anfang 2011 wird eine Spezialmaschine neuer Bauart in den Markt eingeführt, welche den 2009 angeschafften Maschinen hinsichtlich Kapazität als auch Funktionalität weit überlegen ist. Dadurch verkürzt sich die geschätzte wirtschaftliche Nutzungsdauer der von der Blechdosen AG erworbenen Maschinen von acht auf sechs Jahre.

Abgrenzung von Schätzungsänderungen

Änderungen von Schätzungen sind grundsätzlich nicht als Korrektur von Fehlern (vgl. Abschnitt 4) zu klassifizieren und können sich nicht auf Vorperioden beziehen (IAS 8.34 und 8.48). Die Änderung der Bewertungsgrundlage von Vermögenswerten ist nicht als Änderung einer Schätzung, sondern als Änderung der Rechnungslegungsmethode (vgl. Abschnitt 2) anzusehen (IAS 8.35). Wird also z.B. von einem neuen Standard ein anderes Abschreibungsverfahren für eine Sachanlage vorgeschrieben, so handelt es sich um eine Änderung der Rechnungslegungsmethode. Muss dagegen die Nutzungsdauer der Sachanlage geändert werden, weil gegenüber der erstmaligen Schätzung bessere und aktuellere Informationen zur Verfügung stehen, so liegt eine Schätzungsänderung vor. Wichtig sind diese Abgrenzungen insbesondere, weil sich die Bilanzierung der Änderungen von Schätzungen fundamental von der bilanziellen Abbildung der Korrektur von Fehlern und der Änderung von Rechnungslegungsmethoden unterscheidet.

Grenzfälle

Eine Änderung von Schätzungen kann lediglich dann als Korrektur eines Fehlers interpretiert und entsprechend bilanziell behandelt werden, wenn zum Bewertungszeitpunkt wesentliche der verfügbaren Informationen unbeachtet geblieben sind und diese Nichtberücksichtigung zu einer offensichtlich falschen Bewertung des Sachverhalts geführt hat. In einem solchen Fall kann aufgrund mangelnder Sorgfalt bei der Einschätzung von einem grundlegenden Fehler ausgegangen werden. Kann eine Abgrenzung zwischen einer neu zugänglichen Information und einer früheren Fehlinterpretation nicht hinreichend sicher vorgenommen werden, so empfiehlt die Kommentarliteratur im Zweifelsfall die Behandlung als Änderung einer Schätzung[6]. Dieses Vorgehen ist zwar nicht direkt im aktuellen Standard verankert, entspricht aber einer analogen Anwendung von IAS 8.35. Dort wird bei einer nicht eindeutig möglichen Unterscheidung zwischen der Änderung einer Schätzung und der Änderung der Rechnungslegungsmethoden die Behandlung als Schätzänderung vorgeschrieben.

Ist demgegenüber bspw. die Änderung der wirtschaftlichen Nutzungsdauer eines abnutzbaren Vermögenswertes nicht auf neue bessere Informationen, sondern auf neue Standards oder Interpretationen zurückzuführen, die eine bestimmte Nutzungsdauer derartiger Vermögenswerte explizit vorsehen, so liegt in diesem Fall ein Wechsel der Rechnungslegungsmethode und keine Änderung einer Schätzung vor (IAS 8.14). Wie noch zu zeigen sein wird, verringert die grundsätzliche Behandlung beschriebener Grenzfälle als Änderungen von Schätzungen den Anpassungsaufwand von Abschlüssen erheblich.

Prospektive Behandlung von Schätzungsänderungen

Die Auswirkungen von Schätzungsänderungen sind gemäß IAS 8.36 jeweils GuV-wirksam über die Gesamtergebnisrechnung zu berücksichtigen. Sie können entweder nur die aktuelle Periode betreffen (z.B. wenn der geschätzte Betrag von uneinbringlichen Forderungen im neuen Geschäftsjahr an neue Informationen angepasst wird) oder aber zusätzlich nachfolgende Berichtsperioden (etwa bei der Anpassung der geschätzten Nutzungsdauer oder des Abschreibungsverlaufes von Vermögenswerten). In jedem Fall sind Änderungen von Schätzungen prospektiv, d.h. ohne eine Anpassung der früheren Gewinne oder Verluste vorzunehmen (IAS 8.36 und 8.38). Sind Vermögenswerte, Schulden und/oder das

6 Vgl. *Lüdenbach*, Haufe IFRS-Kommentar, § 24, Tz. 36; *Blaum/Holzwarth*, IAS-Kommentar, IAS 8, Tz. 35; *Adler/Düring/Schmaltz*, ADS International, Abschnitt 3, Tz. 113.

Eigenkapital von der Änderung der Schätzung betroffen, so ist der Buchwert dieser Bilanzposten anzupassen (IAS 8.37)[7].

Angabepflichten

Für alle Schätzungsänderungen, die Einfluss auf die aktuelle Berichtsperiode haben oder für die ein solcher Einfluss auf zukünftige Perioden erwartet wird, sind Art und Betrag der Änderung im Anhang anzugeben. Können die Auswirkungen auf spätere Perioden nicht beziffert werden, so ist diese Information gleichfalls anzugeben (IAS 8.39-40).

Beispiel (Fortsetzung von Beispiel 26.2)

Stimmt die Nutzungsdauer der vier Spezialmaschinen für die Erstellung der Handelsbilanz mit der für die Steuerbilanz überein, so stehen die Maschinen bei linearer Abschreibung Anfang 2011 mit einem Restbuchwert von 300 T€ (400 T€ - 2 · 50 T€) in den Büchern.

Statt über weitere sechs Jahre werden die vier Maschinen nun nur noch über vier Jahre Restnutzungsdauer abgeschrieben. Der neue Abschreibungsbetrag ergibt sich wie folgt:

$$\text{Jährl. Abschreibungsbetrag} = \frac{\text{Restbuchwert Maschinen}}{\text{Restnutzungsdauer}} = \frac{300\text{ T€}}{4\text{ Jahre}} = 75\text{ T€}$$

Der Buchungssatz zur Erfassung der Abschreibung für das Geschäftsjahr 2011 lautet demnach:

Abschreibung *an* *Maschinen* *75 T€*

4 Fehlerkorrekturen

Berücksichtigung von Fehlern

Bei der Aufstellung von Jahresabschlüssen kann den Erstellern eine Vielzahl von absichtlichen und unabsichtlichen Fehlern unterlaufen. Fehler, die in Vorperioden verursacht worden sind und in der gegenwärtigen Berichtsperiode aufgedeckt werden, können auf Rechenfehler, die falsche Anwendung von Rechnungslegungsmethoden, Fehlbeurteilungen von Sachverhalten, Versehen oder Betrug zurückgeführt werden. Diese Fehler sind in IAS 8.5 definiert als fehlende

7 Leicht missverständlich ist dabei der Wortlaut des Standards. So schreibt IAS 8.36 eine GuV-Wirkung nur dann vor, wenn es sich nicht um die Änderung eines Bilanzpostens i.S.d. Textziffer 37 handelt. Allerdings sind nur schwer Fälle vorstellbar, in denen Aufwands- oder Ertragspositionen angepasst werden, ohne dass korrespondierend ein Bilanzposten verändert wird. Interpretiert werden können die Regelungen dahingehend, dass es in wenigen Fällen durchaus Anpassungen von Bilanzposten geben kann, die keine unmittelbare GuV-Wirkung entfalten. Beispiele hierfür sind die Neubeurteilung des beizulegenden Zeitwerts von zur Veräußerung verfügbaren finanziellen Vermögenswerten, wobei die korrespondierende Buchung im sonstigen Gesamtergebnis stattfindet, oder die Neueinschätzung von Entsorgungsverpflichtungen, wobei die Rückstellung durch eine Anpassung des Buchwertes der entsprechenden Sachanlage korrigiert wird. Vgl. *Lüdenbach*, Haufe IFRS-Kommentar, § 24, Tz. 42.

oder falsche Informationen im Abschluss von Unternehmen, die dadurch entstehen, dass verlässliche Informationen, die zum Zeitpunkt der Abschlusserstellung verfügbar waren und deren Einholung sowie Berücksichtigung bei der Abschlusserstellung erwartet werden konnte, nicht oder auf falsche Weise herangezogen wurden.

Fehlende IFRS-Konformität

Nach IAS 8.41 ist ein Abschluss, der wesentliche Fehler oder absichtlich zur Vortäuschung einer bestimmten wirtschaftlichen Lage des Unternehmens herbeigeführte unwesentliche Fehler enthält, nicht IFRS-konform. Entsprechend verlangt das IASB eine Heilung dieses Missstandes durch eine Anpassung der Vergleichszahlen und die Offenlegung ergänzender Informationen wie z.B. der Anpassung des Ergebnisses je Aktie. Allerdings beinhaltet IAS 8 anscheinend eine Inkonsistenz. So sind nach IAS 8.42 nur wesentliche Fehler aus früheren Perioden zu korrigieren, obwohl das IASB explizit auch unwesentliche, aber absichtlich herbeigeführte Fehler als so gefährlich einschätzt, dass durch sie eine gewünschte Darstellung der Vermögens-, Finanz- und Ertragslage oder der Cashflows herbeigeführt werden kann, wodurch die Abschlüsse dieser Unternehmen nicht im Einklang mit den IFRS stehen (IAS 8.8 und 8.41)[8].

Retrospektive Korrektur

Die Korrektur solcher wesentlicher Fehler ist über eine retrospektive, d.h. rückwirkende Anpassung der Abschlussdaten so vorzunehmen, als wäre der Fehler nie entstanden. Potentielle Fehler der aktuellen Berichtsperiode sollen – sofern sie rechtzeitig entdeckt werden – noch vor der Veröffentlichung des Geschäftsberichts korrigiert werden (IAS 8.41).

Bei der retrospektiven Korrektur wesentlicher Fehler früherer Perioden ist zu unterscheiden, ob die zu korrigierenden Beträge noch in den Vergleichsperioden des aktuellen Abschlusses gezeigt werden oder ob der Fehler früher aufgetreten ist. Im ersten Fall können einfach die fehlerhaften Werte der Vergleichsperioden, in denen der Fehler aufgetreten ist, korrigiert werden (IAS 8.42(a)). Im zweiten Fall müssen die Werte der Eröffnungsbilanz der frühesten dargestellten Vergleichsperiode korrigiert werden. Durch die Fehlerkorrektur wird also der Saldovortrag der Vermögenswerte, Schulden und des Eigenkapitals angepasst (IAS 8.42(b)). In beiden Fällen sind ggf. entstehende Steuerlatenzen gemäß

8 Es ist jedoch fraglich, inwiefern ein Fehler, der bewusst zur Verzerrung der Vermögens-, Finanz- oder Ertragslage oder der Cashflows herbeigeführt wurde, als unwesentlich bezeichnet werden kann. Die Frage der Wesentlichkeit bemisst sich gemäß IAS 8.5 danach, ob Fehler einzeln oder insgesamt in der Lage sind, die auf Basis des Abschlusses getroffenen ökonomischen Entscheidungen der Adressaten zu beeinflussen. Ein bewusster, jedoch unwesentlicher Fehler müsste somit die Darstellung der Lage des Unternehmens verzerren ohne zugleich deren Beurteilung durch die Abschlussadressaten zu beeinflussen. In der Kommentarliteratur wird daher folgende Interpretation dieses vermeintlichen Widerspruchs vertreten: Betragsmäßig kleine Abweichungen von Bilanzierungs- und Bewertungsvorschriften können bewusst dazu eingesetzt werden, die Unternehmenslage auf eine gezielte Art und Weise darzustellen, um z.B. Analystenschätzungen zu erfüllen. Hierdurch wird ein Fehler wesentlich, weshalb die Vorschriften zur Fehlerkorrektur des IAS 8 anzuwenden sind. Vgl. *Lüdenbach*, Haufe IFRS-Kommentar, § 24, Tz. 34; *Blaum/Holzwarth*, IAS-Kommentar, IAS 8, Tz. 138 i.V.m. Tz. 145; *Driesch*, Beck'sches IFRS-Handbuch, § 45, Tz. 43.

IAS 12 zu berücksichtigen. Eine GuV-Wirksamkeit der Korrektur von Fehlern aus Vorjahren in der laufenden Periode ist generell unzulässig (IAS 8.46).

Ausnahmen von der retrospektiven Korrektur

Aus Praktikabilitätsüberlegungen sind Ausnahmen von der retrospektiven Korrektur von Fehlern aus Vorperioden zulässig (IAS 8.43). Ist die Bestimmung der Anpassungsbeträge für die einzelnen vorhergehenden Perioden undurchführbar, so sollen die Saldovorträge der Vermögenswerte, Schulden und des Eigenkapitals für die früheste Periode korrigiert werden, für die dieses Vorgehen durchführbar ist (IAS 8.44). Ist die Ermittlung des kumulativ für alle vorhergehenden Perioden resultierenden Effekts aus der Fehlerkorrektur undurchführbar, so hat nach IAS 8.45 ab dem frühestmöglichen Zeitpunkt eine prospektive Anpassung zu erfolgen; eine kumulative Anpassung der Bilanzposten unterbleibt in diesem Fall (IAS 8.47). In IAS 8.5 sowie 8.50-53 wird der Begriff der Undurchführbarkeit näher spezifiziert. So fehlen häufig objektive Informationen aus vergangenen Perioden, die für eine Fehlerkorrektur benötigt würden, die Auswirkungen der rückwirkenden Anwendung können nicht ermittelt werden oder eine Korrektur würde Annahmen über die Absicht des Managements zum damaligen Zeitpunkt erforderlich machen. Bei der Korrektur von Fehlern aus Vorperioden ist außerdem strikt zwischen Informationen, die die Gegebenheiten zum Transaktionszeitpunkt widerspiegeln und zum Zeitpunkt der damaligen Abschlusserstellung auch verfügbar gewesen wären, und anderen Informationen zu unterscheiden. Ist eine solche Differenzierung nicht möglich, so ist eine rückwirkende Korrektur des Fehlers gemäß IAS 8.52 ebenfalls nicht durchführbar. Späteres besseres Wissen ist bei der nachträglichen Korrektur nicht zu berücksichtigen.

Beispiel 26.3

Die Blechdosen AG kauft zur Kapitalanlage im Jahr 2010 eine Anleihe und plant diese bis zum Ablauf ihrer Laufzeit Ende des Jahres 2020 zu halten. Entsprechend wird das Wertpapier der Kategorie „held-to-maturity“ zugeordnet (vgl. Kapitel 19). Im Jahr 2012 beschließt das Management der Blechdosen AG, die Anleihe zu verkaufen und nicht bis zur Endfälligkeit zu halten. Durch diese Entscheidung wird keine rückwirkende Fehlerkorrektur erforderlich, da vor 2012 die Entscheidung über den Verkauf noch nicht feststand. Nimmt ein Unternehmen jedoch eine derartige Umklassifizierung eines wesentlichen Teils der Finanzinstrumente der Kategorie „held-to-maturity“ vor, ist zu beachten, dass die restlichen Finanzinstrumente dieser Kategorie ebenfalls umzuklassifizieren sind (IAS 39.51 f.).

Zeitraum der Anpassung

Aus dem Wortlaut von IAS 8 lässt sich die zeitlich uneingeschränkte rückwirkende Korrektur von Fehlern ableiten. Der Abschluss der Berichtsperiode soll so aufgestellt sein, als wäre der Fehler in den Vorperioden nicht unterlaufen.

Zusätzliches Rechenwerk

Gemäß IAS 1.10(f) ist im Falle einer Fehlerkorrektur nun eine dritte Bilanz zu veröffentlichen, nämlich die Eröffnungsbilanz der Vergleichsperiode. Darüber hinaus kann die Korrektur eines erheblichen Fehlers eine Ad-hoc-Mitteilung nach § 15 WpHG erforderlich machen.

Angabepflichten

Nach den umfangreichen Angabepflichten von IAS 8.49 müssen im Abschluss der Korrekturperiode

- die Art des Vorjahresfehlers,
- soweit durchführbar, für jede Vergleichsperiode der Korrekturbetrag für alle betroffenen Bilanzposten sowie für das unverwässerte und das verwässerte Ergebnis je Aktie (sofern IAS 33 „Ergebnis je Aktie“ anzuwenden ist),
- der Korrekturbetrag zu Beginn der frühesten im Abschluss dargestellten Vorperiode sowie
- bei Nicht-Durchführbarkeit einer Anpassung in einer früheren Periode umfangreiche Angaben zu den dazu führenden Umständen und der Behandlung des Fehlers

offengelegt werden.

Offenlegung im Anhang

Zwar geht aus dem Wortlaut des Standards nicht hervor, wo die geforderten Informationen im Abschluss anzugeben sind, eine Offenlegung im Anhang liegt aber nahe.

Beispiel 26.4

Die Keksdosen AG erwirbt zum 01.01.2009 vier Maschinen gleichen Typs mit einer Nutzungsdauer von acht Jahren zur Fertigung von Dosendeckeln zu einem Anschaffungspreis von insgesamt 400 T€. Der Buchhalter der Keksdosen AG versäumt es, im Geschäftsjahr 2009 die Abschreibung auf die vier Maschinen im Abschluss zu berücksichtigen. Daher werden sowohl der Gewinn vor Steuern (Steuersatz 30 %) wie auch der Buchwert der Maschinen 2006 um 50 T€ zu hoch ausgewiesen. Im Laufe des Geschäftsjahres 2010 fällt dieser Fehler auf und ist somit bei der Erstellung des 2010er Abschlusses zu korrigieren. Beläuft sich das ausgewiesene Vorsteuer-Ergebnis der Keksdosen AG ohne Berücksichtigung der Fehlerkorrektur in 2009 und 2010 auf jeweils 250 T€, dann ist der Fehler in den Vorjahreswerten wie folgt zu behandeln:

	2010	**2009 korrigiert**	**2009 vorher**
Ergebnis vor Steuern	250 T€	200 T€	250 T€
Steuern	75 T€	60 T€	75 T€
Gewinn	175 T€	140 T€	175 T€

Für die Eröffnungsbilanz 2010 ergeben sich folgende Konsequenzen:

a) Angenommen, in der Steuerbilanz wird 2009 die Abschreibung nicht vergessen, d.h. das richtige Ergebnis für die Steuerzahlung ermittelt:

Der Buchwert der Maschinen muss GuV-neutral korrigiert werden. Dies erfolgt über den Buchungssatz:
Gewinnrücklagen an Maschinen 50 T€

Außerdem ist auf Steuerlatenzen zu achten. Da aufgrund der Fehlbuchung im IFRS-Abschluss 2009 eine Differenz zur Steuerbilanz entstanden ist, muss dies 2009 zu einer passiven latenten Steuer in Höhe von 15 T€ (30 % auf 50 T€) geführt haben[9]. Im Rahmen der Fehlerkorrektur ist diese gebuchte passive latente Steuer nun aufzulösen:

Passive latente Steuern	*an*	*Gewinnrücklagen*	*15 T€*

b) Angenommen, in der Steuerbilanz wird die Maschinenabschreibung 2009 analog zum IFRS-Abschluss fälschlicherweise unterlassen:

Gewinnrücklagen	*35 T€*			
Steuerschuld	*15 T€*	*an*	*Maschinen*	*50 T€*

Die Auflösung der Steuerschuld bezieht sich hier auf tatsächliche Steuern und nicht auf latente Steuern. Da 2009 im Abschluss nach IFRS und in der Steuerbilanz ein zu hoher Gewinn ausgewiesen wird, ist die in diesem Zug gebildete Steuerverbindlichkeit um 15 T€ (= 30 % auf 50 T€) zu hoch angesetzt worden. Dies wird durch die teilweise Auflösung der Verbindlichkeit nun korrigiert. Der obigen Buchung liegt allerdings die Annahme zugrunde, dass die Korrektur in der Steuerbilanz ebenfalls GuV-neutral erfolgt. Die Veränderung des Eröffnungsbilanzwertes der Gewinnrücklagen nach IFRS wird in der Eigenkapitalveränderungsrechnung dargestellt.

Angenommen, die Keksdosen AG veröffentlicht keine Angaben zum Ergebnis je Aktie nach IAS 33, so müssten im Fall a) folgende Informationen offengelegt werden:

Die Keksdosen AG hat im Geschäftsjahr 2009 fälschlich eine Abschreibung auf Maschinen in Höhe von 50 T€ unterlassen. Die Vergleichszahlen für 2009 sind entsprechend angepasst worden und der nachfolgenden Übersicht zu entnehmen. Für das Jahr 2010 ergibt sich kein Anpassungseffekt.

Zunahme Abschreibungen	50 T€
Abnahme Steuern vom Einkommen und Ertrag	15 T€
Abnahme Gewinn	**35 T€**
Abnahme Maschinen	50 T€
Abnahme Passive latente Steuern	15 T€
Abnahme Eigenkapital	**35 T€**

9 Annahmegemäß hat die Verbuchung der Steuerlatenz nicht dazu geführt, dass die Unterlassung der Abschreibung aufgefallen ist. Diese Annahme, die auch den Beispielen des IASB implizit zugrunde liegt, ist insofern realistisch, als dass die latenten Steuern häufig von der Steuerabteilung, und nicht von der für den Einzelabschluss zuständigen Abteilung, gebucht werden. Abstimmungsfehler sind demnach möglich.

Beispiel 26.5 Folgendes Beispiel zeigt die Angaben der Korrekturbeträge einzelner Bilanzposten gemäß IAS 8.49 im Geschäftsbericht 2009 der Praktiker Bau- und Heimwerkermärkte Holding AG[10]:

Korrektur der Konzernbilanz gemäß IAS 8

Angaben in Tausend €	31.12.2008 vor Korrektur	Korrektur gemäß IAS 8	31.12.2008 nach Korrektur	01.01.2008 vor Korrektur	Korrektur gemäß IAS 8	01.01.2008 nach Korrektur
Aktiva						
Geschäfts- oder Firmenwerte	214.621	-21.939	192.682	214.621	-21.939	192.682
Sachanlagen	490.292	5.498	495.790	463.866	5.811	469.677
Latente Steueransprüche	153.654	9.274	162.928	203.567	11.762	215.329
Andere langfristige und kurzfristige Vermögenswerte	1.294.937	0	1.294.937	1.271.729	0	1.271.729
Bilanzsumme	**2.153.504**	**-7.167**	**2.146.337**	**2.153.783**	**-4.366**	**2.149.417**
Passiva						
Eigenkapital	907.944	-8.846	899.098	941.442	-6.140	935.302
Latente Steuerschulden	111.107	1.679	112.786	109.467	1.774	111.241
Andere langfristige und kurzfristige Schulden	1.134.453	0	1.134.453	1.102.874	0	1.102.874
Bilanzsumme	**2.153.504**	**-7.167**	**2.146.337**	**2.153.783**	**-4.366**	**2.149.417**

5 Wesentliche Unterschiede zum IFRS for SMEs

Methodenänderungen

Die im IFRS for SMEs enthaltenen Vorschriften zur Erfassung von Methodenänderungen, Schätzungsänderungen und Fehlerkorrekturen stimmen grundsätzlich mit den Regelungen der „full" IFRS überein. Entsprechend sind Änderungen von Rechnungslegungsmethoden gemäß IFRS-SME.10.11-13 bei fehlenden standardspezifischen Übergangsschriften retrospektiv anzuwenden, sofern diese Vorgehensweise nicht undurchführbar ist.

Schätzungsänderungen

Auch im Hinblick auf die Erfassung von Schätzungsänderungen ergeben sich keine wesentlichen Unterschiede zu den Regelungen des IAS 8. Der IFRS for SMEs schreibt eine prospektive GuV-wirksame Erfassung von veränderten Schätzungen aufgrund neuer Informationen oder neuer Entwicklungen vor. Sind Vermögenswerte, Schulden und/oder das Eigenkapital von der Schätzungsänderung betroffen, ist der Buchwert dieser Bilanzposten analog zu den Regelungen des IAS 8 anzupassen (IFRS-SME.10.15-17).

Fehlerkorrekturen

Korrekturen, die aufgrund von Fehlern in den vorherigen Abschlüssen notwendig werden, sind hingegen – wiederum in Übereinstimmung zu den Regelungen des IAS 8 – retrospektiv zu erfassen. Betreffen die Fehlerkorrekturen die im Abschluss dargestellten Vergleichsperioden, werden diese korrigiert; liegt das Auftreten des Fehlers jedoch weiter zurück, müssen die Eröffnungsbilanzsalden der frühesten dargestellten Vergleichsperiode angepasst werden (IFRS-SME.10.19-22).

10 Vgl. Geschäftsbericht 2009 der Praktiker Bau- und Heimwerkermärkte Holding AG, S. 75.

6 Wesentliche Unterschiede zum HGB

Keine explizite HGB-Regelung

Das HGB enthält keine vergleichbaren Bestimmungen zur bilanziellen Behandlung der Änderung von Jahresabschlüssen. Allerdings hat der Hauptfachausschuss des Instituts der Wirtschaftsprüfer (HFA des IDW) hierzu 2001 eine Stellungnahme verabschiedet, die 2007 in einer Neufassung veröffentlicht wurde[11]. Diese Stellungnahme des HFA behandelt Änderungen von Jahresabschlüssen nach deren Feststellung bzw. Billigung. Darüber hinaus ist für HGB-Konzernabschlüsse der zuletzt durch DRÄS 3 geänderte DRS 13 „Grundsatz der Stetigkeit und Berichtigung von Fehlern" in Bezug auf diese Thematik relevant.

Methodenänderungen

Die Stellungnahme des IDW unterscheidet von der Fehlerkorrektur die Änderung von fehlerfreien Jahresabschlüssen, worunter sich Änderungen der Rechnungslegungsmethoden subsumieren lassen. Die rückwirkende Änderung festgestellter fehlerfreier Jahres- und Konzernabschlüsse ist nur möglich, wenn gewichtige rechtliche, wirtschaftliche oder steuerrechtliche Gründe vorliegen und durch die Änderung nicht die aufgrund eines ordnungsgemäßen Gewinnverwendungsbeschlusses entstandenen Gewinnansprüche der Anteilseigner gemindert oder gar eliminiert werden, es sei denn die Anteilseigner der Kapitalgesellschaft geben ihr Einverständnis (IDW RS HFA 6.9 f.). Die Grundsätze sind auch auf zurückliegende Jahresabschlüsse anzuwenden, so dass durch den Grundsatz der Bilanzidentität (§ 252 Abs. 1 Nr. 1 HGB) eine Änderung nachfolgender, bereits festgestellter Jahresabschlüsse notwendig werden kann. Ein solches Vorgehen entspricht dann der Regelung des IAS 8. DRS 13 erkennt als Grund, der eine Durchbrechung des Stetigkeitsgrundsatzes rechtfertigt, neben der Änderung relevanter Regelungen auch eine Verbesserung der Darstellung der Vermögens-, Finanz- und Ertragslage an. Dabei sieht DRS 13 eine rückwirkende Erfassung der Effekte von Methodenänderungen aus Vorperioden über einen Sonderposten „Auswirkungen aus der Änderung der angewandten Bilanzierungsgrundsätze" in der GuV der Berichtsperiode und die Angabe von Proforma-Zahlen für die wesentlichen Posten der Abschlüsse der Vorjahren vor. Die Auswirkungen der laufenden Berichtsperiode sollen hingegen in den entsprechenden GuV-Posten des aktuellen Abschlusses erfasst werden (DRS 13.8-14).

Schätzungsänderungen

In der Stellungnahme des IDW wird nicht explizit auf Änderungen von Schätzungen eingegangen. Grundsätzlich scheint in der Kommentarliteratur eine ergebniswirksame prospektive Behandlung von Schätzungsänderungen jedoch anerkannt zu sein[12]. Diese Vorgehensweise entspricht auch den Regelungen des DRS 13 zur Behandlung von Schätzungsänderungen. Schätzungen aus Vorperioden sind hiernach zu ändern, um zwischenzeitlich eingetretene Ereignisse, bessere und zusätzliche Informationen zu berücksichtigen (DRS 13.19). Die Auswirkungen solcher Schätzungsänderungen sind in Konzernabschlüssen ana-

11 Vgl. zu den folgenden Ausführungen bezüglich der Unterschiede zum HGB *HFA des IDW*, IDW Stellungnahme zur Rechnungslegung: Änderung von Jahres- und Konzernabschlüssen (IDW RS HFA 6), in: WPg Supplement 2/2007, S. 77-83.

12 Vgl. *Gelhausen/Pape/Schruff*, ADS International, Abschnitt 3, Tz. 202.

log den IASB-Regelungen, also prospektiv GuV-wirksam, zu erfassen (DRS 13.20).

Fehlerkorrekturen in Jahresabschlüssen

Hinsichtlich der Behandlung von Fehlern in Jahresabschlüssen unterscheidet der HFA zwischen betrags- oder ausweismäßig gewichtigen Fehlern und unwesentlichen Fehlern. Eine Korrektur fehlerhafter Abschlüsse ist möglich, sofern die Auswirkungen des Fehlers wesentlich sind. Ein Fehler liegt dann vor, wenn der Abschlussersteller im Zeitpunkt der Feststellung den Verstoß gegen die gesetzliche Bilanzierungsverpflichtung bei gewissenhafter Prüfung hätte erkennen können. Wird der Verstoß auf Basis erst später verfügbarer Informationen (wertaufhellende Ereignisse) sichtbar, liegt hingegen kein Fehler vor (IDW RS HFA 6.14). Eine Pflicht zur Fehlerkorrektur besteht bei nichtigen Jahresabschlüssen (i.S.d. § 256 AktG), sofern der Mangel nicht im Zeitablauf geheilt wurde (IDW RS HFA 6.15). Die Frage, ob die Erfassung der Fehlerkorrektur retrospektiv (durch Rückwärtsrechnung) oder prospektiv (im letzten noch nicht festgestellten Abschluss) zu erfolgen hat, richtet sich nach der Art und Schwere des Verstoßes. Eine retrospektive Erfassung ist immer dann geboten, wenn aus dem Fehler materielle Folgewirkungen resultieren. Darüber hinaus sollte eine retrospektive Korrektur durchgeführt werden, falls durch eine Korrektur im laufenden Abschluss eine zeitnahe Richtigstellung und Information der Adressaten nicht möglich ist (IDW RS HFA 6.17). In allen anderen Fällen und insbesondere dann, wenn die Aktionäre die Dividende in gutem Glauben bezogen haben, genügt eine Korrektur in laufender Periode. Die Tatsache, dass für die vorherige Periode kein wirksamer Abschluss aufgestellt wurde, kann in diesem Fall hingenommen werden (IDW RS HFA 6.19). Fehler, die keine Nichtigkeit des Jahresabschlusses zur Folge haben, können i.d.R. in laufender Periode korrigiert werden (IDW RS HFA 6.21). Wird ein mehrere Perioden zurückliegender Jahresabschluss geändert, so sind aufgrund des Grundsatzes der Bilanzidentität ggf. auch alle nachfolgenden Abschlüsse zu korrigieren. Die Auswirkung von Korrekturen auf die Darstellung der Vermögens-, Finanz- und Ertragslage ist in angemessener Weise zu erläutern. Der geänderte Jahresabschluss ist außerdem als solcher zu kennzeichnen (IDW RS HFA 6.27, 30).

Fehlerkorrekturen in Konzernabschlüssen

Die IDW Stellungnahme zur Rechnungslegung beinhaltet separate Vorgaben zur Änderung von Konzernabschlüssen. Deutsche Konzernabschlüsse müssen aufgrund der fehlenden unmittelbaren rechtlichen Bindungswirkung nicht festgestellt werden. Vielmehr werden sie durch Billigung des Aufsichtsrates oder der Hauptversammlung endgültig. Wird ein in einen Konzernabschluss einbezogener Jahresabschluss geändert, so führt dies zwingend nur dann zu einer korrespondierenden Anpassung des Konzernabschlusses, wenn diese Änderung aus Konzernsicht wesentlich ist für die Darstellung der Vermögens-, Finanz- und Ertragslage (IDW RS HFA 6.39). Fehler können immer durch Rückwärtsberichtigung korrigiert werden. Eine Pflicht zur Rückwärtsberichtigung besteht hingegen dann, wenn eine Korrektur im laufenden Abschluss eine zeitnahe Informationsvermittlung nicht gewährleistet. Nach DRS 13.6 hat die Erfassung von Fehlern grundsätzlich im Ergebnis der Berichtsperiode zu erfolgen, wobei bei Beeinträchtigung der Darstellung der Vermögens-, Finanz- und Ertragslage ggf. die Abschlüsse aller Vorperioden retrospektiv anzupassen sind (DRS 13.25-26). Zusammenfassend kann festgehalten werden, dass Fehler in HGB-Abschlüssen zumeist GuV-wirksam prospektiv, d.h. in laufender Periode geändert werden.

Konzernanhang

Im Konzernanhang sind neben den erläuternden Angaben zu der Änderung der Bilanzierungsgrundsätze auch Angaben zu der Änderung von Schätzungen und der Korrektur von Fehlern zu veröffentlichen, sofern sie Auswirkungen auf die Darstellung der Vermögens-, Finanz- und Ertragslage haben (DRS 13.28-32).

7 Wesentliche Unterschiede zu US-GAAP

Im Mai 2005 erschien SFAS 154 / ASC 250-10 „Accounting Changes and Error Correction“ als Teil des Konvergenzprojektes mit dem IASB. Dieser inhaltlich stark an IAS 8 angelehnte Standard ersetzt die Regelungen von APB Opinion 20 und SFAS 3 bezüglich der Bilanzierung der Änderungen von Schätzungen, der Korrektur von Fehlern aus Vorperioden sowie der Änderungen von Rechnungslegungsmethoden.

Änderungen der Rechnungslegungsmethoden

Eine Änderung der Rechnungslegungsmethoden ist gemäß US-GAAP möglich, sofern eine Regeländerung dies erfordert oder das Management den freiwilligen Wechsel zu einer alternativ zulässigen Bilanzierungsweise durch eine Verbesserung gegenüber der bisher gewählten Vorgehensweise begründen kann (SFAS 154.5 / ASC 250-10-45-2). Änderungen der Rechnungslegungsmethoden sind – ebenfalls in Übereinstimmung mit IAS 8 – retrospektiv, das heißt unter Anpassung der Buchwerte in der frühesten im aktuellen Abschluss präsentierten Vergleichsperiode, GuV-neutral zu berücksichtigen, sofern dies nicht aus Praktikabilitätsgründen unmöglich erscheint (SFAS 154.7 / ASC 250-10-45-5). Ist eine der drei in SFAS 154.11 / ASC 250-10-45-9 formulierten Bedingungen erfüllt (trotz bestmöglicher Anstrengungen kann eine rückwirkende Korrektur nicht durchgeführt werden, Annahmen über die Intention des Managements zum relevanten Zeitpunkt können nicht gesichert getroffen werden oder Schätzungen, die die Umstände zum relevanten Zeitpunkt widerspiegeln und damals vorlagen, können nicht ermittelt werden) und damit eine solche rückwirkende Anpassung nicht durchführbar (impracticable), sieht der Standard zu IAS 8 analoge Vorschriften vor. Auch nach US-GAAP sind umfangreiche Offenlegungspflichten zu beachten (SFAS 154.17-18 / ASC 250-10-50-1 ff.).

Änderungen von Schätzungen

Nach US-GAAP werden Änderungen von Schätzungen ebenfalls als ein mit der Erstellung von Abschlüssen unabwendbar verbundenes Problem verstanden (SFAS 154.2 / ASAC 250-10-20). In Übereinstimmung mit den Regelungen nach IAS 8.36 werden Effekte, die aus Schätzrevisionen resultieren, prospektiv in der Berichtsperiode, in der die Änderung vorgenommen wird, sowie in den möglicherweise betroffenen künftigen Berichtsperioden berücksichtigt

(SFAS 154.19 / ASC 250-10-45-17). Ist ein Sachverhalt nicht eindeutig als Schätzungsänderung oder als Methodenänderung zu klassifizieren, soll er wie nach IAS 8.35 grundsätzlich wie eine Schätzungsänderung behandelt werden (SFAS 154.20 / ASC 250-10-45-18). An bestimmte Bedingungen geknüpfte Offenlegungspflichten sind in SFAS 154.22 / ASC 250-10-50-4 vorgegeben.

Fehlerkorrekturen

In SFAS 154.2 / ASC 250-10-20 werden mathematische Fehler, die falsche Anwendung von Rechnungslegungsmethoden sowie das Übersehen oder die missbräuchliche Interpretation von Sachverhalten als mögliche Ursachen für Bilanzierungsfehler genannt. Analog zur Regelung nach IFRS werden wesentliche Fehler grundsätzlich retrospektiv und GuV-neutral über Buchwertanpassungen der zuvor falsch bilanzierten Vermögenswerte und Schulden in den Vergleichsperioden korrigiert. Verbleibende Korrekturbeträge aus nicht mehr dargestellten Vergleichsjahren werden in der frühesten Vergleichsperiode des aktuellen Abschlusses erfasst (SFAS 154.25 / ASC 250-10-45-23). Auch nach SFAS 154.26 / ASC 250-10-50-7 sind Angabepflichten zu beachten.

Ausgewählte Literatur

Hoffmann, W.-D., Bilanzberichtigung, in: PiR, 2. Jg. (2006), S. 14-16.

Zülch, H./Willms, J., Jahresabschlussänderungen und ihre bilanzielle Behandlung nach IAS 8 (revised 2003), in: KoR, 4. Jg. (2004), S. 128-135.

Übungsaufgaben

Aufgabe 1:

Die Blechdosen AG hat am 01.01.2007 eine Maschine zur Erstellung und Bedruckung von Etiketten der von ihr produzierten Dosen erworben. Diese Maschine hatte einen Anschaffungspreis von 30 T€, als wirtschaftliche Nutzungsdauer wurden drei Jahre unterstellt. Im Geschäftsjahr 2009 stellt der Buchhalter der Blechdosen AG fest, dass die Maschine in 2007 fälschlicherweise nicht aktiviert, sondern sofort komplett abgeschrieben wurde. Gehen Sie ferner von den nachfolgenden Annahmen aus:

- Das Geschäftsjahr entspricht dem Kalenderjahr.
- IAS 33 ist nicht anzuwenden.
- Der Fehler wird als wesentlich eingestuft.
- Eine Ausnahme von der rückwirkenden Korrektur des Fehlers aus Praktikabilitätsüberlegungen nach IAS 8.43 liegt nicht vor.
- Der relevante Steuersatz beträgt 30 %. Vereinfachend betrage der Bestand der passiven latenten Steuern zum 01.01.2007 Null. In den Jahren 2007 bis 2009

sollen keine Auflösungen der passiven latenten Steuern vorgenommen werden.

- Die Blechdosen AG hat in den Geschäftsjahren 2007 bis 2009 jeweils Umsatzerlöse von 300 T€ erwirtschaftet, außerdem fielen Umsatzkosten von 30 T€ und sonstige Aufwendungen von 20 T€ an. Die Abschreibungen sind zur Verdeutlichung der Effekte nicht in den Umsatzkosten enthalten, sondern sie werden separat erfasst.
- Zum 31.12.2006 betrugen die Gewinnrücklagen 2.000 T€, das gezeichnete Kapital hat an den Bilanzstichtagen 2007 bis 2009 jeweils eine Höhe von 1.000 T€.

a) Wie ist der Fehler im Geschäftsjahr 2009 zu korrigieren, wenn die Maschine 2007 in der Steuerbilanz ebenfalls komplett abgeschrieben wurde und die Korrektur in der Steuerbilanz ebenfalls GuV-neutral erfolgt?

b) Wie ist der Fehler im Geschäftsjahr 2009 zu korrigieren, wenn die Maschine 2007 in der Steuerbilanz korrekt bilanziert wurde, d.h. nicht komplett abgeschrieben wurde?

Aufgabe 2:

Die in Deutschland ansässige Metalldosen AG hat am 01.01.2007 eine Maschine zur Vakuum-Verschließung von Dosen erworben. Diese Maschine stellt einen qualifizierten Vermögenswert nach IAS 23.4 dar. Die Anschaffungskosten von 400 T€ wurden aktiviert, zusätzlich fielen Fremdkapitalzinsen in Höhe von 100 T€ an. Die Nutzungsdauer wurde auf fünf Jahre beziffert. Im Geschäftsjahr 2009 beschließt die Metalldosen AG, Fremdkapitalzinsen generell zu aktivieren und nicht mehr sofort aufwandswirksam zu erfassen. Sie setzt damit die Vorgaben zur Aktivierung von Fremdkapitalzinsen, die das IASB mit der Neufassung von IAS 23 für Geschäftsjahre ab 2009 vorschreibt, um. Da die Metalldosen AG davon ausgeht, dass damit eine zutreffendere Darstellung der Vermögens-, Finanz- und Ertragslage erreicht werden kann, wendet sie die Neuregelung bereits für die vor dem Jahr 2009 angeschafften qualifizierten Vermögenswerten an. Welche Konsequenzen ergeben sich für den Jahresabschluss 2009 aus dieser Umstellung? Gehen Sie dabei von den nachfolgenden Annahmen aus:

- Das Geschäftsjahr entspricht dem Kalenderjahr.
- IAS 33 ist nicht anzuwenden.
- Eine Ausnahme von der generellen bilanziellen Behandlung der Methodenänderung aus Praktikabilitätsüberlegungen nach IAS 8.23-27 liegt nicht vor.
- Der relevante Steuersatz beträgt 30 %. In der Steuerbilanz wurden Fremdkapitalzinsen bislang ebenfalls sofort als Aufwand verrechnet. Die Änderung der Rechnungslegungsmethode soll annahmegemäß auch steuerlich vollzogen werden, und zwar in analoger Weise zur IFRS-Behandlung.
- Vereinfachend betrage der Bestand der passiven latenten Steuern zum 01.01.2007 Null. In den Jahren 2007 bis 2009 sollen keine Auflösungen der passiven latenten Steuern vorgenommen werden.

- Die Metalldosen AG hat in den Geschäftsjahren 2007 bis 2009 jeweils Umsatzerlöse von 300 T€ erwirtschaftet, außerdem fielen Umsatzkosten von 30 T€ und sonstige Aufwendungen von 20 T€ an. Die Abschreibungen sind zur Verdeutlichung der Effekte nicht in den Umsatzkosten enthalten, sondern sie werden separat erfasst.
- Zum 31.12.2006 betrugen die Gewinnrücklagen 2.000 T€.

Kapitel 27
Zur Veräußerung gehaltene langfristige Vermögenswerte und aufgegebene Geschäftsbereiche

Am 04.04.2007 war in einer Pressemitteilung der DaimlerChrysler AG zu lesen, dass der Vorstandsvorsitzende Dieter Zetsche Gesprächsverhandlungen mit potenziellen Erwerbern der Chrysler Group bestätige. Im Juli folgte eine weitere Pressemitteilung, der entnommen werden konnte, dass sich die Veröffentlichung des Zwischenberichts für das zweite Quartal 2007 verschiebe. Als Begründung wurden „erhebliche Veränderungen in der Darstellung des Abschlusses" aufgrund der Restrukturierung des Konzerns genannt. Hinter dieser Aussage verbarg sich der Vorgang, dass Chrysler Automotive und Chrysler Financial aufgrund der anstehenden Veräußerung an Cerberus Capital Management in dem genannten Abschluss als aufgegebene Geschäftsbereiche auszuweisen waren. In der Konzernbilanz zum zweiten Quartal 2007 wies die DaimlerChrysler AG somit – bei einer Bilanzsumme von 215.745 Mio. € – zur Veräußerung bestimmte Vermögenswerte in Höhe von 86.677 Mio. € aus. Der Konzerngewinn, der diesen Vermögenswerten zuzurechnen war, belief sich für das zweite Quartal 2007 auf 406 Mio. €. Dieser Betrag entsprach etwa einem Fünftel des Gesamtgewinns (1.849 Mio. €).

Für ein weiteres Beispiel kann auf das Übernahmespektakel von Porsche und Volkswagen verwiesen werden. Nachdem, gemäß dem Halbjahresfinanzbericht der Porsche Automobil Holding SE vom 31.01.2009, diese den Volkswagen-Konzern mit dem Erwerb der Mehrheit der Stimmrechte an der Volkswagen AG am 05.01.2009 erstmals vollkonsolidiert hatte, wurde der Volkswagen-Konzern gemäß dem Halbjahresfinanzbericht vom 31.01.2010 am 03.12.2009 bereits wieder entkonsolidiert. Der Volkswagen-Konzern stellte dabei aus Sicht der Porsche Automobil Holding SE einen aufgegebenen Geschäftsbereich dar, auf den die Vorschriften des IFRS 5 anzuwenden waren.

Die Beispiele DaimlerChrysler AG und Porsche Automobil Holding SE verdeutlichen die hohe Relevanz, die der Thematik aufgegebener Geschäftsbereiche beigemessen werden muss. Der im März 2004 veröffentlichte IFRS 5 „Zur Veräußerung gehaltene langfristige Vermögenswerte und aufgegebene Geschäftsbereiche" („Non-current Assets Held for Sale and Discontinued Operations") ist der erste Standard, der aus einem gemeinsamen Projekt von IASB und FASB im Rahmen der derzeitigen Konvergenzbestrebungen hervorgegangen ist. Im Dezember 2004 wurde IFRS 5 per EU-Verordnung anerkannt. Er ersetzt den bis dahin gültigen Standard IAS 35 „Aufgabe von Geschäftsbereichen" (Discontinuing Operations) und gilt verpflichtend seit 2005.

Lernziele

Im Folgenden sollen Sie lernen,

- welche Kriterien nach IFRS 5 erfüllt sein müssen, um einen Vermögenswert oder eine Veräußerungsgruppe als zur Veräußerung gehalten und einen Geschäftsbereich als aufgegeben klassifizieren zu müssen,
- wie Vermögenswerte bzw. Veräußerungsgruppen, die als zur Veräußerung gehalten klassifiziert wurden, zu bewerten sind und
- wie der Ausweis als zur Veräußerung gehaltener Vermögenswerte und von Veräußerungsgruppen sowie von aufgegebenen Geschäftsbereichen erfolgen muss und welche Angaben in diesem Zusammenhang zu machen sind.

1 Definitionen

Bevor der Anwendungsbereich von IFRS 5 dargestellt werden kann, ist es erforderlich, die charakteristischen Begrifflichkeiten des Standards zu definieren und zu erläutern. Zu diesen zählen insbesondere die Begriffe langfristiger Vermögenswert (non-current asset), Veräußerungsgruppe (disposal group) und aufgegebener Geschäftsbereich (discontinued operation).

Definition langfristiger Vermögenswert

Langfristige Vermögenswerte unterliegen in ihrer Definition einer Negativabgrenzung. Gemäß Anhang A zu IFRS 5 und letztendlich analog zu IAS 1 handelt es sich bei einem langfristigen Vermögenswert um einen Vermögenswert, der nicht in den Definitionsbereich eines kurzfristigen Vermögenswertes fällt. Ein Vermögenswert muss nach IAS 1.66 eines der folgenden Kriterien erfüllen, um als kurzfristig zu gelten:

- Sein Abgang soll im Rahmen des normalen Geschäftszyklus erfolgen oder er ist zum Verkauf oder Verbrauch innerhalb dieses Zeitraums bestimmt,
- er wird vorrangig zu Handelszwecken gehalten,
- sein Ausscheiden wird innerhalb von zwölf Monaten nach dem Bilanzstichtag erwartet oder
- es handelt sich um Zahlungsmittel(äquivalente).

Bei allen anderen Vermögenswerten handelt es sich demzufolge um langfristige Vermögenswerte, zu denen gemäß IAS 1.67 sowohl materielle als auch immaterielle und finanzielle Vermögenswerte gehören.

Definition Veräußerungsgruppe

Die Definition einer Veräußerungsgruppe kann ebenfalls Anhang A zu IFRS 5 entnommen werden. Eine Veräußerungsgruppe stellt demnach eine Gruppe von Vermögenswerten dar, die in einem einzigen Transaktionsvorgang gemeinsam verkauft oder auf andere Weise veräußert werden sollen, sowie die mit diesen Vermögenswerten unmittelbar verbundenen Schulden. Als Veräußerungsgeschäft gilt nach IFRS 5.10 auch der gegenseitige Tausch von langfristigen Vermögenswerten, wenn der Tauschvorgang gemäß IAS 16 „Sachanlagen" wirtschaftliche Substanz aufweist. Handelt es sich bei der Veräußerungsgruppe um eine zahlungsmittelgenerierende Einheit (ZGE), welcher nach den Vorschriften von IAS 36 „Wertminderung von Vermögenswerten" ein Goodwill zugerechnet wurde, so beinhaltet die Gruppe ebenfalls diesen im Rahmen eines Unternehmenszusammenschlusses erworbenen Goodwill. Gemäß IFRS 5.4 besteht eine Veräußerungsgruppe aus

- einer einzelnen ZGE,
- einer Gruppe von ZGE oder
- aus dem Teil einer ZGE.

Definition aufgegebener Geschäftsbereich

Eine Veräußerungsgruppe kann jegliche Arten von Vermögenswerten und Schulden des Unternehmens enthalten, d.h. auch kurzfristige Vermögenswerte, kurzfristige Schulden und Vermögenswerte, die ansonsten von den Bewertungsvorschriften dieses Standards ausgenommen sind (IFRS 5.5). Bei einem Geschäftsbereich hingegen handelt es sich um einen Unternehmensbestandteil. Um verdeutlichen zu können, worum es sich bei einem aufgegebenen Geschäftsbereich handelt, muss demzufolge zunächst der Begriff des Unternehmensbestandteils (component of an entity) erläutert werden. Nach IFRS 5.31 i.V.m. Anhang A zu IFRS 5 handelt es sich bei einem Unternehmensbestandteil um operative Tätigkeiten nebst den zugehörigen Cashflows, bei denen eine Abgrenzung sowohl betrieblich als auch zum Zwecke der Rechnungslegung klar vom übrigen Unternehmen erfolgen kann[1]. Anders formuliert bedeutet dies, dass es sich bei einem Unternehmensbestandteil während seiner Nutzungsdauer um eine ZGE oder um eine Gruppe solcher ZGE handelt. Abbildung 27.1 veranschaulicht den Zusammenhang zwischen einem Unternehmensbestandteil und den ZGE sowie den Segmenten eines Konzerns.

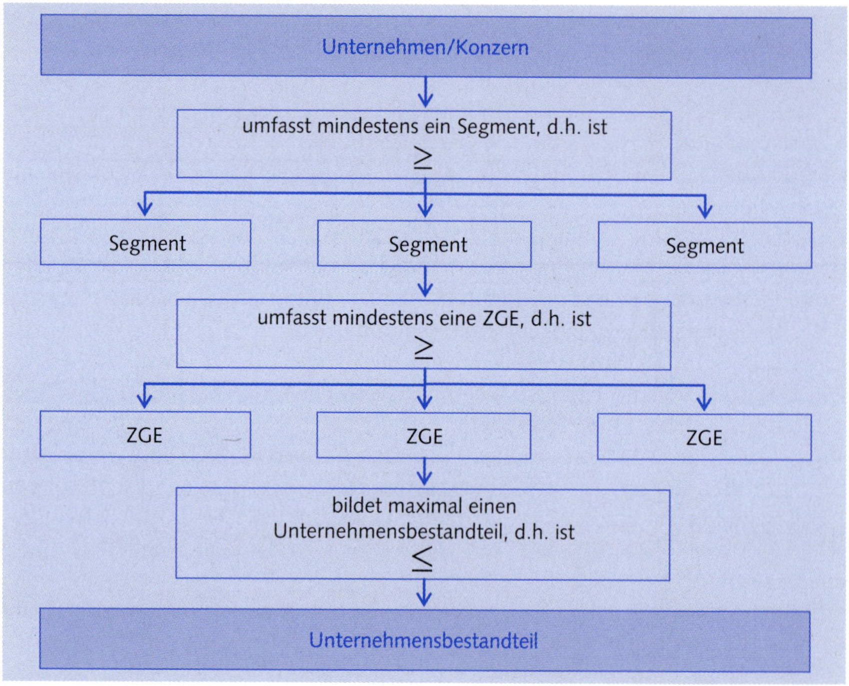

Abb. 27.1: Verhältnis der Begriffe Unternehmensbestandteil und ZGE nach IFRS 5

1 An dieser Stelle soll auf eine Problematik hingewiesen werden, die aus der Übersetzung des Standards aus dem Englischen ins Deutsche resultiert. Der Begriff „discontinued operation" ist als zusammenhängender Begriff zu sehen und als solcher klar definiert. Er wird mit der Bezeichnung „aufgegebener Geschäftsbereich" übersetzt. Daraus darf jedoch nicht direkt geschlussfolgert werden, dass der Begriff „operation" immer gleichgesetzt werden darf mit dem Begriff „Geschäftsbereich", wie im Anhang A zu IFRS 5 geschehen. In der deutschen Übersetzung zu IFRS 5 wird im Zusammenhang mit der Begriffsdefinition eines „Unternehmensbestandteils" dieser als Geschäftsbereich nebst zugehörigen Cashflows übersetzt. Im englischen Original hingegen wird allgemein von „operations" gesprochen. In diesem Fall definieren sich die Begriffe gegenseitig, was keinen Sinn ergibt. Insofern wird hier abgeleitet, dass mit „operations" viel mehr die operativen Tätigkeiten des Unternehmens gemeint sind.

Damit ein Geschäftsbereich als aufgegeben klassifiziert werden kann, muss der Unternehmensbestandteil gemäß IFRS 5.32 bereits veräußert oder aber als zur Veräußerung gehalten klassifiziert worden sein sowie

Klassifizierung als „aufgegeben"

- einen gesonderten, wesentlichen Geschäftszweig oder geografischen Geschäftsbereich (separate major line of business or geographical area of operations) umfassen,
- Teil eines abgestimmten Veräußerungsplans eines separaten wesentlichen Geschäftzweigs oder eines geografischen Geschäftsbereichs sein oder
- ein ausschließlich zum Zwecke der Weiterveräußerung erworbenes Tochterunternehmen darstellen.

Abbildung 27.2 veranschaulicht die zuvor genannten Kriterien.

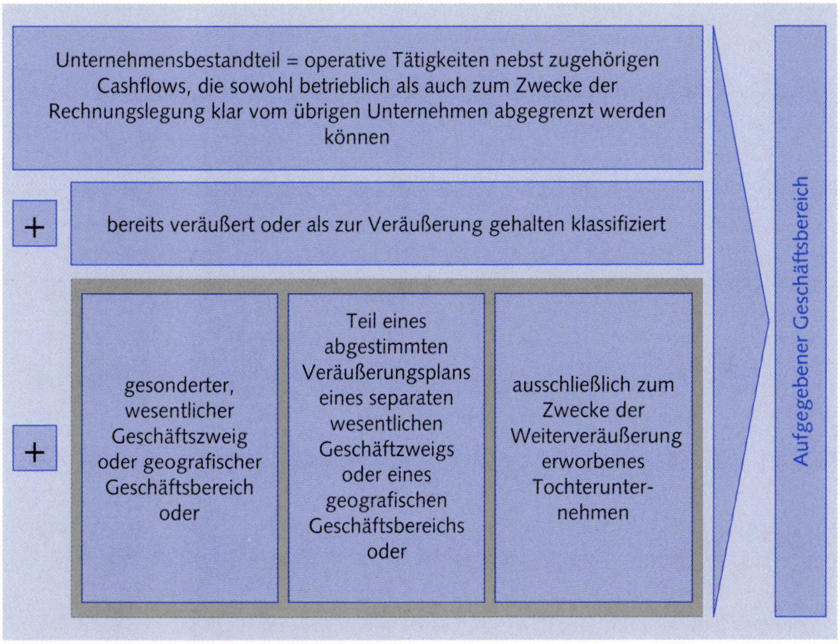

Abb. 27.2: Voraussetzungen für die Klassifikation als aufgegebener Geschäftsbereich (Quelle: in Anlehnung an Präsentation *Schruff, W.*, KPMG, HU-Berlin 2007)

Die Unterscheidung zwischen Veräußerungsgruppen einerseits und aufgegebenen Geschäftsbereichen andererseits stellt einen elementaren Bestandteil von IFRS 5 dar, da sich ein aufgegebener Geschäftsbereich und eine Veräußerungsgruppe zwar entsprechen können, aber nicht müssen (vgl. Beispiel 27.5).

Veräußerungsgruppe vs. aufgegebener Geschäftsbereich

2 Regelungsumfang und Anwendungsbereich von IFRS 5

Regelungsumfang

Abbildung 27.3 verdeutlicht den Regelungsumfang von IFRS 5. Der Standard enthält Vorschriften zur Klassifizierung, zur Bewertung und zum Ausweis langfristiger Vermögenswerte, die zur Veräußerung gehalten werden, sowie zur Klassifizierung und zum Ausweis aufgegebener Geschäftsbereiche.

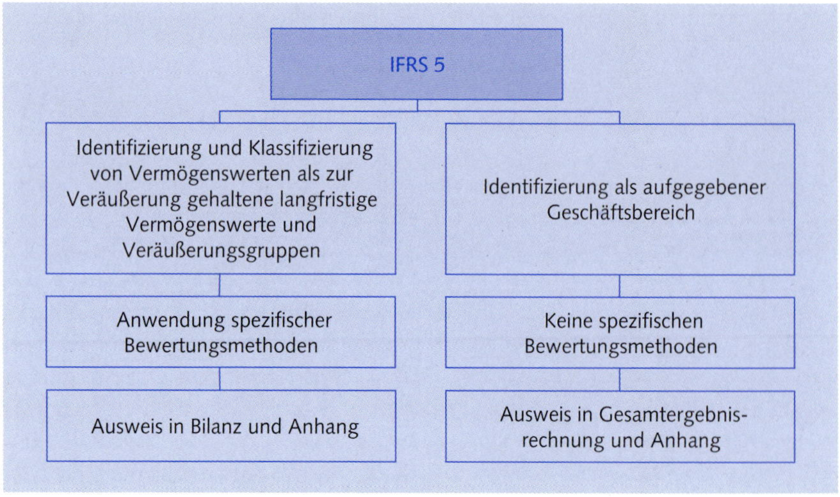

Abb. 27.3: Regelungsbereich von IFRS 5

Anwendungsbereich

Die Gültigkeit der Klassifizierungs- und Ausweisregelungen von IFRS 5 erstreckt sich gemäß IFRS 5.2 auf alle bilanzierten langfristigen Vermögenswerte und auf alle Veräußerungsgruppen eines Unternehmens. Hinsichtlich ihrer Bewertung fallen die folgenden Vermögenswerte gemäß IFRS 5.5 jedoch explizit nicht in den Regelungsbereich von IFRS 5, sondern unterliegen den Vorschriften der entsprechend genannten Standards:

Ausschlüsse vom Anwendungsbereich

- Latente Steueransprüche (IAS 12 „Ertragsteuern", Kapitel 8),
- Vermögenswerte aus Leistungen an Arbeitnehmer (IAS 19 „Leistungen an Arbeitnehmer", Kapitel 16),
- finanzielle Vermögenswerte (IFRS 9 „Finanzinstrumente", zuvor IAS 39, Kapitel 19),
- langfristige Vermögenswerte, die gemäß IAS 40 „Als Finanzinvestition gehaltene Immobilien" zum beizulegenden Zeitwert bewertet werden (Kapitel 13),
- langfristige Vermögenswerte, die gemäß IAS 41 „Landwirtschaft" zum beizulegenden Zeitwert abzüglich der Verkaufskosten bilanziert werden, und
- Versicherungsverträge gemäß IFRS 4 „Versicherungsverträge".

Ausschüttung an Eigentümer

Alle in diesem Standard aufgeführten Klassifizierungs-, Ausweis- und Bewertungsregelungen sind auch anzuwenden auf langfristige Vermögenswerte oder Veräußerungsgruppen (disposal groups), die gemäß IFRS 5.5A als zur Ausschüttung an Eigentümer gehalten klassifiziert sind[2].

Verhältnis zu Bewertungsvorschriften anderer Standards

Enthält eine Veräußerungsgruppe neben langfristigen Vermögenswerten auch andere Vermögenswerte und Schulden des Unternehmens, einschließlich kurzfristiger Vermögenswerte und Schulden, die ansonsten von dem Anwendungsbereich von IFRS 5 ausgenommen sind, so sind die Bewertungsvorschriften von IFRS 5 gemäß IFRS 5.4 auf die Veräußerungsgruppe als Gesamtheit anzuwenden. Die einzelnen Vermögenswerte und Schulden hingegen werden weiterhin nach den entsprechenden IFRS bewertet.

Verhältnis zu Ausweisvorschriften anderer Standards

Mit den Verbesserungen der IFRS vom April 2009 wurde mit IFRS 5.5B klargestellt, inwieweit im Falle der Anwendung der Vorschriften des IFRS 5 auch die Ausweisvorschriften anderer Standards zu berücksichtigen sind. Demnach sind die Ausweisvorschriften anderer Standards grundsätzlich nicht zu berücksichtigen. Von diesem Grundsatz ist einerseits abzuweichen, wenn diese Standards spezielle Ausweisvorschriften in Bezug auf langfristige zur Veräußerung gehaltene Vermögenswerte und Veräußerungsgruppen sowie zum Ausweis aufgegebener Geschäftsbereiche vorsehen. So schreibt bspw. IAS 33.68 vor, dass ein Unternehmen, das die Aufgabe eines Geschäftsbereichs anzeigt, sowohl das unverwässerte als auch das verwässerte Ergebnis je Aktie auszuweisen hat. Andererseits ist davon abzuweichen, wenn diese Standards Ausweisvorschriften in Bezug auf die Bewertung von nicht unter die Bewertungsvorschriften von IFRS 5 fallenden Vermögenswerten und Schulden einer Veräußerungsgruppe beinhalten und diese Angaben nicht bereits an anderer Stelle des Anhangs ausgewiesen werden. Zudem können gemäß IFRS 5.5B zusätzliche Angaben in Bezug auf langfristige zur Veräußerung gehaltene Vermögenswerte und Veräußerungsgruppen sowie zu aufgegebenen Geschäftsbereichen notwendig sein, um den in IAS 1 genannten allgemeinen Anforderungen, insbesondere an eine den tatsächlichen Verhältnissen entsprechende Darstellung der Vermögens-, Finanz- und Ertragslage sowie der Cashflows, gerecht zu werden.

2 In diesem Zusammenhang wird deutlich, dass die offizielle Übersetzung „Veräußerungsgruppe" für „disposal group" unzweckmäßig ist. Bei einer Ausschüttung kann von einer Veräußerung keine Rede sein; ansonsten wäre auch die Aufnahme der Textziffern IFRS 5.5A, 5.12A sowie 5.15A unnötig gewesen. Zweckmäßiger erscheint die u.a. vom IDW gewählte Übersetzung „Abgangsgruppe". Vgl. *IDW* RS HFA 2, Tz. 101. Dennoch wird – um die Nähe zum Standard zu wahren – nachfolgend die Übersetzung „Veräußerungsgruppe" verwendet.

3 Klassifikation

Klassifikation als aufgegebener Geschäftsbereich

Die Klassifikation als aufgegebener Geschäftsbereich erfolgt, wenn die im vorangegangenen Abschnitt diskutierten und in Abbildung 27.2 verdeutlichten Definitionskriterien erfüllt sind.

Klassifikation als zur Veräußerung gehalten

Ein langfristiger Vermögenswert (oder eine Veräußerungsgruppe) muss nach IFRS 5.6 als zur Veräußerung gehalten (held for sale) klassifiziert werden, wenn der ausgewiesene Buchwert nicht durch dessen zukünftige Nutzung sondern überwiegend (principally) durch einen Veräußerungsvorgang realisiert werden soll. Dies trifft gemäß IFRS 5.7 nur auf Vermögenswerte respektive Veräußerungsgruppen zu, die in ihrem gegenwärtigen Zustand und zu marktüblichen Bedingungen (terms usual and customary for sales) sofort veräußerbar sind[3] und wenn der Veräußerungsvorgang selbst als höchstwahrscheinlich (highly probable) eingestuft werden kann[4]. IFRS 5.8 nennt Kriterien, die kumulativ erfüllt sein müssen, damit eine Veräußerung als höchstwahrscheinlich gilt:

- Das zuständige Management hat bereits einen Veräußerungsplan beschlossen sowie mit der Käufersuche und damit aktiv mit der Umsetzung des Plans begonnen,
- der angebotene Veräußerungspreis muss in einer angemessenen Relation zum gegenwärtigen beizulegenden Zeitwert des Vermögenswertes bzw. der Veräußerungsgruppe stehen,
- der Veräußerungsvorgang muss innerhalb eines Jahres nach der Klassifizierung als abgeschlossen (completed sale) erwartet werden (Ausnahmen von dieser Ein-Jahres-Frist regeln IFRS 5.9 sowie Anhang B zu IFRS 5),
- die zur Realisation des Veräußerungsplans notwendigen Maßnahmen müssen darauf schließen lassen, dass sowohl eine wesentliche Änderung als auch eine Aufhebung des zugrunde liegenden Plans unwahrscheinlich sind und
- die Wahrscheinlichkeit der Genehmigung der Anteilseigner (sofern dies gesetzlich vorgeschrieben ist) steht nicht im Widerspruch dazu, dass der Verkauf eine hohe Eintrittswahrscheinlichkeit hat[5].

---

3 Veräußert ein Unternehmen eine Fabrikanlage samt offener Auftragsbestände, dann gilt die Anlage als sofort veräußerbar. Plant es hingegen, die offenen Aufträge erst noch selbst abzuarbeiten, dann ist das Kriterium der sofortigen Veräußerbarkeit nicht erfüllt. Vgl. IFRS 5 Beispiel 2.

4 Die genaue Übersetzung für den Begriff „highly probable“ lautet „hochwahrscheinlich“ und nicht wie in IFRS 5.7 „höchstwahrscheinlich“. Höchstwahrscheinlich wird im Standard als erheblich wahrscheinlicher als wahrscheinlich definiert. Offensichtlich verwendet das IASB die Begriffe „hochwahrscheinlich“ und „höchstwahrscheinlich“ synonym. Dies kann aus der deutschen Übersetzung des IFRS 5.12A geschlossen werden.

5 Im englischen Original wird an dieser Stelle erneut der Begriff „highly probable“ verwendet. Hohe Eintrittswahrscheinlichkeit wird in der deutschen Übersetzung des Standards nicht explizit definiert.

Verlust der Beherrschung

Erst mit den Verbesserungen der IFRS vom Mai 2008 wurde durch IFRS 5.8A klargestellt, dass ein verbindlicher Verkaufsplan, der den Verlust der Beherrschung eines Tochterunternehmens zur Folge hat, dazu führt, dass die Vermögenswerte und Schulden dieses Tochterunternehmens vollumfänglich als zur Veräußerung gehalten einzustufen sind, soweit die Kriterien des IFRS 5.6-8 erfüllt sind. Diese Regelung ist gemäß dem Standard davon unabhängig, ob nach dem Verkauf noch eine nichtbeherrschende Beteiligung gehalten wird.

Veräußerung nach Ablauf der Ein-Jahres-Frist

Liegen die Gründe dafür, dass der Verkauf erst nach Ablauf der Ein-Jahres-Frist stattfinden kann, außerhalb des Einflussbereichs des Unternehmens und liegen ausreichende substanzielle Hinweise dafür vor, dass das Unternehmen weiterhin an seinem Veräußerungsplan festhält, so ist gemäß IFRS 5.9 die bisherige Klassifizierung beizubehalten. Anhang B zu IFRS 5 konkretisiert, welche Hinweise vorliegen müssen, um als substanziell zu gelten.

Widerspruch zu IAS 1.66

Im Hinblick auf die einjährige Veräußerungsfrist entsteht ein Widerspruch zu den Abgrenzungskriterien eines kurzfristigen Vermögenswertes nach IAS 1.66, wonach ein Vermögenswert, der das Unternehmen innerhalb eines Jahres verlassen soll, als kurz- und nicht als langfristig gilt. Daher regelt IFRS 5.3 (zur Begründung siehe BC10), dass ein Vermögenswert, der nach IAS 1.66 als langfristig eingestuft worden ist, nicht als kurzfristig umklassifiziert werden darf, wenn bisher nur das Kriterium der einjährigen Veräußerungsfrist erfüllt ist. Die Umklassifizierung darf erst dann erfolgen, wenn alle Kriterien nach IFRS 5.6-8 erfüllt sind, um diesen als zur Veräußerung gehalten einstufen zu dürfen, und es somit zu einer Anwendung von IFRS 5 kommt. Im Umkehrschluss dazu dürfen nach IFRS 5.11 langfristige Vermögenswerte, die ausschließlich zum Zweck der Weiterveräußerung erworben wurden, nur dann als zur Veräußerung gehalten klassifiziert werden, wenn die Erfüllung der verbleibenden Kriterien innerhalb eines kurzen Zeitraumes (drei Monate) erwartet wird[6].

Klassifikation als zur Ausschüttung gehalten

Langfristige Vermögenswerte oder Veräußerungsgruppen sind gemäß IFRS 5.12A als zur Ausschüttung an Eigentümer gehalten zu klassifizieren, wenn das Unternehmen verpflichtet ist, die Vermögenswerte bzw. die Veräußerungsgruppe an die Eigentümer auszuschütten. Davon ist auszugehen, wenn die Vermögenswerte in ihrem gegenwärtigen Zustand zur sofortigen Ausschüttung verfügbar sind und diese Ausschüttung eine hohe Eintrittswahrscheinlichkeit hat. IFRS 5.12A nennt Kriterien, die kumulativ erfüllt sein müssen, damit eine Ausschüttung als höchstwahrscheinlich gilt:

- Die notwendigen Maßnahmen zur Durchführung der Ausschüttung wurden eingeleitet,
- die Ausschüttung muss innerhalb eines Jahres nach der Klassifizierung vollendet sein,

6 Die Formulierung „dürfen" in IFRS 5.3 sowie IFRS 5.11 in der aktuellen (Stand 12.2008) vom IASB autorisierten deutschen Übersetzung des Standards lässt auf ein Wahlrecht schließen. Im englischen Original hingegen ist der Wortlaut „shall … only" enthalten, welcher auf eine verpflichtende Vorgehensweise hindeutet. Insofern liegt in der deutschen Version ein Übersetzungsfehler vor.

- die zur Durchführung der Ausschüttung erforderlichen Maßnahmen müssen darauf schließen lassen, dass sowohl wesentliche Änderungen als auch eine Aufhebung der Ausschüttungspläne unwahrscheinlich sind und
- die Wahrscheinlichkeit der Genehmigung der Anteilseigner (sofern dies gesetzlich vorgeschrieben ist) steht nicht im Widerspruch dazu, dass die Ausschüttung eine hohe Eintrittswahrscheinlichkeit hat.

Beispiel 27.1[7]

Die X-AG ist ein breit diversifiziertes Unternehmen. Einer der zahlreichen Geschäftsbereiche erweist sich seit längerer Zeit als unprofitabel. Dieser verlustträchtige Geschäftsbereich stellt im IFRS-Konzernabschluss der X-AG ein berichtspflichtiges Segment dar. Die Abgrenzung der dort generierten Cashflows von den Cashflows des übrigen Unternehmens kann eindeutig erfolgen. Am 11.12.2010 fasst der Vorstand der X-AG den Beschluss, den Geschäftsbereich innerhalb der nächsten zwölf Monate zu veräußern und beginnt unmittelbar mit der Suche nach einem geeigneten Käufer. Der Vorstand rechnet damit, den Geschäftsbereich zu einem marktüblichen Preis von 10 Mio. € veräußern zu können. Eine Änderung des Veräußerungsplanes erscheint unwahrscheinlich.

Ist der Geschäftsbereich zum 31.12.2010 als zur Veräußerung gehalten auszuweisen?

Lösung

Der Geschäftsbereich bzw. die diesem zurechenbaren Vermögenswerte und Schulden sind zum 31.12.2010 als zur Veräußerung gehalten zu klassifizieren, da sämtliche Bedingungen gemäß IFRS 5.7-8 (sofortige Veräußerbarkeit im gegenwärtigen Zustand zu marktüblichen Konditionen, Veräußerung gilt als höchstwahrscheinlich, Veräußerung ist innerhalb eines Jahres geplant und eine wesentliche Änderung oder Aufhebung des Plans gelten als unwahrscheinlich) zum 11.12.2010 erfüllt sind.

Erfüllung der Kriterien von IFRS 5.7-8 nach dem Bilanzstichtag

Sofern die Kriterien aus IFRS 5.7-8 erst nach dem Bilanzstichtag erfüllt werden, ist der langfristige Vermögenswert bzw. die entsprechende Veräußerungsgruppe nicht als zur Veräußerung gehalten zu klassifizieren. Werden die Kriterien jedoch nach dem Bilanzstichtag aber vor Feststellung des Jahresabschlusses erfüllt, sind gemäß IFRS 5.12 erweiterte Anhangangaben (nach IFRS 5.41 (a), (b) und (d)) erforderlich.

Klassifikationskriterien nicht mehr erfüllt

Für den Fall, dass ein als zur Veräußerung gehalten klassifizierter Vermögenswert (oder eine Veräußerungsgruppe) die in IFRS 5.7-9 aufgeführten Kriterien nicht mehr erfüllt, darf gemäß IFRS 5.26 die bisherige Klassifizierung nicht beibehalten werden.

Stilllegung

Langfristige Vermögenswerte oder Veräußerungsgruppen, die zur Stilllegung vorgesehen sind, dürfen gemäß IFRS 5.13 nicht als zur Veräußerung gehalten klassifiziert werden. Die temporäre Außerbetriebnahme eines langfristigen Vermögenswertes gilt indes nicht als Stilllegung (IFRS 5.14).

7 Das durchgängig in diesem Kapitel herangezogene Beispiel geht zurück auf eine Fallstudie, die uns freundlicherweise von der KPMG AG Wirtschaftsprüfungsgesellschaft zur Verfügung gestellt wurde.

Exkurs

Reduzierung von Beteiligungsquoten

Die Klassifizierung als zur Veräußerung gehalten bedarf insbesondere im Zusammenhang mit der Reduzierung von Beteiligungsquoten gesonderter Diskussion.

IFRS 5.6 sieht vor, dass der ausgewiesene Buchwert nicht durch dessen zukünftige Nutzung sondern überwiegend durch einen Veräußerungsvorgang realisiert wird. Ab wann das Kriterium „überwiegend" erfüllt ist, definiert der Standard nicht.

Die bloße Reduzierung der Beteiligungsquote kann eine qualitative Änderung in der bilanziellen Behandlung bzw. einen Statuswechsel der Beteiligung hervorrufen. Von einem Statuswechsel wird in diesem Zusammenhang gesprochen, wenn bspw. ein Übergang von der Vollkonsolidierung zur Equity-Methode, von der Vollkonsolidierung zur Anwendung von IFRS 9 oder von der Equity-Methode zur Bilanzierung nach IFRS 9 erfolgt (vgl. Kapitel 6, 23 und 24). Bezogen auf den Statuswechsel liegt das Augenmerk nachfolgend auf dem Begriff „ausgewiesener Buchwert".

Voraussetzung für das Vorliegen eines Anwendungsfalls von IFRS 5

Es stellt sich die Frage, ob derartige qualitative Änderungen in der bilanziellen Behandlung hinreichende Voraussetzung für die Anwendung des IFRS 5 sind oder ob vielmehr quantitative Schwellenwerte (alleine oder ergänzend) zu beachten sind, die als Voraussetzung für das Vorliegen eines Anwendungsfalls von IFRS 5 erfüllt sein müssen[8].

Statusänderung

Mit den Verbesserungen der IFRS vom Mai 2008 wurde durch IFRS 5.8A klargestellt, dass ein verbindlicher Verkaufsplan, der den Verlust der Beherrschung eines Tochterunternehmens zur Folge hat, dazu führt, dass die Vermögenswerte und Schulden dieses Tochterunternehmens vollumfänglich als zur Veräußerung gehalten einzustufen sind, soweit die Kriterien des IFRS 5.6-8 erfüllt sind. Diese Regelung ist gemäß dem Standard davon unabhängig, ob nach dem Verkauf noch eine nichtbeherrschende Beteiligung gehalten wird. IFRS 5.8A fokussiert somit auf die Statusänderung.

Mit dem zukünftigen Wertansatz saldierte Betrachtung des Netto-Buchwerts

Dies blendet jedoch aus, dass bei einer Statusänderung nicht notwendigerweise davon ausgegangen werden kann, dass der ausgewiesene Buchwert überwiegend durch den Veräußerungsvorgang und eben nicht durch dessen zukünftige Nutzung realisiert wird. Dies gilt zumindest dann, wenn bspw. der Netto-Buchwert im Rahmen der Vollkonsolidierung mit dem (zukünftigen) Equity-Wertansatz im Rahmen der Würdigung des „ausgewiesenen Buchwerts" saldiert betrachtet wird. Es könnten bspw. 2 %-Punkte an einer 51 %-igen Beteiligung veräußert werden, was den Verlust der Beherrschung eines Tochterunternehmens und bei einer isolierten Auslegung des IFRS 5.8A die Anwendung von IFRS 5 zur Folge hätte. Jedoch erscheint es unrealistisch, dass der zugehörige Buchwert – unter der obigen Prämisse – überwiegend durch dieses Veräußerungsgeschäft erzielt wird. Plausibel ist vielmehr, dass der ursprüngliche Buchwert weiterhin überwiegend durch das Halten der (zu-

8 Vgl. *IDW* ERS HFA 2, Tz. 98 und Fn. 2.

künftig bspw. at equity-bilanzierten) Beteiligung realisiert wird. Es ist somit fraglich, wie in dem oben geschilderten Extremfall und unter der obigen Prämisse die Kriterien des IFRS 5.6 erfüllt sein können.

Isolierte Betrachtung des Netto-Buchwerts

Werden jedoch die Netto-Buchwerte im Rahmen der Vollkonsolidierung losgelöst von dem (zukünftigen) Equity-Wertansatz betrachtet, kann das hier diskutierte Kriterium regelmäßig als erfüllt angesehen werden. Dieser losgelösten Betrachtung folgt offensichtlich das IASB, das in diesem Kontext den Beherrschungsverlust als ein wesentliches ökonomisches Ereignis (significant economic event) betrachtet.

Im Exposure Draft zu den Verbesserungen der IFRS vom August 2009 wollte das IASB IFRS 5.8A dahingehend ergänzen, dass sowohl der Verlust eines maßgeblichen Einflusses an einem assoziierten Unternehmen als auch der Verlust der gemeinschaftlichen Führung an einem Gemeinschaftsunternehmen zur Anwendung des IFRS 5 bezogen auf alle gehaltenen Anteile führen, ebenfalls unabhängig davon, ob nach dem Verkauf noch Anteile gehalten werden. Mit dieser Regelung hätte das IASB die Bedeutung des Statuswechsels für die Anwendung von IFRS 5 betont. Letztendlich haben die in dem Exposure Draft vorgeschlagenen Änderungen aber (noch) keinen Einzug in IFRS 5 gehalten, was dahingehend zu deuten sein könnte, dass entweder auch quantitative Schwellenwerte wenigstens ergänzend zu beachten sind oder aber die Formulierung in IFRS 5.6, nämlich dass der ausgewiesene Buchwert nicht durch dessen zukünftige Nutzung, sondern überwiegend durch einen Veräußerungsvorgang realisiert wird, überarbeitet werden muss.

Reduzierung der Beteiligungsquote durch Nichtbeteiligung an einer Kapitalerhöhung

Zu einer Reduzierung der Beteiligungsquote kann es auch dadurch kommen, dass sich bspw. das Mutterunternehmen nicht an einer Kapitalerhöhung des Tochterunternehmens beteiligt. Stellt IFRS 5.6 auf ein Veräußerungsgeschäft ab, ist gemäß der relevanten Stellungnahme des IDW eine Einstufung als Verkaufsvorgang aber nicht dadurch ausgeschlossen, dass sich die Reduzierung der Beteiligungsquote durch eine Kapitalerhöhung (und eben nicht durch ein Veräußerungsgeschäft) ergibt, an der sich das bilanzierende Unternehmen nicht beteiligt[9].

Die Stellungnahme zielt darauf ab, ob alternative Strukturierungsweisen, die zu demselben Ergebnis führen, eine unterschiedliche bilanzielle Behandlung rechtfertigen können. Dieser Sachverhalt kann anhand eines einfachen Beispiels verdeutlicht werden.

Die M-AG hält 100 % der Anteile an der T-AG. Die T-AG emittiert neue Anteile, die von einem Drittunternehmen erworben werden. Nach Ausgabe der neuen Eigenkapitalanteile hält die M-AG 45 % an der T-AG und das Drittunternehmen 55 %.

9 Vgl. *IDW* RS HFA 2, Tz. 96.

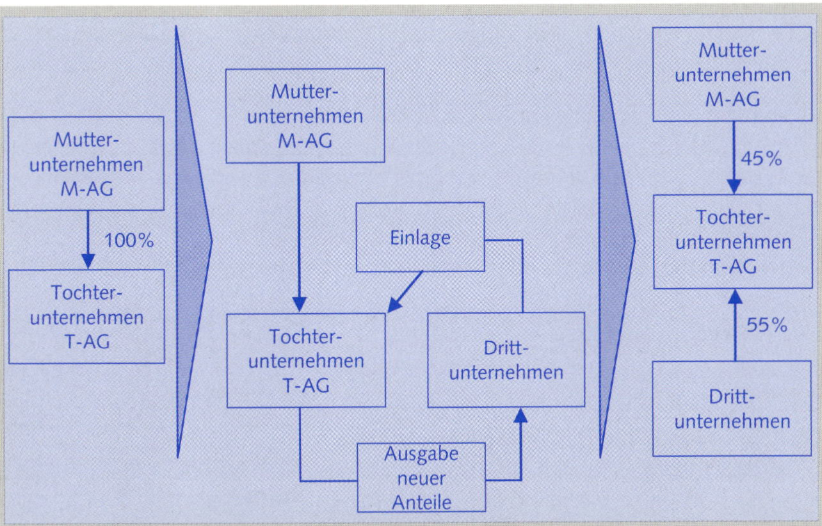

Abb. 27.4: Kontrollverlust aufgrund einer Kapitalerhöhung (Quelle: Präsentation *Schruff, W.*, KPMG, HU-Berlin 2007)

Wird in dem vorliegenden Fall ein Veräußerungsvorgang zur Anwendung von IFRS 5 als notwendig vorausgesetzt, käme dieser nicht zur Anwendung. Letztendlich zu dem gleichen Ergebnis führt nachfolgendes Beispiel.

Die M-AG hält 100 % der Anteile an der T-AG. Davon veräußert sie 55 % der Anteile an ein Drittunternehmen. Die M-AG und das Drittunternehmen sind folglich prozentual in ihrer Beteiligung dem vorangegangenen Szenario gleichgestellt.

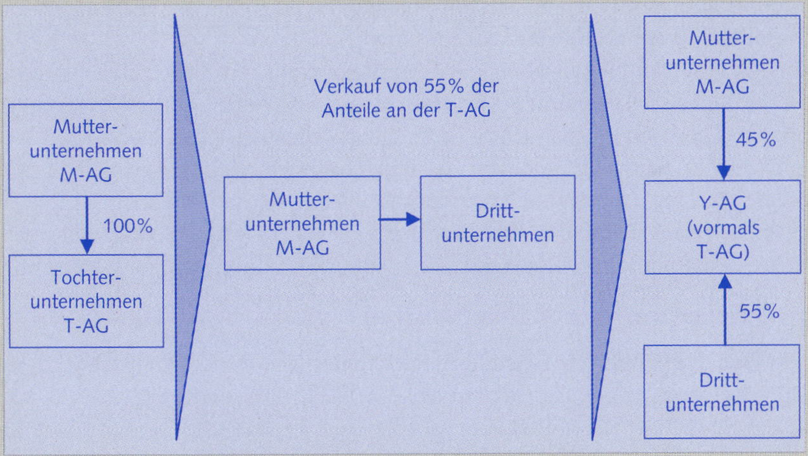

Abb. 27.5: Kontrollverlust aufgrund einer Veräußerung

Grundsätzlich ergeben sich ökonomisch keine Unterschiede in der Beteiligungsstruktur zum vorangegangenen Beispiel. Da die Statusänderung in diesem Fall jedoch auf einem Veräußerungsvorgang basiert, käme es hier zu einer Anwendung von IFRS 5.

4 Bewertung

4.1 Erstbewertung

Für aufgegebene Geschäftsbereiche existieren, wie in Abbildung 27.3 ersichtlich, keine besonderen Bewertungsvorschriften.

Bewertung zur Veräußerung gehaltener langfristiger Vermögenswerte und von Veräußerungsgruppen

Zur Veräußerung gehaltene langfristige Vermögenswerte (oder Veräußerungsgruppen) hingegen müssen gemäß IFRS 5.1 (a) i.V.m. IFRS 5.15 mit dem niedrigeren Wert aus Buchwert (carrying amount) und beizulegendem Zeitwert abzüglich Veräußerungskosten (fair value less costs to sell) bewertet werden. Die Veräußerungskosten umfassen nach Anhang A zu IFRS 5 alle dem Vermögenswert oder der Veräußerungsgruppe direkt zurechenbaren Kosten mit Ausnahme von Finanzierungskosten und Ertragsteueraufwendungen. Die ggf. zugehörigen planmäßigen Abschreibungen werden ausgesetzt. Zinsen und andere Aufwendungen hingegen, die den Schulden einer Veräußerungsgruppe direkt zugerechnet werden können, sind weiterhin zu erfassen (IFRS 5.25). IFRS 5.16 legt fest, dass Vermögenswerte (oder Veräußerungsgruppen), die im Rahmen eines Unternehmenszusammenschlusses erworben werden, ebenfalls mit dem beizulegenden Zeitwert abzüglich Veräußerungskosten anzusetzen sind. Die Bewertungsvorschriften sind ab dem Stichtag, an dem die entsprechenden Klassifikationskriterien erfüllt sind, anzuwenden[10].

Bewertung zur Ausschüttung gehaltener langfristiger Vermögenswerte und Veräußerungsgruppen

Im Wesentlichen inhaltsgleiche Vorschriften existieren für die Bewertung zur Ausschüttung an Eigentümer gehaltene Vermögenswerte (oder Veräußerungsgruppen). Diese sind gemäß IFRS 5.15A entsprechend mit dem niedrigeren Wert aus Buchwert (carrying amount) und beizulegendem Zeitwert abzüglich Ausschüttungskosten (fair value less costs to distribute) zu bewerten. Ausschüttungskosten sind in diesem Zusammenhang grundsätzlich alle zusätzlich anfallenden Kosten, die unmittelbar der Ausschüttung zuzurechnen sind; ausgenommen hiervon sind jedoch die Finanzierungskosten sowie der Ertragsteueraufwand.

Veräußerung nach Ablauf der Ein-Jahres-Frist

Für den Fall, dass ein Vermögenswert unter den Anwendungsbereich von IFRS 5.9 (Veräußerung nach Ablauf der Ein-Jahres-Frist) fällt, regelt IFRS 5.17, dass die Bewertung der Veräußerungskosten mit ihrem Barwert zu erfolgen hat. Eine aus dem Zeitablauf resultierende Erhöhung des Barwerts der Veräuße-

10 Vgl. *IDW* RS HFA 2, Tz. 98.

rungskosten ist GuV-wirksam unter den Finanzierungskosten in der Gesamtergebnisrechnung auszuweisen.

Unmittelbar vor der erstmaligen Klassifizierung müssen die Buchwerte der zur Veräußerung vorgesehenen Vermögenswerte (oder Veräußerungsgruppen) nach IFRS 5.18 gemäß den entsprechenden IFRS bewertet werden.

Wertminderung

Im Fall einer Wertminderung müssen die langfristigen, zur Veräußerung gehaltenen Vermögenswerte respektive die Veräußerungsgruppe gemäß IFRS 5.20 auf den beizulegenden Zeitwert abzüglich Veräußerungskosten abgeschrieben werden. IFRS 5.23 besagt, dass die Erfassung des Wertminderungsaufwands im Fall von Veräußerungsgruppen gemäß den Vorschriften von IAS 36.104 (a) und (b) erfolgt. Das bedeutet, dass der Abschreibungsaufwand zunächst mit einem eventuell vorhandenen Goodwill verrechnet wird. Eine verbleibende Differenz wird anteilig auf die langfristigen Vermögenswerte verteilt.

Beispiel 27.2

Die Vermögenswerte und Schulden des zur Veräußerung gehaltenen Geschäftsbereichs der X-AG weisen zum 10.12.2010 die in der Tabelle aufgeführten Buchwerte auf. Im Sachanlagevermögen wurde eine zeitanteilige Abschreibung von 0,7 Mio. € noch nicht berücksichtigt. Ferner rechnet die X-AG mit Veräußerungskosten in Höhe von 0,5 Mio. €. Der erwartete Veräußerungspreis beläuft sich weiterhin auf 10 Mio. €. Der Unternehmensteuersatz beträgt 30 %. Latente Steuern sind zu berücksichtigen.

Geschäftsbereich	**Buchwerte zum 10.12.2010**
Goodwill	2,0 Mio. €
Sachanlagevermögen (vor anteiliger Abschreibung)	7,2 Mio. €
Vorräte	3,0 Mio. €
Forderungen	7,0 Mio. €
Verbindlichkeiten	6,0 Mio. €

Mit welchen Beträgen müssen die Vermögenswerte und Schulden des Geschäftsbereichs nach der Umklassifizierung zum 11.12.2010 angesetzt werden?

Lösung

Vor Umklassifizierung ergibt sich ein Nettovermögen in Höhe von 12,5 Mio. € (2 + 7,2 - 0,7 + 3 + 7 - 6). Der beizulegende Zeitwert beläuft sich auf den marktüblichen Veräußerungspreis von 10 Mio. €, wovon die Veräußerungskosten in Höhe von 0,5 Mio. € abgezogen werden müssen, um auf den beizulegenden Zeitwert abzüglich Veräußerungskosten zu gelangen. Bei einem Vergleich des Buchwertvermögens von 12,5 Mio. € mit dem beizulegenden Zeitwert abzüglich Veräußerungskosten von 9,5 Mio. € ergibt sich, dass eine Abschreibung in Höhe der Differenz von 3 Mio. € erfolgen muss (IFRS 5.20). Die Abschreibung wird wie vorangegangen beschrieben zunächst mit dem Goodwill verrechnet. Der restliche Abschreibungsbetrag von 1 Mio. € mindert den Wert des Sachanlagevermögens.

Vorläufig ergeben sich folgende Beträge für den Ansatz und die Bewertung der Vermögenswerte und Schulden:

Geschäftsbereich	**Vorläufige Buchwerte zum 11.12.2010**
Goodwill	0,0 Mio. €
Sachanlagevermögen (nach anteiliger Abschreibung und Wertminderung)	5,5 Mio. €
Vorräte	3,0 Mio. €
Forderungen	7,0 Mio. €
Verbindlichkeiten	6,0 Mio. €
Nettovermögen	9,5 Mio. €

Abschreibungsaufwand *an Sachanlagevermögen 0,7 Mio. €*

Wertminderungsaufwand 3,0 Mio. € an Goodwill 2,0 Mio. €
Sachanlagevermögen 1,0 Mio. €

Da in der Steuerbilanz keine Umklassifizierung erfolgt, sind latente Steuern auf die Differenz, die nicht auf den Goodwill entfällt (IAS 12.21), zu berücksichtigen[11].
Akt. lat. Steuern *an Steuerertrag 0,3 Mio. €*

4.2 Folgebewertung

Wird eine Veräußerungsgruppe zu einem späteren Zeitpunkt neu bewertet, so legt IFRS 5.19 fest, dass zunächst die Buchwerte derjenigen Vermögenswerte und Schulden, die grundsätzlich nicht in den Regelungsbereich von IFRS 5 fallen, aber Teil dieser Veräußerungsgruppe sind, nach den einschlägigen IFRS bewertet werden müssen, bevor im Anschluss daran der beizulegende Zeitwert abzüglich Veräußerungskosten der Veräußerungsgruppe als Gesamtheit erneut ermittelt wird.

Wertminderung

Im Rahmen der Folgebewertung regelt IFRS 5.20, dass die außerplanmäßige Abschreibung eines Vermögenswertes (oder einer Veräußerungsgruppe) auf den beizulegenden Zeitwert abzüglich Veräußerungskosten zu einem Wertminderungsaufwand führt. Dieser Wertminderungsaufwand ist – soweit er gemäß IFRS 5.19 noch keine Berücksichtigung gefunden hat – GuV-wirksam in der Gesamtergebnisrechnung zu erfassen.

11 In diesem Zusammenhang stellt sich die Frage, ob die anfallenden latenten Steuern als separater Posten neben der Veräußerungsgruppe zu sehen sind, oder ob auf diese Weise ein neuer Vermögenswert geschaffen wird, der in die Bewertung der Veräußerungsgruppe mit einfließt, wodurch jedoch ein der Bilanzierung von latenten Steuern auf den Goodwill ähnliches Iterationsproblem entstünde.

Erhöht sich der beizulegende Zeitwert abzüglich Veräußerungskosten eines Vermögenswertes später wieder, ist die positive Differenz bis zu der Höhe des kumulierten Wertminderungsaufwands, der bisher nach IFRS 5 oder nach IAS 36 verbucht wurde, als Ertrag zu erfassen (IFRS 5.21). Analog gilt diese Vorgehensweise für Veräußerungsgruppen, unter der Voraussetzung, dass die Wertsteigerung bisher nicht nach IFRS 5.19 erfasst worden ist.

Erhöhung des beizulegenden Zeitwerts abzüglich Veräußerungskosten

Die folgende Tabelle 27.1 verdeutlicht noch einmal das Schema für die Erst- und Folgebewertung von Vermögenswerten und Veräußerungsgruppen.

Ergebnis der Bewertung	**Langfristiger Vermögenswert**	**Veräußerungsgruppe**	**Fundstelle**
	Erstbewertung		
	Bewertung nach den einschlägigen IFRS	Bewertung nach den einschlägigen IFRS	IFRS 5.18
Wertminderung	Abschreibung auf den beizulegenden Zeitwert abzüglich Veräußerungskosten	Abschreibung auf den beizulegenden Zeitwert abzüglich Veräußerungskosten	IFRS 5.20
	Folgebewertung		
		1. Schritt: Bewertung der Vermögenswerte und Schulden, die nicht unter IFRS 5 fallen, nach den einschlägigen IFRS **2. Schritt**: Neubewertung des beizulegenden Zeitwerts abzüglich Veräußerungskosten der Veräußerungsgruppe	IFRS 5.19
Wertminderung	Abschreibung auf den beizulegenden Zeitwert abzüglich Veräußerungskosten, wenn noch nicht nach IFRS 5.19 berücksichtigt	Abschreibung auf den beizulegenden Zeitwert abzüglich Veräußerungskosten, wenn noch nicht nach IFRS 5.19 berücksichtigt	IFRS 5.20

Ergebnis der Bewertung	Langfristiger Vermögenswert	Veräußerungsgruppe	Fundstelle
Verteilung der Wertminderung		gemäß IAS 36.104 (a) und (b)	IFRS 5.23
Werterhöhung	Zuschreibung bis zum bisher erfassten kumulierten Wertminderungsaufwand		IFRS 5.21
		Zuschreibung bis zum bisher erfassten kumulierten Wertminderungsaufwand	IFRS 5.22

Tab. 27.1: Erst- und Folgebewertung

Beispiel 27.3

Am 31.12.2010 beläuft sich der Marktwert der Vorräte auf 4 Mio. €. Die Forderungen sind um 2 Mio. € auf 5 Mio. € im Wert gesunken. Der erzielbare Veräußerungspreis wird mittlerweile auf 13 Mio. € geschätzt. Es wird jetzt mit direkten Veräußerungskosten von 1 Mio. € gerechnet.

Mit welchen Beträgen müssen die Vermögenswerte und Schulden des Geschäftsbereichs zum 31.12.2010 angesetzt werden?

Lösung

- Die Abschreibung des Sachanlagevermögens ist gemäß IFRS 5.1 (a) i.V.m. IFRS 5.25 auszusetzen,
- die Vorratsbewertung erfolgt nach IAS 2 „Vorräte". Da die historischen Anschaffungs- bzw. Herstellungskosten die Aktivierungsobergrenze darstellen, darf keine Zuschreibung erfolgen. Unter der Annahme, dass bisher keine Wertminderung erfolgt ist, müssen die Vorräte weiterhin zu 3 Mio. € bilanziert werden,
- die Forderungen sind durch direkte Bewertung nach IFRS 9 um 2 Mio. € auf den beizulegenden Zeitwert in Höhe von 5 Mio. € abzuschreiben.
- Das neu bewertete Nettovermögen des Geschäftsbereichs beläuft sich somit auf 7,5 Mio. € (5,5 + 3 + 5 - 6) und ist damit um 2 Mio. € gesunken. Der beizulegende Zeitwert abzüglich Veräußerungskosten hat sich um 2,5 Mio. € von 9,5 Mio. € auf 12 Mio. € (13 - 1) erhöht. Die zuvor vorgenommene Abschreibung muss demzufolge aufgeholt werden. Eine Zuschreibung des Goodwill ist gemäß IAS 36.124 nicht zulässig. Die Wertsteigerung des Nettovermögens erfolgt daher ausschließlich im Sachanlagevermögen. Die Zuschreibungsobergrenze wird durch den kumulierten Wertminderungsaufwand, der nach IAS 36 oder nach IFRS 5 verbucht wurde, determiniert. Da die nun vorliegende Wertdifferenz in Höhe von 4,5 Mio. € größer ist als der kumulierte Abschreibungsbetrag (auf Good-

will und Sachanlagevermögen) in Höhe von 3 Mio. €, dürfen folglich nur 3 Mio. € im Sachanlagevermögen zugeschrieben werden[12].

Die Vermögenswerte und Schulden müssen zum 31.12.2010 mit folgenden Beträgen angesetzt werden:

Geschäftsbereich	**Buchwerte zum 31.12.2010**
Goodwill	0,0 Mio. €
Sachanlagevermögen	8,5 Mio. €
Vorräte	3,0 Mio. €
Forderungen	5,0 Mio. €
Verbindlichkeiten	6,0 Mio. €
Nettovermögen	10,5 Mio. €

Sachanlagevermögen *an* *Ertrag* *3,0 Mio. €*

Durch die Zuschreibung beläuft sich der Wert des Sachanlagevermögens auf 8,5 Mio. €, während der Wertansatz in der Steuerbilanz weiterhin 6,5 Mio. € beträgt. Demzufolge muss die aktive latente Steuer aufgelöst und eine passive latente Steuer auf den neuen Differenzbetrag eingebucht werden.

Steueraufwand *an* *akt. lat. Steuern* *0,3 Mio. €*

Steueraufwand *an* *pass. lat. Steuern* *0,6 Mio. €*

Ist die Verrechnung des Verlusts respektive des Gewinns bis zur Veräußerung noch nicht erfolgt, muss dies nach IFRS 5.24 mit der Ausbuchung des Vermögenswerts gemäß den einschlägigen Paragraphen von IAS 16 „Sachanlagevermögen“ und IAS 38 „Immaterielle Vermögenswerte“ geschehen.

Beispiel 27.4

Am 02.01.2011 veräußert die X-AG ihren verlustreichen Geschäftsbereich für 12 Mio. € nach Veräußerungskosten. Der Marktwert der Vorräte beläuft sich weiterhin auf 4 Mio. €. Wie muss der Veräußerungsvorgang Mitte Januar bilanziell erfasst werden?

12 In IFRS 5 wird in keiner Textziffer auf IAS 36.123 verwiesen, wonach nur eine Zuschreibung in der Höhe des Abschreibungsbetrages erfolgen darf, der nicht auf den Goodwill entfallen ist. Gemäß *IDW* RS HFA 2, Tz. 107 können die langfristigen Vermögenswerte in einer Veräußerungsgruppe daher in ihren Wertansätzen nach der Allokation des Ertrages höher sein als die Buchwerte ohne vorausgegangene Klassifikation als Veräußerungsgruppe. In diesem Zusammenhang ergibt sich eine Inkonsistenz zu IAS 36. Im obigen Beispiel wird *IDW* RS HFA 2 gefolgt. In Konformität mit IAS 36.123 dürfte ansonsten jedoch nur eine Wertaufholung in Höhe von 1 Mio. € erfolgen.

Lösung

Kasse	*12,0 Mio. €*			
Verbindlichkeiten	*6,0 Mio. €*	*an*	*Sachanlagevermögen*	*8,5 Mio. €*
			Vorräte	*3,0 Mio. €*
			Forderungen	*5,0 Mio. €*
			Ertr. aus Veräußerung	*1,5 Mio. €*
Pass. lat. Steuern		*an*	*Steuerertrag*	*0,6 Mio. €*

Reklassifizierung

IFRS 5.27 regelt die Bewertung von Vermögenswerten (oder Veräußerungsgruppen), die gemäß IFRS 5.26 umklassifiziert werden müssen. Langfristige Vermögenswerte, die nicht mehr als zur Veräußerung gehalten klassifiziert werden dürfen (oder nicht mehr Teil einer entsprechend klassifizierten Veräußerungsgruppe sind), sind mit dem niedrigeren Wert anzusetzen aus:

- dem Buchwert vor Klassifizierung als zur Veräußerung gehalten, bereinigt um alle planmäßigen Abschreibungen oder Neubewertungen, die ohne diese Klassifizierung erfasst worden wären, und
- dem erzielbaren Betrag zum Zeitpunkt der späteren Entscheidung, nicht zu verkaufen. Bei dem erzielbaren Betrag handelt es sich nach Anhang A entsprechend IAS 36 um den höheren Betrag aus dem beizulegenden Zeitwert abzüglich Veräußerungskosten eines Vermögenswertes und seinem Nutzungswert.

5 Ausweis und Angaben

Ein Unternehmen hat gemäß IFRS 5.30 Informationen bereitzustellen, die es den Adressaten ermöglichen, die finanziellen Auswirkungen aus aufgegebenen Geschäftsbereichen und aus der Veräußerung langfristiger Vermögenswerte (oder Veräußerungsgruppen) zu beurteilen.

Ausweis

Zu diesem Zweck müssen Vermögenswerte, die als zur Veräußerung gehalten klassifiziert wurden, gemäß IFRS 5.1 (b) als gesonderter Posten in der Bilanz und die Ergebnisse aufgegebener Geschäftsbereiche als gesonderter Posten in der Gesamtergebnisrechnung ausgewiesen werden (siehe Abbildung 27.3).

Langfristige Vermögenswerte und Veräußerungsgruppen

IFRS 5.38 konkretisiert die Ausweis- und Angabepflichten für langfristige, zur Veräußerung gehaltene Vermögenswerte respektive für Veräußerungsgruppen. Danach gelten die getrennten Ausweisvorschriften nicht nur für die Vermögenswerte, sondern ebenfalls für die einer Veräußerungsgruppe zugehörigen Schulden. Die entsprechenden Posten dürfen nicht saldiert werden und die Angaben dürfen ferner nicht als kumulierter Betrag erfolgen. Die Hauptgruppen der Vermögenswerte und Schulden sind demzufolge als gesonderter Posten entweder in der Bilanz oder im Anhang anzugeben. Von diesen Vorschriften ausgenommen sind neu erworbene Tochterunternehmen (IFRS 5.39). Eine Anpassung sowie eine Neugliederung der Bilanzposten vorausgegangener Berichtsperioden hat gemäß IFRS 5.40 nicht zu erfolgen. Zwingend in der Gesamtergebnisrechnung ausgewiesen werden müssen jedoch alle GuV-neutral gebuchten Erträge und Aufwendungen, die aus der Anwendung von IFRS 5 resultieren.

Darüber hinaus fordert IFRS 5.41 folgende Angaben:

- Eine Beschreibung des langfristigen Vermögenswertes oder der Veräußerungsgruppe,
- eine Darlegung des Veräußerungssachverhaltes oder der Umstände, die zu der erwarteten Veräußerung führen, sowie die damit verbundene Art und Weise des Vorgangs und der erwartete Verkaufszeitpunkt,
- der gemäß IFRS 5.20 und 5.22 erfasste Gewinn oder Verlust und, falls dieser nicht gesondert in der Gesamtergebnisrechnung ausgewiesen wird, die Position im Rechenwerk, die diesen Betrag beinhaltet, sowie
- ggf. das Segment, in dem der langfristige Vermögenswert oder die Veräußerungsgruppe gemäß IFRS 8 ausgewiesen wird.

Aufgegebene Geschäftsbereiche

Bezüglich aufgegebener Geschäftsbereiche müssen gemäß IFRS 5.33 die nachfolgenden Punkte in Form eines einzeln in der Gesamtergebnisrechnung ausgewiesenen Summenbetrages angegeben sowie gemäß IFRS 5.34 die Zahlen der Vorperiode vergleichbar angepasst werden (eine Ausnahme bilden auch hier neu erworbene Tochterunternehmen):

- Gewinn oder Verlust nach Steuern des aufgegebenen Geschäftsbereichs sowie
- Gewinn oder Verlust nach Steuern aus der Bewertung zum beizulegenden Zeitwert abzüglich Veräußerungskosten oder aus dem Veräußerungsvorgang derjenigen Vermögenswerte oder Veräußerungsgruppen innerhalb des aufgegebenen Geschäftsbereichs.

Die oben genannten Beträge müssen darüber hinaus wahlweise in der Gesamtergebnisrechnung in einem eigenen Abschnitt für aufgegebene Geschäftsbereiche oder aber im Anhang untergliedert werden in:

- Erlöse, Aufwendungen und Gewinn oder Verlust vor Steuern des aufgegebenen Geschäftsbereichs,
- den erfassten Gewinn oder Verlust aus der Neubewertung zum beizulegenden Zeitwert abzüglich Veräußerungskosten oder aus dem Veräußerungsvorgang sowie
- den jeweils zugehörigen Ertragsteueraufwand gemäß IAS 12.81 (h).

Ferner regelt IFRS 5.33, dass sowohl die Netto-Cashflows aus der laufenden Geschäftstätigkeit sowie aus der Investitions- und Finanzierungstätigkeit des aufgegebenen Geschäftsbereichs (mit Ausnahme von neu erworbenen Tochterunternehmen) als auch der Betrag der Erträge aus fortzuführenden Geschäftsbereichen und aus aufgegebenen Geschäftsbereichen, der den Eigentümern des Mutterunternehmens zuzurechnen ist, in einem bestimmten Abschlussbestandteil oder im Anhang dargestellt werden müssen. Unternehmen, die alle in einer Periode erfassten Ertrags- und Aufwandsposten in zwei Aufstellungen darstellen, müssen gemäß IFRS 5.33A in der gesonderten Gewinn- und Verlustrechnung einen eigenen Abschnitt für aufgegebene Geschäftsbereiche ausweisen.

IFRS 5.36A stellt klar, dass ein verbindlicher Verkaufsplan, der den Verlust der Beherrschung eines Tochterunternehmens zur Folge hat, dazu führt, dass alle oben genannten Informationen bezogen auf dieses Tochterunternehmen offen zu legen sind, soweit es sich bei dem Tochterunternehmen um eine Veräußerungsgruppe handelt, die zeitgleich die Definition eines aufgegebenen Geschäftsbereichs gemäß IFRS 5.32 erfüllt.

Beispiel 27.5

Zu dem Geschäftsbereich der X-AG aus dem vorangegangenen Beispiel stehen Ihnen noch folgende zusätzliche Informationen zur Verfügung:

	bis 10.12.2010	**bis 31.12.2010**	**bis 31.12.2011**
Ertrag	1,5 Mio. €	2,0 Mio. €	0,5 Mio. €
Aufwand	-3,0 Mio. €	-4,5 Mio. €	-0,5 Mio. €
Abschreibung	-0,7 Mio. €	-0,7 Mio. €	—

Prüfen Sie, ob, wann und wie der verlustreiche Geschäftsbereich der X-AG als aufgegebener Geschäftsbereich darzustellen ist. Folgende Fragestellungen müssen hierfür beantwortet werden:

- Liegt ein aufgegebener Geschäftsbereich vor?
- Wie hoch ist der Mindestausweis in der Gesamtergebnisrechnung zum 31.12.2010 und zum 31.12.2011?

Lösung

Aufgegebener Geschäftsbereich

Es müssen drei Voraussetzungen (vgl. Abbildung 27.2) erfüllt sein, damit ein Geschäftsbereich als aufgegeben gilt:

- Es muss sich bei dem Geschäftsbereich um einen Unternehmensbestandteil handeln. Dieses Kriterium ist hier erfüllt, da der Geschäftsbereich Cashflows generiert, die sowohl zu operativen Zwecken als auch zu Zwecken der Rechnungslegung deutlich von denen des übrigen Unternehmens abgegrenzt werden können.
- Der Unternehmensbestandteil muss bereits veräußert oder als zur Veräußerung gehalten klassifiziert worden sein. Die Klassifikation ist im vorliegenden Beispiel bereits erfolgt.
- Der Unternehmensbestandteil muss einen gesonderten, wesentlichen Geschäftszweig oder geografischen Geschäftsbereich umfassen, Teil eines abgestimmten Veräußerungsplans eines separaten wesentlichen Geschäftszweigs oder eines geografischen Geschäftsbereichs sein oder ein ausschließlich zum Zwecke der Weiterveräußerung erworbenes Tochterunternehmen darstellen. Das Kriterium ist erfüllt, da ein Segment immer einen gesonderten, wesentlichen Geschäftszweig umfasst.

Demzufolge sind alle Voraussetzungen zur Klassifizierung als aufgegebener Geschäftsbereich zum 11.12.2010 erfüllt.

Veräußerungsgruppe versus aufgegebener Geschäftsbereich

An dieser Stelle wird auf die Zweckmäßigkeit der Begriffstrennung von Veräußerungsgruppen einerseits und aufgegebenen Geschäftsbereichen andererseits noch einmal hingewiesen. Im vorliegenden Beispiel liegen sowohl eine Veräußerungsgruppe als auch ein aufgegebener Geschäftsbereich vor. Wäre jedoch beispielsweise der verlustträchtige Geschäftsbereich veräußert worden, ohne dass im Vorfeld eine Klassifizierung als zur Veräußerung gehalten erfolgt wäre – beispielsweise aufgrund der Nichterfüllung aller Kriterien – dann müsste der Geschäftsbereich zwar als aufgegeben angegeben werden, wäre aber selbst zuvor nicht als Veräußerungsgruppe ausgewiesen worden. Eine Veräußerungsgruppe wiederum muss auch keinem aufgegebenen Geschäftsbereich entsprechen. Dies kann beispielsweise der Fall sein, wenn die Veräußerungsgruppe nur aus einer Teil-ZGE besteht und daher keinen Unternehmensbestandteil bildet.

Mindestausweis

Mindestausweis in der Gesamtergebnisrechnung zum 31.12.2010 und zum 31.12.2011[13]:

Der Zeitpunkt der Klassifizierung nimmt keinen Einfluss darauf, dass sämtliche im Geschäftsjahr angefallenen Aufwendungen und Erträge innerhalb des aufgegebenen Geschäftsbereichs auszuweisen sind. Demzufolge weisen die Angaben zu den Aufwendungen und Erträgen bis zum 10.12.2010 keinerlei Relevanz auf.

Die auszuweisenden Beträge werden folgendermaßen ermittelt:

	bis 31.12.2010	**bis 31.12.2011**
Ertrag	2,0 Mio. €	0,5 Mio. €
Aufwand	-4,5 Mio. €	-0,5 Mio. €
Abschreibung	-0,7 Mio. €	—
Zugangsbewertung als zur Veräußerung gehalten	-3,0 Mio. €	
Folgebewertung	1,0 Mio. €	
Ertrag aus Veräußerung		1,5 Mio. €
Gewinn oder Verlust	-5,2 Mio. €	1,5 Mio. €

In der Gesamtergebnisrechnung müssen demnach folgende Beträge ausgewiesen werden:

31.12.2010: Verlust aus nicht fortgeführten Geschäftsbereichen -5,2 Mio. €
31.12.2011: Gewinn aus nicht fortgeführten Geschäftsbereichen 1,5 Mio. €

13 In diesem Beispiel wird auf die Berücksichtigung von Ertragsteuern verzichtet. Grundsätzlich fordert IFRS 5 jedoch eine Nachsteuerbetrachtung.

Die Aufgliederung von Aufwendungen und Erträgen im Anhang ist wie folgt vorzunehmen (unter Vernachlässigung von Steuern):

Gewinn oder Verlust aus nicht fortgeführten Geschäften

	31.12.2010	**31.12.2011**
Erträge	2,0 Mio. €	0,5 Mio. €
Aufwendungen (inkl. Abschreibungsaufwand)	-5,2 Mio. €	-0,5 Mio. €
Gewinn oder Verlust aus operativer Geschäftstätigkeit	-3,2 Mio. €	0,0 Mio. €
Verlust aus Abschreibung auf den beizulegenden Zeitwert abzüglich Veräußerungskosten	-2,0 Mio. €	
Gewinn aus Veräußerung von Geschäftsbereichen		1,5 Mio. €
Gewinn oder Verlust aus nicht fortgeführten Geschäftsbereichen	-5,2 Mio. €	1,5 Mio. €

Angaben bei Reklassifizierung

Für einen Unternehmensbestandteil, der nicht länger als zur Veräußerung gehalten klassifiziert ist, muss der bisher nach IFRS 5.33-35 ausgewiesene Gewinn oder Verlust für alle aufgeführten Geschäftsjahre in den Gewinn oder Verlust aus fortzuführenden Geschäftbereichen umgegliedert und dort einbezogen werden (IFRS 5.36).

Im Fall von langfristigen Vermögenswerten und Veräußerungsgruppen legt IFRS 5.42 fest, dass das Unternehmen die Umstände darlegen muss, die zu einer Aufgabe der Veräußerungsabsicht geführt haben. Ebenso müssen die damit verbundenen Auswirkungen auf die Geschäftstätigkeit der aktuellen und vorangegangenen Berichtsperioden beschrieben werden.

6 Wesentliche Unterschiede zum IFRS for SMEs

Der Exposure Draft zu IFRS for SMEs sah noch nahezu identische Vorschriften wie IFRS 5 bezüglich zur Veräußerung gehaltener langfristiger Vermögenswerte vor (IFRS-SME.BC118). Primär aus Kosten-Nutzen-Erwägungen haben diese jedoch nicht Einzug in den finalen Standard gehalten (IFRS-SME.BC119). Stattdessen weicht die Bilanzierung von zur Veräußerung gehaltenen langfristigen Vermögenswerten nach IFRS-SME nun von der nach IFRS 5 ab (IFRS-SME.BC68). Demnach stellt der Plan zur Veräußerung eines Vermögenswertes vor dem eigentlich geplanten Zeitpunkt ein Anzeichen für eine Wertminderung dar. Dieses Anzeichen löst die Berechnung des erzielbaren Betrags i.S.d. IFRS-SME.27.11-13 für den Vermögenswert aus, um eine unter Umständen eingetretene Wertminderung bestimmen und erfassen zu können (IFRS-SME.17.26 i.V.m. IFRS-SME.27.5-23)[14]. Ferner sind im Falle von verbindlichen Veräußerungsvereinbarungen von bedeutenden Vermögenswerten bzw. Gruppen von Vermögenswerten und Schulden Angaben zu den entsprechenden Posten zu machen. Zudem sind auch ergänzende Informationen zu dem Verkauf, zu den dem Verkauf zugrunde liegenden Umständen sowie zu den Buchwerten dieser Vermögenswerte bzw. der Gruppe von Vermögenswerten und Schulden bereitzustellen (IFRS-SME.4.14).

7 Wesentliche Unterschiede zum HGB und zu US-GAAP

US-GAAP

Auch nach US-GAAP sind die aufgegebenen Geschäftsbereiche gemäß SFAS 144 „Accounting for the Impairment or Disposal of Long-Lived Assets" in der Bilanz als zur Veräußerung gehalten zu klassifizieren und in der GuV gesondert auszuweisen. Die Regelungen des SFAS 144 (ASC 205-20 / ASC 360-10-40) sind weitgehend vergleichbar mit den Bilanzierungs- und Ausweisnormen des IFRS 5, wobei die Regelungen jedoch in Details voneinander abweichen und daraus eine unterschiedlich weite Auslegung des Anwendungsbereichs resultieren kann. Aus diesem Grunde arbeiten IASB und FASB in einem Gemeinschaftsprojekt innerhalb des Financial Statement Presentation-Projektes sowohl an einer gemeinsamen Definition für einen aufgegebenen Geschäftsbereich als auch an einheitlichen Ausweisvorschriften für Unternehmensbestandteile, die veräußert oder als zur Veräußerung gehalten eingestuft wurden. Am 09.07.2010 hat das IASB diesbezüglich einen Staff Draft of Exposure Draft veröffentlicht, der alle vorläufig getroffenen Entscheidungen bis Januar 2010 berücksichtigt.

HGB

Im HGB finden sich weder für langfristige, zur Veräußerung gehaltene Vermögensgegenstände noch für aufgegebene Geschäftsbereiche explizite Klassifizierungs- und Bewertungsregelungen. Auch im Hinblick auf die Ausweisvorschriften existieren im Handelsrecht keine Angabepflichten. § 266 Abs. 2 HGB schreibt die Gliederung für die Bilanz, § 275 HGB die Gliederung für die Gewinn- und Verlustrechnung vor. In keinem der beiden Rechenwerke ist eine gesonderte Position respektive Erfolgszeile für den Ausweis solcher Vermögensgegenstände (oder Veräußerungsgruppen) und der mit ihnen verbunden Erträge und Aufwendungen vorgesehen. Denkbar wäre eine Erläuterung zur Einstellung von Geschäftsaktivitäten gemäß § 277 Abs. 4 S. 2 HGB im Anhang, wenn ein Gewinn oder Verlust im Geschäftsjahr als außerordentlicher Ertrag

14 Vgl. *Amen*, IFRS for SMEs, Abschnitt 5, Tz. 14-16.

oder Aufwand verbucht wurde. § 289 Abs. 1 HGB verlangt Angaben zu dem Geschäftsverlauf sowie Erläuterungen zur Lage der Kapitalgesellschaft im Lagebericht. Darunter könnten auch die Angaben zu aufgegebenen Geschäftsbereichen fallen[15].

Ausgewählte Literatur

Dobler, M./Dobler, S., Zweifelsfälle der Bewertung von zur Veräußerung gehaltenen Abgangsgruppen nach IFRS 5, in: KoR, 10. Jg. (2010), S. 353-357.

Kessler H./Leinen M., Darstellung von discontinued operations in Bilanz und GuV – Eine Fallstudie zur Anwendung von IFRS 5, in: KoR, 6. Jg. (2006), S. 558-565.

Küting, K./Wirth, J., Discontinued operations und die veräußerungsorientierte Bilanzierung nach IFRS 5 – ein Mehrwert für die Berichterstattung?, in: KoR, 6. Jg. (2006), S. 719-728.

Zülch, H./Lienau, A., Bilanzierung zum Verkauf stehender langfristiger Vermögenswerte sowie aufgegebener Geschäftsbereiche nach IFRS 5, in: KoR, 4. Jg. (2004), S. 442-452.

Übungsaufgaben

Aufgabe 1:

Sie möchten ein Bürogebäude verkaufen und haben es richtigerweise in die Kategorie als zur Veräußerung gehalten klassifiziert. Nun wird festgestellt, dass dieses Gebäude asbestverseucht ist und nur nach einer Sanierung ein Käufer gefunden werden kann. Welche Konsequenzen sehen Sie für die Klassifizierung?

Aufgabe 2:

Zum 02.01.2010 befindet sich in der Bilanz eines Reisekonzerns ein hochmoderner Reisebus mit einem Buchwert von 200 T€. Der Reisebus hat zu diesem Zeitpunkt noch eine Restnutzungsdauer von 5 Jahren. Am 30.06.2010 klassifizieren Sie diesen Reisebus in die Kategorie als zur Veräußerung gehalten um. Der beizulegende Zeitwert abzüglich Veräußerungskosten beträgt nun 150 T€.

---

15 Vgl. *Thiel, M.*, ED 4 „Veräußerung langfristiger Vermögenswerte und Darstellung der Aufgabe von Geschäftsbereichen“ aus Sicht der Bilanzierungspraxis, in: BB, 58. Jg. (2003), S. 1999-2006.

a) Nehmen Sie die notwendigen Buchungen zum 30.06.2010 vor.
b) Nehmen Sie zusätzlich die alternativ notwendigen Buchungen zum 31.12.2010 unter der Annahme vor, dass der beizulegende Zeitwert abzüglich Veräußerungskosten zu diesem Zeitpunkt 190 T€ entspricht.

Aufgabe 3:
Das verantwortliche Management einer Möbelfabrik entscheidet sich am 02.01.2010 zum Verkauf einer Maschine mit einem Buchwert von 100 T€ und klassifiziert diese Maschine als zur Veräußerung gehalten. Die Maschine hat zu diesem Zeitpunkt noch eine Restnutzungsdauer von 5 Jahren. Am Ende des Jahres 2010 fasst das Management den Entschluss, die Maschine doch nicht verkaufen zu wollen, da ein Nutzungswert von 200 T€ ermittelt worden ist.
a) Wie ändern sich Ausweis und Wertansatz der Maschine am 02.01.2010 sowie zum Bilanzstichtag 31.12.2010, wenn am 02.01.2010 der beizulegende Zeitwert abzüglich Veräußerungskosten 90 T€ beträgt und zum 31.12.2010 auf 110 T€ ansteigt?
b) Welchen Wertansatz hat die Maschine zum Bilanzstichtag 31.12.2010, wenn am 02.01.2010 sowie am 31.12.2010 der beizulegende Zeitwert abzüglich Veräußerungskosten 70 T€ beträgt?

Aufgabe 4:
Sie befinden sich bereits im vierten Schritt ihres Wertermittlungsprozesses für nachfolgende Veräußerungsgruppe, deren Buchwerte wie folgt aussehen:

Goodwill	5 Mio. €
vermietetes Bürogebäude	10 Mio. €
selbst genutztes Produktions- und Bürogebäude	10 Mio. €
Maschinen	5 Mio. €
Vorräte	2 Mio. €
Summe Vermögen	32 Mio. €

Der ermittelte beizulegende Zeitwert abzüglich Veräußerungskosten beträgt 24 Mio. €.
Welchen Wert haben die einzelnen Positionen Ihrer Veräußerungsgruppe nach Anwendung des Niederstwertprinzips?

Aufgabe 5:
Am 02.12.2010 fasst der Vorstand der Y-AG den Beschluss, den verlustbringenden Geschäftsbereich G innerhalb der nächsten zwölf Monate zu veräußern und beginnt unmittelbar mit der Suche nach einem geeigneten Käufer. Der Vorstand rechnet damit, den Geschäftsbereich zu einem marktüblichen Preis von 15 Mio. € veräußern zu können. Dieser verlustträchtige Geschäftsbereich stellt im IFRS-Konzernabschluss der Y-AG ein berichtspflichtiges Segment dar. Die Vermögenswerte und Schulden des als zur Veräußerung gehaltenen Geschäftsbereichs der Y-AG weisen zum 01.12.2010 die in der Tabelle aufgeführten

Buchwerte auf. Bei den Gebäuden wurde eine zeitanteilige Abschreibung in Höhe von 2,0 Mio. € und im Sachanlagevermögen von 0,5 Mio. € noch nicht berücksichtigt. Ferner rechnet die Y-AG mit Veräußerungskosten in Höhe von 1 Mio. €. Der Unternehmensteuersatz beträgt 30 %. Latente Steuern sind zu berücksichtigen.

Geschäftsbereich	**Buchwerte zum 01.12.2010**
Goodwill	4,0 Mio. €
Gebäude (vor anteiliger Abschreibung)	8,0 Mio. €
Sachanlagevermögen (vor anteiliger Abschreibung)	6,5 Mio. €
Vorräte	5,0 Mio. €
Forderungen	9,0 Mio. €
Verbindlichkeiten	8,0 Mio. €

Am 31.12.2010 beläuft sich der Nettoveräußerungswert der Vorräte auf 4 Mio. €. Die Forderungen haben sich auf 11 Mio. € erhöht. Der erzielbare Veräußerungspreis wird mittlerweile auf 17,5 Mio. € geschätzt. Es wird jetzt mit direkten Veräußerungskosten von 0,5 Mio. € gerechnet. Am 02.01.2011 veräußert die Y-AG ihren verlustreichen Geschäftsbereich für 14 Mio. € nach Veräußerungskosten. Der Marktwert der Vorräte beläuft sich weiterhin auf 4 Mio. €. Zu der Y-AG stehen Ihnen noch folgende zusätzliche Informationen zur Verfügung:

	bis 10.12.2010	**bis 31.12.2010**	**bis 31.12.2011**
Ertrag	1,5 Mio. €	2,0 Mio. €	0,5 Mio. €
Aufwand	-3,0 Mio. €	-4,5 Mio. €	-0,5 Mio. €
Abschreibung	-2,5 Mio.€	-2,5 Mio. €	---

a) Ist der Geschäftsbereich zum 31.12.2010 als zur Veräußerung gehalten auszuweisen?
b) Mit welchen Beträgen müssen die Vermögenswerte und Schulden des Geschäftsbereichs nach der Umklassifizierung zum 02.12.2010 angesetzt werden? Geben Sie die erforderlichen Buchungssätze an.
c) Mit welchen Beträgen müssen die Vermögenswerte und Schulden des Geschäftsbereichs zum 31.12.2010 angesetzt werden? Geben Sie die entsprechenden Buchungssätze an.
d) Wie muss der Veräußerungsvorgang Mitte Januar bilanziell erfasst werden?
e) Prüfen Sie, ob, wann und wie der verlustreiche Geschäftsbereich der Y-AG als aufgegebener Geschäftsbereich darzustellen ist. Liegt ein aufgegebener Geschäftsbereich vor? Wie hoch ist der Mindestausweis in der Gesamtergebnisrechnung zum 31.12.2010 und zum 31.12.2011?
f) Wie muss die erforderliche Aufgliederung von Aufwendungen und Erträgen im Anhang des Konzernabschlusses der Y-AG zu den beiden Bilanzstichtagen erfolgen?

Kapitel 28
Ergebnis je Aktie

Ein gutes Beispiel für die internationale Verknüpfung der Aktienmärkte lieferte im Oktober 2007 die Bank of America. Die zweitgrößte Bank der USA meldete für das dritte Quartal einen unerwartet starken Gewinneinbruch, was nicht nur die US-amerikanischen Anleger enttäuschte, sondern auch auf dieser Seite des Atlantiks Wellen auf den Finanzmärkten schlug. So fielen die Aktienkurse der Deutschen Bank, der Postbank und der Commerzbank jeweils um ca. zwei Prozent. Der gesamte DAX rutschte in Folge der Nachrichten aus Übersee um knapp ein Prozent ab. Was war geschehen? Durch dic US-Immobilienkrise und die damit einhergehenden Turbulenzen an den Kapitalmärkten war das Geschäft der Bank of America im Investmentbereich stark eingebrochen. Der sich daraus ergebende Effekt auf die Gesamtperformance der Bank wurde in den Medien über die Kennzahl „Ergebnis je Aktie“ (earnings per share, EPS) kommuniziert. Letzteres war im Vergleich zum Vorjahresquartal um 31 % von 1,18 US-Dollar auf 0,82 US-Dollar abgesackt.

Das EPS wird berechnet, indem der Gewinn oder Verlust des Unternehmens ins Verhältnis zur Anzahl der ausstehenden Aktien gesetzt wird:

$$\text{Ergebnis je Aktie} = \frac{\text{Gewinn oder Verlust}}{\text{Ø Anzahl der während der Periode ausstehenden Aktien}}$$

Um zu erkennen, ob eine Aktie an der Börse hoch oder niedrig bewertet ist, setzen Finanzanalysten gerne den Kurs der Aktie ins Verhältnis zum Ergebnis je Aktie, um das Kurs-Gewinn-Verhältnis (KGV) bzw. Price-Earnings-Ratio (PER) zu erhalten:

$$\text{Kurs - Gewinn - Verhältnis} = \frac{\text{Aktienkurs}}{\text{Ergebnis je Aktie}}$$

Das KGV gibt das Vielfache des aktuellen Ergebnisses je Aktie an, das an der Börse für eine Aktie bezahlt wird. Ein hohes Kurs-Gewinn-Verhältnis deutet insbesondere darauf hin, dass der Aktienmarkt für die Zukunft deutliche Gewinnsteigerungen erwartet und deswegen die Aktie hoch bewertet. Ein niedriges Kurs-Gewinn-Verhältnis hingegen lässt auf geringe Wachstumserwartungen schließen. Bei als konstant angenommenem KGV lösen überraschende EPS-Änderungen demzufolge teilweise heftige Kursreaktionen aus.

Die Ermittlung des EPS erfolgt auf Basis der Jahresabschlussdaten eines Unternehmens. Während die Berechnung der Kennzahl im Grundsatz leicht nachzuvollziehen ist, können sich in der Praxis zahlreiche Detailprobleme ergeben. Um die Vergleichbarkeit der Unternehmens-Performance sowohl im Zeitablauf als auch zwischen verschiedenen Unternehmen zu verbessern, hat das IASB daher mit IAS 33 „Ergebnis je Aktie“ (Earnings per Share) einen eigenen Standard zur Ermittlung des EPS veröffentlicht. Aufgrund der engen Zusammenarbeit mit dem FASB sind die Regelungen des IAS 33 dabei weitgehend deckungsgleich mit denen in der entsprechenden US-GAAP-Vorschrift, SFAS 128, „Earnings per Share“ (ASC 260).

Lernziele

In diesem Kapitel werden die Vorschriften des IAS 33 dargestellt, anhand derer Sie die Details der EPS-Ermittlung lernen sollen. Im Fokus stehen dabei insbesondere die Fragen:

- Welcher Gewinn oder Verlust ist als Zählergröße anzusetzen?
- Was ist die korrekte Aktienanzahl als Nennergröße?
- Was ist unter „verwässertem" und „unverwässertem" EPS zu verstehen und wie wirkt sich die Unterscheidung auf die Berechnung aus?

1 Anwendungsbereich

Die in IAS 33 kodifizierten Vorschriften zur Ermittlung und Darstellung des Ergebnisses je Aktie gelten in ihrer aktuellen Form für alle Geschäftsjahre, die am bzw. nach dem 01.01.2005 begonnen haben.

Anwendungspflicht nur für Unternehmen mit börsennotierten Aktien

Dabei ist IAS 33 nur für Unternehmen, deren Aktien oder potenzielle Aktien öffentlich gehandelt werden bzw. für deren Aktien die Zulassung zum öffentlichen Handel beantragt wurde, verpflichtend anzuwenden (IAS 33.2). Durch diese Einschränkung kann es in Deutschland Unternehmen geben, die zwar nach IFRS bilanzieren, jedoch keine EPS-Kennzahlen veröffentlichen müssen. Dies ist dann der Fall, wenn sie den deutschen Wertpapiermarkt lediglich mit Fremdkapitaltiteln in Anspruch nehmen.

Beispiel 28.1

Der in Duisburg ansässige Haniel-Konzern stellt seinen Konzernabschluss bereits seit dem Geschäftsjahr 2004 nach IFRS auf. Bei der Obergesellschaft handelt es sich um die Franz Haniel & Cie. GmbH. Aufgrund der GmbH-Rechtsform können per Definition keine Aktien am öffentlichen Markt ausstehen. Folglich kam IAS 33 im Konzernabschluss des Jahres 2009 auch nicht zur Anwendung.

Wenn sich ein nicht öffentlich gelistetes Unternehmen freiwillig dazu entscheidet, eine EPS-Kennzahl im Rahmen eines IFRS-Abschlusses zu veröffentlichen, so ist diese gemäß IAS 33 zu ermitteln (IAS 33.3). Weiterhin legt IAS 33.4 fest, dass die Kennzahl auf Basis der Konzernabschlussdaten zu berechnen ist. Falls im Einzelabschluss des Unternehmens ebenfalls eine Ergebnis-je-Aktie-Kennzahl veröffentlicht wird, so darf diese nicht im Konzernabschluss veröffentlicht werden. Schließlich ist zu beachten, dass die Regelungen des IAS 33 nicht nur für den Jahresfinanzbericht gelten: Sofern ein Unternehmen in den Anwendungsbereich von IAS 33 fällt, muss es auch in IFRS-Zwischenabschlüssen (Quartals- bzw. Halbjahresberichten) EPS-Kennzahlen ausweisen (IAS 34.11), sofern es Zwischenberichterstattung betreibt (vgl. Kapitel 30).

2 Grundlagen

Zwei Problemfelder: Ergebnis und Aktienanzahl

Wie erwähnt stellen sich bei der Ermittlung des EPS zwei voneinander abhängige Problemfelder:

- Was ist der richtige Gewinn oder Verlust als Zählergröße und
- was ist die korrekte Aktienanzahl als Nennergröße?

Zähler und Nenner müssen hierbei für mindestens für zwei verschiedene EPS-Größen ermittelt werden:

Zwei EPS-Konzepte

- Unverwässertes Ergebnis je Aktie (basic EPS) und
- verwässertes Ergebnis je Aktie (diluted EPS).

Unverwässertes EPS

Bei der Berechnung des unverwässerten EPS wird die Ergebnisgröße auf die Anzahl derjenigen Aktien aufgeteilt, die in der entsprechenden Periode tatsächlich ausstehend waren. Grundsätzlich sind im Nenner lediglich Stammaktien zu berücksichtigen. Gemäß IAS 33.5 ist eine Stammaktie ein Eigenkapitalinstrument, das allen anderen Formen von Finanzierungsinstrumenten nachgeordnet ist. Dabei sind die im Konzernabschluss gemäß IAS 27.33 im Eigenkapital auszuweisenden Anteile anderer Gesellschafter für die EPS-Berechnung nicht als Stammaktien anzusehen, da sie nicht zu den Stammaktien der Konzernmutter gehören (vgl. Kapitel 6).

Verwässertes EPS

Bei der Berechnung des verwässerten EPS werden neben den aktuell ausstehenden Stammaktien auch „potenzielle Stammaktien" im Nenner berücksichtigt. Darunter fallen gemäß IAS 33.5 sämtliche Finanzinstrumente oder sonstige Verträge, die einer unternehmensexternen Partei die Möglichkeit gewähren, Stammaktien im obigen Sinne vom bilanzierenden Unternehmen zu erhalten. Durch die Berücksichtigung potenzieller Stammaktien stellt das verwässerte EPS eine zukunftsgerichtete Größe dar, da bereits Aktien einkalkuliert werden, die zum Bilanzstichtag noch nicht ausstanden. Folgende Sachverhalte erfüllen z.B. die Definition von potenziellen Stammaktien:

Potenzielle Stammaktien

- Aktienoptionen, unabhängig davon, ob sie am Markt ausgegeben oder Mitarbeitern als Entlohnungsbestandteil zugesichert wurden.
- Wandelschuldverschreibungen, die in Aktien des emittierenden Unternehmens umtauschbar sind.
- Noch zum Bilanzstichtag ausstehende Bezugsrechte, die Altaktionären das Recht auf junge Aktien zusichern.

Die Bedeutung des verwässernden Effekts durch die Einbeziehung potenzieller Stammaktien soll am nachfolgenden Beispiel verdeutlicht werden:

Beispiel 28.2

10 Kommilitonen gründen zum 01.01.2010 die Fitnessstudiokette Muckie Maus AG. Jeder der Studenten bringt als Gründungsaktionär ein Startkapital von 5.000 € zur Finanzierung der ersten Filiale in Bochum-Wattenscheid ein.

Um zusätzliche Liquidität aufzubringen, wird ein Vertrag mit der Venture-Capital-Gesellschaft Kassierer GmbH geschlossen. Diese stellt einen zinslosen Kredit in Höhe von 50.000 € zur Verfügung. Nach zwei Jahren hat die Venture-Capital-Gesellschaft die Option, entweder den Kredit sofort zurückzufordern oder ihn im Rahmen einer Kapitalerhöhung unter Bezugsrechtsausschluss der Altaktionäre in Eigenkapitalteile mit gleichem Nennwert umtauschen zu lassen. Die Liquiditätsprobleme sind gelöst. Begeistert stimmen die Aktionäre zu. Im Laufe des Jahres 2010 wird ein Jahresüberschuss von 15.000 € erwirtschaftet. Auch in den nächsten Jahren ist mit einem vergleichbaren Gewinn oder Verlust zu rechnen.

Herr Stefan Willschnee, einer der studentischen Alteigentümer, stellt im Dezember 2010 fest, dass er zur Finanzierung anstehender Urlaubsreisen dringend etwas Liquidität benötigt. Er bietet deswegen Herrn S. Reich, einem Spezialisten für Beteiligungskapital, seinen Eigenkapitalanteil zum Kauf an. Dieser sagt ihm, dass er für ein Unternehmen dieser Art ein KGV von 12 annehme. Mit welcher Zahlungsbereitschaft des Herrn Reich rechnen Sie?

Lösung

Das unverwässerte EPS beträgt 15.000 € geteilt durch zehn Anteile, also 1.500 € je Anteil. Daraus würde sich bei einem KGV von 12 eine Zahlungsbereitschaft von 18.000 € für den Anteil von Stefan Willschnee ergeben. Diese Überlegung geht allerdings davon aus, dass die Kassierer GmbH ihre Anteile nicht in Eigenkapitaltitel umwandelt. Dies dürfte jedoch sehr unwahrscheinlich sein, wenn der Wert der Anteile tatsächlich 18.000 € beträgt. Im Umtauschfall gäbe es in Zukunft nicht mehr 10, sondern vielmehr 20 Anteile zu je 5.000 €. Wird diese Verwässerung der Aktienanzahl berücksichtigt, so ergibt sich das verwässerte EPS zu 750 € je Anteil, da nunmehr der Gewinn von 15.000 € durch 20 tatsächliche und potenzielle Aktien geteilt werden muss. Darauf basierend ergibt sich der Wert des Anteils zu (750 € · 12 =) 9.000 €.

Aus dem Beispiel wird deutlich: Da sich Aktionäre zur Bewertung ihres Anteils hauptsächlich dafür interessieren, welcher *zukünftige* Gewinn oder Verlust ihnen zusteht, ist hierfür insbesondere die *zukünftige* Aktienanzahl von Bedeutung. Dementsprechend fordert IAS 33 die Ermittlung sowohl von einem unverwässerten EPS als auch von einem verwässerten EPS.

3 Unverwässertes Ergebnis je Aktie

3.1 Ermittlung des Ergebnisses

Gewinn oder Verlust nach Berücksichtigung von Minderheiten

Die Zählergröße stellt das den Stammaktionären zustehende Ergebnis dar. Grundsätzlich haben die Stammaktionäre Anspruch auf den Gewinn oder Verlust des Unternehmens. Da sich die EPS nur für eine spezielle Aktiengattung sinnvoll berechnen lassen, handelt es sich hier um eine interessentheoretische Größe. Folglich ist der in der Konzern-Gesamtergebnisrechnung ausgewiesene Gewinn oder Verlust nach Steuern ggf. um sämtliche Ergebnisanteile zu korrigieren, die nicht auf die Stammaktien des Mutterunternehmens entfallen. So sind auch z.B. die auf die Anteile anderer Gesellschafter entfallenden Gewinne (Verluste) für die EPS-Berechnung vom Gewinn oder Verlust abzuziehen (zum Gewinn oder Verlust zu addieren).

EPS separat für fortgeführte Tätigkeiten

Sofern das Unternehmen nicht fortgeführte Tätigkeiten im Sinne von IFRS 5 aufweist, so ist das EPS zusätzlich auf Basis des um nicht fortgeführte Tätigkeiten bereinigten Gewinns oder Verlusts auszuweisen (IAS 33.9).

Beispiel 28.3

Wie wichtig die Unterscheidung zwischen fortgeführten und nicht fortgeführten Tätigkeiten sein kann, wird z.B. an dem Konzernabschluss der Allianz deutlich. So betrug 2008 das unverwässerte EPS aus fortgeführten und nicht fortgeführten Tätigkeiten wenig schmeichelhafte -5,43 €.

Diese Kennzahl beinhaltete jedoch den negativen Ergebnisbeitrag der Dresdner Bank, deren Veräußerung 2008 bereits beschlossen und im Januar 2009 schließlich durchgeführt wurde. Aus Sicht von Anlegern bzw. Analysten, die das EPS als Ausgangsbasis für die Schätzung zukünftiger Ergebnisse bzw. Cashflows nutzen möchten, schränken solche, künftig nicht mehr wiederkehrenden Ergebnisbestandteile die Aussagekraft des EPS stark ein.

Gerade für diese Gruppe ist daher ein EPS relevant, welches sich lediglich aus den fortgeführten Tätigkeiten ergibt. Dieses sah bei der Allianz mit 8,81 € im Jahr 2008 auch deutlich besser aus.

GuV-Ergebnis als Zählergröße verpflichtend

Da der Gewinn oder Verlust den Ausgangspunkt der EPS-Ermittlung darstellt, sind sämtliche GuV-neutralen Aufwendungen und Erträge (sog. OCI-Komponenten), wie z.B. Änderungen von Währungsumrechnungsdifferenzen und Wertänderungen von bestimmten Finanzinstrumenten, nicht in den von IAS 33 geforderten EPS enthalten. Dies kann zumindest dann zu Verzerrungen führen, wenn eine GuV-neutrale Zuschreibung von Vermögenswerten des Anlagevermögens nach IAS 16 bzw. IAS 38 in den Folgejahren GuV-wirksam und damit EPS-wirksam abgeschrieben wird. Diesen Effekt würde eine zweite EPS-Kennzahl, die auf Basis des Gesamtergebnisses zu berechnen wäre, transparent machen.

EPS-Größen erweitert um OCI-Komponenten

Zwar fordert IAS 33 lediglich EPS-Kennzahlen auf Basis des GuV-Ergebnisses, jedoch dürfen Unternehmen gemäß IAS 33.73 freiwillig zusätzliche EPS-Größen angeben, bei denen der Zähler andere Komponenten der Gesamtergebnisrechnung umfassen kann. Im Gegensatz zu den geforderten EPS-Kennzahlen, die grundsätzlich innerhalb der Ergebnisrechnung auszuweisen sind, dürfen diese jedoch nur im Anhang präsentiert werden. Dort könnten Unternehmen z.B. eine EPS-Größe ausweisen, die sämtliche OCI-Ergebnisanteile berücksichtigt. Ein solches „Gesamtergebnis je Aktie" bzw. „Comprehensive Income per Share" hätte z.B. im Falle des Bayer-Konzerns in den Jahren 2008 und 2009 das Bild der Ertragslage wie folgt ergänzt:

	in Mio. € bzw. Stück	**2009**	**2008**
1	Konzernergebnis der Gesamtergebnisrechnung (angepasst um Effekte aus Pflichtwandelanleihe)	1.359	1.831
2	GuV-neutrale Eigenkapitalveränderungen des Eigenkapitalspiegels ohne Transaktionen mit Anteilseignern	46	-1.158
3	Aktienanzahl	801	824
	EPS (wie berichtet (1 / 3))	1,70	2,22
	EPS neu (1 + 2) / 3	1,75	0,82

Tab. 28.1: Berechnung des Gesamtergebnisses je Aktie am Beispiel des Bayer-Konzerns

Unterschiedliche Stammaktiengattungen und partizipierende Instrumente

Komplikationen bei der Berechnung des zu verwendenden Ergebnisses können sich dann ergeben, wenn das Konzernergebnis nach Steuern und Minderheitenanteilen den Stammaktionären nicht vollständig bzw. gleichmäßig zuzurechnen ist. Dies ist der Fall, wenn das betrachtete Unternehmen über verschiedene Stammaktiengattungen oder sogenannte „partizipierende Instrumente" verfügt.

IAS 33.5 definiert hierfür den Begriff einer Stammaktie (ordinary share) als Eigenkapitalinstrument, das allen anderen Formen von Finanzierungsinstrumenten nachgeordnet ist. Stammaktien partizipieren somit erst dann an den Unternehmensgewinnen, wenn andere Aktientypen wie z.B. Vorzugsaktien (preference share) bedient worden sind (IAS 33.6). Unterschiedliche Stammaktiengattungen liegen folglich nur dann vor, wenn der Dividendensatz wie z.B. bei jungen Aktien zwischen zwei Aktiengattungen variiert, zugleich jedoch keine der Aktiengattungen vorrangig bedient wird (IAS 33.A13(b)).

Partizipierende Instrumente räumen dem Halter das Recht ein, zusammen mit den Stammaktionären an der Dividende nach einer festgelegten Formel zu partizipieren (IAS 33.A13(a)). Darunter können z.B. Gewinnschuldverschreibungen fallen, die neben einer festen Verzinsung einen Anteil am Gewinn oder Verlust in Abhängigkeit von der gezahlten Dividende gewähren.

two class method

Bei Vorliegen von verschiedenen Stammaktiengattungen bzw. partizipierenden Instrumenten ist der Anteil am Ergebnis getrennt für die einzelnen Kategorien von Stammaktien bzw. partizipierenden Instrumenten zu ermitteln. Dazu ist das Ergebnis nach Steuern und Minderheitenanteilen zunächst um die für die jeweiligen Gattungen erklärten bzw. vertraglich zu zahlenden Dividendenbeträge zu mindern. Anschließend wird der Restbetrag auf die verschiedenen Gattungen entsprechend den Dividendenansprüchen verteilt, wie es bei einer Vollausschüttung der Fall wäre (two class method). Der Anteil an diesem Restbetrag und die Ansprüche an den erklärten bzw. vertraglich vereinbarten Dividenden ergeben das Ergebnis für die jeweilige Kategorie von Stammaktien bzw. partizipierenden Instrumenten (IAS 33.A14).

Behandlung deutscher Vorzugsaktien

In Teilen der Literatur wurde früher diskutiert, ob Vorzugsaktien nach deutschem Muster im Sinne von IAS 33 als eine separate Stammaktiengattung oder als partizipierende Instrumente anzusehen sind[1]. Für die Berechnungsmethodik ist diese Unterscheidung unerheblich, da in beiden Fällen die two class method zum Einsatz kommt. Jedoch ist gemäß IAS 33.66 das EPS für jede Stammaktiengattung separat auszuweisen. Ein „Ergebnis je partizipierendes Instrument" wird hingegen nicht gefordert. Da deutsche Vorzugsaktien in der Regel vorrangig zu bedienen sind, stellen sie gemäß der Definition von IAS 33.5 keine separate Stammaktiengattung dar[2]. Ungeachtet dessen wird in der Unternehmenspraxis regelmäßig das Ergebnis je Vorzugsaktie angegeben. Dies lässt sich auf das übergreifende IFRS-Prinzip des „True and Fair View" zurückführen: Sofern ein Unternehmen im wesentlichen Umfang Vorzugsaktien ausstehend hat, ist ein Ergebnis je Vorzugsaktie anzugeben, da andernfalls das Unternehmensbild bzw. Unternehmensperformance unvollständig abgebildet würde[3].

Bei der Berechnung des auf die Stamm- und Vorzugsaktionäre entfallenden Ergebnisses im Rahmen der two class method ist zu beachten, dass Vorzugsaktien in der Regel einen kumulativen Dividendenanspruch besitzen. Dies bedeutet, dass nicht geleistete Mindestdividenden in den Folgeperioden nachzuzahlen sind. In diesem Fall ist für die Ermittlung des auf die Vorzugsaktien entfallenden Ergebnisanteiles stets ihr aktueller Anspruch zu berücksichtigen und nicht die tatsächlich beschlossenen bzw. gezahlten Vorzugsdividenden (IAS 33.14(b)).

Das folgende Beispiel illustriert die Behandlung verschiedener Aktientypen:

Beispiel 28.4

In der Konzern-Gesamtergebnisrechnung wird ein Gewinn nach Steuern und Minderheitenanteilen von 10 Mio. € ausgewiesen. Das Unternehmen hat 5 Mio. Stammaktien und 1 Mio. Vorzugsaktien. Die beiden Aktiengattungen partizipieren gemäß der Satzung wie folgt am Gewinn:

- Vorzugsaktien besitzen einen kumulativen, vorrangigen Dividendenanspruch in Höhe von 1 €.
- Weitere Gewinnanteile werden in der Weise ausgezahlt, dass auf Vorzugsaktien eine um 0,30 € höhere Dividende als auf Stammaktien entfällt.

Wie hoch ist das Ergebnis je Stamm- und je Vorzugsaktie?

1 Vgl. für eine Übersicht *Freiberg/Christian*, Haufe IFRS-Kommentar, § 35, Tz. 5-6.
2 Vgl. IDW RS HFA 2, Einzelfragen zur Anwendung von IFRS, WpG, 2005, S. 1405 f.
3 Vgl. *Freiberg/Christian*, Haufe IFRS-Kommentar, § 35, Tz. 7,54; *Beine/Schütte*, Wiley Kommentar, Abschn. 20, Tz. 14.

Lösung
Im ersten Schritt ist von dem Ergebnis der Betrag den Vorzugsaktionären zuzurechnen, der ihnen unabhängig von der Höhe der Stammdividende zusteht. Das sind 1 € · 1 Mio. Vorzugsaktien = 1 Mio. €.

Anschließend ist der Restbetrag von 9 Mio. € so auf die zwei Aktionärsgruppen aufzuteilen, wie er ihnen im Falle einer Vollausschüttung zustünde. Der Anteil der Stammaktionäre ergibt sich zu

9 Mio. € / (5 Mio. Stammaktien · 1 € + 1 Mio. Vorzugsaktien · 1,30 €) · 5 Mio. €. = 7,14 Mio. €. Folglich beträgt der Anteil der Vorzugsaktionäre 9 Mio. € / (5 Mio. Stammaktien · 1 € + 1 Mio. Vorzugsaktien · 1,30 €) · 1,3 Mio. €. = 1,86 Mio. €.

Somit berechnet sich das Ergebnis je Stammaktie zu 7,14 Mio. € / 5 Mio. € = 1,43 €. Das Ergebnis je Vorzugsaktie liegt dagegen bei (1,86 Mio. €. + 1 Mio. €) / 1 Mio. = 2,86 €.

3.2 Ermittlung der Aktienanzahl

Verfahren bei unterjährig ausgegebenen Aktien

Grundsätzlich werden alle vom Unternehmen ausgegebenen und sich nicht im Besitz des Unternehmens befindlichen Stammaktien als ausstehende Aktien gezählt. Die Anzahl der Stammaktien kann sich während der Berichtsperiode z.B. durch Aktienrückkäufe oder durch Kapitalerhöhungen ändern. Für die Bestimmung der Aktienanzahl zur EPS-Ermittlung ist daher eine durchschnittliche Aktienanzahl zu ermitteln. Hierbei sind alle Aktien jeweils mit dem Zeitraum zu gewichten, in dem sie ausstanden (IAS 33.19). Näherungslösungen sind gemäß IAS 33.20 zulässig, insbesondere erscheint es vertretbar, mit finanzmathematischen 30-Tage-Monaten zu arbeiten.

Beispiel 28.5

Ein Unternehmer hält als 100%iger Eigentümer seines Unternehmens 10 Mio. Aktien mit einem Nennwert von je 1 €. Die Eigenkapitalrendite des Unternehmens beträgt 10 % pro Jahr. Kapital- oder sonstige Rücklagen existieren nicht. Am 01.07.2010 bringt er im Rahmen einer Kapitalerhöhung mit 10 Mio. neuen Aktien zusätzliche 10 Mio. € Kapital ein.

In der ersten Hälfte des Jahres erwirtschaftet das Unternehmen gemäß der Eigenkapitalrendite einen Gewinn von 500 T€, im zweiten Halbjahr, bei breiterer Kapitalbasis, einen Gewinn von 1 Mio. €. Wie hoch sind nun die EPS des Jahres 2010?

Lösung
Würden die EPS auf Basis der ungewichteten Aktienanzahl zum Periodenende von 20 Mio. Aktien ermittelt, so ergäben sich EPS von 7,5 Cent/Aktie, was einer Rendite von 7,5 % entspräche (1,5 Mio. € / 20 Mio. Aktien). Da tatsächlich die Rendite 10 % beträgt, führt nur die gewichtete Aktienanzahl

von 0,5 · 10 Mio. + 0,5 · 20 Mio. = 15 Mio. Aktien zu einem korrekten EPS von 1,5 Mio. € / 15 Mio. Aktien = 10 Cent/Aktie.

Zeitpunkt der Einbeziehung

Das Gewichtungsverfahren geht davon aus, dass mit der Ausgabe (Rückkauf) von Aktien auch ein Zufluss (Abfluss) von Ressourcen verbunden ist, der zur Erzielung eines Gewinns oder Verlusts (nicht mehr) zur Verfügung steht. Deswegen wird als relevanter Zeitpunkt der Einbeziehung in IAS 33.21 der Zeitpunkt bestimmt, zu dem ein(e) Anrecht (Pflicht) seitens des Unternehmens auf den Ressourcenzufluss (zum Ressourcenabfluss) besteht.

Sonderfälle

Im Rahmen von Unternehmensakquisitionen ausgegebene Aktien sind ab dem Tag der Erstkonsolidierung als ausstehend zu betrachten (IAS 33.22). Aktien, deren Gegenleistung nur teilweise eingefordert wurde, werden dementsprechend quotal ausstehend gewertet, wenn ihre Mitgliedsrechte schon (quotal) aktiv sind. Falls dies nicht der Fall ist, können sie unter Umständen potenzielle Stammaktien darstellen (IAS 33.A15 i.V.m. 33.A16). Aktien, die nur unter bestimmten Bedingungen ausgegeben werden, sind nach IAS 33.24 bedingt emissionsfähige Aktien. Ein Beispiel für solche Aktien sind Mitarbeiteraktien, die als Entlohnungsbestandteil unter Marktwert ausgegeben werden, sobald das Unternehmen z.B. bestimmte Gewinnziele überschreitet. Solche Aktien werden als ausstehend betrachtet, sobald die Ausgabebedingungen erfüllt sind. Es wird jedoch betont, dass Aktien, deren Ausgabe lediglich vom Ablauf einer bestimmten Zeitspanne abhängt, keine bedingt emissionsfähigen Aktien darstellen, da das Verstreichen von Zeit ein sicheres Ereignis ist. Diesem Gedanken folgend sind Finanzinstrumente, die zu einem späteren Zeitpunkt verpflichtend in Stammaktien umzutauschen sind (z.B. Pflichtwandelanleihen), gemäß IAS 33.23 bereits mit ihrer Ausgabe als Stammaktien zu behandeln. Auch wenn IAS 33.23 hierzu keine weiteren Informationen enthält, ist wohl davon auszugehen, dass für die unterstellte Umwandlung die später noch zu erläuternde if-converted method ggf. in Verbindung mit der treasury stock method (bei Zuzahlungen im Umtauschfall) anzuwenden ist.

Gratisaktien, Aktiensplits und Bezugsrechte

Was ist mit Aktien, die ohne oder ohne angemessen hohen Ressourcenfluss ausgegeben oder eingezogen werden? Beispiele hierfür können Gratisaktien, Aktiensplits oder Bezugsrechte sein. In diesem Fall erhöht sich die Aktienanzahl des Unternehmens, ohne dass dem Unternehmen in vollem Umfang Kapital zufließt. Im extremen Fall von Gratisaktien ist es somit unsinnig, diese mit dem Zeitraum ihrer Existenz zu gewichten. Deswegen werden sie nach IAS 33.28 so behandelt, als ob sie schon immer ausgegeben waren. Die Ergebnis-je-Aktie-Zahlen der Vorperioden sind entsprechend anzupassen. Etwas anders stellt sich die Situation bei Bezugsrechten dar. Hier leistet der Inhaber regelmäßig eine Zuzahlung, um die neuen Stammaktien zu erhalten. Häufig enthalten Bezugsrechte jedoch ein Bonuselement für Altaktionäre, da die Zuzahlung unter dem Marktwert der Stammaktien liegt. Somit entspricht der aus der Ausgabe resultierende Kapitalzufluss nicht dem am freien Markt erzielbaren Zufluss. Gemäß IAS 33.A2 sind solche Aktien rechnerisch in Gratisaktien und Aktien, die zum

Marktwert ausgegeben wurden, aufzuteilen und entsprechend im Nenner zu berücksichtigen.

Beispiel 28.6

Ein Unternehmen, dessen 1.000 ausstehende Aktien einen Kurswert von 110 € je Aktie besitzen, gibt neue Aktien mit einem Bezugsrecht für Altaktionäre heraus. 5 alte Aktien berechtigen zum Bezug einer neuen Aktie zum Bezugskurs von 50 €. Diese neuen Aktien werden somit deutlich unter dem Marktwert ausgegeben, das Bezugsrecht enthält also ein Gratiselement. Das Bezugsrecht für die neuen Aktien läuft am 01.07. aus, die Bezugsrechte sind handelbar. Um zu ermitteln, wie hoch das Gratiselement der Bezugsrechte ist, muss zunächst der rechnerische Kurs zum 01.07. nach Ausübung sämtlicher Bezugsrechte ermittelt werden:

Kurs nach Bezugsrecht = (1.000 Aktien · 110 €/Aktie + 200 Aktien · 50 €/Aktie)/1.200 Aktien = 100 €/Aktie

Daraus folgt, dass der Gratiseffekt genau einer Ausgabe von 100 Gratisaktien entspricht, denn dies würde den Kurs der Aktien ebenfalls auf 100 €/Aktie senken (110.000 €/1.100 Aktien = 100 €/Aktie). Die restlichen 100 Aktien gelten demnach als zu marktgerechten Konditionen ausgegeben und müssen zeitanteilig berücksichtigt werden. Da die „Gratisaktien" hingegen so zu behandeln sind, als ob sie schon immer ausstünden, ergibt sich die Aktienanzahl zur Ermittlung des unverwässerten Ergebnisses als:

Aktienanzahl = (1.000 Aktien + 100 „Gratisaktien") · 6/12 + (1.000 Aktien + 100 „Gratisaktien" + 100 Aktien) · 6/12 = 1.150 Aktien

4 Verwässertes Ergebnis je Aktie

4.1 Ermittlung des Ergebnisses

Während in der Berichtsperiode neu ausgegebene Aktien in dem unverwässerten EPS zeitanteilig erfasst werden, versucht das verwässerte EPS, bereits in der laufenden Periode vertraglich zugesicherte künftige Aktien zu berücksichtigen. Damit entspricht das verwässerte EPS einer „Was wäre wenn"-Rechnung: Wie hoch wäre das EPS, wenn alle Verträge, die Externen die Möglichkeit auf Aktien des Unternehmens einräumen, tatsächlich am Periodenbeginn ausgeübt worden wären? Dies wird jedoch nur bei denjenigen potenziellen Stammaktien angenommen, die verwässernd wirken, d.h. einen unverwässerten Gewinn (Verlust) je Aktie verringern (erhöhen). Somit beantwortet das verwässerte EPS genau genommen die Frage: Wie hoch wäre das EPS im *ungünstigsten Fall*, wenn Externe ihre Rechte auf Stammaktien wahrgenommen hätten?

If-converted method

Der Idee der „Was wäre wenn"-Rechnung folgend muss grundsätzlich nicht nur die Aktienanzahl, sondern auch der Gewinn oder Verlust angepasst werden, was international als if-converted method bezeichnet wird. Schließlich kann der Umtausch von potenziellen Stammaktien dazu führen, dass Aufwendungen wegfallen oder Erträge entstehen. Diese Effekte wirken der Verwässerung entgegen. Wenn z.B. eine Wandelschuldverschreibung in eine Stammaktie umgewandelt wird, dann vergrößert sich zwar die Aktienanzahl, gleichzeitig sinken aber auch die Aufwendungen, da keine Zinszahlungen an den Inhaber mehr zu leisten sind. Dementsprechend sind diese Zinsaufwendungen bei der Berechnung des verwässerten EPS zum Zähler hinzuzuaddieren (IAS 33.33(b)). Des Weiteren werden für potenzielle Stammaktien eventuell bislang Dividendenzahlungen (z.B. bei limitierten Vorzugsaktien) im Rahmen der Gewinnverwendung fällig, die für die Ermittlung des unverwässerten EPS vom Ergebnis abzuziehen sind. Solche Dividendenzahlungen sind dann Bestandteil des verwässerten Ergebnisses (IAS 33.33(a)). Schließlich können sich aus den genannten Ergebniskorrekturen indirekt noch weitere Anpassungsschritte ergeben (IAS 33.33(c)): So führt der Wegfall von Zinszahlungen zu einem höheren Ergebnis, woraus wiederum höhere gewinnbasierte Personalaufwendungen resultieren können. Dieser indirekte Effekt, der den Anstieg des Zählers abschwächt, ist bei der Berechnung des verwässerten EPS zu berücksichtigen (IAS 33.35). Sämtliche Ergebniskorrekturen sind gemäß IAS 33.33 nach zurechenbaren Steuern durchzuführen. Das folgende Beispiel verdeutlicht dies für Wandelschuldverschreibungen (WSV).

Beispiel 28.7

Ein Unternehmen hat WSV in Höhe von 10 Mio. € zu einem Zins von 2 % herausgegeben. Diese Wandelschuldverschreibungen sind in Stammaktien wandelbar. Der Gewinn nach Steuern beträgt 1 Mio. €. Der Steuersatz auf das Zinsergebnis beträgt 30 %. Wie hoch ist der verwässerte Gewinn?

Lösung

Um den Effekt der Wandlung auf das Ergebnis darzustellen, muss der Zinsaufwand für die WSV ermittelt werden. Er ergibt sich zu:

Zinsaufwand vor Steuern: 10 Mio. € · 0,02 = 200 T€
Zinsaufwand nach Steuern: 200 T€ · (1 - 0,3) = 140 T€

Diese 140 T€ würden den Gewinn oder Verlust erhöhen, wenn die WSV in Stammaktien gewandelt würden. Somit beträgt der korrigierte verwässerte Gewinn 1.140 T€.

4.2 Ermittlung der Aktienanzahl

Korrektur der Aktienanzahl

Potenzielle Stammaktien sind dadurch gekennzeichnet, dass eine Umtauschmöglichkeit in Stammaktien besteht. Dass der Umtausch noch nicht stattgefunden hat, kann an unterschiedlichen Gründen liegen:

- Der Umtausch ist erst in einem bestimmten Zeitraum möglich, der noch nicht begonnen hat.
- Der Umtausch wäre zwar möglich, erscheint aber dem Inhaber nicht sinnvoll, z.B. bei Kaufoptionen, deren Ausübungskurs über dem momentanen Marktpreis liegt.
- Der Umtausch ist von bestimmten Bedingungen abhängig, die noch nicht gegeben sind, wie z.B. bei Aktienoptionen des Managements, die nur ausübbar werden, wenn bestimmte Gewinnziele erreicht werden.

Damit potenzielle Stammaktien in das verwässerte EPS einbezogen werden, muss es sich bei diesen um verwässernde potenzielle Stammaktien handeln (IAS 33.41). Dies ist dann gegeben, wenn die Umwandlung in eine Stammaktie zu einem im Vergleich mit dem unverwässerten EPS niedrigeren verwässerten EPS aus fortzuführendem Geschäft führt (IAS 33.42). Andernfalls wären diese Aktien bei der Berechnung des verwässerten EPS nicht zu berücksichtigen. Damit ist per Definition ausgeschlossen, dass das verwässerte Ergebnis das unverwässerte übersteigen kann.

Ereignisse im Verlauf der Berichtsperiode

Grundsätzlich wird beim verwässerten EPS die Ausübung verwässernd wirkender potenzieller Stammaktien bereits zum Periodenbeginn unterstellt. Wie bei Stammaktien kann jedoch auch bei potenziellen Stammaktien die Anzahl unterjährig schwanken. So können während der Berichtsperiode neue potenzielle Stammaktien entstehen, alte können verfallen oder ausgeübt werden. Wie sind diese unterjährigen Ereignisse abzubilden? IAS 33.36 i.V.m. 33.38 gibt die Antwort: Potenzielle Aktien, die während der Berichtsperiode neu emittiert wurden, werden anteilig gewichtet. Wenn potenzielle Stammaktien im Laufe der Periode verfallen, sind sie ebenfalls anteilig zu gewichten. Gleiches gilt, falls potenzielle Stammaktien in der Periode ausgeübt wurden. In diesem Fall beeinflussen sie ab dem Ausübungszeitpunkt gleichzeitig auch das unverwässerte EPS.

Bedingt emissionsfähige Aktien und bedingt emissionsfähige potenzielle Aktien

Optionen sind grundsätzlich ab dem Ausgabezeitpunkt (grant date) als ausstehend anzusehen, auch wenn sie ggf. erst nach Ablauf einer Anwartschaft (vesting period) ausgeübt werden können (IAS 33.48). Ist die Aktienausgabe jedoch von bestimmten Situationen, wie z.B. von der Höhe des Gewinns oder Verlusts, abhängig, so sind diese bedingt emissionsfähigen Aktien in die verwässerte EPS-Rechnung einzubeziehen, wenn diese Bedingungen eingetreten sind. Im Gegensatz zur Berechnung der unverwässerten EPS werden bedingt emissionsfähige Aktien dann jedoch bereits ab Periodenbeginn bzw. (falls später) ab dem Zeitpunkt als ausstehend angesehen, an dem die Vereinbarung getroffen wurde (IAS 33.52). Sind stichtagsübergreifende Bedingungen vereinbart, so sind die bedingt emissionsfähigen Aktien nur insoweit zu berücksichtigen, wie sie auszugeben wären, wenn lediglich die bis zum Periodenende erfüllten Bedingungen berücksichtigt werden (IAS 33.53). Wurden z.B. dem Management unter der Bedingung, dass es innerhalb des abgelaufenen und der folgenden zwei Jahre das Ergebnis um insgesamt 30 % verbessert, Aktien zugesprochen, wären diese also nur dann für die abgelaufene Periode im Nenner zu berücksichtigen, wenn bereits im abgelaufenen Geschäftsjahr eine Ergebnisverbesserung von 30 % erzielt wurde.

Die Regelungen für bedingt emissionsfähige Aktien gelten analog für bedingt emissionsfähige potenzielle Aktien, wie z.B. bedingte Optionen (IAS 33.57).

Sonderfälle

Falls für den Umtausch unterschiedliche Alternativen bestehen, so sind jeweils die für den Inhaber der potenziellen Stammaktien günstigsten Konditionen anzunehmen (IAS 33.39). Falls ein Tochterunternehmen des Konzerns Verträge abschließt, die wahlweise mit Aktien des Tochterunternehmens oder mit Aktien des Mutterunternehmens bedient werden können, so ist dieser Vertrag gemäß IAS 33.40 als potenziell verwässernd anzusehen.

Aus einem Vertrag, der wahlweise mit Aktien oder mit sonstigen Finanzinstrumenten (i.d.R. Geld) bedient werden kann, resultieren gemäß IAS 33.58 in jedem Fall potenzielle Stammaktien, wenn das Unternehmen das Recht hat, darüber zu entscheiden, ob es den Vertrag mit Aktien oder sonstigen Finanzinstrumenten bedient. Liegt das Recht bei der Vertragsgegenseite, so ist gemäß IAS 33.60 jeweils die Möglichkeit zu wählen, die zu einer stärkeren Verwässerung führt. Als Beispiel für einen solchen Vertrag wäre eine Wandelschuldverschreibung zu nennen, bei der entweder das Unternehmen oder der Kapitalgeber bestimmen können, ob die Schuld in Aktien oder in liquiden Mitteln beglichen werden soll (cash-settlement option). Solche Verträge werden regelmäßig gemäß IAS 32.21 i.V.m. IAS 39.9 beim Emittenten als Schuld GuV-wirksam zum Fair Value bilanziert. Da bei einer unterstellten Wandlung bzw. Ausübung des Instruments zum Periodenbeginn die Schuld eliminiert worden wäre und somit keine Schwankungen des Fair Value erfasst worden wären, ist das Ergebnis bei der Berechnung des verwässerten EPS um diese Beträge anzupassen (IAS 33.59).

treasury stock method

Während bei der Berechnung des verwässerten EPS nach IAS 33 grundsätzlich die if-converted method Anwendung findet, ist ein solches Vorgehen bei Optionen und Optionsscheinen ohne weiteres nicht möglich. So fließt dem Unternehmen bei Optionsausübung i.d.R. zusätzliche Liquidität in Höhe des Bezugspreises zu. Bei unterstellter Ausübung zum Periodenbeginn hätte das Unternehmen diese liquiden Mittel einsetzen und darauf ein zusätzliches Ergebnis erzielen können. Um gemäß der if-converted method neben der Aktienanzahl auch den Gewinn oder Verlust anpassen zu können, müssten explizite Annahmen über die Nachsteuerverzinsung der zusätzlichen Eigenkapitalmittel getroffen und die damit verbundenen Auswirkungen auf den Gewinn oder Verlust ermittelt werden. Bei der nach IAS 33.45 für Optionen, Optionsscheine und Äquivalente vorgeschriebenen „treasury stock method" wird diese Problematik umgangen. Sie basiert auf der Annahme, dass sämtliche durch die fiktive Optionsausübung eingezahlten Mittel zum Rückkauf eigener Aktien eingesetzt worden wären. Im Gegensatz zur if-converted method werden die der Verwässerung entgegenwirkenden Effekte demnach nicht durch eine Erhöhung des Gewinns oder Verlusts im Zähler, sondern durch einen verminderten Anstieg des Nenners erfasst. Damit wirken nur solche Optionen verwässernd, deren Ausübungskurs unter dem für den Rückkauf der Aktien angenommenen Kurs liegt. Darin spiegelt sich die der treasury stock method zugrundeliegende Prämisse einer konstanten durchschnittlichen Nachsteuerverzinsung auf das Eigenkapital implizit wider. Als Rückkaufkurs wird gemäß IAS 33.45 i.V.m. 33.A4-A5 der durchschnittliche Marktwert der Stammaktien während der Berichtsperiode definiert.

Beispiel 28.8

1.000 Optionen stehen aus, ihr Ausübungskurs liegt bei 12 €, der durchschnittliche Aktienkurs innerhalb der Berichtsperiode lag bei 15 €.

Durch den Umtausch würde das Unternehmen 12 T€ einnehmen. Diese 12 T€ entsprächen einer Ausgabe von 800 Aktien zum durchschnittlichen Marktwert. Mit anderen Worten: Diese 800 Aktien könnte das Unternehmen direkt wieder zurückkaufen. Die restlichen 200 potenziellen Stammaktien werden wie Gratisaktien behandelt und verwässern damit das EPS.

Besonderheiten bei Mitarbeiteroptionen

Werden Aktienoptionen im Rahmen der Mitarbeiterentlohnung als Entgelt für Arbeitsleistungen ausgegeben, so ist nach IFRS 2 deren beizulegender Zeitwert über die Perioden des Anspruchserwerbs als Aufwand zu erfassen (vgl. Kapitel 18). Dieser Aufwand wird, insofern er zum Abschlusszeitpunkt noch nicht erfasst wurde, nach IAS 33.47A wie eine einmalige Zuzahlung gemäß der treasury stock method behandelt und somit antiverwässernd berücksichtigt. Hierdurch kommt zum Ausdruck, dass der Optionshalter neben der Zuzahlung noch weitere Gegenleistungen erbringen muss, um die Aktie zu erwerben. Wenn also gemäß IAS 33.48 Aktien aus Mitarbeiteroptionen trotz einer Sperrfrist bereits zum Ausgabezeitpunkt innerhalb der verwässerten EPS voll zu erfassen sind, muss gleichzeitig auch die den Aktien entgegenstehende Arbeitsleistung voll berücksichtigt werden.

Reverse treasury stock method

Bislang wurde im Zusammenhang mit Aktienoptionen stets vom Fall der Call-Option mit dem Unternehmen als Stillhalter ausgegangen. Dies bedeutet, dass ein Außenstehender die Option hat, Aktien des Unternehmens zu beziehen. Wie ist jedoch vorzugehen, wenn ein Unternehmen Optionen ausstehen hat, die den Halter ermächtigen, Aktien an das Unternehmen zu einem bestimmten Preis zu *verkaufen*? Put-Optionen und vergleichbare Verträge wirken dann verwässernd, wenn der Ausübungskurs über dem durchschnittlichen Marktpreis liegt, das Unternehmen also mehr als den Marktpreis für die Aktien bezahlen muss. Der Verwässerungseffekt wird in solchen Fällen mittels der reverse treasury stock method erfasst. Hierbei wird berechnet, wie viele neue Aktien das Unternehmen ausgeben müsste, um die Rücknahme der Aktien im Rahmen der ausgeübten Put-Optionen finanzieren zu können (IAS 33.63).

Beispiel 28.9

Es stehen 200 Put-Optionen mit einem Bezugsverhältnis von 1:1 (Option zu Aktie) aus. Der Ausübungskurs beträgt 50 €. Der durchschnittliche Marktpreis der zugrundeliegenden Aktien lag bei 40 €.

Übt der Optionshalter sein Verkaufsrecht aus, müsste das Unternehmen 10.000 € (50 € · 200) aufbringen, um die Aktien zurückzukaufen. Um diesen Betrag zu finanzieren, müssten theoretisch 250 neue Aktien zum durchschnittlichen Aktienkurs ausgegeben werden (10.000 € / 40 €). Letztlich würden somit bei unterstellter Ausübung der Put-Option zwar 200 Aktien eingezogen. Gleichzeitig würde das Unternehmen jedoch 250 neue Aktien ausgegeben müssen, so dass sich der Nenner des verwässerten EPS im Saldo um 50 Aktien erhöht.

Besonderheiten bei Zwischenberichten

Wenn ein Unternehmen neben der Jahresberichterstattung auch Zwischenberichte veröffentlicht, dann erscheint es fraglich, ob im Rahmen der Jahresberichterstattung oder im Rahmen der zu den Zwischenberichten gehörenden Berichtsperiode vom Jahresbeginn bis zum aktuellen Quartalsende auf die bereits bestimmten Mengen der potenziellen Stammaktien für die abgeschlossenen Quartale zurückgegriffen werden sollte. So wäre es denkbar, die in jedem Quartal angenommenen potenziellen Stammaktien zu gewichten, um so zu der Anzahl der ausstehenden potenziellen Stammaktien für die übergreifende Berichtsperiode zu kommen. Dieser Vorgehensweise folgt der US-amerikanische SFAS 128 zur EPS-Ermittlung. Abweichend dazu fordert IAS 33.37, für jede Berichtsperiode die Anzahl der potenziellen Stammaktien neu festzusetzen. Nur so kann sichergestellt werden, dass die Anzahl der potenziellen Stammaktien nicht von der auf nationalen Rahmenbedingungen beruhenden Zwischenberichtsdichte abhängt (IAS 33.BC10-BC14).

Ermittlung der maximalen Verwässerung

Ziel des verwässerten EPS ist es, dem Bilanzleser die maximal mögliche Verwässerung aufzuzeigen. Wenn mehrere Arten von potenziellen Stammaktien ausstehen, kann die Reihenfolge der Einbeziehung wesentlich sein. Daher ist bei mehreren Arten potenzieller Stammaktien zunächst die mit dem höchsten Verwässerungseffekt einzubeziehen. Falls die Einbeziehung einer weiteren, weniger verwässernd wirkenden Kategorie den Verwässerungseffekt insgesamt verringern würde, sind diese potenziellen Stammaktien aus der Berechnung auszuschließen, auch wenn sich im Vergleich zum ursprünglichen unverwässerten EPS ein Verwässerungseffekt ergeben hätte (IAS 33.44). Das folgende Beispiel soll dies verdeutlichen.

Beispiel 28.10

Ein Unternehmen hat ein den Stammaktionären zurechenbares Ergebnis (nach Vorzugsaktiendividenden) von 15 Mio. € erwirtschaftet, 10 Mio. Stammaktien stehen aus. Weiterhin hat das Unternehmen zwei Arten von potenziellen Stammaktien ausstehen:

- Eine Wandelschuldverschreibung (WSV) mit einem Nennwert von 10 Mio. €, die in 1 Mio. Stammaktien wandelbar ist. Der Zinssatz für die Wandelschuldverschreibung beträgt 4,5 %, der Steuersatz liegt bei 30 %.

- 1 Mio. limitierte Vorzugsaktien (VzA) mit einem festen Dividendenanspruch von 1,45 €/Aktie pro Berichtsperiode. Die Vorzugsaktien sind 1:1 in Stammaktien wandelbar.

Lösung

Auf Basis der Daten beträgt das unverwässerte EPS (EPS_{UV}):

$$EPS_{UV} = 15 \text{ Mio. €} / 10 \text{ Mio. Aktien} = 1{,}5 \text{ €/Aktie.}$$

Um zu entscheiden, in welcher Reihenfolge die Verwässerungen zu berücksichtigen sind, ist zunächst der jeweilige Ergebniseffekt des Umtauschs zu ermitteln: Wenn die Wandelschuldverschreibungen gewandelt werden, steigt der Nachsteuer-Gewinn (ΔGE_{WSV}) um

$$\Delta GE_{WSV} = 10 \text{ Mio. €} \cdot 0{,}045 \cdot (1 - 0{,}3) = 0{,}315 \text{ Mio. €.}$$

Wenn die Vorzugsaktien getauscht werden, entfallen jährlich Dividendenzahlungen in Höhe von ΔGE_{VzA} = 1,45 Mio. €. Es wird deutlich, dass der Verwässerungseffekt der Vorzugsaktien schwächer ist: Beide potenziellen Aktiengruppen erhöhen im Umtauschfall die Aktienzahl um 1 Mio., aber die Vorzugsaktien erhöhen den Gewinn, der den Stammaktien zusteht, wesentlich stärker. Deswegen wird zuerst die Verwässerung der Wandelschuldverschreibung erfasst:

Das verwässerte EPS beträgt nach Einbeziehung der Wandelschuldverschreibung ($EPS_{V,WSV}$):

$$EPS_{V,WSV} = (15 \text{ Mio. €} + 0{,}315 \text{ Mio. €}) / 11 \text{ Mio. Aktien} = 1{,}39 \text{ €/Aktie.}$$

Wenn nun in einem zweiten Schritt die Vorzugsaktien berücksichtigt werden, so ergibt sich folgendes EPS ($EPS_{V,WSV,VzA}$):

$$EPS_{V,WSV,VzA} = (15{,}315 \text{ Mio. €} + 1{,}45 \text{ Mio. €}) / 12 \text{ Mio. Aktien} = 1{,}40 \text{ €/Aktie.}$$

Das maximal verwässerte EPS beträgt damit 1,39 €/Aktie. Obwohl der Umtausch der Vorzugsaktien für sich genommen verwässernd wirken würde, wird er also bei der Ermittlung des verwässerten EPS nicht mit einbezogen, da er nicht zur maximalen Verwässerung führt.

Um die Reihenfolge der Einbeziehung zu ermitteln, muss also die Beeinflussung der Ergebnisgröße durch die unterschiedlichen potenziellen Stammaktien ermittelt werden. Nach IAS 33.41 hat dies anhand des dem Mutterunternehmen zustehenden Gewinns oder Verlusts aus fortgeführter Geschäftstätigkeit zu erfolgen.

Exkurs

Geplante Änderungen durch den Exposure Draft „Simplifying Earnings per Share – Proposed amendments to IAS 33“

Der als zwischenzeitliches Ergebnis des Konvergenzprojekts zwischen IASB und FASB im August 2008 veröffentlichte Standardentwurf enthält neben Klarstellungen primär Änderungsvorschläge zu Spezialfällen und Detailfragen. Insbesondere folgende Punkte betreffen die Berechnung des unverwässerten EPS[4]:

- Wandlungspflichtige Instrumente sind ab dem tatsächlichen Wandlungszeitpunkt und nicht bereits zum Ausgabezeitpunkt als Aktien zu behandeln.
- Bedingt emissionsfähige Aktien sollen erst ab dem Zeitpunkt in der durchschnittlichen Aktienanzahl berücksichtigt werden, ab dem der Halter die Fähigkeit erlangt, Aktionär zu werden. Im Gegensatz zur bisherigen Regelung, wonach auf den Zeitpunkt der Bedingungserfüllung abzustellen ist, würden diese Instrumente somit tendenziell später im Nenner berücksichtigt.
- Put-Optionen und ähnliche Verträge, bei denen das Unternehmen Stillhalter ist, wären bei der Berechnung des unverwässerten EPS als ausgeübt anzusehen und somit nicht wie bislang allein bei der Berechnung des verwässerten EPS zu berücksichtigen.

Für die Berechnung des verwässerten EPS werden zwei wesentliche Änderungen vorgeschlagen:

- Bei der treasury stock method soll anstelle des Durchschnittskurses der Stichtagskurs zum Periodenende herangezogen werden.
- Potenzielle Stammaktien, die als Fremdkapital GuV-wirksam zum beizulegenden Zeitwert bilanziert werden, sind bei der Berechnung des verwässerten EPS nicht zu berücksichtigen. In diese Kategorie fallen z.B. Optionen, die das Wahlrecht einräumen, den Vertrag entweder in Aktien oder bar zu erfüllen. Aktuell gelten hier spezielle Regelungen in Abhängigkeit davon, ob das Wahlrecht beim Emittenten oder beim Inhaber liegt.

Wann der geänderte IAS 33 veröffentlicht wird, ist derzeit jedoch nicht abzusehen: Nach Sichtung der eingegangenen Stellungnahmen entschied das IASB im April 2009 angesichts dringenderer Projekte die weiteren Beratungen auf unbestimmte Zeit zu verschieben.

---

4 Für eine ausführliche Darstellung vgl. u.a. *Pellens,B./Gronewold,U./Strzyz, A.*, Geplante Neuerungen für das Ergebnis je Aktie nach IAS 33 – eine kritische Würdigung unter Berücksichtigung der eingegangenen Stellungnahmen, in: WpG, 63. Jg. (2010), S. 145-154.

5 Ausweis und Angabepflichten

Anpassung der EPS-Zahlen von Vorperioden

EPS-Kennziffern sind für jede Periode zu veröffentlichen, für die auch Gewinn- und Verlustrechnungsdaten veröffentlicht werden. Grundsätzlich sind Vorjahresdaten nicht anzupassen, es sei denn:

- Die Aktienanzahl hat sich ohne Ressourcenauswirkung geändert, wie z.B. bei Gratisaktien, Aktiensplits oder bei einer Kapitalzusammenlegung.
- Auswirkungen von IAS 8 hinsichtlich grundlegender Fehler oder Änderungen der Bilanzierungs- und Bewertungsmethoden machen eine Korrektur notwendig.

Im ersten Fall hat die Anpassung auch zu erfolgen, wenn die Aktienänderung nach Periodenende aber vor Veröffentlichung erfolgt ist. Für andere Ereignisse, die nach dem Bilanzstichtag den Umfang der Stammaktien oder potenziellen Stammaktien beeinflussen, wird in IAS 33.70(d) eine offenlegende Beschreibung verlangt. Es ist allerdings nicht zulässig, aufgrund solcher Informationen die Ergebnis-je-Aktie-Kennziffern der abgelaufenen Periode anzupassen.

Ausweis, gleichrangige Präsentation von verwässerten und unverwässerten EPS

Die EPS-Kennzahlen sind zusammen mit der Gewinn- und Verlustrechnung zu veröffentlichen. Folgendes ist dabei besonders zu beachten:

- Das verwässerte und das unverwässerte EPS sind gleichrangig innerhalb der Gesamtergebnisrechnung zu präsentieren. Sofern das Unternehmen die Bestandteile des Gewinns oder Verlusts im Sinne von IAS 1.81 separat vom übrigen Gesamtergebnis darstellt, so sollen die EPS-Kennzahlen im erstgenannten Rechenwerk ausgewiesen werden (IAS 33.66-67A).
- Die EPS sind auf Basis des dem Mutterunternehmen zustehenden Ergebnisses aus fortlaufender Geschäftstätigkeit (continuing operations) auszuweisen. Falls das Unternehmen die Aufgabe eines Geschäftsbereiches (i.S.v. IFRS 5) meldet, dann ist das EPS für den aufgegebenen Geschäftsbereich entweder in der Gesamtergebnisrechnung oder im Anhang auszuweisen (IAS 33.66-68).
- Falls ein Unternehmen über mehrere Arten von Stammaktien verfügt, muss der Ausweis für jede Art getrennt erfolgen (IAS 33.66).
- Die Kennzahlen sind auch zu veröffentlichen, wenn sie negativ sind (IAS 33.69).
- Sowohl die Zählergrößen als auch die Nennergrößen aller Kennziffern sind auf die sonstigen Abschlussdaten wie den Gewinn oder Verlust oder die veröffentlichte Aktienanzahl je Aktiengattung überzuleiten (IAS 33.70(a)-(c)).
- Potenzielle Stammaktien, die nicht in die Berechnung des verwässerten EPS einbezogen wurden, da sie nicht als verwässernd anzusehen waren, sind anzugeben.

Ein Unternehmen, das neben den Pflichtangaben weitere Ergebnis-je-Aktie-Kennzahlen veröffentlichen möchte (z.B. Gesamtergebnis je Aktie), hat die Nennergrößen in Einklang mit den Regelungen des IAS 33 zu ermitteln. Diese dürfen jedoch lediglich im Anhang ausgewiesen werden. Des Weiteren muss eine Überleitungsrechnung die Herkunft der freiwillig verwendeten Ergebnisgröße transparent machen (IAS 33.73).

6 Wesentliche Unterschiede zum IFRS for SMEs

Keine Pflicht für SMEs

Bereits im Kontext der „full" IFRS müssen gemäß IAS 33.2 nur die Unternehmen EPS-Kennzahlen veröffentlichen, deren Eigenkapitalanteile aktuell oder in Kürze öffentlich gehandelt werden. Da der IFRS-SME per Definition auf nicht-kapitalmarktorientierte Unternehmen ausgerichtet ist, verwundert es also nicht, dass eine Berechnung und Veröffentlichung von EPS hier explizit nicht gefordert wird (IFRS-SME.3.25). Sofern ein Unternehmen jedoch freiwillig EPS-Informationen veröffentlicht, hat es die Grundsätze zu beschreiben, nach denen diese berechnet und dargestellt wurden.

7 Wesentliche Unterschiede zum HGB

Keine verbindlichen Rechtsvorschriften

Außerhalb der IFRS-Rechnungslegung ist die Ermittlung und Veröffentlichung von EPS in Deutschland (z.B. innerhalb des HGB) gesetzlich nicht vorgeschrieben. Seit 1991 existiert lediglich eine von der DVFA gemeinsam mit der Schmalenbach-Gesellschaft (SG) erstellte Empfehlung zur Ermittlung eines EPS nach DVFA/SG[5]. Seit Inkrafttreten der IAS-VO in der EU ist das EPS nach DVFA/SG für die Berichterstattung deutscher Unternehmen kaum noch relevant.

8 Wesentliche Unterschiede zu US-GAAP

Keine wesentlichen Unterschiede; Angleichungen im Detail durch das Short Term Convergence Project

Da SFAS 128 / ASC 260 „Earnings per Share" gemeinsam mit IAS 33 entwickelt wurde, gibt es kaum wesentliche Unterschiede zwischen den beiden Standards. Neben dem bereits dargestellten Unterschied im Rahmen der Einbeziehung von Zwischenberichten in die Ermittlung der potenziellen Stammaktienanzahl soll als weiteres Beispiel für die nur im Detail liegenden Unterschiede das unterschiedliche Vorgehen bei Verträgen angeführt werden, bei denen der Emittent bestimmen darf, ob er sie durch Stammaktien oder durch sonstige Finanzinstrumente erfüllt. In solchen häufig im Rahmen der aktienbasierten Mitarbeiterentlohnung entstehenden Wahlrechten überlässt SFAS 128 / ASC 260 letztlich dem bilanzierenden Unternehmen die Möglichkeit, unter Rückgriff auf ähnliche vergangene Transaktionen darüber zu entscheiden, ob es von einer Erfüllung durch Aktien oder von einer Erfüllung durch sonstige Finanzinstrumente ausgeht. Wie oben erläutert, fordert IAS 33 hier in jedem Fall die Erfassung als potenzielle Stammaktie. Die oben dargestellten Änderungsvorschläge des ED IAS 33 würden die wenigen Unterschiede zwischen US-GAAP und IFRS eliminieren.

---

5 Vgl. *Busse von Colbe, W. et al. (Hrsg.)*, Ergebnis je Aktie nach DVFA/SG – gemeinsame Empfehlung, 3. Aufl., Stuttgart 2000.

Ausgewählte Literatur

Glieder, H., Geldflußrechnung, Segmentberichterstattung und Gewinn je Aktie: US-GAAP, IAS und HGB im Vergleich, Hamburg 1998.

Löw, E./Roggenbuck, H., Earnings per Share für Banken – nach IAS und DVFA, in: DBW, 58. Jg. (1998), S. 659-671.

Pellens, B./Neuhaus, S./Nölte, U., Konzernergebnis und Earnings per Share, in: Jander, H./Krey, A. (Hrsg.), Betriebliches Rechnungswesen und Controlling im Spannungsfeld von Theorie und Praxis – Festschrift für Prof. Dr. Jürgen Graßhoff zum 65. Geburtstag, Hamburg 2004, S. 31-53.

Pellens, B./Gronewold, U./Strzyz, A., Geplante Neuerungen für das Ergebnis je Aktie nach IAS 33 – eine kritische Würdigung unter Berücksichtigung der eingegangenen Stellungnahmen, in: WpG, 63. Jg. (2010), S. 145-154.

Übungsaufgaben

Aufgabe 1:

Die nach IFRS bilanzierende Monkey-Island AG hat am 01.07.2010 eine ordentliche Kapitalerhöhung durchgeführt und 20.000 neue Aktien emittiert. Bereits vor einigen Jahren hatte die Monkey-Island AG im Zuge einer bedingten Kapitalerhöhung eine Wandelschuldverschreibung emittiert, die ein Umtauschrecht in Aktien verbrieft. Der dreiköpfige Vorstand der Monkey-Island AG interessiert sich nun für die Auswirkung dieser Emissionen auf die EPS-Kennziffern des Unternehmens für 2010.

a) Erläutern Sie kurz, was unter einer Verwässerung zu verstehen ist.
b) Berechnen Sie anhand der aufgeführten Angaben (s. Tabelle auf der nächsten Seite) das unverwässerte EPS und das verwässerte EPS für 2010.

Jahresüberschuss der Monkey-Island AG vor Steuern nach Steuern (Steuersatz 30 %)	 5 Mio. € 3,5 Mio. €
Aktienzahl zum 01.01.2010 ordentliche Kapitalerhöhung gegen Einlagen zum damaligen Börsenwert am 01.07.2010	100.000 Stück 20.000 Stück
Durchschnittlicher Marktwert der Aktien in 2010	160 Euro
Wandelschuldverschreibung (WSV) Volumen Verzinsung Wandlungsverhältnis (WSV in Aktien) Wandlungsfrist	 10.000 Stück zu 1.000 € 10 % 1:10 ab 01.01.2012

Aufgabe 2:

Unternehmen XY ist in der Schnellimbiss-Branche tätig und arbeitet mit Hilfe eines Franchisesystems, bei dem Filialen an Einzelpersonen verpachtet werden. Um die Pächter zu motivieren, selbst neue Filialen zu eröffnen, hat es diesen pro neu eröffnete Filiale 5.000 Stammaktien zugesagt. Zusätzlich erhalten sie 1.000 neue Stammaktien pro 1.000 € zusätzlichem Konzernergebnis, sobald das Konzernergebnis die Grenze von 2 Mio. € überschritten hat.

Ein Pächter eröffnete am 01.05.2010 sowie am 01.09.2010 eine neue Filiale. Der Gewinn am Ende des Jahres betrug 2,9 Mio. €. Die Anzahl der am Ende des Geschäftsjahres ausstehenden Stammaktien beträgt 1 Mio. €. Berechnen Sie das verwässerte und das unverwässerte EPS.

Aufgabe 3:

Das Unternehmen LFC-Werne AG hat im Geschäftsjahr 2010 ein Ergebnis aus fortgeführter Geschäftstätigkeit von 8,2 Mio. € erzielt.

Die LFC-Werne AG hat 1 Mio. Stammaktien sowie 400.000 wandelbare Vorzugsaktien ausstehen. Die Vorzugsaktien haben einen Nennwert von 50 € sowie einen kumulativen Dividendenanspruch in Höhe von 8 € pro Aktie. Jede Vorzugsaktie ist zu jedem Zeitpunkt gegen zwei Stammaktien wandelbar.

Zusätzlich hat das Unternehmen 50.000 Optionen mit einem Ausübungspreis von 60 € emittiert. Ebenso wurden im Rahmen der Beschaffung von Fremdkapital Wandelanleihen im Nominalwert von 50 Mio. € emittiert. Jede Anleihe hat einen Nominalwert von 1.000 € und verbrieft einen Anspruch auf 20 Stammaktien. Die Verzinsung der Aktien beträgt 5 %. Die Anleihen wurden zu pari ausgegeben und werden aktuell zu pari gehandelt. Der durchschnittliche Marktpreis pro Aktie betrug während des Geschäftsjahres 75 €. Der Steuersatz beträgt 30 %. Berechnen Sie das unverwässerte und das verwässerte EPS.

Kapitel 29
Segmentberichterstattung

Ein Blick in den Konzernabschluss der Deutsche Post DHL lässt erkennen, dass der gesamte Konzern bei einem EBIT von 231 Mio. € und einem Gesamtvermögen von 34.738 Mio. € im Geschäftsjahr 2009 eine Rendite von 0,67 % erwirtschaftet hat. Wie ist damit die Ertragssituation des Unternehmens zu beurteilen? Auf den ersten Blick erscheint diese Rendite relativ niedrig. Scheint dieser erste Eindruck auf Basis der aggregierten Daten aus Gesamtergebnisrechnung und Bilanz jedoch gerechtfertigt, obwohl der Konzern in der Wirtschaftspresse häufig „gute Noten" bekommt? Eine tiefer gehende Analyse kann aufdecken, wo die Stärken und Schwächen der Deutsche Post DHL liegen. Ein Blick in die Segmentberichterstattung gibt hier erste Antworten (vgl. Tabelle 29.1).

2009	**Brief**	**Express**	**Global Forwarding, Freight**	**Supply Chain**	**Corporate Center / Anderes**
EBIT (in Mio. €)	1.383	-807	191	-208	-328
Segmentvermögen (in Mio. €)	3.551	8.428	6.541	5.815	1.271
Rendite	38,95 %	-9,58 %	2,92 %	-3,58 %	-25,81 %

Tab. 29.1: Ausschnitt aus der Segmentberichterstattung Deutsche Post DHL 2009[1]

Die Segmentberichterstattung verdeutlicht die unterschiedlichen Aktivitäten der Deutsche Post DHL mit ihren abweichenden Rentabilitäten. Es wird deutlich, dass etwa der Bereich „Brief" erheblich profitabler gearbeitet hat als das Segment „Express". Somit gibt die Segmentberichterstattung einen näheren Einblick in die Geschäftsbereiche und ökonomischen Umfelder, in denen ein Unternehmen tätig ist, und deckt auf, in welchen Bereichen eine über- und in welchen eine unterdurchschnittliche Performance erwirtschaftet wurde.

Allgemein lässt sich damit festhalten, dass Segmentdaten detaillierte Informationen über die Vermögens-, Finanz- und Ertragslage sowie über die Ausrichtung eines aus mehreren Teilen bestehenden Unternehmens liefern. Insbesondere bei diversifizierten, international tätigen Unternehmen erhalten die Abschlussadressaten über die Segmentberichterstattung tiefere Einblicke in die unterschiedlichen Aktivitäten des Unternehmens, wodurch ihnen wertvolle Informationen zur Abschätzung der künftigen Unternehmensentwicklung bereitgestellt werden.

Die Segmentberichterstattung wird seit 2009 durch IFRS 8 „Geschäftssegmente" geregelt. Durch die Abkehr von dem bis dahin geltenden IAS 14 „Seg-

1 Vgl. Geschäftsbericht 2009 der Deutsche Post DHL, S. 130.

mentberichterstattung" erfolgte zugleich eine neue Ausrichtung der Segmentberichterstattung.

Im Folgenden sollen Sie daher lernen, Lernziele

- welche Unternehmen IFRS 8 anzuwenden haben,
- welche Ziele IFRS 8 verfolgt,
- welche Regelungen IFRS 8 zur Segmentabgrenzung enthält,
- über welche Segmente zu berichten ist und
- welche Informationen für jedes Segment publiziert werden müssen.

1 Regelungsgrundlage, Anwendungsbereich und Zielsetzung

Allgemeine Definition zur Segmentberichterstattung

Die Veröffentlichung zusätzlicher Informationen zu einzelnen Teilbereichen eines Unternehmens wird allgemein – unabhängig von den konkreten Regelungen der Standardsetter – unter dem Begriff Segmentberichterstattung zusammengefasst. Ein Segment kann dabei zunächst allgemein als isolierbare Untereinheit (Produktgruppe, Geschäftszweig etc.) innerhalb einer diversifizierten Wirtschaftseinheit („Mehrbereichs"-Unternehmung, -Konzern) verstanden werden. Damit kann die Segmentberichterstattung als ein weiteres Instrument zur Veröffentlichung von Unternehmensinformationen im Rahmen der externen Berichterstattung betrachtet werden.

IFRS 8

Innerhalb der Regelungen des IASB regelt der im November 2006 veröffentlichte IFRS 8 „Geschäftssegmente" (Operating Segments) die Erstellung einer Segmentberichterstattung. Dieser Standard ist seit dem 01.01.2009 verpflichtend anzuwenden und hat somit den bis Ende 2008 geltenden IAS 14 „Segmentberichterstattung" (Segment Reporting) ersetzt. Bereits im April 2009 wurde IFRS 8 im Rahmen der jährlichen Verbesserungen an den IFRS geändert, wodurch die erforderlichen Angabepflichten klar gestellt wurden.

Anwendungsbereich

IFRS 8 gilt für die Einzel- und Konzernabschlüsse kapitalmarktorientierter Unternehmen. Nach IFRS 8.2 sind dies solche Unternehmen, deren Eigen- oder Fremdkapitaltitel an einem öffentlichen Markt gehandelt werden oder die eine entsprechende Emission vorbereiten.

Im Zuge dieser Regelungen sind zwei Besonderheiten zu beachten: Zum einen wird ein Mutterunternehmen von der Erstellung eines Segmentberichts auf Ebene des Einzelabschlusses befreit, wenn der Finanzbericht sowohl den Konzernabschluss als auch den separaten Einzelabschluss des Mutterunternehmens enthält. In diesem Fall ist die Segmentberichterstattung nur für den Konzernabschluss zu erstellen (IFRS 8.4). Möchte zum anderen ein nicht in den Anwendungsbereich von IFRS 8 fallendes Unternehmen Informationen über ein Segment offen legen, die nicht mit den Regelungen des IFRS 8 übereinstimmen, so dürfen die veröffentlichten Angaben nicht als Segmentinformationen bezeichnet werden (IFRS 8.3).

Zielsetzung: Informationsvermittlung

Eine Segmentberichterstattung soll gemäß dem in IFRS 8.1 formulierten Kerngrundsatz (core principle) den Abschlussadressaten Informationen bereitstellen, die ihnen eine Beurteilung der Art und finanziellen Auswirkungen der geschäftlichen Aktivitäten sowie des wirtschaftlichen Umfeldes, in dem das Unternehmen tätig ist, ermöglichen.

Management-Ansatz

Wesentliches Charakteristikum ist vor diesem Hintergrund der in IFRS 8 konsequent verfolgte Management-Ansatz (management approach). Dieser sieht eine Segmentberichterstattung vor, die ausschließlich an der internen Organisations- und Berichtsstruktur sowie den internen Steuerungsgrößen eines Unternehmens anknüpft. Diese Orientierung der externen Berichterstattung an intern verwendeten Steuerungs- und Berichtsgrößen zielt insbesondere auf eine Stärkung der Entscheidungsnützlichkeit der bereitgestellten Informationen ab, weil hierdurch solche Informationen kommuniziert werden, auf die sich auch das Management bei Handlungsentscheidungen und Performance-Beurteilungen stützt. Hierdurch sollen die Adressaten der Rechnungslegung in die Lage versetzt werden, das Unternehmen aus dem Blickwinkel des Managements zu betrachten.

2 Segmentabgrenzung

Geschäftssegment

Der Management-Ansatz schlägt sich einerseits in der Segmentabgrenzung nieder, die an der internen Berichtsstruktur ausgerichtet ist (IFRS 8.IN11). In diesem Sinne wird bei der Segmentabgrenzung gemäß IFRS 8.5-10 auf Geschäftssegmente abgestellt. Ein Geschäftssegment stellt dabei einen Unternehmensbestandteil dar,

- dessen Geschäftstätigkeiten Umsatzerlöse erwirtschaften sowie Aufwendungen verursachen, einschließlich Umsatzerlösen und Aufwendungen aus Geschäftsvorfällen mit anderen Bestandteilen desselben Unternehmens,
- dessen Betriebsergebnis regelmäßig von einer verantwortlichen Unternehmensinstanz bzw. dem sogenannten Hauptentscheidungsträger (chief operating decision maker) überprüft wird, um Entscheidungen über die Allokation von Ressourcen treffen und die Performance des Segments beurteilen zu können, und
- für den eigenständige Finanzinformationen verfügbar sind.

Ein Geschäftssegment liegt auch dann vor, wenn bislang noch keine Umsatzerlöse erzielt worden sind, was z.B. bei Unternehmensbereichen in der Gründungsphase (start-up operations) häufig der Fall ist (IFRS 8.5). Indes muss beachtet werden, dass nicht jeder Teilbereich eines Unternehmens zwingend als Geschäftssegment oder Teil eines Geschäftssegments im Sinne der genannten

Kriterien identifiziert werden kann. So stellen z.B. zentrale Bereiche wie die Hauptverwaltung keine Geschäftssegmente dar, da sie gewöhnlich keine eigenen Umsatzerlöse bzw. nur einen geringen Anteil der eigentlichen Umsatzerlöse erzielen. Gleiches gilt für Pläne für Leistungen nach Beendigung des Arbeitsverhältnisses, die ebenfalls keine Geschäftssegemente bilden (IFRS 8.6).

Hauptentscheidungsträger

Der in IFRS 8.5 aufgeführte Hauptentscheidungsträger ist nicht notwendigerweise ein Manager mit entsprechendem Titel, sondern bezeichnet vielmehr eine Funktion. Hierunter ist also ein Organ zu verstehen, dessen Aufgabe insbesondere in der Zuordnung segmentbezogener Ressourcen und der Beurteilung der Performance der Geschäftssegmente liegt. Als mögliche Beispiele für einen solchen Hauptentscheidungsträger nennt der Standard den Chief Executive Officer (CEO) oder den Chief Operating Officer (COO) eines Unternehmens (IFRS 8.7). Im Falle von deutschen börsennotierten Unternehmen nehmen also häufig der Vorstandsvorsitzende oder andere Mitglieder des Vorstands die Rolle des Hauptentscheidungsträgers ein[2]. Nach IFRS 8.7 kann die Aufgabe der verantwortlichen Unternehmensinstanz jedoch auch von einer Gruppe verantwortlicher Personen wahrgenommen werden.

Mehrere Berichtsstrukturen

Es ist davon auszugehen, dass anhand der in IFRS 8.5 genannten Kriterien in den meisten Unternehmen die Geschäftssegmente eindeutig identifiziert werden können (IFRS 8.8). Sind in einem Unternehmen jedoch unterschiedliche Berichtsstrukturen implementiert, so sind weitere Faktoren zur Bestimmung von Geschäftssegmenten heranzuziehen. Hierzu gehören insbesondere

- die Art der Geschäftstätigkeit der einzelnen Teilbereiche,
- die Existenz verantwortlicher Manager für die einzelnen Teilbereiche sowie
- die Ausgestaltung der an die Unternehmensleitung berichteten Informationen.

Segment-Manager

Ergeben sich bei der Segmentabgrenzung mehrere Segmentierungsmöglichkeiten, kann das Segmentmanagement nach IFRS 8.9 eine wichtige Rolle einnehmen. Grundsätzlich ist für jedes Geschäftssegment ein Segment-Manager zuständig. Er ist dem Hauptentscheidungsträger gegenüber direkt berichterstattungspflichtig und steht mit diesem regelmäßig in Kontakt, wobei ein Segment-Manager auch für mehrere Geschäftssegmente verantwortlich sein kann. Der Begriff Segment-Manager ist dabei – ähnlich wie der des Hauptentscheidungsträgers – nicht personen- oder titelbezogen, sondern funktional zu verstehen. Diese Funktion kann auch direkt von dem Hauptentscheidungsträger ausgeübt werden. Ergeben sich bei der Bestimmung eines Geschäftssegments unternehmensintern nun mehrere Segmentierungsmöglichkeiten, so ist diejenige Segmentierung als Geschäftssegment zu wählen, für die sich der Segment-Manager verantwortlich zeigt (IFRS 8.9).

Matrixorganisation

Liegen in einem Unternehmen sich überschneidende Verantwortungsbereiche vor, so scheint eine Abgrenzung der Segmente anhand der Verantwortungsbereiche der Segment-Manager nicht oder nur eingeschränkt möglich zu sein. Eine derartige Unternehmensstruktur lässt sich als Matrixorganisation bezeichnen. IFRS 8.10 verdeutlicht den Fall sich überschneidender Verantwortungsbereiche

2 Vgl. *Beine/Nardmann*, Wiley-Kommentar, Abschnitt 20, Tz. 26.

anhand von Unternehmen, in denen ein Produktmanager weltweit zuständig ist, während ein anderer Manager regionale Verantwortung trägt. In einer solchen Situation schreibt der Standard vor, die Segmentabgrenzung unter Bezug auf den in IFRS 8.1 formulierten Kerngrundsatz der Informationsvermittlung vorzunehmen.

Vergleichbarkeit von Unternehmen

Trotz einer zunehmenden Fokussierung der Informationsvermittlung ist zu konstatieren, dass die Betonung des Management-Ansatzes mit seiner Orientierung an der internen Organisations- und Berichtsstruktur eines Unternehmens grundsätzlich dazu führen kann, dass die Vergleichbarkeit von Unternehmen z.B. aufgrund unterschiedlicher Segmentabgrenzungen erschwert wird[3].

Beispiel 29.1

Die Industrieunternehmen Metall AG und Ferrum AG sind auf dem international Markt tätige Stahlproduzenten mit hohem Bekanntheitsgrad. Während die Metall AG ihre Segmente nach rechtlichen Einheiten gliedert, nimmt die Ferrum AG ihre Segmentabgrenzung nach Produktlinien vor. Die unterschiedliche Segmentabgrenzung erschwert damit eine Vergleichbarkeit der sonst relativ ähnlichen Unternehmen.

Um den Abschlussadressaten dennoch eine verbesserte Vergleichbarkeit von Unternehmen zu ermöglichen, werden die Unternehmen dazu verpflichtet, neben den segmentspezifischen Angaben auch segmentübergreifende Angaben auf Unternehmensebene zu machen (vgl. dazu Abschnitt 5.4).

3 Auswahl berichtspflichtiger Segmente

Nachdem im Rahmen der Segmentabgrenzung die Geschäftssegmente eines Unternehmens bestimmt wurden, ist in einem nächsten Schritt zu ermitteln, über welche Segmente tatsächlich zu berichten ist. Damit die Segmentberichterstattung ihre Ziele erreicht, sollen einerseits alle wesentlichen Segmente in die Segmentberichterstattung übernommen werden. Andererseits ist eine zu detaillierte Segmentierung zu vermeiden, da es ansonsten zu einer Informationsüberflutung der Abschlussadressaten kommen kann.

Berichtspflichtige Segmente

Diese gegenläufigen Anforderungen werden durch die Regelungen in IFRS 8 aufgegriffen, indem die berichtspflichtigen Segmente zu bestimmen sind. Im Sinne von IFRS 8.11 sind Segmentinformationen demnach für die Geschäftssegmente zu berichten, die

- im Zuge der Segmentabgrenzung als Geschäftssegmente identifiziert wurden (IFRS 8.5-10) oder aus der Zusammenfassung von zwei oder mehreren Geschäftssegmenten resultieren (IFRS 8.12) und
- einen der in IFRS 8.13 genannten quantitativen Schwellenwerte überschreiten.

3 Vgl. *Beine/Nardmann*, Wiley-Kommentar, Abschnitt 20, Tz. 35.

Zweistufige Vorgehensweise

Damit ist bei der Auswahl der berichtspflichtigen Segmente grob in zwei Schritten vorzugehen (IFRS 8.BC30): In einem ersten Schritt ist zu prüfen, ob eine Zusammenfassung ähnlicher Segmente möglich ist (IFRS 8.12). In einem zweiten Schritt erfolgt daraufhin anhand von quantitativen Schwellenwerten eine Überprüfung, ob die in Frage kommenden Geschäftssegmente als wesentlich zu erachten sind (IFRS 8.13). Darüber hinaus wird in IFRS 8.14-18 auf weitere Möglichkeiten eingegangen, die zu einer Berichtspflicht von Segmenten oder der Angabe eines Sammelsegments von nicht berichtspflichtigen Segmenten führen können. Nachfolgende Ausführungen sollen diesen grundlegenden Ablauf weiter erläutern.

Zusammenfassung von operativen Segmenten

Zwei oder mehrere operative Segmente dürfen gemäß IFRS 8.12 zu einem berichtspflichtigen Segment zusammengefasst werden, wenn die Zusammenfassung mit dem in IFRS 8.1 formulierten Kerngrundsatz im Einklang steht, die einzelnen Segmente ähnliche wirtschaftliche Charakteristika aufweisen und die Segmente schließlich in sämtlichen der nachfolgenden Kriterien vergleichbar sind:

- Art der Produkte und Dienstleistungen,
- Art der Produktionsprozesse,
- Art oder Gruppe der Kunden für die Produkte und Dienstleistungen,
- Vertriebsmethoden und – soweit anwendbar –
- Art des regulatorischen Umfeldes.

Es ist davon auszugehen, dass sich Geschäftssegmente in ihren wirtschaftlichen Charakteristika dann ähneln, wenn sie eine ähnliche langfristige finanzielle Performance aufweisen. In diesem Sinne wäre z.B. zu erwarten, dass die langfristigen durchschnittlichen Bruttogewinnmargen oder auch Kriterien wie Umsatzentwicklungstrends, die Eigenkapitalausstattungen oder die operativen Cashflows bei zwei Teilbereichen vergleichbar sind (IFRS 8.12).

10 %-Regel

Nachdem überprüft wurde, ob einzelne Segmente zusammengefasst werden können, ist anschließend zu prüfen, ob die ggf. zusammengefassten Geschäftssegmente als wesentlich zu erachten sind (IFRS 8.13). Ein Geschäftssegment gilt in diesem Sinne als berichtspflichtig, wenn mindestens einer der folgenden quantitativen Schwellenwerte erfüllt wird:

- Der ausgewiesene Umsatzerlös, der sowohl die Innen- als auch Außenumsätze umfasst, beträgt mindestens 10 % der gesamten externen und internen Umsatzerlöse aller Geschäftssegmente.
- Der absolute Betrag des ausgewiesenen Segmentergebnisses beträgt mindestens 10 % des höheren absoluten Betrags aus
  - der Summe der Gewinne aller Geschäftssegmente, die keinen Verlust machen, und
  - der Summe der Verluste aller Geschäftssegmente, die einen Verlust erwirtschaften.
- Die Vermögenswerte betragen mindestens 10 % der gesamten Vermögenswerte aller Geschäftssegmente.

Überschreitet ein Geschäftssegment keinen der genannten Schwellenwerte, hat das Management dennoch die Möglichkeit, das Segment als berichtspflichtig festzulegen und gesondert anzugeben, wenn es der Ansicht ist, dass Informationen über das Segment für die Abschlussadressaten nützlich sind.

Im Anschluss an eine Zusammenfassung der Geschäftssegmente und die Überprüfung der Schwellenwerte ist zusätzlich zu prüfen, ob bislang als unwesentlich eingestufte Segmente durch die Zusammenfassung mit weiteren unwesentlichen Segmenten ein berichtspflichtiges Segment bilden können. Dies ist dann erlaubt, wenn die Segmente ähnliche wirtschaftliche Charakteristika aufweisen und sich in der Mehrzahl der in IFRS 8.12 genannten Kriterien gleichen (IFRS 8.14). Dabei ist erforderlich, dass aus der Aggregation ein Segment entsteht, welches die oben erläuterte 10 %-Regel erfüllt.

75 %-Regel

Ein weiterer Prüfungsschritt zur Berichtspflicht der Geschäftssegmente besteht darin, dass alle berichtspflichtigen Segmente zusammen mindestens 75 % der externen Umsatzerlöse des gesamten Unternehmens ausmachen müssen (IFRS 8.15). Wird die 75 %-Grenze nicht erreicht, sind solange weitere Segmente in die Berichterstattung aufzunehmen, bis die 75 %-Grenze erreicht wird. Dabei sind auch solche Segmente zu berücksichtigen, welche die Wesentlichkeitskriterien nach IFRS 8.13 nicht erfüllen.

Beispiel 29.2

Das Rechnungswesen der Computer-Technologie AG weist folgende Daten auf:

Segmente	**Segmenterlöse in T€**		**Segmentergebnis in T€**		**Segmentvermögen in T€**	
	Absolut	Relativ	Absolut	Relativ	Absolut	Relativ
A	300	4,9 %	25	12,3 %	150	6,2 %
B	200	3,3 %	5	2,5 %	75	3,1 %
C	1.930	31,6 %	100	49,3 %	975	40,2 %
D	810	13,3 %	50	24,6 %	400	16,5 %
E	2.260	37,1 %	45	22,2 %	700	28,9 %
F	600	9,8 %	-22	-10,8 %	125	5,2 %
Summe:	6.100		203		2.425	

Welche Segmente der Computer-Technologie AG sind berichtspflichtig?

Lösung

Die Segmente A, C, D und E sind berichtspflichtig, da sie mindestens einen der in IFRS 8.13 genannten Schwellenwerte erfüllen und die 10 %-Grenze überschreiten. Nicht berichtspflichtig ist hingegen Segment B, da bei keinem der Schwellenwerte die 10 %-Grenze erreicht wird.

Fraglich ist, ob es sich bei Segment F um ein berichtspflichtiges Segment handelt, da ein negatives Segmentergebnis erzielt wird. Das Vorzeichen des relativen Anteils an dem Ergebnis aller Segmente ist hierbei zunächst unerheblich. Stattdessen ist gemäß IFRS 8.13(b) der höhere absolute Betrag aus der Summe der Gewinne bzw. Verluste der Segmente als Vergleichsmaßstab heranzuziehen. In dem vorliegenden Fall ist der höhere Betrag die Summe aller Gewinne, also 225 T€. Damit macht der Verlust von Segment F jedoch nur einen Anteil von (22 / 225 =) 9,8 % an der Summe der Gewinne aller operativen Segmente, die keinen Verlust erwirtschaftet haben, aus. Die 10 %-Grenze wird also weder bei dem Segmentergebnis noch bei einem der beiden anderen Wesentlichkeitskriterien erreicht, so dass Segment F kein berichtspflichtiges Segment darstellt.

Zudem übersteigen die externen Umsatzerlöse der Segmente A, C, D und E in der Summe die geforderten 75 % der gesamten Unternehmenserlöse. Somit bedarf es keiner weiteren Identifikation berichtspflichtiger Segmente. Die beiden nicht berichtspflichtigen Segmente, die sich in ihren wirtschaftlichen Charakteristika annahmegemäß nicht gleichen und damit eine Anwendung von IFRS 8.14 ausschließen, könnten jedoch freiwillig ausgewiesen werden, sofern das Management ihren separaten Ausweis für die Abschlussadressaten als nützlich erachtet (IFRS 8.13).

Änderungen im Kreis der berichtspflichtigen Segmente

Falls ein in der Vorperiode noch als berichtspflichtig ausgewiesenes Segment in der laufenden Periode nicht mehr die Schwellenwerte des IFRS 8.13 erfüllt, das Management dem Segment jedoch eine andauernde Bedeutung beimisst, ist das Segment weiterhin separat anzugeben (IFRS 8.17). Eine denkbare Fallkonstellation wäre etwa, dass die 10 %-Grenze aufgrund konjunktureller oder wechselkursbedingter Einflüsse nur vorübergehend unterschritten wird[4].

Ist ein Segment demgegenüber in der laufenden Periode aufgrund des Überschreitens von mindestens einem der Schwellenwerte erstmalig berichtspflichtig, sind auch die entsprechend angepassten Vorjahreswerte mit anzugeben (IFRS 8.18). Allerdings kann von einer derartigen Angabe abgesehen werden, wenn die erforderlichen Informationen nicht verfügbar sind bzw. deren Ermittlung mit unverhältnismäßig hohen Kosten verbunden ist.

Kategorie „Alle sonstigen Segmente“

Die nach allen durchgeführten Schritten übrig bleibenden nicht berichtspflichtigen Geschäftssegmente, die weder zusammengefasst noch freiwillig ausgewiesen werden, sind schließlich in der Kategorie „Alle sonstigen Segmente“ zusammenzufassen und getrennt von den anderen nach IFRS 8.28 verlangten Überleitungsposten (vgl. Abschnitt 5.3) auszuweisen (IFRS 8.16). Dabei ist die Herkunft der Umsatzerlöse dieser Kategorie zu erläutern.

Anzahl der Segmente

Um schließlich eine Informationsüberflutung der Abschlussadressaten zu vermeiden, wird empfohlen, die Anzahl der berichtspflichtigen Segmente aus Praktikabilitätsgründen auf zehn Segmente zu beschränken (IFRS 8.19). Zwar han-

4 Vgl. *Heuser/Theile*, IFRS-Handbuch, Abschnitt VIII. Segmentberichterstattung (IFRS 8), Tz. 4625.

delt es sich hierbei lediglich um eine Empfehlung, jedoch legt der Standard dem Bilanzierenden im Falle einer Überschreitung von zehn Berichtssegmenten nahe, die Anzahl der anzugebenden Segmente kritisch zu überprüfen und ggf. zu reduzieren. Dabei darf allerdings nur die Anzahl der freiwillig ausgewiesenen Segmente reduziert werden[5].

4 Segmentbilanzierungs- und Segmentbewertungsmethoden

Befolgung des Management-Ansatzes

Wurde bereits die Segmentabgrenzung durch den Management-Ansatz geprägt, setzt sich dieser bei den Bilanzierungs- und Bewertungsmethoden nach IFRS 8 weiter fort, da sich diese an die unternehmensintern verwendeten Methoden anlehnen.

So verlangt IFRS 8.25, dass der Betrag jedes Segmentpostens dieselbe Größe sein soll, die dem Hauptentscheidungsträger für Entscheidungszwecke über die segmentbezogene Allokation von Ressourcen und Beurteilung der Performance berichtet wird. Werden also für diese Zwecke keine Daten des externen Berichtswesens zur Verfügung gestellt, kommt es gewöhnlich zu einer systematischen Abweichung zwischen den anzugebenden Segmentdaten und den Daten des externen Berichtswesens.

Erläuterungen und Überleitungsrechnung

Um die Abschlussadressaten in diesem Sinne mit entscheidungsnützlichen Informationen zu versorgen, verlangt IFRS 8 weiterhin, die einzelnen Segmentdaten der berichtspflichtigen Segmente zu erläutern. Ferner sind die Unterschiede zwischen den Segmentdaten und den korrespondierenden Posten des Konzernabschlusses anhand einer Überleitungsrechnung darzustellen (IFRS 8.BC25).

Allokation von Bestands- und Stromgrößen

Grundsätzlich sind gemeinschaftlich verursachte Beträge den Segmenten auf einer vernünftigen Grundlage zuzuordnen (IFRS 8.25). Bei der Allokation von Bestands- und Stromgrößen kann es dabei zu einer asymmetrischen Verteilung auf die Segmente kommen. So kann etwa ein Unternehmen einem bestimmten Segment bei der Ermittlung des Segmentergebnisses Abschreibungsaufwand zuordnen, ohne dem gleichen Segment den korrespondierenden Vermögenswert zuzuweisen (IFRS 8.27(f)). In diesem Fall sind entsprechende Erläuterungen anzugeben (dazu auch IFRS 8.BC Appendix A.90).

Mehrere Bilanzierungs- und Bewertungsmethoden

Werden unternehmensintern mehrere unterschiedliche Bilanzierungs- und Bewertungsmethoden von dem Hauptentscheidungsträger zur segmentbezogenen Allokation von Ressourcen und der Beurteilung der Performance verwendet, ist zu entscheiden, welche Methode bei der Segmentberichterstattung Anwendung finden soll. Hier sind diejenigen Größen auszuwählen, die nach Auffassung des Managements am ehesten mit den im (IFRS-)Abschluss verwendeten Methoden übereinstimmen (IFRS 8.26).

5 Vgl. *Fink, C./Ulbrich, R.*, Verabschiedung des IFRS 8 – Neuregelung der Segmentberichterstattung nach dem Vorbild der US-GAAP, in: KoR, 7. Jg. (2007), S. 2.

5 Auszuweisende Segmentinformationen

Im Einklang mit dem Kerngrundsatz der Segmentberichterstattung sollen die in einem Segmentbericht ausgewiesenen Informationen die Abschlussadressaten über Art und finanzielle Auswirkungen der wirtschaftlichen Aktivitäten und des wirtschaftlichen Umfeldes der Segmente informieren (IFRS 8.20). Vor diesem Hintergrund sind in jeder Periode, in der eine Gesamtergebnisrechnung aufgestellt wird, die folgenden segmentbezogenen Informationen auszuweisen (IFRS 8.21): Überblick

- Allgemeine Informationen (IFRS 8.22);
- Angaben zur Ertrags- und Vermögenslage (IFRS 8.23-24);
- Überleitungsrechnung (IFRS 8.28).

Neben diesen segmentspezifischen Angaben sind weiterhin segmentübergreifende Angaben auf Ebene des gesamten Unternehmens (entity-wide disclosures) zu machen (IFRS 8.31-34).

Die einzelnen Aspekte dieser erforderlichen Angaben sollen im Folgenden näher beleuchtet werden. Dabei werden zunächst die Angaben zur Ertrags- und Vermögenslage (Abschnitt 5.1) erläutert, da diesen im Rahmen der auszuweisenden Segmentinformationen eine wesentliche Bedeutung zukommt. Anschließend sei auf die allgemeinen Informationen und weitergehende Erläuterungen (Abschnitt 5.2), die Überleitungsrechnung (Abschnitt 5.3) sowie die segmentübergreifenden Angaben (Abschnitt 5.4) eingegangen.

5.1 Angaben zur Ertrags- und Vermögenslage

IFRS 8 fordert grundsätzlich Angaben über das Segmentergebnis sowie ggf. das Segmentvermögen und die Segmentschulden eines jeden berichtspflichtigen Segments. Weiterhin sind bei Erfüllung bestimmter Kriterien zusätzliche Angaben darzustellen.

Segmentergebnis

IFRS 8.23 fordert für jedes berichtspflichtige Segment eine quantitative Angabe zum Segmentergebnis. Der Begriff Segmentergebnis wird dabei – ebenso wie das Segmentvermögen und die Segmentschulden – in IFRS 8 nicht weiter konkretisiert. Hier ist erneut der Management-Ansatz ausschlaggebend, d.h. als Segmentergebnis ist die Größe auszuweisen, die zur internen Steuerung und Berichterstattung verwendet wird. Folglich stehen dem Unternehmen unterschiedliche Möglichkeiten zur Definition des Segmentergebnisses zur Verfügung. So können etwa Umsatz, EBIT oder auch zahlungsstromorientierte Größen wie EBITDA als Segmentergebnis verwendet werden[6].

Ergänzend zu dem verpflichtend anzugebenden Segmentergebnis sind nach IFRS 8.23(a)-(i) die folgenden ergebnisbezogenen Komponenten ebenfalls an-

6 Vgl. *Lüdenbach/Hoffmann*, Haufe IFRS-Kommentar, § 36 Segmentberichterstattung, Rz. 70-71.

zugeben, sofern diese bei der Ermittlung des Segmentergebnisses berücksichtigt oder dem Hauptentscheidungsträger regelmäßig berichtet werden:

- Umsatzerlöse mit externen Kunden;
- intersegmentäre Umsatzerlöse;
- Zinserträge;
- Zinsaufwendungen;
- Abschreibungen und Wertminderungen;
- wesentliche Ertrags- und Aufwandsposten, die nach IAS 1.97 separat ausgewiesen werden;
- anteilige Ergebnisse aus der at equity-Bewertung von assoziierten Unternehmen und Gemeinschaftsunternehmen;
- Aufwand oder Ertrag aus Steuern vom Einkommen und Ertrag sowie
- wesentliche zahlungsunwirksame Posten außer Abschreibungen und Wertminderungen.

Zu beachten ist, dass die Zinserträge und Zinsaufwendungen grundsätzlich getrennt voneinander anzugeben sind. Das Zinsergebnis darf nur dann als Saldo aus den Zinserträgen und Zinsaufwendungen mit entsprechender Angabe ausgewiesen werden, falls die Zinserträge einen Großteil des Segmentergebnisses ausmachen und das saldierte Zinsergebnis dem Hauptentscheidungsträger zur Ressourcenallokation und Performancebeurteilung hilfreich ist (IFRS 8.23).

Insgesamt fällt der Berichtsumfang des Segmentergebnisses umso geringer aus, je enger die Ergebnisgröße definiert ist. Wird z.B. das EBITDA verwendet, entfällt die Berichtspflicht der ergebnisbezogenen Komponenten Zinserträge und Zinsaufwendungen, Abschreibungen sowie Steuern vom Einkommen und Ertrag, sofern diese dem Hauptentscheidungsträger nicht regelmäßig berichtet werden[7].

Segmentvermögen

Angaben zum Segmentvermögen sind nur dann zu machen, wenn dem Hauptentscheidungsträger regelmäßig Informationen zum Segmentvermögen berichtet werden (IFRS 8.23 und IFRS 8.BC35A). Während davon auszugehen ist, dass bei einem Großteil der Unternehmen dem Hauptentscheidungsträger solche Informationen zur Verfügung stehen, kann es insbesondere bei Dienstleistungsunternehmen oder weniger kapitalintensiven Unternehmen der Fall sein, dass derartige Informationen nicht an den Hauptentscheidungsträger berichtet werden (IFRS 8.BC34).

Das bedingt anzugebende Segmentvermögen ist außerdem um weitere vermögensbezogene Angaben zu ergänzen, sofern diese in die Ermittlung des Segmentvermögens einbezogen oder dem Hauptentscheidungsträger regelmäßig zur Verfügung gestellt werden, selbst wenn sie nicht in die Ermittlung des Segmentvermögens eingehen (IFRS 8.24). Folgende Größen sind in diesem Sinne zu berücksichtigen:

7 Vgl. *Heuser/Theile*, IFRS-Handbuch, Abschnitt VIII. Segmentberichterstattung (IFRS 8), Tz. 4644.

- Beteiligungsbuchwert der nach der Equity-Methode einbezogenen assoziierten Unternehmen und Gemeinschaftsunternehmen sowie
- Investitionen in das langfristige Vermögen mit Ausnahme von Finanzinstrumenten, (aktive) latente Steuern, im Zusammenhang mit Pensionsverpflichtungen stehende Vermögenswerte und aus Versicherungsverträgen entstehende Rechte.

Segmentschulden

Die Angabe der Segmentschulden ist ebenfalls nur dann verpflichtend, wenn dem Hauptentscheidungsträger regelmäßig Informationen über die Schulden der berichtspflichtigen Segmente bereitgestellt werden (IFRS 8.23). Eine entsprechende Angabe wird damit gerechtfertigt, dass den Abschlussadressaten hierdurch entscheidungsnützliche Informationen bereitgestellt werden (IFRS 8.BC37).

Änderung der internen Organisationsstruktur

Wird durch eine Änderung der internen Organisationsstruktur eine Änderung der Zusammensetzung der berichtspflichtigen Segmente bedingt, sind auch die korrespondierenden Vorjahreswerte, einschließlich der unterjährigen Perioden, entsprechend anzupassen (IFRS 8.29). Von einer derartigen Anpassung kann dann abgesehen werden, wenn die notwendigen Informationen nicht verfügbar oder deren Ermittlungskosten unverhältnismäßig hoch sind. Dabei ist allerdings zu beachten, dass dieser Verzicht für jede Position einzeln zu prüfen ist. Ferner muss angegeben werden, ob eine Anpassung der Vorjahreswerte durchgeführt wurde.

Werden die Vergangenheitswerte nicht angepasst, so müssen im Jahr der Änderung die Segmentinformationen des Berichtsjahres sowohl auf Basis der alten als auch der neuen Segmentierung angegeben werden (IFRS 8.30). Von dieser Regelung kann erneut abgesehen werden, wenn die entsprechenden Informationen nicht verfügbar sind oder deren Ermittlung mit unverhältnismäßig hohen Kosten verbunden ist.

5.2 Allgemeine Informationen und Erläuterungen

Allgemeine Informationen

Neben der Erstellung der eigentlichen Segmentberichterstattung fordert IFRS 8.22 die zusätzliche Angabe von allgemeinen Informationen über die berichtspflichtigen Segmente. Diese sollen den Abschlussadressaten vor dem Hintergrund des anzuwendenden Management-Ansatzes weitere Einblicke in den Segmentierungsprozess sowie die Tätigkeiten der berichtspflichtigen Segmente ermöglichen. So verlangt IFRS 8.22(a), dass die Bestimmungsfaktoren zur Auswahl der berichtspflichtigen Segmente anzugeben sind. Hierzu zählen Angaben über die Organisationsstruktur des Unternehmens, d.h. ob ein Unternehmen z.B. auf Basis unterschiedlicher Produkte und Dienstleistungen, geographischer Regionen, regulatorischer Umfelder oder einer Kombination verschiedener Faktoren organisiert ist. Darüber hinaus ist anzugeben, ob Geschäftssegmente zusammengefasst werden. Weiterhin fordert IFRS 8.22(b) die Angabe der Art der

Produkte und Dienstleistungen, aus denen die berichtspflichtigen Segmente ihre Umsatzerlöse erwirtschaften.

Erläuterungen zu den Segmentinformationen

Darüber hinaus hat ein Unternehmen Erläuterungen zur Ermittlung der Segmentdaten der einzelnen berichtspflichtigen Segmente zu machen (IFRS 8.27). Diese werden als notwendig erachtet, um die Abschlussadressaten in die Lage zu versetzen, die Segmentinformationen besser zu verstehen. Dabei zielen die Erläuterungen auf die angewendeten Bewertungsmethoden ab und sollen mindestens folgende Angaben umfassen:

- Grundsätze für die Verrechnung von intersegmentären Transaktionen;
- Gründe für Unterschiede zwischen Segmentergebnis, Segmentvermögen und Segmentschulden sowie den entsprechenden (Konzern-)Abschlussgrößen;
- Ursachen für jegliche Veränderungen der Bewertungsmethoden des Segmentergebnisses im Vergleich zur Vorperiode sowie – falls vorhanden – die entsprechenden Auswirkungen auf das Segmentergebnis;
- Ursache und Auswirkungen der asymmetrischen Zuordnung von Bestands- und Stromgrößen auf die berichtspflichtigen Segmente (i.V.m. IFRS 8.BC Appendix A.90).

Die Gründe für die Unterschiede bezüglich des Segmentergebnisses, des Segmentvermögens und der Segmentschulden sind nur dann explizit anzugeben, sofern sie sich nicht bereits aus der nachfolgend dargestellten Überleitungsrechnung nach IFRS 8.28 ergeben. Mögliche Beispiele für etwaige Unterschiede sind nach IFRS 8.27 u.a. unterschiedliche Bilanzierungsmethoden sowie unterschiedliche Methoden zur Allokation von zentral angefallenen Kosten, gemeinsam genutzten Vermögenswerten und gemeinsam genutzten Schulden auf die berichtspflichtigen Segmente.

5.3 Überleitungsrechnung

Überleitung von Segmentinformationen

Um eine Brücke zwischen dem internen Berichtswesen und der externen Berichterstattung zu schlagen[8], sind die Informationen des Segmentberichts gemäß IFRS 8.28 im Rahmen einer Überleitungsrechnung wie folgt auf die jeweiligen (konsolidierten) Abschlussgrößen überzuleiten:

- Die Summe der Umsatzerlöse aller berichtspflichtigen Segmente ist auf die Umsatzerlöse des gesamten Unternehmens überzuleiten.
- Die Summe der Segmentergebnisse aller berichtspflichtigen Segmente ist auf das (Unternehmens-)Ergebnis vor Steuern und aufgegebenen Geschäftsbereichen überzuleiten. Werden jedoch z.B. Steuern oder ähnliche Positionen auf Segmentebene zugeordnet, darf die Überleitung auch auf ein Ergebnis nach diesen Positionen (z.B. Ergebnis nach Steuern) erfolgen.

8 Vgl. *Zülch, H./Burghardt*, S., IFRS 8 „Operating Segments“, in: PiR, 3. Jg. (2007), S. 22.

- Die Summe der Segmentvermögen aller berichtspflichtigen Segmente ist auf das Vermögen des Unternehmens überzuleiten.
- Die Summe der Segmentschulden aller berichtspflichtigen Segmente ist auf die Schulden des Unternehmens überzuleiten, sofern Segmentschulden nach IFRS 8.23 angegeben werden.
- Die Summe aller weiteren wesentlichen Informationen der berichtspflichtigen Segmente ist schließlich auf die korrespondierenden Abschlussgrößen überzuleiten.

In der Überleitungsrechnung sind alle wesentlichen Überleitungsbeträge separat zu identifizieren und zu beschreiben. Als Beispiel nennt IFRS 8.28 alle wesentlichen Beträge von der Überleitung des Segmentergebnisses auf das Ergebnis des Unternehmens, die sich aus unterschiedlichen Bewertungsmethoden ergeben und dementsprechend separat identifiziert bzw. beschrieben werden müssen.

Beispiel 29.3

Die der IT-Branche zuzurechnende Reynholm Industries AG beschäftigt sich mit dem Verkauf von Softwareprodukten. Dabei bietet sie Standard- und Individualsoftwareprodukte an, die sich hinsichtlich des Entwicklungsprozesses erheblich voneinander unterscheiden. Komplettiert wird das Angebot der Reynholm Industries AG durch eine umfangreiche Kundenbetreuung. Aus der Segmentabgrenzung und der Auswahl der berichtspflichtigen Segmente geht hervor, dass es sich bei den einzelnen Geschäftsbereichen gleichzeitig um berichtspflichtige Geschäftssegmente handelt.

Die Segmentberichterstattung kann zunächst wie folgt vereinfachend dargestellt werden:

Angaben in T€	Segmenterlöse		Segmentergebnis (EBITDA)	Segmentvermögen	Segmentschulden
	Externe Erlöse	Interne Erlöse			
Standardsoftware	91.000	12.000	3.300	43.000	30.000
Individualsoftware	33.000	4.000	-500	29.000	18.000
Kundenbetreuung	38.000	2.500	900	6.000	9.000
Summe	162.000	18.500	3.700	78.000	57.000

Weil die Segmentinformationen infolge einer Anwendung des Management-Ansatzes von den extern berichteten Größen abweichen, sind die (summierten) Werte gemäß IFRS 8.28 weiterhin auf die entsprechenden Abschlussgrößen überzuleiten, wobei von keinen zusätzlich auszuweisenden Informationen auszugehen ist[9]:

9 In Anlehnung an IFRS 8.IG4.

Umsatzerlöse	**T€**
Umsatzerlöse aller berichtspflichtigen Segmente	180.500
Sonstige Umsatzerlöse	1.500
Bereinigung um intersegmentäre Umsätze	-18.500
(Konzern-)Umsatzerlöse	163.500
Segmentergebnis	
Segmentergebnisse aller berichtspflichtigen Segmente	3.700
Sonstiges Ergebnis	300
Bereinigung um intersegmentäre Ergebnisse	-1.200
(Konzern-)EBITDA	2.800
Segmentvermögen	
Segmentvermögen aller berichtspflichtigen Segmente	78.000
Sonstiges Vermögen	2.000
Bereinigung um konsolidierungsbedingte Effekte	-9.000
(Konzern-)Vermögen	71.000
Segmentschulden	
Segmentschulden aller berichtspflichtigen Segmente	57.000
Bereinigung um konsolidierungsbedingte Effekte	-8.000
(Konzern-)Schulden	49.000

5.4 Segmentübergreifende Angaben

Die segmentübergreifenden Angaben werden in IFRS 8.31-34 geregelt und umfassen Angaben über Produkte und Dienstleistungen, geografische Regionen und bedeutende Kunden eines Unternehmens. Dabei ist zu beachten, dass die Angaben auch von Unternehmen zu machen sind, die lediglich über ein Segment verfügen. Indes können die geforderten Angaben entfallen, wenn sie bereits im Rahmen der Segmentinformationen der berichtspflichtigen Segmente ausgewiesen werden (IFRS 8.31).

Produkte und Dienstleistungen

Ein Unternehmen hat Angaben über die mit externen Dritten erzielten Umsatzerlöse für jedes Produkt und jede Dienstleistung (products and services) bzw. für jede Gruppe gleichartiger Produkte und Dienstleistungen zu machen, sofern dies nicht mit zu hohem Aufwand verbunden ist (IFRS 8.32). Dabei sind die Angaben nach den Grundsätzen der externen Berichterstattung zu machen, d.h. es ist auf die Bilanzierungs- und Bewertungsmethoden des IFRS-Abschlusses zurückzugreifen, so dass hier die Umsetzung des Management-Ansatzes durchbrochen wird.

Geografische Regionen

Die segmentübergreifenden Angaben umfassen zudem Angaben über geografische Regionen (geographical areas) eines Unternehmens, nämlich (IFRS 8.33):

- Umsatzerlöse mit externen Dritten;
- Langfristige Vermögenswerte.

Die Umsatzerlöse mit externen Dritten sind dabei gemäß IFRS 8.33(a) nach den im In- und Ausland angefallenen Umsatzerlösen getrennt darzustellen. Fallen hierbei in bestimmten Ländern wesentliche Umsatzerlöse an, sind diese separat auszuweisen. Darüber hinaus ist die Grundlage der Zuordnung der Umsatzerlöse mit externen Dritten auf die einzelnen Länder darzustellen.

Im Sinne des IFRS 8.33(b) zählen Finanzinstrumente, aktive latente Steuern, im Zusammenhang mit Pensionsverpflichtungen stehende Vermögenswerte und sich aus Versicherungsverträgen ergebende Rechte nicht zu den langfristigen Vermögenwerten. Wie bei den Umsatzerlösen mit externen Dritten ist auch bei den langfristigen Vermögenswerten eine Unterscheidung zwischen In- und Ausland vorzunehmen. Auch hier gilt: Fallen in bestimmten Ländern wesentliche Vermögenswerte an, sind diese separat anzugeben.

Analog zu den Angaben über Produkte und Dienstleistungen sind die Angaben über die geografischen Regionen in Übereinstimmung mit den Regelungen der externen Berichterstattung, d.h. des IFRS-Abschlusses, darzustellen, sofern dies nicht mit zu hohem Aufwand verbunden ist.

IFRS 8.33 lässt weiterhin die wahlweise Angabe von zusätzlichen Zwischensummen von regionalen Informationen für Ländergruppen zu.

Bedeutende Kunden

Schließlich verlangt IFRS 8.34 Angaben über bedeutende Kunden (major customers), mit denen Umsatzerlöse von mehr als 10 % der gesamten Umsatzerlöse des Unternehmens erwirtschaftet werden. Erzielt ein Unternehmen vor diesem Hintergrund mit einem Kunden mehr als 10 % der Umsatzerlöse, so ist dies neben der Summe der erzielten Umsatzerlöse und dem betroffenen Segment bzw. den betroffenen Segmenten anzugeben. Nicht anzugeben sind hingegen die Identität des Kunden sowie die Anteile einzelner Segmente an den Umsatzerlösen mit dem Kunden. Durch die Angabe von bedeutenden Kunden sollen insgesamt bestehende Abhängigkeiten eines Unternehmens von einzelnen Kunden transparent gemacht werden[10].

Eine Gruppe von Unternehmen, die – sofern dies dem berichtenden Unternehmen bekannt ist – unter der gemeinsamen Kontrolle eines anderen Unternehmens steht, ist als ein einzelner Kunde zu betrachten. Analog können auch staatliche Institutionen und Staatsunternehmen als einzelne Kunden gelten (IFRS 8.34).

6 Wesentliche Unterschiede zum IFRS for SMEs

Die vom IASB herausgegebenen IFRS for SMEs sehen keine Pflichten zur Erstellung einer Segmentberichterstattung vor (IFRS-SME.3.25). Sofern ein Unternehmen jedoch Angaben zur Segmentberichterstattung freiwillig veröffentlicht, sollten die zugrunde liegenden Grundsätze zur Erstellung und Veröffentli-

10 Vgl. *Alvarez, M.*, IFRS 8 – Operating Segments, Tz. 106, in: Vater, H. et al. (Hrsg.), IFRS-Änderungskommentar 2009, Weinheim 2009.

chung der Segmentberichterstattung erläutert werden. Dabei ist zu beachten, dass eine freiwillige Segmentberichterstattung nicht zwingend auf Basis von IFRS 8 erstellt werden muss[11].

7 Wesentliche Unterschiede zum HGB

Im HGB sind Segmentberichterstattungspflichten in den §§ 285 Nr. 4, 314 Abs. 1 Nr. 3 sowie 297 Abs. 1 Satz 2 kodifiziert. §§ 285 Nr. 4 bzw. 314 Abs. 1 Nr. 3 HGB schreiben einzelne Segmentinformationen für den Anhang im Einzel- bzw. Konzernabschluss vor. § 297 Abs. 1 HGB räumt hingegen Mutterunternehmen die Möglichkeit zur eigenständigen Segmentberichterstattung im Konzernabschluss ein. Durch das BilMoG ist darüber hinaus nun auch eine Segmentberichterstattung in den Einzelabschlüssen kapitalmarktorientierter Unternehmen, die nicht konzernrechnungslegungspflichtig sind, ausdrücklich möglich (§ 264 Abs. 1 Satz 2 HGB).

Vorgaben über die inhaltliche und formelle Ausgestaltung dieser eigenständigen Segmentberichterstattung fehlen im HGB jedoch. Insgesamt bestehen somit wesentliche Unterschiede zwischen den HGB-Regeln und IFRS 8:

- Gemäß §§ 285 Nr. 4 bzw. 314 Abs. 1 Nr. 3 HGB ist lediglich eine Aufgliederung der Umsatzerlöse nach Tätigkeitsbereichen und geographisch bestimmten Märkten vorzunehmen. Eine Segmentierung anderer Abschlussinformationen ist nicht verpflichtend.
- Die Aufgliederung der Umsatzerlöse kann unterbleiben, sofern sich, unter Berücksichtigung der Organisation des Verkaufs von für die gewöhnliche Geschäftstätigkeit der Kapitalgesellschaft (des Konzerns) typischen Erzeugnissen und Dienstleistungen, die Tätigkeitsbereiche und geographisch bestimmten Märkte nicht erheblich voneinander unterscheiden.

Mit Verabschiedung des DRS 3 „Segmentberichterstattung" durch den DSR existiert seit 1999 ein Standard, der die Aufstellung der Segmentberichterstattung detailliert regelt. DRS 3 orientiert sich dabei im Rahmen der Segmentierung an dem Management-Ansatz, da er eine Segmentabgrenzung nach operativen Segmenten vorschreibt. Bei der Bestimmung der Segmentinformationen ist DRS 3 hingegen an die Bilanzierungs- und Bewertungsmethoden des zugrunde liegenden Abschlusses angelehnt (DRS 3.19), so dass an dieser Stelle ein wesentlicher Unterschied zu IFRS 8 deutlich wird.

11 Vgl. *Amen*, IFRS for SMEs, Abschnitt 3, Tz. 54.

8 Wesentliche Unterschiede zu US-GAAP

IFRS 8 lehnt sich eng an die Regelungen des amerikanischen SFAS 131 „Disclosures about Segments of an Enterprise and Related Information" / ASC 280 „Segment Reporting" an. Damit werden die Harmonisierungsbestrebungen zwischen den beiden Standardsettern weiter vorangetrieben, denn die früher existierenden Unterschiede zwischen IAS 14 und SFAS 131 / ASC 280 sind im Bereich der Segmentberichterstattung durch IFRS 8 und den damit verbundenen Paradigmenwechsel hin zum Management-Ansatz weitgehend beseitigt worden.

Unterschiede zwischen IFRS 8 und SFAS 131 / ASC 280 ergeben sich gemäß IFRS 8.BC60 lediglich in den folgenden Bereichen, wobei die Unterschiede zwischen den Standards insgesamt als eher gering einzustufen sind[12]:

- Die langfristigen Vermögenswerte umfassen nach SFAS 131.38 / ASC 280-10-50-41 ausschließlich materielle Vermögenswerte (hard assets), wohingegen IFRS 8 auch immaterielle Vermögenswerte unter die langfristigen Vermögenswerte subsumiert (IFRS 8.BC56). Weil der Zusatznutzen eines getrennten Ausweises von materiellen Vermögenswerten als gering einzustufen ist, wird dieser in IFRS 8 nicht explizit verlangt (IFRS 8.BC57).
- Der Ausweis von Segmentschulden wird in SFAS 131 / ASC 280 nicht gefordert. Demgegenüber besteht nach IFRS 8.23 eine Ausweispflicht, sofern die Segmentschulden dem Hauptentscheidungsträger regelmäßig berichtet werden.
- Während SFAS 131 / ASC 280 bei dem Vorliegen von Matrixorganisationen eine Segmentabgrenzung von operativen Segmenten auf Basis der Produkte und Dienstleistungen vorsieht, fordert IFRS 8.10 eine entsprechende Segmentabgrenzung in Übereinstimmung mit dem Kerngrundsatz der Informationsvermittlung.

Ausgewählte Literatur

Fink, C./Ulbrich, P., IFRS 8: Paradigmenwechsel in der Segmentberichterstattung, in: DB, 60. Jg. (2007), S. 981-985.

Geiger, T., Segmentberichterstattung nach dem Deutschen Rechnungslegungsstandard Nr. 3 des DRSC (DRS 3), in: StuB, 2. Jg. (2000), S. 772-779.

Hütten, C./Fink, C., § 36 Segmentberichterstattung (Operating Segments), in: Lüdenbach, N./Hoffmann, W.-D. (Hrsg.), Haufe IFRS-Kommentar, 8. Aufl., 2010.

Kajüter, P./Barth, D., Segmentberichterstattung in diversifizierten Konzernen – Eine Fallstudie zur Anwendung der neuen Regelungen nach IFRS 8, in: KoR, 7. Jg. (2007), S. 110-116.

12 Vgl. *Fink, C./Ulbrich, P.*, Verabschiedung des IFRS 8 – Neuregelung der Segmentberichterstattung nach dem Vorbild der US-GAAP, in: KoR, 7. Jg. (2007), S. 5.

Kirsch, H., Segmentbezogene Jahresabschlussanalyse nach IFRS 8, in: PiR, 3. Jg. (2007), S. 61-67.

Sandleben, H.-M./Schmidt, J., Aktuelles zu IFRS 8 – Segmentberichterstattung, in: IRZ, 5. Jg. (2010), S. 48-50.

Zülch, H./Burghardt, S., IFRS 8 „Operating Segments“, in: PiR, 3. Jg. (2007), S. 21-23.

Übungsaufgaben

Aufgabe 1:
Das Rechnungswesen der Finsdorf AG weist die folgenden Daten auf. Welche Segmente sind nach IFRS 8 als berichtspflichtig auszuwählen? Begründen Sie Ihre Antwort.

Segmente	**Segmenterlöse (T€)**		**Segment-ergebnis (T€)**	**Segment-vermögen (T€)**
	Externe Erlöse	**Interne Erlöse**		
1	140.000	10.000	20.000	100.000
2	320.000	25.000	30.000	400.000
3	30.000	350.000	5.000	100.000
4	70.000	10.000	3.000	80.000
5	430.000	20.000	45.000	410.000
6	280.000	140.000	20.000	150.000
7	100.000	30.000	17.000	100.000
8	30.000	15.000	10.000	160.000
Summe	1.400.000	600.000	150.000	1.500.000

Aufgabe 2:
Entscheiden Sie für jede der nachfolgenden Einzelinformationen, ob sie entsprechend den Anforderungen von IFRS 8 angabepflichtig sind.

1. Segmentschulden
2. Investitionen in das Vorratsvermögen
3. Betriebliches Segmentergebnis
4. Intersegmenterlöse
5. Zinsaufwendungen des Segments
6. Materialaufwendungen des Segments
7. Im Segmentergebnis enthaltene planmäßige Abschreibungen
8. Ergebnisbeiträge der nach der Equity-Methode bewerteten Unternehmen
9. Segmenterlöse

10. Segment-Cashflow
11. Segmentinvestitionen in das langfristige Vermögen
12. Segmentverbindlichkeiten aus Lieferungen und Leistungen
13. Ertragsteueraufwendungen des Segments
14. Segmentvermögen
15. Zins- und Dividendenerträge des Segments

Aufgabe 3:
Die Segmentberichterstattung nach IFRS 8 des Chemiekonzerns Chemix AG beinhaltet die in der nachfolgenden Übersicht dargestellten Daten. Bis auf die Mitarbeiterzahlen sind alle Angaben in Mio. €.

Segment	**Chemie**			**Pharma**		
Jahr	2008	2009	2010	2008	2009	2010
Außenumsätze	340	325	290	75	80	110
Innenumsätze	28	25	30	0	0	0
Abschreibungen	34	35	32	28	30	36
EBIT	65	60	45	26	29	31
Zinsaufwendungen	13	12	14	9	10	8
Ertragsteuern	23	22	18	6	5	8
Segmentergebnis	29	26	13	11	14	15
Segmentvermögen	900	880	860	380	400	480
Mitarbeiter	12.500	12.000	11.000	3.900	4.000	4.500

Segment	**Agrarprodukte**			**Konzern**		
Jahr	2008	2009	2010	2008	2009	2010
Außenumsätze	115	120	122	530	525	522
Innenumsätze	10	10	8			
Abschreibungen	16	15	14	78	80	82
EBIT	37	39	44	128	128	120
Zinsaufwendungen	9	9	9	31	31	31
Ertragsteuern	14	15	14	43	42	40
Segmentergebnis	14	15	21	54	55	49
Segmentvermögen	330	350	360	1.610	1.630	1.700
Mitarbeiter	2.950	3.000	3.110	19.350	19.000	18.610

a) Definieren Sie eine geeignete Rentabilitätskennzahl und berechnen Sie diese Kennzahl für die drei angegebenen Segmente sowie den Gesamtkonzern für die Geschäftsjahre 2008 bis 2010.
b) Beurteilen Sie die Rentabilität des Konzerns
   - auf der Basis der Gesamtkonzerndaten und
   - auf der Basis der Segmentdaten.

Zu welchen Schlussfolgerungen kommen Sie?

Kapitel 30
Zwischenberichterstattung

Die Zwischenberichterstattung (Interim Financial Reporting) hat sich zumindest in Deutschland in den letzten Jahren – insbesondere bei den institutionellen Investoren – als ein bedeutendes Publizitätsinstrument etabliert. So wird die Bedeutung der Quartalsberichterstattung von 32 % der befragten privaten Aktionäre und sogar von 87 % der befragten institutionellen Investoren als sehr hoch bzw. hoch eingeschätzt. Ferner zeigt sich, dass der Quartalsbericht für institutionelle Investoren den gleichen Stellenwert wie der jährliche Geschäftsbericht einnimmt. Ein Grund hierfür kann in der den Quartalsberichten zugesprochenen Aktualität gesehen werden[1].

Die New York Stock Exchange empfahl bereits 1910 eine unterjährige Finanzberichterstattung von dort gelisteten Unternehmen[2]. Die 1934 gegründete SEC leitete eine quartalsweise Berichterstattungspflicht von Umsatzgrößen dagegen erst 1946 ein, scheiterte jedoch bei deren Durchsetzung und nahm schließlich von dieser Berichtspflicht 1953 wieder Abstand. Der Druck der Analysten, die wiederum auf die Bedeutung der unterjährigen Berichterstattung für ihren Berufsstand hinwiesen, führte dazu, dass die SEC 1955 bei ihr registrierte Unternehmen durch Form 9-K zur halbjährlichen Publikation einer Gewinn- und Verlustrechnung verpflichtete. Seit 1970 regelt Form 10-Q die quartalsmäßige Finanzberichterstattung von gegenüber der SEC berichtspflichtigen Unternehmen[3]. In Deutschland erlangte die Zwischenberichterstattung im Rahmen der Umsetzung entsprechender EG-Richtlinien mit dem § 44b BörsG von 1986 und den §§ 53 ff. BörsZulV von 1987 erst wesentlich später verpflichtenden Charakter.

Die Bedeutung der Zwischenberichterstattung für Kapitalmarktteilnehmer hat dazu geführt, dass auch das IASB hierzu einen Standard herausgegeben hat. IAS 34 „Zwischenberichterstattung" (Interim Financial Reporting) beschäftigt sich im Wesentlichen mit dem rechnungslegungsbezogenen Inhalt von Zwischenberichten und lässt sonstige inhaltliche Details (z.B. welche Unternehmen wie häufig der Zwischenberichtspflicht unterliegen) mangels entsprechender Regulierungskompetenz außen vor.

Lernziele

Während die Regulierung der Pflicht zur Zwischenberichterstattung in Kapitel 31 zur Unternehmenspublizität behandelt wird, sollen Sie im Folgenden lernen,

- welche Aufgaben die Zwischenberichterstattung hat und welche Ziele mit ihr verfolgt werden,
- welche Unternehmen zur Anwendung des IAS 34 „Zwischenberichterstattung" verpflichtet sind und
- welche Regelungen zur Zwischenberichterstattung IAS 34 enthält.

---

1 Vgl. *Ernst, E./Gassen, J./Pellens, B.*, Verhalten und Präferenzen deutscher Aktionäre, in: Rosen von, R. (Hrsg.), Studien des Deutschen Aktieninstituts, Heft 42, 2009, S. 29, S. 47-48, S. 54-55.

2 Vgl. *May, R. G.*, The Influence of Quarterly Earnings Announcements on Investor Decisions as Reflected in Common Stock Price Changes, in: JoAR, Vol. 9 (1971), S. 120.

3 Vgl. *Taylor, R. G.*, A Look at Published Interim Reports, in: TAR, Vol. 40 (1965), S. 89-90; *Förschle, G./Helmschrott, H.*, Die Zwischenberichterstattung nach US-GAAP, IAS und HGB, in: WPg, 50. Jg. (1997), S. 555.

1 Aufgaben der Zwischenberichterstattung

Zeitnahe Berichterstattung

Rechnungslegungsadressaten wie beispielsweise Gesellschafter, Finanzanalysten oder Fremdkapitalgeber sind an zeitnahen Informationen über die Vermögens-, Finanz- und Ertragslage der Unternehmen interessiert. Trotz der immer zügigeren Jahresabschlusserstellung (Stichwort: „fast close“) vergeht vielfach ein erheblicher Zeitraum zwischen dem Eintreten eines relevanten Ereignisses und der entsprechenden Berichterstattung darüber im Rahmen der Rechnungslegung[4].

Neben der Ad-hoc-Publizität soll dieses Problem die Zwischenberichterstattung lösen[5]. Durch regelmäßige, zeitnahe und zuverlässige Informationen soll sie den Informationsstand der Abschlussadressaten erhöhen und dadurch den Anlegerschutz verbessern. Die Frequenz der Zwischenberichte ist dabei zunächst nicht festgeschrieben. In der Regel werden diese jedoch halbjährlich (Halbjahresbericht) oder quartalsweise (Quartalsbericht) veröffentlicht und sollen die Entwicklung des Unternehmens seit dem letzten Jahresbericht darstellen.

2 Zwischenberichterstattung nach IAS 34

2.1 Zielsetzung und Anwendungsbereich

IAS 34

Mit IAS 34 „Zwischenberichterstattung“ (Interim Financial Reporting) hat das IASB einen eigenen Standard zur Zwischenberichterstattung entwickelt, der seit 1999 gilt. Hiermit sollen zum einen der Mindestinhalt eines Zwischenberichts sowie zum anderen die relevanten Ansatz- und Bewertungsgrundsätze geregelt werden. Durch eine rechtzeitige und verlässliche Zwischenberichterstattung wird es für die Adressaten leichter, die Vermögens-, Finanz- und Ertragslage eines Unternehmens zu beurteilen. Dabei wird ein Zwischenbericht nur dann als mit den IFRS in Einklang stehend angesehen, wenn auch tatsächlich allen Vorschriften des IAS 34 entsprochen wird (IAS 34.3). In diesem Fall ist auf die Übereinstimmung mit den IFRS hinzuweisen (IAS 34.19).

Aufstellungspflicht

Die Anwendung von IAS 34 und damit das Aufstellen eines Zwischenberichts sind hierdurch jedoch nicht verpflichtend. Es wird lediglich empfohlen, dass ein Zwischenbericht mindestens halbjährlich aufgestellt (IAS 34.1(a)) sowie innerhalb von 60 Tagen nach Abschluss der entsprechenden Berichtsperiode veröffentlicht werden soll (IAS 34.1(b)). Die Regulierung der Zwischenberichterstattungspflicht selbst ist in der Regel Sache der nationalen Gesetzgeber.

Verbindliche Anwendung

Verbindlich anzuwenden ist IAS 34 immer dann, wenn Unternehmen freiwillig einen Zwischenbericht nach IFRS aufstellen oder wenn andere Institutionen

4 Vgl. *Küting, K./Weber, C.-P./Boecker, C.*, Fast Close – Beschleunigung der Jahresabschlusserstellung: (zu) schnell am Ziel?!, in: StuB, 6. Jg. (2004), S. 1-10.

5 Zur grundsätzlichen Bedeutung der Unternehmenspublizität einschließlich Ad-hoc-Publizität und Zwischenberichterstattung siehe Kapitel 31.

(nationale Gesetzgeber, Börsen etc.) einen Zwischenbericht gemäß diesem Standard verlangen. § 37w Abs. 1 WpHG verpflichtet alle Unternehmen, die als Inlandsemittenten Aktien oder Schuldtitel im Sinne des § 2 Abs. 1 Satz 1 WpHG begeben, zur Erstellung von Halbjahresfinanzberichten. Gemäß § 37w Abs. 3 WpHG haben alle zur Zwischenberichterstattung verpflichteten Unternehmen die unterjährige Bilanz und Gesamtergebnisrechnung sowie den Anhang nach den Rechnungslegungsgrundsätzen aufzustellen, die auch im Rahmen der jährlichen Berichterstattung angewendet werden. Für kapitalmarktorientierte deutsche Unternehmen sind dies zumindest im Konzernabschluss die IFRS. Damit gilt IAS 34.

2.2 Definitionen, Umfang und Inhalt eines Zwischenberichts

Definition Zwischenbericht

Ein Zwischenbericht nach IAS 34 ist ein Finanzbericht, der entweder einen vollständigen oder – aus Kostengesichtspunkten und im Interesse einer zeitnahen Veröffentlichung – einen verkürzten Abschluss für die Zwischenberichtsperiode enthält. Da IAS 34.4 eine Zwischenberichtsperiode als eine Berichtsperiode definiert, die kürzer ist als ein Jahr, ist der Standard grundsätzlich auf jegliche Art von Zwischenbericht anwendbar, unabhängig davon, ob halbjährlich, quartalsweise oder monatlich berichtet wird. Der Zwischenbericht ist auf konsolidierter Basis aufzustellen, wenn das Unternehmen zum Ende des letzten Geschäftsjahres einen Konzernabschluss aufgestellt hat (IAS 34.14).

Mindestbestandteile

Die Mindestbestandteile eines Zwischenberichtes werden in IAS 34.8 geregelt. Dieser fordert mit einer verkürzten Bilanz (condensed statement of financial position), einer verkürzten Gesamtergebnisrechnung (condensed statement of comprehensive income), einer verkürzten Eigenkapitalveränderungsrechnung (condensed statement of changes in equity) und einer verkürzten Kapitalflussrechnung (condensed statement of cash flows) sowie ausgewählten erläuternden Anhangangaben (selected explanatory notes) grundsätzlich die Bestandteile, die gemäß IAS 1.10 ein vollständiger Abschluss auch beinhaltet.

Verkürzter Abschluss

Entscheidet sich ein Unternehmen für einen verkürzten Abschluss bzw. den Ausweis verkürzter Abschlussbestandteile, haben diese Abschlussbestandteile mindestens die Überschriften (headings) und Zwischensummen (subtotals) zu beinhalten, die auch im Rahmen der letzten jährlichen Berichterstattung nach IFRS enthalten bzw. die gemäß IAS 1 gefordert waren[6]. Ferner sind die in IAS 34 geforderten Anhangangaben offen zu legen. Eine detailliertere Darstellung wird nur dann auch im Zwischenbericht verlangt, wenn dieser ohne die entsprechenden Angaben irreführend erscheinen würde (IAS 34.10, IAS 34.12). Bezogen auf die Bilanz bedeutet dies beispielsweise, dass, wenn im letzten Ab-

6 In diesem Zusammenhang ist auf eine sprachlich mit IAS 34 inkonsistente Bezeichnung hinzuweisen, da in IAS 1 von Posten (line items) gesprochen wird (IAS 1.54, IAS 1.82). Vgl. *Baetge et al.*, IAS-Kommentar, IAS 34, Tz. 15-42.

schluss des Geschäftsjahres unter den entsprechenden Überschriften bzw. Posten freiwillig über die geforderte Mindestgliederung hinaus gehend weitere einzelne Bilanzpositionen aufgeführt wurden, im verkürzten Abschluss darauf verzichtet werden kann.

Darstellung des Gesamtergebnisses

Die Darstellung des Gesamtergebnisses (comprehensive income) kann wahlweise in einem Rechenwerk (single statement bzw. single statement approach) oder in zwei separaten Rechenwerken (separate income statement and statement of comprehensive income bzw. two statement approach) erfolgen (IAS 34.8(b) i.V.m. IAS 1.81). Auch wenn die Größe „Gewinn oder Verlust" in beiden Rechenwerken weiterhin als unverzichtbare Zwischensumme zur Ermittlung des Gesamtergebnisses dient, erfolgt der Ausweis nur noch im two statement approach als Endsumme eines eigenständigen Rechenwerks, nämlich der klassischen GuV (IAS 1.IG6). Für die Aufwandsgliederung kann zwischen Gesamt- und Umsatzkostenverfahren gewählt werden. Dabei soll das Verfahren angewendet werden, das die verlässlicheren und relevanteren Informationen liefert. Diese Aufwandsgliederung kann wahlweise in der Gesamtergebnisrechnung oder im Anhang vorgenommen werden (IAS 1.99-1.100). In der Praxis erfolgte in der Vergangenheit diese Gliederung regelmäßig in der GuV, unabhängig, ob im Jahres- oder Zwischenbericht[7]. Sollte das Unternehmen für die Aufschlüsselung des Gewinns oder Verlusts im Jahresabschluss den two statement approach gewählt haben, ist im Rahmen der Zwischenberichterstattung ebenfalls diese Darstellungsvariante zu wählen (IAS 34.8A)[8].

Kapitalflussrechnung

Hinsichtlich der verkürzten Kapitalflussrechnung wird auf die Mindestgliederung abgestellt, die sich aus dem Standard zur Kapitalflussrechnung (IAS 7) ergibt. Danach hat die Kapitalflussrechnung die Cashflows der Berichtsperiode zu enthalten, die nach betrieblicher Tätigkeit, Investitions- sowie Finanzierungstätigkeit zu klassifizieren sind (IAS 7.10).

Vollständiger Abschluss

Entscheidet sich ein Unternehmen stattdessen für die Veröffentlichung eines vollständigen Abschlusses im Zwischenbericht, so werden an Form und Inhalt der einzelnen Bestandteile dieselben Anforderungen gestellt, die gemäß IAS 1 an vollständige Abschlüsse gestellt werden (IAS 34.9). Ferner wird explizit betont, dass die Möglichkeit zur Aufstellung eines verkürzten Abschlusses die Unternehmen nicht davon abhalten soll, einen vollständigen Abschluss bzw. Informationen über das Minimum hinaus bereitzustellen (IAS 34.7).

Ergebnis je Aktie

Börsennotierte bzw. IAS 33 anwendende Unternehmen haben ferner das verwässerte und unverwässerte Ergebnis je Aktie auch für die Zwischenberichtsperiode zu ermitteln und in der Gesamtergebnisrechnung auszuweisen (IAS 34.11). Hat sich das Unternehmen für den two statement approach entschieden, sind die Angaben zum Ergebnis je Aktie in dem Rechenwerk vorzunehmen, in dem auch der Gewinn oder Verlust hergeleitet wird (IAS 34.11A).

7 Vgl. *Hoffmann/Leibfried*, Haufe IFRS-Kommentar, § 37, Tz. 15.

8 Für den Alternativfall, dass das Unternehmen den single statement approach gewählt hat, bleibt das IASB eine entsprechende explizite Klarstellung schuldig. Es ist jedoch davon auszugehen, dass auch hier die für den Jahresabschluss gewählte Variante entsprechend im Zwischenbericht darzustellen ist.

Leitprinzip der Anhangangaben

Gemäß dem in IAS 34.15 festgeschriebenen und mit den Verbesserungen der IFRS vom Mai 2010 betonten Leitprinzip hat ein Unternehmen in seinem Zwischenbericht Angaben über Ereignisse und Geschäftsvorfälle seit dem letzten Geschäftsjahr zu machen, die für das Verständnis von Änderungen der Vermögens-, Finanz- und Ertragslage wesentlich sind. Diese Angaben sollen Informationen aus dem Abschluss zum Ende des letzten Geschäftsjahres (nur) aktualisieren (IAS 34.15), da unterstellt wird, dass für den Adressaten des Zwischenberichts der vollständige Abschluss des letzten Geschäftsjahres verfügbar ist (IAS 34.15A). IAS 34.15B gibt eine nicht abschließende Liste von Ereignissen und Geschäftsvorfällen vor, die Angaben notwendig machen, sofern diese Ereignisse und Geschäftsvorfälle auch wesentlich sind. Diese Liste wurde im Zuge der Verbesserungen der IFRS vom Mai 2010 insbesondere um Angaben zu unterschiedlichen sowie geänderten Bewertungsgrundsätzen ergänzt. IAS 34.15C verweist darauf, dass einzelne IFRS Anwendungsleitlinien bezüglich der Angaben zu den Ereignissen und Geschäftsvorfällen bieten.

Zusätzliche Anhangangaben

Zusätzliche Angaben, die in dem Anhang des Zwischenberichts bereitzustellen sind, sind in IAS 34.16A näher beschrieben. Hiervon kann Abstand genommen werden, wenn die betreffende Information bereits an anderer Stelle des Zwischenberichts gegeben wird. In der Regel erfolgt eine kumulierte Darstellung der geforderten Informationen vom Geschäftsjahresbeginn bis zum Zwischenberichtstermin.

Methodenänderung, Saison- und Konjunktureinflüsse, ungewöhnliche Sachverhalte

Als eine solche zusätzliche Anhangangabe wird eine Erklärung verlangt, nach der es im Zwischenbericht keine Änderungen bei den angewendeten Bilanzierungs-, Bewertungs- und Berechnungsmethoden gegenüber dem letzten veröffentlichten Jahresabschluss gegeben hat. Sollte es doch eine Änderung gegeben haben, ist diese einschließlich ihrer Auswirkung zu benennen (IAS 34.16A(a)). Darüber hinaus sind Angaben zu machen, die einen Einblick in Saison- oder Konjunktureinflüsse innerhalb der Zwischenberichtsperiode geben (IAS 34.16A(b)). Ferner gilt es, Art und Umfang ungewöhnlicher Sachverhalte zu erläutern, die Vermögenswerte, Schulden, Eigenkapital, Cashflow oder Gewinn und Verlust beeinflussen (IAS 34.16A(c)).

Schätzänderungen, Kapitaltransaktionen, Segmentangaben

Zusätzlich sind Art und Umfang von Schätzänderungen aus Vorperioden anzugeben (IAS 34.16A(d) i.V.m. IAS 8.34). Neben Emissionen, Rückkäufen und Rückzahlungen von Schuldverschreibungen oder Eigenkapitaltiteln ist über gezahlte Dividenden – getrennt für Stammaktien und sonstige Aktien – zu berichten (IAS 34.16A(e)-(f)). Für den Fall, dass das Unternehmen zum Abschluss eines Geschäftsjahres eine Segmentberichterstattung gemäß IFRS 8 aufzustellen hat, gilt es, ausgewählte Segmentangaben bereitzustellen (IAS 34.16A(g)).

Wesentliche Ereignisse, Unternehmenszusammensetzung

Auch Ereignisse, die erst nach dem Zwischenberichtsstichtag eingetreten sind und noch nicht im Zwischenabschluss Berücksichtigung gefunden haben, sind im Anhang anzuzeigen (IAS 34.16A(h)). Als letzte Angabe fordert IAS 34 Informationen über Auswirkungen durch mögliche Veränderungen in der Unternehmenszusammensetzung, beispielsweise durch die Übernahme oder den Verlust der Beherrschung über Tochterunternehmen oder die Aufgabe von Geschäftsbereichen (IAS 34.16A(i)).

Vergleichsperioden

Für Vergleichszwecke verlangt IAS 34 Angaben aus früheren Perioden. Hierzu ist neben der Bilanz der aktuellen Zwischenberichtsperiode die Bilanz zum Ende des letzten Geschäftsjahres anzugeben. Zusätzlich zur Gesamtergebnisrechnung der aktuellen Zwischenberichtsperiode hat der Zwischenbericht – falls divergierend – die kumulierte Gesamtergebnisrechnung des laufenden Geschäftsjahres sowie die jeweiligen Rechenwerke der Vorjahreszeiträume zu enthalten. In diesem Zusammenhang weist IAS 34.20(b) explizit noch einmal auf die alternativ möglichen Darstellungsvarianten hin. Die Eigenkapitalveränderungs- sowie die Kapitalflussrechnung haben neben den Werten vom Geschäftsjahresbeginn bis zum Stichtag des Zwischenabschlusses die entsprechenden Vorjahreswerte auszuweisen (IAS 34.20).

Beispiel 30.1

Die Air Bochum AG veröffentlicht quartalsweise Zwischenabschlüsse. Das Geschäftsjahr entspricht dem Kalenderjahr. Ein Quartalsabschluss für das 2. Quartal 2010 verlangt daher mindestens

- eine Bilanz zum 30.06.2010,
- eine Bilanz zum 31.12.2009,
- eine Gesamtergebnisrechnung vom 01.04.2010-30.06.2010,
- eine Gesamtergebnisrechnung vom 01.01.2010-30.06.2010,
- eine Gesamtergebnisrechnung vom 01.04.2009-30.06.2009,
- eine Gesamtergebnisrechnung vom 01.01.2009-30.06.2009,
- eine Eigenkapitalveränderungsrechnung vom 01.01.2010-30.06.2010,
- eine Eigenkapitalveränderungsrechnung vom 01.01.2009-30.06.2009,
- eine Kapitalflussrechnung vom 01.01.2010-30.06.2010 sowie
- eine Kapitalflussrechnung vom 01.01.2009-30.06.2009.

Wesentlichkeitsgrundsatz

Einen besonderen Stellenwert nimmt der Wesentlichkeitsgrundsatz im Rahmen der Zwischenberichterstattung ein – besonders unter dem Gesichtspunkt, dass Informationen zeitnah und unter Kostengesichtspunkten bereitgestellt werden sollen (IAS 34.6). Informationen sind grundsätzlich als wesentlich einzustufen, wenn ihr Weglassen oder ihre fehlerhafte Darstellung Einfluss auf Entscheidungen der Adressaten nehmen könnten, die diese auf Basis des (Zwischen-) Abschlusses treffen (RK.30). Um irreführenden Schlussfolgerungen vorzubeugen, die sich beispielsweise aus einer Nichtangabe ergeben könnten, ist über die Wesentlichkeit prinzipiell auf Basis der Finanzdaten der Zwischenberichtsperiode zu entscheiden, wobei es zu beachten gilt, dass die Bewertungen in größerem Maße auf Schätzungen beruhen als Bewertungen von jährlichen Finanzdaten (IAS 34.23). Dies kann zur Folge haben, dass ein Sachverhalt im Rahmen der Zwischenberichterstattung als wesentlich angesehen und folglich über ihn berichtet wird, während im Rahmen des Jahresabschlusses aufgrund einer anderen Einschätzung der Wesentlichkeit eine Berichterstattung ausbleibt. In diesem Zusammenhang ist stets das übergeordnete Ziel zu verfolgen, nach dem ein Zwischenbericht jegliche Informationen bereitstellen soll, die das Verständnis der Vermögens-, Finanz- und Ertragslage während der Berichtsperiode sicherstellen (IAS 34.25)[9].

2.3 Unterjährige Erfolgsermittlung

2.3.1 Ansätze der unterjährigen Erfolgsermittlung

Bei der Erfassung und Bewertung von Geschäftsvorfällen im Zwischenbericht und der damit einhergehenden unterjährigen Erfolgsermittlung kann zwischen dem eigenständigen, dem integrativen und dem beide verknüpfenden kombinierten Ansatz unterschieden werden[10]. Diese Ansätze werden im Folgenden zunächst überblicksartig dargestellt, bevor ihre bilanziellen Auswirkungen in einem Beispiel verdeutlicht werden.

Integrativer Ansatz

Wird im Rahmen der Zwischenberichterstattung der integrative Ansatz verfolgt, steht der Jahresabschluss im Mittelpunkt und der Zwischenbericht fungiert lediglich als ein Instrument, das zwei aufeinander folgende Jahresabschlüsse miteinander verbindet. Die unterjährig publizierten Erfolgszahlen richten sich an dem erwarteten Jahreserfolg aus. Mittels einer regelmäßigen Glättung bestimmter Erfolgskomponenten durch entsprechende Abgrenzung bzw. Vorwegnahme steht die Bereitstellung von Informationen für eine verbesserte Prognose des Jahresergebnisses im Vordergrund. Ein Einblick in den tatsächlichen Geschäftsverlauf der zurückliegenden Periode wird wegen der geglätteten Erfolgsgrößen somit nur eingeschränkt gewährt. Ferner sind die dem integrativen Ansatz zugrunde liegenden Rechnungslegungsmethoden möglicherweise nicht mit denen des Jahresabschlusses vereinbar, was wiederum zu Lasten der Objektivität und Vergleichbarkeit der Zwischenberichterstattung geht.

Eigenständiger Ansatz

Bei dem eigenständigen Ansatz hingegen wird jede Zwischenperiode einzeln und unabhängig von anderen betrachtet; die dem Zwischenabschluss zugrunde liegenden Rechnungslegungsmethoden entsprechen grundsätzlich denen des Jahresabschlusses. Es steht eine retrospektive Betrachtung der Zwischenperiode im Vordergrund; somit soll das Ergebnis bzw. der Geschäftsverlauf der vergangenen Periode zutreffend abgebildet werden. Bei saisonal schwankenden Umsätzen kann so jedoch ein Verlust in einer Zwischenberichtsperiode bei gleichzeitigem Gewinn im Jahresabschluss zu Interpretationsproblemen führen. Dies verlangt vom Adressaten, dass er sich mit dem Geschäftsmodell des berichtenden Unternehmens befasst und seine Prognosen auf Basis der dem Zwischenbericht zugrunde liegenden objektiven Rechnungslegungsdaten einschließlich der Angaben aus den Vergleichszeiträumen vornimmt.

---

9 Vgl. *Baetge et al.*, IFRS-Kommentar, IAS 34, Tz. 105-106.

10 Vgl. ausführlich zur unterjährigen Erfolgsermittlung *Alvarez, M./Wotschofsky, S.*, Zwischenberichterstattung nach Börsenrecht/DRS, IAS und US-GAAP, 2. Aufl., Berlin 2003, S. 99-116.

Beispiel 30.2

Die Air Bochum AG veröffentlicht quartalsweise Zwischenberichte. Um über ein neues Flugziel, das im November und Dezember angeflogen werden soll, die breite Öffentlichkeit zu informieren, startet die Air Bochum AG bereits im Februar und März eine Werbekampagne, die nicht aktivierungsfähige Werbungsaufwendungen in Höhe von 1.000 T€ verursacht. In den Monaten November und Dezember rechnet sie mit Umsatzerlösen in Höhe von 2.000 T€.

Stellen Sie die Quartalsbereichte – jeweils idealtypisch – nach dem eigenständigen und dem integrativen Ansatz auf:

Eigenständiger Ansatz (T€)	**1. Quartal**	**2. Quartal**	**3. Quartal**	**4. Quartal**	**Jahresabschluss**
Umsatzerlöse	0	0	0	+ 2.000	+ 2.000
Werbungskosten	– 1.000	0	0	0	– 1.000
Δ Gewinn	– 1.000	0	0	+ 2.000	+ 1.000

Integrativer Ansatz (T€)	**1. Quartal**	**2. Quartal**	**3. Quartal**	**4. Quartal**	**Jahresabschluss**
Umsatzerlöse	+ 500	+ 500	+ 500	+ 500	+ 2.000
Werbungskosten	– 250	– 250	– 250	– 250	– 1.000
Δ Gewinn	+ 250	+ 250	+ 250	+ 250	+ 1.000

Kombinierter Ansatz

Der kombinierte Ansatz stellt keine neue Methode der unterjährigen Erfolgsermittlung dar, sondern soll die Vorzüge von integrativem und eigenständigem Ansatz miteinander kombinieren und sich somit zur Prognose auf Basis von objektiven Angaben eignen. Dazu wird tendenziell bei positiven Erfolgskomponenten am Realisationsprinzip und somit an der Eigenständigkeit festgehalten, während Aufwendungen eher integrativ berücksichtigt werden.

2.3.2 Unterjährige Erfolgsermittlung nach IAS 34

Bilanzierungs- und Bewertungsmethoden wie im Jahresabschluss

Als Ausdruck des auch dem Zwischenabschluss nach IAS 34 zugrunde liegenden Stetigkeitsgrundsatzes verlangt IAS 34.28 die Anwendung der gleichen Bilanzierungs- und Bewertungsmethoden wie auch im Abschluss des letzten Geschäftsjahres, was zunächst den Eindruck erweckt, dass IAS 34 dem eigenständigen Ansatz folgt. Methodenänderungen sind demnach nur dann zulässig, wenn sie im nächsten Jahresabschluss ebenfalls zur Anwendung kommen und dort auch angegeben werden (IAS 34.28). Dadurch ist jede Zwischenperiode als grundsätzlich eigenständig (discrete view) zu betrachten und die Berichterstattung erfolgt ausschließlich rückblickend (IAS 34.29-30, IAS 34.32-33).

Elemente des eigenständigen Ansatzes

Auch einmalig, saisonal, konjunkturell oder unregelmäßig erzielte Erträge sowie Aufwendungen, die im Geschäftsjahresverlauf ungleichmäßig anfallen, dürfen nicht vorgezogen oder abgegrenzt werden, sofern eine Vorwegnahme bzw. Abgrenzung nicht auch am Geschäftsjahresende vorgenommen werden würde. Hierdurch kann es zu erheblich schwankenden Zwischenergebnissen kommen (IAS 34.37-39), deren ökonomisch sinnvolle Interpretation ein Verständnis des Geschäftsmodells voraussetzen dürfte. In einem solchen Fall wird den Unternehmen empfohlen, ergänzende Informationen bereitzustellen. Zweckmäßig könnten in diesem Zusammenhang Finanzinformationen der letzten zwölf Monate sowie entsprechende Vergleichsinformationen für die vorangegangene zwölfmonatige Berichtsperiode sein (IAS 34.21).

Die eigenständige Ermittlung der Rechenwerke durch die vom Grundsatz her gleiche Verfahrensweise wie beim Jahresabschluss, soweit dem nicht im Einzelfall der in IAS 34.23 festgelegte Wesentlichkeitsgrundsatz entgegen steht, hat bspw. zur Folge, dass Fertigungsaufträge auch an Zwischenberichtsstichtagen gemäß IAS 11 auf die eventuelle Anwendung einer Gewinnrealisierung nach dem Fertigstellungsgrad zu prüfen sind[11].

Elemente des integrativen Ansatzes

Aber auch Elemente des integrativen Ansatzes sind in IAS 34 erkennbar. So sind z.B. außerplanmäßige Abschreibungen auf Vorräte oder bestimmte Wertminderungen, die in einer vorherigen Zwischenperiode GuV-wirksam erfasst wurden und deren Grund zum Ende einer der nächsten Zwischenperioden desselben Geschäftsjahres wieder entfallen ist, rückgängig zu machen (IAS 34.30(a) i.V.m. IAS 8.34). Ausgenommen hiervon sind jedoch Wertminderungen, für die ein explizites Wertaufholungsverbot – wie bspw. beim Goodwill – besteht (IFRIC 10.8). Hierdurch kann die Häufigkeit der Zwischenberichterstattung – entgegen des erklärten Ziels (IAS 34.28) – doch Einfluss auf die Höhe des Jahresergebnisses nehmen.

Beispiel 30.3

Fall 1:
Die Air Bochum AG hat zum Ende des ersten Quartals ihre Flugzeuge um 10 Mio. € außerplanmäßig abgeschrieben. Zum Ende des zweiten und dritten Quartals war der Grund für die Wertminderung wieder entfallen. Auch zum Jahresende gab es keine Anzeichen für eine Wertminderung.

Die Air Bochum AG hat die zum Ende des ersten Quartals vorgenommene Abschreibung im zweiten Quartal wieder rückgängig zu machen. Nur so kann sichergestellt werden, dass die Anzahl der Zwischenberichterstattungen keinen Einfluss auf das Jahresergebnis hat. Ohne die Korrektur der Abschreibung würde beispielsweise bei einer halbjährlichen Berichterstattung das Jahresergebnis um 10 Mio. € höher ausfallen, da die fragliche Wertminderung gar nicht erst gebucht worden wäre.

Fall 2:
Die Air Bochum AG hat zum Ende des ersten Quartals den Goodwill der zahlungsmittelgenerierenden Einheit abgeschrieben, da die erwarteten Synergieeffekte bisher ausgeblieben sind. Im zweiten Quartal entfalten sich diese nun aber doch in einem unerwarteten Ausmaß, so dass die Abschreibung des

11 Zur Teilgewinnrealisierung bei Fertigungsaufträgen vgl. Kapitel 14.

Goodwills auf der Basis der zum Jahresende vorliegenden Informationen nicht erfolgt wäre.

Die Air Bochum AG darf in diesem Fall die im ersten Quartalsabschluss durchgeführte Wertminderung nicht rückgängig machen. Die Quartalsberichterstattung nimmt damit Einfluss auf das Jahresergebnis, das bei einer halbjährlichen Berichterstattung nicht beeinflusst worden wäre.

Mengen- und Preiskomponente

Ein weiteres integratives Merkmal des IAS 34 ist die Unterscheidung zwischen Mengen- und Preiskomponente[12]. Grundsätzlich sind Geschäftsvorfälle in der Berichtsperiode zu berücksichtigen, in der sie auch tatsächlich angefallen sind. Dies wird als Mengenkomponente bezeichnet. Die Mengenkomponente unterscheidet sich von der Preiskomponente dadurch, dass sich bei letzterer der Preis verändern kann. Dies ist der Fall, wenn beispielsweise in Abhängigkeit von der jährlichen Bestellmenge der Preis pro Stück durch Mengenrabatte variiert. Hier weist IAS 34.B23 darauf hin, dass derartige vertraglich zugesicherte Kaufpreisänderungen (Preiskomponente) sowohl vom Liefernden als auch vom Käufer vorab bereits berücksichtigt werden, wenn es wahrscheinlich ist, dass sie eintreten werden. Bezogen auf den Personalaufwand beschreibt IAS 34.B1 den Fall, dass Mitarbeiter mit ihrem Jahresgehalt über der Beitragsbemessungsgrenze liegen. Für den über dieser Grenze liegenden Teil sind wiederum keine Sozialversicherungsabgaben abzuführen. Über das Jahr betrachtet sinkt dadurch der prozentuale Anteil der Sozialversicherungsabgaben am Bruttoarbeitslohn (Preiskomponente). Für die Zwischenberichterstattung ist der prozentuale Anteil der Sozialabgaben am Bruttoarbeitslohn auf Jahresbasis einschließlich eventueller Sonderzahlungen zu schätzen[13].

Beispiel 30.4

Die Air Bochum AG bezieht ihr Kerosin von der PB Oil AG. Pro Jahr rechnet die Air Bochum AG mit einem Kerosinverbrauch von 2 Mio. Litern. Ein Liter Kerosin kostet 1 €. Aufgrund der langjährigen Beziehung zu der PB Oil AG hat die Air Bochum AG die vertragliche Zusicherung, dass ab einer jährlichen Abnahmemenge von 1 Mio. Liter der Preis pro Liter um 0,10 € sinkt. Bereits im ersten Quartal ist ein Kerosinpreis von 0,90 € pro Liter GuV-wirksam in der Gesamtergebnisrechnung zugrunde zu legen (IAS 34.B.23).

Ermittlung des Steueraufwands

Elemente des integrativen Ansatzes sind auch bei der Ermittlung des Steueraufwands erkennbar. Dabei ist der Ertragssteueraufwand einer Zwischenberichtsperiode auf Basis der besten Schätzung des gewichteten durchschnittlichen effektiven Ertragsteuersatzes für das gesamte Jahr zu ermitteln (IAS 34.30(c)). Dieser geschätzte jährliche effektive Steuersatz wird für jede Berichtsperiode unter Berücksichtigung des prognostizierten Jahresgewinns, unterschiedlicher sowie

12 Vgl. weiterführend mit Beispielen *Lüdenbach, N.*, Mengen- und Preiskomponente bei der Zwischenberichterstattung, in: PiR, 3. Jg. (2007), S. 56-59.

13 Vgl. *Alvarez, M.*, Unterjährige Erfolgsermittlung nach IFRS, in: PiR, 2. Jg. (2006), S. 222-223; *Hoffmann/Leibfried*, Haufe IFRS-Kommentar, § 37, Tz. 23.

sich ändernder Steuersätze (kombinierter Ertragsteuersätze), GuV-wirksamer Differenzen in Steuer- und IFRS-Bilanz, verschiedener Guthaben bzw. Verlustvorträge etc. als Quotient aus erwartetem Steueraufwand des Jahres und IFRS-Jahresgewinn vor Steuern ermittelt (IAS 12.86). Dies kann dazu führen, dass bereits in Vorperioden für den Steueraufwand abgegrenzte Beträge in einer nachfolgenden Zwischenperiode des Geschäftsjahres aufgrund von Schätzänderungen durch eine kumulierte Betrachtungsweise angepasst werden. Über derartige Schätzänderungen ist dann wiederum im Anhang zu berichten (IAS 34.16(d)). Es wird somit der Tatsache Rechnung getragen, dass Ertragsteuern auf Basis einer jährlich zu ermittelnden Bemessungsgrundlage und nicht auf Basis eines Zwischengewinns veranlagt werden (IAS 34.30(c))[14].

Beispiel 30.5

Ein Tochterunternehmen der Air Bochum AG, das in einem Land mit progressivem Ertragsteuersatz tätig ist, rechnet für das Geschäftsjahr 2010 mit einem Gewinn vor Steuern (= zu versteuerndem Einkommen) in Höhe von 200 T€, das gleichmäßig über das Jahr anfällt. Auf die ersten 100 T€ sind 20 % Steuern zu zahlen, danach beträgt der Grenzsteuersatz 40 %. Hieraus resultiert ein gewichteter durchschnittlicher effektiver Steuersatz in Höhe von 30 % für das Jahr 2010. Somit hat das Tochterunternehmen in jedem Quartal einen Steueraufwand in Höhe von (50 T€ · 30 % =) 15 T€ auszuweisen.

Wird bspw. aufgrund eines geplanten neutralen zu versteuernden Einkommens oder durch die Möglichkeit zur Nutzung eventueller Verlustvorträge ein effektiver Steuersatz in Höhe von 0 % erwartet, hätte eine konsequente integrative Betrachtungsweise zur Folge, dass in allen Quartalen – unabhängig von einzelnen Quartalsgewinnen oder -verlusten – weder ein Steueraufwand noch ein Steuerertrag ausgewiesen werden würde. IAS 34.B16 betrachtet in diesem speziellen Fall jedoch jede Zwischenperiode wiederum als eigenständig, legt zur Ermittlung eines Steueraufwands bzw. eines Steuerertrags jede Zwischenperiode isoliert zugrunde und weicht damit von der grundsätzlich integrativen Berücksichtigung von Ertragsteuern gemäß IAS 34.30(c) ab[15].

Latente Steuern

Eine Definition des Ertragsteueraufwands erfolgt in IAS 34 nicht. Gemäß IAS 12.5 setzen sich die Ertragsteuern aus den tatsächlichen Steuern auf Basis des zu versteuernden Gewinns bzw. des steuerlichen Verlusts sowie den latenten Steuern zusammen. Latente Steuern entstehen dabei grundsätzlich, wenn der Buchwert eines Vermögenswertes oder einer Schuld in der IFRS-Bilanz (quasi-) zeitlich begrenzt von dem Buchwert in der Steuerbilanz (bilanzorientierte Sichtweise, temporary-Konzept) abweicht[16]. Dabei stimmen die latenten Steuern hinsichtlich ihrer Erfassung innerhalb oder außerhalb des Gewinns oder Verlusts

14 Vgl. *Dahlke, J.*, Steuerpositionen im Zwischenabschluss nach IAS 34 – Auswirkungen der Unternehmensteuerreform 2008, in: BB, 62. Jg. (2007), S. 1832-1835.

15 Vgl. hierzu auch *Alvarez, M.*, Unterjährige Erfolgsermittlung nach IFRS, in: PiR, 2. Jg. (2006), S. 223; *Hebestreit, G.*, Beck'sches IFRS-Handbuch, § 43, Tz. 105.

16 Zur Bilanzierung latenter Steuern siehe Kapitel 8 (Ertragsteuern).

mit der Behandlung des ihnen zugrunde liegenden Geschäftsvorfalls oder Ereignisses überein (IAS 12.57 und 12.61A). Latente Steuern, denen GuV-neutrale Geschäftsvorfälle oder Ereignisse zugrunde liegen, spielen für die Ermittlung des effektiven Steuersatzes keine Rolle, da diese auch nicht den prognostizierten Jahresgewinn bzw. Jahresverlust, der der Ermittlung des effektiven Steuersatzes als Grundlage dient, tangieren. Da unabhängig hiervon der nicht-latente Teil des Ertragsteueraufwandes jeder Zwischenperiode auf Basis des prognostizierten Jahresgewinns zu ermitteln ist, ist konsequenterweise der Buchwertvergleich zur Ermittlung der latenten Steuern ebenfalls auf Basis von prognostizierten Jahreswerten durchzuführen.

Ermittlung des effektiven Steuersatzes bei permanenten Differenzen

Bei der Ermittlung des Ertragsteueraufwands bzw. des effektiven Steuersatzes im Rahmen der Zwischenberichterstattung sind ferner auch solche Geschäftsvorfälle zu berücksichtigen, die zu permanenten Differenzen zwischen IFRS-Abschluss und steuerlicher Gewinnermittlung führen. Eine den Ertragsteueraufwand bzw. die effektive Steuerquote erhöhende permanente Differenz entsteht beispielsweise durch die im deutschen Steuerrecht nur zur Hälfte als steuermindernde Betriebsausgabe anerkannte Aufsichtsratsvergütung[17].

2.4 Änderung von Bilanzierungs- und Bewertungsmethoden

Im Allgemeinen sind die Bilanzierungs- und Bewertungsmethoden beizubehalten, um die Vergleichbarkeit von (Zwischen-) Abschlüssen sicherzustellen (RK.40; IAS 34.28 i.V.m. IAS 34.16(a)). Zu einer Änderung der Bilanzierungs- und Bewertungsmethoden darf es nur kommen, wenn ein Standard oder eine Interpretation dies verlangt (IAS 8.14(a)) oder der Abschluss dadurch zuverlässigere und relevantere Informationen liefert (IAS 8.14(b)). Grundsätzlich sind Änderungen von Bilanzierungs- und Bewertungsmethoden GuV-neutral retrospektiv anzuwenden (IAS 34.43 i.V.m. IAS 8.19 ff.). Hierzu sind auch – falls vorhanden – die Vergleichswerte früherer Zwischenberichtsperioden des aktuellen Geschäftsjahres sowie die entsprechenden Vorjahreswerte anzupassen (IAS 34.43)[18].

---

17 Vgl. *Loitz, R.*, Quartalsberichterstattung für Ertragsteuern nach IFRS (Teil I), in: DStR, 44. Jg. (2006), S. 389-390.

18 Zur grundsätzlichen Behandlung von Änderungen der Bilanzierungs- und Bewertungsmethoden siehe Kapitel 26.

3 Zwischenberichterstattung in Deutschland

Nationale Anforderungen an die unterjährige Unternehmenspublizität

Die Zwischenberichterstattung ist in Deutschland ausschließlich kapitalmarktrechtlich geregelt; sie war früher rudimentär in § 40 BörsG i.V.m. §§ 53-62 BörsZulV festgelegt[19]. Mit der Umsetzung der EG-Richtlinie vom 15.12.2004 „zur Harmonisierung der Transparenzanforderungen" (TranspRL) in nationales Recht durch die Verabschiedung des Transparenzrichtlinie-Umsetzungsgesetzes (TUG) haben das BörsG sowie die BörsenZulV für die Zwischenberichterstattung ihre Bedeutung verloren. Stattdessen wurden durch das TUG die Vorschriften zur Zwischenberichterstattung ausgeweitet und das Wertpapierhandelsgesetz u.a. um den § 37w (Halbjahresfinanzbericht) und den § 37x (Zwischenmitteilung der Geschäftsführung) ergänzt.

WpHG, IAS 34 und DRS 16

Die nationalen Anforderungen an die unterjährige Unternehmenspublizität durch das WpHG gehen teilweise über die Inhalte eines Zwischenberichts nach IAS 34 hinaus. Dennoch sind die nationalen Vorgaben auch von Unternehmen, die gemäß IAS-Verordnung der EU oder § 315a HGB nach IFRS bilanzieren, zu berücksichtigen. In diesem Zusammenhang ist neben der Zwischenmitteilung der Geschäftsführung insbesondere der Zwischenlagebericht zu erwähnen. Diesen Konflikt löst der DRS 16, der auch für Unternehmen, die ihren Konzernabschluss nach IFRS aufstellen, einschlägig ist, aber von keinem Unternehmen verpflichtend anzuwenden ist. Für diese Unternehmen schließt er nur die Anwendung der Tz. 15-33 (Zwischenabschluss) aus. Über die Anforderungen des WpHG hinausgehend verlangt der DRS 16 im Rahmen des Zwischenlageberichtes, wesentliche Veränderungen der Prognosen bzw. sonstiger Aussagen zur voraussichtlichen Entwicklung seit dem letzten Konzernlagebericht zu benennen. Ferner konkretisiert DRS 16 bspw. die Anforderungen an eine Zwischenmitteilung der Geschäftsführung sowie die Befreiung hiervon durch die Veröffentlichung von Quartalsfinanzberichten.

4 Wesentliche Unterschiede zum IFRS for SMEs

Die Zwischenberichterstattung ist zumindest in Deutschland ausschließlich kapitalmarktrechtlich reguliert. Da der IFRS-SME per definitionem auf nichtkapitalmarktorientierte Unternehmen ausgerichtet ist (IFRS-SME.1.3-1.4), enthält der Standard auch keine Vorschriften zur Zwischenberichterstattung. Sofern ein Unternehmen jedoch auf freiwilliger Basis Zwischenberichte aufstellt, hat es die Grundsätze der Erstellung und Darstellung des Zwischenberichts zu beschreiben (IFRS-SME.3.25). Hieraus kann gefolgert werden, dass diese Unternehmen bei der Aufstellung eines Zwischenberichts nicht an IAS 34 gebunden sind.

19 Zur grundsätzlichen Bedeutung der Unternehmenspublizität einschließlich Ad-hoc-Publizität und Zwischenberichterstattung siehe Kapitel 31.

5 Wesentliche Unterschiede zu US-GAAP

Form 10-Q

Neben der SEC mit der dort einzureichenden Quartalsberichterstattung auf Form 10-Q hat zusätzlich die Vorgängerorganisation des FASB, das Accounting Principles Board (APB), mit der heute noch gültigen APB Opinon 28 „Interim Financial Reporting" Regelungen zur Zwischenberichterstattung erlassen, die von börsennotierten Unternehmen ergänzend zu beachten sind.

Bilanzierungs- und Bewertungsmethoden

Hinsichtlich der unterjährigen Erfolgsermittlung folgt APB Opinion 28 / ASC 270 dabei eher dem integrativen Ansatz, wenn auch hier grundsätzlich dieselben Bilanzierungs- und Bewertungsmethoden anzuwenden sind wie auch im Abschluss des letzten Geschäftsjahres. Jedoch werden im Rahmen der Zwischenberichterstattung Anpassungen als notwendig erachtet, um eine zutreffende Einschätzung der Ergebnisse einer Zwischenberichtsperiode in Relation zum Geschäftsjahresergebnis sicherzustellen (APB 28.10 / ASC 270-10-45-2). Die im Mittelpunkt stehende Prognosefunktion der Zwischenberichterstattung wird beispielsweise bei der Abgrenzung von jährlichen Reparatur- oder Wartungsarbeiten deutlich. Gemäß dem Beispiel aus APB 28.16(a) / ASC 270-10-45-9(a) erfolgt eine Glättung der Aufwendungen, indem diese durch entsprechende Abgrenzungen verursachungsgerecht auf die betroffenen Zwischenberichtsperioden verteilt werden. Ähnlich sind Werbeaufwendungen einer Zwischenberichtsperiode zu behandeln, deren Nutzen sich über die entsprechende Zwischenperiode hinaus entfaltet (APB 28.16(d) / ASC 270-10-45-9(d)). Entgegen einer idealtypischen integrativen Vorgehensweise werden saisonale Erträge jedoch nicht abgegrenzt. Vielmehr sollen Erläuterungen zu den saisonalen Schwankungen die Prognose des Jahresergebnisses erleichtern (APB 28.18 / ASC 270-10-45-11).

Ausgewählte Literatur

Alvarez, M., Unterjährige Erfolgsermittlung nach IFRS, in: PiR, 2. Jg. (2006), S. 220-228.

Alvarez, M./Wotschofsky, S., Zwischenberichterstattung nach Börsenrecht/DRS, IAS und US-GAAP, 2. Aufl., Berlin 2003.

Dahlke, J., Steuerpositionen im Zwischenabschluss nach IAS 34 – Auswirkungen der Unternehmensteuerreform 2008, in: BB, 62. Jg. (2007), S. 1831-1838.

Kopatschek, M., IFRIC 10 – Zwischenberichterstattung und Impairment, in: WPg, 59. Jg. (2006), S. 1504-1507.

Schneider, J., Zwischenberichte, in: PiR, 5. Jg. (2009), S. 351-363.

Übungsaufgaben

Aufgabe 1:

a) Nehmen Sie Stellung zu folgender Aussage: „Die IFRS verpflichten zur Zwischenberichterstattung gemäß IAS 34!“

b) Nennen Sie die Mindestbestandteile eines Zwischenberichts nach IAS 34.

c) Inwiefern unterscheiden sich verkürzte Abschlussbestandteile von vollständigen Abschlussbestandteilen?

Aufgabe 2:

Welche Vergleichsangaben sind für die jeweiligen Abschlussbestandteile bei einem Quartalsabschluss zum 30.09.2010 zu machen, wenn das Geschäftsjahr des berichtenden Unternehmens dem Kalenderjahr entspricht?

Aufgabe 3:

Im Rahmen der unterjährigen Erfolgsermittlung lässt sich zwischen eigenständigem, integrativem sowie kombiniertem Ansatz unterscheiden.

a) Welche Zielsetzung verfolgen die jeweiligen Ansätze?

b) Ordnen Sie die unterjährige Ergebnisermittlung nach IAS 34 einem Ansatz zu. Begründen Sie Ihre Wahl!

Aufgabe 4:

Ermitteln Sie auf Basis folgender Angaben für das erste bis vierte Quartal 2010 den geschätzten jährlichen Effektivsteuersatz sowie die sich daraus ergebende Steuerquote pro Quartal.

	Q1	Q2	Q3	Q4
Erwartetes Jahresergebnis vor Steuern	100 T€	110 T€	90 T€	100 T€
Quartalsergebnis IFRS vor Steuern	25 T€	30 T€	10 T€	35 T€
erwartete neue temporäre bilanzielle Differenz zum Jahresende; Ursache: eine Rückstellung wird steuerrechtlich nicht anerkannt.	4 T€	4 T€	5 T€	5 T€
erwartete permanente bilanzielle Differenz zum Jahresende, da die AR-Vergütung 2010 steuerrechtlich nur hälftig abzugsfähig ist.	2 T€	2 T€	4 T€	4 T€
zu berücksichtigender kombinierter Ertragsteuersatz	40 %	30 %	30 %	30 %

Kapitel 31
Unternehmenspublizität

Unternehmen veröffentlichen eine Fülle von Informationen, von denen sich nur ein Teil auf Rechnungslegungsdaten bezieht. So stellt z.B. die Deutsche Bank AG auf ihrer Homepage nicht nur die Jahres- und Konzernabschlüsse der letzten Jahre zum Download bereit. Dort finden sich u.a. auch ganze Geschäftsberichte, Zwischenberichte, Wertpapierprospekte sowie Ad-hoc-Mitteilungen. Allein der Geschäftsbericht 2009 umfasst 436 Seiten. Neben dem (klassischen) Geschäftsbericht veröffentlicht die Deutsche Bank mit Form 20-F gleichzeitig einen ebenfalls sehr umfangreichen Jahresbericht, der für dasselbe Jahr 424 eng beschriebene Textseiten in englischer Sprache umfasst.

Schon an dieser Stelle werden Sie sich vielleicht fragen, was sich denn überhaupt hinter Form 20-F oder z.B. auch einer Ad-hoc-Mitteilung verbirgt. Fraglich ist möglicherweise auch, ob das Management der Deutsche Bank AG diese Informationen freiwillig der Öffentlichkeit zur Verfügung stellt oder ob es durch bestimmte Regulierungen dazu gezwungen ist. Spielt hier möglicherweise eine Rolle, dass die Deutsche Bank-Aktie auch außerhalb Deutschlands, in New York, gehandelt wird? Und was ist der Grund dafür, dass die Deutsche Bank anders als so manches andere deutsche Unternehmen nicht nur Halbjahresberichte, sondern Quartalsberichte als Zwischenberichte veröffentlicht?

Lernziele

Um diese Fragen zu beantworten, sollen Sie im Folgenden lernen,

- welche Bedeutung die Unternehmenspublizität hat und was sich hinter diesem Begriff verbirgt,
- welche Informationen deutsche Unternehmen aufgrund welcher Vorschriften wann veröffentlichen müssen und
- welche Anstrengungen unternommen werden, die nationalen Publizitätsvorschriften international zu harmonisieren.

1 Begriff und Bedeutung der Unternehmenspublizität

IFRS-Rechnungslegung als Teilmenge eines umfassenderen Publizitätssystems

Die informationsorientierte Rechnungslegung nach IFRS liefe zwangsläufig ins Leere, wenn die hier generierten Rechnungslegungsdaten nicht veröffentlicht würden. Dennoch sucht man in den Standards des IASB vergebens nach entsprechenden Offenlegungsvorschriften. Nur Informationsinhalt und -umfang eines IFRS-Abschlusses wurden hier festgelegt. Angaben zu einem Lagebericht o.ä. fehlen weitgehend. Auch bleibt die Frage offen, von wem ein IFRS-Abschluss überhaupt zu erstellen und ob, wann und wie er zu veröffentlichen ist. Hier greift regelmäßig nationales oder internationales Gesetzes- oder Verordnungsrecht. Auch privatvertragliche Vereinbarungen über Offenlegungspflichten, z.B. mit Börsen, sind für Emittenten der dort gehandelten Wertpapiere von Relevanz. Innerhalb dieser Gesetze, Verordnungen oder Vereinbarungen wird dann z.B. auch die Publizität eines Konzernabschlusses nach IFRS verlangt.

Die allgemein zugängliche Bekanntmachung von Unternehmensinformationen wird hier als Unternehmenspublizität bezeichnet. Unternehmensinformationen gehen dabei über reine Rechnungslegungsdaten hinaus und umfassen sämtliche (Selbst-)Darstellungen des Unternehmens nach außen. Entscheidend ist dabei nicht die tatsächliche Kenntnisnahme der Unternehmensinformationen durch bestimmte Adressaten, sondern die sich jedem eröffnende Möglichkeit, von ihnen Kenntnis zu nehmen.

Begriff der Unternehmenspublizität

Beispiel 31.1

- Auf der Internet-Homepage stellt ein Unternehmen seinen Jahresabschluss zum Download bereit.
- Die Einladung zur Hauptversammlung wird in einem überregionalen Börsenpflichtblatt veröffentlicht.
- Die Gründung einer Gesellschaft wird in das Handelsregister eingetragen. Die Einsicht in das Handelsregister ist jedem gemäß § 9 Abs. 1 HGB zu Informationszwecken gestattet und ist über die Internetseite des elektronischen Unternehmensregisters, wenn auch kostenpflichtig, möglich.
- Eine Unternehmensveröffentlichung nach dem Wertpapierhandelsgesetz (WpHG) wird im elektronischen Bundesanzeiger veröffentlicht und ist gemäß § 8b Abs. 2 Nr. 7 HGB im elektronischen Unternehmensregister über das Internet zugänglich.

Die Unternehmenspublizität ist von derselben ordnungspolitischen Vorstellung getragen, die auch der informationsorientierten Rechnungslegung zugrunde liegt. Mehr noch, aus dem Bemühen, einen Teil der Unternehmenspublizität zu quantifizieren und zu standardisieren, ist letztlich erst die informationsorientierte Rechnungslegung entstanden. Für Rechnungslegungsdaten gilt dabei dasselbe wie für alle sonstigen Inhalte der Unternehmenspublizität: Sie dienen der Reduktion einer asymmetrischen Informationsverteilung zwischen den besser informierten „Unternehmensinsidern", insbesondere den Managern, und den schlechter informierten externen Unternehmensbeteiligten. Letztere sind regelmäßig „Schutzgut" gesetzlicher Publizitätsvorschriften. Geschützt werden sie durch entsprechende Unternehmensinformationen, die sie in die Lage versetzen sollen, ihr aktuelles oder potentielles vertragliches Engagement mit dem Unternehmen zu überprüfen (vgl. zu diesem Metazweck der Rechnungslegung bereits Kapitel 1).

Ordnungspolitische Vorstellung

Gesetzliche Publizitätsvorschriften finden sich insbesondere im Gesellschaftsrecht und im Kapitalmarktrecht. Gesellschaftsrechtliche Publizitätsvorschriften sind Bestandteil der rechtsformorientierten Unternehmensverfassungen und müssen deshalb von allen Unternehmen in Abhängigkeit von ihrer Rechtsform beachtet werden.

Gesellschaftsrechtliche Publizitätsvorschriften

Beispiel 31.2

Eine nach deutschem Handelsrecht gegründete OHG muss in das Handelsregister eingetragen werden (§§ 105, 106 HGB), um jedem interessierten Geschäftspartner die Chance zu geben, sich über die Rechtssituation und Gesellschafter der OHG zu informieren. Auch wenn ein Prokurist die OHG im Geschäftsverkehr nach außen vertritt, ist der jeweilige Geschäftspartner in der Lage, sich über diese Vertretungsbefugnis im Handelsregister zu informieren (§ 53 HGB).

Haftungsbeschränkte Rechtsformen strenger reguliert

Ähnliche Publizitätspflichten gelten auch für die anderen Rechtsformen. Hierbei kann allerdings im Grundsatz festgehalten werden, dass die Rechtsformen mit einer Haftungsbeschränkung stärker von Publizitätspflichten betroffen sind. Dies gilt insbesondere für Kapitalgesellschaften (AG, GmbH, KGaA), deren Geschäftspartner nicht darauf vertrauen können, dass eine natürliche Person als persönlich haftender Gesellschafter mit seinem vollständigen Betriebs- und Privatvermögen für sämtliche Verluste eintritt. Soweit alle Einlagen der Gesellschafter geleistet wurden, haftet hier nur die Kapitalgesellschaft als juristische Person mit ihrem Vermögen für sämtliche Unternehmensschulden. Um dieser Haftungsbeschränkung zu begegnen, folgt insbesondere das deutsche Gesellschaftsrecht dem Prinzip, Gläubiger über Ausschüttungsregeln zu schützen und Informationen als Korrelat der Haftungsbeschränkung einzufordern. Geschäftspartner bzw. Unternehmensbeteiligte sollen also auch hier über Informationen „geschützt“ werden.

Beispiel 31.3

Die Pflicht zur Offenlegung des handelsrechtlichen Einzel- und Konzernabschlusses gemäß §§ 325 bis 329 HGB trifft insbesondere alle Kapitalgesellschaften. Aber auch Mischformen wie die GmbH & Co. KG fallen aufgrund der Tatsache, dass keine natürliche Person als voll haftender Gesellschafter vorhanden ist, durch die Regelung des § 264a Abs. 1 HGB unter diese Veröffentlichungspflicht.

Kapitalmarktrechtliche Publizitätsvorschriften

Neben die gesellschaftsrechtlichen Vorschriften treten – auch in Deutschland – verstärkt kapitalmarktrechtliche Bestimmungen, die unabhängig von der Rechtsform von solchen Unternehmen zu beachten sind, die einen organisierten Kapitalmarkt i.S.d. § 264d HGB in Anspruch nehmen.

Exkurs

Gesellschaftsrechtliche vs. kapitalmarktrechtliche Publizität

Gesellschaftsrechtliche und kapitalmarktrechtliche Publizitätspflichten zielen im Grundsatz auf unterschiedliche Rechtstatsachen und tendenziell auch auf unterschiedliche Unternehmen. Während gesellschaftsrechtliche Publizitätsbestimmungen mehr auf Rechtsformen und hier insbesondere auf Kapitalgesellschaften zielen, abstrahieren kapitalmarktrechtliche Publizitätspflichten von der Rechtsform und stellen allein den Kapitalmarktzugang in den Vordergrund. In der Regel dürften hier – gerade bei großen, international agierenden Unternehmen – Überschneidungen existieren, wenn z.B. eine Kapitalgesellschaft auch gleichermaßen den Kapitalmarkt als Emittent von Eigen- und/oder Fremdkapitaltiteln in Anspruch nimmt und insofern von beiden Rechtsbereichen betroffen wird. Es existieren aber auch nicht kapitalmarktorientierte Kapitalgesellschaften, die nur gesellschaftsrechtlichen Pflichten unterliegen. Selten, aber ebenfalls möglich, erscheint der Fall einer kapitalmarktorientierten Personenhandelsgesellschaft (z.B. KG als Emittent einer börsengehandelten Anleihe), die insofern – mangels Haftungsbeschränkung – weniger für gesellschaftsrechtliche, sondern mehr für kapitalmarktrechtliche Publizitätspflichten in Frage kommt.

Zusammenhang zwischen Rechtsform und Kapitalmarktorientierung

<table>
<tr><td rowspan="2" colspan="2"></td><td colspan="2">Kapitalgesellschaften und Genossenschaften</td><td colspan="2">Personengesellschaften</td><td rowspan="2">Einzelkaufleute</td></tr>
<tr><td>AG, KGaA</td><td>GmbH, Genossenschaften</td><td>ohne natürliche Person als Vollhafter</td><td>mit natürlicher Person als Vollhafter</td></tr>
<tr><td rowspan="2">kapitalmarktorientiert i.S.d. § 264d HGB</td><td>Aktien bzw. Aktien u. Schuldtitel</td><td>börsennotierte Kapitalgesellschaften i.S.d. § 3 Abs. 2 AktG</td><td colspan="4">– nicht möglich –</td></tr>
<tr><td>Schuldtitel</td><td colspan="3">kapitalmarktorientierte, aber nicht börsennotierte Kapitalgesellschaften und aufgrund der Rechtsform gleichgestellte Gesellschaften</td><td colspan="2">kapitalmarktorientierte Nicht-Kapitalgesellschaften</td></tr>
<tr><td colspan="2">Nicht kapitalmarktorientiert</td><td colspan="3">nicht kapitalmarktorientierte Kapitalgesellschaften und aufgrund der Rechtsform gleichgestellte Gesellschaften</td><td colspan="2">nicht kapitalmarktorientierte Nicht-Kapitalgesellschaften</td></tr>
</table>

Abb. 31.1: Zusammenhang von Rechtsform und Kapitalmarktorientierung

Nach einer Studie von *Burger* aus dem Jahre 2006 konnten insgesamt ca. 1.000 Gesellschaften in Deutschland als kapitalmarktorientiert eingestuft werden, weil sie Aktien- und/oder Schuldtitel emittiert hatten. Etwa 170 dieser Gesellschaften hatten ausschließlich Schuldtitel emittiert. Von allen kapitalmarktorientierten Gesellschaften fielen etwa 750 unmittelbar unter den Anwendungsbereich der EU-Verordnung, die sie zur Erstellung von IFRS-Konzernabschlüssen verpflichtet[1].

Gesellschaftsrechtliche Wurzel der dt. Rechnungslegungspublizität

Das traditionelle deutsche System der Rechnungslegungspublizität war lange Zeit stärker gesellschaftsrechtlich als kapitalmarktrechtlich geprägt. Insofern herrscht in Deutschland oft implizit die Vorstellung, Publizitätspflichten, selbst wenn sie die IFRS-Rechnungslegung zum Inhalt haben, allen Kapitalgesellschaften vorzuschreiben.

Kapitalmarktrechtliche Tradition der IFRS

Das Rechnungslegungssystem der IFRS ist, historisch gesehen, aber eher vor dem Hintergrund des kapitalmarktrechtlichen Schutzgedankens entwickelt worden. Dies zeigt sich z.B. darin, dass bestimmte Standards eher den Be-

1 Vgl. *Burger, A.*, Kapitalmarktorientierung in Deutschland, Aktualisierung der Studien aus den Jahren 2003 und 2004 vor dem Hintergrund der Änderungen der Rechnungslegung von Emittenten, in: KoR, 6. Jg. (2006), S. 113-122.

dürfnissen kapitalmarktorientierter Unternehmen dienen als denen mittelständischer (nicht kapitalmarktorientierter) Unternehmen. Ferner spielen die Investoren als Adressaten dieser Rechnungslegung im Rahmenkonzept immer noch eine hervorgehobene Rolle (vgl. dazu Kapitel 5). Durch die Übernahme eines derartigen Rechnungslegungssystems in das gesellschaftsrechtliche deutsche Publizitätssystem – sei es früher durch § 292a HGB oder seit 2005 durch die IAS-Verordnung und deren Umsetzung in das deutsche Recht über das BilReG (vgl. dazu Kapitel 2) – sind gewisse Konfusionen offenkundig. Diese äußern sich insbesondere darin, dass das IFRS-System nun auch, zumindest qua Wahlrecht, auf nicht kapitalmarktorientierte Unternehmen ausgedehnt worden ist, obwohl diese nicht originär im Fokus der eher kapitalmarktorientierten IFRS stehen. Die 2009 erfolgte Verabschiedung des IFRS for SMEs ist vor diesem Hintergrund ebenfalls problematisch. Trotz der vermeintlichen Ausrichtung auf nicht kapitalmarktorientierte Unternehmen und trotz einiger Erleichterungen steht dieser Standard dennoch in der konzeptionellen Tradition der „full" IFRS[2].

Weitere Konfusionen aus der Integration der IFRS in ein gesellschaftsrechtliches System, das auch andere Zwecke, z.B. Ausschüttungszwecke, an veröffentlichte Rechnungslegungsdaten von Kapitalgesellschaften koppelt, seien hier ebenso wie mögliche Wechselwirkungen mit dem Steuerrecht nur angedeutet.

Kapitalmarktrechtlicher Schutzgedanke

Auch kapitalmarktrechtliche Publizitätspflichten werden von einem Schutzgedanken getragen. Es herrscht die Überzeugung, dass insbesondere der Schutz der anonymen, kleinen Kapitalmarktteilnehmer und damit die Funktionsfähigkeit der Kapitalmärkte über eine weit reichende Informationsversorgung sichergestellt werden müsse. Diese Überzeugung ist erstmalig wohl vom US-amerikanischen Regulierer insbesondere nach der Weltwirtschaftskrise Anfang der 1930er Jahre formuliert worden und in das damals entstandene Kapitalmarktrecht auf Bundesebene eingeflossen (Securities Act 1933, Securities Exchange Act 1934). Letztlich hat dies auch zur Entstehung des umfangreichen US-amerikanischen Publizitätssystems und insofern auch zu dem heute herrschenden US-GAAP-System geführt (vgl. Kapitel 3 sowie Exkurs „US-Publizitätssystem und SEC-Berichterstattung in Abschnitt 3.5 dieses Kapitels). Inzwischen hat sich diese Überzeugung – möglicherweise durch die Dominanz US-amerikanischer Kapitalmärkte und vom Druck der dortigen Börsenaufsicht gefördert – auch in der EU und in Deutschland durchgesetzt, wie die in den letzten Jahren deutlich zunehmende Fülle kapitalmarktrechtlicher Publizitätspflichten zeigt.

Entscheidungsnützliche Informationen

Um dem kapitalmarktrechtlichen Schutzgedanken zu entsprechen, sind den aktuellen und potentiellen Investoren geeignete Informationen zur Verfügung zu

2 Vgl. z.B. *Fülbier, R. U./Gassen, J./Ott, E.*, IFRS for SMEs für den europäischen Mittelstand? Einige theoretische und empirische Überlegungen, in DB, 63. Jg. (2010), S. 1357-1360.

stellen. Geeignet sind diejenigen Informationen, die diese für ihre (Des-)Investitionsentscheidung benötigen. Darunter fallen nicht nur Rechnungslegungsdaten, die auf der Basis eines Rechnungslegungssystems ermittelt werden, das sich – wie die IFRS – ausschließlich der entscheidungsrelevanten Information ihrer Adressaten verschrieben hat. Auch sonstige, darüber hinausgehende Informationen sind erforderlich, damit die Kapitalmarktteilnehmer frühzeitig und in einer möglichst verständlichen Form über alle relevanten Informationen verfügen können.

Beispiel 31.4

Die Wirkungsweise einer Kapitalmarktinformation sei an dem idealisierten Aktienkurs einer börsennotierten Gesellschaft verdeutlicht (vgl. Abbildung 31.2). Zum Zeitpunkt t_1 verpflichtet diese Gesellschaft einen neuen Vorstandsvorsitzenden, der in der Branche den Ruf des „harten Sanierers" hat. Er soll künftig insbesondere dafür verantwortlich sein, die aus dem Ruder laufenden Kosten deutlich zu reduzieren.

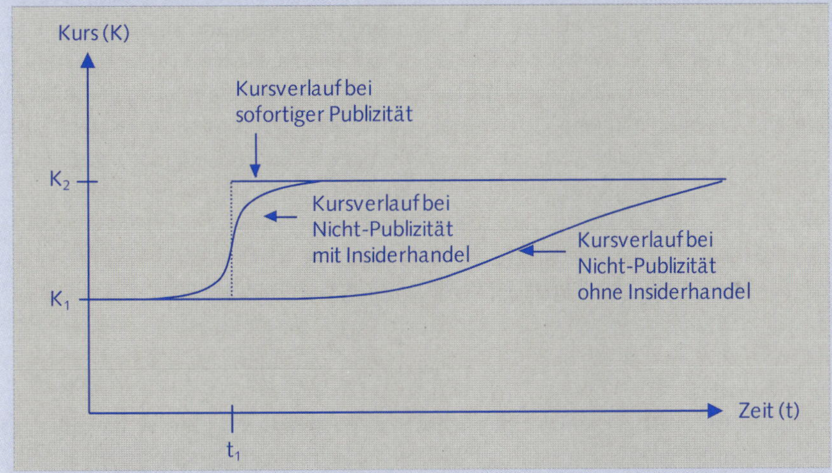

Abb. 31.2: Wirkungsweise von Kapitalmarktinformationen

Für aktuelle wie auch potentielle Aktionäre dieser Gesellschaft ist dies eine wichtige und somit entscheidungsrelevante Information. Schließlich verspricht das Kostensenkungsprogramm unter dem neuen Vorsitzenden mit hoher Wahrscheinlichkeit höhere künftige Gewinne, Dividenden und damit einen gesteigerten Unternehmenswert. Allerdings müssen die Aktionäre diese Information erst einmal erlangen. Mehrere Szenarien sind hier vorstellbar:

- Die Kapitalmarktteilnehmer werden nicht offiziell informiert. Erst nach und nach „sickert" diese Information in den Markt. Der Aktienkurs nähert sich eher langsam dem neuen höheren Niveau (K_2) an.
- Die Kapitalmarktteilnehmer werden nicht offiziell informiert. „Unternehmensinsider", die um die wertsteigernde Information wissen, kaufen aber

intensiv Aktien des eigenen Unternehmens (Insiderhandel). Der Kurs der Aktie steigt schneller. Letztlich hat damit auch der Insiderhandel eine „Informationsweitergabefunktion". Diese wird allerdings häufig als „ungerecht" kritisiert. Zwar profitieren alle Marktteilnehmer von einem Preismechanismus, der mehr Informationen widerspiegelt und damit informationseffizienter wird. Störend erscheint aber vielen die Tatsache, dass nur wenige privilegierte Insider von dem Insiderhandel selbst profitieren können.

- Die Kapitalmarktteilnehmer werden über eine offizielle Ad-hoc-Mitteilung informiert. Der Kurs der Aktie springt von dem ursprünglichen Niveau (K_1) auf das neue Niveau (K_2). Je effizienter der Markt ist, desto schneller geschieht dies.

Kapitalmarktrechtliche Publizität umfangreicher

Die Absicht, nahezu sämtliche entscheidungsrelevanten Informationen zur Verfügung zu stellen, führt dazu, dass kapitalmarktrechtliche Publizitätspflichten tendenziell umfangreicher sind als ihr gesellschaftsrechtliches Pendant. Da die Entscheidungsrelevanz der Daten mit der Zeit abnimmt, sind diese Publizitätspflichten meist auch zeitnäher ausgestaltet und kommen öfter – sei es regelmäßig oder auch unregelmäßig – zum Tragen. Um sämtliche Kapitalmarktteilnehmer zu erreichen, werden dabei Veröffentlichungsmedien mit großer Breitenwirkung vorgeschrieben.

2 System der Unternehmenspublizität

Systematisierung der Unternehmenspublizität

Folgende Fragen erlauben eine weitergehende Differenzierung der Unternehmenspublizität:

- Warum werden bestimmte Unternehmensinformationen publiziert (Anlass der Veröffentlichung)?
- Wann werden Unternehmensinformationen publiziert und welchen Zeitraum decken sie jeweils ab (Zeitpunkt und -raum der Veröffentlichung)?
- Welche Unternehmensinformationen werden publiziert (Inhalt der Veröffentlichung)?

Dementsprechend kann die Unternehmenspublizität wie folgt systematisiert werden (Abbildung 31.3):

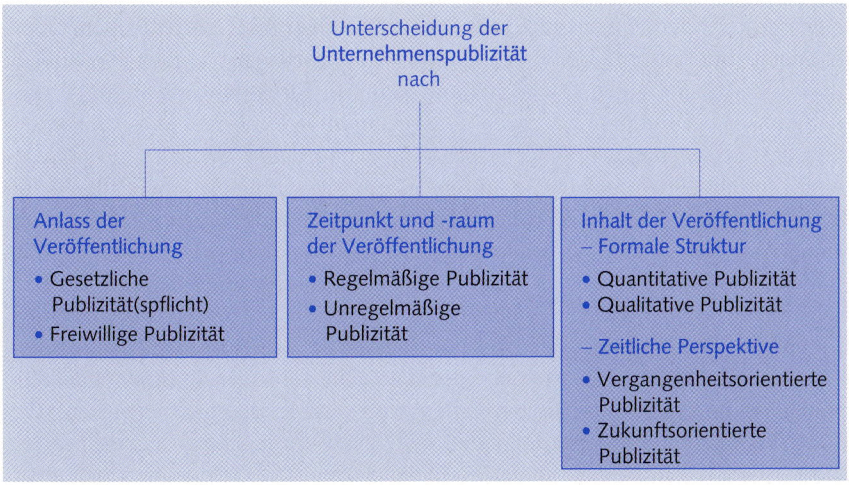

Abb. 31.3: Systematisierung der Unternehmenspublizität

Grund der Veröffentlichung

Die Veröffentlichung von Unternehmensinformationen folgt entweder betriebswirtschaftlichem Kalkül (z.B. Investor- oder Customer-Relations-Maßnahmen) oder wird gesetzlich erzwungen. Vor diesem Hintergrund kann die *freiwillige* von der *gesetzlichen* Publizität abgegrenzt werden. Die freiwillige Publizität, zu der sich die Unternehmensleitung in privatvertraglichen Vereinbarungen, wie z.B. Kreditverträgen, verpflichtet oder die ohne rechtliche Verpflichtung des Unternehmens erfolgt, wird an dieser Stelle nicht weiter verfolgt. Zudem ist die Grenze fließend. So sind z.B. privatvertragliche Börsenbedingungen, denen sich die Emittenten der an dieser Börse gehandelten Wertpapiere unterwerfen müssen, in ihrem kollektivvertraglichen Zwangscharakter einem Gesetz durchaus ähnlich. Im Vordergrund steht hier dennoch der gesetzlich erzwungene Teil der Unternehmenspublizität.

Zeitpunkt und -raum der Veröffentlichung

Publizitätspflichten lassen sich hinsichtlich des Zeitpunktes der jeweiligen Veröffentlichung sowie des Zeitraums der Berichterstattung in *regelmäßige* und *unregelmäßige* Publizität differenzieren. Regelmäßige Publizitätspflichten existieren für Jahres-, Halbjahres- und Quartalsabschlüsse und schreiben den betroffenen Unternehmen damit eine sich im Zeitablauf in immer gleichen Abschnitten meist unter Beachtung bestimmter Fristen wiederholende Offenlegung vor. Unregelmäßige Publizitätspflichten sind dahingegen an bestimmte, mehr oder weniger konkretisierte Ereignisse geknüpft. Von kapitalmarktrechtlicher Seite können hier z.B. die Offenlegungspflichten im Rahmen einer Wertpapieremission genannt werden. Unregelmäßig greift auch die Ad-hoc-Publizität, nach der kapitalmarktorientierte Unternehmen unverzüglich bestimmte, für die Kapitalmarktteilnehmer als wichtig erachtete Informationen veröffentlichen müssen.

Inhalt der Veröffentlichung: formale Struktur

Wird die Unternehmenspublizität nach dem Inhalt der veröffentlichten Informationen differenziert, sind zwei Unterscheidungsebenen möglich. So können die Informationen einerseits nach ihrer formalen Struktur in *quantitative* oder *qualitative* Daten unterteilt werden. Die quantitative Publizität erfasst insbesondere die Rechenwerke der Rechnungslegung und damit Bilanz, Ergebnisrechnung (einschließlich Gewinn je Aktie), Kapitalflussrechnung sowie Eigenkapitalveränderungsrechnung. Darunter können auch Teile der Anhangangaben subsumiert werden, soweit sie weitere quantitative Daten wie z.B. die Segmentberichterstattung betreffen. Auch außerhalb der Abschlussbestandteile, z.B. im Lagebericht, sind quantitative Daten z.B. in Form von Rendite-Kennzahlen, Gehaltsinformationen oder statistischen Zahlen zu Arbeitnehmern, Aktionären, Produkten, Produktionsanlagen etc. denkbar. Alle sonstigen Informationen sind zwangsläufig qualitativ. Darunter fallen z.B. verbale Beschreibungen des Geschäftsverlaufs, Absichtsbekundungen oder auch die rechnungslegungsbezogenen verbalen Erläuterungen in den Anhangangaben. Die Grenze zwischen quantitativen und qualitativen Daten ist jedoch fließend.

Inhalt der Veröffentlichung: Zeitliche Perspektive

Unternehmensinformationen können aber auch hinsichtlich ihrer zeitlichen Perspektive in *vergangenheits-* sowie *zukunftsorientierte* Informationen unterteilt werden. Während in der Rechnungslegung überwiegend vergangene Perioden abgebildet und Aussagen über künftige Entwicklungen nur indirekt zugelassen werden, ist der Anteil zukunftsorientierter Informationen außerhalb der Rechnungslegung sehr viel höher. Diese zukunftsorientierten Informationen können quantitativer oder qualitativer Natur sein[3]. Meist werden diese Informationen – gerade wenn sie qualitativer Natur sind – als „soft" eingestuft, da sie sich zu einem beträchtlichen Anteil der intersubjektiven Nachprüfbarkeit entziehen. Dahinter verbergen sich subjektive Schätz-, Bewertungs- oder Prognosedaten des besser informierten Managements, die für die Unternehmensbeteiligten aber durchaus Entscheidungsrelevanz besitzen können.

3 Unternehmenspublizität in Deutschland

In den folgenden Ausführungen soll das System der Publizitätspflichten vorgestellt werden, innerhalb dessen auch Rechnungslegungsdaten veröffentlicht werden. Da die Publizitätspflichten gesellschafts- und insbesondere kapitalmarktrechtlich fundiert sind und überwiegend noch nationalen Rechtsordnungen entspringen, wird hier primär aus deutscher Perspektive berichtet. Dabei orien-

3 Vgl. zur Prognoseberichterstattung ausführlich *Ruhwedel, F./Sellhorn, T./Lerchenmüller, J.*, Prognoseberichterstattung in Aufschwung und Krise – Eine empirische Untersuchung der DAX-Unternehmen, in: DB, 62. Jg. (2009), S. 1305-1313; *Pellens, B./Nölte, U./Berger, O.*, Ergebnisprognosen durch das Management – Sind die Managementprognosen der DAX-Unternehmen zu pessimistisch?, in: FB, 7. Jg. (2007), S. 24-29.

tiert sich diese Darstellung, nach einer einführenden Erläuterung nationaler Besonderheiten, an der zeitpunkt- bzw. zeitraumbezogenen Unterscheidung in

- Emissionspublizität (unregelmäßige Publizitätspflicht),
- Jahresberichterstattung (regelmäßige Publizitätspflicht),
- Zwischenberichterstattung (regelmäßige Publizitätspflicht) und
- Ad-hoc-Publizität (unregelmäßige Publizitätspflicht).

3.1 Besonderheiten des deutschen Publizitätssystems

Traditionelle Dominanz des Gesellschaftsrechts

Die deutsche Rechtstradition im Bereich der Unternehmenspublizität ist gesellschaftsrechtlich geprägt. Publizitätspflichten orientieren sich regelmäßig an der Rechtsform des Unternehmens. Die aktuellen Gesellschafter genießen hier gleichberechtigt neben anderen Unternehmensbeteiligten, wie z.B. Gläubigern und Arbeitnehmern, gesellschaftsrechtlich normierten Schutz. Potentielle Kapitalgeber, die sich noch in einem Entscheidungsprozess über ihre Unternehmensbeteiligung befinden, werden gesellschaftsrechtlich weitgehend ignoriert, so dass im deutschen Gesellschaftsrecht eher von Gesellschafterschutz und nicht von Anlegerschutz zu sprechen ist. Während in den USA ein umfangreiches und komplexes kapitalmarktrechtliches System von Gesetzen und Vorschriften zum Schutz der Anleger und des Kapitalmarkts als Institution existiert, gehört das Anlegerschutzrecht in Deutschland zu einem vergleichsweise jungen Rechtsgebiet. Noch vor wenigen Jahrzehnten gab es in Deutschland nur ein Kapitalmarktrecht „in statu nascendi"[4].

Aufkommendes Kapitalmarktrecht

Erst seit Ende des 20. Jahrhunderts hat sich diese gesellschaftsrechtliche Dominanz in der deutschen Rechtsordnung unter dem Eindruck zunehmend verknappter (Eigen-)Kapitalressourcen, international agierender deutscher Unternehmen („global player"), integrierter Kapitalmärkte und einer immer stärkeren internationalen Rechtsangleichung abgeschwächt. Auf Ebene der EU und auch in Deutschland ist in relativ kurzer Zeit ein Kapitalmarktrecht entstanden, das sich zunehmend dem US-amerikanischen Pendant annähert. Zu nennen ist hier insbesondere die Serie verschiedener Gesetze, die eine Fülle von EU-Richtlinien in nationales Recht transformierte und Publizitätspflichten ausschließlich für börsennotierte Unternehmen schuf. Neben der schon länger existierenden Verpflichtung zur Erstellung eines Wertpapierprospektes zur Zulassung zum Börsenhandel und den jährlichen Offenlegungspflichten traten im Zuge der Novellierung des Börsengesetzes 1987 die halbjährliche Zwischenberichterstattung sowie die Ad-hoc-Publizität hinzu. Letztere ist inzwischen aus dem Börsengesetz herausgelöst und in weitgehend identischer Form in das Wertpapierhandelsgesetz integriert worden (§ 15 WpHG). Mit dem gleichen Gesetz wurden in Annäherung an die weit reichenden angloamerikanischen Publizitätsvorschriften bei Unternehmenskäufen und -übernahmen auch Mitteilungs- und Veröffentli-

4 *Hopt, K. J.*, Vom Aktien- und Börsenrecht zum Kapitalmarktrecht, in: ZHR, Bd. 141 (1977), S. 431.

chungspflichten in Abhängigkeit von wesentlichen Änderungen in der Anteilseignerstruktur börsennotierter Gesellschaften geschaffen. Im Zuge der Umsetzung der EG-Transparenzrichtlinie durch das Transparenzrichtlinie-Umsetzungsgesetz (TUG) wurden überdies weitere Informationspflichten von Emittenten an organisierten Märkten vom Börsengesetz und der Börsenzulassungsverordnung in das Wertpapierhandelsgesetz verschoben. Hiermit verbunden ist auch ein Wechsel der Aufsichtszuständigkeit von den jeweiligen Zulassungsstellen der Börsen hin zur Bundesanstalt für Finanzdienstleistungsaufsicht (BaFin). Weitere Publizitätspflichten finden sich auf der Ebene der Börsenordnungen. Darin werden zusätzliche Anforderungen an diejenigen Emittenten gestellt, deren Wertpapiere in dem 2003 neu etablierten Prime Standard zugelassen sind. Im General Standard gelten indes die gesetzlichen (Mindest-)Standards.

Charakter gesellschaftsrechtlicher Publizitätspflichten

Gesellschaftsrechtliche Publizitätspflichten orientieren sich weniger an der Kapitalmarktorientierung i.S.d. § 264d HGB (Inanspruchnahme eines organisierten Marktes i.S.d. § 2 Abs. 5 WpHG durch Wertpapiere i.S.d. § 2 Abs. 1 WpHG). Stattdessen stehen hier primär Rechtsform, Größe und Branche eines Unternehmens im Vordergrund. So differenziert das deutsche Handelsrecht bei den in §§ 325-328 HGB kodifizierten Offenlegungspflichten für den Jahresabschluss und Lagebericht vor allem hinsichtlich der Rechtsform und Unternehmensgröße. Umfassende Publizitätsanforderungen werden hier über die Haftungsbegrenzung auf das Gesellschaftsvermögen gerechtfertigt und gelten deshalb folgerichtig für alle Kapitalgesellschaften (AG, KGaA, GmbH) und Personengesellschaften, bei denen nur juristische Personen als Vollhafter engagiert sind (insb. GmbH & Co. KG). Hinsichtlich der Kapitalmarktorientierung eines Unternehmens wird im HGB nur wenig differenziert (z.B. § 264 Abs. 1 HGB, § 267 Abs. 3 Satz 2 HGB, § 293 Abs. 5 HGB). Kapitalmarktorientierte Unternehmen werden sämtlich wie große Kapitalgesellschaften behandelt. Die Differenzierung der Publizitätspflicht hinsichtlich Rechtsform und Unternehmensgröße setzt sich auch in §§ 1, 3 PublG i.V.m. § 9 PublG sowie § 11 PublG i.V.m. § 15 PublG fort. Nichtkapitalgesellschaften werden unabhängig von ihrer Rechtsform bei Erreichen bestimmter Größenkriterien auf die Stufe einer großen Kapitalgesellschaft gestellt und zum gleichen Offenlegungsumfang verpflichtet. Weitere rechtsformabhängige Publizitätspflichten existieren gemäß § 339 HGB für eingetragene Genossenschaften. Branchenabhängige Publizitätspflichten bestehen u.a. für Banken, Versicherungen und Kapitalanlagegesellschaften (§ 340l HGB; § 26 KWG; § 55 VAG).

Duales Publizitätssystem

Zusammenfassend kann festgehalten werden, dass Unternehmen in Deutschland einem dualen Publizitätssystem folgen. Für nicht kapitalmarktorientierte Unternehmen sind allein gesellschaftsrechtliche Normen maßgebend, während kapitalmarktorientierte Unternehmen gesellschafts- und kapitalmarktrechtliche Regeln zu befolgen haben. Im Publizitätsumfang, in der Publizitätshäufigkeit und in der Höhe der Sanktionen dürfte das kapitalmarktrechtliche System weitreichender sein und die Unternehmenspublizität kapitalmarktorientierter Unternehmen insofern dominieren.

3.2 Emissionspublizität

Wertpapierprospekt

Die Emissionspublizität erfordert in Deutschland, in Abhängigkeit von dem gewählten Marktsegment, einen mehr oder weniger ausführlichen Prospekt. So muss jedes Unternehmen, das die Zulassung seiner Wertpapiere zum Börsenhandel im amtlichen Markt beantragt, einen Wertpapierprospekt veröffentlichen (§ 30 Abs. 3 BörsG). Mit der Erstfassung des Wertpapierprospektgesetzes (WpPG) vom 22.06.2005 und der damit verbundenen Umsetzung der EG-Prospektrichtlinie wurde die behördliche Ausgestaltung des Prospektes der §§ 13-47 BörsZulV a.F. durch die §§ 5-7 WpPG ersetzt. Die in § 7 WpPG festgeschriebenen Mindestangaben eines Wertpapierprospektes, die sich nach der die Prospektrichtlinie umsetzenden Verordnung (EG) Nr. 809/2004 bestimmen, richten sich dabei nach der zu registrierenden Wertpapierart. Das für eine Aktienregistrierung erforderliche Registrierungsformular sieht dabei eine Fülle von Angabepflichten vor (Tabelle 31.1).

Mindestangaben für das Registrierungsformular für Aktien
Personen, die für Angaben verantwortlich sind
Abschlussprüfer
Ausgewählte Finanzinformationen (u.a. Kennzahlen, die einen Überblick über die Finanzlage des Emittenten geben; ausgewählte historische Finanzinformationen)
Risikofaktoren
Informationen über den Emittenten (u.a. Geschäftsgeschichte und -entwicklung, Investitionen)
Geschäftsüberblick (u.a. Haupttätigkeitsbereiche; wichtigste Märkte; Angaben zu Abhängigkeiten des Emittenten)
Organisationsstruktur (u.a. Liste der wichtigsten Tochterunternehmen)
Sachanlagen
Angaben zur Geschäfts- und Finanzlage
Eigenkapitalausstattung (u.a. Informationen über die Eigenkapitalausstattung des Emittenten; Informationen über den Fremdfinanzierungsbedarf und die Finanzierungsstruktur des Emittenten)
Forschung und Entwicklung, Patente und Lizenzen
Zukunftsgerichtete Informationen (u.a. Angaben über bekannte Trends, Unsicherheiten, Verpflichtungen oder Vorfälle, die wahrscheinlich die Aussichten des Emittenten im laufenden Geschäftsjahr wesentlich beeinflussen können)
Gewinnprognosen oder -schätzungen
Verwaltungs-, Management- und Aufsichtsorgane sowie oberstes Management (u.a. Namen und Angabe der wichtigsten Tätigkeiten, die außerhalb des Emittenten ausgeübt werden, Art etwaiger verwandtschaftlicher Beziehungen dieser Personen, Interessenskonflikte zwischen den Verwaltungs-, Management- und Aufsichtsorganen sowie dem oberen Management)
Bezüge und Vergünstigungen (u.a. Angabe der Bezüge und Vergünstigungen für das abgeschlossene Geschäftsjahr für die Mitglieder der Verwaltungs-, Management- und Aufsichtsorgane sowie des oberen Managements)
Praktiken der Geschäftsführung (u.a. Erklärung über Einhaltung der Corporate-Governance-Regelungen)

Mindestangaben für das Registrierungsformular für Aktien
Beschäftigte (u.a. Angabe der Zahl der Beschäftigten, Aktienbesitz und Aktienoptionen)
Hauptaktionäre
Geschäfte mit verbundenen Partnern
Finanzielle Informationen über die Vermögens-, Finanz- und Ertragslage des Emittenten (u.a. Finanzinformationen über vergangene drei Perioden, pro-forma Finanzinformationen, Jahresabschluss, Zwischen- und sonstige Finanzinformationen, Dividendenpolitik, Gerichtsverfahren)
Zusätzliche Informationen (u.a. Angaben zum Aktienkapital, Satzung und Statuten des Emittenten)
Wesentliche Verträge
Informationen seitens Dritter, Erklärungen von Seiten Sachverständiger und Interessenerklärungen
Einsehbare Dokumente (u.a. Satzung und Statuten der emittierenden Gesellschaft; sämtliche Berichte, Schreiben, histor. Finanzinformationen des Emittenten für die letzten beiden der Veröffentlichung des Registrierungsformulars vorausgegangenen Geschäftsjahre) sowie Angabe, wo Dokumente eingesehen werden können
Informationen über Beteiligungen des Emittenten

Tab. 31.1: Mindestangaben für das Registrierungsformular für Aktien

Qualitative Informationserfordernisse

Die im Börsenzulassungsprospekt geforderten Angaben beinhalten dabei nicht nur quantitative Informationen insbesondere aus dem Bereich der Rechnungslegung, sondern auch eine Vielzahl qualitativer Informationen z.B. zu wichtigen Tätigkeitsbereichen und Standorten des Emittenten, neuen Erzeugnissen, der Abhängigkeit von Patenten, Lizenzen und Verträgen, laufenden Gerichts- oder Schiedsverfahren sowie zu den Geschäftsführungs- und Aufsichtsorganen. Um die geforderten Rechnungslegungsdaten zu generieren, ist zwar kein bestimmtes Rechnungslegungssystem vorgeschrieben, jedoch werden zumindest den IFRS gleichwertige nationale Rechnungslegungsgrundsätze gefordert. Allerdings dürften bestimmte Rechenwerke, wie z.B. die Kapitalflussrechnung, nicht zwingend dem Informationsniveau detailliert regulierter IFRS- oder US-GAAP-Kapitalflussrechnungen entsprechen.

3.3 Jahresberichterstattung

Einzelabschluss

Von gesellschaftsrechtlicher Seite ist gemäß § 325 Abs. 1 HGB gefordert, dass Kapitalgesellschaften und ihnen gemäß § 264a HGB gleichgestellte Gesellschaften (offene Handelsgesellschaften und Kommanditgesellschaften, bei der nicht wenigstens ein Vollhafter eine natürliche Person bzw. eine andere Personengesellschaft mit einer natürlichen Person als persönlich haftender Gesellschafter ist),

- einen Jahresabschluss (Einzelabschluss) mit Bestätigungs- bzw. Versagungsvermerk,
- einen Lagebericht,
- den Bericht des Aufsichtsrats über Jahresabschluss und Lagebericht und
- den Vorschlag und Beschluss über die Gewinnverwendung veröffentlichen.

Konzernabschluss

Bei bestehender Konzernrechnungslegungspflicht (§§ 290-293 HGB) sind gemäß § 325 Abs. 3 HGB auch
- der Konzernabschluss mit Bestätigungs- bzw. Versagungsvermerk,
- der Konzernlagebericht und
- der Bericht des Aufsichtsrates über Konzernabschluss und -lagebericht offen zu legen.

Größenabhängige Erleichterungen

Kleinen und mittelgroßen Gesellschaften sind diverse größenabhängige Erleichterungen eingeräumt worden (§§ 326-327 HGB). Im Rahmen der Modernisierung des Bilanzrechts wurden weitere Erleichterungen beschlossen. So wurden die für die Unterscheidung der Größenklassen relevanten Schwellenwerte angehoben.

Ergänzende aktien- und börsenrechtliche Bestimmungen

Die zur Erfüllung der Vorlagepflicht gegenüber den Aktionären gemäß §§ 175 Abs. 2 und 176 Abs. 1 AktG beizubringenden Unterlagen gehen über die handelsrechtlichen Anforderungen nicht wesentlich hinaus. Gemäß § 175 AktG sind börsennotierte Aktiengesellschaften dazu verpflichtet, einen erläuternden Bericht zu den Angaben im Lagebericht über u.a. die Zusammensetzung des gezeichneten Kapitals, Beschränkungen der Stimmrechte oder Inhaber von Aktien mit Sonderrechten gemäß § 289 Abs. 4 Nr. 1-5 und Abs. 5 HGB sowie bei Konzernabschlüssen gemäß § 315 Abs. 4 HGB vorzulegen. Des Weiteren haben börsennotierte Gesellschaften gemäß § 161 AktG eine Erklärung zum Corporate Governance Kodex abzugeben. Börsennotierte Aktiengesellschaften haben gemäß § 289 HGB im Lagebericht die Grundzüge des Vergütungssystems für Vorstand und Aufsichtsrat zu erläutern. Auch die kapitalmarktrechtliche Publizität bezieht sich in § 37v Abs. 2 Nr. 1 und 2 WpHG nur auf den Jahresabschluss und Lagebericht, der bis spätestens vier Monate nach Ablauf des Geschäftsjahres der Öffentlichkeit zur Verfügung stehen muss. Konzernrechnungslegungspflichtige Unternehmen haben auch den Konzernabschluss und Konzernlagebericht zu veröffentlichen. Abgesehen von Pflichtmitteilungen vor der Hauptversammlung über ihre Einberufung oder Dividendenausschüttungen (§ 30b WpHG, §§ 124-128 AktG) konzentriert sich die gesellschafts- und kapitalmarktrechtliche Jahresberichterstattung letztlich nur auf die im Einzel- und Konzernabschluss zusammengefassten Rechenwerke der Rechnungslegung und den Lagebericht.

Art und Weise der Informationsveröffentlichung

In Deutschland existiert keine unmittelbare Information der Aktionäre, zumindest nicht ohne vorherige Aufforderung. Stattdessen müssen große Kapitalgesellschaften ihre jährlich beizubringenden Unterlagen gemäß § 325 Abs. 1 und 2 HGB im elektronischen Bundesanzeiger einreichen und bekannt machen lassen. Das Aktiengesetz kennt die Handelsregister- (z.B. §§ 45 Abs. 2, 81 Abs. 1, 184 Abs. 1, 188 Abs. 1, 294 Abs. 1 AktG) und Bundesanzeigerpublizität (z.B. §§ 25, 305 Abs. 4 AktG) ebenfalls und fügt noch die Haus- und Gesellschaftsblätterpublizität hinzu, die entweder die auf die Aktionäre begrenzte Einsichtnahme von Unterlagen in den Geschäftsräumen der Gesellschaft (§ 175 Abs. 2 AktG) oder eine Veröffentlichung in bestimmten, durch Gesetz oder

Satzung festgelegten Zeitungen (z.B. § 20 Abs. 6 AktG i.V.m. § 25 AktG) vorsieht. Bei der Hauspublizität besitzen die Aktionäre allerdings gemäß § 175 Abs. 2 Satz 2 AktG das Recht, auf Verlangen eine Abschrift der Vorlagen zu erhalten. Seit der Verabschiedung des Gesetzes über elektronische Handelsregister und Genossenschaftsregister sowie das Unternehmensregister (EHUG) 2006 wird das Handelsregister ausschließlich in elektronischer Form geführt. Offenlegungspflichtige Unternehmen sind dazu verpflichtet, ihre Jahresabschlussunterlagen seit Jahresbeginn 2007 elektronisch dem Bundesanzeiger einzureichen. Diese und andere Informationen sind für jedermann über die Internetseite des Unternehmensregisters zugänglich (www.unternehmensregister.de), das vom Bundesministerium der Justiz geführt wird (§ 8b HGB). Eine Parallele zum EDGAR-System (Electronic Data Gathering, Analysis and Retrieval), dem Online-Datenbanksystem der US-amerikanischen SEC, bietet sich hier an. Ferner wurde insbesondere die Sanktionierung von Verstößen gegen die Publizitätspflicht mit dem EHUG verschärft. Entsprechend ist es dem Bundesamt für Justiz zwischenzeitlich bspw. möglich, bei Verletzungen der Offenlegungspflicht für den Jahresabschluss oder anderen Unterlagen der Rechnungslegung ein Ordnungsgeld i.H.v. max. 25.000 € zu verhängen (§ 335 Abs. 1 HGB).

US-Unternehmen veröffentlichen schneller

Kapitalgesellschaften können sich gemäß § 325 Abs. 1 HGB bis zu zwölf Monate Zeit lassen, ihren dortigen Publizitätspflichten zu folgen. Unterliegen sie auch der kapitalmarktrechtlichen Publizitätspflicht, müssen sie Abschluss und Lagebericht „spätestens vier Monate nach Ablauf eines jeden Geschäftsjahrs" veröffentlichen (§ 325 Abs. 4 HGB). Obwohl diese Frist unter der gesellschaftsrechtlichen 12-Monatsfrist liegt und durch die Umsetzung des EHUG weiter verkürzt wurde, dürfte sie kaum mit den kurzen Fristen konkurrieren können, die international, z.B. in der US-amerikanischen SEC-Jahresberichterstattung, gelten. So ist der Jahresbericht auf Form 10-K bereits nach 60 bis 90 Tagen der SEC einzureichen. Nicht selten bezieht sich Form 10-K schon auf einen noch früher veröffentlichten Annual Report. Neben den offiziell vorgegebenen Fristen ist vermutlich auch der höhere Druck von Seiten des US-amerikanischen Kapitalmarktpublikums für die frühere Offenlegung verantwortlich. Allerdings ist in den letzten Jahren auch in Deutschland erkennbar, dass insbesondere große kapitalmarktorientierte Unternehmen eine immer frühere Veröffentlichung ihrer Jahresabschlüsse bzw. Geschäftsberichte anstreben („fast close"). So veröffentlichen zwei Drittel der DAX 30-Unternehmen ihren Geschäftsbericht bis Mitte März des folgenden Geschäftsjahres[5].

5 Vgl. Studie der Kirchhoff Consult AG (2008), abrufbar unter: http://www.kirchhoff.de/uploads/media/080627_KC-Studie_BPK_GB.pdf (Stand 21.12.2010).

3.4 Zwischenberichterstattung

Gesetzliche Halbjahresberichterstattung

Die Zwischenberichterstattung ist in Deutschland ausschließlich kapitalmarktrechtlich reguliert. So ist in § 37w WpHG Inlandsemittenten von Aktien und Schuldtiteln im Sinne von § 2 Abs. 1 Satz 1 WpHG eine halbjährliche Zwischenberichtspublizität vorgeschrieben. Dieser Halbjahresfinanzbericht umfasst dabei gemäß § 37w Abs. 2 WpHG einen verkürzten Abschluss sowie einen Zwischenlagebericht. Der verkürzte Abschluss besteht mindestens aus einer verkürzten Bilanz, einer verkürzten Gewinn- und Verlustrechnung sowie einem Anhang (§ 37w Abs. 3 WpHG). Der Zwischenlagebericht hat retrospektiv die wichtigsten Ereignisse des Berichtszeitraums und deren Auswirkungen auf den verkürzten Abschluss anzugeben. Ferner hat er prospektiv über die wesentlichen Chancen und Risiken der dem Berichtszeitraum folgenden sechs Monate zu informieren (§ 37w Abs. 4 Satz 1 WpHG).

Form, Fristen und Prüfung

Form und Fristen der Zwischenberichterstattung sind ebenfalls in § 37w Abs. 1 WpHG geregelt. Entsprechend hat die berichtende Gesellschaft vor der erstmaligen Bereitstellung den Zeitpunkt sowie die Internetadresse der Veröffentlichung bekannt zu geben. Zeitgleich ist die BaFin über diese Bekanntmachung zu informieren und die Bekanntmachung zudem unverzüglich an das Unternehmensregister zu übermitteln. Der eigentliche Halbjahresfinanzbericht ist ebenfalls an das Unternehmensregister zur dortigen Speicherung zu senden. Ein unmittelbares und unaufgefordertes Versenden an die Aktionäre ist allerdings nicht erforderlich. Anders als die Jahresberichterstattung geht die Zwischenberichterstattung mit vergleichsweise kurzen Veröffentlichungsfristen einher. Dennoch liegt die in § 37w Abs. 1 WpHG vorgeschriebene Zweimonatsfrist immer noch über den 35 bis 45 Tagen, innerhalb derer die entsprechenden Forms 10-Q bei der US-amerikanischen SEC einzureichen sind. Eine Pflichtprüfung durch einen Abschlussprüfer besteht im deutschen Kapitalmarktrecht nicht. Auch eine Pflicht zur Durchsicht nach US-amerikanischem Vorbild existiert nicht.

Zwischenmitteilung der Geschäftsführung

Der Halbjahresfinanzbericht wird ergänzt durch eine Zwischenmitteilung der Geschäftsführung von Aktienemittenten nach § 37x WpHG. Diese hat in einem Zeitraum zwischen zehn Wochen nach Beginn des ersten und sechs Wochen vor Ende des zweiten Geschäftshalbjahres Informationen bereitzustellen, die es ermöglichen, die Entwicklung der Geschäftstätigkeit in den drei Monaten vor Ablauf des Mitteilungszeitraums zu beurteilen. Derartige Informationen umfassen die Erläuterung der wesentlichen Ereignisse und Geschäfte des Mitteilungszeitraumes und ihre Auswirkungen auf die Finanzlage sowie eine Beschreibung der Finanzlage und des Geschäftsergebnisses.

Quartalsberichterstattung für den Prime Standard

Der Halbjahresfinanzbericht und die Zwischenmitteilung der Geschäftsführung markieren für die Unternehmen, deren Wertpapiere im amtlichen Markt notiert sind, einen Mindeststandard. Die Börsenordnung (BO) der Frankfurter Wertpapierbörse, deren Träger die Deutsche Börse AG ist, sieht diesen Mindeststandard für diejenigen Emittenten als ausreichend an, deren Wertpapiere zum „normalen“ amtlichen Markt (General Standard) zugelassen sind. Für einen

„exquisiten“ Teilbereich des amtlichen Marktes, den sog. Prime Standard, sind indes „Zulassungsfolgepflichten“ festgelegt worden. Diese beinhalten auf öffentlich-rechtlicher Verpflichtungsbasis auch weitergehende Bestimmungen zur Zwischenberichterstattung. So sieht § 66 BO eine Quartalsberichterstattung vor, die nach den Vorgaben des § 37w Abs. 2 Nr. 1 und 2, Abs. 3 und 4 WpHG oder, sofern eine Verpflichtung zur Aufstellung eines Konzernabschlusses und Konzernlageberichts besteht, nach den Vorgaben des § 37y Nr. 2 WpHG zu erstellen ist. Eine derartige Quartalsfinanzberichterstattung ersetzt die Zwischenmitteilung der Geschäftsführung nach § 37x Abs. 1 Satz 1 WpHG.

IAS 34 und DRS 16

Da Emittenten als kapitalmarktorientierte Unternehmen zur Rechnungslegung nach IFRS verpflichtet sind, kommt somit IAS 34 „Zwischenberichterstattung“ (Interim Financial Reporting) zur Anwendung (vgl. Kapitel 30). Mit DRS 16 „Zwischenberichterstattung“ legte der DSR 2008 einen diesbezüglichen Rechnungslegungsstandard vor. Dieser konkretisiert die Vorgaben an die Halbjahres- und Quartalsfinanzberichterstattung sowie die Zwischenmitteilungen der Geschäftsführung gemäß §§ 37v-37y WpHG. DRS 16 ist im Prime Standard naheliegenderweise nicht von Bedeutung und beschränkt sich in seiner Anwendung auf zwischenberichterstattungspflichtige Mutterunternehmen im General Standard. Durch die IAS-Verordnung der EU ist er aber auch hier zur praktischen Bedeutungslosigkeit verdammt.

3.5 Ad-hoc-Publizität

§ 15 WpHG

Zum 01.01.1995 trat mit § 15 Wertpapierhandelsgesetz (WpHG) eine Gesetzesnorm in Kraft, nach der börsennotierte Unternehmen die Öffentlichkeit zeitnah über wichtige unternehmerische Ereignisse informieren müssen. Gemäß § 15 Abs. 1 WpHG sind demnach Insiderinformationen, die den Emittenten unmittelbar betreffen, unverzüglich zu veröffentlichen, sofern für sie nicht der Befreiungstatbestand des § 15 Abs. 3 WpHG zutrifft.

Insider-informationen

Als Insiderinformationen gelten gemäß § 13 WpHG konkrete Informationen über nicht öffentlich bekannte Umstände, die geeignet sind, im Falle eines öffentlichen Bekanntwerdens den Börsen- oder Marktpreis der Emittentenpapiere zu beeinflussen (vgl. Beispiel 31.4). Hierunter fallen auch künftig eintretende Umstände, sofern deren Eintritt hinreichend wahrscheinlich ist. Die damit beschriebene Ad-hoc-Publizität ist allen in- und ausländischen Unternehmen verbindlich vorgeschrieben, sofern sie Wertpapiere emittiert haben, die zum amtlichen oder geregelten Markt an einer inländischen Börse zugelassen sind[6].

Zweck

Die Ad-hoc-Publizität dient dem Zweck, den Kapitalmarkt neben den periodischen Informationssystemen (Jahresabschluss und Zwischenbericht) auch unregelmäßig mit wichtigen Unternehmensnachrichten zu versorgen. Anders z.B. als

6 Vgl. dazu auch im Vergleich zu entsprechenden US-Pflichten *Fülbier, R. U.*, Die Regulierung der Ad-hoc-Publizität, Wiesbaden 1998.

im US-amerikanischen Pendant, der Form 8-K, liegt mit § 15 WpHG kein abschließender Katalog von die Publizitätspflicht auslösenden Sachverhalten vor. Die BaFin hat hierzu zwar einen Beispielkatalog veröffentlicht, der aber weder abschließend noch verbindlich ist[7]. Die Unternehmen befinden sich damit in einer gewissen Rechtsunsicherheit, da sie nur schwer in der Lage sein dürften, den Grad der Kursrelevanz einer Nachricht zweifelsfrei abschätzen zu können.

Art und Weise der Informationsveröffentlichung

Klarer sind indes die Vorschriften über das Veröffentlichungsprozedere. Unverzüglich, also ohne schuldhaftes Zögern, müssen die Ad-hoc-Meldungen gemäß § 15 Abs. 1 und 4 WpHG den jeweiligen Börsen, der BaFin und anschließend der Öffentlichkeit mitgeteilt werden. Überdies sind die Insiderinformationen nach ihrer Veröffentlichung dem elektronischen Unternehmensregister zur Speicherung zu übermitteln.

DGAP

In Zusammenhang mit der Veröffentlichung von Insiderinformationen hat sich mit der Deutschen Gesellschaft für Ad-hoc-Publizität (DGAP) eine private Organisation gebildet, deren internetgestütztes Online-Informationssystem (www.dgap.de) den Veröffentlichungsmarkt für Ad-hoc-Meldungen dominiert. Ähnlich dem EDGAR-System der SEC wird damit jedem Interessierten via Internet die Möglichkeit geboten, sich schnell und kostenlos über die aktuellen Meldungen am Kapitalmarkt zu informieren. Auch kann in einer Datenbank gezielt nach einzelnen Meldungen z.B. von bestimmten Unternehmen gesucht werden. Diese Möglichkeit wird inzwischen ebenfalls vom elektronischen Unternehmensregister angeboten.

Beispiel 31.5

In Zusammenhang mit der Kapitalerhöhung der Deutschen Bank AG wurde auf der Internetseite der DGAP am 20.09.2010 folgende Ad-hoc-Meldung veröffentlicht:

20.09.2010 19:49 Uhr
Veröffentlichung einer Ad-hoc-Mitteilung nach § 15 WpHG, übermittelt durch die DGAP – ein Unternehmen der EquityStory AG. Für den Inhalt der Mitteilung ist der Emittent verantwortlich.

- *Ausgabe von 308,6 Mio neuen Aktien*
- *Bezugsverhältnis liegt bei 2:1*
- *Bruttoemissionserlös von rund 10,2 Mrd Euro*

Der Vorstand und der Präsidialausschuss des Aufsichtsrats der Deutschen Bank AG haben heute den Bezugspreis für die neuen Aktien aus der Kapitalerhöhung aus genehmigtem Kapital gegen Bareinlagen auf 33,00 EUR je Aktie festgelegt. [...]

7 Vgl. Emittentenleitfaden der Bundesanstalt für Finanzdienstleistungsaufsicht (BaFin) vom April 2009, S. 56 f.

Exkurs

US-Publizitätssystem und SEC-Berichterstattung

Das US-amerikanische Kapitalmarkt- bzw. Wertpapierrecht (securities regulations) ist ein überaus detailliert regulierter Rechtsbereich, der eine große Anzahl von Bundes- und Einzelstaatengesetzen sowie auf der Grundlage dieser Gesetze erlassene Rechtsverordnungen und Verwaltungsvorschriften umfasst. In diesem Zusammenhang spielen Publizitätspflichten eine zentrale Rolle – anders als im (einzelstaatlich) regulierten Gesellschaftsrecht.

US-Bundesrecht

Auf Bundesebene unterteilt sich das US-amerikanische Kapitalmarktrecht (federal securities laws) in die grundlegenden Primary Acts und die auf Spezialprobleme fokussierenden und hier nicht näher betrachteten Secondary Acts. Erstere umfassen den Securities Act von 1933 (SA) und den Securities Exchange Act von 1934 (SEA). Diese bilden die zwei Eckpfeiler des US-amerikanischen Kapitalmarktrechts und legen auch die Rechtsgrundlage für das gesamte bundesgesetzliche Publizitätssystem. Beide Gesetze sind Resultat der von Präsident Franklin D. Roosevelt zur Bekämpfung der Großen Depression forcierten Gesetzgebung des New Deal, die US-amerikanische Investoren vor Missbräuchen im Wertpapierhandel zu schützen suchte. Neben dem Unterbinden betrügerischer Handlungen durch gesetzlich kodifizierte Verhaltensregeln für bestimmte Unternehmensbeteiligte sollte dies insbesondere durch eine verbesserte Information der Anleger erreicht werden. Dieser krisentheoretische Erklärungsansatz erklärt gesetzliche Regulierungen auch noch heute. Der unmittelbar nach dem Enron-Skandal 2002 erlassene Sarbanes-Oxley Act zielt gleichfalls auf die Wiederherstellung des Anlegervertrauens, z.B. durch Verhaltensregulierung, aber auch durch weitere Publizitätspflichten. Insbesondere auch in der gegenwärtigen Aufarbeitung der Finanz- und Wirtschaftskrise 2008/2009 ist mit einem deutlichen Regulierungszuwachs zu rechnen.

US-Einzelstaatenrecht

Unabhängig vom Bundesrecht existieren die Wertpapiergesetze der Einzelstaaten (state securities laws oder blue sky laws), die sich auf den innerhalb der Staatsgrenzen ablaufenden Wertpapierhandel (intra-state commerce) beziehen. Sie sind i.d.R. schon vor den Bundesgesetzen erlassen worden, regeln jedoch in abgeschwächter Form ähnliche Problembereiche und sind von den Unternehmen zusätzlich zu beachten.

SEC und sonstige Rechtsquellen

Neben die bundes- oder einzelstaatlichen Gesetze treten in der dreistufigen Regulierungshierarchie die Verordnungen und Erlasse der Securities and Exchange Commission (SEC) als der obersten Bundesbehörde für den Wertpapierbereich sowie die Regelungen von Selbstverwaltungsorganen, insbesondere die Börsenordnungen der einzelnen Börsen, die ebenfalls für die dort gelisteten Unternehmen zwingende Sicherungs- und Kontrollbestimmungen vorsehen. Im Sinne des US-amerikanischen Common Law haben auch die kapitalmarktrelevante Rechtsprechung der Gerichte und die sonstigen Entscheidungen der SEC als weitere Rechtsquellen eine große Bedeutung.

Da die bundesgesetzlichen Publizitätsvorschriften recht allgemein gehalten sind und in vielen Fällen der weiteren Konkretisierung bedürfen, hat die SEC im Rahmen ihrer legislativen Ausgestaltungskompetenz Ausführungsverordnungen hierzu erlassen und detaillierte Formblätter für die verschiedenen Wertpapierregistrierungen herausgegeben. Dabei folgt sie bis heute konsequent der in diesen Gesetzen niedergelegten Auffassung, dass der Kapitalanlegerschutz primär durch Information zu gewährleisten sei. Unter dem Motto: „Disclosure, again disclosure and still more disclosure“[8] wurden seit den 1930er Jahren im Rahmen der Ausgestaltung insbesondere der Primary Acts eine Fülle von konkreten Publizitätspflichten für kapitalmarktorientierte Unternehmen erlassen.

Integrated Disclosure System

Das komplexe Nebeneinander der verschiedenen Publizitätspflichten und die daraus resultierenden Inkonsistenzen haben zu Beginn der 1980er Jahre das Integrated Disclosure System der SEC begründet. Das Regelwerk der SEC – insbesondere die für Rechnungslegung und Publizität überaus relevanten Regulations S-K und S-X – wurde mit dem Ziel novelliert, ein einheitliches, vereinfachtes und konsistentes Publizitätssystem zu schaffen. Dieses fußt einerseits auf sog. Formblättern bzw. Forms, die detaillierte, teilweise vorformulierte Schemata enthalten, welche von registrierten Unternehmen bei der Berichterstattung gegenüber der SEC hinsichtlich Form und Inhalt streng zu beachten sind. Für fast jeden speziellen Publizitätsanlass gibt es ein bestimmtes Formblatt, das von den Unternehmen entsprechend der Vorgabe ausgefüllt und an die SEC gesendet wird. Unterschieden werden sie anhand kryptischer Kürzel wie z.B. 10-K, 10-Q oder 8-K[9]. Andererseits werden bestimmte Rückverweise auf zuvor den Aktionären übermittelte Informationen zugelassen (z.B. Annual Reports) und ein standardisiertes Basis-Informations-Paket definiert, das im Wesentlichen den testierten Konzernabschluss und die Management's Discussion and Analysis of Financial Condition and Results of Operations (MD&A) enthält und zu vielen Anlässen gleichermaßen eingefordert wird.

Zugriff auf SEC-Publizität

Die an die SEC gerichteten Berichte stehen der interessierten Öffentlichkeit zur Einsichtnahme in den jeweiligen SEC-Büros zur Verfügung. Seit den 1990er Jahren wird die gesamte in den Unternehmensberichten der SEC eingereichte Datenmenge auch in dem so genannten EDGAR-System gespeichert und der Öffentlichkeit online zur Verfügung gestellt.

Publizität deutscher Emittenten

Die Systematik der SEC-Berichterstattung folgt ansonsten der hier vorgestellten und kann in Emissionspublizität (insb. Form S-1), Jahresberichterstattung (insb. Form 10-K), Quartalsberichterstattung (insb. Form 10-Q) und Adhoc-Publizität (insb. Form 8-K) unterteilt werden. Die Berichtsinhalte sind teilweise noch detaillierter als ihr deutsches Pendant, ganz abgesehen davon, dass regelmäßig auch eine schnellere Offenlegung gefordert wird. Deutsche Emittenten, die bei der SEC registriert sind, haben den sog. F-Forms zu fol-

8 *Loss, L.*, Fundamentals of Securities Regulation, 2. Aufl., Boston, Massachusetts u.a. 1988, S. 7.

9 Sämtliche Formblätter, die allesamt mit einer Zahlen-Buchstabenkombination bezeichnet werden, finden sich auf der Homepage der SEC unter www.sec.gov unter der Rubrik „Filings and Forms“.

gen, die den Forms für US-amerikanische Emittenten angelehnt sind. So fußt z.B. die Jahresberichterstattung deutscher Unternehmen auf Form 20-F, das nicht nur Konzernabschlussdaten und MD&A (im Basis-Informations-Paket), sondern insbesondere auch ausgewählte sonstige Finanzdaten, eine detaillierte Beschreibung der Geschäftstätigkeit, Informationen über schwebende Gerichtsverfahren, über Aktien und Dividenden, über Marktrisiken, über den Vorstand und Aufsichtsrat einschließlich deren Vergütung und Aktienbesitz und auch über Honorare von Wirtschaftsprüfern und Steuerberatern beinhaltet. Für Geschäftsjahre, die vor dem 15.11.2007 endeten, waren ausländische und damit auch deutsche Emittenten verpflichtet, den 20-F-Bericht mit einer zusätzlichen Überleitungsrechnung (reconciliation) zu versehen, die Eigenkapital und Ergebnis offen auf US-GAAP überleitete. Inzwischen erkennt die SEC jedoch bei ausländischen Emittenten IFRS-Abschlüsse an (SEC-Release No. 33-8879). Dies gilt auch für Zwischenberichte, für die, wie bereits zuvor, eine Aufstellung nach IFRS genügt.

Zwischenberichterstattung deutscher Emittenten

Ausländische Emittenten unterliegen nicht grundsätzlich der Pflicht zur Quartalsberichterstattung. Sie müssen der SEC jedoch sämtliche Zwischenberichte, die sie nach den Vorschriften ihrer Heimatbörse erstellt haben, auf Form 6-K einreichen. Das gilt auch für die Ad-hoc-Publizität.

Fülle von Detailinformationen

Zusammenfassend kann festgehalten werden, dass die SEC-Publizitätspflichten den betroffenen Unternehmen eine Fülle von Detailinformationen abverlangen. Jeder Blick z.B. in einen zufällig ausgewählten Form 10-K-Bericht wird diesen Eindruck bestätigen. Fraglich ist allerdings, ob das Ausmaß dieser Pflichtfülle vor dem Hintergrund der damit einhergehenden Kosten gerechtfertigt ist. Dies schließt auch die Frage mit ein, ob die Adressaten die Informationsfülle überhaupt noch verarbeiten können („disclosure overload"). Die Wissenschaft kann sich an dieser Stelle zumindest bemühen, die Kapitalmarktrelevanz einzelner Informationen empirisch nachzuweisen[10].

4 Lageberichterstattung und Management Commentary

4.1 HGB-Lageberichterstattung

Lageberichterstattung

Die HGB-Lageberichterstattung, insbesondere die Konzernlageberichterstattung, soll an dieser Stelle gesondert und ausführlicher behandelt werden, weil sie für alle deutschen Kapitalgesellschaften, ob sie nun nach IFRS oder HGB bilanzie-

10 Ein Überblick über die kapitalmarktempirische Rechnungslegungsforschung gibt *Kothari, S. P.*, Capital markets research in accounting, in: Journal of Accounting & Economics, 31. Jg (2001), S. 105-231. Vgl. auch *Lindemann, J.*, Kapitalmarktrelevanz der Rechnungslegung – Konzepte, Methodik und Ergebnisse empirischer Forschung, in: ZfB, 76. Jg. (2006), S. 967-1003.

ren, von Bedeutung ist. Der HGB-Konzernlagebericht ist nicht nur von jeder Kapitalgesellschaft zu erstellen, die einen HGB-Konzernabschluss vorlegt. Entsprechend § 315a HGB müssen auch deutsche Mutterunternehmen, die nach der IAS-Verordnung zur IFRS-Konzernrechnungslegung verpflichtet sind oder den IFRS freiwillig folgen, einen Konzernlagebericht nach den Vorschriften von § 315 HGB erstellen. In den Geschäftsberichten dieser Unternehmen wird der IFRS-Konzernabschluss demnach durch einen HGB-Konzernlagebericht ergänzt. Letzterer ist gemäß § 317 Abs. 2 HGB daraufhin zu prüfen, ob er im Einklang mit dem IFRS-Konzernabschluss steht. Die Kombination zweier Regelsysteme dürfte an dieser Stelle allerdings unproblematisch sein, da der Lagebericht auch nach deutschem Rechtsverständnis ausschließlich der Informationsfunktion dient und das geforderte Lagebild in § 315 Abs. 1 Satz 1 HGB ganz im Gegensatz zu § 297 Abs. 2 Satz 2 HGB nicht unter der Einschränkung der GoB steht. Ähnliches gilt im Übrigen für den Lagebericht im Einzelabschluss nach § 289 HGB, sofern er mit einem IFRS-Abschluss kombiniert wird.

DRS Regelungen zur Lageberichterstattung

Die Vorschriften des HGBs zur Lageberichterstattung werden durch DRS 15 „Lageberichterstattung" weiter konkretisiert. DRS 15 regelt die Lageberichterstattung für alle Mutterunternehmen und bezieht sich daher auf den Konzernlagebericht gemäß § 315 HGB, eine Anwendung auf die Lageberichterstattung auf Einzelabschlussebene gemäß § 289 HGB wird empfohlen. Im Jahr 2010 wurde DRS 15 durch DRÄS 5 einer Überarbeitung unterzogen, um die Lageberichterstattung an aktuelle Entwicklungen, wie das BilMoG anzupassen. Eine weitere inhaltliche Überarbeitung im Rahmen einer Phase II steht noch aus. Darüber hinaus sind im Rahmen der Lageberichterstattung auch DRS 5 „Risikoberichterstattung", DRS 17 „Berichterstattung über die Vergütung der Organmitglieder", der ebenfalls im Jahr 2010 überarbeitet wurde, relevant.

Inhalt des Lageberichts

Der Lagebericht hat nicht nur statisch über den Konzern zum Zeitpunkt des Stichtages zu informieren. Er soll auch Informationen vermitteln, die den Konzern in seiner wirtschaftlichen Entwicklung widerspiegeln. Während der Konzernabschluss stark auf die jeweilige Berichtsperiode fokussiert ist, ist der zeitliche Betrachtungshorizont des Konzernlageberichts weiter und umfasst auch den vor der Berichtsperiode beginnenden und sich nach ihr fortsetzenden, prospektiven Entwicklungsverlauf des wirtschaftlichen Gesamtgeschehens. So ist z.B. nach § 315 HGB auf die voraussichtliche Entwicklung mit ihren wesentlichen Chancen und Risiken (Abs. 1 Satz 5) und auf Vorgänge nach Schluss des Konzerngeschäftsjahres (Abs. 2 Nr. 1) einzugehen. Auch die Berichterstattung über Risiken und Risikomanagementmaßnahmen bzgl. Finanzinstrumenten (Abs. 2 Nr. 2) und Forschungs- und Entwicklungsaktivitäten (Abs. 2 Nr. 3) hat einen zukunftsgerichteten Charakter. Derartige Informationen dürften im hohen Maße der Entscheidungsunterstützung der Rechnungslegungsadressaten dienen, andererseits aber auch mit einem höheren Maß an Unsicherheit einhergehen.

Weitere Rechtsquellen

Grundsätzlich geht die HGB-Lageberichtsregulierung im Kern auf das BiRiLiG 1985 zurück. Insbesondere in den letzten Jahren ist diese Berichterstattung stark erweitert worden, auch um europäische Richtlinien wie Modernisierungsrichtlinie (2003/51/EG), Fair-Value-Richtlinie (2001/65/EG) oder Übernahmerichtlinie (2004/25/EG) der EU in das HGB zu transformieren.

Entsprechend der gesetzlichen Vorgaben des § 315 (analog § 289) HGB bilden folgende Berichte den Inhalt des Konzernlageberichts[11]:

- **Wirtschaftsbericht:** In dem Wirtschaftsbericht ist über den Geschäftsverlauf einschließlich Geschäftsergebnis und die Lage des Konzerns zu berichten (Abs. 1 Satz 1). Dazu soll u.a. auf die Ereignisse und Entwicklungen eingegangen werden, die für den Geschäftsverlauf ursächlich waren (DRS 15.45), und die Ergebnisstruktur sowie die wesentlichen Gründe für die Ergebnisentwicklung erläutert werden (DRS 15.50). Darüber hinaus sind die Ziele das Finanzmanagements und die Vermögens- und Kapitalstruktur darzustellen und zu erläutern (DRS 15.61 f. und 15.77).
- **Prognose- und Risikobericht:** Innerhalb des Prognose- und Risikoberichts ist auf die voraussichtliche Entwicklung mit ihren wesentlichen Chancen und Risiken einzugehen (Abs. 1 Satz 5). Gemäß DRS 5.10 sind alle Risiken in den Bericht einzubeziehen, die die Entscheidungen der Adressaten des Lageberichts beeinflussen könnten. Im Rahmen des Prognoseberichts soll insbesondere eine mögliche Änderung der Geschäftspolitik, der Beschaffungs- oder Produktionsverfahren sowie der Absatzmärkte erörtert werden (DRS 15.83).
- **Bilanzeid:** Die gesetzlichen Vertreter des Mutterunternehmens haben zu versichern, dass der Wirtschaftsbericht (Abs. 1 Satz 1) sowie der Prognose- und Risikobericht (Abs. 1 Satz 5) ein den tatsächlichen Verhältnissen entsprechendes Bild vermitteln (Abs. 1 Satz 6).
- **Nachtragsbericht:** Der Nachtragsbericht soll auf Vorgänge von besonderer Bedeutung eingehen, die zwischen dem Abschlussstichtag und dem Zeitpunkt der Berichterstattung eingetreten sind (Abs. 2 Nr. 1). Darüber hinaus ist gemäß DRS 15.81 deren erwartete Auswirkung auf die Vermögens-, Finanz- und Ertragslage zu erläutern.
- **Finanzrisikobericht:** Der Finanzrisikobericht soll Angaben zu Risiken aus Finanzinstrumenten sowie über die zu deren Bewältigung erforderlichen Risikomanagementziele und -methoden des Konzerns enthalten (Abs. 2 Nr. 2). DRS 15.93 verlangt außerdem eine Darstellung der einzelnen Risikoarten sowie eine Aufgliederung der Risikomanagementziele gesondert für jede Risikoart.
- **Forschungs- und Entwicklungsbericht:** Die gesetzlichen Vorgaben zum Konzernlagebericht sehen Angaben zum Bereich Forschung und Entwicklung vor (Abs. 2 Nr. 3), die in dem Forschungs- und Entwicklungsbericht zusammengefasst werden.
- **Vergütungsbericht:** Der Vergütungsbericht soll den Adressaten über die Grundzüge des Vergütungssystems unterrichten (Abs. 2 Nr. 4). Gemäß DRS 17.40 sind für die Mitglieder des Geschäftsführungsorgans, des Aufsichtsrates, eines Beirates oder ähnlicher Gremien die gewährten Gesamtbe-

11 Vgl. hierzu ausführlicher und m.w.N. *Fülbier/Pellens*, MünchKommHGB, § 315.

züge (Gehälter, Gewinnbeteiligungen, aktienbasierte Vergütungen etc.) anzugeben.

- **Bericht über das interne Kontroll- und Risikomanagementsystem:** Dieser Bericht soll die wesentlichen Merkmale des internen Kontroll- und Risikomanagementsystems im Hinblick auf den Konzernrechnungslegungsprozess beschreiben (Abs. 2 Nr. 5). Die Verpflichtung zur Aufstellung eines derartigen Berichts gilt nur für Konzerne, bei denen mindestens ein Konzernunternehmen kapitalmarktorientiert ist. Die Berichtspflicht bezieht sich gemäß DRS 15.100 auf die Teile des internen Kontroll- und Risikomanagementsystems, die den Konzernabschluss wesentlich beeinflussen. Hierdurch sollen die Abschlussadressaten in die Lage versetzt werden, die wesentlichen Merkmale, Strukturen und Prozesse dieses Systems im Hinblick auf den Konzernrechnungslegungsprozess einschätzuen zu können (DRS 15.101).
- **Eigentumsstrukturbericht:** Der Eigentumsstrukturbericht soll einen umfassenden Einblick in die Eigentumsstruktur der börsennotierten Gesellschaft ermöglichen und etwaige Übernahmehindernisse wie z.B. Stimmrechtsbeschränkungen identifizieren (Abs. 4).

4.2 Management Commentary

Bisher keine Regelung

Vom IASB existiert kein zu § 315 HGB vergleichbarer Standard. Grundsätzlich sieht das IASB seine Aufgabe in der Veröffentlichung hochqualitativer, international harmonisierter Rechnungslegungsgrundsätze. Im Zuge dieser Fokussierung auf die Rechnungslegung i.e.S. blieb das Konstrukt eines (Konzern-)Lageberichts bisher außen vor. Das IASB überlässt die Regulierung der restlichen Unternehmenspublizität – damit auch der Konzernlageberichterstattung – den nationalen Regulierern bzw. kooperiert diesbezüglich mit der IOSCO.

IFRS Practice Statement

Aufgrund des international gestiegenen Interesses an Lageberichtsinformationen[12] und der Erkenntnis, dass der IFRS-Abschluss allein über die wirtschaftliche Gesamtlage immer noch nicht ausreichend informiert, um auf dessen Basis wirtschaftliche Entscheidungen zu treffen, hat das IASB 2002 eine internationale Projektgruppe zum Thema „Management Commentary" ins Leben gerufen. In dieser Projektgruppe befassen sich Mitglieder unterschiedlicher Standardsetter aus Großbritannien, Kanada, Neuseeland und auch Deutschland mit der Entwicklung von Vorschlägen für einen Managementbericht als Teil der IFRS-Finanzberichterstattung. Nach der Veröffentlichung eines Diskussionspapiers im Oktober 2005 legte das IASB im Juni 2009 ein Exposure Draft „Management Commentary" vor. Dieser sah vor, die Vorgaben für den Managementbericht

12 Neben den in Deutschland erweiterten Anforderungen an die Lageberichterstattung sind beispielsweise auch in den USA (Management's Discussion and Analysis of Financial Conditions and Results of Operations, MD&A) und in Großbritannien (Operation and Financial Review, OFR) die entsprechenden Verlautbarungen überarbeitet worden.

nicht in Form eines verbindlich anzuwendenden Standards, sondern als unverbindlicher Leitfaden zu veröffentlichen. Dieser Leitfaden wurde als sog. „IFRS Practice Statement“ im Dezember 2010 veröffentlicht und stellt einen groben Rahmen für die Erstellung eines Managementberichts dar. Auf diese Weise soll vermieden werden, dass die Vorschriften der IFRS mit den nationalen Vorschriften – etwa zur Lageberichterstattung in Deutschland – in Konflikt geraten. Trotzdem können die aus IASB-Sicht freiwillig anwendbaren Grundsätze zur Managementberichterstattung von Gesetzgebern bzw. Börsenaufsichten unverändert oder auf die jeweiligen nationalen Gegebenheiten angepasst und konkretisiert zu verpflichtenden Bestandteilen erhoben werden. Die Zielsetzung des Managementberichts liegt gemäß dem Practice Statement Management Commentary (PS MC) darin, den Investoren einen Blick aus der Perspektive des Managements auf das Unternehmen zu ermöglichen (PS MC.15). Somit verfolgt der Managementbericht ähnlich wie andere Berichtsinstrumente bzw. Bestandteile des IFRS-Abschlusses den Management Approach. Die Beachtung folgender Grundsätze soll der Bereitstellung einer entscheidungsnützlichen Managementberichterstattung dienen (PS MC.12):

- Darstellung aus Sicht der Unternehmensleitung (Management Approach),
- Ergänzung und Erweiterung der Abschlussinformationen.

Einhergehend mit diesen Prinzipien soll der Managementbericht Informationen enthalten, die

- zukunftsorientiert sind und
- die qualitativen Anforderungen, die im Framework niedergelegt sind, aufweisen (PS MC.13).

Inhalt

Der Inhalt des Managementberichts wird sich stark an den Gegebenheiten und Umständen des einzelnen Unternehmens orientieren, um so den Charakter der Geschäftstätigkeit, die Strategien des Managements und das regulatorische Umfeld, in dem das jeweilige Unternehmen tätig ist, widerzuspiegeln (PS MC.22). Im Sinne der Bereitstellung entscheidungsnützlicher Informationen sollte der Managementbericht jedoch zu folgenden Bereichen Informationen beinhalten (PS MC.24 ff.):

- Art des Geschäfts,
- Ziele und Strategien der Unternehmensleitung,
- Ressourcen, Risiken und Beziehungen des Unternehmens,
- Geschäftsergebnis und -aussichten,
- Leistungsmaßstäbe und Indikatoren, die die Unternehmensleitung zur Beurteilung heranzieht.

Wirkungszusammenhang

Diese Themenbereiche sollen nicht isoliert dargestellt werden, vielmehr stehen sie in einem Wirkungszusammenhang, der ebenfalls analysiert und erläutert werden soll (PS MC.25). Obwohl der Managementbericht als separates Berichtsinstrument veröffentlicht wird, stellt er einen Bestandteil des Finanzberichts dar und sollte mit den in den anderen Berichtsinstrumenten veröffentlichten Informationen inhaltlich konsistent sein.

Business Reporting

Die Beschäftigung des IASB mit einem Managementbericht spiegelt die Weiterentwicklung der Rechnungslegung zu einem umfassenderen Financial Reporting oder Business Reporting wider. Viele Stellungnahmen zum Diskussionspapier und zum nachfolgenden Exposure Draft befürworten diesen Wandel[13]. Auch große internationale Unterschiede in der existierenden „Lageberichterstattung" (gerade auch über die EU hinaus) scheinen einen entsprechenden Harmonisierungs- bzw. Regulierungsbedarf zu rechtfertigen. Angesichts des noch offenen Fortgangs des Projekts und angesichts des geplanten unverbindlichen Leitfadencharakters behalten die §§ 289 und 315 HGB für deutsche Unternehmen, seien sie nun IFRS-Bilanzierer oder nicht, jetzt und künftig uneingeschränkte Gültigkeit. Lagebericht und Managementbericht des IASB weisen dabei viele Gemeinsamkeiten auf. Die Unterschiede liegen insbesondere im Detaillierungsgrad der Vorgaben. Die IASB-Vorgaben stellen unverbindliche Leitlinien dar, die prinzipienorientierte Berichtsgrundsätze, qualitative Anforderungen und mögliche Inhalte definieren und insgesamt sehr allgemein formuliert sind.

IFRS-Angabepflichten mit Lageberichtscharakter

Zu erwähnen ist allerdings, dass einzelne Angabepflichten bereits existierender IFRS durchaus Teilelemente der HGB-Lageberichterstattung beinhalten. So verlangt z.B. IAS 10.21 Angaben zu bedeutenden Ereignissen, die nach dem Bilanzstichtag eingetreten sind. Die Parallele zum Nachtragsbericht ist offenkundig. Parallelen gibt es auch hinsichtlich des Finanzrisikoberichts (insbesondere IFRS 7.31 ff.), des Forschungs- und Entwicklungsberichts (IAS 38.118 ff.) sowie des Vergütungsberichts (IFRS 2.44 ff.). Trotz der Fokussierung der IFRS auf die Rechnungslegung im eigentlichen Sinne wird den berichtenden Unternehmen in IAS 1.13 zudem empfohlen, neben dem (Konzern-)Abschluss eine Art Finanzbericht (financial review by management) auf freiwilliger Basis zu veröffentlichen. Darin sollten über die Rechenwerke hinausgehende Informationen zur Vermögens-, Finanz- und Ertragslage des Konzerns enthalten sein, z.B. was wesentliche Einflussfaktoren auf die Ertragslage (wichtige Veränderungen des Umfeldes und Reaktionen des Unternehmens auf diese Veränderungen), die Investitionspolitik, die Dividendenpolitik sowie wichtige Kapitalquellen oder nicht bilanziell erfasste Stärken und Ressourcen angeht. Über wesentliche Unsicherheiten und das diesbezügliche Risikomanagement sollte ebenfalls berichtet werden. Damit weist der financial review by management zumindest Parallelen zum Wirtschafts- und Risikobericht auf.

13 Vgl. *Kasperzak, R./Beiersdorf, K.*, Diskussionspapier Management Commentary: eine erste Auswertung der Stellungnahme an das IASB, in: KoR, 7. Jg. (2007), S. 121-130, sowie *Kajüter, P., Bachert, K., Blaesing, D.*, Ergänzung des IFRS-Abschlusses um einen Managementbericht, in: KoR, 10. Jg. (2010), S. 183-190.

5 Harmonisierung der Publizität

Harmonisierungsnotwendigkeit

Bisher ist deutlich geworden, dass die Regulierung der Unternehmenspublizität bisher noch eine weitgehend nationale Angelegenheit ist. Wie bei der Rechnungslegung ergibt sich damit auch bei der Unternehmenspublizität die Frage nach der internationalen Harmonisierung. Auf Unternehmensseite profitieren insbesondere diejenigen von harmonisierten Publizitätsvorschriften, deren Wertpapiere an in- und ausländischen Börsen (cross-border listing) notiert sind. Sie hätten insgesamt nur noch einem Set von Berichtspflichten zu genügen. Die Berichtspflichten umfassen dabei in ihrer Gesamtheit nicht nur gesetzliche und behördliche Regulierungen, sondern auch entsprechende Richtlinien der jeweiligen Börsen. Auch für die Anleger würden Informationen international vergleichbarer und ließen sich mit geringeren Transaktionskosten verwerten. Die internationale Analyse publizierter Daten und die mit ihr angestrebte Vergleichbarkeit wird allerdings durch die i.d.R. nicht harmonisierten nationalen Umfeldbedingungen erheblich erschwert.

Publizitäts- versus Rechnungslegungsharmonisierung

Ohne die Frage nach der Harmonisierungsnotwendigkeit abschließend beantworten zu können, gestaltet sich die Publizitätsharmonisierung weniger schwierig als bei der Rechnungslegung. Wird die Rechnungslegungsharmonisierung vor allem durch nationale Unterschiede in den Funktionen und Rechtsfolgen der Rechnungslegung erschwert, so ist die Unternehmenspublizität, insbesondere bei kapitalmarktrechtlicher Fundierung und alleiniger Ausrichtung auf kapitalmarktorientierte Unternehmen, eindeutig und ausschließlich auf den Abbau der asymmetrischen Informationsverteilung zwischen dem Unternehmensmanagement und seinen Kapitalgebern ausgerichtet. Sofern die simplifizierende These vom nicht-negativen Informationswert unterstellt wird, wonach mehr Informationen immer besser sind als weniger, wäre eine internationale Harmonisierung auf dem höchsten Informationsniveau anzustreben, was maximalen Publizitätsumfang, größte Publizitätshäufigkeit und Zeitnähe sowie weitestgehenden Adressatenzugang bedeutet. Allerdings abstrahiert die These vom nicht-negativen Informationswert von Informationskosten.

Harmonisierung über den „Wettbewerb der Systeme"

Eine Harmonisierung muss jedoch nicht zwingend von zentraler Stelle vorgegeben werden. So kann die Harmonisierung der Unternehmenspublizität über den Markt gelingen, wenn sich ein Publizitätssystem im Wettbewerb mit anderen durchsetzen kann. Ob diese Auslese durch Marktprozesse gegenüber der Publizitätsharmonisierung durch dirigistische Regulierungsinstanzen zu einem effizienteren Publizitätssystem führt, ist offen. Voraussetzung dafür wäre allerdings die Kapitalmobilität integrierter Kapitalmärkte, die eine freie Wahl des Finanzplatzes und des dahinter stehenden Publizitätssystems erst ermöglicht.

Harmonisierung über Regulierung

Alternativ zum Markt kommen als regulatorische Institutionen der Publizitätsharmonisierung Staaten und Staatenbündnisse sowie Zwangs- und freiwillige Zusammenschlüsse in Betracht. So hat auf europäischer Ebene insbesondere die EU das Kapitalmarktrecht ihrer Mitgliedstaaten und damit einhergehend auch die kapitalmarktrechtlichen Publizitätspflichten der Unternehmen harmonisiert.

Durch die Transformation dieser EU-Richtlinien in nationales Recht sind z.B. das deutsche Kapitalmarktrecht und damit auch die kapitalmarktrechtlichen Publizitätspflichten erst richtig begründet worden. Auch ist dadurch das europäische Publizitätsniveau dem US-amerikanischen angenähert worden. Das Publizitätssystem der SEC hat schon aufgrund der Dominanz des US-amerikanischen Kapitalmarktes bei der EU-Harmonisierung als wichtiges Leitbild fungiert.

Bestrebungen der EU

Im Juni 2001 wurde auf europäischer Ebene von der EU das Committee of European Securities Regulators (CESR) als unabhängiges Gremium der europäischen Wertpapieraufsichtsbehörden gegründet[14]. CESR hat das Ziel, die Abstimmung zwischen den nationalen Wertpapieraufsichtsbehörden der EU zu verbessern, um damit die einheitliche Durchsetzung der EU-Verordnungen und Richtlinien zu gewährleisten. Dies soll u.a. auch harmonisierend auf die IFRS-Anwendung wirken.

CESR

Neben der EU und den europäischen Institutionen kommen weitere internationale Institutionen für die Harmonisierung der Unternehmenspublizität in Betracht. Kann das IASB im Verhältnis zu den USA als „internationales FASB“ angesehen werden, so könnte der in Madrid ansässigen International Organization of Securities Commissions (IOSCO)[15] die Rolle einer „internationalen SEC“ zukommen. Als internationale Organisation der Börsenaufsichtsinstitutionen hat sich die IOSCO zum Ziel gesetzt, die Entwicklung einheitlicher Börsenzulassungs- und Wertpapierhandelsstandards zu fördern. Insofern ist die internationale Harmonisierung des Anlegerschutzes und damit auch der Unternehmenspublizität ihr erklärtes Ziel. Entsprechend nimmt die IOSCO eine führende Rolle bei der Aufstellung internationaler Standards im Bereich der Wertpapieraufsicht ein und fördert die Kooperation zwischen den Wertpapieraufsichtsbehörden.

Bestrebungen der IOSCO

Ein zentrales Beispiel für die harmonisierende Wirkung der IOSCO im Bereich der Rechnungslegungs- und Publizitätsregulierung ist der im Mai 2000 vorgelegte „IASC Standards Assessment Report“. Hier empfiehlt sie ihren Mitgliedern die Anwendung 30 ausgewählter IAS im Rahmen von Cross-Border-Listings. Diese 30 Standards umfassen im Wesentlichen die damals gültigen IAS und beziehen auch die damit im Zusammenhang stehenden Interpretationen mit ein. Die Anerkennung der IFRS durch die IOSCO geht jedoch mit einer weiteren engen künftigen Zusammenarbeit und Kontrolle mit dem IASB einher. Der Empfehlung der IOSCO kam zudem die SEC 2007 nach, indem sie ausländische Wertpapieremittenten von der Verpflichtung einer Überleitungsrechnung ihres in englischer Sprache aufgestellten IFRS-Abschlusses auf US-GAAP befreite.

IASC Standards Assessment Report

Wie die Standards des IASB haben auch die IOSCO-Vorgaben keine unmittelbar bindende Wirkung. Den Mitgliedsorganisationen wird lediglich empfohlen, alle erforderlichen Schritte zu unternehmen, damit die Vorgaben in das jeweilige nationale Recht einfließen. Handelt es sich dabei um einen IOSCO-

Verbindlichkeit und Verfügbarkeit

14 Weitere Informationen zum CESR finden sich auf dessen Homepage (www.cesr-eu.org).

15 Weitere Informationen zur IOSCO finden sich auf ihrer Homepage (www.iosco.org), auf der auch alle hier genannten Berichte zum Download bereit stehen.

weiten Konsens und nicht um Entwürfe oder Vorüberlegungen einzelner Gruppen, so verpflichten sich die Mitgliedsorganisationen in der Regel, auf die nationale Umsetzung hinzuwirken. Die Veröffentlichungen sind der interessierten Öffentlichkeit zugänglich und können entweder bei der IOSCO entgeltlich bzw. teilweise über das Internetangebot der IOSCO bezogen werden.

Fazit

Abschließend bleibt festzuhalten, dass die Harmonisierungsbestrebungen in der Rechnungslegung nicht losgelöst von der parallelen Entwicklung in der gesamten Unternehmenspublizität betrachtet werden können. Während die EU auf europäischer Ebene über entsprechende EU-Richtlinien auf eine Harmonisierung kapitalmarktrechtlicher Publizitätspflichten hinwirkt, versucht die IOSCO, auf internationaler und interkontinentaler Ebene das gleiche Ziel zu erreichen. Die bisherigen Ergebnisse der EU, aber auch der IOSCO zeigen, dass eine Harmonisierung nationaler Publizitätsvorschriften voranschreitet und dass auch hier eine Tendenz hin zu den US-amerikanischen Publizitätspflichten unverkennbar ist.

Exkurs

Finanzkommunikation mit XBRL

XBRL (eXtensible Business Reporting Language) ist eine Sprache, die dem elektronischen Austausch und der Veröffentlichung von Finanzinformationen dient. Inhalte der Finanzberichterstattung können mittels XBRL automatisiert übermittelt und weiterverarbeitet werden[16]. Ermöglicht wird dies durch eindeutig definierte Taxonomien, die detailliert vorgeben, welche Informationen ein Unternehmen in welcher Struktur und in welchem Detaillierungsgrad bereitzustellen hat. Diese Taxonomie entspricht einer Art „Barcode", der – vergleichbar mit einem Kontenrahmen – jeden Posten von Bilanz, GuV und Kapitalflussrechnung sowie alle Anhangangaben kennzeichnet. Hierdurch wird eine an sich aussagelose Zahl mit einer Bezeichnung, einer sog. „tag", versehen, die der Zahl eine Bedeutung, wie z.B. „Anlagevermögen" oder „Personalaufwand", verleiht. Darüber hinaus beinhaltet diese „tag" eine Information über die hierarchische Einordnung des Postens und deren Berechnungsregeln. So wird mit der Information „Anlagevermögen" zugleich dessen hierarchische Position innerhalb der Bilanz gespeichert.

Medienbrüche in der Finanzkommunikation

Bislang kommt es bei der Finanzkommunikation zu verschiedenen „Medienbrüchen". Innerhalb des Unternehmens werden Finanzdaten systematisch elektronisch verarbeitet. Die unternehmensinterne Software enthält die Unternehmenszahlen von der Buchhaltung – wenn auch über mehrere Schnittstellen – bis zum fertigen Jahres- oder Konzernabschluss in einer einheitlichen Struktur. Anschließend werden diese Informationen zur Geschäftsberichtser-

16 Vgl. zu XBRL und diesen Ausführungen ausführlich *Arbeitskreis Externe Unternehmensrechnung (AKEU) der Schmalenbach-Gesellschaft für Betriebswirtschaft e.V.*, Finanzkommunikation mit XBRL, in: DB, 63. Jg. (2010), S. 1472-1479; *Nunnenkamp, G./Paffenholz, M.*, Der Einfluss von XBRL auf Rechnungslegung und Prüfung, in: WPg, 63. Jg. (2010), S. 1142-1150; *Ramin, K. P./Kesselmeyer, B.*, XBRL als internetbasierter Standard für die Finanzberichterstattung, in: KoR, 7. Jg. (2007), S. 560-571.

stellung in ein Text-Dokument übertragen. Die Veröffentlichung erfolgt in Papierform sowie in Form eines PDF- oder HTML-Dokuments. Die Berichte sind in dieser Form ansprechend formatiert und leserfreundlich aufbereitet, bieten jedoch nur sehr begrenzte Möglichkeiten zur individuellen Aufbereitung und Auswertung. So müssen beispielsweise Analysten, die die Informationen in eine Datenbank oder ein Analyseschema überführen möchten, dieses Dokument, das nun keine feste Struktur mehr hat, „händisch" durchsehen und die Informationen exportieren und erneut aufbereiten. XBRL bietet hier die Möglichkeit, Berichtsdaten ausgehend von der unternehmensinternen Darstellung in ein Standardformat zu überführen, das sowohl von Informationsgeber wie auch von Informationsempfänger verarbeitet werden kann und dadurch ein effizientes Datenmanagement ermöglicht.

Internationale Ausbreitung

Die Verbreitung von XBRL erfährt international eine breite Unterstützung. Dies dokumentiert z.B. die Ankündigung der US-Börsenaufsicht SEC im Jahr 2006, das Informationssystem EDGAR zu einem dynamischen und interaktiven System auf Basis von XBRL weiterzuentwickeln. Seit Juni 2009 ist XBRL für Gesellschaften mit einer Börsenkapitalisierung von über 5 Mrd. US-$ verpflichtender Standard für SEC-Fillings. Alle übrigen Gesellschaften, die an einer US-Börse notiert sind, sind verpflichtet ab 15.06.2011 ihre Abschlüsse im XBRL-Format zur Offenlegung einzureichen. Die IFRS Foundation gründete 2001 eine Arbeitsgruppe, die die Implementierung von XBRL im Rahmen der Berichterstattung nach IFRS forcieren soll. Das IASB sieht XBRL als Standard für die elektronische Berichterstattung und wichtigen Bestandteil bei der Entwicklung einer „einheitlichen Rechnungslegungssprache" für die weltweiten Kapitalmärkte an.

Ausbreitung in Deutschland

Darüber hinaus wird die Ausbreitung von XBRL durch das Gesetz über elektronische Handelsregister und Genossenschaftsregsister sowie das Unternehmensregister (EHUG), das im Jahr 2007 in Kraft getreten ist, forciert. Bei der hierdurch eingeführten Veröffentlichungspflicht im elektronische Bundesanzeiger führt die Einreichung der Jahres- und Konzernabschlüsse auf Basis von XML-(eXtensible Markup Laguage)/XBRL-Daten zu geringeren Veröffentlichungskosten im Vergleich zu anderen Datenformaten. Darüber hinaus wird XBRL in Deutschland auf Grund der Verpflichtung des § 5b EStG zur elektronischen Übermittlung der Inhalte von Bilanz- und GuV an die Finanzverwaltung verstärkt Verwendung finden. Die Pflicht zur elektronischen Übermittlung, für die XBRL als Übermittlungsformat festgelegt wurde, gilt für Geschäftsjahre, die nach dem 31.12.2010 beginnen (BMF-Schreiben vom 16.12.2010).

Entwicklungsstand

XBRL ist ein offener Standard, der von der internationalen Organisation „XBRL international"[17] ohne Gewinnerzielungsabsicht getragen wird. Zunächst führt XBRL zu einem systemunabhängigen Format, das für vielfältige Rechnungslegungsnormen einsetzbar ist. Durch die Definition und Anwen-

17 Zu XBRL International vgl. ausführlich *Locke, J./Lowe, A.*, XBRL: An (Open) Source of Enlightenment or Disillusion?, in: European Accounting Review, 16. Jg. (2007), S. 585-623.

dung sog. Taxonomien, die als „Standard-Posten, Konten- und Analyseschemata"[18] bezeichnet werden könnten, werden die einzelnen Daten beschrieben, sowie deren hierarchische Stellung und rechentechnische Beziehung definiert. Neben Bilanz- und GuV-Daten sowie Daten der Kapitalflussrechnung können so auch qualitative Informationen aus Anhang und Lagebericht in standardisierter Form angelegt werden. Die Entwicklung und Wartung einer entsprechenden Taxonomie für die HGB-Rechnungslegung übernimmt der XBRL Deutschland e.V. Auch die IFRS Foundation stellt eine IFRS-Taxonomie zur Verfügung, die den Anforderungen der IFRS-Rechnungslegung gerecht wird und jährlich aktualisiert wird. Die aktuell vorliegende IFRS-Taxonomie beinhaltet alle Standards und Interpretationen, die bis Anfang 2010 veröffentlicht wurden. Darüber hinaus existiert ebenfalls eine US-GAAP-Taxonomie. Auf Unternehmensebene können diese Taxonomien individuell erweitert werden und so durch eine weitere Postenuntergliederung an die unternehmensspezifischen Gegebenheiten angepasst werden.

Zukunft von XBRL

Insgesamt bietet XBRL somit viele Vorteile. Nach der kostenverursachenden Einführung bestehen vielfältige Kostensenkungspotenziale durch die Automatisierung von Abläufen bietet XBRL die Möglichkeit der Integration von verschiedenen Systemen, so entfällt z.B. die Erstellung von Berichtspakten bei Tochterunternehmen zur Konsolidierung von Konzerngesellschaften mit unterschiedlichen EDV-Systemen, da die Daten mittels XBRL in die Konsolidierungssoftware der Konzernmuttergesellschaft übertragen werden können. Des Weiteren können Rechnungslegungsadressaten die Informationen ebenfalls automatisiert weiterverarbeiten. Sie können insbesondere den gewünschten Aggregationsgrad wählen und somit nach individuellem Informationsbedarf unterschiedliche Detailtiefen festlegen. Trotz dieser Vorteile und der zunehmenden internationalen Ausbreitung von XBRL fehlt es aber noch an Akzeptanz bei den Adressaten in der breiteren Öffentlichkeit. Zudem sind weitere regulatorische Fragen zu klären, z.B. für welche Unternehmen und welche Berichtsinhalte eine Berichterstattung mittels XBRL vorgeschrieben werden sollte.

Ausgewählte Literatur

Arbeitskreis Externe Unternehmensrechnung (AKEU) der Schmalenbach-Gesellschaft für Betriebswirtschaft e.V., Finanzkommunikation mit XBRL, in: DB, 63. Jg. (2010), S. 1474.

BaFin, Emittentenleitfaden der Bundesanstalt für Finanzdienstleistungsaufsicht, Frankfurt a.M. und Bonn 2009.

---

18 *Arbeitskreis Externe Unternehmensrechnung (AKEU) der Schmalenbach-Gesellschaft für Betriebswirtschaft e.V.*, Finanzkommunikation mit XBRL, in: DB, 63. Jg. (2010), S. 1474.

Brotte, J., US-amerikanische und deutsche Geschäftsberichte: Notwendigkeit, Regulierung und Praxis jahresabschlussergänzender Informationen, Wiesbaden 1997.

Fischer, V., The SEC and BaFin – US and German capital market supervision in comparison, Augsburg 2010.

MacLaughlin, D. J./Hambleton, W., SEC Reporting Requirements, in: Carmichael, D. R./Rosenfield, P. H. (Hrsg.), Accountants' Handbook, Vol. 1, 10th ed., Hoboken, New Jersey 2003, Chapter 3.

Übungsaufgaben

Aufgabe 1:

Um die Versorgung aktueller und potentieller Investoren mit entscheidungsrelevanten Informationen zu gewährleisten, sind Rechnungslegungsdaten den Rechnungslegungsadressaten zur Verfügung zu stellen. Hierzu unterliegen Unternehmen einer Vielzahl von Publizitätsvorschriften.

a) Erläutern Sie den Begriff der Unternehmenspublizität und gehen Sie dabei auf die Unterscheidung zwischen gesellschafts- und kapitalmarktrechtlichen Publizitätsvorschriften ein.
b) Insbesondere die Bedeutung kapitalmarktrechtlicher Publizitätsvorschriften hat in Deutschland in jüngerer Vergangenheit zugenommen. Verdeutlichen Sie die Wirkungsweise von kapitalmarktrechtlichen Publizitätsvorschriften anhand des vereinfachten Verlaufs eines Aktienkurses.
c) Welche Publizitätsvorschriften sind für kapitalmarktorientierte Unternehmen in Deutschland relevant? Erläutern Sie diese.

Aufgabe 2:

Das kapitalmarktrechtlich geprägte US-Publizitätssystem gilt weltweit als das „beste" Publizitätssystem und genießt insofern Vorbildcharakter.

a) Zeigen Sie auf, inwiefern sich die Entwicklung des US-Publizitätssystems krisentheoretisch begründen lässt.
b) Nehmen Sie eine geeignete Systematisierung von Publizitätssystemen vor. Gehen Sie vor diesem Hintergrund auf die wesentlichen Unterschiede zwischen dem US- und dem deutschen Publizitätssystem ein.
c) Erläutern Sie, ob ein Mehr an Informationen immer positiv zu sehen ist.

Aufgabe 3:

Das IASB initiierte ein Projekt zur Entwicklung eines Managementberichts.

a) Zeigen Sie die wesentlichen Funktionen und Inhalte eines Management- bzw. Lageberichts auf.
b) Beurteilen Sie das Bestreben des IASB zur Entwicklung von Vorgaben für einen Managementbericht aus Sicht eines deutschen kapitalmarktorientierten Unternehmens.

Kapitel 32
Zukunft der internationalen Rechnungslegung

Wie Sie durch die Lektüre dieses Buches erfahren haben, hat sich die früher wenig veränderliche und von nationalen Regulierungen dominierte Rechnungslegung zu einem überaus dynamischen und vor allem auch internationalen Themenfeld entwickelt. Rechnungslegungsdaten sind nicht nur relevant für die Ermittlung von Steuerzahlungen, Dividendenausschüttungen sowie Managementtantiemen, sondern bilden auch eine wesentliche Informationsquelle für die Preisbildung auf Kapitalmärkten. Zudem dienen sie intern als Informationsgrundlage für unternehmerische Entscheidungen. Um diese Bewertungs- und Koordinationsfunktion (vgl. Kapitel 1) auf sich integrierenden Märkten erfüllen zu können, sollten Rechnungslegungsdaten hinsichtlich Inhalt, Umfang und Zeitnähe international vereinheitlicht werden.

Dieser Aufgabe stellt sich das IASB mit der Herausgabe der IFRS. Die Gewichtung der unterschiedlichen Zwecke dieses Rechnungslegungssystems, seine inhaltliche Ausgestaltung sowie seine praktische Anwendung und Bedeutung sind aber weiterhin großen Änderungen unterworfen, so dass es angebracht erscheint, sich abschließend mit der Zukunft der internationalen Rechnungslegung zu befassen[1].

Normative Fragen

Hierbei soll es zunächst um drängende, primär normative Fragen gehen, die zum Teil bereits in Kapitel 1 diskutiert wurden. Im Gegensatz dazu soll hier jedoch der Fokus auf künftigen Entwicklungen liegen:

- Wer sind die künftigen Adressaten der Rechnungslegung und wofür werden diese Adressaten die Rechnungslegung nutzen?
- Welche Bedeutung sollte den beiden allgemeinen Rechnungslegungszwecken Bewertung und Koordination in Zukunft beigemessen werden?
- Wie sollte die rechnungslegende Einheit gegenüber der Umwelt abgegrenzt werden?
- Wie sollten die Konzepte des bilanziellen Vermögenswerts, der bilanziellen Schuld und, daraus abgeleitet, des bilanziellen Nettovermögens bzw. Eigenkapitals definiert werden?
- Welche Bewertungsmethoden sollten im Abschluss herangezogen werden?
- Wie sollten die Daten der Rechnungslegung ausgewiesen und wann publiziert werden?
- Welche zusätzlichen qualitativen Informationen sollten im Rahmen der Unternehmenspublizität angeboten werden?

Prozessorientierte Fragen

Eng verknüpft mit diesen normativen Problemen ist aus einer stärker prozessorientierten Perspektive die Frage nach dem künftigen Umfeld der internationalen Rechnungslegung. Hier ist zu diskutieren:

1 In diesem Zusammenhang wird es weniger um die aktuellen Projekte auf der Agenda des IASB gehen. Informationen zu diesen Projekten werden in den einzelnen Kapiteln dieses Buches jeweils an der thematisch passenden Stelle behandelt und sind jederzeit aktuell auf der Homepage des IASB (www.ifrs.org) abzurufen.

- Welche Akteure werden das IASB künftig maßgeblich beeinflussen? Ist die Macht dieser unterschiedlichen Akteure ausgeglichen? Wie geht das IASB mit möglichen Versuchen der Einflussnahme um?
- Gibt es Möglichkeiten, mehr Wettbewerb bei der Weiterentwicklung der internationalen Rechnungslegung zu nutzen?

Deutsche Perspektive

Schließlich soll konkret aus deutscher Perspektive diskutiert werden, wie sich die Rechnungslegungszukunft deutscher Unternehmen vor dem Hintergrund der künftigen IFRS einerseits und der sich wandelnden rechtlichen Rahmenbedingungen in Deutschland andererseits darstellt (vgl. Kapitel 2). Im Wesentlichen geht es dabei um zwei zentrale Fragenkomplexe:

- Welche Relevanz wird die internationale Rechnungslegung für den deutschen Mittelstand haben? Setzen sich hier die IFRS in vollem Umfang oder in der „abgespeckten" Version des IFRS for SMEs durch oder wird es in der EU weiterhin unterschiedliche nationale Rechnungslegungssysteme geben? Letzteres war schließlich die erklärte Absicht des deutschen Gesetzgebers bei der Verabschiedung des BilMoG: Hiernach sollte ein modifiziertes HGB als eine „einfachere Alternative zu den in Deutschland vom Mittelstand nachhaltig abgelehnten IFRS"[2] geschaffen werden.
- Sollten die IFRS oder der IFRS for SMEs das HGB ablösen, was geschähe künftig mit den Rechtskonsequenzen, die bisher an den handelsrechtlichen Einzelabschluss gekoppelt sind? Wie könnten die Dividendenbemessung (Mindestausschüttung), die bilanzielle Kapitalerhaltung (Höchstausschüttung) und die steuerliche Gewinnermittlung reguliert werden, wenn Einzelabschlüsse nicht mehr nach HGB erstellt werden?

1 Normative Aspekte

Letztlich immer dieselben normativen Fragen

Auch wenn im ersten Kapitel deutlich wurde, dass eine zweifelsfreie Beantwortung von normativen Rechnungslegungsfragen kaum möglich erscheint: Das IASB hat sich im Rahmen der Standardsetzung solchen Fragen immer wieder neu zu stellen. Aktuell versucht das IASB in einem gemeinsamen Projekt mit dem FASB, das Rahmenkonzept noch konsistenter mit den einzelnen Standards abzustimmen. Obwohl dieses langfristige Projekt in seinen Auswirkungen auf das bisherige Rahmenkonzept nur in Teilen abgeschlossen und größtenteils noch offen ist, stehen auch in dieser Diskussion die normativen Fragen nach den Zwecken der Rechnungslegung im Vordergrund. Im Folgenden soll deshalb versucht werden, diese in der Einleitung angerissenen Fragen kurz aufzugreifen und darüber zu mutmaßen, wie sie möglicherweise künftig beantwortet werden.

---

2 *Bundesministerium der Justiz (BMJ)*, Erläuterungen zum Referentenentwurf eines Gesetzes zur Modernisierung des Bilanzrechts (Bilanzrechtsmodernisierungsgesetz – BilMoG) vom 08.11.2007, S. 1, 60 und 61.

Wer sind die künftigen Adressaten der Rechnungslegung und wofür werden diese Adressaten die Rechnungslegung nutzen?

Differenzierung der primären Adressaten der Rechnungslegung

Nach dem Rahmenkonzept seien die Eigen- und Fremdkapitalgeber die primären Rechnungslegungsadressaten. Selbst wenn dieser verkürzenden Auswahl gefolgt wird, erscheint fraglich, ob diese Investorengruppen hinsichtlich ihrer Nutzung von Rechnungslegungsinformationen künftig über einen Kamm geschoren werden können. So unterscheiden sich Anleihenzeichner deutlich von Banken, die Unternehmenskredite gewähren. Genauso gibt es hinsichtlich der Eigenkapitalgeber wesentliche Unterschiede: Privatanleger dürften Informationen anders nutzen als institutionelle Anleger, die regelmäßig über größere Expertise und zusätzliche Informationskanäle verfügen. Hinzu kommen Informationsintermediäre wie z.B. Finanzanalysten und Ratingagenturen, die Rechnungslegungsinformationen zu Sekundärinformationen verdichten. Außerdem ist in den letzten Jahren die Bedeutung von quantitativ orientierten Investoren deutlich gestiegen. Sie steuern ihre Portfolios auf Basis von algorithmischen Strategien, die letztlich weite Teile des Markts auf Basis von Rechnungslegungsdaten und weiteren verfügbaren quantitativen Daten computergestützt und systematisch nach (vermeintlichen) Arbitragemöglichkeiten durchforsten. Im Folgenden wird die erwartete Rechnungslegungsnachfrage für die prototypischen Investorengruppen kurz skizziert:

- **Anleihenhalter**: Ihr primäres Entscheidungsproblem sind Kauf-/Halte-/Verkaufsentscheidungen bezüglich ihrer Anleihenposition. Sie können keinen direkten Einfluss auf unternehmerische Handlungen ausüben und die kontinuierlich steigende Komplexität der Rechnungslegungdaten lässt vermuten, dass sie primär Sekundärinformationen in Form von Ratingeinstufungen nachfragen werden.
- **Banken als Kreditgeber**: Unternehmenskredite werden kontinuierlich nachverhandelt und zunehmend mit flexiblen Klauseln (covenants) belegt. Außerdem verfügen vor allem Hausbanken über zusätzliche Informationskanäle, um die Kreditwürdigkeit ihrer Kunden zu überprüfen. Ihre Hauptnachfrage nach Rechnungslegungsinformationen dürfte daher aus der Notwendigkeit resultieren, ihre Kreditverträge an justiziablen Größen festzumachen. Dabei ist jedoch zu beachten, dass diese Adressaten teilweise eigene Anpassungen an den verwendeten Ansatz- und Bewertungsmethoden vornehmen, um ihnen geeignet erscheinende Performance- und andere Kennzahlen zu erhalten.
- **Privatanleger**: Ähnlich wie Anleihenhalter haben Privatanleger de facto keinen Einfluss auf unternehmerisches Handeln. Daher ist auch hier zu beobachten, dass sie schon aus Kosten-Nutzen-Überlegungen bei der Datenauswertung selten als direkte Nachfrager nach Rechnungslegungsinformationen auftreten[3].

---

3 Vgl. hierzu im Zeitablauf *Ernst, E./Gassen, J./Pellens, B.*, Verhalten und Präferenzen deutscher Aktionäre, Eine Befragung privater und institutioneller Anleger zu Informationsverhalten, Dividendenpräferenz und Wahrnehmung von Stimmrechten, Studien des Deutschen Aktieninstituts, Nr. 29, 2005 und Nr. 42, 2009.

- **Klassische institutionelle Investoren**: Für diese Gruppen kann wohl auch künftig erwarten werden, dass sie Rechnungslegungsinformationen im Detail nachfragen und nutzen werden. Allerdings verfügen sie meist über direkte Kontakte zum Unternehmen, um die Rechnungslegungsdaten besser würdigen und hieraus abgeleitete Prognosen bilden zu können.
- **Finanzanalysten, Ratingagenturen und sonstige Informationsintermediäre**: Durch die zunehmende Komplexität unternehmerischen Handelns, die immer umfassender werdende Berichterstattung und aufgrund des Zugangs zu Insiderinformationen zumindest bei den Ratinggesellschaften kommt diesen Intermediären künftig eine zunehmende Bedeutung zu. Sie haben die Herkulesaufgabe zu bewältigen, die Informationsflut der Rechnungslegung adressatengerecht zu verdichten.
- **Quantitative Investoren**: Diese Investorengruppe dürfte künftig noch an Bedeutung zunehmen und eventuell andere Anlagestrategien zurückdrängen. Hierdurch könnte die Gefahr künftiger Extremvolatilität an den Kapitalmärkten wachsen, wenn nämlich große Mengen von Wertpapiere anlässlich des Über- oder Unterschreitens bestimmter Schwellenwerte geordert oder auf den Markt geworfen werden. Quantitative Strategien sind auf IT-kompatible quantifizierbare Daten angewiesen. Die Informationen aus den – möglichst unternehmens- und zeitübergreifend systematisch strukturierten – Rechenwerken sind für diese Anlegergruppe ideal. Verbale Anhangs- und Lageberichtsinformationen hingegen sind problematischer und dürften somit eher ignoriert werden, auch wenn IT-gestützte Analysen von verbalen Information bereits angewendet werden.

Thesen

Aus dem Dargestellten sollen zwei Thesen für die folgende Diskussion festgehalten werden:

- Ein Großteil der Eigen- und Fremdkapitalgeber wird künftig seine Entscheidungen ausschließlich auf Basis von Sekundärinformationen treffen und als Nachfrager nach originären Rechnungslegungsinformationen kaum noch in Erscheinung treten.
- Die unterschiedlichen institutionellen Investoren und die Informationsintermediäre, die als wirklich primäre Adressaten von Rechnungslegungsinformationen angesehen werden können, stehen im direkten Wettbewerb zueinander und dürften daher kaum homogene Interessen haben. Jede Gruppe hat einen Vorteil, wenn die anderen Gruppen weniger Informationen erhalten. Während institutionelle Investoren mit direkter Kommunikationsmöglichkeit zur Unternehmensleitung, insbesondere Ratingagenturen mit Insiderstatus, unter Umständen sogar eine intransparente und reduzierte Rechnungslegung befürworten könnten, dürften andere Informationsintermediäre, deren Zugang zur Unternehmensleitung begrenzt ist, eine Rechnungslegung nachfragen, die ihre Dienstleistung möglichst wertschöpfend macht. Dies wäre tendenziell bei einer hinreichend komplexen Rechnungslegung der Fall. Quantitative Investoren hingegen dürften insbesondere auf eine Rechnungslegung drängen, die möglichst vergleichbar ist und alle verfügbaren Informationen so weit wie möglich quantifiziert.

Welche Bedeutung sollte den beiden allgemeinen Rechnungslegungszwecken Bewertung und Koordination in Zukunft beigemessen werden?

Bedeutung der Koordinationsfunktion

Vor dem Hintergrund der diskutierten Adressateninteressen erscheint es möglich, dass künftig der Koordinationsfunktion der Rechnungslegung für die Adressaten (wieder) eine größere Bedeutung beigemessen wird. Die Koordinationsfunktion rückt die Verwendung von Rechnungslegungsinformationen als Bemessungsgrundlage von gesetzlichen oder privatrechtlichen Rechtskonsequenzen z.B. im Rahmen der Besteuerung, der Gewinnverwendung, von Kreditverträgen oder der Managemententlohnung in den Vordergrund. Ihr Vordringen liegt einerseits darin begründet, dass die Rechnungslegung sogar bei vielen primären Adressatengruppen wie z.B. den kreditgebenden Banken kaum noch der reinen Bewertungsfunktion dient, sondern zur Vertragskoordination genutzt wird. Wie an anderer Stelle in diesem Kapitel aufgezeigt wird, lässt sich aus der jüngsten Finanz- und Wirtschaftskrise zumindest auch die Lehre ziehen, dass Rechnungslegungsdaten rechtstatsächlich weltweit für Koordinationszwecke genutzt werden.

Bewertungsfunktion bleibt aber gleichermaßen relevant

Ist diese eventuelle Hinwendung zur Koordinationsfunktion auch aus gesamtwirtschaftlicher Sicht wünschenswert? Diese Frage ist sehr schwer zu beantworten. Aus ordnungspolitischer Sicht ließe sich anführen, dass die Aufgabe von Regulierung primär sein sollte, einen stabilen Rechtsrahmen zur Verfügung zu stellen und weniger, in die Gestaltung von Informationsflüssen einzugreifen. Dies könnte für die stärkere Betonung der Koordinationsfunktion sprechen. Andererseits besteht die Gefahr, dass bei einer nicht bewertungsorientierten Rechnungslegung nur wenige Insider über bewertungsrelevante Informationen verfügen und daher die Funktionsfähigkeit von Kapitalmärkten gefährdet wird. Dies würde dafür sprechen, bewertungsrelevante Rechnungslegungsinformationen bereitzustellen, um den Wettbewerb um die beste Informationsversorgung an Kapitalmärkten überhaupt erst zu ermöglichen. Wenn künftig die Bewertungs- und Koordinationsfunktion gleichermaßen erfüllt werden soll, stellt sich wieder die alte Frage, wie ein Rechnungslegungssystem verschiedene Zwecke erfüllen kann[4].

Wie sollte die rechnungslegende Einheit gegenüber der Umwelt abgegrenzt werden?

Abgrenzung der rechnungslegenden Einheit

Die Frage, welche „Unternehmungsabgrenzung" für Rechnungslegungszwecke geeignet erscheint, hat bisher nicht an Aktualität verloren. So stellten spektakuläre Unternehmensschieflagen im Rahmen der Finanz- und Wirtschaftskrise wieder die Gefahr von sogenannten Off-Balance-Sheet Risiken eindrucksvoll unter Beweis. Dementsprechend wird gegenwärtig im Rahmen des Konsolidierungsprojektes und der geplanten Neukonzeption des Rahmenkonzepts über diese Frage intensiv diskutiert. Möglicherweise wird das Beherrschungskriterium künftig noch weitergehend definiert, um wirtschaftliche Abhängigkeiten unter-

4 Vgl. *Pellens, B./Fülbier, R. U.*, Differenzierung der Rechnungslegungsregulierung nach Börsenzulassung, in: ZGR, 29. Jg. (2000), S. 572-593.

schiedlichster Art, die sich z.B. auch in strategischen Allianzen oder in im Familienbesitz befindlichen Unternehmensnetzwerken konkretisieren, erfassen zu können (vgl. Kapitel 6).

Die Abgrenzung der rechnungslegenden Einheit ist für die Bewertungs- und Koordinationsfunktion gleichermaßen von grundlegender Bedeutung. Sie wird umso schwieriger, je mehr Kooperationsformen zwischen dem klassischen rechtlich und wirtschaftlich selbständigen Unternehmen über den Konzernverbund bis hin zur reinen Interaktion über Märkte möglicherweise auch als Ausweichhandlungen vor den Bilanzregulierungen existieren. Wie sind z.B. Unternehmensnetzwerke, wie etwa die strategischen Allianzen von Fluggesellschaften zu behandeln?

Wie ist sicherzustellen, dass es Unternehmen nicht gelingt, durch geschickte Vertragsgestaltung um die Konsolidierungskriterien herum unliebsame Risiken aus der Bilanz heraus zu halten? Das IASB scheint hierbei künftig stärker auf den Grundsatz „substance over form" zu setzen. Dies bürdet den durchsetzenden Institutionen und damit insbesondere den Wirtschaftsprüfern und den Enforcement-Gremien eine schwere Last auf. Ihnen wird die Aufgabe zukommen, den wirtschaftlichen Gehalt von komplexen Sachverhalten zu beurteilen und für ihre Interpretation dieses Sachverhalts dann auch noch mit immer umfangreicheren Haftungspflichten gerade zu stehen. Auf der anderen Seite treten Finanzdienstleister an, die durch die Entwicklung von speziellen Vehikeln versuchen, den interessierten Unternehmen weiterhin zu ermöglichen, ungeliebte Risiken aus der Bilanz fernzuhalten. Diese Branche bekommt durch jede Regeländerung neue Verdienstmöglichkeiten präsentiert.

Wie sollten die Konzepte des bilanziellen Vermögenswerts, der bilanziellen Schuld und, daraus abgeleitet, des Nettovermögens bzw. Eigenkapitals definiert werden?

Definition von Vermögenswerten und Schulden

Nach der bisherigen Definition des IASB-Rahmenkonzepts sind Vermögenswerte und Schulden durch künftigen Ressourcenzu- bzw. -abfluss geprägt. Dies deckt sich wenig mit der traditionell eher an der Einzelveräußerbarkeit und Körperlichkeit orientierten Sichtweise der Bilanzierung. Nicht einzelne Maschinen spenden künftigen Nutzen, sondern Maschinen kombiniert mit menschlichem Fachwissen, Rohstoffen, Produktionsideen, Marktpotentialen und einer adäquaten Finanzierung. Von daher sind zahlungsmittelgenerierende Einheiten (ZGE, cash-generating units; vgl. Kapitel 10) vielleicht die „besseren" Kriterien zur Vermögenswertabgrenzung. Für sie lassen sich künftige Nutzenpotentiale besser abschätzen als für einzelne, separat greifbare Vermögenswerte. Schließlich gilt für ein erfolgreiches Unternehmen, dass das Ganze mehr ist als die Summe der Einzelteile. Insofern erscheint es vorstellbar, in einer Bilanz auf der Aktivseite nicht mehr klassische Einzelvermögenswerte, sondern die in einem Unternehmen vorhandenen ZGE anzusetzen. Würden diese sogar mit ihren beizulegenden Zeitwerten bewertet, ergäbe sich – unter Vernachlässigung nicht aufteilbarer Synergieeffekte und künftiger (geplanter) Geschäfte – eine Bilanzsumme, die mit dem Gesamtunternehmenswert aus dem Blickwinkel des Managements übereinstimmt. Eine korrespondierende Zeitbewertung des Fremdkapitals führte dann zu einem Eigenkapital, das im direkten Vergleich mit der Marktkapitalisierung die (eventuell unterschiedlichen) Erwartungen der Manager und der Kapitalmarktteilnehmer deutlich werden lässt. Im Zeitvergleich spiegelt diese Bilanz die Veränderung des Unternehmenswertes in der abgelaufenen Periode wider, während die GuV die Quellen dieser Änderung des Unternehmenswertes zeigt. Ein Abschluss in dieser Art wird in Abbildung 32.1 dargestellt.

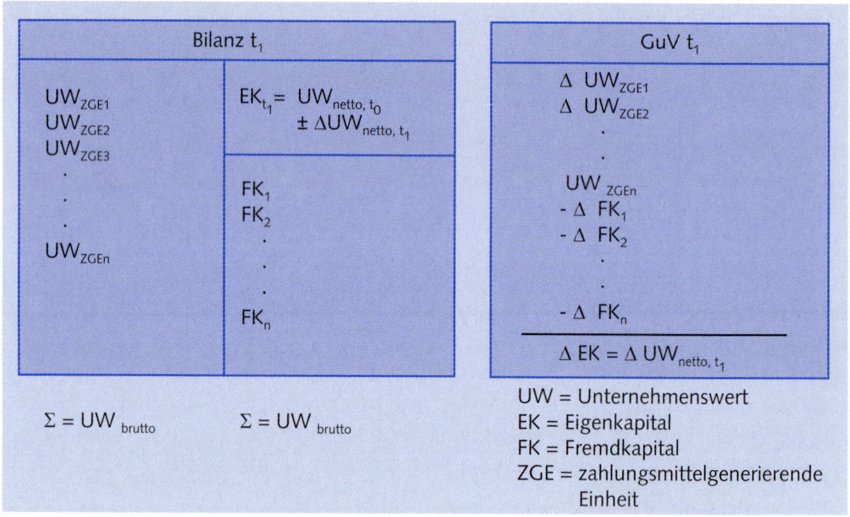

Abb. 32.1: Fair Value-Abschluss auf Basis von zahlungsmittelgenerierenden Einheiten

Fair Value-Abschlüsse von ZGEs aus Koordinationssicht

Ob diese Argumentation auch aus dem Blickwinkel der Koordinationsfunktion gilt, kann bezweifelt werden. Der beizulegende Zeitwert einer ZGE kann nicht rechtssicher verwendet und gegebenenfalls eingeklagt werden, obwohl er durchaus als Performanceindikator für die Managemententlohnung taugt. Eine alternative Vorgehensweise unter Wahrung einer objektiveren Einzelbewertung könnte daher darin bestehen, auch weiterhin die einzelnen Vermögenswerte der ZGE anzusetzen. Unabhängig von ihren jeweiligen Wertansätzen ergäbe sich dann im Regelfall eine Diskrepanz zwischen der Summe der Vermögenswerte im Rahmen der Einzelbewertung und dem Gesamtwert der korrespondierenden ZGE. Diese Wertdifferenz, die sich als (evtl. negativer) Goodwill charakterisieren lässt, wäre dann – weniger aus Koordinations- als vielmehr aus Bewertungsperspektive – konsequenterweise ebenfalls als Vermögenswert (bzw. Schuld) anzusetzen (vgl. Abbildung 32.2).

Erfolgt die Bewertung der Vermögenswerte und Schulden zum beizulegenden Zeitwert, wird auch hier – jedoch anders untergliedert – auf der Aktivseite der Gesamtunternehmenswert ausgewiesen. Sofern das IASB auch eine Zuschreibung der Goodwills jeder ZGE auf den beizulegenden Zeitwert ermöglichen würde, ginge die IFRS-Bilanz hiermit konform. Durch den getrennten Ausweis der einzelnen Vermögenswerte und des gesamten Goodwills könnte der Bilanzleser die Auswirkungen der Full Fair Value-Bilanzierung auf das Eigenkapital zudem differenziert erkennen.

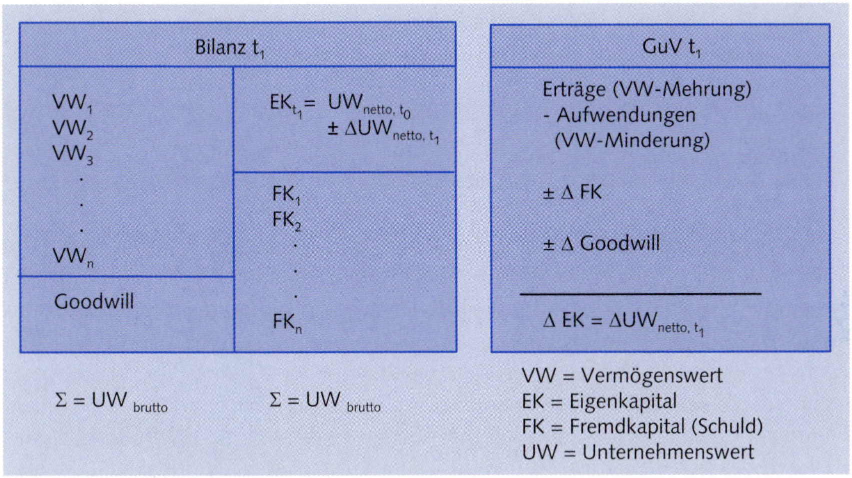

Abb. 32.2: Abschluss auf Einzelbewertungsbasis

Welche Bewertungsmethoden sollten herangezogen werden?

Bewertungsmethoden

Eng mit der vorhergehenden Fragestellung ist die Diskussion über eine zweckorientierte Bewertung der Vermögenswerte und Schulden verbunden. Der Ansatz zu (fortgeführten) historischen Kosten erscheint vor allem dann adäquat, wenn an dem Grundsatz der Einzelbewertung festgehalten wird. Zudem erscheint er sinnvoll, wenn im Rahmen der Koordinationsfunktion für abgeschlossene Geschäfte ermittelt werden soll, ob das bilanzierende Unternehmen in der Abrechnungsperiode wirtschaftlich gearbeitet hat. Wenn sich das IASB jedoch weiterhin dem Ziel der Bewertungsfunktion zuwendet, erscheint ein striktes Festhalten an historischen Kosten wenig sinnvoll. Die Summe der fortgeführten historischen Kosten der Vermögenswerte einer ZGE entspricht bestenfalls zufällig deren künftigem Nutzenpotential. Hier bietet sich ein anderer Wertansatz an, der im Idealfall das Nutzenpotential von Vermögenswerten über das beste Verfahren ermittelt, das die Ökonomie kennt: Den funktionsfähigen Markt.

Full Fair Value-Bilanzierung

So ist zu beobachten, dass das IASB die eigenen Standards in den letzten Jahren verstärkt in die Richtung einer so genannten „Full Fair Value-Bilanzierung“ vorangetrieben hat. Waren es bis etwa Mitte der 1990er Jahre im Wesentlichen nur bestimmte Wertpapiere, die – damals auch noch per Wahlrecht – zum beizulegenden Zeitwert bewertet werden konnten, so hat sich dieses Bild seither deutlich gewandelt. Mit den Standards z.B. zu Sachanlagen (IAS 16; vgl. Kapitel 12), Wertminderung von Vermögenswerten (IAS 36; vgl. Kapitel 10), immateriellen Vermögenswerten (IAS 38; vgl. Kapitel 11), Finanzinstrumenten (IAS 39; vgl. Kapitel 19), als Finanzinstrumente gehaltenen Immobilien (IAS 40; vgl. Kapitel 13), Landwirtschaft (IAS 41), anteilsbasierter Entlohnung (IFRS 2; vgl. Kapitel 18) oder auch Unternehmenszusammenschlüssen (IFRS 3; vgl. Kapitel 23) ist das IASB deutlich in Richtung „Fair Value-Bewertung" geschritten. Konsequenterweise versucht das IASB, im Rahmen des Projekts „Fair Value Measurement" allgemeine, standardübergreifende Richtlinien für den Umgang mit diesem Wertmaßstab festzulegen. Projekte der jüngeren Vergangenheit und laufende Überlegungen des IASB spiegeln aber auch die besonders in der Finanz- und Wirtschaftskrise laut gewordene Kritik an der Full Fair Value-Bilanzierung wider. So gestattet IFRS 9 den Unternehmen für bestimmte Finanzinstrumente weiterhin die Verwendung von fortgeführten Anwendungskosten.

Marktwert- und Ertragswertbilanzierung als Referenzmodell

Aus der Sicht der ökonomischen Theorie erscheint die Verwendung von Marktwerten als Referenzrahmen zunächst grundsätzlich zutreffend. Schließlich bündeln Preise an Märkten sämtliche Erwartungen der Marktteilnehmer über das künftige Geschehen. Problematisch wird es aus ökonomischer Sicht immer dann, wenn keine (funktionsfähigen) Märkte existieren. Gerade durch die Finanzkrise, während der auf vielen Finanzmärkten erhebliche Liquiditätsprobleme auftraten, wurde der Glaube an die grundsätzliche Effizienz der Märkte erschüttert. Da das Konzept des beizulegenden Zeitwertes nicht nur auf Marktwerte abstellt (mark-to-market), sondern bei deren Fehlen auch Bewertungsverfahren zulässt (mark-to-model), besteht die Gefahr der marktfernen, fehlerhaften Bewertung sowie der systematischen Verzerrung. Schließlich antizipieren hier eben nur wenige Manager oder Rechnungsleger innerhalb des bilanzierenden Unternehmens das künftige Geschehen. Zudem negiert das Fair Value-Konzept die subjektive Bewertungsperspektive des bilanzierenden Unternehmens und fordert die Ermittlung eines objektivierten Wertes – wie unter unabhängigen Dritten. Dabei ist die Vorstellung objektiver Werte z.B. in der Geschichte der Unternehmensbewertung schon in den 1960er Jahren zu Grabe getragen worden[5]. Letztlich spiegelt allein der Preismechanismus auf einem funktionierenden Markt die höchstmögliche Menge an Wissen wider[6]. Zudem gerät der Ertragswert als „nachgekochter" Marktpreis in die Gefahr der Manipulation[7]. Dem verantwortlichen Management kann schließlich, z.B. wegen eigener Anstellungs-, Entlohnungs- oder auch Kreditverträge, ein eigennutzorientiertes Interesse an der Gestaltung von

---

5 Vgl. z.B. *Münstermann, H.*, Wert und Bewertung der Unternehmung, Wiesbaden 1966, als Beispiel für die diesbezüglich relevante „Kölner Schule".

6 Vgl. zur grundsätzlichen Bedeutung des Markt- und Preismechanismus insb. *v. Hayek, F. A.*, The Use of Knowledge in Society, in: The American Economic Review, Vol. 35 (1945), S. 519-530. Vgl. zur Problematik synthetischer Marktwerte *Hitz, J.-M.*, Rechnungslegung zum fair value – Konzeption und Entscheidungsnützlichkeit, Frankfurt a.M. u.a. 2005.

7 Vgl. z.B. *Ballwieser, W./Küting, K./Schildbach, T.*, Fair Value – erstrebenswerter Wertansatz im Rahmen einer Reform der handelsrechtlichen Rechnungslegung?, in: BFuP, 56. Jg. (2004), S. 529-549.

Rechnungslegungsdaten unterstellt werden. Vor diesem Hintergrund verwundert es nicht, dass z.B. Finanzanalysten als wichtige Intermediäre der IFRS-Rechnungslegung auf dem Kapitalmarkt die Fair Value-Bewertung durchaus begrüßen, dabei allerdings mark-to-market gegenüber mark-to-model deutlich präferieren[8]. Letzten Endes kann die Frage, ob beizulegende Zeitwerte gegenüber historischen Kosten einen Vorteil in der Informationsqualität haben, nur empirisch beantwortet werden[9].

Dilemma der Fair Value-Bilanzierung

Es zeigt sich somit das Dilemma der Fair Value-Bilanzierung: Beizulegende Zeitwerte scheinen lediglich dann wirklich ermessensfrei, wenn sie auf funktionsfähigen Märkten ermittelt werden. Entscheidungsrelevant sind beizulegende Zeitwerte allerdings nur dann, wenn sie für aggregierte Vermögenswerte im Sinne von ZGE ermittelt werden, da ansonsten die Differenz von Einzel- und Gesamtbewertung die Relevanz der beizulegenden Zeitwerte von einzelnen Vermögenswerten stark relativiert. Für ZGE gibt es jedoch praktisch keine funktionsfähigen Märkte. Insofern wird ein beizulegender Zeitwert von ZGE überwiegend auf Schätzungen des Managements und damit auf erheblichen Ermessensspielräumen beruhen. Will der Rechnungslegungsadressat abschätzen, wie gewissenhaft und genau das Management schätzen kann, braucht er historische (faktische) Daten über abgeschlossene Projekte. Diese rechenschafts- bzw. koordinationsorientierten Daten basieren, auf historischen Kosten und damit letztlich auf Ein- und Auszahlungen des Unternehmens. Insofern lässt sich die Frage „Beizulegender Zeitwert *oder* historische Kosten?“ eigentlich nur beantworten mit „Beizulegender Zeitwert *und* historische Kosten!“

Kritik an der Fair Value-Bilanzierung in der Finanz- und Wirtschaftskrise

Im Zuge der Finanz- und Wirtschaftskrise der letzten Jahre ist die Diskussion um die Fair Value-Bewertung wieder entbrannt. Hierbei geht es nicht nur um die markt-to-model-Bewertung. Es geht auch um die Frage, wie mit der Fair Value-Bewertung generell umzugehen ist[10]. Der in der Krise oft formulierte Vorwurf, die Fair Value-Bewertung wirke prozyklisch, ist Ausdruck dieser Frage. Sofern die Problematik marktferner Zeitwertermittlung ausgeblendet wird, spiegeln beizulegende Zeitwerte lediglich die Marktentwicklung wider. Insoweit wirken

8 Vgl. *Gassen, J./Schwedler, K.*, The Decision Usefulness of Financial Accounting Measurement Concepts: Evidence from an Online Survey of Professional Investors and their Advisors, in: European Accounting Review, Vol. 19 (2010), S. 495-509.

9 Vgl. *Muller, K. A./Riedl, E. J./Sellhorn, T.*, Mandatory Fair Value Accounting and Information Asymmetry: Evidence from the European Real Estate Industry, in: Management Science (im Erscheinen).

10 Vgl. zu dieser Diskussion ausführlicher z.B. *Laux, C./Leuz, C.*, The crisis of fair-value accounting: Making sense of the recent debate, in: AOS, Vol. 34 (2009), S. 826-834; *Wagenhofer, A.*, Fair Value-Bewertung: Führt sie zu einer nützlicheren Finanzberichterstattung?, in: ZfbF, 60. Jg. (2008), S. 185-194; *Gassen, J.*, Accounting for the Financial Crisis: Die Rolle der Rechnungslegung. DIW – Vierteljahreshefte zur Wirtschaftsforschung, 78. Jg. (2009), S. 83-95; *Pellens, B./Crasselt, N./Sellhorn, T.*, Corporate Governance und Rechnungslegung, in: ZfbF, 61. Jg. (2009), S. 102-113; *Pellens, B./Jannett, S./Schmidt,A.*, Bilanzierungsstandards im Kontext der Finanzmarktkrise, in: Perspektiven der Wirtschaftspolitik (PWP), 10. Jg. (2009), S. 413-435; *Sellhorn, T./Hahn, S./Müller, M.*, Wechselwirkungen von Finanzkrise und Rechnungslegung, in: ZfCM, Sonderheft 1/2010, S. 19-21.

sie zyklisch. Wenn allerdings vertragliche oder gesetzliche Konsequenzen an diese Werte gebunden werden, und wenn davon ausgegangen wird, dass Liquiditätsschocks entsprechende Preiswirkungen entfalten, kann ein prozyklischer Effekt eintreten. Vermeintlich geschah dies während der Wirtschaftskrise, als der Abschreibungsbedarf bei den Banken ihr (regulatorisches) Eigenkapital und damit auch ihre Kreditvergabemöglichkeiten reduzierte. Hieraus sind zwei wichtige Konsequenzen abzuleiten: Die Regierungen, Regulierer und privaten Vertragsparteien müssen lernen, dass die Fair Value-Bewertung für bestimmte koordinationsorientierte Zwecke und Rechtskonsequenzen scheinbar wenig taugt. Das IASB muss indes verstehen, dass „seine" IFRS realiter mit Rechtsfolgen versehen werden, auch wenn es diese mit seiner starken Fokussierung auf die Bewertungsfunktion bislang nicht beabsichtigen mag. Die 2008 auf politischen Druck erlaubte Reklassifizierung von Finanzinstrumenten (vgl. Kapitel 19) und die damit einhergehende Abkehr von der Zeitbewertung sogar dann, wenn diese unterhalb der historischen Kosten liegen, ist vor diesem Hintergrund nicht nur ein „Sündenfall" eines sich unabhängig gebenden Gremiums. Das IASB ist dadurch letztlich gezwungen worden, die Nutzung der IFRS-Rechnungslegung auch für Koordinationszwecke als Realität zur Kenntnis zu nehmen. Es wird die Aufgabe des IASB, ein einheitliches, konsistentes und global akzeptiertes Regelsystem zu schaffen, nicht leichter machen.

Insgesamt wurde deutlich, dass eine einwertige Rechnungslegung kaum in der Lage sein wird, die Anforderung an eine koordinations- und bewertungsorientierte Rechnungslegung gleichermaßen zu erfüllen. Historische Kosten haben auch in einer am beizulegenden Zeitwert ausgerichteten Bilanzierungswelt eine wichtige Kontrollfunktion. Außerdem ist ein nicht über funktionsfähige Märkte ermittelter beizulegender Zeitwert kein eindeutiger Wert, sondern eher ein Lageparameter einer Verteilung von unterschiedlichen Werten, die sich künftig in unterschiedlicher Weise konkretisieren könnten. Insofern muss sich das IASB fragen, wie mit dem Thema der Mehrwertigkeit in der Rechnungslegung umzugehen ist.

Wie sollten die Daten der Rechnungslegung ausgewiesen und wann publiziert werden?

Ausweis und Offenlegung

In den letzten Jahren ist festzustellen, dass sich Berichtsintervalle und Zeiträume zwischen Stichtag und Veröffentlichung deutlich reduzieren. Einerseits wird die Jahresberichterstattung inzwischen durch eine Zwischenberichterstattung meist auf Quartalsbasis ergänzt. Andererseits sind die Veröffentlichungsfristen immer weiter reduziert und auch sog. Ad-hoc-Publizitätspflichten eingeführt worden. Darüber hinaus haben die Unternehmen z.B. mit „fast close"-Projekten auch freiwillig die Zeitnähe der veröffentlichten Daten erhöht. Diese Entwicklung wird sich aufgrund der verbesserten Möglichkeiten der Informations- und Kommunikationstechnik und der Nachfrage der quantitativ orientierten Investoren noch fortsetzen. Entwicklungszeiten, Produktlebenszyklen und Geschäftsmodelle verkürzen sich ständig, sämtliche Märkte rücken näher zusammen, Interdependenzen werden so sehr viel schneller deutlich und treffen die bilanzierenden Unternehmen rascher. Durch die insofern volatilere Wertentwicklung verlieren z.B. Marktwerte von Finanzinstrumenten, die zum Veröffentlichungszeitpunkt einige Monate zurückliegen, ihre Entscheidungsrelevanz. Andererseits stellt sich die Frage, ob unter Kosten-Nutzen-Überlegungen noch mehr Berichtsperioden und weitere „fast close“-Bemühungen sinnvoll erscheinen.

Segmentierung der Unternehmenspublizität nach Rechnungslegungsadressaten

Vor dem Hintergrund der immer umfangreicheren gesetzlichen Anforderungen an die Unternehmenspublizität und der damit einhergehenden steigenden Auswertungskosten insbesondere von Privatanlegern ist für diese Adressatengruppe, wie bereits angedeutet, von einer Informationsüberflutung auszugehen. Insofern sollten die Unternehmen ihre Informationspolitik nach Adressatengruppen segmentieren. Für Finanzanalysten kann es nicht genügend Informationen geben, da sie die Geschäftsberichte und Quartalsabschlüsse als umfangreiche „Faktenbücher“ bzw. Lexika mit allen gesetzlich geforderten und auch darüber hinausgehenden Informationen ansehen. Je nach Fragestellung werden sie als eine Art Nachschlagewerk herangezogen. Demgegenüber wäre für Privatanleger ein auf wesentliche Daten beschränkter und didaktisch gut aufbereiteter Bericht wünschenswert. Die Tatsache, dass viele Privatanleger die Unternehmenskommunikation zudem vorwiegend durch die Brille der öffentlichen Medien wahrnehmen, macht deutlich, dass auch der Pressekommunikation und insbesondere dem „Pressecoaching“, also dem schulenden Erläutern der Rechnungslegungsdaten, künftig eine zentrale Rolle zukommen sollte. Viele Unternehmen beschreiten diesen Weg bereits dadurch, dass sie ihren Publikationen eine Übersicht wesentlicher Kennzahlen („key figures“) voranstellen; die sich jedoch nicht immer auf das nach IFRS ermittelte und geprüfte Zahlenmaterial beziehen[11].

Datenbankgestützte Rechnungslegungspublizität

Wie kann nun eine solche zeitnahe und potenziell mehrwertige Rechnungslegung bereit gestellt werden? Lösungsansätze hierfür sind bereits angedacht worden, wonach Marktprozesse stärker in den Bilanzansatz, die Bilanzbewertung, den Bilanzausweis und die Jahresabschlusspräsentation eingebunden werden müssen. Das bilanzierende Unternehmen verlöre hier die alleinige Entscheidungsgewalt über Ansatz und Bewertung. Es stellte lediglich die Daten, z.B. in Form geeigneter Transaktionsdatenbanken, zur Verfügung und überließe es miteinander konkurrierenden Drittanbietern, standardisierte Aggregations-, Ansatz- und Bewertungs- sowie Offenlegungsmodule zu generieren und anzubieten. Die Rechnungslegungsadressaten erhielten durch solche Produkte die Möglichkeit, zwischen unterschiedlichen Verfahren der Aggregation, Bilanzierung und Publizität zu wählen[12]. So könnten quantitativ orientierte Investoren solche

11 Vgl. *Hitz, J.-M.*, Information versus adverse Anlegerbeeinflussung, Befund und Implikationen der Rechnungswesenforschung zur Publizität von Pro-forma Ergebnisgrößen, in: Journal für Betriebswirtschaft, 60. Jg. (2010), S. 127-161; *Gronewold, U./Sellhorn, T.*, Pro forma earnings, in: DBW, 69. Jg. (2009), S. 107-111.

12 Vgl. *Pellens, B./Fülbier, R. U./Gassen, J.*, Unternehmenspublizität unter veränderten Marktbedingungen in: Börsig, C./Coenenberg, A. G. (Hrsg.), Controlling und Rechnungswesen im internationalen Wettbewerb, Kongreß-Dokumentation des 51. Deutschen Betriebswirtschafter-Tages 1997, Stuttgart 1998, S. 55-69; zu einem einem technischen Anwendungsbeispiel unter Rückgriff auf frühere Forschungen und mit *Gassen, J.*, Datenbankgestützte Rechnungslegungspublizität: Ein Beitrag zur Evolution der Rechnungslegung, Frankfurt a. M. u.a. 2000.

Datenbanken nützen, um EDV-gestützt systematisch nach Anlagemöglichkeiten zu suchen. Der möglicherweise drohenden Informationsüberflutung der sonstigen Anlegergruppen könnten die Drittanbieter als sog. Informationsintermediäre begegnen. Sie wären in der Lage, Softwareprodukte zu entwickeln, welche die von den Unternehmen publizierten Datenbankinformationen verdichten und auf einem beliebigen Komplexitätsniveau, von der mehrdimensionalen Bilanz bis zur einfachen EPS-Ziffer, bereitstellen. Möglicherweise entwickelt sich die so genannte „eXtensible Business Reporting Language (XBRL) künftig zu einem Standard auf diesem Gebiet[13].

„Google Earth für Bilanzen" auf XBRL-Basis

Eine alternative oder ergänzende Version einer modifizierten Unternehmenspublizität, die bereits auf Basis der bestehenden Angabepflichten denkbar erscheint, bestünde in einer grundlegenden Überarbeitung der Datenaufbereitung. Im Zeitalter elektronischer Medien und der in vielen Unternehmen anstehenden Implementierung von XBRL scheint es nahe liegend, den Anlegern zumindest eine individuell anpassbare Datenvisualisierung anzubieten. Wie eine solche Berichterstattung aussehen könnte, kann in Analogie zu der Software „Google Earth" erläutert werden. Diese bietet die Möglichkeit, sich ausgehend von der „Raumschiff"-Perspektive so nah an die Erde zu „zoomen", dass sowohl Landschaften als auch einzelne Gebäude und Straßen und sogar dort parkende Autos erkennbar werden. Darüber hinaus gibt es die Möglichkeit, sich vielfältige Informationen – von der Lage von Hotels, Restaurants und Tankstellen bis zu Hinweisen auf Sehenswürdigkeiten – anzeigen zu lassen. Würde diese Technik auf die Unternehmensberichterstattung übertragen, wäre eine effizientere und adressatenspezifischere Art der Informationsvermittlung denkbar. Anleger hätten die Möglichkeit, sich ausgehend von rudimentären Konzernbilanzen tiefer liegenden Betrachtungsebenen (Segmente, Geschäftseinheiten) zu nähern. Gleichzeitig hätten sie die Möglichkeit, die Art der vermittelten Informationen in einem vorgegebenen Rahmen selbst zu bestimmen, z.B. indem sie die angezeigten Kenngrößen selbst wählen, Zusatzinformationen in Form von Anhangangaben zuschalten oder eben darauf verzichten.

Ein solches Informationsinstrument dürfte in der Lage sein, die individuellen Informationsbedürfnisse unterschiedlicher Anleger besser als bisher zu befriedigen. Hierbei könnte jeder Anleger auf der Basis seines eigenen Kosten-Nutzen-Kalküls die gewünschten Informationen abrufen. Dabei ist wichtig, dass hierdurch nicht die Quantität der bereitzustellenden Informationen weiter ausgedehnt werden müsste. Es geht primär um die qualitative Aufbereitung der zur Verfügung gestellten Daten.

Im Rahmen einer solchen grundlegenden Überarbeitung der Unternehmenspublizität erscheint auch bedeutend, welche qualitativen Informationen neben den quantitativen Daten der Rechenwerke noch eine bedeutende Informationsrelevanz besitzen. In der letzten Frage dieses normativen Ausblicks soll daher

13 Vgl. hierzu den Exkurs zu XBRL in Kapitel 31. Vgl. *Arbeitskreis Externe Unternehmensrechnung der Schmalenbach-Gesellschaft für Betriebswirtschaft (AKEU)*, Finanzkommunikation mit XBRL, in: DB, 63. Jg. (2010), S. 1472-1479.

diskutiert werden, welche qualitativen Informationen Teil einer international harmonisierten Unternehmenspublizität werden sollen.

Welche zusätzlichen qualitativen Informationen sollten im Rahmen der Unternehmenspublizität angeboten werden?

Qualitative Zusatzinformationen

Informationsorientierte Rechnungslegungsdaten werden immer stärker als Teil einer Gesamtmenge entscheidungsrelevanter Informationen verstanden. In dieser Gesamtmenge sind insbesondere auch qualitative Angaben, z.B. zu Unternehmensstrategien oder bedeutsamen künftigen Entwicklungen und Risiken, erforderlich. Diese Informationen sollen die Prognosebildung erleichtern, zu einer besseren Vergleichbarkeit von Unternehmen und zu einer Reduktion vager Tendenzaussagen führen. Hierbei kann es allerdings nicht darum gehen, den Unternehmen (und Adressaten) stetig umfangreichere Publizitätspflichten zuzumuten. Das IASB und andere Regulierer stehen auch künftig vor der schwierigen Aufgabe, unter Kosten-Nutzen-Erwägungen wichtige entscheidungsrelevante Informationen für eine Publizitätspflicht zu identifizieren.

Bisher kein IFRS-Lagebericht

Dieses Problem ist umso gravierender, da das IASB sich bislang bewusst dazu entschieden hat, nur wenige Normen zur qualitativen Unternehmenspublizität zu entwickeln. Stattdessen orientiert sich das IASB stärker an einer Weiterentwicklung der Rechenwerke und überlässt weitergehende Publizitätsvorschriften in der Kompetenz der nationalen Gesetzgeber. Insofern gibt es bislang auch keinen befreienden IFRS-Lagebericht. Daher sind kapitalmarktorientierte deutsche Mutterunternehmen gemäß § 315 i.V.m. § 315a Abs. 1 HGB weiterhin zur Erstellung und Veröffentlichung eines HGB-Konzernlageberichts verpflichtet.

Management commentary

Allerdings überlegt das IASB seit einigen Jahren, ob es eigene Vorschriften zum Thema Lagebericht bzw. MD&A erlassen soll (vgl. Kapitel 31). Um die Informationsbasis für Investoren weiter zu verbessern, wird in dem Ende 2010 verabschiedeten, unverbindlichen Practice Statement „Management Commentary" ein zukunftsorientiertes Berichtsinstrument diskutiert, das die Finanzdaten der bisherigen Rechenwerke ergänzen soll. Ähnlich dem US-amerikanischen und deutschen Pendant hätte das Management dann aus seiner Sicht über die Lage des Unternehmens, dessen Ziele und Strategien, über Schlüsselressourcen, bestimmte Aussichten und Risiken sowie über steuerungsrelevante Performancekennzahlen und -indikatoren zu berichten. Insbesondere die für die Bewertungsfunktion wichtige Prognoseberichterstattung spielt hier eine besondere Rolle.

Corporate social responsibility (CSR)-Berichterstattung

Fraglich ist zudem, ob sich das IASB auch der in jüngster Zeit zu beobachtenden Berichterstattung über corporate social responsibility (CSR) annehmen wird, um hier standardisierend zu wirken. Diese CSR-Berichterstattung könnte dabei in den Lagebericht integriert werden[14] oder außerhalb der (geprüften) Rechnungswesenpublizität stehen. Erste Empirische Studien scheinen die Kapitalmarktrelevanz der CSR-Berichte zu bestätigen[15].

---

14 Vgl. z.B. den Geschäftsbericht 2009 der BASF AG als diesbezügliches Beispiel.

15 Vgl. z.B. *Lackmann, J.*, Auswirkungen der Nachhaltigkeitsberichterstattung auf den Kapitalmarkt, Eine empirische Analyse, Wiesbaden, 2010.

Unterschiedliche Adressatengruppen

Zu beachten ist, dass eine Ausweitung qualitativer Informationen die komparativen Konkurrenzvorteile der unterschiedlichen Investorengruppen verschieben dürfte. Während sich quantitative Investoren naturgemäß mit verbalen Daten schwertun, könnten Finanzanalysten und Investoren, die nur einige wenige Unternehmen intensiv begleiten, von den detaillierten Zusatzinformationen profitieren.

Zwischenfazit

Um die in diesem Abschnitt andiskutierten, vielfältigen und schwer zu beantwortenden normativen Fragen zu bearbeiten, erscheint es zwingend, dass sich das IASB eine Organisation gibt bzw. bewahrt, die effizientes Arbeiten und den notwendigen Interessenausgleich ermöglicht. Daher soll im folgenden Abschnitt untersucht werden, ob die Organisation und Struktur des IASB und des Standardsetzungsprozesses für die künftigen Aufgaben auch vor dem Hintergrund von politischem und lobbyistischem Druck gewappnet erscheint.

2 Prozessorientierte Aspekte

Im ersten Kapitel wurde diskutiert, dass es in Ermangelung einer theoretisch konsistenten normativen Zielfunktion für die (künftige) Qualität der IFRS bedeutend sein dürfte, in welchem organisatorischen Umfeld sie entstehen. Für „gute" Rechnungslegungsregeln ist dort festgehalten worden, dass Interessenpluralismus, transparente Entscheidungsmechanismen, Möglichkeit zum Wettbewerb und ein Feedback-System zur Verbesserung bestehender Standards erforderlich sind. Wie viele aktuelle Beispiele und insbesondere die Notoperation von 2008 an IAS 39 hinsichtlich der Reklassifizierung von Finanzinstrumenten eindrucksvoll zeigen, werden die IFRS nicht im politikfreien Raum verabschiedet. Das IASB sieht sich verschiedenen Einflüssen und sogar unmittelbar wirkenden Zwängen ausgesetzt, die auch den Inhalt der IFRS beeinflussen.

Lobbyismus

Um diesen Einfluss analysieren zu können, stellt die positive Theorie der Regulierung insbesondere einen Ansatz zur Verfügung: die „interest group theory" oder „capture theory", deren Grundzüge auf den „public choice"-Ansatz zurückgehen[16]. Den verantwortlichen Regulierern in den Behörden oder Parlamenten, aber auch z.B. den Mitgliedern des IASB, wird hier weniger altruistisches Verfolgen edler (normativer) Rechnungslegungsziele als vielmehr pures Eigeninteresse unterstellt. Auf einem Markt für Regulierung bietet das IASB den nach IFRS bilanzierenden Unternehmen und ihren Managern bestimmte Regeln an.

16 Vgl. *Posner, R. A.*, Taxation by regulation, in: The Bell Journal of Economics and Management Science, Vol. 2 (1971), S. 22-50; *Posner, R. A.*, Theories of economic regulation, in: Bell Journal of Economics and Management Science, Vol. 5 (1974), S. 335-358; *Stigler, G. J.*, The theory of economic regulation, in: The Bell Journal of Economics and Management Science, Vol. 2 (1971), S. 3-21; *Peltzman, S.*, Towards a More General Theory of Regulation, in: The Journal of Law and Economics, Vol. 19 (1976), S. 211-240.

Letztere fragen ihnen „genehme" Standards nach, die ihnen z.B. Wettbewerbsvorteile verschaffen. Die Grundthese lautet dabei, dass relativ kleine, aber gut organisierte Minderheiten über ihre Lobby ein unverhältnismäßig großes Gewicht erlangen und das IASB veranlassen könnten, durch entsprechende Regulierungen Vermögen z.B. von den Kapitalmarktteilnehmern zur betreffenden Minderheit zu verlagern. Im Hinblick auf den Begriff der „capture theory" nimmt die Lobby das IASB und dessen Standards gewissermaßen für ihre Zwecke „gefangen".

Personelle und finanzielle Struktur der IFRS Foundation

Vor diesem Hintergrund kann auch die personelle und finanzielle Struktur des IASB sowie der tragenden IFRS Foundation analysiert werden. Sowohl in der personellen Besetzung der Board-Mitglieder wie auch wichtiger Gremien der IFRS Foundation dominieren Personen, deren Berufshintergrund von global operierenden Konzernen, großen "Big Four"-Wirtschaftsprüfungsgesellschaften sowie anderen kapitalmarktnahen Institutionen geprägt ist[17]. Ein ähnliches Bild ergibt sich bei der Analyse der Finanzierung. Hier dominieren erneut die großen Prüfungsgesellschaften sowie kapitalmarktorientierte Unternehmen (vgl. Kapitel 4). Ein Urteil über den daraus resultierenden Einfluss auf den Standardsetzungsprozess erscheint bisher kaum möglich. Es kann jedoch vermutet werden, dass diese Personen und Institutionen hier mit einem Eigennutz agieren, Die zunehmende Komplexität der Standards scheint zumindest für die großen, global operierenden Wirtschaftsprüfungsgesellschaften nicht schädlich zu sein, indem kleinere Konkurrenzgesellschaften aus dem Markt gedrängt und neue Beratungsmöglichkeiten erschlossen werden.

Lobbyismus kein neues Phänomen

Die Einflussnahme der Lobbyisten ist nicht neu und auch im Rahmen der handelsrechtlichen Gesetzgebung zu beobachten. So ist z.B. festgestellt worden, dass sich bei der Transformation der 4. und 7. EG-Richtlinie durch das Bilanzrichtlinien-Gesetz von 1985 vor allem die betroffenen Unternehmen, ihre Spitzenverbände und die sie unterstützenden Wirtschaftsprüfer durchsetzen konnten[18]. Lobbyistischer Einfluss auf den Standardsetzungsprozess des IASB ist

17 Vgl. ähnlich z.B. *Brown, A. M.*, The milieu of the IASB, in: Journal of American Academy of Business, Vol. 5 (2004), S. 385-390; *Chiapello, E./Medjad, K.*, An unprecedented privatisation of mandatory standard-setting: The case of European accounting policy, in: Critical Perspectives on Accounting, Vol. 20 (2009), S. 448-468; mit Rückgriff auf den Jahresbericht 2008 der IASCF auch *Fülbier, R. U./Gassen, J.*, IFRS for European small and medium-sized enterprises? A theoretical and empirical analysis, Bayreuth/Berlin 2010 (abrufbar unter www.dgrv.de). Eine wichtige Ausnahme bilden hier akademische Vertreter. So war beispielsweise Mary E. Barth über viele Jahre eine Verfechterin der Fair Value-Bilanzierung. Sie ist mittlerweile aus dem Board ausgeschieden, ohne durch ein neues akademisches Mitglied ersetzt worden zu sein.

18 Vgl. z.B. *Chmielewicz, K.*, Die Kommission Rechnungswesen und das Bilanzrichtlinien-Gesetz, in: Domsch, M. et al. (Hrsg.), Unternehmenserfolg: Planung – Ermittlung – Kontrolle, Walther Busse von Colbe zum 60. Geburtstag, Wiesbaden 1988, S. 53-87; *Ordelheide, D.*, Zur Politischen Ökonomie der Rechnungslegung, in: Ballwieser, W. et al. (Hrsg.), Rechnungslegung und Steuern international, ZfbF-Sonderheft Nr. 40, 1998, S. 1-16.

demnach keine Überraschung. Bestes Beispiel sind die langwierigen Verhandlungen über IAS 32, IAS 39 und IFRS 9 im EU-Endorsement-Prozess, bei denen insbesondere Banken und Versicherungen versuchten, ihre Position zunehmend stärker durchzusetzen.

Konkurrenz der Regulierer

Die künftige Entwicklung der IFRS, auch in ihrer weltweiten Bedeutung, wird noch sehr viel stärker von politischen Zwängen abhängen, denen sich das IASB ausgesetzt sieht. Da das IASB als private Organisation keine eigenen Anwendungs- und Durchsetzungsbefugnisse besitzt, ist es offenkundig von Institutionen mit exekutiven und legislativen Machtbefugnissen abhängig. In diesem Umfeld unabhängig zu bleiben, ist eine Herkulesaufgabe, zumal der politische Druck eher zunehmen dürfte. Die Erfahrungen der Finanz- und Wirtschaftskrise und die immer noch nicht abgeschlossenen Bemühungen um die Neuregulierung der Finanzmärkte bestätigen dies. Vielleicht ist es deshalb konsequent, mit dem ehemaligen niederländischen Finanzminister Hans Hoogervorst einen Politik-Profi und keinen Rechnungslegungsexperten als Nachfolger des IASB-Chairman Sir David Tweedie zu berufen.

SEC und EU-Kommission

Der neue Chairman wird sich insbesondere mit zwei Institutionen auseinandersetzen dürfen: mit der US-amerikanischen SEC und mit der Europäischen Kommission. Letztere hat sich spätestens seit der IAS-Verordnung 2002 und dem dort festgelegten Endorsement-Mechanismus die unmittelbare Einflussnahme auf die IFRS gesichert. Erstere wuchert indes mit der Macht des US-amerikanischen Kapitalmarktes und ihrer Position, über die Anerkennung der IFRS in den USA entscheiden zu können. Diese starke politische Position dürfte durch die im November 2007 erfolgte Anerkennung der IFRS im Zuge von „Cross-Border-Listings" ausländischer Unternehmen an einer US-Börse nicht an Bedeutung verloren haben. Im Gegenteil: Einerseits steht die Entscheidung über eine vollständige Anerkennung der IFRS auch für US-amerikanische Unternehmen noch aus. Andererseits sichert sich die SEC analog zur EU eine machtvolle und kontinuierliche Einflussposition bei der künftigen Entwicklung und Anerkennung neuer IFRS. Beide Institutionen sind sicherlich nicht bereit, der jeweils Anderen den alleinigen Einfluss auf das IASB zu überlassen. Zudem sind beide Institutionen ihrerseits starken internen lobbyistischen Strömungen ausgesetzt. Auf europäischer Ebene hat es den Anschein, als bündele insbesondere die EFRAG die lobbyistischen Interessen, hinter denen letztlich nationale Rechnungslegungsregulierer und andere Organisationen in Europa stehen.

Neue „Player" insbesondere in Asien

Vor dem Hintergrund, dass die IFRS-Rechnungslegung u.a. auch in Australien, Indien, Japan Russland und der Volksrepublik China zur Anwendung gelangt bzw. gelangen wird, ist davon auszugehen, dass sich die politische Einflussnahme auf das IASB künftig noch intensivieren und verbreitern wird. So gibt es bereits seit 2005 die der EFRAG vergleichbare Asia-Pacific Financial Reporting Advisory Group (APFRAG), eine Vereinigung der Rechnungslegungs-Standardsetter aus Ländern wie z.B. Australien, Hong Kong/China, Malaysia und Singapur. Die Verlagerung wirtschaftlicher Machtpotenziale nach Asien dürfte insbesondere der künftig führenden Wirtschaftsnation China und ihren Institutionen eine bedeutungsvolle Rolle in der IFRS Foundation und dem IASB zukommen lassen. Ähnliches ist auch für Russland, Indien und Japan zu erwarten.

DRSC und andere deutsche „Player“

In dem weltpolitischen Spiel „Standardentwicklung“ spielt die deutsche Seite mit, ohne jedoch wesentlichen Einfluss nehmen zu können. Dies liegt einerseits an der zwangsläufig beschränkten Rolle eines einzigen, wenn auch wirtschaftlich bedeutsamen Landes. Andererseits ist auch die Zersplitterung von Machtbefugnissen zwischen Gesetzgeber, Regierung und Ministerien, insbesondere zwischen dem Bundesministeriums der Justiz (BMJ) und dem privaten Rechnungslegungsgremiums DRSC, hierfür ursächlich. Die Kündigung des Standardisierungsvertrages des DRSC mit dem BMJ Mitte 2010 hat einmal mehr angedeutet, wie problembehaftet die Interessenbündelung auf ein privates Gremium in Deutschland noch ist[19]. Zudem ist diese Kündigung und die anschließende Suche nach einer neuen organisatorischen und finanziell breiteren Basis für ein privates Rechnungslegungsgremium i.S.d. § 342 HGB ein Lehrstück für die positive Theorie der Regulierung. Erschwerend kommt für die deutsche Seite hinzu, dass die europäische „Stimme“ noch heterogener wahrgenommen wird und die eigentliche Macht trotz Anstrengungen der EU-Kommission und trotz Existenz der EFRAG bisher immer noch bei den Mitgliedstaaten liegt.

Bürokratietheorie

Die ökonomische Theorie hat einen Ansatz entwickelt, der insbesondere behördliches Machtstreben zu erklären versucht. So unterstellt die Bürokratietheorie den Bürokraten, z.B. dem Ministerialbeamten im BMJ, wiederum Eigennutzoptimierung[20]. Um z.B. Budgetmaximierung, Stellen- und damit Machtzuwachs oder innerbehördliche Karrieremöglichkeiten zu erreichen, wird er sein Aufgabengebiet zu erhalten, ja zu vergrößern versuchen. Diese Überlegung trifft natürlich auf die SEC und die EU-Kommission, aber auch auf das FASB oder das IASB zu. Die Mitarbeiter und vor allem Board-Mitglieder dieser Organisationen werden ihre Aufgaben und damit auch ihren Stellenwert zu erhalten oder zu vergrößern versuchen.

Qualität trotz Lobbyismus?

Vor dem Hintergrund der erheblichen Einschränkungen durch politische und lobbyistische Machtpositionen, denen der demokratische Prozess des Interessenausgleichs auf Ebene des IASB ausgesetzt ist, bleibt zu fragen, welche anderen Instrumente helfen könnten, dennoch „gute“ IFRS zu entwickeln. Zwei bereits erwähnte Mechanismen sollen hier kurz beleuchtet werden: Wettbewerb und Feedback-Schleifen.

Wettbewerb

In der öffentlichen Diskussion wird die internationale Vielfalt von Rechnungslegungssystemen häufig beklagt. Dies ist aus Sicht der Adressaten sicher zutreffend, sind sie doch mit den unterschiedlichen Abschlüssen und entspre-

19 Vgl. zu den Hintergründen ausführlicher *Fülbier, R. U./Gassen, J./Sellhorn, T.*, Gastkommentar: Quo vadis, DRSC?, in: DB, 63. Jg. (2010), S. M 1.

20 Vgl. dazu grundlegend *Niskanen, W. A.*, Bureaucracy and Representative Government, Chicago 1971, und *Hilton, G. W.*, Regulatory Reform in Transportation: The Basic Behaviour of Regulatory Commissions, in: The American Economic Review, Vol. 62 (1972), S. 47-54.

chenden Transaktionskosten konfrontiert. Aus Sicht der Standardentwicklung ist eine solche Vielfalt jedoch auch positiv zu sehen. Wenn z.B. zur Bilanzierung von immateriellen Vermögenswerten international unterschiedliche Vorschriften existieren, können Regulierer beobachten, welche Norm von den Adressaten der Rechnungslegung besser angenommen wird, und daraus Rückschlüsse ableiten, welcher Normenansatz zweckdienlicher ist. Interessant wäre es, wenn sich in einem Land bestimmte Unternehmen für unterschiedliche Rechnungslegungssysteme entscheiden können. Das war z.B. in Deutschland von 1998 bis 2004 gemäß § 292a HGB a.F. der Fall; seit 2005 gilt dies gemäß § 315a HGB in ähnlicher Form für Konzernabschlüsse nicht kapitalmarktorientierter Mutterunternehmen. So kann auf der Basis dieser Wahlrechte in der Tat von einem Wettbewerb der Rechnungslegungssysteme ausgegangen werden, aus dem, an der Wahl der Unternehmen gemäß § 292a HGB a.F. gemessen, die IFRS als Sieger hervorgegangen sind. Über die Funktionsfähigkeit dieses Wettbewerbs lässt sich allerdings streiten. So ist anzunehmen, dass die IFRS-Entscheidung vieler Unternehmen schon im Vorgriff auf die sich abzeichnende EU-Verordnung getroffen wurde.

Konkurrenz oder Konvergenz von IFRS und US-GAAP?

Vor diesem Hintergrund erscheint es nicht zwingend, eine weltweite Harmonisierung der informationsorientierten Rechnungslegung anzustreben. Vielleicht ist eine befruchtende Konkurrenz einiger weniger Anbieter, wie z.B. vom IASB und dem FASB, auf lange Sicht sogar zielführender[21]. Wahrscheinlich kommt es künftig jedoch anders: So ist es das erklärte Ziel der G 20, eine Konvergenz der IFRS und US-GAAP schon kurzfristig herbeizuführen (vgl. Kapitel 2). Die vergangenen und gegenwärtigen Konvergenzbemühungen beider Standardsetter deuten bereits die Präferenz für die Konvergenz an. Systemkonvergenz schließt allerdings nicht aus, dass in dem Suchen nach neuen gemeinsamen Regeln Teilelemente beider Systeme in Konkurrenz stehen.

Qualitätskontrollen für Rechnungslegungsnormen

Wenn es unterschiedliche Regeln gibt, dann müssen Verfahren entwickelt werden, die es ermöglichen, diese Regeln hinsichtlich ihrer Zweckeignung zu reihen. Auch innerhalb eines Rechnungslegungssystems erscheint es zweckmäßig, den Grad der Zielerreichung eines bestimmten Standards zu messen, um eventuell Feedback-Schleifen zur Verbesserung anstoßen zu können. Wie ist nun die Qualität von Standards zu messen? Neben empirischen Untersuchungen, die den Ermessensspielraum bestimmter Normen und die Nutzung dieses Ermessensspielraums, z.B. im Rahmen des Goodwillwerthaltigkeitstests, durch das Management untersuchen[22], und kapitalmarktempirischen Untersuchungen, die den Zusammenhang von Rechnungslegungs- und Kapitalmarktdaten beleuch-

21 So auch *Kothari, S. P./Ramanna, K./Skinner, D. J.*, Implications for GAAP from an analysis of positive research in accounting, in: Journal of Accounting and Economics, Vol. 50 (2000), S. 246-286.

22 Vgl. z.B. *Sellhorn, T.*, Goodwill Impairment – An Empirical Investigation of Write-Offs under SFAS 142, Frankfurt a.M. u.a. 2004.

ten[23], wäre es hier sinnvoll, vermehrt direkte Adressatenbefragungen vorzunehmen. Außerdem erscheinen einzelne Regelalternativen, z.B. hinsichtlich der Neustrukturierung der GuV (vgl. Kapitel 7), auch vor der Regelverabschiedung, z.B. durch experimentelle Tests, auf ihre Wirkung hin überprüfbar. Mit den 2007 eingeführten sog. post-implementation reviews geht das IASB einen Schritt in Richtung einer solchen freiwilligen Selbstkontrolle.

Zukunftsgerichtete Überlegungen

Zusammenfassend wird bei Betrachtung der prozessorientierten Rahmenbedingungen der künftigen IFRS-Rechnungslegung deutlich, warum die „Player" auf dem Markt für Rechnungslegungssysteme ihr Terrain so vehement verteidigen und welche Möglichkeiten der alternativen Qualitätssicherung es geben könnte. Neben den hier diskutierten ökonomischen Ansätzen helfen möglicherweise auch politikwissenschaftliche und sonstige verhaltenswissenschaftliche Methoden weiter. Abschließend seien einige eher intuitive Überlegungen gewagt:

- Es wird interessant zu beobachten sein, ob die EU-Kommission im Endorsement-Verfahren einzelne Bilanzierungsfragen zum Anlass nimmt, europäische (Macht-)Positionen nicht nur gegenüber dem IASB, sondern auch gegenüber den USA (SEC, FASB) und asiatischen Einflussgruppen zu vertreten. In diesem Zusammenhang bleibt auch abzuwarten, ob Europa in Fragen der Rechnungslegung überhaupt in der Lage ist, eine „einheitliche Sprache" zu sprechen oder ob es weiterhin in nationale Egoismen verfällt und damit politisch unterrepräsentiert bleibt.
- Wie machtbewusst werden sich das FASB und die SEC im IASB-Standardsetzungsprozess engagieren? Bisher resultierte die einflussreiche Stellung der US-amerikanischen Institutionen primär aus der Sogwirkung des US-amerikanischen Kapitalmarktes. Der fortdauernde Rückgang des Auslandslistings an der NYSE nach der empfundenen Überregulierung insbesondere durch den Sarbanes-Oxley Act relativieren dies bereits. Vor allem dürften aber die erstarkten Kapitalmärkte in Europa und Asien künftig ein Machtdreieck „USA – Asien – Europa" wahrscheinlich machen.
- Es bleibt abzuwarten, welche künftige Rolle die US-GAAP spielen werden. Die Anerkennung der IFRS durch die SEC im November 2007 für das Cross-Border-Listing hat die US-GAAP auf das Maß eines „normaleren" nationalen Regelsystems zurückgestuft. Da die US-GAAP aber in ihrer Zielsetzung, Konzeption und primären Anwendergruppe (kapitalmarktorientierte Unternehmen) den IFRS sehr ähnlich sind, haben sie nicht den „koordinativen Rückzugsraum", den z.B. das deutsche HGB mit seiner (noch) dominanten Position im Mittelstand und insbesondere seiner rechtlichen Verknüpfung mit

23 Vgl. z.B. *Bonse, A.*, Informationsgehalt von Konzernabschlüssen: Konzernabschlüsse nach HGB, IAS und US-GAAP: Eine empirische Analyse aus Sicht der Eigenkapitalgeber, Frankfurt a.M. u.a. 2004; *Kothari, S.P.*, Capital markets research in accounting, in: Journal of Accounting and Economics, 31. Jg. (2001), S. 105-231; *Lindemann, J.*, Kapitalmarktrelevanz der Rechnungslegung – Konzepte, Methodik und Ergebnisse empirischer Forschung, in: ZfB, 76. Jg. (2006), S. 967-1003.

der Ausschüttungs- und Steuerbemessungsfunktion besitzt. Wahrscheinlich werden SEC und FASB aber an dem eigenen nationalen System festhalten und eher der Konvergenz-Alternative folgen. Die Konvergenz von US-GAAP und IFRS böte zumindest die Chance, die eigene Position durchzusetzen und US-GAAP zumindest indirekt über die IFRS zum Weltmaßstab in der Rechnungslegung zu erheben. Das scheint bisher weitgehend gelungen; ob es jedoch künftig auch der Fall sein wird, bleibt abzuwarten.

- Der rasante wirtschaftliche Aufstieg von China gerade auch in Zeiten der Finanz- und Wirtschaftskrise und die dortige Adaption der IFRS lässt erahnen, dass der chinesische Einfluss auf das IASB deutlich zunehmen wird. Abgeschwächt dürfte dies für Russland und künftig wahrscheinlich für Indien und Japan gelten. Dadurch ergeben sich nicht nur machtpolitische Implikationen. Auch dürften andere kulturelle Umfeldbedingungen in den Standardsetzungsprozess einfließen. So hat z.B. ein netzwerkpolitisch völlig anders funktionierendes China andere Vorstellungen zu IAS 24 „Angaben über Beziehungen zu nahe stehenden Unternehmen und Personen“ als ein Land mit westlich geprägtem Wirtschaftssystem. Ob das IASB in diesem Spannungsfeld der unterschiedlichen nationalen Interessen den Standardsetzungsprozess in vertretbaren Zeiträumen durchführen kann oder ob nicht vielmehr der internationale Einigungsprozess so zeitaufwendig wird, dass sich das IASB stärker auf Rahmenbedingungen und Prinzipien beschränken muss, bleib abzuwarten.
- Es ist bereits heute beobachtbar, dass deutsche Rechnungslegungs-„Player“ einen deutlichen Machtverlust hingenommen haben. Der Markt für Rechnungslegungssysteme ist nicht mehr national abgegrenzt. Damit müssen z.B. der deutsche Gesetzgeber, das BMJ, das DRSC, aber auch die deutschen Unternehmen, Wirtschaftsprüfer und Hochschullehrer einschließlich ihrer jeweiligen Verbände lernen, künftig mit einer begrenzten Rolle auszukommen.
- Gefragt ist künftig der Einfluss und das Engagement deutscher Institutionen auf europäischer Ebene. Hier gilt es, die begrenzten Möglichkeiten verstärkt zu nutzen, um intelligente Argumente und Positionen in den Rechnungslegungsprozess einzubringen. Sofern deutsche Akteure, möglicherweise auch zukünftig unter der Führung des DRSC, dort zu einer sachgerechten Willens- und Entscheidungsfindung beitragen und die einheitliche „europäische Stimme“ beim IASB stärken, wäre viel gewonnen. Dies erfordert die vermehrte Durchführung von Qualitätskontrollen für unterschiedliche Rechnungslegungsnormen sowie das Aufgeben diesbezüglicher Scheuklappen. Von den internationalen „Playern“ ist im Gegenzug mehr Offenheit insbesondere auch gegenüber dem nicht-englischsprachigen Teil der Welt zu fordern.

3 Auswirkungen auf deutsche Unternehmen

3.1 IFRS-Anwenderkreis: Status quo und offene Fragen

Verpflichtete der EU-Verordnung

Die aufgeworfenen Fragen und Überlegungen treffen unmittelbar auch deutsche Unternehmen. Dies gilt zwingend für alle kapitalmarktorientierten Unternehmen, die aufgrund der EU-Verordnung ihre Konzernrechnungslegung nach den IFRS erstellen. Der Anwendungsbereich der IFRS beschränkt sich aber nicht nur auf die kapitalmarktorientierten Unternehmen. So sieht § 315a Abs. 3 HGB ein Wahlrecht vor, das allen nicht-kapitalmarktorientierten Unternehmen, die nach deutschem Recht konzernrechnungspflichtig sind, die befreiende Aufstellung eines IFRS-Konzernabschlusses erlaubt. Hierbei ist abzuwarten, ob die Kräfte des Marktes letztlich auch zu dieser freiwilligen Anwendung anreizen werden.

Zukunft des Einzelabschlusses

Eine freiwillige Anwendung der IFRS ist auch im Einzelabschluss erlaubt, wobei sich die befreiende Wirkung bisher allerdings auf den Offenlegungszweck beschränkt (§ 325 Abs. 2a HGB). Die gegenwärtige Diskussion lässt aber erahnen, dass sich gerade an dieser Stelle weiteres Änderungspotential verbirgt. Noch sind alle deutschen Unternehmen zur Aufstellung des HGB-Einzelabschlusses verpflichtet, an dem zentralen Rechtkonsequenzen wie die Ausschüttungs- und Steuerbemessung hängen. Sollten indes andere, eigenständige Lösungen für diese Rechtskonsequenzen gefunden werden, stünde der HGB-Einzelabschluss zur Disposition.

Vor diesem Hintergrund ergeben sich zwei nicht überschneidungsfreie Fragen, die im Folgenden tiefer gehend erörtert werden:

- Wie stark wird die Internationalisierung der Rechnungslegung den deutschen Mittelstand treffen (Abschnitt 3.2)?
- Welche Zukunft haben der handelsrechtliche Einzelabschluss und seine Rechtskonsequenzen (Abschnitt 3.3)?

3.2 Auswirkungen auf den deutschen Mittelstand

Die nicht-kapitalmarktorientierten deutschen mittelständischen Unternehmen haben bereits heute die Möglichkeit, einen befreienden IFRS-Konzernabschluss aufzustellen. Wenn überhaupt tendieren größere, international orientierte Kapitalgesellschaften derzeit in diese Richtung. Bezogen auf die Gesamtzahl der betroffenen mittelständischen Unternehmen dominiert immer noch der handelsrechtliche Einzel- und Konzernabschluss. Ein IFRS-Konzernabschluss scheint hier nicht notwendig, zumal eine Umstellung auf und Bilanzierung nach IFRS aus der Sicht vieler Unternehmen wohl mit einer höheren Komplexität und höheren Kosten einher geht[24]. Dennoch zeichnen sich verschiedene Entwicklungen

24 Vgl. zur empirischen Evidenz der IFRS-Anwendung im deutschen Mittelstand z.B. *v. Keitz, I./Stibi, B./Stolle, I.*, Rechnungslegung nach (Full-)IFRS – auch ein Thema für den Mittelstand?, in: KoR, 7 Jg. (2007), S. 509-519.

ab, die die Anreizstruktur deutscher Mittelständler in puncto internationaler Rechnungslegung jetzt und künftig verändern könnten.

Basel II und Basel III

Ein erster diesbezüglicher Ansatzpunkt mag in der internationalen Bankenregulierung begründet sein. Nach „Basel II" und jüngst auch „Basel III" ist die Eigenkapitalhinterlegung der kreditgebenden Banken an die Bonität ihrer Schuldner gebunden. Um die Bonität beurteilen zu können, führen die Banken interne oder externe Ratings durch, die sich insbesondere auf Rechnungslegungsdaten beziehen. Obwohl in dieser Bankenregulierung selbst kein expliziter Hinweis auf die IFRS enthalten ist, könnte daraus eine faktische Entwicklung in Richtung der IFRS gerade auch für den deutschen Mittelstand abgeleitet werden. Einerseits dürften die Banken und Ratingagenturen an standardisierten und möglichst wahlrechtsfreien Rechnungslegungsdaten interessiert sein, um diese auch standardisiert auswerten zu können. Andererseits ist zu vermuten, dass die kreditsuchenden Unternehmen selbst im Sinne eines „signaling" die Initiative ergreifen und mit der freiwilligen Umstellung ihrer Rechnungslegung auf IFRS ihr besonders hohes Transparenzniveau dokumentieren wollen.

IFRS for SMEs

Ein weiterer Ansatzpunkt kann aus den Bestrebungen des IASB selbst abgeleitet werden. Das IASB hat erkannt, dass gerade kleine und mittlere Unternehmen (small and medium-sized entities, SME) die IFRS als zu komplex und kostenintensiv ablehnen. Deswegen bietet das IASB auf expliziten Wunsch vieler Staaten seit 2009 für diese Zielgruppe ein in der Komplexität reduziertes IFRS for SME-System an. Der europäische und auch der deutsche Gesetzgeber stehen in der Pflicht, eine Entscheidung hinsichtlich der Umsetzung dieses Systems zu treffen. Insofern ist eine Diskussion um den IFRS for SMEs gerade nach dessen Verabschiedung intensiv entbrannt.

Harmonisierung über den IFRS for SMEs theoretisch kaum zu rechtfertigen

Während sich auf europäischer Ebene zwei etwa gleich große Gruppen von Befürwortern und Gegnern gegenüber stehen[25], scheint der Bedarf nach den IFRS for SMEs in Deutschland vergleichsweise gering. Das dokumentiert sich z.B. in Befragungsstudien, in denen mehr als 70 % der Betroffenen angaben, weiterhin die HGB-Regulierungen zu bevorzugen[26]. Dieses Ergebnis ist auch Ausdruck theoretischer und empirischer Analysen[27]. So kann unterstellt werden, dass die Rechnungslegung im Governance-System nicht kapitalmarktorientierter Unternehmen von der bewertungsorientierten Informationsfunktion weitgehend unbeeinflusst bleibt. Dort steht statt dessen eher die Koordinationsfunktion wie z.B. die Besteuerung, Gewinnverwendung, Kreditverträge oder Managemententlohnung im Vordergrund. In Abhängigkeit von den unterschiedlichen regulatorischen Rahmenbedingungen und anderen z.B. auch kulturellen Differenzen kön-

25 Vgl. *European Commission*, Summary Report of the responses received to the Commission's consultation on the IFRS for SMEs, Brussels, Mai 2010.

26 Vgl. stellvertretend für viele Studien *Eierle, B./Haller, A.*, IFRS for SMEs – Ergebnisse einer Befragung von nicht kapitalmarktorientierten Unternehmen in Deutschland, Berlin 2010, S. 29.

27 Vgl. zur theoretischen als auch empirischen Analyse im Folgenden *Fülbier, R. U./Gassen, J.*, IFRS for European small and medium-sized enterprises? A theoretical and empirical analysis, Bayreuth/Berlin 2010 (abrufbar unter www.dgrv.de).

nen die Gesetzes-, Vertrags- und die damit einhergehenden Anreizstrukturen erheblich variieren[28]. Ihre Rechnungslegung interagiert stärker mit heterogenen landes- und unternehmensspezifischen Strukturen und bedarf insofern einer gewissen Heterogenität. Ein einheitlicher, über die bisherige Mindestharmonisierung der 4. und 7. EG-Richtlinie hinausgehender europäischer oder gar internationaler Standard für diese Unternehmen dürfte dieser Grundanforderung nur schwerlich gerecht werden können.

Empirische Evidenz einer notwendigen Heterogenität in der Rechnungslegung

Auf Basis der theoretischen Analyse ist zu vermuten, dass die Rechnungslegung von nicht kapitalmarktorientierten Unternehmen von heterogenen Zielsetzungen geprägt ist, die systematisch von denen kapitalmarktorientierter Unternehmen abweichen. In der Rechnungslegungsforschung ist es eine kontrovers diskutierte und bisher noch offene Frage, ob diese unterschiedlichen Rechnungslegungszwecke tatsächlich auch zu einer unterschiedlichen Rechnungslegung führen. Eine empirische Analyse auf Basis einer Auswahl von über 1,1 Millionen Unternehmen aus 28 unterschiedlichen europäischen Staaten bestätigt die Vermutung, dass die Rechnungslegung nicht kapitalmarktorientierter Unternehmen in Europa deutlich von der Koordinationsfunktion beeinflusst ist. Unterschiedliche Vertrags- und Anreizstrukturen der jeweiligen Hauptvertragspartner und heterogene landesspezifische Umfeldbedingungen führen zu einer systematisch unterschiedlichen Ausprägung und Gewichtung dieser Funktion und insofern zu einem sehr heterogenen Rechnungslegungsverhalten, das zudem auch deutlich von dem der kapitalmarktorientierten Unternehmen abweicht. Diese Heterogenität in der Rechnungslegung hat sich angesichts der heterogenen Umfeldbedingungen in Europa evolutionär herausgebildet, so dass ein einheitlich verordneter Standard, wie z.B. der IFRS for SMEs, tendenziell ineffizient wirken müsste[29].

HGB nach BilMoG als Lösung für den Mittelstand?

Das 2009 verabschiedete BilMoG (vgl. Kapitel 2) ist vom deutschen Gesetzgeber auch in einer Abwehrhaltung gegenüber den „full" IFRS sowie dem IFRS for SMEs verabschiedet worden. Über eine partielle Annäherung an die IFRS sollte das HGB als Alternativsystem eine verbesserte Akzeptanz bei den Unternehmen, Verbänden, etc. erfahren. Viele der BilMoG-Änderungen in den Bereichen Ansatz, Bewertung, Ausweis und Konsolidierung erscheinen sinnvoll. Das gilt insb. für Änderungen in der Konzernrechnungslegung (z.B. Abschaffung der Interessenzusammenführungsmethode; vgl. Kapitel 23). Allerdings geraten auch die GoB als Prinzipien der handelsrechtlichen Rechnungslegung ins Wanken. Wie sollen handelsrechtliche Normen in Zukunft teleologisch ausgelegt werden, wenn sie teilweise erkennbar nicht mehr mit den „alten" GoB harmonieren? Ein

28 Vgl. z.B. *Ball, R./Kothari, S. P./Robin, A.*, The effect of international institutional factors on properties of accounting earnings, in: Journal of Accounting and Economics, Vol. 29 (2000), S. 1-51; grundlegend zur kulturellen Abhängigkeit der Rechnungslegung *Gray, S. J.*, Towards a theory of cultural influence on the development of accounting systems internationally, in: Abacus, Vol. 24 (1988), S. 1-15.

29 Vgl. *Fülbier, R. U./Gassen, J.*, IFRS for European small and medium-sized enterprises? A theoretical and empirical analysis, Bayreuth/Berlin 2010 (abrufbar unter www.dgrv.de).

Verdacht liegt nahe: Ein Prüfer, der in Zukunft z.B. die Aufgabe hat, eine Bewertungseinheit auf Konformität mit dem neuen HGB zu prüfen, könnte versucht sein, zumindest in Teilen auf die expliziten Anwendungshilfen der IFRS-Bilanzierung zurückzugreifen. Möglicherweise verliert das HGB durch diese Annäherung seine Qualifikation gerade für Koordinationsaspekte.

Einfall der IFRS in die HGB-Auslegung

In diesem Zusammenhang erscheint eine damit einhergehende Entwicklung bedeutsam: In Teilen liest sich die Gesetzesbegründung fast wie eine verbindliche Durchführungsverordnung. Hinzu kommt, dass sich Formulierungen an IFRS-Vorgaben anlehnen. Auch wenn diese Form der quasi verbindlichen Auslegung teilweise sinnvoll, vielleicht sogar notwendig erscheint, so verliert das HGB den Charakter eines „schmalen" Gesetzes, das durch aktive Rechtsauslegung an veränderte Bedingungen angepasst werden kann. Es erscheint durchaus vorstellbar, dass diese Begründung über kurz oder lang zur Rechtsverordnung mutiert und das Ende des prinzipienorientierten HGB einläutet. Ob sich damit für den Mittelstand eine echte Alternative zur IFRS-Rechnungslegung auftut, bleibt abzuwarten.

3.3 IFRS im Einzelabschluss

Dominanz der Koordinationsfunktion im Einzelabschluss

Das BilMoG versucht das Grundmerkmal der geltenden Rechtslage zu retten. Hiernach ist die handelsrechtliche Bilanzierung im Einzelabschluss zwingend und allein ausschlaggebend für sämtliche Rechtskonsequenzen. Die Koordinationsfunktion hat damit insbesondere im Einzelabschluss eine grundlegende Bedeutung. Der Konzernabschluss hat nach deutschem Rechtsverständnis „nur" eine Informationsfunktion, die stärker mit der Bewertungsfunktion harmoniert. Er hat de lege lata insbesondere keine Zahlungsbemessungsfunktion hinsichtlich der Dividendenhöhe und der steuerlichen Gewinnermittlung. Auch sonstige Rechtsfolgen wie z.B. bilanzielle Kapitalerhaltung bzw. Überschuldungsmessung sind nicht an den Konzernabschluss gebunden (vgl. Kapitel 1). Insgesamt ist der gesellschaftsrechtliche Status des Konzernabschlusses vergleichsweise gering; er wird nicht festgestellt, sondern „lediglich" gebilligt und kann z.B. auch keiner Sonderprüfung unterworfen werden. Vor diesem Hintergrund schien die auf die Konzernrechnungslegung beschränkte Anwendung der IFRS eine praktikable Lösung, da so viele rechtstechnische Irritationen vermieden werden konnten.

Diese Rechtslage ist aber trotz der sich im BilMoG abzeichnenden Bemühungen keineswegs stabil. Gerade kapitalmarktorientierte Unternehmen drängen darauf, das Nebeneinander von IFRS, HGB und Steuerrecht zu reduzieren und eine sachgerechte Lösung für die bisherigen Rechtskonsequenzen des Einzelabschlusses bereitzustellen. Regelmäßig erweist sich hier das HGB als schwächstes Glied in der Kette, so dass die Frage nach einem befreienden IFRS-Einzelabschluss schon heute im Raum steht.

Neue Lösungen für die Ausschüttungsbemessung und Abschaffung der Maßgeblichkeit

Von verschiedener Seite werden Vorschläge unterbreitet, die darauf zielen, die vielfältigen Rechnungslegungspflichten zu vereinfachen. Die Kernelemente dieser Vorschläge sehen vor,

- die bilanzielle Kapitalerhaltung und die regulierte Gewinnausschüttungsbemessung entweder abzuschaffen, an eine IFRS-Bilanz mit ergänzendem Solvenztest zu binden oder möglicherweise mittels vereinfachter Überleitungsrechnung im Sinne von Ausschüttungssperren an die IFRS- oder gar Steuerbilanz zu koppeln,
- die Maßgeblichkeit abzuschaffen und die steuerliche Gewinnermittlung in den originären Steuergesetzen (EStG, KStG etc.) zu verselbständigen.

Problem: Höchstausschüttung

Das Maximum des an die Anteilseigner ausschüttbaren Betrags orientiert sich nach deutschem AktG und GmbHG bislang an dem handelsrechtlichen Jahresüberschuss zuzüglich der freien Rücklagen. Wenn auf eine derartige gesetzliche Ausschüttungsbegrenzung vollständig verzichtet würde, hätten die Gläubiger die ihnen hieraus zusätzlich entstehenden Vermögensverlagerungsrisiken in ihre Kreditverträge einzubeziehen. Von daher wird bisher noch mehrheitlich davon ausgegangen, dass eine gesetzliche Vorschrift zur bilanziellen Kapitalerhaltung und damit auch zur Höchstausschüttung weiterhin sinnvoll erscheint. Fraglich erscheint jedoch, ob eine Höchstausschüttungsregel auch an das Eigenkapital eines IFRS-Abschlusses gebunden werden kann.

Problem: Mindestausschüttung

Die Abschaffung von Regulierungen zur Mindestausschüttung (§ 58 AktG) entspräche tendenziell der US-amerikanischen Situation. Hier ist die Gewinnausschüttung stärker den freien Marktkräften überlassen[30]. Empirische Studien zeigen, dass dadurch keineswegs weniger an die Aktionäre ausgeschüttet wird. Dennoch stehen sowohl deutsche Aktionäre als auch deutsche Vorstände von börsennotierten Unternehmen der bisherigen Ausschüttungsregel überwiegend positiv gegenüber[31]. Eine Deregulierung der Mindestausschüttung für börsennotierte Unternehmen erscheint zumindest denkbar, da hier der Aktienmarkt eine Kontrollfunktion für eine nicht an den Interessen der Anteilseigner ausgerichtete Dividendenpolitik übernimmt. Bei nicht-börsennotierten Unternehmen entfällt diese Kontrollfunktion, so dass hier ggf. Regulierungen zum Interessenschutz der Minderheitsgesellschafter erforderlich werden. Mögliche Lösungsvorschläge umfassen z.B. eine am Free-Cashflow orientierte Mindestausschüttung, die Orientierung am Steuerbilanzergebnis oder die Verwendung des IFRS-Ergebnisses, wobei ggf. Ausschüttungssperren für nicht realisierte Erträge zu berücksichtigen wären. Das BilMoG geht letztlich einen ähnlichen Weg, indem es über Aus-

30 Vgl. *Richard, M.*, Kapitalschutz der Aktiengesellschaft, Frankfurt a.M. u.a. 2007.

31 Vgl. *Pellens, B./Gassen, J./Richard, M.*, Ausschüttungspolitik börsennotierter Unternehmen in Deutschland, in: DBW, 63. Jg. (2003), S. 309-332; *Ernst, E./Gassen, J./Pellens, B.*, Verhalten und Präferenzen deutscher Aktionäre, Eine Befragung privater und institutioneller Anleger zu Informationsverhalten, Dividendenpräferenz und Wahrnehmung von Stimmrechten, Studien des DAI, Nr. 29, Frankfurt a. M. 2005 und DAI, Nr. 42, Frankfurt a.M. 2009.

schüttungssperren dem alten, seit dem AktG 1965 bekannten Prinzip der „gläsernen, aber verschlossenen Taschen“ folgt.

Konzernergebnis als Ausschüttungsbemessung

Eine Anbindung an das Konzernergebnis wird vom deutschen Gesetzgeber bisher nach wie vor nicht erwogen. Die Ausrichtung auf Konzernabschlussgrößen wäre jedoch nur konsequent, da die an den Einzelabschluss gekoppelten Rechtsfolgen über die Gestaltung konzerninterner Transaktionen de facto nahezu beliebig gestaltet werden können.

Maßgeblichkeit der IFRS für die steuerliche Gewinnermittlung

Es gibt aber auch Stimmen, die alle bisherigen Funktionen des Einzelabschlusses beibehalten und auf einen IFRS-Abschluss übertragen wollen. Dies gilt nicht nur für Fragen der Ausschüttung und der bilanziellen Kapitalerhaltung, sondern insbesondere auch für die Maßgeblichkeit eines IFRS-Abschlusses für die steuerliche Gewinnermittlung. Diese Maßgeblichkeit wird in Deutschland heftig diskutiert[32]. So streiten Befürworter wie Gegner z.B. darüber, ob und inwieweit die für Informationszwecke entwickelten IFRS den Zielen einer steuerlichen Gewinnermittlung entsprechen. Ggf. würden Modifikationen im Steuerrecht, wie z.B. ein sofortiger Verlustausgleich und eine staatliche Finanzierungshilfe für Steuerzahlungen, eine Vereinbarkeit ermöglichen. Unabhängig von der Antwort auf diese schwierigen normativen Fragen ist die steuerliche Maßgeblichkeit der IFRS aber aus anderen Gründen kaum vertretbar. Einerseits wären die Rückwirkungen einer steuerlichen Maßgeblichkeit auf den Standardsetzungsprozess des IASB dramatisch. Dies schließt auch die Interpretation der IFRS mit ein, die in großem Umfange von der Finanzrechtsprechung übernommen würde[33]. Letztlich scheinen trotz des Endorsement-Mechanismus der EU auch formaljuristische Anforderungen verletzt, wenn letztlich privat entwickelte IFRS die steuerliche Bemessungsgrundlage bestimmten.

EU-Strategie zur Konzernbesteuerung

Dennoch sei an dieser Stelle kurz erwähnt, dass die IFRS möglicherweise unmittelbar, d.h. ohne die Maßgeblichkeitsbrücke, für die steuerliche Gewinnermittlung relevant werden könnten. So hat die EU-Kommission schon 2001 mit einer neuen Strategie zur Unternehmensbesteuerung das ambitionierte Ziel formuliert, die grenzüberschreitende Unternehmenstätigkeit in der EU künftig auf der Basis einer konsolidierten Körperschaftsteuer-Bemessungsgrundlage zu besteuern. Bei der Frage, welche Ansatz-, Bewertungs- und Konsolidierungsregeln hierfür herangezogen werden sollten, verweist die Kommission auf die IFRS als „nützlichen Bezugspunkt“[34]. Es bleibt jedoch abzuwarten, ob dieses

32 Vgl. zu dieser Kontroverse m.w.N. *Fülbier, R. U.*, Systemtauglichkeit der International Financial Reporting Standards für Zwecke der steuerlichen Gewinnermittlung, in: StuW, 83. Jg. (2006), S. 228-242.

33 Ein aufschlussreiches Beispiel, in dem das Finanzgericht Hamburg die IFRS auf steuerrechtliche Fragen anwendet, war bereits zu beobachten. Vgl. *FG Hamburg*, 28.11.2003 – III 1/01, in: BB, 59. Jg. (2004), S. 1220, und den treffenden Kommentar von *T. Berndt* an gleicher Stelle.

34 *EU-Kommission*, Ein Binnenmarkt ohne steuerliche Hindernisse, Strategie zur Schaffung einer konsolidierten Körperschaftsteuer-Bemessungsgrundlage für die grenzüberschreitende Unternehmenstätigkeit in der EU, KOM (2001) 582, Brüssel 23.10.2001, S. 21. Vgl. dazu ausführlich *Fülbier, R. U.*, Konzernbesteuerung nach IFRS, Frankfurt a.M. u.a., 2006.

Vorhaben mittelfristig wirklich eine Chance auf Umsetzung hat. Angesichts der bisher immer zu beobachtenden Widerstände von Seiten der Mitgliedstaaten, die sich in ihrer Fiskal-Souveränität bedroht sehen, ist daran eher zu zweifeln. Allerdings hat die Bundesregierung bereits in ihrem Koalitionsvertrag vom 11.11.2005 explizit darauf hingewiesen, dass sie diese europäischen Anstrengungen unterstützt und aktiv mitgestalten will.

Reformvorschlag für ein zukünftiges Kapitalschutzsystem in der EU

Alternativ hierzu wird für nach IFRS bilanzierende Unternehmen als Wahlrecht eine zweistufige Vorgehensweise empfohlen, um das bisherige Nebeneinander von HGB-Jahresabschluss, IFRS-Abschluss und Steuerbilanz zu reduzieren[35]: Hiernach wäre künftig der IFRS-Jahresabschluss für die Kapitalerhaltung und damit für die bestehenden gesellschaftsrechtlichen Höchst- und Mindestausschüttungsregeln relevant. Um den Vorbehalten gegenüber einer IFRS-Rechnungslegung als Basis von Kapitalerhaltungs- und Ausschüttungsregeln zu begegnen, wird als zusätzliche, flankierende Maßnahme ein bei anstehenden Ausschüttungsmaßnahmen durchzuführender, liquiditäts- und zukunftsorientierter Solvenztest etabliert. Dieser aus Sicht der ausschüttenden Gesellschaft durchzuführende Test hat die konzernweite Vermögens-, Finanz- und Ertragslage in einem Finanzplan zu berücksichtigen. Ausschüttungsmaßnahmen wären demnach nur dann zulässig, wenn die beiden folgenden Bedingungen im Sinne eines „doppelten Minimums" kumulativ erfüllt sind: Erstens liegt nach dem IFRS-Einzelabschluss[36] der betreffenden Gesellschaft ausschüttungsfähiges Eigenkapital vor. Zweitens zeigt ein zeitnah durchgeführter Solvenztest, dass auch bei Berücksichtigung der anstehenden Ausschüttungsmaßnahme die Zahlungsfähigkeit der ausschüttenden Gesellschaft in den anschließenden 24 Monaten mit hoher Wahrscheinlichkeit nicht gefährdet ist.

Vorschlag für die Fortentwicklung des deutschen Rechnungslegungsrechts

Zusammenfassend kann folgender Vorschlag für die Fortentwicklung des deutschen Rechnungslegungsrechts formuliert werden[37]:

- Jeder Kaufmann hat eine steuerliche Gewinnermittlung durchzuführen, wobei Deregulierungsbemühungen und eine Ausweitung der zahlungsorientierten Einnahmenüberschussrechnung (§ 4 Abs. 3 EStG) gerade für kleinere Unternehmen zu begrüßen wären.

---

35 Vgl. ausführlich *Pellens, B./Sellhorn, T.*, Zukunft des bilanziellen Kapitalschutzes, in: Lutter, M. (Hrsg.), Das Kapital der Aktiengesellschaft in Europa, ZGR-Sonderheft 17, Berlin 2006, S. 451-487; *Pellens, B./Jödicke, D./Richard, M.*, Solvenztests als Alternative zur bilanziellen Kapitalerhaltung?, in: DB, 58. Jg. (2005), S. 1393-1401.

36 Hier bleibt noch zu prüfen, ob die bilanzielle Kapitalerhaltung bei konzernverbundenen Aktiengesellschaften nicht sinnvoller anhand eines IFRS-Konzernabschlusses gemessen werden kann. Vgl. hierzu bereits *Lutter, M.*, Rücklagenbildung im Konzern, in: von Havermann, H. (Hrsg.), Bilanz- und Konzernrecht, Festschrift für R. Goerdeler, Düsseldorf 1987, S. 327; *Pellens, B./Gassen, J./Richard, M.*, Ausschüttungspolitik börsennotierter Unternehmen in Deutschland, in: DBW, 63. Jg. (2003), S. 309-331.

37 Vgl. zu einem ähnlichen Vorschlag auch *Arbeitskreis Externe Unternehmensrechnung der Schmalenbach-Gesellschaft für Betriebswirtschaftslehre e.V.*, International Financial Reporting Standards im Einzel- und Konzernabschluss unter der Prämisse eines Einheitsabschlusses für unter Anderem steuerliche Zwecke, in: DB, 56. Jg. (2003), S. 1585-1588.

- Kapitalmarktorientierte und ggf. volkswirtschaftlich bedeutende Unternehmen und/oder Unternehmen bestimmter Rechtsform unterliegen einer Veröffentlichungspflicht: Diesen Unternehmen ist ein IFRS-Abschluss für Informationszwecke vorzuschreiben, der je nach Organisationsstruktur des Unternehmens nur als Einzel- oder aber als Konzernabschluss auszugestalten ist.
- Bei den weiteren Rechtsfolgen wie insbesondere Mindest- und Höchstausschüttung wäre zunächst zu prüfen, ob für sie überhaupt eine Regulierungsnotwendigkeit besteht.
- Für nicht veröffentlichungspflichtige Unternehmen würden diese Rechtsfolgen an die ggf. zu modifizierende steuerliche Gewinnermittlung gebunden.
- Den veröffentlichungspflichtigen Unternehmen würde ein Wahlrecht eingeräumt: Sie könnten die Rechtsfolgen an die (modifizierte) steuerliche Gewinnermittlung binden. Alternativ würden Höchstausschüttungen anhand eines IFRS-Einzelabschlusses bemessen, der durch einen Solvenztest zu ergänzen wäre. Offen bleibt, wie in diesem Fall die Mindestausschüttung zu regulieren wäre und wie mit der Konzernproblematik umzugehen ist.

Da die Erstellung von IFRS-konformen Rechnungslegungsinformationen mit erheblichem Aufwand verbunden ist, sollte künftig nur solchen Unternehmen eine IFRS-Publizitätspflicht auferlegt werden, für die dieser Aufwand aus gesamtwirtschaftlicher Sicht gerechtfertigt erscheint. Dies ist für kapitalmarktorientierte und eventuell auch für sonstige Unternehmen mit großer volkswirtschaftlicher Bedeutung wahrscheinlich der Fall. Ob aber eine Pflichtpublizität für alle Kapitalgesellschaften angebracht ist, darf zumindest angezweifelt werden[38].

4 Abschließende Gedanken

Paradigmenwechsel

Zum Abschluss sollen noch einige Gedanken formuliert werden, die sich daraus ergeben, dass sich die deutsche aber auch die internationale Rechnungslegungslandschaft mittlerweile seit mehr als einem Jahrzehnt in einer Phase des konstanten Wandels befinden.

IFRS, US-GAAP und HGB

Für alle, die sich mit Rechnungslegung in Deutschland befassen, werden für eine absehbare Zeit noch mehrere Rechnungslegungssysteme relevant sein: Diese sind das HGB, vielleicht sogar noch ein eigenständiges Steuerbilanzrecht, die IFRS, der IFRS for SMEs und für manche auch noch die US-GAAP. Das deutsche HGB, obwohl selbst im Wandel begriffen, wird künftig eventuell eine Stellung als „Nischenprodukt“ für kleine und mittlere Unternehmen erhalten. Möglicherweise beging der deutsche Gesetzgeber aber einen Fehler, als er das HGB

38 Vgl. dazu ausführlich *Pellens, B./Fülbier, R. U.*, Differenzierung der Rechnungslegungsregulierung nach Börsenzulassung, in: ZGR, 29. Jg. (2000), S. 572-593.

auch auf „internationale“ Gepflogenheiten trimmte und diesem Gesetz damit seine Spezialisierungsvorteile für diese Anwendergruppe raubte. Unumkehrbar erscheint indes der Einzug der anglo-amerikanischen Rechnungslegungsphilosophie und der damit einhergehenden bewertungsorientierten Informationsfunktion in die Konzernabschlüsse aller kapitalmarktorientierten Unternehmen. Die darüber hinausgehenden Auswirkungen sind bereits abzusehen.

Hohe Dynamik und Abschied von der objektivierten Rechnungslegung

Wir gewöhnen uns bereits an viele neue Dinge. So dürfte z.B. die hohe Dynamik der inhaltlichen Fortentwicklung in Richtung einer „Fair Value-Bilanzierung“ dazu beitragen, dass wir zunehmend Abschied nehmen müssen von dem, was wir als objektivierte und nachprüfbare Rechnungslegung bezeichnen. Bilanztheoretiker werden diese Entwicklung bereits kennen, da es sich hierbei um einen weiteren Annäherungsversuch an die keineswegs neue Idee vom „ökonomischen Gewinn“ handelt. Diese theoretisch faszinierende Idee war jedoch immer mit dem Problem verbunden, realiter kaum umsetzbar zu sein. Insofern ist zu hoffen, dass die Verantwortlichen im IASB wirklich wissen, was sie den bilanzierenden Unternehmen, ihren Wirtschaftsprüfern, vor allem aber den Adressaten der Rechnungslegung zumuten. Die bisherigen Erfahrungen aus der Finanz- und Wirtschaftskrise lassen zudem vermuten, dass die Kritik an der Fair Value-Bewertung eher zu- als abnimmt. Hier wird es künftig für alle Beteiligten geboten sein, den Umgang mit diesem Wertkonstrukt im Spannungsfeld von bewertungsorientierter Information und ebenfalls notwendiger Vertragskoordination zu erlernen.

Rules-based versus principles-based accounting

Die Entobjektivierung von Bilanzansatz und -bewertung geht einher mit immer umfangreicheren, detaillierteren und nicht immer juristisch exakt formulierten Standards, die kaum noch teleologisch ausgelegt werden können. Trotz möglicher Bestrebungen in Richtung eines „principles-based accounting“ dürfte schon der geringe Stellenwert des bisherigen IASB- (oder FASB-) Rahmenkonzepts und auch das Bedürfnis von Rechnungslegern und Wirtschaftsprüfern nach Rechtssicherheit bei der Jahresabschlusserstellung zeigen, dass die einzelne detaillierte Regel weiterhin nachgefragt werden wird. Im Zuge des BilMoG ist dieser Trend nunmehr auch für die handelsrechtliche Rechnungslegung zu beobachten. Konsistente Regelsysteme sind dabei nicht unbedingt zu erwarten. Dieser Prozess könnte den Jahresabschluss von einer Entscheidungsrechnung für die Investoren zu einer „Haftungsvermeidungsrechnung“ für das Management und den Wirtschaftsprüfer werden lassen.

Niedergang der Kommentare?

Es ist fraglich, ob in einem solchen System des „rules-based accounting“ der Stellenwert von Kommentaren mit demjenigen im bisherigen HGB-System vergleichbar sein wird. Einerseits werden die IFRS selbst immer detaillierter und umfassender und die oberste Auslegungskompetenz liegt beim IASB bzw. dem IFRS Interpretations Committee. Andererseits gibt es in der Praxis einen ungebrochenen Bedarf nach Hilfestellung und Auslegung der IFRS, den kommentarartige Fachbücher zu befriedigen suchen. Diese haben allerdings weniger den Charakter der „alten“ HGB-Kommentare, die zur normativ-deduktiven GoB-Bildung beigetragen haben. Sie liefern vielmehr „technisch“ orientierte Hilfestellungen bei der IFRS-Anwendung. Zudem ist offen, woher IFRS-Kommentare ihre Autorität beziehen, beispielsweise wenn sich Unternehmen, Prüfer und DPR bei konkreten Streitigkeiten auf unterschiedliche Kommentarmeinungen stützen wollen. Noch weitgehend ungeklärt ist in diesem Zusammenhang, welche Rolle die jeweiligen nationalen Enforcement-Institutionen und Gerichte bei der Auslegung der IFRS spielen werden.

Implikationen für die Lehre

Die skizzierten Entwicklungen haben spürbare Auswirkungen auch auf die Lehre im Bereich der (internationalen) Rechnungslegung. Ganz grundlegend stellt sich die Frage, welche Fähigkeiten und Inhalte den heute Studierenden zu vermitteln sind, um sie auf erfolgreiche berufliche Laufbahnen im Bereich der Rechnungslegung, sei es als Ersteller, Prüfer, Analysten oder Regulierer, vorzubereiten. Die zurzeit – und vermutlich auch noch in absehbarer Zukunft – zu beobachtende Veränderungsgeschwindigkeit der IFRS legt den Schluss nahe, dass detaillierte Regelkenntnisse eine kurze „Halbwertszeit" haben. Lebenslanges Lernen ist damit in der Rechnungslegung mehr denn je die Devise. Sich allein auf die tragenden Prinzipien zu konzentrieren hat allerdings ebenfalls Nachteile: Wie bereits diskutiert, sind in der praktischen Anwendung, zumindest bei Erstellern und Prüfern, immer auch konkrete Lösungen für detaillierte Einzelfragen erforderlich. Diese aus übergeordneten Prinzipen abzuleiten, erscheint schwierig, solange sich diese konzeptionellen Rahmenbedingungen selbst im Umbruch befinden und zudem ihr Stellenwert in der praktischen Anwendung unklar bzw. gering ist. Vielmehr sollte Studierenden die Fähigkeit vermittelt werden, die aus den ökonomischen Konsequenzen der Rechnungslegung abgeleiteten Anreizwirkungen auch abseits von bestimmten Regeln zu erkennen. Angesichts der verschiedenen Zwecke der Rechnungslegung sollten künftige Anwender in der Lage sein, ihre Berichterstattung zielgerichtet zu gestalten. Die Adressaten dieser Berichterstattung sollten die zugrunde liegenden Anreize erkennen und ihr Urteil unter Berücksichtigung dieses Wissens fällen können.

Globaler Markt für Rechnungslegung

Ein globaler Markt für Rechnungslegung geht auch mit dem grenzüberschreitenden Austausch mit Rechnungslegungsexperten anderer Länder einher. Das ist herausfordernd und spannend, stellt aber bisherige Besitzstände infrage. Dies bedeutet einen zunehmenden Wettbewerb auf den bisher weitgehend abgeschotteten Märkten der Rechnungslegung, wie z.B. dem Prüfer- und Beratermarkt, dem (Weiter-)Bildungsmarkt oder auch dem Lehrbuchmarkt. In diesem Sinne gilt eine alte Erkenntnis verstärkt auch für die Rechnungslegung, ihre Regulierer, sämtliche Anwender und sogar die Hochschullehrer:

Konkurrenz belebt das Geschäft!

Fallstudie zur internationalen Rechnungslegung

Elfriede Horg International[1]

Die folgende Fallstudie beschäftigt sich mit einem Unternehmen, das den Konzernabschluss nach HGB erstmalig auf IFRS umstellt. Sie spielt im Jahr 2011.

Die Elfriede Horg AG mit Sitz in Erftstadt, gegründet 1910 als „Eisendrückerei Elfriede Horg", beschäftigt sich mit der Entwicklung, Herstellung und dem weltweiten Vertrieb von Gegenständen der Sanitärtechnik. Die Produktpalette des traditionsreichen Familienunternehmens reicht dabei von klassischen Zweigriffarmaturen, Einhandmischern, Sensor-Armaturen bis hin zu Brausen und kompletten Duschsystemen. Das Unternehmen beschäftigt derzeit rund 6.400 Mitarbeiter an vier Produktionsstandorten im In- und Ausland. In ihrer 100-jährigen Unternehmensgeschichte hat sich die Elfriede Horg AG zum Marktführer der in Deutschland immer noch überwiegend mittelständisch geprägten Sanitärtechnikbranche entwickelt. Insbesondere in den letzten zehn Jahren gelang es durch den strategischen Erwerb ausgewählter Unternehmen das Produktionsprogramm weiter abzurunden und damit die Stellung sowohl auf dem deutschen als auch auf dem europäischen Markt nachhaltig zu festigen. In der Bundesrepublik ist die Elfriede Horg AG mit einem Marktanteil von ca. 27 % derzeit Marktführer.

Die überaus erfolgreiche Firmenhistorie erscheint umso beeindruckender, bedenkt man, dass sich das Unternehmen seit seiner Gründung ausschließlich im Familieneigentum befindet. Im Jahre 1998 erfolgte die Umwandlung der ursprünglichen Elfriede Horg GmbH & Co. KG in eine private Aktiengesellschaft; gleichzeitig zogen sich die Gesellschafter Georg und Johann Horg aus der operativen Geschäftsführung in den Aufsichtsrat zurück. Gegenwärtig hält jeder der beiden Brüder 50 % des Eigenkapitals in Form vinkulierter Namensaktien. Mit dem Wechsel der Rechtsform hatte man die Voraussetzungen geschaffen, das Eigentum am Unternehmen künftig auch in zwei Familienlinien vereinfacht übertragen und damit nachhaltig sichern zu können.

International rangiert die Horg-Gruppe, nach der Masco Corp./Delta Faucet Comp. (USA) und der Toto Ltd. (Japan), auf Rang drei der führenden Hersteller von Sanitärarmaturen im Standard- und Premiumsegment. Um die Stellung des

Unternehmens auch international weiter zu stärken, entschied sich das Management vor zwei Jahren dazu, die Aktivitäten der Gruppe auf die expandierenden Märkte in Nordamerika und Südostasien zu erweitern. Um den langwierigen Aufbau eigener Kapazitäten vor Ort zu vermeiden, wählte man zunächst dieselbe Strategie, die sich bereits auf dem europäischen Markt als überaus erfolgreich erwiesen hatte: die gezielte Akquisition lokaler Tochterunternehmen.

Die in diesem Zusammenhang gebildete Projektgruppe „Operativer Markteintritt" schlug daraufhin im März 2009 den Erwerb der US-amerikanischen Flush Corp. mit Sitz in Blacksburg, Virginia vor, die im Segment „Standardprodukte" in den USA einen Marktanteil von ca. 7 % hält. Für die Region Südostasien zeichnete sich die Top Water Inc. mit Sitz in Singapur als bevorzugter Übernahmekandidat ab. Die Top Water Inc. war vor 10 Jahren als Venture Capital-Unternehmen gegründet worden und verfügt inzwischen aufgrund der günstigen Lohnstückkosten auch über Produktionsstätten in Ipoh, Malaysia, und Jakarta, Indonesien. Die Marktstrategie ist vorrangig auf Bedienung des Niedrigpreissegmentes ausgerichtet.

Zum 01.01.2010 wurden sämtliche Anteile der Flush Corp. mit einem Buchwert des Eigenkapitals von umgerechnet 50 Mio. € für 100 Mio. € erworben. Man hatte sich für ein vollständiges Übernahmeangebot entschieden, um in der seinerzeit börsennotierten Flush Corp. keine US-amerikanischen Minderheitsaktionärsinteressen berücksichtigen zu müssen.

Auf der gemeinsamen Sitzung von Vorstand und Aufsichtsrat am 18.01.2011 ergreift der Finanzvorstand Dr. Jochen Fuchs das Wort:

„Lieber Georg, lieber Johann, werte Kolleginnen und Kollegen,

in unserem Jubiläumsjahr haben wir gleichsam symbolisch die wohl größte Transaktion unserer Firmengeschichte abgeschlossen. Die ersten Ergebnisse aus Blacksburg sind mehr als sehenswert. Es scheint, als sei unserem Willen und Mut zur Expansion der erhoffte Erfolg beschieden!

Allerdings hat dieser Schritt seine Spuren in der Konzernbilanz hinterlassen. Unsere freien liquiden Mittel sind weitestgehend aufgezehrt, die Eigenkapitalquote ist unter die ehemals sehenswerten 40 % gesunken. In Anbetracht unseres anhaltenden Expansionskurses und des für 2013 geplanten Ausbaus unseres Hauptwerkes in Erftstadt, werden wir um die Beschaffung weiteren Kapitals nicht umhin kommen. Wie bereits Mitte des vergangenen Jahres besprochen, stimme ich derzeit mit unseren Hausbanken die Möglichkeit einer Emission stimmrechtsloser Vorzugsaktien ab. Diese Form der Kapitalerhöhung garantiert uns die notwendige Eigenkapitalausstattung und gewährleistet weiterhin den uneingeschränkten unternehmerischen Einfluss der Gebrüder Georg und Johann Horg. Die lange und erfolgreiche Tradition der Elfriede Horg AG als Familienunternehmen bleibt somit gewahrt. Eine erste Tranche mit 2.000.000 Vorzugsaktien könnten wir voraussichtlich im Herbst 2012 an der Frankfurter Börse platzieren.

Mit diesem Schritt wird uns auch an anderer Stelle eine wegweisende Neuerung ins Haus stehen: die verpflichtende Umstellung unserer Konzernrechnungslegung auf die International Financial Reporting Standards (IFRS), zu deren Anwendung wir erstmalig im Geschäftsjahr der Aktienemmission verpflichtet sein werden. Um diesem Wechsel vorausschauend zu begegnen und die nötige Expertise aufzubauen, planen wir, die Umstellung auf die internationalen Rechnungslegungsgrundsätze bereits für das vergangene Geschäftsjahr 2010 vorzunehmen. Das deutsche Handelsrecht erlaubt es ja, unseren Konzernabschluss schon heute freiwillig nach IFRS aufzustellen und zu veröffentlichen. Der Schritt in Richtung Internationalisierung erscheint uns nicht völlig fremd, da wir mit der Umsetzung des Bilanzrechtsmodernisierungsgesetzes ab 01.01.2010 ja im deutschen Handelsrecht ohnehin eine zumindest graduelle Annäherung an die IFRS erfahren haben.

Wie Sie aus vergangenen Diskussionen wissen, bin ich nicht zuletzt auch der Überzeugung, dass internationale und damit besser vergleichbare Unternehmenszahlen die Verhandlungen mit ausländischen Geschäftspartnern und Kreditgebern erleichtern werden. Gerade für unser weiteres Südostasien-Engagement dürften wir künftig ausländische Geschäftspartner und Kreditgeber dringend benötigen und insofern von einer vorzeitigen Umstellung profitieren.

Eher indirekt verbunden mit diesem Schritt ist die derzeit anhaltende Kontroverse über die im Juli 2009 veröffentlichten IFRS for SMEs, die internationalen Rechnungslegungsstandards für kleine und mittelgroße Unternehmen. Der Verband deutscher Mittelstandsunternehmen, in dem wir ja bereits seit mehr als 20 Jahren aktiv sind, bat mich in diesem Zusammenhang um eine persönliche Einschätzung der ‚Mittelstandstauglichkeit' dieses gegenwärtig stark diskutierten Regelwerks. Ich habe mich dazu entschlossen, dem Verband meinen Eindruck auf Basis einer probeweisen Umstellung unseres Abschlusses für 2010 auf die IFRS for SMEs wiederzugeben. Zum einen denke ich, dass dies in der uns ohnehin treffenden Umstellungsphase ohne signifikanten Mehraufwand möglich sein wird und wir die Debatte damit aus Praxissicht bereichern können. Zum anderen ist es für uns derzeit nicht abzusehen, welche künftige Bedeutung dieser Standard auf europäischer und deutscher Ebene haben wird. Mittelfristig scheint mir ein diesbezügliches Anwendungswahlrecht zumindest nicht unwahrscheinlich. Ich halte die probeweise Umstellung noch aus einem weiteren Grund für sinnvoll. Sollten wir wider Erwarten von einer Börseneinführung absehen – Johann und Georg, ihr hattet ja bereits über eine schrittweise Kapitalerhöhung aus Privatvermögen als mögliche, aber derzeit weniger präferierte Alternative gesprochen – könnten die IFRS for SMEs für internationale Verhandlungen eine interessante ‚Alternativsprache' darstellen. Kurzum, ich möchte auch an dieser Front vorbereitet sein, um die Umstellungseffekte und Konsequenzen einer Anwendung der IFRS for SMEs frühzeitig einschätzen zu können.

Wenn Sie damit einverstanden sind, werden unser Bereichsleiter Rechnungswesen, Herr Vorhand, und ich, zum nächsten Mal darstellen, wie sich die Umstellung auf die IFRS und die IFRS for SMEs auf die Vermögens-, Finanz- und Ertragslage des Horg-Konzerns auswirken wird."

Elfriede Horg AG
Konzernabschluss zum 31.12.2010 nach HGB

Konzernbilanzen nach HGB zum 31.12.2010, 2009, 2008 (in T€)

AKTIVA	**2010**	**2009**	**2008**
Anlagevermögen			
Immaterielle Vermögensgegenstände	38.598	25.055	20.738
Sachanlagen	415.011	371.598	356.220
Finanzanlagen	7.532	7.268	6.502
	461.141	403.921	383.460
Umlaufvermögen			
Vorräte			
Roh-, Hilfs- und Betriebsstoffe	95.153	76.861	82.345
Unfertige und Fertige Erzeugnisse	463.046	431.063	412.282
Forderungen aus Lieferungen und Leistungen	239.769	216.337	208.957
Sonstige Vermögensgegenstände	53.256	35.483	38.760
Wertpapiere	27.898	37.555	32.461
Liquide Mittel	40.644	45.882	38.309
	919.766	843.181	813.114
Rechnungsabgrenzungsposten	3	2	4
	1.380.910	1.247.104	1.196.578

PASSIVA	**2010**	**2009**	**2008**
Eigenkapital			
Gezeichnetes Kapital	200.000	200.000	200.000
Kapitalrücklage	180.800	180.800	180.800
Gewinnrücklagen	82.349	65.971	60.121
Jahresüberschuss	34.507	39.378	24.250
	497.656	486.149	465.171
Rückstellungen			
Pensionsrückstellungen	20	—	—
Steuerrückstellungen	49.675	44.707	39.565
Sonstige Rückstellungen	209.168	188.558	179.604
	258.863	233.265	219.169
Verbindlichkeiten			
Verbindlichk. ggü. Kreditinstituten	451.233	396.149	384.650
Verbindlichk. aus Lief. und Leist.	106.166	95.549	101.300
Verbindlichkeiten gegenüber verbundenen Unternehmen	3.987	3.588	3.210
Sonstige Verbindlichkeiten	63.005	32.404	23.078
	624.391	527.690	512.238
	1.380.910	1.247.104	1.196.578

Konzern-Gewinn- und Verlustrechnungen nach HGB 2010, 2009, 2008 (in T€)

	2010	2009	2008
Umsatzerlöse	1.845.110	1.510.747	1.385.387
Herstellungskosten der zur Erzielung der Umsatzerlöse erbrachten Leistungen	1.321.308	1.059.879	984.187
Bruttoergebnis vom Umsatz	**523.802**	**450.868**	**401.200**
Vertriebskosten	236.510	162.050	153.479
Allgemeine Verwaltungskosten	143.236	136.482	133.561
Sonstige betriebliche Erträge	7.330	2.033	3.211
Sonstige betriebliche Aufwendungen	41.957	40.999	39.824
Erträge aus Beteiligungen	391	153	144
Sonstige Zinsen und ähnliche Erträge	11.755	7.119	6.009
Abschreibungen auf Finanzanlagen und auf Wertpapiere des Umlaufvermögens	311	287	202
Zinsen und ähnliche Aufwendungen	40.268	30.860	29.178
Ergebnis der gewöhnlichen Geschäftstätigkeit	**80.996**	**89.495**	**54.320**
Steuern vom Einkommen und vom Ertrag	46.489	50.117	30.070
Jahresüberschuss	**34.507**	**39.378**	**24.250**

Konzernkapitalflussrechnungen nach HGB 2010, 2009 (in T€)

	2010	2009
Jahresüberschuss	34.507	39.378
+/- Abschreibungen/Zuschreibungen auf das AV	+ 75.552	+ 62.293
+/- Veränderung der Pensionsrückstellungen	+ 20	—
Cashflow nach DVFA/SG	**110.079**	**101.671**
+/- Veränderung der kurzfristigen Rückstellungen	+25.578	+14.096
+/- Sonst. zahlungsunwirksame Aufw./Erträge	+50	—
-/+ Gewinn/Verlust aus Anlagenabgängen	-1.225	-650
+/- Veränd. des UV und der Verbindlichkeiten		
Vorräte	-31.475	-13.297
Forderungen	-15.432	-7.380
Sonstige Vermögensgegenstände	-17.773	+3.277
Kurzfristige Verbindlichkeiten	+15.017	+ 3.953
Aktive Rechnungsabgrenzungsposten	-1	+2
Cashflow aus gewöhnlicher betrieblicher Tätigkeit	**84.818**	**101.672**
+ Einzahlungen aus Anlageabgängen	+5.353	+2.950
+ Einzahlungen aus Abgängen von Wertpapieren des UV	+9.657	—
- Investitionen in das Anlagevermögen	-24.700	-85.054
- Investitionen in Wertpapiere des Umlaufvermögens	—	-5.094
- Erwerb konsolidierter Beteiligungen	-96.900	—
Cashflow aus Investitionstätigkeit	**-106.590**	**-87.198**
+ Einzahlungen aus Kapitalerhöhungen	—	—
- Auszahlungen an die Gesellschafter	-23.000	-18.400
+ Einzahlungen aus der Begebung von Anleihen und Aufnahme von Krediten	+ 39.584	+ 11.499
- Auszahlung für Tilgung von Anleihen und Krediten	—	—
Cashflow aus Finanzierungstätigkeit	**16.584**	**-6.901**
Finanzmittelbestand am Anfang der Periode	45.882	38.309
+/- Veränd. des Finanzmittelbestands (Gesamt Cashflow)	-5.188	+7.573
+/- Wechselkursbedingte Änderung des Finanzmittelbestands	-50	—
Finanzmittelbestand am Ende der Periode	**40.644**	**45.882**

Segmentberichterstattungen nach HGB 2010, 2009 (in T€)

Die Segmentberichterstattung wurde in Übereinstimmung mit DRS 3 aufgestellt. In Orientierung an der internen Berichts- und Organisationsstruktur des Konzerns werden einzelne Konzernabschlussdaten differenziert nach Geschäftsbereichen und geografischen Regionen dargestellt. Der dominierenden Organisationsstruktur entsprechend wird innerhalb der Geschäftsbereichssegmentierung zwischen Standard- und Luxusprodukten unterschieden. Während klassische Armaturen, Einhandmischer, Thermostat-Armaturen und Brausen des Low-Cost-Bereichs im Segment Standardprodukte zusammengefasst werden, gehören die entsprechenden Produkte und verbundenen Dienstleistungen des High-Cost-Bereichs dem Segment Luxusprodukte an. Umsätze zwischen den Segmenten werden zu marktüblichen Konditionen abgerechnet.

	2010	2009	2010	2009	2010	2009
Geschäftsbereiche	Segment Standardprodukt		Segment Luxusprodukt		Konzern	
Außenumsatz	1.239.572	946.358	605.538	564.389	1.845.110	1.510.747
Innenumsatz mit anderen Segmenten	102.365	94.255	24.027	26.331	—	—
Ergebnis der gewöhnl. Geschäftstätigkeit	45.945	56.819	35.051	32.676	80.996	89.495
Zinserträge	7.810	4.780	3.945	2.339	11.755	7.119
Zinsaufwendungen	32.214	21.202	8.054	9.658	40.268	30.860
Sonst. wesentl. zahlungsunwirksame Aufwendungen	32.547	19.336	16.031	9.524	48.578	28.860
Steuern vom Einkommen und Ertrag	26.370	34.302	20.119	15.815	46.489	50.117
Betriebliches Vermögen	779.216	641.995	569.933	576.426	1.349.149	1.218.421
Abschreibungen auf SAV und IAV	41.231	30.057	34.260	32.236	75.491	62.293
Investitionen in SAV und IAV	92.362	42.330	43.985	42.628	136.347	84.958
Segmentverbindlichk.	861.350	532.668	21.904	228.287	883.254	760.955
Ergebnisbeiträge assoziiert. Unternehmen	181	162	69	68	250	230
Beteiligungshöhe an assoziiert. Unternehmen	1.575	1.394	675	606	2.250	2.000

Segmentierung nach Regionen

	2010	2009	2010	2009
Geografische Segmente	Deutschland		Übriges Europa	
Außenumsatz	1.304.678	1.106.544	425.546	404.203
Betriebliches Vermögen	871.520	852.902	373.507	365.519
Investitionen SAV und IAV	10.297	50.974	18.850	33.984

	2010	2009	2010	2009
Geografische Segmente	Nordamerika und Asien		Konzern	
Außenumsatz	114.886	—	1.845.110	1.510.747
Betriebliches Vermögen	104.122	—	1.349.149	1.218.421
Investitionen SAV und IAV	107.200	—	136.347	84.958

Konzerneigenkapitalveränderungsrechnungen nach HGB 2010, 2009 (in T€)

	2010	**2009**
Eigenkapital zu Beginn des Geschäftsjahres	**486.149**	**465.171**
Gezeichnetes Kapital		
Zu Beginn des Geschäftsjahres	200.000	200.000
Veränderungen im Geschäftsjahr	*0*	*0*
Zum Ende des Geschäftsjahres	200.000	200.000
Kapitalrücklage		
Zu Beginn des Geschäftsjahres	180.800	180.800
Veränderungen im Geschäftsjahr	*0*	*0*
Zum Ende des Geschäftsjahres	180.800	180.800
Gewinnrücklage		
Zu Beginn des Geschäftsjahres	65.971	60.121
Veränderungen im Geschäftsjahr		
Jahresergebnis des Vorjahres	*39.378*	*24.250*
Dividendenausschüttung	*-23.000*	*-18.400*
Zum Ende des Geschäftsjahres	82.349	65.971
Jahresergebnis	34.507	39.378
Eigenkapital zum Ende des Geschäftsjahres	**497.656**	**486.149**

Konzernanlagespiegel nach HGB für das Geschäftsjahr 2010 (in T€)

	Historische AHK 01.01.2010	Zugänge	Abgänge	Zuschreibung	Kumul. Abschreibung	Buchwert 31.12.2010	Buchwert 31.12.2009	Abschreibungen für 2010
Immaterielles Vermögen								
Geschäfts- oder Firmenwert	7.452	20.000	—	—	4.340	23.112	6.112	3.000
EDV-Software	24.092	1.062	—	—	9.668	15.486	18.943	4.519
	31.544	21.062	—	—	14.008	38.598	25.055	7.519
Sachanlagen								
Grundstücke und Gebäude	254.368	21.454	3.820	—	59.106	212.896	197.667	3.725
Technische Anlagen und Maschinen	270.548	61.204	—	—	225.925	105.827	81.111	36.488
Betriebs- und Geschäftsausstattung	212.502	32.627	2.861	—	145.980	96.288	92.820	27.759
	737.418	115.285	6.681	—	431.011	415.011	371.598	67.972
Finanzanlagen								
Anteile an assoz. Unternehm.	2.000	—	—	250	—	2.250	2.000	—
Wertpapiere des AV	3.883	351	96	—	445	3.693	3.646	208
Ausleihungen	1.743	202	140	—	216	1.589	1.622	103
	7.626	553	236	250	661	7.532	7.268	311
Anlagevermögen	776.588	136.900	6.917	250	445.680	461.141	403.921	75.802

Konzernanhang für das Geschäftsjahr 2010

Bilanzierungs- und Bewertungsmethoden

Die Abschlüsse der einzelnen Tochterunternehmen werden in den Konzernabschluss entsprechend den Vorschriften des Handelsgesetzbuches und des Aktiengesetzes einheitlich nach den bei der Elfriede Horg AG geltenden Bilanzierungs- und Bewertungsmethoden einbezogen.

Erworbene immaterielle Vermögensgegenstände werden zu Anschaffungskosten, vermindert um planmäßige Abschreibungen, bewertet. Als Nutzungsdauer werden regelmäßig vier Jahre zugrunde gelegt, wenn sich nicht ein abweichender Zeitraum, z.B. aufgrund der Laufzeit einer Lizenz, ergibt. Von einer Aktivierung selbst geschaffener immaterieller Vermögensgegenstände des Anlagevermögens gemäß § 248 Abs. 2 HGB sehen wir ab.

Das Sachanlagevermögen wird zu Anschaffungs- bzw. Herstellungskosten, vermindert um planmäßige Abschreibungen, angesetzt. Die Herstellungskosten der selbsterstellten Anlagen enthalten neben den Einzelkosten angemessene Teile der notwendigen Material- und Fertigungsgemeinkosten. Hierzu gehören auch die fertigungsbedingten Abschreibungen, die anteiligen Kosten für die betriebliche Altersversorgung, für soziale Einrichtungen und für freiwillige soziale Leistungen des Unternehmens sowie fertigungsbedingte Verwaltungskosten.

Die Abschreibungen auf das Anlagevermögen werden grundsätzlich linear vorgenommen. Die Nutzungsdauer beträgt bei Gebäuden maximal 40 Jahre, bei technischen Anlagen und Maschinen durchschnittlich sechs Jahre, bei der Betriebs- und Geschäftsausstattung durchschnittlich fünf Jahre. Abschreibungen werden im Einklang mit steuerlichen Erfordernissen pro rata temporis vorgenommen.

Soweit der nach vorstehenden Grundsätzen ermittelte Wert von Gegenständen des Anlagevermögens voraussichtlich dauerhaft durch denjenigen Wert, der ihnen am Abschlussstichtag beizulegen ist, unterschritten wird, so wird dem durch außerplanmäßige Abschreibungen oder Wertberichtigungen Rechnung getragen.

Nicht in den Konsolidierungskreis einbezogene Tochterunternehmen sowie assoziierte Unternehmen werden nach der Equity-Methode in den Konzernabschluss einbezogen. Ausleihungen werden zum Nennwert, abzüglich erforderlicher Abzinsungen und Abschläge für Wertminderungen, bilanziert. Beteiligungen werden zu Anschaffungskosten oder zum niedrigeren am Abschlussstichtag beizulegenden Wert angesetzt.

Die Vorräte werden mit den durchschnittlichen Anschaffungs- bzw. Herstellungskosten oder zu niedrigeren Tageswerten angesetzt. Die Herstellungskosten der unfertigen und fertigen Erzeugnisse werden analog zum Anlagevermögen ermittelt. Lediglich auf die Einbeziehung der fertigungsbedingten Verwaltungskosten wird verzichtet. Bestandsrisiken wird durch Vornahme angemessener Bewertungsabschläge Rechnung getragen.

Bei den Forderungen und Wechseln werden erkennbare Einzelrisiken durch Wertberichtigungen berücksichtigt. Aktive latente Steuern werden unter den sonstigen Vermögensgegenständen, passive latente Steuern unter den Steuerrückstellungen angesetzt.

Pensionsrückstellungen, welche wir erstmals im Geschäftsjahr 2010 gebildet haben, werden gemäß § 253 Abs. 1 HGB mit ihrem nach vernünftiger kaufmännischer Beurteilung notwendigen Erfüllungsbetrag angesetzt. Als Diskontierungszins berücksichtigen wir nach § 253 Abs. 2 HGB einen der Restlaufzeit der Pensionsverpflichtungen entsprechenden, durchschnittlichen Marktzinssatz der vergangenen sieben Geschäftsjahre von 5,18 %. Erwartete Lohn- und Gehaltssteigerungen werden auf Basis der auf Unternehmensebene erhobenen durchschnittlichen Steigerungsraten der jeweiligen Beschäftigungsgruppe ermittelt. Zur Bemessung von Sterbewahrscheinlichkeiten ziehen wir Daten des Statistischen Bundesamtes heran. Bei der Bewertung der Pensionsrückstellungen findet das steuerlich vorgeschriebene Teilwertverfahren Anwendung.

Die Verbindlichkeiten sind mit ihren Erfüllungsbeträgen angesetzt.

Konsolidierungskreis

In den Konzernabschluss wurden neben der Elfriede Horg AG als Mutterunternehmen fünf inländische und vier ausländische Unternehmen einbezogen, bei denen der Horg AG jeweils 100 % der Stimmrechte zustehen. Im Berichtsjahr wurde die Flush Corp. erstmals in den Konzernabschluss aufgenommen. Bei den sonstigen Mehrheitsbeteiligungen ist gemäß § 296 Abs. 2 HGB auf eine Einbeziehung in den Konsolidierungskreis verzichtet worden. Diese Gesellschaften werden in den Konzernabschluss nach der Equity-Methode einbezogen.

Die Unternehmen der Horg-Gruppe sind in folgender Tabelle aufgelistet:

Name und Sitz der Gesellschaft	**Anteil am Kapital in %**
Inland:	
Stein Sanitärtechnik GmbH, Schweinfurt	100
Aqua Sanitärtechnologie GmbH, Dresden	100
Horg Verwaltungs-GmbH, Erftstadt	100
Logistik und Transport GmbH, Euskirchen	55
Fink Metallwarenhandel KG, München	62
PCS Gießerei GmbH, Gelsenkirchen	51
Horg Elektroblech GmbH, Duisburg	100
Horg Dienstleistungs-GmbH, Erftstadt	100
Ausland:	
Wedel N.V., Utrecht, Niederlande	100
Rocque, Paris, Frankreich	100
Horg, Lodz, Polen	100
Flush Corp., Blacksburg/Virginia, USA	100

Währungsumrechnung
In den Jahresabschlüssen werden Fremdwährungsforderungen(-verbindlichkeiten) mit dem Geldkurs (Briefkurs) am Buchungstag oder dem niedrigeren Geldkurs (höheren Briefkurs) am Bilanzstichtag umgerechnet. Für den Konzernabschluss erfolgt die Umrechnung der Bilanzpositionen der ausländischen Gesellschaften gemäß § 308a HGB.

Konsolidierungsgrundsätze
Die Kapitalkonsolidierung der in den Konzernabschluss einbezogenen Tochterunternehmen erfolgt nach der Neubewertungsmethode gemäß § 301 HGB durch Verrechnung der Anschaffungskosten mit dem neubewerteten Eigenkapital der Tochterunternehmen zum Zeitpunkt ihres Erwerbs. Sich durch die Neubewertung ergebende aktivische Unterschiedsbeträge werden, soweit sie stille Reserven betreffen, dem Wertansatz der Vermögensgegenstände zugeschrieben. Verbleibende aktivische Unterschiedsbeträge werden ab 2010 als Geschäfts- oder Firmenwert angesetzt und gemäß § 309 Abs. 1 i.V.m. § 246 Abs. 1 Satz 4 HGB als zeitlich begrenzt nutzbarer Vermögensgegenstand über ihre betriebsgewöhnliche Nutzungsdauer abgeschrieben. Der aus der Akquisition der Flush Corp. auszuweisende Geschäfts- oder Firmenwert wird über die voraussichtliche Nutzungsdauer von zehn Jahren abgeschrieben. Die über fünf Jahre hinausgehende Nutzungsdauer ist mit der langfristig stabil geltenden Technologie im Sanitärtechnikbereich, den ebenfalls langen Produktlebenszyklen und dem ausgesprochen guten Standing der Flush Corp. zu rechtfertigen.

Sich ergebende passivische Unterschiedsbeträge aus der Kapitalkonsolidierung werden in dem Posten „Unterschiedsbetrag aus der Kapitalkonsolidierung“ nach dem Eigenkapital ausgewiesen.

Die assoziierten Unternehmen werden auf der Basis der Equity-Methode in den Konzernabschluss übernommen.

Im Vorratsvermögen und Anlagevermögen enthaltene Zwischengewinne werden GuV-wirksam eliminiert. Alle zwischen Konzernunternehmen entstandenen Forderungen und Verbindlichkeiten, Aufwendungen und Erträge sind im Konzernabschluss nicht enthalten.

Anlagevermögen
Die Entwicklung der in der Konzernbilanz zum 31.12.2010 ausgewiesenen Anlagepositionen ist im Konzernanlagespiegel dargestellt.

Vorräte
Die Bewertung basiert grundsätzlich auf der Durchschnittsmethode. Der Unterschied zum Marktpreis beträgt 13 T€.

Forderungen aus Lieferungen und Leistungen
Von den am 31.12.2010 ausgewiesenen Forderungen haben 1.856 T€ (2009: 1.012 T€) eine Restlaufzeit von mehr als einem Jahr.

Gezeichnetes Kapital

Zum 31.12.2010 hatte das gezeichnete Kapital folgende Zusammensetzung:

Stammaktien	1.000.000 Stück	200 Mio. €

Es wurden ausschließlich vinkulierte Namensaktien, zu jeweils 500.000 Stück lautend auf Georg und Johann Horg, mit einem Nennwert von 200 € ausgegeben.

Rückstellungen

Die Steuerrückstellungen enthalten Beträge für das laufende Jahr und für den noch nicht der steuerlichen Außenprüfung unterlegenen Zeitraum. Bei der Bildung latenter Steuern wird ein einheitlicher Konzernsteuersatz von 40 % zugrunde gelegt. Die sonstigen Rückstellungen enthalten u.a. Beträge für Gewährleistungen und Instandhaltungen, die im darauffolgenden Geschäftsjahr innerhalb von drei Monaten nachgeholt werden. Sie sind so bemessen, dass sie allen erkennbaren Risiken und ungewissen Verpflichtungen Rechnung tragen.

Verbindlichkeiten (in T€)

	2010	**2009**
Verbindlichkeiten mit einer Laufzeit von bis zu einem Jahr	173.158	131.541
Verbindlichkeiten mit einer Laufzeit von über einem Jahr und unter fünf Jahren	426.834	321.285
Verbindlichkeiten mit einer Laufzeit von mehr als fünf Jahren	24.399	74.864
Summe	**624.391**	**527.690**

Sonstige Angaben und Haftungsverhältnisse zum 31.12.2010

Finanzielle Verpflichtungen aus Leasingverträgen	7.200 T€
Bürgschaften	2.348 T€
Eventualverbindlichkeiten im Inland aus der Übertragung von Wechseln	25.364 T€

Auf der Grundlage unserer Bonitätseinschätzung der involvierten Schuldner erachten wir das Risiko der Inanspruchnahme aus begebenen Bürgschaften und sonstigen Eventualverbindlichkeiten wie in den Vorjahren als sehr niedrig.

Personalaufwand und Mitarbeiter

	2010	2009
Durchschnittliche Anzahl der Mitarbeiter	6.386	5.380
Personalaufwand in T€	**702.560**	**591.942**

Sonstige betriebliche Aufwendungen und Erträge
Die sonstigen betrieblichen Erträge enthalten hauptsächlich Erlöse aus der Weiterbelastung von Kosten und Leistungen, Investitionszulagen und Umsatzsteuervergütungen. Erträge aus Anlagenabgängen sind im Geschäftsjahr in Höhe von 1.225 T€ enthalten. Die sonstigen betrieblichen Aufwendungen umfassen im Wesentlichen Bilanzmehrabschreibungen, Abfindungen sowie andere Bewertungsdifferenzen, Forderungsausfälle und -risiken, Garantieleistungen. Die kontinuierlich gestiegenen Aufwendungen stehen im engen Zusammenhang mit der Übernahme von Gesellschaften.

Gesamtbezüge des Aufsichtsrates und des Vorstandes
Die Gesamtbezüge der Mitglieder des Aufsichtsrates betrugen 260 T€, die Gesamtbezüge der Mitglieder des Vorstandes 2.400 T€.

Gesamthonorar für Abschlussprüfung und Steuerberatung
Das Gesamthonorar für die Reiblüf & Klein Treuhand GmbH beläuft sich auf 48 T€. Davon entfallen 27 T€ auf Abschlussprüfer- und 21 T€ auf Steuerberatungsleistungen. Es wurden keine sonstigen Leistungen erbracht.

Angaben zu Finanzinstrumenten
Finanzanlagen werden nicht über ihren beizulegenden Zeitwerten bewertet, da sämtliche Wertminderungen durch außerplanmäßige Abschreibungen berücksichtigt worden sind. Die Anlagestrategie der Horg-Gruppe sieht es grundsätzlich nicht vor, derivative Finanzinstrumente zu halten. Aus Absicherungsgründen wurde im Geschäftsjahr ein Fremdwährungstermingeschäft in Höhe von 10 Mio. GBP abgeschlossen. Dieses Termingeschäft ist, da Teil einer Bewertungseinheit, nicht gesondert in der Bilanz ausgewiesen.

Sicherungsgeschäfte und Bewertungseinheiten
Aufgrund des Kaufs einer Produktionsanlage für 10 Mio. GBP mit einem Zahlungsziel von 12 Monaten, haben wir zur Absicherung des Wechselkursrisikos ein Devisentermingeschäft in gleicher Höhe und mit gleicher Laufzeit abgeschlossen. Das Währungsrisiko ist damit vollständig abgesichert.

MEMO

Walther Vorhand
Bereichsleiter Rechnungswesen

<u>Persönlich / Streng Vertraulich</u>

An Herrn
Finanzvorstand Dr. Jochen Fuchs
Im Hause

21.01.2011

Lieber Herr Dr. Fuchs,
Sie hatten mich beauftragt, Ihnen die Geschäftsvorfälle aufzuführen, die zu Abweichungen der Abschlüsse nach IFRS bzw. IFRS for SMEs gegenüber dem HGB-Konzernabschluss führen. Entsprechende Vorjahreswerte haben wir vorsichtshalber gleich mit erhoben.

Die Umstellung auf diese beiden Rechnungslegungssysteme geht übrigens nicht mit zusätzlichen Rechenwerken einher. Seit der Verabschiedung des Gesetzes zur Kontrolle und Transparenz im Unternehmensbereich (KonTraG) 1998 und des Transparenz- und Publizitätsgesetzes (TransPuG) 2002 erstellen und veröffentlichen wir im Konzernabschluss ohnehin eine Kapitalflussrechnung, eine Eigenkapitalveränderungsrechnung und freiwillig auch eine Segmentberichterstattung.

Die beiliegenden Unterlagen sollten es Ihnen ermöglichen, die Auswirkungen der Rechnungslegungsumstellung auf die IFRS und die IFRS for SMEs auf unsere Unternehmenszahlen abzuschätzen. Insbesondere bin ich gespannt, ob sich unsere Eigenkapitalquote und unser Gewinn durch den Umstellungseffekt, wie gemeinhin erwartet wird, tatsächlich erhöhen werden. Gerade die Eigenkapitalquote dürfte für die eventuell anstehenden Kreditverhandlungen eine höchst relevante Kennzahl sein. Eine Veränderung der beiden Größen dürfte sich daneben auch auf unseren Unternehmenswert auswirken, der ja bspw. aus Multiplikatorverfahren abgeleitet werden kann. Des Weiteren sind bei der Umstellung auch Konsequenzen für unsere Controlling-Daten zu berücksichtigen.

Ich möchte noch erwähnen, dass mit der Umstellung auch eine Anpassung und Erweiterung der Anhanginformationen einhergeht. Den entsprechenden Anpassungsbedarf werden wir noch gesondert ermitteln.

1. Forschungs- und Entwicklungskosten

Unserer Entwicklungsgruppe für Fertigungsverfahren in Unteraichenbach ist es Anfang 2009 gelungen, ein neuartiges Verfahren zur Modellierung der Sandkerne für die Gussformen unserer Sanitärarmaturen in die Fertigungsreife zu überführen. Hierfür sind 2009 Entwicklungskosten in Höhe von 18 Mio. € angefallen.

Die für die Anwendung erforderliche Produktionsanlage ist inzwischen errichtet worden. Wir eröffnen uns mit dem neuen Verfahren völlig neue Designperspektiven, da nun auch sehr ungewöhnliche Formen modellierbar sind. Das

Verfahren hat unser Produktionsprogramm bereits im Geschäftsjahr 2010 völlig verändert und wird auch die darauffolgenden drei Jahre nachhaltig beeinflussen.

In 2010 haben wir ferner eine Projektidee aus dem Vorjahr aufgegriffen und damit begonnen, ein neues Verfahren zur materialschonenden Verchromung von Armaturen zu erproben. Trotz Forschungserstausgaben in Höhe von 1,5 Mio. € und Entwicklungsausgaben von 2 Mio. € ist das Projekt noch in einer frühen Phase. Mit unmittelbar für den Produktionsablauf verwertbaren Ergebnissen wird nicht vor 2012 gerechnet.

2. Sachanlagevermögen

Im März 2009 sind von unserem Tochterunternehmen, der Horg Verwaltungs-GmbH, Immobilien erworben worden, die der Erzielung von Miet- und Pachterträgen und nicht der Produktion oder sonstigen Leistungserstellung dienen. Gemäß IAS 40 besteht für diese als Finanzinvestition gehaltenen Immobilien ein Wahlrecht zur Bewertung zum beizulegenden Zeitwert oder zu fortgeführten Anschaffungskosten. Da die Marktwerte der entsprechenden Immobilien zwischenzeitlich teilweise gestiegen sind, wäre zu prüfen, ob zur Steigerung unserer Eigenkapitalquote eine vom HGB abweichende Bewertung zum beizulegenden Zeitwert in Frage kommt. Die erforderlichen Daten sind deshalb in nachfolgenden Tabellen zusammengefasst. Alle Zahlenangaben sind in T€.

Immobilie	Anschaffungskosten	Abschreibung 2009	Buchwert 31.12.2009	Abschreibung 2010	Buchwert 31.12.2010
Gebäude Parkstraße	2.500	125	2.375	125	2.250
Gebäude Burgwall	2.000	100	1.900	100	1.800
Gebäude Ringstraße	5.200	260	4.940	260	4.680

Immobilie	Marktwert 31.12.2009	Marktwert 31.12.2010	Mieteinnahmen 2009	Mieteinnahmen 2010
Gebäude Parkstraße	2.700	2.900	200	200
Gebäude Burgwall	2.100	1.800	180	180
Gebäude Ringstraße	5.200	5.400	420	420

3. Herstellungskosten der unfertigen und fertigen Erzeugnisse

Im Rahmen der Herstellungskostenermittlung der unfertigen und fertigen Erzeugnisse wurde auf die Einbeziehung der fertigungsbedingten Verwaltungskosten verzichtet. Diese betragen 5 % der bisher ermittelten Herstellungskosten. Die Anfangsbestände 2008 an unfertigen und fertigen Erzeugnissen beliefen sich auf 400.282 T€.

4. Langfristige Auftragsfertigung

Die Hochbau AG beauftragte unser polnisches Tochterunternehmen am 03.03.2008 mit der gesamten sanitärtechnischen Ausstattung von 5.000 Wohnungen in Russland, die im Rahmen des sozialen Wohnungsbaus errichtet wurden. Das Projekt wurde im September 2010 fertig gestellt und zum vereinbarten Festpreis von 26 Mio. € abgerechnet. Auf Wunsch unseres Kunden wurde vertraglich vereinbart, keine Teilabnahmen vor dem Fertigstellungszeitpunkt vorzunehmen, da das Liefer- und Leistungsrisiko sowie das Gesamtfunktionsrisiko erst nach vollständiger Ausführung des Auftrags an den Kunden übergehen sollte.

Um eine vollständige Vorfinanzierung des Projektes zu vermeiden, hatten wir seinerzeit in die Verträge Abschlagszahlungen aufgenommen, die wir separat vom Kunden einforderten. Mangels vertraglicher Vereinbarungen liegen nach HGB allerdings keine rechtlich abrechenbaren Teilleistungen vor, da die Abschlagszahlungen lediglich aus Finanzierungserwägungen erfolgten. Nach den IFRS wäre in diesem Fall wohl dennoch eine anteilige Gewinnrealisierung vorzunehmen. Die Details des Auftrags entnehmen Sie bitte folgender Übersicht:

(alle Angaben in T€)	**2008**	**2009**	**2010**	**Gesamt**
Tatsächlich eingetretene Herstellungskosten des Auftrags im lfd. Geschäftsjahr zu Vollkosten	4.000	6.000	13.400	**23.400**
Noch erwartete Herstellungskosten bis zur Fertigstellung	18.000	13.000	—	
Insgesamt erwartete Kosten (Stichtagsschätzung)	22.000	23.000	23.400	
Eingeforderte, vertraglich vereinbarte Abschlagszahlungen	2.600	5.000	18.400	**26.000**
Zahlungseingänge	2.000	4.000	15.000	**21.000**

5. Leasing

Zum 01.01.2009 haben wir über unseren Leasingpartner Manufaktura Leasing AG eine teilautomatisierte Tauchverchromungsanlage zum Veredeln von Zierelementen geleast. Diese Standardanlage, deren beizulegender Zeitwert bei Vertragsabschluss 3,5 Mio. € betrug, findet auch in vielen anderen Industriebereichen Anwendung.

Der Leasingvertrag wurde über eine unkündbare Laufzeit von drei Jahren abgeschlossen; da die teilweise sehr aggressiven Chemikalien im Laufe der Zeit Tauchwannen und -arme angreifen, ist die wirtschaftliche Nutzungsdauer mit vier Jahren nur unwesentlich länger. Aus diesem Grunde haben wir im Leasingvertrag auch auf eine Verlängerungs- bzw. Kaufoption verzichtet. Zudem hatte man ja im gleichen Jahr über die Entwicklung eines eigenen Verchromungsverfahrens nachgedacht.

Die für die Anlage jährlich nachschüssig zu entrichtende Leasingannuität beträgt 1.291.255,13 €. Da uns gemäß des Mobilien-Vollamortisations-Leasingerlasses die Anlage nicht wirtschaftlich zuzurechnen ist, haben wir sie in der Einzel- bzw. Konzernbilanz nach HGB bisher nicht berücksichtigt. Nach IAS 17 „Leasingsverhältnisse" dürfte die Klassifizierung des Leasingverhältnisses wohl aber zu überdenken sein. An dieser Stelle sei zu erwähnen, dass die Leasingbilanzierung derzeit Gegenstand umfassender Reformüberlegungen des IASB ist. Dahingehende Konsequenzen prüfen wir derzeit noch ergänzend.

6. Wertpapiere des Umlaufvermögens

Laut Depotauszug der Schnellfinanz AG befanden sich am Bilanzstichtag Aktien mit einem Marktwert von 23 Mio. € (Buchwert am 31.12.2010: 19,5 Mio. €) im Besitz der in den Konzernabschluss einbezogenen Gesellschaften. Das Portfolio wird auf Anraten unseres Anlageberaters, Herrn Nießen, im Rahmen einer kurzfristigen Anlagestrategie laufend umstrukturiert. Kein Wertpapier bleibt länger als drei Monate im Bestand. Die „glückliche Hand", die er bei der Verwaltung der Papiere bisher bewies, offenbart ein Vergleich mit dem Kurswert am letzten Bilanzstichtag: 20 Mio. € (Buchwert 31.12.2009: 18 Mio. €). Noch zum 31.12.2008 betrug der Marktwert der Papiere lediglich 10,5 Mio. € (Buchwert: 9 Mio. €).

Die am jeweiligen Jahresende vorhandenen Wertpapiere wurden im Folgejahr jeweils zum Marktwert am Bilanzstichtag veräußert.

7. Wertpapiere des Anlagevermögens

Seit 2007 wurden verschiedene Aktien zur langfristigen Kapitalanlage erworben, ohne damit einen wesentlichen Einfluss auf diese Unternehmen zu erlangen. Die Wertentwicklung der Aktienpakete entnehmen Sie bitte folgender Tabelle:

Aktien	**Anschaffungskosten in T€ (Jahr)**	**Marktwert 31.12.07 in T€**	**Marktwert 31.12.08 in T€**	**Marktwert 31.12.09 in T€**	**Marktwert 31.12.10 in T€**
Publix AG	2.024 (2007)	2.400	2.270	2.620	3.120
Comtech AG	750 (2008)	—	900	850	1.020
Titag AG	1.013 (2009)	—	—	776	568
Electro AG	351 (2010)	—	—	—	530

Im Fall der Titag AG wurde in 2009 und 2010 von einer dauerhaften Wertminderung ausgegangen, wie auch der weitere Kursrückgang im Januar 2011 bestätigt.

Des Weiteren hat die Horg AG am 01.01.2009 eine festverzinsliche Industrieanleihe der Betamax AG zum Kurswert von 95 T€ börslich erworben. Am 31.12.2009 lag der Kurswert bei 97,5 T€. Die Rückzahlung erfolgte per 31.12.2010 zum Nennwert von 100 T€; der Zinskupon betrug 6 % p.a. Bei Kauf fiel eine Ordergebühr in Höhe von 1 % des Nennwerts an. Wir hatten von Anfang an beabsichtigt, die Anleihe bis zur Endfälligkeit zu halten und waren dazu auch in der Lage. Dies soll sich auch in der Bilanzierung nach IAS 39 „Finanzinstrumente: Ansatz und Bewertung“ ausdrücken.

8. Fremdwährungstransaktionen

Zum 01.10.2009 wurde eine neue Produktionsanlage geliefert und montiert. Inklusive Montagekosten beliefen sich die Anschaffungskosten auf 10 Mio. GBP. Mit dem Hersteller wurde ein Zahlungsziel von 12 Monaten vereinbart. Der Briefkurs betrug am Liefertag 1,60 €/GBP, am 31.12.2009 1,63 €/GBP und am 01.10.2010 1,66 €/GBP. Die Anlage wird über eine Nutzungsdauer von 10 Jahren linear abgeschrieben.

Um uns gegen das Währungskursrisiko abzusichern, haben wir noch am Liefertag ein Devisentermingeschäft mit einer einjährigen Laufzeit abgeschlossen. Vereinbart wurde der Kauf von 10 Mio. GBP zu einem Terminkurs von 1,62 €/GBP. Am 31.12.2009 lag der korrespondierende Terminkurs bei 1,65 €/GBP und am 01.10.2010 bei 1,66 €/GBP. Zur bilanziellen Abbildung der Sicherheitsbeziehung haben wir die beiden Transaktionen in einer Bewertungseinheit zusammengefasst, wobei die Verbindlichkeit zum Sicherungskurs eingebucht wurde. Dieses bisher nach herrschender Meinung zulässige Verfahren hat mit dem BilMoG ja nunmehr auch offiziell Einzug in das Handelsrecht gefunden.

9. Pensionsrückstellungen

Im Geschäftsjahr 2010 haben wir uns in enger Abstimmung mit dem Betriebsrat dazu entschlossen, die seit 1991 jedem Arbeitnehmer freiwillig gewährte betriebliche Altersversorgung nachhaltig umzustrukturieren. Gemäß einer entsprechenden Betriebsvereinbarung werden für Arbeitnehmer, die ab dem 01.01.2011 neu eintreten, keine beitragsorientierten Pensionspläne mehr aufgelegt, sondern ausschließlich unmittelbare Direktzusagen erteilt. Die für die Pensionsauszahlungen erforderlichen Mittel wollen wir unternehmensintern ansammeln. Unseren bestehenden Arbeitnehmern bieten wir an, in einen leistungsorientierten Versorgungsplan zu wechseln. Da wir darauf abzielen, die persönliche Versorgungssituation für jeden Mitarbeiter deutlich zu verbessern, ist die Neuausrichtung des Durchführungsweges unserer betrieblichen Altersvorsorge personalrechtlich unproblematisch.

Unsere Controlling-Abteilung hat in diesem Zusammenhang angemerkt, dass der künftig in seiner Höhe veränderte Personalaufwand Auswirkungen auf unsere Kostenkalkulation haben wird. Hiervon sind insbesondere die fertigen und unfertigen Erzeugnisse betroffen, da Aufwendungen für die betriebliche Altersversorgung ja mit in die Herstellungskosten einbezogen werden. Zur Zeit sind wir noch in Gesprächen mit dem Controlling, um die künftigen Wechselwirkungen besser einschätzen zu können.

Mit der Einstellung von Herrn Dr. Thomas Jäger zum 01.01.2010 als neuen Vorstand für Logistik haben wir allerdings in diesem einen Fall bereits vor 2011 eine unmittelbare Pensionszusage ausgesprochen. Laut Arbeitsvertrag ist die Horg AG verpflichtet, Herrn Dr. Jäger (bei Einstellung gerade 50 Jahre alt geworden) ab seinem Renteneintritt zur Regelaltersgrenze mit 66 Jahren lebenslang eine jährliche Rente von 15 % des durchschnittlichen Jahresbruttoeinkommens der abgeleisteten Dienstzeit zu zahlen. Die Zahlung soll jeweils am Jahresende erfolgen. Scheidet Herr Dr. Jäger vor der Regelaltersgrenze durch Kündigung, verhaltensbedingte Entlassung oder Berufsunfähigkeit vorzeitig aus dem Unternehmen aus, reduziert sich die Jahresleistung um je 0,25 % für jeden Monat der vorzeitigen Beendigung. Diesen Fall erachten wir aber momentan als eher unwahrscheinlich. Unter Berücksichtigung von durch Inflation, Betriebszugehörigkeit und Arbeitsmarktstruktur bedingten Gehaltssteigerungen schätzen wir das durchschnittliche Jahresbruttoeinkommen bei voller Beschäftigungsdauer auf 350.000 €; das Einstiegsgehalt betrug 280.000 €. Die erwartete mittlere Lebensdauer eines männlichen Bundesbürgers im gleichen Alter beträgt gegenwärtig 79 Jahre. Der durchschnittliche Marktzinssatz der vergangenen sieben Geschäftsjahre (Abzinsungssatz gemäß § 253 Abs. 2 HGB) lag Ende 2010 bei 5,18 %; erstrangige, festverzinsliche Industrieanleihen mit gleicher Restlaufzeit erbrachten eine Rendite von 3,75 %.

10. Aufwands- und Produkthaftungsrückstellung

Nachdem die Fertigungslinie III durch einen kurzfristig angenommenen Auftrag über spezifische Klinikarmaturen für das neue Gesundheitszentrum in Uppsala, Schweden, bis Jahresende 2010 vollständig ausgelastet war, musste die geplante Überholung der Linie auf Mitte Januar 2011 verschoben werden. Die erwarteten Reparaturkosten in Höhe von 20 Mio. € wurden durch eine entsprechende Rückstellung bereits aufwandswirksam gebucht.

Außerdem hat uns 2010 eine Verbraucherschutzinitiative mitgeteilt, in einem Musterprozess Schadensersatz wegen Problemen mit den Rohrabdichtungen von Abwasserleitungen einklagen zu wollen. Da unsere Rechtsabteilung zur Zeit noch mit der Verbraucherschutzinitiative verhandelt, kann sie sich noch nicht festlegen, ob es tatsächlich zu einer gerichtlichen Auseinandersetzung kommt und wie in diesem Fall die gerichtliche Entscheidung ausfallen wird, da ein ähnlich gelagerter Fall bisher nicht zur Entscheidung anstand. Sollten wir den Prozess verlieren, kommen Kosten von ca. 15 Mio. € auf uns zu. Aus diesem Grund haben wir vorsichtshalber eine Produkthaftungsrückstellung in Höhe von 15 Mio. € gebildet.

11. Goodwill-Abschreibung

Die Flush Corp. wurde zum 01.01.2010 von der Horg AG gekauft und wird für das Geschäftsjahr 2010 erstmals in den Konzernabschluss einbezogen. Nach Verrechnung des aus der HB II ermittelten Eigenkapitals von 50 Mio. € mit dem Gesamtkaufpreis von 100 Mio. € verblieb zum Erwerbszeitpunkt ein Unterschiedsbetrag aus der Kapitalkonsolidierung von 50 Mio. €. Dieser verteilt sich nach unserer Due Diligence auf stille Reserven in Gebäuden (30 Mio. €) mit einer Restnutzungsdauer von 25 Jahren. Den verbleibenden Unterschiedsbetrag in Höhe von 20 Mio. € haben wir gemäß § 301 Abs. 3 Satz 1 HGB als Geschäfts- oder Firmenwert aktiviert. Nach § 309 Abs. 1 HGB wird der Goodwill über seine voraussichtliche Nutzungsdauer, die wir aufgrund des guten Standings der Flush Corp. auf zehn Jahre schätzen, linear abgeschrieben.

Für die Umstellung auf IFRS haben wir hier für den Abschluss 2010 die Bilanzierungsregeln des IFRS 3 zu beachten. Hierfür haben wir bereits folgende Informationen zusammengestellt:

Die Flush Corp. ist in zwei Segmenten operativ tätig, im Segment Standardprodukte und im Segment Luxusprodukte. Die Geschäftsführung beider Segmente ist personell voneinander getrennt. Für diese beiden Unternehmensbereiche wird zudem separat Bericht erstattet und geplant. Der gezahlte Kaufpreis verteilt sich im Erwerbszeitpunkt im Verhältnis 60:40 auf die Segmente Standardprodukte bzw. Luxusprodukte.

Die in Anlage 1 angegebene Handelsbilanz II der Flush Corp. zum Erwerbszeitpunkt ist zudem nach diesen Segmenten der Flush Corp. gegliedert. Bis auf die aufgedeckten stillen Reserven in den Gebäuden, die zu jeweils gleichen Beträgen beiden Segmenten zuzuordnen sind, entsprechen die jeweiligen Buchwerte zum Erwerbszeitpunkt ihren Tageswerten. Beide Segmente erwirtschafteten im Geschäftsjahr 2010 einen Jahresüberschuss von Null Euro. In Anlage 2 ist die Finanzplanung der Flush Corp. für die Geschäftsjahre 2011 bis 2013 aufgeführt. Für die Ermittlung des Terminal Value wird das Konzept der ewigen Rente gewählt und ein Wachstumsfaktor von 2 % unterstellt. Die Horg AG rechnet für das Segment Standardprodukte mit einem Vorsteuerzins (Weighted-Average Cost of Capital, WACC) gemäß IAS 36.55 von 11,20 % und für das Segment Luxusprodukte von 9,89 %. Im Rahmen des Werthaltigkeitstests wird eine Nettobetrachtung unterstellt, da den beiden Segmenten eindeutig Verbindlichkeiten zuordenbar sind (IAS 36.79). Die Horg AG vergleicht also die nach dem DCF-Bruttoverfahren (WACC-Ansatz) unter Abzug des verzinslichen Fremdkapitals als Eigenkapitalwerte ermittelten erzielbaren Beträge der beiden Segmente mit den jeweiligen Buchwerten des Eigenkapitals. Die sonstigen Verbindlichkeiten der Flush Corp. werden als verzinslich angesehen.

Des Weiteren ist in den vergangenen Geschäftsjahren durch den jeweils am Jahresende erfolgten Erwerb der Aqua Sanitärtechnologie GmbH ein Goodwill von 10 Mio. € (2000) und durch den Erwerb der Wedel N.V. ein Goodwill von umgerechnet 15 Mio. € (2001) entstanden. Diese wurden jeweils, wie nach § 309 Abs. 1 Satz 3 HGB in der Fassung vor dem BilMoG noch zulässig, erfolgsneutral mit den Gewinnrücklagen verrechnet. Die geschätzte Nutzungsdauer betrug ebenfalls 10 Jahre. Aufgrund der erfolgreichen Integration wird aus unseren Finanzplänen schnell ersichtlich, dass die Restbuchwerte dieser Goodwills seit Jahren erheblich unterhalb ihrer beizulegenden Zeitwerte liegen, so dass hier ein Impairment nicht in Frage kommt.

12. Kapitalflussrechnung

Die im Konzernabschluss 2010 enthaltene Kapitalflussrechnung nach HGB haben wir indirekt aus den Bilanz- und GuV-Zahlen ermittelt. Die formelle und inhaltliche Ausgestaltung berücksichtigt dabei die weitgehend übereinstimmenden Regelungen nach DRS 2 und IAS 7.

Durch die in den Punkten 1 bis 11 angeführten Sachverhalte ergeben sich jedoch möglicherweise Änderungen für die IFRS-Rechenwerke. Deshalb ist auf der Basis dieser abweichenden Rechenwerke eine neue, veränderte Kapitalflussrechnung zu erstellen. Dabei sind – wie bereits in der HGB-Kapitalflussrechnung – folgende zusätzliche Angaben zu berücksichtigen:

- Die Erweiterung des Konsolidierungskreises durch den Erwerb der Flush Corp. ist noch gesondert zu berücksichtigen, da der Zugang an Vermögen und Schulden gegenüber Dritten nicht den Zahlungen entspricht.
- Die letzte Rate für unsere neu investierte Beschichtungsanlage steht noch aus. Die restlichen 7 Mio. € zahlen wir erst, wenn die Funktionsfähigkeit nach Abschluss der Probeläufe erwiesen ist.
- Aufgrund einer Abwertung des YEN erfolgte eine Abschreibung der YEN-Bestände innerhalb der liquiden Mittel in Höhe von 50 T€.

Absehbarer Umstellungsbedarf in späteren Geschäftsjahren

Erwartungsgemäß werden wir uns natürlich auch in den nach 2010 folgenden Jahren mit weiteren Geschäftsvorfällen konfrontiert sehen, deren bilanzielle Behandlung nach IFRS bzw. IFRS for SMEs von den handelsrechtlichen Bestimmungen abweicht. Teilweise können wir diese aufgrund der bisher getroffenen unternehmenspolitischen Entscheidungen, wie z.B. der anstehenden Aktienemission oder der Änderung unserer betrieblichen Altersversorgung, bereits heute abschätzen. Ich halte es für angebracht diese „Zukunfts"-Geschäftsvorfälle ebenfalls jetzt schon zu betrachten, um uns mit den Abweichungen von der wohlvertrauten handelsrechtlichen Denkweise auseinanderzusetzen. Ich bitte dabei allerdings zu berücksichtigen, dass wir die Umstellungseffekte aus heutiger Sicht nur unter weiteren Annahmen und vorbehaltlich etwaiger zukünftiger Regulierungsänderungen einschätzen können.

13. Aktienoptionspläne zur Managementvergütung

Wie ja bereits im Zusammenhang mit der geplanten Emission stimmrechtsloser Vorzugsaktien umrissen, gedenken wir im Geschäftsjahr 2013, also ein Jahr nach der Aktienemission, einen Teil der Vergütung unserer Führungskräfte auf den ersten drei Führungsebenen an die Kursentwicklung der Vorzugsaktien anzuknüpfen. Entsprechend bietet es sich an, auf Grundlage der bereits 1998 durch das KonTraG geschaffenen Rahmenbedingungen einen Aktienoptionsplan aufzulegen. So wie es die deutsche Fachliteratur für zulässig erachtet, müssten wir den Aktienoptionsplan gemäß Handelsrecht wohl nicht in Bilanz und GuV berücksichtigen. Ferner ist damit zu rechnen, dass gegenüber dem Finanzamt keine Betriebsausgaben geltend gemacht werden können. Nach IFRS müssen wir in diesem Fall den Anfang 2004 verabschiedeten Standard IFRS 2 „Aktienbasierte Vergütung" anwenden; nach den IFRS for SMEs sind die Regelungen des Abschnitts 26 einschlägig.

Nehmen wir also an, die Aktienoptionen werden zum 01.01.2013 mit einem Bezugskurs in Höhe des Aktienkurses zu diesem Zeitpunkt von bspw. 6 € gewährt. Um den Anforderungen des KonTraG zu genügen, würde eine Sperrfrist von zwei Jahren, hier also bis zum 31.12.2014, und eine Mindestkurssteigerung von z.B. 25 % als Erfolgsziel festgelegt werden. Wir unterstellen, dass dieses Ziel bereits 2013 erfüllt wird. Ferner wird angenommen, dass von den ursprünglich ausgegebenen 3.000.000 Optionsrechten aufgrund des Ausscheidens einiger Kollegen bis Ende 2013 insgesamt 300.000 und bis Ende 2014 noch einmal 600.000 Optionen verfallen würden, wobei ursprünglich von einer geringeren Quote von insgesamt nur 15 % gerechnet worden sei. Zu Beginn des Programms hätte die den Vorgang begleitende Investmentbank einen beizulegenden Zeitwert pro Aktienoption in Höhe von 1,20 € berechnet. Unterstellt man eine günstige Aktienkursentwicklung (z.B. 31.12.2013: 9 €, 31.12.2014: 12 €) wären die Optionen bei sofortiger Ausübung also deutlich mehr wert als berechnet.

Des Weiteren erwägen wir, für das mittlere Management zum 01.01.2014 einen sogenannten „virtuellen" Optionsplan aufzulegen. Im Gegensatz zu echten Aktienoption besteht hier kein Anrecht zum Bezug junger Vorzugsaktien; die Konsequenzen bei Ausübung der Optionen werden vielmehr durch entsprechende Zahlungen an die Begünstigten nachgebildet. Nehmen wir also an, die Sperrfrist der virtuellen Aktienoptionen bzw. Share Appreciation Rights betrage ebenfalls zwei Jahre. Der virtuelle Bezugskurs, also der Aktienkurs der überschritten werden muss, um die Optionen gewinnbringend ausüben zu können, werde auf den Aktienkurs am 01.01.2014 von bspw. 9 € festgelegt. Insgesamt würden, wenn wir unsere derzeitige Personalstruktur annehmen, 1.500.000 Optionsrechte gewährt werden, von denen jedoch aufgrund des Ausscheidens einiger Mitarbeiter bis Jahresende 2014 bereits z.B. 100.000 Optionsrechte verfallen wären.

Handelsrechtlich würden wir für unseren virtuellen Aktienoptionsplan eine Rückstellung in Höhe des inneren Werts der Optionsrechte bilden, die wohl auch steuerlich anerkannt werden würde. Für die Bewertung gemäß IFRS 2 benötigen wir allerdings eine Schätzung des beizulegenden Zeitwerts der Optionsrechte. Nehmen wir unserem Fall an, eine von uns beauftragte Bank hätte mithilfe eines anerkannten Optionsbewertungsmodells einen Wert von 4,50 € ermittelt. Zum Zeitpunkt der Gewährung hätte sich der beizulegende Zeitwert auf 2 € belaufen.

14. Versicherungsmathematische Gewinne und Verluste

Der Einzug von Pensionsrückstellungen in unser Bilanzbild eröffnet uns an anderer Stelle ein leider nicht ganz unwesentliches Problem. Da nach IAS 19 „Leistungen an Arbeitnehmer", ähnlich zum Handelsrecht, umfassende versicherungsmathematische Annahmen in die Rückstellungsbewertung einfließen, diese jedoch im Zeitablauf kaum konstant bleiben dürften, stellt sich die Frage, wie etwaige versicherungsmathematische Gewinne oder Verluste zu behandeln sind, die alleinig aus einer Änderung dieser versicherungstechnischen Parameter herrühren. Nicht zuletzt wollen wir ja unnötige Schwankungen im Gesamtergebnis, soweit möglich, vermeiden.

Interessant erscheint mir in diesem Zusammenhang die nach IAS 19 mögliche Anwendung des sog. „corridor approach", der eine Glättung aktuarieller Gewinne bzw. Verluste über künftige Perioden hinweg erlaubt. Diese Methode existiert übrigens weder im HGB noch in den IFRS for SMEs. Letztere erlauben es allenfalls versicherungsmathematische Effekte im sonstigen Ergebnis, anstatt im Gewinn oder Verlust auszuweisen. Ich möchte allerdings nicht verschweigen, dass diese Glättungsmöglichkeit in der für Anfang 2011 geplanten Neufassung von IAS 19 wohl nicht mehr enthalten sein wird.

Um die Auswirkung versicherungsmathematischer Gewinne bzw. Verluste besser verstehen zu können, betrachten wir am Beispiel unseres neuen Vorstandsmitglieds Dr. Thomas Jäger folgenden Fall: Nehmen wir zunächst an, die Rendite erstrangiger festverzinslicher Industrieanleihen wäre per 31.12.2011 auf 3,25 % gesunken, während der durchschnittliche Marktzinssatz sich nur unwesentlich verändert hat. Zudem muss das durchschnittliche Bruttojahreseinkommen über die Gesamtdienstzeit mit 400.000 € neu geschätzt werden. Durch die geänderten Annahmen dürfte sich für 2011 ein nicht unwesentlicher versicherungsmathematischer Verlust ergeben.

15. Diluted Earnings per Share

Da wir ab 2012 gemäß IAS 33 neben der Offenlegung der Earnings per Share (EPS) auch zu einer Angabe des sog. verwässerten Gewinns je Aktie (Diluted Earnings per Share) verpflichtet sind, müssen wir ab 2013 zwingend den aufgelegten Aktienoptionsplan berücksichtigen. Bleiben wir bei den obigen Annahmen, sind Ende 2013 noch 2.700.000 Optionsrechte mit einem Bezugskurs von 6 € im Umlauf, während der Aktienkurs 9 € beträgt. Der Jahresüberschuss nach Steuern betrage 2013 annahmegemäß 38 Mio. €.

Mit den besten Grüßen

Walther Vorhand
Bereichsleiter Rechnungswesen

Anlagen:

- Handelsbilanz II der Flush Corp.
- Finanzplanungsrechnung der Flush Corp.
- Konzernabschluss-Kennzahlen

1. Zusammengefasste Handelsbilanz II der Flush Corp. zum 01.01.2010 (in T€)

AKTIVA	Summe	Standardprodukte	Luxusprodukte
Anlagevermögen			
Sachanlagen	55.200	34.400	20.800
	55.200	34.400	20.800
Umlaufvermögen			
Vorräte	18.800	10.300	8.500
Forderungen	8.000	4.200	3.800
Liquide Mittel	3.100	1.800	1.300
	29.900	16.300	13.600
	85.100	50.700	34.400
PASSIVA			
Eigenkapital			
Gezeichnetes Kapital	30.000	17.000	13.000
Kapitalrücklagen	8.000	6.000	2.000
Gewinnrücklagen	12.000	10.000	2.000
	50.000	33.000	17.000
Verbindlichkeiten			
- gegenüber Kreditinstituten	15.500	7.700	7.800
- aus Lief. und Leistungen	16.500	10.000	6.500
Sonstige Verbindlichkeiten	3.100		3.100
	35.100	17.700	17.400
	85.100	50.700	34.400

2. Finanzplanung der Flush Corp.

a) Standardprodukte

Positionen in T€	**2010**	**2011**	**2012**	**ab 2012**
Umsatzerlöse		54.967	50.479	45.233
Herstellungskosten des Umsatzes		31.238	28.967	26.361
Bruttoergebnis vom Umsatz		**23.729**	**21.512**	**18.872**
Vertriebskosten		8.278	6.954	8.172
Allgemeine Verwaltungskosten		5.984	5.980	5.681
sonstiger betrieblicher Aufwand		122	50	111
Zinsaufwand		750	900	987
Ergebnis der gew. Geschäftstätigkeit		**8.595**	**7.628**	**3.921**
Investitionen ins AV		8.235	7.986	8.241
Abschreibungen		7.455	7.223	8.241
Bestand des Working Capital (FLL+Vorräte+WP des UV-VLL)	7.300	8.200	7.623	7.218

b) Luxusprodukte

Positionen in T€	**2010**	**2011**	**2012**	**ab 2012**
Umsatzerlöse		39.571	38.720	36.090
Herstellungskosten des Umsatzes		19.564	19.044	20.631
Bruttoergebnis vom Umsatz		**20.007**	**19.676**	**15.459**
Vertriebskosten		3.494	6.879	5.830
Allgemeine Verwaltungskosten		5.305	5.434	5.632
sonstiger betrieblicher Aufwand		129	64	117
Zinsaufwand		795	723	756
Ergebnis der gew. Geschäftstätigkeit		**10.284**	**6.576**	**3.124**
Investitionen ins AV		3.920	5.893	4.195
Abschreibungen		2.833	4.235	4.195
Bestand des Working Capital (FLL+Vorräte+WP des UV-VLL)	8.100	9.000	8.877	8.782

3. Konzernabschluss-Kennzahlen auf Grundlage der HGB-Zahlen (in T€)

Kennzahlen	2010	2009
Anzahl Stammaktien	1.000.000	1.000.000
Ergebnis je Aktie	34,51 €	39,38 €
Cashflow je Aktie	84,82 €	101,67 €
Eigenkapitalrentabilität	6,9 %	8,1 %
Eigenkapitalquote	36,0 %	39,0 %
Umsatzrentabilität	4,4 %	5,9 %
Gesamtkapitalrentabilität	5,4 %	5,6 %

Aufgabenstellung:

1. Buchen Sie die aufgeführten Geschäftsvorfälle nach Handelsrecht. Spiegeln Sie das jeweilige Vorgehen mit der Behandlung der Geschäftsvorfälle nach IFRS und nach IFRS for SMEs. Befreiungswahlrechte für Erstanwender gemäß IFRS 1 „Erstmalige Anwendung der International Financial Reporting Standards“ bzw. IFRS-SME.35 „Transition to the IFRS for SMEs“ sollen dabei nicht berücksichtigt werden.
2. Nehmen Sie die notwendigen Anpassungen vor, um eine Konzernbilanz und eine zweiteilige Konzern-Gesamtergebnisrechnung nach IFRS bzw. nach IFRS for SMEs zu erhalten. Lassen Sie dabei ggf. erforderliche umsatzsteuerliche Auswirkungen außer Acht. Korrigieren Sie dabei auch die Konzernkapitalflussrechnung im Sinne der Aufgabenstellung.
3. Diskutieren Sie die möglichen Auswirkungen der Umstellung auf interne Planungs- und Kontrollinstrumente. Diskutieren Sie auch die möglichen Konsequenzen für die Unternehmensbewertung.

Stichwortverzeichnis